BKI Baukosten 2025 Altbau

Statistische Kostenkennwerte für Positionen

BKI Baukosten 2025 Altbau:
Statistische Kostenkennwerte für Positionen

BKI Baukosteninformationszentrum (Hrsg.)
Stuttgart: BKI, 2025

Mitarbeit:
Hannes Spielbauer (Geschäftsführer)
Brigitte Lechler (Prokuristin)
Produktmanagement: Patrick Jeske, Virginia Lammet, Wolfgang Mandl, Thomas Schmid
Jeannette Sturm

Fachautoren:
Patrick Jeske
Wolfgang Mandl
Thomas Schmid
Hans-Jürgen Schneider
Andreas Wagner

Layout, Satz:
Marvin Bisceglie
Hans-Peter Freund
Thomas Fütterer

Fachliche Begleitung:
Beirat Baukosteninformationszentrum
Stephan Weber (Vorsitzender)
Markus Lehrmann (stellv. Vorsitzender)
Prof. Dr. Bert Bielefeld
Markus Fehrs
Andrea Geister-Herbolzheimer
Prof. Dr. Wolfdietrich Kalusche
David Meuer
Martin Müller
Markus Weise

Anschrift:
Seelbergstraße 4, 70372 Stuttgart
Kundenbetreuung: (0711) 954 854-0
Baukosten-Hotline: (0711) 954 854-41
Telefax: (0711) 954 854-54
info@bki.de, www.bki.de

Vorwort

Für eine detaillierte Kostenplanung im Altbau greifen Architektur- und Planungsbüros auf Baupreise und Positionsdaten zurück. Nur auf Basis eines Mengengerüstes zu den Altbau-Leistungen mit aktuellen Baupreisen lassen sich genaue Kostenpläne in Form von bepreisten Leistungsverzeichnissen erstellen. Diesen Kostenermittlungen kommt zudem seitens der Bauherr*innen und Auftraggeber*innen eine entscheidende Bedeutung zu. Zudem gelten im Altbau durch die besonderen Rahmenbedingungen zusätzliche Einflüsse auf die Baukosten, z. B. Denkmalschutz-Anforderungen, beengter Bauraum und Kleinmengen.

Wertvolle Erfahrungswerte für Altbau-Positionen und -Baupreise liegen in Form von abgerechneten Bauleistungen (Abrechnungs-LVs) oder Kostenfeststellungen in den Architekturbüros vor. Oft fehlt jedoch die Zeit, diese qualifiziert zu dokumentieren, um sie für Folgeprojekte zu verwenden. Diese Dienstleistung erbringt das BKI mit der Bereitstellung aktueller Baukosten-Fachinformationen.

Die aktuelle Fassung der DIN 276 wird in dieser Fachbuch-/eBook-Reihe berücksichtigt. In dieser Veröffentlichung sind über 2.400 Positionen aus dem Bereich Altbau mit aktuell recherchierten Baupreisen mit marktüblicher Preisspanne enthalten. Der vorliegende Band „BKI Baukosten Altbau Positionen" erscheint jährlich und beinhaltet für 51 Altbau-Leistungsbereiche von Fachverbänden geprüfte Ausschreibungstexte für die VOB/C-konforme Ausschreibung. Die Leistungsbereiche umfassen typische Altbau-Leistungen aus den Bereichen Rohbau, Ausbau, Gebäudetechnik, Freianlagen, Instandsetzung/Abbrucharbeiten und zusätzlich Positionsverweise zu Leistungen für Barrierefreies Bauen und Brandschutz. Der Band Positionen ist sehr gut geeignet für die nach HOAI 2021 geforderten „bepreisten Leistungsverzeichnisse".

Alle Kostenangaben wurden auf den Bundesdurchschnitt normiert, mit den integrierten BKI-Regionalfaktoren können die Anwender*innen diese Werte an den jeweiligen Stadt- bzw. Landkreis anpassen.

Die Fachbuch-/eBook-Reihe BKI Baukosten Altbau 2025 (Statistische Kostenkennwerte) besteht aus den zwei Teilen:
BKI Baukosten Gebäude Altbau 2025
BKI Baukosten Positionen Altbau 2025

Der Dank des BKI gilt allen Architekt*innen, die Daten und Unterlagen zur Verfügung stellen. Sie profitieren von der Dokumentationsarbeit des BKI und unterstützen nebenbei den eigenen Berufsstand. Die in Buchform veröffentlichten Projekte bilden eine fundierte und anschauliche Dokumentation gebauter Architektur, die sich zur Kostenermittlung von Folgeobjekten und zu Akquisitionszwecken hervorragend eignet.

Zur Pflege der Baukostendatenbanken sucht BKI weitere Altbau-Objekte aus allen Bundesländern. Bewerbungsbögen zur Objekt-Veröffentlichung werden im Internet unter www.bki.de/projekt-veroeffentlichung zur Verfügung gestellt. Auch die Bereitstellung von Leistungsverzeichnissen mit Positionen und Vergabepreisen ist möglich, weitere Informationen dazu finden Sie unter www.bki.de/lv-daten. BKI berät Sie gerne auch persönlich über alle Möglichkeiten, Objektdaten zu veröffentlichen. Für die Lieferung von Daten erhalten Sie eine Vergütung und weitere Vorteile.

Besonderer Dank gilt abschließend auch dem BKI-Beirat, der mit seinem Expert*innenwissen aus der Architektenpraxis, den Architekten- und Ingenieurkammern, Normausschüssen und Universitäten zum Gelingen der BKI-Fachinformationen beiträgt.

Wir wünschen allen Anwender*innen des Fachbuchs/eBooks viel Erfolg in allen Phasen der Kostenplanung und vor allem eine große Übereinstimmung zwischen geplanten und realisierten Baukosten im Sinne zufriedener Bauherr*innen. Anregungen und Kritik zur Verbesserung unserer BKI-Veröffentlichungen sind uns jederzeit willkommen.

Hannes Spielbauer - Geschäftsführer
Brigitte Lechler - Prokuristin

Baukosteninformationszentrum
Deutscher Architektenkammern GmbH
Stuttgart, im August 2025

Inhalt

Bei der Prüfung der von BKI erstellten Mustertexte haben folgende Fachverbände mitgewirkt:

BAUWIRTSCHAFT
Baden-Württemberg e.V.

Bauwirtschaft Baden-Württemberg e.V.

Bauwirtschaft Baden-Württemberg e.V.
Geschäftsstelle: 70178 Stuttgart; Hohenzollernstraße 25;
www.bauwirtschaft-bw.de

Die Bauwirtschaft Baden-Württemberg e.V. ist ein gemeinsamer Verband von Baugewerbe und Bauindustrie in Baden-Württemberg mit rund 1.500 Mitgliedsbetrieben und etwa 40.000 Beschäftigten, die hauptsächlich in den Sparten Hochbau, Tief- und Straßenbau sowie Ausbau tätig sind. Der Verband vertritt die Interessen seiner Mitglieder gegenüber Politik, Verwaltung und Öffentlichkeit. Er setzt sich auf Landes- und Gemeindeebene für die notwendigen Rahmenbedingungen des Bauens ein und engagiert sich für eine bedarfsgerechte Investitionspolitik. Außerdem ist die Bauwirtschaft Baden-Württemberg Mitglied bei den Spitzenverbänden der Bauwirtschaft in Berlin. Dadurch hat unser Verband auch bundesweit Einfluss auf wichtige Entscheidungen in der Wirtschafts- und Tarifpolitik. Enge Vernetzungen gibt es zudem mit zahlreichen Partnerverbänden im In- und Ausland, etwa in der Schweiz und Frankreich.

BVM

Bundesverband Metall

Bundesverband Metall
Vereinigung Deutscher Metallhandwerke
45143 Essen; Altendorfer Str. 97-101
www.metallhandwerk.de

Rund 40.000 kleine und mittlere Unternehmen, 28.000 Lehrlinge, 500.000 Mitarbeiter und fast 60 Milliarden € Umsatz: Das ist Metallhandwerk in Deutschland. Nicht nur zahlenmäßig und als Arbeitgeber ist das Metallhandwerk unverzichtbar. Metallhandwerk steht für die ganze Vielfalt metallverarbeitender Unternehmen, die unser Industrieland braucht: Maschinenbau, Werkzeugbau, Metall- und Stahlkonstruktionen im Hoch- und Tiefbau, Klimaschutz und Mobilität, öffentliche Infrastruktur und modernes Wohnen. Metallbetriebe – vom Bronzegießer über den Metalldesigner bis zum Hightech-Unternehmen – finden wir überall, wo produziert, gebaut und gewohnt wird. Als Künstler und Konstrukteur, von der Planung bis zur Ausführung oder vernetzt mit Partnerbetrieben lösen Metallhandwerker die kleinen und großen Probleme ihrer Kunden. Exportweltmeister Deutschland? Nicht ohne das Metallhandwerk. Der Bundesverband Metall vertritt die berufsständischen Interessen seiner Landesverbände sowie deren Innungen mit den darin freiwillig organisierten Mitgliedsbetrieben.

Zentralverband des Deutschen Dachdeckerhandwerks
50968 Köln; Fritz-Reuter-Straße 1
www.dachdecker.de

Der Zentralverband des Deutschen Dachdeckerhandwerks e.V. ist der Arbeitgeberverband des Dachdeckerhandwerks in Deutschland. Er repräsentiert 16 Landesverbände mit 200 Innungen und ca. 7.055 Innungsbetrieben. Der Verband vertritt die Interessen des Dachdeckerhandwerks gegenüber Politik, Verwaltung und Öffentlichkeit und steht seinen Mitgliedern mit zahlreichen Beratungsleistungen zur Seite. Der Zentralverband ist Verfasser der Fachregeln des Deutschen Dachdeckerhandwerks, den anerkannten Regeln der Technik. Über die Spitzenverbände des Handwerks hat der ZVDH außerdem Einfluss auf wichtige Entscheidungen in der Wirtschafts- und Tarifpolitik.

BUNDESINNUNG GERÜSTBAU

Bundesinnung für das Gerüstbauer-Handwerk
51107 Köln; Rösrather Straße 645
www.geruestbauhandwerk.de

Bundesinnung und Bundesverband Gerüstbau sind die Fachorganisationen des Gerüstbauerhandwerks mit drei Schwerpunktbereichen:
– Als Standesorganisation verbessern sie die Rahmenbedingungen für das Gerüstbauerhandwerk. Ergebnisse: 1978 Verordnung zum Geprüften Gerüstbau-Kolonnenführer, 1988 Aufnahme der DIN 18451 in Teil C der VOB, 1991 Ausbildungsberuf Gerüstbauer/Gerüstbauerin, 1998 Meisterberuf (Vollhandwerk), ab 2006 eigenes Fachregelwerk.
– Als Arbeitgebervertretung schließen sie Tarifverträge ab.
– Als Serviceorganisationen unterstützen Bundesverband und Bundesinnung jeden einzelnen Mitgliedsbetrieb in all seinen betrieblichen Belangen. Für Betriebsinhaber und Mitarbeiter werden Seminare vom Vertragsrecht bis zur Technik angeboten. Regelmäßige Verbandsmitteilungen informieren über rechtliche; fachliche und sonstige Neuerungen. Rahmenvereinbarungen verhelfen zu Preisvorteilen z. B. beim Kraftfahrzeugkauf und bieten exklusiv Berufskleidung.

Der Stuckateur
Ausbau & Fassade

Fachverband der Stuckateure für Ausbau und Fassade Baden-Württemberg
71277 Rutesheim; Siemensstraße 6-8
www.stuck-verband.de

Der Fachverband der Stuckateure für Ausbau und Fassade (SAF) ist Wirtschafts- und Arbeitsgeberverband der Stuckateure in Baden-Württemberg und vertritt auf Landes- und Kreisebene die Interessen der Mitgliedsinnungen und deren insgesamt über 1.000 Mitglieder gegenüber Öffentlichkeit, Verwaltung und Politik. Der SAF leitet als Bildungsdienstleister das Kompetenzzentrum für Ausbau und Fassade in Verbindung mit dem Bundesverband. Der SAF verfasst die Branchenregeln für die Arbeitsfelder Wärmedämmung, Innen- und Außenputz, Trockenbau, Schimmelsanierung, Restaurierung und Stuck z. B. mit den Richtlinien zu den Themen Sockel-, Fensteranschlüsse oder auch Luftdichtheit und berät seine Mitglieder in vielfältiger Weise. Architekten und Ausschreibende erhalten telefonische Auskünfte z. B. über die Branchenregelungen, Standards sowie Aufmaß und Abrechnungsbestimmungen.

HOLZBAU DEUTSCHLAND INSTITUT

Holzbau Deutschland- Institut e.V.
Kronenstraße 55-58
10117 Berlin
www.institut-holzbau.de

Das Holzbau Deutschland Institut agiert seit 1990 als Organisation des Zimmerer- und Holzbaugewerbes mit dem Fokus auf die Praxis im Holzbau. Zur Entwicklung von Innovationen im Holzbau bringt das Holzbau Deutschland Institut als Schnittstelle zwischen Wissenschaft und Praxis die Kompetenzen aus allen relevanten Baudisziplinen zielorientiert ein, um Holzbauunternehmen und Planende mit dem nötigen Know-how für kommende Aufgaben zu unterstützen. Die Kernaufgaben sind die Durchführung und Koordinierung praxisrelevanter Forschung und Entwicklung in Zusammenarbeit mit nationalen und internationalen Partnern im Bauwesen, die technische Interessenvertretung im Normungswesen sowie der Wissenstransfer an die relevanten Zielgruppen.

Die Gebäudedienstleister
Landesinnung Baden-Württemberg

Qualitätsverbund Gebäudedienste®

Fachforum

Fachakademie
für Gebäudemanagement
und Dienstleistungen e.V.
www.fachakademie.de

Landesinnung des Gebäudereiniger-Handwerks Baden-Württemberg
Fachverband Gebäudedienste Baden-Württemberg e.V.
Zettachring 8A
70567 Stuttgart
www.gebaeudereiniger-bw.de; info@gebaeudereiniger-bw.de

Die Landesinnung des Gebäudereiniger-Handwerks ist Ansprechpartner für Tarif- und Vergabefragen (Mustertexte etc.) und vermittelt ö.b.u.v. Sachverständige. Auf der Homepage filtert der Service "Suche Betrieb für..." spezialisierte Betriebe für die gewünschte/n Leistung/en.
Der Qualitätsverbund Gebäudedienste bescheinigt innungsgeprüfte Fachkompetenz: Seit das Gebäudereiniger-Handwerk zulassungsfrei ist, erleichtert das „QV-Zertifikat" das Auffinden qualifizierter Meisterbetriebe und garantiert die Meistereigenschaft, eine Eingangsschulung zum nachhaltigen Wirtschaften und die kontinuierliche Weiterbildung! Bundesweit sind ca. 890 qv-zertifizierte Betriebe registriert: www.qv-gebaeudedienste.de
Im Fachforum bei www.qv-gebaeudedienste.de sind die Teilnehmer der Wissensplattform für Fachfragen zu Gebäudereinigung/-diensten/-management vernetzt. Durch das automatische Informationssystem sind sie stets auf neuestem fachlichen Stand.
Die Fachakademie für Gebäudemanagement und Dienstleistungen organisiert neutrale Vergabeseminare und Weiterbildungen. Die innungsakkreditierten FA-Zertifikate sind weithin anerkannt: Zertifiziert werden: Gepr. Vorarbeiter (FA), Gepr. Objektleiter (FA), Gepr. Service-Manager (FA), Fachwirt Gebäudemanagement (FA). www.fachakademie.de

---

ZENTRALVERBAND
SANITÄR
HEIZUNG KLIMA

Zentralverband Sanitär Heizung Klima (ZVSHK)
Rathausallee 6
53757 St. Augustin

Der Zentralverband Sanitär Heizung Klima vertritt als Arbeitsgeber- und Wirtschaftsverband nach dem Gesetz zur Ordnung des Handwerks (HwO) 50.000 Unternehmen des Bauhandwerks mit rund 271.000 Beschäftigten und 37.000 Lehrverhältnissen. Dabei stützt er sich auf 17 Landesorganisationen mit 389 Innungen, in denen rund 3.000 Unternehmer ehrenamtlich tätig sind. Er ist damit der größte nationale Verband in der EU für die Planung, den Bau und die Unterhaltung gebäudetechnischer Anlagen. Als Rationalisierungsverband schließt er die Förderung, Prüfung und Durchführung von Normungs-, Typisierungs- und Spezialvorhaben ein. Insoweit ist er anhörungspflichtig und beim Deutschen Bundestag akkreditiert.

Deutsche Gesellschaft für Gartenkunst und Landschaftskultur e.V.

DGGL

Deutsche Gesellschaft für Garten- und Landschaftskultur
Landesverband Hamburg / Schleswig-Holstein e.V.
DGGL
Brüderstr. 22
20355 Hamburg
www.DGGL.org

Die Deutsche Gesellschaft für Gartenkunst und Landschaftskultur e.V. (DGGL) ist ein gemeinnütziger Verein der in allen Bundesländern aktiv ist, die Bundesgeschäftsstelle ist in Berlin.
Die DGGL wurde 1887 in Dresden gegründet, um die Belange der Freiraum- und Landschaftsgestaltung gegenüber Politik und Öffentlichkeit zu vertreten, die fachliche Weiterentwicklung von Ausbildung und Beruf zu fördern sowie die Planungs- und Ausführungstechniken und Methoden zu verbessern.
Die DGGL steht allen an der Freiraumentwicklung und an der Erhaltung von (historischen) Freiräumen interessierten Menschen offen, namentlich sind dieses Garten- und Landschaftsarchitekten, Ingenieure und Gutachter, öffentliche Grünverwaltungen, Garten- und Landschaftsbaubetriebe, Baumschulen und Gärtnereien, Produzenten von Baustoffen und Ausstattungen sowie Laien.
Gemeinsam mit Partnerorganisationen in an grenzenden Ländern ist die DGGL auch auf europäischer Ebene tätig.

DA
DEUTSCHER ABBRUCHVERBAND

Deutscher Abbruchverband e.V. (DA)
Oberländer Ufer 180-182
50968 Köln-Marienburg
www.deutscher-abbruchverband.de

Der Deutsche Abbruchverband e.V. (DA) ist seit 60 Jahren der Wirtschafts- und Arbeitgeberverband der Abbruchbranche. Der DA vertritt bundesweit mehr als 500 qualifizierte Fachbetriebe. Allein die Mitgliedsbetriebe des Deutschen Abbruchverbandes kommen auf ein geschätztes Abbruchvolumen von ungefähr 2 Mrd. € per anno. Die Gesamtbranche bewältigt ca. 250 Millionen Tonnen Baustellenabfälle pro Jahr. Der DA vertritt die Interessen der Abbruchbranche gegenüber Politik, Verwaltung und Öffentlichkeit.
Die Entwicklung der Abbruchbranche von einem eher gering geschätzten Gewerbe zu einem hochtechnisierten Industriezweig wurde vom DA maßgeblich mitgestaltet.
Im Jahre 2003 wurde ein 3-jähriger gewerblicher Ausbildungsberuf für den Abbruch geschaffen, der „Bauwerksmechaniker für Abbruch und Betontrenntechnik"; 2004 wurde das RAL-Gütezeichen Abbrucharbeiten etabliert, um besonders qualifizierte Abbruchbetriebe auch nach außen kennzeichnen zu können. Ein weiterer Meilenstein der Verbandsarbeit war die Aufnahme des Abbruchgewerks als technische Norm ATV DIN 18459 in die VOB/C im Jahre 2006.
Der DA ist Veranstalter der alljährlichen „Fachtagung Abbruch" in Berlin, Europas größter Fachtagung zu diesem Thema.

Deutscher Holz- und Bautenschutzverband e.V.
Goethestraße 37
50858 Köln
www.dhbv.de

Der Deutsche Holz- und Bautenschutzverband e.V. - DHBV - ist ein Zusammenschluss qualifizierter Fachleute, die in der Bauwerkserhaltung, der Denkmalpflege und im Neubau tätig sind.
Der Verband wurde im Jahr 1950 gegründet und vertritt seitdem bundesweit die im Holz- und Bautenschutz tätigen Berufsgruppen.
Der DHBV ist Mitglied in den Zentralverbänden des Deutschen Baugewerbes (ZDB) und des Deutschen Handwerks (ZDH) und ist in zahlreichen Normungsausschüssen und Gremien (DIN, WTA, GAEB) die Stimme der Branche.
Die Kernaufgaben des DHBV sind die Ausbildung des beruflichen Nachwuchses, die Weiterbildung von Fachkräften sowie die Qualifizierung seiner Mitglieder. Wichtige Ergebnisse der Arbeit des DHBV sind die Ausbildung „Handwerkskammergeprüfte(r) Holz- und Bautenschutztechniker/in (2000), der zweijährige Ausbildungsberuf „Fachkraft für Holz- und Bautenschutzarbeiten", der dreijährige „Ausbildungsberuf Holz- und Bautenschützer/in" (beide 2007) und der Meister für Holz- und Bautenschutz (2011).
Als Bundesverband repräsentiert der DHBV 10 Landesverbände. Deren Mitglieder bietet er praktische Unterstützung, fachliche Beratung und verbessert dadurch nachhaltig die Qualität in der Bauausführung. Durch die Verleihung von Qualitätszertifikaten, Präsentation geprüfter Fachfirmen und Sachverständige im Internet und Vermittlung von DHBV Fachfirmen und Sachverständigen unterstützt der Verband zudem Bauherren bei der Suche nach geprüfter Fachkompetenz.

Bundesverband Farbe Gestaltung Bautenschutz
Bundesinnungsverband des deutschen Maler- und Lackiererhandwerks
60486 Frankfurt a.M.; Solmstr. 4
www.farbe.de

Der Bundesverband Farbe Gestaltung Bautenschutz vertritt als Arbeitgeber -, Wirtschafts- und Technischer Verband die Interessen des Maler-Lackiererhandwerks. Er stützt sich auf ein beachtliches Fundament: Rund 41.881 kleinere und mittlere Betriebe mit 196.500 Beschäftigten, davon 22.287 Lehrlinge arbeiten in der Branche. Zur Wahrnehmung der berufsständischen Interessen sind dem Verband 17 Landesverbände sowie deren 360 Innungen mit den darin freiwillig organisierten Mitgliedsbetrieben angeschlossen. Das Leistungsangebot des modernen Handwerksberufes Maler und Lackierer umfasst u. a. Tätigkeiten wie: Oberflächenbehandlung von mineralischen Untergründen, Metall, Holz und Kunststoffen mit Beschichtungsstoffen, WDVS-Arbeiten, Betonflächeninstandsetzung, Trockenbau, Innenraumgestaltung, Korrosionsschutz- und Brandschutzbeschichtungen. Der Bundesverband betreut u. a. den Bundesausschuss Farbe und Sachwertschutz, dem Herausgeber der Technischen Richtlinien für Maler- und Lackiererarbeiten.

Fachverband Fliesen und Naturstein im Zentralverband des Deutschen Baugewerbes
Kronenstr. 55-58
10117 Berlin
www.fachverband-fliesen.de

Der Fachverband Fliesen und Naturstein (FFN) ist eine vom 10 Fachgruppen im Zentralverband des Deutschen Baugewerbes (ZDB). Der FFN vertritt die Interessen der Mitgliedsunternehmen – mit fachlicher Expertise, in allen berufsständischen Fragen. Er setzt sich für die passenden wirtschaftlichen, sozialen wie auch rechtlichen Rahmenbedingungen ein. Die Experten des Fachverbandes wirken bei der Aufstellung fachlicher Regeln, der Erstellung von Merkblättern und der Herausgabe technischer Normen mit. Sie beantworten fachtechnische Fragen und erstellen fachtechnische Gutachten. Der FFN fördert die fachtechnische Forschung und Lehre sowie die Berufsausbildung und Fortbildung wie auch die Umschulung. Der Fachverband unterstützt seine Mitglieder in allen relevanten juristischen Angelegenheiten: Beratung in arbeitsrechtlichen Streitigkeiten, Hilfe bei vertragsrechtlichen Fragestellungen, steuerrechtliche Beratung sowie Unternehmensnachfolge. Der FFN bezieht seine Mitgliedsbetriebe in die fachspezifische und zielgerichtete Öffentlichkeits- und Medienarbeit ein. Er organisiert regelmäßig Fachausstellungen, fachtechnische Wettbewerbe und Branchentagungen. Für die Mitgliedsbetriebe steht der Fachverband im engen Austausch mit herstellenden Industrieunternehmen.

Die Mitwirkung der Fachverbände beinhaltet ausschließlich die fachliche Prüfung der Mustertexte. Die veröffentlichten Positionspreise werden nicht von den Fachverbänden geprüft. Grundlage der Positionspreise ist die BKI-Baukostendatenbank.

BKI bedankt sich bei den Fachverbänden für die erfolgreiche Zusammenarbeit. Das Prüfen der Mustertexte stellt einen wertvollen Beitrag zur Verbesserung der fachlichen Kommunikation beim Bauablauf zwischen planenden und ausführenden Berufen dar.

Einführung

Dieses Fachbuch wendet sich an Architekt*innen, Ingenieur*innen, Sachverständige und sonstige Fachleute, die mit Kostenermittlungen von Hochbaumaßnahmen befasst sind. Es enthält statistische Kostenkennwerte für „Positionen", geordnet nach den Leistungsbereichen nach STLB. Neben den Mittelwerten sind auch Von-Bis-Werte und Minimal-Maximal-Werte angegeben. Bei den Von-Bis-Werten handelt es sich um mit der Standardabweichung berechnete Bandbreiten, wobei Werte über dem Mittelwert und Werte unter dem Mittelwert getrennt betrachtet werden. Der Mittelwert muss deshalb nicht zwingend in der Mitte der Bandbreite liegen.

Durch Übernahme der BKI Regionalfaktoren in die Datenbanken wurde es möglich, die Objekte und damit auch deren Positionspreise auch hinsichtlich des Bauortes zu bewerten. Für statistische Auswertungen rechnet BKI so, als ob das Objekt nicht am Bauort, sondern in einer mit dem Bundesdurchschnitt identischen Region gebaut worden wäre.

Die regional bedingten Kosteneinflussfaktoren sind somit aus den hier veröffentlichten Positionspreisen herausgerechnet. Das soll aber nicht darüber hinwegtäuschen, dass Positionspreise vielfältigen Einflussfaktoren unterliegen, von denen die regionalen meist nicht die bestimmenden sind.

Alle Kennwerte basieren auf der Analyse vergebener und abgerechneter Bauleistungen.
In Teilbereichen, z. B. bei den Leistungen zur nachträglichen Dämmung, sind die Daten auch auf Basis einzelner statistisch belegten Positionen plausibel hergeleitet worden.

Dieses Fachbuch erscheint jährlich neu, so dass der Benutzer stets aktuelle Kostenkennwerte zur Hand hat.

Benutzerhinweise

1. Definitionen
Als Positionen werden in dieser Veröffentlichung Leistungsbeschreibungen für Bauleistungen mit den zugehörigen Texten, Mengen, Preisen, sowie Ausführungsdauer und sonstigen Angaben bezeichnet. Positionstexte sind ausführliche Leistungsbeschreibungen von Bauleistungen (Langtexte) oder Kurzfassungen davon (Kurztexte). Einheitspreise sind die Preise für Bauleistungen pro definierter Einheit, Gesamtpreise sind die Preise für die Gesamtmenge einer einzelnen Bauleistung. BKI dokumentiert und veröffentlicht ausschließlich Preise abgerechneter Bauleistungen, die insofern endgültig und keinen weiteren Veränderungen durch Verhandlungen, Preisanpassungen etc. unterworfen sind.

2. Kostenstand und Mehrwertsteuer
Kostenstand aller Kennwerte ist das 2. Quartal 2025. Alle Kostenkennwerte werden in brutto und netto angegeben. Die Angabe aller Kostenkennwerte dieser Veröffentlichung erfolgt in Euro. Die vorliegenden Kostenkennwerte sind Orientierungswerte. Sie können nicht als Richtwerte im Sinne einer verpflichtenden Obergrenze angewendet werden.

3. Datengrundlage - Haftung
Grundlage der Daten sind statistische Analysen abgerechneter Bauvorhaben. Vereinzelt wurden Preise aus vergebenen Leistungsverzeichnissen zur Preisbildung verwendet.
Insbesondere Varianten vergleichbarer Positionen mit Dimensionsänderungen sind auf Basis statistisch belegten Positionen plausibel hergeleitet. Die Daten wurden mit größtmöglicher Sorgfalt vom BKI bzw. seinen Dokumentationsstellen erhoben und zusammengestellt. Für die Richtigkeit, Aktualität und Vollständigkeit dieser Daten, Analysen und Tabellen übernehmen jedoch weder die Herausgeber noch BKI eine Haftung, ebenso nicht für Druckfehler und fehlerhafte Angaben. Die Benutzung dieses Fachbuchs und die Umsetzung der darin erhaltenen Informationen erfolgen auf eigenes Risiko.
Angesichts der vielfältigen Kosteneinflussfaktoren müssen Anwender*innen die genannten Orientierungswerte eigenverantwortlich prüfen und entsprechend dem jeweiligen Verwendungszweck anpassen.

4. Anwendungsbereiche
Die Kostenkennwerte sind als Orientierungswerte konzipiert; sie können bei Kostenberechnungen und Kostenanschlägen angewendet werden. Die formalen Mindestanforderungen hinsichtlich der Darstellung der Ergebnisse einer Kostenermittlung sind in DIN 276:2018-12 unter Ziffer 3 Grundsätze der Kostenplanung festgelegt.

Die Anwendung des Positions-Verfahrens bei Kostenermittlungen setzt voraus, dass genügend Planungsinformationen vorhanden sind, um Qualitäten und Mengen von Positionen ermitteln zu können.

5. Geltungsbereiche
Die genannten Kostenkennwerte spiegeln in etwa das durchschnittliche Baukostenniveau in Deutschland wider. Die Geltungsbereiche der Tabellenwerte sind fließend. Die „von-/ bis-Werte" markieren weder nach oben noch nach unten absolute Grenzwerte. Auch die Minimal-Maximal-Werte sind nur als Minimum und Maximum der in der Stichprobe enthaltenen Werte zu verstehen. Das schließt nicht aus, dass diese Werte in der Praxis unter- oder überschritten werden können.

6. Preise
Die Preise wurden mit der Standardabweichung ermittelt, ein statistisches Verfahren, das aus dem kompletten Spektrum der Preisbeispiele einen wahrscheinlichen Mittelbereich errechnet. Um dem Umstand Rechnung zu tragen, dass Abweichungen vom Mittelwert nach oben bei Baupreisen wahrscheinlicher sind als nach unten, wurde die Standardabweichung für Preise oberhalb des Mittelwertes getrennt von denen unterhalb des Mittelwertes ermittelt. Das Verfahren findet auch in anderen BKI Publikationen Anwendung und ist im Fachbuch „BKI Baukosten Gebäude, Statistische Kostenkennwerte (Teil 1)" näher beschrieben.

7. Kosteneinflüsse
In den Streubereichen (von-/bis-Werte) der Kostenkennwerte spiegeln sich die vielfältigen Kosteneinflüsse aus Nutzung, Markt, Gebäudegeometrie, Ausführungsstandard, Projektgröße etc. wider. Die Orientierungswerte können daher nicht schematisch übernommen werden, sondern müssen entsprechend den spezifischen Planungsbedingungen überprüft und ggf. angepasst werden. Mögliche Einflüsse, die eine Anpassung der Orientierungswerte erforderlich machen, können sein:
- besondere Nutzungsanforderungen,
- Standortbedingungen (Erschließung, Immission, Topographie, Bodenbeschaffenheit),
- Bauwerksgeometrie (Grundrissform, Geschosszahlen, Geschosshöhen, Dachform, Dachaufbauten),
- Bauwerksqualität (gestalterische, funktionale und konstruktive Besonderheiten),
- Quantität (Positionsmengen),
- Baumarkt (Zeit, regionaler Baumarkt, Vergabeart).

8. Mustertexte
BKI hat für entsprechende Leistungsbereiche produktneutrale, vorformulierte Leistungstexte für die Ausschreibung verfasst. Die Mustertexte wurden auf der Grundlage der zahlreichen Positionstexte der BKI Baudatenbanken verfasst. Die Fachautoren haben die relevanten Textteile zusammengetragen und einen einheitlichen praxistauglichen Ausschreibungstext daraus gebildet. Viele Mustertexte wurden darüber hinaus von Fachverbänden der Bauberufe geprüft. Die prüfenden Fachverbände werden in den Fußzeilen der entsprechenden Seiten und zusammenfassend auf Seite 6-10 genannt.

Durch die Zusammenarbeit mit den Fachverbänden ist es gelungen, auch für ausführende Firmen eindeutig formulierte Positionsmustertexte herauszugeben. Einheitliche und praxistaugliche Positionsmustertexte in Verbindung mit Kostenangaben aus fertig gestellten Projekten sind für alle am Bau Beteiligten eine sinnvolle Unterstützung bei der täglichen Arbeit.

Den kooperierenden Fachverbänden gilt unser Dank. Sie unterstützen durch diese Zusammenarbeit die Kommunikation im Baubereich zwischen planenden und ausführenden Berufen.

9. Ausführungsdauer
In dieser Veröffentlichung ist die Angabe der Ausführungsdauer pro Leistungsposition. Diese wurde aus Literatur recherchiert und dann über unsere Baupreisdokumentation fachkundig angepasst. Die Ausführungsdauer ist somit kein Wert welcher sich aus konkreter Dokumenta-

tion ergibt, sondern einer der über Plausibilität ermittelt wurde. Er soll eine Orientierung für die Dauer der Arbeitsleistung auf der Baustelle und in Verrechnung mit Ausführungsmengen die Grundlage für die Terminplanung schaffen.

10. Regionalisierung der Daten
Grundlage der BKI Regionalfaktoren sind Daten aus der amtlichen Bautätigkeitsstatistik der statistischen Landesämter, eigene Berechnungen auch unter Verwendung von Schwerpunktpositionen und regionale Umfragen.

Zusätzlich wurden vom BKI Verfahren entwickelt, um die Eingangsdaten auf Plausibilität prüfen und ggf. anpassen zu können. Auf der Grundlage dieser Berechnungen hat BKI einen bundesdeutschen Mittelwert gebildet. Anhand des Mittelwertes lassen sich die einzelnen Land- und Stadtkreise prozentual einordnen. Diese Prozentwerte wurden die Grundlage der BKI Deutschlandkarte mit „Regionalfaktoren für Deutschland".

Für die größeren Inseln Deutschlands wurden separate Regionalfaktoren ermittelt. Dazu wurde der zugehörige Landkreis in Festland und Inseln unterteilt. Alle Inseln eines Landkreises erhalten durch dieses Verfahren den gleichen Regionalfaktor. Der Regionalfaktor des Festlandes enthält keine Inseln mehr und ist daher gegenüber früheren Ausgaben verringert.

Die Kosten der Objekte der BKI Datenbanken wurden auf den Bundesdurchschnitt umgerechnet. Für den*die Anwender*in bedeutet die Umrechnung der Daten auf den Bundesdurchschnitt, dass einzelne Kostenkennwerte oder das Ergebnis einer Kostenermittlung mit dem Regionalfaktor des Standorts des geplanten Objekts multipliziert werden können. Die BKI Stadt-/Landkreisfaktoren befinden sich im Anhang des Buchs.

11. Urheberrechte
Alle Objektinformationen sind urheberrechtlich geschützt. Dies gilt auch für die daraus abgeleiteten Auswertungen (Statistiken). Die Urheberrechte liegen bei den jeweiligen Büros, Personen bzw. beim BKI. Es ist ausschließlich eine Anwendung der Daten im Rahmen der praktischen Kostenplanung im Hochbau zugelassen. Die Nutzung der Objektinformationen für einen anderen als den Vertragszweck ist nicht zulässig. Dies gilt auch für die daraus abgeleiteten Auswertungen (Statistiken). Eine Vervielfältigung des Werks oder von Teilen daraus außer für den Vertragszweck ist nur mit ausdrücklicher Genehmigung des Herausgebers gestattet. Auch eine Übersetzung oder Bearbeitung, insbesondere eine Übertragung des Werks oder Teilen daraus in elektronische Systeme, ist nur mit ausdrücklicher Genehmigung des Herausgebers gestattet.

Erläuterungen

(1) (2)

LB 308
Wasserhaltungs-arbeiten

308

Kosten:
Stand 2.Quartal 2025
Bundesdurchschnitt

Wasserhaltungsarbeiten — **Preise €**

Nr.	Positionen	Einheit	▶	▷	ø brutto € / ø netto €	◁	◀
1	Pumpensumpf, Betonfertigteil	St	1.147	1.540	**1.745**	1.931	2.227
			964	1.294	**1.466**	1.623	1.872
2	Tauchpumpe, Fördermenge bis 10m³/h	St	524	674	**739**	817	1.034
			441	566	**621**	686	869
3	Betrieb, Pumpe bis 10m³/h	h	12	14	**15**	16	18
			10	12	**13**	13	15
4	Tauchpumpe, Fördermenge bis 20m³/h	St	681	959	**1.011**	1.086	1.300
			572	806	**849**	913	1.092
5	Betrieb, Pumpe Fördermenge bis 20m³/h	h	11	13	**14**	16	18
			9	11	**12**	14	15
6	Grundwasserabsenkung, Brunnen	St	2.031	2.846	**3.294**	4.104	5.616
			1.707	2.391	**2.768**	3.449	4.720
7	Druckrohrleitung, DN100	m	40	72	**92**	93	125
			34	61	**77**	78	105
8	Saugleitungen, DN100	m	22	27	**28**	31	36
			19	23	**23**	26	30
9	Stromerzeuger, 10-30kW	St	2.452	3.193	**3.807**	4.450	5.553
			2.060	2.683	**3.200**	3.740	4.666
10	Absetzbecken, Wasserhaltung	St	2.032	2.505	**3.313**	3.786	4.416
			1.708	2.105	**2.784**	3.182	3.711
11	Messeinrichtung, Wassermenge	St	394	624	**771**	891	1.074
			331	524	**648**	749	903
12	Wasserhaltung, Betrieb 10-20l/s	h	24	29	**30**	34	39
			20	24	**26**	29	33
13	Stundensatz, Facharbeiter/-in	h	86	88	**93**	100	108
			72	74	**78**	84	91

(3)

Nr.	**Kurztext** / Langtext						Kostengruppe
▶	▷	**ø netto €**	◁	◀	[Einheit]	Ausf.-Dauer	Positionsnummer

(4) **1 Pumpensumpf, Betonfertigteil** — KG **313**

(5) Pumpensumpf aus Betonfertigteilringen herstellen, während der gesamten Bauzeit vorhalten und wieder entfernen, inkl. erforderlichem Aushub, seitlicher Lagerung und Wiederverfüllung.
Lage: innerhalb der Baugrube
Tiefe: bis 3,00 m
Durchmesser: DN1.000
Lichter Sohlenquerschnitt: bis 1,00 m²
Boden: Homogenbereich ....., mit einer Bodengruppe, Bodengruppe: ..... DIN 18196

- Steinanteil: bis .....% Massenanteil DIN EN ISO 14688-1
- Konsistenz DIN EN ISO 14688-1: .....
- Lagerungsdichte: .....

Aushubprofilprofil: .....
Vorhaltedauer: .....

964€ 1.294€ **1.466€** 1.623€ 1.872€ [St] ⏱ 2,40h/St 308.000.015

(6) (7) (8)

▶ min
▷ von
ø Mittel
◁ bis
◀ max

(9) © **BKI** Baukosteninformationszentrum; Erläuterungen zu den Tabellen siehe Seite 16
Mustertexte geprüft: Bauwirtschaft Baden-Württemberg e.V.

Kostenstand: 2.Quartal 2025, Bundesdurchschnitt

Erläuterung nebenstehender Tabelle

Alle Kostenkennwerte werden mit und ohne Mehrwertsteuer dargestellt. Kostenstand: 2. Quartal 2025. Kosten und Kostenkennwerte wurden umgerechnet auf den Bundesdurchschnitt.

①

Leistungsbereichs-Titel

②

Datentabelle mit Angabe:
- der Bauleistungen als Kurztext
- der Einheit
- Minimal-Wert, Von-Wert, Mittel-Wert, Bis-Wert und Maximal-Wert

Angaben jeweils mit MwSt. (1. Zeile) und ohne MwSt. (2. Zeile).
Gerundete Werte bis 10€ Nettosumme.
Die Ordnungsziffer verweist auf den zugehörigen Langtext.

③

Kostengruppen nach DIN 276:2018-12. Die Angaben sind bei der Anwendung zu prüfen, da diese teilweise auf Positionsebene nicht zweifelsfrei zugeordnet werden können.

④

Ordnungsziffer für den Bezug zur Datentabelle. Mit A bezifferte Positionen sind Beschreibungen für die entsprechende Folgeposition.

⑤

Mustertexte als produktneutraler Positionstext für die Ausschreibung. Die durch Fettdruck hervorgehobenen bzw. mit Punktierung gekennzeichneten Textpassagen müssen in der Ausschreibung ausgewählt bzw. eingetragen werden um eindeutig kalkulierbar zu sein.

⑥

Abrechnungseinheit der Leistungspositionen

⑦

Ausführungsdauer der Leistung pro Stunde für die Terminplanung

⑧

Positionsnummer als ID-Kennung für das Auffinden des Datensatzes in elektronischen Medien

⑨

Name des prüfenden Fachverbandes, Anschriften siehe Seite 6-11

Häufig gestellte Fragen

Fragen zur Flächenberechnung (DIN 277):

1. Wie wird die BGF berechnet?	Die Brutto-Grundfläche ist die Summe der Grundflächen aller Grundrissebenen. Nicht dazu gehören die Grundflächen von nicht nutzbaren Dachflächen (Kriechböden) und von konstruktiv bedingten Hohlräumen (z. B. über abgehängter Decke). (DIN 277:2021-08) Bei den Gebäudearten Dachausbau und Aufstockung nur bezogen auf die Grundrissebene des Dachs.
2. Gehört der Keller bzw. eine Tiefgarage mit zur BGF?	Ja, im Gegensatz zur Geschossfläche nach § 20 Baunutzungsverordnung (BauNVo) gehört auch der Keller bzw. die Tiefgarage zur BGF.
3. Wie werden Luftgeschosse (z. B. Züblinhaus) nach DIN 277 berechnet?	Die Rauminhalte der Luftgeschosse zählen zum Regelfall der Raumumschließung (R) BRI (R). Die Grundflächen der untersten Ebene der Luftgeschosse und Stege, Treppen, Galerien etc. innerhalb der Luftgeschosse zählen zur Brutto-Grundfläche BGF (R). Vorsicht ist vor allem bei Kostenermittlungen mit Kostenkennwerten des Brutto-Rauminhalts geboten.
4. Welchen Flächen ist die Garage zuzurechnen?	Die Stellplatzflächen von Garagen werden zur Nutzungsfläche gezählt, die Fahrbahn ist Verkehrsfläche.
5. Wird die Diele oder ein Flur zur Nutzungsfläche gezählt?	Normalerweise nicht, da eine Diele oder ein Flur zur Verkehrsfläche gezählt wird. Wenn die Diele aber als Wohnraum genutzt werden kann, z. B. als Essplatz, wird sie zur Nutzungsfläche gezählt.
6. Zählt eine nicht umschlossene oder nicht überdeckte Terrasse einer Sporthalle, die als Eingang und Fluchtweg dient, zur Nutzungsfläche?	Die Terrasse ist nicht Bestandteil der Grundflächen des Bauwerks nach DIN 277. Sie bildet daher keine BGF und damit auch keine Nutzungsfläche. Die Funktion als Eingang oder Fluchtweg ändert daran nichts.

7. Zählt eine Außentreppe zum Keller zur BGF?	Wenn die Treppe allseitig umschlossen ist, z. B. mit einem Geländer, ist sie als Verkehrsfläche zu werten. Nach DIN 277:2021-08 gilt: Grundflächen und Rauminhalte sind nach ihrer Zugehörigkeit zu den folgenden Bereichen getrennt zu ermitteln: Regelfall der Raumumschließung (R): Räume und Grundflächen, die Nutzungen der Netto-Raumfläche entsprechend Tabelle 1 aufweisen und die bei allen Begrenzungsflächen des Raums (Boden, Decke, Wand) vollständig umschlossen sind. Dazu gehören nicht nur Innenräume, die von der Witterung geschützt sind, sondern auch solche allseitig umschlossenen Räume, die über Öffnungen mit dem Außenklima verbunden sind; Sonderfall der Raumumschließung (S): Räume und Grundflächen, die Nutzungen der Netto-Raumfläche entsprechend Tabelle 1 aufweisen und mit dem Bauwerk konstruktiv verbunden sind, jedoch nicht bei allen Begrenzungsflächen des Raums (Boden, Decke, Wand) vollständig umschlossen sind (z. B. Loggien, Balkone, Terrassen auf Flachdächern, unterbaute Innenhöfe, Eingangsbereiche, Außentreppen). Die Außentreppe stellt also demnach einen Sonderfall der Raumumschließung (S) dar. Wenn die Treppe allerdings über einen Tiefgarten ins UG führt, wird sie zu den Außenanlagen gezählt. Sie bildet dann keine BGF. Die Kosten für den Tiefgarten mit Treppe sind bei den Außenanlagen zu erfassen.
8. Ist eine Abstellkammer mit Heizung eine Technikfläche?	Es kommt auf die überwiegende Nutzung an. Wenn über 50% der Kammer zum Abstellen genutzt werden können, wird sie als Abstellraum gezählt. Es kann also Gebäude ohne Technikfläche geben.
9. Ist die NUF gleich der Wohnfläche?	Nein, die DIN 277 kennt den Begriff Wohnfläche nicht. Zur Nutzungsfläche gehören grundsätzlich keine Verkehrsflächen, während bei der Wohnfläche zumindest die Verkehrsflächen innerhalb der Wohnung hinzugerechnet werden. Die Abweichungen sind dadurch meistens nicht unerheblich.
Fragen zur Wohnflächenberechnung (WoFIV):	
10. Wie wird die Wohnfläche (NE: Wohnfläche) bei Wohngebäuden bei BKI berechnet?	Die Berechnung der bei BKI auf der Startseite der Wohngebäude angegebenen "NE: Wohnfläche" erfolgt nach der Wohnflächenberechnung WoFlV.

11. Wird ein Hobbyraum im Keller zur Wohnfläche gezählt?	Wenn der Hobbyraum nicht innerhalb der Wohnung liegt, wird er nicht zur Wohnfläche gezählt. Beim Einfamilienhaus gilt: Das ganze Haus stellt die Wohnung dar. Der Hobbyraum liegt also innerhalb der Wohnung und wird mitgezählt, wenn er die Qualitäten eines Aufenthaltsraums nach LBO aufweist.
12. Wird eine Diele oder ein Flur zur Wohnfläche gezählt?	Wenn die Diele oder der Flur in der Wohnung liegt ja, ansonsten nicht.
13. In welchem Umfang sind Balkone oder Terrassen bei der Wohnfläche zu rechnen?	Balkone und Terrassen werden von BKI zu einem Viertel zur Wohnfläche gerechnet. Die Anrechnung zur Hälfte wird nicht verwendet, da sie in der WoFIV als Ausnahme definiert ist.
14. Zählt eine Empore/Galerie im Zimmer als eigene Wohnfläche oder Nutzungsfläche?	Wenn es sich um ein unlösbar mit dem Baukörper verbundenes Bauteil handelt, zählt die Empore mit. Anders beim nachträglich eingebauten Hochbett, das zählt zum Mobiliar. Für die verbleibende Höhe über der Empore ist die 1 bis 2m Regel nach WoFIV anzuwenden: „Die Grundflächen von Räumen und Raumteilen mit einer lichten Höhe von mindestens zwei Metern sind vollständig, von Räumen und Raumteilen mit einer lichten Höhe von mindestens einem Meter und weniger als zwei Metern sind zur Hälfte anzurechnen."

Fragen zur Kostengruppenzuordnung (DIN 276):

15. Wo werden Abbruchkosten zugeordnet?	Abbruchkosten ganzer Gebäude im Sinne von „Bebaubarkeit des Grundstücks herstellen" werden der KG 212 Abbruchmaßnahmen zugeordnet. Abbruchkosten einzelner Bauteile, insbesondere bei Sanierungen werden den jeweiligen Kostengruppen der 2. oder 3. Ebene (Wände, Decken, Dächer) zugeordnet. Wo diese Aufteilung nicht möglich ist, werden die Abbruchkosten der KG 394 Abbruchmaßnahmen zugeordnet, weil z. B. die Abbruchkosten verschiedenster Bauteile pauschal abgerechnet wurden. Analog gilt dies auch für die Kostengruppen 400 und 500.

16. Wo muss ich die Kosten des Aushubs für Abwasser- oder Wasserleitungen zuordnen?	Diese Kosten werden wie auch alle anderen Rohrgraben- und Schachtaushubskosten der KG 311 zugeordnet, sofern der Aushub unterhalb des Gebäudes anfällt. Die Kosten für Rohrgraben- und Schachtaushub zwischen Gebäudeaußenkante und Grundstücksgrenze gehören in die KG 511. Die Kosten des Rohrgraben- und Schachtaushubs innerhalb von Erschließungsflächen werden der KG 220 ff. oder KG 230 ff. zugeordnet.
17. Wie werden Eigenleistungen bewertet?	Nach DIN 276:2018-12, gilt: 4.2.11 Die Werte von unentgeltlich eingebrachten Gütern und Leistungen (z. B. Materialien, Eigenleistungen) sind den betreffenden Kostengruppen zuzurechnen, aber gesondert auszuweisen. Dafür sind die aktuellen Marktwerte dieser Güter und Leistungen zu ermitteln und einzusetzen. Nach HOAI §4 (2) gilt: Als anrechenbare Kosten nach Absatz 2 gelten ortsübliche Preise, wenn der Auftraggeber: • selbst Lieferungen oder Leistungen übernimmt • von bauausführenden Unternehmern oder von Lieferanten sonst nicht übliche Vergünstigungen erhält • Lieferungen oder Leistungen in Gegenrechnung ausführt oder • vorhandene oder vorbeschaffte Baustoffe oder Bauteile einbauen lässt.

Fragen zu Kosteneinflussfaktoren:

18. Welchen Einfluss hat die Konjunktur auf die Baukosten?	Der Einfluss der Konjunktur auf die Baukosten wird häufig überschätzt. Er ist meist geringer als der anderer Kosteneinflussfaktoren. BKI Untersuchungen haben ergeben, dass die Baukosten bei mittlerer Konjunktur manchmal höher sind als bei hoher Konjunktur.

19. Gibt es beim BKI Regionalfaktoren?

Der Anhang dieser Ausgabe enthält eine Liste der Regionalfaktoren aller deutschen Land- und Stadtkreise, sowie für die Nord- und Ostsee-Inseln. Die Faktoren wurden auf Grundlage von Daten aus den statistischen Landesämtern gebildet, die wiederum aus den Angaben der Antragsteller von Bauanträgen entstammen. Die Regionalfaktoren werden von BKI zusätzlich als farbiges Poster im DIN A1 Format angeboten.

Die Faktoren geben Aufschluss darüber, inwiefern die Baukosten in einer bestimmten Region Deutschlands teurer oder günstiger liegen als im Bundesdurchschnitt. Sie können dazu verwendet werden, die BKI Baukosten an das besondere Baupreisniveau einer Region anzupassen.

Die Angaben wurden durch Untersuchungen des BKI weitgehend verifiziert. Dennoch können Abweichungen zu den angegebenen Werten entstehen. In Grenznähe zu einem Land-Stadtkreis mit anderen Baupreisfaktoren sollte dessen Baupreisniveau mit berücksichtigt werden, da die Übergänge zwischen den Land-Stadtkreisen fließend sind. Die Besonderheiten des Einzelfalls können ebenfalls zu Abweichungen führen.

Siehe auch Benutzerhinweise, 10. Regionalisierung der Daten (Seite 14).

20. Standardzuordnung

Einige Gebäudearten werden vom BKI nach ihrem Standard in „einfach", „mittel" und „hoch" unterteilt. Diese Unterteilung wurde immer dann vorgenommen, wenn der Standard als ein wesentlicher Kostenfaktor festgestellt wurde. Grundsätzlich gilt, dass immer mehrere Kosteneinflussfaktoren auf die Kosten und damit auf die Kostenkennwerte einwirken. Einige dieser vielen Faktoren seien hier aufgelistet:

- Zeitpunkt der Ausschreibung
- Art der Ausschreibung
- Regionale Konjunktur
- Gebäudegröße
- Lage der Baustelle, Erreichbarkeit

usw.

Wenn bei einem Gebäude große Mengen an Bauteilen hoher Qualität die übrigen Kosteneinflussfaktoren überlagern, dann wird von einem „hohen Standard" gesprochen.

Für Gebäudearten mit Standardunterteilung gibt es in „BKI Baukosten Gebäude, Statistische Kostenkennwerte" zu Beginn der jeweiligen Gebäudeart ein Arbeitsblatt zur Standardeinordnung.

21. Wie gehe ich mit der aktuellen Baukostenentwicklung um?	Zur Bewertung aktueller Baukostenentwicklungen führen wir zusätzlich Befragungen zu regionalen Baukosten-Niveaus nach Leistungsbereichen durch. Die Ergebnisse stellen wir den Anwender*innen der BKI-Fachbuchreihe zur Verfügung, unter www.bki.de/baukostenentwicklungen. Damit können die Risiken kurzfristiger Materialpreis- und Lohnkosten-Veränderungen verbessert prognostiziert werden, wie sie die normkonforme Kostenplanung nach DIN 276 verlangt.

Fragen zur Handhabung der von BKI herausgegebenen Bücher:

22. Ist die MwSt. in den Kostenkennwerten enthalten?	Bei allen Kostenkennwerten in „BKI Baukosten" ist die gültige MwSt. enthalten (zum Zeitpunkt der Herausgabe 19%). In „BKI Baukosten Positionen Neubau, Statistische Kostenkennwerte" und „BKI Baukosten Positionen Altbau, Statistische Kostenkennwerte" werden die Kostenkennwerte, wie bei Positionspreisen üblich, zusätzlich ohne MwSt. dargestellt. Kostenstand und MwSt. wird auf jeder Seite als Fußzeile angegeben.
23. Hat das Baujahr der Objekte einen Einfluss auf die angegebenen Kosten?	Nein, alle Kosten wurden über den Baupreisindex auf einen einheitlichen zum Zeitpunkt der Herausgabe aktuellen Kostenstand umgerechnet. Der Kostenstand wird auf jeder Seite als Fußzeile angegeben. Allenfalls sind Korrekturen zwischen dem Kostenstand zum Zeitpunkt der Herausgabe und dem aktuellen Kostenstand durchzuführen.
24. Wo finde ich weitere Informationen zu den einzelnen Objekten einer Gebäudeart?	Alle Objekte einer Gebäudeart sind einzeln mit Kurzbeschreibung, Angabe der BGF und anderer wichtiger Kostenfaktoren aufgeführt. Die Objektdokumentationen sind veröffentlicht in den Fachbüchern „Objektdaten" und können als PDF-Datei unter ihrer Objektnummer bei BKI bestellt werden, Telefon: 0711 954 854-41.
25. Was mache ich, wenn ich keine passende Gebäudeart finde?	In aller Regel findet man verwandte Gebäudearten, deren Kostenkennwerte der 2. Ebene (Grobelemente) wegen ähnlicher Konstruktionsart übernommen werden können.

26. Wo findet man Kostenkennwerte für Abbruch?	Im Fachbuch „BKI Baukosten Gebäude Altbau - Statistische Kostenkennwerte" gibt es Elementarten zu Abbruch und Demontagearbeiten. Im Fachbuch „BKI Baukosten Positionen Altbau - Statistische Kostenkennwerte" gibt es Mustertexte für Teilleistungen zu „LB 384 - Abbruch-, Rückbau- und Schadstoffsanierungsarbeiten". Im Fachbuch „BKI Baupreise kompakt Altbau" gibt es Positionspreise und Kurztexte zu „LB 384 - Abbruch-, Rückbau- und Schadstoffsanierungsarbeiten". Die Mustertexte für Teilleistungen zu „LB 384 - Abbruch-, Rückbau- und Schadstoffsanierungsarbeiten" und deren Positionspreise sind auch auf der DVD BKI Positionen und im BKI Kostenplaner enthalten.
27. Warum ist die Summe der Kostenkennwerte in der Kostengruppen (KG) 310-390 nicht gleich dem Kostenkennwert der KG 300, aber bei der KG 400 ist eine Summenbildung möglich?	In den Kostengruppen 310-390 ändern sich die Einheiten (310 Baugrube/Erdbau gemessen in m^3, 320 Gründung, Unterbau gemessen in m^2); eine Addition der Kostenkennwerte ist nicht möglich. In den Kostengruppen 410-490 ist die Bezugsgröße immer BGF, dadurch ist eine Addition prinzipiell möglich.
28. Manchmal stimmt die Summe der Kostenkennwerte der 2. Ebene der Kostengruppe 400 trotzdem nicht mit dem Kostenkennwert der 1. Ebene überein; warum nicht?	Die Anzahl der Objekte, die auf der 1. Ebene dokumentiert werden, kann von der Anzahl der Objekte der 2. Ebene abweichen. Dann weichen auch die Kostenkennwerte voneinander ab, da es sich um unterschiedliche Stichproben handelt. Es fallen auch nicht bei allen Objekten Kosten in jeder Kostengruppe an (Beispiel KG 461 Aufzugsanlagen).
29. Nutzungskosten, Lebenszykluskosten	Seit 2010 bringt BKI in Zusammenarbeit mit dem Institut für Bauökonomie der Universität Stuttgart ein Fachbuch mit Nutzungskosten ausgewählter Objekte heraus. Die Reihe wird kontinuierlich erweitert. Das Fachbuch Nutzungskosten Gebäude 2020/2021 fasst einzelne Objekte zu statistischen Auswertungen zusammen.
30. Lohn- und Materialkosten	BKI dokumentiert Baukosten nicht getrennt nach Lohn- und Materialanteil.
31. Gibt es Angaben zu Kostenflächenarten?	Nein, BKI hält die Grobelementmethode für geeigneter. Solange Grobelementmengen nicht vorliegen, besteht die Möglichkeit der Ableitung der Grobelementmengen aus den Verhältniszahlen von Vergleichsobjekten (siehe Planungskennwerte und Baukostensimulation).

32. Sind die im Fachbuch „BKI Baukosten Gebäude Altbau" angegebenen Mengenwerte Mengen nach DIN 276, oder die tatsächlich jeweils bearbeiteten Mengen?

Die im Fachbuch „BKI Baukosten Gebäude Altbau" angegebenen Mengenwerte sind anders als im Fachbuch „BKI Baukosten Gebäude Neubau" nicht Mengen nach DIN 276, sondern die abgerechneten Mengen, die bei den jeweiligen Objekten gemäß der Maßnahme nach der jeweiligen Kostengruppe tatsächlich bearbeitet wurden.

Fragen zu weiteren BKI Produkten:

33. Sind die Inhalte von „BKI Baukosten Gebäude (Teil 1), Statistische Kostenkennwerte" und „BKI Baukosten Bauelemente (Teil 2), Statistische Kostenkennwerte" auch im Kostenplaner enthalten?

Ja, im BKI Kostenplaner Statistik sind alle Objekte mit den Kosten bis zur 3. Ebene nach DIN 276 enthalten.
Im BKI Kostenplaner Statistik plus sind zudem die vom BKI gebildeten Ausführungsklassen und Elementarten enthalten. Darüber hinaus ermöglicht der BKI Kostenplaner den Zugriff auf alle Einzeldokumentationen von tausenden Objekten.

34. Worin unterscheiden sich die Fachbuchreihen „BKI Baukosten" und „BKI Objektdaten"

In der Fachbuchreihe BKI Objektdaten erscheinen abgerechnete Einzelobjekte eines bestimmten Teilbereichs des Bauens (A=Altbau, N=Neubau, E=Energieeffizientes Bauen, IR=Innenräume, F=Freianlagen). In der Fachbuchreihe BKI Baukosten erscheinen hingegen statistische Kostenkennwerte von Gebäudearten, die aus den Einzelobjekten gebildet werden.
Die Kostenplanung mit Einzelobjekten oder mit statistischen Kostenkennwerten haben spezifische Vor- und Nachteile:
Planung mit Objektdaten (BKI Objektdaten):

- Vorteil: Wenn es gelingt ein vergleichbares Einzelobjekt oder passende Bauausführungen zu finden ist die Genauigkeit besser als mit statistischen Kostenkennwerten. Die Unsicherheit, die der Streubereich (von-bis-Werte) mit sich bringt, entfällt.
- Nachteil: Passende Vergleichsobjekte oder Bauausführungen zu finden kann mühsam oder erfolglos sein.

Planung mit statistischen Kostenkennwerten (BKI Baukosten):

- Vorteil: Über die BKI Gebäudearten ist man recht schnell am Ziel, aufwändiges Suchen entfällt.
- Nachteil: Genauere Prüfung, ob die Mittelwerte übernommen werden können oder noch nach oben oder unten angepasst werden müssen, ist unerlässlich.

35. In welchen Produkten dokumentiert BKI Positionspreise?

Preise für Positionen mit statistischer Auswertung werden in „BKI Baukosten Positionen, Statistische Kostenkennwerte Neubau (Teil 3) und Altbau (Teil 5)" und „BKI Baupreise kompakt Neu- und Altbau" herausgegeben.
In Software-Form sind Preise mit den vorformulierten BKI-Mustertexten in der Software „BKI Kostenplaner - Statistik plus [Positionen]" und „BKI Positionen" enthalten.
Ausgewählte Positionspreise enthalten die Fachbücher „Konstruktionsdetails K1 bis K4", „Objektdaten Gebäudetechnik G1 bis G7" sowie die BKI „Objektdaten Freianlagen" und „Objektdaten Innenräume".
Im Sonderband Objektdaten S2 - Barrierefreies Bauen erscheint eine Auswahl von besonderen Positionen zum Barrierefreien Bauen.

36. Worin unterscheiden sich die Bände N1 bis N21 (A1 bis A12)

Die Bücher unterscheiden sich lediglich durch die Auswahl der dokumentierten Einzelobjekte. Der Aufbau der Bände ist gleich. In der BKI Fachbuchreihe Objektdaten erscheinen in unregelmäßigen Abständen Folgebände mit neu dokumentierten Einzelobjekten. Speziell bei den Altbaubänden A1 bis A12 ist es nützlich, alle Bände zu besitzen, da es im Bereich Altbau notwendig ist, mit passenden Vergleichsobjekten zu planen. Je mehr Vergleichsobjekte vorhanden sind, desto höher ist die „Trefferquote". Bände der Fachbuchreihe Objektdaten sollten deshalb langfristig aufbewahrt werden.

BKI plant für zukünftige Ausgaben des vorliegenden Fachbuchs zusätzlich sogenannte Aufwandsdaten zu erfassen. Sofern ausreichend Daten akquiriert werden können, erfolgt die Publikation dieser Daten wie im Folgenden beschrieben:

37. Was ist mit Aufwandsdaten gemeint?

Aufwandsdaten stellen den Zeitaufwand für Produktivleistungen eines Architekturauftrags dar. Als Produktivleistungen gelten:

- Beratung bzgl. Planung und die Ausführung des Bauvorhabens
- Erstellung von Zeichnungen, Berechnungen und Beschreibungen
- Koordination und Integration der Beiträge fachlich Beteiligter
- Erstellung von Genehmigungsunterlagen
- Vorbereitung und Mitwirken bei der Vergabe
- Objektüberwachung und Mitwirken bei der Abnahme u.v.m.

Produktivleistungen werden nicht nur von Mitarbeiter*innen, sondern auch von Inhaber*innen/Partner*innen und Dritten erbracht und den Personalaufwendungen zugeordnet.
In den BKI-Objektdokumentationen werden – soweit vom Objektplaner angegeben – die Aufwandsdaten für Produktivleistungen der Leistungsphasen 1 bis 8 dargestellt. Die Angabe des Zeitaufwands erfolgt in Arbeitstagen (1 AT = 8 Stunden).

Diese Liste wird laufend erweitert und im Internet unter www.bki.de/faq-kostenplanung.html veröffentlicht.

Abkürzungsverzeichnis

Einheiten

µm	Mikrometer
m	Meter
m^2	Quadratmeter
m^3	Kubikmeter
cm	Zentimeter
cm^2	Quadratzentimeter
cm^3	Kubikzentimeter
dm	Dezimeter
dm^2	Quadratdezimeter
dm^3	Kubikdezimeter
d	Tage
dB	Dezibel
DPr	Proctordichte
h	Stunde
Hz	Hertz
kg	Kilogramm
kN	Kilonewton
kW	Kilowatt
kWel	elektrische Leistung in Kilowatt
kWth	thermische Leistung in Kilowatt
l	Liter
min	Minute
mm	Millimeter
mm^2	Quadratmillimeter
mm^3	Kubikmillimeter
MN	Meganewton
N	Newton
psch	Pauschal
s	Sekunde
St	Stück
t	Tonnen
W	Watt
°	Grad
%	Prozent
n.A.	nach Aufwand (Preis ist Projektbezogen)

Kombinierte Einheiten

h/[Einheit]	Stunde pro [Einheit] = Ausführungsdauer
mh	Meter pro Stunde
md	Meter pro Tag
mWo	Meter pro Woche
mMt	Meter pro Monat
ma	Meter pro Jahr
m^2d	Quadratmeter pro Tag
m^2Wo	Quadratmeter pro Woche
m^2Mt	Quadratmeter pro Monat
m^3d	Kubikmeter pro Tag
m^3Wo	Kubikmeter pro Woche
m^3Mt	Kubikmeter pro Monat
Sth	Stück pro Stunde
Std	Stück pro Tag
StWo	Stück pro Woche

Kombinierte Einheiten (Fortsetzung)

StMt	Stück pro Monat
td	Tonne pro Tag
tWo	Tonne pro Woche
tMt	Tonne pro Monat

Mengenangaben

A	Fläche
B	Breite
D	Durchmesser
d	Dicke
H	Höhe
k	k-Wert
L	Länge
lw	lichte Weite
T	Tiefe
U	u-Wert
V	Volumen

Rechenzeichen

<	kleiner
>	größer
<=	kleiner gleich
>=	größer gleich
-	bis

Abkürzungen

AK	Außenkante
AN / AG	Auftragnehmer / Auftraggeber
AP	Arbeitsplätze
ATV	allg. techn. Vertragsbedingungen
BB	BB-Schloss=Buntbartschloss
BSH	Brettschichtholz
CaSi	Calciumsilikat
CG	Schaumglas
Cu	Kupfer
DD	DD-Lack=Polyurethan-Lack
DN	Durchmesser, Nennweite (DN80)
DF	Dünnformat
DG	Dachgeschoss
DK	Dreh-/Kipp(-flügel)
DHH	Doppelhaushälfte
e	Achsabstand
UG/EG/ OG/DG	Unter-/Erd-/Ober-/Dachgeschoss
ELW	Einliegerwohnung
EPS	expandierter Polystyrolschaum
ESG	Einscheiben-Sicherheitsglas
FFB	Fertigfußboden
F90-A	Feuerwiderstandsklasse 90min
GFK	Glasfaserverstärkter Kunststoff
GK / GKB	Gipskarton /Gipskarton-Bauplatten
GKF	Gipskarton-Feuerschutz
GKI	Gipskarton - imprägniert
GKL	Güteklasse

Abkürzungsverzeichnis

GK1	Geotechnische Kategorie 1 DIN 4020
Gl	Glieder (Heizkörper)
Gl24h	Festigkeitsklasse
HLz / LHLz	Hochlochziegel / Leichthochlochziegel
HDF	hochdichte Faserplatte
HT-Rohr	Hochtemperaturrohr
i.L.	im Lichten
inkl.	inklusive
i.M.	im Mittel
KG	Kellergeschoss
KG	Kunststoff Grundleitung
Kfz	Kraftfahrzeug
Kita	Kindertagesstätte
KMz	Klinkermaureziegel
KS	Kalksandstein
KSK	kaltselbstklebend
KSL	Kalksandstein-Lochstein
KSV	Kalksandstein-Vollstein
KSVm	Kalksandstein-Vormauerwerk
KVH	Konstruktionsvollholz
LAR	Leitungsanlagen-Richtlinie
LED	Leuchtdiode
LK	Lastklasse
LM	Leichtmetall / Leichtmörtel
LZR	Luftzwischenraum (Isolierglas)
MDS	mineralische Dichtschlämme
MF	Mineralfaser
MG	Mörtelgruppe
MLAR	Master-Leitungsanlagen-Richtlinie
MW	Mauerwerk / Mineralwolle / Maulweite (Zargen)
Mz	Mauerziegel
NF	Normalformat / Nut und Feder
niro	nichtrostend
NM	Normalmauermörtel
NH	Nadelholz
NUF	Nutzungsfläche
OK	Oberkante
OS	Oberflächenschutzschicht
OSB	Oriented Strand Board, Spanplatte
PC	Polycarbonat
PE/PE-HD	Polyethylen / Polyethylen, hohe Dichte
PES	Polyester
PIR	Polyisocyanurat
PMMA	Polymethylmetacrylat
PP	Polypropylen
PS	Polystyrol
PU / PUR	Polyurethan
PVC	Polyvinylchlorid
PVC-U	Polyvinylchlorid-Hart
PV	Polyestervlies
PYE	Elastomerbitumen
PYP	Plastomerbitumen
PZ	Profilzylinder
RCL	Recycling
RD	rauchdicht
R	Radius
RRM	Rohbaurichtmaß
RS	Rauchschutz (Türen)
RW	Regenwasser
RWA	Rauch-Wärme-Abzug
SFK	Steindruckfestigkeitsklasse
SML	Gusseisen-Abwasserrohr
Stb	Stahlbeton
StD	Stammdurchmesser
STP	Stellplatz
Stg	Steigung
TG	Tiefgarage
T-RS	Rauchschutztür
TSD	Trittschalldämmung
T30	Tür mit Feuerwiderstand 30min
UK	Unterkante
UK	Unterkonstruktion
VK	Vorderkante
VMz	Vormauerziegel
VSG	Verbund-Sicherheitsglas
V2A / V4A	Edelstahl
WD-Putz	Wärmedämmputzsystem
WDVS	Wärmedämmverbundsystem
WE	Wohneinheit
WF	Holzweichfaser
WK	Einbruch-Widerstandsklasse
WLG	Wärmeleitgruppe
WLS	Wärmeleitstufe
WU	wasserundurchlässig (Beton)
XPS	extrudierter Polystyrol
Z	Zuschnitt
ZTV	zusätzl. techn. Vertragsbedingungen

Abkürzungen Pflanzqualitäten

Str	Strauch
Sol	Solitär
He	Heckenpflanze
Bu	Busch
H	Hochstamm
vStr	verpflanzter Strauch
v	verpflanzt
xv	x-mal verpflanzt (1, 2 usw.)
oB	ohne Ballen
mB	mit Ballen
mDb	mit Drahtballen
P (0,5-1,0)	mit Topf (Topfgröße)
C	mit Container
Tr	Triebe
StU	Stammumfang
Sth	Stammhöhe

Gliederung in Leistungsbereiche nach STLB-Bau

Als Beispiel für eine ausführungsorientierte Ergänzung der Kostengliederung werden im Folgenden die Leistungsbereiche des Standardleistungsbuches für das Bauwesen in einer Übersicht dargestellt.

000 Baustelleneinrichtungen; Verkehrssicherungs- und Sicherheitseinrichtungen
001 Gerüstarbeiten
002 Erdarbeiten
003 Landschaftsbauarbeiten
004 Landschaftsbauarbeiten, Pflanzen
005 Brunnenbauarbeiten und Aufschlussbohrungen
006 Spezialtiefbauarbeiten
007 Untertagebauarbeiten
008 Wasserhaltungsarbeiten
009 Entwässerungskanalarbeiten
010 Drän- und Versickerungsarbeiten
011 Abscheider- und Kleinkläranlagen
012 Mauerarbeiten
013 Betonarbeiten
014 Natur-, Betonwerksteinarbeiten
016 Zimmer- und Holzbauarbeiten
017 Stahlbauarbeiten
018 Abdichtungsarbeiten
019 Kampfmittelräumarbeiten
020 Dachdeckungsarbeiten
021 Dachabdichtungsarbeiten
022 Klempnerarbeiten
023 Putz- und Stuckarbeiten, Wärmedämmsysteme
024 Fliesen- und Plattenarbeiten
025 Estricharbeiten
026 Fenster, Außentüren
027 Tischlerarbeiten
028 Parkettarbeiten, Holzpflasterarbeiten
029 Beschlagarbeiten
030 Rollladenarbeiten
031 Metallbauarbeiten
032 Verglasungsarbeiten
033 Baureinigungsarbeiten
034 Maler- und Lackierarbeiten - Beschichtungen
035 Korrosionsschutzarbeiten an Stahlbauten
036 Bodenbelagsarbeiten
037 Tapezierarbeiten
038 Vorgehängte hinterlüftete Fassaden
039 Trockenbauarbeiten
040 Wärmeversorgungsanlagen - Betriebseinrichtungen
041 Wärmeversorgungsanlagen - Leitungen, Armaturen, Heizflächen
042 Gas- und Wasseranlagen - Leitungen, Armaturen
043 Druckrohrleitungen für Gas, Wasser und Abwasser
044 Abwasseranlagen - Leitungen, Abläufe, Armaturen
045 Gas-, Wasser- und Entwässerungsanlagen - Ausstattung, Elemente, Fertigbäder
046 Gas-, Wasser- und Entwässerungsanlagen - Betriebseinrichtungen
047 Dämm- und Brandschutzarbeiten an technischen Anlagen
049 Feuerlöschanlagen, Feuerlöschgeräte
050 Blitzschutz- / Erdungsanlagen, Überspannungsschutz
051 Kabelleitungstiefbauarbeiten
052 Mittelspannungsanlagen
053 Niederspannungsanlagen - Kabel / Leitungen, Verlegesysteme, Installationsgeräte
054 Niederspannungsanlagen - Verteilersysteme und Einbaugeräte
055 Sicherheits- und Ersatzstromversorgungsanlagen
057 Gebäudesystemtechnik
058 Leuchten und Lampen
059 Sicherheitsbeleuchtungsanlagen
060 Such-, Signal-, Zeitdienst-, Antennen-, elektroakustische Anlagen, Medientechnik
061 Kommunikations- und Übertragungsnetze
062 Kommunikationsanlagen
063 Gefahrenmeldeanlagen
064 Zutrittskontroll-, Zeiterfassungssysteme
069 Aufzüge
070 Gebäudeautomation
075 Raumlufttechnische Anlagen
078 Kälteanlagen für raumlufttechnische Anlagen
080 Straßen, Wege, Plätze
081 Betonerhaltungsarbeiten
082 Bekämpfender Holzschutz
084 Abbruch-, Rückbau- und Schadstoffsanierungsarbeiten
085 Rohrvortriebsarbeiten
087 Abfallentsorgung, Verwertung und Beseitigung
090 Baulogistik
091 Stundenlohnarbeiten
096 Bauarbeiten an Bahnübergängen
097 Bauarbeiten an Gleisen und Weichen
098 Witterungsschutzmaßnahmen

Die BKI-Gliederung des vorliegenden Fachbuchs orientiert sich am Standardleistungsbuch für das Bauwesen. Die Nummern der Leistungsbereiche werden jedoch beim Altbau mit 3xx gekennzeichnet.

A Rohbau

Titel des Leistungsbereichs	LB-Nr.
Baustelleneinrichtungen; Verkehrssicherungs- und Sicherheitseinrichtungen	300
Gerüstarbeiten	301
Erdarbeiten	302
Spezialtiefbauarbeiten	306
Wasserhaltungsarbeiten	308
Entwässerungskanalarbeiten	309
Drän- und Versickerarbeiten	310
Mauerarbeiten	312
Betonarbeiten	313
Naturwerkstein-, Betonwerksteinarbeiten	314
Zimmer- und Holzbauarbeiten	316
Stahlbauarbeiten	317
Abdichtungsarbeiten	318
Dachdeckungsarbeiten	320
Dachabdichtungsarbeiten	321
Klempnerarbeiten	322

Nr.	Positionen	Einheit	►	▷	**ø brutto €** ø netto €	◁	◀
1	Bauzaun, Höhe 2,00m	m	13	17	**19**	21	26
			11	14	**16**	18	22
2	Tür, Bauzaun	St	85	154	**181**	198	238
			71	130	**152**	167	200
3	Bauzaun umsetzen	m	7	9	**10**	12	16
			6	8	**9**	10	13
4	Baumschutz, Brettermantel, bis 30cm	St	68	88	**98**	130	180
			57	74	**83**	109	151
5	Baustraße	m²	21	26	**27**	29	35
			18	22	**23**	24	29
6	Hilfsüberfahrt, Stahlplatte	St	205	260	**273**	320	342
			172	218	**230**	269	287
7	Bauwasseranschluss, 3 Zapfstellen	St	343	607	**716**	916	1.335
			288	510	**602**	770	1.122
8	Bauwasseranschluss heranführen	m	23	40	**47**	56	76
			20	33	**39**	47	64
9	Baustromanschluss	St	841	1.049	**1.154**	1.353	1.651
			707	882	**970**	1.137	1.388
10	Baustrom, Zuleitung	m	12	16	**19**	21	26
			10	14	**16**	18	22
11	Baustromverteiler	St	340	587	**681**	812	1.146
			286	493	**572**	682	963
12	WC-Kabine	St	227	347	**394**	474	624
			191	291	**331**	398	525
13	Autokran	h	211	280	**302**	329	373
			178	235	**254**	276	314
14	Baustellenaufzug, bis 800kg Nutzlast	St	2.467	3.035	**3.181**	3.423	3.880
			2.073	2.551	**2.673**	2.876	3.260
15	Bautreppe, zweiläufig	St	620	897	**1.047**	1.238	1.592
			521	754	**880**	1.040	1.338
16	Seitenschutz, Treppe	m	20	28	**32**	35	41
			17	23	**27**	29	34
17	Absturzsicherung, Seitenschutz	m	23	31	**35**	39	47
			19	26	**30**	33	40
18	Bautür, Stahlblech	St	158	230	**253**	297	420
			133	193	**213**	249	353
19	Schutzabdeckung, Boden, Holzplatten	m²	14	23	**26**	29	35
			12	20	**22**	24	30
20	Schutzwand, Folienbespannung	m²	27	35	**38**	42	48
			22	29	**32**	35	40
21	Schutzwand, Holz beplankt	m²	60	73	**80**	85	100
			51	61	**67**	72	84
22	Witterungsschutz, Fensteröffnung	m²	15	21	**24**	29	36
			13	18	**20**	24	30
23	Schutzabdeckung, Bauplane	m²	8	10	**12**	13	15
			7	9	**10**	11	13
24	Bauschuttcontainer, gemischter Bauschutt	St	552	723	**799**	886	1.234
			464	608	**671**	745	1.037

Nr.	Positionen	Einheit	►	▷	ø brutto € / ø netto €	◁	◄
25	Bauschuttcontainer, Holzabfälle	St	332	427	**479**	512	569
			279	359	**403**	430	478
26	Bauschuttcontainer, sortierter Bauschutt	St	385	487	**551**	721	892
			324	409	**463**	606	750
27	Deponiegebühr, gemischter Bauschutt	m^3	86	97	**105**	112	132
			72	81	**88**	94	111
28	Schuttabwurfschacht, bis 8,00m	St	227	411	**441**	479	787
			190	345	**371**	402	662
29	Schuttabwurfschacht, bis 12,00m	m	22	29	**33**	42	53
			18	25	**27**	36	45

Nr. **Kurztext** / Langtext — Kostengruppe

► ▷ **ø netto €** ◁ ◄ [Einheit] Ausf.-Dauer Positionsnummer

1 Bauzaun, Höhe 2,00m KG **391**

Bauzaun, als Schutzzaun auf unbefestigtem waagrechtem Untergrund, aufstellen, vorhalten und beseitigen. Türen und Tore werden gesondert vergütet.
Bauart: .....
Zaunhöhe: 2,00 m
Vorhaltedauer: 4 Wochen

11€ 14€ **16€** 18€ 22€ [m] ⏱ 0,18h/m 300.000.076

2 Tür, Bauzaun KG **391**

Behelfsmäßige Tür im Bauzaun abschließbar, einbauen, vorhalten und beseitigen.
Ausführung: .....
Bodenabstand: 20 cm
Türhöhe: 2,30 m
Öffnungsbreite: 1,20 m
Vorhaltedauer: ..... Wochen

71€ 130€ **152€** 167€ 200€ [St] ⏱ 1,00h/St 300.000.078

3 Bauzaun umsetzen KG **391**

Bauzaun inkl. Tore und Türen umsetzen.
Bauart: .....
Türen/Tore: ..... St
Umsetzweg: bis ..... m

6€ 8€ **9€** 10€ 13€ [m] ⏱ 0,10h/m 300.000.077

4 Baumschutz, Brettermantel, bis 30cm KG **211**

Gefährdete Bäume über Gelände gegen mechanische Schäden schützen, während der gesamten Bauzeit.
Stammdurchmesser: bis 30 cm, in 1-1,5 m Höhe
Material: Brettermantel inkl. Polsterung
Höhe: 2,00 m

57€ 74€ **83€** 109€ 151€ [St] ⏱ 0,90h/St 300.000.104

Kosten:
Stand 2. Quartal 2025
Bundesdurchschnitt

Nr.	**Kurztext** / Langtext						Kostengruppe
►	▷	**ø netto €**	◁	◄	[Einheit]	Ausf.-Dauer	Positionsnummer

5 Baustraße KG **391**

Verkehrsfläche, temporär, in Geländehöhe für nichtöffentlichen Baustellenverkehr, aus ungebundenem Material auf Vlies als Trennlage herstellen, nach Aufforderung durch die Bauleitung wieder beseitigen.
Ausführung: .....
Gesteinstyp: .....
Verkehrslast: ..... kN/m²
Wegbreite: bis 2,50 m
Herstellung als: Baustraße

18€	22€	**23€**	24€	29€	[m²]	⏱ 0,18 h/m²	300.000.079

6 Hilfsüberfahrt, Stahlplatte KG **391**

Überfahrt zur Baustelle über Aushubbereiche mit Stahlplatten für Baustellenverkehr. Überfahrt herstellen, vorhalten und restlos entfernen.
Ausführung: über Gräben
Verkehrslast: ..... kN/m²
Grabenbreite: 2,50 m
Spannweite: bis ..... m
Vorhaltedauer: ..... Wochen

172€	218€	**230€**	269€	287€	[St]	⏱ 0,22 h/St	300.000.103

7 Bauwasseranschluss, 3 Zapfstellen KG **391**

Bauwasseranschluss herstellen für die Verwendung von Dritten, inkl. Beantragung beim zuständigen Versorgungsunternehmen. Abbau auf Anweisung durch die Bauleitung. Die Abrechnung an die beteiligten Firmen erfolgt über Zwischenzähler.
Zapfstellen: 3 St
Vorhaltedauer: ..... Wochen

288€	510€	**602€**	770€	1.122€	[St]	⏱ 2,40 h/St	300.000.080

8 Bauwasseranschluss heranführen KG **391**

Provisorische Anschlussleitung für Bauwasser, vom öffentlichen Anschlusspunkt lt. Baustelleneinrichtungsplan bis zum bauseitigen Bauwasserverteiler heranführen, inkl. notwendiger Erdarbeiten und Abdeckung der Leitung im öffentlichen Bereich. Leistung bestehend aus Herstellung der Leitung, Vorhalten und Beseitigung; Vergütung einer evtl. erforderlichen Begleitheizung nach gesonderter Position.
Öffentlicher Bereich: **Fußgänger / Kraftverkehr / ohne Anforderung**
Leitungsgröße: DN32
Boden: Homogenbereich 1, mit einer Bodengruppe, Bodengruppe: ..... DIN 18196
- Steinanteil: bis .....% Massenanteil DIN EN ISO 14688-1
- Konsistenz DIN EN ISO 14688-1: .....
- Lagerungsdichte: .....

Vorhaltedauer: ..... Wochen

20€	33€	**39€**	47€	64€	[m]	⏱ 2,20 h/m	300.000.081

► min
▷ von
ø Mittel
◁ bis
◄ max

Nr.	Kurztext / Langtext						Kostengruppe
▶	▷	ø netto €	◁	◀	[Einheit]	Ausf.-Dauer	Positionsnummer

9 Baustromanschluss KG **391**

Baustrom-Hauptanschluss herstellen, vor- und unterhalten, Anfangszählerstand mit der Bauleitung feststellen und schriftlich protokollieren, vor Abbau den Zähler-Endstand festhalten.
Ausstattung: Zwischenzähler, Schuko- und Drehstromsteckdosen in ausreichender Anzahl, FI-Schutzschalter und Sicherungen
Zuleitung: bis 50 m
Vorhaltedauer: ..... Wochen

707€	882€	**970€**	1.137€	1.388€	[St]	⏱ 5,00h/St	300.000.082

10 Baustrom, Zuleitung KG **391**

Zuleitung zum Baustrom-Hauptanschluss, mit gummigeschützter Anschlussleitung, herstellen, vor- und unterhalten, auf Anordnung der Bauleitung abbauen.
Leistung: ..... A (Ampere)
Zuleitung: bis 50 m
Vorhaltedauer: ..... Wochen

10€	14€	**16€**	18€	22€	[m]	⏱ 0,10h/m	300.000.083

11 Baustromverteiler KG **391**

Baustromverteiler für Baubetrieb liefern, aufstellen und vorhalten.
Nutzung: einschl. anderer AN
Aufstellort: .....
Gehäuse: .....
Schutzklasse: .....
Schutzart: .....
Umgebungsbedingungen: .....
Bemessung: .....
Ausstattung: .....
Vorhaltedauer: ..... Wochen

286€	493€	**572€**	682€	963€	[St]	⏱ 7,00h/St	300.000.084

12 WC-Kabine KG **391**

WC-Kabine liefern, vorhalten, wöchentlich reinigen. Toiletteneinheit für alle Gewerke mit je 1 WC-Sitz, inkl. aller Verbrauchsmaterialien etc.
Vorhaltedauer: ..... Wochen

191€	291€	**331€**	398€	525€	[St]	⏱ 2,00h/St	300.000.085

13 Autokran KG **391**

Autokran bereitstellen, betreiben und abbauen. Abrechnung nach festgestellten Betriebsstunden. Leistung inkl. An- und Abfahrt, sowie Betriebspersonal.
Hakenhöhe/Hubhöhe: .....
Traglast: max. .....
Ausladung: max. .....

178€	235€	**254€**	276€	314€	[h]	⏱ 1,00h/h	300.000.086

Nr.	Kurztext / Langtext						Kostengruppe
▶	▷	ø netto €	◁	◀	[Einheit]	Ausf.-Dauer	Positionsnummer

14 **Baustellenaufzug, bis 800kg Nutzlast** — KG **391**

Baustellenaufzug für Personen und Material, bis 800kg Nutzlast, liefern, aufstellen und wieder räumen.
Förderhöhe: bis ca. 16,00 m
Traglast: bis 800 kg
Befestigung: .....
Haltestellen: ..... St
Fahrkorbfläche: ca. 2,00 m²
Bemessungsstrom: .....
Vorhaltedauer: ..... Wochen

▶	▷	ø	◁	◀	Einheit	Ausf.-Dauer	Positionsnummer
2.073€	2.551€	**2.673€**	2.876€	3.260€	[St]	⏱ 14,00h/St	300.000.087

15 **Bautreppe, zweiläufig** — KG **391**

Bautreppe gem. DGUV Regel 101-002 herstellen, vorhalten und wieder demontieren, zweiläufig, über mehrere Geschosse, mit Podesten.
Konstruktion: .....
Nutzung: **für den Bauverkehr / für öffentliche Nutzung**
Geschosse: max. 2
Geschosshöhe: bis 3,00 m
Treppenbreite: mind. 0,90 m
Steigungen: .....
Geländer: zweiseitig an Treppe und dreiseitig an Podesten
Vorhaltedauer: ..... Wochen

▶	▷	ø	◁	◀	Einheit	Ausf.-Dauer	Positionsnummer
521€	754€	**880€**	1.040€	1.338€	[St]	⏱ 6,20h/St	300.000.088

16 **Seitenschutz, Treppe** — KG **391**

Behelfsmäßiger Seitenschutz nach DGUV Regel 101-002, bestehend aus Geländer- und Zwischenholm, einschl. Vorhaltung und Rückbau, montiert an freiliegenden Treppenläufen und -podesten zur Absturzsicherung. Die Konstruktion ist so auszuführen, dass die im Bereich der Schutzeinrichtung tätigen Gewerke nicht behindert werden.
Vorhaltedauer: ..... Wochen

▶	▷	ø	◁	◀	Einheit	Ausf.-Dauer	Positionsnummer
17€	23€	**27€**	29€	34€	[m]	⏱ 0,10h/m	300.000.089

17 **Absturzsicherung, Seitenschutz** — KG **391**

Behelfsmäßiger Seitenschutz nach DGVU Information 201-023, einschl. Vorhaltung und Rückbau, montiert an freiliegenden Treppenläufen und -podesten zur Absturzsicherung. Die Konstruktion ist so auszuführen, dass die im Bereich der Schutzeinrichtung tätigen Gewerke nicht behindert werden.
Vorhaltedauer: ..... Wochen

▶	▷	ø	◁	◀	Einheit	Ausf.-Dauer	Positionsnummer
19€	26€	**30€**	33€	40€	[m]	⏱ 0,10h/m	300.000.074

18 **Bautür, Stahlblech** — KG **391**

Bautür an bauseitigen Öffnungen, montieren und wieder demontieren, bestehend aus Stahlblechkonstruktion, abschließbar mit Schloss und Drückergarnitur und vorgerüstet für bauseitige Profilzylinder.
Abmessung: 1,26 x 2,26 m
Vorhaltedauer: ..... Wochen

▶	▷	ø	◁	◀	Einheit	Ausf.-Dauer	Positionsnummer
133€	193€	**213€**	249€	353€	[St]	⏱ 0,50h/St	300.000.090

Kosten:
Stand 2. Quartal 2025
Bundesdurchschnitt

▶ min
▷ von
ø Mittel
◁ bis
◀ max

300
301
302
306
308
309
310
312
313
314
316
317
318
320
321
322

Nr.	Kurztext / Langtext						Kostengruppe
►	▷	**ø netto €**	◁	◄	[Einheit]	Ausf.-Dauer	Positionsnummer

19 Schutzabdeckung, Boden, Holzplatten KG **397**

Böden vollflächig abdecken, mehrlagig, unterseitig mit Lage zur Verhinderung von Kondenswasser, oberseitig mit Lage aus Holzplatten mit Nut-Feder-Verbindung. Während der Vorhaltedauer verrutschsicher befestigen und nach Aufforderung durch die Bauleitung wieder entfernen.
Vorhaltedauer: ..... Wochen

12€ | 20€ | **22€** | 24€ | 30€ | [m²] | ⏱ 0,16h/m² | 300.000.091

20 Schutzwand, Folienbespannung KG **397**

Staubschutzwand als Folienschutzwand im Gebäude, einschl. Vorhalten und wieder Beseitigen, diverse Raumhöhen, bestehend aus Trag- und Unterkonstruktion aus Holz, Bespannung mit verstärkter Gitterfolie, Anschlüsse an umfassende Massivbauteile zusätzlich abgeklebt.
Geschosshöhe: ..... (max. ..... m)
Einzelgröße: mind. ..... m²
Foliendicke: mind. 0,5 mm
Vorhaltedauer: ..... Wochen

22€ | 29€ | **32€** | 35€ | 40€ | [m²] | ⏱ 0,30h/m² | 300.000.092

21 Schutzwand, Holz beplankt KG **397**

Bauschutzwand im Gebäude, als Einbruch-, Staub- und Sichtschutz, einschl. Vorhalten und wieder Beseitigen, für diverse Raumhöhen, bestehend aus Holzkonstruktion beidseitig beplankt mit Holzwerkstoffplatten, Anschlüsse an umfassende Bauteile zusätzlich abgeklebt.
Geschosshöhe: ..... (max. ..... m)
Plattendicke: mind. 15 mm
Vorhaltedauer: ..... Wochen

51€ | 61€ | **67€** | 72€ | 84€ | [m²] | ⏱ 0,80h/m² | 300.000.093

22 Witterungsschutz, Fensteröffnung KG **397**

Öffnungen in Fassade behelfsmäßig schließen, als Witterungsschutz, mittels Holzunterkonstruktion mit PE-Folienbespannung. Die Konstruktion ist auf Anweisung der Bauleitung kurz vor Einbau der Fassaden-/Fensterelemente wieder zu demontieren und zu entsorgen.
Foliendicke: 0,5 mm
Vorhaltedauer: ..... Wochen

13€ | 18€ | **20€** | 24€ | 30€ | [m²] | ⏱ 0,35h/m² | 300.000.094

23 Schutzabdeckung, Bauplane KG **397**

Schutzplanen als Wetterschutz für Bauteile, Schutzgerüste, offene Dächer u. dgl.; nach Bedarf sturmsicher anbringen. Aufmaß nach Fläche abgedeckter Bauteilfläche.
Planendicke: ..... mm
Vorhaltedauer: ..... Wochen

7€ | 9€ | **10€** | 11€ | 13€ | [m²] | ⏱ 0,10h/m² | 300.000.095

Kosten:
Stand 2. Quartal 2025
Bundesdurchschnitt

Nr.	**Kurztext** / Langtext						Kostengruppe
▶	▷	**ø netto €**	◁	◀	[Einheit]	Ausf.-Dauer	Positionsnummer

24 Bauschuttcontainer, gemischter Bauschutt KG **391**

Bauschuttcontainer (bzw. Absetzmulde) für gemischten Bauschutt, aufstellen, vorhalten und abfahren, entsprechend den Vorschriften für Bauschutt- und Abfallbeseitigung. Abrechnung des Sortierschutts, nach Vorlage der Wiegescheine bzw. Rechnungen.
Bau- und Abbruchabfälle aus: .....
Abfallschlüssel nach AVV: .....
Material: **schadstoffbelastet / nicht schadstoffbelastet**
Zuordnung Abfall: .....
Fahrtweg zur Deponie: ca. ..... km
Volumen: 7,00 m³

▶	▷	ø	◁	◀	Einheit	Ausf.-Dauer	Positionsnummer
464€	608€	**671€**	745€	1.037€	[St]	–	300.000.096

25 Bauschuttcontainer, Holzabfälle KG **391**

Bauschuttcontainer (bzw. Absetzmulde) für Holzabfälle, aufstellen, vorhalten und abfahren. Sortiermulde entspr. Vorschriften für Bauschutt- und Abfallbeseitigung. Abrechnung des Sortierschutts, nach Vorlage der Wiegescheine bzw. Rechnungen.
Volumen: 7,00 m³

▶	▷	ø	◁	◀	Einheit	Ausf.-Dauer	Positionsnummer
279€	359€	**403€**	430€	478€	[St]	–	300.000.097

26 Bauschuttcontainer, sortierter Bauschutt KG **391**

Bauschuttcontainer (bzw. Absetzmulde) für sortierten Bauschutt, aufstellen, vorhalten und abfahren, entsprechend den Vorschriften für Bauschutt- und Abfallbeseitigung. Abrechnung des Sortierschutts, nach Vorlage der Wiegescheine bzw. Rechnungen.
Bau- und Abbruchabfälle aus: Beton, Ziegel, Fliesen und Keramik
Abfallschlüssel nach AVV: 170101 Beton, 170102 Ziegel, 170107 Gemische
Material: nicht schadstoffbelastet
Zuordnung Abfall: .....
Fahrtweg zur Deponie: ca. ...... km
Volumen: 7,00 m³

▶	▷	ø	◁	◀	Einheit	Ausf.-Dauer	Positionsnummer
324€	409€	**463€**	606€	750€	[St]	–	300.000.098

27 Deponiegebühr, gemischter Bauschutt KG **391**

Deponiegebühren für Entsorgung durch AN, Abrechnung nach Wiegekarte. Entsorgung des Materials auf einer Deponie nach Wahl des Auftragnehmers.
Bau- und Abbruchabfälle aus: AVV .....
Material: **schadstoffbelastet / nicht schadstoffbelastet**
Zuordnung Abfall: .....

▶	▷	ø	◁	◀	Einheit	Ausf.-Dauer	Positionsnummer
72€	81€	**88€**	94€	111€	[m³]	–	300.000.099

28 Schuttabwurfschacht, bis 8,00m KG **391**

Schuttabwurfschacht, staubdicht über Schuttcontainer montieren und wieder demontieren. Abrechnung je Stück Schuttrohr-Anlage.
Durchmesser: ca. 60 cm
Einbauort: außerhalb des Gebäudes
Höhe der Anlage: 4,00 bis 8,00 m
Vorhaltedauer: ..... Wochen

▶	▷	ø	◁	◀	Einheit	Ausf.-Dauer	Positionsnummer
190€	345€	**371€**	402€	662€	[St]	⏱ 4,00h/St	300.000.102

▶ min
▷ von
ø Mittel
◁ bis
◀ max

Nr.	Kurztext / Langtext						Kostengruppe
►	▷	**ø netto €**	◁	◄	[Einheit]	Ausf.-Dauer	Positionsnummer

29 **Schuttabwurfschacht, bis 12,00m** KG **391**

Schuttabwurfschacht, staubdicht über Schuttcontainer montieren und wieder demontieren. Abrechnung je Höhenmeter erstellter Schuttrohr-Anlage.
Durchmesser: ca. 60 cm
Höhe: über 8 m bis 12 m
Einbauort: außerhalb des Gebäudes
Vorhaltedauer: ..... Wochen

►	▷	ø netto €	◁	◄	[Einheit]	Ausf.-Dauer	Positionsnummer
18€	25€	**27€**	36€	45€	[m]	⏱ 0,40h/m	300.000.101

300
301
302
306
308
309
310
312
313
314
316
317
318
320
321
322

Kosten:
Stand 2. Quartal 2025
Bundesdurchschnitt

► min
▷ von
ø Mittel
◁ bis
◄ max

Nr.	Positionen	Einheit	►	▷	ø brutto € / ø netto €	◁	◄
1	Fassadengerüst erstellen, LK3, W06	m²	5	7	**7**	8	10
			4	5	**6**	7	8
2	Fassadengerüst erstellen, LK3, W09	m²	6	8	**8**	10	11
			5	6	**7**	8	9
3	Fassadengerüst erstellen, LK4, W09	m²	7	10	**11**	12	14
			6	8	**9**	10	12
4	Fassadengerüst erstellen, LK5, W09	m²	8	10	**11**	13	15
			6	8	**9**	11	13
5	Fassadengerüst abbauen, LK3, W06	m²	3	4	**4**	5	6
			2	3	**4**	4	5
6	Fassadengerüst abbauen, LK3, W09	m²	3	4	**5**	6	6
			3	4	**4**	5	5
7	Fassadengerüst abbauen, LK4, W09	m²	4	5	**6**	7	8
			3	4	**5**	6	6
8	Fassadengerüst abbauen, LK5, W09	m²	4	6	**7**	7	9
			4	5	**6**	6	7
9	Fassadengerüst, Gebrauchsüberlassung, LK3, W06	m²Wo	0,3	0,4	**0,4**	0,4	0,5
			0,2	0,3	**0,3**	0,4	0,4
10	Fassadengerüst, Gebrauchsüberlassung, LK4, W09	m²Wo	0,5	0,6	**0,7**	0,8	0,9
			0,4	0,5	**0,6**	0,6	0,8
11	Fassadengerüst, Gebrauchsüberlassung, LK5, W09	m²Wo	0,5	0,6	**0,7**	0,8	1,0
			0,4	0,5	**0,6**	0,7	0,8
12	Gerüst umsetzen, LK3, W06	m²	10	15	**16**	19	25
			9	13	**13**	16	21
13	Standfläche herstellen Hilfsgründung	m	10	16	**18**	19	24
			9	14	**15**	16	21
14	Abstützung, freistehendes Gerüst aufbauen	m²	6	9	**10**	11	12
			5	7	**8**	9	10
15	Standgerüst erstellen, innen LK3	m²	6	7	**8**	9	11
			5	6	**7**	8	9
16	Standgerüst abbauen, innen LK3	m²	5	6	**7**	8	9
			4	5	**6**	6	7
17	Standgerüst, Gebrauchsüberlassung	m²Wo	0,3	0,3	**0,4**	0,4	0,5
			0,2	0,3	**0,3**	0,4	0,4
18	Raumgerüst erstellen, LK3	m³	6	8	**9**	10	11
			5	6	**7**	8	10
19	Raumgerüst abbauen, LK3	m³	4	6	**6**	7	8
			4	5	**5**	6	7
20	Raumgerüst, Gebrauchsüberlassung	m³Wo	0,5	1,0	**1,2**	1,3	1,9
			0,5	0,9	**1,0**	1,1	1,6
21	Absetzpodest erstellen, LK4	St	215	268	**298**	340	399
			180	225	**250**	286	336
22	Absetzpodest abbauen, LK4	St	112	140	**155**	177	208
			94	117	**130**	149	175
23	Fahrgerüst erstellen, LK3	St	218	271	**298**	343	402
			183	228	**251**	288	338
24	Fahrgerüst entfernen, LK3	St	112	140	**155**	179	208
			94	118	**131**	150	175

Nr.	Positionen	Einheit	►	▷	ø brutto € / ø netto €	◁	◄
25	Fahrgerüst, Gebrauchsüberlassung	StWo	32	40	**43**	50	58
			27	33	**37**	42	49
26	Gerüstverbreiterung erstellen, bis 30cm	m	5	6	**7**	8	10
			4	5	**6**	7	8
27	Gerüstverbreiterung erstellen, bis 70cm	m	8	9	**11**	13	15
			6	8	**9**	11	12
28	Gerüstverbreiterung abbauen, bis 30cm	m	3	3	**4**	5	6
			2	3	**3**	4	5
29	Gerüstverbreiterung abbauen, bis 70cm	m	5	6	**7**	8	9
			4	5	**6**	7	8
30	Gebrauchsüberlassung Gerüstverbreiterung	mWo	0,4	0,7	**0,8**	1,2	2,1
			0,3	0,6	**0,7**	1,0	1,8
31	Dachfanggerüst als Erweiterung erstellen, Arbeitsgerüst	m	6	8	**9**	11	12
			5	7	**8**	9	10
32	Dachfanggerüst als Erweiterung abbauen, Arbeitsgerüst	m	4	5	**6**	6	7
			3	4	**5**	5	6
33	Dachfanggerüst, Gebrauchsüberlassung	mWo	0,4	0,7	**0,8**	1,1	1,6
			0,3	0,6	**0,7**	0,9	1,3
34	Gerüsttreppe erstellen, Treppenturm	St	1.900	2.375	**2.638**	3.008	3.536
			1.596	1.995	**2.217**	2.528	2.971
35	Gerüsttreppe abbauen, Treppenturm	St	697	871	**968**	1.103	1.297
			586	732	**813**	927	1.090
36	Treppenturm, Gebrauchsüberlassung	StWo	154	193	**215**	245	288
			130	162	**180**	206	242
37	Überbrückung erstellen, Gerüst	m	25	37	**43**	50	65
			21	31	**36**	42	55
38	Überbrückung, Gebrauchsüberlassung	mWo	0,5	1,3	**1,5**	1,8	3,7
			0,4	1,1	**1,3**	1,5	3,1
39	Seitenschutz, Arbeitsgerüst	m	5	7	**9**	12	17
			4	6	**8**	10	14
40	Materialaufzug, bis 300kg	St	1.910	2.130	**2.179**	2.248	2.467
			1.605	1.790	**1.831**	1.889	2.073
41	Materialaufzug, bis 500kg	St	–	2.792	**2.849**	3.675	–
			–	2.346	**2.394**	3.088	–
42	Verankerungselemente/Sondergerüstanker	St	44	49	**54**	58	63
			37	41	**46**	49	53
43	Gerüstplane, Wetterschutzplane	m²	5	6	**6**	7	8
			4	5	**5**	6	6
44	Gerüstbekleidung, Staubschutznetz/Schutzgewebe	m²	3	4	**4**	5	6
			3	3	**4**	4	5
45	Auffangnetz	m²	6	11	**14**	14	19
			5	9	**12**	12	16
46	Auffangnetz, Gebrauchsüberlassung	m²Wo	0,1	0,2	**0,2**	0,3	0,4
			< 0,1	0,2	**0,2**	0,2	0,3

Nr.	Positionen	Einheit	►	▷	ø brutto € / ø netto €	◁	◄
47	Stundensatz, Facharbeiter/-in	h	78	91	**92**	97	110
			66	77	**78**	82	93
48	Stundensatz, Helfer/-in	h	56	71	**75**	83	96
			47	60	**63**	69	81

Kosten:
Stand 2. Quartal 2025
Bundesdurchschnitt

Nr.	**Kurztext** / Langtext						Kostengruppe
►	▷	**ø netto €**	◁	◄	[Einheit]	Ausf.-Dauer	Positionsnummer

A 1 Fassadengerüst erstellen Beschreibung für Pos. **1-4**

Längenorientiertes Standgerüst als Arbeitsgerüst nach DIN EN 12811-1 erstellen, aus vorgefertigten Bauteilen, als Fassadengerüst nach DIN EN 12810, mit durchlaufenden Gerüstlagen und Verankerung am Gebäude, auf tragfähiger Standfläche, Nutzung aller Gerüstlagen.

1 Fassadengerüst erstellen, LK3, W06 KG **392**

Wie Ausführungsbeschreibung A 1
Einsatz für: .....
Lastklasse: 3 (2,0 kN/m²)
Breitenklasse: W06 (Mindestbelagsbreite 0,60 m)
Verankerungsgrund: .....
Höhenklasse: H1
Standfläche: **eben / geneigt .....**°
Abstand Belag zum Bauwerk: .....
Gebäudeabmessung/Aufbauhöhe: .....

4€ | 5€ | **6€** | 7€ | 8€ | [m²] | ⏱ 0,10h/m² | 301.000.065

2 Fassadengerüst erstellen, LK3, W09 KG **392**

Wie Ausführungsbeschreibung A 1
Einsatz für: .....
Lastklasse: 3 (2,0 kN/m²)
Breitenklasse: W09 (Mindestbelagsbreite 0,90 m)
Verankerungsgrund: .....
Höhenklasse: H1
Standfläche: **eben / geneigt .....**°
Abstand Belag zum Bauwerk: .....
Gebäudeabmessung/Aufbauhöhe: .....

5€ | 6€ | **7€** | 8€ | 9€ | [m²] | ⏱ 0,08h/m² | 301.000.066

► min
▷ von
ø Mittel
◁ bis
◄ max

3 Fassadengerüst erstellen, LK4, W09 KG **392**

Wie Ausführungsbeschreibung A 1
Einsatz für: .....
Lastklasse: 4 (3,0 kN/m2)
Breitenklasse: W09 (Mindestbelagsbreite 0,90 m)
Verankerungsgrund: .....
Höhenklasse: H1
Standfläche: **eben / geneigt .....°**
Abstand Belag zum Bauwerk: .....
Gebäudeabmessung/Aufbauhöhe: .....

6€	8€	**9€**	10€	12€	[m2]	⏱ 0,09h/m2	301.000.067

4 Fassadengerüst erstellen, LK5, W09 KG **392**

Wie Ausführungsbeschreibung A 1
Einsatz für: .....
Lastklasse: 5 (4,5 kN/m2)
Breitenklasse: W09 (Mindestbelagsbreite 0,90 m)
Höhenklasse: H1
Verankerungsgrund: .....
Standfläche: **eben / geneigt .....°**
Abstand Belag zum Bauwerk: .....
Gebäudeabmessung/Aufbauhöhe: .....

6€	8€	**9€**	11€	13€	[m2]	⏱ 0,09h/m2	301.000.068

A 2 Fassadengerüst abbauen Beschreibung für Pos. **5-8**

Längenorientiertes Standgerüst als Arbeitsgerüst nach DIN EN 12811-1 abbauen, aus vorgefertigten Bauteilen, als Fassadengerüst nach DIN EN 12810, mit durchlaufenden Gerüstlagen und Verankerung am Gebäude, auf tragfähiger Standfläche, Nutzung aller Gerüstlagen.

5 Fassadengerüst abbauen, LK3, W06 KG **392**

Wie Ausführungsbeschreibung A 2
Einsatz für: .....
Lastklasse: 3 (2,0 kN/m2)
Breitenklasse: W06 (Mindestbelagsbreite 0,60 m)
Höhenklasse: H1
Verankerungsgrund: .....
Standfläche: **eben / geneigt .....°**
Abstand Belag zum Bauwerk: .....
Gebäudeabmessung/Aufbauhöhe: .....

2€	3€	**4€**	4€	5€	[m2]	⏱ 0,05h/m2	301.000.057

Nr.	**Kurztext** / Langtext						Kostengruppe
▶	▷	**ø netto €**	◁	◀	[Einheit]	Ausf.-Dauer	Positionsnummer

6 Fassadengerüst abbauen, LK3, W09 KG **392**

Wie Ausführungsbeschreibung A 2
Einsatz für: .....
Lastklasse: 3 (2,0 kN/m²)
Breitenklasse: W09 (Mindestbelagsbreite 0,90 m)
Höhenklasse: H1
Verankerungsgrund: .....
Standfläche: **eben / geneigt .....°**
Abstand Belag zum Bauwerk: .....
Gebäudeabmessung/Aufbauhöhe: .....

3€	4€	**4€**	5€	5€	[m²]	⏱ 0,06h/m²	301.000.058

Kosten:
Stand 2. Quartal 2025
Bundesdurchschnitt

7 Fassadengerüst abbauen, LK4, W09 KG **392**

Wie Ausführungsbeschreibung A 2
Einsatz für: .....
Lastklasse: 4 (3,0 kN/m²)
Breitenklasse: W09 (Mindestbelagsbreite 0,90 m)
Verankerungsgrund: .....
Höhenklasse: H1
Standfläche: **eben / geneigt .....°**
Abstand Belag zum Bauwerk: .....
Gebäudeabmessung/Aufbauhöhe: .....

3€	4€	**5€**	6€	6€	[m²]	⏱ 0,06h/m²	301.000.059

8 Fassadengerüst abbauen, LK5, W09 KG **392**

Wie Ausführungsbeschreibung A 2
Einsatz für: .....
Lastklasse: 5 (4,5 kN/m²)
Breitenklasse: W09 (Mindestbelagsbreite 0,90 m)
Höhenklasse: H1
Verankerungsgrund: .....
Standfläche: **eben / geneigt .....°**
Abstand Belag zum Bauwerk: .....
Gebäudeabmessung/Aufbauhöhe: .....

4€	5€	**6€**	6€	7€	[m²]	⏱ 0,06h/m²	301.000.060

▶ min
▷ von
ø Mittel
◁ bis
◀ max

A 3 Fassadengerüst, Gebrauchsüberlassung Beschreibung für Pos. **9-11**

Gebrauchsüberlassung des längenorientierten Standgerüsts als Arbeitsgerüst nach DIN EN 12811-1, aus vorgefertigten Bauteilen, als Fassadengerüst nach DIN EN 12810, mit durchlaufenden Gerüstlagen und Verankerung am Gebäude, auf tragfähiger Standfläche, Nutzung aller Gerüstlagen.

9 Fassadengerüst, Gebrauchsüberlassung, LK3, W06 KG **392**

Wie Ausführungsbeschreibung A 3
Lastklasse: 3 (2,0 kN/m²)
Breitenklasse: W06 (Mindestbelagsbreite 0,60 m)
Höhenklasse: H1

0,2€	0,3€	**0,3€**	0,4€	0,4€	[m²Wo]	–	301.000.061

Nr.	Kurztext / Langtext						Kostengruppe
▶	▷	ø netto €	◁	◀	[Einheit]	Ausf.-Dauer	Positionsnummer

10 **Fassadengerüst, Gebrauchsüberlassung, LK4, W09** KG **392**

Wie Ausführungsbeschreibung A 3
Lastklasse: 4 (3,0 kN/m²)
Breitenklasse: W09 (Mindestbelagsbreite 0,90 m)
Höhenklasse: H1

0,4€ | 0,5€ | **0,6€** | 0,6€ | 0,8€ | [m²Wo] | – | 301.000.063

11 **Fassadengerüst, Gebrauchsüberlassung, LK5, W09** KG **392**

Wie Ausführungsbeschreibung A 3
Lastklasse: 4 (3,0 kN/m²)
Breitenklasse: W09 (Mindestbelagsbreite 0,90 m)
Höhenklasse: H1

0,4€ | 0,5€ | **0,6€** | 0,7€ | 0,8€ | [m²Wo] | – | 301.000.064

12 **Gerüst umsetzen, LK3, W06** KG **392**

Arbeitsgerüst umsetzen, längenorientiertes Standgerüst aus vorgefertigten Bauteilen.
Umsetzarbeit: **im Ganzen / in ..... Abschnitten**
Transportweg: bis 50 m
Beschreibung Gerüst: **abgetreppt / durchlaufend**
Lastklasse: 3 (2,0 kN/m²)
Breitenklasse: W06 (Mindestbelagbreite 0,60 m)
Höhenklasse: H1
Verankerung: am Gebäude
Verankerungsgrund: .....
Abstand Belag zum Bauwerk: .....
Standfläche: **eben / geneigt .....°**
Gebäudeabmessung/Aufbauhöhe: .....

9€ | 13€ | **13€** | 16€ | 21€ | [m²] | ⏱ 0,16h/m² | 301.000.032

13 **Standfläche herstellen Hilfsgründung** KG **392**

Unterbau für beschriebenes Gerüst, zur Herstellung einer belastbaren Standfläche.
Standfläche: .....
Neigung: eben
Gerüstbreite: .....

9€ | 14€ | **15€** | 16€ | 21€ | [m] | ⏱ 0,05h/m | 301.000.042

14 **Abstützung, freistehendes Gerüst aufbauen** KG **392**

Herstellung der Standsicherheit ohne Verankerung am Bauwerk, Ausführung mit Abstützung oder Stützgerüst, gem. statischer Berechnung, Freiraum für Abstützung oder Stützgerüste umlaufend vorhanden, Standfläche waagrecht auf Gelände über Lastverteiler belastbar. Der Tragfähigkeits- und Standsicherheitsnachweis wird gesondert vergütet.
Gerüstart: .....
Last- und Breitenklasse: .....
Grundeinsatzzeit: 4 Wochen
Stütze: **Abstützung / Stützgerüst**

5€ | 7€ | **8€** | 9€ | 10€ | [m²] | ⏱ 0,07h/m² | 301.000.054

300
301
302
306
308
309
310
312
313
314
316
317
318
320
321
322

Nr.	Kurztext / Langtext						Kostengruppe
▶	▷	**ø netto €**	◁	◀	[Einheit]	Ausf.-Dauer	Positionsnummer

15 Standgerüst erstellen, innen LK3 KG **392**

Arbeitsgerüst erstellen, als längenorientiertes Standgerüst aus vorgefertigten Bauteilen, im Innenraum, auf tragfähiger, Standfläche, Arbeitsfläche durchlaufend, mit Seitenschutz.
Einsatz für: .....
Lastklasse: 3 (2,0 kN/m²)
Breitenklasse: .....
Höhenklasse: H1
Anzahl der Gerüstlagen: .....
Verankerung: am Gebäude
Verankerungsgrund: .....
Abstand Belag zum Bauwerk: .....
Standfläche: **eben / geneigt .....°**
Gebäudeabmessung/Aufbauhöhe: .....
Angeb. System: .....

5€	6€	**7€**	8€	9€	[m²]	⏱ 0,11 h/m²	301.000.069

16 Standgerüst abbauen, innen LK3 KG **392**

Arbeitsgerüst abbauen. Längenorientiertes Standgerüst aus vorgefertigten Bauteilen im Innenraum, Arbeitsfläche durchlaufend, mit Seitenschutz.
Einsatz für: .....
Lastklasse: 3 (2,0 kN/m²)
Breitenklasse: .....
Höhenklasse: H1
Anzahl der Gerüstlagen: .....
Verankerung: am Gebäude
Standfläche: **eben / geneigt .....°**
Gebäudeabmessung/Aufbauhöhe: .....
Angeb. System: .....

4€	5€	**6€**	6€	7€	[m²]	⏱ 0,07 h/m²	301.000.070

17 Standgerüst, Gebrauchsüberlassung KG **392**

Gebrauchsüberlassung des Standgerüsts, längenorientiert, mit Seitenschutz.
Lastklasse: 3
Breitenklasse: .....
Höhenklasse: H1

0,2€	0,3€	**0,3€**	0,4€	0,4€	[m²Wo]	–	301.000.073

Kosten:
Stand 2. Quartal 2025
Bundesdurchschnitt

▶ min
▷ von
ø Mittel
◁ bis
◀ max

18 Raumgerüst erstellen, LK3 KG **392**

Arbeitsgerüst erstellen als flächenorientiertes Standgerüst, aus vorgefertigten Bauteilen, auf tragfähiger Standfläche, mit einer Arbeitslage durchlaufend, mit Seitenschutz.
Einsatzort: **innerhalb / außerhalb** des Gebäudes
Lastklasse: 3 (2,0 kN/m²)
Höhenklasse: H1
Anzahl der Gerüstlagen: .....
Seitenschutz: **einseitig / zweiseitig / umlaufend**
Verankerung: am Gebäude
Verankerungsgrund: .....
Abstand Belag zum Bauwerk: .....
Standfläche: **eben / geneigt .....**°
Grundfläche/Aufbauhöhe: .....
Angeb. System: .....

►	▷	ø netto €	◁	◄	[Einheit]	Ausf.-Dauer	Positionsnummer
5€	6€	**7€**	8€	10€	[m³]	⏱ 0,08h/m³	301.000.074

19 Raumgerüst abbauen, LK3 KG **392**

Arbeitsgerüst abbauen. Flächenorientiertes Standgerüst aus vorgefertigten Bauteilen, mit einer Arbeitslage durchlaufend, mit Seitenschutz.
Einsatzort: **innerhalb / außerhalb** des Gebäudes
Lastklasse: 3 (2,0 kN/m²)
Höhenklasse: H1
Anzahl der Gerüstlagen: .....
Seitenschutz: **einseitig / zweiseitig / umlaufend**
Verankerung: am Gebäude
Standfläche: **eben / geneigt .....**°
Grundfläche/Aufbauhöhe: .....
Angeb. System: .....
Hinweis: Die Leistung ist nach neuer ATV DIN 18451 Gerüstarbeiten ohne Grundeinsatzzeit und getrennt in Aufbau, Gebrauchsüberlassung und Demontage auszuschreiben.

►	▷	ø netto €	◁	◄	[Einheit]	Ausf.-Dauer	Positionsnummer
4€	5€	**5€**	6€	7€	[m³]	⏱ 0,05h/m³	301.000.075

20 Raumgerüst, Gebrauchsüberlassung KG **392**

Gebrauchsüberlassung Raumgerüst, LK3, H1, wie beschrieben.
Anzahl Gerüstlagen .....

►	▷	ø netto €	◁	◄	[Einheit]	Ausf.-Dauer	Positionsnummer
0,5€	0,9€	**1,0€**	1,1€	1,6€	[m³Wo]	–	301.000.048

300
301
302
306
308
309
310
312
313
314
316
317
318
320
321
322

Nr.	Kurztext / Langtext						Kostengruppe
▶	▷	**ø netto €**	◁	◀	[Einheit]	Ausf.-Dauer	Positionsnummer

21 Absetzpodest erstellen, LK4 KG **392**

Absetzpodest als Arbeitsgerüst erstellen, als flächenorientiertes Standgerüst aus vorgefertigten Bauteilen, auf tragfähiger Standfläche, mit einer durchlaufenden Arbeitslage, sowie mit Seitenschutz.
Einsatzort: **innerhalb / außerhalb** des Gebäudes
Nutzung: **.....-arbeiten / zum befördern / lagern** von Stoffen und Bauteilen.
Lastklasse: 4 (3,0 kN/m^2)
Höhenklasse: H1
Anzahl der Gerüstlagen: .....
Seitenschutz: **einseitig** / **zweiseitig** / **umlaufend**
Verankerung: am Gebäude
Verankerungsgrund: .....
Abstand Belag zum Bauwerk: .....
Standfläche: **eben / geneigt .....**°
Grundfläche/Aufbauhöhe: .....
Angeb. System: .....

180€	225€	**250€**	286€	336€	[St]	–	301.000.071

22 Absetzpodest abbauen, LK4 KG **392**

Absetzpodest Arbeitsgerüst abbauen, flächenorientiertes Standgerüst aus vorgefertigten Bauteilen, mit einer durchlaufenden Arbeitslage, sowie mit Seitenschutz.
Einsatzort: **innerhalb / außerhalb** des Gebäudes
Nutzung: **.....-arbeiten / zum befördern / lagern** von Stoffen und Bauteilen.
Lastklasse: 4 (3,0 kN/m^2)
Höhenklasse: H1
Anzahl der Gerüstlagen: .....
Seitenschutz: **einseitig** / **zweiseitig** / **umlaufend**
Verankerung: am Gebäude
Verankerungsgrund: .....
Abstand Belag zum Bauwerk: .....
Standfläche: **eben / geneigt .....**°
Grundfläche/Aufbauhöhe: .....
Angeb. System: .....

94€	117€	**130€**	149€	175€	[St]	–	301.000.072

23 Fahrgerüst erstellen, LK3 KG **392**

Fahrbares Gerüst nach DIN 4420-3 aufstellen, als Arbeitsgerüst mit einer Arbeitslage, Seitenschutz und Zugang, Standflächen eben.
Lastklasse: 3 (2,0 kN/m^2)
Abmessung: .....
Aufbauhöhe: ..... (geeignet für Arbeitshöhe bis ..... m)
Aufstellort: .....

183€	228€	**251€**	288€	338€	[St]	⏱ 1,50h/St	301.000.076

Kosten:
Stand 2. Quartal 2025
Bundesdurchschnitt

▶ min
▷ von
ø Mittel
◁ bis
◀ max

24 Fahrgerüst entfernen, LK3 KG **392**

Fahrbares Gerüst nach DIN 4420-3 entfernen. Arbeitsgerüst mit einer Arbeitslage, Seitenschutz und Zugang.
Lastklasse: 3 (2,0 kN/m^2)
Abmessung: .....
Aufbauhöhe: ..... (geeignet für Arbeitshöhe bis ..... m)
Aufstellort: .....

94€ 118€ **131€** 150€ 175€ [St] ⏱ 0,70h/St 301.000.077

25 Fahrgerüst, Gebrauchsüberlassung KG **392**

Gebrauchsüberlassung Fahrgerüst, wie beschrieben.
Lastklasse: 3
Abmessungen: .....
Aufbauhöhe: .....

27€ 33€ **37€** 42€ 49€ [StWo] – 301.000.078

A 4 Gerüstverbreiterung erstellen Beschreibung für Pos. **26-27**

Gerüstverbreiterung des Arbeitsgerüsts erstellen, mit Systemteilen, einschl. der notwendigen Beläge, Seitenschutz, notwendigen Absteifungen, Zugängen und Sicherungen sowie Verstärkung der Anker.
Gerüstart/Lastklasse: .....
Einbauhöhe: .....
Verbreiterung: .....seitig

26 Gerüstverbreiterung erstellen, bis 30cm KG **392**

Wie Ausführungsbeschreibung A 4
Verbreiterung: bis 0,30 m

4€ 5€ **6€** 7€ 8€ [m] ⏱ 0,09h/m 301.000.079

27 Gerüstverbreiterung erstellen, bis 70cm KG **392**

Wie Ausführungsbeschreibung A 4
Verbreiterung: über 0,30 bis 0,70 m

6€ 8€ **9€** 11€ 12€ [m] ⏱ 0,09h/m 301.000.080

A 5 Gerüstverbreiterung abbauen Beschreibung für Pos. **28-29**

Gerüstverbreiterung des Arbeitsgerüsts abbauen. Verbreiterung aus Systemteilen und mit notwendigen Belägen sowie Seitenschutz, notwendigen Absteifungen, Zugängen und Sicherungen.
Gerüstart/Lastklasse: .....
Einbauhöhe: .....

28 Gerüstverbreiterung abbauen, bis 30cm KG **392**

Wie Ausführungsbeschreibung A 5
Verbreiterung: bis 0,30 m

2€ 3€ **3€** 4€ 5€ [m] ⏱ 0,03h/m 301.000.086

300
301
302
306
308
309
310
312
313
314
316
317
318
320
321
322

Nr.	Kurztext / Langtext						Kostengruppe
▶	▷	ø netto €	◁	◀	[Einheit]	Ausf.-Dauer	Positionsnummer

29 Gerüstverbreiterung abbauen, bis 70cm KG **392**

Wie Ausführungsbeschreibung A 5
Verbreiterung: über 0,30 bis 0,70 m

▶	▷	ø	◁	◀	Einheit	Ausf.-Dauer	Positionsnummer
4€	5€	**6€**	7€	8€	[m]	⏱ 0,04h/m	301.000.087

30 Gebrauchsüberlassung Gerüstverbreiterung KG **392**

Gebrauchsüberlassung der Gerüstverbreiterung.
Auskragung: .....
Gerüstart/Lastklasse: .....

▶	▷	ø	◁	◀	Einheit	Ausf.-Dauer	Positionsnummer
0,3€	0,6€	**0,7€**	1,0€	1,8€	[mWo]	–	301.000.010

Kosten:
Stand 2. Quartal 2025
Bundesdurchschnitt

31 Dachfanggerüst als Erweiterung erstellen, Arbeitsgerüst KG **392**

Erweiterung des Fassadengerüsts zum Dachfanggerüst DIN 4420-1 erstellen, durch Ausbau der obersten Gerüstlage mit Systemteilen.
Dachüberstand Breite: .....
Schutzwand aus: **Geflecht / Schutznetz**
Gerüstart/Lastklasse: .....

▶	▷	ø	◁	◀	Einheit	Ausf.-Dauer	Positionsnummer
5€	7€	**8€**	9€	10€	[m]	⏱ 0,12h/m	301.000.081

32 Dachfanggerüst als Erweiterung abbauen, Arbeitsgerüst KG **392**

Erweiterung des Fassadengerüsts zum Dachfanggerüst DIN 4420-1 abbauen. Konstruktion aus Systemteilen.
Dachüberstand Breite: .....
Schutzwand aus: **Geflecht / Schutznetz**
Gerüstart/Lastklasse: .....

▶	▷	ø	◁	◀	Einheit	Ausf.-Dauer	Positionsnummer
3€	4€	**5€**	5€	6€	[m]	⏱ 0,05h/m	301.000.082

33 Dachfanggerüst, Gebrauchsüberlassung KG **392**

Gebrauchsüberlassung des Dachfanggerüsts.
Verbreiterung
Gerüstart/Lastklasse: .....

▶	▷	ø	◁	◀	Einheit	Ausf.-Dauer	Positionsnummer
0,3€	0,6€	**0,7€**	0,9€	1,3€	[mWo]	–	301.000.021

34 Gerüsttreppe erstellen, Treppenturm KG **392**

Treppenturm für Gerüst erstellen, Anbau und Verankerung am Gerüst, mit Zwischenpodesten im vertikalen Raster von 2,00m, einschl. Innen- und Außengeländern.
Gerüstart/Lastklasse: Klasse **A / B**
Steigmaß: .....
Aufbauhöhe: .....
Treppe: einläufig
Laufbreite: über 0,50 bis 0,75 m

▶	▷	ø	◁	◀	Einheit	Ausf.-Dauer	Positionsnummer
1.596€	1.995€	**2.217€**	2.528€	2.971€	[St]	⏱ 9,00h/St	301.000.083

▶ min
▷ von
ø Mittel
◁ bis
◀ max

Nr.	Kurztext / Langtext						Kostengruppe
▶	▷	ø netto €	◁	◀	[Einheit]	Ausf.-Dauer	Positionsnummer

35 Gerüsttreppe abbauen, Treppenturm KG **392**

Treppenturm für Gerüst abbauen. Treppenturm am Gerüst angebaut und verankert, mit Zwischenpodesten im vertikalen Raster von 2,00m und Innen- sowie Außengeländern.
Gerüstart/Lastklasse: Klasse **A / B**
Steigmaß: .....
Aufbauhöhe: .....
Treppe: einläufig
Laufbreite: über 500 bis 750 mm

586€ | 732€ | **813€** | 927€ | 1.090€ | [St] | ⏱ 3,00h/St | 301.000.084

36 Treppenturm, Gebrauchsüberlassung KG **392**

Gebrauchsüberlassung des Gerüst-Treppenturms.
Ausführung: .....
Gerüstart/Lastklasse: .....

130€ | 162€ | **180€** | 206€ | 242€ | [StWo] | – | 301.000.085

37 Überbrückung erstellen, Gerüst KG **392**

Überbrückung in Gerüst, einschl. Gerüstbelag und Seitenschutz.
Grundeinsatzzeit: 4 Wochen
Gerüstart/Lastklasse: .....
Überbrückter Zwischenraum: .....
Höhe über Standfläche: .....
Einbauort: über **Eingang / Durchfahrt**
Hinweis: Die Leistung ist nach neuer ATV DIN 18451 Gerüstarbeiten ohne Grundeinsatzzeit und getrennt in Aufbau, Gebrauchsüberlassung und Demontage auszuschreiben.

21€ | 31€ | **36€** | 42€ | 55€ | [m] | ⏱ 0,50h/m | 301.000.015

38 Überbrückung, Gebrauchsüberlassung KG **392**

Gebrauchsüberlassung der Gerüstüberbrückung.
Ausführung: .....
Lastklasse: .....

0,4€ | 1,1€ | **1,3€** | 1,5€ | 3,1€ | [mWo] | – | 301.000.016

39 Seitenschutz, Arbeitsgerüst KG **392**

Zusätzlicher Seitenschutz im Arbeitsgerüst, aus Systemteilen, Einbau bei einem Abstand von mehr als 0,30m zwischen Belag und Bauwerk.
Einbau: **wandseitig / .....**
Grundeinsatzzeit: 4 Wochen
Ausführung: **mit Geländer, Zwischenholm und Bordbrett / ohne Bordbrett**
Lagenanzahl: .....
Hinweis: Die Leistung ist nach neuer ATV DIN 18451 Gerüstarbeiten ohne Grundeinsatzzeit und getrennt in Aufbau, Gebrauchsüberlassung und Demontage auszuschreiben.

4€ | 6€ | **8€** | 10€ | 14€ | [m] | ⏱ 0,05h/m | 301.000.055

Nr.	Kurztext / Langtext						Kostengruppe
▶	▷	ø netto €	◁	◀	[Einheit]	Ausf.-Dauer	Positionsnummer

40 Materialaufzug, bis 300kg KG **391**

Materialaufzug aufstellen, gebrauchsüberlassen und entfernen.
Grundeinsatzzeit: 4 Wochen
Nutzlast: ..... (bis 300 kg)
Entladestellen: ..... m
Förderhöhe: .....
Stromanschluss: .....
Hinweis: Die Leistung ist nach neuer ATV DIN 18451 Gerüstarbeiten ohne Grundeinsatzzeit und getrennt in Aufbau, Gebrauchsüberlassung und Demontage auszuschreiben.

1.605€ 1.790€ **1.831€** 1.889€ 2.073€ [St] ⏱ 12,00h/St 301.000.056

41 Materialaufzug, bis 500kg KG **391**

Materialaufzug aufstellen, gebrauchsüberlassen und entfernen.
Grundeinsatzzeit: 4 Wochen
Nutzlast: ..... (bis 500 kg)
Entladestellen: ..... m
Förderhöhe: .....
Stromanschluss: .....
Hinweis: Die Leistung ist nach neuer ATV DIN 18451 Gerüstarbeiten ohne Grundeinsatzzeit und getrennt in Aufbau, Gebrauchsüberlassung und Demontage auszuschreiben.

– 2.346€ **2.394€** 3.088€ – [St] ⏱ 12,00h/St 301.000.018

42 Verankerungselemente/Sondergerüstanker KG **392**

Ein- und Ausbau von besonderen **Verankerungselementen / Sondergerüstankern** zur Verankerung des Gerüsts bei WDVS-Fassaden.
Verankerungsgrund: **einschaliges Mauerwerk (Vollstein) / .....**
Grundeinsatzzeit: ..... Wochen

37€ 41€ **46€** 49€ 53€ [St] ⏱ 0,10h/St 301.000.027

43 Gerüstplane, Wetterschutzplane KG **392**

Bekleidung von Gerüsten mit Plane aus wetterfester, UV-stabilisierter, gitterverstärkter PE-Folie, als vollflächige Gerüstbekleidung, montieren, gebrauchsüberlassen, sowie wieder demontieren.
Grundeinsatzzeit: 4 Wochen
Nutzung: .....
Reißkraft: .....
Hinweis: Zu beachten ist, dass die ggf. notwendige zusätzliche statische Berechnung für das bekleidete Gerüst, zu den besondere Leistung gehört.
Hinweis: Die Leistung ist nach neuer ATV DIN 18451 Gerüstarbeiten ohne Grundeinsatzzeit und getrennt in Aufbau, Gebrauchsüberlassung und Demontage auszuschreiben.

4€ 5€ **5€** 6€ 6€ [m²] ⏱ 0,08h/m² 301.000.050

44 Gerüstbekleidung, Staubschutznetz/Schutzgewebe KG **392**

Bekleidung von Gerüsten als vollflächige Gerüstbekleidung montieren, gebrauchsüberlassen, sowie wieder demontieren.
Grundeinsatzzeit: 4 Wochen.
Bekleidung: **Staubschutznetz / Schutzgewebe**
Funktion: .....

3€ 3€ **4€** 4€ 5€ [m²] ⏱ 0,04h/m² 301.000.017

Kosten:
Stand 2. Quartal 2025
Bundesdurchschnitt

▶ min
▷ von
ø Mittel
◁ bis
◀ max

Nr.	Kurztext / Langtext						Kostengruppe
►	▷	ø netto €	◁	◄	[Einheit]	Ausf.-Dauer	Positionsnummer

45 Auffangnetz KG **392**

Schutznetz als Auffangnetz, für horizontalen Gebrauch, montieren, gebrauchsüberlassen, sowie wieder demontieren.
Grundeinsatzzeit: 4 Wochen.
Befestigung: .....
Spannweite: .....
Einbauhöhe: .....
Bruchlast: 30 kN
Maschenweite: ca. 100 x 100 mm
Klasse: A2
Hinweis: Die Leistung ist nach neuer ATV DIN 18451 Gerüstarbeiten ohne Grundeinsatzzeit und getrennt in Aufbau, Gebrauchsüberlassung und Demontage auszuschreiben.

5€	9€	**12€**	12€	16€	[m²]	⏱ 0,10h/m²	301.000.001

46 Auffangnetz, Gebrauchsüberlassung KG **392**

Gebrauchsüberlassung des Auffangnetzes.
Ausführung: .....

< 0,1€	0,2€	**0,2€**	0,2€	0,3€	[m²Wo]	–	301.000.051

47 Stundensatz, Facharbeiter/-in

Stundenlohnarbeiten für Vorarbeiter/-in, Gesellin/Geselle, Facharbeiter/-in und Gleichgestellte, sowie ähnliche Fachkräfte. Der Verrechnungssatz für die jeweilige Arbeitskraft umfasst sämtliche Aufwendungen wie Lohn- und Gehaltskosten, Lohn- und Gehaltsnebenkosten, lohngebundene und lohnabhängige Kosten, sonstige Sozialkosten, Gemeinkosten, Wagnis und Gewinn. Leistung nach besonderer Anordnung der Bauüberwachung. Anmeldung und Nachweis gem. VOB/B.

66€	77€	**78€**	82€	93€	[h]	⏱ 1,00h/h	301.000.052

48 Stundensatz, Helfer/-in

Stundenlohnarbeiten für Werker/-in, Helfer/-in und Gleichgestellte. Der Verrechnungssatz für die jeweilige Arbeitskraft umfasst sämtliche Aufwendungen wie Lohn- und Gehaltskosten, Lohn- und Gehaltsnebenkosten, lohngebundene und lohnabhängige Kosten, sonstige Sozialkosten, Gemeinkosten, Wagnis und Gewinn. Leistung nach besonderer Anordnung der Bauüberwachung. Anmeldung und Nachweis gem. VOB/B.

47€	60€	**63€**	69€	81€	[h]	⏱ 1,00h/h	301.000.053

300
301
302
306
308
309
310
312
313
314
316
317
318
320
321
322

302

Kosten:
Stand 2. Quartal 2025
Bundesdurchschnitt

► min
▷ von
ø Mittel
◁ bis
◄ max

Erdarbeiten — Preise €

Nr.	Positionen	Einheit	►	▷	ø brutto € / ø netto €	◁	◄
1	Büsche, Kleingehölze roden	m²	10	13	**14**	16	19
			8	11	**12**	13	16
2	Wurzelstock roden, bis 50cm	St	70	102	**116**	129	168
			59	86	**98**	109	142
3	Oberboden abtragen, lagern, 30cm	m²	8	8	**8**	8	8
			6	7	**7**	7	7
4	Oberboden abtragen, entsorgen, 30cm	m³	26	32	**34**	36	42
			22	27	**28**	30	35
5	Aushub Schlitzgraben/Suchgraben	m³	99	136	**158**	168	210
			83	114	**133**	141	176
6	Aufbruch, Schwarzdecken, entsorgen	m²	20	27	**27**	30	37
			16	22	**22**	25	31
7	Betonplatten ausbauen, lagern	m²	13	15	**17**	17	20
			11	13	**14**	15	17
8	Baugrubenaushub, bis 3,50m, lagern, GK1	m³	16	21	**24**	28	36
			13	18	**20**	24	31
9	Baugrubenaushub, bis 3,50m, entsorgen, GK1	m³	45	57	**63**	79	88
			38	48	**53**	66	74
10	Baugrubenaushub, Fels, bis 3,00m, lagern, GK1	m³	37	65	**70**	83	106
			31	54	**58**	70	89
11	Fundamentaushub, bis 1,75m, lagern, GK1	m³	40	50	**62**	67	71
			34	42	**52**	57	60
12	Fundamentaushub, bis 1,75m, entsorgen, GK1	m³	52	63	**70**	78	94
			43	53	**58**	65	79
13	Einzelfundamentaushub, bis 1,75m, lagern, GK1	m³	44	53	**62**	71	80
			37	44	**52**	60	67
14	Streifenfundamentaushub, bis 1,25m, lagern, GK1	m³	42	51	**60**	61	67
			35	42	**51**	52	56
15	Streifenfundamentaushub, bis 1,25m, entsorgen, GK1	m³	53	57	**63**	80	87
			45	48	**53**	68	73
16	Kabelgraben ausheben, bis 1,25m, lagern, GK1	m³	32	35	**41**	43	53
			27	29	**34**	36	44
17	Kabelgraben ausheben, bis 1,25m, entsorgen, GK1	m³	36	44	**48**	53	61
			30	37	**41**	45	51
18	Fundament-/Grabenaushub, Handaushub, bis 1,25m	m³	111	145	**164**	174	194
			93	122	**138**	146	163
19	Bodenaustausch, Liefermaterial	m³	52	69	**76**	86	105
			44	58	**64**	72	88
20	Tragschicht, Kies	m³	60	83	**100**	112	136
			50	70	**84**	94	114
21	Sichern von Leitungen/Kabeln	m	34	47	**52**	55	60
			29	40	**44**	46	51
22	Planum, Baugrube	m²	1	2	**3**	3	5
			1,0	1,8	**2,2**	2,8	3,9
23	Planum, Wege/Fahrstraßen, verdichten	m²	2	3	**3**	4	4
			2	2	**3**	3	4
24	Lastplattendruckversuch, Baugrube	St	270	352	**395**	450	575
			227	295	**332**	378	483

Nr.	Positionen	Einheit	▶	▷	ø brutto € / ø netto €	◁	◀
25	Trennlage, Bodenplatte, Folie	m^2	2	3	**3**	4	6
			2	3	**3**	4	5
26	Leitungen/Fundamente verfüllen, Lagermaterial	m^3	50	56	**58**	61	69
			42	47	**48**	51	58
27	Leitungen/Fundamente verfüllen, Liefermaterial	m^3	49	62	**68**	80	98
			41	52	**57**	67	82
28	Arbeitsräume verfüllen, verdichten	m^3	46	53	**53**	55	57
			39	45	**45**	46	48
29	Aushub lagernd, entsorgen	m^3	39	51	**56**	60	67
			33	43	**47**	50	56
30	Baugrube sichern, Folienabdeckung	m^2	3	4	**5**	6	7
			3	4	**4**	5	6
31	Kabelschutzrohr	m	6	9	**10**	12	16
			5	7	**9**	10	14
32	Zugdraht für Kabelschutzrohr	m	2	2	**2**	2	3
			2	2	**2**	2	2
33	Warnband, Leitungsgräben	m	0,7	1,5	**1,7**	2,1	2,7
			0,6	1,2	**1,4**	1,7	2,3
34	Stundensatz, Facharbeiter/-in	h	77	87	**94**	97	104
			65	73	**79**	81	87
35	Stundensatz, Helfer/-in	h	70	75	**78**	78	86
			59	63	**65**	66	72

Nr.	**Kurztext** / Langtext						Kostengruppe
▶	▷	**ø netto €**	◁	◀	[Einheit]	Ausf.-Dauer	Positionsnummer

1 Büsche, Kleingehölze roden KG **214**

Büsche und Kleingehölze roden, Holzteile häckseln und innerhalb des Baugeländes verteilen. Abrechnung nach m^2 bewachsener Fläche.
Bewuchs: Büsche und kleinwüchsige Bäume
Abmessung: Breite bis 1,00 m, Höhe bis ca. 1,50 m
Standort Pflanzen: direkte Zufahrt, ungehindertes Fällen möglich
Gelände: **eben / leicht geneigt / steil**

▶	▷	ø netto €	◁	◀	[Einheit]	Ausf.-Dauer	Positionsnummer
8€	11€	**12€**	13€	16€	[m^2]	⏱ 0,08 h/m^2	302.001.083

2 Wurzelstock roden, bis 50cm KG **214**

Wurzelstöcke gefällter Bäume roden, Material wird Eigentum des Auftragnehmers und ist zu beseitigen.
Stammdurchmesser: bis 50 cm (an Schnittstelle)

▶	▷	ø netto €	◁	◀	[Einheit]	Ausf.-Dauer	Positionsnummer
59€	86€	**98€**	109€	142€	[St]	⏱ 1,00 h/St	302.001.096

300
301
302
306
308
309
310
312
313
314
316
317
318
320
321
322

Kosten:
Stand 2. Quartal 2025
Bundesdurchschnitt

Nr.	**Kurztext** / Langtext						Kostengruppe
►	▷	**ø netto €**	◁	◄	[Einheit]	Ausf.-Dauer	Positionsnummer

3 Oberboden abtragen, lagern, 30cm KG **311**

Oberboden, profilgerecht abtragen, laden, fördern und Bodengruppen getrennt lagern.
Bodenzuordnung lt.: **Aufstellung / Bericht / gemeinsamer Feststellung**
Bodengruppen: ..... DIN 18196
Bodengruppe: ..... DIN 18915
Gesamtabtragstiefe: bis 30 cm
Zuordnung: BM0
Förderweg: bis ..... km
Mengenermittlung nach Aufmaß an der Entnahmestelle.

6€	7€	**7€**	7€	7€	[m²]	⏱ 0,06 h/m²	302.000.010

4 Oberboden abtragen, entsorgen, 30cm KG **214**

Oberboden, profilgerecht lösen, fördern und laden, mit Lkw des AN zur Verwertungsanlage abfahren.
Bodenzuordnung lt.: **Aufstellung / Bericht / gemeinsamer Feststellung**
Bodengruppen: ..... DIN 18196
Bodengruppe: ..... DIN 18915
Gesamtabtragstiefe i.M.: 30 cm
Aushub: nicht schadstoffbelastet
Zuordnung: BM0
Verwertungsanlage (Bezeichnung/Ort): .....
Förderweg: bis ..... km
Verwertungsgebühren werden vom AN übernommen.
Mengenermittlung nach Aufmaß an der Entnahmestelle.

22€	27€	**28€**	30€	35€	[m³]	⏱ 0,20 h/m³	302.001.098

5 Aushub Schlitzgraben/Suchgraben KG **311**

Boden für Suchgraben ausheben, zur Freilegung von Kabeln und Rohrleitungen, einschl. Verbau, Handaushub ist einzukalkulieren, Aushub seitlich lagern, wieder verfüllen und verdichten. Laden und Abfuhr von überschüssigem Boden nach getrennter Position.
Aushubtiefe: bis 1,25 m
Sohlenbreite: bis 0,80 m
Sohlenlänge: bis 4,00 m
Bodeneigenschaften und Kennwerte: .....
Baumaßnahmen der Geotechnischen Kategorie 1 DIN 4020
Homogenbereich: 1
Homogenbereich 1 oben: ..... m
Homogenbereich 1 unten: ..... m
Anzahl der Bodengruppen: ..... St
Bodengruppen DIN 18196: .....
Konsistenz DIN EN ISO 14688-1

83€	114€	**133€**	141€	176€	[m³]	⏱ 1,20 h/m³	302.000.007

► min
▷ von
ø Mittel
◁ bis
◄ max

6 Aufbruch, Schwarzdecken, entsorgen KG **212**

Bituminös befestigte Flächen inkl. Unterbau aus Kies oder Schotter streifenförmig aufbrechen, anfallenden Schutt laden, abfahren und entsorgen; Entsorgungsgebühr wird gesondert vergütet. Leistung inkl. exakter Schneidearbeiten des Belags. Geräteeinsatz möglich.
Wichte Abbruchstoff: .....
Belagdicke: bis 15
Streifenbreite ca. 70-100 cm
Abfall: nicht gefährlich
Zuordnung Abfall: .....
Abfallschlüssel nach AVV: 170302 Bitumengemische

16€ 22€ **22€** 25€ 31€ [m²] ⏱ 0,20h/m² 302.000.008

7 Betonplatten ausbauen, lagern KG **212**

Betonplatten, Gehwegplatten im Sandbett ausbauen, Platten reinigen, laden, fördern und zur Wiederverwendung bauseitig lagern.
Format: bis 50 x 50 cm
Belagsdicke: 8 cm
Förderweg: bis 50 m

11€ 13€ **14€** 15€ 17€ [m²] ⏱ 0,17h/m² 302.001.112

8 Baugrubenaushub, bis 3,50m, lagern, GK1 KG **311**

Boden der Baugrube profilgerecht lösen, fördern und auf der Baustelle lagern. Verbau in gesonderter Position.
Gesamtbreite: ..... m
Gesamtlänge: ..... m
Gesamtabtragstiefe: bis 3,50 m
Förderweg: ..... m
Baumaßnahmen der Geotechnischen Kategorie 1 DIN 4020
Homogenbereich: 1
Homogenbereich 1 oberer Horizont: ..... m
Homogenbereich 1 unterer Horizont: ..... m
Anzahl der Bodengruppen: ..... St
Bodengruppen DIN 18196: .....
Massenanteile der Steine DIN EN ISO 14688-1: über .....% bis .....%
Massenanteile der Blöcke DIN EN ISO 14688-1: über .....% bis .....%
Konsistenz DIN EN ISO 14688-1: .....
Lagerungsdichte: .....
Homogenbereiche lt.: .....
Aushub: nicht schadstoffbelastet, BM0
Mengenermittlung nach Aufmaß an der Entnahmestelle.

13€ 18€ **20€** 24€ 31€ [m³] ⏱ 0,12h/m³ 302.001.099

300
301
302
306
308
309
310
312
313
314
316
317
318
320
321
322

Nr.	Kurztext / Langtext						Kostengruppe
▶	▷	ø netto €	◁	◀	[Einheit]	Ausf.-Dauer	Positionsnummer

Kosten:
Stand 2. Quartal 2025
Bundesdurchschnitt

9 Baugrubenaushub, bis 3,50m, entsorgen, GK1 KG **311**

Boden der Baugrube profilgerecht ausheben. Verbau in gesonderter Position.
Gesamtbreite: ..... m
Gesamtlänge: ..... m
Baumaßnahmen der Geotechnischen Kategorie 1 DIN 4020
Homogenbereich: 1
Homogenbereich 1 oberer Horizont: ..... m
Homogenbereich 1 unterer Horizont: ..... m
Anzahl der Bodengruppen: ..... St
Bodengruppen DIN 18196: .....
Massenanteile der Steine DIN EN ISO 14688-1: über .....% bis .....%
Massenanteile der Blöcke DIN EN ISO 14688-1: über .....% bis .....%
Konsistenz DIN EN ISO 14688-1: .....
Lagerungsdichte: .....
Homogenbereiche lt.: .....
Leistungsumfang: lösen, fördern, mit Lkw des AN zur zugelassenen Lagerstelle abfahren, dort lagenweise einarbeiten
Gesamtabtragstiefe: bis 3,50 m
Aushub: nicht schadstoffbelastet, BM0
Zuordnung Abfall: .....
Lagerstätte (Bezeichnung/Ort) .....
Förderweg: bis ..... km
Mengenermittlung nach Aufmaß an der Entnahmestelle.

▶	▷	ø	◁	◀	[Einheit]	Ausf.-Dauer	Positionsnummer
38€	48€	**53€**	66€	74€	[m³]	⏱ 0,14h/m³	302.001.100

10 Baugrubenaushub, Fels, bis 3,00m, lagern, GK1 KG **311**

Felsigen Boden der Baugrube ausheben. Verbau in gesonderter Position.
Gesamtbreite: ..... m
Gesamtlänge: ..... m
Baumaßnahmen der Geotechnischen Kategorie 1 DIN 4020
Homogenbereich: 1
Homogenbereich 1 oberer Horizont: ..... m
Homogenbereich 1 unterer Horizont: ..... m
Anzahl Gesteinsarten: .....
Gesteinsarten: .....
Veränderlichkeit DIN EN ISO 14689-1: .....
Geologische Struktur DIN EN ISO 14689-1: .....
Abstand Trennflächen DIN EN ISO 14689-1: .....
Trennflächen, Gesteinskörperform: .....
Fallrichtung Trennflächen: .....°
Fallwinkel Trennflächen: .....°
Homogenbereiche lt.: .....
Leistungsumfang: lösen, fördern, auf der Baustelle lagern
Abrechnung: nach dem gelösten Boden, auch außerhalb des Profils
Aushubtiefe: bis 3,00 m
Zuordnung: .....
Mengenermittlung nach Aufmaß an der Entnahmestelle.

▶	▷	ø	◁	◀	[Einheit]	Ausf.-Dauer	Positionsnummer
31€	54€	**58€**	70€	89€	[m³]	⏱ 0,45h/m³	302.001.101

▶ min
▷ von
ø Mittel
◁ bis
◀ max

Nr.	Kurztext / Langtext						Kostengruppe
►	▷	ø netto €	◁	◄	[Einheit]	Ausf.-Dauer	Positionsnummer

11 Fundamentaushub, bis 1,75m, lagern, GK1 KG **322**

Aushub Einzel- und Streifenfundament, Boden maschinell lösen, laden, fördern und auf Baustelle lagern, für Wiedereinbau; Fundamentsohle durch Handschachtung planieren. Verbau in gesonderter Position.
Gesamtbreite: ..... m
Gesamtlänge: ..... m
Gesamtabtragstiefe: bis 1,75 m
Förderweg: ..... m
Baumaßnahmen der Geotechnischen Kategorie 1 DIN 4020
Homogenbereich: 1
Homogenbereich 1 oberer Horizont: ..... m
Homogenbereich 1 unterer Horizont: ..... m
Anzahl der Bodengruppen: ..... St
Bodengruppen DIN 18196: .....
Massenanteile der Steine DIN EN ISO 14688-1: über .....% bis .....%
Massenanteile der Blöcke DIN EN ISO 14688-1: über .....% bis .....%
Konsistenz DIN EN ISO 14688-1: .....
Lagerungsdichte: .....
Homogenbereiche lt.: .....
Mengenermittlung nach Aufmaß an der Entnahmestelle.

34€	42€	**52€**	57€	60€	[m³]	⏱ 0,44 h/m³	302.001.102

12 Fundamentaushub, bis 1,75m, entsorgen, GK1 KG **322**

Aushub Einzel- und Streifenfundament, lösen, fördern, laden und mit Lkw des AN zur Verwertungsanlage abfahren. Verbau in gesonderter Position.
Gesamtbreite: ..... m
Gesamtlänge: ..... m
Gesamtabtragstiefe: bis 1,75 m
Förderweg: ..... m
Baumaßnahmen der Geotechnischen Kategorie 1 DIN 4020
Homogenbereich: 1
Homogenbereich 1 oberer Horizont: ..... m
Homogenbereich 1 unterer Horizont: ..... m
Anzahl der Bodengruppen: ..... St
Bodengruppen DIN 18196: .....
Massenanteile der Steine DIN EN ISO 14688-1: über .....% bis .....%
Massenanteile der Blöcke DIN EN ISO 14688-1: über .....% bis .....%
Konsistenz DIN EN ISO 14688-1: .....
Lagerungsdichte: .....
Homogenbereiche lt.: .....
Zuordnung: .....

43€	53€	**58€**	65€	79€	[m³]	⏱ 0,42 h/m³	302.001.103

Nr.	Kurztext / Langtext						Kostengruppe
▶	▷	ø netto €	◁	◀	[Einheit]	Ausf.-Dauer	Positionsnummer

13 Einzelfundamentaushub, bis 1,75m, lagern, GK1 KG **322**

Aushub Einzelfundament, Boden maschinell lösen, laden, fördern und auf Baustelle lagern, für Wiedereinbau, inkl. Planum auf der Fundamentsohle. Verbau in gesonderter Position.
Gesamtbreite: ..... m
Gesamtlänge: ..... m
Gesamtabtragstiefe: bis 1,75 m
Förderweg: ..... m
Baumaßnahmen der Geotechnischen Kategorie 1 DIN 4020
Homogenbereich: 1
Homogenbereich 1 oben: ..... m
Homogenbereich 1 unten: ..... m
Anzahl der Bodengruppen: ..... St
Bodengruppen DIN 18196: .....
Massenanteile der Steine DIN EN ISO 14688-1: über .....% bis .....%
Massenanteile der Blöcke DIN EN ISO 14688-1: über .....% bis .....%
Konsistenz DIN EN ISO 14688-1: .....
Lagerungsdichte: .....
Homogenbereiche lt.: .....
Zuordnung: .....
Mengenermittlung nach Aufmaß an der Entnahmestelle.

37€	44€	**52€**	60€	67€	[m³]	⏱ 0,37h/m³	302.001.104

14 Streifenfundamentaushub, bis 1,25m, lagern, GK1 KG **322**

Aushub Streifenfundament, Boden maschinell lösen, laden, fördern und auf Baustelle lagern, für Wiedereinbau; Fundamentsohle durch Handschachtung planieren.
Gesamtbreite: ..... m
Gesamtlänge: ..... m
Gesamtabtragstiefe: bis 1,25 m
Förderweg: ..... m
Baumaßnahmen der Geotechnischen Kategorie 1 DIN 4020
Homogenbereich: 1
Homogenbereich 1 oberer Horizont: ..... m
Homogenbereich 1 unterer Horizont: ..... m
Anzahl der Bodengruppen: ..... St
Bodengruppen DIN 18196: .....
Massenanteile der Steine DIN EN ISO 14688-1: über .....% bis .....%
Massenanteile der Blöcke DIN EN ISO 14688-1: über .....% bis .....%
Konsistenz DIN EN ISO 14688-1: .....
Lagerungsdichte: .....
Homogenbereiche lt.: .....
Mengenermittlung nach Aufmaß an der Entnahmestelle.

35€	42€	**51€**	52€	56€	[m³]	⏱ 0,35h/m³	302.001.106

Kosten:
Stand 2. Quartal 2025
Bundesdurchschnitt

▶ min
▷ von
ø Mittel
◁ bis
◀ max

15 **Streifenfundamentaushub, bis 1,25m, entsorgen, GK1** KG **322**

Boden für Streifenfundament, lösen, fördern, laden und mit Lkw des AN zur Verwertungsanlage abfahren.
Gesamtbreite: ..... m
Gesamtlänge: ..... m
Gesamtabtragstiefe: bis 1,25 m
Förderweg: ..... m
Baumaßnahmen der Geotechnischen Kategorie 1 DIN 4020
Homogenbereich: 1
Homogenbereich 1 oberer Horizont: ..... m
Homogenbereich 1 unterer Horizont: ..... m
Anzahl der Bodengruppen: ..... St
Bodengruppen DIN 18196: .....
Massenanteile der Steine DIN EN ISO 14688-1: über .....% bis .....%
Massenanteile der Blöcke DIN EN ISO 14688-1: über .....% bis .....%
Konsistenz DIN EN ISO 14688-1: .....
Lagerungsdichte: .....
Homogenbereiche lt.: .....

45€	48€	**53€**	68€	73€	[m³]	⏱ 0,35h/m³	302.001.107

16 **Kabelgraben ausheben, bis 1,25m, lagern, GK1** KG **311**

Boden für, Kabelgraben profilgerecht lösen, Aushub seitlich lagern, Gefälle gem. Entwässerungsplanung.
Gesamtabtragstiefe: bis 1,25 m
Sohlenbreite: bis 50 cm
Förderweg: ..... m
Baumaßnahmen der Geotechnischen Kategorie 1 DIN 4020
Homogenbereich: 1
Homogenbereich 1 oberer Horizont: ..... m
Homogenbereich 1 unterer Horizont: ..... m
Anzahl der Bodengruppen: ..... St
Bodengruppen DIN 18196: .....
Massenanteile der Steine DIN EN ISO 14688-1: über .....% bis .....%
Massenanteile der Blöcke DIN EN ISO 14688-1: über .....% bis .....%
Konsistenz DIN EN ISO 14688-1: .....
Lagerungsdichte: .....
Homogenbereiche lt.: .....
Mengenermittlung nach Aufmaß an der Entnahmestelle.

27€	29€	**34€**	36€	44€	[m³]	⏱ 0,32h/m³	302.001.108

300
301
302
306
308
309
310
312
313
314
316
317
318
320
321
322

Nr.	Kurztext / Langtext						Kostengruppe
▶	▷	ø netto €	◁	◀	[Einheit]	Ausf.-Dauer	Positionsnummer

17 **Kabelgraben ausheben, bis 1,25m, entsorgen, GK1** KG **311**

Boden für Kabelgraben profilgerecht lösen, Aushub ist zu entsorgen.
Gesamtabtragstiefe: bis 1,25 m
Sohlenbreite: bis 50 cm
Förderweg: ..... m
Baumaßnahmen der Geotechnischen Kategorie 1 DIN 4020
Homogenbereich: 1
Homogenbereich 1 oben: ..... m
Homogenbereich 1 unten: ..... m
Anzahl der Bodengruppen: ..... St
Bodengruppen DIN 18196: .....
Massenanteile der Steine DIN EN ISO 14688-1: über .....% bis .....%
Massenanteile der Blöcke DIN EN ISO 14688-1: über .....% bis .....%
Konsistenz DIN EN ISO 14688-1: .....
Lagerungsdichte: .....
Homogenbereiche lt.: .....

30€	37€	**41€**	45€	51€	[m³]	⏱ 0,32 h/m³	302.001.109

18 **Fundament-/Grabenaushub, Handaushub, bis 1,25m** KG **322**

Handaushub von Gräben/Fundamente, Aushubmaterial seitlich lagern, der Feinabtrag ist gem. Entwässerungs-/Fundamentplänen auszuführen, einschl. aller Nebenarbeiten.
Baumaßnahmen der Geotechnischen Kategorie 1 DIN 4020
Homogenbereich: 1
Homogenbereich 1 oben: 0 m
Homogenbereich 1 unten: 1,25 m
Anzahl der Bodengruppen: ..... St
Bodengruppen DIN 18196: .....
Massenanteile der Steine DIN EN ISO 14688-1: über .....% bis .....%
Massenanteile der Blöcke DIN EN ISO 14688-1: über .....% bis .....%
Konsistenz DIN EN ISO 14688-1: .....
Lagerungsdichte: .....
Gesamtabtragstiefe: bis 1,25 m
Aushubprofil: .....
Aushubbreite: .....
Förderweg: 50 m
Mengenermittlung nach Aufmaß an der Entnahmestelle.

93€	122€	**138€**	146€	163€	[m³]	⏱ 1,60 h/m³	302.000.017

19 **Bodenaustausch, Liefermaterial** KG **321**

Bodenaustausch von nicht tragfähigem Boden im Aushubbereich:
- Aushub und Entsorgung des nicht brauchbaren Bodenmaterials, Deponiegebühren werden vom AN übernommen.
- Lieferung und Einbau von tragfähigem, gut verdichtbarem Ersatzmaterial, inkl. Verdichtung in Lagen bis 30 cm

Neuboden: z.B. kornabgestufter Kiessand (Bodengruppe GW/GU) - natürliche Gesteinskörnung
Verdichtung: 103% Proctordichte
Aushubtiefe: .....
Austauschfläche: .....
Geländeprofil: .....

44€	58€	**64€**	72€	88€	[m³]	⏱ 0,25 h/m³	302.000.022

Kosten:
Stand 2. Quartal 2025
Bundesdurchschnitt

▶ min
▷ von
ø Mittel
◁ bis
◀ max

Nr.	Kurztext / Langtext						Kostengruppe
▶	▷	ø netto €	◁	◀	[Einheit]	Ausf.-Dauer	Positionsnummer

20 Tragschicht, Kies KG **325**

Tragschicht, kapillarbrechend, unter Bodenplatte oder Fundament, schichtweise einbringen und verdichten.
Material: Kies
Schichtdicke i.M.: .....
Körnung: .....
Sieblinie: .....
Art Gesteinskörnung: .....
Körnung: .....
Sieblinie: .....
Infiltrationsbeiwert: .....
Verdichtung: 103% Proctordichte
Abweichung von Sollhöhe: +/-2 cm

50€ | 70€ | **84€** | 94€ | 114€ | [m³] | ⏱ 0,30 h/m³ | 302.001.090

21 Sichern von Leitungen/Kabeln KG **551**

Kabelbündel aus Elektrokabel/Entwässerungsleitung aus Steinzeugrohr/..... , sichern und spannungsfrei unterstützen.
Kabel-/Leitungsdurchmesser: ..... mm
Einzellängen: über 5 bis 10 m
Höhenlage der Kabel-/Leitungsachse unter Gelände: bis 1,25 m

29€ | 40€ | **44€** | 46€ | 51€ | [m] | ⏱ 0,25 h/m | 302.001.097

22 Planum, Baugrube KG **311**

Planum in Baugrube herstellen.
Abweichung von Sollhöhe: +/-2 cm

1,0€ | 1,8€ | **2,2€** | 2,8€ | 3,9€ | [m²] | ⏱ 0,02 h/m² | 302.000.021

23 Planum, Wege/Fahrstraßen, verdichten KG **530**

Planum von Verkehrsflächen herstellen, einschl. Verdichten; Planum als einwandfreie Trassierung für den Belagsunterbau in den erforderlichen Gefällen nach Regelschnitten, Abrechnung nach Belagsfläche.
Abweichung von Sollhöhe: +/-2 cm
Verformungsmodul: mind. 45 MN/m²

2€ | 2€ | **3€** | 3€ | 4€ | [m²] | ⏱ 0,02 h/m² | 302.000.035

24 Lastplattendruckversuch, Baugrube KG **319**

Statischer Lastplattendruckversuch DIN 18134, Nachweis der geforderten Verdichtung des Bodens. Durchführung und Auswertung sowie Gerätestellung erfolgt durch ein neutrales Prüflabor nach Wahl des Auftragnehmers. Abrechnung je Versuch, inkl. aller Geräte, Honorare und Nebenkosten.

227€ | 295€ | **332€** | 378€ | 483€ | [St] | ⏱ 2,20 h/St | 302.000.027

25 Trennlage, Bodenplatte, Folie KG **329**

PE-Folie, in zwei Lagen, Überlappung 25cm, unter Bodenplatte.
Folien-Dicke: 0,4 mm

2€ | 3€ | **3€** | 4€ | 5€ | [m²] | ⏱ 0,03 h/m² | 302.000.030

Nr.	Kurztext / Langtext						Kostengruppe
►	▷	ø netto €	◁	◄	[Einheit]	Ausf.-Dauer	Positionsnummer

26 Leitungen/Fundamente verfüllen, Lagermaterial KG **311**

Verfüllen von Fundamenten und Leitungen, schichtweise, inkl. Verdichten.
Einbaumaterial: gelagerter Boden
Verdichtungsgrad DPr: mind. 97%
Einbauort: .....
Einbauhöhe: ..... m
Förderweg: bis 50 m

42€	47€	**48€**	51€	58€	[m³]	⏱ 0,25h/m³	302.000.023

27 Leitungen/Fundamente verfüllen, Liefermaterial KG **311**

Verfüllen von Fundamenten und Leitungen, schichtweise, inkl. Verdichten.
Einbaumaterial: Lieferboden
Verdichtungsgrad DPr: mind. 97%
Einbauort: .....
Einbauhöhe: ..... m

41€	52€	**57€**	67€	82€	[m³]	⏱ 0,28h/m³	302.000.026

28 Arbeitsräume verfüllen, verdichten KG **311**

Verfüllen von Arbeitsräumen, mit anzulieferndem Bodenmaterial, schichtweise einbauen und verdichten.
Bodengruppe: **GU (Kies-Schluff-Gemisch) / .....** gem. Einzelbeschreibung
Verdichtungsgrad: DPr mind. 97%
Einbauhöhe: ..... m

39€	45€	**45€**	46€	48€	[m³]	⏱ 0,30h/m³	302.000.024

29 Aushub lagernd, entsorgen KG **311**

Überschüssigen Aushub, bauseits gelagert, laden, abfahren und auf zugelassenen Lagerstätte nach Wahl des Auftragnehmers entsorgen.
Bodengruppen: ..... DIN 18196
Aushub: nicht schadstoffbelastet
Zuordnung Abfall: .....
Verwertungsanlage (Bezeichnung/Ort/Fahrweg): .....
Entsorgungsgebühren werden vom AN übernommen
Abrechnung: **nach Verdrängung / auf Nachweisrapport / Wiegescheine der Deponie**

33€	43€	**47€**	50€	56€	[m³]	⏱ 0,05h/m³	302.000.018

30 Baugrube sichern, Folienabdeckung KG **312**

Baugrubenwände (Böschungen) mit Planen abdecken, Planen gegen Witterung sichern und bis zum Auffüllen des Arbeitsraums bzw. Abschluss der Verbauarbeiten unterhalten und nach Aufforderung Folie aufnehmen und entsorgen, inkl. Entsorgungsgebühr.
Vorhaltedauer: .....

3€	4€	**4€**	5€	6€	[m²]	⏱ 0,05h/m²	302.000.042

Kosten:
Stand 2. Quartal 2025
Bundesdurchschnitt

► min
▷ von
ø Mittel
◁ bis
◄ max

Nr.	Kurztext / Langtext						Kostengruppe
▶	▷	ø netto €	◁	◀	[Einheit]	Ausf.-Dauer	Positionsnummer

31 Kabelschutzrohr KG **444**

Kabelschutzrohr, in Graben, verbunden mit Doppelsteckmuffen.
Werkstoff: PVC
Rohrgröße: DN100
Verlegung in: Erdreich
Ausführung: .....
Muffen: .....
Überdeckung: ..... m
Angeb. Fabrikat: .....

5€	7€	**9€**	10€	14€	[m]	⏱ 0,22h/m	302.001.087

32 Zugdraht für Kabelschutzrohr KG **444**

Zugdraht in verlegtes Kabelschutzrohr einlegen.
Kabelschutzrohr: .....

2€	2€	**2€**	2€	2€	[m]	⏱ 0,02h/m	302.001.088

33 Warnband, Leitungsgräben KG **444**

Trassen-Warnband aus Verbundfolie, alterungs- und kältebeständig, farbecht und mit dauerhaft lesbarer Beschriftung, im Zuge der Grabenverfüllung ca. 40cm über Leitung verlegen.
Farbe: .....
Art der Leitung: .....

0,6€	1,2€	**1,4€**	1,7€	2,3€	[m]	⏱ 0,03h/m	302.000.051

34 Stundensatz, Facharbeiter/-in

Stundenlohnarbeiten für Facharbeiter/-in, Spezialfacharbeiter/-in, Vorarbeiter/-in und jeweils Gleichgestellte. Der Verrechnungssatz für die jeweilige Arbeitskraft umfasst sämtliche Aufwendungen wie Lohn- und Gehaltskosten, lohn- und gehaltsgebundene Kosten, Lohn- und Gehaltsnebenkosten.

65€	73€	**79€**	81€	87€	[h]	⏱ 1,00h/h	302.001.110

35 Stundensatz, Helfer/-in

Stundenlohnarbeiten für Werker/-in, Fachwerker/-in und jeweils Gleichgestellte. Der Verrechnungssatz für die jeweilige Arbeitskraft umfasst sämtliche Aufwendungen wie Lohn- und Gehaltskosten, lohn- und gehaltsgebundene Kosten, Lohn- und Gehaltsnebenkosten.

59€	63€	**65€**	66€	72€	[h]	⏱ 1,00h/h	302.001.111

300 301 302 306 308 309 310 312 313 314 316 317 318 320 321 322

Kosten:
Stand 2. Quartal 2025
Bundesdurchschnitt

► min
▷ von
ø Mittel
◁ bis
◄ max

Nr.	Positionen	Einheit	►	▷	ø brutto € / ø netto €	◁	◄
1	Graben-Normverbau, senkrecht, bis 3,0m	m²	34	48	**52**	59	73
			29	41	**43**	50	61
2	Verbau, Rohrgräben	m²	12	17	**19**	24	30
			10	14	**16**	20	26
3	Verbau Leitungsgräben, Tiefe bis 4,0, Breite bis 1,0m	m²	22	37	**38**	55	77
			18	31	**32**	46	65
4	Bohrloch herstellen	m	117	140	**151**	190	233
			98	118	**127**	160	196
5	Verbauträger, Stahlprofile	t	–	1.731	**2.246**	3.008	–
			–	1.454	**1.888**	2.527	–
6	Bohrloch verfüllen	m	–	22	**22**	26	–
			–	18	**19**	22	–
7	Verbauausfachung, Holzbohlen	m²	128	151	**166**	167	209
			108	127	**139**	140	176
8	Verbauausfachung Spritzbeton	m²	30	40	**44**	51	61
			26	34	**37**	43	51
9	Verpressanker, Trägerbohlwand	m	–	150	**200**	256	–
			–	126	**168**	215	–
10	Verbauträger-/Bohrköpfe kappen	St	133	175	**180**	204	244
			112	147	**151**	172	205
11	Verbau, Spundwand, Stahlprofile	m²	194	295	**346**	361	430
			163	248	**291**	303	361
12	Verbau, Trägerbohlwand, rückverankert	m²	387	460	**489**	535	603
			325	386	**411**	450	506
13	Spundwand, Rückverankerung	m	193	325	**326**	426	558
			162	274	**274**	358	469
14	Stundensatz, Facharbeiter/-in	h	72	83	**87**	93	102
			61	70	**73**	78	86

Nr.	**Kurztext** / Langtext						Kostengruppe
►	▷	**ø netto €**	◁	◄	[Einheit]	Ausf.-Dauer	Positionsnummer

1 Graben-Normverbau, senkrecht, bis 3,0m — KG **312**

Senkrechter Normverbau für Graben herstellen, vorhalten und wieder entfernen.
Anzahl Bodengruppen: eine Bodengruppe
Bodengruppe 1: GU DIN 18196 (Kies-Schluff-Gemisch)
Vorhaltezeit: ..... Wochen
Höhe: bis 3,0 m
Sohlbreite: bis 1,5 m

►	▷	ø netto €	◁	◄	[Einheit]	Ausf.-Dauer	Positionsnummer
29€	41€	**43€**	50€	61€	[m²]	⏱ 0,25h/m²	306.000.001

2 Verbau, Rohrgräben KG **411**

Verbau für Rohrgraben, einschl. vorhalten und wieder entfernen, als Teilverbau.
Graben: Kanalgraben
Grabentiefe: bis 1,75 m
Lichte Grabenbreite: 0,80 m
Verbauhöhe: bis -1,25 m
Anzahl Bodengruppen: eine Bodengruppe
Bodengruppe DIN 18196: .....
Vorhaltezeit: ..... Wochen

▶	▷	ø netto €	◁	◀	[Einheit]	Ausf.-Dauer	Positionsnummer
10€	14€	**16€**	20€	26€	[m²]	⏱ 0,14h/m²	306.000.002

3 Verbau Leitungsgräben, Tiefe bis 4,0, Breite bis 1,0m KG **411**

Verbau für Gräben herstellen, vorhalten und wieder entfernen.
Graben: Leitungsgraben DIN 4124
Tiefe Gräben: über 1,75 bis 4,00 m
Breite Graben: bis 1,00 m
Form Graben: senkrechte Wände
Lichte Breite zwischen Verbaubekleidung: über 0,70 bis 1,0m
Anzahl Bodengruppen: eine Bodengruppe
Bodengruppe DIN 18196: .....
Vorhaltezeit: ..... Wochen

▶	▷	ø netto €	◁	◀	[Einheit]	Ausf.-Dauer	Positionsnummer
18€	31€	**32€**	46€	65€	[m²]	⏱ 0,18h/m²	306.000.003

4 Bohrloch herstellen KG **312**

Bohrlochherstellung, für Einstellen der Verbauträger.
Bodenzuordnung lt.: **Aufstellung / Bericht / Einzelbeschreibung**
Bohrloch-Durchmesser: ..... cm
Bohrlängen: ..... m
Bohrabstand: ...... m
Bohrgut: seitlich lagern
Anzahl Bodengruppen: eine Bodengruppe
Bodengruppe DIN 18196: .....

▶	▷	ø netto €	◁	◀	[Einheit]	Ausf.-Dauer	Positionsnummer
98€	118€	**127€**	160€	196€	[m]	⏱ 0,12h/m	306.000.004

5 Verbauträger, Stahlprofile KG **312**

Verbauträger, als verlorener Träger.
Bodenzuordnung lt.: **Aufstellung / Bericht / Einzelbeschreibung**
Stahlprofile: **Doppel-U-Profil ..... / HEB ..... / HEA .....**
Material: Stahl nach DIN EN 10025, Güte: S235JR (+AR .....)

▶	▷	ø netto €	◁	◀	[Einheit]	Ausf.-Dauer	Positionsnummer
–	1.454€	**1.888€**	2.527€	–	[t]	–	306.000.005

6 Bohrloch verfüllen KG **312**

Bohrlochverfüllung
Material: **hydraulisch gebundener Siebschutt / .....**

▶	▷	ø netto €	◁	◀	[Einheit]	Ausf.-Dauer	Positionsnummer
–	18€	**19€**	22€	–	[m]	⏱ 0,05h/m	306.000.006

Nr.	Kurztext / Langtext						Kostengruppe
▶	▷	**ø netto €**	◁	◀	[Einheit]	Ausf.-Dauer	Positionsnummer

7 Verbauausfachung, Holzbohlen KG **312**

Holzausfachung des Verbaus liefern, einbauen und vorhalten. Ausfachung kraftschlüssig verkeilen und verlatten, Hilfsstoffe sind mit einzurechnen. Leistung inkl. komplettem Rückbau der Ausfachung.
Verbauort: **Graben / Baugrube**
Verbauart: Trägerbohlenwand
Ausfachung: Nadelholzbohlen, Abmessung nach statischer und konstruktiver Vorgabe
Holzdicke: ca. ..... cm
Holzlänge bis: ..... m
Vorhaltezeit: bis zum Verfüllen der Baugrube (siehe Terminplan)

108€	127€	**139€**	140€	176€	[m²]	⏱ 0,35h/m²	306.000.007

8 Verbauausfachung Spritzbeton KG **312**

Spritzbeton als Ausfachung des Verbaus, bewehrter Spritzbeton, liefern und im Zuge der Aushubarbeiten, zwischen den Verbauträgern einbauen und vorhalten, Bewehrung nach gesonderter Position.
Betongüte: Spritzbeton C .....
Dicke: bis ..... cm

26€	34€	**37€**	43€	51€	[m²]	⏱ 0,10h/m²	306.000.008

9 Verpressanker, Trägerbohlwand KG **312**

Verpressanker (Temporäranker) mit Nachverpresseinrichtungen, gem. DIN 4125, DIN EN 1537 und den Zulassungsbescheiden bohren, einbauen, ggf. mehrmalig verpressen und vorspannen, inkl. Verrohrung und Verpressmörtel, freie Ankerlänge mit geeignetem Material setzungsfrei verfüllen, nach Fertigstellung des Untergeschosses Anker auf Anordnung der Bauleitung entspannen.
Bodenzuordnung lt.: **Aufstellung / Bericht / Einzelbeschreibung**
Einbaubereich: Trägerbohlwand, Bereich der Gurtungs-Konstruktion
Neigung: nach Plan
Gebrauchslast: bis ..... KN
Ankerlänge nach Plan: ca. ..... m
Ankerköpfe: **zurückbauen / verloren**
Bohrdurchmesser: ..... mm

–	126€	**168€**	215€	–	[m]	⏱ 0,42h/m	306.000.009

10 Verbauträger-/Bohrköpfe kappen KG **312**

Ramm-/Verdrängungs-Pfahlkopf auf Sollhöhe **abbrennen / abstemmen**, anfallende Stoffe aufnehmen, fördern und im Behälter des AG sammeln.
Material: **Stahl / Gusseisen / Beton**
Durchmesser: über ..... bis ..... mm
Abtragsdicke: bis 0,5 m
zulässige Toleranz: +/-2 cm

112€	147€	**151€**	172€	205€	[St]	⏱ 0,55h/St	306.000.010

Kosten:
Stand 2. Quartal 2025
Bundesdurchschnitt

▶ min
▷ von
ø Mittel
◁ bis
◀ max

Nr.	Kurztext / Langtext					Kostengruppe
▶	▷	ø netto €	◁	◀	[Einheit] Ausf.-Dauer	Positionsnummer

11 Verbau, Spundwand, Stahlprofile KG **312**

Baugrubenverbau aus Spundwandprofilen aus Stahl. Einbau in hindernisfreien Boden durch alle Bodenschichten.
Bodenzuordnung lt.: **Aufstellung / Bericht / Einzelbeschreibung**
Verbautiefe: über 3 bis 6 m
Einbringgenauigkeit: max. 1%, lotrecht
Gesamteindringtiefe: bis 2 m
Spundwandprofil: .....
Widerstandsmoment Wx: über 400 bis 500 cm²/m
Vorhaltedauer: .....
Abdichtung Schlösser: **ja / nein**
Ausführung: gem. Statik und Zeichnung
Boden: nach Gutachten

163€ 248€ **291€** 303€ 361€ [m²] ⏱ 1,20h/m² 306.000.011

12 Verbau, Trägerbohlwand, rückverankert KG **312**

Baugrundverbau als Trägerbohlwand bohren, herstellen (Genauigkeit 1% Abweichung von der Lotrechten), vorhalten und zurückbauen. Bemessung, Bodenaufbau und Bodengruppen gem. anliegender Verbau-Berechnung und Baugrundgutachten.
Folgende Einzelleistungen:

- Bohrungen im notwendigen Durchmesser, auf die statisch erforderliche Tiefe, Gesamtlänge Bohrungen: ..... m, Einbindetiefe je Verbau-Stahlträgern: ..... m, Bohrgut seitlich lagern
- Verbau-Stahlträgern aus Stahlprofile: **Doppel-U-Profil ..... / HEB ..... / HEA .....** , Material: Stahl nach DIN EN 10025, Güte: ..... , Einzellänge bis l=..... m, Abstand b= ...... m
- Trägereinbindung mit Beton C..... und Bohrlochverfüllung aus .....
- Verbau-Ausfachung: Nadelholzbohlen, d= ..... cm, Abmessung nach statisch und konstruktiver Vorgabe
- Vergurtungskonstruktion zum Übertragen der Ankerkräfte auf die Verbauwand, inkl. aller Materiallieferungen wie Konsolen, Längsträger, Ankerkopfunterkonstruktionen usw., in den statisch erforderl. Dimensionen; Material: Stahl nach DIN EN 10025, Güte: S235JR (+AR .....)
- Rückverankerung der Bohlwand, Ausführung gem. anliegender Verbau-Berechnung
- Anker lösen und Vergurtungskonstruktion ausbauen
- Ausfachung zurückbauen

Gesamtlänge Stahlträger: ..... m
Höhe verbaute Ansichtsfläche: h= ..... m
Abrechnung Trägerbohlwand: Ansichtsfläche (UK vorgegebene Baugrubensohle bis OK Verbau)
Vorhaltezeit: ..... Monate

325€ 386€ **411€** 450€ 506€ [m²] ⏱ 2,20h/m² 306.000.012

13 Spundwand, Rückverankerung KG **312**

Spundwand, Rückverankerung des Spundwandverbaus gem. Verbaustatik herstellen. Anker, inkl. Herstellung der Bohrung in Boden und verpressen der Bohrung.
Bodenzuordnung lt.: **Aufstellung / Bericht / Einzelbeschreibung**
Länge: bis ..... m
Durchmesser Verpresskörper: ..... mm

162€ 274€ **274€** 358€ 469€ [m] ⏱ 2,00h/m 306.000.013

14 Stundensatz, Facharbeiter/-in

Stundenlohnarbeiten für Kolonnenführer/-in, Facharbeiter/-in und Gleichgestellte (z.B. Spezialbaufacharbeiter/-in, Gesellin/Geselle, Maschinenführer/-in, Fahrer/-in). Der Verrechnungssatz für die jeweilige Arbeitskraft umfasst sämtliche Aufwendungen wie Lohn- und Gehaltskosten, lohn- und gehaltsgebundene Kosten, Lohn- und Gehaltsnebenkosten.

61€ 70€ **73€** 78€ 86€ [h] ⏱ 1,00h/h 306.000.014

Nr.	Positionen	Einheit	►	▷	ø brutto € / ø netto €	◁	◄
1	Pumpensumpf, Betonfertigteil	St	1.147	1.540	**1.745**	1.931	2.227
			964	1.294	**1.466**	1.623	1.872
2	Tauchpumpe, Fördermenge bis 10m³/h	St	524	674	**739**	817	1.034
			441	566	**621**	686	869
3	Betrieb, Pumpe bis 10m³/h	h	12	14	**15**	16	18
			10	12	**13**	13	15
4	Tauchpumpe, Fördermenge bis 20m³/h	St	681	959	**1.011**	1.086	1.300
			572	806	**849**	913	1.092
5	Betrieb, Pumpe Fördermenge bis 20m³/h	h	11	13	**14**	16	18
			9	11	**12**	14	15
6	Grundwasserabsenkung, Brunnen	St	2.031	2.846	**3.294**	4.104	5.616
			1.707	2.391	**2.768**	3.449	4.720
7	Druckrohrleitung, DN100	m	40	72	**92**	93	125
			34	61	**77**	78	105
8	Saugleitungen, DN100	m	22	27	**28**	31	36
			19	23	**23**	26	30
9	Stromerzeuger, 10-30kW	St	2.452	3.193	**3.807**	4.450	5.553
			2.060	2.683	**3.200**	3.740	4.666
10	Absetzbecken, Wasserhaltung	St	2.032	2.505	**3.313**	3.786	4.416
			1.708	2.105	**2.784**	3.182	3.711
11	Messeinrichtung, Wassermenge	St	394	624	**771**	891	1.074
			331	524	**648**	749	903
12	Wasserhaltung, Betrieb 10-20l/s	h	24	29	**30**	34	39
			20	24	**26**	29	33
13	Stundensatz, Facharbeiter/-in	h	86	88	**93**	100	108
			72	74	**78**	84	91

308

Kosten:
Stand 2. Quartal 2025
Bundesdurchschnitt

► min
▷ von
ø Mittel
◁ bis
◄ max

Nr. **Kurztext** / Langtext — Kostengruppe
► ▷ **ø netto €** ◁ ◄ [Einheit] Ausf.-Dauer Positionsnummer

1 Pumpensumpf, Betonfertigteil KG **313**

Pumpensumpf aus Betonfertigteilringen herstellen, während der gesamten Bauzeit vorhalten und wieder entfernen, inkl. erforderlichem Aushub, seitlicher Lagerung und Wiederverfüllung.
Lage: innerhalb der Baugrube
Tiefe: bis 3,00 m
Durchmesser: DN1.000
Lichter Sohlenquerschnitt: bis 1,00 m²
Boden: Homogenbereich ....., mit einer Bodengruppe, Bodengruppe: ..... DIN 18196
- Steinanteil: bis .....% Massenanteil DIN EN ISO 14688-1
- Konsistenz DIN EN ISO 14688-1: .....
- Lagerungsdichte: .....

Aushubprofilprofil: .....
Vorhaltedauer: .....

964€ 1.294€ **1.466€** 1.623€ 1.872€ [St] ⏱ 2,40h/St 308.000.015

Nr.	Kurztext / Langtext						Kostengruppe
▶	▷	ø netto €	◁	◀	[Einheit]	Ausf.-Dauer	Positionsnummer

2 Tauchpumpe, Fördermenge bis 10m³/h KG **313**

Tauchpumpe mit Schwimmer an Druckrohrleitung anschließen, einbauen, vorhalten, betreiben und entfernen.
Fördermenge: 10 m³/h
Förderhöhe: bis 5,00 m
Einbauort: Pumpensumpf in Baugrube
Vorhaltedauer: ..... Wochen

441€	566€	**621€**	686€	869€	[St]	⏱ 2,00h/St	308.000.016

3 Betrieb, Pumpe bis 10m³/h KG **313**

Tauchpumpe mit Schwimmer an Druckrohrleitung anschließen, einbauen, vorhalten, betreiben und entfernen.
Fördermenge: 10 m³/h
Förderhöhe: bis 5,00 m
Einbauort: Pumpensumpf in Baugrube
Vorhaltedauer: ..... Wochen

10€	12€	**13€**	13€	15€	[h]	⏱ 1,00h/h	308.000.017

4 Tauchpumpe, Fördermenge bis 20m³/h KG **313**

Tauchpumpe mit Schwimmer an Druckrohrleitung anschließen, einbauen, vorhalten, betreiben und entfernen.
Fördermenge: 20 m³/h
Förderhöhe: bis 10,0 m
Einbauort: Pumpensumpf in Baugrube
Vorhaltedauer: ..... Wochen

572€	806€	**849€**	913€	1.092€	[St]	⏱ 2,00h/St	308.000.018

5 Betrieb, Pumpe Fördermenge bis 20m³/h KG **313**

Saugpumpe betreiben, elektrischer Antrieb.
Förderhöhe: bis 10,0 m
Fördermenge: bis 20 m³/h

9€	11€	**12€**	14€	15€	[h]	⏱ 1,00h/h	308.000.019

6 Grundwasserabsenkung, Brunnen KG **313**

Absenkung des Grundwasserspiegels, mittels Bohrungen samt Brunneneinbauten:
- Abteufen der verrohrten Brunnenbohrung, einschl. Ziehen der Bohrrohre, das Bohrgut ist abzutransportieren
- anfallendes Bohrwasser ableiten und klären; Klarspülen der verrohrten Bohrlöcher
- Filterrohre mit Schlitzbrückenlochung und stufenloser Verbindung
- Filterkiespackung als Ummantelung und Sohlschichtung entsprechend dem vorhandenen Boden
- inkl. Grundvorhaltung; weitere Vorhaltung nach getrennter Position
- nach Vorhaltung gesamte Anlage wieder abbauen, inkl. Verfüllen der Bohrlöcher

Boden/Homogenbereich/Geländeprofil: siehe anliegendes Bodengutachten
Bohrlochlänge: ..... m
Bohrlochdurchmesser: ..... mm
Vorhaltedauer: ..... Wochen

1.707€	2.391€	**2.768€**	3.449€	4.720€	[St]	⏱ 12,00h/St	308.000.020

300
301
302
306
308
309
310
312
313
314
316
317
318
320
321
322

Nr.	**Kurztext** / Langtext						Kostengruppe
►	▷	**ø netto €**	◁	◄	[Einheit]	Ausf.-Dauer	Positionsnummer

7 Druckrohrleitung, DN100 KG **311**

Druckrohrleitung betriebsfertig herstellen, vorhalten und wieder entfernen, inkl. Anschlüsse und Armaturen. Formstücke in extra Position
Vorhaltedauer: ..... Wochen
Nenngröße: DN100

34€	61€	**77€**	78€	105€	[m]	⏱ 0,35h/m	308.000.021

8 Saugleitungen, DN100 KG **313**

Saugschläuche betriebsfertig herstellen, vorhalten und wieder entfernen, inkl. aller notwendigen Formstücke, Anschlüsse und Armaturen.
Vorhaltedauer: ..... Wochen
Nenngröße: DN 100

19€	23€	**23€**	26€	30€	[m]	⏱ 0,12h/m	308.000.022

9 Stromerzeuger, 10-30kW KG **313**

Stromaggregat für Betrieb von Wasserpumpen aufstellen, anschließen und abbauen; Betrieb nach gesonderter Abrechnung.
Leistung: 10-30 kVA

2.060€	2.683€	**3.200€**	3.740€	4.666€	[St]	⏱ 15,00h/St	308.000.023

10 Absetzbecken, Wasserhaltung KG **313**

Absetzbecken für Reinigung von abgepumptem Grund- und Tagwassers, aufbauen und wieder abbauen; inkl. Messeinrichtung und Feststellen des geförderten Wassers. Beseitigung abgesetztes Material nach gesonderter Leistung.
Volumen: 5 m^3
Durchflussmenge: ..... l/s

1.708€	2.105€	**2.784€**	3.182€	3.711€	[St]	⏱ 12,00h/St	308.000.024

11 Messeinrichtung, Wassermenge KG **313**

Messeinrichtung einbauen, vorhalten und ausbauen. Protokollierung des abgepumpten Wassers als gesonderte Leistung.
Einbauort: nach Absetzmulde und vor Einleitung ins öffentliche Entwässerungsnetz
Vorhaltedauer: ..... Wochen

331€	524€	**648€**	749€	903€	[St]	–	308.000.025

12 Wasserhaltung, Betrieb 10-20l/s KG **313**

Wasserhaltung/Grundwasserabsenkung betreiben, inkl. Betriebs- und Energiekosten.
Durchflussmenge: 10-20 l/s

20€	24€	**26€**	29€	33€	[h]	⏱ 1,00h/h	308.000.026

13 Stundensatz, Facharbeiter/-in

Stundenlohnarbeiten der Wasserhaltungsarbeiten, Vorarbeiter/-in, Facharbeiter/-in und Gleichgestellte (z.B. Spezialbaufacharbeiter/-in, Gesellin/Geselle, Maschinenführer/-in, Fahrer/-in). Der Verrechnungssatz für die jeweilige Arbeitskraft umfasst sämtliche Aufwendungen wie Lohn- und Gehaltskosten, lohn- und gehaltsgebundene Kosten, Lohn- und Gehaltsnebenkosten.

72€	74€	**78€**	84€	91€	[h]	⏱ 1,00h/h	308.000.027

Kosten:
Stand 2. Quartal 2025
Bundesdurchschnitt

► min
▷ von
ø Mittel
◁ bis
◄ max

309

Kosten:
Stand 2. Quartal 2025
Bundesdurchschnitt

► min
▷ von
ø Mittel
◁ bis
◄ max

Nr.	Positionen	Einheit	►	▷	ø brutto € / ø netto €	◁	◄
1	Asphalt schneiden	m	17	19	**20**	21	23
			14	16	**16**	17	20
2	Asphaltbelag abbrechen	m²	26	33	**35**	40	50
			22	28	**30**	34	42
3	Abwasserleitung abbrechen, bis DN100	m	6	7	**8**	8	11
			5	6	**7**	7	10
4	Abwasserleitung abbrechen, bis DN150	m	12	16	**19**	20	23
			10	14	**16**	17	20
5	Gussrohrleitung abbrechen, bis DN100	m	15	25	**28**	34	49
			12	21	**23**	29	41
6	Verbau, Rohrgraben	m²	9	17	**19**	21	28
			8	15	**16**	18	23
7	Handaushub, Rohrgraben	m³	71	85	**89**	97	115
			60	71	**75**	82	97
8	Aushub, Suchgraben	m	57	68	**73**	83	99
			48	57	**61**	70	83
9	Boden entsorgen	m³	41	58	**70**	80	104
			34	48	**58**	67	87
10	Rohrgrabenaushub, GK1, bis 1,00m, lagern	m³	52	58	**61**	66	76
			44	49	**51**	56	64
11	Rohrbettung Sand 0/8mm, , Liefermaterial	m³	55	69	**77**	82	102
			46	58	**64**	69	86
12	Rohrumhüllung, Kies 0/32mm, Liefermaterial	m³	53	79	**89**	101	136
			45	66	**75**	85	115
13	Grabenverfüllung, Liefermaterial	m³	63	72	**78**	80	89
			53	61	**65**	68	74
14	Anschluss, Abwasser, Kanalnetz	St	385	523	**562**	666	873
			323	440	**472**	559	734
15	Abwasserkanal, Steinzeugrohre, DN100	m	48	58	**61**	66	77
			40	48	**52**	55	65
16	Abwasserkanal, Steinzeugrohre, DN150	m	58	69	**75**	79	88
			49	58	**63**	67	74
17	Abwasserkanal, Steinzeugrohre, DN200	m	90	99	**103**	104	108
			75	83	**87**	88	91
18	Formstück, Steinzeugrohr, DN100, Bogen	St	40	46	**48**	51	55
			34	39	**40**	43	46
19	Formstück, Steinzeugrohr, DN150, Bogen	St	48	59	**66**	74	89
			41	50	**55**	62	75
20	Formstück, Steinzeugrohr, DN200, Bogen	St	89	107	**114**	117	139
			75	90	**96**	99	116
21	Formstück, Steinzeugrohr, DN100, Abzweig	St	58	70	**78**	80	89
			49	59	**65**	67	75
22	Formstück, Steinzeugrohr, DN150, Abzweig	St	61	80	**88**	96	112
			52	67	**74**	81	94
23	Formstück, Steinzeugrohr, DN200, Abzweig	St	86	101	**112**	119	129
			72	85	**94**	100	108
24	Übergangsstück, Steinzeug, DN125/150	St	60	67	**69**	76	85
			50	56	**58**	64	71

Nr.	Positionen	Einheit	▶	▷	ø brutto € / ø netto €	◁	◀
25	Übergangsstück, Steinzeug, DN150/200	St	73	93	**106**	110	126
			61	78	**89**	93	106
26	Abwasserkanal, Steinzeug, DN100, inkl. Bettung	m	68	78	**81**	85	96
			57	66	**68**	71	81
27	Abwasserkanal, Steinzeug, DN150/200, inkl. Bettung	m	95	103	**108**	108	129
			80	87	**91**	91	109
28	Abwasserkanal, PVC-U, DN/OD100/125, inkl. Bettung	m	35	43	**47**	52	64
			29	36	**39**	44	54
29	Abwasserkanal, PVC-U, DN/OD150/200, inkl. Bettung	m	50	63	**68**	89	123
			42	53	**58**	75	104
30	Abwasserkanal, PVC-U, DN/OD100	m	23	32	**36**	44	65
			19	27	**30**	37	54
31	Abwasserkanal, PVC-U, DN/OD125	m	29	35	**37**	44	58
			24	29	**31**	37	49
32	Abwasserkanal, PVC-U, DN/OD150	m	32	41	**44**	56	75
			27	34	**37**	47	63
33	Abwasserkanal, PVC-U, DN/OD200	m	33	52	**60**	75	107
			28	44	**50**	63	90
34	Formstück, PVC-U, DN/OD100	St	12	20	**23**	28	39
			10	17	**19**	23	33
35	Formstück, PVC-U, DN/OD150	St	15	26	**30**	38	57
			12	22	**25**	32	48
36	Formstück, PVC-U, DN/OD100, Bogen	St	13	17	**19**	22	29
			11	14	**16**	18	24
37	Formstück, PVC-U, DN/OD125, Bogen	St	16	20	**23**	28	38
			13	17	**19**	23	32
38	Formstück, PVC-U, DN/OD150, Bogen	St	18	23	**25**	33	48
			15	19	**21**	27	41
39	Formstück, PVC-U, DN/OD200, Bogen	St	24	36	**39**	44	58
			20	30	**33**	37	48
40	Übergang, PVC-U auf Steinzeug/Beton	St	38	54	**60**	70	84
			32	45	**50**	59	71
41	Übergang, PE/PVC/Steinzeug auf Guss	St	45	55	**61**	70	81
			38	47	**51**	59	68
42	Abwasserleitung, SML-Rohre, DN100	m	52	72	**80**	98	135
			44	61	**67**	82	114
43	Abwasserleitung, SML-Rohre, DN125	m	54	86	**94**	112	141
			45	72	**79**	94	118
44	Abwasserleitung, SML-Rohre, DN150	m	64	104	**106**	120	147
			54	87	**89**	101	123
45	Formstück, SML, Bogen	St	31	40	**44**	51	64
			26	33	**37**	43	54
46	Formstück, SML, Abzweig	St	35	45	**49**	54	62
			29	38	**41**	45	52
47	Abwasserleitung, PP-Rohr, DN/OD100/125	m	31	38	**41**	49	60
			26	32	**35**	42	51
48	Abwasserleitung, HD-PE-Rohre, DN/OD125/150	m	34	40	**43**	45	50
			28	33	**36**	38	42

300
301
302
306
308
309
310
312
313
314
316
317
318
320
321
322

Kosten:
Stand 2. Quartal 2025
Bundesdurchschnitt

► min
▷ von
ø Mittel
◁ bis
◀ max

Entwässerungskanalarbeiten — Preise €

Nr.	Positionen	Einheit	►	▷	ø brutto € / ø netto €	◁	◀
49	Abwasserleitung, HD-PE-Rohre, DN/OD150/200	m	35	49	**52**	60	73
			29	41	**44**	51	61
50	Dichtheitsprüfung, Grundleitung	m	9	14	**15**	17	23
			8	11	**12**	14	19
51	Straßenablauf, Polymerbeton	St	454	561	**587**	643	755
			382	471	**494**	540	635
52	Rohrdurchführung, Faserzementrohr	St	437	666	**739**	878	1.163
			367	559	**621**	738	978
53	Dichtsatz, Rohrdurchführung	St	333	548	**680**	758	1.001
			279	461	**572**	637	841
54	Bodenablauf, Gusseisen	St	418	546	**603**	728	991
			351	459	**507**	612	833
55	Reinigungsrohr, Putzstück, bis DN150	St	163	194	**211**	238	283
			137	163	**177**	200	238
56	Absperreinrichtung, Kanal, Gusseisen	St	495	649	**680**	836	1.135
			416	545	**571**	703	954
57	Rückstaudoppelverschluss, DN125, PVC-U	St	365	510	**641**	710	823
			307	428	**539**	596	691
58	Rückstaudoppelverschluss, DN150, PVC	St	510	624	**655**	739	853
			429	524	**551**	621	717
59	Schachtsohle, Kontrollschacht, Beton	St	559	747	**847**	892	997
			470	628	**712**	749	838
60	Schachtring, DN1.000, Kontrollschacht, 25cm	St	167	199	**209**	233	287
			140	167	**175**	196	241
61	Schachtringe, DN1.000, Kontrollschacht, 50cm	St	128	237	**273**	299	378
			107	199	**229**	251	317
62	Konus, Kontrollschacht	St	166	248	**281**	327	422
			140	208	**236**	274	354
63	Anschluss, Schacht, Steinzeug-/PVC-Kanal	St	221	296	**324**	449	654
			185	249	**272**	378	550
64	Schachtdeckel	St	290	383	**422**	540	757
			244	322	**355**	454	636
65	Schachtdeckel, Klasse C250	St	286	340	**367**	409	474
			240	286	**309**	344	399
66	Schachtdeckel, Klasse D400	St	324	461	**518**	584	697
			273	388	**435**	490	586
67	Schachtabdeckung anpassen	St	164	213	**231**	238	271
			138	179	**194**	200	228
68	Kontrollschacht komplett, 3,00m	St	1.406	1.857	**2.090**	2.377	3.093
			1.181	1.561	**1.756**	1.997	2.599
69	Entwässerungsrinne, Beton, DN100	m	233	288	**312**	369	495
			195	242	**262**	310	416
70	Entwässerungsrinne, Klasse A15/B125, Beton, DN100	m	170	209	**225**	260	324
			143	176	**189**	218	273
71	Entwässerungsrinne, Beton, Klasse C250, DN100	m	190	257	**286**	312	374
			159	216	**240**	263	314
72	Entwässerungsrinne, Beton, Klasse D400, Beton	m	222	327	**359**	448	729
			186	275	**301**	376	613

Nr.	Positionen	Einheit	▶	▷	ø brutto € / ø netto €	◁	◀
73	Entwässerungsrinne, Abdeckung Guss, D400	m	124	154	**164**	170	189
			104	130	**138**	143	159
74	Kanalreinigung, Hochdruckspülgerät	m	6	9	**10**	12	17
			5	8	**9**	10	14
75	Kanalprüfung, Kamera	m	6	8	**9**	11	13
			5	7	**8**	9	11
76	Stundensatz, Facharbeiter/-in	h	79	85	**88**	93	101
			66	72	**74**	78	85
77	Stundensatz, Helfer/-in	h	61	71	**76**	78	85
			51	60	**64**	66	71

Nr.	**Kurztext** / Langtext						Kostengruppe
▶	▷	**ø netto €**	◁	◀	[Einheit]	Ausf.-Dauer	Positionsnummer

1 Asphalt schneiden — KG **221**

Befestigte Asphalt-Flächen streifenförmig schneiden.
Belagsstärke: ca. 150 mm

14€	16€	**16€**	17€	20€	[m]	⏱ 0,16h/m	309.000.002

2 Asphaltbelag abbrechen — KG **221**

Bituminös befestigte Flächen streifenförmig aufbrechen, anfallendes Material laden, abfahren und entsorgen, inkl. Deponiegebühren.
Belagsstärke: bis 15 cm
Streifenbreite: ca. 70-100 cm
Abfallschlüssel AVV: 170302
Deponie: nach Wahl des AN

22€	28€	**30€**	34€	42€	[m²]	⏱ 0,40h/m²	309.000.003

3 Abwasserleitung abbrechen, bis DN100 — KG **594**

Abbruch Abwasserleitung PVC, einschl. Befestigungen, lösen, laden, fördern und auf der Baustelle lagern sammeln in Container, vorbereitet zur Abfuhr auf Deponie. Abzubrechende Bauteile entspr. Ortsbegehung und beiliegenden Plänen. Abbruch von Hand oder mit Gerät, abgebrochene Stoffe aufnehmen und im Behälter des AN lagern, Schuttrutsche wird bauseits gestellt. Leistung inkl. Transport und Deponiekosten. Die Entsorgung sämtlicher Abfälle hat unter Erfüllung der abfallrechtlichen Deklarations-, Nachweis- und Dokumentationspflicht zu erfolgen.
Abfallschlüssel nach AVV: 170107 Keramik
Abfallschlüssel nach AVV: 170203 Kunststoff
Nennweite: DN100
Ausbauort: .....geschoss
Förderweg: bis 50m
Hinweis: Die Regelungen der VOB, Teil C insbesondere der DIN 18299 und der DIN 18459 sind bei der Leistungsbeschreibung zu beachten.

5€	6€	**7€**	7€	10€	[m]	⏱ 0,16h/m	309.001.087

Nr.	Kurztext / Langtext						Kostengruppe
▶	▷	**ø netto €**	◁	◀	[Einheit]	Ausf.-Dauer	Positionsnummer

Kosten:
Stand 2. Quartal 2025
Bundesdurchschnitt

4 Abwasserleitung abbrechen, bis DN150 KG **594**

Abbruch von **Kunststoff- / Keramikrohrleitungen**, über DN100 bis DN150 einschl. Befestigungen, lösen, laden, fördern und auf der Baustelle lagern sammeln in Container, vorbereitet zur Abfuhr auf Deponie. Abzubrechende Bauteile entspr. Ortsbegehung und beiliegenden Plänen. Abbruch von Hand oder mit Gerät, abgebrochene Stoffe aufnehmen und im Behälter des AN lagern, Schuttrutsche wird bauseits gestellt. Leistung inkl. Transport und Deponiekosten. Die Entsorgung sämtlicher Abfälle hat unter Erfüllung der abfallrechtlichen Deklarations-, Nachweis- und Dokumentationspflicht zu erfolgen.
Abfallschlüssel nach AVV: 170107 Keramik
Abfallschlüssel nach AVV: 170203 Kunststoff
Ausbauort: .....geschoss
Förderweg: bis 50m
Hinweis: Die Regelungen der VOB, Teil C insbesondere der DIN 18299 und der DIN 18459 sind bei der Leistungsbeschreibung zu beachten.

10€ | 14€ | **16€** | 17€ | 20€ | [m] | ⏱ 0,18h/m | 309.001.084

5 Gussrohrleitung abbrechen, bis DN100 KG **594**

Abbruch Gussrohrleitung bis DN100, inkl. Befestigung und Formstücke, lösen, laden, fördern und im Behälter des AN lagern, vorbereitet zur Abfuhr. Abzubrechende Bauteile entspr. Ortsbegehung und beiliegenden Plänen. Abbruch von Hand oder mit geeignetem Gerät. Leistung inkl. Transport und Deponiekosten. Die Entsorgung sämtlicher Abfälle hat unter Erfüllung der abfallrechtlichen Deklarations-, Nachweis- und Dokumentationspflicht zu erfolgen.
Ausbauort: .....geschoss
Abfallschlüssel nach AVV: .....
Förderweg: bis 50m
Hinweis: Die Regelungen der VOB, Teil C insbesondere der DIN 18299 und der DIN 18459 sind bei der Leistungsbeschreibung zu beachten.

12€ | 21€ | **23€** | 29€ | 41€ | [m] | ⏱ 0,18h/m | 309.001.085

6 Verbau, Rohrgraben KG **551**

Verbau für Rohrgraben herstellen, vorhalten und wieder entfernen.
Grabentiefe: bis 3,50 m
Lichte Breite: ..... m
Vorhaltezeit: ..... Wochen

8€ | 15€ | **16€** | 18€ | 23€ | [m²] | ⏱ 0,20h/m² | 309.000.005

7 Handaushub, Rohrgraben KG **551**

Handaushub von Rohrgräben/Fundamenten/Vertiefungen, Aushubmaterial seitlich lagern, Feinabtrag profilgerecht gem. Entwässerungs- oder Fundamentplänen, einschl. aller Nebenarbeiten.
Aushubtiefe: bis 1,25 m
Lichte Breite: ..... m
Boden: Homogenbereich 1, mit einer Bodengruppe, Bodengruppe: ..... DIN 18196
- Steinanteil: bis .....% Massenanteil DIN EN ISO 14688-1
- Konsistenz DIN EN ISO 14688-1: .....
- Lagerungsdichte: .....

Bauteil: .....

60€ | 71€ | **75€** | 82€ | 97€ | [m³] | ⏱ 1,20h/m³ | 309.000.006

▶ min
▷ von
ø Mittel
◁ bis
◀ max

Nr.	Kurztext / Langtext						Kostengruppe
►	▷	ø netto €	◁	◄	[Einheit]	Ausf.-Dauer	Positionsnummer

8 Aushub, Suchgraben KG **551**

Boden für Suchgraben ausheben, zur Freilegung von Kabeln und Rohrleitungen, einschl. Verbau, Handaushub ist einzukalkulieren; Aushub seitlich lagern, wieder verfüllen und verdichten. Laden und Abfuhr von überschüssigem Boden nach getrennter Position.
Aushubtiefe: bis 1,75 m
Sohlenbreite: bis 0,80 m
Sohlenlänge: bis 4,00 m
Boden: Homogenbereich 1, mit einer Bodengruppe, Bodengruppe: ..... DIN 18196

- Steinanteil: bis .....% Massenanteil DIN EN ISO 14688-1
- Konsistenz DIN EN ISO 14688-1: .....
- Lagerungsdichte: .....

48€ | 57€ | **61€** | 70€ | 83€ | [m] | ⏱ 0,80h/m | 309.001.086

9 Boden entsorgen KG **551**

Überschüssigen, seitlich gelagerten Boden laden, abfahren und entsorgen, inkl. Deponiegebühren.
Abrechnung: **nach Verdrängung / auf Nachweisrapport / Wiegescheine**
Bodengruppen: ..... DIN 18196
Zuordnung Aushub: BM0

34€ | 48€ | **58€** | 67€ | 87€ | [m³] | ⏱ 0,15h/m³ | 309.000.008

10 Rohrgrabenaushub, GK1, bis 1,00m, lagern KG **311**

Boden für Rohrgraben- und Schachtaushub profilgerecht lösen, laden, fördern und lagern, Gefälle gem. Entwässerungsplanung.
Gesamtabtragstiefe: bis 1,00 m
Sohlenbreite: .....
Förderweg: ..... m
Baumaßnahmen der Geotechnischen Kategorie 1 DIN 4020
Homogenbereich: 1
Homogenbereich 1 oberer Horizont: ..... m
Homogenbereich 1 unterer Horizont: ..... m
Anzahl der Bodengruppen: ..... St
Bodengruppen DIN 18196: .....
Massenanteile der Steine DIN EN ISO 14688-1: über .....% bis .....%
Massenanteile der Blöcke DIN EN ISO 14688-1: über .....% bis .....%
Konsistenz DIN EN ISO 14688-1: .....
Lagerungsdichte: .....
Homogenbereiche lt.: .....
Mengenermittlung nach Aufmaß an der Entnahmestelle
Förderweg: .....

44€ | 49€ | **51€** | 56€ | 64€ | [m³] | ⏱ 0,32h/m³ | 302.000.069

300
301
302
306
308
309
310
312
313
314
316
317
318
320
321
322

Kosten:
Stand 2. Quartal 2025
Bundesdurchschnitt

Nr.	Kurztext / Langtext						Kostengruppe
▶	▷	**ø netto €**	◁	◀	[Einheit]	Ausf.-Dauer	Positionsnummer

11 Rohrbettung Sand 0/8mm, , Liefermaterial — KG **551**

Bettungsschicht in Rohrgraben liefern, profilgerecht einbauen und verdichten, Einbettung Rohrleitungen gem. DIN EN 1610.
Bettungsmaterial: Sand 0/2 mm, natürliche Gesteinskörnung
Dicke Rohrbettung:
- unten: mind. 15 cm
- oben: gem. beiliegender stat. Berechnung

Verdichtungsgrad: DPr mind. 97%

46€ | 58€ | **64€** | 69€ | 86€ | [m³] | ⏱ 0,30 h/m³ | 309.000.010

12 Rohrumhüllung, Kies 0/32mm, Liefermaterial — KG **551**

Arbeitsräume in Rohrgraben profilgerecht einbauen und verdichten.
Füllmaterial: Kies 0/32 mm
Verdichtungsgrad: DPr mind. 97%
Einbauhöhe: bis 1,00 m

45€ | 66€ | **75€** | 85€ | 115€ | [m³] | ⏱ 0,30 h/m³ | 309.000.011

13 Grabenverfüllung, Liefermaterial — KG **551**

Verfüllen von Gräben oder Arbeitsräumen von Rohrleitungen, mit Liefermaterial.
Einbaumaterial: Boden
Verdichtungsgrad DPr: mind. 97%
Einbauhöhe: .....

53€ | 61€ | **65€** | 68€ | 74€ | [m³] | ⏱ 0,30 h/m³ | 309.000.012

14 Anschluss, Abwasser, Kanalnetz — KG **551**

Abwasseranschluss an den vorhandenen Anschlusskanal, mit erforderlichen Dichtungs- und Anschlussmaterialien, einschl. Anschlussöffnung herstellen. Freilegen Kanal, Erd- und Verfüllarbeiten in gesonderter Position.
Kanalnennweite: DN150
Anschluss: DN.....
Kanallage/Tiefe: .....

323€ | 440€ | **472€** | 559€ | 734€ | [St] | ⏱ 2,40 h/St | 309.000.013

A 1 Abwasserkanal, Steinzeugrohre — Beschreibung für Pos. **15-17**

Abwasserkanal Steinzeugrohre, Rohrverbindung mit Steckmuffe nach Verbindungssystem F, in vorhandenen Graben mit Verbau und Aussteifungen; Rohrbettung, Form- und Verbindungsstücke werden gesondert vergütet.
Scheiteldruckkraft: FN 34
Grabentiefe: bis 4,00 m

15 Abwasserkanal, Steinzeugrohre, DN100 — KG **551**

Wie Ausführungsbeschreibung A 1
Nennweite: DN100

40€ | 48€ | **52€** | 55€ | 65€ | [m] | ⏱ 0,30 h/m | 309.000.015

16 Abwasserkanal, Steinzeugrohre, DN150 — KG **551**

Wie Ausführungsbeschreibung A 1
Nennweite: DN150

49€ | 58€ | **63€** | 67€ | 74€ | [m] | ⏱ 0,40 h/m | 309.000.016

▶ min
▷ von
ø Mittel
◁ bis
◀ max

Nr.	Kurztext / Langtext						Kostengruppe
▶	▷	ø netto €	◁	◀	[Einheit]	Ausf.-Dauer	Positionsnummer

17 **Abwasserkanal, Steinzeugrohre, DN200** — KG **551**

Wie Ausführungsbeschreibung A 1
Nennweite: DN200

75€	83€	**87€**	88€	91€	[m]	⏱ 0,50h/m	309.000.017

A 2 **Formstück, Steinzeugrohr, Bogen** — Beschreibung für Pos. **18-20**

Form- und Verbindungssystem F für Steinzeugrohre der Abwasserleitungen.
Formteil: Bogen mit Steckmuffe

18 **Formstück, Steinzeugrohr, DN100, Bogen** — KG **551**

Wie Ausführungsbeschreibung A 2
Nennweite: DN100
Bogenwinkel: 45°

34€	39€	**40€**	43€	46€	[St]	⏱ 0,30h/St	309.000.066

19 **Formstück, Steinzeugrohr, DN150, Bogen** — KG **551**

Wie Ausführungsbeschreibung A 2
Nennweite: DN150
Bogenwinkel: 45°

41€	50€	**55€**	62€	75€	[St]	⏱ 0,40h/St	309.000.068

20 **Formstück, Steinzeugrohr, DN200, Bogen** — KG **551**

Wie Ausführungsbeschreibung A 2
Nennweite: DN200
Bogenwinkel: 45°

75€	90€	**96€**	99€	116€	[St]	⏱ 0,50h/St	309.000.069

A 3 **Formstück, Steinzeugrohr, Abzweige** — Beschreibung für Pos. **21-23**

Form- und Verbindungssystem F für Steinzeugrohre der Abwasserleitungen.
Formteil: Abzweig mit Steckmuffe

21 **Formstück, Steinzeugrohr, DN100, Abzweig** — KG **551**

Wie Ausführungsbeschreibung A 3
Nennweite: DN100

49€	59€	**65€**	67€	75€	[St]	⏱ 0,30h/St	309.000.070

22 **Formstück, Steinzeugrohr, DN150, Abzweig** — KG **551**

Wie Ausführungsbeschreibung A 3
Nennweite: DN150

52€	67€	**74€**	81€	94€	[St]	⏱ 0,35h/St	309.000.072

23 **Formstück, Steinzeugrohr, DN200, Abzweig** — KG **551**

Wie Ausführungsbeschreibung A 3
Nennweite: DN200

72€	85€	**94€**	100€	108€	[St]	⏱ 0,40h/St	309.000.073

Nr.	Kurztext / Langtext						Kostengruppe
▶	▷	ø netto €	◁	◀	[Einheit]	Ausf.-Dauer	Positionsnummer

24 Übergangsstück, Steinzeug, DN125/150 KG **551**

Übergangsstück für Steinzeugrohre von Abwasserleitungen, mit Steckmuffe, Verbindungssystem F.
Übergang: DN125 nach DN150

50€	56€	**58€**	64€	71€	[St]	⏱ 0,25h/St	309.000.021

25 Übergangsstück, Steinzeug, DN150/200 KG **551**

Übergangsstück für Steinzeugrohre von Abwasserleitungen, mit Steckmuffe, Verbindungssystem F.
Übergang: DN150 nach DN200
Angeb. Fabrikat: .....

61€	78€	**89€**	93€	106€	[St]	⏱ 0,30h/St	309.000.022

Kosten:
Stand 2. Quartal 2025
Bundesdurchschnitt

26 Abwasserkanal, Steinzeug, DN100, inkl. Bettung KG **551**

Abwasserkanal aus Steinzeugrohren, Rohrverbindung mit Steckmuffe, auf vorhandener Sohle, inkl. Bettung Typ 1, untere Rohrbettung aus gebrochenen Stoffen, oberer Rohrbettung aus Sand.
Bettungsschicht unten: mind. 15 cm
Nenngröße: DN100
Scheiteldruckkraft: **FN34 / FN28**
Rohrverbinder: **Typ F / E / .....**
Grabentiefe: 1,00 bis 1,25 m

57€	66€	**68€**	71€	81€	[m]	⏱ 0,30h/m	309.000.074

27 Abwasserkanal, Steinzeug, DN150/200, inkl. Bettung KG **551**

Abwasserkanal aus Steinzeugrohren, Rohrverbindung mit Steckmuffe, auf vorhandener Sohle, inkl. Bettung Typ 1, untere Rohrbettung aus gebrochenen Stoffen, oberer Rohrbettung aus Sand.
Bettungsschicht unten: mind. 15 cm
Nenngröße: **DN150 / DN200**
Scheiteldruckkraft: **FN34 / FN28**
Rohrverbinder: **Typ F / E / .....**
Grabentiefe: 1,00 bis 1,25 m

80€	87€	**91€**	91€	109€	[m]	⏱ 0,35h/m	309.000.075

28 Abwasserkanal, PVC-U, DN/OD100/125, inkl. Bettung KG **551**

Abwasserleitung aus PVC-U-Rohren, 100% recycelbar, mit Mehrlippendichtung, Rohrverbindung mit Steckmuffe, einschl. Schweiß- oder Klebe- sowie Dichtungsmaterial, auf vorhandener Sohle, inkl. unterer Rohrbettung aus gebrochenen Stoffen und oberer Rohrbettung aus Sand.
Nennweite: DN/OD**100 / 125**
Steifigkeitsklasse: SN 8 kN/m^2
Bettungsschicht unten: mind. 15 cm
Grabentiefe: 1,00 bis 1,25 m

29€	36€	**39€**	44€	54€	[m]	⏱ 0,25h/m	309.000.052

▶ min
▷ von
ø Mittel
◁ bis
◀ max

Nr.	Kurztext / Langtext						Kostengruppe
▶	▷	**ø netto €**	◁	◀	[Einheit]	Ausf.-Dauer	Positionsnummer

29 Abwasserkanal, PVC-U, DN/OD150/200, inkl. Bettung KG **551**

Abwasserleitung aus PVC-U-Rohren, 100% recycelbar, mit Mehrlippendichtung, Rohrverbindung mit Steckmuffe, einschl. Schweiß- oder Klebe- sowie Dichtungsmaterial, auf vorhandener Sohle, inkl. unterer Rohrbettung aus gebrochenen Stoffen und oberer Rohrbettung aus Sand.
Nennweite: DN/OD**150 / 200**
Steifigkeitsklasse: SN 8 kN/m²
Bettungsschicht unten: mind. 15 cm
Grabentiefe: 1,00 bis 1,25 m

42€ | 53€ | **58€** | 75€ | 104€ | [m] | ⏱ 0,30h/m | 309.000.076

A 4 Abwasserkanal, PVC-U, Tiefe bis 2m Beschreibung für Pos. **30-33**

Abwasserleitung aus PVC-U-Rohren, 100% recycelbar, mit Mehrlippendichtung, Rohrverbindung mit Steckmuffe, einschl. Schweiß- oder Klebe- sowie Dichtungsmaterial, in vorhandenem Graben auf bauseitig eingebrachtem Sand oder Feinkies verlegen.
Steifigkeitsklasse: SN 8 kN/m²
Grabentiefe: bis 2,00 m

30 Abwasserkanal, PVC-U, DN/OD100 KG **551**

Wie Ausführungsbeschreibung A 4
Nennweite: DN/OD100

19€ | 27€ | **30€** | 37€ | 54€ | [m] | ⏱ 0,25h/m | 309.000.024

31 Abwasserkanal, PVC-U, DN/OD125 KG **551**

Wie Ausführungsbeschreibung A 4
Nennweite: DN/OD125

24€ | 29€ | **31€** | 37€ | 49€ | [m] | ⏱ 0,27h/m | 309.000.064

32 Abwasserkanal, PVC-U, DN/OD150 KG **551**

Wie Ausführungsbeschreibung A 4
Nennweite: DN/OD150

27€ | 34€ | **37€** | 47€ | 63€ | [m] | ⏱ 0,30h/m | 309.000.025

33 Abwasserkanal, PVC-U, DN/OD200 KG **551**

Wie Ausführungsbeschreibung A 4
Nennweite: DN/OD200

28€ | 44€ | **50€** | 63€ | 90€ | [m] | ⏱ 0,35h/m | 309.000.065

34 Formstück, PVC-U, DN/OD100 KG **551**

Form- und Verbindungsstück von PVC-U-Rohren der Abwasserleitungen, mit Steckmuffe.
Formteil: .....
Nennweite: DN/OD100

10€ | 17€ | **19€** | 23€ | 33€ | [St] | ⏱ 0,20h/St | 309.000.026

Kosten:
Stand 2. Quartal 2025
Bundesdurchschnitt

Nr.	Kurztext / Langtext						Kostengruppe
▶	▷	ø netto €	◁	◀	[Einheit]	Ausf.-Dauer	Positionsnummer

35 Formstück, PVC-U, DN/OD150 — KG **551**

Form- und Verbindungsstücke von PVC-U-Rohren der Abwasserleitungen, mit Steckmuffe.
Formteil: .....
Nennweite: DN/OD150

▶	▷	ø	◁	◀	Einheit	Ausf.-Dauer	Positionsnummer
12€	22€	**25€**	32€	48€	[St]	⏱ 0,22h/St	309.000.027

A 5 Formstück, PVC-U, Bogen — Beschreibung für Pos. **36-39**

Form- und Verbindungsstücke von PVC-U-Rohren der Abwasserleitungen, mit Steckmuffe.
Formteil: Bogen KGB

36 Formstück, PVC-U, DN/OD100, Bogen — KG **551**

Wie Ausführungsbeschreibung A 5
Nennweite: DN/OD100
Bogenwinkel: 45°

▶	▷	ø	◁	◀	Einheit	Ausf.-Dauer	Positionsnummer
11€	14€	**16€**	18€	24€	[St]	⏱ 0,20h/St	309.000.077

37 Formstück, PVC-U, DN/OD125, Bogen — KG **551**

Wie Ausführungsbeschreibung A 5
Nennweite: DN/OD125
Bogenwinkel: 45°

▶	▷	ø	◁	◀	Einheit	Ausf.-Dauer	Positionsnummer
13€	17€	**19€**	23€	32€	[St]	⏱ 0,23h/St	309.000.078

38 Formstück, PVC-U, DN/OD150, Bogen — KG **551**

Wie Ausführungsbeschreibung A 5
Nennweite: DN/OD150
Bogenwinkel: 45°

▶	▷	ø	◁	◀	Einheit	Ausf.-Dauer	Positionsnummer
15€	19€	**21€**	27€	41€	[St]	⏱ 0,26h/St	309.000.079

39 Formstück, PVC-U, DN/OD200, Bogen — KG **551**

Wie Ausführungsbeschreibung A 5
Nennweite: DN/OD200
Bogenwinkel: 45°

▶	▷	ø	◁	◀	Einheit	Ausf.-Dauer	Positionsnummer
20€	30€	**33€**	37€	48€	[St]	⏱ 0,30h/St	309.000.080

40 Übergang, PVC-U auf Steinzeug/Beton — KG **551**

Übergangsstücke von PVC-U-Rohren der Abwasserleitungen auf Steinzeug- oder Betonrohre.
Nennweite: DN/ID..... nach DN/OD.....
Anschlussrohre: .....

▶	▷	ø	◁	◀	Einheit	Ausf.-Dauer	Positionsnummer
32€	45€	**50€**	59€	71€	[St]	⏱ 0,30h/St	309.000.028

41 Übergang, PE/PVC/Steinzeug auf Guss — KG **551**

Übergangsstück von Abwasserleitungen auf Gussrohre.
Übergang von: .....
Nennweite: DN/ID100 nach DN/OD100

▶	▷	ø	◁	◀	Einheit	Ausf.-Dauer	Positionsnummer
38€	47€	**51€**	59€	68€	[St]	⏱ 0,30h/St	309.000.029

▶ min
▷ von
ø Mittel
◁ bis
◀ max

Nr.	Kurztext / Langtext						Kostengruppe
▶	▷	ø netto €	◁	◀	[Einheit]	Ausf.-Dauer	Positionsnummer

A 6 Abwasserleitung, SML-Rohre — Beschreibung für Pos. **42-44**

Entwässerungskanalleitung aus muffenlosen Rohren aus duktilem Gusseisen (SML), inkl. Pass-, Form- und Verbindungsstücken, innen mit Teer-Epoxidharzbeschichtung, außen grundiert; Verbindung mit Gummimanschette und Spannhülse aus nichtrostendem Stahl. Auflager in nichtbindigem Boden, in vorhandenem Graben mit Verbau und Aussteifungen.
Baulänge: 6,00 m
Rohrauskleidung: Mörtel M10
Rohraußenschutz: mit Zementmörtelumhüllung
Auflagerwinkel: 90°
Grabentiefe: bis 1,75 m

42 Abwasserleitung, SML-Rohre, DN100 — KG **551**

Wie Ausführungsbeschreibung A 6
Nennweite: DN100

▶	▷	ø netto €	◁	◀	[Einheit]	Ausf.-Dauer	Positionsnummer
44€	61€	**67€**	82€	114€	[m]	⏱ 0,32h/m	309.000.030

43 Abwasserleitung, SML-Rohre, DN125 — KG **551**

Wie Ausführungsbeschreibung A 6
Nennweite: DN125

▶	▷	ø netto €	◁	◀	[Einheit]	Ausf.-Dauer	Positionsnummer
45€	72€	**79€**	94€	118€	[m]	⏱ 0,42h/m	309.000.081

44 Abwasserleitung, SML-Rohre, DN150 — KG **551**

Wie Ausführungsbeschreibung A 6
Nennweite: DN150

▶	▷	ø netto €	◁	◀	[Einheit]	Ausf.-Dauer	Positionsnummer
54€	87€	**89€**	101€	123€	[m]	⏱ 0,50h/m	309.000.031

45 Formstück, SML, Bogen — KG **551**

Form- und Verbindungsstücke von SML-Rohren der Abwasserleitungen.
Formteil: Bogen
Bogenwinkel: 45°
Nennweite: .....

▶	▷	ø netto €	◁	◀	[Einheit]	Ausf.-Dauer	Positionsnummer
26€	33€	**37€**	43€	54€	[St]	⏱ 0,20h/St	309.000.032

46 Formstück, SML, Abzweig — KG **551**

Abzweig von SML-Rohren der Abwasserleitungen.
Nennweite: .....

▶	▷	ø netto €	◁	◀	[Einheit]	Ausf.-Dauer	Positionsnummer
29€	38€	**41€**	45€	52€	[St]	⏱ 0,25h/St	309.000.084

47 Abwasserleitung, PP-Rohr, DN/OD100/125 — KG **551**

Abwasserleitung aus PP-Rohren, mit Mehrlippendichtung, Rohrverbindung mit Steckmuffe, einschl. Schweiß- oder Klebe- sowie Dichtungsmaterial, in vorhandenem Graben auf bauseitig eingebrachtem Sand oder Feinkies; Form- und Verbindungsstücke werden gesondert vergütet.
Nennweite: DN/OD**100 / 125**
Grabentiefe: bis 2,00 m

▶	▷	ø netto €	◁	◀	[Einheit]	Ausf.-Dauer	Positionsnummer
26€	32€	**35€**	42€	51€	[m]	⏱ 0,23h/m	309.000.062

300
301
302
306
308
309
310
312
313
314
316
317
318
320
321
322

Nr.	Kurztext / Langtext						Kostengruppe
▶	▷	**ø netto €**	◁	◀	[Einheit]	Ausf.-Dauer	Positionsnummer

48 Abwasserleitung, HD-PE-Rohre, DN/OD125/150 KG **551**

Abwasserleitung aus HD-PE-Rohren, mit Mehrlippendichtung, Rohrverbindung mit Steckmuffe, einschl. Schweiß- oder Klebe- sowie Dichtungsmaterial, in vorhandenem Graben auf bauseitig eingebrachtem Sand oder Feinkies; Form- und Verbindungsstücke werden gesondert vergütet.
Nennweite: DN/OD**125 / 150**
Grabentiefe: bis 2,00 m

28€	33€	**36€**	38€	42€	[m]	⏱ 0,25h/m	309.000.049

49 Abwasserleitung, HD-PE-Rohre, DN/OD150/200 KG **551**

Abwasserleitung aus HD-PE-Rohren, mit Mehrlippendichtung, Rohrverbindung mit Steckmuffe, einschl. Schweiß- oder Klebe- sowie Dichtungsmaterial, in vorhandenem Graben auf bauseitig eingebrachtem Sand oder Feinkies; Form- und Verbindungsstücke werden gesondert vergütet.
Nennweite: DN/OD**150 / 200**
Grabentiefe: bis 2,00 m

29€	41€	**44€**	51€	61€	[m]	⏱ 0,35h/m	309.000.085

Kosten:
Stand 2. Quartal 2025
Bundesdurchschnitt

50 Dichtheitsprüfung, Grundleitung KG **551**

Dichtheitsprüfung von neu verlegten Grundleitungen, einschl. aller notwendigen Gerätschaften, Aufstellung eines Protokolls der Prüfung, sowie schadlose Entfernung aller Gerätschaften nach der Prüfung; Dokumentation der Prüfung per Prüfprotokoll.
Nennweite Grundleitungen: DN.....
Prüfung mittels: **Wasser / Luft**

8€	11€	**12€**	14€	19€	[m]	⏱ 6,00h/m	309.000.063

51 Straßenablauf, Polymerbeton KG **551**

Straßenablauf als Einlaufkastenkombination, mit Wasserspiegelgefälle, bestehend aus:
- Oberteil aus Polymerbeton P, anthrazitschwarz
- Abdeckrost und Kantenschutz aus GFK
- Unterteil aus Polymerbeton P, mit Schlammeimer aus Kunststoff nach DIN 4052

Nennweite: DN100
Abmessungen (L x B): 50 x 15 cm
Belastungsklasse: .....
Bettungsdicke: ..... cm

382€	471€	**494€**	540€	635€	[St]	⏱ 0,30h/St	309.000.036

52 Rohrdurchführung, Faserzementrohr KG **411**

Außenwand-Durchführung als Futterrohr aus Faserzement, gegen drückendes Wasser, für Medienrohr, mit Los- und Festflansch einseitig zum Einklemmen der Abdichtung.
Wandaufbau: Beton
Wanddicke: **25 / 30** cm
Baulänge: über 200 bis 300 mm
Nennweite: DN.....
Angeb. Fabrikat: .....

367€	559€	**621€**	738€	978€	[St]	⏱ 1,00h/St	309.000.034

▶ min
▷ von
ø Mittel
◁ bis
◀ max

Nr.	Kurztext / Langtext						Kostengruppe
▶	▷	ø netto €	◁	◀	[Einheit]	Ausf.-Dauer	Positionsnummer

53 Dichtsatz, Rohrdurchführung KG **411**

Abdichten des Ringraums durch Dichtring aus Elastomeren (EPDM).
Werkstoff: Stahl verzinkt
Bauteil: .....

279€	461€	**572€**	637€	841€	[St]	⏱ 0,35h/St	309.000.035

54 Bodenablauf, Gusseisen KG **311**

Bodenablauf mit Rückstauverschluss, mit handverriegelbarem Notverschluss, für fäkalienfreies Abwasser, dreh- und höhenverstellbar, mit Schlammeimer, Geruchsverschluss und Gitterrost
Material Gehäuse: Gusseisen
Abflussleistung: 1,6 l/s
Rohranschluss: DN/ID100
Durchmesser: 110 mm
Aufsatzstück: 197 x 197 mm
Höhe: ..... mm
Länge: ..... mm
Material Rost: nichtrostender Stahl - Werkstoff 1.4301 - Klasse K3

351€	459€	**507€**	612€	833€	[St]	⏱ 0,30h/St	309.000.037

55 Reinigungsrohr, Putzstück, bis DN150 KG **551**

Putzstück für Steinzeugleitungen, aus Guss, in Kontrollschacht, inkl. Eindichten und Betonbettung mit Zementglattstrich.
Nennweite: bis DN150

137€	163€	**177€**	200€	238€	[St]	⏱ 0,30h/St	309.000.023

56 Absperreinrichtung, Kanal, Gusseisen KG **551**

Absperreinrichtung aus Gusseisen für Grundleitungsrohr, manuell nutzbar, einschl. Einbau aller Komponenten.
Nennweite: DN100

416€	545€	**571€**	703€	954€	[St]	⏱ 0,70h/St	309.000.058

57 Rückstaudoppelverschluss, DN125, PVC-U KG **551**

Rückstau-Doppelverschluss für fäkalienfreies Abwasser, mit automatischen Rückstauklappen und Handbetätigung, mit Reinigungsöffnung, für den Einsatz in horizontaler, abwasserführender Leitung, einschl. Anschluss.
Werkstoff: PVC-U
Nennweite: DN125
Einsatzbereich: Typ .....

307€	428€	**539€**	596€	691€	[St]	⏱ 0,60h/St	309.000.060

58 Rückstaudoppelverschluss, DN150, PVC KG **551**

Rückstau-Doppelverschluss für fäkalienfreies Abwasser, mit automatischen Rückstauklappen und Handbetätigung, mit Reinigungsöffnung, für den Einsatz in horizontaler, abwasserführender Leitung, einschl. Anschluss.
Werkstoff: PVC-U
Nennweite: DN150
Einsatzbereich: Typ .....
Angeb. Fabrikat: .....

429€	524€	**551€**	621€	717€	[St]	⏱ 1,50h/St	309.000.088

Kosten:
Stand 2. Quartal 2025
Bundesdurchschnitt

► min
▷ von
ø Mittel
◁ bis
◄ max

Nr.	Kurztext / Langtext						Kostengruppe
►	▷	**ø netto €**	◁	◄	[Einheit]	Ausf.-Dauer	Positionsnummer

59 Schachtsohle, Kontrollschacht, Beton — KG **551**

Schachtunterteile für Kontrollschächte und Durchlaufschächte, aus Beton mit hohem Wassereindringwiderstand:

- Erstellen eines Schachtfutters, Schachtsohle geglättet
- Sohle und Sohlgerinne mit Steinzeughalbschalen ohne Muffe auskleiden, in Mörtel M 10 mit Trasszusatz
- Verfugen beim Herstellen der Auskleidung
- einschl. aller erforderlichen Baustoffe, sowie Schalung
- Ecken und Kanten abrunden und glätten

Nennweite: DN1.000
Anschlüsse: DN.....

470€	628€	**712€**	749€	838€	[St]	⏱ 1,80h/St	309.000.039

60 Schachtring, DN1.000, Kontrollschacht, 25cm — KG **551**

Schachtring als Betonfertigteil, mit Steigeisen.
Schachttyp: .....
Bauhöhe: 25 cm
Nennweite: DN1.000
Form: E, mit beidseitigem Steg
Steigmaß: 250 mm

140€	167€	**175€**	196€	241€	[St]	⏱ 0,60h/St	309.000.040

61 Schachtringe, DN1.000, Kontrollschacht, 50cm — KG **551**

Schachtring als Betonfertigteil, mit Steigeisen.
Schachttyp: .....
Bauhöhe: 50 cm
Nennweite: DN1.000
Form: E, mit beidseitigem Steg
Steigmaß: 250 mm

107€	199€	**229€**	251€	317€	[St]	⏱ 0,70h/St	309.000.041

62 Konus, Kontrollschacht — KG **551**

Schachthals (Konus) für Kontrollschacht, als Betonfertigteil mit verstärkter Wand, für Gleitringdichtung, inkl. Steigeisen.
Wanddicke: 120 mm
Nennweite: DN1.000/625

140€	208€	**236€**	274€	354€	[St]	⏱ 1,90h/St	309.000.042

63 Anschluss, Schacht, Steinzeug-/PVC-Kanal — KG **551**

Anschluss der Abwasserkanalleitung an Abwasser-Sammelschacht aus Beton.
Kanalleitung: .....
Nennweite: DN.....

185€	249€	**272€**	378€	550€	[St]	⏱ 1,95h/St	309.000.033

Nr.	Kurztext / Langtext						Kostengruppe
▶	▷	ø netto €	◁	◀	[Einheit]	Ausf.-Dauer	Positionsnummer

64 Schachtdeckel KG **551**

Schachtabdeckung mit rundem Rahmen, höhengerecht in Mörtel (MG III) versetzen.
Deckel: mit Lüftungsöffnungen
Klasse: .....
Form: DN500

244€	322€	**355€**	454€	636€	[St]	⏱ 0,20h/St	309.000.043

65 Schachtdeckel, Klasse C250 KG **551**

Schachtabdeckung mit rundem Rahmen, Deckel aus Gusseisen mit Lüftungsöffnungen und Betonfüllung, mit dämpfender Einlage, verschließbar, mit Schmutzfänger F, höhengerecht in Mörtel M10 versetzen.
Belastungsklasse: C250
Form: DN600

240€	286€	**309€**	344€	399€	[St]	⏱ 0,25h/St	309.000.044

66 Schachtdeckel, Klasse D400 KG **551**

Schachtabdeckung mit rundem Rahmen, Deckel aus Gusseisen mit Lüftungsöffnungen und Betonfüllung, mit dämpfender Einlage, verschließbar, mit Schmutzfänger F, höhengerecht in Mörtel M10 versetzen.
Belastungsklasse: D400
Form: DN600

273€	388€	**435€**	490€	586€	[St]	⏱ 0,35h/St	309.000.045

67 Schachtabdeckung anpassen KG **551**

Bestehende Schachtabdeckung von Revisions- und Kontrollschächten an neue Höhe anpassen.
Anpassungshöhe: bis 0,50 m

138€	179€	**194€**	200€	228€	[St]	⏱ 2,40h/St	309.000.046

68 Kontrollschacht komplett, 3,00m KG **551**

Kontrollschacht als komplette Leistung, rund, aus Fertigteilen, ohne Deckel:
- Schachtbettung aus Ortbeton
- Schachtunterteil für Kontrollschacht und Durchlaufschacht, aus Beton mit hohem Wassereindringwiderstand, mind. 25 cm hoch (über Rohrscheitel)
- Auftritt in Höhe des Rohrscheitels
- Schachtoberteil aus Betonfertigteilen, bestehend aus Schachtringen, Schachthals und Auflagerring
- Bauteilverbindung als Kompressionsdichtung mit Dichtringen aus Elastomeren, Dichtringe werkseitig fest eingebaut
- Außenwände beschichtet mit: ..... , für Wassereinwirkungsklasse: .....
- Anschlüsse mit Muffe, für gelenkige Anbindung Zu- und Abläufe DN/ID......
- Schachtkörper mit Steigeisen
- Schachtsohle mit Gerinne gerade, Auskleidung Gerinne und Auftritt mit Halbschalen und Klinkerriemchen

Schachttyp: .....
Beton: Festigkeitsklasse C20/25
Bodenplatte Dicke: mind. 20 cm
Wanddicke: .....
Steigmaß Steigeisen: 333 mm
Schachttiefe: ..... m

1.181€	1.561€	**1.756€**	1.997€	2.599€	[St]	⏱ 12,00h/St	309.000.047

300
301
302
306
308
309
310
312
313
314
316
317
318
320
321
322

Nr.	Kurztext / Langtext						Kostengruppe
►	▷	ø netto €	◁	◄	[Einheit]	Ausf.-Dauer	Positionsnummer

Kosten:
Stand 2. Quartal 2025
Bundesdurchschnitt

69 Entwässerungsrinne, Beton, DN100 KG **551**

Entwässerungsrinne für Regenwasser als Kastenrinne, mit Kantenschutz aus verzinktem Stahl sowie End- und Anfangsteil, inkl. Abgang und Abdeckung mit schraublos arretiertem Stegrost aus verzinktem Stahl, verlegt auf bauseitiges Betonauflager, mit seitlicher Verfüllung.
Rinne: Beton
Nennweite: DN100
Klasse: .....
Verfüllung: .....
Rinnensohle: mit Eigengefälle
Abgang: .....
Schlitzweite Rost: 8 bis 18 mm

►	▷	ø	◁	◄	[Einheit]	Ausf.-Dauer	Positionsnummer
195€	242€	**262€**	310€	416€	[m]	⏱ 0,50h/m	309.000.048

70 Entwässerungsrinne, Klasse A15/B125, Beton, DN100 KG **551**

Entwässerungsrinne für Regenwasser als Kastenrinne, mit Kantenschutz aus verzinktem Stahl sowie End- und Anfangsteil, inkl. Abgang und Abdeckung mit schraublos arretiertem Stegrost aus verzinktem Stahl; verlegt auf bauseitiges Betonauflager, mit seitlicher Verfüllung.
Rinne: Beton
Nennweite: DN100
Klasse: **A15 / B125**
Verfüllung: .....
Rinnensohle: mit Eigengefälle
Abgang: .....
Schlitzweite Rost: 8 bis 18 mm

►	▷	ø	◁	◄	[Einheit]	Ausf.-Dauer	Positionsnummer
143€	176€	**189€**	218€	273€	[m]	⏱ 0,50h/m	309.000.050

71 Entwässerungsrinne, Beton, Klasse C250, DN100 KG **551**

Entwässerungsrinne für Regenwasser als Kastenrinne, mit Kantenschutz aus verzinktem Stahl sowie End- und Anfangsteil, inkl. Abgang und Abdeckung mit schraublos arretiertem Stegrost aus verzinktem Stahl; verlegt auf bauseitiges Betonauflager, mit seitlicher Verfüllung.
Rinne: Beton
Nennweite: DN100
Klasse: C250
Verfüllung: .....
Rinnensohle: mit Eigengefälle
Abgang: .....
Schlitzweite Rost: 8 bis 18 mm

►	▷	ø	◁	◄	[Einheit]	Ausf.-Dauer	Positionsnummer
159€	216€	**240€**	263€	314€	[m]	⏱ 0,50h/m	309.000.053

► min
▷ von
ø Mittel
◁ bis
◄ max

Nr.	Kurztext / Langtext						Kostengruppe
▶	▷	ø netto €	◁	◀	[Einheit]	Ausf.-Dauer	Positionsnummer

72 Entwässerungsrinne, Beton, Klasse D400, Beton KG **551**

Entwässerungsrinne für Regenwasser als Kastenrinne, mit Kantenschutz aus verzinktem Stahl sowie End- und Anfangsteil, inkl. Abgang und Abdeckung mit schraublos arretiertem Stegrost aus verzinktem Stahl; verlegt auf bauseitiges Betonauflager, mit seitlicher Verfüllung.
Rinne: Beton
Rinnengröße: .....
Klasse: D400
Verfüllung: .....
Rinnensohle: mit Eigengefälle
Abgang: .....
Schlitzweite Rost: 8 bis 18 mm

186€ 275€ **301€** 376€ 613€ [m] ⏱ 0,60h/m 309.000.054

73 Entwässerungsrinne, Abdeckung Guss, D400 KG **551**

Abdeckung für Entwässerungsrinne, schraublos arretiert. Passend zu System.
Material: Gusseisen
Nennweite: .....
Klasse: D400
Ausführung: Stegrost

104€ 130€ **138€** 143€ 159€ [m] ⏱ 0,18h/m 309.000.051

74 Kanalreinigung, Hochdruckspülgerät KG **551**

Hindernis in Abwasser-Grundleitung beseitigen und Grundleitung zwischen zwei Prüfpunkten mit Hochdruckspülgerät durchspülen, einschl. aller erforderlichen Gerätschaften, Aufstellung eines Protokolls über Beseitigung und Spülung, sowie schadloses Entfernen der Gerätschaften nach der Prüfung.

5€ 8€ **9€** 10€ 14€ [m] ⏱ 0,10h/m 309.000.057

75 Kanalprüfung, Kamera KG **551**

Kameraprüfung der neu verlegten Grundleitungen, mit Video-Aufzeichnung, inkl. Dokumentieren und Einmessen der Beschädigungen (Muffenversätze, Durchwurzelung, Einmündungen, Verstopfungen, Risse, Brüche, u.dgl.) der Grundleitungen und Aufstellen eines Video- und Prüfprotokolls, sowie Übergeben der Unterlagen in einfacher Ausführung. Leistung einschl. aller erforderlichen Gerätschaften, Aufstellung eines Prüfprotokolls, sowie schadloses Entfernen der Gerätschaften nach der Prüfung.
Nennweite der Grundleitungen: **bis DN/OD200 / über DN/OD200 bis .....**

5€ 7€ **8€** 9€ 11€ [m] ⏱ 0,10h/m 309.000.059

76 Stundensatz, Facharbeiter/-in

Stundenlohnarbeiten für Facharbeiter/-in, Spezialfacharbeiter/-in, Vorarbeiter/-in und jeweils Gleichgestellte. Der Verrechnungssatz für die jeweilige Arbeitskraft umfasst sämtliche Aufwendungen wie Lohn- und Gehaltskosten, lohn- und gehaltsgebundene Kosten, Lohn- und Gehaltsnebenkosten.

66€ 72€ **74€** 78€ 85€ [h] ⏱ 1,00h/h 309.000.089

77 Stundensatz, Helfer/-in

Stundenlohnarbeiten für Werker/-in, Fachwerker/-in und jeweils Gleichgestellte. Der Verrechnungssatz für die jeweilige Arbeitskraft umfasst sämtliche Aufwendungen wie Lohn- und Gehaltskosten, lohn- und gehaltsgebundene Kosten, Lohn- und Gehaltsnebenkosten.

51€ 60€ **64€** 66€ 71€ [h] ⏱ 1,00h/h 309.000.090

Kosten:
Stand 2. Quartal 2025
Bundesdurchschnitt

Nr.	Positionen	Einheit	►	▷	ø brutto € / ø netto €	◁	◄
1	Handaushub Drängraben	m³	95	108	**118**	124	136
			80	91	**99**	104	115
2	Dränleitung, PVC-U, DN100	m	12	17	**24**	27	30
			10	14	**20**	22	25
3	Dränleitung, PVC-U, DN125	m	16	22	**28**	34	40
			13	19	**23**	28	34
4	Dränleitung, PVC-U, DN160	m	20	26	**34**	42	44
			16	22	**28**	35	37
5	Formstück, Dränleitung, Bogen	St	27	32	**36**	39	47
			22	27	**30**	33	39
6	Formstück, Dränleitung, Abzweig	St	26	34	**37**	40	47
			22	28	**31**	34	40
7	Formstück, Dränleitung, Verschlussstück	St	9	15	**17**	23	31
			8	12	**14**	19	26
8	Anschluss, Dränleitung/Schacht	St	275	385	**426**	518	697
			231	324	**358**	436	586
9	Spülschacht PP, DN315	St	304	383	**410**	504	703
			255	322	**345**	423	591
10	Schachtaufsetzrohr, PP, DN315	St	112	158	**189**	225	279
			95	133	**159**	189	234
11	Sickerpackung, Kiessand, Leitungen	m³	68	80	**86**	98	124
			58	67	**72**	82	104
12	Sickerpackung, Kies, Leitungen	m³	60	79	**84**	94	114
			50	66	**71**	79	96
13	Filterschicht, Geotextil, Leitungen	m	8	10	**11**	13	15
			7	9	**9**	11	12
14	Filter-/Dränageschicht, Noppenbahn, Vlies, Wand	m²	19	29	**30**	33	41
			16	24	**26**	28	34
15	Sickerschicht, Polystyrol-Platte, vlieskaschiert, Wand	m²	22	26	**27**	29	33
			18	22	**22**	25	28

Nr.	**Kurztext** / Langtext						Kostengruppe
►	▷	**ø netto €**	◁	◄	[Einheit]	Ausf.-Dauer	Positionsnummer

1 Handaushub Drängraben KG **326**

Handaushub Boden für Drängraben, Boden laden, fördern und seitlich lagern, Material anschließend wieder verfüllen und verdichten.
Aushubtiefe: bis 0,40 m
Breite: bis 0,50 m
Boden: Homogenbereich 1, mit einer Bodengruppe, Bodengruppe: ..... DIN 18196
- Steinanteil: bis .....% Massenanteil DIN EN ISO 14688-1
- Konsistenz DIN EN ISO 14688-1: .....
- Lagerungsdichte: .....

80€ | 91€ | **99€** | 104€ | 115€ | [m³] | ⏱ 1,40 h/m³ | 310.000.030

► min
▷ von
ø Mittel
◁ bis
◄ max

Nr.	Kurztext / Langtext						Kostengruppe
▶	▷	ø netto €	◁	◀	[Einheit]	Ausf.-Dauer	Positionsnummer

A 1 Dränleitung, PVC-U — Beschreibung für Pos. **2-4**

Dränleitung aus PVC-Stangenrohren für Gebäudedränage mit Doppelsteckmuffen.
Dränrohr: PVC-U
Wassereintrittsfläche: mind. 80 cm²/m
Einbauort: **Arbeitsraum / Graben / Baugrube**

2 Dränleitung, PVC-U, DN100 — KG **326**

Wie Ausführungsbeschreibung A 1
Nenngröße: DN100

10€	14€	**20€**	22€	25€	[m]	⏱ 0,10h/m	310.000.035

3 Dränleitung, PVC-U, DN125 — KG **326**

Wie Ausführungsbeschreibung A 1
Nennweite: DN125

13€	19€	**23€**	28€	34€	[m]	⏱ 0,11h/m	310.000.036

4 Dränleitung, PVC-U, DN160 — KG **326**

Wie Ausführungsbeschreibung A 1
Nennweite: DN160

16€	22€	**28€**	35€	37€	[m]	⏱ 0,12h/m	310.000.037

5 Formstück, Dränleitung, Bogen — KG **326**

Form- und Verbindungsstücke für Dränageleitung, aus PVC-U Stangendränrohren, mit Steckmuffe.
Formteil: Bogen, ...°
Nennweite: DN.....
Rohrtyp: .....

22€	27€	**30€**	33€	39€	[St]	⏱ 0,20h/St	310.000.038

6 Formstück, Dränleitung, Abzweig — KG **326**

Form- und Verbindungsstücke für Dränageleitung, aus PVC-U Stangendränrohren, mit Steckmuffe.
Formteil: Abzweig
Nennweite: bis DN125
Winkel: .....°
Rohrtyp: .....

22€	28€	**31€**	34€	40€	[St]	⏱ 0,20h/St	310.000.039

7 Formstück, Dränleitung, Verschlussstück — KG **326**

Form- und Verbindungsstücke für Dränageleitung, aus PVC-U Stangendränrohren.
Formteil: Verschlussstück
Nennweite: bis DN160
Rohrtyp: .....

8€	12€	**14€**	19€	26€	[St]	⏱ 0,14h/St	310.000.040

Kosten:
Stand 2. Quartal 2025
Bundesdurchschnitt

Nr.	**Kurztext** / Langtext						Kostengruppe
▶	▷	**ø netto €**	◁	◀	[Einheit]	Ausf.-Dauer	Positionsnummer

8 Anschluss, Dränleitung/Schacht — KG **326**

Anschluss von Dränleitung aus PVC-U an vorhandenen Sickerschacht aus Betonringen, einschl. aller erforderlichen Dichtungs- und Anschlussmaterialien. Aushub- und Verfüllarbeiten in gesonderter Position.
Nennweite: DN.....
Schachtgröße: DN1500

▶	▷	ø	◁	◀	Einheit	Ausf.-Dauer	Positionsnummer
231€	324€	**358€**	436€	586€	[St]	⏱ 1,50h/St	310.000.019

9 Spülschacht PP, DN315 — KG **326**

Spül- und Kontrollschacht aus Polypropylen, aufgehend, für Dränage, mit 3 Anschlüssen für Dränleitung, 1 PP-Abdeckung mit Arretierung, 1 Blindstopfen, sowie mit Sandfang.
Einbauort: **an Richtungswechsel / Tiefpunkt der Dränage-Ringleitung**
Nutzhöhe: ca. 0,80 m
Spülschachtgröße: DN315
Anschlüsse: **DN100 / ..... / DN200**
Blindstopfen: **DN100 / ..... / DN200**

▶	▷	ø	◁	◀	Einheit	Ausf.-Dauer	Positionsnummer
255€	322€	**345€**	423€	591€	[St]	⏱ 0,30h/St	310.000.011

10 Schachtaufsetzrohr, PP, DN315 — KG **326**

Schachtaufsetzrohr oder Schachtverlängerung aus Polypropylen, zur Verlängerung des Kontrollschachts DN315.
Aufstockhöhe: ..... m

▶	▷	ø	◁	◀	Einheit	Ausf.-Dauer	Positionsnummer
95€	133€	**159€**	189€	234€	[St]	⏱ 0,30h/St	310.000.012

11 Sickerpackung, Kiessand, Leitungen — KG **326**

Sickerpackung aus Kiessand für Ummantelung der Dränleitung, zwischen Fundamenten, inkl. Verdichten.
Nennweite: DN.....
Sieblinie: .....
Vergütung: **nach m³ / Lieferschein**

▶	▷	ø	◁	◀	Einheit	Ausf.-Dauer	Positionsnummer
58€	67€	**72€**	82€	104€	[m³]	⏱ 0,30h/m³	310.000.005

12 Sickerpackung, Kies, Leitungen — KG **326**

Sickerpackung für Ummantelung der Dränleitung.
Abmessung (H x B): ..... x ..... m
Körnung: 8/16 nach DIN 4095
Material: Kies aus natürlicher Gesteinskörnung
Grabenbreite: .....

▶	▷	ø	◁	◀	Einheit	Ausf.-Dauer	Positionsnummer
50€	66€	**71€**	79€	96€	[m³]	⏱ 0,30h/m³	310.000.033

13 Filterschicht, Geotextil, Leitungen — KG **326**

Filterschicht aus Geotextil für Dränleitungen.
Leitung: DN.....
Grabenbreite: .....

▶	▷	ø	◁	◀	Einheit	Ausf.-Dauer	Positionsnummer
7€	9€	**9€**	11€	12€	[m]	⏱ 0,02h/m	310.000.034

▶ min
▷ von
ø Mittel
◁ bis
◀ max

Nr.	Kurztext / Langtext						Kostengruppe
▶	▷	**ø netto €**	◁	◀	[Einheit]	Ausf.-Dauer	Positionsnummer

14 **Filter-/Dränageschicht, Noppenbahn, Vlies, Wand** KG **335**

Dränage-, Schutz- und Filterschicht aus Kunststoffnoppenbahn mit Vlies und Gleitfolie, auf Bauwerksabdichtung.
Einbauort: erdberührte Wand
Arbeitshöhe: bis ..... m

16€	24€	**26€**	28€	34€	[m^2]	⏱ 0,12h/m^2	310.000.041

15 **Sickerschicht, Polystyrol-Platte, vlieskaschiert, Wand** KG **335**

Sickerschicht vor Außenwand, aus druckstabilen Polystyrol-Platten, profiliert, mit Vlieskaschierung, Einbau dicht gestoßen, punktförmig auf senkrechte Bauwerksabdichtung kleben, Einstand in Kiesfilterschicht mind. 30 cm.
Plattenmaterial: EPS
Nennwert Wärmeleitfähigkeit: 0,034 W/(mK)
Dränleistung: <0,3 l/(s x m)
Kante: umlaufend Stufenfalz
Anwendung: PW und Dränge DIN 4095
Für Einbauhöhe: **bis 4,00** m **/ über 4,00** m
Plattendicke: **50 / 60 / 80 /** ..... mm

18€	22€	**22€**	25€	28€	[m^2]	⏱ 0,10h/m^2	310.000.042

312

Kosten:
Stand 2. Quartal 2025
Bundesdurchschnitt

► min
▷ von
ø Mittel
◁ bis
◄ max

Nr.	Positionen	Einheit	►	▷	ø brutto € / ø netto €	◁	◄
1	Fundamentmauerwerk abbrechen, entsorgen	m³	252	283	**345**	421	445
			212	238	**290**	354	374
2	Streifenfundamente abbrechen, entsorgen	m	75	86	**104**	126	136
			63	72	**87**	106	114
3	Kellerboden abbrechen, Ziegel	m²	35	43	**51**	62	75
			29	36	**43**	52	63
4	Verblendmauerwerk, abbrechen	m²	71	87	**94**	114	119
			60	73	**79**	96	100
5	Außenmauerwerk abbrechen, Ziegel 36,5cm	m³	177	323	**344**	396	405
			149	272	**289**	332	340
6	Ziegelpflaster abbrechen, Außenbereich	m²	31	39	**43**	52	54
			26	33	**36**	43	46
7	Innenwand abbrechen, Gipswandbauplatte, 10cm	m²	54	62	**72**	88	94
			45	52	**60**	74	79
8	Innenmauerwerk abbrechen, Porenbeton, 17,5cm	m²	36	64	**75**	92	102
			31	54	**63**	77	86
9	Innenmauerwerk abbrechen, 11,5cm	m²	36	46	**57**	69	85
			31	39	**48**	58	71
10	Innenmauerwerk abbrechen, 24cm	m²	43	74	**85**	105	107
			36	63	**71**	88	90
11	Fachwerksausfachung abbrechen, Mauerwerk	m²	45	62	**65**	84	109
			37	52	**55**	70	91
12	Deckengewölbe abbrechen, Steine entsorgen	m²	80	93	**98**	124	130
			67	78	**82**	104	109
13	Sandfüllung ausbauen, Gewölbedecke	m²	22	28	**33**	42	42
			19	24	**28**	35	35
14	Decke abbrechen, Kappendecke	m²	108	137	**144**	180	192
			91	115	**121**	151	161
15	Decke abbrechen, Ziegelhohlkörper	m²	73	94	**100**	123	134
			61	79	**84**	104	113
16	Decke abbrechen, Stb-Hohldielen	m²	78	96	**107**	130	138
			65	81	**90**	109	116
17	Ziegelboden reinigen, Besen	m²	18	24	**25**	32	33
			15	20	**21**	27	28
18	Ziegelfassade reinigen, Wasser	m²	5	9	**11**	13	17
			4	8	**9**	11	14
19	Klinkerfassade reinigen, absäuern	m²	16	20	**23**	27	30
			14	17	**19**	23	25
20	Klinkermauerwerk reinigen, Dampfstrahlen	m²	16	31	**35**	43	47
			13	26	**29**	36	39
21	Verblendmauerwerk reinigen, Rotationsverfahren	m²	10	15	**17**	21	23
			9	13	**15**	18	19
22	Verblendmauerwerk imprägnieren	m²	9	13	**16**	19	23
			7	11	**13**	16	20
23	Verblendmauerwerk hydrophobieren	m²	12	18	**21**	26	39
			10	15	**18**	22	33
24	Mauerwerk hydrophobieren, außen	m²	17	25	**29**	36	37
			14	21	**24**	30	31

Nr.	Positionen	Einheit	►	▷	ø brutto € / ø netto €	◁	◄
25	Mauerwerk vorbehandeln, Steinverfestiger	m²	16	24	**28**	35	36
			13	21	**24**	29	30
26	Algenbeseitigung, Mauerwerk	m²	19	20	**24**	30	32
			16	17	**20**	25	27
27	Graffiti-Schutz, Mauerwerk	m²	29	47	**56**	71	84
			25	39	**47**	60	70
28	Kellerfußboden, Rollschicht überarbeiten	m²	49	57	**67**	83	89
			41	48	**56**	70	75
29	Kellerfußboden, Klinkerbelag überarbeiten	m²	36	44	**50**	62	64
			30	37	**42**	52	54
30	Mauerwerksfugen erneuern, außen	m²	31	41	**53**	66	91
			26	35	**44**	56	76
31	Außenmauerwerk ausbessern, bis 25cm	m²	110	138	**159**	196	207
			92	116	**134**	164	174
32	Außenmauerwerk ausbessern, bis 50cm	m²	192	247	**274**	332	345
			161	207	**230**	279	290
33	Außenmauerwerk, Fehlstellen reparieren	m²	206	251	**295**	366	389
			174	211	**248**	307	327
34	Schlitz herstellen, Mauerwerk, 5x3cm	m	7	14	**16**	21	23
			6	12	**14**	17	19
35	Schlitz herstellen, Mauerwerk, 10x5cm	m	9	18	**21**	25	27
			8	15	**17**	21	23
36	Schlitz herstellen, Mauerwerk, 30x10cm	m	19	39	**48**	55	63
			16	33	**41**	46	53
37	Schlitz herstellen, Mauerwerk, 30x15cm	m	23	61	**70**	83	87
			19	51	**59**	69	73
38	Schlitz schließen, Mauerwerk, 5x3cm	m	9	12	**14**	16	21
			7	10	**11**	14	18
39	Schlitz schließen, Mauerwerk, 10x5cm	m	11	16	**20**	24	31
			10	14	**17**	20	26
40	Schlitz schließen, Mauerwerk, 30x10cm	m	16	25	**30**	37	56
			13	21	**25**	31	47
41	Schlitz schließen, gedämmt, Mauerwerk, 10x5cm	m	18	26	**32**	37	40
			15	22	**27**	31	33
42	Schlitz schließen, gedämmt, Mauerwerk, 30x15cm	m	38	50	**56**	68	79
			32	42	**47**	57	67
43	Putzträger, Schlitz, Metall verzinkt	m²	40	54	**63**	76	87
			33	46	**53**	64	73
44	Sturzauflager stemmen, bis 15cm	St	52	67	**73**	92	97
			44	56	**62**	77	82
45	Sturzauflager stemmen, bis 30cm	St	84	100	**113**	144	144
			71	84	**95**	121	121
46	Fensteröffnung ausbrechen, bis 40cm	m²	146	167	**196**	239	251
			123	140	**165**	201	211
47	Fensteröffnung ausbrechen, bis 60cm	m²	170	225	**256**	318	338
			143	189	**215**	267	284
48	Türöffnung ausbrechen, Mauerwerk bis 15cm	m²	73	104	**115**	143	196
			62	87	**97**	120	164

Kosten:
Stand 2. Quartal 2025
Bundesdurchschnitt

Mauerarbeiten — Preise €

Nr.	Positionen	Einheit	▶	▷	ø brutto € / ø netto €	◁	◀
49	Türöffnung ausbrechen, Mauerwerk bis 30cm	m²	93	156	**188**	231	268
			78	131	**158**	194	225
50	Türöffnung ausbrechen, Mauerwerk bis 60cm	m²	194	237	**282**	345	363
			163	199	**237**	290	305
51	Fensteröffnung schließen, AW bis 30cm	m²	158	189	**220**	270	280
			133	159	**185**	227	236
52	Fensteröffnung schließen, AW bis 60cm	m²	216	267	**304**	364	412
			181	225	**255**	306	346
53	Türöffnung schließen, IW bis 15cm	m²	96	125	**142**	143	179
			80	105	**119**	120	151
54	Türöffnung schließen, IW bis 30cm	m²	153	178	**209**	255	272
			128	149	**176**	214	229
55	Wanddurchbruch, bis 100cm², 20cm	St	21	32	**38**	47	60
			18	27	**32**	40	50
56	Wanddurchbruch, bis 500cm², 20cm	St	33	46	**56**	68	71
			28	39	**47**	57	60
57	Wanddurchbruch, bis 1.000cm², 20cm	St	39	63	**75**	91	100
			33	53	**63**	77	84
58	Wanddurchbruch, bis 2.500cm², 20cm	St	43	82	**100**	122	136
			36	69	**84**	103	114
59	Wanddurchbruch, bis 100cm², 40cm	St	36	48	**56**	107	120
			31	41	**47**	90	101
60	Wanddurchbruch, bis 500cm², 40cm	St	46	65	**78**	94	142
			39	55	**65**	79	120
61	Wanddurchbruch, bis 1.000cm², 40cm	St	50	88	**104**	127	168
			42	74	**88**	107	142
62	Wanddurchbruch, bis 2.500cm², 40cm	St	89	123	**150**	177	202
			74	103	**126**	149	170
63	Wanddurchbruch schließen, bis 100cm², 20cm	St	23	35	**43**	53	59
			19	30	**36**	45	49
64	Wanddurchbruch schließen, bis 500cm², 20cm	St	38	48	**55**	68	82
			32	40	**47**	57	69
65	Wanddurchbruch schließen, bis 1.000cm², 20cm	St	50	78	**81**	99	140
			42	66	**68**	83	118
66	Wanddurchbruch schließen, bis 2.500cm², 20cm	St	69	98	**110**	133	153
			58	82	**92**	112	128
67	Wanddurchbruch schließen, bis 100cm², 40cm	St	37	59	**69**	85	100
			31	50	**58**	71	84
68	Wanddurchbruch schließen, bis 500cm², 40cm	St	51	82	**97**	118	124
			43	69	**81**	99	105
69	Wanddurchbruch schließen, bis 1.000cm², 40cm	St	69	95	**111**	136	167
			58	79	**94**	114	140
70	Wanddurchbruch schließen, bis 2.500cm², 40cm	St	82	119	**142**	174	184
			69	100	**120**	146	155
71	Deckendurchbruch, bis 100cm², 20cm	St	42	65	**67**	82	94
			35	55	**57**	69	79
72	Deckendurchbruch, bis 500cm², 20cm	St	46	73	**82**	102	113
			39	61	**69**	86	95

▶ min
▷ von
ø Mittel
◁ bis
◀ max

Nr.	Positionen	Einheit	►	▷	ø brutto € / ø netto €	◁	◄
73	Deckendurchbruch, bis 1.000cm², 20cm	St	52	79	**90**	107	114
			44	67	**76**	90	96
74	Deckendurchbruch, bis 500cm², 30cm	St	55	76	**92**	112	116
			46	64	**77**	94	97
75	Deckendurchbruch schließen, bis 100cm², 20cm	St	29	39	**46**	56	60
			25	33	**38**	47	51
76	Deckendurchbruch schließen, bis 500cm², 20cm	St	56	72	**82**	96	99
			47	60	**69**	81	83
77	Deckendurchbruch schließen, bis 1.000cm², 20cm	St	87	103	**121**	148	151
			73	87	**102**	124	127
78	Deckendurchbruch schließen, bis 500cm², 30cm	St	71	101	**117**	142	148
			60	85	**98**	119	125
79	Baustelleneinrichtung, Bohren/Sägen	psch	–	209	**243**	294	–
			–	175	**204**	247	–
80	Bohreinrichtung umsetzen	psch	–	88	**101**	125	–
			–	74	**85**	105	–
81	Mauerwerk schneiden, Wand, Mz bis 36cm	m	45	61	**70**	85	91
			38	52	**59**	72	76
82	Mauerwerk schneiden, Wand, KS bis 17,5cm	m	35	50	**60**	73	75
			29	42	**51**	61	63
83	Mauerwerk schneiden, Wand, KS bis 24cm	m	78	96	**109**	132	143
			66	80	**91**	111	120
84	Kernbohrung, Mauerwerk, 10-50mm	m	138	189	**225**	272	288
			116	159	**189**	229	242
85	Kernbohrung, Mauerwerk, 55-80mm	m	169	219	**270**	327	342
			142	184	**227**	274	287
86	Kernbohrung, Mauerwerk, 85-110mm	m	175	235	**284**	349	368
			147	198	**238**	293	309
87	Kernbohrung, Mauerwerk, 115-130mm	m	209	276	**341**	406	417
			175	232	**287**	341	350
88	Kernbohrung, Mauerwerk, 130-150mm	m	224	302	**360**	432	437
			188	254	**302**	363	367
89	Kernbohrung, Mauerwerk, 150-200mm	m	304	365	**429**	519	557
			256	306	**360**	436	468
90	Innenwand, HLz 11,5cm, nichttragend	m²	76	88	**94**	102	117
			64	74	**79**	85	98
91	Innenwand, KS 11,5cm, nichttragend	m²	89	100	**104**	111	123
			75	84	**88**	93	103
92	Innenwand, KS 17,5cm, tragend	m²	101	122	**130**	135	166
			85	102	**109**	113	140
93	Innenwand, KS 24cm, tragend	m²	114	142	**156**	174	222
			95	119	**131**	146	186
94	Innenwand, PP 11,5cm, nichttragend	m²	74	94	**102**	111	134
			62	79	**86**	93	113
95	Innenwand, PP 24cm, tragend	m²	101	121	**133**	140	153
			85	102	**112**	118	129
96	Ausmauerung, Fachwerk 11,5cm	m²	112	151	**168**	200	257
			94	127	**141**	168	216

300 301 302 306 308 309 310 312 313 314 316 317 318 320 321 322

Kosten:
Stand 2. Quartal 2025
Bundesdurchschnitt

▶ min
▷ von
ø Mittel
◁ bis
◀ max

Nr.	Positionen	Einheit	▶	▷	ø brutto € / ø netto €	◁	◀
97	Außenwand, HLz 36,5cm, tragend	m²	167	188	**201**	209	231
			141	158	**169**	175	194
98	Außenwand, KS L-R 17,5cm, tragend	m²	104	116	**121**	133	157
			88	97	**101**	112	132
99	Außenwand, KS L-R 24cm, tragend	m²	117	136	**142**	154	180
			99	114	**120**	129	151
100	Öffnung überdecken, Ziegelsturz	m	56	64	**69**	73	81
			47	54	**58**	62	68
101	Öffnung überdecken; KS-Sturz, 17,5cm	m	49	62	**69**	83	110
			41	52	**58**	69	92
102	Öffnung überdecken, Betonsturz, 24cm	m	61	71	**110**	117	165
			51	59	**93**	99	138
103	Stundensatz, Facharbeiter/-in	h	81	89	**93**	98	109
			68	74	**78**	82	91
104	Stundensatz, Helfer/-in	h	72	79	**84**	85	89
			60	67	**70**	72	75

Nr. **Kurztext** / Langtext — Kostengruppe
▶ ▷ **ø netto €** ◁ ◀ [Einheit] Ausf.-Dauer Positionsnummer

1 Fundamentmauerwerk abbrechen, entsorgen KG **394**

Fundamentmauerwerk aus Mauerziegeln mit Mörtel abbrechen und Bauschutt entsorgen.
Mauerwerk: .....
Abmessungen: .....
Ziegelart: .....

212€ 238€ **290€** 354€ 374€ [m³] ⏱ 1,80h/m³ 312.000.133

2 Streifenfundamente abbrechen, entsorgen KG **394**

Streifenfundamente aus Mauerwerk und Mörtel abbrechen und Bauschutt entsorgen.
Mauerwerk: .....
Mörtel: .....
Fundamentdicke: .....
Fundamenthöhe: .....

63€ 72€ **87€** 106€ 114€ [m] ⏱ 0,90h/m 312.000.134

3 Kellerboden abbrechen, Ziegel KG **394**

Kellerboden aus Ziegelsteinen abbrechen und Bauschutt entsorgen.
Ziegelsteine: .....
Dicke: .....
Bettung: .....

29€ 36€ **43€** 52€ 63€ [m²] ⏱ 0,35h/m² 312.000.135

Nr.	Kurztext / Langtext						Kostengruppe
▶	▷	ø netto €	◁	◀	[Einheit]	Ausf.-Dauer	Positionsnummer

4 Verblendmauerwerk, abbrechen KG **394**

Verblendmauerwerk aus Mauerwerkssteinen abbrechen und Bauschutt entsorgen.
Mauerwerk: .....
Dicke: .....
Verankerung: .....
Höhe über Standfläche bis: .....

60€	73€	**79€**	96€	100€	[m²]	⏱ 0,85h/m²	312.000.136

5 Außenmauerwerk abbrechen, Ziegel 36,5cm KG **394**

Außenwand aus verputztem Ziegelmauerwerk abbrechen und Bauschutt entsorgen.
Wanddicke: 36,5 cm, mit beidseitigem Putz
Format: .....
Verfugung: .....
Höhe über Standfläche bis: .....

149€	272€	**289€**	332€	340€	[m³]	⏱ 2,15h/m³	312.000.137

6 Ziegelpflaster abbrechen, Außenbereich KG **394**

Ziegelpflaster im Außenbereich abbrechen und Bauschutt entsorgen.
Einbauort: .....
Verlegeart: .....
Bettung: .....

26€	33€	**36€**	43€	46€	[m²]	⏱ 0,30h/m²	312.000.138

7 Innenwand abbrechen, Gipswandbauplatte, 10cm KG **394**

Innenwand aus Gipsdiele, abbrechen und Bauschutt entsorgen.
Wanddicke: 10 cm
Wandhöhe: .....

45€	52€	**60€**	74€	79€	[m²]	⏱ 0,25h/m²	312.000.139

8 Innenmauerwerk abbrechen, Porenbeton, 17,5cm KG **394**

Innenwand aus Porenbeton abbrechen und Bauschutt entsorgen.
Wanddicke: bis 17,5 cm
Wandhöhe: .....

31€	54€	**63€**	77€	86€	[m²]	⏱ 0,50h/m²	312.000.140

9 Innenmauerwerk abbrechen, 11,5cm KG **394**

Innenwand aus beidseitig verputztem Mauerwerk abbrechen und Bauschutt entsorgen.
Mauerwerk: 11,5 cm
Mauerwerk aus: .....
Wandhöhe: .....

31€	39€	**48€**	58€	71€	[m²]	⏱ 0,50h/m²	312.000.141

Kosten:
Stand 2. Quartal 2025
Bundesdurchschnitt

Nr.	**Kurztext** / Langtext					Kostengruppe
►	▷	**ø netto €**	◁	◄	[Einheit]	Ausf.-Dauer	Positionsnummer

10 Innenmauerwerk abbrechen, 24cm — KG **394**

Innenwand aus beidseitig verputztem Mauerwerk abbrechen und Bauschutt entsorgen. Leistung einschl. örtlicher Abfangung mit Stütze und Träger.
Wanddicke: bis 24 cm
Mauerwerk aus: .....
Wandhöhe: .....

36€ | 63€ | **71€** | 88€ | 90€ | [m²] | ⏱ 0,50 h/m² | 312.000.142

11 Fachwerksausfachung abbrechen, Mauerwerk — KG **394**

Fachwerkausfachung aus Mauerwerk abbrechen, Fachwerkbalken reinigen und Bauschutt entsorgen.
Abbruchort: .....
Wanddicke: .....
Bekleidung: .....
Fachwerkausfachung aus: .....
Wandhöhe: .....

37€ | 52€ | **55€** | 70€ | 91€ | [m²] | ⏱ 0,55 h/m² | 312.000.144

12 Deckengewölbe abbrechen, Steine entsorgen — KG **394**

Deckengewölbe aus Steinen abbrechen und Steine und Bauschutt entsorgen.
Konstruktionsart: .....
Deckenstärke: bis 0,25 m
Steine: .....
Raumhöhe: .....
Spannweite: .....
Lagerweg: .....

67€ | 78€ | **82€** | 104€ | 109€ | [m²] | ⏱ 1,70 h/m² | 312.000.251

13 Sandfüllung ausbauen, Gewölbedecke — KG **394**

Sandfüllung über Gewölbedecke ausbauen und Bauschutt entsorgen.
Schichtdicke: i.M. 8 cm

19€ | 24€ | **28€** | 35€ | 35€ | [m²] | ⏱ 0,20 h/m² | 312.000.146

14 Decke abbrechen, Kappendecke — KG **394**

Preußische Kappendecke abbrechen und Bauschutt entsorgen.
Deckenstärke: bis 0,25 m
Steine: .....
Raumhöhe: .....
Spannweite: .....

91€ | 115€ | **121€** | 151€ | 161€ | [m²] | ⏱ 1,70 h/m² | 312.000.147

15 Decke abbrechen, Ziegelhohlkörper — KG **394**

Ziegelhohlkörperdecke einschl. Aufbeton abbrechen und Bauschutt entsorgen.
Deckenstärke: 21 cm

61€ | 79€ | **84€** | 104€ | 113€ | [m²] | ⏱ 0,70 h/m² | 312.000.148

► min
▷ von
ø Mittel
◁ bis
◄ max

Nr.	Kurztext / Langtext						Kostengruppe
▶	▷	ø netto €	◁	◀	[Einheit]	Ausf.-Dauer	Positionsnummer

16 Decke abbrechen, Stb-Hohldielen KG **394**

Stahlbeton-Hohldielen-Decke einschl. Aufbeton abbrechen und Bauschutt entsorgen.
Deckenstärke: 15 cm
Raumhöhe: .....
Spannweite: .....

65€	81€	**90€**	109€	116€	[m²]	⏱ 0,70h/m²	312.000.149

17 Ziegelboden reinigen, Besen KG **395**

Bodenflächen aus Ziegelsteinen mit Stahlbesen reinigen und Entsorgung der Reinigungsrückstände.
Fugenausbildung: .....
Höhe über Standfläche bis: .....

15€	20€	**21€**	27€	28€	[m²]	⏱ 0,25h/m²	312.000.151

18 Ziegelfassade reinigen, Wasser KG **395**

Fassade aus gebrannten Ziegeln mit Wasser ohne Zusätze reinigen.
Höhe über Standfläche bis: .....

4€	8€	**9€**	11€	14€	[m²]	⏱ 0,08h/m²	312.000.152

19 Klinkerfassade reinigen, absäuern KG **395**

Klinkerfassade absäuern und abschließend nachwaschen.
Höhe über Standfläche bis: .....

14€	17€	**19€**	23€	25€	[m²]	⏱ 0,20h/m²	312.000.153

20 Klinkermauerwerk reinigen, Dampfstrahlen KG **395**

Klinkermauerwerk durch Dampfstrahlen reinigen, einschl. Entsorgung des Reinigungs- und Restmaterials.
Höhe über Standfläche bis: .....
Hinweis: Das Sammeln von Reinigungs- und Restmaterial, Behandeln oder Trennen sowie Einleitung oder die Entsorgung von Sonderabfall ist gesondert auszuschreiben. Lokale Vorgaben sind vor der Ausschreibung abzuklären.

13€	26€	**29€**	36€	39€	[m²]	⏱ 0,15h/m²	312.000.154

21 Verblendmauerwerk reinigen, Rotationsverfahren KG **395**

Verblendmauerwerk durch Wirbelrotationsverfahren reinigen, einschl. der Reinigungs- und Reststoffe entsorgen.
Höhe über Standfläche bis: .....
Hinweis: Das Sammeln von Reinigungs- und Restmaterial, Behandeln oder Trennen sowie Einleitung oder die Entsorgung von Sonderabfall ist gesondert auszuschreiben. Lokale Vorgaben sind vor der Ausschreibung abzuklären.

9€	13€	**15€**	18€	19€	[m²]	⏱ 0,12h/m²	312.000.156

22 Verblendmauerwerk imprägnieren KG **395**

Verblendmauerwerk im Sprühverfahren zur Reduzierung der Wasseraufnahme imprägnieren.
Auftragsmenge: ..... l/m²
Format: .....
Verfugung: .....
Höhe über Standfläche bis: .....

7€	11€	**13€**	16€	20€	[m²]	⏱ 0,10h/m²	312.000.159

300
301
302
306
308
309
310
312
313
314
316
317
318
320
321
322

Nr.	Kurztext / Langtext						Kostengruppe
▶	▷	ø netto €	◁	◀	[Einheit]	Ausf.-Dauer	Positionsnummer

23 Verblendmauerwerk hydrophobieren KG **395**

Hydrophobierung von Verblendmauerwerk mit Verfugung als Oberflächenschutz.
Auftragsmenge: ..... l/m²
Format: .....
Verfugung: .....
Höhe über Standfläche bis: .....

▶	▷	ø	◁	◀	Einheit	Ausf.-Dauer	Positionsnummer
10€	15€	**18€**	22€	33€	[m²]	0,15h/m²	312.000.160

24 Mauerwerk hydrophobieren, außen KG **395**

Hydrophobierung von Außenmauerwerk mit Verfugung als Oberflächenschutz.
Auftragsmenge: ..... l/m²
Format: .....
Verfugung: .....
Höhe über Standfläche bis: .....

▶	▷	ø	◁	◀	Einheit	Ausf.-Dauer	Positionsnummer
14€	21€	**24€**	30€	31€	[m²]	0,15h/m²	312.000.161

25 Mauerwerk vorbehandeln, Steinverfestiger KG **395**

Mauerwerk mit Steinverfestiger, ohne hydrophobierende Zusätze, vorbehandeln.
Auftragsmenge: ..... g/m²
Höhe über Standfläche bis: .....

▶	▷	ø	◁	◀	Einheit	Ausf.-Dauer	Positionsnummer
13€	21€	**24€**	29€	30€	[m²]	0,15h/m²	312.000.162

26 Algenbeseitigung, Mauerwerk KG **395**

Schimmel- und Algenbehandlung durch chemische Behandlung und abbürsten, einschl. nachreinigen.
Verbrauch: ..... l/m²
Höhe über Standfläche bis: .....

▶	▷	ø	◁	◀	Einheit	Ausf.-Dauer	Positionsnummer
16€	17€	**20€**	25€	27€	[m²]	0,18h/m²	312.000.163

27 Graffiti-Schutz, Mauerwerk KG **395**

Graffiti-Schutz auf Mauerwerk in mehreren Arbeitsgängen.
Mauerwerksart: .....
Beschichtungsart: **temporär / permanent**
Beschichtungssystem: .....
Verbrauchsmengen: .....
Höhe über Standfläche bis: .....

▶	▷	ø	◁	◀	Einheit	Ausf.-Dauer	Positionsnummer
25€	39€	**47€**	60€	70€	[m²]	0,18h/m²	312.000.164

28 Kellerfußboden, Rollschicht überarbeiten KG **395**

Kellerfußboden aus Ziegelsteinen als Rollschicht ausbauen, reinigen, lagern und wieder einbauen. Die Unebenheiten in der Bettung sind auszugleichen und die Fugen zu verfüllen.
Ziegelformat (B x L x H): ..... x ..... x .....
Bettung: .....
Lagerweg: .....

▶	▷	ø	◁	◀	Einheit	Ausf.-Dauer	Positionsnummer
41€	48€	**56€**	70€	75€	[m²]	0,50h/m²	312.000.165

Kosten:
Stand 2. Quartal 2025
Bundesdurchschnitt

▶ min
▷ von
ø Mittel
◁ bis
◀ max

Nr.	Kurztext / Langtext						Kostengruppe
▶	▷	ø netto €	◁	◀	[Einheit]	Ausf.-Dauer	Positionsnummer

29 Kellerfußboden, Klinkerbelag überarbeiten KG **395**

Kellerfußboden aus Klinkern ausbauen, reinigen, seitlich lagern und wieder einbauen. Unebenheiten der Bettung ausgleichen und Fugen verfüllen.
Ziegelformat (B x L x H): ..... x ..... x .....
Bettung: .....
Lagerweg: .....

30€	37€	**42€**	52€	54€	[m2]	⏱ 0,50h/m2	312.000.166

30 Mauerwerksfugen erneuern, außen KG **395**

Außenmauerwerksfugen in Teilbereichen erneuern und Bauschutt entsorgen. Lose Teile entfernen, Fugen reinigen und verfüllen sowie Flächen reinigen.
Mauerwerksart: .....
Fugenmörtel: .....
Höhe über Gelände bis: .....
Flächenanteil: .....%

26€	35€	**44€**	56€	76€	[m2]	⏱ 0,45h/m2	312.000.168

31 Außenmauerwerk ausbessern, bis 25cm KG **395**

Außenmauerwerk aus Ziegel durch Austausch einzelner Steine ausbessern. Die neuen Ziegel passend zum bestehenden Mauerwerk. Leistung einschl. Vorspritzen der ausgebesserten Fläche mit Zementmörtel.
Wanddicke: bis 25 cm
Höhe über Standfläche bis: .....
Fehlstellenanteil: .....

92€	116€	**134€**	164€	174€	[m2]	⏱ 1,20h/m2	312.000.169

32 Außenmauerwerk ausbessern, bis 50cm KG **395**

Außenmauerwerk aus Ziegel durch Austausch einzelner Steine ausbessern. Die neuen Ziegel passend zum bestehenden Mauerwerk. Leistung einschl. Vorspritzen der ausgebesserten Fläche mit Zementmörtel.
Wanddicke: bis 50 cm
Höhe über Standfläche bis: .....
Fehlstellenanteil: .....

161€	207€	**230€**	279€	290€	[m2]	⏱ 1,20h/m2	312.000.170

33 Außenmauerwerk, Fehlstellen reparieren KG **395**

Ausbrüche und Fehlstellen in Mauerwerk aus Mauerziegeln mit Trasskalkmörtel vermauern und verfugen.
Ausbruchtief: bis 30 cm
Mauerziegel: Mz 12-2,0
Fugenausbildung: .....
Fehlstellenanteil: .....%
Einbauort: .....

174€	211€	**248€**	307€	327€	[m2]	⏱ 3,00h/m2	312.000.172

Nr.	Kurztext / Langtext						Kostengruppe
►	▷	ø netto €	◁	◄	[Einheit]	Ausf.-Dauer	Positionsnummer

A 1 Schlitz herstellen, Mauerwerk — Beschreibung für Pos. **34-37**

Schlitz in verputztem Mauerwerk nachträglich herstellen und Bauschutt entsorgen.
Druckfestigkeitsklasse: bis Mz 12 N/mm²
Wanddicke: .....
Lage: .....

34 Schlitz herstellen, Mauerwerk, 5x3cm — KG **394**

Wie Ausführungsbeschreibung A 1
Breite: bis 5 cm
Tiefe: bis 3 cm

6€	12€	**14€**	17€	19€	[m]	⏱ 0,15h/m	312.000.173

35 Schlitz herstellen, Mauerwerk, 10x5cm — KG **394**

Wie Ausführungsbeschreibung A 1
Breite: bis 10 cm
Tiefe: bis 5 cm

8€	15€	**17€**	21€	23€	[m]	⏱ 0,15h/m	312.000.174

36 Schlitz herstellen, Mauerwerk, 30x10cm — KG **394**

Wie Ausführungsbeschreibung A 1
Breite: bis 30 cm
Tiefe: bis 10 cm

16€	33€	**41€**	46€	53€	[m]	⏱ 0,20h/m	312.000.175

37 Schlitz herstellen, Mauerwerk, 30x15cm — KG **394**

Wie Ausführungsbeschreibung A 1
Breite: bis 30 cm
Tiefe: bis 15 cm

19€	51€	**59€**	69€	73€	[m]	⏱ 0,20h/m	312.000.176

A 2 Schlitz schließen, Mauerwerk — Beschreibung für Pos. **38-42**

Schlitz in verputztem Mauerwerk schließen und Wandfläche mit bündigem Anschluss verputzen. Der Bauschutt ist zu entsorgen und die Oberfläche ist an den Putzbestand anzugleichen.
Lage: .....
Bestandsputz: .....

38 Schlitz schließen, Mauerwerk, 5x3cm — KG **395**

Wie Ausführungsbeschreibung A 2
Breite: bis 5 cm
Tiefe: bis 3 cm

7€	10€	**11€**	14€	18€	[m]	⏱ 0,08h/m	312.000.177

Kosten:
Stand 2. Quartal 2025
Bundesdurchschnitt

► min
▷ von
ø Mittel
◁ bis
◄ max

Nr.	Kurztext / Langtext						Kostengruppe
▶	▷	ø netto €	◁	◀	[Einheit]	Ausf.-Dauer	Positionsnummer

39 Schlitz schließen, Mauerwerk, 10x5cm KG **395**

Wie Ausführungsbeschreibung A 2
Breite: bis 10 cm
Tiefe: bis 5 cm

10€	14€	**17€**	20€	26€	[m]	⏱ 0,08h/m	312.000.178

40 Schlitz schließen, Mauerwerk, 30x10cm KG **395**

Wie Ausführungsbeschreibung A 2
Breite: bis 30 cm
Tiefe: bis 10 cm

13€	21€	**25€**	31€	47€	[m]	⏱ 0,08h/m	312.000.179

41 Schlitz schließen, gedämmt, Mauerwerk, 10x5cm KG **395**

Wie Ausführungsbeschreibung A 2
Dämmung: .....
Breite: bis 10 cm
Tiefe: bis 5 cm

15€	22€	**27€**	31€	33€	[m]	⏱ 0,08h/m	312.000.180

42 Schlitz schließen, gedämmt, Mauerwerk, 30x15cm KG **395**

Wie Ausführungsbeschreibung A 2
Dämmung: .....
Breite: bis 30 cm
Tiefe: bis 15 cm

32€	42€	**47€**	57€	67€	[m]	⏱ 0,08h/m	312.000.181

43 Putzträger, Schlitz, Metall verzinkt KG **395**

Putzträger über Schlitz in Mauerwerk aus verzinktem Rippenstreckmetall.
Breite: .....
Lage: .....

33€	46€	**53€**	64€	73€	[m²]	⏱ 0,15h/m²	312.000.182

A 3 Sturzauflager stemmen Beschreibung für Pos. **44-45**

Sturzauflager für Träger oder Sturz stemmen, Auflagerflächen mit Mörtel abgleichen und Bauschutt entsorgen.
Wand: Mauerwerk, ...

44 Sturzauflager stemmen, bis 15cm KG **395**

Wie Ausführungsbeschreibung A 3
Auflagerlänge: bis 24 cm
Auflagerhöhe: bis 22 cm
Wanddicke: bis 15 cm
Abstützung: .....
Sicherung: .....
Hinweis: Abstütz- und Sicherungsmaßnahmen sind gesondert auszuschreiben.

44€	56€	**62€**	77€	82€	[St]	⏱ 0,45h/St	312.000.183

300
301
302
306
308
309
310
312
313
314
316
317
318
320
321
322

Nr.	Kurztext / Langtext						Kostengruppe
►	▷	ø netto €	◁	◀	[Einheit]	Ausf.-Dauer	Positionsnummer

45 **Sturzauflager stemmen, bis 30cm** — KG **395**

Wie Ausführungsbeschreibung A 3
Auflagerlänge: bis 24 cm
Auflagerhöhe: bis 22 cm
Wanddicke: bis 30 cm
Abstützung: .....
Sicherung: .....
Hinweis: Abstütz- und Sicherungsmaßnahmen sind gesondert auszuschreiben.

►	▷	ø	◁	◀	Einheit	Ausf.-Dauer	Positionsnummer
71€	84€	**95€**	121€	121€	[St]	⏱ 0,55h/St	312.000.184

46 **Fensteröffnung ausbrechen, bis 40cm** — KG **394**

Fensteröffnung im Ziegelaußenmauerwerk ausbrechen Bauschutt entsorgen. Leistung einschl. Einschneiden des vorhandenen Wandputzes vor Abbruch.
Größe: bis 1,0 m^2
Wanddicke: bis 40 cm
Abstützung: .....
Sicherung: .....
Hinweis: Abstütz- und Sicherungsmaßnahmen sind gesondert auszuschreiben.

►	▷	ø	◁	◀	Einheit	Ausf.-Dauer	Positionsnummer
123€	140€	**165€**	201€	211€	[m^2]	⏱ 2,00h/m^2	312.000.186

47 **Fensteröffnung ausbrechen, bis 60cm** — KG **394**

Fensteröffnung im Ziegelaußenmauerwerk ausbrechen Bauschutt entsorgen. Leistung einschl. Einschneiden des vorhandenen Wandputzes vor Abbruch.
Größe: bis 1,5 m^2
Wanddicke: bis 60 cm
Abstützung: .....
Sicherung: .....
Hinweis: Abstütz- und Sicherungsmaßnahmen sind gesondert auszuschreiben.

►	▷	ø	◁	◀	Einheit	Ausf.-Dauer	Positionsnummer
143€	189€	**215€**	267€	284€	[m^2]	⏱ 2,00h/m^2	312.000.187

48 **Türöffnung ausbrechen, Mauerwerk bis 15cm** — KG **394**

Türöffnung in Wänden aus Ziegelmauerwerk, beidseitig geputzt, ausbrechen und Bauschutt entsorgen. Leistung einschl. Einschneiden des vorhandenen Wandputzes vor Abbruch.
Durchbruchsgröße: bis 2,5 m^2
Wanddicke: bis 15 cm
Abstützung: .....
Sicherung: .....
Hinweis: Abstütz- und Sicherungsmaßnahmen sind gesondert auszuschreiben.

►	▷	ø	◁	◀	Einheit	Ausf.-Dauer	Positionsnummer
62€	87€	**97€**	120€	164€	[m^2]	⏱ 0,85h/m^2	312.000.188

Kosten:
Stand 2. Quartal 2025
Bundesdurchschnitt

► min
▷ von
ø Mittel
◁ bis
◀ max

49 Türöffnung ausbrechen, Mauerwerk bis 30cm KG **394**

Türöffnung in Wänden aus Ziegelmauerwerk, beidseitig geputzt, ausbrechen und Bauschutt entsorgen. Leistung einschl. Einschneiden des vorhandenen Wandputzes vor Abbruch.
Durchbruchsgröße: bis 2,5 m²
Wanddicke: bis 30 cm
Abstützung: .....
Sicherung: .....
Hinweis: Abstütz- und Sicherungsmaßnahmen sind gesondert auszuschreiben.

78€	131€	**158€**	194€	225€	[m²]	⏱ 0,85h/m²	312.000.189

50 Türöffnung ausbrechen, Mauerwerk bis 60cm KG **394**

Türöffnung in Wänden aus Ziegelmauerwerk, beidseitig geputzt, ausbrechen und Bauschutt entsorgen. Leistung einschl. Einschneiden des vorhandenen Wandputzes vor Abbruch.
Durchbruchsgröße: bis 2,5 m²
Wanddicke: bis 60 cm
Abstützung: .....
Sicherung: .....
Hinweis: Abstütz- und Sicherungsmaßnahmen sind gesondert auszuschreiben.

163€	199€	**237€**	290€	305€	[m²]	⏱ 1,50h/m²	312.000.190

51 Fensteröffnung schließen, AW bis 30cm KG **395**

Fensteröffnung mit Mauerziegeln schließen, inkl. Verzahnung mit dem vorhandenen Mauerwerk.
Steinart: .....
Wärmedurchgangskoeffizient: .....
Format: .....
Mörtelklasse: .....
Größe: bis 1,0 m²
Wanddicke: bis 30 cm

133€	159€	**185€**	227€	236€	[m²]	⏱ 2,30h/m²	312.000.191

52 Fensteröffnung schließen, AW bis 60cm KG **395**

Fensteröffnung mit Mauerziegeln schließen, inkl. Verzahnung mit dem vorhandenen Mauerwerk.
Steinart: .....
Wärmedurchgangskoeffizient: .....
Format: .....
Mörtelklasse: .....
Größe: bis 1,0 m²
Wanddicke: bis 60 cm

181€	225€	**255€**	306€	346€	[m²]	⏱ 2,50h/m²	312.000.192

300
301
302
306
308
309
310
312
313
314
316
317
318
320
321
322

Nr.	Kurztext / Langtext						Kostengruppe
▶	▷	ø netto €	◁	◀	[Einheit]	Ausf.-Dauer	Positionsnummer

53 **Türöffnung schließen, IW bis 15cm** — KG **395**

Türöffnung in Innenwand mit Hochlochziegeln schließen, inkl. Verzahnung mit dem vorhandenen Mauerwerk.
Steinart: .....
Format: .....
Mörtelklasse: .....
Größe: bis 1,00 x 2,10 m
Wanddicke: bis 15 cm

▶	▷	ø	◁	◀	Einheit	Ausf.-Dauer	Positionsnummer
80€	105€	**119€**	120€	151€	[m²]	1,00h/m²	312.000.193

54 **Türöffnung schließen, IW bis 30cm** — KG **395**

Türöffnung in Innenwand mit Hochlochziegeln schließen, inkl. Verzahnung mit dem vorhandenen Mauerwerk.
Steinart: .....
Format: .....
Mörtelklasse: .....
Größe: bis 1,00 x 2,10 m
Wanddicke: bis 30 cm

▶	▷	ø	◁	◀	Einheit	Ausf.-Dauer	Positionsnummer
128€	149€	**176€**	214€	229€	[m²]	1,00h/m²	312.000.194

A 4 **Wanddurchbruch, Dicke 20cm** — Beschreibung für Pos. **55-58**

Wanddurchbruch im Mauerwerk nachträglich herstellen und Bauschutt entsorgen. Vorhandenen Putz vorher durch Einschneiden trennen.
Druckfestigkeitsklasse: Mauerziegel bis 12 N/mm²
Wanddicke: bis 20 cm

55 **Wanddurchbruch, bis 100cm², 20cm** — KG **394**

Wie Ausführungsbeschreibung A 4
Lochquerschnitt: bis 100 cm²

▶	▷	ø	◁	◀	Einheit	Ausf.-Dauer	Positionsnummer
18€	27€	**32€**	40€	50€	[St]	0,35h/St	312.000.195

56 **Wanddurchbruch, bis 500cm², 20cm** — KG **394**

Wie Ausführungsbeschreibung A 4
Lochquerschnitt: 100 bis 500 cm²

▶	▷	ø	◁	◀	Einheit	Ausf.-Dauer	Positionsnummer
28€	39€	**47€**	57€	60€	[St]	0,50h/St	312.000.196

57 **Wanddurchbruch, bis 1.000cm², 20cm** — KG **394**

Wie Ausführungsbeschreibung A 4
Lochquerschnitt: 500 bis 1.000 cm²

▶	▷	ø	◁	◀	Einheit	Ausf.-Dauer	Positionsnummer
33€	53€	**63€**	77€	84€	[St]	0,75h/St	312.000.197

58 **Wanddurchbruch, bis 2.500cm², 20cm** — KG **394**

Wie Ausführungsbeschreibung A 4
Lochquerschnitt: 1.000 bis 2.500 cm²

▶	▷	ø	◁	◀	Einheit	Ausf.-Dauer	Positionsnummer
36€	69€	**84€**	103€	114€	[St]	0,90h/St	312.000.198

Kosten:
Stand 2. Quartal 2025
Bundesdurchschnitt

▶ min
▷ von
ø Mittel
◁ bis
◀ max

Nr.	Kurztext / Langtext						Kostengruppe
▶	▷	ø netto €	◁	◀	[Einheit]	Ausf.-Dauer	Positionsnummer

A 5 Wanddurchbruch, Dicke 40cm — Beschreibung für Pos. **59-62**

Wanddurchbruch im Mauerwerk nachträglich herstellen und Bauschutt entsorgen. Vorhandenen Putz vorher durch Einschneiden trennen.
Druckfestigkeitsklasse: Mauerziegel bis 12 N/mm²
Wanddicke: bis 40 cm

59 Wanddurchbruch, bis 100cm², 40cm — KG **394**

Wie Ausführungsbeschreibung A 5
Lochquerschnitt: bis 100 cm²

▶	▷	ø netto €	◁	◀	[Einheit]	Ausf.-Dauer	Positionsnummer
31€	41€	**47€**	90€	101€	[St]	⏱ 0,50h/St	312.000.199

60 Wanddurchbruch, bis 500cm², 40cm — KG **394**

Wie Ausführungsbeschreibung A 5
Lochquerschnitt: 100 bis 500 cm²

▶	▷	ø netto €	◁	◀	[Einheit]	Ausf.-Dauer	Positionsnummer
39€	55€	**65€**	79€	120€	[St]	⏱ 0,75h/St	312.000.200

61 Wanddurchbruch, bis 1.000cm², 40cm — KG **394**

Wie Ausführungsbeschreibung A 5
Lochquerschnitt: 500 bis 1.000 cm²

▶	▷	ø netto €	◁	◀	[Einheit]	Ausf.-Dauer	Positionsnummer
42€	74€	**88€**	107€	142€	[St]	⏱ 1,10h/St	312.000.201

62 Wanddurchbruch, bis 2.500cm², 40cm — KG **394**

Wie Ausführungsbeschreibung A 5
Lochquerschnitt: 1.000 bis 2.500 cm²

▶	▷	ø netto €	◁	◀	[Einheit]	Ausf.-Dauer	Positionsnummer
74€	103€	**126€**	149€	170€	[St]	⏱ 1,40h/St	312.000.202

A 6 Wanddurchbruch schließen, Dicke 20cm — Beschreibung für Pos. **63-66**

Wanddurchbruch im Mauerwerk mit Mörtel und Steinmaterial schließen. Flächen bündig mit dem Mauerwerk abgleichen und Bauschutt entsorgen.
Wanddicke: bis 20 cm
Ziegelart: .....

63 Wanddurchbruch schließen, bis 100cm², 20cm — KG **395**

Wie Ausführungsbeschreibung A 6
Lochquerschnitt: bis 100 cm²

▶	▷	ø netto €	◁	◀	[Einheit]	Ausf.-Dauer	Positionsnummer
19€	30€	**36€**	45€	49€	[St]	⏱ 0,25h/St	312.000.203

64 Wanddurchbruch schließen, bis 500cm², 20cm — KG **395**

Wie Ausführungsbeschreibung A 6
Lochquerschnitt: 100 bis 500 cm²

▶	▷	ø netto €	◁	◀	[Einheit]	Ausf.-Dauer	Positionsnummer
32€	40€	**47€**	57€	69€	[St]	⏱ 0,50h/St	312.000.204

Nr.	Kurztext / Langtext						Kostengruppe
▶	▷	**ø netto €**	◁	◀	[Einheit]	Ausf.-Dauer	Positionsnummer

65 **Wanddurchbruch schließen, bis 1.000cm², 20cm** KG **395**

Wie Ausführungsbeschreibung A 6
Lochquerschnitt: 500 bis 1.000 cm²

42€	66€	**68€**	83€	118€	[St]	⏱ 0,75h/St	312.000.205

66 **Wanddurchbruch schließen, bis 2.500cm², 20cm** KG **395**

Wie Ausführungsbeschreibung A 6
Lochquerschnitt: 1.000 bis 2.500 cm²

58€	82€	**92€**	112€	128€	[St]	⏱ 1,00h/St	312.000.206

A 7 **Wanddurchbruch schließen, Dicke 40cm** Beschreibung für Pos. **67-70**

Wanddurchbruch im Mauerwerk mit Mörtel und Steinmaterial schließen. Flächen bündig mit dem Mauerwerk abgleichen und Bauschutt entsorgen.
Wanddicke: bis 40 cm
Ziegelart: .....

Kosten:
Stand 2. Quartal 2025
Bundesdurchschnitt

67 **Wanddurchbruch schließen, bis 100cm², 40cm** KG **395**

Wie Ausführungsbeschreibung A 7
Lochquerschnitt: bis 100 cm²

31€	50€	**58€**	71€	84€	[St]	⏱ 0,30h/St	312.000.207

68 **Wanddurchbruch schließen, bis 500cm², 40cm** KG **395**

Wie Ausführungsbeschreibung A 7
Lochquerschnitt: 100 bis 500 cm²

43€	69€	**81€**	99€	105€	[St]	⏱ 0,70h/St	312.000.208

69 **Wanddurchbruch schließen, bis 1.000cm², 40cm** KG **395**

Wie Ausführungsbeschreibung A 7
Lochquerschnitt: 500 bis 1.000 cm²

58€	79€	**94€**	114€	140€	[St]	⏱ 0,90h/St	312.000.209

70 **Wanddurchbruch schließen, bis 2.500cm², 40cm** KG **395**

Wie Ausführungsbeschreibung A 7
Lochquerschnitt: 1.000 bis 2.500 cm²

69€	100€	**120€**	146€	155€	[St]	⏱ 1,20h/St	312.000.210

A 8 **Deckendurchbruch, Dicke 20cm** Beschreibung für Pos. **71-73**

Deckendurchbruch in Ziegeldecke nachträglich im statisch nicht tragenden Bereich herstellen und Bauschutt entsorgen.
Deckenmaterial: Ziegelholkörper
Deckendicke: bis 20 cm

71 **Deckendurchbruch, bis 100cm², 20cm** KG **394**

Wie Ausführungsbeschreibung A 8
Lochquerschnitt: bis 100 cm²

35€	55€	**57€**	69€	79€	[St]	⏱ 0,45h/St	312.000.211

▶ min
▷ von
ø Mittel
◁ bis
◀ max

Nr.	Kurztext / Langtext						Kostengruppe
▶	▷	ø netto €	◁	◀	[Einheit]	Ausf.-Dauer	Positionsnummer

72 **Deckendurchbruch, bis 500cm², 20cm** KG **394**

Wie Ausführungsbeschreibung A 8
Lochquerschnitt: 100 bis 500 cm²

39€ | 61€ | **69€** | 86€ | 95€ | [St] | ⏱ 0,60h/St | 312.000.212

73 **Deckendurchbruch, bis 1.000cm², 20cm** KG **394**

Wie Ausführungsbeschreibung A 8
Lochquerschnitt: 500 bis 1.000 cm²

44€ | 67€ | **76€** | 90€ | 96€ | [St] | ⏱ 0,90h/St | 312.000.213

74 **Deckendurchbruch, bis 500cm², 30cm** KG **394**

Deckendurchbruch in Ziegeldecke nachträglich im statisch nicht tragenden Bereich herstellen und Bauschutt entsorgen.
Deckenmaterial: Ziegelhohlkörper
Lochquerschnitt: 100 bis 500 cm²
Deckendicke: bis 30 cm

46€ | 64€ | **77€** | 94€ | 97€ | [St] | ⏱ 0,75h/St | 312.000.214

A 9 **Deckendurchbruch schließen, Dicke 20cm** Beschreibung für Pos. **75-77**

Deckendurchbruch in Ziegeldecke mit Mörtel und Schalung schließen.
Lochquerschnitt: bis 100 cm²
Deckendicke: bis 20 cm

75 **Deckendurchbruch schließen, bis 100cm², 20cm** KG **395**

Wie Ausführungsbeschreibung A 9
Lochquerschnitt: bis 100 cm²

25€ | 33€ | **38€** | 47€ | 51€ | [St] | ⏱ 0,35h/St | 312.000.215

76 **Deckendurchbruch schließen, bis 500cm², 20cm** KG **395**

Wie Ausführungsbeschreibung A 9
Lochquerschnitt: 100 bis 500 cm²

47€ | 60€ | **69€** | 81€ | 83€ | [St] | ⏱ 0,60h/St | 312.000.216

77 **Deckendurchbruch schließen, bis 1.000cm², 20cm** KG **395**

Wie Ausführungsbeschreibung A 9
Lochquerschnitt: 500 bis 1.000 cm²

73€ | 87€ | **102€** | 124€ | 127€ | [St] | ⏱ 0,90h/St | 312.000.217

78 **Deckendurchbruch schließen, bis 500cm², 30cm** KG **395**

Deckendurchbruch in Ziegeldecke mit Mörtel und Schalung schließen.
Lochquerschnitt: 100 bis 500 cm²
Deckendicke: bis 30 cm

60€ | 85€ | **98€** | 119€ | 125€ | [St] | ⏱ 0,80h/St | 312.000.218

300
301
302
306
308
309
310
312
313
314
316
317
318
320
321
322

Kosten:
Stand 2. Quartal 2025
Bundesdurchschnitt

Nr.	Kurztext / Langtext						Kostengruppe
▶	▷	**ø netto €**	◁	◀	[Einheit]	Ausf.-Dauer	Positionsnummer

79 Baustelleneinrichtung, Bohren/Sägen — KG **391**

Baustelle für Bohr- und Sägearbeiten einrichten, vorhalten und abschließend wieder räumen.
Vorhaltezeit: .....

▶	▷	ø netto €	◁	◀	[Einheit]	Ausf.-Dauer	Positionsnummer
–	175€	**204€**	247€	–	[psch]	⏱ 1,50h/psch	312.000.219

80 Bohreinrichtung umsetzen — KG **391**

Bohreinrichtung geschossweise umsetzen.

▶	▷	ø netto €	◁	◀	[Einheit]	Ausf.-Dauer	Positionsnummer
–	74€	**85€**	105€	–	[psch]	⏱ 1,25h/psch	312.000.220

81 Mauerwerk schneiden, Wand, Mz bis 36cm — KG **394**

Mauerwerksschnitte in Ziegelwänden herstellen und Bauschutt entsorgen.
Ausführung: einseitig
Schnitttiefe: bis 36,0 cm

▶	▷	ø netto €	◁	◀	[Einheit]	Ausf.-Dauer	Positionsnummer
38€	52€	**59€**	72€	76€	[m]	⏱ 1,30h/m	312.000.221

82 Mauerwerk schneiden, Wand, KS bis 17,5cm — KG **394**

Mauerwerkschnitt in Innenwänden aus Kalksandstein mit Bekleidungen einschl. Entsorgung des Bauschutts.
Baustoff: Kalksandstein, bis 20-1,8
Bekleidung: .....
Ausführung: zweiseitig
Durchbruchsgröße: .....
Wanddicke/Schnitttiefe: bis 17,5 cm
Überschneidungen an den Ecken **zulässig / nicht zulässig** (siehe ATV DIN 18459, Abs. 0.2.14)

▶	▷	ø netto €	◁	◀	[Einheit]	Ausf.-Dauer	Positionsnummer
29€	42€	**51€**	61€	63€	[m]	⏱ 0,85h/m	312.000.222

83 Mauerwerk schneiden, Wand, KS bis 24cm — KG **394**

Mauerwerkschnitt in Innenwänden aus Kalksandstein mit Bekleidungen einschl. Entsorgung des Bauschutts.
Baustoff: Kalksandstein, bis 20-1,8
Bekleidung: .....
Ausführung: zweiseitig
Durchbruchsgröße: .....
Wanddicke/Schnitttiefe: bis 24,0 cm
Überschneidungen an den Ecken **zulässig / nicht zulässig** (siehe ATV DIN 18459, Abs. 0.2.14)

▶	▷	ø netto €	◁	◀	[Einheit]	Ausf.-Dauer	Positionsnummer
66€	80€	**91€**	111€	120€	[m]	⏱ 1,00h/m	312.000.223

A 10 Kernbohrung, Mauerwerk — Beschreibung für Pos. **84-89**

Kernbohrung mit Diamantbohrkronen in Ziegelwand herstellen und Bauschutt entsorgen.
Bohrrichtung: .....

84 Kernbohrung, Mauerwerk, 10-50mm — KG **394**

Wie Ausführungsbeschreibung A 10
Durchmesser: 10-50 mm

▶	▷	ø netto €	◁	◀	[Einheit]	Ausf.-Dauer	Positionsnummer
116€	159€	**189€**	229€	242€	[m]	⏱ 0,90h/m	312.000.224

▶ min
▷ von
ø Mittel
◁ bis
◀ max

Nr.	Kurztext / Langtext						Kostengruppe
▶	▷	**ø netto €**	◁	◀	[Einheit]	Ausf.-Dauer	Positionsnummer

85 **Kernbohrung, Mauerwerk, 55-80mm** KG **394**

Wie Ausführungsbeschreibung A 10
Durchmesser: 55-80 mm

142€	184€	**227€**	274€	287€	[m]	⏱ 1,40h/m	312.000.225

86 **Kernbohrung, Mauerwerk, 85-110mm** KG **394**

Wie Ausführungsbeschreibung A 10
Durchmesser: 85-110 mm

147€	198€	**238€**	293€	309€	[m]	⏱ 2,00h/m	312.000.226

87 **Kernbohrung, Mauerwerk, 115-130mm** KG **394**

Wie Ausführungsbeschreibung A 10
Durchmesser: 115-130 mm

175€	232€	**287€**	341€	350€	[m]	⏱ 2,40h/m	312.000.227

88 **Kernbohrung, Mauerwerk, 130-150mm** KG **394**

Wie Ausführungsbeschreibung A 10
Durchmesser: 130-150 mm

188€	254€	**302€**	363€	367€	[m]	⏱ 2,80h/m	312.000.228

89 **Kernbohrung, Mauerwerk, 150-200mm** KG **394**

Wie Ausführungsbeschreibung A 10
Durchmesser: 150-200 mm

256€	306€	**360€**	436€	468€	[m]	⏱ 3,30h/m	312.000.229

90 **Innenwand, HLz 11,5cm, nichttragend** KG **342**

Mauerwerk der nichttragenden Innenwand nach Normenreihe DIN EN 1996 aus Mauerziegel mit Stoßfugenvermörtelung, späteren Putzauftrag.
Einbauort: in allen Geschossen
Wandhöhe: bis ..... m
Wanddicke: 11,5 cm
Wandfunktion: nichttragend
Steinart: HLz
Festigkeitsklasse: .....
Rohdichteklasse: .....
Format: .....
Normalmauermörtel Mörtelklasse M 10

64€	74€	**79€**	85€	98€	[m²]	⏱ 0,40h/m²	312.000.241

Nr.	Kurztext / Langtext						Kostengruppe
►	▷	ø netto €	◁	◀	[Einheit]	Ausf.-Dauer	Positionsnummer

91 **Innenwand, KS 11,5cm, nichttragend** KG **342**

Mauerwerk der Innenwand nach Normenreihe DIN EN 1996, aus Kalksandstein für Putzauftrag mit Nut und Feder, ohne Stoßfugenvermörtelung.
Einbauort: in allen Geschossen
Wandhöhe: bis ..... m
Wanddicke: 11,50 cm
Wandfunktion: nichttragend
Steinart: .....
Festigkeitsklasse: .....
Rohdichteklasse: .....
Format: .....
Mörtelklasse: 2,5

►	▷	ø	◁	◀	Einheit	Ausf.-Dauer	Positionsnummer
75€	84€	**88€**	93€	103€	[m2]	⏱ 0,40h/m2	312.000.242

Kosten:
Stand 2. Quartal 2025
Bundesdurchschnitt

92 **Innenwand, KS 17,5cm, tragend** KG **341**

Mauerwerk der Innenwand nach Normenreihe DIN EN 1996 aus Kalksandstein für Putzauftrag mit Nut und Feder, ohne Stoßfugenvermörtelung.
Einbauort: in allen Geschossen
Wandhöhe: bis ..... m
Wanddicke: 17,5 cm
Wandhöhe: bis ..... m
Steinart: .....
Festigkeitsklasse: .....
Rohdichteklasse: .....
Format: .....
Normalmauermörtel Mörtelklasse M 2,5

►	▷	ø	◁	◀	Einheit	Ausf.-Dauer	Positionsnummer
85€	102€	**109€**	113€	140€	[m2]	⏱ 0,30h/m2	312.000.243

93 **Innenwand, KS 24cm, tragend** KG **341**

Mauerwerk der Innenwand, aus Kalksandstein für Putzauftrag mit Nut und Feder, ohne Stoßfugenvermörtelung.
Einbauort: in allen Geschossen
Wanddicke: 24,0 cm
Wandhöhe: bis ..... m
Wandfunktion: tragend
Steinart: .....
Festigkeitsklasse: .....
Rohdichteklasse: .....
Format: .....
Normalmauermörtel Mörtelklasse M 2,5

►	▷	ø	◁	◀	Einheit	Ausf.-Dauer	Positionsnummer
95€	119€	**131€**	146€	186€	[m2]	⏱ 0,37h/m2	312.000.244

► min
▷ von
ø Mittel
◁ bis
◀ max

94 **Innenwand, PP 11,5cm, nichttragend** KG **342**

Mauerwerk der nichttragenden Innenwand nach Normenreihe DIN EN 1996 aus Porenbeton-Planelementen mit Dünnbettmörtel, für Dünnputzauftrag.
Einbauort: in allen Geschossen
Wandhöhe: bis ..... m
Wanddicke: 11,5 cm
Wandfunktion: .....
Steinart: .....
Stoßfugen: .....
Festigkeitsklasse: .....
Rohdichteklasse: .....
Format: .....

62€ 79€ **86€** 93€ 113€ [m²] ⏱ 0,30h/m² 312.000.245

95 **Innenwand, PP 24cm, tragend** KG **341**

Mauerwerk der nichttragenden Innenwand nach Normenreihe DIN EN 1996 aus Porenbeton-Planelementen mit Dünnbettmörtel, für Dünnputzauftrag.
Einbauort: in allen Geschossen
Wandhöhe: bis ..... m
Wanddicke: 24,0 cm
Wandfunktion: .....
Steinart: .....
Stoßfugen: .....
Festigkeitsklasse: .....
Rohdichteklasse: .....
Format: .....

85€ 102€ **112€** 118€ 129€ [m²] ⏱ 0,35h/m² 312.000.246

96 **Ausmauerung, Fachwerk 11,5cm** KG **342**

Mauerwerk als Ausmauerung von Holzfachwerk, aus Hochlochziegeln, mit Stoßfugenvermörtelung, inkl. Maueranker und Anschließen an Gebälk (in jeder 4. Lagerfuge).
Einbauort: in allen Geschossen
Arbeitshöhe: bis ..... m
Wanddicke: 11,5 cm
Steinart: HLz
Festigkeitsklasse: .....
Rohdichteklasse: .....
Format: .....
Mörtelklasse: Dünnbettmörtel 10
Nennwert der Wärmeleitfähigkeit: ..... W/(mK)
Bemessungswert der Wärmeleitfähigkeit: ..... W/(mK)
Verband: .....
Fugenausbildung: .....
Feldbreite: 600 bis 800 mm

94€ 127€ **141€** 168€ 216€ [m²] ⏱ 0,85h/m² 312.000.247

Nr.	Kurztext / Langtext						Kostengruppe
►	▷	ø netto €	◁	◀	[Einheit]	Ausf.-Dauer	Positionsnummer

Kosten:
Stand 2. Quartal 2025
Bundesdurchschnitt

97 Außenwand, HLz 36,5cm, tragend KG **331**

Außenwand als Mauerwerk aus Hochlochziegel mit Nut- und Feder für Putzauftrag mit Dünnbettmörtel und ohne Stoßfugenvermörtelung.
Wanddicke: 36,5 cm
Stein: HLz 8/0,8
Format: 12DF
Mörtelklasse: Dünnbettmörtel M 10
Wärmeleitrechenwert: 0,18 W/(mK)
Einbauort: .....
Arbeitshöhe: ..... m

►	▷	ø	◁	◀	Einheit	Ausf.-Dauer	Positionsnummer
141€	158€	**169€**	175€	194€	[m²]	⏱ 0,90h/m²	312.000.248

98 Außenwand, KS L-R 17,5cm, tragend KG **331**

Mauerwerk der tragenden Außenwand aus Kalksandstein KS L-R, für zweischaliges, hinterlüftetes Mauerwerk, für einseitigen Putzauftrag, ohne Stoßfugenvermörtelung, Steine mit Nut und Feder. Drahtanker in gesonderter Position.
Wandfunktion: **Hintermauerung / Tragschale**
Wanddicke: 17,5 cm
Steinart: KS L-R
Festigkeitsklasse: 12 N/mm²
Rohdichteklasse: 1,6 kg/dm³
Format: 12 DF (373 x 175 x 248 mm)
Mörtelklasse: Dünnbettmörtel M 10
Einbauort: in allen Geschossen
Arbeitshöhe: ..... m

►	▷	ø	◁	◀	Einheit	Ausf.-Dauer	Positionsnummer
88€	97€	**101€**	112€	132€	[m²]	⏱ 0,50h/m²	312.000.236

99 Außenwand, KS L-R 24cm, tragend KG **331**

Mauerwerk der tragenden Außenwand aus Kalksandstein KS L-R, für zweischaliges, hinterlüftetes Mauerwerk, für einseitigen Putzauftrag, ohne Stoßfugenvermörtelung, Steine mit Nut und Feder. Drahtanker in gesonderter Position.
Wandfunktion: **Hintermauerung / Tragschale**
Wanddicke: 24,0 cm
Steinart: KS L-R
Festigkeitsklasse: 12 N/mm²
Rohdichteklasse: 1,8 kg/dm³
Format: 4 DF (240 x 240 x 248 mm)
Mörtelklasse: Dünnbettmörtel M 10
Einbauort: in allen Geschossen
Arbeitshöhe: ..... m

►	▷	ø	◁	◀	Einheit	Ausf.-Dauer	Positionsnummer
99€	114€	**120€**	129€	151€	[m²]	⏱ 0,60h/m²	312.000.237

100 Öffnung überdecken, Ziegelsturz KG **342**

Öffnung in Ziegelmauerwerk mit Ziegelflachstürzen überdecken, 2 Stürze nebeneinander, gem. Statik.
Sturzquerschnitt: Dicke 115 mm, Höhe 113 mm
Lichte Öffnungsweite: .....

►	▷	ø	◁	◀	Einheit	Ausf.-Dauer	Positionsnummer
47€	54€	**58€**	62€	68€	[m]	⏱ 0,25h/m	312.000.238

► min
▷ von
ø Mittel
◁ bis
◀ max

Nr.	Kurztext / Langtext						Kostengruppe
►	▷	ø netto €	◁	◄	[Einheit]	Ausf.-Dauer	Positionsnummer

101 Öffnung überdecken; KS-Sturz, 17,5cm KG **341**

Öffnung mit Kalksandsteinsturz überdecken, tragend, gem. Statik.
Wanddicke: 17,5 cm
Sturzquerschnitt: .....
Lichte Öffnungsweite: .....

►	▷	ø netto €	◁	◄	[Einheit]	Ausf.-Dauer	Positionsnummer
41€	52€	**58€**	69€	92€	[m]	⏱ 0,30h/m	312.000.239

102 Öffnung überdecken, Betonsturz, 24cm KG **341**

Fertigteilsturz aus Stahlbeton, bewehrt, über Öffnung in Mauerwerkswand, gem. Statik.
Wanddicke: .....
Sturzquerschnitt: Dicke 240 mm, Höhe 238 mm
Lichte Öffnungsweite: .....
Oberfläche: für bauseitiges Verputzen
Kanten: scharfkantig

►	▷	ø netto €	◁	◄	[Einheit]	Ausf.-Dauer	Positionsnummer
51€	59€	**93€**	99€	138€	[m]	⏱ 0,35h/m	312.000.240

103 Stundensatz, Facharbeiter/-in

Stundenlohnarbeiten für Facharbeiter/-in, Spezialfacharbeiter/-in, Vorarbeiter/-in und jeweils Gleichgestellte. Der Verrechnungssatz für die jeweilige Arbeitskraft umfasst sämtliche Aufwendungen wie Lohn- und Gehaltskosten, lohn- und gehaltsgebundene Kosten, Lohn- und Gehaltsnebenkosten.

►	▷	ø netto €	◁	◄	[Einheit]	Ausf.-Dauer	Positionsnummer
68€	74€	**78€**	82€	91€	[h]	⏱ 1,00h/h	312.000.249

104 Stundensatz, Helfer/-in

Stundenlohnarbeiten für Werker/-in, Fachwerker/-in und jeweils Gleichgestellte. Der Verrechnungssatz für die jeweilige Arbeitskraft umfasst sämtliche Aufwendungen wie Lohn- und Gehaltskosten, lohn- und gehaltsgebundene Kosten, Lohn- und Gehaltsnebenkosten.

►	▷	ø netto €	◁	◄	[Einheit]	Ausf.-Dauer	Positionsnummer
60€	67€	**70€**	72€	75€	[h]	⏱ 1,00h/h	312.000.250

313

Kosten:
Stand 2. Quartal 2025
Bundesdurchschnitt

► min
▷ von
ø Mittel
◁ bis
◄ max

Nr.	Positionen	Einheit	►	▷	ø brutto € / ø netto €	◁	◄
1	Fundament abbrechen, Stahlbeton	m³	153	236	**306**	352	389
			129	198	**257**	296	327
2	Bodenplatte abbrechen, Beton	m³	149	208	**277**	333	384
			126	175	**233**	280	322
3	Bodenplatte abbrechen, Stahlbeton	m³	219	281	**319**	328	378
			184	236	**268**	275	317
4	Außentreppenstufen abbrechen, Beton	St	255	315	**335**	389	426
			214	265	**282**	327	358
5	Kelleraußenwände abbrechen, Beton	m³	304	365	**410**	468	505
			255	307	**345**	393	424
6	Kelleraußenwände abbrechen, Stahlbeton	m³	351	432	**455**	551	578
			295	363	**383**	463	486
7	Außenwände abbrechen, Stahlbeton	m³	354	424	**472**	533	585
			297	357	**396**	448	491
8	Innenwände abbrechen, Stahlbeton bis 15cm	m³	282	364	**387**	453	483
			237	306	**325**	380	406
9	Innenwände abbrechen, Stahlbeton bis 25cm	m³	352	422	**469**	534	581
			295	355	**394**	449	488
10	Stahlbetonstützen abbrechen	m³	438	528	**600**	684	744
			368	444	**505**	575	626
11	Geschossdecke abbrechen, Stahlbeton bis 25cm, m³	m³	334	414	**455**	541	600
			281	348	**382**	455	504
12	Stahlbetontreppe abbrechen	St	884	1.114	**1.211**	1.405	1.514
			743	936	**1.018**	1.181	1.272
13	Wandschlitze, Beton, 10x5cm	m	67	84	**89**	109	112
			56	70	**75**	91	94
14	Wanddurchbrüche, Stb, 20x20cm, 24cm	St	121	145	**163**	186	202
			101	122	**137**	156	170
15	Deckendurchbruch, Stb, herstellen 30x10, 20cm	St	69	85	**94**	108	119
			58	71	**79**	91	100
16	Deckendurchbruch, Stb, herstellen 20x20, 20cm	St	72	88	**100**	115	125
			61	74	**84**	97	105
17	Deckendurchbruch, Stb, herstellen 50x20, 20cm	St	113	138	**153**	176	193
			95	116	**129**	148	162
18	Deckendurchbruch, Stb, schließen 30x10, 20cm	St	35	42	**46**	54	64
			29	35	**39**	46	54
19	Deckendurchbruch, Stb, schließen 20x20, 20cm	St	36	44	**49**	57	64
			31	37	**41**	48	54
20	Deckendurchbruch, Stb, schließen 50x20, 20cm	St	60	72	**81**	94	107
			50	60	**68**	79	90
21	Deckendurchbruch, Stb, schließen 50x50, 24cm	St	97	116	**132**	150	167
			82	97	**111**	126	140
22	Kernbohrung, Stb, Durchmesser 10-50mm	m	185	221	**246**	288	303
			155	186	**207**	242	254
23	Kernbohrung, Stb, Durchmesser 55-80mm	m	221	266	**299**	341	368
			186	224	**251**	286	309
24	Kernbohrung, Stb, Durchmesser 115-130mm	m	249	303	**341**	392	416
			209	255	**286**	329	349

Nr.	Positionen	Einheit	►	▷	ø brutto € / ø netto €	◁	◄
25	Kernbohrung, Stb, Durchmesser 140-160mm	m	286	331	**381**	445	480
			240	278	**320**	374	403
26	Kernbohrung, Stb, Durchmesser 170-180mm	m	310	375	**431**	487	530
			261	315	**362**	409	445
27	Kernbohrung, Stb, Durchmesser 200-220mm	m	358	431	**490**	563	603
			301	362	**412**	473	506
28	Kernbohrung, Stb, Durchmesser 230-250mm	m	413	506	**550**	638	682
			347	425	**462**	536	573
29	Kernbohrung, Stb, Durchmesser 280-300mm	m	449	541	**615**	701	756
			377	455	**517**	589	635
30	Kernbohrung, schräg, Mehrpreis	St	32	38	**43**	50	54
			27	32	**36**	42	45
31	Kernbohrung, Stahlschnitte	cm^2	6	7	**9**	10	12
			5	6	**7**	8	10
32	Betonschneidearbeiten, bis 43cm	m	194	233	**261**	303	329
			163	196	**220**	255	277
33	Betonschneidearbeiten, bis 90cm	m	383	486	**540**	637	680
			322	408	**454**	535	571
34	Unterzug C20/25, Stb, 20x40cm	m	45	56	**62**	72	82
			38	47	**52**	60	69
35	Überzug C20/25, Stb, 24x40cm	m	54	63	**71**	81	95
			45	53	**60**	68	79
36	Kniestock C20/25, Stb, 24x35cm	m	62	73	**79**	94	107
			52	61	**66**	79	90
37	Ringanker C20/25, Stb, 24x24cm	m	62	72	**80**	93	109
			52	61	**68**	78	91
38	Deckendämmung, Mehrschichtplatte, MW 50	m^2	75	88	**97**	113	121
			63	74	**82**	95	102
39	Deckendämmung, Mehrschichtplatte, MW 100	m^2	93	108	**124**	140	156
			78	91	**104**	118	131
40	Deckendämmung, PS 60, geklebt	m^2	40	46	**51**	59	67
			33	39	**43**	49	56
41	Deckendämmung, PS 100, geklebt	m^2	47	54	**61**	70	80
			40	45	**51**	58	67
42	Deckendämmung, PS 140, geklebt	m^2	44	49	**57**	63	74
			37	41	**48**	53	62
43	Deckendämmung, PS 180, geklebt	m^2	55	62	**71**	80	93
			46	52	**60**	67	78
44	Deckendämmung, PS 200, geklebt	m^2	61	69	**80**	89	104
			52	58	**67**	75	87
45	Deckendämmung, GF+PIR 50	m^2	94	107	**119**	137	150
			79	90	**100**	115	126
46	Deckendämmung, GF+PIR 70	m^2	105	121	**133**	153	166
			88	102	**112**	128	140
47	Deckendämmung, GF+PIR 90	m^2	129	144	**165**	185	203
			108	121	**139**	155	171
48	Deckendämmung, PIR 60, Vlies	m^2	66	74	**83**	96	100
			55	62	**70**	80	84

Betonarbeiten | Preise €

Kosten:
Stand 2.Quartal 2025
Bundesdurchschnitt

Nr.	Positionen	Einheit	►	▷	ø brutto € / ø netto €	◁	◄
49	Deckendämmung, PIR 100, Vlies	m²	70	80	**90**	104	109
			59	67	**76**	87	92
50	Wanddämmung, Mineralplatten 10mm	m²	44	49	**56**	63	73
			37	41	**47**	53	62
51	Wanddämmung, Mineralplatten 30mm	m²	61	70	**79**	90	104
			51	59	**66**	76	87
52	Wanddämmung, Mineralplatten 80mm	m²	74	84	**94**	108	124
			62	70	**79**	91	104
53	Wanddämmung, Mineralplatten 100mm	m²	76	86	**97**	111	127
			64	72	**81**	93	106
54	Laibungen, Mineralplatten	m	34	40	**46**	52	61
			29	34	**39**	44	51
55	Wanddämmung, Gipsplatte-Bekleidung, 80mm	m²	66	75	**84**	96	111
			56	63	**71**	81	93
56	Wanddämmung, Gipsplatte-Bekleidung, 100mm	m²	70	80	**88**	101	116
			59	67	**74**	85	97
57	Wanddämmung, WD-Putzsystem, 50mm	m²	82	93	**104**	119	135
			69	78	**87**	100	114
58	Wanddämmung, WD-Putzsystem, 75mm	m²	93	107	**117**	135	153
			78	90	**99**	113	128
59	Laibungen, WD-Putz 50mm	m	35	41	**44**	53	57
			30	34	**37**	44	48
60	Laibungen, WD-Putz 75mm	m	46	52	**57**	67	75
			39	43	**48**	57	63
61	Dachbodendämmung, MW 035, 100mm	m²	24	27	**31**	35	42
			20	23	**26**	30	36
62	Dachbodendämmung, MW 035, 200mm	m²	47	53	**58**	68	77
			39	44	**49**	57	65
63	Dachbodendämmung, MW 035, 100mm, kaschiert	m²	56	65	**71**	83	92
			47	54	**60**	69	78
64	Dachbodendämmung, MW 035, 200mm, kaschiert	m²	99	113	**121**	146	157
			84	95	**102**	122	132
65	Dachbodendämmung, WF 045, 80mm	m²	49	56	**63**	73	83
			41	47	**53**	62	70
66	Dachbodendämmung, EPS 040, 180mm	m²	38	43	**48**	55	62
			32	36	**40**	46	53
67	Dachbodendämmung, PUR 024, 80mm, kaschiert	m²	71	81	**92**	104	119
			59	68	**77**	87	100
68	Dachbodendämmung, MW 040, 180mm, Spanplatte	m²	102	116	**130**	149	169
			85	97	**110**	125	142
69	Dachbodendämmung, EPS 040, 80mm, Spanplatte	m²	66	75	**85**	96	110
			56	63	**71**	81	93
70	Dachbodendämmung, EPS 035, 100mm, Spanplatte	m²	73	84	**94**	106	123
			62	70	**79**	89	104
71	Dachbodendämmung, EPS 032, 200mm, Spanplatte	m²	90	101	**115**	130	143
			75	85	**97**	109	120
72	Dachbodendämmung, EPS 032, 240mm, Spanplatte	m²	101	114	**128**	147	160
			85	95	**107**	123	134

► min
▷ von
ø Mittel
◁ bis
◄ max

Nr.	Positionen	Einheit	►	▷	ø brutto € / ø netto €	◁	◄
73	Dachbodendämmung, EPS 032, 260mm, Spanplatte	m²	106	121	**136**	158	172
			89	102	**114**	133	144
74	Dachbodendämmung, PUR 024, 80mm, Spanplatte	m²	102	117	**129**	151	161
			85	98	**108**	126	135
75	Dachbodendämmung, EPS 032,160mm, OSB-Platte	m²	85	95	**104**	122	134
			72	79	**87**	102	113
76	Dachbodendämmung, WF 045, 100mm, OSB-Platte	m²	74	84	**97**	108	124
			63	71	**81**	91	104
77	Balkonflächen untersuchen	m²	5	6	**7**	8	9
			4	5	**6**	7	8
78	Fugendichtmasse entfernen	m	16	19	**22**	24	28
			13	16	**18**	20	24
79	Fugenbänder, komprimiert, entfernen	m	6	8	**9**	10	11
			5	6	**7**	8	10
80	Betonflächen reinigen	m²	1	2	**2**	2	3
			1	1	**2**	2	2
81	Fugenflanken säubern	m	5	6	**7**	8	9
			4	5	**6**	6	8
82	Fugen aufschneiden	m	16	19	**22**	25	30
			14	16	**19**	21	25
83	Fugen, Kanten als Fase	m	6	8	**9**	10	11
			5	6	**7**	8	10
84	Fugenflanken spachteln	m	18	22	**24**	28	32
			15	18	**20**	23	27
85	Fugenrand spachteln	m	7	9	**10**	11	14
			6	7	**9**	10	12
86	Fugenflanken, Korrosionsschutz	m	2	3	**3**	3	4
			2	2	**2**	3	3
87	Fugen, elast. Abdichtung, verkleinern	m	10	12	**13**	15	18
			8	10	**11**	13	15
88	Fugen, verkleinern	m	38	46	**51**	59	69
			32	38	**43**	50	58
89	Fugenflanken vorbereiten	m	4	5	**6**	7	9
			4	5	**5**	6	7
90	Fugenflanken vorstreichen	m	5	6	**7**	7	9
			4	5	**5**	6	7
91	Fugen hinterfüllen	m	5	5	**6**	7	8
			4	5	**5**	6	7
92	Fugen, Folie einlegen	m	2	2	**3**	3	3
			2	2	**2**	2	3
93	Fugenabdichtung, elastisch PUR, 20x10, 1K	m	14	18	**20**	22	26
			12	15	**16**	19	22
94	Fugenabdichtung, elastisch PUR, 20x10, 2K	m	16	20	**23**	26	31
			14	17	**19**	22	26
95	Fugenabdichtung, elastisch PUR, 35x15, 2K	m	22	27	**30**	35	41
			19	23	**25**	29	34
96	Fugenabdichtung, Komprimierband, 20mm	m	33	40	**44**	51	60
			28	34	**37**	43	51

Kosten:
Stand 2. Quartal 2025
Bundesdurchschnitt

Betonarbeiten — Preise €

Nr.	Positionen	Einheit	►	▷	ø brutto € / ø netto €	◁	◄
97	Fugenabdichtung abdecken, Alu, 30x50mm	m	44	53	**61**	68	79
			37	45	**51**	58	67
98	Fugenabdichtung abdecken, Alu, 40x70mm	m	46	56	**64**	72	84
			39	47	**54**	61	70
99	Schalung, Fundament, verloren	m²	61	77	**85**	94	119
			51	65	**71**	79	100
100	Schalung, Fundament, rau	m²	48	67	**76**	85	107
			40	57	**64**	71	90
101	Fundament, Ortbeton, bewehrt	m³	250	302	**327**	369	483
			210	254	**275**	310	406
102	Fundament, Ortbeton, unbewehrt	m³	219	263	**279**	305	379
			184	221	**234**	257	319
103	Trennlage, PE-Folie	m²	2	4	**4**	6	9
			2	3	**4**	5	7
104	Bodenplatte, Stahlbeton C25/30, bis 35cm	m³	222	285	**313**	348	423
			187	239	**263**	292	356
105	Wand, Stahlbeton C25/30, bis 30cm, Schalung	m²	236	249	**257**	265	280
			199	210	**216**	223	235
106	Decke, Beton C25/30, bis 24cm, Schalung	m²	123	147	**162**	180	220
			104	124	**136**	151	185
107	Decke, Ortbeton, C25/30, bis 35cm, SB2	m³	215	257	**275**	290	335
			181	216	**231**	244	282
108	Betonstahlmatten, B500A/B500B	t	2.189	3.055	**3.488**	3.811	4.710
			1.839	2.567	**2.931**	3.203	3.958
109	Betonstabstahl, B500B	t	2.589	3.222	**3.775**	4.399	5.746
			2.175	2.708	**3.172**	3.697	4.828
110	Kleineisenteile, Baustahl S235JR	kg	6	11	**14**	16	23
			5	9	**12**	14	20
111	Stundensatz, Facharbeiter/-in	h	84	89	**93**	94	97
			70	75	**78**	79	82

Nr.	**Kurztext** / Langtext						Kostengruppe
►	▷	**ø netto €**	◁	◄	[Einheit]	Ausf.-Dauer	Positionsnummer

1 Fundament abbrechen, Stahlbeton — KG **394**

Fundamente aus Stahlbeton innerhalb von Gebäuden abbrechen und entsorgen. Abbruch in verschiedenen Abmessungen.
Abmessungen: .....
Hinweis: Abstütz- und Sicherungsmaßnahmen sind gesondert auszuschreiben.

129€ | 198€ | **257€** | 296€ | 327€ | [m³] | ⏱ 2,80 h/m³ | 313.000.163

2 Bodenplatte abbrechen, Beton — KG **394**

Bodenplatte aus Beton, unbewehrt, abbrechen und entsorgen.
Bauteildicke: .....

126€ | 175€ | **233€** | 280€ | 322€ | [m³] | ⏱ 2,60 h/m³ | 313.000.164

► min
▷ von
ø Mittel
◁ bis
◄ max

Nr.	Kurztext / Langtext						Kostengruppe
▶	▷	ø netto €	◁	◀	[Einheit]	Ausf.-Dauer	Positionsnummer

3 Bodenplatte abbrechen, Stahlbeton — KG **394**

Bodenplatte aus Stahlbeton, abbrechen und entsorgen.
Bauteildicke: .....

184€	236€	**268€**	275€	317€	[m³]	⏱ 3,00h/m³	313.000.165

4 Außentreppenstufen abbrechen, Beton — KG **594**

Außentreppenstufen aus Beton einschl. Unterbau abbrechen und Bauschutt entsorgen.
Treppenbreite: bis 2,0 m
Stufenabmessung: .....
Stufenanzahl: .....

214€	265€	**282€**	327€	358€	[St]	⏱ 4,00h/St	313.000.166

5 Kelleraußenwände abbrechen, Beton — KG **394**

Kelleraußenwände aus unbewehrtem Beton, in verschiedenen Dicken abbrechen und Bauschutt entsorgen.
Wanddicke 1: ..... cm
Fläche: ca. ..... m²
Wanddicke 2: ...... cm
Fläche: ca. ..... m²
Hinweis: Abstütz- und Sicherungsmaßnahmen sind gesondert auszuschreiben.

255€	307€	**345€**	393€	424€	[m³]	⏱ 4,00h/m³	313.000.167

6 Kelleraußenwände abbrechen, Stahlbeton — KG **394**

Kelleraußenwände aus Stahlbeton, in verschiedenen Dicken abbrechen, Bauschutt entsorgen.
Wanddicke 1: ..... cm
Fläche: ca. ..... m²
Wanddicke 2: ...... cm
Fläche: ca. ..... m²
Hinweis: Abstütz- und Sicherungsmaßnahmen sind gesondert auszuschreiben.

295€	363€	**383€**	463€	486€	[m³]	⏱ 4,50h/m³	313.000.168

7 Außenwände abbrechen, Stahlbeton — KG **394**

Außenwände aus Stahlbeton, abbrechen und Bauschutt entsorgen.
Wanddicke: ..... cm
Höhe über Gelände: ..... m
Hinweis: Abstütz- und Sicherungsmaßnahmen sind gesondert auszuschreiben.

297€	357€	**396€**	448€	491€	[m³]	⏱ 4,20h/m³	313.000.170

8 Innenwände abbrechen, Stahlbeton bis 15cm — KG **394**

Innenwände aus Stahlbeton, nicht tragend, abbrechen und Bauschutt entsorgen.
Wanddicke: bis 15 cm
Hinweis: Abstütz- und Sicherungsmaßnahmen sind gesondert auszuschreiben.

237€	306€	**325€**	380€	406€	[m³]	⏱ 4,80h/m³	313.000.171

Nr.	Kurztext / Langtext						Kostengruppe
▶	▷	ø netto €	◁	◀	[Einheit]	Ausf.-Dauer	Positionsnummer

9 Innenwände abbrechen, Stahlbeton bis 25cm KG **394**

Innenwände aus Stahlbeton, tragend, abbrechen und Bauschutt entsorgen.
Wanddicke: 16 bis 25 cm
Hinweis: Abstütz- und Sicherungsmaßnahmen sind gesondert auszuschreiben.

▶	▷	ø	◁	◀	Einheit	Ausf.-Dauer	Positionsnummer
295€	355€	**394€**	449€	488€	[m³]	⏱ 4,60h/m³	313.000.172

10 Stahlbetonstützen abbrechen KG **394**

Stahlbetonstützen verschiedener Querschnitte abbrechen und Bauschutt entsorgen.
Abbruchort: .....
Querschnitte: ....
Hinweis: Abstütz- und Sicherungsmaßnahmen sind gesondert auszuschreiben.

▶	▷	ø	◁	◀	Einheit	Ausf.-Dauer	Positionsnummer
368€	444€	**505€**	575€	626€	[m³]	⏱ 5,80h/m³	313.000.174

Kosten:
Stand 2. Quartal 2025
Bundesdurchschnitt

11 Geschossdecke abbrechen, Stahlbeton bis 25cm, m³ KG **394**

Geschossdecken aus Stahlbeton abbrechen und Bauschutt entsorgen.
Deckendicke: bis 25 cm
Abbruchort: .....
Hinweis: Abstütz- und Sicherungsmaßnahmen sind gesondert auszuschreiben.

▶	▷	ø	◁	◀	Einheit	Ausf.-Dauer	Positionsnummer
281€	348€	**382€**	455€	504€	[m³]	⏱ 3,80h/m³	313.000.175

12 Stahlbetontreppe abbrechen KG **394**

Stahlbetontreppen, eingeschossig, je Geschoss 1 bis 2 Läufe, ohne Podestabbruch, abbrechen und Bauschutt entsorgen.
Stufenanzahl: ..... St
Steigungsverhältnis: 27/18 cm
Läufe: **1 / 2** St, mit Stahlbeton-Podest
Podest (L x B): ..... x ..... m
Dicke: ca. ..... m
Laufbreite: ..... m
Abbruchort: .....
Hinweis: Abstütz- und Sicherungsmaßnahmen sind gesondert auszuschreiben.

▶	▷	ø	◁	◀	Einheit	Ausf.-Dauer	Positionsnummer
743€	936€	**1.018€**	1.181€	1.272€	[St]	⏱ 12,00h/St	313.000.178

13 Wandschlitze, Beton, 10x5cm KG **395**

Wandschlitze in unbewehrtem Beton herstellen, verschiedene Längen, nach Leitungsverlegung mit Mörtel schließen. Leistung mit Entsorgung des Bauschutts.
Schlitzgröße: bis 10 x 5 cm

▶	▷	ø	◁	◀	Einheit	Ausf.-Dauer	Positionsnummer
56€	70€	**75€**	91€	94€	[m]	⏱ 0,40h/m	313.000.179

14 Wanddurchbrüche, Stb, 20x20cm, 24cm KG **395**

Wanddurchbrüche in Stahlbeton herstellen, nach Leitungsverlegung mit Mörtel verschließen. Leistung mit Entsorgung des Bauschutts.
Öffnung: 20 x 20 cm
Wanddicke: bis 24 cm

▶	▷	ø	◁	◀	Einheit	Ausf.-Dauer	Positionsnummer
101€	122€	**137€**	156€	170€	[St]	⏱ 1,20h/St	313.000.180

▶ min
▷ von
ø Mittel
◁ bis
◀ max

Nr.	Kurztext / Langtext						Kostengruppe
►	▷	ø netto €	◁	◄	[Einheit]	Ausf.-Dauer	Positionsnummer

A 1 Deckendurchbruch, Stb, herstellen — Beschreibung für Pos. **15-17**

Deckendurchbruch in Stahlbetondecke nachträglich herstellen und Bauschutt entsorgen.
Deckendicke: bis 20 cm
Hinweis: Abstütz- und Sicherungsmaßnahmen sind gesondert auszuschreiben.

15 Deckendurchbruch, Stb, herstellen 30x10, 20cm — KG **395**

Wie Ausführungsbeschreibung A 1
Größe: bis 30 x 10 cm

58€ | 71€ | **79€** | 91€ | 100€ | [St] | ⏱ 0,90h/St | 313.000.181

16 Deckendurchbruch, Stb, herstellen 20x20, 20cm — KG **395**

Wie Ausführungsbeschreibung A 1
Größe: bis 20 x 20 cm

61€ | 74€ | **84€** | 97€ | 105€ | [St] | ⏱ 0,90h/St | 313.000.182

17 Deckendurchbruch, Stb, herstellen 50x20, 20cm — KG **395**

Wie Ausführungsbeschreibung A 1
Größe: bis 50 x 20 cm

95€ | 116€ | **129€** | 148€ | 162€ | [St] | ⏱ 1,50h/St | 313.000.183

A 2 Deckendurchbruch, Stb, schließen — Beschreibung für Pos. **18-21**

Deckendurchbruch in Stahlbetondecke nach Leitungsverlegung mit Beton schließen.Leistung einschl. der erforderlichen Schalung und Angleichen der Oberflächen und Ränder.
Deckendicke: bis 20 cm

18 Deckendurchbruch, Stb, schließen 30x10, 20cm — KG **395**

Wie Ausführungsbeschreibung A 2
Größe: bis 30 x 10 cm

29€ | 35€ | **39€** | 46€ | 54€ | [St] | ⏱ 0,25h/St | 313.000.184

19 Deckendurchbruch, Stb, schließen 20x20, 20cm — KG **395**

Wie Ausführungsbeschreibung A 2
Größe: bis 20 x 20 cm

31€ | 37€ | **41€** | 48€ | 54€ | [St] | ⏱ 0,25h/St | 313.000.185

20 Deckendurchbruch, Stb, schließen 50x20, 20cm — KG **395**

Wie Ausführungsbeschreibung A 2
Größe: bis 50 x 20 cm

50€ | 60€ | **68€** | 79€ | 90€ | [St] | ⏱ 0,50h/St | 313.000.186

21 Deckendurchbruch, Stb, schließen 50x50, 24cm — KG **395**

Wie Ausführungsbeschreibung A 2
Größe: bis 50 x 50 cm

82€ | 97€ | **111€** | 126€ | 140€ | [St] | ⏱ 0,70h/St | 313.000.187

Nr.	Kurztext / Langtext						Kostengruppe
▶	▷	ø netto €	◁	◀	[Einheit]	Ausf.-Dauer	Positionsnummer

A 3 Kernbohrung, Stahlbeton — Beschreibung für Pos. **22-29**

Kernbohrung in Stahlbetonbauteilen inkl. Bauschuttentsorgung.
Bauteil: .....
Lage: .....

22 Kernbohrung, Stb, Durchmesser 10-50mm — KG **399**

Wie Ausführungsbeschreibung A 3
Durchmesser: 10-50 mm
Dicke: .....

155€	186€	**207€**	242€	254€	[m]	⏱ 1,70h/m	313.000.188

23 Kernbohrung, Stb, Durchmesser 55-80mm — KG **399**

Wie Ausführungsbeschreibung A 3
Durchmesser: 55-80 mm
Dicke: .....

186€	224€	**251€**	286€	309€	[m]	⏱ 2,10h/m	313.000.189

24 Kernbohrung, Stb, Durchmesser 115-130mm — KG **399**

Wie Ausführungsbeschreibung A 3
Durchmesser: 115-130 mm
Dicke: .....

209€	255€	**286€**	329€	349€	[m]	⏱ 2,50h/m	313.000.190

25 Kernbohrung, Stb, Durchmesser 140-160mm — KG **399**

Wie Ausführungsbeschreibung A 3
Durchmesser: 140-160 mm
Dicke: .....

240€	278€	**320€**	374€	403€	[m]	⏱ 2,90h/m	313.000.191

26 Kernbohrung, Stb, Durchmesser 170-180mm — KG **399**

Wie Ausführungsbeschreibung A 3
Durchmesser: 170-180 mm
Dicke: .....

261€	315€	**362€**	409€	445€	[m]	⏱ 3,30h/m	313.000.192

27 Kernbohrung, Stb, Durchmesser 200-220mm — KG **399**

Wie Ausführungsbeschreibung A 3
Durchmesser: 200-220 mm
Dicke: .....

301€	362€	**412€**	473€	506€	[m]	⏱ 3,70h/m	313.000.193

Kosten:
Stand 2. Quartal 2025
Bundesdurchschnitt

▶ min
▷ von
ø Mittel
◁ bis
◀ max

Nr.	Kurztext / Langtext						Kostengruppe
▶	▷	ø netto €	◁	◀	[Einheit]	Ausf.-Dauer	Positionsnummer

28 Kernbohrung, Stb, Durchmesser 230-250mm KG **399**

Wie Ausführungsbeschreibung A 3
Durchmesser: 230-250 mm
Dicke: .....

347€	425€	**462€**	536€	573€	[m]	⏱ 4,20 h/m	313.000.194

29 Kernbohrung, Stb, Durchmesser 280-300mm KG **399**

Wie Ausführungsbeschreibung A 3
Durchmesser: 280-300 mm
Dicke: .....

377€	455€	**517€**	589€	635€	[m]	⏱ 4,70 h/m	313.000.195

30 Kernbohrung, schräg, Mehrpreis KG **399**

Mehrpreis für Kernbohrungen in schräger Richtung.

27€	32€	**36€**	42€	45€	[St]	⏱ 0,20 h/St	313.000.196

31 Kernbohrung, Stahlschnitte KG **399**

Betonstahl durchschneiden, Einzelquerschnittsfläche, nomineller Stabquerschnitt, größer als 2cm² je Schnittfläche.

5€	6€	**7€**	8€	10€	[cm²]	⏱ 0,07 h/cm²	313.000.198

32 Betonschneidearbeiten, bis 43cm KG **399**

Betonschnitte in Stahlbetonbauteilen.
Ausführung: einseitig
Schnitttiefe: bis 43 cm
Bauteil: .....
Lage: .....

163€	196€	**220€**	255€	277€	[m]	⏱ 1,70 h/m	313.000.199

33 Betonschneidearbeiten, bis 90cm KG **399**

Betonschnitte in Stahlbetonbauteilen.
Ausführung: einseitig
Schnitttiefe: bis 90 cm
Bauteil: .....
Lage: .....

322€	408€	**454€**	535€	571€	[m]	⏱ 4,20 h/m	313.000.200

34 Unterzug C20/25, Stb, 20x40cm KG **395**

Unterzug aus Stahlbeton im Innenbereich von Gebäuden nachträglich herstellen, auf vorhandene Auflager. Schalung und Bewehrung in gesonderter Position.
Beton: C20/25
Querschnitt: 20 x 40 cm
Einbauort: .....

38€	47€	**52€**	60€	69€	[m]	⏱ 0,20 h/m	313.000.204

300
301
302
306
308
309
310
312
313
314
316
317
318
320
321
322

Nr.	Kurztext / Langtext						Kostengruppe
▶	▷	ø netto €	◁	◀	[Einheit]	Ausf.-Dauer	Positionsnummer

35 Überzug C20/25, Stb, 24x40cm KG **395**

Überzug aus Stahlbeton im Innenbereich von Gebäuden nachträglich herstellen, auf vorhandene Auflager. Schalung und Bewehrung in gesonderter Position.
Beton: C20/25
Querschnitt: bis 24 x 40 cm
Einbauort: .....

45€	53€	**60€**	68€	79€	[m]	⏱ 0,25h/m	313.000.205

36 Kniestock C20/25, Stb, 24x35cm KG **395**

Kniestock aus Stahlbeton im Innenbereich von Gebäuden nachträglich herstellen, als Widerlager für den Dachstuhl, inkl. Verankerung und Abschrägung der Oberseite. Schalung und Bewehrung in gesonderter Position.
Beton: C20/25
Querschnitt: bis 24 x 35 cm
Einbauort: .....

52€	61€	**66€**	79€	90€	[m]	⏱ 0,30h/m	313.000.206

37 Ringanker C20/25, Stb, 24x24cm KG **395**

Ringanker aus Stahlbeton, nachträglich einbauen. Schalung und Bewehrung in gesonderter Position.
Beton: C20/25
Querschnitt: 24 x 24 cm
Einbauort: .....

52€	61€	**68€**	78€	91€	[m]	⏱ 0,25h/m	313.000.207

A 4 Deckendämmung, Mehrschichtplatte, MW Beschreibung für Pos. **38-39**

Deckendämmung von Stahlbetondecken, nachträglich auf Unterseite, dreischichtige Mehrschichtplatten. Platten aus magnesitgebundenen Holzwolle-Leichtbauplatten mit Mineralwollkern.
Befestigung: Schrauben und Dübel
Anzahl: 6 St/m²
Nennwert der Wärmeleitfähigkeit: .....
Bemessungswert der Wärmeleitfähigkeit: 0,085 W/(mK)
Ausführung Kante: .....
Brandverhalten: Klasse A2
Angeb. Fabrikat: .....

38 Deckendämmung, Mehrschichtplatte, MW 50 KG **354**

Wie Ausführungsbeschreibung A 4
Plattendicke: 50 mm

63€	74€	**82€**	95€	102€	[m²]	⏱ 0,40h/m²	313.000.208

39 Deckendämmung, Mehrschichtplatte, MW 100 KG **354**

Wie Ausführungsbeschreibung A 4
Plattendicke: 100 mm

78€	91€	**104€**	118€	131€	[m²]	⏱ 0,45h/m²	313.000.209

Kosten:
Stand 2. Quartal 2025
Bundesdurchschnitt

▶ min
▷ von
ø Mittel
◁ bis
◀ max

Nr.	Kurztext / Langtext						Kostengruppe
▶	▷	ø netto €	◁	◀	[Einheit]	Ausf.-Dauer	Positionsnummer

A 5 Deckendämmung, PS, geklebt — Beschreibung für Pos. **40-44**

Deckendämmung von Stahlbetondecken, nachträglich auf Unterseite geklebt, mit extrudierten Polystyrol-Hartschaumplatten.
Unterkonstruktion: .....
Dämmstoff: XPS
Nennwert der Wärmeleitfähigkeit: .....
Bemessungswert der Wärmeleitfähigkeit: 0,085 W/(mK)

40 Deckendämmung, PS 60, geklebt — KG **354**

Wie Ausführungsbeschreibung A 5
Plattendicke: 60 mm

▶	▷	ø netto €	◁	◀	[Einheit]	Ausf.-Dauer	Positionsnummer
33€	39€	**43€**	49€	56€	[m²]	⏱ 0,35h/m²	313.000.210

41 Deckendämmung, PS 100, geklebt — KG **354**

Wie Ausführungsbeschreibung A 5
Plattendicke: 100 mm

▶	▷	ø netto €	◁	◀	[Einheit]	Ausf.-Dauer	Positionsnummer
40€	45€	**51€**	58€	67€	[m²]	⏱ 0,35h/m²	313.000.211

42 Deckendämmung, PS 140, geklebt — KG **354**

Wie Ausführungsbeschreibung A 5
Plattendicke: 140 mm

▶	▷	ø netto €	◁	◀	[Einheit]	Ausf.-Dauer	Positionsnummer
37€	41€	**48€**	53€	62€	[m²]	⏱ 0,35h/m²	313.000.212

43 Deckendämmung, PS 180, geklebt — KG **354**

Wie Ausführungsbeschreibung A 5
Plattendicke: 180 mm

▶	▷	ø netto €	◁	◀	[Einheit]	Ausf.-Dauer	Positionsnummer
46€	52€	**60€**	67€	78€	[m²]	⏱ 0,35h/m²	313.000.213

44 Deckendämmung, PS 200, geklebt — KG **354**

Wie Ausführungsbeschreibung A 5
Plattendicke: 200 mm

▶	▷	ø netto €	◁	◀	[Einheit]	Ausf.-Dauer	Positionsnummer
52€	58€	**67€**	75€	87€	[m²]	⏱ 0,35h/m²	313.000.214

Nr.	Kurztext / Langtext						Kostengruppe
▶	▷	ø netto €	◁	◀	[Einheit]	Ausf.-Dauer	Positionsnummer

A 6 Deckendämmung, GF+PIR — Beschreibung für Pos. **45-47**

Deckendämmung von Stahlbetondecken, nachträglich auf Unterseite geklebt, Mehrschichtplatten mit Kern aus Polyurethan und Gipsfaserplattenbekleidung.
Befestigung: Schrauben und Dübel
Anzahl: St/m2
Beplankung: Gipsfaserplatte Typ .....
Dicke: .....
Dämmkern: PIR
Nennwert der Wärmeleitfähigkeit: .....
Bemessungswert der Wärmeleitfähigkeit: 0,025 W/(mK)
Ausführung Kante: umlaufend Nut und Feder

Kosten:
Stand 2. Quartal 2025
Bundesdurchschnitt

45 Deckendämmung, GF+PIR 50 — KG **354**

Wie Ausführungsbeschreibung A 6
Dicke: 50 mm

79€	90€	**100€**	115€	126€	[m2]	⏱ 0,45 h/m2	313.000.215

46 Deckendämmung, GF+PIR 70 — KG **354**

Wie Ausführungsbeschreibung A 6
Dicke: 70 mm

88€	102€	**112€**	128€	140€	[m2]	⏱ 0,45 h/m2	313.000.216

47 Deckendämmung, GF+PIR 90 — KG **354**

Wie Ausführungsbeschreibung A 6
Dicke: 90 mm

108€	121€	**139€**	155€	171€	[m2]	⏱ 0,45 h/m2	313.000.217

48 Deckendämmung, PIR 60, Vlies — KG **354**

Deckendämmung von Stahlbetondecken, nachträglich auf Unterseite geklebt und punktuell befestigt mit Kralle in Nut, aus Polyurethanplatten mit Vliesoberfläche, Platten mit Nut und Feder.
Dämmstoff: PIR
Dicke: 60 mm
Nennwert der Wärmeleitfähigkeit: ..... W/(mK)
Bemessungswert der Wärmeleitfähigkeit: 0,025 W/(mK)
Anzahl Krallen: St/m2

55€	62€	**70€**	80€	84€	[m2]	⏱ 0,45 h/m2	313.000.218

▶ min
▷ von
ø Mittel
◁ bis
◀ max

49 Deckendämmung, PIR 100, Vlies KG **354**

Deckendämmung von Stahlbetondecken, nachträglich auf Unterseite geklebt und punktuell befestigt mit Kralle in Nut, aus Polyurethanplatten mit Vliesoberfläche, Platten mit Nut und Feder.
Dämmstoff: PIR
Dicke: 100 mm
Nennwert der Wärmeleitfähigkeit: ..... W/(mK)
Bemessungswert der Wärmeleitfähigkeit: 0,025 W/(mK)
Anzahl Krallen: ..... St/m²
Angeb. Fabrikat: .....

▶	▷	ø netto €	◁	◀	[Einheit]	Ausf.-Dauer	Positionsnummer
59€	67€	**76€**	87€	92€	[m²]	⏱ 0,45 h/m²	313.000.219

A 7 Wanddämmung, Mineralplatten Beschreibung für Pos. **50-53**

Innenwandbekleidung aus Mineraldämmplatten mit Kleber aus Leichtmörtel auf Betonwänden.
Nennwert der Wärmeleitfähigkeit: ..... W/(mK)
Bemessungswert der Wärmeleitfähigkeit: 0,045 W/(mK)
Brandverhalten: Klasse A
Rohdichte: 115 kg/m³
Sorptionsfeuchte: .....
Wasserdampfdiffusion: .....
Wasseraufnahme: .....

50 Wanddämmung, Mineralplatten 10mm KG **336**

Wie Ausführungsbeschreibung A 7
Plattendicke: 10 mm

▶	▷	ø netto €	◁	◀	[Einheit]	Ausf.-Dauer	Positionsnummer
37€	41€	**47€**	53€	62€	[m²]	⏱ 0,25 h/m²	313.000.220

51 Wanddämmung, Mineralplatten 30mm KG **336**

Wie Ausführungsbeschreibung A 7
Plattendicke: 30 mm

▶	▷	ø netto €	◁	◀	[Einheit]	Ausf.-Dauer	Positionsnummer
51€	59€	**66€**	76€	87€	[m²]	⏱ 0,25 h/m²	313.000.221

52 Wanddämmung, Mineralplatten 80mm KG **336**

Wie Ausführungsbeschreibung A 7
Plattendicke: 80 mm

▶	▷	ø netto €	◁	◀	[Einheit]	Ausf.-Dauer	Positionsnummer
62€	70€	**79€**	91€	104€	[m²]	⏱ 0,30 h/m²	313.000.223

53 Wanddämmung, Mineralplatten 100mm KG **336**

Wie Ausführungsbeschreibung A 7
Plattendicke: 100 mm

▶	▷	ø netto €	◁	◀	[Einheit]	Ausf.-Dauer	Positionsnummer
64€	72€	**81€**	93€	106€	[m²]	⏱ 0,30 h/m²	313.000.224

54 Laibungen, Mineralplatten KG **336**

Laibungsflächen von Betonwänden an Fenster und Türen aus Mineraldämmplatten.
Dämmung: 20 mm
Laibungstiefe: bis 250 mm

▶	▷	ø netto €	◁	◀	[Einheit]	Ausf.-Dauer	Positionsnummer
29€	34€	**39€**	44€	51€	[m]	⏱ 0,20 h/m	313.000.225

Nr.	Kurztext / Langtext					Kostengruppe
▶	▷	ø netto €	◁	◀	[Einheit]	Ausf.-Dauer	Positionsnummer

55 Wanddämmung, Gipsplatte-Bekleidung, 80mm KG **336**

Gipsplattenbekleidung mit Wärmedämmlage und Dampfsperre einschl. Unterkonstruktion aus Metallprofilen auf Betonwänden einschl. Randanschlüsse an Bauteile.
Metallprofile: CW/UW 100/50(40)/06
Dämmung: Mineralwolle MW
Typ: WI-zk/zg
Dicke: 80 mm
Nennwert der Wärmeleitfähigkeit: 0,032 W/(mK)
Bemessungswert der Wärmeleitfähigkeit: .....
Dampfsperre: .....
Beplankung: Gipsplatte Typ A, einlagig
Dicke: 12,5 mm
Oberflächenqualität: Q2
Kantenausbildung: .....

56€ | 63€ | **71€** | 81€ | 93€ | [m²] | ⏱ 0,40 h/m² | 313.000.226

56 Wanddämmung, Gipsplatte-Bekleidung, 100mm KG **336**

Gipsplattenbekleidung mit Wärmedämmlage und Dampfsperre einschl. Unterkonstruktion aus Metallprofilen auf Betonwänden einschl. Randanschlüsse an Bauteile.
Metallprofile: CW/UW 100/50(40)/06
Dämmung: Mineralwolle MW
Typ: WI-zk/zg
Dicke: 100 mm
Nennwert der Wärmeleitfähigkeit: 0,032 W/(mK)
Bemessungswert der Wärmeleitfähigkeit: .....
Dampfsperre: .....
Beplankung: Gipsplatte Typ A, einlagig
Dicke: 12,5 mm
Oberflächenqualität: Q2
Kantenausbildung: .....

59€ | 67€ | **74€** | 85€ | 97€ | [m²] | ⏱ 0,40 h/m² | 313.000.227

57 Wanddämmung, WD-Putzsystem, 50mm KG **336**

Wärmedämmputzsystem aus Unterputz und Kratzputz an Betonwänden im Innenbereich auf Außenwänden.
Putzgrund: Spritzbewurf, voll deckend
Unterputz: T (Wärmedämmputzmörtel), T1
Nennwert der Wärmeleitfähigkeit: 0,070 W/(mK)
Bemessungswert der Wärmeleitfähigkeit: .....
Dämmputz 30 mm, glatt abgezogen
Oberputz: .....
Struktur: Kratzputz
Gesamtdicke: 50 mm
Farbton: weiß

69€ | 78€ | **87€** | 100€ | 114€ | [m²] | ⏱ 0,60 h/m² | 313.000.228

Kosten:
Stand 2. Quartal 2025
Bundesdurchschnitt

▶ min
▷ von
ø Mittel
◁ bis
◀ max

Nr.	Kurztext / Langtext						Kostengruppe
▶	▷	ø netto €	◁	◀	[Einheit]	Ausf.-Dauer	Positionsnummer

58 Wanddämmung, WD-Putzsystem, 75mm KG **336**

Wärmedämmputzsystem aus Unterputz mit Gewebe und Kratzputz an Betonwänden im Innenbereich auf Außenwänden.
Putzgrund: Spritzbewurf, voll deckend
Unterputz: T (Wärmedämmputzmörtel), T1
Nennwert der Wärmeleitfähigkeit: 0,070 W/(mK)
Bemessungswert der Wärmeleitfähigkeit: .....
Dämmputz 50 mm, glatt abgezogen
Oberputz: .....
Struktur: Kratzputz
Gesamtdicke: 75 mm
Farbton: weiß

▶	▷	ø netto €	◁	◀	[Einheit]	Ausf.-Dauer	Positionsnummer
78€	90€	**99€**	113€	128€	[m²]	⏱ 0,65h/m²	313.000.229

59 Laibungen, WD-Putz 50mm KG **336**

Wärmedämmputzsystem aus Unterputz und Kratzputz an Laibungen im Innenbereich auf Betonwänden
Gesamtdicke: 50 mm
Laibungstiefe: bis 250 mm

▶	▷	ø netto €	◁	◀	[Einheit]	Ausf.-Dauer	Positionsnummer
30€	34€	**37€**	44€	48€	[m]	⏱ 0,35h/m	313.000.230

60 Laibungen, WD-Putz 75mm KG **336**

Wärmedämmputzsystem aus Unterputz und Kratzputz mit Gewebe an Laibungen im Innenbereich auf Betonwänden.
Gesamtdicke: 75 mm
Laibungstiefe: bis 250 mm

▶	▷	ø netto €	◁	◀	[Einheit]	Ausf.-Dauer	Positionsnummer
39€	43€	**48€**	57€	63€	[m]	⏱ 0,40h/m	313.000.231

61 Dachbodendämmung, MW 035, 100mm KG **363**

Dachbodendämmung aus Mineralfaserplatten, als nachträgliche Dämmung auf Massivdecke.
Untergrund: Stahlbetondecke
Dämmstoff: Mineralwolle MW
Anwendungsgebiet: DEO
Druckbelastbarkeit: .....
Nennwert der Wärmeleitfähigkeit: 0,035 W/(mK)
Bemessungswert der Wärmeleitfähigkeit: ..... W/(mK)
Brandverhalten: .....
Dämmschichtdicke: 100 mm
Ausführung Stoß: .....

▶	▷	ø netto €	◁	◀	[Einheit]	Ausf.-Dauer	Positionsnummer
20€	23€	**26€**	30€	36€	[m²]	⏱ 0,15h/m²	313.000.232

Nr.	Kurztext / Langtext						Kostengruppe
▶	▷	ø netto €	◁	◀	[Einheit]	Ausf.-Dauer	Positionsnummer

Kosten:
Stand 2. Quartal 2025
Bundesdurchschnitt

62 Dachbodendämmung, MW 035, 200mm — KG 363

Dachbodendämmung aus Mineralfaserplatten, als nachträgliche Dämmung auf Massivdecke.
Untergrund: Stahlbetondecke
Dämmstoff: Mineralwolle MW
Anwendungsgebiet: DEO
Druckbelastbarkeit: .....
Nennwert der Wärmeleitfähigkeit: 0,035 W/(mK)
Bemessungswert der Wärmeleitfähigkeit: .....
Brandverhalten: .....
Dämmschichtdicke: 200 mm
Ausführung Stoß: .....

▶	▷	ø	◁	◀	Einheit	Ausf.-Dauer	Positionsnummer
39€	44€	**49€**	57€	65€	[m²]	⏱ 0,15h/m²	313.000.233

63 Dachbodendämmung, MW 035, 100mm, kaschiert — KG 363

Dachbodendämmung aus Mineralwolle mit kaschierter Oberfläche aus fadenverstärktem Glasvlies, als Unterlage für begehbare Platten, zur nachträglichen Dämmung auf Massivdecke.
Untergrund: Stahlbetondecke
Dämmstoff: Mineralwolle MW
Anwendungsgebiet: DEO
Druckbelastbarkeit: .....
Nennwert der Wärmeleitfähigkeit: 0,035 W/(mK)
Bemessungswert der Wärmeleitfähigkeit: .....
Brandverhalten: .....
Dämmschichtdicke: 100 mm
Ausführung Stoß: .....

▶	▷	ø	◁	◀	Einheit	Ausf.-Dauer	Positionsnummer
47€	54€	**60€**	69€	78€	[m²]	⏱ 0,15h/m²	313.000.234

64 Dachbodendämmung, MW 035, 200mm, kaschiert — KG 363

Dachbodendämmung aus Mineralwolle mit kaschierter Oberfläche aus fadenverstärktem Glasvlies, als Unterlage für begehbare Platten, zur nachträglichen Dämmung auf Massivdecke.
Untergrund: Stahlbetondecke
Dämmstoff: Mineralwolle MW
Anwendungsgebiet: DEO
Druckbelastbarkeit: .....
Nennwert der Wärmeleitfähigkeit: 0,035 W/(mK)
Bemessungswert der Wärmeleitfähigkeit: .....
Brandverhalten: .....
Dämmschichtdicke: 200 mm
Verlegung: zweilagig, versetzt

▶	▷	ø	◁	◀	Einheit	Ausf.-Dauer	Positionsnummer
84€	95€	**102€**	122€	132€	[m²]	⏱ 0,15h/m²	313.000.235

▶ min
▷ von
ø Mittel
◁ bis
◀ max

Nr.	Kurztext / Langtext						Kostengruppe
▶	▷	ø netto €	◁	◀	[Einheit]	Ausf.-Dauer	Positionsnummer

65 Dachbodendämmung, WF 045, 80mm KG **363**

Dachbodendämmung aus Holzweichfaserelementen, als nachträgliche Dämmung auf Massivdecke.
Untergrund: Stahlbetondecke
Dämmstoff: WF
Anwendungsgebiet: DEO
Druckbelastbarkeit: .....
Nennwert der Wärmeleitfähigkeit: 0,045 W/(mK)
Bemessungswert der Wärmeleitfähigkeit: .....
Brandverhalten: .....
Dämmschichtdicke: 80 mm
Ausführung Stoß: .....

41€	47€	**53€**	62€	70€	[m2]	⏱ 0,15h/m2	313.000.236

66 Dachbodendämmung, EPS 040, 180mm KG **363**

Dachbodendämmung aus Polystyrol-Hartschaum, als nachträgliche Dämmung auf Massivdecke.
Untergrund: Stahlbetondecke
Dämmstoff: EPS
Anwendungsgebiet: DEO
Druckbelastbarkeit: .....
Nennwert der Wärmeleitfähigkeit: 0,040 W/(mK)
Bemessungswert der Wärmeleitfähigkeit: .....
Brandverhalten: .....
Dämmschichtdicke: 180 mm
Ausführung Stoß: .....

32€	36€	**40€**	46€	53€	[m2]	⏱ 0,12h/m2	313.000.237

67 Dachbodendämmung, PUR 024, 80mm, kaschiert KG **363**

Dachbodendämmung aus Polyurethan-Hartschaum kaschiert mit Aluminiumfolie, als nachträgliche Dämmung auf Massivdecke.
Untergrund: Stahlbetondecke
Dämmstoff: PUR, Nut und Feder
Anwendungsgebiet: DEO
Druckbelastbarkeit: .....
Nennwert der Wärmeleitfähigkeit: 0,024 W/(mK)
Bemessungswert der Wärmeleitfähigkeit: .....
Brandverhalten: .....
Anzahl der Lagen: einlagig
Anwendung: DZ
Dämmschichtdicke: 80 mm

59€	68€	**77€**	87€	100€	[m2]	⏱ 0,15h/m2	313.000.238

300
301
302
306
308
309
310
312
313
314
316
317
318
320
321
322

Nr.	Kurztext / Langtext						Kostengruppe
►	▷	ø netto €	◁	◀	[Einheit]	Ausf.-Dauer	Positionsnummer

68 **Dachbodendämmung, MW 040, 180mm, Spanplatte** KG **363**

Dachbodendämmung mit begehbaren Verbundelementen aus Mineralwolle und Spanplatten, an Stößen verleimt, als nachträgliche Dämmung auf Massivdecke.
Decke: Stahlbetondecke
Dämmstoff: Mineralwolle MW
Anwendungsgebiet: DEO
Druckfestigkeit: .....
Nennwert der Wärmeleitfähigkeit: 0,040 W/(mK)
Bemessungswert der Wärmeleitfähigkeit: .....
Anzahl der Lagen: einlagig
Dämmschichtdicke: 180 mm
Beplankung: Holz-Spanplatte P3
Verwendung: innen
Feuchtbereich, Emission: E1
Dicke: 19 mm
Ausführung Stoß: .....
Elementdicke: 200 mm

►	▷	ø	◁	◀	Einheit	Ausf.-Dauer	Positionsnummer
85€	97€	**110€**	125€	142€	[m2]	⏱ 0,20h/m2	313.000.239

69 **Dachbodendämmung, EPS 040, 80mm, Spanplatte** KG **363**

Dachbodendämmung mit Verbundelementen aus Polystyrol-Hartschaum und Spanplatte, als nachträgliche Dämmung auf Massivdecke.
Untergrund: Stahlbetondecke
Material: EPS, Nut und Feder
Anwendungsgebiet: DEO
Druckfestigkeit: .....
Nennwert der Wärmeleitfähigkeit: 0,040 W/(mK)
Bemessungswert der Wärmeleitfähigkeit: .....
Dämmschichtdicke: 80 mm
Beplankung: Holz-Spanplatte P3
Verwendung: innen
Feuchtbereich, Emission: E1
Dicke: 19 mm
Ausführung Stoß: Nut und Feder
Gesamtaufbau: 99 mm

►	▷	ø	◁	◀	Einheit	Ausf.-Dauer	Positionsnummer
56€	63€	**71€**	81€	93€	[m2]	⏱ 0,15h/m2	313.000.240

Kosten:
Stand 2. Quartal 2025
Bundesdurchschnitt

► min
▷ von
ø Mittel
◁ bis
◀ max

70 **Dachbodendämmung, EPS 035, 100mm, Spanplatte** KG **363**

Dachbodendämmung mit Verbundelementen aus Polystyrol-Hartschaum mit Spanplatte, als nachträgliche Dämmung auf Massivdecke.
Untergrund: Stahlbetondecke
Anwendungsgebiet: DEO
Druckbelastbarkeit: .....
Material: EPS, Nut und Feder
Nennwert der Wärmeleitfähigkeit: 0,035 W/(mK)
Bemessungswert der Wärmeleitfähigkeit: .....
Brandverhalten: Klasse B1
Anzahl der Lagen: einlagig
Dämmschichtdicke: 100 mm
Emission Spanplatte: E1
Dicke: 19 mm
Elementdicke: 119 mm

62€ | 70€ | **79€** | 89€ | 104€ | [m²] | ⏱ 0,15h/m² | 313.000.241

A 8 **Dachbodendämmung, EPS 032, Spanplatte** Beschreibung für Pos. **71-73**

Dachbodendämmung mit Verbundelementen aus Polystyrol-Hartschaum mit Spanplatte, als nachträgliche Dämmung auf Massivdecke.
Untergrund: Stahlbetondecke
Anwendungsgebiet: DEO
Druckbelastbarkeit: .....
Material: EPS, Nut und Feder
Wärmeleitstufe: 0,032 W/(mK)
Brandverhalten: .....
Emission Spanplatte: E1
Plattenformat: .....

71 **Dachbodendämmung, EPS 032, 200mm, Spanplatte** KG **363**

Wie Ausführungsbeschreibung A 8
Dämmschichtdicke: 200 mm
Dicke: 19 mm
Gesamtaufbau: 219 mm

75€ | 85€ | **97€** | 109€ | 120€ | [m²] | ⏱ 0,20h/m² | 313.000.242

72 **Dachbodendämmung, EPS 032, 240mm, Spanplatte** KG **363**

Wie Ausführungsbeschreibung A 8
Dämmschichtdicke: 240 mm
Dicke: 19 mm
Gesamtaufbau: 259 mm

85€ | 95€ | **107€** | 123€ | 134€ | [m²] | ⏱ 0,22h/m² | 313.000.243

Nr.	Kurztext / Langtext						Kostengruppe
▶	▷	ø netto €	◁	◀	[Einheit]	Ausf.-Dauer	Positionsnummer

73 Dachbodendämmung, EPS 032, 260mm, Spanplatte KG **363**

Wie Ausführungsbeschreibung A 8
Dämmschichtdicke: 260 mm
Dicke: 21 mm
Elementdicke: 279 mm

▶	▷	ø	◁	◀	Einheit	Ausf.-Dauer	Positionsnummer
89€	102€	**114€**	133€	144€	[m²]	⏱ 0,22 h/m²	313.000.244

74 Dachbodendämmung, PUR 024, 80mm, Spanplatte KG **363**

Dachbodendämmung mit Verbundelementen aus Polyurethanhartschaum mit verleimter Holzspanplatte und integrierter Dampfsperre, als nachträgliche Dämmung auf Massivdecke.
Untergrund: Stahlbetondecke
Anwendungsgebiet: DEO
Druckbelastbarkeit: .....
Dämmstoff: PUR, Nut und Feder
Wärmeleitstufe: 0,024 W/(mK)
Brandverhalten: .....
Anzahl der Lagen: einlagig
Dämmschichtdicke: 80 mm
Spanplatte: V100 E1
Dicke: 16 mm
Elementdicke: 136 mm

▶	▷	ø	◁	◀	Einheit	Ausf.-Dauer	Positionsnummer
85€	98€	**108€**	126€	135€	[m²]	⏱ 0,17 h/m²	313.000.245

75 Dachbodendämmung, EPS 032,160mm, OSB-Platte KG **363**

Dachbodendämmung mit Verbundelementen aus Polyurethanhartschaum mit OSB-Platte, als nachträgliche Dämmung auf Massivdecke.
Untergrund: Stahlbetondecke
Anwendungsgebiet: DEO
Druckbelastbarkeit: .....
Material: EPS, Nut und Feder
Wärmeleitstufe: 0,032 W/(mK)
Brandverhalten: .....
Dämmschichtdicke: 160 mm
Emission Spanplatte: E1
Dicke: 15 mm
Gesamtaufbau: 175 mm
Plattenformat: .....
Angeb. Fabrikat: .....

▶	▷	ø	◁	◀	Einheit	Ausf.-Dauer	Positionsnummer
72€	79€	**87€**	102€	113€	[m²]	⏱ 0,20 h/m²	313.000.246

Kosten:
Stand 2. Quartal 2025
Bundesdurchschnitt

▶ min
▷ von
ø Mittel
◁ bis
◀ max

Nr.	Kurztext / Langtext						Kostengruppe
►	▷	**ø netto €**	◁	◀	[Einheit]	Ausf.-Dauer	Positionsnummer

76 Dachbodendämmung, WF 045, 100mm, OSB-Platte KG **363**

Dachbodendämmung mit Verbundelementen aus Holzweichfaser mit OSB-Holzwerkstoffplatte, als nachträgliche Dämmung auf Massivdecke.
Untergrund: Stahlbetondecke
Anwendungsgebiet: DEO
Druckbelastbarkeit: .....
Dämmstoff: WF
Nennwert der Wärmeleitfähigkeit: 0,040 W/(mK)
Bemessungswert der Wärmeleitfähigkeit: .....
Brandverhalten: .....
Dämmschichtdicke: 100 mm
Dicke OSB: 15 mm
Elementdicke: 115 mm

63€ | 71€ | **81€** | 91€ | 104€ | [m²] | ⏱ 0,17 h/m² | 313.000.247

77 Balkonflächen untersuchen KG **395**

Balkonflächen durch Abklopfen nach Schad- und Hohlstellen untersuchen und Schadstellen markieren.

4€ | 5€ | **6€** | 7€ | 8€ | [m²] | ⏱ 0,07 h/m² | 313.000.274

78 Fugendichtmasse entfernen KG **395**

Fugendichtmasse in Betonbauteilfuge einschl. Hinterfüllung entfernen und Fugen reinigen sowie Baurestmassen und Schutt entsorgen.
Fugenbreite: bis 35 mm
Bauteil: .....
Material: .....

13€ | 16€ | **18€** | 20€ | 24€ | [m] | ⏱ 0,15 h/m | 313.000.248

79 Fugenbänder, komprimiert, entfernen KG **395**

Fugenbänder in Betonbauteilfuge, vorkomprimiert, entfernen und entsorgen.
Fugenbreite: bis 20 mm
Bauteil: .....
Material: .....

5€ | 6€ | **7€** | 8€ | 10€ | [m] | ⏱ 0,05 h/m | 313.000.249

80 Betonflächen reinigen KG **395**

Betonflächen von grobem Schmutz für Verfugung reinigen, inkl. Entsorgung des anfallenden Bauschutts.
Bauteil: .....
Verschmutzung: .....

1€ | 1€ | **2€** | 2€ | 2€ | [m²] | ⏱ 0,01 h/m² | 313.000.250

300
301
302
306
308
309
310
312
313
314
316
317
318
320
321
322

Nr.	Kurztext / Langtext						Kostengruppe
►	▷	ø netto €	◁	◀	[Einheit]	Ausf.-Dauer	Positionsnummer

81 Fugenflanken säubern — KG **395**

Fugenflanken zur restlosen Entfernung der vorherigen Füllmasse mit Trennschleifer und Lösungsmittel bearbeiten.
Bauteil: .....
Art des alten Dichtstoffes: .....
Fugenbreite: .....
Fugentiefe: .....

►	▷	ø	◁	◀	Einheit	Ausf.-Dauer	Positionsnummer
4€	5€	**6€**	6€	8€	[m]	⏱ 0,03h/m	313.000.251

82 Fugen aufschneiden — KG **395**

Fugenquerschnitt zum Abdichten mit Dichtungsmassen aufschneiden.
Bauteil: .....
Schnittbreite: 10 mm pro Seite
Schnitttiefe: .....

►	▷	ø	◁	◀	Einheit	Ausf.-Dauer	Positionsnummer
14€	16€	**19€**	21€	25€	[m]	⏱ 0,18h/m	313.000.252

83 Fugen, Kanten als Fase — KG **395**

Kantenausbildung der Fugen als Fase beidseitig mit mind. 10mm Schenkellänge.
Bauteil: .....
Untergrund: Beton

►	▷	ø	◁	◀	Einheit	Ausf.-Dauer	Positionsnummer
5€	6€	**7€**	8€	10€	[m]	⏱ 0,07h/m	313.000.253

84 Fugenflanken spachteln — KG **395**

Fugenflanken säubern und beidseitig mit kunststoffmodifiziertem Zementmörtel spachteln und glätten.
Fugentiefe: bis 12 cm
Untergrund: .....
Spachtelung Dicke bis: ..... cm

►	▷	ø	◁	◀	Einheit	Ausf.-Dauer	Positionsnummer
15€	18€	**20€**	23€	27€	[m]	⏱ 0,12h/m	313.000.254

85 Fugenrand spachteln — KG **395**

Fugenrand säubern und beidseitig mit kunststoffmodifiziertem Zementmörtel spachteln und glätten.
Breite: bis 10 cm
Untergrund: .....
Spachtelung Dicke bis: ..... cm

►	▷	ø	◁	◀	Einheit	Ausf.-Dauer	Positionsnummer
6€	7€	**9€**	10€	12€	[m]	⏱ 0,05h/m	313.000.255

86 Fugenflanken, Korrosionsschutz — KG **395**

Beschichtung der Fugenflanken zum Korrosionsschutz der Bewehrung.
Bauteil: .....
Beschichtung: .....
Tiefe am Bauteilrand: 20-30 mm

►	▷	ø	◁	◀	Einheit	Ausf.-Dauer	Positionsnummer
2€	2€	**2€**	3€	3€	[m]	⏱ 0,02h/m	313.000.256

Kosten:
Stand 2. Quartal 2025
Bundesdurchschnitt

► min
▷ von
ø Mittel
◁ bis
◀ max

87 Fugen, elast. Abdichtung, verkleinern KG **395**

Fugenflanken mit Reparaturmörtel auf den erforderlichen Querschnitt für elastische Dichtungsmassen reprofilieren. Leistung einschl. Schalung.
Altes Fugenmaß: .....
Neues Fugenmaß: .....
Reparaturmörtel: .....
Bauteil: .....
Reprofilierungsdicke bis: ..... cm

8€ | 10€ | **11€** | 13€ | 15€ | [m] | ⏱ 0,13h/m | 313.000.257

88 Fugen, verkleinern KG **395**

Fugenflanken mit Reparaturmörtel auf erforderlichen Querschnitt für elastische Dichtungsmassen in Teilflächen reprofilieren. Leistung einschl. Schalung.
Altes Fugenmaß: .....
Neues Fugenmaß: .....
Reparaturmörtel: .....
Bauteil: .....
Reprofilierungsdicke bis: ..... cm

32€ | 38€ | **43€** | 50€ | 58€ | [m] | ⏱ 0,23h/m | 313.000.258

89 Fugenflanken vorbereiten KG **395**

Fugenflanken restlos von Verunreinigungen, Anstrichen, Versiegelungen bzw. Imprägnierungen befreien, inkl. Prüfung des Untergrunds auf ausreichende Festigkeit.
Bauteil: .....
Bearbeitungsart: .....

4€ | 5€ | **5€** | 6€ | 7€ | [m] | ⏱ 0,06h/m | 313.000.259

90 Fugenflanken vorstreichen KG **395**

Voranstrich der Fugenflanken für Fugenabdichtung.
Bauteil: .....
Untergrund: Beton
Abdichtung: .....
Fabrikat: .....

4€ | 5€ | **5€** | 6€ | 7€ | [m] | ⏱ 0,04h/m | 313.000.260

91 Fugen hinterfüllen KG **395**

Fugen mit rundem, geschlossenzelligem Schaumstoff hinterfüllen.
Bauteil: .....
Fugenbreite: bis 35 mm

4€ | 5€ | **5€** | 6€ | 7€ | [m] | ⏱ 0,04h/m | 313.000.261

92 Fugen, Folie einlegen KG **395**

Polyethylenfolie zur Verhinderung der Dreipunktehaftung, einlegen.
Bauteil: .....
Fugenbreite: .....

2€ | 2€ | **2€** | 2€ | 3€ | [m] | ⏱ 0,02h/m | 313.000.262

Nr.	Kurztext / Langtext						Kostengruppe
►	▷	**ø netto €**	◁	◄	[Einheit]	Ausf.-Dauer	Positionsnummer

A 9 Fugenabdichtung, elastisch PUR — Beschreibung für Pos. **93-95**

Fugenabdichtung mit elastischen Dichtstoffen inkl. Abglätten.
Bauteil: .....
Fugenart: .....
Farbe: .....

93 Fugenabdichtung, elastisch PUR, 20x10, 1K — KG **395**

Wie Ausführungsbeschreibung A 9
Dichtstoff: PUR, einkomponentig
Querschnitt: bis 20 x 10 mm

12€	15€	**16€**	19€	22€	[m]	⏱ 0,08h/m	313.000.263

Kosten:
Stand 2. Quartal 2025
Bundesdurchschnitt

94 Fugenabdichtung, elastisch PUR, 20x10, 2K — KG **395**

Wie Ausführungsbeschreibung A 9
Dichtstoff: PUR, zweikomponentig
Querschnitt: bis 20 x 10 mm

14€	17€	**19€**	22€	26€	[m]	⏱ 0,09h/m	313.000.265

95 Fugenabdichtung, elastisch PUR, 35x15, 2K — KG **395**

Wie Ausführungsbeschreibung A 9
Dichtstoff: PUR, zweikomponentig
Querschnitt: bis 35 x 15 mm

19€	23€	**25€**	29€	34€	[m]	⏱ 0,13h/m	313.000.266

96 Fugenabdichtung, Komprimierband, 20mm — KG **395**

Fugenabdichtung mit vorkomprimierten Bändern zwischen Betonbauteilen.
Raumgewicht: .....
Fugenbreite: bis 20 mm
Bauteil: .....
Fugenart: .....

28€	34€	**37€**	43€	51€	[m]	⏱ 0,10h/m	313.000.267

97 Fugenabdichtung abdecken, Alu, 30x50mm — KG **395**

Fugenabdeckung aus Aluminiumhohlprofil zum Schutz vor Beschädigung, inkl. Unterkonstruktion mit Haltern.
Fugenbreite: 30 mm
Breite Abdeckung: 50 mm
Oberfläche: eloxiert
Farbe: .....
Bauteil: .....

37€	45€	**51€**	58€	67€	[m]	⏱ 0,40h/m	313.000.268

► min
▷ von
ø Mittel
◁ bis
◄ max

Nr.	Kurztext / Langtext						Kostengruppe
▶	▷	ø netto €	◁	◀	[Einheit]	Ausf.-Dauer	Positionsnummer

98 Fugenabdichtung abdecken, Alu, 40x70mm KG **395**

Fugenabdeckung aus Aluminiumhohlprofil zum Schutz vor Beschädigung, inkl. Unterkonstruktion mit Haltern.
Fugenbreite: 40 mm
Breite Abdeckung: 70 mm
Oberfläche: eloxiert
Farbe: .....
Bauteil: .....

39€	47€	**54€**	61€	70€	[m]	⏱ 0,40h/m	313.000.269

99 Schalung, Fundament, verloren KG **322**

Schalung, rau, für Einzel- und Streifenfundamente, Fundamentplatten und sonstige Abschalungen im Gründungsbereich, als verlorene Schalung. Ausführung nach Wahl des AN.
Bauteil: .....
Gewählte Schalung: .....

51€	65€	**71€**	79€	100€	[m^2]	⏱ 0,60h/m^2	313.000.277

100 Schalung, Fundament, rau KG **322**

Schalung, rau, für Einzel- und Streifenfundamente, Fundamentplatten und sonstige Abschalungen im Gründungsbereich, Ausführung nach Wahl des AN.
Bauteil: .....
Gewählte Schalung: .....

40€	57€	**64€**	71€	90€	[m^2]	⏱ 0,60h/m^2	313.000.278

101 Fundament, Ortbeton, bewehrt KG **322**

Bewehrtes Fundament aus Ortbeton, unter GOK, auf Sauberkeitsschicht bzw. Unterbeton betoniert, Schalung und Bewehrung in gesonderten Positionen.
Festigkeitsklasse: C25/30
Expositionsklasse: XC2/XA1
Feuchtigkeitsklasse: WF
Zuschlagstoff: natürliche Gesteinskörnung
Fundamentabmessung: .....
Tiefe: bis 1,00 m
Hinweis: Nach der VOB müssen Beton, Schalung und Bewehrung getrennt ausgeschrieben werden.

210€	254€	**275€**	310€	406€	[m^3]	⏱ 0,80h/m^3	313.000.279

102 Fundament, Ortbeton, unbewehrt KG **322**

Unbewehrtes Fundament aus Ortbeton, unter GOK, ohne Anforderung an Frostsicherheit, als Auffüllbeton bei Abtreppungen, Unterbeton, Tiefengründungen, Vertiefungen etc., Schalung in gesonderter Position.
Festigkeitsklasse: C8/10
Expositionsklasse: X0
Feuchtigkeitsklasse: WF
Zuschlagstoff: natürliche Gesteinskörnung

184€	221€	**234€**	257€	319€	[m^3]	⏱ 0,75h/m^3	313.000.280

Nr.	Kurztext / Langtext						Kostengruppe
▶	▷	ø netto €	◁	◀	[Einheit]	Ausf.-Dauer	Positionsnummer

103 Trennlage, PE-Folie KG **325**

Trennlage aus PE-Folie, Stoßüberlappung ca. 15cm, Stöße gegen Verschieben sichern.
Foliendicke: 0,2 mm
Untergrund: .....
Angeb. Fabrikat: .....

2€	3€	**4€**	5€	7€	[m²]	⏱ 0,02h/m²	313.000.282

104 Bodenplatte, Stahlbeton C25/30, bis 35cm KG **322**

Bodenplatte bewehrt, Ortbeton, unter GOK, ohne Frost, schwacher chem. Angriff; Schalung und Bewehrung in gesonderter Position.
Festigkeitsklasse: C25/30
Expositionsklasse: XC2/XA1
Feuchtigkeitsklasse: WF
Zuschlagstoff: natürliche Gesteinskörnung
Plattendicke: ..... cm
Untergrund: waagrecht
Oberfläche: waagrecht

187€	239€	**263€**	292€	356€	[m³]	⏱ 0,80h/m³	313.000.283

105 Wand, Stahlbeton C25/30, bis 30cm, Schalung KG **331**

Außenwand aus Stahlbeton, aus Ortbeton inkl. Schalung, Betonfläche nicht sichtbar bleibend; Bewehrung in gesonderter Position.
Festigkeitsklasse: C25/30
Expositionsklasse: XC4/XF1
Feuchtigkeitsklasse: WF
Zuschlagstoff: natürliche Gesteinskörnung
Wanddicke: 25-30 cm
Wandhöhe: bis 3,00 m
Oberfläche: ohne Anforderung
Hinweis: Nach VOB, Teil C müssen Beton, Schalung und Bewehrung getrennt ausgeschrieben werden.

199€	210€	**216€**	223€	235€	[m²]	⏱ 0,85h/m²	313.000.284

106 Decke, Beton C25/30, bis 24cm, Schalung KG **351**

Decke aus Stahlbeton, Ortbeton inkl. Schalung. Bewehrung in gesonderten Positionen.
Festigkeitsklasse: C25/30
Expositionsklasse: XC1
Zuschlagstoff: natürliche Gesteinskörnung
Betonoberfläche: .....
Deckenaufsicht: ohne Gefälle
Deckenstärke: 18-24 cm
Hinweis: Nach VOB, Teil C müssen Beton, Schalung und Bewehrung getrennt ausgeschrieben werden.

104€	124€	**136€**	151€	185€	[m²]	⏱ 0,80h/m²	313.000.285

Kosten:
Stand 2. Quartal 2025
Bundesdurchschnitt

▶ min
▷ von
ø Mittel
◁ bis
◀ max

107 Decke, Ortbeton, C25/30, bis 35cm, SB2 KG **351**

Decke aus Stahlbeton, mit Ortbeton, Bauteil in trockner Umgebung, ohne Frostangriff, Betonflächen oben waagrecht, geschalte Oberfläche in Sichtbeton, mit normalen Anforderungen. Schalung und Bewehrung in gesonderter Position.
Festigkeitsklasse: C25/30
Expositionsklassen: XC1
Feuchtigkeitsklasse: W0
Zuschlagstoff: natürliche Gesteinskörnung
Deckenaufsicht: ohne Gefälle
Oberfläche: Sichtbeton Klasse SB2
Dicke: bis 35 cm

181€ 216€ **231€** 244€ 282€ [m³] ⏱ 0,80h/m³ 313.000.294

108 Betonstahlmatten, B500A/B500B KG **351**

Bewehrung aus Betonstahlmatten, in unterschiedlichen Mattenabmessungen, einschl. Zwischenlagerung auf der Baustelle, Zuschnitt nach Schneideskizzen und Schneiden von Aussparungen.
Bauteil: .....
Betonstahl: **B500A / B500B**
Lieferform: **Lagermatte / Listenmatte**

1.839€ 2.567€ **2.931€** 3.203€ 3.958€ [t] ⏱ 0,02h/t 313.000.292

109 Betonstabstahl, B500B KG **351**

Bewehrung aus Betonstabstahl, in unterschiedlichen Durchmessern, gem. Bewehrungsplänen, Biege- und Stahllisten der Tragwerksplanung, einschl. aller erforderlichen Anpassungsarbeiten.
Bauteil: .....
Betonstabstahl: B500B

2.175€ 2.708€ **3.172€** 3.697€ 4.828€ [t] ⏱ 0,03h/t 313.000.291

110 Kleineisenteile, Baustahl S235JR KG **351**

Kleineisenteile, inkl. Montage, Einzelteile bis 30kg, gem. beiliegender Stahlliste, einschl. Rostschutzgrundierung und Verschweißung.
Baustahl: S 235 JR
Bauteil: .....
Abmessungen: .....

5€ 9€ **12€** 14€ 20€ [kg] ⏱ 0,03h/kg 313.000.288

111 Stundensatz, Facharbeiter/-in

Stundenlohnarbeiten für Facharbeiter/-in, Spezialfacharbeiter/-in, Vorarbeiter/-in und jeweils Gleichgestellte. Der Verrechnungssatz für die jeweilige Arbeitskraft umfasst sämtliche Aufwendungen wie Lohn- und Gehaltskosten, lohn- und gehaltsgebundene Kosten, Lohn- und Gehaltsnebenkosten.

70€ 75€ **78€** 79€ 82€ [h] ⏱ 1,00h/h 313.000.289

Natur-, Betonwerksteinarbeiten | **Preise €**

Nr.	Positionen	Einheit	►	▷	**ø brutto €** / ø netto €	◁	◄
1	Natursteinbelag abbrechen, Mörtelbett	m²	21	34	**37**	46	65
			17	28	**31**	38	54
2	Natursteinbelag abbrechen, Unterbeton	m²	43	64	**72**	90	96
			36	54	**60**	76	81
3	Natursteinbelag aufnehmen, lagern	m²	50	61	**69**	86	92
			42	51	**58**	73	77
4	Naturstein-Treppenbelag abbrechen	m	43	52	**58**	73	77
			36	44	**49**	61	65
5	Trittstufe abbrechen, Naturstein	St	99	122	**136**	166	174
			83	103	**114**	139	146
6	Sockelleiste ausbauen/lagern, Naturwerkstein	m	15	18	**20**	24	26
			12	15	**17**	20	22
7	Sockelleiste abbrechen, Naturwerkstein	m	10	13	**15**	19	20
			9	11	**13**	16	16
8	Natursteinbekleidung abbrechen	m²	56	70	**80**	98	103
			47	59	**67**	82	86
9	Fensterbank abbrechen, Naturstein außen	m	32	41	**44**	54	57
			27	34	**37**	46	48
10	Fensterbank abbrechen, Naturstein, innen	St	22	37	**43**	50	65
			18	31	**36**	42	55
11	Natursteinblockstufen, ausbauen/lagern	St	77	92	**109**	134	140
			65	78	**91**	112	118
12	Betonwerksteinplatten abbrechen	m²	23	28	**33**	41	42
			19	24	**28**	34	35
13	Betonwerksteinbelag abbrechen	m²	37	58	**62**	77	80
			31	49	**52**	64	67
14	Betonwerksteinplatten aufnehmen, lagern	m²	22	34	**40**	48	50
			18	29	**33**	40	42
15	Sockelbekleidung abbrechen, Betonwerkstein	m²	128	154	**173**	218	222
			108	130	**146**	183	186
16	Treppenbelag abbrechen, Betonwerkstein	m	75	90	**103**	127	134
			63	76	**86**	107	113
17	Außenbelag, Naturstein, kleinteiliges Pflaster	m²	207	268	**291**	334	407
			174	225	**244**	281	342
18	Terrassenbelag aufnehmen, Betonwerksein	m²	27	40	**46**	56	58
			23	33	**38**	47	49
19	Podestbelag abbrechen, Betonwerkstein	m²	42	51	**57**	72	76
			35	43	**48**	60	63
20	Fensterbank abbrechen, Betonwerkstein, innen	m	26	31	**37**	43	44
			22	26	**31**	36	37
21	Naturwerksteinbelag reinigen	m²	17	20	**23**	29	30
			14	17	**19**	24	25
22	Naturwerksteinflächen ausbessern	m²	46	57	**60**	76	80
			39	48	**51**	64	68
23	Naturwerksteinoberflächen schleifen	m²	83	96	**114**	140	151
			70	81	**96**	118	127
24	Naturwerksteinflächen festigen	m²	21	25	**29**	36	38
			18	21	**24**	30	32

► min
▷ von
ø Mittel
◁ bis
◄ max

Nr.	Positionen	Einheit	►	▷	ø brutto € / ø netto €	◁	◄
25	Sandsteinoberfläche scharrieren	m²	150	182	**205**	254	273
			126	153	**172**	214	229
26	Betonwerkstein schleifen	m²	41	50	**57**	71	76
			34	42	**48**	59	64
27	Außenbelag, Betonwerksteinplatten	m²	115	142	**156**	171	198
			96	119	**131**	144	167
28	Außenbelag, Naturwerksteinpflaster	m²	160	200	**230**	245	272
			135	168	**194**	206	228
29	Außenbelag, Pflasterstreifen	m	64	74	**76**	79	88
			54	63	**64**	67	74
30	Mauerabdeckung, Naturwerksteinplatten	m	177	204	**217**	230	267
			149	172	**182**	193	225
31	Fensterbank, Betonwerkstein, innen	m	71	95	**100**	116	146
			60	80	**84**	98	123
32	Treppe, Blockstufe, Naturwerkstein	m	223	285	**318**	368	485
			187	240	**267**	309	407
33	Treppe, Blockstufe, Betonwerkstein	m	217	261	**286**	307	350
			182	219	**240**	258	294
34	Treppe, Winkelstufe, Naturwerkstein, 1,00m	St	262	287	**301**	314	347
			220	241	**253**	264	291
35	Treppenbelag, Naturwerkstein, Tritt-/Setzstufe	m	180	213	**236**	242	298
			151	179	**198**	203	251
36	Aufmerksamkeitsstreifen, Stufenkante	m	–	90	**100**	126	–
			–	76	**84**	106	–
37	Sockel, Naturwerksteinplatten	m	39	45	**48**	53	62
			33	38	**40**	45	52
38	Innenbelag, Naturwerkstein	m²	247	306	**335**	368	430
			207	257	**282**	309	361
39	Innenbelag, Betonwerkstein	m²	132	153	**162**	205	264
			111	129	**136**	172	222
40	Oberfläche, laserstrukturiert, Mehrpreis	m²	–	59	**74**	93	–
			–	50	**62**	78	–
41	Ausklinkung, Plattenbelag	St	24	28	**31**	32	36
			20	24	**26**	27	30
42	Schrägschnitte, Plattenbelag	m	33	36	**37**	40	43
			27	31	**31**	33	37
43	Fries, Plattenbelag	m	53	100	**102**	106	140
			44	84	**85**	89	117
44	Trenn-/Anschlagschiene, Messing	m	33	43	**48**	52	70
			27	36	**41**	44	59
45	Fugenabdichtung, elastisch, Silikon	m	10	12	**13**	16	21
			8	10	**11**	13	18
46	Trittschalldämmung, Randstreifen, MW	m²	20	24	**25**	26	29
			17	20	**21**	22	25
47	Erstreinigung, Bodenbelag	m²	6	11	**14**	15	18
			5	9	**12**	13	15

Kosten:
Stand 2. Quartal 2025
Bundesdurchschnitt

► min
▷ von
ø Mittel
◁ bis
◄ max

Nr.	Positionen	Einheit	►	▷	ø brutto € / ø netto €	◁	◄
48	Stundensatz, Facharbeiter/-in	h	80	92	**98**	103	111
			67	77	**82**	86	93
49	Stundensatz, Helfer/-in	h	73	80	**82**	87	100
			61	67	**69**	73	84

Nr.	**Kurztext** / Langtext						Kostengruppe
►	▷	**ø netto €**	◁	◄	[Einheit]	Ausf.-Dauer	Positionsnummer

1 Natursteinbelag abbrechen, Mörtelbett KG **394**

Plattenbelag aus Naturwerkstein, einschl. Mörtelbett abbrechen und entsorgen.
Gesamtaufbau: ca. 6 cm

17€	28€	**31€**	38€	54€	[m2]	⏱ 0,20h/m2	314.000.055

2 Natursteinbelag abbrechen, Unterbeton KG **394**

Plattenbelag aus Naturwerkstein, einschl. Unterbeton abbrechen und entsorgen.
Gesamtaufbau: ca. 15 cm

36€	54€	**60€**	76€	81€	[m2]	⏱ 1,00h/m2	314.000.056

3 Natursteinbelag aufnehmen, lagern KG **395**

Bodenbelag aus Naturwerksteinplatten ausbauen, reinigen und zur Wiederverwendung lagern. Leistung einschl. Entfernen der Mörtelreste und Reinigen der Rückseiten.
Material: .....
Format: .....
Plattendicke: .....
Ausbauort: .....
Lagerweg: ..... m

42€	51€	**58€**	73€	77€	[m2]	⏱ 0,60h/m2	314.000.057

4 Naturstein-Treppenbelag abbrechen KG **394**

Treppenbelag auf Tritt- und Setzstufen mit ganzen Platten aus Naturwerkstein mit Mörtelbett bis auf den Rohbetonkern abbrechen und entsorgen. Der Untergrund ist von Mörtelresten zu reinigen.
Konstruktionsdicke: ca. 6 cm
Steigungsverhältnis: ..... cm
Laufbreite: bis 1,30 m

36€	44€	**49€**	61€	65€	[m]	⏱ 0,75h/m	314.000.058

5 Trittstufe abbrechen, Naturstein KG **394**

Trittstufe aus Naturwerkstein abbrechen und entsorgen. Die Auflagerfläche ist zu reinigen.
Stufenlänge: bis 1,30 m
Stufenbreite: bis 30 cm
Plattendicke: .....

83€	103€	**114€**	139€	146€	[St]	⏱ 1,20h/St	314.000.059

6 Sockelleiste ausbauen/lagern, Naturwerkstein KG **394**

Natursteinsockelleisten an Innen- und Außentreppen ausbauen und zur Wiederverwendung lagern. Leistung einschl. Entfernen der Mörtelreste und Reinigen der Rückseiten.
Ausbauort: .....
Höhe: .....
Förderweg: ..... m

12€	15€	**17€**	20€	22€	[m]	⏱ 0,15h/m	314.000.060

7 Sockelleiste abbrechen, Naturwerkstein KG **394**

Natursteinsockelleisten an Innen- und Außentreppen entfernen und entsorgen.
Ausbauort: .....
Höhe: .....

9€	11€	**13€**	16€	16€	[m]	⏱ 0,12h/m	314.000.061

8 Natursteinbekleidung abbrechen KG **394**

Fassadenbekleidung aus Natursteinplatten abbrechen und entsorgen.
Bekleidung: .....
Plattendicke: bis 50 mm
Befestigung: .....

47€	59€	**67€**	82€	86€	[m²]	⏱ 0,70h/m²	314.000.062

9 Fensterbank abbrechen, Naturstein außen KG **394**

Fensterbank aus Naturwerkstein im Außenbereich abbrechen und entsorgen. Auflagefläche für neue Fensterbank vorbereiten.
Material: .....
Dicke: 3 cm
Breite: bis 30 cm
Länge: ..... m

27€	34€	**37€**	46€	48€	[m]	⏱ 0,25h/m	314.000.063

10 Fensterbank abbrechen, Naturstein, innen KG **394**

Fensterbank aus Naturwerkstein im Innenbereich ausbauen und entsorgen. Auflagefläche für neue Fensterbank vorbereiten.
Material: .....
Dicke: ..... cm
Breite: ..... cm
Länge: ..... m

18€	31€	**36€**	42€	55€	[St]	⏱ 0,30h/St	314.000.064

11 Natursteinblockstufen, ausbauen/lagern KG **394**

Natursteinblockstufen von Innen- und Außentreppen ausbauen und zur Wiederverwendung lagern. Leistung einschl. Entfernen der Mörtelreste und Reinigen der Rückseiten.
Länge: bis 1,20 m
Breite: .....
Höhe: .....
Ausbauort: .....
Förderweg: ..... m

65€	78€	**91€**	112€	118€	[St]	⏱ 1,05h/St	314.000.065

Nr.	Kurztext / Langtext						Kostengruppe
►	▷	ø netto €	◁	◀	[Einheit]	Ausf.-Dauer	Positionsnummer

12 Betonwerksteinplatten abbrechen KG **394**

Betonwerksteinplatten, im Sand- oder Splittbett, abbrechen und entsorgen.
Plattengröße (L x B x D): bis 50 x 50 x 5 cm

19€	24€	**28€**	34€	35€	[m2]	0,20 h/m2	314.000.066

13 Betonwerksteinbelag abbrechen KG **394**

Bodenbelag aus Betonwerksteinplatten mit Mörtelbett, einschl. Estrich bis auf Rohdecke abbrechen. Untergrund reinigen und Bauschutt entsorgen.
Konstruktionsdicke: bis 12 cm
Ausbauort: ......

31€	49€	**52€**	64€	67€	[m2]	0,30 h/m2	314.000.070

14 Betonwerksteinplatten aufnehmen, lagern KG **394**

Betonwerksteinplatten, Bettung in Sand, aufnehmen, Rückseiten reinigen und zur Wiederverwendung lagern.
Plattengröße (L x B x D): 40 x 40 x 5 cm
Förderweg: ..... m

18€	29€	**33€**	40€	42€	[m2]	0,25 h/m2	314.000.067

15 Sockelbekleidung abbrechen, Betonwerkstein KG **394**

Sockelbekleidung aus Betonwerkstein, im Mörtelbett verlegt, abbrechen. Untergrund reinigen und Bauschutt entsorgen.
Gesamtaufbau: bis 60 mm
Ausbauort: ......

108€	130€	**146€**	183€	186€	[m2]	0,12 h/m2	314.000.071

16 Treppenbelag abbrechen, Betonwerkstein KG **394**

Betonwerkstein Treppenbelag aus Tritt- und Setzstufen komplett bis OK Rohdecke abbrechen. Belag im Mörtelbett verlegt, einschl. Estrich, TSD und Trennlagen. Untergrund reinigen und Bauschutt entsorgen.
Gesamtaufbau: bis 8 cm
Steigungsverhältnis: **17,5 / 28** cm
Laufbreite: ..... m

63€	76€	**86€**	107€	113€	[m]	0,60 h/m	314.000.068

17 Außenbelag, Naturstein, kleinteiliges Pflaster KG **531**

Pflasterbelag aus Naturstein-Pflaster, im Außenbereich, in Zementmörtel, in Reihen verlegt, Fugen versetzt, inkl. Anpassarbeit an begrenzende Bauteile.
Untergrund: **eben / geneigt**
Steinmaterial: **Basalt / Granit**
Nennabmessung: 50 x 50 mm
Fugenbreite: ca. 10 mm
Fugenfüllung: .....
Oberfläche: trittsicher rau
Einbauort: Bereich Gehweg
Angebotener Stein: .....

174€	225€	**244€**	281€	342€	[m2]	1,60 h/m2	314.000.085

Kosten:
Stand 2. Quartal 2025
Bundesdurchschnitt

► min
▷ von
ø Mittel
◁ bis
◀ max

Nr.	Kurztext / Langtext						Kostengruppe
▶	▷	**ø netto €**	◁	◀	[Einheit]	Ausf.-Dauer	Positionsnummer

18 Terrassenbelag aufnehmen, Betonwerksein KG **394**

Terrassenbelag aus Betonwerksteinplatten in Splitt verlegt, ausbauen, lagern. Platten reinigen und Bauschutt entsorgen.
Plattengröße: **40 x 40** cm **/ 40 x 80** cm
Plattendicke: 50 mm
Ausbauort: .....
Förderweg: ..... m

23€ | 33€ | **38€** | 47€ | 49€ | [m²] | ⏱ 0,20 h/m² | 314.000.072

19 Podestbelag abbrechen, Betonwerkstein KG **394**

Podestbelag aus Betonwerksteinplatten mit Mörtelbett, bis auf Rohdecke abbrechen. Untergrund reinigen und Bauschutt entsorgen.
Konstruktionsdicke: bis 5 cm

35€ | 43€ | **48€** | 60€ | 63€ | [m²] | ⏱ 0,30 h/m² | 314.000.069

20 Fensterbank abbrechen, Betonwerkstein, innen KG **394**

Fensterbank aus Betonwerkstein im Innenbereich ausbauen und Bauschutt entsorgen.

22€ | 26€ | **31€** | 36€ | 37€ | [m] | ⏱ 0,20 h/m | 314.000.073

21 Naturwerksteinbelag reinigen KG **395**

Vorhandene Wachs- und Schmutzschichten von Natursteinbelägen entfernen.
Belag: ......
Reinigungsart: .....

14€ | 17€ | **19€** | 24€ | 25€ | [m²] | ⏱ 0,20 h/m² | 314.000.075

22 Naturwerksteinflächen ausbessern KG **395**

Sandsteinflächen mit Restaurationsgrund unterlegen.
Fehlstellentiefe: größer 20 mm
Flächengrößen: .....

39€ | 48€ | **51€** | 64€ | 68€ | [m²] | ⏱ 0,32 h/m² | 314.000.076

23 Naturwerksteinoberflächen schleifen KG **395**

Ausgebesserte Naturwerksteinoberflächen schleifen und den bestehenden Oberflächen angleichen.
Art des Werkstücks: .....
Material: .....

70€ | 81€ | **96€** | 118€ | 127€ | [m²] | ⏱ 0,84 h/m² | 314.000.077

24 Naturwerksteinflächen festigen KG **395**

Steinfestigung trockener Natursteinflächen.
Bauteil: .....
Natursteinart: .....
Flächengröße: .....
Festiger: Kieselsäureester

18€ | 21€ | **24€** | 30€ | 32€ | [m²] | ⏱ 0,19 h/m² | 314.000.078

300 301 302 306 308 309 310 312 313 314 316 317 318 320 321 322

Nr.	Kurztext / Langtext						Kostengruppe
▶	▷	ø netto €	◁	◀	[Einheit]	Ausf.-Dauer	Positionsnummer

25 Sandsteinoberfläche scharrieren KG **395**

Sandsteinoberflächen durch Scharrieren bearbeiten und an Bestandsflächen anpassen.

126€	153€	**172€**	214€	229€	[m²]	⏱ 2,00 h/m²	314.000.079

26 Betonwerkstein schleifen KG **395**

Betonwerksteinfläche zum Glätten schleifen.
Bauteil: .....

34€	42€	**48€**	59€	64€	[m²]	⏱ 0,30 h/m²	314.000.081

27 Außenbelag, Betonwerksteinplatten KG **530**

Plattenbelag aus Betonwerkstein, im Außenbereich, in ungebundene Bauweise, inkl. Unterbau, auf Abdichtung, mit Kreuzfuge.
Untergrund: eben
Unterbau: Splittbett
Plattenmaterial: Betonwerkstein
Plattenabmessung: ..... mm
Plattendicke: .....
Oberfläche: .....
Fugenbreite: ca. 15 mm
Fuge: Splitt

96€	119€	**131€**	144€	167€	[m²]	⏱ 0,70 h/m²	314.000.098

28 Außenbelag, Naturwerksteinpflaster KG **530**

Bodenbelag aus kleinformatigen Natursteinpflaster im Außenbereich, in ungebundener Bauweise, mit Unterbau, mit versetzten Fugen in Reihen verlegt.
Einbauort: Stellplätze
TL-Pflaster StB Kategorie: GN
Untergrund: geneigt
Unterbau: Splittbett
Steinmaterial: Granit
Steinmaße: ..... mm
Nenndickenabweichung: Klasse .....
Fugenfüllung: Splitt
Oberfläche: naturrau

135€	168€	**194€**	206€	228€	[m²]	⏱ 0,80 h/m²	314.000.086

29 Außenbelag, Pflasterstreifen KG **530**

Pflasterstreifen aus Naturstein-Pflaster, im Außenbereich, in Beton, mit einseitiger Rückenstütze, streifenförmig verlegt, Fugen versetzt, inkl. Anpassarbeit an begrenzende Bauteile.
Untergrund: **eben / geneigt**
Steinmaterial: Granit
Steinabmessung: ..... mm
Fugenbreite: ca. 20 mm
Fugenfüllung: Zementmörtel
Oberfläche: naturrau
Einbauort: **.....**

54€	63€	**64€**	67€	74€	[m]	⏱ 0,35 h/m	314.000.087

Kosten:
Stand 2. Quartal 2025
Bundesdurchschnitt

▶ min
▷ von
ø Mittel
◁ bis
◀ max

Nr.	Kurztext / Langtext						Kostengruppe
▶	▷	ø netto €	◁	◀	[Einheit]	Ausf.-Dauer	Positionsnummer

30 Mauerabdeckung, Naturwerksteinplatten KG **543**

Mauerabdeckung aus Naturwerkstein mit einseitiger Wassernase, im Außenbereich mit Neigung im Mörtelbett verlegt, inkl. Verfugung.
Einbauort: .....
Untergrund: .....
Plattenmaterial: .....
Plattendicke: ca. 30 mm
Oberfläche: .....
Kanten: .....

149€	172€	**182€**	193€	225€	[m]	⏱ 0,20 h/m	314.000.099

31 Fensterbank, Betonwerkstein, innen KG **334**

Fensterbank aus Betonwerkstein, einschichtig, innen, einteilig, vordere Kantenfläche voll und 2 Seitenflächen teilweise sichtbar, mit stumpfem Anschluss an Fensterrahmen, mit leichtem Gefälle in Mörtelbett verlegen und verfugen.
Dicke: 5 cm
Breite: bis 250 mm
Auskragung: ..... cm
Oberfläche: .....
Sichtbare Kanten: gefast

60€	80€	**84€**	98€	123€	[m]	⏱ 0,42 h/m	314.000.100

32 Treppe, Blockstufe, Naturwerkstein KG **544**

Blockstufe aus Naturwerkstein, im Außenbereich, auf Untergrund aus Stahlbeton in Zementmörtel.
Einbauort: .....
Gesteinsart: .....
Farbe/Textur: .....
Stufenabmessung (L x B x H): 1.200 x 350 x 160 mm
Oberfläche: .....
Rutschgefahr: R9
Kantenausbildung: .....

187€	240€	**267€**	309€	407€	[m]	⏱ 0,60 h/m	314.000.089

33 Treppe, Blockstufe, Betonwerkstein KG **544**

Blockstufe aus Betonwerkstein, 2-schichtig, im Außenbereich, auf Untergrund aus Stahlbeton in Zementmörtel.
Einbauort: .....
Steinart: .....
Farbe/Textur: .....
Stufenabmessung (L x T x H): 1.200 x 350 x 160 mm
Oberfläche: .....
Rutschgefahr: R9
Kantenausbildung: .....

182€	219€	**240€**	258€	294€	[m]	⏱ 0,60 h/m	314.000.090

Nr.	Kurztext / Langtext						Kostengruppe
▶	▷	**ø netto €**	◁	◀	[Einheit]	Ausf.-Dauer	Positionsnummer

34 Treppe, Winkelstufe, Naturwerkstein, 1,00m KG **544**

Treppenstufe als Winkelstufe aus Naturwerkstein, auf Betonuntergrund, in Zementmörtel und mit Verfugung.
Einbauort: .....
Gesteinsart: .....
Farbe/Textur: .....
Stufenabmessung (L x B x H): 1.000 x 290 x 175 mm
Materialdicke: 40 mm
Oberfläche: .....
Kantenausbildung: .....

220€	241€	**253€**	264€	291€	[St]	⏱ 0,55h/St	314.000.091

35 Treppenbelag, Naturwerkstein, Tritt-/Setzstufe KG **353**

Treppenstufe als Tritt- und Setzstufe aus Naturwerkstein, auf Betonuntergrund, in Zementmörtel und mit Verfugung.
Trittstufe überkragend und Setzstufe stumpf gestoßen.
Einbauort: .....
Gesteinsart: .....
Farbe/Textur: .....
Stufenabmessung (L x B x H): 1.000 x 290 x 175 mm
Materialdicke: Trittstufe 30 mm, Setzstufe 20 mm
Sichtbare Köpfe: .....
Oberfläche: .....
Kantenausbildung: .....

151€	179€	**198€**	203€	251€	[m]	⏱ 0,60h/m	314.000.101

36 Aufmerksamkeitsstreifen, Stufenkante KG **353**

Rutschsicherer Aufmerksamkeitsstreifen als taktiles Erkennungsmerkmal gem. DIN 18040 und DIN 32984, auf Natursteinbelag mit geklebten Einzelrippen, im Kontrast zu Belag.
Anwendungsbereich: Treppen
Ausführungsort: .....
Ausführung: dreireihig
Untergrund: .....
Material: Kunststoffrippen, Polyurethan
Höhe: ..... mm
Format: ..... mm
Abstand von Vorderkante: ..... mm
Farbe: .....

–	76€	**84€**	106€	–	[m]	⏱ 0,35h/m	314.000.092

37 Sockel, Naturwerksteinplatten KG **353**

Sockelleiste aus Naturwerkstein, vorstehend an Wänden im Innenbereich, auf Dünnbett, mit Verfugung auf Flächenbelag abgestimmt.
Querschnitt: 80 x 15 mm
Steinart: Magmatisches Gestein - .....
Oberfläche: feingeschliffen
Kanten: .....

33€	38€	**40€**	45€	52€	[m]	⏱ 0,25h/m	314.000.102

Kosten:
Stand 2. Quartal 2025
Bundesdurchschnitt

▶ min
▷ von
ø Mittel
◁ bis
◀ max

38 Innenbelag, Naturwerkstein KG **353**

Bodenbelag aus Naturwerkstein im Innenbereich, im Verband auf Dünnbett, mit Fugenmörtel.
Einbauort: .....
Untergrund: waagerecht
Gesteinsart: .....
Handelsname: .....
Farbe/Textur: .....
Verlegeart: .....
Mörtel: .....
Fugenanordnung: .....
Fugenmörtel: .....
Plattenabmessung: ..... mm
Plattendicke: bis 20 mm
Oberfläche: gebürstet

▶	▷	ø netto €	◁	◀	Einheit	Ausf.-Dauer	Positionsnummer
207€	257€	**282€**	309€	361€	[m²]	⏱ 1,10h/m²	314.000.103

39 Innenbelag, Betonwerkstein KG **353**

Bodenbelag aus Betonwerksteinplatten im Innenbereich, einschichtig, als kalibrierte Platte, im Verband auf Dickbett mit Verfugung mit Fugenmörtel.
Einbauort: .....
Untergrund: .....
Mörtel: 30 mm
Verlegeart: .....
Fugenanordnung: .....
Fugenbreite: 3 mm
Plattenabmessung: ..... mm
Plattendicke: ..... mm
Farbe/Textur: .....
Oberfläche: feingeschliffen

▶	▷	ø netto €	◁	◀	Einheit	Ausf.-Dauer	Positionsnummer
111€	129€	**136€**	172€	222€	[m²]	⏱ 1,10h/m²	314.000.104

40 Oberfläche, laserstrukturiert, Mehrpreis KG **353**

Mehrkosten bei Natursteinbelägen für Oberflächenstrukturgestaltung mit Laser.
Anforderung: R10

▶	▷	ø netto €	◁	◀	Einheit	Ausf.-Dauer	Positionsnummer
–	50€	**62€**	78€	–	[m²]	⏱ 0,10h/m²	314.000.093

41 Ausklinkung, Plattenbelag KG **353**

Ausklinkung in Naturstein- oder Betonwerksteinbelag.
Plattenbelag: **Boden / Wand**
Größe Ausklinkung: .....
Steinart: .....
Belagdicke: .....

▶	▷	ø netto €	◁	◀	Einheit	Ausf.-Dauer	Positionsnummer
20€	24€	**26€**	27€	30€	[St]	⏱ 0,18h/St	314.000.105

Kosten:
Stand 2. Quartal 2025
Bundesdurchschnitt

Nr.	Kurztext / Langtext						Kostengruppe
▶	▷	**ø netto €**	◁	◀	[Einheit]	Ausf.-Dauer	Positionsnummer

42 Schrägschnitte, Plattenbelag KG **353**

Gehrungsschnitte an Platte mit Bearbeitung.
Plattenbelag: **Boden / Wand**
Steinart: .....
Plattendicke: .....
Schnittwinkel: .....

27€	31€	**31€**	33€	37€	[m]	⏱ 0,40 h/m	314.000.106

43 Fries, Plattenbelag KG **353**

Fries in Bodenbelag aus Naturstein, im Innenbereich, im Dünnbettmörtel verlegt, inkl. Verfugung.
Platten (B x L): 280 x 500 mm
Plattendicke: 20 mm
Steinart: .....
Oberfläche: .....
Einbauort: .....

44€	84€	**85€**	89€	117€	[m]	⏱ 0,40 h/m	314.000.107

44 Trenn-/Anschlagschiene, Messing KG **353**

Trennschiene aus Metall, in Werkstein-Bodenbelag, im Innenbereich.
Einbauort: .....
Untergrund: .....
Material: Messing
Oberfläche: .....

27€	36€	**41€**	44€	59€	[m]	⏱ 0,12 h/m	314.000.108

45 Fugenabdichtung, elastisch, Silikon KG **353**

Fuge in Bodenbelag mit elastischem Fugendichtstoff schließen.
Volumenschwund: bis 5%
Fugenbreite: über 5 bis 10 mm
Fugentiefe bis 10 mm

8€	10€	**11€**	13€	18€	[m]	⏱ 0,05 h/m	314.000.109

46 Trittschalldämmung, Randstreifen, MW KG **353**

Trittschalldämmung für lotrechte Nutzlasten aus Mineralwolle.
Untergrund: .....
Dämmstoff: MW DES-sh
Lieferdicke: 25 mm
Zusammendrückbarkeit: .....
Steifigkeit: .... MN/m²

17€	20€	**21€**	22€	25€	[m²]	⏱ 0,60 h/m²	314.000.110

47 Erstreinigung, Bodenbelag KG **353**

Reinigen von Böden im Innenbereich, Belag aus Naturwerksteinplatten.
Steinart: .....
Oberfläche: .....

5€	9€	**12€**	13€	15€	[m²]	⏱ 0,25 h/m²	314.000.111

▶ min
▷ von
ø Mittel
◁ bis
◀ max

Nr.	Kurztext / Langtext						Kostengruppe
▶	▷	ø netto €	◁	◀	[Einheit]	Ausf.-Dauer	Positionsnummer

48 Stundensatz, Facharbeiter/-in

Stundenlohnarbeiten für Vorarbeiter/-in, Facharbeiter/-in und Gleichgestellte. Der Verrechnungssatz für die jeweilige Arbeitskraft umfasst sämtliche Aufwendungen wie Lohn- und Gehaltskosten, Lohn- und Gehaltsnebenkosten, Zuschläge, lohngebundene und lohnabhängige Kosten, sonstige Sozialkosten, Gemeinkosten, Wagnis und Gewinn. Leistung nach besonderer Anordnung der Bauüberwachung. Anmeldung und Nachweis gem. VOB/B.

67€	77€	**82€**	86€	93€	[h]	⏱ 1,00h/h	314.000.112

49 Stundensatz, Helfer/-in

Stundenlohnarbeiten für Werker/-in, Helfer/-in und Gleichgestellte. Der Verrechnungssatz für die jeweilige Arbeitskraft umfasst sämtliche Aufwendungen wie Lohn- und Gehaltskosten, Lohn- und Gehaltsnebenkosten, Zuschläge, lohngebundene und lohnabhängige Kosten, sonstige Sozialkosten, Gemeinkosten, Wagnis und Gewinn. Leistung nach besonderer Anordnung der Bauüberwachung. Anmeldung und Nachweis gem. VOB/B.

61€	67€	**69€**	73€	84€	[h]	⏱ 1,00h/h	314.000.113

300
301
302
306
308
309
310
312
313
314
316
317
318
320
321
322

Kosten:
Stand 2. Quartal 2025
Bundesdurchschnitt

► min
▷ von
ø Mittel
◁ bis
◄ max

Nr.	Positionen	Einheit	►	▷	ø brutto € / ø netto €	◁	◄
1	Schutzabdeckung, armierte Baufolie	m²	8	10	**11**	11	15
			7	9	**9**	10	13
2	Wandbekleidung entfernen, Holz	m²	19	23	**26**	30	36
			16	19	**22**	25	30
3	Deckenbekleidung entfernen, Holz	m²	20	26	**28**	38	53
			17	22	**24**	32	44
4	Außenwandbekleidung entfernen, Holz	m²	27	31	**37**	47	50
			23	26	**31**	39	42
5	Wanddämmung entfernen, MW	m²	10	14	**17**	21	27
			8	12	**14**	18	23
6	Zwischensparrendämmung entfernen, MW	m²	8	12	**14**	15	19
			7	10	**12**	12	16
7	Lattentrennwand demontieren	m²	12	22	**27**	32	47
			10	18	**22**	27	39
8	Dachflächenfenster entfernen	St	49	105	**120**	152	225
			41	88	**101**	128	189
9	Holzständerwand abbauen	m²	32	37	**42**	52	56
			27	31	**35**	44	47
10	Holztreppe abbauen	St	294	494	**592**	764	1.051
			247	415	**497**	642	883
11	Bodeneinschubtreppe ausbauen	St	77	89	**101**	127	139
			65	75	**85**	107	117
12	Holztrittstufe entfernen	m²	33	40	**45**	56	61
			27	33	**38**	47	51
13	Holzleiter abbauen	St	19	23	**25**	31	33
			16	19	**21**	26	28
14	Holzhandlauf entfernen	m	16	20	**24**	28	30
			13	17	**20**	24	26
15	Holzfußboden entfernen, Bodenbretter	m²	13	15	**18**	22	40
			11	13	**15**	19	33
16	Holzfußboden entfernen, Bretter/Lagerhölzer	m²	14	21	**24**	30	47
			12	17	**20**	25	40
17	Fußbodenbretter aufnehmen/lagern	m²	16	22	**27**	33	46
			14	19	**22**	28	39
18	Spanplattenboden ausbauen	m²	23	31	**35**	39	47
			19	26	**30**	33	40
19	Schüttung entfernen, Lagerhölzer	m²	13	17	**20**	24	25
			11	14	**17**	20	21
20	Schüttung entfernen, Holzbalkendecke	m²	15	28	**33**	40	48
			12	23	**28**	34	40
21	Fehlboden entfernen, Holz	m²	22	27	**30**	38	44
			19	23	**26**	32	37
22	Deckenbalken ausbauen, Holz	m	13	21	**24**	30	43
			11	17	**20**	25	36
23	Unterzug ausbauen, Holz	m	19	22	**26**	32	40
			16	19	**22**	27	33
24	Holzbalkendecke ausbauen	m²	100	114	**135**	162	185
			84	95	**114**	136	156

Nr.	Positionen	Einheit	►	▷	ø brutto € / ø netto €	◁	◄
25	Dachstuhlhölzer ausbauen	m	14	26	**31**	38	49
			11	22	**26**	32	41
26	Dachlattung entfernen	m²	6	9	**11**	13	17
			5	7	**9**	11	15
27	Dachschalung entfernen	m²	13	19	**22**	23	29
			11	16	**18**	19	24
28	Giebelgesims entfernen	m	12	14	**16**	19	21
			10	12	**13**	16	17
29	Sparren aufdoppeln	m	11	18	**21**	26	35
			9	15	**18**	22	29
30	Zwischensparrendämmung, MW 035, 100mm	m²	28	32	**38**	45	48
			24	27	**32**	38	41
31	Zwischensparrendämmung, MW 035, 120mm	m²	32	36	**43**	53	59
			27	30	**36**	45	49
32	Zwischensparrendämmung, MW 035, 140mm	m²	37	43	**50**	61	68
			31	36	**42**	51	57
33	Zwischensparrendämmung, MW 032, 100mm	m²	34	40	**47**	58	63
			29	33	**40**	48	53
34	Zwischensparrendämmung, MW 032, 120mm	m²	36	42	**50**	63	67
			31	36	**42**	53	57
35	Zwischensparrendämmung, MW 032, 140mm	m²	42	49	**56**	71	77
			35	41	**47**	59	65
36	Einblasdämmung, Zellulose 040, bis 140mm	m²	21	30	**33**	37	46
			18	26	**27**	31	38
37	Einblasdämmung, Zellulose 040, bis 240mm	m²	38	46	**47**	49	54
			32	38	**39**	41	45
38	MW-Dämmung, Spitzboden, 160mm	m²	30	33	**38**	47	50
			25	28	**32**	40	42
39	MW/Spanplatte, Holzdecke, 240mm	m²	132	161	**171**	200	217
			111	135	**144**	168	183
40	MW-Dämmung, Holzbalkendecke, 120mm	m²	29	36	**39**	48	52
			25	30	**33**	41	44
41	Bauschnittholz C24, Nadelholz, trocken	m³	677	805	**852**	932	1.142
			569	676	**716**	783	959
42	Konstruktionsvollholz KVH®, MH®, Nadelholz, sichtbar	m³	884	1.074	**1.115**	1.256	1.526
			743	903	**937**	1.056	1.282
43	Brettschichtholz, GL24h, Nadelholz, gehobelt	m³	1.077	1.348	**1.463**	1.592	1.850
			905	1.133	**1.229**	1.338	1.554
44	Abbinden, Bauschnittholz, Dach	m	17	22	**24**	29	38
			14	18	**20**	24	32
45	Abbinden, Konstruktionsvollholz, Decken	m	17	25	**29**	34	46
			15	21	**24**	28	39
46	Abbund, Kehl-/Gratsparren	m	16	24	**28**	32	41
			13	20	**23**	27	34
47	Hobeln, Bauschnittholz	m	6	9	**11**	13	17
			5	8	**9**	11	14
48	Schrägschnitte, Bauschnittholz	m	6	10	**12**	13	18
			5	8	**10**	11	15

Zimmer- und Holzbauarbeiten — Preise €

Nr.	Positionen	Einheit	►	▷	ø brutto € / ø netto €	◁	◄
49	Holzschutz, Flächen, farblos	m²	5	8	**9**	12	18
			4	7	**8**	10	15
50	Schalung, Nadelholz, gehobelt	m²	41	58	**65**	72	91
			35	49	**54**	61	76
51	Schalung, Rauspund, genagelt	m²	31	38	**41**	47	58
			26	32	**34**	39	49
52	Schalung, OSB/4, Feuchtebereich	m²	34	42	**47**	50	56
			29	35	**39**	42	47
53	Schalung, Sperrholz, Feuchtebereich	m²	59	77	**86**	93	107
			50	65	**72**	78	90
54	Schalung, Massivholzplatte	m²	105	121	**130**	133	141
			88	101	**110**	111	119
55	Blindboden, Nadelholz, einseitig gehobelt	m²	46	57	**65**	70	82
			38	48	**55**	59	69
56	Kantholz, Nadelholz, S10	m	8	13	**16**	17	20
			7	11	**13**	15	16
57	Dampfbremse, feuchteadaptiv, sd-variabel	m²	14	18	**19**	22	31
			12	15	**16**	19	26
58	Abdichtungsanschluss verkleben, Dampfbremsbahn	m	11	13	**14**	14	16
			9	11	**12**	12	13
59	Traglattung, Nadelholz, 30x50, Dachdeckung	m	4	6	**7**	8	10
			4	5	**6**	7	8
60	Traglattung, Nadelholz, 40x60, Dachdeckung	m	6	8	**9**	10	12
			5	7	**8**	9	10
61	Dachlattung, Nadelholz, 30x50, Dachdeckung	m²	8	10	**11**	12	14
			7	9	**9**	10	12
62	Dachlattung, Nadelholz, 40x60, Dachdeckung	m²	7	11	**12**	14	20
			6	9	**10**	12	17
63	Holztreppe, Wangentreppe	St	6.403	9.107	**10.008**	10.442	12.919
			5.381	7.653	**8.410**	8.775	10.856
64	Holztreppe, Einschubtreppe, gedämmt	St	1.168	1.392	**1.519**	1.675	2.156
			981	1.170	**1.276**	1.407	1.812
65	Windrispenband, 40x2	m	5	8	**9**	10	13
			4	6	**7**	8	11
66	Windrispenband, 60x3	m	9	12	**12**	13	14
			8	10	**10**	11	12
67	Verankerung, Profilanker, Schwelle	St	8	12	**14**	18	23
			7	10	**12**	15	20
68	Befestigung, Stabdübel, Edelstahl	St	19	23	**24**	24	27
			16	19	**20**	20	23
69	Befestigung, Klebeanker, nichtrostender Stahl	St	22	26	**28**	29	31
			18	22	**24**	24	26
70	Befestigung, Gewindestange	St	6	10	**12**	13	16
			5	8	**10**	11	13
71	Stundensatz, Facharbeiter/-in	h	78	87	**92**	98	108
			66	74	**77**	82	91
72	Stundensatz, Helfer/-in	h	62	70	**75**	78	85
			52	59	**63**	66	71

Kosten:
Stand 2. Quartal 2025
Bundesdurchschnitt

► min
▷ von
ø Mittel
◁ bis
◄ max

Nr.	Kurztext / Langtext						Kostengruppe
►	▷	ø netto €	◁	◄	[Einheit]	Ausf.-Dauer	Positionsnummer

1 Schutzabdeckung, armierte Baufolie KG **397**

Schutzplanen als Wetterschutz auf Anweisung der Bauüberwachung sturmsicher anbringen.
Schutzfunktion für: **Bauteile / Schutzgerüste / offene Dächer**
Aufmaß: nach m² abgedeckter Bauteilfläche
Vorhaltedauer: .....
Planenmaterial: .....
Vorhaltedauer: .....

7€	9€	**9€**	10€	13€	[m²]	⏱ 0,05h/m²	316.001.136

2 Wandbekleidung entfernen, Holz KG **394**

Wandbekleidung aus Holz einschl. der Unterkonstruktion aus Holzwerkstoff entfernen und anfallenden Bauschutt entsorgen.
Bekleidung: .....
Befestigung: .....
Unterkonstruktion: .....
Ausbauort: .....

16€	19€	**22€**	25€	30€	[m²]	⏱ 0,18h/m²	316.001.095

3 Deckenbekleidung entfernen, Holz KG **394**

Deckenbekleidung aus Holz und Holzwerkstoff einschl. Unterkonstruktion entfernen und anfallenden Bauschutt entsorgen.
Bekleidung: .....
Unterkonstruktion: .....
Ausbauort: .....

17€	22€	**24€**	32€	44€	[m²]	⏱ 0,30h/m²	316.001.096

4 Außenwandbekleidung entfernen, Holz KG **394**

Bekleidung auf Außenwand aus Holz einschl. Unterkonstruktion entfernen und anfallenden Bauschutt entsorgen.
Bekleidung: .....
Unterkonstruktion: .....

23€	26€	**31€**	39€	42€	[m²]	⏱ 0,25h/m²	316.001.137

5 Wanddämmung entfernen, MW KG **394**

Wärmedämmung an Außenwand entfernen und auf Baustelle sammeln. Der Abfall ist nicht gefährlich und nicht schadstoffbelastet. Die Entsorgung wird gesondert vergütet.
Einbauart: .....
Dämmung: Mineralwolle
Dämmdicke: .....

8€	12€	**14€**	18€	23€	[m²]	⏱ 0,10h/m²	316.001.138

6 Zwischensparrendämmung entfernen, MW KG **394**

Dämmung zwischen Sparren entfernen und auf Baustelle sammeln. Der Abfall ist nicht gefährlich und nicht schadstoffbelastet.
Die Entsorgung wird gesondert vergütet.
Dämmmaterial: Mineralwolle
Dämmdicke: bis 100 mm

7€	10€	**12€**	12€	16€	[m²]	⏱ 0,15h/m²	316.001.099

300
301
302
306
308
309
310
312
313
314
316
317
318
320
321
322

Kosten:
Stand 2. Quartal 2025
Bundesdurchschnitt

▶ min
▷ von
ø Mittel
◁ bis
◀ max

Nr.	**Kurztext** / Langtext						Kostengruppe
▶	▷	**ø netto €**	◁	◀	[Einheit]	Ausf.-Dauer	Positionsnummer

7 Lattentrennwand demontieren — KG **394**

Lattentrennwand aus Holz in Keller/Speicher demontieren und anfallenden Bauschutt entsorgen.
Ausbauort: .....

10€	18€	**22€**	27€	39€	[m²]	⏱ 0,20h/m²	316.001.101

8 Dachflächenfenster entfernen — KG **394**

Dachflächenfenster mit Rahmen ausbauen und anfallenden Bauschutt entsorgen.
Material: .....
Größe: bis 2 m²

41€	88€	**101€**	128€	189€	[St]	⏱ 1,40h/St	316.001.100

9 Holzständerwand abbauen — KG **394**

Holzständerwand ohne Beplankung abbauen und anfallenden Bauschutt entsorgen.
Ausbauort: .....
Wanddicke: ....

27€	31€	**35€**	44€	47€	[m²]	⏱ 0,38h/m²	316.001.102

10 Holztreppe abbauen — KG **394**

Holztreppe einschl. Geländer und Handlauf abbauen und anfallenden Bauschutt entsorgen.
Geschosshöhe: bis 3,00 m
Laufbreite: bis 1,20 m
Steigung: .....
Treppenlänge: .....
Form: **einläufig / zweiläufig mit Podest**

247€	415€	**497€**	642€	883€	[St]	⏱ 3,30h/St	316.001.103

11 Bodeneinschubtreppe ausbauen — KG **394**

Bodeneinschubtreppe einschl. Deckenklappe und Zarge aus Holz ausbauen und anfallenden Bauschutt entsorgen.
Treppenlänge: .....

65€	75€	**85€**	107€	117€	[St]	⏱ 1,20h/St	316.001.104

12 Holztrittstufe entfernen — KG **394**

Trittstufe aus Holz entfernen und anfallenden Bauschutt entsorgen.
Ausbauort: .....
Unterkonstruktion: .....
Stufenbreite: .....

27€	33€	**38€**	47€	51€	[m²]	⏱ 0,25h/m²	316.001.105

13 Holzleiter abbauen — KG **394**

Holzleiter im Dachraum abbauen und anfallenden Bauschutt entsorgen.
Bauart: .....
Befestigung: .....
Länge: .....

16€	19€	**21€**	26€	28€	[St]	⏱ 0,15h/St	316.001.106

Nr.	Kurztext / Langtext						Kostengruppe
►	▷	ø netto €	◁	◄	[Einheit]	Ausf.-Dauer	Positionsnummer

14 Holzhandlauf entfernen KG **394**

Handlauf aus Holz einschl. Halterung und Befestigung entfernen und anfallenden Bauschutt entsorgen.
Befestigung: .....

13€	17€	**20€**	24€	26€	[m]	⏱ 0,18h/m	316.001.107

15 Holzfußboden entfernen, Bodenbretter KG **394**

Fußbodenbretter als Dielen, einschl. Sockelleisten entfernen und anfallenden Bauschutt entsorgen.
Ausbauort: .....
Belagsdicke: .....

11€	13€	**15€**	19€	33€	[m²]	⏱ 0,18h/m²	316.001.108

16 Holzfußboden entfernen, Bretter/Lagerhölzer KG **394**

Fußbodenbretter auf Lagerhölzer einschl. Sockelleisten ausbauen und anfallenden Bauschutt entsorgen.
Ausbauort: .....
Belagsdicke: .....
Befestigungsart: .....

12€	17€	**20€**	25€	40€	[m²]	⏱ 0,22h/m²	316.001.109

17 Fußbodenbretter aufnehmen/lagern KG **394**

Fußbodenbretter aufnehmen und zur Wiederverwendung seitlich lagern, einschl. entnageln und reinigen.
Ausbauort: ....
Belagsdicke: .....
Befestigungsart: .....

14€	19€	**22€**	28€	39€	[m²]	⏱ 0,30h/m²	316.001.110

18 Spanplattenboden ausbauen KG **394**

Spanplattenboden einschl. Unterkonstruktion ausbauen, Untergrund reinigen und anfallenden Bauschutt entsorgen.
Ausbauort: .....
Plattenboden: bis 25 mm
Unterkonstruktion: .....

19€	26€	**30€**	33€	40€	[m²]	⏱ 0,30h/m²	316.001.111

19 Schüttung entfernen, Lagerhölzer KG **394**

Schüttung zwischen Lagerhölzern entfernen und anfallenden Bauschutt entsorgen.
Ausbauort: .....
Schütthöhe: bis 7 cm
Material: .....

11€	14€	**17€**	20€	21€	[m²]	⏱ 0,10h/m²	316.001.112

20 Schüttung entfernen, Holzbalkendecke KG **394**

Schüttung aus Holzbalkendecke entfernen und anfallenden Bauschutt entsorgen.
Ausbauort: .....
Schütthöhe: bis 15 cm
Material: .....

12€	23€	**28€**	34€	40€	[m²]	⏱ 0,35h/m²	316.001.113

Nr.	Kurztext / Langtext						Kostengruppe
▶	▷	**ø netto €**	◁	◀	[Einheit]	Ausf.-Dauer	Positionsnummer

21 Fehlboden entfernen, Holz KG **394**

Fehlboden entfernen und anfallenden Bauschutt entsorgen.
Ausbauort: .....
Belagsdicke: .....
Balkenabstand: .....

▶	▷	ø	◁	◀	Einheit	Ausf.-Dauer	Positionsnummer
19€	23€	**26€**	32€	37€	[m²]	0,22h/m²	316.001.114

22 Deckenbalken ausbauen, Holz KG **394**

Deckenbalken ausbauen und anfallenden Bauschutt entsorgen.
Ausbauort: .....
Material: **Eiche / Nadelholz / .....**
Abmessungen: .....
Hinweis: Abstütz- und Sicherungsmaßnahmen sind gesondert auszuschreiben.

▶	▷	ø	◁	◀	Einheit	Ausf.-Dauer	Positionsnummer
11€	17€	**20€**	25€	36€	[m]	0,15h/m	316.001.115

23 Unterzug ausbauen, Holz KG **394**

Unterzug aus Holz ausbauen und anfallenden Bauschutt entsorgen.
Ausbauort: .....
Material: .....
Abmessungen: ....
Hinweis: Abstütz- und Sicherungsmaßnahmen sind gesondert auszuschreiben.

▶	▷	ø	◁	◀	Einheit	Ausf.-Dauer	Positionsnummer
16€	19€	**22€**	27€	33€	[m]	0,17h/m	316.001.116

24 Holzbalkendecke ausbauen KG **394**

Holzbalkendecke in allen Teilen ausbauen und anfallenden Bauschutt entsorgen.
Ausbauort: .....
Material: .....
Balkenquerschnitt: .....
Balkenabstand: .....
Deckenaufbau: .....
Deckendicke: .....
Hinweis: Abstütz- und Sicherungsmaßnahmen sind gesondert auszuschreiben.

▶	▷	ø	◁	◀	Einheit	Ausf.-Dauer	Positionsnummer
84€	95€	**114€**	136€	156€	[m²]	0,90h/m²	316.001.117

25 Dachstuhlhölzer ausbauen KG **394**

Dachstuhlhölzer ausbauen und anfallenden Bauschutt entsorgen.
Bauteil: .....
Firsthöhe: .....
Dachform: .....
Dachneigung: .....°
Material: .....
Abmessungen: .....
Hinweis: Abstütz- und Sicherungsmaßnahmen sind gesondert auszuschreiben.

▶	▷	ø	◁	◀	Einheit	Ausf.-Dauer	Positionsnummer
11€	22€	**26€**	32€	41€	[m]	0,50h/m	316.001.118

Kosten:
Stand 2. Quartal 2025
Bundesdurchschnitt

▶ min
▷ von
ø Mittel
◁ bis
◀ max

Nr.	Kurztext / Langtext						Kostengruppe
▶	▷	**ø netto €**	◁	◀	[Einheit]	Ausf.-Dauer	Positionsnummer

26 Dachlattung entfernen KG **394**

Dachlattung entfernen und anfallenden Bauschutt entsorgen.
Lattenabstand: 320-340 mm
Querschnitte: .....

5€	7€	**9€**	11€	15€	[m2]	⏱ 0,08h/m2	316.001.119

27 Dachschalung entfernen KG **394**

Dachschalung auf Sparren entfernen und anfallenden Bauschutt entsorgen.
Dachschalung: .....
Befestigung: .....

11€	16€	**18€**	19€	24€	[m2]	⏱ 0,20h/m2	316.001.120

28 Giebelgesims entfernen KG **394**

Giebelgesims einschl. Ortgangbrett und Blechabdeckung entfernen und anfallenden Bauschutt entsorgen.
Form/Ausführung: .....

10€	12€	**13€**	16€	17€	[m]	⏱ 0,10h/m	316.001.121

29 Sparren aufdoppeln KG **395**

Sparren aufdoppeln mit Latte/Bohle.
Querschnitt: bis 5 x 14 cm
Holzart: .....
Sanierungsort: .....

9€	15€	**18€**	22€	29€	[m]	⏱ 0,10h/m	316.001.122

A 1 Zwischensparrendämmung, MW 035 Beschreibung für Pos. **30-32**

Wärmedämmung zwischen Holzbalken / Sparren, aus Mineralwolle, als nachträgliche Dämmmaßnahme von außen einbauen.
Dämmstoff: Mineralwolle, MW
Anwendungsgebiet: DZ
Bemessungswert der Wärmeleitfähigkeit: max. 0,034 W/(mK)
Nennwert der Wärmeleitfähigkeit: 0,035 W/(mK)
Brandverhalten: nicht brennbar, Baustoffklasse A1

30 Zwischensparrendämmung, MW 035, 100mm KG **363**

Wie Ausführungsbeschreibung A 1
Sparrenabstand: ..... mm
Lagen: einlagig
Dämmschichtdicke: 100 mm

24€	27€	**32€**	38€	41€	[m2]	⏱ 0,20h/m2	316.001.123

31 Zwischensparrendämmung, MW 035, 120mm KG **363**

Wie Ausführungsbeschreibung A 1
Sparrenabstand: ..... mm
Lagen: einlagig
Dämmschichtdicke: 120 mm

27€	30€	**36€**	45€	49€	[m2]	⏱ 0,20h/m2	316.001.124

300 301 302 306 308 309 310 312 313 314 **316** 317 318 320 321 322

Nr.	Kurztext / Langtext						Kostengruppe
▶	▷	ø netto €	◁	◀	[Einheit]	Ausf.-Dauer	Positionsnummer

32 Zwischensparrendämmung, MW 035, 140mm KG **363**

Wie Ausführungsbeschreibung A 1
Sparrenabstand: ..... mm
Lagen: einlagig
Dämmschichtdicke: 140 mm

31€	36€	**42€**	51€	57€	[m²]	⏱ 0,22 h/m²	316.001.125

A 2 Zwischensparrendämmung, MW 032 Beschreibung für Pos. **33-35**

Wärmedämmung zwischen Holzbalken / Sparren, aus Mineralwolle, als nachträgliche Dämmmaßnahme von außen einbauen.
Dämmstoff: Mineralwolle, MW
Anwendungsgebiet: DZ
Nennwert der Wärmeleitfähigkeit: 0,032 W/(mK)
Bemessungswert der Wärmeleitfähigkeit: .....
Brandverhalten: nicht brennbar, A1-DIN EN13501-1

33 Zwischensparrendämmung, MW 032, 100mm KG **363**

Wie Ausführungsbeschreibung A 2
Sparrenabstand: ..... mm
Lagen: einlagig
Dämmschichtdicke: 100 mm

29€	33€	**40€**	48€	53€	[m²]	⏱ 0,20 h/m²	316.001.126

34 Zwischensparrendämmung, MW 032, 120mm KG **363**

Wie Ausführungsbeschreibung A 2
Sparrenabstand: ..... mm
Lagen: einlagig
Dämmschichtdicke: 120 mm

31€	36€	**42€**	53€	57€	[m²]	⏱ 0,20 h/m²	316.001.127

35 Zwischensparrendämmung, MW 032, 140mm KG **363**

Wie Ausführungsbeschreibung A 2
Sparrenabstand: ..... mm
Lagen: einlagig
Dämmschichtdicke: 140 mm

35€	41€	**47€**	59€	65€	[m²]	⏱ 0,22 h/m²	316.001.128

Kosten:
Stand 2. Quartal 2025
Bundesdurchschnitt

▶ min
▷ von
ø Mittel
◁ bis
◀ max

Nr.	Kurztext / Langtext						Kostengruppe
▶	▷	ø netto €	◁	◀	[Einheit]	Ausf.-Dauer	Positionsnummer

A 3 Einblasdämmung, Zellulose 040 — Beschreibung für Pos. **36-37**

Wärmedämmung zwischen Sparren und Konstruktionshölzern, aus Zellulose, als Einblasdämmung, inkl. Verdichten; Abrechnung nach Fläche.
Dämmung: Zellulosefasern
Anwendung: DZ
Nennwert der Wärmeleitfähigkeit: 0,040 W/(mK)
Bemessungswert der Wärmeleitfähigkeit: max. 0,038 W/(mK)
Brandverhalten: normal entflammbar, Klasse E
Ständer-/Sparrenabstand: 60-90 cm

36 Einblasdämmung, Zellulose 040, bis 140mm — KG **363**

Wie Ausführungsbeschreibung A 3
Dämmschichtdicke: bis 140 mm

▶	▷	ø netto €	◁	◀	[Einheit]	Ausf.-Dauer	Positionsnummer
18€	26€	**27€**	31€	38€	[m²]	⏱ 0,10h/m²	316.001.139

37 Einblasdämmung, Zellulose 040, bis 240mm — KG **363**

Wie Ausführungsbeschreibung A 3
Dämmschichtdicke: bis 240 mm

▶	▷	ø netto €	◁	◀	[Einheit]	Ausf.-Dauer	Positionsnummer
32€	38€	**39€**	41€	45€	[m²]	⏱ 0,16h/m²	316.001.141

38 MW-Dämmung, Spitzboden, 160mm — KG **363**

Wärmedämmung aus Mineralwolle, nicht begehbar, auf der Spitzbodenfläche einbauen.
Dämmstoff: Mineralwolle, MW
Anwendungsgebiet: DZ
Brandverhalten: nicht brennbar, A1-DIN EN 13501-1
Nennwert der Wärmeleitfähigkeit: 0,035 W/(mK)
Bemessungswert der Wärmeleitfähigkeit: .....
Dämmschichtdicke: 160 mm

▶	▷	ø netto €	◁	◀	[Einheit]	Ausf.-Dauer	Positionsnummer
25€	28€	**32€**	40€	42€	[m²]	⏱ 0,10h/m²	316.001.129

39 MW/Spanplatte, Holzdecke, 240mm — KG **363**

Wärmedämmung aus Mineralwolle und Abdeckung aus Holzspanplatten auf Holzbalkendecke einbauen.
Dämmstoff: Mineralwolle, MW
Anwendungsgebiet: DEO-dh (hohe Druckbelastbarkeit)
Brandverhalten: nicht brennbar, A1-DIN EN 13501-1
Nennwert der Wärmeleitfähigkeit: 0,035 W/(mK)
Bemessungswert der Wärmeleitfähigkeit: .....
Dämmschichtdicke: 240 mm
Abdeckung: Holzspanplatte P3
Dicke: 21 mm
Emission: E1
Gesamtaufbau: 261 mm
Angeb. Fabrikat: .....

▶	▷	ø netto €	◁	◀	[Einheit]	Ausf.-Dauer	Positionsnummer
111€	135€	**144€**	168€	183€	[m²]	⏱ 0,22h/m²	316.001.131

300
301
302
306
308
309
310
312
313
314
316
317
318
320
321
322

Kosten:
Stand 2. Quartal 2025
Bundesdurchschnitt

Nr.	Kurztext / Langtext						Kostengruppe
▶	▷	ø netto €	◁	◀	[Einheit]	Ausf.-Dauer	Positionsnummer

40 MW-Dämmung, Holzbalkendecke, 120mm KG **363**

Wärmedämmung aus Mineralwolle zwischen Balken der Holzbalkendecke einbauen.
Balkenabstand: .....
Dämmstoff: Mineralwolle, MW
Anwendungsgebiet: DI
Brandverhalten: nicht brennbar, A1-DIN EN 13501-1
Nennwert der Wärmeleitfähigkeit: 0,035 W/(mK)
Bemessungswert der Wärmeleitfähigkeit: .....
Dämmschichtdicke: 120 mm

▶	▷	ø	◁	◀	Einheit	Ausf.-Dauer	Positionsnummer
25€	30€	**33€**	41€	44€	[m²]	⏱ 0,10h/m²	316.001.130

41 Bauschnittholz C24, Nadelholz, trocken KG **361**

Liefern von Bauschnittholz, Nadelholz, Holzfeuchte bis 20%.
Verwendungsbereich: .....
Holzart: **Fichte / Tanne**
Gebrauchsklasse: GK0Festigkeitsklasse: C24
Sortierklasse: S10
Güteklasse: 2, scharfkantig, ...
Oberfläche: .....
Querschnitt (B x H): 6 x 12 cm
Einzellänge: bis 8,00 m, gem. Holzliste des AG

▶	▷	ø	◁	◀	Einheit	Ausf.-Dauer	Positionsnummer
569€	676€	**716€**	783€	959€	[m³]	–	316.001.142

42 Konstruktionsvollholz KVH®, MH®, Nadelholz, sichtbar KG **361**

Liefern von Konstruktionsvollholz, Nadelholz, sichtbar.
Festigkeitsklasse: C24
Sortierklasse: S10
Qualität: herzfrei, scharfkantig, Ästigkeit bis 2/5, Rissbreite bis 3% der Querschnittsseite, Harzgallen bis 5 mm, Verfärbungen und Insektenbefall nicht zulässig
Maßtoleranz: Klasse 2
Holzfeuchte: 15% +/-3%
Oberfläche: .....
Breite: 6-10 cm
Höhe: 6-30 cm
Einzellänge: bis 6,00 m, gem. Holzliste des AG

▶	▷	ø	◁	◀	Einheit	Ausf.-Dauer	Positionsnummer
743€	903€	**937€**	1.056€	1.282€	[m³]	–	316.001.143

▶ min
▷ von
ø Mittel
◁ bis
◀ max

Nr.	Kurztext / Langtext						Kostengruppe
►	▷	**ø netto €**	◁	◄	[Einheit]	Ausf.-Dauer	Positionsnummer

43 Brettschichtholz, GL24h, Nadelholz, gehobelt KG **361**

Liefern von Brettschichtholz aus Nadelholz, gehobelt, Bläue und Rotstreifigkeit auf 10% der Oberfläche und fest verwachsene Äste zulässig, ohne extreme klimatische Wechselbeanspruchung.
Verklebung: Resorcinharz
Festigkeitsklasse: GL 24h
Lamellendicke: max. 42 mm
Nutzungsklasse DIN EN 1995-1-1: NK .....
Gebrauchsklasse DIN EN 355: GK .....
Breite: 6-20 cm
Höhe: 16-40 cm
Einzellänge: bis 12,00 m, gem. Holzliste des AG

905€	1.133€	**1.229€**	1.338€	1.554€	[m³]	–	316.001.144

44 Abbinden, Bauschnittholz, Dach KG **361**

Abbinden und Aufstellen von Bauschnittholz, für Dachkonstruktionen, Anschlüsse lt. statischer Berechnung und Konstruktionszeichnungen/zimmermannsmäßig.
Holzart: .....
Querschnitt (B x H): ..... x .....
Einzellängen: bis 8,00 m

14€	18€	**20€**	24€	32€	[m]	⏱ 0,22h/m	316.001.145

45 Abbinden, Konstruktionsvollholz, Decken KG **361**

Abbinden und Aufstellen von Konstruktionsvollholz, für Deckenkonstruktionen, Anschlüsse lt. statischer Berechnung und Konstruktionszeichnungen/zimmermannsmäßig.
Holzart: .....
Querschnitt (B x H): bis 14 x 24 cm
Einzellänge: bis 8,00 m

15€	21€	**24€**	28€	39€	[m]	⏱ 0,20h/m	316.001.146

46 Abbund, Kehl-/Gratsparren KG **361**

Abbinden und Aufstellen von Bauschnittholz als Kehl- und Gratsparren, Anschlüsse lt. statischer Berechnung und Konstruktionszeichnung/zimmermannsmäßig.
Funktion: **Kehlsparren / Gratsparren**
Holzart: .....
Querschnitt (B x H): 10 x 20 bis 16 x 34 cm
Einzellänge: bis 6,00 m

13€	20€	**23€**	27€	34€	[m]	⏱ 0,30h/m	316.001.147

47 Hobeln, Bauschnittholz KG **361**

Hobeln von Bauschnittholz, allseitig.
Profilquerschnitt: .....
Maßtoleranzklasse: 2
Bauteil: .....

5€	8€	**9€**	11€	14€	[m]	⏱ 0,08h/m	316.001.148

300 301 302 306 308 309 310 312 313 314 316 317 318 320 321 322

Kosten:
Stand 2. Quartal 2025
Bundesdurchschnitt

Nr.	Kurztext / Langtext						Kostengruppe
▶	▷	**ø netto €**	◁	◀	[Einheit]	Ausf.-Dauer	Positionsnummer

48 Schrägschnitte, Bauschnittholz KG **361**

Schrägschnitte von Bauschnittholz.
Schnitttiefe: bis 20 cm

5€	8€	**10€**	11€	15€	[m]	⏱ 0,20 h/m	316.001.149

49 Holzschutz, Flächen, farblos KG **361**

Vorbeugender chemischer Holzschutz für konstruktive Bauteile, farblos.
Gebrauchsklasse: 3.1
Prüfprädikat: Iv, P, W

4€	7€	**8€**	10€	15€	[m²]	⏱ 0,10 h/m²	316.001.150

50 Schalung, Nadelholz, gehobelt KG **361**

Schalung aus gefasten Brettern, Nadelholz, Befestigung mit Nägeln.
Oberfläche: einseitig gehobelt
Sortierklasse: S10
Profil: Nut-Feder
Brettdicke: .....
Breite: bis 160 mm
Einbauort: unter Dachdeckung

35€	49€	**54€**	61€	76€	[m²]	⏱ 0,28 h/m²	316.001.151

51 Schalung, Rauspund, genagelt KG **363**

Dachschalung aus Rauspund, Nadelholz, Unterseite sichtbar, Befestigung mit Nägeln.
Sortierklasse: S10
Brettdicke: bis 28 mm
Einbauort: unter Dachdeckung

26€	32€	**34€**	39€	49€	[m²]	⏱ 0,25 h/m²	316.001.152

52 Schalung, OSB/4, Feuchtebereich KG **353**

Schalung für tragende Anwendung, im Feuchtebereich, aus hoch belastbaren OSB-Platten, mit feuerverzinkten Nägeln auf Holzuntergrund nach statischer Berechnung und Konstruktionszeichnungen befestigen.
Plattentyp: OSB/4
Dicke: .....
Oberfläche: ungeschliffen
Einbauort: .....

29€	35€	**39€**	42€	47€	[m²]	⏱ 0,25 h/m²	316.001.153

▶ min
▷ von
ø Mittel
◁ bis
◀ max

Nr.	Kurztext / Langtext						Kostengruppe
▶	▷	ø netto €	◁	◀	[Einheit]	Ausf.-Dauer	Positionsnummer

53 Schalung, Sperrholz, Feuchtebereich KG **364**

Schalung für tragende Zwecke, im Feuchtebereich, aus Sperrholzplatten.
Dicke: ......
Nutzungsklasse: 2
Oberflächengüte: .....
Erscheinungsklasse: .....
Befestigung: mit Schrauben
Untergrund: .....
Einbauort: .....

50€	65€	**72€**	78€	90€	[m²]	⏱ 0,25h/m²	316.001.154

54 Schalung, Massivholzplatte KG **335**

Schalung oder Bekleidung, innen, aus Massivholzplatte.
Platte: **SWP/2 / SWP/3**
Holzart: .....
Einbau: .....
Verwendungsbereich: .....
Nutzungsklasse: .....
Dicke: ..... mm
Qualität: .....
Oberflächengüte: .....
Erscheinungsklasse: .....
Befestigung: mit Schrauben
Untergrund: .....

88€	101€	**110€**	111€	119€	[m²]	⏱ 0,38h/m²	316.001.156

55 Blindboden, Nadelholz, einseitig gehobelt KG **353**

Blindboden, eingebaut zwischen Deckenbalken, aus gespundeter Schalung aus Nadelholz, einseitig gehobelt, von unten sichtbar bleibend, Befestigung mit gehobelten Leisten 30x50mm, an Deckenbalken genagelt, chem. Holzschutz in gesonderter Position.
Holzart: **Fichte / Kiefer**
Sortierklasse: S10TS
Schalungsdicke 19 mm
Breite: 100 mm
Gebrauchsklasse: .....

38€	48€	**55€**	59€	69€	[m²]	⏱ 0,40h/m²	316.001.157

56 Kantholz, Nadelholz, S10 KG **335**

Liefern von Kantholz, Nadelholz.
Holzart: **Fichte / Kiefer**
Gebrauchsklasse: GK 0
Festigkeitsklasse: C24
Oberfläche allseitig gehobelt
Querschnitt: 40 x 120 mm
Einzellänge: bis ..... m, gem. Holzliste des AG
Holzfeuchte: trocken

7€	11€	**13€**	15€	16€	[m]	⏱ 0,10h/m	316.001.158

Nr.	Kurztext / Langtext						Kostengruppe
►	▷	ø netto €	◁	◀	[Einheit]	Ausf.-Dauer	Positionsnummer

Kosten:
Stand 2. Quartal 2025
Bundesdurchschnitt

57 Dampfbremse, feuchteadaptiv, sd-variabel — KG 364

Dampfbremsbahn, feuchteadaptiv, Seitenüberdeckung und Überlappungen nach Herstellervorgabe. Herstellen der wind- und luftdichten Anschlüsse an aufgehende und begrenzende Bauteile in gesonderter Position.
Dampfsperrbahn: .....
sd-Wert: variabel
Brandverhalten: Klasse E
Angeb. Fabrikat: .....

►	▷	ø	◁	◀	Einheit	Ausf.-Dauer	Positionsnummer
12€	15€	**16€**	19€	26€	[m²]	⏱ 0,08 h/m²	316.001.159

58 Abdichtungsanschluss verkleben, Dampfbremsbahn — KG 363

Luftdichter Anschluss der Dampfbremsbahn, Verklebung auf Holzwerkstoff mit abgestimmtem Dichtmittel.
Bauteil: .....
Dichtmittel: .....

►	▷	ø	◁	◀	Einheit	Ausf.-Dauer	Positionsnummer
9€	11€	**12€**	12€	13€	[m]	⏱ 0,10 h/m	316.001.160

59 Traglattung, Nadelholz, 30x50, Dachdeckung — KG 363

Trag-/Konterlattung aus Nadelholz, für Dachziegel- oder Betondachsteindeckung, auf Holzunterkonstruktion, Befestigung mit korrosionsgeschützten Nägeln oder Schrauben.
Sortierklasse: S10TS
Festigkeitsklasse DIN EN 338: C27 M
Oberfläche: sägerau
Lattenabstand: ca. 330 mm
Sparrenabstand: ..... mm
Dachdeckung: .....
Dachfläche: eben
Dachneigung: .....°
Lattenquerschnitt: 30 x 50 mm
Holzfeuchte: max. 20%

►	▷	ø	◁	◀	Einheit	Ausf.-Dauer	Positionsnummer
4€	5€	**6€**	7€	8€	[m]	⏱ 0,10 h/m	316.001.161

60 Traglattung, Nadelholz, 40x60, Dachdeckung — KG 363

Trag-/Konterlattung aus Nadelholz, für Dachziegel- oder Betondachsteindeckung, auf Holzunterkonstruktion, Befestigung mit korrosionsgeschützten Nägeln oder Schrauben.
Sortierklasse: S10TS
Festigkeitsklasse DIN EN 338: C24 M
Oberfläche: sägerau
Lattenabstand: ca. 330 mm
Sparrenabstand: ..... mm
Dachdeckung: .....
Dachfläche: eben
Dachneigung: .....°
Lattenquerschnitt: 40 x 60 mm
Holzfeuchte: max. 20%

►	▷	ø	◁	◀	Einheit	Ausf.-Dauer	Positionsnummer
5€	7€	**8€**	9€	10€	[m]	⏱ 0,10 h/m	316.001.162

► min
▷ von
ø Mittel
◁ bis
◀ max

Nr.	Kurztext / Langtext						Kostengruppe
▶	▷	ø netto €	◁	◀	[Einheit]	Ausf.-Dauer	Positionsnummer

61 Dachlattung, Nadelholz, 30x50, Dachdeckung KG **363**

Dachlattung aus Nadelholz, für Dachziegel- oder Betondachsteindeckung, auf Holzunterkonstruktion, Befestigung mit korrosionsgeschützten Nägeln oder Schrauben.
Sortierklasse: S10TS
Festigkeitsklasse DIN EN 338: C27 M
Oberfläche: sägerau
Lattenabstand: ca. 330 mm
Sparrenabstand: ..... mm
Dachdeckung: .....
Dachfläche: ..... eben
Dachneigung: .....°
Lattenquerschnitt: 30 x 50 mm
Holzfeuchte: max. 20%

7€	9€	**9€**	10€	12€	[m²]	⏱ 0,10 h/m²	316.001.163

62 Dachlattung, Nadelholz, 40x60, Dachdeckung KG **363**

Dachlattung aus Nadelholz, für Dachziegel- oder Betondachsteindeckung, auf Holzunterkonstruktion, Befestigung mit korrosionsgeschützten Nägeln oder Schrauben.
Sortierklasse: S10TS
Festigkeitsklasse DIN EN 338: C24 M
Oberfläche: sägerau
Lattenabstand: ca. 330 mm
Sparrenabstand: ..... mm
Dachdeckung: .....
Dachfläche: eben
Dachneigung: .....°
Lattenquerschnitt: 40 x 60 mm
Holzfeuchte: max. 20%

6€	9€	**10€**	12€	17€	[m²]	⏱ 0,10 h/m²	316.001.164

63 Holztreppe, Wangentreppe KG **351**

Wangentreppe zwischen vorhandene Konstruktion, in bauseitige Auflager, Holztreppe gerade, einläufig, ohne Podest, mit eingestemmten Stufen.
Setzstufen: .....
Material (Wangen und Stufen): .....
Stufen: ..... St
Steigungsverhältnis: 175 x 280 mm
Laufbreite: 800 mm
Untersicht: vorgerichtet für bauseitige Bekleidung
Beschichtung: .....
Einbauort: .....
Eingebaut in: **Gebälk / Betondecke**

5.381€	7.653€	**8.410€**	8.775€	10.856€	[St]	⏱ 20,00 h/St	316.001.166

Nr.	Kurztext / Langtext						Kostengruppe
▶	▷	ø netto €	◁	◀	[Einheit]	Ausf.-Dauer	Positionsnummer

Kosten:
Stand 2. Quartal 2025
Bundesdurchschnitt

64 Holztreppe, Einschubtreppe, gedämmt KG **351**

Einschubtreppe, zwischen bauseitige Konstruktion, zweiteilig, einschiebbar, von oben und unten zu öffnen, Stufen aus Hartholz, mit einseitigem Handlauf, Deckel wärmegedämmt, luftdicht schließend, vorgerichtet für bauseitige Bekleidung von unten.
Einbauort: .....
Raumhöhe: .....
Treppen-Öffnung (B x L): 700 x 1.400 mm
Kastenhöhe: .....
Oberfläche: .....
Feuerwiderstand: .....
Vorhandene Konstruktion: .....

981€ | 1.170€ | **1.276€** | 1.407€ | 1.812€ | [St] | ⏱ 5,00h/St | 316.001.167

65 Windrispenband, 40x2 KG **361**

Windrispenband zur Diagonalaussteifung, auf Dachschalung bzw. Holzsparren, Stahl verzinkt, inkl. Befestigung mit Rillennägel entsprechend Statik inkl. spannen.
Dimension: 40 x 2 mm
Rillennägel: 4 x 40 bis 4 x 60 mm

4€ | 6€ | **7€** | 8€ | 11€ | [m] | ⏱ 0,05h/m | 316.001.168

66 Windrispenband, 60x3 KG **361**

Windrispenband zur Diagonalaussteifung, auf Dachschalung bzw. Holzsparren, Stahl verzinkt, inkl. Befestigung mit Rillennägel entsprechend Statik inkl. spannen.
Dimension: 60 x 30 mm
Rillennägel: .....

8€ | 10€ | **10€** | 11€ | 12€ | [m] | ⏱ 0,05h/m | 316.001.169

67 Verankerung, Profilanker, Schwelle KG **361**

Verankerung von Holzschwellen an Ankerschiene mit Profilanker. Verankerung gem. Statik.
Mindestlastaufnahme der Verbindung: ..... kN
Ankerschienenprofil: ..... mm
Befestigung an Holz mit: ..... Ankernägeln
Ankernägel: 4 x 40 mm

7€ | 10€ | **12€** | 15€ | 20€ | [St] | ⏱ 0,12h/St | 316.001.170

68 Befestigung, Stabdübel, Edelstahl KG **361**

Stabdübel, Oberfläche an den Enden gefast, einschl. mehrschnittige Bohrung im Bauteil. Verankerung gem. Statik.
Material: Edelstahl
Werkstoffnummer: .....
Länge: .....
Durchmesser: ..... mm

16€ | 19€ | **20€** | 20€ | 23€ | [St] | ⏱ 0,05h/St | 316.001.171

▶ min
▷ von
ø Mittel
◁ bis
◀ max

Nr.	Kurztext / Langtext						Kostengruppe
▶	▷	**ø netto €**	◁	◀	[Einheit]	Ausf.-Dauer	Positionsnummer

69 **Befestigung, Klebeanker, nichtrostender Stahl** KG **361**

Klebedübel-Set, bestehend aus Dübel, Gewindestange, Schraube und Unterlegscheibe. Verankerung gem. Statik.
Material: nichtrostender Stahl
Durchmesser: .....

18€	22€	**24€**	24€	26€	[St]	⏱ 0,10h/St	316.001.172

70 **Befestigung, Gewindestange** KG **361**

Gewindestange, in Holzbauteil, einschl. Bohrung im Bauteil, zwei Unterlegscheiben und Muttern.
Oberfläche: feuerverzinkt
Größe: M12
Länge: 1.000 mm

5€	8€	**10€**	11€	13€	[St]	⏱ 0,10h/St	316.001.173

71 **Stundensatz, Facharbeiter/-in**

Stundenlohnarbeiten für Vorarbeiter/-in, Facharbeiter/-in und Gleichgestellte. Verrechnungssatz für die jeweilige Arbeitskraft inkl. aller Aufwendungen wie Lohn- und Gehaltskosten, Lohn- und Gehaltsnebenkosten, Zuschläge, lohngebundene und lohnabhängige Kosten, sonstige Sozialkosten, Gemeinkosten, Wagnis und Gewinn. Leistung nach besonderer Anordnung der Bauüberwachung. Anmeldung und Nachweis gem. VOB/B.

66€	74€	**77€**	82€	91€	[h]	⏱ 1,00h/h	316.001.174

72 **Stundensatz, Helfer/-in**

Stundenlohnarbeiten für Werker/-in, Fachwerker/-in und jeweils Gleichgestellte. Der Verrechnungssatz für die jeweilige Arbeitskraft umfasst sämtliche Aufwendungen wie Lohn- und Gehaltskosten, lohn- und gehaltsgebundene Kosten, Lohn- und Gehaltsnebenkosten, Gemeinkosten, Wagnis und Gewinn. Leistung nach besonderer Anordnung der Bauüberwachung. Nachweis und Anmeldung gem. VOB/B.

52€	59€	**63€**	66€	71€	[h]	⏱ 1,00h/h	316.001.175

317

Kosten:
Stand 2. Quartal 2025
Bundesdurchschnitt

► min
▷ von
ø Mittel
◁ bis
◄ max

Stahlbauarbeiten — Preise €

Nr.	Positionen	Einheit	►	▷	ø brutto € / ø netto €	◁	◄
1	Abbruch Treppe, Stahl	St	155	220	**260**	281	336
			130	185	**219**	236	282
2	Abbruch Handlauf Stahl	m	8	14	**16**	19	26
			7	11	**13**	16	21
3	Abbruch Stahlkonstruktion Doppel-T-Träger	St	–	54	**66**	79	–
			–	46	**56**	66	–
4	Handlauf, Rohrprofil, verzinkt	m	88	116	**132**	142	164
			74	98	**111**	119	138
5	Profilstahl-Konstruktion, Profile HEA 160, verzinkt	kg	6	6	**7**	7	8
			5	5	**6**	6	7
6	Profilstahl-Konstruktion, Profile IPE, verzinkt	kg	5	7	**8**	9	13
			4	6	**7**	8	11
7	Profilstahl-Konstruktion, Profile UNP/UPE, verzinkt	kg	4	6	**7**	7	8
			3	5	**5**	5	7
8	Stahlstütze, Rundrohrprofil	kg	8	9	**10**	11	14
			7	8	**8**	9	12
9	Fußplatte, Stahlblech	kg	6	8	**9**	10	12
			5	7	**8**	8	10
10	Trapezblechdach, Stahlblech	m^2	48	62	**65**	68	83
			40	52	**54**	57	70
11	Trapezblechdach, gewölbt	m^2	–	107	**119**	140	–
			–	90	**100**	118	–
12	Trapezblechdach, Randverstärkung, Übergangsblech	m	39	49	**55**	59	68
			33	42	**46**	50	57
13	Trapezblechdach, Dachausschnitt	St	112	135	**154**	164	187
			94	114	**130**	138	157
14	Bohrungen, Stahl	St	13	23	**28**	34	47
			11	19	**23**	28	40
15	Ramm-/Anfahrschutz	St	412	636	**750**	1.055	1.496
			347	535	**630**	887	1.257
16	Gitterroste, verzinkt, rutschhemmend, verankert	m^2	130	171	**184**	213	263
			110	144	**155**	179	221
17	Brandschutzbeschichtung, Stahlbauteile, Decklack	m^2	31	49	**53**	61	75
			26	41	**44**	51	63
18	Stundensatz, Facharbeiter/-in	h	87	94	**97**	100	107
			73	79	**81**	84	90
19	Stundensatz, Helfer/-in	h	62	72	**77**	84	99
			52	60	**65**	71	83

1 Abbruch Treppe, Stahl — KG **394**

Abbruch der Treppe, aus Stahl. Ausführung innerhalb des Bauwerks, Ausführung in allen Geschossen. Geräteeinsatz ist möglich, aufgenommene Stoffe sammeln, auf Lkw des AN laden. Abfall ist nicht gefährlich, nicht schadstoffbelastet, die Entsorgung wird gesondert vergütet.
Gesamtgewicht: max. bis 5 t
Steigungen: 16 St
Höhe Steigung: 17,5 cm
Tiefe Treppenauftritt: 28 cm
Breite Treppenlauf: 100 cm

▶	▷	ø netto €	◁	◀	[Einheit]	Ausf.-Dauer	Positionsnummer
130€	185€	**219€**	236€	282€	[St]	⏱ 3,00h/St	317.000.024

2 Abbruch Handlauf Stahl — KG **394**

Abbruch Handlauf, aus Stahl, Ausführung innerhalb des Bauwerks, Ausführung in allen Geschossen, aufgenommene Stoffe sammeln, auf Lkw des AN laden, Abfall ist nicht gefährlich, nicht schadstoffbelastet, die Entsorgung wird gesondert vergütet.
Abbruch: **von Hand / mit handgeführten Kleingeräten**
Arbeitshöhe: 2,00 m

▶	▷	ø netto €	◁	◀	[Einheit]	Ausf.-Dauer	Positionsnummer
7€	11€	**13€**	16€	21€	[m]	⏱ 0,09h/m	317.000.025

3 Abbruch Stahlkonstruktion Doppel-T-Träger — KG **394**

Abbruch der Stahlkonstruktion, aus Formstahl, Doppel-T-Träger. Ausführung innerhalb des Bauwerks, Ausführung in allen Geschossen, aufgenommene Stoffe sammeln, auf Lkw des AN laden, Abfall ist nicht gefährlich, nicht schadstoffbelastet, die Entsorgung wird gesondert vergütet.
Abbruch: **von Hand / mit handgeführten Kleingeräten**
Profilhöhe: 180 mm
Einzellänge: über 2,75 bis 3,00 m
Arbeitshöhe: bis 2,0 m

▶	▷	ø netto €	◁	◀	[Einheit]	Ausf.-Dauer	Positionsnummer
–	46€	**56€**	66€	–	[St]	⏱ 0,60h/St	317.000.026

4 Handlauf, Rohrprofil, verzinkt — KG **359**

Stahl-Handlauf aus Rohrprofil, mit Wandhalterung, Handlauf steigend, mit Konsolen befestigt an aufgehenden Bauteile, Handlaufrohr von unten angeschweißt.
Einbauort: Außenraum
Stahlgüte: S235JR - Werkstoff-Nr. 1.0038
Durchmesser Handlauf: 42,4 mm
Wanddicke: 2,0 mm
Form: Rundrohr
Durchmesser Konsole: ..... m
Abstand zw. Konsolen: ..... mm
Abstand aufgehendes Bauteil: ..... mm
Oberfläche: feuerverzinkt
Für die Ausführung werden vom AG folgende Unterlagen zur Verfügung gestellt:

- Entwurfszeichnungen, Plannr.: .....
- Übersichtszeichnungen, Plannr.: .....
- statische Berechnung mit Positionsplänen, Plannr.: .....

▶	▷	ø netto €	◁	◀	[Einheit]	Ausf.-Dauer	Positionsnummer
74€	98€	**111€**	119€	138€	[m]	⏱ 0,30h/m	317.000.027

Nr.	Kurztext / Langtext						Kostengruppe
▶	▷	ø netto €	◁	◀	[Einheit]	Ausf.-Dauer	Positionsnummer

5 Profilstahl-Konstruktion, Profile HEA 160, verzinkt KG **351**

Stahlträger aus Walzprofil nach DIN EN 10034, als Träger der Deckenkonstruktion, einschl. aller Kopfplatten, Steifen, Bohrungen, Verbindungsmittel und Schweißnähte, sowie einschl. Bohrungen für die Verschraubung mit den bauseitigen Anschlüssen.
Einbauort: .....
Einbauhöhe. .....
Profil: HEA 160
Konstruktion der Ausführungsklasse DIN EN 1090: EXC .....
Material: Stahl nach DIN EN 10027-1
Güte: S235JR - Werkstoff-Nr. 1.0038
Masse Stahlprofil: 30,4 kg/m
Oberfläche: verzinkt
Baustellenverbindungen: geschraubt
Für die Ausführung werden vom AG folgende Unterlagen zur Verfügung gestellt:

- Entwurfszeichnungen, Plannr.: .....
- Übersichtszeichnungen, Plannr.: .....
- statische Berechnung mit Positionsplänen, Plannr.: .....

5€	5€	**6€**	6€	7€	[kg]	⏱ 0,02 h/kg	317.000.028

6 Profilstahl-Konstruktion, Profile IPE, verzinkt KG **351**

Stahlträger aus Walzprofil nach DIN EN 10279, als Träger der Deckenkonstruktion, einschl. aller Kopfplatten, Steifen, Bohrungen, Verbindungsmittel und Schweißnähte, sowie einschl. Bohrungen für die Verschraubung mit den bauseitigen Anschlüssen.
Einbauort: .....
Einbauhöhe: .....
Profil: IPE
Konstruktion der Ausführungsklasse DIN EN 1090: EXC .....
Material: Stahl nach DIN EN 10025
Güte: S235JR - Werkstoff-Nr. 1.0038
Masse Stahlprofil: ..... kg/m
Oberfläche: verzinkt
Baustellenverbindungen: geschraubt
Für die Ausführung werden vom AG folgende Unterlagen zur Verfügung gestellt:

- Entwurfszeichnungen, Plannr.: .....
- Übersichtszeichnungen, Plannr.: .....
- statische Berechnung mit Positionsplänen, Plannr.: .....

4€	6€	**7€**	8€	11€	[kg]	⏱ 0,02 h/kg	317.000.029

7 Profilstahl-Konstruktion, Profile UNP/UPE, verzinkt KG **351**

Stahlträger aus Walzprofil U nach DIN EN 10279, als Träger der Deckenkonstruktion, einschl. aller Kopfplatten, Steifen, Bohrungen, Verbindungsmittel und Schweißnähte, sowie einschl. Bohrungen für die Verschraubung mit den bauseitigen Anschlüssen.
Einbauort: .....
Einbauhöhe: .....
Profile: **UNP / UPE**
Konstruktion der Ausführungsklasse DIN EN 1090: EXC .....
Material: Stahl nach DIN EN 10025-2
Güte: S235JR - Werkstoff Nr. 1.0038
Masse Stahlprofil: ..... kg/m
Oberflächenbeschichtung: wird gesondert vergütet
Baustellenverbindungen: geschraubt

Kosten:
Stand 2. Quartal 2025
Bundesdurchschnitt

▶ min
▷ von
ø Mittel
◁ bis
◀ max

Für die Ausführung werden vom AG folgende Unterlagen zur Verfügung gestellt:

- Entwurfszeichnungen, Plannr.: .....
- Übersichtszeichnungen, Plannr.: .....
- statische Berechnung mit Positionsplänen, Plannr.: .....

3€	5€	**5€**	5€	7€	[kg]	⏱ 0,02 h/kg	317.000.030

8 Stahlstütze, Rundrohrprofil KG **333**

Rundrohrprofil nach DIN EN 10210 / DIN EN 10219, als Stahlstütze der Deckenkonstruktion, einschl. aller Anschlussbleche, Steifen, Bohrungen, Verbindungsmittel, Schweißnähte, sowie einschl. Bohrungen für die Verschraubung mit den bauseitigen Anschlüssen.
Einbauort: .....
Einbauhöhe: .....
Durchmesser: 114,3 mm
Wandungsdicke: 6,3 mm
Einzellänge: .....
Konstruktion der Ausführungsklasse DIN EN 1090: EXC .....
Material: Stahl DIN 10025-2
Güte: S235 J2 (+N .....) - Werkstoff-Nr. 1.0117
Masse Stahlprofil: 15,0 kg/m
Oberfläche: **verzinkt / grundiert**
Baustellenverbindungen: geschraubt und geschweißt

7€	8€	**8€**	9€	12€	[kg]	⏱ 0,35 h/kg	317.000.031

9 Fußplatte, Stahlblech KG **351**

Fußplatte aus Stahlblech, einschl. aller Bohrungen, Verbindungsmittel, Schweißnähte, sowie einschl. Bohrungen für die Verschraubung mit den bauseitigen Anschlüssen.
Bauteil: .....
Einbauort: .....
Einbauhöhe: .....
Material: Stahl S235JR DIN EN 10025-2, Werkstoff-Nr. 1.0038
Dicke: ..... mm
Oberflächenbehandlung und Korrosionsschutz werden gesondert vergütet.

5€	7€	**8€**	8€	10€	[kg]	⏱ 0,02 h/kg	317.000.032

300
301
302
306
308
309
310
312
313
314
316
317
318
320
321
322

Kosten:
Stand 2. Quartal 2025
Bundesdurchschnitt

Nr.	**Kurztext** / Langtext						Kostengruppe
▶	▷	**ø netto €**	◁	◀	[Einheit]	Ausf.-Dauer	Positionsnummer

10 Trapezblechdach, Stahlblech KG **363**

Stahltrapezblech für einschaliges, ebenes Flachdach, befestigt auf bauseitigem Untergrund, in den Längsstößen verbunden, mit eingelassenem Flachstahl; einschl. aller Verbindungsmittel sowie Ausbildung der Längs- und Querstöße.
Einbauort: .....
Einbauhöhe: bis 6,00 m
Stat. System: **Einfeld- / Zweifeld-/ Dreifeld- / Fünffeldträger** (mit biegesteifem Stoß) in Positivlage
Stützweite: 3,0 bis 4,0 m
Ständige Last ohne Blecheigengewicht: ..... kN/m²
Verkehrslast: ..... kN/m²
Schneelast: ..... kN/m²
Horizontallast: ..... kN/m²
Durchbiegung: max. l/300
Material: Stahlblech DIN EN 10346 S320GD
Blechstärke: 0,88 mm
Profil: 161,5/250 mm (Höhe/Rippenbreite)
Korrosivitätskategorie DIN EN ISO 12944-2: .....
Oberfläche: **sendzimirverzinkt, beidseitig / Bandbeschichtung**, beidseitig, RAL .....
Dachneigung: bis 10°
Für die Ausführung werden vom AG folgende Unterlagen zur Verfügung gestellt:

- Entwurfszeichnungen, Plannr.: .....
- Übersichtszeichnungen, Plannr.: .....
- statische Berechnung mit Positionsplänen, Plannr.: .....

▶	▷	ø	◁	◀	Einheit	Ausf.-Dauer	Positionsnummer
40€	52€	**54€**	57€	70€	[m²]	⏱ 0,15h/m²	317.000.034

11 Trapezblechdach, gewölbt KG **363**

Stahltrapezblech, bombiert, für einschaliges, gewölbtes Bogendach, befestigt auf bauseitigem Untergrund, in den Längsstößen verbunden, mit eingelassenem Flachstahl; einschl. aller Verbindungsmittel sowie Ausbildung der Längs- und Querstöße.
Einbauort: .....
Einbauhöhe: bis 6,00 m
Stat. System: Einfeldträger in Positivlage
Stützweite: bis ca. 5,50 m
Ständige Last ohne Blecheigengewicht: ..... kN/m²
Verkehrslast: ..... kN/m²
Schneelast: ..... kN/m²
Horizontallast: ..... kN/m²
Durchbiegung: max. l/300
Material: Stahlblech DIN EN 10346 S320GD
Blechstärke: 1,0 mm
Profil: 135/310 mm (Höhe/Rippenbreite)
Korrosivitätskategorie DIN EN ISO 12944-2: .....
Oberfläche: **sendzimirverzinkt, beidseitig / Bandbeschichtung, beidseitig, RAL .....**

▶	▷	ø	◁	◀	Einheit	Ausf.-Dauer	Positionsnummer
–	90€	**100€**	118€	–	[m²]	⏱ 0,25h/m²	317.000.035

▶ min
▷ von
ø Mittel
◁ bis
◀ max

12 Trapezblechdach, Randverstärkung, Übergangsblech KG **363**

Randverstärkung der Trapezblechdeckung an Attika, aus bandverzinkten Formblechen nach DIN EN 10346:2009-07, inkl. Verbindung mit Trapezblechdeckung mit nichtrostenden Befestigungsmitteln sowie Ausbildung der Längs- und Querstöße. Sonderteile und Ecken in getrennter Position.
Untergrund: Stahlbeton
Material: Stahl-Blech
Blechstärke: 0,88 mm
Zuschnitt: 333 mm
Kantungen: dreifach
Oberfläche: **sendzimirverzinkt, beidseitig / Bandbeschichtung, beidseitig, RAL .....**
Querneigung: **mit / ohne**
Traufhöhe: bis 6,00 m
Für die Ausführung werden vom AG folgende Unterlagen zur Verfügung gestellt:
- Entwurfszeichnungen, Plannr.: .....
- Übersichtszeichnungen, Plannr.: .....
- statische Berechnung mit Positionsplänen, Plannr.: .....

33€ 42€ **46€** 50€ 57€ [m] ⏱ 0,20h/m 317.000.036

13 Trapezblechdach, Dachausschnitt KG **363**

Dachausschnitt herstellen in Trapezprofil, Werkstoff und Korrosionsschutz wie vor beschriebene Tragschale, oberseitig mit Verstärkungsblech, Ausführung DIN EN 1090-4
Blechdicke: bis 1 mm
Form: rechteckig
Ausschnitt-Abmessung: ..... mm

94€ 114€ **130€** 138€ 157€ [St] ⏱ 0,15h/St 317.000.037

14 Bohrungen, Stahl KG **359**

Bohrungen in Stahlblechen, Stegen oder Flanschen von Stahlträgern oder -stützen, für Installationsleitungen.
Ausführung: **in der Werkstatt / auf der Baustelle**
Durchmesser: bis 30 mm
Materialstärke: ..... mm

11€ 19€ **23€** 28€ 40€ [St] ⏱ 0,20h/St 317.000.038

15 Ramm-/Anfahrschutz KG **569**

Anfahrschutz im Außenbereich, aus Rundrohr, geschweißt auf Stahlplatte und auf bauseitiges Betonfundament mit Schwerlastdübeln montiert.
Höhe: 1.000 mm
Breite: 600 mm
Abmessung: .....
Rundrohr-Konstruktion aus Stahl S235JR - Werkstoff-Nr. 1.0038.
Gestaltung: gem. DGUV Vorschrift 9 und DIN 4844 - gelb kunststoffbeschichtet mit schwarzen Streifen
Oberflächen: nasslackbeschichtet
Für die Ausführung werden vom AG folgende Unterlagen zur Verfügung gestellt:
- Entwurfszeichnungen, Plannr.: .....
- Übersichtszeichnungen, Plannr.: .....
- statische Berechnung mit Positionsplänen, Plannr.: .....

347€ 535€ **630€** 887€ 1.257€ [St] ⏱ 1,70h/St 317.000.039

Nr.	Kurztext / Langtext						Kostengruppe
▶	▷	ø netto €	◁	◀	[Einheit]	Ausf.-Dauer	Positionsnummer

16 Gitterroste, verzinkt, rutschhemmend, verankert KG **339**

Gitterrostbelag als Treppenpodestabdeckung, rutschhemmend und abhebesicher, auf bauseitiger Stahlkonstruktion; einschl. Bohrungen und Verbindungsmitteln für die Verschraubung mit den herzustellenden Anschlüssen.
Einbauort: .....
Gitterrost-Außenmaß (B x L): 500 x 1.000 mm
Maschenteilung: 30 x 10 mm
Tragstab: 30 x 3 mm
Randstab/Einfassung: umlaufend, Profil 30 x 3 mm
Oberfläche: verzinkt
Anforderung: R9
Für die Ausführung werden vom AG folgende Unterlagen zur Verfügung gestellt:
- Entwurfszeichnungen, Plannr.: .....
- Übersichtszeichnungen, Plannr.: .....
- statische Berechnung mit Positionsplänen, Plannr.: .....

110€ 144€ **155€** 179€ 221€ [m2] ⏱ 0,45h/m2 317.000.040

17 Brandschutzbeschichtung, Stahlbauteile, Decklack KG **333**

Brandschutzbeschichtung auf Stahl, als Decklack.
Einbauort: .....
Stahlkonstruktion: **Stahlträger / Fachwerkbinder / Stützen**
Profile und Abmessungen: .....
Beschichtungsverfahren: **Pinsel / Rolle / Spritzverfahren**
Farbton: **RAL / NCS**
Herstellerfarbkarte: .....
Gef. Feuerwiderstand: **EI 30 / EI 60 - feuerhemmend**
Beschichtungsstoff: .....
Arbeitshöhe: .....
Anwendung: Innenbereich

26€ 41€ **44€** 51€ 63€ [m2] ⏱ 0,20h/m2 317.000.043

18 Stundensatz, Facharbeiter/-in

Stundenlohnarbeiten für Vorarbeiter/-in, Facharbeiter/-in und Gleichgestellte. Leistung nach besonderer Anordnung der Bauüberwachung. Der Verrechnungssatz für die jeweilige Arbeitskraft umfasst sämtliche Aufwendungen wie Lohn- und Gehaltskosten, Lohn- und Gehaltsnebenkosten, Zuschläge, lohngebundene und lohnabhängige Kosten, sonstige Sozialkosten, Gemeinkosten, Wagnis und Gewinn.

73€ 79€ **81€** 84€ 90€ [h] ⏱ 1,00h/h 317.000.044

19 Stundensatz, Helfer/-in

Stundenlohnarbeiten für Werker/-in, Helfer/-in und Gleichgestellte. Leistung nach besonderer Anordnung der Bauüberwachung. Der Verrechnungssatz für die jeweilige Arbeitskraft umfasst sämtliche Aufwendungen wie Lohn- und Gehaltskosten, Lohn- und Gehaltsnebenkosten, Zuschläge, lohngebundene und lohnabhängige Kosten, sonstige Sozialkosten, Gemeinkosten, Wagnis und Gewinn.

52€ 60€ **65€** 71€ 83€ [h] ⏱ 1,00h/h 317.000.045

Kosten:
Stand 2. Quartal 2025
Bundesdurchschnitt

▶ min
▷ von
ø Mittel
◁ bis
◀ max

318

Kosten:
Stand 2. Quartal 2025
Bundesdurchschnitt

▶ min
▷ von
ø Mittel
◁ bis
◀ max

Nr.	Positionen	Einheit	▶	▷	ø brutto € ø netto €	◁	◀
1	Bodenflächen reinigen	m²	5	6	**7**	9	11
			5	5	**6**	7	9
2	Bitumenbeschichtung entfernen, Boden	m²	24	29	**36**	42	43
			20	24	**30**	35	36
3	Bodenabdichtung entfernen, Bitumen, einlagig	m²	29	32	**39**	47	50
			25	27	**33**	40	42
4	Bodenabdichtung entfernen, Bitumen, zweilagig	m²	35	38	**46**	56	61
			29	32	**39**	47	51
5	Bitumenbeschichtung entfernen, Wand	m²	25	31	**37**	44	45
			21	26	**31**	37	37
6	Bitumenbahnen entfernen, Wand	m²	30	39	**48**	55	62
			25	33	**40**	46	52
7	Schutzbahn entfernen, Wand	m²	20	24	**28**	34	36
			17	20	**24**	29	30
8	Egalisierung, 5mm, Boden	m²	30	32	**38**	45	48
			25	27	**32**	38	40
9	Egalisierung, 10mm, Boden	m²	32	40	**47**	58	60
			27	34	**40**	49	51
10	Bodenflächen schleifen	m²	12	13	**15**	19	20
			10	11	**13**	16	17
11	Bodenflächen kugelstrahlen	m²	12	13	**15**	18	20
			10	11	**13**	15	17
12	Voranstrich, Bodenabdichtung	m²	8	10	**11**	13	14
			7	8	**9**	11	12
13	Kontaktschicht, Bodenabdichtung	m²	22	25	**28**	34	36
			18	21	**23**	28	30
14	Verstärkung, Gewebe/Vlies, Bodenfläche	St	12	13	**15**	19	20
			10	11	**13**	16	17
15	Innenecke, Verstärkung, Gewebe/Vlies	St	8	9	**10**	12	13
			6	7	**8**	10	11
16	Innenecke, Verstärkung, Dichtband	St	9	10	**12**	14	15
			8	8	**10**	12	13
17	Abdichtung, Bodenplatte, W1.1-E, PMBC	m²	45	48	**51**	57	62
			38	40	**43**	48	52
18	Abdichtung, Bodenplatte, W1.1-E, MDS, starr	m²	42	44	**46**	53	57
			35	37	**39**	44	48
19	Abdichtung, Bodenplatte, W1.1-E, MDS flexibel	m²	61	65	**68**	78	85
			51	55	**57**	65	72
20	Abdichtung, Bodenplatte, W1.1-E, PV200 DD	m²	40	43	**45**	51	55
			33	36	**38**	43	46
21	Abdichtung, Bodenplatte, W1.1-E, PYE G200S4	m²	46	50	**52**	59	65
			38	42	**44**	50	54
22	Abdichtung, Bodenplatte, W1.2-E, PMBC	m²	59	63	**66**	77	82
			50	53	**56**	65	69
23	Abdichtung, Bodenplatte, W1.2-E, MDS starr	m²	64	67	**71**	82	88
			54	57	**60**	68	74
24	Abdichtung, Bodenplatte, W1.2-E, MDS flexibel	m²	77	82	**87**	101	108
			65	69	**73**	85	90

Nr.	Positionen	Einheit	►	▷	ø brutto € / ø netto €	◁	◄
25	Wandflächen reinigen, lose Bestandteile	m²	10	13	**16**	19	20
			9	11	**13**	16	17
26	Wandflächen reinigen, haftungsmind. Stoffe	m²	11	15	**18**	22	29
			9	13	**15**	19	24
27	Druckwasserstrahlen, Kelleraußenwand	m²	27	31	**33**	42	44
			22	26	**28**	36	37
28	Untergrund egalisieren, Kellerwand	m²	27	29	**33**	40	42
			23	24	**28**	34	35
29	Ausgleichsputz, Außenabdichtung	m²	35	44	**47**	50	56
			29	37	**40**	42	47
30	Zwischenschicht, Übergang, MDS	m	24	27	**30**	36	39
			20	23	**25**	30	32
31	Hohlkehle, vorgefertigt	m	25	27	**34**	41	44
			21	23	**29**	34	37
32	Hohlkehle abdichten, MDS	m	23	27	**28**	34	37
			20	23	**24**	28	31
33	Hohlkehle abdichten, PMBC	m	23	27	**29**	35	37
			19	23	**25**	29	31
34	Kanten fasen, Abdichtung	m	5	5	**6**	7	7
			4	4	**5**	6	6
35	Wandflächen schleifen	m²	12	13	**15**	18	20
			10	11	**12**	15	17
36	Wandflächen reinigen, abbürsten	m²	12	16	**19**	22	24
			10	13	**16**	18	20
37	Wandflächen verfestigen	m²	17	20	**24**	29	31
			15	17	**20**	24	26
38	Voranstrich, Wandabdichtung	m²	6	6	**8**	9	10
			5	5	**6**	8	8
39	Spritzbewurf, Haftvermittler	m²	22	26	**32**	38	41
			19	22	**27**	32	34
40	Sperrputz, Zementmörtel	m²	56	68	**75**	92	98
			47	57	**63**	77	83
41	Kontaktschicht, Wandabdichtung	m²	25	29	**31**	38	41
			21	24	**26**	32	34
42	Zwischenschicht, Rückdurchfeuchtung, MDS	m²	51	54	**57**	69	74
			42	45	**48**	58	62
43	Wandabdichtung, W1.1-E, MDS flexibel	m²	55	59	**61**	73	77
			46	50	**52**	61	65
44	Wandabdichtung, W1.1-E, PMBC	m²	53	59	**62**	70	77
			45	49	**52**	59	64
45	Wandabdichtung, W1.1-E, FPD	m²	61	66	**68**	80	87
			52	55	**57**	67	73
46	Wandabdichtung, W1.2-E, PMBC	m²	58	64	**68**	77	84
			49	54	**57**	64	71
47	Wandabdichtung, W1.2-E, PYE KTG KSP	m²	47	50	**52**	60	66
			39	42	**43**	50	55
48	Wandabdichtung, W1.2-E, KSK	m²	43	46	**49**	57	62
			36	38	**41**	48	52

Abdichtungsarbeiten | Preise €

Nr.	Positionen	Einheit	►	▷	ø brutto € ø netto €	◁	◄
49	Wandabdichtung, W2.1-E, PMBC	m²	49	56	**58**	66	71
			41	47	**49**	55	60
50	Wandabdichtung, W2.1-E, PV200S5	m²	56	61	**65**	74	80
			47	52	**54**	62	67
51	Wandabdichtung, W2.2-E, 2xPV200S5	m²	72	78	**83**	94	102
			61	66	**70**	79	86
52	Wandabdichtung, W2.2-E, 2xR500N	m²	77	83	**87**	101	110
			65	70	**73**	85	92
53	Deckenabdichtung, W3-E, Bitumenbahnen	m²	61	66	**70**	80	87
			51	56	**59**	67	73
54	Sockelabdichtung, W4-E, MDS flexibel	m²	60	65	**69**	77	85
			51	55	**58**	65	72
55	Sockelabdichtung, W4-E, FLK	m²	78	85	**88**	105	112
			66	72	**74**	88	94
56	Innenabdichtung, Wand, Schlämme	m²	54	58	**61**	69	75
			45	49	**51**	58	63
57	Fugenabdichtung, W1.1-E, Dichtband	m	21	23	**27**	30	33
			18	20	**22**	25	27
58	Fugenabdichtung, W1.1-E, Fugenband	m	43	49	**55**	62	68
			36	41	**46**	52	57
59	Fugenabdichtung, W1.1-E, Kunststoffbahn	m	39	45	**48**	55	60
			33	37	**41**	46	50
60	Fugenabdichtung, W1.1-E, Schweißbahn	m	41	46	**52**	59	65
			35	39	**44**	50	54
61	Fugenabdichtung, W2.1-E, Schweißbahn	m	40	46	**50**	58	62
			34	39	**42**	49	52
62	Bewegungsfuge, W1.1-E, KSP-Streifen	m	39	44	**50**	56	62
			33	37	**42**	47	52
63	Bewegungsfuge, W2.1-E, Kupferband	m	38	43	**48**	54	60
			32	36	**40**	46	50
64	Bewegungsfuge, W2.1-E, Kunststoffbahn	m	36	40	**46**	53	57
			30	34	**39**	44	48
65	Bewegungsfuge, W2.1-E, Kupferband/Bitumen	m	46	51	**59**	66	73
			39	43	**49**	55	61
66	Bewegungsfuge, W2.1-E, vierstegiges Fugenband	m	55	62	**69**	77	86
			46	52	**58**	65	72
67	Bewegungsfuge, W2.2-E, Los-Festflansch	m	61	70	**77**	87	97
			51	59	**65**	73	81
68	Durchdringung andichten, bituminös	m	43	47	**54**	60	67
			36	39	**45**	50	57
69	Rückläufiger Stoß, drückendes Wasser	m	51	56	**65**	72	80
			43	47	**54**	60	67
70	Abschluss, Klebeflansch, Schutzblech	m	24	26	**29**	34	36
			20	22	**25**	29	31
71	Abschluss Klemmprofil	m	37	42	**46**	53	57
			31	36	**39**	45	48
72	Abschluss Kunststoffbahn, Schutzblech	m	29	33	**38**	42	46
			25	28	**32**	35	39

Kosten:
Stand 2. Quartal 2025
Bundesdurchschnitt

► min
▷ von
ø Mittel
◁ bis
◄ max

Nr.	Positionen	Einheit	►	▷	ø brutto € / ø netto €	◁	◄
73	Perimeterdämmung, XPS 120mm	m²	59	63	**67**	75	82
			50	53	**56**	63	69
74	Perimeterdämmung, XPS 140mm	m²	67	71	**75**	84	93
			56	59	**63**	71	78
75	Perimeterdämmung, XPS 180mm	m²	90	95	**101**	113	124
			75	80	**85**	95	104
76	Perimeterdämmung, XPS 220mm	m²	115	123	**128**	146	159
			97	103	**108**	123	133
77	Perimeterdämmung, CG, 120mm	m²	123	133	**143**	157	177
			103	111	**120**	132	149
78	Perimeterdämmung, CG, 140mm	m²	136	150	**156**	181	196
			114	126	**131**	153	164
79	Perimeterdämmung, CG, 160mm	m²	153	163	**172**	197	214
			128	137	**144**	166	180
80	Perimeterdämmung, CG, 200mm	m²	162	176	**187**	207	233
			137	148	**157**	174	196
81	Sickerschicht, Kunststoffnoppenbahn	m²	18	23	**25**	26	41
			16	19	**21**	22	34
82	Sickerplatten, Kelleraußenwände	m²	40	45	**48**	57	60
			34	38	**40**	48	51
83	Filtervlies, Schutzschicht	m²	8	10	**11**	11	19
			6	9	**9**	9	16
84	Sickerschicht, Kunststoffnoppenbahn/Vlies	m²	28	31	**34**	41	45
			24	26	**29**	34	38
85	Stundensatz, Facharbeiter/-in	h	77	87	**92**	97	107
			65	73	**77**	81	90
86	Stundensatz, Helfer/-in	h	63	74	**78**	82	87
			53	62	**66**	69	74

Nr. **Kurztext** / Langtext — Kostengruppe

► ▷ **ø netto €** ◁ ◄ [Einheit] Ausf.-Dauer Positionsnummer

1 Bodenflächen reinigen KG **395**

Bodenflächen als Untergrund für Abdichtungen von haftungsmindernder Verunreinigung bzw. Beschichtung entfernen und reinigen, einschl. Absaugung gegen Staubentwicklung.
Untergrund: Beton
Verfahren: .....

5€ 5€ **6€** 7€ 9€ [m²] ⏱ 0,02h/m² 318.000.054

Nr.	Kurztext / Langtext						Kostengruppe
▶	▷	ø netto €	◁	◀	[Einheit]	Ausf.-Dauer	Positionsnummer

2 Bitumenbeschichtung entfernen, Boden KG **394**

Bodenabdichtung aus Bitumenbeschichtung mechanisch lösen und entsorgen. Abfall ist nicht gefährlich, nicht schadstoffbelastet. Leistung inkl. Entfernung haftungsmindernder Bestandteile, der Bitumenrückstände, Reinigung der Bodenoberfläche.
Untergrund: Bodenplatte .....
Transportweg: .....
Anlage (Bezeichnung/Ort): .....
Abfallschlüssel nach AVV: 170302 Bitumengemische

20€	24€	**30€**	35€	36€	[m²]	⏱ 0,18 h/m²	318.000.152

3 Bodenabdichtung entfernen, Bitumen, einlagig KG **394**

Bodenabdichtung aus Bitumenbahnen, einlagig, mechanisch lösen und entsorgen. Der Abfall ist nicht gefährlich, nicht schadstoffbelastet. Leistung inkl. Entfernung haftungsmindernder Bestandteile und Schichten, einschl. Reinigung der Bodenfläche.
Untergrund: .....
Transportweg: .....
Anlage (Bezeichnung/Ort): .....
Abfallschlüssel nach AVV: 170302 Bitumengemische

25€	27€	**33€**	40€	42€	[m²]	⏱ 0,10 h/m²	318.000.046

4 Bodenabdichtung entfernen, Bitumen, zweilagig KG **394**

Bodenabdichtung aus Bitumenbahnen, zweilagig, mechanisch lösen und entsorgen. Der Abfall ist nicht gefährlich, nicht schadstoffbelastet. Leistung inkl. Entfernung haftungsmindernder Bestandteile und Schichten, einschl. Reinigung der Bodenfläche.
Untergrund: .....
Transportweg: .....
Anlage (Bezeichnung/Ort): .....
Abfallschlüssel nach AVV: 170302 Bitumengemische

29€	32€	**39€**	47€	51€	[m²]	⏱ 0,15 h/m²	318.000.047

5 Bitumenbeschichtung entfernen, Wand KG **394**

Wandabdichtung aus Bitumenbeschichtung mechanisch lösen und entsorgen. Abfall ist nicht gefährlich, nicht schadstoffbelastet. Leistung inkl. Entfernung haftungsmindernder Bestandteile, der Bitumenrückstände, Reinigung der Wandoberfläche.
Untergrund: Kelleraußenmauerwerk
Transportweg: .....
Anlage (Bezeichnung/Ort): .....
Abfallschlüssel nach AVV: 170302 Bitumengemische

21€	26€	**31€**	37€	37€	[m²]	⏱ 0,20 h/m²	318.000.049

6 Bitumenbahnen entfernen, Wand KG **394**

Wandabdichtung aus Bitumenbahnen mechanisch lösen und entsorgen. Abfall ist nicht gefährlich, nicht schadstoffbelastet. Leistung inkl. Entfernung haftungsmindernder Bestandteile, der Bitumenrückstände, Reinigung der Wandoberfläche.
Untergrund: Kelleraußenmauerwerk
Bitumenbahn: .....
Transportweg: .....
Anlage (Bezeichnung/Ort): .....
Abfallschlüssel nach AVV: 170302 Bitumengemische

25€	33€	**40€**	46€	52€	[m²]	⏱ 0,20 h/m²	318.000.050

Kosten:
Stand 2. Quartal 2025
Bundesdurchschnitt

▶ min
▷ von
ø Mittel
◁ bis
◀ max

Nr.	Kurztext / Langtext						Kostengruppe
▶	▷	**ø netto €**	◁	◀	[Einheit]	Ausf.-Dauer	Positionsnummer

7 Schutzbahn entfernen, Wand KG **394**

Schutzbahn aus Kunststoff auf den erdberührenden Wandflächen entfernen, inkl. haftungsmindernder Bestandteile, Wandoberflächen reinigen.
Schutzbahn: .....
Transportweg: .....
Anlage (Bezeichnung/Ort): .....
Abfallschlüssel nach AVV: 170904 gemischte Bau- und Abbruchabfälle

17€ | 20€ | **24€** | 29€ | 30€ | [m2] | ⏱ 0,18h/m2 | 318.000.051

8 Egalisierung, 5mm, Boden KG **395**

Untergrund durch Auftrag von Mörtel egalisieren.
Mörtel: **Ausgleichsmörtel / Verlaufmörtel**
Dicke: **bis / i.M.** 5,0 mm

25€ | 27€ | **32€** | 38€ | 40€ | [m2] | ⏱ 0,07h/m2 | 318.000.052

9 Egalisierung, 10mm, Boden KG **395**

Untergrund durch Auftrag von Mörtel egalisieren.
Mörtel: **Ausgleichsmörtel / Verlaufmörtel**
Dicke: **bis / i.M.** 10,0 mm

27€ | 34€ | **40€** | 49€ | 51€ | [m2] | ⏱ 0,15h/m2 | 318.000.053

10 Bodenflächen schleifen KG **395**

Bodenflächen als Untergrund für Abdichtungen von haftungsmindernder Verunreinigung bzw. Beschichtung, mechanisch durch schleifen mit Staubabsaugung reinigen.
Untergrund: Beton

10€ | 11€ | **13€** | 16€ | 17€ | [m2] | ⏱ 0,10h/m2 | 318.000.055

11 Bodenflächen kugelstrahlen KG **395**

Bodenflächen als Untergrund für Abdichtungen von haftungsmindernder Verunreinigung bzw. Beschichtung, mechanisch durch Kugelstrahlen mit Absaugung reinigen.
Untergrund: Beton

10€ | 11€ | **13€** | 15€ | 17€ | [m2] | ⏱ 0,10h/m2 | 318.000.153

12 Voranstrich, Bodenabdichtung KG **325**

Voranstrich / Grundierung für Abdichtung auf Bodenflächen.
Abdichtungsmaterial: .....
Untergrund: Beton

7€ | 8€ | **9€** | 11€ | 12€ | [m2] | ⏱ 0,03h/m2 | 318.000.056

13 Kontaktschicht, Bodenabdichtung KG **325**

Kunststoffmodifizierte Kontaktschicht auf Zementbasis für Abdichtung, zwischen Alt- und Neuabdichtung.
Bauteil: Bodenfläche
Abdichtung, Bestand: .....

18€ | 21€ | **23€** | 28€ | 30€ | [m2] | ⏱ 0,03h/m2 | 318.000.140

Nr.	Kurztext / Langtext						Kostengruppe
▶	▷	**ø netto €**	◁	◀	[Einheit]	Ausf.-Dauer	Positionsnummer

14 Verstärkung, Gewebe/Vlies, Bodenfläche KG **325**

Verstärkung der Abdichtung für Bodenflächen, mit Einlage aus **Gewebe / Vlies**.
Bauteil: **Nasszelle / Balkon**

10€	11€	**13€**	16€	17€	[St]	⏱ 0,07 h/St	318.000.150

15 Innenecke, Verstärkung, Gewebe/Vlies KG **325**

Verstärkung der Abdichtung im Bereich der Innenecke für Wand-/Bodenanschluss, mit Einlage aus **Gewebe / Vlies**.
Bauteil: **Nasszelle / Balkon**

6€	7€	**8€**	10€	11€	[St]	⏱ 0,07 h/St	318.000.057

16 Innenecke, Verstärkung, Dichtband KG **325**

Verstärkung der Abdichtung im Bereich der Innenecke für Wand-/Bodenanschluss, mit dehnfähigen Dichtband.
Bauteil: **Nasszelle / Balkon**

8€	8€	**10€**	12€	13€	[St]	⏱ 0,07 h/St	318.000.144

17 Abdichtung, Bodenplatte, W1.1-E, PMBC KG **325**

Abdichtung von Bodenflächen gegen Bodenfeuchte mit kunststoffmodifizierter Bitumendickbeschichtung als Spachtelmasse in zwei Arbeitsgängen, mit Gewebeeinlage.
Untergrund: Beton
Bauteil: Kellersohle
Wassereinwirkungsklasse: W1.1-E
Rissklasse: R1-E (geringe Anforderung)
Rissüberbrückungsklasse: RÜ1-E (<=0,2 mm)
Raumnutzungsklasse: **RN1-E / RN2-E**
Trockenschichtdicke: mind. 3 mm

38€	40€	**43€**	48€	52€	[m²]	⏱ 0,16 h/m²	318.000.058

18 Abdichtung, Bodenplatte, W1.1-E, MDS, starr KG **325**

Abdichtung von Bodenflächen gegen Bodenfeuchte mit starrer mineralischer Dichtungsschlämme in zwei Arbeitsgängen, mit Gewebe.
Untergrund: Beton
Bauteil: Kellersohle
Wassereinwirkungsklasse: W1.1-E
Rissklasse: R1-E (geringe Anforderung)
Rissüberbrückungsklasse: RÜ1-E (<=0,2 mm)
Raumnutzungsklasse: **RN1-E / RN2-E**
Trockenschichtdicke: mind. 3 mm

35€	37€	**39€**	44€	48€	[m²]	⏱ 0,16 h/m²	318.000.059

Kosten:
Stand 2. Quartal 2025
Bundesdurchschnitt

▶ min
▷ von
ø Mittel
◁ bis
◀ max

19 **Abdichtung, Bodenplatte, W1.1-E, MDS flexibel** KG **325**

Abdichtung von Bodenflächen gegen Bodenfeuchte mit flexibler mineralischer Dichtungsschlämme in zwei Arbeitsgängen, mit Gewebe.
Untergrund: Beton
Bauteil: Kellersohle
Wassereinwirkungsklasse: W1.1-E
Rissklasse: R1-E (geringe Anforderung)
Rissüberbrückungsklasse: RÜ1-E (<=0,2 mm)
Raumnutzungsklasse: **RN1-E / RN2-E**
Trockenschichtdicke: mind. 3 mm

51€ 55€ **57€** 65€ 72€ [m²] ⏱ 0,16 h/m² 318.000.060

20 **Abdichtung, Bodenplatte, W1.1-E, PV200 DD** KG **325**

Abdichtung von Bodenflächen gegen Bodenfeuchte mit Bitumen-Dachdichtungsbahn.
Untergrund: Beton
Bauteil: Kellersohle
Wassereinwirkungsklasse: W1.1-E
Rissklasse: R1-E (geringe Anforderung)
Rissüberbrückungsklasse: RÜ1-E (<=0,2 mm)
Raumnutzungsklasse: **RN1-E / RN2-E**
Dichtungsbahn: PV 200 DD, einlagig

33€ 36€ **38€** 43€ 46€ [m²] ⏱ 0,17 h/m² 318.000.062

21 **Abdichtung, Bodenplatte, W1.1-E, PYE G200S4** KG **325**

Abdichtung von Bodenflächen gegen Bodenfeuchte mit Elastomerbitumen-Schweißbahn.
Untergrund: Beton
Bauteil: Kellersohle
Wassereinwirkungsklasse: W1.1-E
Rissklasse: R1-E (geringe Anforderung)
Rissüberbrückungsklasse: RÜ1-E (<=0,2 mm)
Raumnutzungsklasse: **RN1-E / RN2-E**
Dichtungsbahn: PYE G 200 S4, einlagig

38€ 42€ **44€** 50€ 54€ [m²] ⏱ 0,17 h/m² 318.000.063

22 **Abdichtung, Bodenplatte, W1.2-E, PMBC** KG **325**

Abdichtung von Bodenflächen gegen nicht drückendes Wasser, mäßige Beanspruchung, mit kunststoffmodifizierter Bitumendickbeschichtung als Spachtelmasse in zwei Arbeitsgängen mit Gewebe.
Untergrund: Beton
Bauteil: Boden, Nassraum
Wassereinwirkungsklasse: W1.2-E
Rissklasse: R1-E (geringe Anforderung)
Rissüberbrückungsklasse: RÜ1-E (<=0,2 mm)
Raumnutzungsklasse: **RN1-E / RN2-E**
Trockenschichtdicke: mind. 3 mm

50€ 53€ **56€** 65€ 69€ [m²] ⏱ 0,22 h/m² 318.000.067

Kosten:
Stand 2. Quartal 2025
Bundesdurchschnitt

Nr.	Kurztext / Langtext						Kostengruppe
▶	▷	ø netto €	◁	◀	[Einheit]	Ausf.-Dauer	Positionsnummer

23 Abdichtung, Bodenplatte, W1.2-E, MDS starr KG **325**

Abdichtung von Bodenflächen gegen nicht drückendes Wasser, mäßige Beanspruchung, mit starrer mineralischer Dichtungsschlämme in zwei Arbeitsgängen mit Gewebe.
Untergrund: Beton
Bauteil: Boden, Nassraum
Wassereinwirkungsklasse: W1.2-E
Rissklasse: R1-E (geringe Anforderung)
Rissüberbrückungsklasse: RÜ1-E (<=0,2 mm)
Raumnutzungsklasse: **RN1-E / RN2-E**
Trockenschichtdicke: mind. 4 mm

54€ | 57€ | **60€** | 68€ | 74€ | [m²] | ⏱ 0,17 h/m² | 318.000.068

24 Abdichtung, Bodenplatte, W1.2-E, MDS flexibel KG **325**

Abdichtung von Bodenflächen gegen nicht drückendes Wasser, mäßige Beanspruchung, mit flexibler mineralischer Dichtungsschlämme in zwei Arbeitsgängen mit Gewebe.
Untergrund: Beton
Bauteil: Boden, Nassraum
Wassereinwirkungsklasse: W1.2-E
Rissklasse: R1-E (geringe Anforderung)
Rissüberbrückungsklasse: RÜ1-E (<=0,2 mm)
Raumnutzungsklasse: **RN1-E / RN2-E**
Trockenschichtdicke: mind. 4 mm

65€ | 69€ | **73€** | 85€ | 90€ | [m²] | ⏱ 0,17 h/m² | 318.000.069

25 Wandflächen reinigen, lose Bestandteile KG **395**

Entfernen loser Bestandteile und hohlliegenden Schichten auf Wandflächen aus Mauerwerk.
Bestandteile: .....

9€ | 11€ | **13€** | 16€ | 17€ | [m²] | ⏱ 0,22 h/m² | 318.000.074

26 Wandflächen reinigen, haftungsmind. Stoffe KG **395**

Entfernen von haftungsmindernden Stoffen auf Wandflächen.
Stoffart: **Fette / Salze / Trennmittel**

9€ | 13€ | **15€** | 19€ | 24€ | [m²] | ⏱ 0,22 h/m² | 318.000.075

27 Druckwasserstrahlen, Kelleraußenwand KG **395**

Strahlen mit Druckwasser zum Abtragen und Entfernen loser Teile, sowie leicht ablösender Schichten. Das auffangen und entsorgen wird gesondert abgerechnet.
Bauteil: Kelleraußenwand
Arbeitsdruck: bis 300 bar

22€ | 26€ | **28€** | 36€ | 37€ | [m²] | ⏱ 0,13 h/m² | 318.000.077

▶ min
▷ von
ø Mittel
◁ bis
◀ max

Nr.	Kurztext / Langtext						Kostengruppe
▶	▷	**ø netto €**	◁	◀	[Einheit]	Ausf.-Dauer	Positionsnummer

28 Untergrund egalisieren, Kellerwand KG **395**

Verschließen von Fehlstellen in Wandflächen mit schwindkompensierendem Zementmörtel.
Ausbruchtiefe: bis 10 mm
Bauteil: Kelleraußenwand
Mauerwerksart: .....

23€	24€	**28€**	34€	35€	[m²]	⏱ 0,75h/m²	318.000.078

29 Ausgleichsputz, Außenabdichtung KG **395**

Ausgleichsputz aus Zementmörtel auf Kelleraußenwänden, als Tragschicht für Abdichtungen.
Ausbruchtiefe: bis 15 mm
Putzdicke: 1,5 cm

29€	37€	**40€**	42€	47€	[m²]	⏱ 0,40h/m²	318.000.079

30 Zwischenschicht, Übergang, MDS KG **325**

Zwischenschicht gegen Rückdurchfeuchtung mit mineralischer Dichtungsschlämme im Übergangsbereich Wand/Sohle und Fundamentbereich.
Breite: jeweils 30 cm für Wand- und Bodenfläche

20€	23€	**25€**	30€	32€	[m]	⏱ 0,45h/m	318.000.080

31 Hohlkehle, vorgefertigt KG **325**

Vorgefertigte Hohlkehle aus expandiertem Polystyrol mit Ausrundung zwischen Fundament und Kellerwand.
Untergrund: .....
Lage: .....
Schenkellänge: ca. 5 cm

21€	23€	**29€**	34€	37€	[m]	⏱ 0,08h/m	318.000.081

32 Hohlkehle abdichten, MDS KG **325**

Abdichtung der Hohlkehle mit zementgebundener Dichtungsschlämme. Schlämme über Ausrundung ausbilden und in die zugehörige Flächenabdichtung einbinden.

20€	23€	**24€**	28€	31€	[m]	⏱ 0,13h/m	318.000.083

33 Hohlkehle abdichten, PMBC KG **325**

Abdichtung der Hohlkehle mit bituminöser Dickbeschichtung. Abdichtung über Ausrundung ausbilden und in die zugehörige Flächenabdichtung einbinden.

19€	23€	**25€**	29€	31€	[m]	⏱ 0,11h/m	318.000.084

34 Kanten fasen, Abdichtung KG **325**

Kanten für Abdichtung als Fase ausbilden.
Bauteil: .....
Lage: **horizontal / vertikal**

4€	4€	**5€**	6€	6€	[m]	⏱ 0,07h/m	318.000.085

Nr.	Kurztext / Langtext						Kostengruppe
▶	▷	ø netto €	◁	◀	[Einheit]	Ausf.-Dauer	Positionsnummer

35 Wandflächen schleifen KG **395**

Wandflächen als Untergrund für Abdichtungen von haftungsmindernder Verunreinigung bzw. Beschichtung, mechanisch durch schleifen mit Staubabsaugung reinigen.
Untergrund: Beton

10€	11€	**12€**	15€	17€	[m2]	⏱ 0,10h/m2	318.000.156

36 Wandflächen reinigen, abbürsten KG **395**

Mauerwerkswände durch kräftiges Abbürsten mit einem Stahlbesen bei gleichzeitiger Absaugung reinigen.

10€	13€	**16€**	18€	20€	[m2]	⏱ 0,22h/m2	318.000.138

37 Wandflächen verfestigen KG **335**

Verfestigen von Wandflächen nass in nass in mindestens zwei Arbeitsgängen.
Untergrund: .....
Verbrauch: .....

15€	17€	**20€**	24€	26€	[m2]	⏱ 0,13h/m2	318.000.087

Kosten:
Stand 2. Quartal 2025
Bundesdurchschnitt

38 Voranstrich, Wandabdichtung KG **335**

Voranstrich für Abdichtung auf Kellerwänden.
Untergrund: .....

5€	5€	**6€**	8€	8€	[m2]	⏱ 0,03h/m2	318.000.088

39 Spritzbewurf, Haftvermittler KG **335**

Spritzbewurf mit Zementmörtel auf Wandflächen als Haftvermittler.
Untergrund: .....

19€	22€	**27€**	32€	34€	[m2]	⏱ 0,20h/m2	318.000.089

40 Sperrputz, Zementmörtel KG **335**

Sperrputz mit Zementmörtel auf die vorbereiteten Wandflächen auftragen und oberflächenglatt abreiben.
Untergrund: .....

47€	57€	**63€**	77€	83€	[m2]	⏱ 0,45h/m2	318.000.090

41 Kontaktschicht, Wandabdichtung KG **325**

Kunststoffmodifizierte Kontaktschicht auf Zementbasis für Abdichtung, zwischen Alt- und Neuabdichtung.
Bauteil: Wandfläche
Abdichtung, Bestand: .....

21€	24€	**26€**	32€	34€	[m2]	⏱ 0,03h/m2	318.000.157

42 Zwischenschicht, Rückdurchfeuchtung, MDS KG **335**

Zwischenschicht gegen Rückdurchfeuchtung mit mineralischer Dichtungsschlämme, starr, auf Wandflächen.
Untergrund: .....

42€	45€	**48€**	58€	62€	[m2]	⏱ 0,45h/m2	318.000.091

▶ min
▷ von
ø Mittel
◁ bis
◀ max

Nr.	Kurztext / Langtext						Kostengruppe
►	▷	ø netto €	◁	◄	[Einheit]	Ausf.-Dauer	Positionsnummer

43 Wandabdichtung, W1.1-E, MDS flexibel KG **335**

Außenabdichtung erdberührter Außenwände gegen Bodenfeuchte mit zementgebundener flexibler Dichtungsschlämme in zwei Arbeitsgängen.
Bauteil: Kellerwand
Untergrund: Mauerwerk
Wassereinwirkungsklasse: W1.1-E
Rissklasse: R1-E (geringe Anforderung)
Rissüberbrückungsklasse: RÜ1-E (bis 0,2 mm)
Raumnutzungsklasse: **RN1-E / RN2-E**
Trockenschichtdicke: mind. 2 mm

46€	50€	**52€**	61€	65€	[m2]	⏱ 0,17h/m2	318.000.093

44 Wandabdichtung, W1.1-E, PMBC KG **335**

Außenabdichtung erdberührter Außenwände gegen Bodenfeuchte mit kunststoffmodifizierter Bitumendickbeschichtung als Spachtelmasse in zwei Arbeitsgängen.
Bauteil: Kellerwand
Untergrund: Mauerwerk
Wassereinwirkungsklasse: W1.1-E
Rissklasse: R2-E (mäßige Anforderung)
Rissüberbrückungsklasse: RÜ2-E (bis 0,5 mm)
Raumnutzungsklasse: **RN1-E / RN2-E**
Trockenschichtdicke: mind. 3 mm

45€	49€	**52€**	59€	64€	[m2]	⏱ 0,15h/m2	318.000.094

45 Wandabdichtung, W1.1-E, FPD KG **335**

Außenabdichtung erdberührter Außenwände gegen Bodenfeuchte mit flexibler, polymermodifizierten Dickbeschichtung (FPD).
Bauteil: Kellerwand
Untergrund: Mauerwerk
Wassereinwirkungsklasse: W1.1-E
Rissklasse: .....
Rissüberbrückungsklasse: .....
Raumnutzungsklasse: .....
Trockenschichtdicke: mind. ..... mm

52€	55€	**57€**	67€	73€	[m2]	⏱ 0,19h/m2	318.000.154

46 Wandabdichtung, W1.2-E, PMBC KG **335**

Außenabdichtung erdberührter Außenwände mit Dränung gegen nicht drückendes Wasser mit kunststoffmodifizierter Bitumendickbeschichtung als Spachtelmasse in zwei Arbeitsgängen.
Bauteil: Kellerwand
Untergrund: Mauerwerk
Wassereinwirkungsklasse: W1.2-E
Rissklasse: R2-E (mäßige Anforderung)
Rissüberbrückungsklasse: RÜ2-E (bis 0,5 mm)
Raumnutzungsklasse: **RN1-E / RN2-E**
Trockenschichtdicke: mind. 3 mm

49€	54€	**57€**	64€	71€	[m2]	⏱ 0,15h/m2	318.000.158

300
301
302
306
308
309
310
312
313
314
316
317
318
320
321
322

Nr.	Kurztext / Langtext						Kostengruppe
▶	▷	**ø netto €**	◁	◀	[Einheit]	Ausf.-Dauer	Positionsnummer

47 Wandabdichtung, W1.2-E, PYE KTG KSP KG **335**

Außenabdichtung erdberührter Außenwände mit Dränung gegen nicht drückendes Wasser mit kaltselbstklebender Polymer-bitumenbahnen mit Trägereinlage.
Bauteil: Kellerwand
Untergrund: Beton
Wassereinwirkungsklasse: W1.1-E
Rissklasse: R2-E (mäßige Anforderung)
Rissüberbrückungsklasse: RÜ3-E (hohe Rissüberbrückung)
Raumnutzungsklasse: **RN1-E / RN2-E**
Ausführung: PYE KTG KSP 2,8

39€ 42€ **43€** 50€ 55€ [m²] ⏱ 0,16h/m² 318.000.098

Kosten:
Stand 2. Quartal 2025
Bundesdurchschnitt

48 Wandabdichtung, W1.2-E, KSK KG **335**

Außenabdichtung erdberührter Außenwände mit Dränung gegen nicht drückendes Wasser mit kaltselbstklebender Bitumen-Dichtungsbahnen mit HDPE-Trägerfolie.
Bauteil: Kellerwand
Untergrund: Beton
Wassereinwirkungsklasse: W1.2-E
Rissklasse: R2-E (mäßige Anforderung)
Rissüberbrückungsklasse: RÜ3-E (hohe Rissüberbrückung)
Raumnutzungsklasse: **RN1-E / RN2-E**
Ausführung: KSK

36€ 38€ **41€** 48€ 52€ [m²] ⏱ 0,16h/m² 318.000.151

49 Wandabdichtung, W2.1-E, PMBC KG **335**

Außenabdichtung erdberührter Außenwände gegen drückendes Wasser bis 3 m Eintauchtiefe, mit kunststoffmodifizierter Bitumen-dickbeschichtung als Spachtelmasse in zwei Arbeitsgängen mit Gewebeeinlage.
Bauteil: Kellerwand
Untergrund: Mauerwerk
Wassereinwirkungsklasse: W2.1-E bis 3 m
Rissklasse: R2-E (mäßige Anforderung)
Rissüberbrückungsklasse: RÜ3-E (bis 1 mm)
Raumnutzungsklasse: **RN1-E / RN2-E**
Trockenschichtdicke: mind. 4 mm

41€ 47€ **49€** 55€ 60€ [m²] ⏱ 0,18h/m² 318.000.097

▶ min
▷ von
ø Mittel
◁ bis
◀ max

50 Wandabdichtung, W2.1-E, PV200S5 KG **335**

Außenabdichtung erdberührter Außenwände gegen von drückendem Wasser bis 3m Eintauchtiefe, mit Bitumen-Schweißbahnen.
Bauteil: Kellerwand
Untergrund: Mauerwerk
Wassereinwirkungsklasse: W2.1-E
Rissklasse: R1-E (geringe Anforderung)
Rissüberbrückungsklasse: RÜ4-E (sehr hohe Rissüberbrückung)
Raumnutzungsklasse: **RN1-E /RN2-E**
Ausführung: PV 200 S5, einlagig
Abdichtungstyp: BA

47€ 52€ **54€** 62€ 67€ [m²] ⏱ 0,28h/m² 318.000.147

51 Wandabdichtung, W2.2-E, 2xPV200S5 KG **335**

Außenabdichtung erdberührter Außenwände gegen von außen drückendes Wasser über 3m Eintauchtiefe, mit zwei Lagen Bitumen-Schweißbahnen.
Bauteil: Kellerwand
Untergrund: Mauerwerk
Wassereinwirkungsklasse: W2.2-E über 3 m
Rissklasse: R1-E (geringe Anforderung)
Rissüberbrückungsklasse: RÜ4-E (sehr hohe Rissüberbrückung)
Raumnutzungsklasse: RN1-E
Ausführung: 2x PV 200 S5
Abdichtungstyp: BA

►	▷	ø netto €	◁	◀	[Einheit]	Ausf.-Dauer	Positionsnummer
61€	66€	**70€**	79€	86€	[m²]	⏱ 0,28h/m²	318.000.102

52 Wandabdichtung, W2.2-E, 2xR500N KG **335**

Außenabdichtung erdberührter Außenwände gegen von außen drückendes Wasser über 3m Eintauchtiefe, mit zwei Lagen nackten Bitumenbahnen und Metallband aus Kupfer, kalottengeriffelt, Dicke 0,1mm.
Bauteil: Kellerwand
Untergrund: Mauerwerk
Wassereinwirkungsklasse: W2.2-E, über 3 m
Rissklasse: R1-E (geringe Anforderung)
Rissüberbrückungsklasse: RÜ4-E (sehr hohe Rissüberbrückung)
Raumnutzungsklasse: RN1-E
Ausführung: R 500 N, zweilagig, Metallband
Abdichtungstyp: BA

►	▷	ø netto €	◁	◀	[Einheit]	Ausf.-Dauer	Positionsnummer
65€	70€	**73€**	85€	92€	[m²]	⏱ 0,34h/m²	318.000.148

53 Deckenabdichtung, W3-E, Bitumenbahnen KG **363**

Abdichtung erdberührter Decke gegen nicht drückendes Wasser, mit Bitumenbahnen, durchwurzelungsfest.
Untergrund: Beton
Bauteil: Decke
Wassereinwirkungsklasse: W3-E
Rissklasse: R1-E (geringe Anforderung)
Rissüberbrückungsklasse: RÜ4-E (sehr hoch)
Abdichtung: .....

►	▷	ø netto €	◁	◀	[Einheit]	Ausf.-Dauer	Positionsnummer
51€	56€	**59€**	67€	73€	[m²]	⏱ 0,20h/m²	318.000.155

54 Sockelabdichtung, W4-E, MDS flexibel KG **335**

Abdichtung des Wandsockels gegen Spritzwasser und Bodenfeuchte am Wandsockel mit zementgebundener flexibler Dichtungsschlämme in zwei Arbeitsgängen. Die Abdichtung ist bis = 30cm über Oberkante Gelände, hochzuführen.
Bauteil: Kellerwand
Untergrund: Beton
Wassereinwirkungsklasse: W4-E
Rissklasse: R1-E (geringe Anforderung)
Rissüberbrückungsklasse: RÜ1-E (bis 0,2 mm)
Raumnutzungsklasse: **RN1-E / RN2-E**
Trockenschichtdicke: mind. 3 mm

►	▷	ø netto €	◁	◀	[Einheit]	Ausf.-Dauer	Positionsnummer
51€	55€	**58€**	65€	72€	[m²]	⏱ 0,17h/m²	318.000.096

300
301
302
306
308
309
310
312
313
314
316
317
318
320
321
322

Kosten:
Stand 2. Quartal 2025
Bundesdurchschnitt

Nr.	Kurztext / Langtext						Kostengruppe
▶	▷	ø netto €	◁	◀	[Einheit]	Ausf.-Dauer	Positionsnummer

55 Sockelabdichtung, W4-E, FLK — KG **335**

Abdichtung des Wandsockels gegen Spritzwasser und Bodenfeuchte am Wandsockel mit Flüssigkunststoff im Spritzverfahren, mit Verstärkung aus Kunststoffvlies, mind. 110g/m². Die Abdichtung ist bis = 30cm über Oberkante Gelände, hochzuführen.
Bauteil: Kellerwand
Untergrund: Beton
Wassereinwirkungsklasse: W4-E
Rissklasse: R1-E (geringe Anforderung)
Rissüberbrückungsklasse: RÜ1-E (bis 0,2 mm)
Raumnutzungsklasse: **RN1-E / RN2-E**
Trockenschichtdicke: mind. 2 mm

▶	▷	ø	◁	◀	Einheit	Ausf.-Dauer	Positionsnummer
66€	72€	**74€**	88€	94€	[m²]	0,17 h/m²	318.000.149

56 Innenabdichtung, Wand, Schlämme — KG **336**

Abdichtung nach WTA-Merkblatt auf der Innenseite von Kellerwänden gegen von außen angreifende Wasserbeanspruchung mit mineralisch gebundener Dichtungsschlämme.
Untergrund: **Beton / Mauerwerk**
Rissüberbrückung: bis 0,2 mm
Raumnutzung: ....
Trockenschichtdicke: 3 mm

▶	▷	ø	◁	◀	Einheit	Ausf.-Dauer	Positionsnummer
45€	49€	**51€**	58€	63€	[m²]	0,27 h/m²	318.000.105

57 Fugenabdichtung, W1.1-E, Dichtband — KG **325**

Abdichtung von Fugen in erdberührten Wänden gegen Bodenfeuchte und nicht drückendes Wasser, mit elastischer Dichtungsmasse, MDS flexibel und Gewebeband. Leistung mit Fugenvorbereitung und Hinterfüllprofil, sowie Einbindung in Flächenabdichtung.
Wassereinwirkungsklasse: W1-E
Fugenbreite: 15 mm

▶	▷	ø	◁	◀	Einheit	Ausf.-Dauer	Positionsnummer
18€	20€	**22€**	25€	27€	[m]	0,13 h/m	318.000.106

58 Fugenabdichtung, W1.1-E, Fugenband — KG **325**

Abdichtung über Fugen auf erdberührten Wänden gegen Bodenfeuchte und nicht drückendes Wasser, mit elastischem Fugenband, sowie Einbindung in Flächenabdichtung.
Wassereinwirkungsklasse: W1-E
Fugenbreite: .....

▶	▷	ø	◁	◀	Einheit	Ausf.-Dauer	Positionsnummer
36€	41€	**46€**	52€	57€	[m]	0,17 h/m	318.000.107

59 Fugenabdichtung, W1.1-E, Kunststoffbahn — KG **325**

Abdichtung über Fugen auf erdberührten Außenwänden gegen Bodenfeuchte und nicht drückendes Wasser, mit bitumenverträglichen Streifen aus Kunststoff-Dichtungsbahnen. Dichtungsbahn mit Vlies-/Gewebekaschierung zum Einbetten in Bitumendickbeschichtung.
Wassereinwirkungsklasse: W1-E
Fugenbreite: .....
Bewegung: bis 5 mm

▶	▷	ø	◁	◀	Einheit	Ausf.-Dauer	Positionsnummer
33€	37€	**41€**	46€	50€	[m]	0,20 h/m	318.000.108

▶ min
▷ von
ø Mittel
◁ bis
◀ max

60 Fugenabdichtung, W1.1-E, Schweißbahn KG **325**

Abdichtung über Fugen auf Bodenplatten gegen Bodenfeuchte und nicht drückendes Wasser, mit Polymerbitumen-Schweißbahn. Flächenabdichtung an beiden Seiten der Abdichtung mit Bitumen-Schweißbahnen über der Fuge verstärken.
Wassereinwirkungsklasse: W1-E
Fugenbreite: .....
Fugenbewegung: .....
Schweißbahn: PYE-PV 200 S4
Bahnenbreite: 300 mm

35€ 39€ **44€** 50€ 54€ [m] ⏱ 0,30h/m 318.000.109

61 Fugenabdichtung, W2.1-E, Schweißbahn KG **325**

Abdichtung über Fugen, gegen drückendes Wasser bis 3m Eintauchtiefe, mit Schweißbahn. Flächenabdichtung an beiden Seiten der Abdichtung mit Bitumen-Schweißbahnen über der Fuge verstärken.
Wassereinwirkungsklasse: W2.1-E bis 3 m
Fugenbreite: .....
Schweißbahn: PYE-PV 200 S5
Bahnenbreite: 300 mm

34€ 39€ **42€** 49€ 52€ [m] ⏱ 0,30h/m 318.000.111

62 Bewegungsfuge, W1.1-E, KSP-Streifen KG **325**

Abdichtung über Bewegungsfugen auf Bodenplatten gegen Bodenfeuchte und nicht drückendes Wasser, mit kaltselbstklebender Polymerbitumenbahn. Flächenabdichtung an beiden Seiten der Abdichtung mit Streifen über der Fuge verstärken.
Wassereinwirkungsklasse: W1-E
Fugenbreite: .....
Bahnenbreite: 300 mm

33€ 37€ **42€** 47€ 52€ [m] ⏱ 0,20h/m 318.000.110

63 Bewegungsfuge, W2.1-E, Kupferband KG **325**

Abdichtung über Bewegungsfugen, gegen drückendes Wasser bis 3m Eintauchtiefe, mit geriffeltem Kupferband. Flächenabdichtung an beiden Seiten der Abdichtung mit Streifen über der Fuge verstärken.
Wassereinwirkungsklasse: W2.1-E bis 3 m
Fugentyp: I
Fugenbreite: .....
Kupferband: 0,2 m, CU-DHP
Bahnenbreite: 300 mm

32€ 36€ **40€** 46€ 50€ [m] ⏱ 0,30h/m 318.000.112

64 Bewegungsfuge, W2.1-E, Kunststoffbahn KG **325**

Abdichtung über Bewegungsfugen, gegen drückendes Wasser bis 3m Eintauchtiefe, mit Kunststoffbahn.Flächenabdichtung an beiden Seiten der Abdichtung mit Streifen über der Fuge verstärken.
Wassereinwirkungsklasse: W2.1-E bis 3 m
Fugentyp: I
Fugenbreite: .....
Kunststoffbahn: .....
Bahnendicke: 2,0 mm
Bahnenbreite: 300 mm

30€ 34€ **39€** 44€ 48€ [m] ⏱ 0,30h/m 318.000.113

300 301 302 306 308 309 310 312 313 314 316 317 **318** 320 321 322

Nr.	Kurztext / Langtext						Kostengruppe
▶	▷	ø netto €	◁	◀	[Einheit]	Ausf.-Dauer	Positionsnummer

65 **Bewegungsfuge, W2.1-E, Kupferband/Bitumen** KG **325**

Abdichtung über Bewegungsfugen, gegen drückendes Wasser bis 3m Eintauchtiefe, mit geriffeltem Kupferband und Schutzlage aus aufgeschweißter Bitumenbahn.
Wassereinwirkungsklasse: W2.1-E bis 3 m
Fugentyp: I
Fugenbreite: .....
Kunststoffbahn: .....
Kupferband: CU-DHP, 0,1 mm
Bitumenbahn: G 200 S4
Bahnenbreite: 300 mm

39€ | 43€ | **49€** | 55€ | 61€ | [m] | ⏱ 0,30h/m | 318.000.114

Kosten:
Stand 2. Quartal 2025
Bundesdurchschnitt

66 **Bewegungsfuge, W2.1-E, vierstegiges Fugenband** KG **325**

Abdichtung über Bewegungsfugen, gegen drückendes Wasser bis 3m Eintauchtiefe, mit vierstegigen, verschweißten Fugenbändern. Flächenabdichtung mit lose verlegten Kunststoffbahnen auf Terrasse bzw. Tiefgarage.
Wassereinwirkungsklasse: W2.1-E bis 3 m
Fugentyp: I
Fugenbreite: .....
Breite Fugenband: .....

46€ | 52€ | **58€** | 65€ | 72€ | [m] | ⏱ 0,30h/m | 318.000.115

67 **Bewegungsfuge, W2.2-E, Los-Festflansch** KG **325**

Abdichtung über Bewegungsfugen, gegen drückendes Wasser bis 3m Eintauchtiefe, mit Los-Festflansch in doppelter Ausführung.
Wassereinwirkungsklasse: W2.2-E über 3 m
Bauteil: .....
Fugentyp: II
Fugenbreite: .....
Flanschbreite: .....

51€ | 59€ | **65€** | 73€ | 81€ | [m] | ⏱ 0,50h/m | 318.000.116

68 **Durchdringung andichten, bituminös** KG **325**

Flächenabdichtung mit Bitumendickbeschichtung hohlkehlenartig an Durchdringungen anarbeiten. Untergrund durch **anrauen / Grundierung mit EP Harz und Einstreuung** vorbereiten.
Wassereinwirkungsklasse: W1-E
Bauteil: .....
Untergrund: .....

36€ | 39€ | **45€** | 50€ | 57€ | [m] | ⏱ 0,17h/m | 318.000.117

69 **Rückläufiger Stoß, drückendes Wasser** KG **325**

Rückläufiger Stoß der Abdichtung gegen drückendes Wasser auf Sohlenflächen mit 15% Neigung zur Wand. Abdichtungsenden mit einer Schutzkappe aus Metallriffelband versehen.
Bauteil: **Außenwand / Sohlanschluss**
Abdichtung: .....

43€ | 47€ | **54€** | 60€ | 67€ | [m] | ⏱ 0,45h/m | 318.000.118

▶ min
▷ von
ø Mittel
◁ bis
◀ max

Nr.	Kurztext / Langtext						Kostengruppe
►	▷	ø netto €	◁	◄	[Einheit]	Ausf.-Dauer	Positionsnummer

70 Abschluss, Klebeflansch, Schutzblech KG **325**

Abschluss für Bitumenbahnabdichtung mit Schutzblech als Winkelkonstruktion mit Klebeflansch und Kappstreifen herstellen und Oberkante abdichten.
Einbauort: .....
Einbauhöhe: mind. 15 cm
Klebeflansch: .....

20€	22€	**25€**	29€	31€	[m]	⏱ 0,14h/m	318.000.119

71 Abschluss Klemmprofil KG **325**

Abschluss für Bahnenabdichtung mit Klemmprofil herstellen und Oberkante abdichten.
Einbauort: .....
Einbauhöhe: mind. 15 cm

31€	36€	**39€**	45€	48€	[m]	⏱ 0,15h/m	318.000.120

72 Abschluss Kunststoffbahn, Schutzblech KG **325**

Abschluss der Kunststoffbahnabdichtung, mit Schutzblech oder Profilblech, kunststoffbeschichtet.
Einbauort: .....
Höhe ü. Boden: mind. 15 cm

25€	28€	**32€**	35€	39€	[m]	⏱ 0,13h/m	318.000.121

A 1 Perimeterdämmung, XPS Beschreibung für Pos. **73-76**

Perimeterdämmung aus extrudierten Polystyrol-Hartschaumplatten mit umlaufendem Stufenfalz, dicht gestoßen, vollflächig geklebt, als Schutz und Wärmedämmung auf Wänden im Erdreich.
Untergrund: .....
Anwendungstyp: PW
Druckbelastbarkeit: .....
Dämmstoff: XPS
Brandverhalten: Klasse E
Nennwert der Wärmeleitfähigkeit: ..... W/(mK)
Bemessungswert der Wärmeleitfähigkeit: .....

73 Perimeterdämmung, XPS 120mm KG **335**

Wie Ausführungsbeschreibung A 1
Dämmschichtdicke: 120 mm

50€	53€	**56€**	63€	69€	[m²]	⏱ 0,30h/m²	318.000.124

74 Perimeterdämmung, XPS 140mm KG **335**

Wie Ausführungsbeschreibung A 1
Dämmschichtdicke: 140 mm

56€	59€	**63€**	71€	78€	[m²]	⏱ 0,30h/m²	318.000.125

75 Perimeterdämmung, XPS 180mm KG **335**

Wie Ausführungsbeschreibung A 1
Dämmschichtdicke: 180 mm

75€	80€	**85€**	95€	104€	[m²]	⏱ 0,35h/m²	318.000.126

Nr.	Kurztext / Langtext						Kostengruppe
▶	▷	**ø netto €**	◁	◀	[Einheit]	Ausf.-Dauer	Positionsnummer

76 Perimeterdämmung, XPS 220mm KG **335**

Wie Ausführungsbeschreibung A 1
Dämmschichtdicke: 220 mm

97€	103€	**108€**	123€	133€	[m²]	⏱ 0,35 h/m²	318.000.127

A 2 Perimeterdämmung, CG Beschreibung für Pos. **77-80**

Perimeterdämmung aus Schaumglas, mit umlaufendem Stufenfalz, vollflächig geklebt, dicht gestoßen, als Schutz und Wärmedämmung vor Wänden im Erdreich.
Untergrund: ......
Dämmstoff: CG
Anwendungstyp: PW
Druckbelastbarkeit: ......
Brandverhalten: Klasse A
Nennwert der Wärmeleitfähigkeit: ..... W/(mK)
Bemessungswert der Wärmeleitfähigkeit: .....

Kosten:
Stand 2. Quartal 2025
Bundesdurchschnitt

77 Perimeterdämmung, CG, 120mm KG **335**

Wie Ausführungsbeschreibung A 2
Dämmschichtdicke: 120 mm

103€	111€	**120€**	132€	149€	[m²]	⏱ 0,25 h/m²	318.000.128

78 Perimeterdämmung, CG, 140mm KG **335**

Wie Ausführungsbeschreibung A 2
Dämmschichtdicke: 140 mm

114€	126€	**131€**	153€	164€	[m²]	⏱ 0,25 h/m²	318.000.129

79 Perimeterdämmung, CG, 160mm KG **335**

Wie Ausführungsbeschreibung A 2
Dämmschichtdicke: 160 mm

128€	137€	**144€**	166€	180€	[m²]	⏱ 0,25 h/m²	318.000.130

80 Perimeterdämmung, CG, 200mm KG **335**

Wie Ausführungsbeschreibung A 2
Dämmschichtdicke: 200 mm

137€	148€	**157€**	174€	196€	[m²]	⏱ 0,25 h/m²	318.000.131

81 Sickerschicht, Kunststoffnoppenbahn KG **335**

Sickerschicht mit Noppenbahnen auf erdberührten Bauteilen. Leistung einschl. Eckausbildung und Herstellen von Randabschlüssen und Durchdringungen.

16€	19€	**21€**	22€	34€	[m²]	⏱ 0,12 h/m²	318.000.132

▶ min
▷ von
ø Mittel
◁ bis
◀ max

Nr.	Kurztext / Langtext						Kostengruppe
►	▷	ø netto €	◁	◄	[Einheit]	Ausf.-Dauer	Positionsnummer

82 Sickerplatten, Kelleraußenwände KG **335**

Sickerplatten aus bitumengebundene EPS-Kugeln an erdberührten Bauteilen. Leistung einschl. Eckausbildung und Herstellen von Randabschlüssen und Durchdringungen.
Plattendicke: ..... mm

34€	38€	**40€**	48€	51€	[m2]	⏱ 0,18h/m2	318.000.133

83 Filtervlies, Schutzschicht KG **335**

Filtervliesmatten, als senkrechte Schutzschicht vor Dämmplatten, Schutzplatten und Sickerplatten. Die Matten oben bis über OK/Erdreich führen.

6€	9€	**9€**	9€	16€	[m2]	⏱ 0,10h/m2	318.000.134

84 Sickerschicht, Kunststoffnoppenbahn/Vlies KG **335**

Sickerschicht mit Wurzelschutz mit Noppenbahnen und Vlies auf erdberührten Bauteilen. Leistung einschl. Eckausbildung und Herstellen von Randabschlüssen und Durchdringungen.

24€	26€	**29€**	34€	38€	[m2]	⏱ 0,12h/m2	318.000.139

85 Stundensatz, Facharbeiter/-in

Stundenlohnarbeiten für Vorarbeiter/-in, Gesellin/Geselle, Facharbeiter/-in und Gleichgestellte, sowie ähnliche Fachkräfte. Der Verrechnungssatz für die jeweilige Arbeitskraft umfasst sämtliche Aufwendungen wie Lohn- und Gehaltskosten, lohn- und gehaltsgebundene Kosten, Lohn- und Gehaltsnebenkosten, Gemeinkosten, Wagnis und Gewinn. Leistung nach besonderer Anordnung der Bauüberwachung. Anmeldung und Nachweis gem. VOB/B.

65€	73€	**77€**	81€	90€	[h]	⏱ 1,00h/h	318.000.146

86 Stundensatz, Helfer/-in

Stundenlohnarbeiten für Werker/-in, Fachwerker/-in und jeweils Gleichgestellte. Der Verrechnungssatz für die jeweilige Arbeitskraft umfasst sämtliche Aufwendungen wie Lohn- und Gehaltskosten, lohn- und gehaltsgebundene Kosten, Lohn- und Gehaltsnebenkosten, Gemeinkosten, Wagnis und Gewinn. Leistung nach besonderer Anordnung der Bauüberwachung. Nachweis und Anmeldung gem. VOB/B.

53€	62€	**66€**	69€	74€	[h]	⏱ 1,00h/h	318.000.142

320

Kosten:
Stand 2. Quartal 2025
Bundesdurchschnitt

► min
▷ von
ø Mittel
◁ bis
◀ max

Dachdeckungsarbeiten — Preise €

Nr.	Positionen	Einheit	►	▷	ø brutto € / ø netto €	◁	◀
1	Dachdeckung entfernen	m²	12	17	**19**	21	26
			10	14	**16**	18	22
2	Dachdeckung entfernen, lagern	m²	6	8	**9**	11	12
			5	6	**8**	9	10
3	Schieferdeckung, entfernen, lagern	m²	33	40	**48**	58	62
			28	34	**40**	49	52
4	Faserzement-Wellplattendeckung entfernen	m²	14	21	**23**	28	32
			12	17	**19**	23	27
5	Asbestzementdeckung entfernen	m²	22	29	**32**	36	45
			19	24	**27**	31	38
6	Asbestzementdeckung, entsorgen	t	193	295	**302**	331	392
			162	248	**254**	278	329
7	Formziegel abbrechen, gemörtelt	m	7	14	**16**	21	30
			6	12	**14**	17	25
8	Dachlattung entfernen	m²	4	5	**5**	6	7
			3	4	**4**	5	6
9	Bitumenbahn abbrechen, einlagig	m²	9	17	**19**	24	33
			7	14	**16**	20	28
10	Bitumenbahn entfernen, zweilagig	m²	10	21	**24**	30	41
			9	17	**20**	25	35
11	Dachschalung abbrechen	m²	18	26	**30**	37	57
			15	22	**25**	31	48
12	Ortgangbrett abbrechen	m²	9	16	**19**	23	27
			8	13	**16**	19	23
13	Blechteile abbrechen, bis Z 600	m	4	7	**8**	10	14
			3	6	**7**	9	11
14	Schneefanggitter abbrechen	m	2	5	**6**	6	11
			2	4	**5**	5	9
15	Blitzableiter abbrechen	m	2	3	**3**	4	4
			1	2	**3**	3	4
16	Lüftungsrohr abbrechen	St	7	14	**17**	21	35
			6	12	**15**	18	30
17	Laufrost abbrechen	m	4	8	**10**	13	16
			3	7	**9**	11	13
18	Dachfenster abbrechen	St	62	110	**128**	160	170
			52	93	**108**	135	143
19	Dachluke abbrechen	St	22	38	**46**	57	71
			18	32	**39**	48	60
20	Unterspannbahn abbrechen	m²	4	8	**9**	10	11
			3	6	**8**	9	9
21	Betondachsteine umdecken	m²	26	46	**52**	64	71
			22	39	**44**	54	60
22	Biberschwanzdeckung ausbessern	m²	43	50	**59**	72	75
			36	42	**50**	60	63
23	Biberschwanzdeckung umdecken	m²	46	76	**89**	104	107
			39	64	**75**	88	90
24	Flachdachpfannendeckung ausbessern	m²	42	51	**59**	71	74
			35	43	**50**	59	62

Nr.	Positionen	Einheit	►	▷	ø brutto € / ø netto €	◁	◄
25	Flachdachpfannendeckung umdecken	m²	23	39	**47**	58	72
			20	33	**39**	48	60
26	Betondachsteindeckung ausbessern	m²	35	41	**46**	58	61
			29	35	**39**	49	51
27	Dachziegelaustausch, einzeln	St	7	9	**10**	12	16
			6	7	**8**	10	14
28	Dachsteinaustausch, einzeln	St	7	8	**9**	11	12
			6	6	**8**	9	10
29	Zwischensparrendämmung, MW 035, 100mm	m²	29	32	**40**	49	53
			24	27	**33**	41	45
30	Zwischensparrendämmung, MW 035, 120mm	m²	34	38	**45**	56	60
			28	32	**37**	47	51
31	Zwischensparrendämmung, MW 035, 140mm	m²	36	41	**49**	60	67
			31	34	**41**	51	56
32	Zwischensparrendämmung, MW 032, 100mm	m²	32	37	**44**	54	59
			27	31	**37**	46	50
33	Zwischensparrendämmung, MW 032, 120mm	m²	37	44	**49**	62	65
			31	37	**41**	52	55
34	Zwischensparrendämmung, MW 032, 140mm	m²	40	48	**55**	69	74
			34	40	**47**	58	62
35	Aufdachdämmung, MW 035, 60mm, kaschiert	m²	54	61	**72**	85	90
			45	51	**61**	72	76
36	Aufdachdämmung, MW 035, 80mm, kaschiert	m²	57	61	**76**	92	97
			48	51	**64**	77	82
37	Aufdachdämmung, MW 035, 100mm, kaschiert	m²	65	78	**89**	108	115
			55	66	**75**	91	96
38	Aufdachdämmung, MW 035, 120mm, kaschiert	m²	69	73	**92**	110	118
			58	61	**77**	92	99
39	Aufdachdämmung, MW 035, 140mm, kaschiert	m²	70	78	**101**	117	129
			59	66	**85**	99	108
40	Aufdachdämmung, MW 035, 160mm, kaschiert	m²	76	87	**109**	128	138
			64	73	**91**	108	116
41	Aufdachdämmung, MW 035, 180mm, kaschiert	m²	84	106	**118**	142	149
			71	89	**99**	119	125
42	Aufdachdämmung, MW 035, 200mm, kaschiert	m²	88	102	**128**	153	158
			74	86	**107**	129	133
43	Aufsparrendämmung PUR 028, 80mm, Vlies kaschiert	m²	59	64	**73**	87	92
			49	54	**62**	73	78
44	Aufsparrendämmung PUR 028, 100mm, Vlies kaschiert	m²	63	69	**79**	93	99
			53	58	**66**	78	84
45	Aufsparrendämmung PUR 027, 120mm, Vlies kaschiert	m²	85	91	**106**	125	134
			71	77	**89**	105	112
46	Aufsparrendämmung PUR 027, 140mm, Vlies kaschiert	m²	98	110	**121**	145	152
			82	92	**102**	122	128
47	Aufsparrendämmung PUR 027, 160mm, Vlies kaschiert	m²	96	110	**125**	143	156
			81	92	**105**	120	131
48	Aufsparrendämmung PUR 027, 180mm, Vlies kaschiert	m²	101	111	**129**	150	163
			85	93	**108**	126	137

Kosten:
Stand 2. Quartal 2025
Bundesdurchschnitt

▶ min
▷ von
ø Mittel
◁ bis
◀ max

Nr.	Positionen	Einheit	▶	▷	ø brutto € / ø netto €	◁	◀
49	Aufsparrendämmung PIR 024, 120mm, Alu kaschiert	m²	87	97	**114**	131	144
			73	81	**95**	110	121
50	Aufsparrendämmung PIR 024, 140mm, Alu kaschiert	m²	107	118	**136**	162	169
			90	99	**114**	136	142
51	Aufsparrendämmung PIR 024, 160mm, Alu kaschiert	m²	117	136	**148**	172	188
			98	114	**124**	144	158
52	Aufdachdämmung, WF 043, 60mm, kaschiert	m²	45	50	**56**	67	71
			37	42	**47**	56	60
53	Aufdachdämmung, WF 043, 80mm, kaschiert	m²	49	56	**63**	73	80
			42	47	**53**	62	67
54	Aufdachdämmung, WF 043, 100mm, kaschiert	m²	54	60	**70**	81	88
			46	50	**59**	68	74
55	Aufdachdämmung, WF 043, 120mm, kaschiert	m²	58	65	**76**	87	95
			49	54	**64**	73	80
56	Vordeckung, Bitumenbahn V13	m²	7	9	**11**	11	12
			6	8	**9**	9	10
57	Vordeckung, Stehfalzdeckung	m²	10	11	**11**	11	12
			9	9	**9**	10	10
58	Dampfbremse, unter Dachsparren	m²	8	12	**13**	15	21
			7	10	**11**	13	18
59	Anschluss, Dampfsperre/-bremse, Klebeband	m	8	11	**13**	15	19
			7	10	**11**	13	16
60	Luftdichtheitsschicht, Dampfbremse	m²	12	14	**15**	17	21
			10	11	**12**	14	18
61	Unterdach, WF, regensicher, 18mm	m²	30	36	**40**	40	45
			25	30	**33**	34	38
62	Unterspannbahn, belüftetes Dach	m²	11	13	**14**	15	17
			9	11	**12**	13	14
63	Konterlattung, 30x50mm, Dach	m	3	5	**6**	8	11
			3	4	**5**	7	9
64	Konterlattung, 30x50mm, Dach	m²	4	7	**9**	11	16
			3	6	**7**	9	13
65	Konterlattung, 40x60mm, Dach	m	5	9	**9**	9	11
			4	7	**7**	8	9
66	Konterlattung, 40x60mm, Dach	m²	8	11	**12**	14	18
			7	9	**10**	12	15
67	Dachlattung, 30x50mm, Falzziegel/Beton	m²	8	11	**12**	14	17
			7	9	**10**	12	14
68	Dachlattung, 40x60mm, Falzziegel/Beton	m²	10	14	**15**	17	19
			9	11	**13**	14	16
69	Dachlattung, trocken, 30x50mm, Biberschwanzdeckung	m²	11	16	**18**	20	24
			9	14	**15**	17	21
70	Dachlattung, trocken, 40x60mm, Biberschwanzdeckung	m²	14	19	**21**	23	25
			12	16	**18**	19	21
71	Nagelabdichtung, Konterlattung	m	4	6	**6**	7	9
			4	5	**5**	6	8
72	Dachschalung, Nadelholz, Rauspund 24mm	m²	35	40	**42**	46	52
			29	33	**35**	39	44

Nr.	Positionen	Einheit	►	▷	ø brutto € / ø netto €	◁	◄
73	Dachschalung, Nadelholz, Rauspund 28mm	m²	50	54	**56**	59	62
			42	45	**47**	49	52
74	Dachschalung, Holzspanplatte P5, 25mm	m²	37	46	**51**	56	72
			31	38	**42**	47	61
75	Schalung, OSB/3 Feuchtbereich, 25mm	m²	32	39	**44**	47	54
			27	33	**37**	40	46
76	Traufbohle, Nadelholz, bis 60x240mm	m	11	14	**16**	20	27
			9	12	**14**	17	23
77	Kantholz, Nadelholz S10 trocken, 60x120mm, scharfkantig	m	15	18	**20**	21	24
			12	15	**17**	18	20
78	Trauf-/Ortgangschalung, NF-Profil, 24mm, gehobelt	m²	38	50	**55**	61	76
			32	42	**46**	51	64
79	Ortgangbrett, Windbrett, bis 28mm, gehobelt	m	23	31	**34**	39	49
			19	26	**29**	33	42
80	Zuluft-/Insektenschutzgitter, Traufe	m	8	12	**14**	18	26
			7	10	**11**	15	22
81	Zahnleiste, Nadelholz, gehobelt	m	42	61	**70**	77	100
			35	51	**59**	65	84
82	Dachdeckung, Falzziegel, Ton	m²	43	51	**54**	57	63
			36	43	**46**	48	53
83	Dachdeckung, Biberschwanz-/Flachziegel	m²	65	78	**84**	89	102
			55	65	**70**	75	86
84	Dachdeckung, Dachsteine	m²	40	45	**46**	50	58
			34	38	**39**	42	49
85	Dachdeckung, Faserzement, Wellplatte	m²	43	58	**66**	73	89
			36	49	**55**	61	75
86	Dachdeckung, Schiefer	m²	115	134	**138**	157	198
			97	113	**116**	132	166
87	Ortgang, Ziegeldeckung, Formziegel	m	40	62	**70**	82	105
			33	52	**59**	69	89
88	Ortgang, Biberschwanzdeckung, Formziegel	m	51	62	**69**	74	83
			43	52	**58**	62	70
89	Ortgang, Dachsteindeckung, Formziegel	m	54	71	**78**	83	96
			45	59	**65**	70	81
90	Firstanschluss, Ziegeldeckung, Formziegel	m	29	39	**43**	47	58
			24	33	**36**	40	49
91	First, Firstziegel, mörtellos, inkl. Lüfter	m	63	81	**88**	97	114
			53	68	**74**	81	96
92	First, Firstziegel, vermörtelt, inkl. Lüfter	m	72	86	**94**	105	125
			61	72	**79**	88	105
93	First, Firststein, geklammert, Dachstein	m	73	91	**99**	104	118
			62	77	**83**	87	99
94	Pultdachabschluss, Abschlussziegel	m	78	106	**113**	130	165
			66	89	**95**	109	138
95	Pultdachanschluss, Metallblech Z333	m	59	71	**77**	80	85
			50	59	**65**	67	71
96	Grateindeckung, Ziegel, mörtellos	m	71	88	**98**	113	152
			59	74	**82**	95	128

Nr.	Positionen	Einheit	►	▷	ø brutto € / ø netto €	◁	◄
97	Grateindeckung, Ziegel, vermörtelt	m	76	104	**116**	128	159
			64	88	**97**	108	134
98	Dunstrohr-Durchgangsziegel, DN100	St	183	231	**262**	287	339
			154	194	**220**	241	285
99	Dunstrohr-Durchgangsformstück, DN100	St	97	126	**142**	155	196
			82	105	**120**	130	165
100	Leitungsdurchgang, Formziegel	St	105	180	**217**	246	304
			89	151	**182**	206	255
101	Durchgangselement, Solarleitung	St	78	175	**210**	274	395
			65	147	**177**	230	332
102	Tonziegel, Reserve	St	9	11	**13**	14	17
			8	10	**11**	12	14
103	Ziegel beidecken, Dachdeckung	m	19	24	**26**	30	38
			16	20	**22**	25	32
104	Verklammerung, Dachdeckung	m²	3	6	**8**	9	11
			3	5	**6**	7	9
105	Schornstein-Einfassung, Blech	St	203	327	**394**	455	547
			171	275	**331**	382	460
106	Dachfenster/Dachausstieg, ESG, bis 0,3m²	St	584	746	**757**	837	980
			491	627	**636**	703	824
107	Wohndachfenster, bis 1,50m²	St	1.472	1.961	**2.124**	2.497	3.203
			1.237	1.648	**1.785**	2.098	2.692
108	Stundensatz, Facharbeiter/-in	h	80	90	**94**	97	104
			68	76	**79**	81	87

Kosten:
Stand 2. Quartal 2025
Bundesdurchschnitt

Nr. Kurztext / Langtext — Kostengruppe
► ▷ **ø netto €** ◁ ◄ [Einheit] Ausf.-Dauer Positionsnummer

1 Dachdeckung entfernen — KG **394**

Dachbelag aus Ziegel- oder Betonsteindeckung entfernen und anfallenden Bauschutt entsorgen.
Dachdeckung: .....
Dachneigung: .....°
Material: .....
Deckungsart: .....

10€ 14€ **16€** 18€ 22€ [m²] ⏱ 0,12h/m² 320.001.097

2 Dachdeckung entfernen, lagern — KG **395**

Dachdeckung zur Wiederverwendung aufnehmen und seitlich lagern.
Dachdeckung: .....
Dachneigung: .....°
Material: .....
Deckungsart: .....
Lagerweg: .....

5€ 6€ **8€** 9€ 10€ [m²] ⏱ 0,50h/m² 320.001.098

► min
▷ von
ø Mittel
◁ bis
◄ max

Nr.	Kurztext / Langtext						Kostengruppe
▶	▷	ø netto €	◁	◀	[Einheit]	Ausf.-Dauer	Positionsnummer

3 Schieferdeckung, entfernen, lagern KG **395**

Schieferdeckung zur Wiederverwendung aufnehmen und seitlich lagern.
Dachneigung: .....°
Format: .....
Lagerweg: .....

28€	34€	**40€**	49€	52€	[m2]	⏱ 0,40h/m2	320.001.100

4 Faserzement-Wellplattendeckung entfernen KG **394**

Dachdeckung aus nicht asbesthaltigen Faserzementwellplatten abbrechen und anfallenden Bauschutt entsorgen.
Plattenart: ....
Unterkonstruktion: .....
Dachneigung: .....°

12€	17€	**19€**	23€	27€	[m2]	⏱ 0,20h/m2	320.001.101

5 Asbestzementdeckung entfernen KG **394**

Dachdeckung aus asbesthaltigen Faserzementplatten abbrechen und anfallenden Bauschutt sammeln.
Plattenart: ....
Unterkonstruktion: .....
Dachneigung: .....°

19€	24€	**27€**	31€	38€	[m2]	⏱ 0,30h/m2	320.001.157

6 Asbestzementdeckung, entsorgen KG **394**

Asbesthaltigen Faserzementplatten nach Vorschrift entsorgen.
Verpackung: ....
Deponie: .....

162€	248€	**254€**	278€	329€	[t]	⏱ 0,15h/t	320.001.158

7 Formziegel abbrechen, gemörtelt KG **394**

First- und Grateindeckung aus eingemörtelten Formziegeln abbrechen und anfallenden Bauschutt entsorgen.
Ziegelformat (B x H): ..... x .....

6€	12€	**14€**	17€	25€	[m]	⏱ 0,12h/m	320.001.102

8 Dachlattung entfernen KG **394**

Dachlattung entfernen und anfallenden Bauschutt entsorgen.
Lattenweite: 320-340 mm
Lattenquerschnitt (B x H): ..... x .....

3€	4€	**4€**	5€	6€	[m2]	⏱ 0,06h/m2	320.001.103

9 Bitumenbahn abbrechen, einlagig KG **394**

Einlagige Bitumenbahn auf Holzschalung abbrechen und anfallenden Bauschutt entsorgen.
Bitumenbahn: ......

7€	14€	**16€**	20€	28€	[m2]	⏱ 0,20h/m2	320.001.104

300
301
302
306
308
309
310
312
313
314
316
317
318
320
321
322

Nr.	Kurztext / Langtext						Kostengruppe
▶	▷	ø netto €	◁	◀	[Einheit]	Ausf.-Dauer	Positionsnummer

10 Bitumenbahn entfernen, zweilagig KG **394**

Zweilagige Bitumenbahn auf Holzschalung entfernen und anfallenden Bauschutt entsorgen.
Bitumenbahn: ......

▶	▷	ø	◁	◀	Einheit	Ausf.-Dauer	Positionsnummer
9€	17€	**20€**	25€	35€	[m²]	⏱ 0,24h/m²	320.001.105

11 Dachschalung abbrechen KG **394**

Dachschalung abbrechen und anfallenden Bauschutt entsorgen.
Schalung: .....

▶	▷	ø	◁	◀	Einheit	Ausf.-Dauer	Positionsnummer
15€	22€	**25€**	31€	48€	[m²]	⏱ 0,35h/m²	320.001.106

12 Ortgangbrett abbrechen KG **394**

Ortgangbrett abbrechen und anfallenden Bauschutt entsorgen.
Abmessung: .....
Befestigung: .....
Oberflächenbeschichtung/Holzschutz: ....

▶	▷	ø	◁	◀	Einheit	Ausf.-Dauer	Positionsnummer
8€	13€	**16€**	19€	23€	[m²]	⏱ 0,20h/m²	320.001.107

13 Blechteile abbrechen, bis Z 600 KG **394**

Blechteile an Dachdeckung abbrechen und anfallenden Bauschutt entsorgen.
Blechteil: .....
Material: .....
Zuschnitt: .....

▶	▷	ø	◁	◀	Einheit	Ausf.-Dauer	Positionsnummer
3€	6€	**7€**	9€	11€	[m]	⏱ 0,05h/m	320.001.108

14 Schneefanggitter abbrechen KG **394**

Schneefanggitter abbrechen und anfallenden Bauschutt entsorgen.
Material: .....

▶	▷	ø	◁	◀	Einheit	Ausf.-Dauer	Positionsnummer
2€	4€	**5€**	5€	9€	[m]	⏱ 0,08h/m	320.001.109

15 Blitzableiter abbrechen KG **394**

Blitzableiter inkl. Befestigung abbrechen und anfallenden Bauschutt entsorgen.

▶	▷	ø	◁	◀	Einheit	Ausf.-Dauer	Positionsnummer
1€	2€	**3€**	3€	4€	[m]	⏱ 0,01h/m	320.001.110

16 Lüftungsrohr abbrechen KG **394**

Be- oder Entlüftungsrohr in Dachdeckung abbrechen und anfallenden Bauschutt entsorgen.
Art der Deckung: .....
Material: .....

▶	▷	ø	◁	◀	Einheit	Ausf.-Dauer	Positionsnummer
6€	12€	**15€**	18€	30€	[St]	⏱ 0,25h/St	320.001.111

17 Laufrost abbrechen KG **394**

Laufrost auf Dach einschl. Stützen abbrechen und anfallenden Bauschutt entsorgen.
Material: .....
Ausführung: .....
Größe (L x B): ..... x .....

▶	▷	ø	◁	◀	Einheit	Ausf.-Dauer	Positionsnummer
3€	7€	**9€**	11€	13€	[m]	⏱ 0,15h/m	320.001.112

Kosten:
Stand 2. Quartal 2025
Bundesdurchschnitt

▶ min
▷ von
ø Mittel
◁ bis
◀ max

Nr. **Kurztext** / Langtext — Kostengruppe

►	▷	**ø netto €**	◁	◄	[Einheit]	Ausf.-Dauer	Positionsnummer

18 Dachfenster abbrechen — KG **394**

Dachfenster einschl. Blechrahmen und Flügel abbrechen und anfallenden Bauschutt entsorgen.
Größe (B x H): ..... x .....

52€	93€	**108€**	135€	143€	[St]	⏱ 0,95h/St	320.001.113

19 Dachluke abbrechen — KG **394**

Dachluke als Dachausstiegsfenster abbrechen und anfallenden Bauschutt entsorgen.
Größe (B x H): ..... x .....
Material: .....

18€	32€	**39€**	48€	60€	[St]	⏱ 0,50h/St	320.001.114

20 Unterspannbahn abbrechen — KG **394**

Unterspannbahn abbrechen und anfallenden Bauschutt entsorgen.
Art der Bahn: .....
Dachneigung: ....

3€	6€	**8€**	9€	9€	[m^2]	⏱ 0,07h/m^2	320.001.115

21 Betondachsteine umdecken — KG **395**

Betondachsteindeckung aufnehmen, zwischenlagern und wieder eindecken. Beschädigte und nicht verwendbare Dachsteine sind zu entsorgen und in gleicher Form und Farbe zu ergänzen.
Ersatzanteil: bis 20%
Form: .....
Farbe: .....
Lagerweg: .....

22€	39€	**44€**	54€	60€	[m^2]	⏱ 0,40h/m^2	320.001.117

22 Biberschwanzdeckung ausbessern — KG **395**

Biberschwanzdeckung in Teilflächen mit neuem Material ausbessern und schadhafte Ziegel entsorgen.
Deckung: Doppeldeckung
Flächen: bis 1,00 m^2
Form: .....
Farbe: .....

36€	42€	**50€**	60€	63€	[m^2]	⏱ 0,27h/m^2	320.001.118

23 Biberschwanzdeckung umdecken — KG **395**

Biberschwanzdeckung aufnehmen und wieder eindecken. Beschädigte und nicht verwendbare Dachziegel sind zu entsorgen und in gleicher Form und Farbe zu ergänzen.
Deckung: Doppeldeckung
Ersatzanteil: bis 20%
Form: .....
Farbe: .....
Lagerweg: .....

39€	64€	**75€**	88€	90€	[m^2]	⏱ 0,80h/m^2	320.001.119

300
301
302
306
308
309
310
312
313
314
316
317
318
320
321
322

Nr.	Kurztext / Langtext						Kostengruppe
►	▷	ø netto €	◁	◄	[Einheit]	Ausf.-Dauer	Positionsnummer

24 Flachdachpfannendeckung ausbessern KG **395**

Flachdachpfannendeckung in Teilflächen mit neuem Material in gleicher Farbe und Form ausbessern und schadhafte Ziegel entsorgen.
Flächen: bis 1,00 m²
Form: .....
Farbe: .....

►	▷	ø	◁	◄	[Einheit]	Ausf.-Dauer	Positionsnummer
35€	43€	**50€**	59€	62€	[m²]	⏱ 0,32 h/m²	320.001.120

25 Flachdachpfannendeckung umdecken KG **395**

Flachdachpfannendeckung aufnehmen, zwischenlagern und wieder eindecken. Beschädigte und nicht verwendbare Dachsteine sind zu entsorgen und in gleicher Form und Farbe zu ergänzen.
Ersatzanteil: bis 20%
Form: .....
Farbe: .....
Lagerweg: .....

►	▷	ø	◁	◄	[Einheit]	Ausf.-Dauer	Positionsnummer
20€	33€	**39€**	48€	60€	[m²]	⏱ 0,50 h/m²	320.001.121

26 Betondachsteindeckung ausbessern KG **395**

Betondachsteindeckung in Teilflächen mit neuem Material ausbessern und schadhafte Steine entsorgen.
Flächen: bis 1,00 m²
Form: .....
Farbe: .....

►	▷	ø	◁	◄	[Einheit]	Ausf.-Dauer	Positionsnummer
29€	35€	**39€**	49€	51€	[m²]	⏱ 0,32 h/m²	320.001.116

27 Dachziegelaustausch, einzeln KG **395**

Austausch einzelner Dachziegel mit neuem Material in gleicher Art und Farbe, einschl. Entsorgung schadhafter Steine.
Form: .....
Farbe: .....

►	▷	ø	◁	◄	[Einheit]	Ausf.-Dauer	Positionsnummer
6€	7€	**8€**	10€	14€	[St]	⏱ 0,06 h/St	320.001.122

28 Dachsteinaustausch, einzeln KG **395**

Austausch einzelner Dachsteine mit neuem Material in gleicher Art und Farbe, einschl. Entsorgung schadhafter Steine.
Form: .....
Farbe: .....

►	▷	ø	◁	◄	[Einheit]	Ausf.-Dauer	Positionsnummer
6€	6€	**8€**	9€	10€	[St]	⏱ 0,06 h/St	320.001.123

Kosten:
Stand 2. Quartal 2025
Bundesdurchschnitt

► min
▷ von
ø Mittel
◁ bis
◄ max

A 1 Zwischensparrendämmung, Mineralwolle 035 Beschreibung für Pos. **29-31**

Wärmedämmung aus Mineralwolle zwischen den Sparren als nachträgliche Dämmmaßnahme von außen einbauen.
Dämmstoff: Mineralwolle, MW
Anwendungsgebiet: DZ

29 Zwischensparrendämmung, MW 035, 100mm KG **363**

Wie Ausführungsbeschreibung A 1
Sparrenabstand: ..... mm
Anzahl der Lagen: einlagig
Dämmschichtdicke: 100 mm
Nennwert der Wärmeleitfähigkeit: 0,035 W/(mK)
Bemessungswert der Wärmeleitfähigkeit: .....
Brandverhalten: Klasse A1
Angeb. Fabrikat: .....

24€	27€	**33€**	41€	45€	[m²]	⏱ 0,20h/m²	320.001.151

30 Zwischensparrendämmung, MW 035, 120mm KG **363**

Wie Ausführungsbeschreibung A 1
Sparrenabstand: ..... mm
Anzahl der Lagen: einlagig
Dämmschichtdicke: 120 mm
Nennwert der Wärmeleitfähigkeit: 0,035 W/(mK)
Bemessungswert der Wärmeleitfähigkeit: .....
Brandverhalten: Klasse A1
Angeb. Fabrikat: .....

28€	32€	**37€**	47€	51€	[m²]	⏱ 0,20h/m²	320.001.152

31 Zwischensparrendämmung, MW 035, 140mm KG **363**

Wie Ausführungsbeschreibung A 1
Sparrenabstand: ..... mm
Anzahl der Lagen: einlagig
Dämmschichtdicke: 140 mm
Nennwert der Wärmeleitfähigkeit: 0,035 W/(mK)
Bemessungswert der Wärmeleitfähigkeit: .....
Brandverhalten: Klasse A1
Angeb. Fabrikat: .....

31€	34€	**41€**	51€	56€	[m²]	⏱ 0,22h/m²	320.001.153

300
301
302
306
308
309
310
312
313
314
316
317
318
320
321
322

Nr.	Kurztext / Langtext						Kostengruppe
►	▷	ø netto €	◁	◄	[Einheit]	Ausf.-Dauer	Positionsnummer

A 2 Zwischensparrendämmung, Mineralwolle 032 — Beschreibung für Pos. **32-34**

Wärmedämmung aus Mineralwolle zwischen den Sparren als nachträgliche Dämmmaßnahme von außen einbauen.
Dämmstoff: Mineralwolle, MW
Anwendungsgebiet: DZ

32 Zwischensparrendämmung, MW 032, 100mm — KG **363**

Wie Ausführungsbeschreibung A 2
Sparrenabstand: ..... mm
Anzahl der Lagen: einlagig
Dämmschichtdicke: 100 mm
Nennwert der Wärmeleitfähigkeit: 0,032 W/(mK)
Bemessungswert der Wärmeleitfähigkeit: .....
Brandverhalten: Klasse A1
Angeb. Fabrikat: .....

►	▷	ø	◁	◄	Einheit	Ausf.-Dauer	Positionsnummer
27€	31€	**37€**	46€	50€	[m2]	⏱ 0,20h/m2	320.001.154

33 Zwischensparrendämmung, MW 032, 120mm — KG **363**

Wie Ausführungsbeschreibung A 2
Sparrenabstand: ..... mm
Anzahl der Lagen: einlagig
Dämmschichtdicke: 120 mm
Nennwert der Wärmeleitfähigkeit: 0,032 W/(mK)
Bemessungswert der Wärmeleitfähigkeit: .....
Brandverhalten: Klasse A1
Angeb. Fabrikat: .....

►	▷	ø	◁	◄	Einheit	Ausf.-Dauer	Positionsnummer
31€	37€	**41€**	52€	55€	[m2]	⏱ 0,20h/m2	320.001.155

34 Zwischensparrendämmung, MW 032, 140mm — KG **363**

Wie Ausführungsbeschreibung A 2
Sparrenabstand: ..... mm
Anzahl der Lagen: einlagig
Dämmschichtdicke: 140 mm
Nennwert der Wärmeleitfähigkeit: 0,032 W/(mK)
Bemessungswert der Wärmeleitfähigkeit: .....
Brandverhalten: Klasse A1
Angeb. Fabrikat: .....

►	▷	ø	◁	◄	Einheit	Ausf.-Dauer	Positionsnummer
34€	40€	**47€**	58€	62€	[m2]	⏱ 0,22h/m2	320.001.156

Kosten:
Stand 2. Quartal 2025
Bundesdurchschnitt

► min
▷ von
ø Mittel
◁ bis
◄ max

Nr.	Kurztext / Langtext						Kostengruppe
▶	▷	**ø netto €**	◁	◀	[Einheit]	Ausf.-Dauer	Positionsnummer

A 3 Aufdachdämmung, Mineralwolle 035, kaschiert Beschreibung für Pos. **35-42**

Aufdachdämmung aus Mineralwolle-Platten, kaschiert mit diffusionsoffener Unterdeckbahn, als nachträgliche Dämmmaßnahme auf Dachschalung. Verklebung der Unterdeckbahn mit Selbstklebestreifen. Konterlattung, mit selbstklebendem Nageldichtband, über Sparrenlage gegen Schub- und Windsoglasten.

35 Aufdachdämmung, MW 035, 60mm, kaschiert KG **363**

Wie Ausführungsbeschreibung A 3
Sparrenabstand: .....
Dachneigung: .....°
Dämmstoff: Mineralwolle, MW
Anwendungsgebiet: DAD
Druckbelastbarkeit: dk
Dämmschichtdicke: 60 mm
Brandverhalten: Klasse A1
Nennwert der Wärmeleitfähigkeit: 0,035 W/(mK)
Bemessungswert der Wärmeleitfähigkeit: .....
sd-Wert Unterdeckbahn: .....
Angeb. Fabrikat: .....

45€	51€	**61€**	72€	76€	[m²]	⏱ 0,22h/m²	320.001.124

36 Aufdachdämmung, MW 035, 80mm, kaschiert KG **363**

Wie Ausführungsbeschreibung A 3
Sparrenabstand: .....
Dachneigung: .....°
Dämmstoff: Mineralwolle, MW
Anwendungsgebiet: DAD
Druckbelastbarkeit: dk
Dämmschichtdicke: 80 mm
Brandverhalten: Klasse A1
Nennwert der Wärmeleitfähigkeit: 0,035 W/(mK)
Bemessungswert der Wärmeleitfähigkeit: .....
sd-Wert Unterdeckbahn: .....
Angeb. Fabrikat: .....

48€	51€	**64€**	77€	82€	[m²]	⏱ 0,22h/m²	320.001.125

Nr.	Kurztext / Langtext						Kostengruppe
▶	▷	ø netto €	◁	◀	[Einheit]	Ausf.-Dauer	Positionsnummer

37 **Aufdachdämmung, MW 035, 100mm, kaschiert** KG **363**

Wie Ausführungsbeschreibung A 3
Sparrenabstand: .....
Dachneigung: .....°
Dämmstoff: Mineralwolle, MW
Anwendungsgebiet: DAD
Druckbelastbarkeit: dk
Dämmschichtdicke: 100 mm
Brandverhalten: Klasse A1
Nennwert der Wärmeleitfähigkeit: 0,035 W/(mK)
Bemessungswert der Wärmeleitfähigkeit: .....
sd-Wert Unterdeckbahn: .....
Angeb. Fabrikat: .....

55€ | 66€ | **75€** | 91€ | 96€ | [m²] | ⏱ 0,22 h/m² | 320.001.126

Kosten:
Stand 2. Quartal 2025
Bundesdurchschnitt

38 **Aufdachdämmung, MW 035, 120mm, kaschiert** KG **363**

Wie Ausführungsbeschreibung A 3
Sparrenabstand: .....
Dachneigung: .....°
Dämmstoff: Mineralwolle, MW
Anwendungsgebiet: DAD
Druckbelastbarkeit: dk
Dämmschichtdicke: 120 mm
Brandverhalten: Klasse A1
Nennwert der Wärmeleitfähigkeit: 0,035 W/(mK)
Bemessungswert der Wärmeleitfähigkeit: .....
sd-Wert Unterdeckbahn: .....
Angeb. Fabrikat: .....

58€ | 61€ | **77€** | 92€ | 99€ | [m²] | ⏱ 0,22 h/m² | 320.001.127

39 **Aufdachdämmung, MW 035, 140mm, kaschiert** KG **363**

Wie Ausführungsbeschreibung A 3
Sparrenabstand: .....
Dachneigung: .....°
Dämmstoff: Mineralwolle, MW
Anwendungsgebiet: DAD
Druckbelastbarkeit: dk
Dämmschichtdicke: 140 mm
Brandverhalten: Klasse A1
Nennwert der Wärmeleitfähigkeit: 0,035 W/(mK)
Bemessungswert der Wärmeleitfähigkeit: .....
sd-Wert Unterdeckbahn: .....
Angeb. Fabrikat: .....

59€ | 66€ | **85€** | 99€ | 108€ | [m²] | ⏱ 0,22 h/m² | 320.001.128

▶ min
▷ von
ø Mittel
◁ bis
◀ max

Nr.	Kurztext / Langtext						Kostengruppe
►	▷	**ø netto €**	◁	◄	[Einheit]	Ausf.-Dauer	Positionsnummer

40 Aufdachdämmung, MW 035, 160mm, kaschiert KG **363**

Wie Ausführungsbeschreibung A 3
Sparrenabstand: .....
Dachneigung: .....°
Dämmstoff: Mineralwolle, MW
Anwendungsgebiet: DAD
Druckbelastbarkeit: dk
Dämmschichtdicke: 160 mm
Brandverhalten: Klasse A1
Nennwert der Wärmeleitfähigkeit: 0,035 W/(mK)
Bemessungswert der Wärmeleitfähigkeit: .....
sd-Wert Unterdeckbahn: .....
Angeb. Fabrikat: .....

64€	73€	**91€**	108€	116€	[m²]	⏱ 0,23h/m²	320.001.129

41 Aufdachdämmung, MW 035, 180mm, kaschiert KG **363**

Wie Ausführungsbeschreibung A 3
Sparrenabstand: .....
Dachneigung: .....°
Dämmstoff: Mineralwolle, MW
Anwendungsgebiet: DAD
Druckbelastbarkeit: dk
Dämmschichtdicke: 180 mm
Brandverhalten: Klasse A1
Nennwert der Wärmeleitfähigkeit: 0,035 W/(mK)
Bemessungswert der Wärmeleitfähigkeit: .....
sd-Wert Unterdeckbahn: .....
Angeb. Fabrikat: .....

71€	89€	**99€**	119€	125€	[m²]	⏱ 0,23h/m²	320.001.130

42 Aufdachdämmung, MW 035, 200mm, kaschiert KG **363**

Wie Ausführungsbeschreibung A 3
Sparrenabstand: .....
Dachneigung: .....°
Dämmstoff: Mineralwolle, MW
Anwendungsgebiet: DAD
Druckbelastbarkeit: dk
Dämmschichtdicke: 200 mm
Brandverhalten: Klasse A1
Nennwert der Wärmeleitfähigkeit: 0,035 W/(mK)
Bemessungswert der Wärmeleitfähigkeit: .....
sd-Wert Unterdeckbahn: .....
Angeb. Fabrikat: .....

74€	86€	**107€**	129€	133€	[m²]	⏱ 0,23h/m²	320.001.131

Nr.	Kurztext / Langtext						Kostengruppe
▶	▷	ø netto €	◁	◀	[Einheit]	Ausf.-Dauer	Positionsnummer

A 4 Aufsparrendämmung PUR 028, Vlies kaschiert — Beschreibung für Pos. **43-44**

Aufdachdämmung aus PUR-Hartschaumplatten, beidseitiger Kaschierung mit Mineralvlies, einschl. Unterdeckbahn, als nachträgliche Dämmmaßnahme auf Dach. Verklebung der Unterdeckbahn mit Selbstklebestreifen. Konterlattung, mit selbstklebendem Nageldichtband, über Sparrenlage gegen Schub- und Windsoglasten.

43 Aufsparrendämmung PUR 028, 80mm, Vlies kaschiert — KG **363**

Wie Ausführungsbeschreibung A 4
Unterkonstruktion: .....
Dachneigung: .....°
Ausführung Stöße: Nut-Feder
Dämmstoff: PUR-Hartschaum
Anwendungsgebiet: DAD
Druckbelastbarkeit: .....
Dämmschichtdicke: 80 mm
Nennwert der Wärmeleitfähigkeit: 0,028 W/(mK)
Bemessungswert der Wärmeleitfähigkeit: .....
Brandverhalten: Klasse E
Plattengröße: .....
Angeb. Fabrikat: .....

▶	▷	ø	◁	◀	[Einheit]	Ausf.-Dauer	Positionsnummer
49€	54€	**62€**	73€	78€	[m²]	⏱ 0,20h/m²	320.001.132

44 Aufsparrendämmung PUR 028, 100mm, Vlies kaschiert — KG **363**

Wie Ausführungsbeschreibung A 4
Unterkonstruktion: .....
Dachneigung: .....°
Ausführung Stöße: Nut-Feder
Dämmstoff: PUR-Hartschaum
Anwendungsgebiet: DAD
Druckbelastbarkeit: .....
Dämmschichtdicke: 100 mm
Nennwert der Wärmeleitfähigkeit: 0,028 W/(mK)
Bemessungswert der Wärmeleitfähigkeit: .....
Brandverhalten: Klasse E
Plattengröße: .....
Angeb. Fabrikat: .....

▶	▷	ø	◁	◀	[Einheit]	Ausf.-Dauer	Positionsnummer
53€	58€	**66€**	78€	84€	[m²]	⏱ 0,20h/m²	320.001.133

Kosten:
Stand 2. Quartal 2025
Bundesdurchschnitt

▶ min
▷ von
ø Mittel
◁ bis
◀ max

Nr.	Kurztext / Langtext						Kostengruppe
►	▷	ø netto €	◁	◄	[Einheit]	Ausf.-Dauer	Positionsnummer

A 5 Aufsparrendämmung PUR 027, Vlies kaschiert — Beschreibung für Pos. **45-48**

Aufdachdämmung aus PUR-Hartschaumplatten, beidseitiger Kaschierung mit Mineralvlies, einschl. Unterdeckbahn, als nachträgliche Dämmmaßnahme auf Dach. Verklebung der Unterdeckbahn mit Selbstklebestreifen. Konterlattung, mit selbstklebendem Nageldichtband, über Sparrenlage gegen Schub- und Windsoglasten.

45 Aufsparrendämmung PUR 027, 120mm, Vlies kaschiert — KG **363**

Wie Ausführungsbeschreibung A 5
Unterkonstruktion: .....
Dachneigung: .....°
Ausführung Stöße: Nut-Feder
Dämmstoff: PUR-Hartschaum
Anwendungsgebiet: DAD
Druckbelastbarkeit: .....
Dämmschichtdicke: 120 mm
Nennwert der Wärmeleitfähigkeit: 0,027 W/(mK)
Bemessungswert der Wärmeleitfähigkeit: .....
Brandverhalten: Klasse E
Plattengröße: .....
Angeb. Fabrikat: .....

71€	77€	**89€**	105€	112€	[m²]	⏱ 0,20h/m²	320.001.134

46 Aufsparrendämmung PUR 027, 140mm, Vlies kaschiert — KG **363**

Wie Ausführungsbeschreibung A 5
Unterkonstruktion: .....
Dachneigung: .....°
Ausführung Stöße: Nut-Feder
Dämmstoff: PUR-Hartschaum
Anwendungsgebiet: DAD
Druckbelastbarkeit: .....
Dämmschichtdicke: 140 mm
Nennwert der Wärmeleitfähigkeit: 0,027 W/(mK)
Bemessungswert der Wärmeleitfähigkeit: .....
Brandverhalten: Klasse E
Plattengröße: .....
Angeb. Fabrikat: .....

82€	92€	**102€**	122€	128€	[m²]	⏱ 0,20h/m²	320.001.135

300
301
302
306
308
309
310
312
313
314
316
317
318
320
321
322

Nr.	Kurztext / Langtext						Kostengruppe
►	▷	ø netto €	◁	◀	[Einheit]	Ausf.-Dauer	Positionsnummer

47 **Aufsparrendämmung PUR 027, 160mm, Vlies kaschiert** KG **363**

Wie Ausführungsbeschreibung A 5
Unterkonstruktion: .....
Dachneigung: .....°
Ausführung Stöße: Nut-Feder
Dämmstoff: PUR-Hartschaum
Anwendungsgebiet: DAD
Druckbelastbarkeit: .....
Dämmschichtdicke: 160 mm
Nennwert der Wärmeleitfähigkeit: 0,027 W/(mK)
Bemessungswert der Wärmeleitfähigkeit: .....
Brandverhalten: Klasse E
Plattengröße: .....
Angeb. Fabrikat: .....

►	▷	ø	◁	◀	[Einheit]	Ausf.-Dauer	Positionsnummer
81€	92€	**105€**	120€	131€	[m²]	⏱ 0,20 h/m²	320.001.136

48 **Aufsparrendämmung PUR 027, 180mm, Vlies kaschiert** KG **363**

Wie Ausführungsbeschreibung A 5
Unterkonstruktion: .....
Dachneigung: .....°
Ausführung Stöße: Nut-Feder
Dämmstoff: PUR-Hartschaum
Anwendungsgebiet: DAD
Druckbelastbarkeit: .....
Dämmschichtdicke: 180 mm
Nennwert der Wärmeleitfähigkeit: 0,027 W/(mK)
Bemessungswert der Wärmeleitfähigkeit: .....
Brandverhalten: Klasse E
Plattengröße: .....
Angeb. Fabrikat: .....

►	▷	ø	◁	◀	[Einheit]	Ausf.-Dauer	Positionsnummer
85€	93€	**108€**	126€	137€	[m²]	⏱ 0,20 h/m²	320.001.137

Kosten:
Stand 2. Quartal 2025
Bundesdurchschnitt

► min
▷ von
ø Mittel
◁ bis
◀ max

A 6 Aufsparrendämmung PIR 024, Alu kaschiert — Beschreibung für Pos. **49-51**

Aufdachdämmung aus PIR-Hartschaumplatten, beidseitiger Kaschierung mit Aluminium, einschl. Unterdeckbahn, als nachträgliche Dämmmaßnahme auf Dach. Verklebung der Unterdeckbahn mit Selbstklebestreifen. Konterlattung, mit selbstklebendem Nageldichtband, über Sparrenlage gegen Schub- und Windsoglasten.
Ausführung Stöße: Nut-Feder

49 Aufsparrendämmung PIR 024, 120mm, Alu kaschiert — KG **363**

Wie Ausführungsbeschreibung A 6
Unterkonstruktion: .....
Dachneigung: .....°
Ausführung Stöße: Nut-Feder
Dämmstoff: PIR-Hartschaum
Anwendungsgebiet: DAD
Druckbelastbarkeit: .....
Dämmschichtdicke: 180 mm
Nennwert der Wärmeleitfähigkeit: 0,024 W/(mK)
Bemessungswert der Wärmeleitfähigkeit: .....
Brandverhalten: Klasse E
Plattengröße: .....
Angeb. Fabrikat: .....

73€	81€	**95€**	110€	121€	[m²]	⏱ 0,20h/m²	320.001.138

50 Aufsparrendämmung PIR 024, 140mm, Alu kaschiert — KG **363**

Wie Ausführungsbeschreibung A 6
Unterkonstruktion: .....
Dachneigung: .....°
Ausführung Stöße: Nut-Feder
Dämmstoff: PIR-Hartschaum
Anwendungsgebiet: DAD
Druckbelastbarkeit: .....
Dämmschichtdicke: 140 mm
Nennwert der Wärmeleitfähigkeit: 0,024 W/(mK)
Bemessungswert der Wärmeleitfähigkeit: .....
Brandverhalten: Klasse E
Plattengröße: .....
Angeb. Fabrikat: .....

90€	99€	**114€**	136€	142€	[m²]	⏱ 0,20h/m²	320.001.139

Nr.	Kurztext / Langtext						Kostengruppe
▶	▷	**ø netto €**	◁	◀	[Einheit]	Ausf.-Dauer	Positionsnummer

51 Aufsparrendämmung PIR 024, 160mm, Alu kaschiert KG **363**

Wie Ausführungsbeschreibung A 6
Unterkonstruktion: .....
Dachneigung: .....°
Ausführung Stöße: Nut-Feder
Dämmstoff: PIR-Hartschaum
Anwendungsgebiet: DAD
Druckbelastbarkeit: .....
Dämmschichtdicke: 160 mm
Nennwert der Wärmeleitfähigkeit: 0,024 W/(mK)
Bemessungswert der Wärmeleitfähigkeit: .....
Brandverhalten: Klasse E
Plattengröße: .....
Angeb. Fabrikat: .....

▶	▷	ø	◁	◀	Einheit	Ausf.-Dauer	Positionsnummer
98€	114€	**124€**	144€	158€	[m2]	⏱ 0,20h/m2	320.001.140

A 7 Aufdachdämmung, WF 043, kaschiert Beschreibung für Pos. **52-55**

Aufsparrendämmung aus Holzfaserplatten mit integrierter Unterdeckplatte, als nachträgliche Dämmmaßnahme. Verklebung der versetzten Stöße, sowie Befestigung auf Untergrund.
Ausführung Stöße: Nut und Feder
Unterkonstruktion: Dachschalung

52 Aufdachdämmung, WF 043, 60mm, kaschiert KG **363**

Wie Ausführungsbeschreibung A 7
Dachneigung: .....°
Sparrenabstand: .....
Dämmstoff: Holzfaserdämmplatte, WF
Anwendungsgebiet: DAD
Druckbelastbarkeit: .....
Nennwert der Wärmeleitfähigkeit: 0,043 W/(mK)
Bemessungswert der Wärmeleitfähigkeit: .....
Dämmschichtdicke: 60 mm
Lagen: einlagig
Brandverhalten: Klasse .....
sd-Wert Unterdeckbahn: .....
Zulassungsnummer: .....
Angeb. Fabrikat: .....

▶	▷	ø	◁	◀	Einheit	Ausf.-Dauer	Positionsnummer
37€	42€	**47€**	56€	60€	[m2]	⏱ 0,26h/m2	320.001.147

Kosten:
Stand 2. Quartal 2025
Bundesdurchschnitt

▶ min
▷ von
ø Mittel
◁ bis
◀ max

Nr.	Kurztext / Langtext						Kostengruppe
▶	▷	ø netto €	◁	◀	[Einheit]	Ausf.-Dauer	Positionsnummer

53 **Aufdachdämmung, WF 043, 80mm, kaschiert** — KG **363**

Wie Ausführungsbeschreibung A 7
Dachneigung: .....°
Sparrenabstand: .....
Dämmstoff: Holzfaserdämmplatte, WF
Anwendungsgebiet: DAD
Druckbelastbarkeit: .....
Nennwert der Wärmeleitfähigkeit: 0,043 W/(mK)
Bemessungswert der Wärmeleitfähigkeit: .....
Dämmschichtdicke: 80 mm
Lagen: einlagig
Brandverhalten: Klasse .....
sd-Wert Unterdeckbahn: .....
Zulassungsnummer: .....
Angeb. Fabrikat: .....

▶	▷	ø netto €	◁	◀	[Einheit]	Ausf.-Dauer	Positionsnummer
42€	47€	**53€**	62€	67€	[m²]	⏱ 0,26 h/m²	320.001.148

54 **Aufdachdämmung, WF 043, 100mm, kaschiert** — KG **363**

Wie Ausführungsbeschreibung A 7
Dachneigung: .....°
Sparrenabstand: .....
Dämmstoff: Holzfaserdämmplatte, WF
Anwendungsgebiet: DAD
Druckbelastbarkeit: .....
Nennwert der Wärmeleitfähigkeit: 0,043 W/(mK)
Bemessungswert der Wärmeleitfähigkeit: .....
Dämmschichtdicke: 100 mm
Lagen: .....lagig
Brandverhalten: Klasse .....
sd-Wert Unterdeckbahn: .....
Zulassungsnummer: .....
Angeb. Fabrikat: .....

▶	▷	ø netto €	◁	◀	[Einheit]	Ausf.-Dauer	Positionsnummer
46€	50€	**59€**	68€	74€	[m²]	⏱ 0,27 h/m²	320.001.149

Nr.	Kurztext / Langtext						Kostengruppe
▶	▷	ø netto €	◁	◀	[Einheit]	Ausf.-Dauer	Positionsnummer

55 Aufdachdämmung, WF 043, 120mm, kaschiert KG **363**

Wie Ausführungsbeschreibung A 7
Dachneigung: .....°
Sparrenabstand: .....
Dämmstoff: Holzfaserdämmplatte, WF
Anwendungsgebiet: DAD
Druckbelastbarkeit: .....
Nennwert der Wärmeleitfähigkeit: 0,043 W/(mK)
Bemessungswert der Wärmeleitfähigkeit: .....
Dämmschichtdicke: 120 mm
Lagen: .....lagig
Brandverhalten: Klasse .....
sd-Wert Unterdeckbahn: .....
Zulassungsnummer: .....
Angeb. Fabrikat: .....

▶	▷	ø	◁	◀	Einheit	Ausf.-Dauer	Positionsnummer
49€	54€	**64€**	73€	80€	[m²]	⏱ 0,27 h/m²	320.001.150

56 Vordeckung, Bitumenbahn V13 KG **363**

Unterdeckung für belüftete, überdeckte Dächer, als Behelfsdeckung, Bitumenbahn mit Glasvlieseinlage.
Bahnenart: V13
Überdeckung: mind. 80 mm (Dachfläche)
Anschlüsse an Durchdringungen und Bauteile als gesonderte Position.

▶	▷	ø	◁	◀	Einheit	Ausf.-Dauer	Positionsnummer
6€	8€	**9€**	9€	10€	[m²]	⏱ 0,08 h/m²	320.001.159

57 Vordeckung, Stehfalzdeckung KG **363**

Vordeckung aus Bitumenbahn mit Glasvlieseinlage, unter Stehfalzdeckungen.
Bahnenart: V13
Verlegung: horizontal
Überdeckung: mind. 80 mm (Dachfläche)

▶	▷	ø	◁	◀	Einheit	Ausf.-Dauer	Positionsnummer
9€	9€	**9€**	10€	10€	[m²]	⏱ 0,08 h/m²	320.001.160

58 Dampfbremse, unter Dachsparren KG **363**

Luftdichtungs- und Dampfbremsbahn, überlappend verlegt, Nähte und Stöße luftdicht verbinden
Dampfbremsbahn: Polyethylenfolie, 0,2 mm
sd-Wert: ..... m
Untergrund: Holzsparren, Montage von unten

▶	▷	ø	◁	◀	Einheit	Ausf.-Dauer	Positionsnummer
7€	10€	**11€**	13€	18€	[m²]	⏱ 0,08 h/m²	320.001.161

59 Anschluss, Dampfsperre/-bremse, Klebeband KG **363**

Anschluss der Dampfsperr- und Luftdichtheitsschicht an Durchdringungen und Einbauten, mit geeignetem Klebe-/Dichtmittel, inkl. Nebenarbeiten.
Anschluss an: .....
Dampfsperrbahn: .....
Dichtband: .....
Untergrund: Beton

▶	▷	ø	◁	◀	Einheit	Ausf.-Dauer	Positionsnummer
7€	10€	**11€**	13€	16€	[m]	⏱ 0,06 h/m	320.001.162

Kosten:
Stand 2. Quartal 2025
Bundesdurchschnitt

▶ min
▷ von
ø Mittel
◁ bis
◀ max

Nr.	Kurztext / Langtext						Kostengruppe
▶	▷	ø netto €	◁	◀	[Einheit]	Ausf.-Dauer	Positionsnummer

60 **Luftdichtheitsschicht, Dampfbremse** KG **363**

Dampfbremse als Luftdichtheits- und diffusionshemmende Schicht für unbelüftetes Dach, unterseitig an Sparren befestigt, Nähte und Stöße verkleben/verschweißen.
Werkstoff: .....
sd-Wert: über 0,5 bis kleiner 100 m

10€	11€	**12€**	14€	18€	[m²]	⏱ 0,08h/m²	320.001.163

61 **Unterdach, WF, regensicher, 18mm** KG **363**

Unterdach aus Holzfaserplatten, regensicher, als äußere, bewitterbare Schicht der Dachkonstruktion, Platten dicht stoßen, Kreuzfugen vermeiden.
Plattenart: WF
Anwendung: DAD - ds
Brandverhalten: Klasse E
Nennwert der Wärmeleitfähigkeit: 0,045 W/(mK)
Bemessungswert der Wärmeleitfähigkeit: .....
Ausführung: .....
Ausbildung Stöße: .....
Plattendicke: 18 mm
Dachneigung: .....°
Angeb. Fabrikat: .....

25€	30€	**33€**	34€	38€	[m²]	⏱ 0,16h/m²	320.001.164

62 **Unterspannbahn, belüftetes Dach** KG **363**

Unterspannung für belüftete Dächer, frei hängend hinterlüftet, als Behelfsdeckung nach ZVDH-Produktdatenblatt, aus Polyurethanfolie (PUR) mit Verstärkung aus Polyestergewebe, auf Sparren, durchhängend verlegen und befestigen.
frei bewitterbar: ..... Wochen
Unterspannbahn: USB-A, Klasse 6
Brandverhalten: Klasse E
Unterspannbahn Typ: PUR-Folie, gewebeverstärkt
Dachneigung: .....°
Untergrund: Holz

9€	11€	**12€**	13€	14€	[m²]	⏱ 0,08h/m²	320.001.165

63 **Konterlattung, 30x50mm, Dach** KG **363**

Hinterlüftungsschicht der Dachfläche, aus Nadelholz, Befestigung mit korrosionsgeschützten Schrauben oder Nägeln.
Sortierklasse: S10
Festigkeitsklasse DIN EN 338: C27 M
Querschnitt: 30 x 50 mm
Sparrenabstand: ..... mm
Untergrund: Holz

3€	4€	**5€**	7€	9€	[m]	⏱ 0,04h/m	320.001.167

300
301
302
306
308
309
310
312
313
314
316
317
318
320
321
322

Nr.	Kurztext / Langtext						Kostengruppe
►	▷	ø netto €	◁	◄	[Einheit]	Ausf.-Dauer	Positionsnummer

64 Konterlattung, 30x50mm, Dach KG **363**

Konterlattung als Hinterlüftungsschicht der Dachfläche, aus Nadelholz, Befestigung mit korrosionsgeschützten Schrauben oder Nägeln.
Sortierklasse: S10
Festigkeitsklasse DIN EN 338: C27 M
Oberfläche: .....
Sparrenabstand: .....
Holzquerschnitt: 30 x 50 mm
Holzfeuchte: trocken

►	▷	ø	◁	◄	[Einheit]	Ausf.-Dauer	Positionsnummer
3€	6€	**7€**	9€	13€	[m²]	⏱ 0,05h/m²	320.001.169

65 Konterlattung, 40x60mm, Dach KG **363**

Konterlattung, aus Nadelholz, statisch tragend bei Aufsparrendämmung, Befestigung mit korrosionsgeschützten Schrauben oder Nägeln.
Sortierklasse: S10
Festigkeitsklasse DIN EN 338: C24 M
Querschnitt: 40 x 60 mm
Sparrenabstand: ..... mm
Untergrund: .....

►	▷	ø	◁	◄	[Einheit]	Ausf.-Dauer	Positionsnummer
4€	7€	**7€**	8€	9€	[m]	⏱ 0,05h/m	320.001.168

66 Konterlattung, 40x60mm, Dach KG **363**

Konterlattung als Hinterlüftungsschicht der Dachfläche, aus Nadelholz, Befestigung mit korrosionsgeschützten Schrauben oder Nägeln.
Sortierklasse: S10
Festigkeitsklasse DIN EN 338: C24 M
Oberfläche: .....
Sparrenabstand: ..... mm
Holzquerschnitt: 40 x 60 mm
Holzfeuchte: trocken

►	▷	ø	◁	◄	[Einheit]	Ausf.-Dauer	Positionsnummer
7€	9€	**10€**	12€	15€	[m²]	⏱ 0,08h/m²	320.001.170

67 Dachlattung, 30x50mm, Falzziegel/Beton KG **363**

Dachlattung aus Nadelholz, für Dachziegel- oder Betondachsteindeckung, auf Holzunterkonstruktion, Befestigung mit korrosionsgeschützten Schrauben bzw. Nägeln.
Sortierklasse: S10
Festigkeitsklasse DIN EN 338: C27 M
Oberfläche: sägerau
Lattenabstand: ..... mm
Sparrenabstand: .....
Dachdeckung: .....
Dachfläche: eben
Dachneigung: .....°
Lattenquerschnitt: 30 x 50 mm
Holzfeuchte: trocken
Untergrund: Holz

►	▷	ø	◁	◄	[Einheit]	Ausf.-Dauer	Positionsnummer
7€	9€	**10€**	12€	14€	[m²]	⏱ 0,06h/m²	320.001.171

Kosten:
Stand 2. Quartal 2025
Bundesdurchschnitt

► min
▷ von
ø Mittel
◁ bis
◄ max

Nr.	Kurztext / Langtext						Kostengruppe
▶	▷	ø netto €	◁	◀	[Einheit]	Ausf.-Dauer	Positionsnummer

68 Dachlattung, 40x60mm, Falzziegel/Beton KG **363**

Dachlattung aus Nadelholz, für Dachziegel- oder Betondachsteindeckung, auf Holzunterkonstruktion, Befestigung mit korrosionsgeschützten Schrauben bzw. Nägeln.
Sortierklasse: S10
Festigkeitsklasse DIN EN 338: C24 M
Oberfläche: sägerau
Lattenabstand: ..... mm
Sparrenabstand: ..... mm
Dachdeckung: .....
Dachfläche: eben
Dachneigung: .....°
Lattenquerschnitt: 40 x 60 mm
Holzfeuchte: trocken
Untergrund: Holz

9€	11€	**13€**	14€	16€	[m²]	⏱ 0,08h/m²	320.001.172

69 Dachlattung, trocken, 30x50mm, Biberschwanzdeckung KG **363**

Dachlattung aus Nadelholz, für Biberschwanz-Doppeldeckung, auf Holzunterkonstruktion, Befestigung mit korrosionsgeschützten Schrauben bzw. Nägeln.
Sortierklasse: S10
Festigkeitsklasse DIN EN 338: C27 M
Oberfläche: sägerau
Lattenabstand: ..... mm
Sparrenabstand: ..... mm
Dachfläche: eben
Dachneigung: .....°
Lattenquerschnitt: 30 x 50 mm
Holzfeuchte: trocken
Untergrund: Holz

9€	14€	**15€**	17€	21€	[m²]	⏱ 0,10h/m²	320.001.173

70 Dachlattung, trocken, 40x60mm, Biberschwanzdeckung KG **363**

Dachlattung aus Nadelholz, für Biberschwanz-Doppeldeckung/-Kronendeckung, auf Holzunterkonstruktion, Befestigung mit korrosionsgeschützten Schrauben bzw. Nägeln.
Sortierklasse: S10
Festigkeitsklasse DIN EN 338: C24 M
Oberfläche: sägerau
Lattenabstand: ..... mm
Sparrenabstand: ..... mm
Dachfläche: eben
Dachneigung: .....°
Lattenquerschnitt: 40 x 60 mm
Holzfeuchte: trocken
Untergrund: Holz

12€	16€	**18€**	19€	21€	[m²]	⏱ 0,12h/m²	320.001.174

300
301
302
306
308
309
310
312
313
314
316
317
318
320
321
322

Nr.	Kurztext / Langtext						Kostengruppe
▶	▷	ø netto €	◁	◀	[Einheit]	Ausf.-Dauer	Positionsnummer

71 Nagelabdichtung, Konterlattung KG **363**

Konterlattung mit zusätzlichem Nageldichtstreifen, auf Unterdeckung bzw. Unterspannung.
Lattenquerschnitt: 40 x 60 mm
Dichtmaterial: selbstklebender, elastischer Dichtstreifen, Unterdeckung: .....

▶	▷	ø	◁	◀	Einheit	Ausf.-Dauer	Positionsnummer
4€	5€	**5€**	6€	8€	[m]	0,01 h/m	320.001.175

72 Dachschalung, Nadelholz, Rauspund 24mm KG **363**

Dachschalung als Rauspund, Unterlage für Deckung, mechanisch befestigt mit korrosionsgeschützten Schrauben bzw. Nägeln.
Holzart: Nadelholz, Sortierklasse: S10
Schalungsdicke: 24 mm
Brettbreite: 80-160 mm
Gebrauchsklasse: .....
Untergrund: Holz

▶	▷	ø	◁	◀	Einheit	Ausf.-Dauer	Positionsnummer
29€	33€	**35€**	39€	44€	[m²]	0,25 h/m²	320.001.176

Kosten:
Stand 2. Quartal 2025
Bundesdurchschnitt

73 Dachschalung, Nadelholz, Rauspund 28mm KG **363**

Dachschalung als Rauspund, Unterlage für Deckung, mechanisch befestigt mit korrosionsgeschützten Schrauben bzw. Nägeln.
Holzart: Nadelholz, Sortierklasse: S10
Schalungsdicke: 28 mm
Brettbreite: 80-160 mm
Gebrauchsklasse: .....
Untergrund: Holz

▶	▷	ø	◁	◀	Einheit	Ausf.-Dauer	Positionsnummer
42€	45€	**47€**	49€	52€	[m²]	0,27 h/m²	320.001.177

74 Dachschalung, Holzspanplatte P5, 25mm KG **363**

Dachschalung aus kunstharzgebundenen Spanplatten, Unterlage für Deckung, mechanisch befestigt.
Einsatzbereich: tragende Anwendung im Feuchtbereich
Plattentyp: P5
Plattendicke: 25 mm
Kante: .....
Untergrund: Holz

▶	▷	ø	◁	◀	Einheit	Ausf.-Dauer	Positionsnummer
31€	38€	**42€**	47€	61€	[m²]	0,20 h/m²	320.001.178

75 Schalung, OSB/3 Feuchtbereich, 25mm KG **354**

Dachschalung aus OSB-Platten Spanplatten, Unterlage für Deckung, mechanisch befestigt.
Einsatzbereich: tragende Anwendung im Feuchtbereich
Plattentyp: OSB/3
Plattendicke: 25 mm
Oberfläche: .....
Kante: .....
Untergrund: Holz

▶	▷	ø	◁	◀	Einheit	Ausf.-Dauer	Positionsnummer
27€	33€	**37€**	40€	46€	[m²]	0,20 h/m²	320.001.179

▶ min
▷ von
ø Mittel
◁ bis
◀ max

Nr.	Kurztext / Langtext						Kostengruppe
▶	▷	ø netto €	◁	◀	[Einheit]	Ausf.-Dauer	Positionsnummer

76 Traufbohle, Nadelholz, bis 60x240mm KG **363**

Traufbohle, trapezförmig, auf Holzkonstruktion, einschl. Höhenausgleich bis 30 mm, Befestigung mit korrosionsgeschützten Nägeln.
Holzart: Nadelholz
Sortierklasse: S10
Abmessung (H x B): 20-60 x 160-240 mm
Oberfläche: .....

▶	▷	ø netto €	◁	◀	[Einheit]	Ausf.-Dauer	Positionsnummer
9€	12€	**14€**	17€	23€	[m]	⏱ 0,10h/m	320.001.180

77 Kantholz, Nadelholz S10 trocken, 60x120mm, scharfkantig KG **361**

Kantholz aus Nadelholz.
Holzart: **Fichte / Tanne / Kiefer**
Holzgüte: S10
Oberfläche: scharfkantig, allseitig gehobelt
Querschnitt: 60 x 120 mm
Einzellänge: ....., gem. Holzliste des AG
Einbauort: .....
Holzfeuchte: trocken

▶	▷	ø netto €	◁	◀	[Einheit]	Ausf.-Dauer	Positionsnummer
12€	15€	**17€**	18€	20€	[m]	⏱ 0,10h/m	320.001.181

78 Trauf-/Ortgangschalung, NF-Profil, 24mm, gehobelt KG **363**

Dachschalung an Traufe, Nadelholz, gespundet, sichtbar bleibend, Vergütung nach gesonderter Position.
Schalungsdicke: 24 mm
Oberfläche: einseitig gehobelt
Gebrauchsklasse: 2
Untergrund: Holz

▶	▷	ø netto €	◁	◀	[Einheit]	Ausf.-Dauer	Positionsnummer
32€	42€	**46€**	51€	64€	[m²]	⏱ 0,30h/m²	320.001.182

79 Ortgangbrett, Windbrett, bis 28mm, gehobelt KG **363**

Ortgangbrett aus Nadelholz, Unterseite mit schrägem Anschnitt als Tropfkante.
Holzart: Kiefer
Sortierklasse: S10
Güteklasse: 1
Brettdicke: 28 mm
Breite: ca. 120 mm
Oberfläche: parallel besäumt, gehobelt
Chem. Holzschutz: ohne
Gebrauchsklasse: .....
Untergrund: Holz

▶	▷	ø netto €	◁	◀	[Einheit]	Ausf.-Dauer	Positionsnummer
19€	26€	**29€**	33€	42€	[m]	⏱ 0,20h/m	320.001.183

Nr.	Kurztext / Langtext						Kostengruppe
▶	▷	ø netto €	◁	◀	[Einheit]	Ausf.-Dauer	Positionsnummer

80 Zuluft-/Insektenschutzgitter, Traufe KG **363**

Insektenschutz und Zuluftöffnungen der Traufe, geeignet als Auflager für die erste Ziegelreihe und passend zur Deckung, inkl. erforderliche Befestigungsmittel.
Breite: ca. 150 mm
Kantung: .....
Material: .....
Deckung: Biberschwanz-Dachziegel

▶	▷	ø	◁	◀	Einheit	Ausf.-Dauer	Positionsnummer
7€	10€	**11€**	15€	22€	[m]	⏱ 0,05h/m	320.001.184

81 Zahnleiste, Nadelholz, gehobelt KG **363**

Zahnleiste aus Nadelholz, am Ortgang passgenau zur Dachdeckung, Unterseite mit schrägem Anschnitt als Tropfkante, Oberseite profiliert.
Holzart: Fichte
Sortierklasse: S10
Dicke: 30 mm
Breite: 120 mm
Oberfläche: parallel besäumt, gehobelt
Chem. Holzschutz: ohne
Gebrauchsklasse: .....
Dachdeckung: .....
Deckweite: .....

▶	▷	ø	◁	◀	Einheit	Ausf.-Dauer	Positionsnummer
35€	51€	**59€**	65€	84€	[m]	⏱ 0,30h/m	320.001.185

82 Dachdeckung, Falzziegel, Ton KG **363**

Dachdeckung mit Strangfalzziegeln, auf vorhandene Lattung.
Falzziegel-Form: .....
Oberfläche: .....
Farbton: .....
Verlegung: versetzte Fuge
Dachneigung: über 40 bis 45°
Dachform: .....
Frostwiderstand: B
Hagelwiderstand: Klasse .....

▶	▷	ø	◁	◀	Einheit	Ausf.-Dauer	Positionsnummer
36€	43€	**46€**	48€	53€	[m²]	⏱ 0,30h/m²	320.001.186

83 Dachdeckung, Biberschwanz-/Flachziegel KG **363**

Dachdeckung mit Biberschwanzziegeln, auf vorhandene Lattung.
Deckungsart: Doppeldeckung
Form: gerader Schnitt
Format: 180 x 380 mm
Oberfläche: .....
Farbton: .....
Verlegung: .....
Dachneigung: über 40 bis 45°
Dachform: .....
Frostwiderstand: B
Hagelwiderstand: Klasse .....

▶	▷	ø	◁	◀	Einheit	Ausf.-Dauer	Positionsnummer
55€	65€	**70€**	75€	86€	[m²]	⏱ 0,35h/m²	320.001.187

Kosten:
Stand 2.Quartal 2025
Bundesdurchschnitt

▶ min
▷ von
ø Mittel
◁ bis
◀ max

84 Dachdeckung, Dachsteine KG **363**

Dachdeckung mit Betondachsteinen, auf vorhandene Lattung.
Dachstein-Form: eben
Format: 330 x 420 mm, ... St/m²
Oberfläche: matt
Farbe: .....
Vorderkante: glatte Schnittkante, abgerundete Schnittkante
Profilhöhe: .....
Verlegung: .....
Dachneigung: über 35 bis 40°
Dachform: .....
Hagelwiderstand: Klasse .....

34€	38€	**39€**	42€	49€	[m²]	⏱ 0,25h/m²	320.001.188

85 Dachdeckung, Faserzement, Wellplatte KG **363**

Dachdeckung mit Faserzement-Wellplatten, auf vorhandene Pfetten, Stöße mit Dichtband hinterlegt , dauerplastischem Kitt in der Höhenüberdeckung, mechanisch befestigt mit verzinkten Schrauben, mind. 50mym.
Untergrund: Holz
Pfettenabstand: .....
Profil: 177/51
Zahl der Wellen: .....
Produkttyp: .....
Profilhöhe: 51 mm
Bruchlast/Biegemoment: .....
Brandverhalten: A1
Hagelwiderstand: Klasse .....
Farbe: .....
Dachneigung: 10 bis <15°
Sparrenlänge: 10,0 m

36€	49€	**55€**	61€	75€	[m²]	⏱ 0,20h/m²	320.001.189

86 Dachdeckung, Schiefer KG **363**

Dachdeckung mit Schiefer, auf vorhandene Schalung mit Vordeckung, mit korrosionsgeschützten Befestigungsmitteln.
Deckung als: Rechteck-Doppeldeckung
Format/Hieb: 40 x 40 cm
Ursprung Schiefer: .....
Karbonatgehalt: >5% Masseanteil
Frost-Tau-Wechsel-Beständigkeit: W1
Temperatur-Wechsel-Beständigkeit: T1
Säurebeständigkeit: S2
Verlegung: geschraubt
Dachneigung: >50-55°
Dachform: .....

97€	113€	**116€**	132€	166€	[m²]	⏱ 0,80h/m²	320.001.190

300
301
302
306
308
309
310
312
313
314
316
317
318
320
321
322

Nr.	Kurztext / Langtext						Kostengruppe
▶	▷	ø netto €	◁	◀	[Einheit]	Ausf.-Dauer	Positionsnummer

87 Ortgang, Ziegeldeckung, Formziegel KG **363**

Ortgang der Dachfläche mit Form-Ziegel, passend zur vorhandener Dachdeckung.
Dachdeckung: .....
Deckung der Ortgangkanten: Doppelwulstziegel
Oberfläche: .....
Farbe: .....
Verlegung: .....
Dachneigung: .....°

▶	▷	ø	◁	◀	Einheit	Ausf.-Dauer	Positionsnummer
33€	52€	**59€**	69€	89€	[m]	⏱ 0,10h/m	320.001.191

88 Ortgang, Biberschwanzdeckung, Formziegel KG **363**

Ortgang der Dachfläche mit Form-Ziegel, passend zur vorhandener Biberschwanz-Dachdeckung.
Dachdeckung: .....
Deckung der Ortgangkanten: Beidecken mit halben und ganzen Biberschwanzziegeln
Oberfläche/Form: .....
Verlegung: trocken verlegt
Dachneigung: .....°

▶	▷	ø	◁	◀	Einheit	Ausf.-Dauer	Positionsnummer
43€	52€	**58€**	62€	70€	[m]	⏱ 0,16h/m	320.001.192

89 Ortgang, Dachsteindeckung, Formziegel KG **363**

Ortgang der Dachfläche mit Formsteinen, passend zur vorhandener Betondachsteindeckung. Mechanische Befestigung gegen Windsog gem. der Berechnung.
Dachdeckung: .....
Oberfläche: .....
Verlegung: trocken verlegt
Dachneigung: .....°

▶	▷	ø	◁	◀	Einheit	Ausf.-Dauer	Positionsnummer
45€	59€	**65€**	70€	81€	[m]	⏱ 0,18h/m	320.001.193

90 Firstanschluss, Ziegeldeckung, Formziegel KG **363**

First-Anschluss der Dachdeckung, mit Anschluss-Formziegeln, bei Anschlüssen an First und aufgehenden Bauteilen (Kamin, Gaube, Wohnraumfenster und sonstigen Dachdurchbrüchen), inkl. Firstanschluss-Ortgangziegel.
Dachdeckung: .....
Firstanschlussortgangziegel: .....
Farbe/Oberfläche: wie Flächendeckung
Verlegung: mit korrosionsgeschützten Klammern
Dachneigung: .....°
Art des Anschlusses: .....
Angeb. Fabrikat: .....

▶	▷	ø	◁	◀	Einheit	Ausf.-Dauer	Positionsnummer
24€	33€	**36€**	40€	49€	[m]	⏱ 0,10h/m	320.001.194

91 First, Firstziegel, mörtellos, inkl. Lüfter KG **363**

Firstdeckung mit konischen Formziegeln, passend zur Deckung, einschl. Anfängerziegel, Lüfterelement, Firstlatte und Lattenhalter.
Dachdeckung: .....
Dachneigung: .....°

▶	▷	ø	◁	◀	Einheit	Ausf.-Dauer	Positionsnummer
53€	68€	**74€**	81€	96€	[m]	⏱ 0,35h/m	320.001.195

Kosten:
Stand 2. Quartal 2025
Bundesdurchschnitt

▶ min
▷ von
ø Mittel
◁ bis
◀ max

Nr.	Kurztext / Langtext						Kostengruppe
▶	▷	ø netto €	◁	◀	[Einheit]	Ausf.-Dauer	Positionsnummer

92 First, Firstziegel, vermörtelt, inkl. Lüfter KG **363**

Firstdeckung mit Formziegeln, passend zur Deckung, einschl. Anfängerziegel, Lüfterelement, Firstlatte und Lattenhalter.
Dachdeckung: .....
Dachneigung: .....°

61€	72€	**79€**	88€	105€	[m]	⏱ 0,32h/m	320.001.196

93 First, Firststein, geklammert, Dachstein KG **363**

Firstdeckung mit konischen Formsteinen, passend zur Deckung, einschl. Anfängerstein, Lüfterelement, Firstlatte und Lattenhalter.
Dachdeckung: .....
Dachneigung: .....°

62€	77€	**83€**	87€	99€	[m]	⏱ 0,36h/m	320.001.197

94 Pultdachabschluss, Abschlussziegel KG **363**

Pultfirstdeckung mit Pultfirstziegeln, bei oberen Abschlüssen von Pultdächern, ohne Verblechung, passend zur Deckung, einschl. Pult-Ortgangziegel, Lüfterelement, Firstlatte und Lattenhalter.
Dachdeckung: .....
Dachneigung: .....°

66€	89€	**95€**	109€	138€	[m]	⏱ 0,15h/m	320.001.198

95 Pultdachanschluss, Metallblech Z333 KG **363**

Firstdeckung mit Abdeckblech, passend zur Dachdeckung, mechanisch befestigt, einschl. Holzleiste: S10, 60x60 mm.
Metallblech: Titanzink
Blechdicke: 0,7 mm
Zuschnitt: ca. 333 mm
Kantungen: vierfach
Oberfläche: .....

50€	59€	**65€**	67€	71€	[m]	⏱ 0,25h/m	320.001.199

96 Grateindeckung, Ziegel, mörtellos KG **363**

Gratdeckung mit konischen Formziegeln, passend zur Dachdeckung, mit Gratlatte und Gratlattenhalter, einschl. Anfängerziegel und Lüfterelementen.
Gratneigung: .....°

59€	74€	**82€**	95€	128€	[m]	⏱ 0,35h/m	320.001.200

97 Grateindeckung, Ziegel, vermörtelt KG **363**

Gratdeckung mit Formziegeln, passend zur Dachdeckung, vermörtelt, inkl. Anfängerziegel und Mörtel in Ziegelfarbe.
Gratneigung: .....°

64€	88€	**97€**	108€	134€	[m]	⏱ 0,32h/m	320.001.201

98 Dunstrohr-Durchgangsziegel, DN100 KG **363**

Dunstrohr-Formziegel, passend zur Dachdeckung, mit schlagregensicherem Dunstrohraufsatz.
Material: Ton
Dunstrohr: DN100
Farbe/Oberfläche: passend zur Dacheindeckung

154€	194€	**220€**	241€	285€	[St]	⏱ 0,45h/St	320.001.202

Nr. **Kurztext** / Langtext — Kostengruppe

▶	▷	**ø netto €**	◁	◀	[Einheit]	Ausf.-Dauer	Positionsnummer

99 Dunstrohr-Durchgangsformstück, DN100 — KG **363**

Dunstrohr-Durchgangsformstück, einstellbar auf Dachneigung, mit schlagregensicherer Abdeckhaube.
Material: Kunststoff
Dunstrohr: DN100
Farbe: passend zur Dachziegel-Deckung

▶	▷	ø netto €	◁	◀	[Einheit]	Ausf.-Dauer	Positionsnummer
82€	105€	**120€**	130€	165€	[St]	⏱ 0,30h/St	320.001.203

100 Leitungsdurchgang, Formziegel — KG **363**

Formziegel für Leitungsdurchgang, in Dachaufbau, geeignet für Durchgang eines Antennenfußes.
Material: Ton, mit Aufsatz aus PVC
Farbe/Oberfläche: wie Flächendeckung
Angeb. Fabrikat: .....

▶	▷	ø netto €	◁	◀	[Einheit]	Ausf.-Dauer	Positionsnummer
89€	151€	**182€**	206€	255€	[St]	⏱ 0,40h/St	320.001.205

101 Durchgangselement, Solarleitung — KG **363**

Durchgangselement/Formziegel für Solarleitung.
Material und Farbe: passend zur Dacheindeckung
Typ: .....

▶	▷	ø netto €	◁	◀	[Einheit]	Ausf.-Dauer	Positionsnummer
65€	147€	**177€**	230€	332€	[St]	⏱ 0,25h/St	320.001.213

102 Tonziegel, Reserve — KG **363**

Reserveziegel, liefern und nach Vorgabe durch den Auftraggeber lagern.
Dachdeckung: ....
Angeb. Fabrikat: .....

▶	▷	ø netto €	◁	◀	[Einheit]	Ausf.-Dauer	Positionsnummer
8€	10€	**11€**	12€	14€	[St]	–	320.001.206

103 Ziegel beidecken, Dachdeckung — KG **363**

Beidecken der Ziegel-Dachdeckung, im Bereich von Anschlüssen an Dachflächenfenster und Kehlen, Schornsteine, Dachgauben, etc., einschl. erforderlicher Zuschneide- oder Fräsarbeiten. Abrechnung nach zugeschnittener Länge.
Dachdeckung: .....
Bearbeitung: .....

▶	▷	ø netto €	◁	◀	[Einheit]	Ausf.-Dauer	Positionsnummer
16€	20€	**22€**	25€	32€	[m]	⏱ 0,20h/m	320.001.207

104 Verklammerung, Dachdeckung — KG **363**

Dachdeckung im Flächenbereich zusätzlich sturmsicher verklammern. Klammeranzahl gem. Regelwerk des Deutschen Dachdeckerhandwerks DDH.
Windzone: .....
Gebäudehöhe: .....
Gebäudelage: .....
Verklammerung: .....
Befestigung: .....

▶	▷	ø netto €	◁	◀	[Einheit]	Ausf.-Dauer	Positionsnummer
3€	5€	**6€**	7€	9€	[m²]	⏱ 0,06h/m²	320.001.208

Kosten:
Stand 2. Quartal 2025
Bundesdurchschnitt

▶ min
▷ von
ø Mittel
◁ bis
◀ max

Nr.	Kurztext / Langtext						Kostengruppe
►	▷	**ø netto €**	◁	◄	[Einheit]	Ausf.-Dauer	Positionsnummer

105 Schornstein-Einfassung, Blech KG **429**

Anarbeiten der Dachdeckung an Kamin, dreiseitige Blecheinfassung mit fünffach gekantetem Blech als tiefliegende Rinnen, einseitig Brustblech mit angearbeitetem Walzbleistreifen, allseitig umlaufender, in die Mauerfuge eingelassener Überhangstreifen, oberseitig elastisch verfugt. Leistung mit anpassen der Dachlattung, Schneide- und Passarbeiten der Flächendeckung, sowie regensicherer Anschluss der Unterspann- oder Unterdeckbahn.
Schornstein-Abmessung: 400 x 600 mm
Metallblech: .....

171€	275€	**331€**	382€	460€	[St]	⏱ 1,00h/St	320.001.209

106 Dachfenster/Dachausstieg, ESG, bis 0,3m² KG **362**

Dachausstiegs-Fenster mit stufenlosem 180°-Öffnungswinkel und Schwingfunktion bis zum Anschlag, mit Öffnungsgriff unten, Sicherheitsöffnung und Teleskop-Montageschienen einschl. Eindeckrahmen, in ziegelgedeckte Dachfläche. Blend- und Eindeckrahmen aus Polyurethan, wärmegedämmt, inkl. dichtem Anschluss an Fensterrahmen und innenseitiger Luft-/Dampfsperre.
Blendrahmen-Außenmaß: ca. 490 x 760 mm
Verglasung: .....
Eindeckrahmen: .....
Angeb. Fabrikat: .....

491€	627€	**636€**	703€	824€	[St]	⏱ 1,80h/St	320.001.210

107 Wohndachfenster, bis 1,50m² KG **362**

Dachflächenfenster aus Nadelholz, lasiert, als Klapp-Schwing-Fenster, Fenster mit stufenlosem 45°-Öffnungswinkel und stufenloser Schwingfunktion, Öffnungsgriff unten, mit Lüftungsklappe und Luftfilter, inkl. Eindeck- und Dämmrahmen, in ziegelgedeckte Dachfläche. Verglasung mit Spezialgasfüllung, Außenscheibe mit selbstreinigender Beschichtung, innenseitig mit Edelmetallbeschichtung. Außenabdeckung aus Aluminium, einbrennlackiert, Eindeckrahmen für entsprechende Dachdeckung aus Aluminium, Dämmrahmen aus Polyethylen mit integrierter Stahlleiste, zum Anschluss an Dachdämmung. Anschlussschürze aus diffusionsoffenem Polypropylen mit Wasserableitrinne.
Wärmeschutz: Uw .....
Verglasung: 4mm ESG außen, SZR 14mm, 2x 3 mm VSG innen
Schalldämmung: Rw,R ......
Blendrahmen-Außenmaß: **1.340 x 1.400 / 1.140 x 1.600** mm
Farbe Eindeckrahmen: .....
Angeb. Fabrikat: .....

1.237€	1.648€	**1.785€**	2.098€	2.692€	[St]	⏱ 6,25h/St	320.001.211

108 Stundensatz, Facharbeiter/-in

Stundenlohnarbeiten für Vorarbeiter/-in, Facharbeiter/-in und Gleichgestellte. Leistung nach besonderer Anordnung der Bauüberwachung. Der Verrechnungssatz für die jeweilige Arbeitskraft umfasst sämtliche Aufwendungen wie Lohn- und Gehaltskosten, Lohn- und Gehaltsnebenkosten, Zuschläge, lohngebundene und lohnabhängige Kosten, sonstige Sozialkosten, Gemeinkosten, Wagnis und Gewinn. Leistung nach besonderer Anordnung der Bauüberwachung. Anmeldung und Nachweis gem. VOB/B.

68€	76€	**79€**	81€	87€	[h]	⏱ 1,00h/h	320.001.212

300
301
302
306
308
309
310
312
313
314
316
317
318
320
321
322

Dachabdichtungsarbeiten — Preise €

Nr.	Positionen	Einheit	▶	▷	ø brutto € / ø netto €	◁	◀
1	Lüftungsrohr entfernen	St	12	23	**25**	30	52
			10	19	**21**	26	43
2	Kiesschicht säubern	m²	41	56	**65**	78	83
			35	47	**54**	65	70
3	Kiesschüttung entfernen	m²	15	18	**20**	25	28
			13	15	**17**	21	24
4	Kiesschüttung entfernen, wiederaufbringen	m²	28	33	**36**	43	46
			24	28	**30**	36	38
5	Plattenbelag entfernen, Flachdach	m²	24	30	**33**	42	44
			21	25	**28**	35	37
6	Bitumenabdichtung abbrechen, einlagig	m²	17	24	**26**	33	48
			14	21	**22**	28	40
7	Bitumenabdichtung abbrechen, zweilagig	m²	19	26	**32**	38	39
			16	22	**27**	32	33
8	Bitumenabdichtung, inkl. Dämmung, abbrechen	m²	31	36	**42**	52	63
			26	31	**35**	44	53
9	Trennlage entfernen	m²	5	5	**6**	8	8
			4	4	**5**	6	7
10	Rieselschutzmatte abbrechen	m²	11	14	**16**	19	20
			9	12	**13**	16	17
11	Dachablauf abbrechen	St	19	29	**35**	43	54
			16	25	**29**	36	46
12	Dachrandabschluss entfernen	m	8	12	**15**	18	21
			6	10	**12**	15	18
13	Lichtkuppel entfernen, Flachdach	St	153	166	**182**	222	229
			128	139	**153**	187	193
14	Antennenhalterung entfernen	St	20	23	**27**	33	35
			17	19	**22**	27	30
15	Blitzableiter entfernen	m	2	5	**6**	8	9
			2	5	**5**	7	8
16	Dachabdichtung ausbessern	m²	27	37	**44**	51	51
			23	31	**37**	43	43
17	Dachfläche reinigen	m²	2	3	**3**	5	8
			1	2	**3**	4	7
18	Voranstrich, Dampfsperre, inkl. Reinigung	m²	3	5	**5**	7	9
			3	4	**4**	5	8
19	Voranstrich, Dampfsperre	m²	2	5	**5**	7	9
			2	4	**5**	6	8
20	Vordeckung, V13, auf Holzschalung	m²	7	13	**14**	16	21
			6	11	**12**	13	17
21	Trenn-/Ausgleichsschicht, G200 DD, auf Holz	m²	9	14	**17**	18	23
			8	12	**14**	15	19
22	Dampfsperre, V60 S4 Al, auf Beton	m²	15	22	**25**	29	39
			13	18	**21**	24	33
23	Dampfsperre hochführen, aufgehende Bauteile	m	5	7	**9**	11	15
			4	6	**7**	9	12
24	Wärmedämmung, DAA, PUR 025, bis 120mm, Alu kaschiert	m²	57	73	**82**	104	110
			48	61	**69**	87	92

▶ min
▷ von
ø Mittel
◁ bis
◀ max

Nr.	Positionen	Einheit	►	▷	ø brutto € / ø netto €	◁	◄
25	Wärmedämmung, DAA, PUR 025, bis 120mm	m²	35	46	**52**	54	59
			30	39	**43**	45	49
26	Wärmedämmung, DAA, EPS 035, bis 140mm	m²	39	46	**48**	50	58
			33	39	**40**	42	48
27	Wärmedämmung, DAA, CG, bis 140mm	m²	121	142	**151**	162	180
			102	119	**127**	136	151
28	Gefälledämmung DAA, EPS, i.M. bis 160mm	m²	51	60	**64**	74	93
			43	50	**54**	62	78
29	Gefälledämmung DAA, PUR, i.M. bis 160mm	m²	62	83	**87**	97	117
			52	69	**73**	81	98
30	Übergang, Dämmkeile, Hartschaum, 60x60mm	m	5	7	**8**	12	18
			4	6	**7**	10	15
31	Unterkonstruktion, Kanthölzer, bis 100x60mm	m	12	17	**17**	18	21
			10	14	**14**	15	18
32	Unterkonstruktion, Holzbohlen, 40x120mm	m	24	30	**33**	37	43
			21	25	**28**	31	37
33	Fugenabdichtung, Silikon	m	9	11	**13**	14	16
			7	10	**11**	12	14
34	Bewegungsfuge, Typ I	m	45	59	**66**	70	89
			38	49	**55**	59	75
35	Dachabdichtung PYE G200, S4/S5, untere Lage	m²	22	27	**29**	33	40
			18	23	**25**	27	34
36	Dachabdichtung PYE PV 200 S5 Cu01, obere Lage, Wurzelschutz	m²	35	46	**51**	59	75
			29	39	**43**	50	63
37	Dachabdichtung zweilagig, Polymerbitumen-Schweißbahnen	m²	37	45	**49**	56	69
			31	38	**42**	47	58
38	Wandanschluss, gedämmt, zweilagige Abdichtung	m	41	49	**52**	59	69
			34	41	**44**	49	58
39	Dachabdichtung, Kunststoffbahn, einlagig, Wurzelschutz	m²	37	46	**51**	56	64
			31	39	**43**	47	54
40	Dachabdichtung, Flüssigkunststoff 2K-PUR BROOF, Einlage	m²	121	141	**168**	203	220
			102	118	**141**	171	185
41	Wandanschluss, Flüssigkunststoff 2K-PUR BROOF, Einlage	m	60	68	**74**	81	93
			51	57	**62**	68	78
42	Stundensatz, Facharbeiter/-in	h	77	89	**94**	98	107
			64	74	**79**	82	90
43	Stundensatz, Helfer/-in	h	66	75	**78**	84	95
			55	63	**65**	70	79

Nr.	Kurztext / Langtext						Kostengruppe
▶	▷	**ø netto €**	◁	◀	[Einheit]	Ausf.-Dauer	Positionsnummer

1 Lüftungsrohr entfernen — KG **394**

Be- oder Entlüftungs-Dachaufsatz entfernen und anfallenden Bauschutt entsorgen.
Material: .....

▶	▷	ø	◁	◀	Einheit	Ausf.-Dauer	Positionsnummer
10€	19€	**21€**	26€	43€	[St]	⏱ 0,20h/St	321.000.095

2 Kiesschicht säubern — KG **394**

Kiesschicht auf Dachfläche von Fremdstoffen säubern.
Schichtstärke: bis 30 cm
Fremdstoffe: .....

▶	▷	ø	◁	◀	Einheit	Ausf.-Dauer	Positionsnummer
35€	47€	**54€**	65€	70€	[m2]	⏱ 1,80h/m2	321.000.085

3 Kiesschüttung entfernen — KG **394**

Kiesschüttung auf Dachabdichtung entfernen und anfallenden Bauschutt entsorgen.
Schüttungshöhe: bis 30 cm
Gebäudehöhe: .....

▶	▷	ø	◁	◀	Einheit	Ausf.-Dauer	Positionsnummer
13€	15€	**17€**	21€	24€	[m2]	⏱ 0,12h/m2	321.000.084

4 Kiesschüttung entfernen, wiederaufbringen — KG **394**

Kiesschüttung abschnittsweise von der Dachfläche aufnehmen, seitlich lagern und nach Beendigung der Abdichtungsarbeiten wieder aufbringen.
Schütthöhe: bis 30 cm
Lagerweg: .....

▶	▷	ø	◁	◀	Einheit	Ausf.-Dauer	Positionsnummer
24€	28€	**30€**	36€	38€	[m2]	⏱ 2,30h/m2	321.000.086

5 Plattenbelag entfernen, Flachdach — KG **394**

Plattenbelag auf Flachdach, im Splittbett verlegt, entfernen und anfallenden Bauschutt entsorgen.
Material: .....
Plattengröße: .....

▶	▷	ø	◁	◀	Einheit	Ausf.-Dauer	Positionsnummer
21€	25€	**28€**	35€	37€	[m2]	⏱ 0,20h/m2	321.000.087

6 Bitumenabdichtung abbrechen, einlagig — KG **394**

Einlagige Dachabdichtung aus Bitumenbahn rückstandsfrei von Massivdecke abbrechen und anfallenden Bauschutt entsorgen.
Abdichtung: .....
Gebäudehöhe: .....

▶	▷	ø	◁	◀	Einheit	Ausf.-Dauer	Positionsnummer
14€	21€	**22€**	28€	40€	[m2]	⏱ 0,10h/m2	321.000.088

7 Bitumenabdichtung abbrechen, zweilagig — KG **394**

Zweilagige Dachabdichtung aus Bitumenbahn rückstandsfrei von Massivdecke abbrechen und anfallenden Bauschutt entsorgen.
Abdichtung: .....
Gebäudehöhe: .....

▶	▷	ø	◁	◀	Einheit	Ausf.-Dauer	Positionsnummer
16€	22€	**27€**	32€	33€	[m2]	⏱ 0,15h/m2	321.000.089

Kosten:
Stand 2. Quartal 2025
Bundesdurchschnitt

▶ min
▷ von
ø Mittel
◁ bis
◀ max

Nr.	Kurztext / Langtext						Kostengruppe
▶	▷	**ø netto €**	◁	◀	[Einheit]	Ausf.-Dauer	Positionsnummer

8 Bitumenabdichtung, inkl. Dämmung, abbrechen KG **394**

Zweilagige Dachabdichtung aus Bitumenbahn und Wärmedämmung rückstandsfrei von Massivdecke abbrechen und anfallenden Bauschutt entsorgen.
Abdichtung: .....
Dämmung: .....
Dicke: .....
Gebäudehöhe: .....

26€	31€	**35€**	44€	53€	[m2]	⏱ 0,18h/m2	321.000.090

9 Trennlage entfernen KG **394**

Trennlage entfernen und anfallenden Bauschutt entsorgen.
Material: .....

4€	4€	**5€**	6€	7€	[m2]	⏱ 0,06h/m2	321.000.091

10 Rieselschutzmatte abbrechen KG **394**

Rieselschutzmatte abbrechen und anfallenden Bauschutt entsorgen.
Mattenart: .....

9€	12€	**13€**	16€	17€	[m2]	⏱ 0,12h/m2	321.000.093

11 Dachablauf abbrechen KG **394**

Dachablauf abbrechen und anfallenden Bauschutt entsorgen.
Größe: bis DN120

16€	25€	**29€**	36€	46€	[St]	⏱ 0,25h/St	321.000.094

12 Dachrandabschluss entfernen KG **394**

Dachrandabschluss oder Attikaabdeckung aus Metall entfernen und anfallenden Bauschutt entsorgen.
Größe: bis Zuschnitt 700 mm

6€	10€	**12€**	15€	18€	[m]	⏱ 0,10h/m	321.000.096

13 Lichtkuppel entfernen, Flachdach KG **394**

Lichtkuppel einschl. Bohlenkranz entfernen und anfallenden Bauschutt entsorgen.
Abmessung: bis 150 x 150 cm
Einbauort: Flachdach
Material: .....

128€	139€	**153€**	187€	193€	[St]	⏱ 2,20h/St	321.000.097

14 Antennenhalterung entfernen KG **494**

Antennenhalterung einschl. Befestigung entfernen und anfallenden Bauschutt entsorgen.

17€	19€	**22€**	27€	30€	[St]	⏱ 0,22h/St	321.000.098

15 Blitzableiter entfernen KG **494**

Blitzableiter einschl. Befestigungen entfernen und anfallenden Bauschutt entsorgen.

2€	5€	**5€**	7€	8€	[m]	⏱ 0,06h/m	321.000.099

Nr.	Kurztext / Langtext						Kostengruppe
▶	▷	**ø netto €**	◁	◀	[Einheit]	Ausf.-Dauer	Positionsnummer

16 Dachabdichtung ausbessern KG **395**

Dachabdichtung aus Bitumenbahn in Teilflächen ausbessern. Schadhafte Stellen reinigen, Beulen und Falten öffnen, Überstände entfernen, Risse mit Schleppstreifen abdecken.
Gebäudehöhe: .....

23€	31€	**37€**	43€	43€	[m²]	⏱ 0,22h/m²	321.000.100

17 Dachfläche reinigen KG **395**

Dachfläche von groben Verschmutzungen, festsitzenden Mörtelresten, etc. reinigen und anfallenden Bauschutt in Container sammeln.
Untergrund: Beton
Schichtdicke Schmutz: ca. 10 mm
Verschmutzte Fläche: ca. .....% der Grundfläche

1€	2€	**3€**	4€	7€	[m²]	⏱ 0,02h/m²	321.000.001

18 Voranstrich, Dampfsperre, inkl. Reinigung KG **363**

Voranstrich bzw. Haftgrund für Dampfsperre aus Bitumenbahnen, vollflächig auf oberflächentrockene Flächen, einschl. Reinigung der grob verschmutzten Bodenflächen.
Ausführung: .....
Untergrund: Beton
Fläche: eben
Angeb. Fabrikat: .....

3€	4€	**4€**	5€	8€	[m²]	⏱ 0,04h/m²	321.000.002

19 Voranstrich, Dampfsperre KG **363**

Voranstrich bzw. Haftgrund für Dampfsperre aus Bitumenbahnen, vollflächig auf oberflächentrockene Flächen.
Ausführung: streichen, rollen, spritzen
Untergrund: Beton
Fläche: eben
Angeb. Fabrikat: .....

2€	4€	**5€**	6€	8€	[m²]	⏱ 0,04h/m²	321.000.003

20 Vordeckung, V13, auf Holzschalung KG **363**

Vordeckung, aus Bitumenbahn mit Glasvlieseinlage, auf Holzschalung.
Untergrund: Holzwerkstoff .....
Bitumendachbahnen: V13
Einbauort: Dach
Neigung: .....°
Angeb. Fabrikat: .....

6€	11€	**12€**	13€	17€	[m²]	⏱ 0,10h/m²	321.000.004

Kosten:
Stand 2. Quartal 2025
Bundesdurchschnitt

▶ min
▷ von
ø Mittel
◁ bis
◀ max

Nr.	Kurztext / Langtext						Kostengruppe
▶	▷	**ø netto €**	◁	◀	[Einheit]	Ausf.-Dauer	Positionsnummer

21 Trenn-/Ausgleichsschicht, G200 DD, auf Holz KG **363**

Trenn-/Ausgleichsschicht aus Bitumenbahn, Bitumen-Dachdichtungsbahn mit Glasgewebeeinlage, lose verlegen, mechanisch befestigen, Untergrund Holz.
Bitumendachbahnen: G 200 DD
Einbauort: Dach
Neigung: .....
Angeb. Fabrikat: .....

8€	12€	**14€**	15€	19€	[m²]	⏱ 0,10h/m²	321.000.054

22 Dampfsperre, V60 S4 Al, auf Beton KG **363**

Dampfsperre als Luftdichtheits- und diffusionsdichte Schicht, für nicht belüftetes Dach, aus Bitumen-Schweißbahnen mit Aluminiumbandeinlage und Glasvlieseinlage, punkt- oder streifenweise verschweißen, Nähte und Stöße verschweißen.
Untergrund: Betonboden mit Bitumenvoranstrich
Bitumenbahnen: V60S4+Al
sd-Wert: mind. 1.500 m
Angeb. Fabrikat: .....

13€	18€	**21€**	24€	33€	[m²]	⏱ 0,10h/m²	321.000.005

23 Dampfsperre hochführen, aufgehende Bauteile KG **363**

Hochführen der Dampfsperre an aufgehenden Bauteilen, bis OK Wärmedämmung, starr anschließen.
Bauteil: .....
Untergrund: .....
Dampfsperre: .....
Angeb. Fabrikat: .....

4€	6€	**7€**	9€	12€	[m]	⏱ 0,10h/m	321.000.055

24 Wärmedämmung, DAA, PUR 025, bis 120mm, Alu kaschiert KG **363**

Wärmedämmung aus Polyurethan-Hartschaumplatten mit beidseitiger Kaschierung aus Aluminium, für nichtbelüftetes Flachdach, einlagig und dicht gestoßen verlegen, streifenweise geklebt, Stöße der Kaschierung überlappend und verklebt.
Untergrund: Dampfsperre
Dämmstoff: PUR
Plattenrand: umlaufend gefalzt
Anwendungstyp: DAA - dh
Nennwert der Wärmeleitfähigkeit: 0,025 W/(mK)
Bemessungswert der Wärmeleitfähigkeit: .....
Brandverhalten: Klasse E-d2
Dämmstoffdicke: bis 120 mm
Angeb. Fabrikat: .....

48€	61€	**69€**	87€	92€	[m²]	⏱ 0,14h/m²	321.000.104

Nr.	Kurztext / Langtext						Kostengruppe
►	▷	ø netto €	◁	◄	[Einheit]	Ausf.-Dauer	Positionsnummer

25 Wärmedämmung, DAA, PUR 025, bis 120mm KG **363**

Wärmedämmung aus Polyurethan-Hartschaumplatten mit beidseitiger Kaschierung aus Aluminium, für nicht belüftetes Flachdach, einlagig und dicht gestoßen verlegen, streifenweise geklebt, Stöße der Kaschierung überlappend und verklebt.
Untergrund: Dampfsperre
Dämmstoff: PUR
Plattenrand: umlaufend gefalzt
Anwendungstyp: DAA - dh
Nennwert der Wärmeleitfähigkeit: 0,025 W/(mK)
Bemessungswert der Wärmeleitfähigkeit: .....
Brandverhalten: Klasse E-d2
Dämmstoffdicke: bis 120 mm
Angeb. Fabrikat: .....

30€	39€	**43€**	45€	49€	[m²]	⏱ 0,14h/m²	321.000.105

Kosten:
Stand 2. Quartal 2025
Bundesdurchschnitt

26 Wärmedämmung, DAA, EPS 035, bis 140mm KG **363**

Wärmedämmung aus Polystyrol-Hartschaumplatten, für nicht belüftetes Flachdach, einlagig und dicht gestoßen verlegen, streifenweise geklebt.
Untergrund: Dampfsperre
Dämmstoff: EPS
Plattenrand: umlaufend gefalzt
Anwendungstyp: DAA - dm
Nennwert der Wärmeleitfähigkeit: 0,035 W/(mK)
Bemessungswert der Wärmeleitfähigkeit: .....
Brandverhalten: Klasse E-d2
Dämmstoffdicke: bis 140 mm
Angeb. Fabrikat: .....

33€	39€	**40€**	42€	48€	[m²]	⏱ 0,14h/m²	321.000.106

27 Wärmedämmung, DAA, CG, bis 140mm KG **363**

Wärmedämmung aus Schaumglas-Dämmplatten, hoch druckbelastbar, einlagig dicht stoßen und mit Heißbitumen vollflächig verkleben, Platten mit versetzten, pressgestoßenen und bitumengefüllten Fugen, einschl. Deckaufstrich aus Heißbitumen.
Untergrund: Rohbetondecke
Dämmstoff: CG
Plattenrand: .....
Anwendungstyp: DAA - ds
Nennwert der Wärmeleitfähigkeit: 0,045 W/(mK)
Bemessungswert der Wärmeleitfähigkeit: .....
Brandverhalten: Klasse A1
Dämmstoffdicke: 140 mm
Angeb. Fabrikat: .....

102€	119€	**127€**	136€	151€	[m²]	⏱ 0,25h/m²	321.000.107

► min
▷ von
ø Mittel
◁ bis
◄ max

28 Gefälledämmung DAA, EPS, i.M. bis 160mm KG **363**

Gefälledämmung aus Polystyrol-Hartschaumplatten, für nicht belüftetes Flachdach, aus vorgefertigten Dämmplatten, einlagig und dicht gestoßen gem. Verlegeplan verkleben.
Untergrund: Dampfsperre
Dämmstoff: EPS
Plattenrand: .....
Anwendungstyp: DAA - dm
Nennwert der Wärmeleitfähigkeit: 0,035 W/(mK)
Bemessungswert der Wärmeleitfähigkeit: .....
Brandverhalten: Klasse E-d2
Dämmstoffdicke: i.M. bis 160 mm
Gefälle: .....
Angeb. Fabrikat: .....

43€	50€	**54€**	62€	78€	[m²]	⏱ 0,20h/m²	321.000.108

29 Gefälledämmung DAA, PUR, i.M. bis 160mm KG **363**

Gefälledämmung aus Polyurethan-Hartschaumplatten, für nicht belüftetes Flachdach, aus vorgefertigten Dämmplatten, einlagig und dicht gestoßen gem. Verlegeplan verkleben.
Untergrund: Dampfsperre
Dämmstoff: PUR
Plattenrand: .....
Anwendungstyp: DAA - ds
Nennwert der Wärmeleitfähigkeit: 0,025 W/(mK)
Bemessungswert der Wärmeleitfähigkeit: .....
Brandverhalten: Klasse E-d2
Dämmstoffdicke: i.M. 160 mm
Gefälle: .....
Angeb. Fabrikat: .....

52€	69€	**73€**	81€	98€	[m²]	⏱ 0,20h/m²	321.000.109

30 Übergang, Dämmkeile, Hartschaum, 60x60mm KG **363**

Dämmkeil aus Hartschaum, am Anschluss der Flachdachdämmung aufgehenden Bauteilen, Ecken mit Gehrungsschnitt.
Dämmstoff: EPS
Zuschnittwinkel: 45°
Abmessung: 60 x 60 mm
Angeb. Fabrikat: .....

4€	6€	**7€**	10€	15€	[m]	⏱ 0,04h/m	321.000.014

Kosten:
Stand 2. Quartal 2025
Bundesdurchschnitt

Nr.	**Kurztext** / Langtext						Kostengruppe
►	▷	**ø netto €**	◁	◄	[Einheit]	Ausf.-Dauer	Positionsnummer

31 Unterkonstruktion, Kanthölzer, bis 100x60mm KG **363**

Unterkonstruktion aus Kanthölzern, für Flachdachbauteile, zur Befestigung von Blechen oder Einbauteilen, mit korrosionsgeschützten Befestigungsmitteln, Dicke der Kanthölzer entsprechend der Wärmedämmung, inkl. Holzschutz.
Holzart: Nadelholz
Sortierklasse: S10
Bauteil: .....
Funktion: .....
Querschnitt: 60 x 60 bis 100 x 60 mm
Oberfläche: .....
Holzfeuchte: trocken
Holzschutz: Iv, P, W, ST sichtbar imprägniert

►	▷	ø	◁	◄	[Einheit]	Ausf.-Dauer	Positionsnummer
10€	14€	**14€**	15€	18€	[m]	⏱ 0,10h/m	321.000.015

32 Unterkonstruktion, Holzbohlen, 40x120mm KG **363**

Unterkonstruktion aus Holzbohlen, für Flachdachbauteile, zur Befestigung der Dachabdichtung, mit korrosionsgeschützten Befestigungsmitteln, Bohlendicke entsprechend der Wärmedämmung, inkl. Holzschutz.
Holzart: Nadelholz
Sortierklasse: S10
Bauteil: .....
Funktion: .....
Querschnitt: ..... mm
Oberfläche: .....
Holzfeuchte: trocken
Holzschutz: Iv, P, W, St - sichtbar imprägniert

►	▷	ø	◁	◄	[Einheit]	Ausf.-Dauer	Positionsnummer
21€	25€	**28€**	31€	37€	[m]	⏱ 0,20h/m	321.000.016

33 Fugenabdichtung, Silikon KG **363**

Dauerelastische Verfugung mit Silikon, inkl. notwendiger Flankenvorbehandlung an den Anschlussflächen und Hinterlegen der Fugenhohlräume mit geeignetem Hinterstopfmaterial.
Fuge: .....
Fugendicke: .....

►	▷	ø	◁	◄	[Einheit]	Ausf.-Dauer	Positionsnummer
7€	10€	**11€**	12€	14€	[m]	⏱ 0,05h/m	321.000.017

34 Bewegungsfuge, Typ I KG **363**

Bewegungsfuge für Flachdachaufbau, Ausbildung mit Schleppstreifen der Dachdichtungsbahnen.
Fugentyp: I
Breite Schleppstreifen: ...
Aufbau Flachdach: .....
Angebotene Lösung: .....

►	▷	ø	◁	◄	[Einheit]	Ausf.-Dauer	Positionsnummer
38€	49€	**55€**	59€	75€	[m]	⏱ 0,40h/m	321.000.018

► min
▷ von
ø Mittel
◁ bis
◄ max

Nr.	Kurztext / Langtext						Kostengruppe
►	▷	**ø netto €**	◁	◄	[Einheit]	Ausf.-Dauer	Positionsnummer

35 Dachabdichtung PYE G200, S4/S5, untere Lage KG **363**

Untere Lage der Dachabdichtung, für nicht genutzte Dächer, aus Polymerbitumen-Schweißbahn, Stöße überlappend, vollflächig verschweißen.
Flachdachgefälle: über 2%
Anwendungsklasse Flachdach: **K1 / K2** DIN 18531
Untergrund: EPS-Gefälledämmung
Bahnenart: PYE-G 200 **S4 / S5**
Eigenschaftsklasse: E1 - DIN 18351
Anwendungstyp: DU
Höhe Dachrand über Grund: ..... m

18€	23€	**25€**	27€	34€	[m²]	⏱ 0,14h/m²	321.000.110

36 Dachabdichtung PYE PV 200 S5 Cu01, obere Lage, Wurzelschutz KG **363**

Obere Lage der Dachabdichtung als Wurzelschutzbahn, aus Polymerbitumen-Schweißbahn, Stöße überlappend, vollflächig verschweißen.
Untergrund: PYE-Schweißbahn
Bahnenart: PYE-PV 200 S5+Cu01
Anwendungstyp: DO
Beanspruchungsklasse: .....
Brandverhalten: Klasse E
Flachdachgefälle: über 2°
Anwendungsklasse: **K1 / K2**
Angeb. Fabrikat: .....

29€	39€	**43€**	50€	63€	[m²]	⏱ 0,20h/m²	321.000.111

37 Dachabdichtung zweilagig, Polymerbitumen-Schweißbahnen KG **363**

Dachabdichtung auf Flachdach mit Dämmschicht und Dachneigung über 2° Gefälle, zweilagig, mit Anwendungskategorie K1, Beanspruchungsklasse I A, Anforderungen hinsichtlich Widerstandsfähigkeit gegen Flugfeuer und strahlende Wärme B ROOF.
1. Lage
Bitumenbahnen: Polymerbitumen-Schweißbahn PYE - G 200 S4
Anwendungstyp: DIN SPEC 20000-201 DU
Eigenschaftsklasse: E1, punkt- oder streifenweise schweißen
2. Lage
Bitumenbahnen: Polymerbitumen-Schweißbahn PYE - PV 200 S5
Anwendungstyp: DIN SPEC 20000-201 DO
Eigenschaftsklasse: E1, vollflächig schweißen
Angeb. Fabrikat: .....

31€	38€	**42€**	47€	58€	[m²]	⏱ 0,25h/m²	321.000.112

Nr.	Kurztext / Langtext						Kostengruppe
►	▷	ø netto €	◁	◄	[Einheit]	Ausf.-Dauer	Positionsnummer

38 **Wandanschluss, gedämmt, zweilagige Abdichtung** KG **363**

Anschluss der Dachabdichtung aus Polymerbitumenbahnen an aufgehende Bauteile, zweilagige Bahnenausführung wie Flächenabdichtung. Hochführen der Wärmedämmung aus Polystyrol mit Dämmstoffkeilen im Übergang, Kantholz als oberer Abschluss der Dämmung und Abdichtungsanschluss mind. 150mm über Oberkante Abdichtung/Belag. Oberer Abdichtungsabschluss durch mechanische Befestigung mit Klemmschiene aus Aluminium, Schutz aus Überhangstreifen/Abdeckprofil, inkl. elastischer Versiegelung der Anschlussfuge.
Aufgehendes Bauteil: .....
Untergrund: .....
Wärmedämmung: EPS, 80 mm
Nennwert der Wärmeleitfähigkeit: 0,035 W/(mK)
Bemessungswert der Wärmeleitfähigkeit: .....
Dämmkeil: EPS 60 x 60 mm
Kantholz: S10, 80 x 60 mm
Attikahöhe: .....
Angeb. Fabrikat: .....

34€	41€	**44€**	49€	58€	[m]	⏱ 0,40h/m	321.000.113

39 **Dachabdichtung, Kunststoffbahn, einlagig, Wurzelschutz** KG **363**

Dachabdichtung auf Flachdach mit Dämmung und Dachneigung über 2°, aus Kunststoffbahnen, Anwendungskategorie K1, Beanspruchungsklasse I A, Anforderungen hinsichtlich Widerstandsfähigkeit gegen Flugfeuer und strahlende Wärme B ROOF, lose verlegen und mechanisch befestigen.
Bahnenart: PVC-P (PVC-P-NB-V-GV)
Bahnendicke: 1,5 mm
Eigenschaftsklasse: .....
Dachneigung: .....°
Angeb. Fabrikat: .....

31€	39€	**43€**	47€	54€	[m²]	⏱ 0,14h/m²	321.000.114

40 **Dachabdichtung, Flüssigkunststoff 2K-PUR BROOF, Einlage** KG **363**

Dachabdichtung auf Flachdach mit Dachneigung größer gleich 2%, mit Flüssigkunststoff mit Europäischer Technischer Zulassung ETAG 005, zweikomponentig auf PUR-Basis mit Einlage nach Zulassung, mind. 110g/m², Anwendungskategorie K1, Beanspruchungsklasse I A, Anforderungen hinsichtlich Widerstandsfähigkeit gegen Flugfeuer und strahlende Wärme B ROOF, durchwurzelungsfest nach FLL-Verfahren.
Eigenschaftsklasse: E1
Dauerhaftigkeit: W3, Nutzlastklasse P4
Temperaturbeständigkeit: **TL4 / TH4**
Mindestdicke: 2,1 mm
Angeb. Fabrikat: .....

102€	118€	**141€**	171€	185€	[m²]	⏱ 0,20h/m²	321.000.103

41 **Wandanschluss, Flüssigkunststoff 2K-PUR BROOF, Einlage** KG **363**

Anschluss der beschriebenen Dachabdichtung aus Flüssigkunststoff 2K-PUR BROOF mit Einlage.
Wandanschluss: ......

51€	57€	**62€**	68€	78€	[m]	⏱ 0,20h/m	321.000.115

Kosten:
Stand 2. Quartal 2025
Bundesdurchschnitt

► min
▷ von
ø Mittel
◁ bis
◄ max

Nr.	Kurztext / Langtext						Kostengruppe
▶	▷	**ø netto €**	◁	◀	[Einheit]	Ausf.-Dauer	Positionsnummer

42 **Stundensatz, Facharbeiter/-in**

Stundenlohnarbeiten für Vorarbeiter/-in, Gesellin/Geselle, Facharbeiter/-in und Gleichgestellte, sowie ähnliche Fachkräfte.
Der Verrechnungssatz für die jeweilige Arbeitskraft umfasst sämtliche Aufwendungen wie Lohn- und Gehaltskosten, lohn- und gehaltsgebundene Kosten, Lohn- und Gehaltsnebenkosten, Gemeinkosten, Wagnis und Gewinn. Leistung nach besonderer Anordnung der Bauüberwachung. Anmeldung und Nachweis gem. VOB/B.

64€	74€	**79€**	82€	90€	[h]	⏱ 1,00h/h	321.000.116

43 **Stundensatz, Helfer/-in**

Stundenlohnarbeiten für Werker/-in, Helfer/-in und Gleichgestellte. Der Verrechnungssatz für die jeweilige Arbeitskraft umfasst sämtliche Aufwendungen wie Lohn- und Gehaltskosten, lohn- und gehaltsgebundene Kosten, Lohn- und Gehaltsnebenkosten, Gemeinkosten, Wagnis und Gewinn.Leistung nach besonderer Anordnung der Bauüberwachung. Anmeldung und Nachweis gem. VOB/B.

55€	63€	**65€**	70€	79€	[h]	⏱ 1,00h/h	321.000.079

300
301
302
306
308
309
310
312
313
314
316
317
318
320
321
322

Kosten:
Stand 2. Quartal 2025
Bundesdurchschnitt

Nr.	Positionen	Einheit	▶	▷	ø brutto € / ø netto €	◁	◀
1	Schneefanggitter entfernen	m	6	9	**10**	12	20
			5	7	**8**	10	17
2	Dachrinne vorgehängt, entfernen	m	4	6	**7**	9	12
			3	5	**6**	7	10
3	Kastenrinne entfernen	m	7	10	**11**	14	18
			6	8	**10**	12	15
4	Rinneneinhangstutzen entfernen	St	2	3	**4**	4	5
			2	3	**3**	4	4
5	Fallrohr entfernen	m	4	6	**7**	9	12
			3	5	**6**	7	10
6	Standrohr abschneiden	St	8	20	**23**	30	34
			7	17	**20**	25	28
7	Traufblech entfernen	m	4	6	**7**	9	15
			4	5	**6**	7	12
8	Winkelkehle entfernen	m	6	9	**10**	13	15
			5	7	**9**	11	13
9	Verwahrung entfernen	m	6	11	**12**	16	22
			5	9	**10**	13	19
10	Ortgangverblechung entfernen	m	8	11	**12**	15	21
			7	9	**10**	13	18
11	Wandanschlussprofil entfernen	m	15	18	**21**	26	30
			13	15	**18**	22	25
12	Fensterblech entfernen	m	5	10	**11**	14	17
			4	8	**9**	12	15
13	Blechabdeckung entfernen	m	5	11	**13**	18	21
			5	9	**11**	15	18
14	Schornsteinverblechung entfernen	m²	22	36	**43**	54	63
			18	30	**36**	45	53
15	Schornsteinabdeckung entfernen	St	19	22	**26**	32	35
			16	19	**22**	27	29
16	Gaubenverblechung entfernen	m²	12	22	**26**	32	43
			10	18	**22**	27	36
17	Blech-Dachdeckung entfernen	m²	13	31	**36**	46	61
			11	26	**30**	38	51
18	Blechbekleidung entfernen	m²	31	36	**43**	53	58
			26	31	**36**	44	49
19	Trennlage entfernen	m²	6	7	**8**	10	11
			5	6	**7**	8	9
20	Antenne demontieren	St	29	37	**44**	54	59
			25	31	**37**	46	50
21	Blitzableiter entfernen	m	2	4	**5**	6	7
			2	3	**4**	5	6
22	Schneefanggitter, Kupfer	m	62	89	**100**	113	145
			52	75	**84**	95	122
23	Schneefanggitter, Metall	m	49	61	**68**	75	95
			41	51	**57**	63	80
24	Schneefangrohr, Rundprofil	m	60	69	**74**	82	94
			50	58	**62**	69	79

▶ min
▷ von
ø Mittel
◁ bis
◀ max

Nr.	Positionen	Einheit	▶	▷	**ø brutto €** ø netto €	◁	◀
25	Schneefangrohr, Stehfalzdeckung	m	64	77	**78**	83	91
			54	65	**66**	69	76
26	Dachdeckung, Doppelstehfalz, Kupfer	m²	144	199	**226**	241	275
			121	167	**190**	202	231
27	Dachdeckung, Doppelstehfalz, Titanzink	m²	100	163	**187**	209	249
			84	137	**157**	175	209
28	Trennlage, Blechflächen, V13	m²	9	12	**13**	14	19
			7	10	**11**	12	16
29	Walzbleianschluss, Blechstreifen	m²	80	87	**91**	95	101
			68	73	**77**	80	85
30	Schornsteinbekleidung, Winkel-/Stehfalzdeckung	m²	133	261	**326**	409	519
			111	219	**274**	344	436
31	Schornsteineinfassung, Titanzink	m	89	108	**116**	127	149
			75	90	**97**	107	125
32	Wandanschlussblech, Kupfer, Z 500	m	39	56	**64**	71	81
			32	47	**54**	59	68
33	Wandanschlussblech, Titanzink, Z333	m	36	45	**49**	54	66
			31	38	**41**	45	55
34	Überhang, bis Z 167	m	23	31	**34**	39	54
			19	26	**29**	32	45
35	Überhang, bis Z 333	m	30	40	**45**	49	57
			25	34	**38**	41	48
36	Firstanschlussblech, Titanzink, bis Z 500	m	53	79	**86**	100	140
			45	67	**72**	84	118
37	Attika-/Mauerabdeckung, Kupfer, bis Z 500	m	61	97	**115**	137	184
			51	82	**96**	115	154
38	Attika/Mauerabdeckung, Titanzink, bis Z 500	m	55	87	**101**	115	143
			47	73	**85**	96	120
39	Ortgangblech, Kupfer, Z 333	m	35	52	**64**	82	119
			29	44	**54**	69	100
40	Ortgangblech, Titanzink, Z 333	m	33	50	**57**	68	91
			28	42	**48**	57	77
41	Blechkehle, Kupfer, bis Z 667	m	54	72	**80**	96	119
			45	60	**67**	80	100
42	Blechkehle, Titanzink, bis Z 667	m	40	54	**60**	67	86
			34	45	**51**	56	72
43	Kleintierschutz, Metall	m	26	37	**39**	44	52
			22	31	**33**	37	44
44	Traufstreifen, Kupfer, Z 333	m	25	36	**40**	43	56
			21	30	**34**	36	47
45	Traufstreifen, Titanzink, Z 333	m	23	32	**34**	41	54
			19	27	**29**	35	45
46	Notüberlauf, Flachdach	St	148	220	**240**	270	356
			125	185	**202**	227	299
47	Standrohr, Metall	St	97	131	**141**	163	224
			81	110	**118**	137	189
48	Standrohr, Guss/SML	St	79	121	**138**	168	208
			66	102	**116**	141	174

Kosten:
Stand 2. Quartal 2025
Bundesdurchschnitt

Nr.	Positionen	Einheit	►	▷	ø brutto € / ø netto €	◁	◄
49	Laubfangkorb, Dachrinnenablauf	St	12	15	**16**	19	26
			10	12	**13**	16	22
50	Fallrohrklappe, Titanzink/Kupfer	St	60	71	**76**	79	86
			50	60	**64**	66	72
51	Standrohrkappen, Titanzink/Kupfer	St	8	13	**15**	18	25
			6	11	**13**	15	21
52	Fallrohrbogen, Kupfer, DN100	St	35	40	**42**	44	48
			29	34	**35**	37	41
53	Fallrohrbogen, Titanzink, DN100	St	19	27	**30**	36	46
			16	22	**25**	30	39
54	Fallrohr, Kupfer, DN100	m	46	60	**69**	78	92
			39	51	**58**	65	77
55	Fallrohr, Titanzink, bis DN100	m	36	46	**50**	57	77
			30	39	**42**	48	65
56	Fallrohr, Titanzink, bis DN150	m	41	51	**55**	63	79
			34	43	**46**	53	66
57	Rinnenendstück, Rinnenboden, Kupfer	St	9	14	**15**	22	32
			8	12	**13**	18	27
58	Rinnenendstück, Rinnenboden, Titanzink	St	7	12	**14**	18	28
			6	10	**12**	15	24
59	Rinnenstutzen, Kupfer	St	39	47	**51**	55	63
			32	39	**43**	46	53
60	Rinnenstutzen, Titanzink	St	29	37	**40**	46	57
			24	31	**34**	39	48
61	Dachrinne, Kupfer, bis Z 333	m	41	58	**69**	81	103
			34	49	**58**	68	87
62	Dachrinne, Titanzink, bis Z 333	m	37	48	**53**	60	79
			31	40	**45**	51	66
63	Dachrinne, Titanzink, Kastenrinne, Z 333	m	47	60	**65**	79	107
			40	50	**55**	66	90
64	Traufblech, Kupfer, Z 333	m	33	44	**47**	52	70
			27	37	**39**	44	59
65	Traufblech, Titanzink, Z 333	m	24	34	**37**	44	59
			20	28	**31**	37	49
66	Sicherheitsdachhaken, verzinkt	St	27	36	**38**	44	48
			23	30	**32**	37	41
67	Sicherheitsdachhaken, Kupfer	St	29	36	**43**	51	54
			24	31	**36**	43	45
68	Sicherheitstritt, Standgitter	St	116	150	**163**	189	200
			97	126	**137**	159	168
69	Stundensatz, Facharbeiter/-in	h	79	86	**92**	93	96
			66	72	**77**	78	80

► min
▷ von
ø Mittel
◁ bis
◄ max

Nr.	Kurztext / Langtext						Kostengruppe
▶	▷	ø netto €	◁	◀	[Einheit]	Ausf.-Dauer	Positionsnummer

1 Schneefanggitter entfernen — KG **394**

Schneefanggitter einschl. Befestigung entfernen und anfallenden Bauschutt entsorgen.
Material: .....

5€	7€	**8€**	10€	17€	[m]	⏱ 0,05h/m	322.000.087

2 Dachrinne vorgehängt, entfernen — KG **394**

Vorgehängte Dachrinne einschl. Rinnenhaken demontieren und anfallenden Bauschutt entsorgen.
Material: .....

3€	5€	**6€**	7€	10€	[m]	⏱ 0,07h/m	322.000.084

3 Kastenrinne entfernen — KG **394**

Innenliegende Kastenrinne einschl. Rinnenhaken demontieren und anfallenden Bauschutt entsorgen.
Material: .....

6€	8€	**10€**	12€	15€	[m]	⏱ 0,07h/m	322.000.085

4 Rinneneinhangstutzen entfernen — KG **394**

Rinneneinhangstutzen, bzw. Rinnenablauf entfernen und anfallenden Bauschutt entsorgen.
Rinnengröße: .....
Material: .....

2€	3€	**3€**	4€	4€	[St]	⏱ 0,02h/St	322.000.086

5 Fallrohr entfernen — KG **394**

Fallrohr der Dachentwässerung einschl. Befestigung und Verbindung zu Dachrinne entfernen und anfallenden Bauschutt entsorgen.
Material: .....
Nennweite: bis DN100

3€	5€	**6€**	7€	10€	[m]	⏱ 0,06h/m	322.000.088

6 Standrohr abschneiden — KG **394**

Standrohr der Dachentwässerung abschneiden und anfallenden Bauschutt entsorgen.
Material: Gusseisen
Nennweite: bis DN100
Schnitthöhe: .....

7€	17€	**20€**	25€	28€	[St]	⏱ 0,12h/St	322.000.089

7 Traufblech entfernen — KG **394**

Traufblech entfernen und anfallenden Bauschutt entsorgen.
Material: .....
Zuschnitt: bis 500 mm

4€	5€	**6€**	7€	12€	[m]	⏱ 0,05h/m	322.000.090

8 Winkelkehle entfernen — KG **394**

Winkelkehle aus Blech entfernen und anfallenden Bauschutt entsorgen.
Material: .....
Zuschnitt: .....

5€	7€	**9€**	11€	13€	[m]	⏱ 0,06h/m	322.000.091

300
301
302
306
308
309
310
312
313
314
316
317
318
320
321
322

Nr.	Kurztext / Langtext						Kostengruppe
▶	▷	ø netto €	◁	◀	[Einheit]	Ausf.-Dauer	Positionsnummer

9 Verwahrung entfernen KG **394**

Verwahrung entfernen und anfallenden Bauschutt entsorgen.
Material: .....
Abwicklung: .....

5€	9€	**10€**	13€	19€	[m]	⏱ 0,08h/m	322.000.092

10 Ortgangverblechung entfernen KG **394**

Ortgangverblechung einschl. Windleiste und Blechabdeckung entfernen und anfallenden Bauschutt entsorgen.
Material: .....
Abwicklung: .....

7€	9€	**10€**	13€	18€	[m]	⏱ 0,07h/m	322.000.093

11 Wandanschlussprofil entfernen KG **394**

Wandanschlussprofil einschl. Befestigungsmaterial entfernen und anfallenden Bauschutt entsorgen.
Material: .....
Befestigung: .....

13€	15€	**18€**	22€	25€	[m]	⏱ 0,20h/m	322.000.094

12 Fensterblech entfernen KG **394**

Fensterblech einschl. Befestigungsmittel entfernen und anfallenden Bauschutt entsorgen.
Material: .....
Breite: .....

4€	8€	**9€**	12€	15€	[m]	⏱ 0,07h/m	322.000.095

13 Blechabdeckung entfernen KG **394**

Blechabdeckung entfernen und anfallenden Bauschutt entsorgen.
Material: .....
Zuschnitt: ca. 600 mm

5€	9€	**11€**	15€	18€	[m]	⏱ 0,12h/m	322.000.096

14 Schornsteinverblechung entfernen KG **394**

Schornsteinverblechung entfernen und anfallenden Bauschutt entsorgen.
Material: .....
Schornsteingröße: .....
Abwicklung: .....

18€	30€	**36€**	45€	53€	[m²]	⏱ 0,35h/m²	322.000.097

15 Schornsteinabdeckung entfernen KG **394**

Schornsteinabdeckung aus Blech entfernen und anfallenden Bauschutt entsorgen.
Material: .....
Befestigung: .....

16€	19€	**22€**	27€	29€	[St]	⏱ 0,20h/St	322.000.098

Kosten:
Stand 2. Quartal 2025
Bundesdurchschnitt

▶ min
▷ von
ø Mittel
◁ bis
◀ max

Nr.	Kurztext / Langtext						Kostengruppe
▶	▷	ø netto €	◁	◀	[Einheit]	Ausf.-Dauer	Positionsnummer

16 Gaubenverblechung entfernen KG **394**

Gaubenverblechung einschl. Anschlüsse entfernen und anfallenden Bauschutt entsorgen.
Material: .....

10€	18€	**22€**	27€	36€	[m2]	⏱ 0,23h/m2	322.000.099

17 Blech-Dachdeckung entfernen KG **394**

Dacheindeckung aus Metallblech auf Holzschalung entfernen und anfallenden Bauschutt entsorgen.
Material: .....
Deckungsart: .....

11€	26€	**30€**	38€	51€	[m2]	⏱ 0,25h/m2	322.000.100

18 Blechbekleidung entfernen KG **394**

Blechbekleidung an Außenwänden entfernen und anfallenden Bauschutt entsorgen.
Material: .....
Bekleidungsart: .....

26€	31€	**36€**	44€	49€	[m2]	⏱ 0,30h/m2	322.000.101

19 Trennlage entfernen KG **394**

Trennlage des Blechdachs entfernen und anfallenden Bauschutt entsorgen.
Material: .....

5€	6€	**7€**	8€	9€	[m2]	⏱ 0,06h/m2	322.000.102

20 Antenne demontieren KG **394**

Antenne einschl. Halterung und Befestigungsmittel demontieren und bauseits lagern.

25€	31€	**37€**	46€	50€	[St]	⏱ 0,27h/St	322.000.103

21 Blitzableiter entfernen KG **394**

Blitzableiter, inkl. Befestigungen auf Dach- und Wandflächen entfernen und anfallenden Bauschutt entsorgen.

2€	3€	**4€**	5€	6€	[m]	⏱ 0,03h/m	322.000.104

22 Schneefanggitter, Kupfer KG **369**

Schneefanggitter, passend zur Dachdeckung, mit verstärkten Stützen, mit zusätzlicher Traglatte, in Holz-Dachkonstruktion befestigen.
Schneelastzone: .....
Gebäudehöhe über NN: ..... m
Dachneigung: .....°
Länge oberhalb der Schneefangkonstruktion: ..... m
Material: Kupfer
Dachdeckung: .....
Gitterhöhe: bis 200 mm
Befestigungsabstand: ..... cm

52€	75€	**84€**	95€	122€	[m]	⏱ 0,25h/m	322.000.004

Nr.	Kurztext / Langtext						Kostengruppe
►	▷	ø netto €	◁	◄	[Einheit]	Ausf.-Dauer	Positionsnummer

Kosten:
Stand 2. Quartal 2025
Bundesdurchschnitt

23 Schneefanggitter, Metall — KG 369

Schneefanggitter, passend zur Dachdeckung, mit verstärkten Stützen, mit zusätzlicher Traglatte, in Holz-Dachkonstruktion befestigen.
Schneelastzone: .....
Gebäudehöhe über NN: ..... m
Dachneigung: .....°
Länge oberhalb der Schneefangkonstruktion: ..... m
Material: verzinkter Stahl
Dachdeckung: .....
Gitterhöhe: bis 200 mm
Befestigungsabstand: ..... cm

►	▷	ø	◁	◄	Einheit	Ausf.-Dauer	Positionsnummer
41€	51€	**57€**	63€	80€	[m]	⏱ 0,25h/m	322.000.003

24 Schneefangrohr, Rundprofil — KG 369

Schneefangrohr passend zur Dachdeckung, inkl. Halteprofilen, in Holz-Dachkonstruktion befestigen.
Dachdeckung: .....
Schneelastzone: .....
Gebäudehöhe über NN: ..... m
Dachneigung: .....°
Länge oberhalb der Schneefangkonstruktion: ..... m
Sparrenabstand: ..... cm
Ausführung: .....
Befestigungsabstand: ca. 80 cm

►	▷	ø	◁	◄	Einheit	Ausf.-Dauer	Positionsnummer
50€	58€	**62€**	69€	79€	[m]	⏱ 0,25h/m	322.000.002

25 Schneefangrohr, Stehfalzdeckung — KG 369

Schneefangrohr für Stehfalzdeckung einschl. Halteprofilen, geklemmt, in Holz-Dachkonstruktion befestigen.
Dachdeckung: .....
Schneelastzone: .....
Gebäudehöhe über NN: ..... m
Dachneigung: .....°
Länge oberhalb der Schneefangkonstruktion: ..... m
Sparrenabstand: ..... cm
Ausführung: .....
Befestigungsabstand: ca. 80 cm

►	▷	ø	◁	◄	Einheit	Ausf.-Dauer	Positionsnummer
54€	65€	**66€**	69€	76€	[m]	⏱ 0,25h/m	322.000.068

26 Dachdeckung, Doppelstehfalz, Kupfer — KG 363

Blechdachdeckung als Doppel-Stehfalzdeckung. Falze mit Dichtbändern für flach geneigte Dächer.
Untergrund: Holzschalung mit Trennlage
Material: Kupfer
Blechdicke: 0,6 mm
Bandbreite: .....
Oberfläche: .....
Dachneigung: .....°

►	▷	ø	◁	◄	Einheit	Ausf.-Dauer	Positionsnummer
121€	167€	**190€**	202€	231€	[m²]	⏱ 0,80h/m²	322.000.046

► min
▷ von
ø Mittel
◁ bis
◄ max

27 Dachdeckung, Doppelstehfalz, Titanzink KG **363**

Blechdachdeckung als Doppel-Stehfalzdeckung. Falze mit Dichtbändern.
Untergrund: Holzschalung mit Trennlage
Material: Titanzink
Blechdicke: 0,7 mm
Bandbreite: .....
Oberfläche: .....
Oberfläche: .....
Dachneigung: .....°

▶	▷	ø netto €	◁	◀	[Einheit]	Ausf.-Dauer	Positionsnummer
84€	137€	**157€**	175€	209€	[m2]	⏱ 0,85h/m2	322.000.045

28 Trennlage, Blechflächen, V13 KG **363**

Trennlage für Metallblechdeckung, aus Bitumen-Dachbahn mit Glasvlieseinlage, auch als Vor- und Notdeckung geeignet, Bahnenstöße überlappt, auf Holzschalung genagelt.
Dachdeckung: Stehfalzdeckung
Dachneigung: .....°
Trennlage: V13
Anmerkung: Bei Titanzinkdeckung ist unter 15° eine Dränagebahn bzw. strukturierte Trennlage einzubauen.

▶	▷	ø netto €	◁	◀	[Einheit]	Ausf.-Dauer	Positionsnummer
7€	10€	**11€**	12€	16€	[m2]	⏱ 0,06h/m2	322.000.047

29 Walzbleianschluss, Blechstreifen KG **363**

Anschluss an aufgehendes Bauteil mit Blechstreifen, einschl. verzinktem Überhangstreifen.
Material: Walzblei
Blechdicke: .....
Zuschnitt: **250 / 400** mm
Überhangstreifen: Material: ....., Z.... , ...fach gekantet
Dachneigung: .....°
Anschlusshöhe: mind. 150 mm

▶	▷	ø netto €	◁	◀	[Einheit]	Ausf.-Dauer	Positionsnummer
68€	73€	**77€**	80€	85€	[m2]	⏱ 0,40h/m2	322.000.056

30 Schornsteinbekleidung, Winkel-/Stehfalzdeckung KG **363**

Metallblechbekleidung des Schornsteins, mit Winkel-Stehfalzdeckung als hinterlüftete Konstruktion, mit UK aus Metallprofilen und Mineralwolle-Dämmung, inkl. Befestigungsmittel.
Schornsteinhöhe: .....
Material: .....
Blechdicke: ..... mm
Bandbreite: .....
Oberfläche: .....
Dachneigung: .....°

▶	▷	ø netto €	◁	◀	[Einheit]	Ausf.-Dauer	Positionsnummer
111€	219€	**274€**	344€	436€	[m2]	⏱ 1,00h/m2	322.000.044

300
301
302
306
308
309
310
312
313
314
316
317
318
320
321
322

Nr.	Kurztext / Langtext						Kostengruppe
▶	▷	ø netto €	◁	◀	[Einheit]	Ausf.-Dauer	Positionsnummer

31 Schornsteineinfassung, Titanzink KG **363**

Einfassung von Dacheinbauten, aus Metallblech, traufseitig mit Brustblech, seitlich mit Winkelblechen, firstseitig mit Nackenblechen, überlappend, inkl. Befestigungsmittel, Überhangblech und elastischer Abdichtung der oben liegenden Fuge zwischen Wandbelag und Einfassung.
Grundrisslänge: .....
Grundrissbreite: .....
Material: Titanzink
Blechdicke: 0,7 mm
Zuschnitt: .....
Zuschnitt Überhangblech: .....
Oberfläche: .....
Dachneigung: .....°
Anschlusshöhe: mind. 150 mm
Untergrund: Holzkonstruktion

75€	90€	**97€**	107€	125€	[m]	⏱ 0,80h/m	322.000.043

32 Wandanschlussblech, Kupfer, Z 500 KG **363**

Wandanschluss aus Metallblech, als Schutz der Dachabdichtung an aufgehenden Bauteilen, an den Stößen verbunden, inkl. Abdichtung der oben liegenden Fuge zwischen Wandbelag und Blechstreifen.
Material: Kupfer
Blechdicke: 0,7 mm
Zuschnitt: 500 mm
Kantungen: .....
Oberfläche: .....
Untergrund: .....

32€	47€	**54€**	59€	68€	[m]	⏱ 0,35h/m	322.000.039

33 Wandanschlussblech, Titanzink, Z333 KG **363**

Wandanschluss aus Metallblech, als Schutz der Dachabdichtung an aufgehenden Bauteilen, an den Stößen verbunden, inkl. Abdichtung der oben liegenden Fuge zwischen Wandbelag und Blechstreifen.
Material: Titanzink
Blechdicke: 0,7 mm
Zuschnitt: 500 mm
Kantungen: .....
Oberfläche: .....
Untergrund: .....

31€	38€	**41€**	45€	55€	[m]	⏱ 0,35h/m	322.000.038

Kosten:
Stand 2. Quartal 2025
Bundesdurchschnitt

▶ min
▷ von
ø Mittel
◁ bis
◀ max

34 Überhang, bis Z 167 KG **363**

Überhangstreifen für Wandanschluss der Dachabdichtung, aus Metallblech, mit Tropfkante, an den Stößen verbunden, ggf. mit Schiebenähten, inkl. elastischer Abdichtung der oben liegenden Fuge zwischen Wandbelag und Blechstreifen.
Material: **Titanzink / Kupfer**
Blechdicke: 0,7 mm
Zuschnitt: bis 167 mm
Kantungen: .....
Oberfläche: .....
Anschluss an: **Putzprofil / Profilschiene**
Untergrund: **Stahlbeton / Mauerwerk**

19€ | 26€ | **29€** | 32€ | 45€ | [m] | ⏱ 0,15h/m | 322.000.036

35 Überhang, bis Z 333 KG **363**

Überhangstreifen für Wandanschluss der Dachabdichtung, aus Metallblech, mit Tropfkante, an den Stößen verbunden, ggf. mit Schiebenähten, inkl. elastischer Abdichtung der oben liegenden Fuge zwischen Wandbelag und Blechstreifen.
Material: **Titanzink / Kupfer**
Blechdicke: 0,7 mm
Zuschnitt: bis 333 mm
Kantungen: .....
Oberfläche: .....
Anschluss an: **Putzprofil / Profilschiene**
Untergrund: **Stahlbeton / Mauerwerk**

25€ | 34€ | **38€** | 41€ | 48€ | [m] | ⏱ 0,20h/m | 322.000.037

36 Firstanschlussblech, Titanzink, bis Z 500 KG **363**

Firstanschlussblech, auf Holzunterkonstruktion, einschl. Befestigungsmittel.
Material: Titanzink
Blechdicke: 0,6 mm
Zuschnitt: bis 500 mm
Kantungen: .....
Oberfläche: .....
Farbton: .....
Dachneigung: .....°

45€ | 67€ | **72€** | 84€ | 118€ | [m] | ⏱ 0,30h/m | 322.000.073

Nr.	Kurztext / Langtext						Kostengruppe
►	▷	ø netto €	◁	◄	[Einheit]	Ausf.-Dauer	Positionsnummer

37 Attika-/Mauerabdeckung, Kupfer, bis Z 500 KG **363**

Abdeckung aus Metallblech, verdeckt befestigt, inkl. Haftstreifen und Befestigungsmittel, an den Längsstößen verbunden, ggf. mittels Schiebenähten.
Bauteil: **Attika / Mauer**
Länge: .....
Breite: .....
Untergrund: .....
Material: Kupfer
Blechdicke: 0,7 mm
Zuschnitt: bis 500 mm
Kantungen: .....
Oberfläche: .....
Farbton: .....
Querneigung: .....°
Gebäudehöhe: ..... m
Windzone: .....

►	▷	ø	◁	◄	Einheit	Ausf.-Dauer	Positionsnummer
51€	82€	**96€**	115€	154€	[m]	⏱ 0,45h/m	322.000.035

38 Attika/Mauerabdeckung, Titanzink, bis Z 500 KG **363**

Abdeckung aus Metallblech, verdeckt befestigt, inkl. Haftstreifen und Befestigungsmittel, an den Längsstößen verbunden, ggf. mittels Schiebenähten.
Bauteil: **Attika / Mauer**
Länge: .....
Breite: .....
Untergrund: .....
Material: Titanzink
Blechdicke: 0,7 mm
Zuschnitt: bis 500 mm
Kantungen: .....
Oberfläche: .....
Farbton: .....
Querneigung: .....°
Gebäudehöhe: ..... m
Windzone: .....

►	▷	ø	◁	◄	Einheit	Ausf.-Dauer	Positionsnummer
47€	73€	**85€**	96€	120€	[m]	⏱ 0,40h/m	322.000.034

39 Ortgangblech, Kupfer, Z 333 KG **363**

Ortgangverblechung, Nahtausbildung überlappt, verdeckt befestigt mit Vorstoßblechen auf Holzunterkonstruktion, inkl. Befestigungsmittel.
Material: Kupfer
Blechdicke: 0,7 mm
Ausführung: **gefalzt / glatt / .....**
Zuschnitt: 333 mm
Oberfläche: .....
Dachneigung: .....°

►	▷	ø	◁	◄	Einheit	Ausf.-Dauer	Positionsnummer
29€	44€	**54€**	69€	100€	[m]	⏱ 0,20h/m	322.000.033

Kosten:
Stand 2. Quartal 2025
Bundesdurchschnitt

► min
▷ von
ø Mittel
◁ bis
◄ max

40 Ortgangblech, Titanzink, Z 333 KG **363**

Ortgangverblechung, Nahtausbildung überlappt, verdeckt befestigt mit Vorstoßblechen auf Holzunterkonstruktion, inkl. Befestigungsmittel.
Material: Titanzink
Blechdicke: 0,7 mm
Ausführung: **gefalzt / glatt / .....**
Zuschnitt: 333 mm
Oberfläche: .....
Dachneigung .....°

►	▷	ø netto €	◁	◄	[Einheit]	Ausf.-Dauer	Positionsnummer
28€	42€	**48€**	57€	77€	[m]	⏱ 0,20h/m	322.000.032

41 Blechkehle, Kupfer, bis Z 667 KG **363**

Kehle aus Metallblech, mit seitlichem Wasserfalz, überlappend verlegt, befestigt auf Holzunterkonstruktion, inkl. Befestigungsmittel.
Material: Kupfer
Blechdicke: 0,6 mm
Ausführung: .....
Zuschnitt: 667 mm
Oberfläche: .....
Dachneigung: .....°

►	▷	ø netto €	◁	◄	[Einheit]	Ausf.-Dauer	Positionsnummer
45€	60€	**67€**	80€	100€	[m]	⏱ 0,20h/m	322.000.031

42 Blechkehle, Titanzink, bis Z 667 KG **363**

Kehle aus Metallblech, mit seitlichem Wasserfalz, überlappend verlegt, befestigt auf Holzunterkonstruktion, inkl. Befestigungsmittel.
Material: Titanzink
Blechdicke: 0,7 mm
Ausführung: .....
Zuschnitt: bis 667 mm
Oberfläche: .....
Dachneigung: .....°

►	▷	ø netto €	◁	◄	[Einheit]	Ausf.-Dauer	Positionsnummer
34€	45€	**51€**	56€	72€	[m]	⏱ 0,20h/m	322.000.030

43 Kleintierschutz, Metall KG **363**

Kleintierschutz an der Traufe, aus Metall, passend zur Dachdeckung, freier Querschnitt gem. Klempnerfachregel des ZVSHK.
Untergrund: Holzunterkonstruktion
Breite: bis 150 mm
Material: .....
Abmessung: .....
Einbauort: Gründach

►	▷	ø netto €	◁	◄	[Einheit]	Ausf.-Dauer	Positionsnummer
22€	31€	**33€**	37€	44€	[m]	⏱ 0,10h/m	322.000.053

300
301
302
306
308
309
310
312
313
314
316
317
318
320
321
322

Nr.	Kurztext / Langtext					Kostengruppe
▶	▷	ø netto €	◁	◀	[Einheit] Ausf.-Dauer	Positionsnummer

Kosten:
Stand 2. Quartal 2025
Bundesdurchschnitt

44 Traufstreifen, Kupfer, Z 333 — KG **363**

Traufstreifen aus Metallblech, mit Tropfkante, befestigt mit Haftstreifen auf Holzunterkonstruktion, an den Stößen lose überlappt, inkl. Befestigungsmittel.
Material: Kupfer
Blechdicke: 0,7 mm
Zuschnitt: 333 mm
Kantungen: dreifach
Oberfläche: .....

21€ | 30€ | **34€** | 36€ | 47€ | [m] | ⏱ 0,15 h/m | 322.000.029

45 Traufstreifen, Titanzink, Z 333 — KG **363**

Traufstreifen aus Metallblech, mit Tropfkante, befestigt mit Haftstreifen auf Holzunterkonstruktion, an den Stößen lose überlappt, inkl. Befestigungsmittel.
Material: Titanzink
Blechdicke: 0,7 mm
Zuschnitt: 333 mm
Kantungen: dreifach
Oberfläche:.....

19€ | 27€ | **29€** | 35€ | 45€ | [m] | ⏱ 0,15 h/m | 322.000.028

46 Notüberlauf, Flachdach — KG **363**

Notüberlauf in Attika, außenseitig mit Tropfnase, innenseitig mit Kragen, inkl. Anschluss an Dachdichtung.
Anschlussart/Eindichtung: .....
Abdichtung Dachfläche: .....
Einbau: waagrecht
Gefälle: .....°
Material: .....
Materialdicke: ....
Anstauhöhe: .....
Abflussleistung: .....
Form: **rund / rechteckig**
Abmessung: .....
Länge: ....
Oberfläche: .....

125€ | 185€ | **202€** | 227€ | 299€ | [St] | ⏱ 0,80 h/St | 322.000.069

47 Standrohr, Metall — KG **363**

Standrohr abgestimmt auf Fallrohr, vor Gebäudesockel einbauen, mit runder Revisionsöffnung einschl. Deckel und Schrauben, mit Muffe, wasserdicht verbunden mit Fallrohr.
Material: .....
Form: **rund / rechteckig**
Nenngröße: DN.....
Materialstärke: ..... mm

81€ | 110€ | **118€** | 137€ | 189€ | [St] | ⏱ 0,36 h/St | 322.000.024

▶ min
▷ von
ø Mittel
◁ bis
◀ max

Nr.	Kurztext / Langtext						Kostengruppe
▶	▷	ø netto €	◁	◀	[Einheit]	Ausf.-Dauer	Positionsnummer

48 Standrohr, Guss/SML KG **363**

Standrohr, rund, im Sockelbereich der Dachentwässerung, als Übergang zur Grundleitung, Standrohr mit Rohrschellen am Gebäude befestigt, inkl. Anschluss an Rohrleitungsnetz.
Material: **Gussrohr / SML-Rohr**
Form: **rund / rechteckig**
Nenngröße: DN.....
Oberfläche: .....
Revisionsöffnung: **mit / ohne**

66€ | 102€ | **116€** | 141€ | 174€ | [St] | ⏱ 0,36h/St | 322.000.023

49 Laubfangkorb, Dachrinnenablauf KG **363**

Laubfangkorb, für Dachrinnen-Ablauf.
Material: **Stahldraht verzinkt / Kupfer / Edelstahl**
Ablaufgröße: .....

10€ | 12€ | **13€** | 16€ | 22€ | [St] | ⏱ 0,06h/St | 322.000.027

50 Fallrohrklappe, Titanzink/Kupfer KG **363**

Fallrohrklappe, passend zum Fallrohr.
Material: **Titanzink / Kupfer**
Oberfläche: .....
Laubfang: **mit / ohne**

50€ | 60€ | **64€** | 66€ | 72€ | [St] | ⏱ 0,15h/St | 322.000.026

51 Standrohrkappen, Titanzink/Kupfer KG **363**

Standrohrkappe für Standrohre, passend zum angeschlossenen Fallrohr.
Material: **Titanzink / Kupfer**
Oberfläche: .....
Ausführung: **mit / ohne Muffe**

6€ | 11€ | **13€** | 15€ | 21€ | [St] | ⏱ 0,10h/St | 322.000.025

52 Fallrohrbogen, Kupfer, DN100 KG **363**

Fallrohrbogen, rund, aus Metallblech, verbunden mit Fallrohr.
Material: Kupfer
Blechdicke: 0,7 mm
Nennweite: DN100
Bogenwinkel: .....°
Ausführung: gelötet
Oberfläche: .....

29€ | 34€ | **35€** | 37€ | 41€ | [St] | ⏱ 0,10h/St | 322.000.022

Nr.	Kurztext / Langtext						Kostengruppe
▶	▷	ø netto €	◁	◀	[Einheit]	Ausf.-Dauer	Positionsnummer

Kosten:
Stand 2. Quartal 2025
Bundesdurchschnitt

53 Fallrohrbogen, Titanzink, DN100 KG **363**

Fallrohrbogen, rund, aus Metallblech, verbunden mit Fallrohr.
Material: Titanzink
Blechdicke: 0,7 mm
Nennweite: DN100
Bogenwinkel: .....°
Ausführung: gelötet
Oberfläche: .....

16€	22€	**25€**	30€	39€	[St]	⏱ 0,10h/St	322.000.021

54 Fallrohr, Kupfer, DN100 KG **363**

Regenfallrohr, rund, aus Metallblech, befestigt mittels Rohrschellen und Schraubstift.
Untergrund: .....
Material: Kupfer
Blechdicke: 0,7 mm
Nennweite: DN100
Oberfläche: .....

39€	51€	**58€**	65€	77€	[m]	⏱ 0,20h/m	322.000.020

55 Fallrohr, Titanzink, bis DN100 KG **363**

Regenfallrohr, rund, aus Metallblech, befestigt mittels Rohrschellen und Schraubstift.
Untergrund: .....
Material: Titanzink
Blechdicke: 0,7 mm
Nennweite: DN.....
Oberfläche: .....

30€	39€	**42€**	48€	65€	[m]	⏱ 0,21h/m	322.000.018

56 Fallrohr, Titanzink, bis DN150 KG **363**

Regenfallrohr, rund, aus Metallblech, befestigt mittels Rohrschellen und Schraubstift.
Untergrund: .....
Material: Titanzink
Blechdicke: 0,7 mm
Nennweite: DN....
Oberfläche: .....

34€	43€	**46€**	53€	66€	[m]	⏱ 0,24h/m	322.000.019

57 Rinnenendstück, Rinnenboden, Kupfer KG **363**

Rinnenendstück für Dachrinne, passend zur Dachrinne, inkl. Anpass- und Fügearbeiten.
Material: Kupfer
Blechdicke: 0,7 mm
Oberfläche: .....
Nennweite Rinne: .....

8€	12€	**13€**	18€	27€	[St]	⏱ 0,10h/St	322.000.017

▶ min
▷ von
ø Mittel
◁ bis
◀ max

58 Rinnenendstück, Rinnenboden, Titanzink KG **363**

Rinnenendstück für Dachrinne, passend zur Dachrinne, inkl. Anpass- und Fügearbeiten.
Material: Titanzink
Blechdicke: 0,7 mm
Oberfläche: .....
Nennweite Rinne: .....

▶	▷	ø netto €	◁	◀	[Einheit]	Ausf.-Dauer	Positionsnummer
6€	10€	**12€**	15€	24€	[St]	⏱ 0,10h/St	322.000.016

59 Rinnenstutzen, Kupfer KG **363**

Rinnenstutzen, in Dachrinne und Fallrohr eingepasst, inkl. Anpass- und Fügearbeiten.
Material: Kupfer
Form: **G / S / zylindrisch**
Nenngröße: .....
Oberfläche: .....
Fallrohr: rund

▶	▷	ø netto €	◁	◀	[Einheit]	Ausf.-Dauer	Positionsnummer
32€	39€	**43€**	46€	53€	[St]	⏱ 0,15h/St	322.000.014

60 Rinnenstutzen, Titanzink KG **363**

Rinnenstutzen, in Dachrinne und Fallrohr eingepasst, inkl. Anpass- und Fügearbeiten.
Material: Titanzink
Form: **G / S / zylindrisch**
Nenngröße: .....
Oberfläche: .....
Fallrohr: rund

▶	▷	ø netto €	◁	◀	[Einheit]	Ausf.-Dauer	Positionsnummer
24€	31€	**34€**	39€	48€	[St]	⏱ 0,15h/St	322.000.013

61 Dachrinne, Kupfer, bis Z 333 KG **363**

Dachrinne als Halbrundrinne, vorgehängt, mit Wulst und Falz sowie Stoßverbindung, Rinne verlegt im Gefälle, inkl. Rinnenhalter und Befestigungsmittel.
Untergrund: Holz
Einbauort: Steildach
Material: Kupfer
Blechdicke: 0,7 mm
Zuschnitt: bis 333 mm
Oberfläche: .....
Einhängung: ....

▶	▷	ø netto €	◁	◀	[Einheit]	Ausf.-Dauer	Positionsnummer
34€	49€	**58€**	68€	87€	[m]	⏱ 0,30h/m	322.000.012

300
301
302
306
308
309
310
312
313
314
316
317
318
320
321
322

Nr.	**Kurztext** / Langtext						Kostengruppe
▶	▷	**ø netto €**	◁	◀	[Einheit]	Ausf.-Dauer	Positionsnummer

62 Dachrinne, Titanzink, bis Z 333 KG **363**

Dachrinne als Halbrundrinne, vorgehängt, mit Wulst und Falz, sowie Stoßverbindung, Rinne verlegt im Gefälle, inkl. Rinnenhalter und Befestigungsmittel.
Untergrund: Holz
Einbauort: Steildach
Material: Titanzink
Blechdicke: 0,7 mm
Zuschnitt: bis 333 mm
Oberfläche: .....
Einhängung: ....

31€	40€	**45€**	51€	66€	[m]	⏱ 0,30h/m	322.000.009

Kosten:
Stand 2. Quartal 2025
Bundesdurchschnitt

63 Dachrinne, Titanzink, Kastenrinne, Z 333 KG **363**

Dachrinne als Kastenrinne, vorgehängt, mit Wulst und Falz sowie Stoßverbindung, Rinne verlegt im Gefälle, inkl. Rinnenhalter und Befestigungsmittel.
Untergrund: Holz
Einbauort: Steildach
Material: Titanzink
Blechdicke: 0,7 mm
Zuschnitt: 333 mm
Oberfläche: .....
Farbton: .....
Eingehängung: .....

40€	50€	**55€**	66€	90€	[m]	⏱ 0,34h/m	322.000.011

64 Traufblech, Kupfer, Z 333 KG **363**

Traufblech als Einhängeblech, am Übergang von Dachfläche zu Dachrinne, mit Tropfkante, an den Stößen lose überlappt, aus Metallblech, verdeckt befestigen mit Haften, auf Holzuntergrund, mit Tropfkante, inkl. Befestigungsmittel.
Untergrund: Holzkonstruktion
Material: Kupfer
Blechdicke: 0,7 mm
Zuschnitt: 333 mm
Kantungen: .....
Oberfläche: .....
Tropfkante: **gekantet / mit Wulst**

27€	37€	**39€**	44€	59€	[m]	⏱ 0,25h/m	322.000.008

▶ min
▷ von
ø Mittel
◁ bis
◀ max

65 Traufblech, Titanzink, Z 333 KG **363**

Traufblech als Einhängeblech, am Übergang von Dachfläche zu Dachrinne, mit Tropfkante, an den Stößen lose überlappt, aus Metallblech, verdeckt befestigen mit Haften, auf Holzuntergrund, mit Tropfkante, inkl. Befestigungsmittel.
Untergrund: Holzkonstruktion
Material: Titanzink
Blechdicke: 0,7 mm
Zuschnitt: 333 mm
Kantungen: .....
Oberfläche: .....
Tropfkante: **gekantet / mit Wulst**

20€ | 28€ | **31€** | 37€ | 49€ | [m] | ⏱ 0,20h/m | 322.000.007

66 Sicherheitsdachhaken, verzinkt KG **369**

Sicherheits-Dachhaken, in Holz-Dachkonstruktion, inkl. Anpassarbeiten der Dachdeckung, Haken mit Einhängelasche.
Material: verzinkter Stahl
Ausführung: Typ B
Abmessung: 25 x 6 mm

23€ | 30€ | **32€** | 37€ | 41€ | [St] | ⏱ 0,15h/St | 322.000.106

67 Sicherheitsdachhaken, Kupfer KG **369**

Sicherheits-Dachhaken, in Holz-Dachkonstruktion, inkl. Anpassarbeiten der Dachdeckung, Haken mit Einhängelasche.
Material: Kupfer
Ausführung: Typ B
Abmessung: 25 x 6 mm

24€ | 31€ | **36€** | 43€ | 45€ | [St] | ⏱ 0,15h/St | 322.000.108

68 Sicherheitstritt, Standgitter KG **369**

Sicherheitstritt für Schornsteinfeger, aus Standgitter und Auflagerbügeln, an Dachlattung mit zusätzlicher Unterstützung befestigen, passend zur Dachdeckung.
Trittlänge: ca. 41 cm
Dachdeckung: .....

97€ | 126€ | **137€** | 159€ | 168€ | [St] | ⏱ 0,35h/St | 322.000.107

69 Stundensatz, Facharbeiter/-in

Stundenlohnarbeiten für Vorarbeiter/-in, Gesellin/Geselle, Facharbeiter/-in und Gleichgestellte, sowie ähnliche Fachkräfte.
Der Verrechnungssatz für die jeweilige Arbeitskraft umfasst sämtliche Aufwendungen wie Lohn- und Gehaltskosten, lohn- und gehaltsgebundene Kosten, Lohn- und Gehaltsnebenkosten, Gemeinkosten, Wagnis und Gewinn.Leistung nach besonderer Anordnung der Bauüberwachung. Anmeldung und Nachweis gem. VOB/B.

66€ | 72€ | **77€** | 78€ | 80€ | [h] | ⏱ 1,00h/h | 322.000.077

300
301
302
306
308
309
310
312
313
314
316
317
318
320
321
322

B

Ausbau

Kosten:
Stand 2. Quartal 2025
Bundesdurchschnitt

▶ min
▷ von
ø Mittel
◁ bis
◀ max

Nr.	Positionen	Einheit	▶	▷	ø brutto € / ø netto €	◁	◀
1	Außenputz abschlagen, Mauerwerk	m²	16	23	**25**	31	42
			13	19	**21**	26	35
2	Außenputz abschlagen, Teilflächen	m²	26	37	**40**	44	51
			22	31	**33**	37	42
3	Sockelputz abschlagen	m²	14	20	**22**	26	36
			11	17	**18**	22	30
4	Deckenputz abschlagen	m²	19	36	**40**	47	48
			16	30	**34**	39	41
5	Deckenputz abschlagen, Teilflächen	m²	20	36	**44**	51	68
			17	30	**37**	43	57
6	Putzträger entfernen, Wand	m²	13	19	**22**	25	37
			11	16	**18**	21	31
7	Putzträger entfernen, Decke	m²	13	26	**29**	34	42
			11	22	**25**	29	35
8	Kantenschutzschiene abbrechen	m	8	9	**10**	11	21
			6	7	**8**	10	18
9	Ziegelwand/Fugen reinigen	m²	4	6	**7**	15	22
			4	5	**6**	13	18
10	Sandstrahlen, Altputz	m²	9	18	**21**	24	28
			8	15	**18**	20	23
11	Niederdruckreinigung, Putzuntergrund	m²	12	20	**22**	26	33
			10	17	**19**	22	28
12	Hochdruckreinigung, Rotordüse, Putzuntergrund	m²	7	12	**14**	16	21
			6	10	**12**	13	18
13	Fassadenreinigung, Hochdruckreinigung mit Warmwasser	m²	5	9	**10**	12	19
			4	7	**8**	10	16
14	Hohlstellen prüfen, Innenputz	m²	2	3	**3**	3	7
			2	2	**3**	3	6
15	Hohlstellen abschlagen, Innenputz	St	12	19	**22**	26	32
			10	16	**18**	21	27
16	Pilz-/Algenbefall entfernen, Außenputz	m²	8	9	**11**	12	20
			7	8	**9**	10	17
17	Mauerbewuchs entfernen, Putzflächen	m²	4	9	**10**	12	16
			4	8	**8**	10	13
18	Ausblühungen entfernen, Putzuntergrund	m²	5	7	**8**	9	14
			4	6	**6**	8	12
19	Mauerwerksfugen verfüllen	m²	21	22	**26**	31	44
			18	18	**22**	26	37
20	Putzträger, verzinkt, Innenwand	m²	10	19	**21**	25	31
			8	16	**18**	21	26
21	Putzträger, Drahtziegelgewebe, innen	m²	16	21	**24**	28	34
			13	18	**20**	23	28
22	Spritzbewurf, Innenmauerwerk	m²	12	13	**15**	18	23
			10	11	**13**	15	19
23	Untergrund verfestigen, Tiefgrund	m²	3	3	**4**	4	6
			2	3	**3**	4	5
24	Haftputz, mineralisch, Beton	m²	8	9	**11**	12	17
			7	8	**9**	10	14

Nr.	Positionen	Einheit	▶	▷	ø brutto € / ø netto €	◁	◀
25	Außenputz ausbessern	m²	46	62	**70**	82	116
			39	52	**59**	69	98
26	Außenputz ausbessern, Teilflächen	m²	38	60	**68**	77	113
			32	50	**57**	65	95
27	Öffnungen beiputzen, außen	m	14	15	**17**	20	24
			11	13	**14**	17	20
28	Fensterbank beiputzen, außen	St	22	24	**27**	32	36
			18	20	**23**	27	31
29	Putzträger, Streckmetall, außen	m²	19	24	**27**	31	36
			16	20	**23**	26	30
30	Putzarmierung, Glasfasergewebe, außen	m²	12	14	**15**	18	22
			10	11	**13**	15	18
31	Putzarmierung, Edelstahl, außen	m²	52	57	**65**	76	84
			44	48	**55**	64	71
32	Kantenschutzprofil, verzinkt, Außenputz	m	10	12	**13**	15	18
			9	10	**11**	13	15
33	Kantenprofil, Edelstahl, Außenputz	m	14	16	**18**	21	26
			12	14	**15**	18	21
34	Abschlussprofil, PVC/Stahl, Außenputz	m	9	9	**10**	12	15
			7	8	**9**	10	13
35	Einzelriss starr, Verschlämmen	m	7	9	**10**	12	13
			6	7	**9**	10	11
36	Einzelriss starr, Mörtelverschluss	m	6	10	**12**	14	15
			5	8	**10**	12	13
37	Einzelriss flexibel, Dichtstoff	m	9	13	**15**	17	22
			8	11	**13**	15	18
38	Einzelriss 0,2mm, Trennlage/Putzträger	m	21	25	**30**	37	40
			18	21	**25**	31	33
39	Einzelriss flexibel, Dehnfuge gerade	m	12	21	**24**	27	29
			10	17	**20**	23	24
40	Einzelriss flexibel, Bewegungsprofil	m	50	63	**70**	83	90
			42	53	**59**	70	75
41	Fugenschnitt, Wandputz	m	11	12	**13**	16	18
			9	10	**11**	13	15
42	Putzschäden ausbessern, Teilflächen	m²	43	47	**54**	62	72
			36	40	**45**	52	61
43	Fehlstellen verputzen, bis 0,1m²	St	4	5	**6**	7	9
			4	5	**5**	6	7
44	Fehlstellen verputzen, bis 0,2m²	St	8	10	**11**	13	16
			7	8	**9**	11	13
45	Fehlstellen verputzen, bis 0,3m²	St	9	12	**13**	15	18
			8	10	**11**	13	15
46	Putzflächen spachteln, Fehlstellen innen	m²	12	16	**18**	21	25
			10	13	**15**	17	21
47	Ausgleichsputz, Innenwand	m²	18	28	**30**	38	49
			15	24	**26**	32	41
48	Öffnungen beiputzen, innen	m	19	21	**24**	28	33
			16	18	**20**	23	28

Kosten:
Stand 2. Quartal 2025
Bundesdurchschnitt

Nr.	Positionen	Einheit	►	▷	ø brutto € / ø netto €	◁	◄
49	Fensterbank beiputzen, innen	St	25	31	**36**	41	50
			21	26	**30**	35	42
50	Trennschnitt, Innenputz	m	5	6	**7**	8	10
			4	5	**6**	7	8
51	Putzträger, Rippenstreckmetall, innen	m²	15	19	**22**	25	30
			13	16	**18**	21	25
52	Putzträger, Rabitzgewebe, innen	m²	15	19	**22**	25	30
			13	16	**18**	21	26
53	Kantenprofil, verzinkt, innen	m	7	9	**10**	11	13
			6	7	**8**	10	11
54	Putzabschlussprofil, verzinkt, Türen, innen	m	8	9	**10**	11	13
			6	7	**8**	10	11
55	WD-Putz, Innendämmung, 50mm	m²	85	102	**116**	135	162
			71	86	**98**	113	137
56	WD-Putz, Innendämmung, 75mm	m²	140	158	**178**	208	267
			118	133	**149**	175	224
57	WD-Putz, Unter- und Oberputz, 50mm, Laibungen	m	34	39	**44**	51	62
			29	32	**37**	43	52
58	WD-Putz, Unter- und Oberputz, 75mm, Laibungen	m	43	48	**55**	64	77
			36	41	**46**	54	65
59	Putzträger, Rippenstreckmetall, Decken	m²	20	22	**25**	29	36
			17	19	**21**	25	30
60	Putzträger, Rabitzgewebe, Decken	m²	18	20	**23**	26	33
			15	17	**19**	22	28
61	Trennschnitt, Deckenputz	m	10	13	**14**	17	21
			8	11	**12**	14	17
62	Innenputz, Wand, Kalk-Gipsputz, einlagig, Q2-geglättet	m²	23	28	**31**	33	39
			19	24	**26**	28	33
63	Innenputz, Wand, Kalk-Zementputz, Q2-abgezogen	m²	28	33	**35**	37	44
			24	28	**30**	31	37
64	Innenputz, Wand, Gipsputz, einlagig, Q2-gefilzt	m²	22	28	**31**	33	37
			19	24	**26**	27	31
65	Innenputz, Wand, Gipsputz, einlagig, Q2-geglättet	m²	23	28	**30**	33	39
			19	24	**25**	28	33
66	Deckenputz, innen, Kalk-Gipsputz, einlagig, Q2-gefilzt	m²	24	33	**36**	38	45
			21	27	**30**	32	38
67	Außenputz, Wand, Unter-/Oberputz	m²	37	52	**60**	65	77
			31	44	**50**	55	65
68	Untergrundvorbereitung, WDVS	m²	3	4	**4**	5	5
			3	3	**4**	4	4
69	Druckwasserstrahlen, Reinigung	m²	23	26	**29**	34	36
			19	22	**25**	29	31
70	Ausgleichsputz auftragen	m²	19	21	**24**	28	36
			16	18	**20**	23	31
71	Untergrundverfestigung, Grundierung	m²	2	4	**5**	6	8
			2	4	**4**	5	7
72	WDVS bis 20m, WF 100	m²	124	132	**142**	165	185
			104	111	**120**	139	155

► min
▷ von
ø Mittel
◁ bis
◄ max

Nr.	Positionen	Einheit	►	▷	ø brutto € / ø netto €	◁	◄
73	WDVS bis 20m, WF 120	m²	138	144	**156**	183	203
			116	121	**131**	154	171
74	WDVS bis 20m, WF 140	m²	150	160	**172**	193	226
			126	135	**145**	162	190
75	WDVS bis 20m, WF 160	m²	164	173	**186**	221	243
			137	145	**156**	186	205
76	WDVS bis 20m, WF 180	m²	187	202	**217**	257	285
			157	170	**183**	216	239
77	WDVS bis 20m, WF 200	m²	209	226	**243**	282	314
			176	190	**204**	237	264
78	WDVS bis 20m, WF 240	m²	210	220	**239**	280	308
			177	185	**201**	235	259
79	WDVS bis 20m, MW 100	m²	106	112	**123**	143	160
			89	94	**104**	120	135
80	WDVS bis 20m, MW 120	m²	119	126	**138**	160	179
			100	105	**116**	134	151
81	WDVS bis 20m, MW 140	m²	135	143	**157**	182	204
			113	120	**132**	153	171
82	WDVS bis 20m, MW 160	m²	155	166	**176**	210	233
			130	139	**148**	176	195
83	WDVS bis 20m, MW 180	m²	160	171	**184**	218	245
			135	144	**155**	183	206
84	WDVS bis 20m, MW 200	m²	176	186	**205**	238	264
			148	157	**172**	200	222
85	WDVS bis 20m, MW 240	m²	196	207	**228**	264	290
			165	174	**192**	222	243
86	WDVS bis 20m, PS 100	m²	99	107	**115**	135	144
			83	90	**96**	114	121
87	WDVS bis 20m, PS 120	m²	106	112	**123**	142	155
			89	94	**103**	120	130
88	WDVS bis 20m, PS 140	m²	126	135	**147**	170	185
			106	114	**123**	143	156
89	WDVS bis 20m, PS 160	m²	143	152	**167**	193	210
			120	127	**140**	162	176
90	WDVS bis 20m, PS 180	m²	158	165	**178**	212	228
			133	139	**149**	178	191
91	WDVS bis 20m, PS 200	m²	172	184	**195**	229	252
			144	154	**164**	192	212
92	WDVS bis 20m, PS 240	m²	185	196	**215**	250	276
			156	165	**181**	210	232
93	Armierung, stoßgefährdete Bereiche	m²	25	28	**32**	37	42
			21	23	**27**	31	36
94	Organischer Oberputz, WDVS	m²	26	30	**31**	32	35
			22	25	**26**	27	29
95	Mineralischer Oberputz, WDVS	m²	24	28	**30**	34	39
			20	24	**25**	28	33
96	Sockeldämmung, XPS, 50mm	m²	45	51	**57**	68	77
			38	43	**48**	57	65

Kosten:
Stand 2. Quartal 2025
Bundesdurchschnitt

► min
▷ von
ø Mittel
◁ bis
◀ max

Nr.	Positionen	Einheit	►	▷	ø brutto € / ø netto €	◁	◀
97	Sockeldämmung, XPS, 100mm	m²	59	66	**75**	88	98
			49	56	**63**	74	82
98	Sockeldämmung, XPS, 160mm	m²	80	90	**102**	119	133
			67	76	**86**	100	112
99	Laibungen dämmen, WDVS	m	24	27	**30**	35	41
			20	22	**25**	29	34
100	Kantenausbildung, Gewebewinkel, WDVS	m	12	14	**15**	18	21
			10	12	**13**	15	18
101	Kantenausbildung, Kunststoffschiene, WDVS	m	13	14	**16**	19	21
			11	12	**13**	16	18
102	Kantenprofil, Edelstahl, WDVS	m	18	20	**22**	26	30
			15	17	**19**	22	25
103	Sockelabschluss, Aluprofil , WDVS	m	16	18	**20**	24	27
			14	15	**17**	20	22
104	Gehrungen, Profile, WDVS	St	2	2	**2**	3	3
			2	2	**2**	2	3
105	Anschluss, Fugendichtband, WDVS	m	7	8	**9**	10	12
			6	6	**7**	8	10
106	Anputzleiste mit Dichtlippe, WDVS	m	13	15	**17**	20	24
			11	12	**14**	16	20
107	Gebäudebewegungsfugen, WDVS	m	39	44	**48**	58	65
			33	37	**41**	48	55
108	Dämmung, Kellerdecke, EPS 040, bis 100mm	m²	48	55	**59**	62	67
			40	46	**49**	52	56
109	Dämmung, Kellerdecke, EPS 040, 100mm	m²	53	56	**61**	67	76
			45	47	**51**	56	64
110	Dämmung, Kellerdecke, EPS 040, 140mm	m²	79	84	**91**	99	118
			67	70	**77**	83	100
111	Dämmung, Kellerdecke, MW 032, bis 140mm	m²	95	101	**109**	119	148
			80	85	**92**	100	124
112	Wärmedämmung, Mehrschichtplatte, 50mm	m²	33	54	**60**	70	85
			27	45	**51**	59	72
113	Wärmedämmung, Mehrschichtplatte, 75mm	m²	43	61	**69**	74	94
			36	51	**58**	62	79
114	WDVS, Brandbarriere, bis 300mm	m	15	20	**23**	25	27
			13	17	**19**	21	23
115	Stundensatz, Facharbeiter/-in	h	65	78	**85**	89	100
			55	66	**72**	75	84
116	Stundensatz, Helfer/-in	h	53	70	**76**	79	89
			45	59	**64**	67	75

Nr.	Kurztext / Langtext						Kostengruppe
►	▷	ø netto €	◁	◄	[Einheit]	Ausf.-Dauer	Positionsnummer

1 Außenputz abschlagen, Mauerwerk KG **394**

Außenputz, zweilagig, auf Ziegelmauerwerk abschlagen und Bauschutt entsorgen. Die Wandflächen sind abschließend durch Abkehren zu reinigen.
Putzdicke: bis 30 mm
Haftung: .....
Wandhöhen: .....

13€	19€	**21€**	26€	35€	[m²]	⏱ 0,25h/m²	323.000.165

2 Außenputz abschlagen, Teilflächen KG **394**

Außenputz, zweilagig, auf Ziegelmauerwerk in Teilflächen abschlagen und Bauschutt entsorgen. Die Wandflächen sind abschließend durch Abkehren zu reinigen.
Einzelgrößen: bis 1,0 m²
Putzdicke: bis 30 mm
Haftung: .....
Wandhöhen: .....

22€	31€	**33€**	37€	42€	[m²]	⏱ 0,27h/m²	323.000.166

3 Sockelputz abschlagen KG **394**

Sockelputz abschlagen und Bauschutt entsorgen. Die Wandflächen sind abschließend durch Abkehren zu reinigen.
Putzdicke: bis 30 mm
Haftung: .....

11€	17€	**18€**	22€	30€	[m²]	⏱ 0,23h/m²	323.000.167

4 Deckenputz abschlagen KG **394**

Deckenputz abbrechen und Bauschutt entsorgen. Die Wandflächen sind abschließend durch Abkehren zu reinigen.
Putzdicke: bis 20 mm
Untergrund: .....
Haftung: .....
Deckenhöhen: .....

16€	30€	**34€**	39€	41€	[m²]	⏱ 0,25h/m²	323.000.168

5 Deckenputz abschlagen, Teilflächen KG **394**

Deckenputz in Teilflächen abbrechen und Bauschutt entsorgen. Die Wandflächen sind abschließend durch Abkehren zu reinigen.
Putzdicke: bis 20 mm
Untergrund: .....
Haftung: .....
Einzelgröße: bis 1,0 m²
Deckenhöhen: .....

17€	30€	**37€**	43€	57€	[m²]	⏱ 0,30h/m²	323.000.169

6 Putzträger entfernen, Wand KG **394**

Putzträger an Wand ausbauen und Bauschutt entsorgen.
Material: Streckmetall

11€	16€	**18€**	21€	31€	[m²]	⏱ 0,20h/m²	323.000.170

Kosten:
Stand 2. Quartal 2025
Bundesdurchschnitt

Nr.	**Kurztext** / Langtext						Kostengruppe
▶	▷	**ø netto €**	◁	◀	[Einheit]	Ausf.-Dauer	Positionsnummer

7 Putzträger entfernen, Decke — KG **394**

Putzträger von Decken ausbauen und Bauschutt entsorgen.
Material: Streckmetall

▶	▷	ø netto €	◁	◀	[Einheit]	Ausf.-Dauer	Positionsnummer
11€	22€	**25€**	29€	35€	[m²]	0,25h/m²	323.000.171

8 Kantenschutzschiene abbrechen — KG **394**

Kantenschutzschiene inkl. Befestigungsanker abbrechen und Bauschutt entsorgen.
Material: .....
Länge: bis 1,50 m

▶	▷	ø netto €	◁	◀	[Einheit]	Ausf.-Dauer	Positionsnummer
6€	7€	**8€**	10€	18€	[m]	0,10h/m	323.000.172

9 Ziegelwand/Fugen reinigen — KG **395**

Wandfläche reinigen, Fugen auskratzen und mit Stahlbesen abbürsten und Bauschutt entsorgen.
Mauerwerksart: Ziegelmauerwerk
Steinformat: .....

▶	▷	ø netto €	◁	◀	[Einheit]	Ausf.-Dauer	Positionsnummer
4€	5€	**6€**	13€	18€	[m²]	0,10h/m²	323.000.173

10 Sandstrahlen, Altputz — KG **395**

Sandstrahlen ohne Wasser von Wandflächen zum Entfernen von Altputzresten, groben Schmutz und weißlichen Ausblühungen. Verbliebenen Staub abkehren oder abblasen und Schutt entsorgen.
Untergrund: .....

▶	▷	ø netto €	◁	◀	[Einheit]	Ausf.-Dauer	Positionsnummer
8€	15€	**18€**	20€	23€	[m²]	0,18h/m²	323.000.174

11 Niederdruckreinigung, Putzuntergrund — KG **395**

Niederdruckreinigung mit festen Strahlmittel des Putzuntergrundes zum Entfernen von fest haftenden Substanzen. Flächen nachwaschen und Reststoffe entsorgen.
Untergrund: .....

▶	▷	ø netto €	◁	◀	[Einheit]	Ausf.-Dauer	Positionsnummer
10€	17€	**19€**	22€	28€	[m²]	0,18h/m²	323.000.175

12 Hochdruckreinigung, Rotordüse, Putzuntergrund — KG **395**

Hochdruckwasserstrahlen mit Rotordüse des Putzuntergrundes zum Entfernen von fest haftenden Substanzen einschl. Entsorgung der Reststoffe.
Untergrund: .....

▶	▷	ø netto €	◁	◀	[Einheit]	Ausf.-Dauer	Positionsnummer
6€	10€	**12€**	13€	18€	[m²]	0,14h/m²	323.000.176

13 Fassadenreinigung, Hochdruckreinigung mit Warmwasser — KG **395**

Putzuntergrund durch Hochdruckreinigung mit Warmwasser reinigen. Leistung einschl. Entsorgung der Reststoffe und Deponiegebühren.
Untergrund: ......

▶	▷	ø netto €	◁	◀	[Einheit]	Ausf.-Dauer	Positionsnummer
4€	7€	**8€**	10€	16€	[m²]	0,12h/m²	323.000.177

14 Hohlstellen prüfen, Innenputz — KG **394**

Innenputz auf Hohlstellen prüfen und markieren.
Putzart: .....

▶	▷	ø netto €	◁	◀	[Einheit]	Ausf.-Dauer	Positionsnummer
2€	2€	**3€**	3€	6€	[m²]	0,03h/m²	323.000.178

▶ min
▷ von
ø Mittel
◁ bis
◀ max

Nr.	Kurztext / Langtext						Kostengruppe
▶	▷	ø netto €	◁	◀	[Einheit]	Ausf.-Dauer	Positionsnummer

15 Hohlstellen abschlagen, Innenputz — KG **394**

Hohlstellen des Putzes an Innenwandflächen abschlagen und Entsorgung des Bauschutts.
Putz: .....
Größe der Fläche: bis ..... m^2

10€	16€	**18€**	21€	27€	[St]	⏱ 0,24 h/St	323.000.179

16 Pilz-/Algenbefall entfernen, Außenputz — KG **395**

Verputzte Fassadenflächen mit Algen- und Pilzbefall mit Sanierlösung und Bürste behandeln.
Befall: .....
Angeb. Fabrikat: .....

7€	8€	**9€**	10€	17€	[m^2]	⏱ 0,06 h/m^2	323.000.180

17 Mauerbewuchs entfernen, Putzflächen — KG **395**

Mauerbewuchs auf Putzflächen entfernen und Abfall entsorgen.
Bewuchs: .....

4€	8€	**8€**	10€	13€	[m^2]	⏱ 0,13 h/m^2	323.000.181

18 Ausblühungen entfernen, Putzuntergrund — KG **395**

Sichtbare Ausblühungen an Putzuntergrund durch trockenes abbürsten entfernen.
Untergrund: .....

4€	6€	**6€**	8€	12€	[m^2]	⏱ 0,08 h/m^2	323.000.182

19 Mauerwerksfugen verfüllen — KG **395**

Mauerwerksfugen bis Vorderkante der Fugen verfüllen.
Mauerwerk: .....
Mörtelart: .....
Steinformat: .....

18€	18€	**22€**	26€	37€	[m^2]	⏱ 0,23 h/m^2	323.000.183

20 Putzträger, verzinkt, Innenwand — KG **395**

Putzträger aus verzinktem Metallgewebe auf Innenwände aus Mauerwerk einbauen.
Bauteil: Innenwand
Maschenweite: .....
Einbauort: .....

8€	16€	**18€**	21€	26€	[m^2]	⏱ 0,20 h/m^2	323.000.184

21 Putzträger, Drahtziegelgewebe, innen — KG **395**

Putzträger aus Drahtziegelgewebe auf Innenwände aus Mauerwerk einbauen.
Bauteil: Innenwand
Maschenweite: bis 12,5 mm
Einbauort: .....

13€	18€	**20€**	23€	28€	[m^2]	⏱ 0,20 h/m^2	323.000.185

Kosten:
Stand 2. Quartal 2025
Bundesdurchschnitt

Nr.	Kurztext / Langtext						Kostengruppe
▶	▷	ø netto €	◁	◀	[Einheit]	Ausf.-Dauer	Positionsnummer

22 Spritzbewurf, Innenmauerwerk — KG **395**

Spritzbewurf auf Mauerwerk im Innenbereich halbdeckend auftragen mit grobkörnigem Zementvorspritzmörtel.
Art des Mauerwerks: .....
Mörtelgruppe: CS IV

10€	11€	**13€**	15€	19€	[m2]	⏱ 0,08 h/m2	323.000.186

23 Untergrund verfestigen, Tiefgrund — KG **395**

Tiefgrund, lösemittelfrei, auf tragfähigen Altputz mit sandender Oberfläche.
Angeb. Fabrikat: .....

2€	3€	**3€**	4€	5€	[m2]	⏱ 0,05 h/m2	323.000.187

24 Haftputz, mineralisch, Beton — KG **395**

Mineralische Putzhaftbrücke aus Werkmörtel, kunststoffmodifiziert, auf glatten, schwach saugenden Betonflächen aufziehen und mit der Zahntraufel aufkämmen.
Mörtelgruppe: CS III
Schichtdicke: ca. 5 mm

7€	8€	**9€**	10€	14€	[m2]	⏱ 0,05 h/m2	323.000.188

25 Außenputz ausbessern — KG **395**

Außenputz mit Unter- und Oberputz ausbessern. Loser und hohlliegender Putz ist zu entfernen und Mauerwerksfugen bis 15mm tief auskratzen. Die Wandflächen sind abschießend zu reinigen und der Bauschutt zu entsorgen.
Neuverputz: .....
Oberfläche: .....

39€	52€	**59€**	69€	98€	[m2]	⏱ 0,65 h/m2	323.000.189

26 Außenputz ausbessern, Teilflächen — KG **395**

Außenputz in Teilflächen entfernen und mit Unter- und Oberputz ausbessern. Loser und hohlliegender Putz ist zu entfernen und Mauerwerksfugen bis 15mm tief auskratzen. Die Wandflächen sind abschießend zu reinigen und der Bauschutt zu entsorgen.
Neuverputz: .....
Oberfläche: .....
Flächenanteil/Einzelgrößen: bis m2

32€	50€	**57€**	65€	95€	[m2]	⏱ 0,65 h/m2	323.000.190

27 Öffnungen beiputzen, außen — KG **395**

Nachträgliches Beiputzen des Außenputzes an Fenstern und Türen.
Laibungstiefe: bis 20 cm
Mörtelart: .....

11€	13€	**14€**	17€	20€	[m]	⏱ 0,10 h/m	323.000.191

28 Fensterbank beiputzen, außen — KG **395**

Nachträglich eingebaute Fensterbank beiputzen.
Länge: bis 1,35 m
Breite: bis 15 cm

18€	20€	**23€**	27€	31€	[St]	⏱ 0,30 h/St	323.000.192

▶ min
▷ von
ø Mittel
◁ bis
◀ max

Nr.	**Kurztext** / Langtext						Kostengruppe
▶	▷	**ø netto €**	◁	◀	[Einheit]	Ausf.-Dauer	Positionsnummer

29 Putzträger, Streckmetall, außen KG **395**

Putzträger mit Streckmetall, vollflächig an Wandflächen im Außenbereich.
Material: Stahl, verzinkt

16€	20€	**23€**	26€	30€	[m²]	⏱ 0,23h/m²	323.000.193

30 Putzarmierung, Glasfasergewebe, außen KG **395**

Putzarmierung mit Glasfasergewebe, vollflächig an Wandflächen im Außenbereich.

10€	11€	**13€**	15€	18€	[m²]	⏱ 0,12h/m²	323.000.194

31 Putzarmierung, Edelstahl, außen KG **395**

Putzarmierung aus Edelstahlgitter in mineralischen Putzflächen, vollflächig im Außenbereich mit Dübeln befestigt.

44€	48€	**55€**	64€	71€	[m²]	⏱ 0,20h/m²	323.000.195

32 Kantenschutzprofil, verzinkt, Außenputz KG **395**

Kantenschutzprofil aus verzinktem Stahl für Putz im Außenbereich.
Bauteil: Wand

9€	10€	**11€**	13€	15€	[m]	⏱ 0,10h/m	323.000.196

33 Kantenprofil, Edelstahl, Außenputz KG **395**

Kantenprofil aus Edelstahl für Putz im Außenbereich.
Bauteil: Wand

12€	14€	**15€**	18€	21€	[m]	⏱ 0,10h/m	323.000.197

34 Abschlussprofil, PVC/Stahl, Außenputz KG **395**

Putzabschlussprofil aus verzinktem Stahlblech mit PVC-Überzug für Putz im Außenbereich.
Farbe PVC: weiß

7€	8€	**9€**	10€	13€	[m]	⏱ 0,08h/m	323.000.198

35 Einzelriss starr, Verschlämmen KG **395**

Einzelriss ohne Rissbreitenänderung, in Außenputz, durch Verschlämmen mit füllender Beschichtung schließen.
Putzart: .....
Oberfläche: .....
Risstiefe: .....
Füllstoff: .....

6€	7€	**9€**	10€	11€	[m]	⏱ 0,12h/m	323.000.199

36 Einzelriss starr, Mörtelverschluss KG **395**

Einzelriss ohne Rissbreitenänderung, in Außenputz, weiten und mit Spachtelmasse schließen. Die Rissränder und Putzuntergrund sind zu grundieren und an die Oberfläche des vorhandenen Putzes anzupassen.
Putzart: .....
Oberfläche: .....
Risstiefe: .....
Spachtelmasse: .....

5€	8€	**10€**	12€	13€	[m]	⏱ 0,12h/m	323.000.200

Kosten:
Stand 2. Quartal 2025
Bundesdurchschnitt

Nr.	**Kurztext** / Langtext						Kostengruppe
▶	▷	**ø netto €**	◁	◀	[Einheit]	Ausf.-Dauer	Positionsnummer

37 Einzelriss flexibel, Dichtstoff KG **395**

Einzelriss, mit Rissbreitenänderung in Außenputz, v-förmig weiten und mit überstreichbaren Dichtstoff schließen. Der Riss ist zu grundieren und der frische Dichtstoff mit Sand abzustreuen.
Putzart: .....
Oberfläche: .....
Risstiefe: .....
Dichtstoff: .....

▶	▷	ø	◁	◀	Einheit	Ausf.-Dauer	Positionsnummer
8€	11€	**13€**	15€	18€	[m]	⏱ 0,17h/m	323.000.201

38 Einzelriss 0,2mm, Trennlage/Putzträger KG **395**

Einzelriss in Außenwandputz mit max. 0,2mm Rissbreitenänderung mit Trennlage und Gewebe überdecken und mit Verputz oberflächengleich schließen. Der Putz ist beidseitig 20cm und der Oberputz zusätzlich 5cm zu entfernen. Die Trennlage ist mit mehrlagigem Glasvlies und Drahtgitter mit Befestigung im Abstand von 25cm auszuführen.
Putzart: .....
Oberfläche: .....
Putzdicke: bis 25 mm

▶	▷	ø	◁	◀	Einheit	Ausf.-Dauer	Positionsnummer
18€	21€	**25€**	31€	33€	[m]	⏱ 0,23h/m	323.000.202

39 Einzelriss flexibel, Dehnfuge gerade KG **395**

Einzelriss, geradlinig mit Rissbreitenänderung in Außenputz, für die Ausbildung einer Dehnfuge weiten, hinterfüllen und mit Dichtstoff schließen. Die Rissflanken sind vor dem Verfüllen zu grundieren.
Putzart: .....
Oberfläche: .....
Putzdicke: bis 25 mm
Fugendimensionierung: .....
Dichtstoff: .....

▶	▷	ø	◁	◀	Einheit	Ausf.-Dauer	Positionsnummer
10€	17€	**20€**	23€	24€	[m]	⏱ 0,19h/m	323.000.203

40 Einzelriss flexibel, Bewegungsprofil KG **395**

Einzelriss, geradlinig mit Rissbreitenänderung in Außenputz, durch Einbau einer Dehnfuge mit Fugenprofil instand setzen. Putz beidseitig des Risses für Einbau des Profils mind. 10cm beidseitig und Oberputz zusätzlich 5cm freilegen und anschließend oberflächengleich beiputzen.
Putzart: .....
Oberfläche: .....
Putzdicke: bis 25 mm
Bewegungsfugenprofil: .....

▶	▷	ø	◁	◀	Einheit	Ausf.-Dauer	Positionsnummer
42€	53€	**59€**	70€	75€	[m]	⏱ 0,27h/m	323.000.204

41 Fugenschnitt, Wandputz KG **395**

Fugenschnitt zur Begrenzung und zum Schutz des bestehenden Putzes an Wänden für nachträglichen Putzanschluss.
Putz: .....
Putzdicke: bis 15 mm

▶	▷	ø	◁	◀	Einheit	Ausf.-Dauer	Positionsnummer
9€	10€	**11€**	13€	15€	[m]	⏱ 0,12h/m	323.000.205

▶ min
▷ von
ø Mittel
◁ bis
◀ max

Nr.	Kurztext / Langtext						Kostengruppe
►	▷	ø netto €	◁	◄	[Einheit]	Ausf.-Dauer	Positionsnummer

42 Putzschäden ausbessern, Teilflächen — KG **395**

Putzschäden an geputzten Innenwänden in Teilflächen ausbessern. Geschädigten Putz bis auf das Mauerwerk entfernen und reinigen sowie Bauschutt entsorgen. Fehlflächen mit Mörtel entsprechend des Umgebungsputzes schließen und Oberfläche ansatzfrei angleichen.
Mörtelart: .....
Oberfläche: .....
Flächen bis 1,0 m^2
Tiefe: bis 2,0 cm

►	▷	ø netto €	◁	◄	[Einheit]	Ausf.-Dauer	Positionsnummer
36€	40€	**45€**	52€	61€	[m^2]	⏱ 0,30h/m^2	323.000.206

A 1 Fehlstellen verputzen — Beschreibung für Pos. **43-45**

Fehlstellen im Innenwandputz verputzen und Oberfläche ansatzfrei mit Bestand angleichen.
Mörtel: ...
Tiefe: bis 2,0 cm

43 Fehlstellen verputzen, bis 0,1m² — KG **395**

Wie Ausführungsbeschreibung A 1
Fehlstelle: 0,01 bis 0,1 m^2

►	▷	ø netto €	◁	◄	[Einheit]	Ausf.-Dauer	Positionsnummer
4€	5€	**5€**	6€	7€	[St]	⏱ 0,06h/St	323.000.207

44 Fehlstellen verputzen, bis 0,2m² — KG **395**

Wie Ausführungsbeschreibung A 1
Größe: 0,1 bis 0,2 m^2

►	▷	ø netto €	◁	◄	[Einheit]	Ausf.-Dauer	Positionsnummer
7€	8€	**9€**	11€	13€	[St]	⏱ 0,10h/St	323.000.208

45 Fehlstellen verputzen, bis 0,3m² — KG **395**

Wie Ausführungsbeschreibung A 1
Größe: 0,2 bis 0,3 m^2

►	▷	ø netto €	◁	◄	[Einheit]	Ausf.-Dauer	Positionsnummer
8€	10€	**11€**	13€	15€	[St]	⏱ 0,12h/St	323.000.209

46 Putzflächen spachteln, Fehlstellen innen — KG **395**

Putz mit kleineren Schlagstellen und Löchern durch Spachtelung an bestehenden Putz angleichen.
Putz: .....
Spachtel: .....
Oberfläche: .....

►	▷	ø netto €	◁	◄	[Einheit]	Ausf.-Dauer	Positionsnummer
10€	13€	**15€**	17€	21€	[m^2]	⏱ 0,20h/m^2	323.000.210

47 Ausgleichsputz, Innenwand — KG **395**

Ausgleichsputz auf Innenwandflächen mit Anpassung an bestehenden Putz.
Dicke: bis 2 cm
Mörtelgruppe: .....

►	▷	ø netto €	◁	◄	[Einheit]	Ausf.-Dauer	Positionsnummer
15€	24€	**26€**	32€	41€	[m^2]	⏱ 0,22h/m^2	323.000.211

Nr.	Kurztext / Langtext						Kostengruppe
►	▷	ø netto €	◁	◄	[Einheit]	Ausf.-Dauer	Positionsnummer

48 **Öffnungen beiputzen, innen** — KG **395**

Beiputzen von nachträglich eingebauten Fenstern und Türen.
Mörtel: .....
Oberfläche: .....
Breite: bis 40 cm

16€	18€	**20€**	23€	28€	[m]	⏱ 0,16h/m	323.000.212

49 **Fensterbank beiputzen, innen** — KG **395**

Nachträglich eingebaute Fensterbank im Innenbereich beiputzen.
Länge: bis 1,35 m
Breite: bis 25 cm

21€	26€	**30€**	35€	42€	[St]	⏱ 0,30h/St	323.000.213

50 **Trennschnitt, Innenputz** — KG **395**

Trennschnitt als Putzanschluss der Innenwand an benachbarte Bauteile.
Bauteil: ....

4€	5€	**6€**	7€	8€	[m]	⏱ 0,10h/m	323.000.214

51 **Putzträger, Rippenstreckmetall, innen** — KG **395**

Putzträger aus verzinktem Rippenstreckmetall an Wänden im Innenbereich.

13€	16€	**18€**	21€	25€	[m²]	⏱ 0,15h/m²	323.000.215

52 **Putzträger, Rabitzgewebe, innen** — KG **395**

Putzträger mit Rabitzgewebe zur Überspannung rissegefährdeter Putzuntergrundflächen.
Putzuntergrund: .....
Einbauort: .....

13€	16€	**18€**	21€	26€	[m²]	⏱ 0,15h/m²	323.000.216

53 **Kantenprofil, verzinkt, innen** — KG **395**

Kantenprofil aus Metall in verschiedenen Längen an Kanten im Innenbereich.
Putzdicke: bis 15 mm
Material: Stahl, verzinkt

6€	7€	**8€**	10€	11€	[m]	⏱ 0,08h/m	323.000.217

54 **Putzabschlussprofil, verzinkt, Türen, innen** — KG **395**

Putzabschlussprofil für Schattenfugen zwischen Türzargen und Putzflächen im Innenbereich.
Material: Stahl, verzinkt

6€	7€	**8€**	10€	11€	[m]	⏱ 0,08h/m	323.000.218

Kosten:
Stand 2. Quartal 2025
Bundesdurchschnitt

► min
▷ von
ø Mittel
◁ bis
◄ max

55 WD-Putz, Innendämmung, 50mm KG **336**

Wärmedämm-Putzsystem aus Spritzbewurf, Dämmputz und Kratzputz an Wänden als nachträgliche Dämmung auf Innenflächen der Außenwand.
Putzgrund: Ziegel
Putzgrund: Spritzbewurf, voll deckend
Unterputz: T (Wärmedämmputzmörtel)
Dämmputz 30 mm, glatt abgezogen
Nennwert der Wärmeleitfähigkeit: 0,070 W/(mK)
Bemessungswert der Wärmeleitfähigkeit: .....
Oberputz: .....
Struktur: Kratzputz, Körnung 3 mm
Gesamtdicke: 50 mm
Farbton: weiß

71€ 86€ **98€** 113€ 137€ [m²] ⏱ 0,60 h/m² 323.000.219

56 WD-Putz, Innendämmung, 75mm KG **336**

Wärmedämm-Putzsystem aus Spritzbewurf, Zwischenputzlage als Armierungsputz mit vollflächige Glasfasergewebeeinlage, Dämmputz und Kratzputz an Wänden als nachträgliche Dämmung auf Innenflächen der Außenwand.
Putzgrund: Ziegel
Putzgrundvorbereitung: Spritzbewurf
Unterputz: T (Wärmedämmputzmörtel)
Dämmputz 50 mm, glatt abgezogen
Nennwert der Wärmeleitfähigkeit: 0,070 W/(mK)
Bemessungswert der Wärmeleitfähigkeit: .....
Zwischenputz: ca. 7 mm, mit Gewebe
Oberputz: .....
Struktur: glatt abgezogen, Körnung kleiner 4 mm
Gesamtdicke: 75 mm
Farbton: weiß

118€ 133€ **149€** 175€ 224€ [m²] ⏱ 0,65 h/m² 323.000.220

57 WD-Putz, Unter- und Oberputz, 50mm, Laibungen KG **336**

Wärmedämm-Putzsystem an Laibungen im Innenbereich auf Außenwänden, zweilagig.
Gesamtdicke: 50 mm
Laibungstiefe: bis 250 mm
Farbton: weiß

29€ 32€ **37€** 43€ 52€ [m] ⏱ 0,35 h/m 323.000.221

58 WD-Putz, Unter- und Oberputz, 75mm, Laibungen KG **336**

Wärmedämm-Putzsystem an Laibungen im Innenbereich auf Außenwänden, zweilagig.
Gesamtdicke: 75 mm
Laibungstiefe: bis 250 mm
Farbton: weiß

36€ 41€ **46€** 54€ 65€ [m] ⏱ 0,40 h/m 323.000.222

Kosten:
Stand 2. Quartal 2025
Bundesdurchschnitt

Nr.	**Kurztext** / Langtext						Kostengruppe
►	▷	**ø netto €**	◁	◄	[Einheit]	Ausf.-Dauer	Positionsnummer

59 Putzträger, Rippenstreckmetall, Decken KG **395**

Putzträger aus verzinktem Rippenstreckmetall an Decken im Innenbereich.

17€	19€	**21€**	25€	30€	[m²]	⏱ 0,17h/m²	323.000.223

60 Putzträger, Rabitzgewebe, Decken KG **395**

Putzträger mit Rabitzgewebe zur Überspannung rissegefährdeter Putzgrundflächen an Decken im Innenbereich.
Putzgrund: .....
Einbauort: .....

15€	17€	**19€**	22€	28€	[m²]	⏱ 0,17h/m²	323.000.224

61 Trennschnitt, Deckenputz KG **395**

Trennschnitt zur Begrenzung und zum Schutz des bestehenden Putzes an Decken für nachträglichen Putzanschluss.
Putz: ....
Putzdicke: bis 15 mm

8€	11€	**12€**	14€	17€	[m]	⏱ 0,15h/m	323.000.225

62 Innenputz, Wand, Kalk-Gipsputz, einlagig, Q2-geglättet KG **345**

Einlagiger Kalk-Gipsputz, Innenwand für mittel- bis grobstrukturierte Wandbeläge und matte, gefüllte Beschichtungen.
Untergrund: .....
Putzdicke: 15 mm
Oberflächenqualität: Q2 - geglättet
Arbeitshöhe: 1,50 m bis 3,50 m über Standfläche des hierfür erforderlichen Gerüsts

19€	24€	**26€**	28€	33€	[m²]	⏱ 0,20h/m²	323.000.275

63 Innenputz, Wand, Kalk-Zementputz, Q2-abgezogen KG **345**

Innenputz, Wand, Kalk-Zementputz, einlagig, wasserabweisend, als Untergrund für Beläge aus Feinkeramik.
Untergrund: .....
Putzdicke: 15 mm
Druckfestigkeitsklasse: CS II
Oberflächenqualität: Q2 - abgezogen
Arbeitshöhe: 1,50 m bis 3,50 m über Standfläche des hierfür erforderlichen Gerüsts

24€	28€	**30€**	31€	37€	[m²]	⏱ 0,22h/m²	323.000.276

64 Innenputz, Wand, Gipsputz, einlagig, Q2-gefilzt KG **345**

Einlagiger Gipsputz, gefilzt, Innenwand, für matte, gefüllte Beschichtungen und grobstrukturierte Beläge.
Untergrund: KS-Mauerwerk, saugfähig
Putzdicke: 15 mm
Oberflächenqualität: Q2 - gefilzt
Putzart: Gipsputz B1
Arbeitshöhe: 1,50 m bis 3,50 m über Standfläche des hierfür erforderlichen Gerüsts
Ausführung: in allen Geschossen

19€	24€	**26€**	27€	31€	[m²]	⏱ 0,20h/m²	323.000.277

► min
▷ von
ø Mittel
◁ bis
◄ max

Nr.	Kurztext / Langtext						Kostengruppe
►	▷	ø netto €	◁	◄	[Einheit]	Ausf.-Dauer	Positionsnummer

65 Innenputz, Wand, Gipsputz, einlagig, Q2-geglättet — KG **345**

Einlagiger Gipsputz, geglättet, Innenwand, für Raufasertapete (Körnung RM/RG) oder matte, gefüllte Beschichtung.
Untergrund: .....
Putzdicke: 15 mm
Oberflächenqualität: Q2 - geglättet
Putzart: Gipsputz B1
Arbeitshöhe: 1,50 m bis 3,50 m über Standfläche des hierfür erforderlichen Gerüsts
Ausführung: in allen Geschossen

19€	24€	**25€**	28€	33€	[m²]	⏱ 0,20h/m²	323.000.278

66 Deckenputz, innen, Kalk-Gipsputz, einlagig, Q2-gefilzt — KG **354**

Einlagiger Kalk-Gipsputz, Decke, für matte, gefüllte Beschichtungen und grobstrukturierte Beläge.
Untergrund: .....
Putzdicke: 15 mm
Oberflächenqualität: Q2 - gefilzt
Arbeitshöhe: 1,50 m bis 3,50 m über Standfläche des hierfür erforderlichen Gerüsts

21€	27€	**30€**	32€	38€	[m²]	⏱ 0,25h/m²	323.000.279

67 Außenputz, Wand, Unter-/Oberputz — KG **335**

Putzsystem aus Kalkzement-Putzmörtel auf Außenwänden, mineralisch, bestehend aus Unterputz und Oberputz.
Untergrund: .....
Unterputz: Kalkzement-Putzmörtel, CS II
Unterputzdicke: 15 mm
Oberflächenqualität: Q2-abgezogen
Oberputz: Kalkzement-Putzmörtel
Wasseraufnahme: W1, wasserhemmend
Körnung: 3,0 mm
Oberflächenqualität: Q2-gerieben
Arbeitshöhe: 1,50 m bis 3,50 m über Standfläche des hierfür erforderlichen Gerüsts

31€	44€	**50€**	55€	65€	[m²]	⏱ 0,48h/m²	323.000.280

68 Untergrundvorbereitung, WDVS — KG **395**

Untergrund von Schmutz und Staub reinigen, WDVS.
Reinigungsmittel: .....

3€	3€	**4€**	4€	4€	[m²]	⏱ 0,04h/m²	323.000.228

69 Druckwasserstrahlen, Reinigung — KG **395**

Strahlen mit Druckwasser zum Abtragen und Entfernen loser Teile, sowie leicht ablösender Schichten.
Bauteil: Außenwand

19€	22€	**25€**	29€	31€	[m²]	⏱ 0,13h/m²	323.000.229

Kosten:
Stand 2. Quartal 2025
Bundesdurchschnitt

Nr.	Kurztext / Langtext						Kostengruppe
►	▷	ø netto €	◁	◄	[Einheit]	Ausf.-Dauer	Positionsnummer

70 Ausgleichsputz auftragen — KG **395**

Ausgleichsputz zur Herstellung eines ebenen Untergrundes für WDVS-Systems.
Unebenheiten: +/-10 mm
Mörtel: .....
Erhärtungszeit: .....

►	▷	ø	◁	◄	Einheit	Ausf.-Dauer	Positionsnummer
16€	18€	**20€**	23€	31€	[m²]	⏱ 0,22 h/m²	323.000.230

71 Untergrundverfestigung, Grundierung — KG **395**

Grundierung zur Untergrundverfestigung von oberflächig sandende Flächen.

►	▷	ø	◁	◄	Einheit	Ausf.-Dauer	Positionsnummer
2€	4€	**4€**	5€	7€	[m²]	⏱ 0,05 h/m²	323.000.231

A 2 WDVS bis 20m, WF, Klebeverfahren — Beschreibung für Pos. **72-78**

Wärmedämm-Verbundsystem mit Holzfaserplatten im Klebeverfahren, einschl. konstruktiver Dübelung und Armierungsputz mit vollflächiger Gewebeeinlage.
Gebäudehöhe: bis 20 m
Dämmmaterial: Holzfaserplatten WF
Anwendung: WAP-h

72 WDVS bis 20m, WF 100 — KG **335**

Wie Ausführungsbeschreibung A 2
Untergrund: .....
Dämmplattendicke: 100 mm
Plattenkante: .....
Nennwert der Wärmeleitfähigkeit: .....
Bemessungswert der Wärmeleitfähigkeit: .....
Dübelung: ..... St/m²
Randbereich: ..... St/m²
Zulassung: .....

►	▷	ø	◁	◄	Einheit	Ausf.-Dauer	Positionsnummer
104€	111€	**120€**	139€	155€	[m²]	⏱ 1,00 h/m²	323.000.260

73 WDVS bis 20m, WF 120 — KG **335**

Wie Ausführungsbeschreibung A 2
Untergrund: .....
Dämmplattendicke: 120 mm
Plattenkante: .....
Nennwert der Wärmeleitfähigkeit: .....
Bemessungswert der Wärmeleitfähigkeit: .....
Dübelung: ..... St/m²
Randbereich: ..... St/m²
Zulassung: .....

►	▷	ø	◁	◄	Einheit	Ausf.-Dauer	Positionsnummer
116€	121€	**131€**	154€	171€	[m²]	⏱ 1,00 h/m²	323.000.261

► min
▷ von
ø Mittel
◁ bis
◄ max

Nr.	Kurztext / Langtext						Kostengruppe
▶	▷	**ø netto €**	◁	◀	[Einheit]	Ausf.-Dauer	Positionsnummer

74 WDVS bis 20m, WF 140 KG **335**

Wie Ausführungsbeschreibung A 2
Untergrund: .....
Dämmplattendicke: 140 mm
Plattenkante: .....
Nennwert der Wärmeleitfähigkeit: .....
Bemessungswert der Wärmeleitfähigkeit: .....
Dübelung: ..... St/m²
Randbereich: ..... St/m²
Zulassung: .....

126€	135€	**145€**	162€	190€	[m²]	⏱ 1,00h/m²	323.000.262

75 WDVS bis 20m, WF 160 KG **335**

Wie Ausführungsbeschreibung A 2
Untergrund: .....
Dämmplattendicke: 160 mm
Plattenkante: .....
Nennwert der Wärmeleitfähigkeit: .....
Bemessungswert der Wärmeleitfähigkeit: .....
Dübelung: ..... St/m²
Randbereich: ..... St/m²
Zulassung: .....

137€	145€	**156€**	186€	205€	[m²]	⏱ 1,05h/m²	323.000.263

76 WDVS bis 20m, WF 180 KG **335**

Wie Ausführungsbeschreibung A 2
Untergrund: .....
Dämmplattendicke: 180 mm
Plattenkante: .....
Nennwert der Wärmeleitfähigkeit: .....
Bemessungswert der Wärmeleitfähigkeit: .....
Dübelung: ..... St/m²
Randbereich: ..... St/m²
Zulassung: .....

157€	170€	**183€**	216€	239€	[m²]	⏱ 1,05h/m²	323.000.264

77 WDVS bis 20m, WF 200 KG **335**

Wie Ausführungsbeschreibung A 2
Untergrund: .....
Dämmplattendicke: 200 mm
Plattenkante: .....
Nennwert der Wärmeleitfähigkeit: .....
Bemessungswert der Wärmeleitfähigkeit: .....
Dübelung: ..... St/m²
Randbereich: ..... St/m²
Zulassung: .....

176€	190€	**204€**	237€	264€	[m²]	⏱ 1,05h/m²	323.000.265

Kosten:
Stand 2. Quartal 2025
Bundesdurchschnitt

Nr.	Kurztext / Langtext						Kostengruppe
▶	▷	ø netto €	◁	◀	[Einheit]	Ausf.-Dauer	Positionsnummer

78 WDVS bis 20m, WF 240 KG **335**

Wie Ausführungsbeschreibung A 2
Untergrund: .....
Dämmplattendicke: 240 mm
Plattenkante: .....
Nennwert der Wärmeleitfähigkeit: .....
Bemessungswert der Wärmeleitfähigkeit: .....
Dübelung: ..... St/m²
Randbereich: ..... St/m²
Zulassung: .....

▶	▷	ø	◁	◀	Einheit	Ausf.-Dauer	Positionsnummer
177€	185€	**201€**	235€	259€	[m²]	⏱ 1,10 h/m²	323.000.266

A 3 WDVS bis 20m, Mineralwolle, Klebeverfahren Beschreibung für Pos. **79-85**

Wärmedämm-Verbundsystem mit Mineralwolleplatten im Klebeverfahren, einschl. konstruktiver Dübelung und Armierungsputz mit vollflächiger Gewebeeinlage.
Gebäudehöhe: bis 20 m
Dämmmaterial: Mineralwolleplatten MW
Anwendung: WAP - zh

79 WDVS bis 20m, MW 100 KG **335**

Wie Ausführungsbeschreibung A 3
Untergrund: .....
Dämmplattendicke: 100 mm
Plattenkante: .....
Nennwert der Wärmeleitfähigkeit: .....
Bemessungswert der Wärmeleitfähigkeit: .....
Dübelung: ..... St/m²
Randbereich: ..... St/m²
Zulassung: .....

▶	▷	ø	◁	◀	Einheit	Ausf.-Dauer	Positionsnummer
89€	94€	**104€**	120€	135€	[m²]	⏱ 1,00 h/m²	323.000.232

80 WDVS bis 20m, MW 120 KG **335**

Wie Ausführungsbeschreibung A 3
Untergrund: .....
Dämmplattendicke: 120 mm
Plattenkante: .....
Nennwert der Wärmeleitfähigkeit: .....
Bemessungswert der Wärmeleitfähigkeit: .....
Dübelung: ..... St/m²
Randbereich: ..... St/m²
Zulassung: .....

▶	▷	ø	◁	◀	Einheit	Ausf.-Dauer	Positionsnummer
100€	105€	**116€**	134€	151€	[m²]	⏱ 1,00 h/m²	323.000.233

▶ min
▷ von
ø Mittel
◁ bis
◀ max

81 WDVS bis 20m, MW 140 KG **335**

Wie Ausführungsbeschreibung A 3
Untergrund: .....
Dämmplattendicke: 140 mm
Plattenkante: .....
Nennwert der Wärmeleitfähigkeit: .....
Bemessungswert der Wärmeleitfähigkeit: .....
Dübelung: ..... St/m²
Randbereich: ..... St/m²
Zulassung: .....

113€ 120€ **132€** 153€ 171€ [m²] ⏱ 1,00 h/m² 323.000.234

82 WDVS bis 20m, MW 160 KG **335**

Wie Ausführungsbeschreibung A 3
Untergrund: .....
Dämmplattendicke: 160 mm
Plattenkante: .....
Nennwert der Wärmeleitfähigkeit: .....
Bemessungswert der Wärmeleitfähigkeit: .....
Dübelung: ..... St/m²
Randbereich: ..... St/m²
Zulassung: .....

130€ 139€ **148€** 176€ 195€ [m²] ⏱ 1,05 h/m² 323.000.235

83 WDVS bis 20m, MW 180 KG **335**

Wie Ausführungsbeschreibung A 3
Untergrund: .....
Dämmplattendicke: 180 mm
Plattenkante: .....
Nennwert der Wärmeleitfähigkeit: .....
Bemessungswert der Wärmeleitfähigkeit: .....
Dübelung: ..... St/m²
Randbereich: ..... St/m²
Zulassung: .....

135€ 144€ **155€** 183€ 206€ [m²] ⏱ 1,05 h/m² 323.000.236

84 WDVS bis 20m, MW 200 KG **335**

Wie Ausführungsbeschreibung A 3
Untergrund: .....
Dämmplattendicke: 200 mm
Plattenkante: .....
Nennwert der Wärmeleitfähigkeit: .....
Bemessungswert der Wärmeleitfähigkeit: .....
Dübelung: ..... St/m²
Randbereich: ..... St/m²
Zulassung: .....

148€ 157€ **172€** 200€ 222€ [m²] ⏱ 1,05 h/m² 323.000.237

Kosten:
Stand 2. Quartal 2025
Bundesdurchschnitt

Nr.	**Kurztext** / Langtext						Kostengruppe
▶	▷	**ø netto €**	◁	◀	[Einheit]	Ausf.-Dauer	Positionsnummer

85 WDVS bis 20m, MW 240 KG **335**

Wie Ausführungsbeschreibung A 3
Untergrund: .....
Dämmplattendicke: 240 mm
Plattenkante: .....
Nennwert der Wärmeleitfähigkeit: .....
Bemessungswert der Wärmeleitfähigkeit: .....
Dübelung: ..... St/m²
Randbereich: ..... St/m²
Zulassung: .....

▶	▷	ø	◁	◀	Einheit	Ausf.-Dauer	Positionsnummer
165€	174€	**192€**	222€	243€	[m²]	1,10 h/m²	323.000.238

A 4 WDVS bis 20m, Polystyrol, Klebeverfahren Beschreibung für Pos. **86-92**

Wärmedämm-Verbundsystem mit Polystyrol-Hartschaumplatten, HBCD-frei, im Klebeverfahren, einschl. konstruktiver Dübelung und Armierungsputz mit vollflächiger Gewebeeinlage.
Gebäudehöhe: bis 20 m
Dämmmaterial: Polystyrol-Hartschaum PS
Anwendung: WAP - zh

86 WDVS bis 20m, PS 100 KG **335**

Wie Ausführungsbeschreibung A 4
Untergrund: .....
Dämmplattendicke: 100 mm
Nennwert der Wärmeleitfähigkeit: .....
Bemessungswert der Wärmeleitfähigkeit: .....
Dübelung: ..... St/m²
Randbereich: ..... St/m²
Zulassung: .....

▶	▷	ø	◁	◀	Einheit	Ausf.-Dauer	Positionsnummer
83€	90€	**96€**	114€	121€	[m²]	0,95 h/m²	323.000.239

87 WDVS bis 20m, PS 120 KG **335**

Wie Ausführungsbeschreibung A 4
Untergrund: .....
Dämmplattendicke: 120 mm
Nennwert der Wärmeleitfähigkeit: .....
Bemessungswert der Wärmeleitfähigkeit: .....
Dübelung: ..... St/m²
Randbereich: ..... St/m²
Zulassung: .....

▶	▷	ø	◁	◀	Einheit	Ausf.-Dauer	Positionsnummer
89€	94€	**103€**	120€	130€	[m²]	0,85 h/m²	323.000.240

▶ min
▷ von
ø Mittel
◁ bis
◀ max

Nr.	Kurztext / Langtext						Kostengruppe
▶	▷	ø netto €	◁	◀	[Einheit]	Ausf.-Dauer	Positionsnummer

88 **WDVS bis 20m, PS 140** KG **335**

Wie Ausführungsbeschreibung A 4
Untergrund: .....
Dämmplattendicke: 140 mm
Nennwert der Wärmeleitfähigkeit: .....
Bemessungswert der Wärmeleitfähigkeit: .....
Dübelung: ..... St/m²
Randbereich: ..... St/m²
Zulassung: .....

▶	▷	ø netto €	◁	◀	[Einheit]	Ausf.-Dauer	Positionsnummer
106€	114€	**123€**	143€	156€	[m²]	⏱ 0,95h/m²	323.000.241

89 **WDVS bis 20m, PS 160** KG **335**

Wie Ausführungsbeschreibung A 4
Untergrund: .....
Dämmplattendicke: 160 mm
Nennwert der Wärmeleitfähigkeit: .....
Bemessungswert der Wärmeleitfähigkeit: .....
Dübelung: ..... St/m²
Randbereich: ..... St/m²
Zulassung: .....

▶	▷	ø netto €	◁	◀	[Einheit]	Ausf.-Dauer	Positionsnummer
120€	127€	**140€**	162€	176€	[m²]	⏱ 1,00h/m²	323.000.242

90 **WDVS bis 20m, PS 180** KG **335**

Wie Ausführungsbeschreibung A 4
Untergrund: .....
Dämmplattendicke: 180 mm
Nennwert der Wärmeleitfähigkeit: .....
Bemessungswert der Wärmeleitfähigkeit: .....
Dübelung: ..... St/m²
Randbereich: ..... St/m²
Zulassung: .....

▶	▷	ø netto €	◁	◀	[Einheit]	Ausf.-Dauer	Positionsnummer
133€	139€	**149€**	178€	191€	[m²]	⏱ 1,00h/m²	323.000.243

91 **WDVS bis 20m, PS 200** KG **335**

Wie Ausführungsbeschreibung A 4
Untergrund: .....
Dämmplattendicke: 200 mm
Nennwert der Wärmeleitfähigkeit: .....
Bemessungswert der Wärmeleitfähigkeit: .....
Dübelung: ..... St/m²
Randbereich: ..... St/m²
Zulassung: .....

▶	▷	ø netto €	◁	◀	[Einheit]	Ausf.-Dauer	Positionsnummer
144€	154€	**164€**	192€	212€	[m²]	⏱ 1,00h/m²	323.000.244

323
324
325
326
327
328
329
330
331
332
333
334
336
337
338
339

Nr.	Kurztext / Langtext						Kostengruppe
▶	▷	ø netto €	◁	◀	[Einheit]	Ausf.-Dauer	Positionsnummer

92 WDVS bis 20m, PS 240 — KG **335**

Wie Ausführungsbeschreibung A 4
Untergrund: .....
Dämmplattendicke: 240 mm
Nennwert der Wärmeleitfähigkeit: .....
Bemessungswert der Wärmeleitfähigkeit: .....
Dübelung: ..... St/m²
Randbereich: ..... St/m²
Zulassung: .....

▶	▷	ø	◁	◀	Einheit	Ausf.-Dauer	Positionsnummer
156€	165€	**181€**	210€	232€	[m²]	⏱ 1,05h/m²	323.000.245

93 Armierung, stoßgefährdete Bereiche — KG **335**

Armierung von stoßgefährdeten Bereichen mit Gewebe und Spachtelmasse.
Einbauort: .....

▶	▷	ø	◁	◀	Einheit	Ausf.-Dauer	Positionsnummer
21€	23€	**27€**	31€	36€	[m²]	⏱ 0,22h/m²	323.000.246

94 Organischer Oberputz, WDVS — KG **335**

Oberputz, organisch, für Wärmedämm-Verbundsystem, auf Armierungsputz.
Korngröße: 3 mm
Struktur: gerieben
Arbeitshöhe: bis 3,50 m

▶	▷	ø	◁	◀	Einheit	Ausf.-Dauer	Positionsnummer
22€	25€	**26€**	27€	29€	[m²]	⏱ 0,28h/m²	323.000.282

95 Mineralischer Oberputz, WDVS — KG **335**

Oberputz, mineralisch, für Wärmedämm-Verbundsystem, auf Armierungsputz, einschl. Grundierung.
Putzart: .....
Korngröße: 3 mm
Struktur: gerieben
Arbeitshöhe: bis 3,50 m

▶	▷	ø	◁	◀	Einheit	Ausf.-Dauer	Positionsnummer
20€	24€	**25€**	28€	33€	[m²]	⏱ 0,25h/m²	323.000.283

A 5 Sockeldämmung, XPS — Beschreibung für Pos. **96-98**

Perimeterdämmung an Sockel, aus Polystyrol-Hartschaumplatten mit Stufenfalz: Ausführung im Spritzwasserbereich und bis unter die Geländeoberkante.
Dämmstoff: XPS

96 Sockeldämmung, XPS, 50mm — KG **335**

Wie Ausführungsbeschreibung A 5
Nennwert der Wärmeleitfähigkeit: .....
Bemessungswert der Wärmeleitfähigkeit: .....
Anwendung: PW - dh
Plattendicke: 50 mm
Angeb. Fabrikat: .....

▶	▷	ø	◁	◀	Einheit	Ausf.-Dauer	Positionsnummer
38€	43€	**48€**	57€	65€	[m²]	⏱ 0,30h/m²	323.000.247

Kosten:
Stand 2. Quartal 2025
Bundesdurchschnitt

▶ min
▷ von
ø Mittel
◁ bis
◀ max

Nr.	Kurztext / Langtext						Kostengruppe
▶	▷	**ø netto €**	◁	◀	[Einheit]	Ausf.-Dauer	Positionsnummer

97 Sockeldämmung, XPS, 100mm KG **335**

Wie Ausführungsbeschreibung A 5
Nennwert der Wärmeleitfähigkeit: .....
Bemessungswert der Wärmeleitfähigkeit: .....
Anwendung: PW - dh
Plattendicke: 100 mm
Angeb. Fabrikat: .....

49€	56€	**63€**	74€	82€	[m²]	⏱ 0,30h/m²	323.000.248

98 Sockeldämmung, XPS, 160mm KG **335**

Wie Ausführungsbeschreibung A 5
Nennwert der Wärmeleitfähigkeit: .....
Bemessungswert der Wärmeleitfähigkeit: .....
Anwendung: PW - dh
Plattendicke: 160 mm
Angeb. Fabrikat: .....

67€	76€	**86€**	100€	112€	[m²]	⏱ 0,30h/m²	323.000.249

99 Laibungen dämmen, WDVS KG **335**

Laibungen von Türen und Fenstern entsprechend dem Wärmedämm-Verbundsystem dämmen, inkl. Armierungsschicht.
Dämmdicke: 6 cm
Laibungstiefe: bis 15 cm

20€	22€	**25€**	29€	34€	[m]	⏱ 0,12h/m	323.000.250

100 Kantenausbildung, Gewebewinkel, WDVS KG **335**

Kantenverstärkung des Wärmedämm-Verbundsystems mit vorgeknickter Eckbewehrung aus Gewebe mit Spachtelung.
Gewebewinkel: .....

10€	12€	**13€**	15€	18€	[m]	⏱ 0,05h/m	323.000.251

101 Kantenausbildung, Kunststoffschiene, WDVS KG **335**

Kantenausbildung an Eckkanten mittels Gewebewinkel mit Kunststoff-Kantenschutzschiene.
Gewebewinkel: .....

11€	12€	**13€**	16€	18€	[m]	⏱ 0,10h/m	323.000.252

102 Kantenprofil, Edelstahl, WDVS KG **335**

Kantenprofil für Wärmedämm-Verbundsystem für Wärmedämm-Verbundsystem aus Edelstahl.
Kantenprofil: .....

15€	17€	**19€**	22€	25€	[m]	⏱ 0,10h/m	323.000.253

103 Sockelabschluss, Aluprofil , WDVS KG **335**

Sockelabschluss mit Tropfkante für Wärmedämm-Verbundsystem mit Profilleisten aus eloxiertem Aluminium.
Breite: 80 mm
Befestigung: ..... St/m
Angeb. Fabrikat: .....

14€	15€	**17€**	20€	22€	[m]	⏱ 0,12h/m	323.000.254

Nr.	Kurztext / Langtext						Kostengruppe
▶	▷	ø netto €	◁	◀	[Einheit]	Ausf.-Dauer	Positionsnummer

104 Gehrungen, Profile, WDVS — KG **335**

Gehrung für Sockelabschlussprofile bzw. Eckschutzschienen, für Wärmedämm-Verbundsystem, im Bereich von Ecken und Kanten.

2€	2€	**2€**	2€	3€	[St]	⏱ 0,02h/St	323.000.255

105 Anschluss, Fugendichtband, WDVS — KG **335**

Vorkomprimiertes Fugendichtband aus selbstklebendem Weichschaumkunststoff, für Anschlussfuge des WDVS.
Fugenbreite: bis 10 mm

6€	6€	**7€**	8€	10€	[m]	⏱ 0,08h/m	323.000.256

106 Anputzleiste mit Dichtlippe, WDVS — KG **335**

Anschluss von Wärmedämmverbundsystem an Fenster und Türen für Außenanwendung mit Anputzleiste und Dichtlippe aus Kunststoff mit Gewebestreifen. Elastische Dichtlippe mit Schaumklebeband an Fensterrahmen befestigt.
Bauteil: .....

11€	12€	**14€**	16€	20€	[m]	⏱ 0,15h/m	323.000.257

107 Gebäudebewegungsfugen, WDVS — KG **335**

Gebäudebewegungsfugen in WDVS mit Kantenschutz, Hinterfüllprofil und elastischer Dichtungsmasse.

33€	37€	**41€**	48€	55€	[m]	⏱ 0,20h/m	323.000.258

108 Dämmung, Kellerdecke, EPS 040, bis 100mm — KG **354**

Wärmedämmung aus HBCD-freien Polystyrol-Hartschaumplatten, als Untersicht der Kellerdecke, dicht gestoßen verklebt und ggf. gedübelt.
Dämmstoff: EPS
Oberfläche: **glatt / geprägt**
Nennwert der Wärmeleitfähigkeit: 0,040 W/(mK)
Bemessungswert der Wärmeleitfähigkeit: .....
Dämmplattendicke: .....
Anwendung: DI
Brandverhalten: .....
Plattenrand: .....
Deckenhöhen: .....

40€	46€	**49€**	52€	56€	[m²]	⏱ 0,35h/m²	323.000.267

109 Dämmung, Kellerdecke, EPS 040, 100mm — KG **354**

Wärmedämmung aus HBCD-freien Polystyrol-Hartschaumplatten, als Untersicht der Kellerdecke, dicht gestoßen verklebt und ggf. gedübelt.
Dämmstoff: EPS
Oberfläche: **glatt / geprägt**
Nennwert der Wärmeleitfähigkeit: 0,040 W/(mK)
Bemessungswert der Wärmeleitfähigkeit: .....
Dämmplattendicke: 100 mm
Anwendung: DI
Brandverhalten: .....
Plattenrand: .....
Deckenhöhen: .....

45€	47€	**51€**	56€	64€	[m²]	⏱ 0,30h/m²	323.000.268

Kosten:
Stand 2. Quartal 2025
Bundesdurchschnitt

▶ min
▷ von
ø Mittel
◁ bis
◀ max

Nr.	Kurztext / Langtext						Kostengruppe
▶	▷	ø netto €	◁	◀	[Einheit]	Ausf.-Dauer	Positionsnummer

110 Dämmung, Kellerdecke, EPS 040, 140mm KG **354**

Wärmedämmung aus HBCD-freien Polystyrol-Hartschaumplatten, als Untersicht der Kellerdecke, dicht gestoßen verklebt und ggf. gedübelt.
Dämmstoff: EPS
Oberfläche: **glatt / geprägt**
Nennwert der Wärmeleitfähigkeit: 0,040 W/(mK)
Bemessungswert der Wärmeleitfähigkeit: .....
Dämmplattendicke: **120 / 140** mm
Anwendung: DI
Brandverhalten: .....
Plattenrand: .....
Deckenhöhen: .....

67€ 70€ **77€** 83€ 100€ [m²] ⏱ 0,32 h/m² 323.000.269

111 Dämmung, Kellerdecke, MW 032, bis 140mm KG **354**

Wärmedämmung aus Mineralwolleplatten, als Untersicht der Kellerdecke, dicht gestoßen verklebt und ggf. gedübelt.
Dämmstoff: MW
Oberfläche: **glatt / geprägt**
Nennwert der Wärmeleitfähigkeit: 0,032 W/(mK)
Bemessungswert der Wärmeleitfähigkeit: .....
Dämmplattendicke: **120 / 140** mm
Anwendung: DI
Brandverhalten: .....
Plattenrand: .....
Deckenhöhen: .....

80€ 85€ **92€** 100€ 124€ [m²] ⏱ 0,32 h/m² 323.000.270

112 Wärmedämmung, Mehrschichtplatte, 50mm KG **335**

Wärmedämmung aus Holzwolle-Mehrschichtplatten mit Polystyrol-Dämmkern, auf Stb-Bauteilen, dicht gestoßen verklebt und ggf. gedübelt.
Bauteil: **Wand / Überzug / Unterzug**
Dämmstoff: EPS
Nennwert der Wärmeleitfähigkeit: 0,040 W/(mK)
Bemessungswert der Wärmeleitfähigkeit: .....
Dämmplattendicke: 50 mm
Anwendung: DI
Brandverhalten: E
Plattenrand: .....

27€ 45€ **51€** 59€ 72€ [m²] ⏱ 0,30 h/m² 323.000.273

Nr.	Kurztext / Langtext						Kostengruppe
▶	▷	**ø netto €**	◁	◀	[Einheit]	Ausf.-Dauer	Positionsnummer

Kosten:
Stand 2. Quartal 2025
Bundesdurchschnitt

113 Wärmedämmung, Mehrschichtplatte, 75mm KG **335**

Wärmedämmung aus Holzwolle-Mehrschichtplatten mit Polystyrol-Dämmkern, auf Stb-Bauteilen, dicht gestoßen verklebt und ggf. gedübelt.
Bauteil: **Wand / Überzug / Unterzug**
Dämmstoff: EPS
Nennwert der Wärmeleitfähigkeit: 0,040 W/(mK)
Bemessungswert der Wärmeleitfähigkeit: .....
Dämmplattendicke: 75 mm
Anwendung: DI
Brandverhalten: E
Plattenrand: .....

▶	▷	ø	◁	◀	Einheit	Ausf.-Dauer	Positionsnummer
36€	51€	**58€**	62€	79€	[m²]	⏱ 0,33 h/m²	323.000.274

114 WDVS, Brandbarriere, bis 300mm KG **354**

Brandbarriere in Wärmedämm-Verbundsystem, aus Mineralwolle, linienartig in Flächendämmung eingebaut, auf tragfähigen Untergrund der Außenwand. Abrechnung nach m.
Dämmstoff: MW
Nennwert Wärmeleitfähigkeit: ..... W/(mK)
Bemessungswert der Wärmeleitfähigkeit: .....
Anwendung: WAP - zh
Brandverhalten: A1
Plattendicke: ..... mm
Breite: ..... mm
Angeb. Fabrikat: .....

▶	▷	ø	◁	◀	Einheit	Ausf.-Dauer	Positionsnummer
13€	17€	**19€**	21€	23€	[m]	⏱ 0,20 h/m	323.000.286

115 Stundensatz, Facharbeiter/-in

Stundenlohnarbeiten für Vorarbeiter/-in, Facharbeiter/-in und Gleichgestellte. Der Verrechnungssatz für die jeweilige Arbeitskraft umfasst sämtliche Aufwendungen wie Lohn- und Gehaltskosten, Lohn- und Gehaltsnebenkosten, Zuschläge, lohngebundene und lohnabhängige Kosten, sonstige Sozialkosten, Gemeinkosten, Wagnis und Gewinn. Leistung nach besonderer Anordnung der Bauüberwachung. Anmeldung und Nachweis gem. VOB/B.

▶	▷	ø	◁	◀	Einheit	Ausf.-Dauer	Positionsnummer
55€	66€	**72€**	75€	84€	[h]	⏱ 1,00 h/h	323.000.284

116 Stundensatz, Helfer/-in

Stundenlohnarbeiten für Werker/-in, Helfer/-in und Gleichgestellte. Der Verrechnungssatz für die jeweilige Arbeitskraft umfasst sämtliche Aufwendungen wie Lohn- und Gehaltskosten, Lohn- und Gehaltsnebenkosten, Zuschläge, lohngebundene und lohnabhängige Kosten, sonstige Sozialkosten, Gemeinkosten, Wagnis und Gewinn. Leistung nach besonderer Anordnung der Bauüberwachung. Anmeldung und Nachweis gem. VOB/B.

▶	▷	ø	◁	◀	Einheit	Ausf.-Dauer	Positionsnummer
45€	59€	**64€**	67€	75€	[h]	⏱ 1,00 h/h	323.000.285

▶ min
▷ von
ø Mittel
◁ bis
◀ max

Kosten:
Stand 2. Quartal 2025
Bundesdurchschnitt

▶ min
▷ von
ø Mittel
◁ bis
◀ max

Fliesen- und Plattenarbeiten — Preise €

Nr.	Positionen	Einheit	▶	▷	ø brutto € / ø netto €	◁	◀
1	Bodenfliesen entfernen, geklebt	m²	25	29	**33**	41	42
			21	25	**28**	34	35
2	Bodenfliesen entfernen, Mörtelbett	m²	23	36	**41**	47	56
			19	30	**34**	39	47
3	Bodenfliesen/Estrich entfernen	m²	54	63	**73**	89	95
			45	53	**62**	75	80
4	Sockelfliesen entfernen	m	5	8	**9**	11	17
			4	7	**8**	10	15
5	Treppenbelag, Fliesen entfernen	m²	34	46	**48**	59	64
			29	39	**40**	50	54
6	Wandfliesen entfernen. Dickbett	m²	23	35	**40**	47	62
			20	29	**33**	39	52
7	Untergrund reinigen, Boden	m²	3	4	**5**	6	8
			2	4	**4**	5	7
8	Ausgleichsspachtelung, bis 10mm	m²	6	9	**10**	12	17
			5	7	**8**	10	14
9	Verbundabdichtung, streichbar, Wand	m²	16	25	**28**	34	51
			13	21	**24**	28	42
10	Anschluss, Ecken, Dichtband	m	8	12	**14**	16	22
			6	10	**12**	13	18
11	Bodenbelag, Fliesen 20x20	m²	86	105	**114**	128	157
			72	89	**96**	108	132
12	Bodenbelag, Fliesen 30x30	m²	77	96	**104**	115	145
			65	81	**88**	97	122
13	Bodenbelag, Fliesen 60x60	m²	101	145	**159**	182	229
			85	122	**133**	153	192
14	Wandbelag, Fliesen 10x20	m²	91	105	**115**	127	145
			76	88	**97**	106	122
15	Wandbelag, Fliesen 15x15	m²	86	101	**107**	114	134
			72	84	**90**	96	112
16	Wandbelag, Fliesen 30x30	m²	89	108	**115**	133	163
			75	91	**97**	111	137
17	Wandbelag, Fliesen, 60x60	m²	149	171	**176**	186	204
			125	144	**148**	157	172
18	Wandbelag, Fliesen 30x60	m²	92	116	**126**	145	171
			77	97	**106**	121	143
19	Wandbelag, Fliesen/Platten BIa, 20x20	m²	82	93	**98**	102	111
			69	78	**83**	86	94
20	Wandbelag, Fliesen/Platten BIIa, 20x20	m²	86	98	**102**	115	136
			72	82	**86**	97	115
21	Wandbelag, Fliesen/Platten BIII, 20x20	m²	82	102	**108**	122	149
			69	86	**91**	103	125
22	Bodenbelag, Fliesen/Platten AI/AII, 20x20	m²	96	125	**139**	173	217
			81	105	**117**	145	182
23	Verfugung, Fliesen, Silikon	m	6	9	**10**	11	14
			5	7	**8**	10	12
24	Sockelfliesen, Dünnbett	m	17	25	**29**	32	45
			14	21	**24**	27	38

Nr.	Positionen	Einheit	▶	▷	ø brutto € / ø netto €	◁	◀
25	Kehlsockel, Fliesenbelag	m	31	42	**47**	54	70
			26	36	**39**	45	59
26	Trennschiene, Messing	m	18	24	**27**	29	33
			15	20	**23**	24	27
27	Trennschiene, Aluminium	m	16	20	**22**	24	29
			13	17	**18**	20	24
28	Trennschiene, Edelstahl	m	20	25	**27**	32	41
			17	21	**23**	27	35
29	Eckschutzschiene, Aluminium	m	18	21	**23**	26	30
			15	18	**19**	22	25
30	Eckschutzschiene, Edelstahl	m	27	41	**46**	51	61
			23	34	**39**	43	51
31	Eckschutzschiene, Kunststoff	m	9	13	**15**	18	26
			8	11	**13**	15	22
32	Stundensatz, Facharbeiter/-in	h	70	83	**88**	93	105
			58	70	**74**	78	88

Nr. **Kurztext** / Langtext — Kostengruppe
▶ ▷ **ø netto €** ◁ ◀ [Einheit] Ausf.-Dauer Positionsnummer

1 Bodenfliesen entfernen, geklebt KG **394**

Bodenfliesen, geklebt, ausbauen und Bauschutt entsorgen.
Fliesengröße: .....
Dicke: bis 2 cm
Ausbauort: .....

21€ 25€ **28€** 34€ 35€ [m2] ⏱ 0,22 h/m2 324.000.061

2 Bodenfliesen entfernen, Mörtelbett KG **394**

Bodenfliesen in Mörtelbett ausbauen und Bauschutt entsorgen.
Fliesengröße: .....
Mörtelbett: .....
Dicke: bis 5 cm
Ausbauort: .....

19€ 30€ **34€** 39€ 47€ [m2] ⏱ 0,20 h/m2 324.000.062

3 Bodenfliesen/Estrich entfernen KG **394**

Bodenfliesen einschl. Zement-Estrich sowie Trenn- bzw. Dämmschichten bis zur Rohdecke entfernen und Bauschutt entsorgen.
Dicke: bis 7 cm
Ausbauort: .....

45€ 53€ **62€** 75€ 80€ [m2] ⏱ 0,75 h/m2 324.000.075

323 **324** 325 326 327 328 329 330 331 332 333 334 336 337 338 339

Kosten:
Stand 2. Quartal 2025
Bundesdurchschnitt

► min
▷ von
ø Mittel
◁ bis
◄ max

Nr.	**Kurztext** / Langtext						Kostengruppe
►	▷	**ø netto €**	◁	◄	[Einheit]	Ausf.-Dauer	Positionsnummer

4 Sockelfliesen entfernen KG **394**

Sockelfliesen, keramisch, einschl. Mörtelbett entfernen und Bauschutt entsorgen.
Abmessung: .....
Ausbauort: .....

4€	7€	**8€**	10€	15€	[m]	⏱ 0,10h/m	324.000.063

5 Treppenbelag, Fliesen entfernen KG **394**

Bodenfliesen als Treppenbelag mit Tritt- und Setzstufen einschl. vorhandener Abschluss- und Anschlussprofile entfernen und entsorgen.
Fliesengröße: .....
Verlegeart: .....
Dicke: bis 5 cm
Ausbauort: .....
Treppenbreite: .....

29€	39€	**40€**	50€	54€	[m²]	⏱ 0,40h/m²	324.000.064

6 Wandfliesen entfernen. Dickbett KG **394**

Wandfliesen im Dickbett entfernen und Bauschutt entsorgen.
Fliesengröße: .....
Dicke: bis 4 cm
Ausbauort: .....

20€	29€	**33€**	39€	52€	[m²]	⏱ 0,22h/m²	324.000.066

7 Untergrund reinigen, Boden KG **353**

Reinigen des Untergrunds von Staub, Schmutz und losen Bestandteilen, inkl. Entsorgen des Abfalls sowie Deponiegebühren.

2€	4€	**4€**	5€	7€	[m²]	⏱ 0,04h/m²	324.000.001

8 Ausgleichsspachtelung, bis 10mm KG **353**

Nivellierspachtel auf Bodenflächen für Fliesenbelag.
Untergrund: .....
Spachteldicke: **5 / 10** mm

5€	7€	**8€**	10€	14€	[m²]	⏱ 0,10h/m²	324.000.074

9 Verbundabdichtung, streichbar, Wand KG **345**

Innenraum-Abdichtung gegen Feuchtigkeit, in Verbindung mit Fliesenbelag, im Dünnbettverfahren.
Untergrund: .....
Abdichtung: .....
Einwirkungsklasse: W1-I DIN EN 18534
Einbauort: Wohnung, Dusche

13€	21€	**24€**	28€	42€	[m²]	⏱ 0,20h/m²	324.000.076

10 Anschluss, Ecken, Dichtband KG **353**

Anschluss der Innenabdichtung in Innenecken an Übergang von Wand und Boden mit elastischer Dichtbandeinlage.
Einwirkungsklasse: .....
Bandbreite: 12 cm

6€	10€	**12€**	13€	18€	[m]	⏱ 0,10h/m	324.000.082

Nr.	Kurztext / Langtext						Kostengruppe
▶	▷	**ø netto €**	◁	◀	[Einheit]	Ausf.-Dauer	Positionsnummer

A 1 Bodenbelag, Fliesen — Beschreibung für Pos. **11-13**

aus frostbeständigen Fliesen in zementhaltigem Dünnbettmörtel inkl. zementhaltigem Fugenmörtel nach Bemusterung.

11 Bodenbelag, Fliesen 20x20 — KG **353**

Wie Ausführungsbeschreibung A 1
Einbauort: .....
Untergrund: .....
Material: **Steinzeug / Feinsteinzeug**
Gruppe: .....
Nennmaß: 20 x 20cm
Fliesendicke: .....
Oberfläche: **glasiert / unglasiert**
Rutschhemmung: .....
Farbton: .....
Verlegung: .....
Angeb. Fabrikat: .....

▶	▷	ø netto €	◁	◀	[Einheit]	Ausf.-Dauer	Positionsnummer
72€	89€	**96€**	108€	132€	[m²]	⏱ 0,70h/m²	324.000.083

12 Bodenbelag, Fliesen 30x30 — KG **353**

Wie Ausführungsbeschreibung A 1
Einbauort: .....
Untergrund: .....
Material: **Steinzeug / Feinsteinzeug**
Gruppe: .....
Nennmaß: 30 x 30cm
Fliesendicke: .....
Oberfläche: **glasiert / unglasiert**
Rutschhemmung: .....
Farbton: .....
Verlegung: .....
Angeb. Fabrikat: .....

▶	▷	ø netto €	◁	◀	[Einheit]	Ausf.-Dauer	Positionsnummer
65€	81€	**88€**	97€	122€	[m²]	⏱ 0,75h/m²	324.000.084

13 Bodenbelag, Fliesen 60x60 — KG **353**

Wie Ausführungsbeschreibung A 1
Einbauort: .....
Untergrund: .....
Material: **Steinzeug / Feinsteinzeug**
Gruppe: .....
Nennmaß: 60 x 60 cm
Fliesendicke: .....
Oberfläche: **glasiert / unglasiert**
Rutschhemmung: .....
Farbton: .....
Verlegung: .....
Angeb. Fabrikat: .....

▶	▷	ø netto €	◁	◀	[Einheit]	Ausf.-Dauer	Positionsnummer
85€	122€	**133€**	153€	192€	[m²]	⏱ 0,70h/m²	324.000.104

Nr.	Kurztext / Langtext						Kostengruppe
▶	▷	ø netto €	◁	◀	[Einheit]	Ausf.-Dauer	Positionsnummer

A 2 Wandbelag, Fliesen — Beschreibung für Pos. **14-18**

Wandbelag aus frostbeständigen Fliesen in zementhaltigem Dünnbettmörtel inkl. zementhaltigem Fugenmörtel nach Bemusterung. Arbeitshöhe der zu bearbeitenden oder zu bekleidenden Fläche bis 3,5m über der Standfläche des hierfür erforderlichen Gerüstes.

14 Wandbelag, Fliesen 10x20 — KG **345**

Wie Ausführungsbeschreibung A 2
Untergrund: .....
Material: **Steinzeug / Feinsteinzeug**
Gruppe: .....
Fliesendicke: .....
Fliesenformat: 10 x 20 cm
Oberfläche: **glasiert / unglasiert**
Farbton: uni, ...
Verlegung: .....

76€	88€	**97€**	106€	122€	[m²]	⏱ 0,90h/m²	324.000.103

15 Wandbelag, Fliesen 15x15 — KG **345**

Wie Ausführungsbeschreibung A 2
Untergrund: .....
Material: **Steinzeug / Feinsteinzeug**
Gruppe: .....
Fliesendicke: .....
Fliesenformat: 15 x 15 cm
Oberfläche: **glasiert / unglasiert**
Farbton: uni, ...
Verlegung: .....

72€	84€	**90€**	96€	112€	[m²]	⏱ 0,80h/m²	324.000.085

16 Wandbelag, Fliesen 30x30 — KG **345**

Wie Ausführungsbeschreibung A 2
Untergrund: .....
Material: **Steinzeug / Feinsteinzeug**
Gruppe: .....
Fliesendicke: .....
Fliesenformat: 30 x 30 cm
Oberfläche: **glasiert / unglasiert**
Farbton: uni, ...
Verlegung: .....

75€	91€	**97€**	111€	137€	[m²]	⏱ 0,90h/m²	324.000.101

Kosten:
Stand 2. Quartal 2025
Bundesdurchschnitt

▶ min
▷ von
ø Mittel
◁ bis
◀ max

Nr.	Kurztext / Langtext						Kostengruppe
▶	▷	**ø netto €**	◁	◀	[Einheit]	Ausf.-Dauer	Positionsnummer

17 Wandbelag, Fliesen, 60x60 KG **345**

Wie Ausführungsbeschreibung A 2
Untergrund: .....
Material: **Steinzeug / Feinsteinzeug**
Gruppe: .....
Fliesendicke: .....
Fliesenformat: 60 x 60 cm
Oberfläche: **glasiert / unglasiert**
Farbton: uni, ...
Verlegung: .....

125€	144€	**148€**	157€	172€	[m²]	⏱ 1,00h/m²	324.000.102

18 Wandbelag, Fliesen 30x60 KG **345**

Wie Ausführungsbeschreibung A 2
Untergrund: .....
Material: **Steinzeug / Feinsteinzeug**
Gruppe: .....
Fliesendicke: .....
Fliesenformat: 30 x 60 cm
Oberfläche: **glasiert / unglasiert**
Farbton: uni, ...
Verlegung: .....

77€	97€	**106€**	121€	143€	[m²]	⏱ 0,90h/m²	324.000.086

19 Wandbelag, Fliesen/Platten BIa, 20x20 KG **345**

Bekleidung aus trockengepressten Fliesen/Platten an Wänden, DIN EN 14411 Gruppe BIa, frostbeständig, unglasiert, im Dünnbett aus zementhaltigem Mörtel Typ C DIN EN 12004-1, verfugen durch Einschlämmen mit Fugenmörtel, zementhaltig (CG) DIN EN 13888.
Untergrund: .....
Nennmaß: 20 x 20 cm
Oberfläche: eben
Rutschhemmung: .....
Farbe: uni

69€	78€	**83€**	86€	94€	[m²]	⏱ 0,70h/m²	324.000.087

20 Wandbelag, Fliesen/Platten BIIa, 20x20 KG **345**

Bekleidung aus trockengepressten Fliesen/Platten an Wänden, DIN EN 14411 Gruppe BIIa, frostbeständig, glasiert, glänzend, im Dünnbett aus zementhaltigem Mörtel Typ C DIN EN 12004-1, verfugen durch Einschlämmen mit Fugenmörtel, zementhaltig (CG) DIN EN 13888. Arbeitshöhe der zu bearbeitenden oder zu bekleidenden Fläche bis 3,5m über der Standfläche des hierfür erforderlichen Gerüstes.
Untergrund: .....
Nennmaß: 20 x 20 cm
Oberfläche: eben
Farbe: uni

72€	82€	**86€**	97€	115€	[m²]	⏱ 0,70h/m²	324.000.088

Nr.	Kurztext / Langtext						Kostengruppe
▶	▷	**ø netto €**	◁	◀	[Einheit]	Ausf.-Dauer	Positionsnummer

21 Wandbelag, Fliesen/Platten BIII, 20x20 KG **345**

Bekleidung aus trockengepressten Fliesen/Platten an Wänden, DIN EN 14411 Gruppe BIII, frostbeständig, glasiert, glänzend, im Dünnbett aus zementhaltigem Mörtel Typ C DIN EN 12004-1, verfugen durch Einschlämmen mit Fugenmörtel, zementhaltig (CG) DIN EN 13888. Arbeitshöhe der zu bearbeitenden oder zu bekleidenden Fläche bis 3,5m über der Standfläche des hierfür erforderlichen Gerüstes.
Untergrund: .....
Nennmaß: 20 x 20 cm
Oberfläche: eben
Farbe: uni

69€ | 86€ | **91€** | 103€ | 125€ | [m²] | ⏱ 0,75h/m² | 324.000.089

22 Bodenbelag, Fliesen/Platten AI/AII, 20x20 KG **353**

Bodenbelag aus stranggepressten Fliesen/Platten, DIN EN 14411 Gruppe AIa, unglasiert, frostbeständig, auf Boden, im Dünnbett aus zementhaltigem Mörtel Typ C DIN EN 12004-1, verlegen im Fugenschnitt, verfugen durch Einschlämmen mit Fugenmörtel, zementhaltig (CG) DIN EN 13888.
Untergrund: .....
Nennmaß: 20 x 20 cm
Dicke: 8 mm
Oberfläche: eben
Rutschhemmung: .....
Farbe: uni

81€ | 105€ | **117€** | 145€ | 182€ | [m²] | ⏱ 0,90h/m² | 324.000.090

23 Verfugung, Fliesen, Silikon KG **345**

Elastische Verfugung von Fliesen, mit Silikon-Dichtstoff, inkl. Flankenvorbehandlung an den Anschlussflächen und Hinterlegen der Fugenhohlräume mit geeignetem Hinterstopfmaterial, Fuge glatt gestrichen.
Fugenbreite: .....
Fugentiefe: .....
Farbe: nach Bemusterung

5€ | 7€ | **8€** | 10€ | 12€ | [m] | ⏱ 0,06h/m | 324.000.092

24 Sockelfliesen, Dünnbett KG **353**

Sockel aus frostbeständigen Fliesen in zementhaltigem Dünnbettmörtel mit farblich abgestimmter Verfugung.
Untergrund: .....
Material: **Steingut / Steinzeug / Feinsteinzeug**
Gruppe: ......
Fliesendicke: .....
Fliesenformat: .....
Verlegung: .....
Oberfläche: **glasiert / unglasiert**
Farbton: .....

14€ | 21€ | **24€** | 27€ | 38€ | [m] | ⏱ 0,14h/m | 324.000.093

Kosten:
Stand 2. Quartal 2025
Bundesdurchschnitt

▶ min
▷ von
ø Mittel
◁ bis
◀ max

Nr.	Kurztext / Langtext						Kostengruppe
▶	▷	**ø netto €**	◁	◀	[Einheit]	Ausf.-Dauer	Positionsnummer

25 Kehlsockel, Fliesenbelag KG **353**

Kehlsockel aus frostbeständigen Fliesen in zementhaltigem Dünnbettmörtel mit farblich abgestimmter Verfugung.
Untergrund: .....
Material: **Steingut / Steinzeug / Feinsteinzeug**
Gruppe: ......
Fliesenformat: .....
Oberfläche: **glasiert / unglasiert**
Farbton: .....

26€ | 36€ | **39€** | 45€ | 59€ | [m] | ⏱ 0,18h/m | 324.000.094

A 3 Trennschiene Beschreibung für Pos. **26-28**

Trennschiene in Fliesen-Wandbelag.
Untergrund: .....

26 Trennschiene, Messing KG **353**

Wie Ausführungsbeschreibung A 3
Material: Messing

15€ | 20€ | **23€** | 24€ | 27€ | [m] | ⏱ 0,10h/m | 324.000.095

27 Trennschiene, Aluminium KG **353**

Wie Ausführungsbeschreibung A 3
Material: Aluminium

13€ | 17€ | **18€** | 20€ | 24€ | [m] | ⏱ 0,10h/m | 324.000.096

28 Trennschiene, Edelstahl KG **353**

Wie Ausführungsbeschreibung A 3
Material: nichtrostender Stahl, Werkstoff .....

17€ | 21€ | **23€** | 27€ | 35€ | [m] | ⏱ 0,10h/m | 324.000.097

A 4 Eckprofil, Fliesen-Wandbelag Beschreibung für Pos. **29-31**

Eckprofil in Fliesen-Wandbelag.
Untergrund: .....

29 Eckschutzschiene, Aluminium KG **345**

Wie Ausführungsbeschreibung A 4
Material: Aluminium

15€ | 18€ | **19€** | 22€ | 25€ | [m] | ⏱ 0,12h/m | 324.000.098

30 Eckschutzschiene, Edelstahl KG **345**

Wie Ausführungsbeschreibung A 4
Material: nichtrostender Stahl, Werkstoff .....

23€ | 34€ | **39€** | 43€ | 51€ | [m] | ⏱ 0,12h/m | 324.000.099

Nr.	Kurztext / Langtext						Kostengruppe
▶	▷	**ø netto €**	◁	◀	[Einheit]	Ausf.-Dauer	Positionsnummer

31 Eckschutzschiene, Kunststoff KG **345**

Wie Ausführungsbeschreibung A 4
Material: Hartkunststoff

8€	11€	**13€**	15€	22€	[m]	⏱ 0,12h/m	324.000.100

32 Stundensatz, Facharbeiter/-in

Stundenlohnarbeiten für Vorarbeiter/-in, Facharbeiter/-in, Gleichgestellte. Der Verrechnungssatz für die jeweilige Arbeitskraft umfasst sämtliche Aufwendungen wie Lohn- und Gehaltskosten, Lohn- und Gehaltsnebenkosten, Zuschläge, lohngebundene und lohnabhängige Kosten, sonstige Sozialkosten, Gemeinkosten, Wagnis und Gewinn. Leistung nach besonderer Anordnung der Bauüberwachung. Anmeldung und Nachweis gem. VOB/B.

58€	70€	**74€**	78€	88€	[h]	⏱ 1,00h/h	324.000.059

Kosten:
Stand 2.Quartal 2025
Bundesdurchschnitt

▶ min
▷ von
ø Mittel
◁ bis
◀ max

325

Kosten:
Stand 2. Quartal 2025
Bundesdurchschnitt

► min
▷ von
ø Mittel
◁ bis
◄ max

Nr.	Positionen	Einheit	►	▷	ø brutto € / ø netto €	◁	◄
1	Verbundestrich abbrechen, bis 25mm	m²	26	32	**35**	43	45
			22	27	**29**	36	38
2	Verbundestrich abbrechen, bis 50mm	m²	26	35	**42**	54	54
			22	29	**36**	45	45
3	Verbundestrich abbrechen, bis 70mm	m²	31	44	**53**	67	73
			26	37	**45**	57	62
4	Kunstharzestrich abbrechen, bis 20mm	m²	13	17	**19**	23	25
			11	14	**16**	20	21
5	Estrich, schwimmend, abbrechen	m²	33	40	**49**	59	60
			28	33	**41**	50	50
6	Estrich bewehrt, schwimmend, abbrechen	m²	33	53	**65**	79	80
			28	45	**55**	67	67
7	Heizestrich abbrechen	m²	57	67	**76**	91	99
			48	56	**64**	77	84
8	Heizestrich, bewehrt, abbrechen	m²	70	90	**98**	117	127
			59	76	**82**	98	106
9	Schutzestrich abbrechen	m²	30	46	**52**	63	82
			26	38	**44**	53	69
10	Bauteile schützen, Folie	m²	3	5	**6**	7	9
			3	4	**5**	6	8
11	Öffnungen schützen, Hartfaserplatten	St	13	17	**20**	24	32
			11	15	**17**	20	27
12	Strahlen, Strahlmittel, Betonboden	m²	8	11	**13**	16	20
			7	9	**11**	13	17
13	Druckwasserstrahlen, Estrich	m²	9	10	**13**	15	16
			8	9	**11**	13	13
14	Fehlstellen schließen, Estrich	m²	23	31	**44**	57	72
			19	26	**37**	48	60
15	Netzrisse schließen, Epoxidharz	m	16	20	**23**	31	31
			14	17	**19**	26	26
16	Holzboden prüfen	m²	11	14	**16**	19	20
			10	12	**13**	16	17
17	Holzboden, reinigen/grundieren	m²	9	17	**19**	23	29
			8	14	**16**	19	25
18	Holzboden, Gewebearmierung	m²	7	9	**11**	13	20
			5	8	**9**	11	16
19	Holzbodenausgleich, Kunstharz	m²	36	41	**49**	60	64
			30	35	**41**	51	54
20	Haftbrücke, Estrich	m²	4	6	**7**	9	13
			4	5	**6**	7	11
21	Kratzspachtelung, Betonboden	m²	10	12	**15**	18	20
			9	10	**12**	15	17
22	Nivellierestrich, bis 10mm, Betonboden	m²	28	31	**38**	47	49
			23	26	**32**	39	41
23	Nivellierestrich, bis 20mm, Betonboden	m²	39	45	**55**	65	72
			33	38	**47**	55	60
24	Trockenschüttung, bis 15mm	m²	7	12	**14**	19	29
			6	10	**12**	16	24

Nr.	Positionen	Einheit	►	▷	ø brutto € / ø netto €	◁	◄
25	Trockenschüttung, bis 30mm	m^2	11	18	**21**	23	30
			9	15	**18**	19	26
26	Trittschalldämmung MW 20-2mm 045 DES sh	m^2	8	13	**14**	18	25
			7	11	**12**	15	21
27	Trittschalldämmung MW 30-3mm 045 DES sh	m^2	10	17	**19**	24	34
			8	14	**16**	20	29
28	Trittschalldämmung EPS 20-2mm 045 DES sm	m^2	6	7	**8**	10	14
			5	6	**7**	8	11
29	Trittschalldämmung EPS 30-3mm 045 DES sm	m^2	6	9	**9**	11	15
			5	7	**8**	9	12
30	Wärmedämmung, Estrich EPS 40mm 040 DEO dm	m^2	11	14	**18**	21	24
			9	12	**15**	18	20
31	Wärmedämmung, Estrich EPS 80mm 040 DEO dm	m^2	13	17	**21**	23	25
			11	15	**18**	19	21
32	Wärmedämmung, Estrich EPS 120mm 040 DEO dm	m^2	14	22	**23**	28	36
			12	19	**20**	23	30
33	Wärmedämmung, Estrich PUR 40mm 025 DEO dh	m^2	17	23	**26**	27	35
			14	19	**22**	23	30
34	Wärmedämmung, Estrich PUR 80mm 025 DEO dh	m^2	–	40	**47**	61	–
			–	33	**40**	51	–
35	Trennlage, Estrich, PE-Folie, einlagig	m^2	1	2	**2**	2	3
			0,9	1,4	**1,6**	2,0	2,8
36	Trennlage, Gussasphalt	m^2	2	2	**3**	3	4
			1	2	**2**	3	3
37	Estrich, CT C25 F4 S45	m^2	24	29	**31**	33	39
			20	24	**26**	28	33
38	Heizestrich, CT C25 F4 S65 H45	m^2	28	34	**37**	42	51
			24	29	**31**	35	43
39	Schnellestrich, CT C40 F4 S45	m^2	64	77	**80**	93	120
			54	64	**67**	78	101
40	Estrich, AS IC10 S25	m^2	49	56	**59**	62	70
			41	47	**50**	52	59
41	Nutzestrich, CT C25 F4 S45	m^2	30	36	**37**	39	48
			25	30	**31**	33	41
42	Verbundestrich, CT-C25-F4-V50	m^2	25	31	**34**	39	48
			21	26	**29**	33	41
43	Beschichtung, Epoxidharz, Estrich	m^2	68	86	**100**	104	118
			57	72	**84**	88	99
44	Stundensatz, Facharbeiter/-in	h	72	82	**87**	90	97
			60	69	**73**	76	81
45	Stundensatz, Helfer/-in	h	59	67	**70**	75	88
			50	56	**59**	63	74

323
324
325
326
327
328
329
330
331
332
333
334
336
337
338
339

Nr.	Kurztext / Langtext						Kostengruppe
▶	▷	ø netto €	◁	◀	[Einheit]	Ausf.-Dauer	Positionsnummer

1 Verbundestrich abbrechen, bis 25mm KG **394**

Verbundestrich als Zementestrich abbrechen und Bauschutt entsorgen.
Estrichdicke: bis 25 mm

22€	27€	**29€**	36€	38€	[m²]	⏱ 0,20 h/m²	325.000.064

2 Verbundestrich abbrechen, bis 50mm KG **394**

Verbundestrich als Zementestrich abbrechen und Bauschutt entsorgen.
Estrichdicke: bis 50 mm

22€	29€	**36€**	45€	45€	[m²]	⏱ 0,25 h/m²	325.000.065

3 Verbundestrich abbrechen, bis 70mm KG **394**

Verbundestrich als Zementestrich abbrechen und Bauschutt entsorgen.
Estrichdicke: bis 70 mm

26€	37€	**45€**	57€	62€	[m²]	⏱ 0,40 h/m²	325.000.066

4 Kunstharzestrich abbrechen, bis 20mm KG **394**

Verbundestrich als Kunstharzestrich abbrechen und Bauschutt entsorgen.
Estrichdicke: bis 20 mm

11€	14€	**16€**	20€	21€	[m²]	⏱ 0,15 h/m²	325.000.067

5 Estrich, schwimmend, abbrechen KG **394**

Estrich, schwimmend, einschl. Dämmung und Trennschicht abbrechen und Bauschutt sortenrein entsorgen.
Estrichart: .....
Estrichdicke: ca. 40 mm
Dämmung: .....
Dämmdicke: ca. 30 mm
Trennschicht: ....

28€	33€	**41€**	50€	50€	[m²]	⏱ 0,35 h/m²	325.000.068

6 Estrich bewehrt, schwimmend, abbrechen KG **394**

Bewehrter Estrich, schwimmend, mit Dämmung und Trennlage abbrechen und Bauschutt sortenrein entsorgen.
Estrichart: .....
Estrichdicke: ca. 50 mm
Dämmung: .....
Dämmdicke: bis 100 mm
Trennlage: .....

28€	45€	**55€**	67€	67€	[m²]	⏱ 0,52 h/m²	325.000.069

Kosten:
Stand 2. Quartal 2025
Bundesdurchschnitt

▶ min
▷ von
ø Mittel
◁ bis
◀ max

7 Heizestrich abbrechen KG **394**

Heizestrich mit Dämmschicht und Heizrohren und Trägerplatte abbrechen und sortenrein entsorgen.
Estrichart: .....
Bauart: A
Estrichdicke: bis 70 mm
Dämmung: .....
Dämmdicke: bis 40 mm
Fußbodenheizung: .....

48€	56€	**64€**	77€	84€	[m2]	⏱ 0,50h/m2	325.000.070

8 Heizestrich, bewehrt, abbrechen KG **394**

Heizestrich, bewehrt, mit Dämmschicht und Heizrohren und Trägerplatte abbrechen und sortenrein entsorgen.
Estrichart: .....
Bauart: **A / B / C**
Estrichdicke: bis 70 mm
Dämmung: .....
Dämmdicke: bis 40 mm
Fußbodenheizung: .....

59€	76€	**82€**	98€	106€	[m2]	⏱ 0,60h/m2	325.000.071

9 Schutzestrich abbrechen KG **394**

Schutzestrich auf Abdichtung abbrechen und Bauschutt entsorgen. Es ist darauf zu achten, dass die Abdichtung nicht beschädigt wird.
Estrichart: .....
Estrichdicke: ca. 80 mm

26€	38€	**44€**	53€	69€	[m2]	⏱ 0,40h/m2	325.000.072

10 Bauteile schützen, Folie KG **395**

Schutz von Bauteilen mit Kunststoff-Folie und Hartfaserplatten im Randbereich.
Bauteil: .....
Foliendicke: mind. 0,5 mm

3€	4€	**5€**	6€	8€	[m2]	⏱ 0,04h/m2	325.000.073

11 Öffnungen schützen, Hartfaserplatten KG **395**

Schutz von Fenstern und Türen mit Hartfaserplatten.
Öffnungsgröße: .....

11€	15€	**17€**	20€	27€	[St]	⏱ 0,15h/St	325.000.074

12 Strahlen, Strahlmittel, Betonboden KG **395**

Strahlen von Betonboden mit festem Strahlmittel zum Entfernen von Haftverbund mindernden Schichten.
Betongüte: .....
Gef. Oberflächenzugfestigkeit: 1,5 N/mm2

7€	9€	**11€**	13€	17€	[m2]	⏱ 0,08h/m2	325.000.075

323
324
325
326
327
328
329
330
331
332
333
334
336
337
338
339

Nr.	Kurztext / Langtext						Kostengruppe
▶	▷	ø netto €	◁	◀	[Einheit]	Ausf.-Dauer	Positionsnummer

13 Druckwasserstrahlen, Estrich KG **395**

Druckwasserstrahlen von Estrichflächen zum Reinigen von Haftverbund mindernden Substanzen.
Estrichart: .....
Oberfläche: .....

▶	▷	ø	◁	◀	Einheit	Dauer	Position
8€	9€	**11€**	13€	13€	[m²]	⏱ 0,10h/m²	325.000.076

14 Fehlstellen schließen, Estrich KG **395**

Fehlstellen in Estrich freilegen und mit Kunstharzmörtel schließen. Das lockere Material ist zu lösen und der anfallende Bauschutt zu entsorgen, die Ausbruchstellen sind aufzurauen und der Untergrund zu reinigen.
Schadensgrad: bis 30%/m²
Angeb. Saniersystem: .....

▶	▷	ø	◁	◀	Einheit	Dauer	Position
19€	26€	**37€**	48€	60€	[m²]	⏱ 0,20h/m²	325.000.077

Kosten:
Stand 2. Quartal 2025
Bundesdurchschnitt

15 Netzrisse schließen, Epoxidharz KG **395**

Verschluss von oberflächennahen Rissen als Netzrisse im Estrich, durch Tränkung mit Epoxidharz. Die Risse sind zu säubern und bis zur Sättigung zu füllen.
Estrichart: Zementestrich C20/C30
Rissweite: .....
Angeb. Fabrikat: .....

▶	▷	ø	◁	◀	Einheit	Dauer	Position
14€	17€	**19€**	26€	26€	[m]	⏱ 0,12h/m	325.000.078

16 Holzboden prüfen KG **395**

Holzboden für die Aufnahme eines Estrichbelags auf Stabilität überprüfen und nachnageln.

▶	▷	ø	◁	◀	Einheit	Dauer	Position
10€	12€	**13€**	16€	17€	[m²]	⏱ 0,16h/m²	325.000.079

17 Holzboden, reinigen/grundieren KG **395**

Holzboden von nicht fest haftende Beschichtungen und Klebstoffresten entfernen und für Spachtelung grundieren.

▶	▷	ø	◁	◀	Einheit	Dauer	Position
8€	14€	**16€**	19€	25€	[m²]	⏱ 0,10h/m²	325.000.080

18 Holzboden, Gewebearmierung KG **395**

Holzboden mit Glasgewebe armieren.
Holzboden: .....
Gewebe: .....

▶	▷	ø	◁	◀	Einheit	Dauer	Position
5€	8€	**9€**	11€	16€	[m²]	⏱ 0,08h/m²	325.000.081

▶ min
▷ von
ø Mittel
◁ bis
◀ max

19 Holzbodenausgleich, Kunstharz KG **395**

Kunstharzausgleichschicht auf Holzboden mit Glasgewebearmierung vorbereitet.
Schichtdicke: 3-5 mm

▶	▷	ø	◁	◀	Einheit	Dauer	Position
30€	35€	**41€**	51€	54€	[m²]	⏱ 0,35h/m²	325.000.082

20 Haftbrücke, Estrich KG **395**

Haftbrücke auf gereinigtem, vorbereitetem Untergrund.
Estrich: Zementestrich
Untergrund: Beton

▶	▷	ø	◁	◀	Einheit	Dauer	Position
4€	5€	**6€**	7€	11€	[m²]	⏱ 0,04h/m²	325.000.083

Nr.	Kurztext / Langtext						Kostengruppe
▶	▷	ø netto €	◁	◀	[Einheit]	Ausf.-Dauer	Positionsnummer

21 Kratzspachtelung, Betonboden KG **395**

Schließen von Poren und Lunker als Kratzspachtelung mit Spachtelmasse.
Bauteil: Betonboden

9€	10€	**12€**	15€	17€	[m²]	⏱ 0,23h/m²	325.000.084

22 Nivellierestrich, bis 10mm, Betonboden KG **353**

Selbstverlaufender Nivellier-Verbundestrich auf Betonflächen.
Estrichdicke: 5-10 mm

23€	26€	**32€**	39€	41€	[m²]	⏱ 0,15h/m²	325.000.085

23 Nivellierestrich, bis 20mm, Betonboden KG **353**

Selbstverlaufender Nivellier-Verbundestrich auf Betonflächen.
Estrichdicke: 10-20 mm

33€	38€	**47€**	55€	60€	[m²]	⏱ 0,20h/m²	325.000.086

24 Trockenschüttung, bis 15mm KG **353**

Ausgleichsschüttung auf Rohdecke, gebundene Form.
Funktion: Flächenausgleich
Nutzlast: ..... kN/m²
Dicke i.M.: 15 mm

6€	10€	**12€**	16€	24€	[m²]	⏱ 0,04h/m²	325.000.089

25 Trockenschüttung, bis 30mm KG **353**

Ausgleichsschüttung auf Rohdecke, gebundene Form.
Funktion: Flächenausgleich
Nutzlast: ..... kN/m²
Dicke i.M.: 30 mm

9€	15€	**18€**	19€	26€	[m²]	⏱ 0,06h/m²	325.000.090

26 Trittschalldämmung MW 20-2mm 045 DES sh KG **353**

Trittschalldämmschicht aus Mineralwolle unter schwimmendem Estrich.
Untergrund: Rohdecke
Dämmstoff: MW-TSD
Brandverhalten: **A1 / A2-s1-d0**, nicht brennbar
Anwendungstyp: DES - sh
Nennwert der Wärmeleitfähigkeit: 0,045 W/(mK)
Bemessungswert der Wärmeleitfähigkeit: ..... W/(mK)
Dämmstoffdicke: 20-2 mm
Nutzlast: ..... kN/m²
Dynamische Steifigkeit: .....

7€	11€	**12€**	15€	21€	[m²]	⏱ 0,04h/m²	325.000.091

323
324
325
326
327
328
329
330
331
332
333
334
336
337
338
339

Nr.	Kurztext / Langtext						Kostengruppe
▶	▷	**ø netto €**	◁	◀	[Einheit]	Ausf.-Dauer	Positionsnummer

27 Trittschalldämmung MW 30-3mm 045 DES sh KG **353**

Trittschalldämmschicht aus Mineralwolle unter schwimmendem Estrich.
Untergrund: Rohdecke
Dämmstoff: MW-TSD
Brandverhalten: **A1 / A2-s1-d0**, nicht brennbar
Anwendungstyp: DES - sh
Nennwert der Wärmeleitfähigkeit: 0,045 W/(mK)
Bemessungswert der Wärmeleitfähigkeit: ..... W/(mK)
Dämmstoffdicke: 30-3 mm
Nutzlast: ..... kN/m²
Dynamische Steifigkeit: .....

▶	▷	ø	◁	◀	[Einheit]	Ausf.-Dauer	Positionsnummer
8€	14€	**16€**	20€	29€	[m²]	⏱ 0,05h/m²	325.000.092

Kosten:
Stand 2. Quartal 2025
Bundesdurchschnitt

28 Trittschalldämmung EPS 20-2mm 045 DES sm KG **353**

Trittschalldämmschicht aus Polystyrol-Dämmplatten unter schwimmendem Estrich.
Untergrund: Rohdecke
Dämmstoff: EPS-TSD
Brandverhalten: Klasse E
Anwendungstyp: DES - sm
Nennwert der Wärmeleitfähigkeit: 0,045 W/(mK)
Bemessungswert der Wärmeleitfähigkeit: ..... W/(mK)
Dämmstoffdicke: 20-2 mm
Nutzlast: ..... kN/m²
Dynamische Steifigkeit: .....

▶	▷	ø	◁	◀	[Einheit]	Ausf.-Dauer	Positionsnummer
5€	6€	**7€**	8€	11€	[m²]	⏱ 0,04h/m²	325.000.093

29 Trittschalldämmung EPS 30-3mm 045 DES sm KG **353**

Trittschalldämmschicht aus Polystyrol-Dämmplatten unter schwimmendem Estrich.
Untergrund: Rohdecke
Dämmstoff: EPS-TSD
Brandverhalten: E
Anwendungstyp: DES - sm
Nennwert Wärmeleitfähigkeit: 0,045 W/(mK)
Bemessungswert der Wärmeleitfähigkeit: ..... W/(mK)
Dämmstoffdicke: 30-3 mm
Nutzlast: ..... kN/m²
Dynamische Steifigkeit: .....

▶	▷	ø	◁	◀	[Einheit]	Ausf.-Dauer	Positionsnummer
5€	7€	**8€**	9€	12€	[m²]	⏱ 0,04h/m²	325.000.094

▶ min
▷ von
ø Mittel
◁ bis
◀ max

Nr.	Kurztext / Langtext						Kostengruppe
▶	▷	**ø netto €**	◁	◀	[Einheit]	Ausf.-Dauer	Positionsnummer

A 1 Wärmedämmung, Estrich EPS 040 DEO dm Beschreibung für Pos. **30-32**

Wärmedämmschicht aus Polystyrol-Dämmplatten unter schwimmendem Estrich.
Untergrund: Rohdecke
Dämmstoff: EPS
Anwendungstyp: DEO
Druckbelastbarkeit: dm
Nennwert Wärmeleitfähigkeit: 0,037 W/(mK)
Bemessungswert der Wärmeleitfähigkeit: ..... W/(mK)

30 Wärmedämmung, Estrich EPS 40mm 040 DEO dm KG **353**

Wie Ausführungsbeschreibung A 1
Nutzlast: kN/m2
Dämmstoffdicke: 40 mm

▶	▷	ø netto €	◁	◀	[Einheit]	Ausf.-Dauer	Positionsnummer
9€	12€	**15€**	18€	20€	[m2]	⏱ 0,05h/m2	325.000.095

31 Wärmedämmung, Estrich EPS 80mm 040 DEO dm KG **353**

Wie Ausführungsbeschreibung A 1
Nutzlast: kN/m2
Dämmstoffdicke: 80 mm

▶	▷	ø netto €	◁	◀	[Einheit]	Ausf.-Dauer	Positionsnummer
11€	15€	**18€**	19€	21€	[m2]	⏱ 0,07h/m2	325.000.096

32 Wärmedämmung, Estrich EPS 120mm 040 DEO dm KG **353**

Wie Ausführungsbeschreibung A 1
Nutzlast: kN/m2
Dämmstoffdicke: 120 mm

▶	▷	ø netto €	◁	◀	[Einheit]	Ausf.-Dauer	Positionsnummer
12€	19€	**20€**	23€	30€	[m2]	⏱ 0,07h/m2	325.000.097

33 Wärmedämmung, Estrich PUR 40mm 025 DEO dh KG **353**

Wärmedämmschicht aus kaschierten Polyurethan-Dämmplatten unter schwimmendem Estrich.
Untergrund: Rohdecke
Dämmstoff: PUR, Aluminiumkaschierung
Anwendungstyp: DEO - dh
Nennwert der Wärmeleitfähigkeit: 0,024 W/(mK)
Bemessungswert der Wärmeleitfähigkeit: ..... W/(mK)
Dämmstoffdicke: 40 mm
Nutzlast: kN/m2

▶	▷	ø netto €	◁	◀	[Einheit]	Ausf.-Dauer	Positionsnummer
14€	19€	**22€**	23€	30€	[m2]	⏱ 0,07h/m2	325.000.098

Nr.	Kurztext / Langtext						Kostengruppe
▶	▷	ø netto €	◁	◀	[Einheit]	Ausf.-Dauer	Positionsnummer

34 Wärmedämmung, Estrich PUR 80mm 025 DEO dh KG **353**

Wärmedämmschicht aus kaschierten Polyurethan-Dämmplatten unter schwimmendem Estrich.
Untergrund: Rohdecke
Dämmstoff: PUR, Aluminiumkaschierung
Anwendungstyp: DEO - dh
Nennwert der Wärmeleitfähigkeit: 0,024 W/(mK)
Bemessungswert der Wärmeleitfähigkeit: ..... W/(mK)
Dämmstoffdicke: 80 mm
Nutzlast: ..... kN/m²

–	33€	**40€**	51€	–	[m²]	⏱ 0,07h/m²	325.000.110

35 Trennlage, Estrich, PE-Folie, einlagig KG **353**

Abdeckung auf Dämmschichten, mit Stoßüberlappung, als Unterlage für Estrich.
Estrich: .....
Trennlage: PE-Folie, 0,2 mm

0,9€	1,4€	**1,6€**	2,0€	2,8€	[m²]	⏱ 0,03h/m²	325.000.099

36 Trennlage, Gussasphalt KG **353**

Abdeckung auf Dämmschichten, mit Stoßüberlappung, als Unterlage für Gussasphalt
Trennlage: .....

1€	2€	**2€**	3€	3€	[m²]	⏱ 0,03h/m²	325.000.100

37 Estrich, CT C25 F4 S45 KG **353**

Zementestrich als schwimmender Estrich für Bodenbelag auf Dämmschicht mit Abdeckung.
Einbauort: .....
Untergrund: eben
Nutzlast: ..... kN/m²
Estrichart: CT
Druckfestigkeitsklasse: C25
Biegezugfestigkeitsklasse: F4
Estrichdicke: 45 mm
Oberfläche: .....

20€	24€	**26€**	28€	33€	[m²]	⏱ 0,20h/m²	325.000.101

38 Heizestrich, CT C25 F4 S65 H45 KG **353**

Zementestrich als Heizestrich in Bauart A, für Bodenbelag auf Dämmschicht mit Abdeckung. Leistung inkl. Aufheizen und Abheizen des Fußbodenaufbaus sowie Protokollieren des Vorgangs und CM-Messung als Nachweis.
Einbauort: .....
Untergrund: eben
Nutzlast: ..... kN/m²
Estrichart: CT
Druckfestigkeitsklasse: C25
Biegezugfestigkeitsklasse: F4
Estrichdicke: 65 mm
Rohrüberdeckung: 45 mm
Rohrdurchmesser: .....

24€	29€	**31€**	35€	43€	[m²]	⏱ 0,25h/m²	325.000.102

Kosten:
Stand 2. Quartal 2025
Bundesdurchschnitt

▶ min
▷ von
ø Mittel
◁ bis
◀ max

Nr.	Kurztext / Langtext						Kostengruppe
▶	▷	ø netto €	◁	◀	[Einheit]	Ausf.-Dauer	Positionsnummer

39 Schnellestrich, CT C40 F4 S45 KG **353**

Zementestrich als schwimmender Schnellestrich für Bodenbelag auf Dämmschicht mit Abdeckung.
Einbauort: .....
Untergrund: eben
Nutzlast: kN/m2
Estrichart: CT, Schnellestrich
Druckfestigkeitsklasse: C40
Biegezugfestigkeitsklasse: F4
Estrichdicke: 45 mm

54€ | 64€ | **67€** | 78€ | 101€ | [m2] | ⏱ 0,30h/m2 | 325.000.103

40 Estrich, AS IC10 S25 KG **353**

Gussasphaltestrich als schwimmender Estrich für Bodenbelag auf Dämmschicht mit Abdeckung.
Einbauort: .....
Untergrund: eben
Nutzlast: kN/m2
Estrichart: AS
Härteklasse: IC 10
Estrichdicke: 25 mm

41€ | 47€ | **50€** | 52€ | 59€ | [m2] | ⏱ 0,35h/m2 | 325.000.104

41 Nutzestrich, CT C25 F4 S45 KG **353**

Zementestrich als schwimmender Estrich für direkte Nutzung mit Oberflächenschutz auf Dämmschicht mit Abdeckung.
Einbauort: .....
Untergrund: eben
Nutzlast: kN/m2
Estrichart: CT
Druckfestigkeitsklasse: C25
Biegezugfestigkeitsklasse: F4
Verschleißwiderstand A15
Estrichdicke: 45 mm

25€ | 30€ | **31€** | 33€ | 41€ | [m2] | ⏱ 0,20h/m2 | 325.000.105

42 Verbundestrich, CT-C25-F4-V50 KG **353**

Zementestrich als Verbundestrich für direkte Nutzung mit Oberflächenschutz im Verbund mit Untergrund.
Einbauort: .....
Untergrund: eben
Nutzlast: kN/m2
Estrichart: CT
Druckfestigkeitsklasse: C25
Biegezugfestigkeitsklasse: F4
Verschleißwiderstand A15
Estrichdicke: 45 mm
Oberflächenschutz: .....

21€ | 26€ | **29€** | 33€ | 41€ | [m2] | ⏱ 0,20h/m2 | 325.000.106

323
324
325
326
327
328
329
330
331
332
333
334
336
337
338
339

Nr.	Kurztext / Langtext						Kostengruppe
►	▷	**ø netto €**	◁	◀	[Einheit]	Ausf.-Dauer	Positionsnummer

43 Beschichtung, Epoxidharz, Estrich KG **353**

Beschichtung von Estrichflächen mit Mehrkomponenten-Epoxidharz mit Grundierung.
Untergrund: .....
Nenndicke: 1 mm
Beanspruchung: mechanisch
Rutschhemmung: R 9
Farbton: grau

57€	72€	**84€**	88€	99€	[m²]	⏱ 0,12 h/m²	325.000.107

44 Stundensatz, Facharbeiter/-in

Stundenlohnarbeiten für Vorarbeiter/-in, Facharbeiter/-in und Gleichgestellte. Der Verrechnungssatz für die jeweilige Arbeitskraft umfasst sämtliche Aufwendungen wie Lohn- und Gehaltskosten, Lohn- und Gehaltsnebenkosten, Zuschläge, lohngebundene und lohnabhängige Kosten, sonstige Sozialkosten, Gemeinkosten, Wagnis und Gewinn. Leistung nach besonderer Anordnung der Bauüberwachung. Anmeldung und Nachweis gem. VOB/B.

60€	69€	**73€**	76€	81€	[h]	⏱ 1,00 h/h	325.000.108

45 Stundensatz, Helfer/-in

Stundenlohnarbeiten für Werker/-in, Helfer/-in und Gleichgestellte. Der Verrechnungssatz für die jeweilige Arbeitskraft umfasst sämtliche Aufwendungen wie Lohn- und Gehaltskosten, Lohn- und Gehaltsnebenkosten, Zuschläge, lohngebundene und lohnabhängige Kosten, sonstige Sozialkosten, Gemeinkosten, Wagnis und Gewinn. Leistung nach besonderer Anordnung der Bauüberwachung. Anmeldung und Nachweis gem. VOB/B.

50€	56€	**59€**	63€	74€	[h]	⏱ 1,00 h/h	325.000.109

Kosten:
Stand 2. Quartal 2025
Bundesdurchschnitt

► min
▷ von
ø Mittel
◁ bis
◀ max

Kosten:
Stand 2. Quartal 2025
Bundesdurchschnitt

Nr.	Positionen	Einheit	►	▷	ø brutto € / ø netto €	◁	◄
1	Kellerfenster ausbauen, Holz, bis 0,5m²	St	31	37	**46**	55	96
			26	31	**39**	47	80
2	Fenster ausbauen, Holz, bis 1,5m²	St	55	74	**83**	90	107
			46	62	**70**	76	90
3	Fenster ausbauen, Holz, bis 2,5m²	St	64	85	**96**	98	110
			54	71	**80**	83	92
4	Fenstertür ausbauen, Holz, bis 3,5m²	St	109	114	**142**	171	251
			91	96	**120**	143	211
5	Fenster ausbauen, Kunststoff, bis 1,5m²	St	48	66	**81**	98	117
			41	55	**68**	83	98
6	Fenster ausbauen, Kunststoff, bis 2,5m²	St	55	79	**99**	119	136
			47	67	**83**	100	115
7	Fenstertür ausbauen, Kunststoff, bis 3,5m²	St	103	139	**171**	205	268
			86	116	**144**	173	225
8	Hauseingangstür ausbauen, bis 4m²	St	106	198	**242**	290	296
			89	166	**203**	244	249
9	Kelleraußentür ausbauen, bis 2,5m²	St	70	80	**97**	118	128
			58	67	**81**	99	107
10	Holzfenster, einflüglig, 1.000x1.000, dreischeibig, Ug-Wert 1,1W/(m²K)	St	646	693	**778**	926	1.027
			543	582	**654**	778	863
11	Holzfenster, einflüglig, 1.000x1.000, dreischeibig, Ug-Wert 0,7W/(m²K)	St	700	744	**875**	1.015	1.138
			588	625	**736**	853	956
12	Holzfenster, zweiflüglig, 1.250x1.000, Zweifach-Isolierglas, Ug-Wert 1,1W/(m²K)	St	830	881	**1.025**	1.209	1.332
			698	741	**861**	1.016	1.119
13	Holzfenster, zweiflüglig, 1.250x1.000, Zweifach-Isolierglas, Ug-Wert 0,7W/(m²K)	St	885	941	**1.107**	1.273	1.439
			744	790	**930**	1.069	1.209
14	Holzfenster, zweiflüglig, Setzholz 1.625x1.250, zweischeibig, Ug-Wert 1,1W/(m²K)	St	1.012	1.086	**1.234**	1.432	1.604
			850	913	**1.037**	1.203	1.348
15	Holzfenstertür, einflüglig, 1.000x2.125, zweischeibig, Ug-Wert 1,1W/(m²K)	St	1.122	1.219	**1.385**	1.606	1.814
			943	1.024	**1.164**	1.350	1.524
16	Holz-Alufenster, einflüglig, 1.000x1.000, dreischeibig, Ug-Wert 1,1W/(m²K)	St	969	1.051	**1.167**	1.377	1.529
			814	883	**981**	1.157	1.285
17	Holz-Alufenster, einflüglig, 1.000x1.000, dreischeibig, Ug-Wert 0,7W/(m²K)	St	1.050	1.102	**1.281**	1.511	1.665
			883	926	**1.076**	1.270	1.399
18	Holz-Alufenster, zweiflüglig, 1.250x1.000, zweischeibig, Ug-Wert 1,1W/(m²K)	St	1.261	1.338	**1.538**	1.814	2.030
			1.059	1.124	**1.292**	1.525	1.706
19	Holz-Alufenster, zweiflüglig, 1.250x1.000, zweischeibig, Ug-Wert 0,7W/(m²K)	St	1.335	1.434	**1.648**	1.912	2.159
			1.122	1.205	**1.385**	1.607	1.815

► min
▷ von
ø Mittel
◁ bis
◄ max

Nr.	Positionen	Einheit	►	▷	**ø brutto €** ø netto €	◁	◄
20	Holz-Alufenster, zweiflüglig, Setzholz, 1.625x1.250, zweischeibig, Ug-Wert 1,1W/(m²K)	St	1.398	1.499	**1.684**	1.987	2.206
			1.175	1.259	**1.415**	1.670	1.854
21	Holz-Alufenstertür, einflüglig, 1.000x2.125, zweischeibig, Ug-Wert 1,1W/(m²K)	St	1.454	1.562	**1.795**	2.101	2.316
			1.222	1.313	**1.509**	1.765	1.946
22	Kunststoffenster, einflüglig, 1.000x1.000, dreischeibig, Ug-Wert 1,1W/(m²K)	St	561	609	**692**	803	914
			471	512	**582**	675	768
23	Kunststofffenster, einflüglig, 1.000x1.000, dreischeibig, Ug-Wert 0,7W/(m²K)	St	646	678	**788**	938	1.040
			543	570	**662**	788	874
24	Kunststofffenster, zweiflüglig, 1.250x1.000, zweischeibig, Ug-Wert 1,1W/(m²K)	St	751	779	**916**	1.054	1.200
			631	654	**770**	885	1.009
25	Kunststofffenster, zweiflüglig, Setzholz, 1.625x1.250, zweischeibig, Ug-Wert 1,1W/(m²K)	St	941	1.055	**1.147**	1.353	1.525
			790	887	**964**	1.137	1.282
26	Kunststofffenstertür, einflüglig, 1.000x2.125, zweischeibig, Ug-Wert 1,1W/(m²K)	St	907	1.020	**1.134**	1.304	1.474
			762	858	**953**	1.096	1.239
27	Haustür, Kunststoff, einflüglig, 1.010x2.013	St	2.895	3.434	**3.770**	4.795	5.821
			2.433	2.886	**3.168**	4.029	4.891
28	Haustür, Aluminium, Glasfüllung, einflüglig, zweischeibig, 1.010x2.013	St	2.996	4.713	**5.544**	6.913	9.640
			2.517	3.961	**4.659**	5.809	8.101
29	Fensterbank, außen, Aluminium, beschichtet	m	29	52	**60**	68	87
			24	44	**51**	57	73
30	Kunststofffenster, einflüglig, 750x500mm, wasserdicht	St	1.829	1.987	**2.258**	2.620	2.981
			1.537	1.670	**1.898**	2.201	2.505
31	Kunststofffenster, einflüglig, 800x600mm, wasserdicht	St	2.259	2.455	**2.789**	3.235	3.682
			1.899	2.063	**2.344**	2.719	3.094
32	Stundensatz, Facharbeiter/-in	h	77	89	**94**	101	118
			64	75	**79**	85	99
33	Stundensatz, Helfer/-in	h	66	76	**81**	87	99
			56	64	**68**	73	83

Nr.	**Kurztext** / Langtext						Kostengruppe
►	▷	**ø netto €**	◁	◄	[Einheit]	Ausf.-Dauer	Positionsnummer

1 Kellerfenster ausbauen, Holz, bis 0,5m² KG **394**

Kellerfenster aus Holz mit Flügel und Rahmen ausbauen und anfallenden Bauschutt entsorgen.
Größe: bis 0,5 m²

26€	31€	**39€**	47€	80€	[St]	⏱ 0,37h/St	326.000.048

323 324 325 326 327 328 329 330 331 332 333 334 336 337 338 339

Kosten:
Stand 2. Quartal 2025
Bundesdurchschnitt

Nr.	**Kurztext** / Langtext						Kostengruppe
►	▷	**ø netto €**	◁	◄	[Einheit]	Ausf.-Dauer	Positionsnummer
2	**Fenster ausbauen, Holz, bis 1,5m²**						KG **394**
	Fenster aus Holz mit Flügel und Fensterrahmen ausbauen und anfallenden Bauschutt entsorgen. Größe: bis 1,5 m²						
46€	62€	**70€**	76€	90€	[St]	⏱ 0,70h/St	326.000.049
3	**Fenster ausbauen, Holz, bis 2,5m²**						KG **394**
	Fenster aus Holz mit Flügel und Fensterrahmen ausbauen und anfallenden Bauschutt entsorgen. Größe: bis 2,5 m²						
54€	71€	**80€**	83€	92€	[St]	⏱ 0,80h/St	326.000.050
4	**Fenstertür ausbauen, Holz, bis 3,5m²**						KG **394**
	Fenstertür aus Holz mit Flügel und Rahmen ausbauen und anfallenden Bauschutt entsorgen. Größe: bis 3,5 m²						
91€	96€	**120€**	143€	211€	[St]	⏱ 1,00h/St	326.000.051
5	**Fenster ausbauen, Kunststoff, bis 1,5m²**						KG **394**
	Fenster aus Kunststoff mit Flügel, Rahmen, innerer und äußerer Fensterbank ausbauen und anfallenden Bauschutt entsorgen. Größe: bis 1,5 m²						
41€	55€	**68€**	83€	98€	[St]	⏱ 0,80h/St	326.000.052
6	**Fenster ausbauen, Kunststoff, bis 2,5m²**						KG **394**
	Fenster aus Kunststoff mit Flügel, Rahmen, innerer und äußerer Fensterbank ausbauen und anfallenden Bauschutt entsorgen. Größe: bis 2,5 m²						
47€	67€	**83€**	100€	115€	[St]	⏱ 0,95h/St	326.000.053
7	**Fenstertür ausbauen, Kunststoff, bis 3,5m²**						KG **394**
	Fenstertür aus Kunststoff mit Flügel und Rahmen ausbauen und anfallenden Bauschutt entsorgen. Größe: bis 3,5 m²						
86€	116€	**144€**	173€	225€	[St]	⏱ 1,05h/St	326.000.054
8	**Hauseingangstür ausbauen, bis 4m²**						KG **394**
	Hauseingangstür mit Rahmen, Türblatt und Zarge ausbauen und anfallenden Bauschutt entsorgen. Material: ..... Größe: bis 4 m²						
89€	166€	**203€**	244€	249€	[St]	⏱ 1,30h/St	326.000.055
9	**Kelleraußentür ausbauen, bis 2,5m²**						KG **394**
	Kelleraußentür mit Türblatt und Zarge ausbauen und anfallenden Bauschutt entsorgen. Material: ..... Größe: bis 2,5 m²						
58€	67€	**81€**	99€	107€	[St]	⏱ 0,45h/St	326.000.056

► min
▷ von
ø Mittel
◁ bis
◄ max

Nr.	Kurztext / Langtext						Kostengruppe
▶	▷	**ø netto €**	◁	◀	[Einheit]	Ausf.-Dauer	Positionsnummer

A 1 Holzfenster, einflüglig, dreischeibig — Beschreibung für Pos. **10-11**

Einflügliges Fenster aus Holz, ohne Sprossen, mit zum Rahmen versetztem Flügel, Beschlag mit Einhandbedienung, Drehkippfunktion, Aushebelschutz und konstanter Griffstellung in Kippstellung. Einbau in einschalige Wand mit stumpfem Anschlag, einschl. Vorrichten für Außenfensterbank aus Blech. Befestigung mit Rahmendübeln und Fensterbauschraube, einschl. Ausfüllen der Fugen zwischen Rahmen und anschließenden Bauteilen.
Holzart: Fichte
Oberfläche: endbeschichtet
Farbe: .....
Rahmendurchbiegung: .....
Festigkeitsklasse: .....
Rahmenbreite: ..... mm
Rahmendicke: ..... mm
Rahmenprofil: eckig, mit Falzdichtung
Verglasung: Isolierverglasung, dreischeibig
Uw-Wert: .....
Lichtdurchlässigkeit: .....%
Glasrandverbund: .....
Windlast: .....
Schlagregendichtheit: .....
Luftdurchlässigkeit: .....
Schalldämm-Maß: .....
Einbruchhemmung: .....
Anschlussfugen: .....
Beschläge: LM-eloxiert, verdeckt liegend
Bedienungskräfte: .....
Einbauort: .....

10 Holzfenster, einflüglig, 1.000x1.000, dreischeibig, Ug-Wert 1,1W/(m²K) — KG **334**

Wie Ausführungsbeschreibung A 1
Baurichtmaß (B x H): 1.000 x 1.000 mm
Ug-Wert: 1,1 W/(m²K)

543€	582€	**654€**	778€	863€	[St]	⏱ 2,02h/St	326.000.057

11 Holzfenster, einflüglig, 1.000x1.000, dreischeibig, Ug-Wert 0,7W/(m²K) — KG **334**

Wie Ausführungsbeschreibung A 1
Baurichtmaß (B x H): 1.000 x 1.000 mm
Ug-Wert: 0,7 W/(m²K)

588€	625€	**736€**	853€	956€	[St]	⏱ 2,02h/St	326.000.058

Nr.	Kurztext / Langtext						Kostengruppe
▶	▷	ø netto €	◁	◀	[Einheit]	Ausf.-Dauer	Positionsnummer

A 2 Holzfenster, zweiflüglig, zweischeibig — Beschreibung für Pos. **12-13**

Zweiflügliges Fenster aus Holz, ohne Sprossen, mit zum Rahmen versetzten Flügeln, Beschlag mit Einhandbedienung, Drehkipp- und Drehfunktion, Aushebelschutz und konstanter Griffstellung in Kippstellung. Einbau in einschalige Wand mit stumpfem Anschlag, einschl. Vorrichten für äußere Fensterbank aus Blech. Befestigung mit Rahmendübeln und Fensterbauschrauben, einschl. Ausfüllen der Fugen zwischen Rahmen und anschließenden Bauteilen.
Holzart: Fichte
Oberfläche: endbeschichtet
Farbe: .....
Rahmendurchbiegung: .....
Festigkeitsklasse: .....
Rahmenbreite: ..... mm
Rahmendicke: ..... mm
Rahmenprofil: eckig, mit Falzdichtung
Verglasung: Isolierverglasung, zweischeibig
Uw-Wert: .....
Lichtdurchlässigkeit: .....%
Glasrandverbund: .....
Windlast: .....
Schlagregendichtheit: .....
Luftdurchlässigkeit: .....
Schalldämm-Maß: .....
Einbruchhemmung: .....
Anschlussfugen: .....
Beschläge: LM-eloxiert, verdeckt liegend
Bedienungskräfte: .....
Einbauort: .....

12 Holzfenster, zweiflüglig, 1.250x1.000, Zweifach-Isolierglas, Ug-Wert 1,1W/(m²K) — KG **334**

Wie Ausführungsbeschreibung A 2
Baurichtmaß (B x H): 1.250 x 1.000 mm
Ug-Wert: 1,1 W/(m²K)

▶	▷	ø	◁	◀	[Einheit]	Ausf.-Dauer	Positionsnummer
698€	741€	**861€**	1.016€	1.119€	[St]	⏱ 2,30h/St	326.000.059

13 Holzfenster, zweiflüglig, 1.250x1.000, Zweifach-Isolierglas, Ug-Wert 0,7W/(m²K) — KG **334**

Wie Ausführungsbeschreibung A 2
Baurichtmaß (B x H): 1.250 x 1.000 mm
Ug-Wert: 0,7 W/(m²K)

▶	▷	ø	◁	◀	[Einheit]	Ausf.-Dauer	Positionsnummer
744€	790€	**930€**	1.069€	1.209€	[St]	⏱ 2,30h/St	326.000.067

Kosten:
Stand 2. Quartal 2025
Bundesdurchschnitt

▶ min
▷ von
ø Mittel
◁ bis
◀ max

Nr.	Kurztext / Langtext						Kostengruppe
►	▷	ø netto €	◁	◀	[Einheit]	Ausf.-Dauer	Positionsnummer

14 Holzfenster, zweiflüglig, Setzholz 1.625x1.250, zweischeibig, Ug-Wert 1,1W/(m²K) KG **334**

Zweiflügliges Fenster aus Holz mit Setzholz, ohne Sprossen, mit zum Rahmen versetzten Flügeln, Beschlag mit Einhandbedienung, Drehkipp- und Drehfunktion, Aushebelschutz und konstanter Griffstellung in Kippstellung. Einbau in einschalige Wand mit stumpfem Anschlag, einschl. Vorrichten für äußere Fensterbank aus Blech. Befestigung mit Rahmendübeln und Fensterbauschrauben, einschl. Ausfüllen der Fugen zwischen Rahmen und anschließenden Bauteilen.
Baurichtmaß (B x H): 1.625 x 1.250 mm
Holzart: Fichte
Oberfläche: endbeschichtet
Farbe: .....
Rahmendurchbiegung: .....
Festigkeitsklasse: .....
Rahmenbreite: ..... mm
Rahmendicke: ..... mm
Rahmenprofil: eckig, mit Falzdichtung
Verglasung: Isolierverglasung, zweischeibig
Ug-Wert: 1,1 W/(m²K)
Uw-Wert: .....
Lichtdurchlässigkeit: .....%
Glasrandverbund: .....
Windlast: .....
Schlagregendichtheit: .....
Luftdurchlässigkeit: .....
Schalldämm-Maß: .....
Einbruchhemmung: .....
Anschlussfugen: .....
Beschläge: LM-eloxiert, verdeckt liegend
Bedienungskräfte: .....
Einbauort: .....

850€	913€	**1.037€**	1.203€	1.348€	[St]	⏱ 3,45h/St	326.000.060

323
324
325
326
327
328
329
330
331
332
333
334
336
337
338
339

Nr.	Kurztext / Langtext						Kostengruppe
▶	▷	**ø netto €**	◁	◀	[Einheit]	Ausf.-Dauer	Positionsnummer

15 **Holzfenstertür, einflüglig, 1.000x2.125, zweischeibig, Ug-Wert 1,1W/(m²K)** KG **334**

Einflüglige Fenstertüre aus Holz, ohne Sprossen, mit versetzten Flügel zum Rahmen, Beschlag mit Einhandbedienung, Drehkipp-funktion, Aushebelschutz und konstanter Griffstellung in Kippstellung. Einbau in einschalige Wand mit stumpfem Anschlag und Vorrichten für äußere Fensterbank aus Blech. Befestigung mit Rahmendübeln und Fensterbauschrauben sowie ausfüllen der Fugen zwischen Rahmen und anschließenden Bauteilen.
Baurichtmaß (B x H): 1.000 x 2.125 mm
Holzart: Fichte
Oberfläche: endbeschichtet
Farbe: .....
Rahmendurchbiegung: .....
Festigkeitsklasse: .....
Rahmenbreite: ..... mm
Rahmendicke: ..... mm
Rahmenprofil: eckig, mit Falzdichtung
Verglasung: Isolierverglasung, zweischeibig
Ug-Wert: 1,1 W/(m²K)
Uw-Wert: .....
Lichtdurchlässigkeit: .....%
Glasrandverbund: .....
Windlast: .....
Schlagregendichtheit: .....
Luftdurchlässigkeit: .....
Schalldämm-Maß: .....
Einbruchhemmung: .....
Anschlussfugen: .....
Beschläge: LM-eloxiert, verdeckt liegend
Bedienungskräfte: .....
Einbauort: .....

943€	1.024€	**1.164€**	1.350€	1.524€	[St]	⏱ 2,70h/St	326.000.061

Kosten:
Stand 2. Quartal 2025
Bundesdurchschnitt

▶ min
▷ von
ø Mittel
◁ bis
◀ max

A 3 Holz-Alufenster, einflüglig, Dreifach-Isolierglas Beschreibung für Pos. **16-17**

Einflügliges Fenster aus Holz mit hinterlüftetem und thermisch getrenntem Aluminiumprofil, ohne Sprossen, mit zum Rahmen versetztem Flügel, Beschlag mit Einhandbedienung, Drehkippfunktion, Aushebelschutz und konstanter Griffstellung in Kippstellung. Einbau in einschalige Wand mit stumpfem Anschlag, einschl. Vorrichten für Außenfensterbank aus Blech. Befestigung mit Rahmendübeln und Fensterbauschrauben, einschl. Ausfüllen der Fugen zwischen Rahmen und anschließenden Bauteilen.
Holzart: Fichte, mit Aluminiumbekleidung
Oberflächen: endbeschichtet
Farben: .....
Rahmendurchbiegung: .....
Festigkeitsklasse: .....
Rahmenbreite: ..... mm
Rahmendicke: ..... mm
Rahmenprofil: eckig, mit Falzdichtung
Verglasung: Isolierverglasung, dreischeibig
Uw-Wert: .....
Lichtdurchlässigkeit: .....%
Glasrandverbund: .....
Windlast: .....
Schlagregendichtheit: .....
Luftdurchlässigkeit: .....
Schalldämm-Maß: .....
Einbruchhemmung: .....
Anschlussfugen: .....
Beschläge: LM-eloxiert, verdeckt liegend
Bedienungskräfte: .....
Einbauort: .....

16 Holz-Alufenster, einflüglig, 1.000x1.000, dreischeibig, Ug-Wert 1,1W/(m²K) KG **334**

Wie Ausführungsbeschreibung A 3
Baurichtmaß (B x H): 1.000 x 1.000 mm
Ug-Wert: 1,1 W/(m²K)

►	▷	ø netto €	◁	◄	[Einheit]	Ausf.-Dauer	Positionsnummer
814€	883€	**981€**	1.157€	1.285€	[St]	⏱ 2,02h/St	326.000.068

17 Holz-Alufenster, einflüglig, 1.000x1.000, dreischeibig, Ug-Wert 0,7W/(m²K) KG **334**

Wie Ausführungsbeschreibung A 3
Baurichtmaß (B x H): 1.000 x 1.000 mm
Ug-Wert: 0,7 W/(m²K)

►	▷	ø netto €	◁	◄	[Einheit]	Ausf.-Dauer	Positionsnummer
883€	926€	**1.076€**	1.270€	1.399€	[St]	⏱ 2,02h/St	326.000.069

Nr.	Kurztext / Langtext						Kostengruppe
►	▷	ø netto €	◁	◀	[Einheit]	Ausf.-Dauer	Positionsnummer

A 4 Holz-Alufenster, zweiflüglig, zweischeibig — Beschreibung für Pos. **18-19**

Zweiflügliges Fenster aus Holz mit Setzholz und hinterlüftetem und thermisch getrenntem Aluminiumprofil, ohne Sprossen, mit zum Rahmen versetzten Flügeln, Beschlag mit Einhandbedienung, Drehkipp- und Drehfunktion, Aushebelschutz und konstanter Griffstellung in Kippstellung. Einbau in einschalige Wand mit stumpfem Anschlag, einschl. Vorrichten für äußere Fensterbank aus Blech. Befestigung mit Rahmendübeln und Fensterbauschrauben, einschl. Ausfüllen der Fugen zwischen Rahmen und anschließenden Bauteilen.
Holzart: Fichte, mit Aluminiumbekleidung
Oberflächen: endbeschichtet
Farben: .....
Rahmendurchbiegung: .....
Festigkeitsklasse: .....
Rahmenbreite: ..... mm
Rahmendicke: ..... mm
Rahmenprofil: eckig, mit Falzdichtung
Verglasung: Isolierverglasung, zweischeibig
Ug-Wert: 1,1 W/(m²K)
Uw-Wert: .....
Lichtdurchlässigkeit: .....%
Glasrandverbund: .....
Windlast: .....
Schlagregendichtheit: .....
Luftdurchlässigkeit: .....
Schalldämm-Maß: .....
Einbruchhemmung: .....
Anschlussfugen: .....
Beschläge: LM-eloxiert, verdeckt liegend
Bedienungskräfte: .....
Einbauort: .....

18 Holz-Alufenster, zweiflüglig, 1.250x1.000, zweischeibig, Ug-Wert 1,1W/(m²K) — KG **334**

Wie Ausführungsbeschreibung A 4
Baurichtmaß (B x H): 1.250 x 1.000 mm
Ug-Wert: 1,1 W/(m²K)

►	▷	ø	◁	◀	Einheit	Ausf.-Dauer	Positionsnummer
1.059€	1.124€	**1.292€**	1.525€	1.706€	[St]	⏱ 2,30h/St	326.000.070

19 Holz-Alufenster, zweiflüglig, 1.250x1.000, zweischeibig, Ug-Wert 0,7W/(m²K) — KG **334**

Wie Ausführungsbeschreibung A 4
Baurichtmaß (B x H): 1.250 x 1.000 mm
Ug-Wert: 0,7 W/(m²K)

►	▷	ø	◁	◀	Einheit	Ausf.-Dauer	Positionsnummer
1.122€	1.205€	**1.385€**	1.607€	1.815€	[St]	⏱ 2,30h/St	326.000.071

Kosten:
Stand 2. Quartal 2025
Bundesdurchschnitt

► min
▷ von
ø Mittel
◁ bis
◀ max

Nr.	Kurztext / Langtext					Kostengruppe
►	▷	ø netto €	◁	◄	[Einheit]	Ausf.-Dauer	Positionsnummer

20 Holz-Alufenster, zweiflüglig, Setzholz, 1.625x1.250, zweischeibig, Ug-Wert 1,1W/(m²K) KG **334**

Zweiflügliges Fenster aus Holz mit Setzholz und hinterlüftetem und thermisch getrenntem Aluminiumprofil, ohne Sprossen, mit zum Rahmen versetzten Flügeln, Beschlag mit Einhandbedienung, Drehkipp- und Drehfunktion, Aushebelschutz und konstanter Griffstellung in Kippstellung. Einbau in einschalige Wand mit stumpfem Anschlag, einschl. Vorrichten für äußere Fensterbank aus Blech. Befestigung mit Rahmendübeln und Fensterbauschrauben, einschl. Ausfüllen der Fugen zwischen Rahmen und anschließenden Bauteilen.
Baurichtmaß (B x H): 1.625 x 1.250 mm
Holzart: Fichte, mit Aluminiumbekleidung
Oberflächen: endbeschichtet
Farben: .....
Rahmendurchbiegung: .....
Festigkeitsklasse: .....
Rahmenbreite: ..... mm
Rahmendicke: ..... mm
Rahmenprofil: eckig, mit Falzdichtung
Verglasung: Isolierverglasung, zweischeibig
Ug-Wert: 1,1 W/(m²K)
Uw-Wert: .....
Lichtdurchlässigkeit: .....%
Glasrandverbund: .....
Windlast: .....
Schlagregendichtheit: .....
Luftdurchlässigkeit: .....
Schalldämm-Maß: .....
Einbruchhemmung: .....
Anschlussfugen: .....
Beschläge: LM-eloxiert, verdeckt liegend
Bedienungskräfte: .....
Einbauort: .....

1.175€ | 1.259€ | **1.415€** | 1.670€ | 1.854€ | [St] | ⏱ 3,45h/St | 326.000.072

Nr.	Kurztext / Langtext						Kostengruppe
▶	▷	ø netto €	◁	◀	[Einheit]	Ausf.-Dauer	Positionsnummer

21 **Holz-Alufenstertür, einflüglig, 1.000x2.125, zweischeibig, Ug-Wert 1,1W/(m²K)** KG **334**

Einflüglige Fenstertür aus Holz mit hinterlüftetem und thermisch getrenntem Aluminiumprofil, ohne Sprossen, mit versetzten Flügel zum Rahmen, Beschlag mit Einhandbedienung, Drehkippfunktion, Aushebelschutz und konstanter Griffstellung in Kippstellung. Einbau in einschalige Wand mit stumpfem Anschlag und Vorrichten für äußere Fensterbank aus Blech. Befestigung mit Rahmendübeln und Fensterbauschrauben sowie Ausfüllen der Fugen zwischen Rahmen und anschließenden Bauteilen.
Baurichtmaß (B x H): 1.000 x 2.125 mm
Holzart: Fichte
Oberfläche: endbeschichtet
Farbe: .....
Rahmendurchbiegung: .....
Festigkeitsklasse: .....
Rahmenbreite: ..... mm
Rahmendicke: ..... mm
Rahmenprofil: eckig, mit Falzdichtung
Verglasung: Isolierverglasung, zweischeibig
Ug-Wert: 1,1 W/(m²K)
Uw-Wert: .....
Lichtdurchlässigkeit: .....%
Glasrandverbund: .....
Windlast: .....
Schlagregendichtheit: .....
Luftdurchlässigkeit: .....
Schalldämm-Maß: .....
Einbruchhemmung: .....
Anschlussfugen: .....
Beschläge: LM-eloxiert, verdeckt liegend
Bedienungskräfte: .....
Einbauort: .....

1.222€	1.313€	**1.509€**	1.765€	1.946€	[St]	⏱ 2,70h/St	326.000.073

Kosten:
Stand 2.Quartal 2025
Bundesdurchschnitt

▶ min
▷ von
ø Mittel
◁ bis
◀ max

Nr.	Kurztext / Langtext						Kostengruppe
▶	▷	ø netto €	◁	◀	[Einheit]	Ausf.-Dauer	Positionsnummer

A 5 Kunststofffenster, einflüglig, dreischeibig Beschreibung für Pos. **22-23**

Einflügliges Kunststofffenster aus Mehrkammerprofilen, ohne Sprossen, mit zum Rahmen versetztem Flügel, Beschlag mit Einhandbedienung, Drehkippfunktion, Aushebelschutz und konstanter Griffstellung in Kippstellung. Einbau in einschalige Wand mit stumpfem Anschlag, einschl. Vorrichten für äußere Fensterbank aus Blech. Befestigung mit Rahmendübeln und Fensterbauschrauben sowie ausfüllen der Fugen zwischen Rahmen und anschließenden Bauteilen.
Farbe: .....
Rahmendurchbiegung: .....
Festigkeitsklasse: .....
Rahmenbreite: ..... mm
Rahmendicke: ..... mm
Rahmenprofil: eckig, mit doppelter Lippendichtung
Verglasung: Isolierverglasung, dreischeibig
Uw-Wert: .....
Lichtdurchlässigkeit: .....%
Glasrandverbund: .....
Windlast: .....
Schlagregendichtheit: .....
Luftdurchlässigkeit: .....
Schalldämm-Maß: .....
Einbruchhemmung: .....
Anschlussfugen: .....
Beschläge: LM-eloxiert, verdeckt liegend
Bedienungskräfte: .....
Einbauort: .....

22 Kunststofffenster, einflüglig, 1.000x1.000, dreischeibig, Ug-Wert 1,1W/(m²K) KG **334**

Wie Ausführungsbeschreibung A 5
Baurichtmaß (B x H): 1.000 x 1.000 mm
Ug-Wert: 1,1 W/(m²K)

471€	512€	**582€**	675€	768€	[St]	⏱ 2,00h/St	326.000.062

23 Kunststofffenster, einflüglig, 1.000x1.000, dreischeibig, Ug-Wert 0,7W/(m²K) KG **334**

Wie Ausführungsbeschreibung A 5
Baurichtmaß (B x H): 1.000 x 1.000 mm
Ug-Wert: 0,7 W/(m²K)

543€	570€	**662€**	788€	874€	[St]	⏱ 2,00h/St	326.000.063

Nr.	Kurztext / Langtext						Kostengruppe
►	▷	ø netto €	◁	◀	[Einheit]	Ausf.-Dauer	Positionsnummer

24 **Kunststofffenster, zweiflüglig, 1.250x1.000, zweischeibig, Ug-Wert 1,1W/(m²K)** KG **334**

Zweiflügliges Kunststofffenster aus Mehrkammerprofilen, ohne Sprossen, mit zum Rahmen versetzten Flügeln, Beschlag mit Einhandbedienung, Drehkipp- und Drehfunktion, Aushebelschutz und konstanter Griffstellung in Kippstellung. Einbau in einschalige Wand mit stumpfen Anschlag, einschl Vorrichten für äußere Fensterbank aus Blech. Befestigung mit Rahmendübeln und Fensterbauschrauben, einschl. Ausfüllen der Fugen zwischen Rahmen und anschließenden Bauteilen.
Baurichtmaß (B x H): 1.250 x 1.000 mm
Farbe: .....
Rahmendurchbiegung: .....
Festigkeitsklasse: .....
Rahmenbreite: ..... mm
Rahmendicke: ..... mm
Rahmenprofil: eckig, mit doppelter Lippendichtung
Verglasung: Isolierverglasung, zweischeibig
Ug-Wert: 1,1 W/(m²K)
Uw-Wert: .....
Lichtdurchlässigkeit: .....%
Glasrandverbund: .....
Windlast: .....
Schlagregendichtheit: .....
Luftdurchlässigkeit: .....
Schalldämm-Maß: .....
Einbruchhemmung: .....
Anschlussfugen: .....
Beschläge: LM-eloxiert, verdeckt liegend
Bedienungskräfte: .....
Einbauort: .....

631€	654€	**770€**	885€	1.009€	[St]	⏱ 3,00h/St	326.000.064

Kosten:
Stand 2. Quartal 2025
Bundesdurchschnitt

► min
▷ von
ø Mittel
◁ bis
◀ max

Nr.	Kurztext / Langtext						Kostengruppe
►	▷	ø netto €	◁	◀	[Einheit]	Ausf.-Dauer	Positionsnummer

25 Kunststofffenster, zweiflüglig, Setzholz, 1.625x1.250, zweischeibig, Ug-Wert 1,1W/ KG **334**

Zweiflügliges Kunststofffenster aus Mehrkammerprofilen mit Setzholz, ohne Sprossen, mit zum Rahmen versetzten Flügeln, Beschlag mit Einhandbedienung, jeweils Drehkippfunktion, Aushebelschutz und konstanter Griffstellung in Kippstellung. Einbau in einschalige Wand mit stumpfem Anschlag, einschl. Vorrichten für äußere Fensterbank aus Blech. Befestigung mit Rahmendübel und Fensterbauschrauben, einschl. Ausfüllen der Fugen zwischen Rahmen und anschließenden Bauteilen.
Baurichtmaß (B x H): 1.625 x 1.250 mm
Farbe: .....
Rahmendurchbiegung: .....
Festigkeitsklasse: .....
Rahmenbreite: ..... mm
Rahmendicke: ..... mm
Rahmenprofil: eckig, mit doppelter Lippendichtung
Verglasung: Isolierverglasung, zweischeibig
Ug-Wert: 1,1 W/(m^2K)
Uw-Wert: .....
Lichtdurchlässigkeit: .....%
Glasrandverbund: .....
Windlast: .....
Schlagregendichtheit: .....
Luftdurchlässigkeit: .....
Schalldämm-Maß: .....
Einbruchhemmung: .....
Anschlussfugen: .....
Beschläge: LM-eloxiert, verdeckt liegend
Bedienungskräfte: .....
Einbauort: .....

790€	887€	**964€**	1.137€	1.282€	[St]	⏱ 3,00h/St	326.000.065

323
324
325
326
327
328
329
330
331
332
333
334
336
337
338
339

Kosten:
Stand 2. Quartal 2025
Bundesdurchschnitt

Nr.	Kurztext / Langtext						Kostengruppe
▶	▷	ø netto €	◁	◀	[Einheit]	Ausf.-Dauer	Positionsnummer

26 **Kunststofffenstertür, einflüglig, 1.000x2.125, zweischeibig, Ug-Wert 1,1W/(m²K)** KG **334**

Einflüglige Kunststoff-Fenstertür aus Mehrkammerprofilen, ohne Sprossen, mit zum Rahmen versetztem Flügel, Beschlag mit Einhandbedienung, Drehkippfunktion, Aushebelschutz und konstanter Griffstellung in Kippstellung. Einbau in einschalige Wand mit stumpfen Anschlag, einschl. Vorrichten für äußere Fensterbank aus Blech. Befestigung mit Rahmendübeln und Fensterbauschrauben, einschl. Ausfüllen der Fugen zwischen Rahmen und anschließenden Bauteilen.
Baurichtmaß (B x H): 1.000 x 2.125 mm
Farbe: .....
Rahmendurchbiegung: .....
Festigkeitsklasse: .....
Rahmenbreite: ..... mm
Rahmendicke: ..... mm
Rahmenprofil: eckig, mit doppelter Lippendichtung
Verglasung: Isolierverglasung, zweischeibig
Ug-Wert: 1,1 W/(m²K)
Uw-Wert: .....
Lichtdurchlässigkeit: .....%
Glasrandverbund: .....
Windlast: .....
Schlagregendichtheit: .....
Luftdurchlässigkeit: .....
Schalldämm-Maß: .....
Einbruchhemmung: .....
Anschlussfugen: .....
Beschläge: LM-eloxiert, verdeckt liegend
Bedienungskräfte: .....
Einbauort: .....

762€	858€	**953€**	1.096€	1.239€	[St]	⏱ 2,00h/St	326.000.066

27 **Haustür, Kunststoff, einflüglig, 1.010x2.013** KG **334**

Außentürelement als Haustür, einflüglig, aus Kunststoff mit Mehrkammerprofilen. Türe mit dreiseitig umlaufender Falzdichtung und absenkbarer Bodendichtung, Drücker-Knauf-Wechselgarnitur und Rosetten aus Aluminium, Mehrfachverriegelung mit automatischer Verriegelung und unsichtbar montiertem Aufhebelungsschutz auf der Bandseite, vorgerichtet für Profilzylinder mit Aufbohrsicherheit. Einbau in einschalige Massivwand inkl. Befestigung und Ausfüllen der Fugen zwischen Rahmen und anschließenden Bauteilen. Einbau aller Komponenten und Gangbarmachen der Türanlage.
Rohbaurichtmaß (B x H): 1.010 x 2.013mm
Anschlag: .....
Windlastklasse .....
Rahmendurchbiegung: B (bis 1/200)
Schlagregendichtheitsklasse: .....
Bew. Schalldämm-Maß: Rw ..... dB
Wärmedurchgangskoeffizient: Türelement 1,4 W/(m²K)
Einbruchhemmung: RC 2
Bedienungskräfte: Klasse .....
Verriegelung: .....fach
Farbe: .....

2.433€	2.886€	**3.168€**	4.029€	4.891€	[St]	⏱ 8,00h/St	326.000.074

▶ min
▷ von
ø Mittel
◁ bis
◀ max

Nr.	Kurztext / Langtext						Kostengruppe
▶	▷	ø netto €	◁	◀	[Einheit]	Ausf.-Dauer	Positionsnummer

28 **Haustür, Aluminium, Glasfüllung, einflüglig, zweischeibig, 1.010x2.013** KG **334**

Außentürelement als Haustür, einflüglig, aus Aluminium-Rohrrahmen mit thermisch getrennten Mehrkammerprofilen und Glasfüllung. Tür mit dreiseitig umlaufender Mitteldichtung und absenkbarer Bodendichtung, Drücker-Knauf-Wechselgarnitur und Rosetten aus Aluminium, Mehrfachverriegelung mit automatischer Verriegelung und unsichtbar montiertem Aufhebelungsschutz auf der Bandseite, vorgerichtet für Profilzylinder mit Aufbohrsicherheit. Einbau in einschalige Massivwand inkl. Befestigung und Ausfüllen der Fugen zwischen Rahmen und anschließenden Bauteilen. Einbau aller Komponenten und Gangbarmachen der Türanlage.
Rohbaurichtmaß (B x H): 1.010 x 2.013 mm
Anschlag: .....
Windlastklasse .....
Rahmendurchbiegung: B (bis 1/200)
Schlagregendichtheitsklasse: .....
Bew. Schalldämm-Maß: Rw ..... dB
Wärmedurchgangskoeffizient: Türelement 1,4 W/(m²K)
Einbruchhemmung: RC 2
Bedienungskräfte: Klasse .....
Verriegelung: .....fach
Türfarbe: .....
Verglasung: Isolierverglasung mit 2x ESG
Sichtschutz: satiniert
Lichtdurchlässigkeit: .....%

2.517€	3.961€	**4.659€**	5.809€	8.101€	[St]	⏱ 5,50h/St	326.000.075

29 **Fensterbank, außen, Aluminium, beschichtet** KG **334**

Fensterbank aus Aluminium-Strangpressprofil, außen, mit Bordstücken für Bewegungsausgleich, eingebaut im Gefälle von mind. 8%, Profil, entdröhnt, mit Schutz gegen Abheben.
Profilsystem: .....
Ausladung: .....
Fensterbanklänge: .....
Abwicklung: .....
Kantungen: .....
Oberfläche: **farbig beschichtet / E6**
Farbton: .....
Einbauort: .....
Einbauhöhe: .....
Angeb. Fabrikat: .....

24€	44€	**51€**	57€	73€	[m]	⏱ 0,30h/m	326.000.076

323 324 325 326 327 328 329 330 331 332 333 334 336 337 338 339

Kosten:
Stand 2. Quartal 2025
Bundesdurchschnitt

Nr.	**Kurztext** / Langtext						Kostengruppe
▶	▷	**ø netto €**	◁	◀	[Einheit]	Ausf.-Dauer	Positionsnummer

A 6 Kellerfenster, Kunststoff, wasserdicht — Beschreibung für Pos. **30-31**

Einflügliges Kunststofffenster, ohne Sprossen, aus Mehrkammerprofilen, mit Beschlag und Einhandbedienung, Drehkippfunktion, Aushebelschutz und konstanter Griffstellung in Kippstellung. Einbau in einschalige Wand aus Stahlbeton. Hochwasserdicht bis zu einem Wasserpegel von mindestens 130cm ab Fensterunterkante und hochwasserbeständig bis zu einem Wasserpegel von mindestens 150 cm gem. Richtlinie FE-07/1, geprüft und bestätigt vom ift Rosenheim, einschl. druckfesten Dichtung und Andichtung an Wand. Leistung ohne Untergrundvorbereitung und Beiputzarbeiten.
Farbe: .....
Rahmendurchbiegung: .....
Festigkeitsklasse: .....
Rahmenbreite: ..... mm
Rahmendicke: ..... mm
Rahmenprofil: .....
Verglasung: Isolierverglasung, dreischeibig
Schallschutz: .....
Einbruchhemmung: RC2 N
Anschlussfugen: .....
Beschläge: LM-eloxiert, verdeckt liegend
Bedienungskräfte: .....
Einbauort: .....

30 Kunststofffenster, einflüglig, 750x500mm, wasserdicht — KG **334**

Wie Ausführungsbeschreibung A 6
Baurichtmaß (B x H): 750 x 500 mm
Ug-Wert: 1,1 W/(m²K)

1.537€	1.670€	**1.898€**	2.201€	2.505€	[St]	⏱ 3,20h/St	326.000.079

31 Kunststofffenster, einflüglig, 800x600mm, wasserdicht — KG **334**

Wie Ausführungsbeschreibung A 6
Baurichtmaß (B x H): 750 x 500 mm
Ug-Wert: 1,1 W/(m²K)

1.899€	2.063€	**2.344€**	2.719€	3.094€	[St]	⏱ 3,30h/St	326.000.080

32 Stundensatz, Facharbeiter/-in

Stundenlohnarbeiten für Vorarbeiter/-in, Facharbeiter/-in und Gleichgestellte. Der Verrechnungssatz für die jeweilige Arbeitskraft umfasst sämtliche Aufwendungen wie Lohn- und Gehaltskosten, Lohn- und Gehaltsnebenkosten, Zuschläge, lohngebundene und lohnabhängige Kosten, sonstige Sozialkosten, Gemeinkosten, Wagnis und Gewinn. Leistung nach besonderer Anordnung der Bauüberwachung. Anmeldung und Nachweis gem. VOB/B.

64€	75€	**79€**	85€	99€	[h]	⏱ 1,00h/h	326.000.077

33 Stundensatz, Helfer/-in

Stundenlohnarbeiten für Werker/-in, Helfer/-in und Gleichgestellte. Der Verrechnungssatz für die jeweilige Arbeitskraft umfasst sämtliche Aufwendungen wie Lohn- und Gehaltskosten, Lohn- und Gehaltsnebenkosten, Zuschläge, lohngebundene und lohnabhängige Kosten, sonstige Sozialkosten, Gemeinkosten, Wagnis und Gewinn. Leistung nach besonderer Anordnung der Bauüberwachung. Anmeldung und Nachweis gem. VOB/B.

56€	64€	**68€**	73€	83€	[h]	⏱ 1,00h/h	326.000.078

▶ min
▷ von
ø Mittel
◁ bis
◀ max

Kosten:
Stand 2. Quartal 2025
Bundesdurchschnitt

▶ min
▷ von
ø Mittel
◁ bis
◀ max

Nr.	Positionen	Einheit	▶	▷	ø brutto € / ø netto €	◁	◀
1	Innentür, einflüglig, entfernen	St	60	81	**98**	121	121
			50	68	**83**	102	102
2	Wandbekleidung entfernen	m²	28	33	**40**	49	64
			23	27	**34**	41	54
3	Deckenbekleidung entfernen	m²	25	39	**47**	57	62
			21	33	**40**	48	52
4	Fensterbank ausbauen, Holz, bis 1,5m	St	18	27	**34**	41	51
			15	23	**28**	34	43
5	Fensterbank ausbauen, Holz, bis 2,5m	St	31	50	**60**	74	79
			26	42	**50**	62	66
6	Laibungsbekleidung entfernen	m	22	28	**32**	39	42
			19	24	**27**	33	35
7	Holz-Türelement, S200C5, einflüglig, 875x2.125	St	1.289	1.555	**1.701**	1.773	2.109
			1.084	1.307	**1.429**	1.490	1.772
8	Holz-Türelement, S200C5, einflüglig, 1.000x2.000/2.125	St	1.252	1.465	**1.742**	1.798	2.719
			1.052	1.231	**1.464**	1.511	2.285
9	Holz-Türelement, S200C5, zweiflüglig	St	4.912	9.024	**10.376**	11.760	15.078
			4.128	7.583	**8.720**	9.882	12.670
10	Innen-Türelement, Röhrenspan, einflüglig, 875x2.125	St	719	978	**1.129**	1.249	1.484
			604	822	**949**	1.050	1.247
11	Innen-Türelement, Röhrenspan, einflüglig, 1.000x2.125	St	877	1.217	**1.302**	1.389	1.623
			737	1.023	**1.094**	1.167	1.364
12	Innen-Türelement, Röhrenspan, einflüglig, 1.125x2.125	St	1.034	1.361	**1.547**	1.642	2.001
			869	1.144	**1.300**	1.380	1.681
13	Innen-Türelement, Röhrenspan, zweiflüglig	St	1.957	2.654	**2.956**	3.234	3.765
			1.645	2.230	**2.484**	2.718	3.164
14	Holz-Türelement, einflüglig, 875x2.125	St	1.694	2.443	**2.655**	3.219	4.564
			1.423	2.053	**2.231**	2.705	3.836
15	Türblatt, einflüglig, kunststoffbeschichtet, 750x2.000	St	251	393	**458**	512	648
			211	331	**385**	430	544
16	Türblatt, einflüglig, kunststoffbeschichtet, 875x2.000	St	271	413	**468**	521	658
			227	347	**393**	438	553
17	Türblatt, einflüglig, kunststoffbeschichtet, 1.000x2.000/2.125	St	274	418	**570**	602	822
			230	351	**479**	506	690
18	Türblatt, einflüglig, kunststoffbeschichtet, 1.125x2.000/2.125	St	280	389	**588**	621	917
			235	326	**494**	522	771
19	Türblatt, einflüglige Tür, Vollspan	St	369	548	**713**	912	1.153
			310	461	**599**	766	969
20	Türblatt, zweiflüglig, Vollspan	St	978	1.441	**1.735**	1.897	2.197
			822	1.211	**1.458**	1.594	1.846
21	Massivholzzarge, innen	St	446	847	**1.053**	1.211	1.655
			375	712	**885**	1.018	1.391
22	Holz-Umfassungszarge, innen, 760x2.000	St	238	318	**352**	399	492
			200	267	**296**	335	413
23	Holz-Umfassungszarge, innen, 875x2.000	St	280	353	**391**	436	572
			235	297	**329**	366	480

Nr.	Positionen	Einheit	►	▷	ø brutto € / ø netto €	◁	◄
24	Schiebetürelement, innen	St	1.011	1.665	**1.863**	2.382	3.403
			850	1.399	**1.566**	2.001	2.859
25	Fensterbank, Holz, innen	m	63	91	**106**	122	147
			53	77	**89**	103	123
26	Holz-/Abdeckleisten	m	17	27	**33**	37	51
			15	23	**28**	31	43
27	Verfugung, elastisch	m	7	8	**10**	10	11
			6	7	**8**	8	9
28	Sockel-/Fußleiste, Holz	m	28	34	**36**	38	43
			24	28	**30**	32	36
29	Treppenstufe, Holz	St	196	281	**314**	369	491
			164	236	**264**	310	412
30	Handlauf, Holz	m	81	109	**123**	134	152
			68	92	**103**	112	128
31	Geländer, gerade, Rundstabholz	m	107	434	**576**	624	717
			90	364	**484**	524	603
32	Stundensatz, Facharbeiter/-in	h	73	88	**93**	97	106
			62	74	**78**	82	89
33	Stundensatz, Helfer/-in	h	61	72	**74**	78	86
			51	60	**62**	65	72

Nr.	Kurztext / Langtext						Kostengruppe
►	▷	**ø netto €**	◁	◄	[Einheit]	Ausf.-Dauer	Positionsnummer

1 Innentür, einflüglig, entfernen KG **394**

Innentür inkl. Türfutter ausbauen und anfallenden Bauschutt entsorgen.
Material: Holz
Wanddicke: .....
Größe: bis 2,00 m²

►	▷	ø netto €	◁	◄	[Einheit]	Ausf.-Dauer	Positionsnummer
50€	68€	**83€**	102€	102€	[St]	⏱ 0,60h/St	327.000.081

2 Wandbekleidung entfernen KG **394**

Wandbekleidung aus Holzwerkstoff entfernen und anfallenden Bauschutt entsorgen.
Bekleidung: .....

►	▷	ø netto €	◁	◄	[Einheit]	Ausf.-Dauer	Positionsnummer
23€	27€	**34€**	41€	54€	[m²]	⏱ 0,55h/m²	327.000.082

3 Deckenbekleidung entfernen KG **394**

Deckenbekleidung aus Holzbrettern einschl. Sparschalung entfernen und anfallenden Bauschutt entsorgen.

►	▷	ø netto €	◁	◄	[Einheit]	Ausf.-Dauer	Positionsnummer
21€	33€	**40€**	48€	52€	[m²]	⏱ 0,45h/m²	327.000.083

Nr.	Kurztext / Langtext						Kostengruppe
▶	▷	**ø netto €**	◁	◀	[Einheit]	Ausf.-Dauer	Positionsnummer

4 Fensterbank ausbauen, Holz, bis 1,5m — KG **394**

Fensterbank aus Holz ausbauen und anfallenden Bauschutt entsorgen.
Länge: bis 1,5 m
Breite: bis 25 cm
Dicke: bis 4 cm

▶	▷	ø	◁	◀	[Einheit]	Ausf.-Dauer	Positionsnummer
15€	23€	**28€**	34€	43€	[St]	⏱ 0,30h/St	327.000.084

5 Fensterbank ausbauen, Holz, bis 2,5m — KG **394**

Fensterbank aus Holz ausbauen und anfallenden Bauschutt entsorgen.
Länge: bis 2,5 m
Breite: bis 25 cm
Dicke: bis 4 cm

▶	▷	ø	◁	◀	[Einheit]	Ausf.-Dauer	Positionsnummer
26€	42€	**50€**	62€	66€	[St]	⏱ 0,35h/St	327.000.085

6 Laibungsbekleidung entfernen — KG **394**

Holzbekleidung an Fensterlaibung einschl. der Befestigungshölzer entfernen und anfallenden Bauschutt entsorgen.
Lage: innen

▶	▷	ø	◁	◀	[Einheit]	Ausf.-Dauer	Positionsnummer
19€	24€	**27€**	33€	35€	[m]	⏱ 0,12h/m	327.000.086

A 1 Holz-Türelement, S200C5, einflüglig — Beschreibung für Pos. **7-8**

Rauchschutztür bestehend aus furniertem Türblatt, Drückergarnitur auf Rosetten, Umfassungszarge aus Stahl mit seitlicher Schattennut, Obentürenschließer mit Gleitschiene und Fluchttürfunktion. Anschlüsse mit Hinterfüllung des Zargenhohlraums und Abdichtung mit vorkomprimiertem Dichtband mit überstreichbarem Dichtstoff.
Einbauort: .....
Einbau: Betonwand mit beidseitigem Putz
Wanddicke: .....
Drehtüre: **rechts / links**
Rauchschutzanforderung: .....
Rauchschutz: S200C5
Klimaklasse: II
Einbruchhemmung: RC 1 N
Schallschutz: Schalldämmmaß Rwp= ..... dB
Türblattdicke: .....mm, unten 30 mm kürzbar, gefälzt
Oberflächen: Furnier 0,8 mm, Schichtstoff; Kanten mit verdeckten Anleimern
Umfassungszarge: 1,5 mm, verzinkt und grundiert
Bänder: Dreirollenbänder, dreidimensional verstellbar
Drücker: Aluminium, Klasse ES ....., mit Zylinderziehschutz
Schloss: vorgerichtet für Profilzylinder P2BZ
Falzdichtung: dreiseitig umlaufende Brandschutzdichtung
Bodendichtung: automatisch absenkbar
Türstopper: Aluminium mit schwarzer Gummieinlage
Angeb. Fabrikat: .....

7 Holz-Türelement, S200C5, einflüglig, 875x2.125 — KG **344**

Wie Ausführungsbeschreibung A 1
Baurichtmaß (B x H): 875 x 2.125 mm

▶	▷	ø	◁	◀	[Einheit]	Ausf.-Dauer	Positionsnummer
1.084€	1.307€	**1.429€**	1.490€	1.772€	[St]	⏱ 2,80h/St	327.000.095

Kosten:
Stand 2.Quartal 2025
Bundesdurchschnitt

▶ min
▷ von
ø Mittel
◁ bis
◀ max

Nr.	Kurztext / Langtext						Kostengruppe
▶	▷	**ø netto €**	◁	◀	[Einheit]	Ausf.-Dauer	Positionsnummer

8 **Holz-Türelement, S200C5, einflüglig, 1.000x2.000/2.125** KG **344**

Wie Ausführungsbeschreibung A 1
Baurichtmaß (B x H): 1.000 x **2.000 / 2.125** mm

1.052€	1.231€	**1.464€**	1.511€	2.285€	[St]	⏱ 2,80h/St	327.000.088

9 **Holz-Türelement, S200C5, zweiflüglig** KG **344**

Rauchschutztür bestehend aus furniertem Türblatt, Drückergarnitur auf Rosetten, Umfassungszarge aus Stahl mit seitlicher Schattennut, Obentürenschließer mit Gleitschiene und Fluchttürfunktion. Anschlüsse mit Hinterfüllung des Zargenhohlraums und Abdichtung mit vorkomprimiertem Dichtband mit überstreichbarem Dichtstoff.
Baurichtmaß (B x H): ..... x .....
Einbauort: .....
Einbau: Betonwand mit beidseitigem Putz
Wanddicke: .....
Feststelleinrichtung: **rechts / links**
Rauchschutz: S200C5
Klimaklasse: II
Einbruchhemmung: RC 1 N
Einbruchhemmung: Klasse .....
Schallschutz: Schalldämmmaß Rwp= ..... dB
Türblattdicke: .....mm, unten 30 mm kürzbar, gefälzt
Oberflächen: Furnier 0,8 mm, Schichtstoff; Kanten mit verdeckten Anleimern
Umfassungszarge: 1,5 mm, verzinkt und grundiert
Bänder: Dreirollenbänder, dreidimensional verstellbar
Drücker: Aluminium, Klasse ES ....., mit Zylinderziehschutz
Schloss: vorgerichtet für Profilzylinder P2BZ
Falzdichtung: dreiseitig umlaufende Brandschutzdichtung
Bodendichtung: automatisch absenkbar
Türstopper: Aluminium mit schwarzer Gummieinlage
Angeb. Fabrikat: .....

4.128€	7.583€	**8.720€**	9.882€	12.670€	[St]	⏱ 8,00h/St	327.000.087

A 2 **Innen-Türelement, Röhrenspan, einflüglig** Beschreibung für Pos. **10-12**

Zimmertür für Innenräume, einflüglig, Türblatt aus Röhrenspan mit beschichteten Deckflächen, Drückergarnitur auf Langschild und Umfassungszarge.
Einbauort: Wohnung
Einbau: Mauerwerkswand, beidseitiger Putz
Mauerdicke: .....
Drehtüre: **rechts / links**
Klimaklasse: I
Einbruchhemmung: RC 1 N
Türblatt: stumpf einschlagend, mit Laibungsfalz
Bodeneinstand: .....
Zarge: Aluminium, 1,5 mm
Drücker: Aluminium, ...
Bänder: .....
Schloss: Einsteckschloss .....
Falzdichtung: dreiseitig .....
Angeb. Fabrikat: .....

323 324 325 326 327 328 329 330 331 332 333 334 336 337 338 339

Nr.	Kurztext / Langtext						Kostengruppe
►	▷	ø netto €	◁	◄	[Einheit]	Ausf.-Dauer	Positionsnummer

10 Innen-Türelement, Röhrenspan, einflüglig, 875x2.125 KG **344**

Wie Ausführungsbeschreibung A 2
Baurichtmaß (B x H): 875 x 2.125 mm

604€	822€	**949€**	1.050€	1.247€	[St]	⏱ 1,50h/St	327.000.096

11 Innen-Türelement, Röhrenspan, einflüglig, 1.000x2.125 KG **344**

Wie Ausführungsbeschreibung A 2
Baurichtmaß (B x H): 1.000 x 2.125 mm

737€	1.023€	**1.094€**	1.167€	1.364€	[St]	⏱ 1,50h/St	327.000.097

12 Innen-Türelement, Röhrenspan, einflüglig, 1.125x2.125 KG **344**

Wie Ausführungsbeschreibung A 2
Baurichtmaß (B x H): 1.125 x 2.125 mm

869€	1.144€	**1.300€**	1.380€	1.681€	[St]	⏱ 1,50h/St	327.000.098

13 Innen-Türelement, Röhrenspan, zweiflüglig KG **344**

Innentür, zweiflüglig, bestehend aus Türblättern als Drehtüren, Röhrenspan mit Grundierfolie für Beschichtung, Drückergarnitur auf Langschild und Umfassungszarge.
Baurichtmaß (B x H): ..... x .....
Einbauort: .....
Mauerdicke: .....
Geltungsbereich: .....
Feststelleinrichtung: **rechts / links**
Klimaklasse: I
Einbruchhemmung: RC 1 N
Schallschutz: Schalldämmmaß Rwp= ..... dB
Türblatt: Dicke 40 mm, unten 30 mm kürzbar, stumpf einschlagend, mit Laibungsfalz
Zarge: .....
Ansichtsbreite: ..... mm
Montageart: .....
Drücker: Aluminium
Bänder: Dreirollenbänder, dreidimensional verstellbar
Schloss: Buntbart-Zimmertür-(BB) Einsteckschloss, Klasse 1
Falzdichtung: dreiseitig umlaufende Dichtung EPDM (APTK)
Angeb. Fabrikat: .....

1.645€	2.230€	**2.484€**	2.718€	3.164€	[St]	⏱ 4,00h/St	327.000.090

Kosten:
Stand 2. Quartal 2025
Bundesdurchschnitt

► min
▷ von
ø Mittel
◁ bis
◄ max

14 Holz-Türelement, einflüglig, 875x2.125 KG **344**

Feuerhemmende Brandschutztür bestehend aus furniertem Türblatt, Drückergarnitur auf Rosetten, Umfassungszarge aus Stahl mit seitlicher Schattennut, Obentürenschließer mit Gleitschiene und Fluchttürfunktion. Anschlüsse mit Hinterfüllung des Zargenhohlraums und Abdichtung mit vorkomprimiertem Dichtband mit überstreichbarem Dichtstoff.
Einbauort: .....
Einbau: Betonwand mit beidseitigem Putz
Wanddicke: .....
Drehtüre: **rechts / links**
Feuerwiderstandsklasse EI2 30-S200C5
Klimaklasse: II
Einbruchhemmung: RC 1 N
Schallschutz: Schalldämmmaß Rwp= ..... dB
Türblattdicke: ..... mm, unten 30 mm kürzbar, gefälzt
Oberflächen: Furnier 0,8 mm, Schichtstoff; Kanten mit verdeckten Anleimern
Umfassungszarge: 1,5 mm, verzinkt und grundiert
Bänder: Dreirollenbänder, dreidimensional verstellbar
Drücker: Aluminium, Klasse ES ....., mit Zylinderziehschutz
Schloss: vorgerichtet für Profilzylinder P2BZ
Falzdichtung: dreiseitig umlaufende Brandschutzdichtung
Bodendichtung: automatisch absenkbar
Türstopper: Aluminium mit schwarzer Gummieinlage
Angeb. Fabrikat: .....
Baurichtmaß (B x H): 875 x 2.125 mm

1.423€	2.053€	**2.231€**	2.705€	3.836€	[St]	⏱ 3,00h/St	327.000.099

A 4 Türblatt, einflüglig, kunststoffbeschichtet Beschreibung für Pos. **15-18**

Türblatt für einflüglige Tür mit Röhrenspaneinlage, dreiseitig gefälzter Rahmen mit verdecktem Massivholz-Anleimer und beidseitiger Hochdruck-Schichtpressstoffplatte, Türdrückergarnitur auf Rosetten, in bauseitige Stahlzarge.
Baurichtmaß (B x H): 1.000 x 2.125 mm
Einbauort: .....
Einbau: .....
Wanddicke: .....
Drehtüre: **rechts / links**
Klimaklasse: II
Einbruchhemmung: RC 1 N
Schalldämmmaß Rw,R= ..... dB
Türblattdicke: 42 mm
Oberfläche: HPL-Schichtstoff: 0,8 mm
Farbe: .....
Bänder: ..... Stück dreiteilig, Unterkonstruktion 3-D-verstellbar
PZ-Schloss: Klasse ....., für bauseitigen Profilzylinder
Drücker: Aluminium, mit 9 mm Stift

15 Türblatt, einflüglig, kunststoffbeschichtet, 750x2.000 KG **344**

Wie Ausführungsbeschreibung A 4
Türblattgröße (B x H): 750 x 2.000 mm

211€	331€	**385€**	430€	544€	[St]	⏱ 0,10h/St	327.000.101

323
324
325
326
327
328
329
330
331
332
333
334
336
337
338
339

Nr.	Kurztext / Langtext						Kostengruppe
▶	▷	ø netto €	◁	◀	[Einheit]	Ausf.-Dauer	Positionsnummer

16 Türblatt, einflüglig, kunststoffbeschichtet, 875x2.000 KG **344**

Wie Ausführungsbeschreibung A 4
Türblattgröße (B x H): 875 x 2.000 mm

227€	347€	**393€**	438€	553€	[St]	⏱ 0,10h/St	327.000.102

17 Türblatt, einflüglig, kunststoffbeschichtet, 1.000x2.000/2.125 KG **344**

Wie Ausführungsbeschreibung A 4
Türblattgröße (B x H): 1.000 x **2.000 / 2.125** mm

230€	351€	**479€**	506€	690€	[St]	⏱ 0,15h/St	327.000.091

18 Türblatt, einflüglig, kunststoffbeschichtet, 1.125x2.000/2.125 KG **344**

Wie Ausführungsbeschreibung A 4
Türblattgröße (B x H): 1.125 x **2.000 / 2.125** mm

235€	326€	**494€**	522€	771€	[St]	⏱ 0,15h/St	327.000.092

19 Türblatt, einflüglige Tür, Vollspan KG **344**

Zimmertür für Wohnungsabschluss, einflüglig, Türblatt aus Vollspan mit beschichteten Deckfurnier, Drückergarnitur auf Rosetten.
Baurichtmaß (B x H): 1.000 x 2.125 mm
Einbauort: **Wohnung / Treppenhaus**
Einbau: Zarge .....
Drehtüre: **rechts / links**
Klimaklasse: II
mechanische Festigkeit: 1
Einbruchhemmung: RC 2
Türblatt: dreiseitig gefalzt
Bodeneinstand: .....
Drücker: Aluminium, ...
Bänder: .....
Schloss: Einsteckschloss .....
Angeb. Fabrikat: .....

310€	461€	**599€**	766€	969€	[St]	⏱ 0,20h/St	327.000.093

Kosten:
Stand 2. Quartal 2025
Bundesdurchschnitt

▶ min
▷ von
ø Mittel
◁ bis
◀ max

20 Türblatt, zweiflüglig, Vollspan KG **344**

Zimmertür für Wohnungsabschluss, zweiflüglig, Türblatt aus Vollspan mit beschichteten Deckfurnier, Drückergarnitur auf Rosetten.
Baurichtmaß (B x H): ..... x .....
Einbauort: **Wohnung / Treppenhaus**
Einbau: Zarge .....
Feststelleinrichtung: **rechts / links**
Klimaklasse: III
mechanische Festigkeit: 1
Einbruchhemmung: RC 2
Türblatt: dreiseitig gefalzt
Bodeneinstand: .....
Drücker: Aluminium, ...
Bänder: .....
Schloss: Einsteckschloss .....
Angeb. Fabrikat: .....

822€	1.211€	**1.458€**	1.594€	1.846€	[St]	⏱ 0,30h/St	327.000.094

21 Massivholzzarge, innen KG **344**

Holzstockzarge, massiv, mit dreiseitig umlaufenden Profil, für **rechts / links** angeschlagenes Türblatt, in Mauerwerkswand mit beidseitigem Putz.
Einbauort: .....
Baurichtmaß: .....
Mauerwerkswand: .....
Türblattdicke: 50 mm
Holzart: .....
Oberfläche: .....
Zargenprofil: .....
Zargenspiegel: .....
Zargenprofil: stumpf einschlagendes Türblatt
Bänder: vorbereitet für dreiteilige Bänder, dreidimensional verstellbar
Falzdichtung: dreiseitig umlaufende Dichtung EPDM (APTK)
Montage: .....
Angeb. Fabrikat: .....

375€	712€	**885€**	1.018€	1.391€	[St]	⏱ 1,20h/St	327.000.104

323
324
325
326
327
328
329
330
331
332
333
334
336
337
338
339

Nr.	Kurztext / Langtext						Kostengruppe
▶	▷	ø netto €	◁	◀	[Einheit]	Ausf.-Dauer	Positionsnummer

A 5 Holz-Umfassungszarge, innen — Beschreibung für Pos. **22-23**

Holz-Umfassungszarge, mit dreiseitig umlaufendem Profil, für **rechts / links** angeschlagenes Türblatt, in Trockenbauwand.
Einbauort: .....
Wandstärke: .....
Maulweite: .....
Türblattdicke: 42 mm
Holzart: .....
Oberfläche: .....
Zargenprofil: .....
Zargenspiegel: .....
Zargenprofil: stumpf einschlagendes Türblatt
Bänder: vorbereitet für dreiteilige Bänder, dreidimensional verstellbar
Falzdichtung: dreiseitig umlaufende Dichtung EPDM (APTK)
Montage: Laibungsmontage
Angeb. Fabrikat: .....

Kosten:
Stand 2. Quartal 2025
Bundesdurchschnitt

22 Holz-Umfassungszarge, innen, 760x2.000 — KG **344**

Wie Ausführungsbeschreibung A 5
Lichtes Rohbaumaß (B x H): 760 x 2.000 mm

▶	▷	ø	◁	◀	Einheit	Ausf.-Dauer	Positionsnummer
200€	267€	**296€**	335€	413€	[St]	⏱ 1,10h/St	327.000.105

23 Holz-Umfassungszarge, innen, 875x2.000 — KG **344**

Wie Ausführungsbeschreibung A 5
Lichtes Rohbaumaß (B x H): 875 x 2.000 mm

▶	▷	ø	◁	◀	Einheit	Ausf.-Dauer	Positionsnummer
235€	297€	**329€**	366€	480€	[St]	⏱ 1,10h/St	327.000.106

24 Schiebetürelement, innen — KG **344**

Schiebetür mit Röhrenspäneinlage, dreiseitig gefälzter Rahmen und verdecktem Massivholz-Anleimer sowie beidseitiger Hochdruck-Schichtpressstoffplatten in bauseitiges Einbauelement für Montagewand, mit Laufschiene und Laufwagen. Schiebetürblatt einschl. Riegel-Einsteckschloss mit Klappring, Griffmuscheln beidseitig, sowie mit Bodenführung montiert auf Fertigbelag.
Einbauort: .....
Fertigwanddicke: .....
Ständertiefe: .....
Geltungsbereich: .....
Klimaklasse: II
mechanische Beanspruchungsgruppe: .....
Schalldämmmaß Rw,R= ..... dB
Türblattgröße (B x H): ..... x .....
Türblattdicke: 42 mm
Oberfläche: .....
Farbe: .....
Angeb. Fabrikat: .....

▶	▷	ø	◁	◀	Einheit	Ausf.-Dauer	Positionsnummer
850€	1.399€	**1.566€**	2.001€	2.859€	[St]	⏱ 2,40h/St	327.000.107

▶ min
▷ von
ø Mittel
◁ bis
◀ max

25 Fensterbank, Holz, innen KG **334**

Fensterbank, innen, auf Ausgleichhölzern und befestigt auf Mauerwerk und mit Anschluss an aufgehende Bauteile mit transparenter Silikonfuge.
Material: Multiplexplatten t= ..... mm
Einzellänge bis ca. 3,00 m
Breite: ..... mm
Oberfläche: furniert, Buche hell, DD - lackiert transparent
Kanten: .....
Ausgleich: .....
Abmessung: je 5 mm stark, ca. ..... mm breit

▶	▷	ø netto €	◁	◀	[Einheit]	Ausf.-Dauer	Positionsnummer
53€	77€	**89€**	103€	123€	[m]	⏱ 0,50h/m	327.000.108

26 Holz-/Abdeckleisten KG **334**

Deckleisten, sichtbar bleibend, im Innenbereich.
Material: .....
Abmessung: 20 x 50 mm
Einzellängen: 2.800 mm
Klassensortierung: Klasse J2
Flächenkategorie: Offene Flächen mit durchsichtiger Behandlung
Oberfläche: Sichtseiten gehobelt und feingeschliffen
Kanten: allseitig gefast
Eckstöße: .....
Befestigung: nicht sichtbar, Befestigungslöcher mit Holzstopfen verschlossen
Untergrund: .....

▶	▷	ø netto €	◁	◀	[Einheit]	Ausf.-Dauer	Positionsnummer
15€	23€	**28€**	31€	43€	[m]	⏱ 0,10h/m	327.000.109

27 Verfugung, elastisch KG **334**

Elastische Verfugung mit 1-Komponenten-Dichtstoff, Fuge glatt gestrichen, einschl. notwendiger Flankenvorbehandlung an den Anschlussflächen und Hinterlegen der Fugenhohlräume mit geeignetem Hinterstopfmaterial.
Material: .....
Fugenbreite: .....

▶	▷	ø netto €	◁	◀	[Einheit]	Ausf.-Dauer	Positionsnummer
6€	7€	**8€**	8€	9€	[m]	⏱ 0,05h/m	327.000.110

28 Sockel-/Fußleiste, Holz KG **353**

Sockelleiste an aufgehender Wandfläche, Stöße und Stirnseiten schräg abgeschnitten und Schnittkanten sauber geschliffen, Ecken mit Gehrungsschnitten.
Material: .....
Profil: .....
Profilgröße: .....
Oberfläche: farblos lackbeschichtet
Befestigung: mit nicht rostenden Nägeln

▶	▷	ø netto €	◁	◀	[Einheit]	Ausf.-Dauer	Positionsnummer
24€	28€	**30€**	32€	36€	[m]	⏱ 0,10h/m	327.000.111

Nr.	Kurztext / Langtext						Kostengruppe
▶	▷	**ø netto €**	◁	◀	[Einheit]	Ausf.-Dauer	Positionsnummer

29 Treppenstufe, Holz KG **353**

Treppenstufe aus Massivholz, feingehobelt und geschliffen, auf bauseitiger Stahlbetonunterkonstruktion, schallentkoppelt verlegt, unsichtbar befestigt, Vorderkante gerundet.
Material: Eiche massiv, t= 42 mm
Setzstufen: .....
Stufenlänge: .....
Stufentiefe: .....
Stufenhöhe: .....
Oberfläche: transparent beschichtet
Steigungsmaß: .....

164€	236€	**264€**	310€	412€	[St]	⏱ 0,14 h/St	327.000.113

Kosten:
Stand 2. Quartal 2025
Bundesdurchschnitt

30 Handlauf, Holz KG **359**

Handlauf aus Massivholz, steigend, in verschiedenen Längen, Stab unten gefräst, zum Anschluss an bauseitiges Stahl-Tragprofil, Befestigung von unten mit Senkkopfschrauben.
Material: .....
Durchmesser Handlauf: ..... mm
Oberfläche: .....
Nutmaß: 20 x 5 mm

68€	92€	**103€**	112€	128€	[m]	⏱ 0,25 h/m	327.000.114

31 Geländer, gerade, Rundstabholz KG **359**

Geländer als Holzkonstruktion mit Handlauf aus geformtem Vollholzprofil und Füllung aus senkrechten Vollstäben, auf bauseitige Treppenwangen, Befestigungen des Handlaufs an den Enden an die aufgehenden Wänden mittels Schrauben und Dübeln.
Gesamthöhe: ca. 1,00 m
Länge: .....
Geländerform: .....
Material Handlauf und Füllstäbe: .....
Handlauf: Rundstab 42,4 mm
Senkrechte Füllstäbe: Rundstab ..... mm
Oberflächen: .....

90€	364€	**484€**	524€	603€	[m]	⏱ 0,70 h/m	327.000.115

32 Stundensatz, Facharbeiter/-in

Stundenlohnarbeiten für Vorarbeiter/-in, Gesellin/Geselle, Facharbeiter/-in und Gleichgestellte, sowie ähnliche Fachkräfte. Der Verrechnungssatz für die jeweilige Arbeitskraft umfasst sämtliche Aufwendungen wie Lohn- und Gehaltskosten, lohn- und gehaltsgebundene Kosten, Lohn- und Gehaltsnebenkosten, Gemeinkosten, Wagnis und Gewinn. Leistung nach besonderer Anordnung der Bauüberwachung. Anmeldung und Nachweis gem. VOB/B.

62€	74€	**78€**	82€	89€	[h]	⏱ 1,00 h/h	327.000.116

▶ min
▷ von
ø Mittel
◁ bis
◀ max

33 Stundensatz, Helfer/-in

Stundenlohnarbeiten für Werker/-in, Helfer/-in und Gleichgestellte (z.B. Baufachwerker/-innen, Helfer/-innen, Hilfsmonteure, Hilfsmonteurinnen, Ungelernte, Angelernte). Der Verrechnungssatz für die jeweilige Arbeitskraft umfasst sämtliche Aufwendungen wie Lohn- und Gehaltskosten, lohn- und gehaltsgebundene Kosten, Lohn- und Gehaltsnebenkosten, Gemeinkosten, Wagnis und Gewinn. Leistung nach besonderer Anordnung der Bauüberwachung. Anmeldung und Nachweis gem. VOB/B.

51€	60€	**62€**	65€	72€	[h]	⏱ 1,00 h/h	327.000.117

Kosten:
Stand 2. Quartal 2025
Bundesdurchschnitt

► min
▷ von
ø Mittel
◁ bis
◀ max

Parkett-, Holzpflasterarbeiten — Preise €

Nr.	Positionen	Einheit	►	▷	ø brutto € / ø netto €	◁	◀
1	Parkettboden entfernen	m²	10	17	**20**	22	29
			8	14	**17**	19	24
2	Holzsockelleiste ausbauen	m	1	3	**4**	4	5
			1	2	**3**	4	4
3	Parkett abdecken	m²	5	7	**8**	10	16
			4	6	**7**	8	13
4	Parkettboden abdecken, Wellpappe	m²	4	5	**5**	6	7
			3	4	**4**	5	6
5	Parkettboden abdecken, Filz und Folie	m²	4	5	**6**	7	8
			3	4	**5**	6	6
6	Parkettboden abdecken, Holzwerkstoffplatten	m²	10	12	**15**	17	19
			9	10	**12**	15	16
7	Estrich spachteln, ausgleichen	m²	7	10	**13**	15	19
			6	9	**11**	13	16
8	Trennlage, Baumwollfilz	m²	3	4	**5**	6	8
			2	4	**4**	5	6
9	Unterboden, Holzspanplatte	m²	33	46	**53**	62	79
			28	39	**45**	52	66
10	Blindboden, Nadelholz	m²	29	52	**62**	81	121
			25	44	**52**	68	101
11	Dielenbodenbelag, massiv, Fichte, geschliffen	m²	221	242	**266**	295	314
			186	203	**224**	248	264
12	Fertigparkettbelag, beschichtet	m²	107	128	**134**	145	169
			90	108	**112**	122	142
13	Parkettbelag, Hochkantlamellen, geschliffen	m²	97	123	**133**	147	176
			82	104	**112**	124	148
14	Stabparkett, geschliffen	m²	143	159	**165**	182	203
			120	134	**139**	153	171
15	Sockelleiste, Viertelstab, Buche	m	14	19	**23**	26	32
			12	16	**19**	22	27
16	Sockelleiste, Rechteckprofil, Eiche	m	16	21	**24**	27	35
			13	18	**20**	23	30
17	Sockelleiste, Ahorn	m	13	18	**21**	24	30
			11	15	**17**	20	25
18	Parkettboden schleifen	m²	16	25	**29**	37	46
			14	21	**25**	31	39
19	Parkettboden wachsen	m²	12	16	**20**	24	33
			10	13	**16**	20	28
20	Parkettboden ölen	m²	11	16	**20**	23	25
			9	13	**17**	20	21
21	Übergangsprofil/Abdeckschiene, nichtrostender Stahl	m	20	28	**32**	37	47
			17	24	**27**	31	40
22	Übergangsprofil/Abdeckschiene, Aluminium	m	24	34	**34**	40	50
			20	28	**29**	34	42
23	Übergangsprofil/Abdeckschiene, Messing	m	25	40	**46**	51	63
			21	33	**39**	43	53
24	Stundensatz, Facharbeiter/-in	h	65	84	**91**	96	106
			55	71	**77**	81	89

Nr.	Kurztext / Langtext						Kostengruppe
▶	▷	**ø netto €**	◁	◀	[Einheit]	Ausf.-Dauer	Positionsnummer

1 Parkettboden entfernen KG **394**

Parkettboden, auf Lagerholz vernagelt, einschl. Schüttung ausbauen und anfallenden Bauschutt entsorgen.
Belagdicke: .....
Schüttung: .....
Ausbauort: .....

8€	14€	**17€**	19€	24€	[m²]	⏱ 0,35 h/m²	328.000.044

2 Holzsockelleiste ausbauen KG **394**

Holzsockelleiste ausbauen und anfallenden Bauschutt entsorgen.
Abmessung: .....
Ausbauort: .....

1€	2€	**3€**	4€	4€	[m]	⏱ 0,03 h/m	328.000.045

3 Parkett abdecken KG **397**

Parkett gegen Beschädigung und Verschmutzung schützen.
Material: .....

4€	6€	**7€**	8€	13€	[m²]	⏱ 0,05 h/m²	328.000.046

4 Parkettboden abdecken, Wellpappe KG **397**

Holzbodenbelag mit Wellpappe abdecken.
Ausführungsort: .....

3€	4€	**4€**	5€	6€	[m²]	⏱ 0,03 h/m²	328.000.047

5 Parkettboden abdecken, Filz und Folie KG **397**

Holzbodenbelag mit Filz und Folie abdecken.
Ausführungsort: .....

3€	4€	**5€**	6€	6€	[m²]	⏱ 0,03 h/m²	328.000.048

6 Parkettboden abdecken, Holzwerkstoffplatten KG **397**

Holzbodenbelag mit Holzwerkstoffplatten abdecken.
Ausführungsort: .....

9€	10€	**12€**	15€	16€	[m²]	⏱ 0,06 h/m²	328.000.049

7 Estrich spachteln, ausgleichen KG **395**

Vollflächige Spachtelung und Höhenausgleich der Verlegeflächen mit kunstharzvergüteter Spachtelmasse zur Aufnahme von Parkettbelag.
Schichtdicke: 1-5 mm

6€	9€	**11€**	13€	16€	[m²]	⏱ 0,07 h/m²	328.000.050

8 Trennlage, Baumwollfilz KG **353**

Trennlage aus Baumwollfilz, einlagig, auf Estrich und unter Bodenbelag.
Estrich: .....
Dicke: 6 mm

2€	4€	**4€**	5€	6€	[m²]	⏱ 0,03 h/m²	328.000.055

Kosten:
Stand 2. Quartal 2025
Bundesdurchschnitt

Nr.	Kurztext / Langtext						Kostengruppe
▶	▷	ø netto €	◁	◀	[Einheit]	Ausf.-Dauer	Positionsnummer

9 Unterboden, Holzspanplatte KG **353**

Unterboden für Parkettbelag, aus kunstharzgebundenen Holzspanplatten, mit Nut-Feder-Verbindung, für schwimmende Verlegung, Platten verleimen und mechanisch befestigen.
Plattentyp: P2
Emissionsklasse: E1
Plattendicke: 22 mm

▶	▷	ø	◁	◀	[Einheit]	Ausf.-Dauer	Positionsnummer
28€	39€	**45€**	52€	66€	[m2]	⏱ 0,24 h/m2	328.000.056

10 Blindboden, Nadelholz KG **353**

Blindboden aus gespundeter, einseitig gehobelter Schalung, auf Deckenbalken geschraubt, als Untergrund für Parkettbelag.
Holzart: .....
Güteklasse: .....
Brettdicke: 24 mm
Brettbreite: ..... mm

▶	▷	ø	◁	◀	[Einheit]	Ausf.-Dauer	Positionsnummer
25€	44€	**52€**	68€	101€	[m2]	⏱ 0,45 h/m2	328.000.057

11 Dielenbodenbelag, massiv, Fichte, geschliffen KG **353**

Fußbodenbelag aus massiven Nadelholzdielen DIN EN 13990, parallel zur Wand im Verband, mit regelmäßigem Stoß, mit Parkettklebstoff befestigen, unter Beachtung der TRGS 610, Untergrund Zementestrich, Oberfläche nach dem Verlegen schleifen.
Holzart: Fichte PCAB
Sortierung: .....
Feuchtegehalt: .....
Dicke: 24 mm
Format (B x L): ..... x .....

▶	▷	ø	◁	◀	[Einheit]	Ausf.-Dauer	Positionsnummer
186€	203€	**224€**	248€	264€	[m2]	⏱ 0,95 h/m2	328.000.058

12 Fertigparkettbelag, beschichtet KG **353**

Parkett aus Mehrschichtparkettelementen (Fertigparkett) DIN EN 13489, Oberfläche werkseitig matt versiegelt, Verlegung parallel zur Wand, schwimmend.
Untergrund: Zementestrich
Brettform: Dielen
Holzart: .....
Sortierung: .....
Fußboden-Heizung: .....
Anordnung/Optik: .....
Stoßausbildung: .....
Parkettformat (B x L): ..... x .....
Dicke: bis 14 mm
Nutzschichtdicke: 4 mm

▶	▷	ø	◁	◀	[Einheit]	Ausf.-Dauer	Positionsnummer
90€	108€	**112€**	122€	142€	[m2]	⏱ 0,50 h/m2	328.000.059

▶ min
▷ von
ø Mittel
◁ bis
◀ max

Nr.	Kurztext / Langtext						Kostengruppe
►	▷	**ø netto €**	◁	◄	[Einheit]	Ausf.-Dauer	Positionsnummer

13 Parkettbelag, Hochkantlamellen, geschliffen KG **353**

Vollholzparkett mit Hochkantlamellen, mit Parkettklebstoff unter Beachtung der TRGS 610 verlegen. Oberfläche nach dem Verlegen schleifen.
Einbauort: .....
Untergrund: .....
Holzart: Eiche QCXR
Sortierung: .....
Fußboden-Heizung: .....
Anordnung/Optik: .....
Parkettformat (B x L): ..... x .....
Dicke: 22 mm

82€	104€	**112€**	124€	148€	[m²]	⏱ 0,65h/m²	328.000.060

14 Stabparkett, geschliffen KG **353**

Parkett aus Massivholz-Elementen (Parkettstäben) mit Nut und Feder, mit Parkettklebstoff unter Beachtung der TRGS 617 verlegen. Oberfläche nach dem Verlegen schleifen.
Untergrund: Zementestrich
Holzart: Eiche QCXR
Sortierung: .....
Fußboden-Heizung: .....
Anordnung/Optik: .....
Parkettformat (B x L): ..... x .....
Dicke: bis 22 mm

120€	134€	**139€**	153€	171€	[m²]	⏱ 0,70h/m²	328.000.061

15 Sockelleiste, Viertelstab, Buche KG **353**

Sockelleiste mit gerundetem Viertelstab, Stöße und Stirnseiten schräg abgeschnitten.
Untergrund: .....
Holzart: Buche FASY
Profil: 14/14 mm
Oberfläche: farblos matt lackiert
Befestigung: Senkkopf-Schrauben, verdübelt

12€	16€	**19€**	22€	27€	[m]	⏱ 0,08h/m	328.000.062

16 Sockelleiste, Rechteckprofil, Eiche KG **353**

Sockelleiste mit Rechteckprofil, Stöße und Stirnseiten schräg abgeschnitten.
Holzart: Eiche QCXE
Profil: 20/60 mm
Oberfläche: farblos matt lackiert
Befestigung: Senkkopf-Schrauben, verdübelt

13€	18€	**20€**	23€	30€	[m]	⏱ 0,08h/m	328.000.063

Nr.	Kurztext / Langtext						Kostengruppe
▶	▷	**ø netto €**	◁	◀	[Einheit]	Ausf.-Dauer	Positionsnummer

17 Sockelleiste, Ahorn KG **353**

Sockelleisten mit gerundetem Schmetterlings-Profil, unten angeschrägt, Stöße und Stirnseiten schräg abgeschnitten und Schnittkanten sauber geschliffen.Sockelleiste mit gerundetem Schmetterlings-Profil, Stöße und Stirnseiten schräg abgeschnitten.
Holzart: Ahorn
Profil: 25/25 mm
Oberfläche: farblos matt lackiert
Befestigung: Senkkopfschrauben, gedübelt

▶	▷	ø	◁	◀	Einheit	Dauer	Position
11€	15€	**17€**	20€	25€	[m]	⏱ 0,08h/m	328.000.064

18 Parkettboden schleifen KG **353**

Parkettböden für Oberflächenbehandlung schleifen und reinigen.
Bodenbelag: .....
Oberfläche: .....
Schleifkörnung: bis Körnung 180
Arbeitsgänge: .....

▶	▷	ø	◁	◀	Einheit	Dauer	Position
14€	21€	**25€**	31€	39€	[m²]	⏱ 0,15h/m²	328.000.052

19 Parkettboden wachsen KG **353**

Parkettfußboden unter Beachtung der TRGS 617 wachsen und rückstandsfrei auspolieren.
Bodenbelag: ....

▶	▷	ø	◁	◀	Einheit	Dauer	Position
10€	13€	**16€**	20€	28€	[m²]	⏱ 0,20h/m²	328.000.053

20 Parkettboden ölen KG **353**

Parkettfußboden unter Beachtung der TRGS 617 ölen und rückstandsfrei auspolieren, mit farblosem Öl.
Bodenbelag: ....

▶	▷	ø	◁	◀	Einheit	Dauer	Position
9€	13€	**17€**	20€	21€	[m²]	⏱ 0,20h/m²	328.000.054

21 Übergangsprofil/Abdeckschiene, nichtrostender Stahl KG **353**

Übergangsprofil in Holzbodenbelag, aus leicht gerundetem Metallprofil, im Bereich des Belagwechsels unter Türblatt.
Material: nichtrostender Stahl
Oberfläche: .....
Bodenbelag: .....

▶	▷	ø	◁	◀	Einheit	Dauer	Position
17€	24€	**27€**	31€	40€	[m]	⏱ 0,12h/m	328.000.065

22 Übergangsprofil/Abdeckschiene, Aluminium KG **353**

Übergangsprofil in Holzbodenbelag, aus leicht gerundetem Metallprofil, im Bereich des Belagwechsels unter Türblatt.
Material: Aluminium, eloxiert
Oberfläche: .....
Bodenbelag: .....

▶	▷	ø	◁	◀	Einheit	Dauer	Position
20€	28€	**29€**	34€	42€	[m]	⏱ 0,12h/m	328.000.066

Kosten:
Stand 2. Quartal 2025
Bundesdurchschnitt

▶ min
▷ von
ø Mittel
◁ bis
◀ max

Nr.	Kurztext / Langtext						Kostengruppe
►	▷	ø netto €	◁	◄	[Einheit]	Ausf.-Dauer	Positionsnummer

23 Übergangsprofil/Abdeckschiene, Messing KG **353**

Übergangsprofil in Holzbodenbelag, aus leicht gerundetem Metallprofil, im Bereich des Belagwechsels unter Türblatt.
Material: Messing
Oberfläche: .....
Bodenbelag: .....

21€	33€	**39€**	43€	53€	[m]	⏱ 0,12h/m	328.000.067

24 Stundensatz, Facharbeiter/-in

Stundenlohnarbeiten für Vorarbeiter/-in, Facharbeiter/-in und Gleichgestellte. Der Verrechnungssatz für die jeweilige Arbeitskraft umfasst sämtliche Aufwendungen wie Lohn- und Gehaltskosten, Lohn- und Gehaltsnebenkosten, Zuschläge, lohngebundene und lohnabhängige Kosten, sonstige Sozialkosten, Gemeinkosten, Wagnis und Gewinn. Leistung nach besonderer Anordnung der Bauüberwachung. Anmeldung und Nachweis gem. VOB/B.

55€	71€	**77€**	81€	89€	[h]	⏱ 1,00h/h	328.000.068

323
324
325
326
327
328
329
330
331
332
333
334
336
337
338
339

329

Kosten:
Stand 2. Quartal 2025
Bundesdurchschnitt

► min
▷ von
ø Mittel
◁ bis
◄ max

Nr.	Positionen	Einheit	►	▷	ø brutto € / ø netto €	◁	◄
1	Türdrücker ausbauen	St	–	16	**20**	26	–
			–	14	**17**	22	–
2	Fenstergriff, Aluminium	St	37	60	**69**	75	107
			31	50	**58**	63	90
3	Drückergarnitur, Stahl	St	59	82	**93**	104	130
			49	69	**78**	87	109
4	Drückergarnitur, Aluminium	St	65	115	**136**	154	199
			55	97	**114**	130	167
5	Drückergarnitur, Edelstahl	St	156	231	**264**	311	421
			131	194	**222**	261	354
6	Bad-/WC-Garnitur, Aluminium	St	90	138	**158**	184	232
			75	116	**132**	155	195
7	Stoßgriff, Tür, Edelstahl	St	279	356	**380**	451	623
			235	299	**319**	379	524
8	Obentürschließer, einflüglige Tür	St	209	378	**455**	596	973
			175	318	**382**	501	817
9	Obentürschließer, zweiflüglige Tür	St	627	1.061	**1.291**	1.518	1.957
			527	892	**1.085**	1.276	1.644
10	Türantrieb, kraftbetätigte Tür, einflüglig	St	4.152	6.088	**7.096**	8.080	9.782
			3.489	5.116	**5.963**	6.790	8.220
11	Türantrieb, kraftbetätigte Tür, zweiflüglig	St	5.105	6.679	**7.569**	8.340	10.230
			4.290	5.613	**6.361**	7.009	8.596
12	Fluchttürsicherung, elektrische Verriegelung	St	1.195	1.728	**1.838**	2.187	2.669
			1.004	1.452	**1.544**	1.838	2.243
13	Fingerschutz Türkante	St	128	235	**292**	326	393
			108	197	**246**	274	330
14	Türspion, Aluminium	St	24	34	**38**	45	57
			20	28	**32**	38	48
15	Türstopper, Wandmontage	St	29	44	**52**	65	89
			24	37	**44**	55	75
16	Türstopper, Bodenmontage	St	30	46	**52**	77	134
			25	38	**43**	65	113
17	Lüftungsgitter, Türblatt	St	46	60	**62**	66	76
			39	50	**52**	56	64
18	Doppel-Schließzylinder	St	66	110	**132**	199	326
			55	93	**111**	167	274
19	Halb-Schließzylinder	St	41	82	**99**	125	182
			35	69	**83**	105	153
20	Profil-Zylinderverlängerung, je 10mm	St	5	9	**10**	12	19
			4	7	**9**	10	16
21	Profil-Blindzylinder	St	14	23	**27**	36	53
			12	20	**23**	30	44
22	Generalhaupt-, Generalschlüssel	St	11	16	**19**	22	32
			9	13	**16**	19	27
23	Gruppen-, Hauptschlüssel	St	8	12	**13**	16	21
			7	10	**11**	13	18
24	Schlüssel, Buntbart	St	9	11	**11**	13	16
			7	9	**9**	11	13

Nr.	Positionen	Einheit	►	▷	ø brutto € / ø netto €	◁	◄
25	Schlüsselschrank, wandhängend	St	137	255	**326**	361	470
			115	214	**274**	303	395
26	WC-Symbol	St	26	41	**47**	65	96
			22	34	**39**	55	80
27	Riegelschloss, Profil-Halbzylinder	St	79	141	**163**	222	302
			66	119	**137**	187	254
28	Absenkdichtung, Tür	St	125	173	**194**	218	272
			105	146	**163**	183	228

Nr.	**Kurztext** / Langtext						Kostengruppe
►	▷	**ø netto €**	◁	◄	[Einheit]	Ausf.-Dauer	Positionsnummer

1 Türdrücker ausbauen KG **394**

Türdrückergarnitur, beidseitig, mit Drückern, auf Vierkant mit Stift, Langschildern, einschl. Schloss, ausbauen, inkl. Entsorgung.
Befestigung: verschraubt, sichtbar
Material: .....

►	▷	ø netto €	◁	◄	[Einheit]	Ausf.-Dauer	Positionsnummer
–	14€	**17€**	22€	–	[St]	⏱ 0,10h/St	329.000.043

2 Fenstergriff, Aluminium KG **334**

Fenstergriff, als RAL-geprüfte Konstruktion, einschl. Rosette. 4-Punkt-Kugelrastung, spürbarer Positionierung.
Ausführung: Dreh-Kipp-Griff
Form/Typ: .....
Benutzerkategorie DIN EN 1906: Klasse 2
Befestigung: unsichtbar
Dauerhaftigkeit DIN EN 1906: **6 / 7** (Stift abhängig von Benutzerkategorie und Dauerhaftigkeit)
Rosette: **oval / eckig**
Material: Aluminium
Oberfläche: naturfarbig
Angeb. Fabrikat: .....

►	▷	ø netto €	◁	◄	[Einheit]	Ausf.-Dauer	Positionsnummer
31€	50€	**58€**	63€	90€	[St]	⏱ 0,15h/St	329.000.013

3 Drückergarnitur, Stahl KG **344**

Türdrückergarnitur aus Stahlkern mit Metallrosette:
- festdrehbare Lagerung in wartungsfreiem Stahlgleitlager durch Schenkelfeder zum schnellen und sicheren Einrasten der Türdrücker
- präzise Einhaltung der Montageposition und minimiertes Spiel durch flexibel gelagerten Ausgleichsring

Türart: .....
Türblattdicke: .....
Türdrücker: .....
Material: Stahl
Farbe: .....
Angeb. Fabrikat: .....

►	▷	ø netto €	◁	◄	[Einheit]	Ausf.-Dauer	Positionsnummer
49€	69€	**78€**	87€	109€	[St]	⏱ 0,30h/St	329.000.014

Nr.	Kurztext / Langtext						Kostengruppe
▶	▷	ø netto €	◁	◀	[Einheit]	Ausf.-Dauer	Positionsnummer

4 Drückergarnitur, Aluminium KG **344**

Türdrückergarnitur aus Aluminium mit Metallrosetten, als RAL-geprüfte Konstruktion, einschl. Rosette. Kugelrastung, spürbarer Positionierung.
Türart: .....
Türblattdicke: .....
Türdrücker: .....
Material: Aluminium
Oberfläche: .....
Angeb. Fabrikat: .....

▶	▷	ø	◁	◀	[Einheit]	Ausf.-Dauer	Positionsnummer
55€	97€	**114€**	130€	167€	[St]	⏱ 0,30h/St	329.000.007

5 Drückergarnitur, Edelstahl KG **344**

Türdrückergarnitur aus Edelstahl mit Metallrosetten,als RAL-geprüfte Konstruktion, einschl. Rosette. Kugelrastung, spürbarer Positionierung.
Türart: .....
Türblattdicke: .....
Türdrücker: .....
Material: Edelstahl
Oberfläche: .....
Angeb. Fabrikat: .....

▶	▷	ø	◁	◀	[Einheit]	Ausf.-Dauer	Positionsnummer
131€	194€	**222€**	261€	354€	[St]	⏱ 0,30h/St	329.000.008

6 Bad-/WC-Garnitur, Aluminium KG **344**

Türdrückergarnitur aus Aluminium für Bad/WC-Tür mit Metallrosette.
Türart: .....
Türblattdicke: ..... mm
Türdrücker: Bad-WC-Garnitur beidseitig mit Drücker
Oberfläche: .....
Farbton: .....
Angeb. Fabrikat: .....

▶	▷	ø	◁	◀	[Einheit]	Ausf.-Dauer	Positionsnummer
75€	116€	**132€**	155€	195€	[St]	⏱ 0,35h/St	329.000.015

7 Stoßgriff, Tür, Edelstahl KG **344**

Stoßgriff aus Edelstahl für Türen, verdeckt verschraubt.
Türart: .....
Türblattdicke: .....
Grifflänge: .....
Achsmaß: 100 mm
Griffdurchmesser: 30 mm
Angeb. Fabrikat: .....

▶	▷	ø	◁	◀	[Einheit]	Ausf.-Dauer	Positionsnummer
235€	299€	**319€**	379€	524€	[St]	⏱ 0,60h/St	329.000.035

Kosten:
Stand 2. Quartal 2025
Bundesdurchschnitt

▶ min
▷ von
ø Mittel
◁ bis
◀ max

8 **Obentürschließer, einflüglige Tür** KG **344**

Obentürschließer für einflüglige Tür, für Rauch-/Feuerschutztür zugelassen.
Art/Form: Basisschließer und Normalgestänge
Anforderungen:

- Schließergröße EN 2-4
- Schließgeschwindigkeit und Endanschlag von vorn einstellbar über Ventil
- Sicherheitsventil gegen Überlastung
- Normalgestänge, für DIN links und DIN rechts, Normalmontage (Türblatt) auf der Bandseite und Kopfmontage (Sturz) auf der Bandgegenseite

Für Türflügelbreite: max. 1.100 mm
Öffnungswinkel: max. 180°
Feststellbereich ca. 70-150°
Oberfläche: .....
Angeb. Fabrikat: .....

175€ 318€ **382€** 501€ 817€ [St] ⏱ 1,50h/St 329.000.036

9 **Obentürschließer, zweiflüglige Tür** KG **344**

Obentürschließer für zweiflüglige Tür, mit mechanischer Feststellung.
Art/Form: Basisschließer und Normalgestänge
Anforderungen:

- mit integrierter mechanischer Schließfolgeregelung
- von vorn einstellbare Schließkraft, Schließergröße EN 2-6
- Schließgeschwindigkeit und Endanschlag mit von vorne regulierbarer Öffnungsdämpfung mit optischer Größenanzeige
- Sicherheitsventil gegen Überlastung
- Normalmontage auf Türblatt oder auf Bandseite, mit Montageplatte

Oberfläche: .....
Angeb. Fabrikat: .....

527€ 892€ **1.085€** 1.276€ 1.644€ [St] ⏱ 2,00h/St 329.000.037

10 **Türantrieb, kraftbetätigte Tür, einflüglig** KG **344**

Drehtür-Automatik nach DIN 18650 / EN 16005, für kraftbetätigte, barrierefreie Türanlage, einflüglig, für bauseitige Anschlagtür, als geräuscharmer elektromechanischer Drehtürantrieb für Innen- und Außentür, mit Montageplattensatz. Ausrüstung der Türflügels mit Sensorleiste, Notschalter, Flächentaster, Türöffner, integrierter Öffnungsbegrenzer und Programmschalter in gesonderter Position.
Ausführung:

- drückend oder ziehend
- Montage: **Türblattmontage / Kopfmontage** auf **Bandseite / Bandgegenseite** mit Gleitschiene
- Digitale Steuerung (Kategorie 2 - DIN EN 954-1 und Performance Level "d" - DIN EN ISO 13849-1)

Bauhöhe: 70 mm
Türblattabmessung (B x H): ..... x .....
Angeb. Fabrikat: .....

3.489€ 5.116€ **5.963€** 6.790€ 8.220€ [St] ⏱ 2,50h/St 329.000.038

323 324 325 326 327 328 **329** 330 331 332 333 334 336 337 338 339

Nr.	Kurztext / Langtext						Kostengruppe
▶	▷	**ø netto €**	◁	◀	[Einheit]	Ausf.-Dauer	Positionsnummer

11 Türantrieb, kraftbetätigte Tür, zweiflüglig KG **344**

Drehtür-Automatik nach DIN 18650 / EN 16005, für kraftbetätigte, barrierefreie Türanlage, zweiflüglig, für bauseitige Anschlagtür, als geräuscharmer elektromechanischer Drehtürantrieb für Innen- und Außentür, mit Montageplattensatz. Ausrüstung der Türflügels mit Sensorleiste, Notschalter, Flächentaster, Türöffner, integrierter Öffnungsbegrenzer, und Programmschalter in gesonderter Position.
Ausführung:

- drückend oder ziehend
- Montage: **Türblattmontage / Kopfmontage** auf **Bandseite / Bandgegenseite** mit Gleitschiene
- Digitale Steuerung (Kategorie 2 - DIN EN 954-1 und Performance Level "d" - DIN EN ISO 13849-1)

Bauhöhe: .....
Türblattabmessung (B x H): ..... x .....
Angeb. Fabrikat: .....

Kosten:
Stand 2.Quartal 2025
Bundesdurchschnitt

▶	▷	ø	◁	◀	Einheit	Ausf.-Dauer	Positionsnummer
4.290€	5.613€	**6.361€**	7.009€	8.596€	[St]	⏱ 3,00h/St	329.000.039

12 Fluchttürsicherung, elektrische Verriegelung KG **344**

Fluchttürsicherung zur Sicherung einer Tür im Verlauf von Flucht- und Rettungswegen mit elektrischer Verriegelung gem. EltVTR. Geeignet zum Anschluss an Drehtürantriebe, Motorschlösser, Brandmeldeanlagen, Einbruchmeldeanlagen sowie zur Weiterleitung von Meldungen an die Gebäudeleittechnik, u.v.m., System bestehend aus: Türzentrale in Bus-Technik mit integrierter Steuerung, Nottasten Hinweisschild und Netzteil. Geprüft nach EltVTR.
Ausstattung:
Steuerung mit beleuchteter Nottaste
LED-Anzeigen für die Betriebszustände:

- Tür **verriegelt / entriegelt / kurzzeitentriegelt**
- Tür **offen / geschlossen**
- Alarm, Voralarm, Störung

Farbige Klemmen zur Unterscheidung der Anschlüsse für die Peripherie. Flächig zu betätigende, barrierefreie Schlaghaube mit Sabotageschutz.
Integriertes Nottasten-Hinweisschild, unbeleuchtet
Netzteil:

- Netzspannung 230 V AC
- Betriebsspannung 24 V DC
- Ausgangsstrom max. 650 mA (bei AP-Zentralen)
- Ausgangsstrom max. 600 mA (bei UP-Zentralen)

Anschlüsse:

- 3 programmierbare Eingänge zum Anschluss von Zeitschaltuhr, Brandmeldeanlage, Einbruchmeldeanlage, Zutrittskontrolle, Schlösser mit Zylinderkontakt u.v.m.

Funktion: High aktiv, Low aktiv und Inaktiv je Zustand wählbar,

- 2 programmierbare Ausgänge zum Anschluss von Drehtürantrieb, Motorschloss, Drückersperrschloss, zusätzlichem Türöffner, optischer oder akustischer Alarmanzeige u.v.m.

Funktion: Öffner, Schließer und Inaktiv je Zustand wählbar
Eingang für indirekte Freischaltung durch externe Nottasten

- Eingang für Beleuchtung des Nottasten-Hinweisschildes
- Eingang für externen Schlüsseltaster zur Steuerung der Betriebsarten
- Eingang für Rückmeldung des Türzustands
- Eingang für Rückmeldung des Verriegelungszustands

Vorgerichtet zur Vernetzung über BUS mit Visualisierungssoftware
Tableau TE 220/TTE 220 und OPC-Schnittstelle OPC 220

▶ min
▷ von
ø Mittel
◁ bis
◀ max

Funktionen:
- Abbruch und Nachtriggern in Verbindung mit Kurzzeitentriegelung
- Kombination mit Drehtürantrieben ohne zusätzliche Komponenten möglich
- EMA,- BMA Signale sowie der Zeitschaltuhr können über den BUS an alle Teilnehmer einer Buslinie weitergeleitet werden, jeweils 5 Gruppen möglich
- Integrierte Schleusenfunktion (aktiv, passiv und kombiniert), 10 Gruppen möglich
- Weiterleitung von Systemzuständen an GLT über potenzialfreie Ausgänge
- Weiterleitung von Sammelmeldungen wie Türzustand, Alarm und Verriegelt an GLT
- Integrierter Summer zu akustischen Signalisierung bei Alarmen und Voralarm
- Integrierte Wochenzeitschaltuhr
- Alarmspeicher mit Datum und Uhrzeit
- Automatische Speicherung des Betriebszustandes und der Nutzerdaten nach Netzausfällen bis zu 24h

System bestehend aus den Einzelkomponenten:
- TZ 320 UP Steuerungseinheit
- NET 320, Netzteil
- FWS 320, Fluchtwegschild
- dreifach-Rahmen
- Aufputzmontage
- Verwendung für Türen: **einflüglig / zweiflüglig**
- kontaktloser Kartenleser (RFID)
- Leserreichweiten 3 cm (Key) bis 8 cm (Card)
- Zur Montage in verschiedene Schalterprogramme
- optische und akustische Anzeige, 3 LEDs (rot, grün, orange)
- Signalgeber
- Sabotageerkennung
- Schutzart in Abhängigkeit der Schalterprogramme unterschiedlichster Hersteller
- Spannungsversorgung 8-30V DC
- Stromaufnahme max. 100mA/ 24V
- Umgebungstemperatur -25°C bis +60°C
- B x H x T: ca. 50 x 50 x 43 mm
- Zur Integration in dreifach-Rahmen der Türzentrale
- Verkabelung durch AN Elektro

Angeb. Fabrikat: .....

1.004€	1.452€	**1.544€**	1.838€	2.243€	[St]	⏱ 1,50h/St	329.000.046

13 Fingerschutz Türkante — KG **344**

Fingerschutz zur Sicherung der Türkante. Ausführung für **handbetätigte / kraftbetätigte** Türflügel. Sicherung unsichtbar befestigt.
Montage: **Bandseite / Bandgegenseite**
Material: **Aluminium, eloxiert / farbbeschichtet RAL-.....**
Ausführung: feuerhemmend
Länge: bis 2.500 mm
Angeb. Fabrikat: ......

108€	197€	**246€**	274€	330€	[St]	⏱ 0,30h/St	329.000.040

Nr.	Kurztext / Langtext						Kostengruppe
▶	▷	**ø netto €**	◁	◀	[Einheit]	Ausf.-Dauer	Positionsnummer

Kosten:
Stand 2. Quartal 2025
Bundesdurchschnitt

14 Türspion, Aluminium KG **344**

Türspion mit Linsensystem, einschl. Deckklappe.
Türblattdicke: .....
Rohrdurchmesser: 15 mm
Material: Aluminium
Oberfläche: **anodisiert / eloxiert**
Farbton: .....
Angeb. Fabrikat: .....

▶	▷	ø	◁	◀	Einheit	Ausf.-Dauer	Positionsnummer
20€	28€	**32€**	38€	48€	[St]	⏱ 0,15h/St	329.000.041

15 Türstopper, Wandmontage KG **344**

Wand-Türstopper mit schwarzem Gummipuffer, befestigt mit korrosionsgeschützter Schraube.
Untergrund: .....
Einbaubereich .....
Gehäuse: .....
Oberfläche: .....
Form: .....
Angeb. Fabrikat: .....

▶	▷	ø	◁	◀	Einheit	Ausf.-Dauer	Positionsnummer
24€	37€	**44€**	55€	75€	[St]	⏱ 0,10h/St	329.000.010

16 Türstopper, Bodenmontage KG **344**

Boden-Türstopper mit schwarzem Gummipuffer, befestigt mit korrosionsgeschützter Schraube.
Untergrund: .....
Einbaubereich .....
Gehäuse: .....
Oberfläche: .....
Form: .....
Angeb. Fabrikat: .....

▶	▷	ø	◁	◀	Einheit	Ausf.-Dauer	Positionsnummer
25€	38€	**43€**	65€	113€	[St]	⏱ 0,15h/St	329.000.011

17 Lüftungsgitter, Türblatt KG **344**

Lüftungsgitter in Holz-Türblatt, als Überströmöffnung zwischen Wohnräumen, stufenlos regulierbar und verschließbar; Komplettsystem bestehend aus Rahmen und Gitter, inkl. beidseitiger elastischer Verfugung.
Freier Querschnitt: ..... cm^2
Rahmengröße: .....
Farbe: .....
Material: PVC
Angeb. Fabrikat: .....

▶	▷	ø	◁	◀	Einheit	Ausf.-Dauer	Positionsnummer
39€	50€	**52€**	56€	64€	[St]	⏱ 0,15h/St	329.000.026

▶ min
▷ von
ø Mittel
◁ bis
◀ max

Nr.	Kurztext / Langtext						Kostengruppe
▶	▷	ø netto €	◁	◀	[Einheit]	Ausf.-Dauer	Positionsnummer

18 Doppel-Schließzylinder KG **344**

Profil-Doppelzylinder, Sicherheitsstufe gem. beiliegendem Schließkonzept, mit je 6 Stiftzuhaltungen, inkl. vernickelter Stulpschraube und je 3 Schlüsseln.
Länge A: 30,5 mm
Länge B: 30,5 mm
Schließart: .....
Material: Messing, matt vernickelt, Farbe: .....
Angeb. Fabrikat: .....

55€	93€	**111€**	167€	274€	[St]	⏱ 0,15h/St	329.000.001

19 Halb-Schließzylinder KG **344**

Profil-Halbzylinder, Sicherheitsstufe gem. beiliegendem Schließkonzept, mit je 6 Stiftzuhaltungen, inkl. vernickelter Stulpschraube und je 3 Schlüsseln.
Länge A: 10 mm
Länge B: 30,5 mm
Schließart: .....
Material: Messing, matt vernickelt, Farbe: .....
Angeb. Fabrikat: .....

35€	69€	**83€**	105€	153€	[St]	⏱ 0,13h/St	329.000.002

20 Profil-Zylinderverlängerung, je 10mm KG **344**

Verlängerung des Profilzylinders je Seite und angefangene 10mm.

4€	7€	**9€**	10€	16€	[St]	–	329.000.012

21 Profil-Blindzylinder KG **344**

Profil-Blindzylinder, inkl. vernickelter Stulpschraube.
Länge A: 30,5 mm
Länge B: 30,5 mm
Material: Messing, matt vernickelt
Angeb. Fabrikat: .....

12€	20€	**23€**	30€	44€	[St]	⏱ 0,10h/St	329.000.003

22 Generalhaupt-, Generalschlüssel KG **344**

Generalhauptschlüssel für Profilzylinder der Schließanlage.

9€	13€	**16€**	19€	27€	[St]	–	329.000.027

23 Gruppen-, Hauptschlüssel KG **344**

Gruppen-, Hauptschlüssel für Profilzylinder der beschriebenen Schließanlage.

7€	10€	**11€**	13€	18€	[St]	–	329.000.028

24 Schlüssel, Buntbart KG **344**

Buntbart-BB-Schlüssel für Türschlösser Klasse 1, gleichschließend.
Material: Messing verchromt, poliert

7€	9€	**9€**	11€	13€	[St]	–	329.000.006

323
324
325
326
327
328
329
330
331
332
333
334
336
337
338
339

Nr.	Kurztext / Langtext						Kostengruppe
▶	▷	ø netto €	◁	◀	[Einheit]	Ausf.-Dauer	Positionsnummer

25 Schlüsselschrank, wandhängend KG **344**

Schlüsselkasten mit Zylinderschloss, Türöffnung: größer 90°, inkl. farbig sortiertem Musterbeutel mit Schlüsselanhängern und Indexblatt zur Selbstbeschriftung, an Wand befestigt.
Material: Stahl
Oberfläche: .....
Schlüsselanzahl: .....
Angeb. Fabrikat: .....

115€	214€	**274€**	303€	395€	[St]	⏱ 0,80h/St	329.000.024

26 WC-Symbol KG **344**

WC-Hinweiszeichen, eingefrästes Symbol und Beschriftung.
System ......
Schrift: .....
Abmessung (B x H): ..... x .....
Material: .....
Befestigung: .....

22€	34€	**39€**	55€	80€	[St]	⏱ 0,15h/St	329.000.029

27 Riegelschloss, Profil-Halbzylinder KG **344**

Montage von Riegelschloss in Türblatt, einschl. aller Bohr- und Fräsarbeiten, vorgerichtet für Profil-Halbzylinder.

66€	119€	**137€**	187€	254€	[St]	⏱ 0,15h/St	329.000.030

28 Absenkdichtung, Tür KG **344**

Absenkdichtung an Innentür, zum Abdichten von Boden-Luftspalten, band- und schlossseitig auslösend, Anschlag mit stirnseitigen Befestigungswinkeln, inkl. Druckplatten für Normfalz und PVC-Dichtprofil.
Spaltweite: bis ..... mm
Türart: .....
Nutmaß: .....
Schalldämmwert: Rw .....
Angeb. Fabrikat: .....

105€	146€	**163€**	183€	228€	[St]	⏱ 0,20h/St	329.000.031

Kosten:
Stand 2.Quartal 2025
Bundesdurchschnitt

▶ min
▷ von
ø Mittel
◁ bis
◀ max

Kosten:
Stand 2. Quartal 2025
Bundesdurchschnitt

Rollladenarbeiten — Preise €

Nr.	Positionen	Einheit	►	▷	ø brutto € / ø netto €	◁	◄
1	Rollladen entfernen	m²	65	92	**111**	139	160
			55	77	**93**	117	134
2	Markise entfernen	m²	121	142	**169**	202	214
			102	119	**142**	170	180
3	Außenjalousie entfernen	m²	38	46	**52**	63	67
			32	39	**43**	53	56
4	Sonnenschutz, Stoff, innen, entfernen	m²	28	33	**39**	47	50
			24	28	**33**	39	42
5	Rollladen-Gurtwickler ausbauen	St	18	22	**25**	30	32
			15	19	**21**	25	27
6	Baufuge abdichten, Rollladenkasten	m	25	25	**34**	41	43
			21	21	**28**	34	36
7	Rollladenkasten dämmen	m	77	132	**149**	155	194
			65	111	**125**	130	163
8	Klappendeckel abdichten, Rollladenkasten	St	47	56	**68**	82	88
			39	47	**57**	69	74
9	Rollladenkastendeckel auswechseln	m	40	45	**53**	65	69
			33	38	**45**	55	58
10	Rollladengurte auswechseln	St	63	81	**86**	102	114
			53	68	**72**	86	96
11	Rollladenführungsschiene erneuern	St	57	74	**80**	94	100
			48	62	**67**	79	84
12	Rollladenwelle erneuern, bis 1.500mm	St	117	150	**163**	196	209
			99	126	**137**	165	176
13	Rollladenwelle erneuern, bis 2.500mm	St	163	194	**226**	276	291
			137	163	**190**	232	245
14	Vorbaurollladen, Führungsschiene	St	347	507	**559**	661	873
			292	426	**470**	556	734
15	Rollladen, Führungsschiene, Gurt	St	251	451	**561**	607	728
			211	379	**472**	510	612
16	Jalousie/Raffstore, außen	St	912	1.189	**1.332**	1.432	1.735
			767	999	**1.120**	1.203	1.458
17	Fensterladen, Holz, zweiflüglig	St	737	931	**973**	1.070	1.237
			620	782	**817**	899	1.040
18	Stundensatz, Facharbeiter/-in	h	85	94	**99**	104	115
			72	79	**83**	87	97

► min
▷ von
ø Mittel
◁ bis
◄ max

Nr.	Kurztext / Langtext						Kostengruppe
▶	▷	ø netto €	◁	◀	[Einheit]	Ausf.-Dauer	Positionsnummer

1 Rollladen entfernen KG **394**

Rollladen einschl. Deckel, Welle, Gurtband und Wickler ausbauen und anfallenden Bauschutt entsorgen.
Breite: bis 1,50 m
Höhe: bis 2,50 m
Material: .....

55€	77€	**93€**	117€	134€	[m2]	⏱ 0,30h/m2	330.000.017

2 Markise entfernen KG **394**

Markise einschl. Gelenkarm, Welle und Bedienelemente ausbauen und anfallenden Bauschutt entsorgen.
Breite: bis 4,00 m
Ausstelltiefe: bis 3,00 m
Behangmaterial: .....
Befestigung: .....

102€	119€	**142€**	170€	180€	[m2]	⏱ 1,10h/m2	330.000.018

3 Außenjalousie entfernen KG **394**

Außenjalousie einschl. Kurbel und Welle ausbauen und anfallenden Bauschutt entsorgen.
Breite: bis 4,00 m
Höhe: bis 3,00 m
Material: Aluminiumlamellen
Befestigung: .....

32€	39€	**43€**	53€	56€	[m2]	⏱ 0,35h/m2	330.000.019

4 Sonnenschutz, Stoff, innen, entfernen KG **394**

Sonnenschutz aus Stoff in Innenräumen ausbauen und anfallenden Bauschutt entsorgen.
Breite: bis 4,0 m
Höhe: bis 3,0 m
Befestigung: .....

24€	28€	**33€**	39€	42€	[m2]	⏱ 0,30h/m2	330.000.020

5 Rollladen-Gurtwickler ausbauen KG **394**

Rollladen-Gurtwickler aus Ziegelmauerwerk ausbauen und anfallenden Bauschutt entsorgen.
Abmessungen: 19,0 x 11,5 x 23,8 cm
Steinart: HLz 1,0

15€	19€	**21€**	25€	27€	[St]	⏱ 0,05h/St	330.000.021

6 Baufuge abdichten, Rollladenkasten KG **395**

Baufuge zwischen bestehendem Rollladenkasten und neuem Zargenrahmen mit Dichtband abdichten.
Anforderungen: wind-/dampfdicht
Klebebereich: 60 mm

21€	21€	**28€**	34€	36€	[m]	⏱ 0,25h/m	330.000.022

323
324
325
326
327
328
329
330
331
332
333
334
336
337
338
339

Nr.	Kurztext / Langtext						Kostengruppe
►	▷	ø netto €	◁	◀	[Einheit]	Ausf.-Dauer	Positionsnummer

7 Rollladenkasten dämmen — KG **395**

Nachträgliche Dämmung des Rollladenkastens mit flexiblen Dämmmatten.
Dämmstoff: .....
Dämmdicke: 40 mm

65€	111€	**125€**	130€	163€	[m]	⏱ 0,60h/m	330.000.023

8 Klappendeckel abdichten, Rollladenkasten — KG **395**

Klappendeckel des Rollladenkastens im aufliegenden Klappenfalz abdichten.
Deckelgröße: 2.000 x 250 mm
Dichtung: .....

39€	47€	**57€**	69€	74€	[St]	⏱ 0,60h/St	330.000.024

Kosten:
Stand 2. Quartal 2025
Bundesdurchschnitt

9 Rollladenkastendeckel auswechseln — KG **395**

Rollladenkastendeckel durch gedämmten Deckel ersetzen und anfallenden Bauschutt entsorgen.
Länge: bis 1,20 m
Höhe: bis 0,30 m
Dämmstoff: PUR, Alu kaschiert

33€	38€	**45€**	55€	58€	[m]	⏱ 0,25h/m	330.000.025

10 Rollladengurte auswechseln — KG **395**

Rollladengurte auswechseln und ausgebaute Rollladengurte einschl. anfallendem Bauschutt entsorgen.
Länge: bis 4,00 m
Breite: .....

53€	68€	**72€**	86€	96€	[St]	⏱ 0,40h/St	330.000.026

11 Rollladenführungsschiene erneuern — KG **395**

Rollladenführungsschiene durch neue, eloxierte, geräuscharme Führungsschiene aus Alu-Profilen mit PVC-Führungsleisten ersetzen und anfallenden Bauschutt entsorgen.
Untergrund: .....
Befestigung: .....
Länge: 1.000 mm
Befestigung: Fensterrahmen
Material: Aluminium
Farbe: weiß

48€	62€	**67€**	79€	84€	[St]	⏱ 0,25h/St	330.000.027

12 Rollladenwelle erneuern, bis 1.500mm — KG **395**

Rollladenwelle ausbauen, neue Welle in vorhandenen Rollladen funktionsfähig einbauen und anfallenden Bauschutt entsorgen.
Wellenlänge: bis 1.500 mm
Material: .....

99€	126€	**137€**	165€	176€	[St]	⏱ 1,00h/St	330.000.028

► min
▷ von
ø Mittel
◁ bis
◀ max

13 Rollladenwelle erneuern, bis 2.500mm KG **395**

Rollladenwelle ausbauen, neue Welle in vorhandenen Rollladen funktionsfähig einbauen und anfallenden Bauschutt entsorgen.
Wellenlänge: bis 2.500 mm
Material: .....

137€	163€	**190€**	232€	245€	[St]	⏱ 1,20h/St	330.000.029

14 Vorbaurollladen, Führungsschiene KG **338**

Vorsatz-Rollladenfertigelement DIN EN 13659 und DIN V 18073, als Einzelanlage, Rollraum oberhalb der Öffnung vor der Wand, Rollladenkasten aus gekantetem Aluminium, Farbton nach Standardfächer des AN, Form halbrund, witterungsseitig beschichtet, Rollladenpanzer aus Aluminium, als Hohlkammerstäbe, Deckbreite über 45 bis 50mm, Farbton nach Standardfächer des AN, Anschlag aus Aluminium, Führungsschienen aus beschichtetem Aluminium, mit Bürstenkeder, Antrieb durch Gurtzug mit Aufschraubwickler, schwenkbar.
Befestigungsuntergrund: Mauerwerk
Breite: 1.250 mm
Höhe: 1.500 mm
Rollraum: 16,5 cm
Einbruchhemmung: RC 2
Windwiderstandsklasse: 2
Einbauhöhe: bis 3 m
Angeb. Fabrikat: .....

292€	426€	**470€**	556€	734€	[St]	⏱ 0,80h/St	330.000.030

15 Rollladen, Führungsschiene, Gurt KG **338**

Rollladen DIN EN 13659 und DIN V 18073, als Einzelanlage, Rollraum innerhalb der Öffnung, Rollkasten bauseits eingebaut, Schlussstab aus Kunststoff, mit Anschlag und elastischem Profil, punktuell, Anschlag aus Aluminium, Führungsschienen aus beschichtetem Aluminium, mit Bürstenkeder, Antrieb durch Gurtzug mit Aufschraubwickler, schwenkbar, Bedienkraftklasse 1. Alle Farbtöne nach Standardfächer des AN.
Befestigungsuntergrund: Mauerwerk
Rohbaubreite: 1.010 mm
Rohbauhöhe: 1.510 mm
Einbruchhemmung: RC 2
Windwiderstandsklasse: 2
Einbauhöhe: bis 3 m
Angeb. Fabrikat: .....

211€	379€	**472€**	510€	612€	[St]	⏱ 0,60h/St	330.000.031

Nr.	Kurztext / Langtext						Kostengruppe
▶	▷	ø netto €	◁	◀	[Einheit]	Ausf.-Dauer	Positionsnummer

16 Jalousie/Raffstore, außen KG **338**

Außenjalousie/Raffstore DIN EN 13659 und DIN V 18073, als Einzelanlage, an Fenstern/Türen, Behang aus Aluminiumlamellen, bandbeschichtet, gewölbt, mit Führungsnippel, wechselseitig an jeder Lamelle, für Schienenführung, an Leiterkordel fixiert, Oberschiene als U-Profil, aus Aluminium, stranggepresst, beschichtet, Unterschiene als Hohlprofil, aus Aluminium, stranggepresst, beschichtet, Lamellenführung durch Führungsschiene mit Gleiteinlage, Führungsschiene als Systemschiene, ohne Abstandhalter, Standardmaße des Herstellers, aus Aluminium, stranggepresst, beschichtet, alle Farbtöne nach Standardfächer des AN, Abstand Führungsmitte bis Befestigungsuntergrund bis 50mm, Antrieb durch Elektromotor, Zuleitung und Kupplungsanschluss bauseits, einschl. Anschluss mit Stecker-/Kupplungssystem, Bemessungsbetriebsspannung 230 V AC.
Befestigungsuntergrund: Stahlbeton
Lamellenbreite: 80 mm
Behangbreite: bis 2.950 mm
Höhe: 2.950 mm
Einbauhöhe: bis 3 m
Angeb. Fabrikat: .....

767€	999€	**1.120€**	1.203€	1.458€	[St]	⏱ 1,80h/St	330.000.032

17 Fensterladen, Holz, zweiflüglig KG **338**

Klappladen mit Rahmen mit eingeschobener Füllung, zweiflüglig, aus Vollholzlamellen, verleimt und abgeplattet, aus Fichte, Holzgüte DIN EN 942 für deckende Beschichtung, Farbe nach RAL oder NCS-Farbkarte und nach Bemusterung, Laden vor Außenflucht, befestigen an Mauerwerk.
Rohbaumaße: bis 2,5 m^2
Befestigungsuntergrund: Mauerwerk
Einbauhöhe: bis 3 m
Angeb. Fabrikat: .....

620€	782€	**817€**	899€	1.040€	[St]	⏱ 2,50h/St	330.000.033

18 Stundensatz, Facharbeiter/-in

Stundenlohnarbeiten für Vorarbeiter/-in, Facharbeiter/-in und Gleichgestellte. Der Verrechnungssatz für die jeweilige Arbeitskraft umfasst sämtliche Aufwendungen wie Lohn- und Gehaltskosten, Lohn- und Gehaltsnebenkosten, Zuschläge, lohngebundene und lohnabhängige Kosten, sonstige Sozialkosten, Gemeinkosten, Wagnis und Gewinn. Leistung nach besonderer Anordnung der Bauüberwachung. Anmeldung und Nachweis gem. VOB/B.

72€	79€	**83€**	87€	97€	[h]	⏱ 1,00h/h	330.000.034

Kosten:
Stand 2. Quartal 2025
Bundesdurchschnitt

▶ min
▷ von
ø Mittel
◁ bis
◀ max

331

Kosten:
Stand 2. Quartal 2025
Bundesdurchschnitt

Nr.	Positionen	Einheit	►	▷	ø brutto € / ø netto €	◁	◄
1	Handlauf, Stahl	m	61	106	**113**	122	140
			52	89	**95**	102	118
2	Handlauf, Stahl, Wandhalterung	St	55	88	**97**	121	162
			46	74	**81**	102	136
3	Handlauf, Enden in diverse Ausführungen	St	52	74	**86**	89	111
			44	62	**72**	75	93
4	Handlauf, Ecken/Gehrungen	St	53	79	**90**	105	124
			44	66	**76**	88	104
5	Brüstungs-/Treppengeländer, Lochblechfüllung	m	404	521	**573**	625	750
			339	438	**481**	526	631
6	Treppengeländer, Flachstahlfüllung	m	394	510	**563**	634	764
			331	428	**473**	533	642
7	Stahl-Umfassungszarge, 875x2.000/2.125	St	297	405	**453**	519	610
			249	340	**380**	436	512
8	Stahl-Umfassungszarge, 1.000x2.000/2.125	St	324	466	**553**	611	763
			272	391	**464**	513	642
9	Stahltür, einflüglig	St	1.633	1.894	**2.178**	2.504	2.809
			1.372	1.592	**1.830**	2.104	2.360
10	Stahltür, zweiflüglig	St	2.113	3.166	**3.510**	3.802	4.538
			1.776	2.661	**2.949**	3.195	3.814
11	Stahltür, Brandschutz, EI2 30, zweiflüglig	St	3.392	4.758	**5.388**	6.004	7.072
			2.851	3.998	**4.528**	5.046	5.943
12	Stahltür, Brandschutz, EI2 90, 875x2.000/2.125	St	2.261	3.004	**3.437**	3.819	4.322
			1.900	2.525	**2.888**	3.209	3.632
13	Stahltür, EI2 90, zweiflüglig	St	5.665	6.906	**7.461**	7.734	8.720
			4.761	5.803	**6.269**	6.499	7.328
14	Stahltreppe, gerade, einläufig, Trittbleche	St	6.578	9.430	**9.929**	10.917	13.640
			5.527	7.924	**8.344**	9.174	11.462
15	Brandschutzbeschichtung, feuerhemmend, Stahlbauteile	m²	75	103	**114**	139	212
			63	87	**96**	117	178
16	Brandschutzbeschichtung, Stahlbauteile, Decklack	m²	25	31	**34**	34	40
			21	26	**28**	28	33
17	Brandschutzbeschichtung Rund-/Profilstahl	m	51	67	**72**	87	93
			42	56	**61**	73	78
18	Stundensatz, Facharbeiter/-in	h	79	95	**100**	105	116
			66	80	**84**	88	97
19	Stundensatz, Helfer/-in	h	72	80	**85**	90	97
			61	67	**72**	76	82

► min
▷ von
ø Mittel
◁ bis
◄ max

Nr.	Kurztext / Langtext						Kostengruppe
►	▷	ø netto €	◁	◀	[Einheit]	Ausf.-Dauer	Positionsnummer

1 Handlauf, Stahl KG **359**

Handlauf aus Stahlrundrohr, außen, Handlauf steigend, in verschiedenen Längen, befestigt mit Konsolen an aufgehender Wand.
Oberfläche: verzinkt (für nachfolgende Beschichtung)
Einbauort: in allen Geschossen

52€	89€	**95€**	102€	118€	[m]	⏱ 0,30h/m	331.000.071

2 Handlauf, Stahl, Wandhalterung KG **359**

Handlaufhalter, aus Flachstahl-Rosette und an Handlauf mittels abgekröpftem Rundstahl von unten angeschweißt, inkl. Befestigungselemente aus nichtrostendem Stahl.
Material: Stahl nach DIN EN 10025
Güte: S 235 JR + AR
Wandhalter: Rundstahl **12 / 16** mm
Wandabstand: 50 mm
Rosette: Flachstahl 10 mm, rund D=100 mm, zwei Bohrungen
Oberfläche: feuerverzinkt
Farbe: .....
Einbauort: alle Geschosse
Befestigungsuntergrund Wand: Sichtbeton
Einbauort: **Normalraum / Feuchtraum / Nassraum**

46€	74€	**81€**	102€	136€	[St]	⏱ 0,30h/St	331.000.072

3 Handlauf, Enden in diverse Ausführungen KG **359**

Rohrende Handlauf
Rohrprofil: .....
Wandstärke: 2,0 mm
Ausführung Rohrende: .....

44€	62€	**72€**	75€	93€	[St]	⏱ 0,20h/St	331.000.073

4 Handlauf, Ecken/Gehrungen KG **359**

Eck-/Übergangswinkel des Handlaufs, an Ecken bzw. am Übergang von ansteigendem zu ebenem Handlauf.
Gehrung Winkel: .....°

44€	66€	**76€**	88€	104€	[St]	⏱ 0,20h/St	331.000.074

5 Brüstungs-/Treppengeländer, Lochblechfüllung KG **359**

Treppengeländer als Stahlkonstruktion, mit Handlauf und Füllung aus Lochblech, montiert neben den Treppenläufen, in allen Geschossen. Für die Ausführung werden vom AG Zeichnungen und statische Berechnungen zur Verfügung gestellt. Konstruktion der Ausführungsklasse DIN EN 1090: EXC
Abmessungen:
Höhe **0,90 / 1,00** m über OKFF **/ Vorderkante Stufe**
Höhe nach **LBO / Arbeitsstättenrichtlinie / Vorgabe durch den Versicherer**
Gesamthöhe ca. 1,10 m, Abstand zu VK-Bodenbelag max. 40 bzw. 60 mm
Gemäß **LBO / DIN 18065**
Form:

- Geländer .....fach im Winkel von .....° abgekantet
- ..... Stützen mit Befestigungen unten
- ..... Befestigungen des Handlaufs an den Enden

323
324
325
326
327
328
329
330
331
332
333
334
336
337
338
339

Nr.	Kurztext / Langtext					Kostengruppe
▶	▷	ø netto €	◁	◀	[Einheit] Ausf.-Dauer	Positionsnummer

Material/Befestigung:
- Handlauf: Rohr D = 33,7 mm, Material nichtrostender Stahl
- Rohrenden mit Kappen geschlossen
- Geländerpfosten: T-Stahlprofil ..... mm
- Befestigungsteile: Stegblech (B x L x T): ..... x ..... x ..... mm, Ankerplatte (B x L x T): ..... x ..... x ..... mm, je Befestigung ..... Klebedübel M12
- im Außenbereich und in Feuchträumen alle Befestigungselemente aus nichtrostendem Stahl
- Geländerrahmen: Ober-, Untergurt aus Flachstahl ..... x ..... mm, Geländerstützen verschweißt
- Geländerfüllung: Lochblech t = ... mm, Quadratlochung, Lochung ..... x ..... mm, Lochanteil ca. .....%, eingepasst in Flachstahlrahmen

Oberflächen:
- nichtrostender Stahl: fein geschliffen, Korn ca. 240
- Stahlteile: **verzinkt und deckend beschichtet / feuerverzinkt**, Farbe: .....

Einbauort/Montage:
- **öffentliches Gebäude / Privatwohnhaus** in allen Geschossen
- **Normalraum / Feuchtraum / Nassraum**
- Befestigungsuntergrund Handlaufenden: HLz-Mauerwerk mit WDVS
- Befestigungsuntergrund Stahlbeton-Balkonplatte: Sichtbeton

339€	438€	**481€**	526€	631€	[m]	⏱ 2,30h/m	331.000.068

Kosten:
Stand 2. Quartal 2025
Bundesdurchschnitt

6 Treppengeländer, Flachstahlfüllung — KG **359**

Treppengeländer als Stahlkonstruktion, mit Handlauf aus nichtrostendem Stahl und Füllung aus senkrechten Stäben aus Flachmaterial, montiert neben den Treppenläufen, in allen Geschossen. Für die Ausführung werden vom AG Zeichnungen und statische Berechnungen zur Verfügung gestellt.
Konstruktion der Ausführungsklasse DIN EN 1090: EXC ....
Abmessungen:
Höhe: **0,90 / 1,00 / 1,10** m über **OKFF / Vorderkante Stufe**
Höhe nach **LBO / Arbeitsstättenrichtlinie / Vorgabe durch den Versicherer**
Gesamthöhe: ca. ..... m, Abstand zu VK-Bodenbelag max. **40 / 60** mm
Gemäß **LBO / DIN 18065**

Form:
- Geländer .....fach im Winkel von .....° abgekantet
- ..... Stützen mit Befestigungen unten
- ..... Befestigungen des Handlaufs an den Enden

Material/Befestigung:
- Handlauf: Rohr D = 42,4 mm, Material nichtrostender Stahl
- Rohrenden mit Kappen geschlossen
- Geländerpfosten: T-Stahlprofil .....mm
- Befestigungsteile: Stegblech (B x L x T): ..... x ..... x ..... mm, Ankerplatte (B x L x T): ..... x ..... x ..... mm, je Befestigung ..... Dübel
- im Außenbereich und in Feuchträumen alle Befestigungselemente aus nichtrostendem Stahl
- Geländerrahmen: Ober-, Untergurt aus Flachstahl ..... x ..... mm, Geländerstützen verschweißt
- Geländerfüllung: senkrechte Stäbe aus Flachstahl ..... x ..... mm, alle 120 mm senkrecht eingeschweißt

Oberflächen:
- nichtrostender Stahl: fein geschliffen, Korn ca. 240
- Stahlteile: **verzinkt und deckend beschichtet / feuerverzinkt**, Farbe: .....

▶ min
▷ von
ø Mittel
◁ bis
◀ max

Einbauort/Montage:
- **öffentliches Gebäude / Privatwohnhaus in allen Geschossen**
- **Normalraum / Feuchtraum / Nassraum**
- Befestigungsuntergrund Handlaufenden: HLz-Mauerwerk mit WDVS
- Befestigungsuntergrund Stahlbeton-Balkonplatte: Sichtbeton

331€ | 428€ | **473€** | 533€ | 642€ | [m] | ⏱ 2,50h/m | 331.000.075

A 1 Stahl-Umfassungszarge — Beschreibung für Pos. **7-8**

Umfassungszarge nach DIN 18111-1, aus Stahlblech, mit umlaufender Schattennut, zweiseitig.
Stahlblech Nenndicke: S = 1,5 mm
Zargenspiegel: .....
Türblatt: stumpf gefälzt
Dicke Türblatt: 40 mm +/-2 mm
Dichtungsprofil DIN EN 12365-1: Lippendichtungsprofil, aus .....
Oberfläche: **verzinkt / rostschützend grundiert für Beschichtung**

7 Stahl-Umfassungszarge, 875x2.000/2.125 — KG **344**

Wie Ausführungsbeschreibung A 1
Einbauort/Einbauhöhe: .....
Baurichtmaß (B x H): 875 x **2.000 / 2.125** mm
Vorgerichtet für Bänder je Flügel: 2 Stück
Maulweite/Wanddicke: ..... mm
Fußbodeneinstand: ..... mm
Untergrund: Mauerwerk

249€ | 340€ | **380€** | 436€ | 512€ | [St] | ⏱ 1,10h/St | 331.000.076

8 Stahl-Umfassungszarge, 1.000x2.000/2.125 — KG **344**

Wie Ausführungsbeschreibung A 1
Einbauort/Einbauhöhe: .....
Baurichtmaß (B x H): 1.000 x **2.000 / 2.125** mm
Vorgerichtet für Bänder je Flügel: 2 Stück
Maulweite/Wanddicke: ..... mm
Fußbodeneinstand: ..... mm
Untergrund: Mauerwerk

272€ | 391€ | **464€** | 513€ | 642€ | [St] | ⏱ 1,10h/St | 331.000.077

Nr.	Kurztext / Langtext						Kostengruppe
►	▷	**ø netto €**	◁	◄	[Einheit]	Ausf.-Dauer	Positionsnummer

9 Stahltür, einflüglig KG **344**

Kellereingangstüranlage aus Metallkonstruktion, einflüglig, Türelement aus Türflügel und Zarge, eingebaut in Massivwand; Bohrungen und Verbindungsmittel für die Verschraubung mit den bauseitigen Anschlüssen, Einbau aller Komponenten und Gangbarmachen der Türanlage.
Lichtes Rohbaumaß (B x H): 1.010 x 2130 mm
Klimaklasse: .....
Mechanische Festigkeit: .....
Einbruchhemmung: Klasse RC ..... nach DIN EN 1627 bis 1630
Wärmeschutz: Ud = ... W/(m²K) nach DIN EN ISO 10077
Schalldämmmaß Rw = ... dB nach DIN 4109 und VDI 2719
Bodeneinstand: .....
Profilsystem: .....
Richtung: **nach außen / innen aufschlagend**
Zarge:
- Z-Zarge aus Stahl t = ... mm, **mit / ohne** Gegenzarge
- verdeckte Befestigung, Maueranker
- eingeschweißte Bandtaschen
- Hinterfüllung des Zargenhohlraums
- Abdichtung außenseitig mit vorkomprimiertem Dichtband zwischen Zarge und Bauwerk / raumseitig umlaufend mit überstreichbarem Dichtstoff, Farbton passend zur Türblattfarbe

Türflügel:
- Volltürblatt, d = 50 mm, Stahlblech t = ... mm
- Füllung aus Mineralwolle Ut = ... W/(m²K)
- dreiseitig **gefälzt / flächenbündig, rechts / links** angeschlagen
- Flügelprofil: Tiefe = ... mm, Ansichtsbreite = ... mm
- Füllung: zweifach Isolierverglasung (B x H): ..... x ....., 2 x ESG, Ug = ... W/(m²K), Psi = ... W/(mK), Lichtdurchlässigkeit 75 bis 80%, innenseitige Glasleisten, vierseitig

Bänder/Beschläge:
- Federbänder: 2 Stück, Material Edelstahl
- Drücker-Knauf-Wechselgarnitur für Hauseingangstüren auf Rosetten
- Material: Edelstahl, Klasse ES2, mit Zylinderziehschutz

Schloss/Zubehör:
- Schloss für Hausabschlusstüren, Klasse 3, vorgerichtet für Profilzylinder, mit 6 Stiftzuhaltungen, Zylindergehäuse und Zylinderkern aus Messing, matt vernickelt, mit Aufbohrschutz, Länge ..... mm, einschl. ..... Schlüssel, in vorgerichtete Schlösser einbauen, einschl. schließbar machen
- Falzdichtung: elastische **Dämpfungs- / Dichtungsprofile** aus **APTK / EPDM**, umlaufend
- Stulp aus nichtrostendem Stahl
- Türstopper, Aluminium mit schwarzer Gummieinlage, montiert auf .....

Oberflächen:
- Stahlblech: **verzinkt grundiert / verzinkt, grundiert und Farbbeschichtung Nasslack / Pulverbeschichtung** Farbe: .....
- Beschläge: Edelstahl, gebürstet

Montage:
- Wandaufbau im Anschlussbereich: Massivwand außen WDVS, innen Putz
- Montage Zarge: an Normalbeton, in Wandöffnungen mit stumpfem Anschlag

1.372€	1.592€	**1.830€**	2.104€	2.360€	[St]	⏱ 2,40h/St	331.000.078

Kosten:
Stand 2. Quartal 2025
Bundesdurchschnitt

► min
▷ von
ø Mittel
◁ bis
◄ max

10 Stahltür, zweiflüglig KG **344**

Stahltüranlage aus Metallkonstruktion, zweiflüglig, Türelement bestehend aus Zarge, Stand-Türflügel und Geh-Türflügel, eingebaut in Massivwand; Bohrungen und Verbindungsmittel für die Verschraubung mit den bauseitigen Anschlüssen, Einbau aller Komponenten und Gangbarmachen der Türanlage.
Lichtes Rohbaumaß (B x H): ..... x .....
Klimaklasse: .....
Mechanische Festigkeit: .....
Einbruchhemmung: Klasse RC ..... nach DIN EN 1627 bis 1630
Wärmeschutz: Ud = ... W/(m²K) nach DIN EN ISO 10077
Schalldämmmaß Rw = ... dB nach DIN 4109 und VDI 2719
Bodeneinstand: .....
Profilsystem: .....
Richtung: nach **außen / innen aufschlagend**
Anforderungen:

- Außentür
- Klimaklasse: .....
- mechanische Festigkeit .....
- Einbruchhemmung: Klasse RC .....
- Wärmeschutz: Ud = ... W/(m²K)
- Schalldämmmaß Rw = ... dB

Zarge:

- Z-Zarge aus Stahl t = ... mm, **mit / ohne** Gegenzarge
- verdeckte Befestigung, Maueranker
- eingeschweißte Bandtaschen
- Hinterfüllung des Zargenhohlraums
- Abdichtung außenseitig mit vorkomprimiertem Dichtband zwischen Zarge und Bauwerk / raumseitig umlaufend mit überstreichbarem Dichtstoff, Farbton passend zur Türblattfarbe

Türflügel:

- Volltürblatt, d = 50 mm, Stahlblech t = ... mm
- Füllung aus Mineralwolle Ut = ... W/(m²K)
- dreiseitig **gefälzt / flächenbündig, rechts / links** angeschlagen
- Flügelprofil: Tiefe = ... mm, Ansichtsbreite = ... mm
- Füllung: zweifach Isolierverglasung (B x H): ..... x ....., 2 x ESG, Ug = ... W/(m²K), Psi = ... W/(mK), Lichtdurchlässigkeit 75 bis 80%, innenseitige Glasleisten, vierseitig

Bänder/Beschläge:

- Federbänder: 2 Stück, Material Edelstahl
- Drücker-Knauf-Wechselgarnitur für Hauseingangstüren auf Rosetten
- Material: Edelstahl, Klasse ES2, mit Zylinderziehschutz

Schloss/Zubehör:

- Schloss für Hausabschlusstüren, Klasse 3, vorgerichtet für Profilzylinder, mit 6 Stiftzuhaltungen, Zylindergehäuse und Zylinderkern aus Messing, matt vernickelt, mit Aufbohrschutz, Länge ..... mm, einschl. ..... Schlüssel, in vorgerichtete Schlösser einbauen, einschl. schließbar machen
- Falzdichtung: elastische **Dämpfungs- / Dichtungsprofile** aus **APTK / EPDM**, umlaufend
- Stulp aus nichtrostendem Stahl
- Türstopper, Aluminium mit schwarzer Gummieinlage, montiert auf .....

Oberflächen:

- Stahlblech: **verzinkt grundiert / verzinkt, grundiert und Farbbeschichtung Nasslack / Pulverbeschichtung**, Farbe: .....
- Beschläge: Edelstahl, gebürstet

323
324
325
326
327
328
329
330
331
332
333
334
336
337
338
339

Nr.	Kurztext / Langtext						Kostengruppe
►	▷	**ø netto €**	◁	◄	[Einheit]	Ausf.-Dauer	Positionsnummer

Montage:
- Wandaufbau im Anschlussbereich: Massivwand außen WDVS, innen Putz
- Montage Zarge: an Normalbeton, in Wandöffnungen mit stumpfem Anschlag
- **Normalraum / Feuchtraum / Nassraum**

1.776€	2.661€	**2.949€**	3.195€	3.814€	[St]	⏱ 3,40h/St	331.000.079

11 Stahltür, Brandschutz, EI2 30, zweiflüglig KG **344**

Stahl-Brandschutztür, feuerhemmend, typengeprüft nach DIN EN 16034, einflüglig.
Element bestehend aus:
Zarge und Türblatt, selbstschließende Drehtür, Einbau in Innenwand, einschl. Bohrungen und Verbindungsmittel für die Verschraubung mit den bauseitigen Anschlüssen. Einbau aller Komponenten und gangbar machen der Türanlage.
Einbauort: .....
Baurichtmaß Türöffnung (B x H): ..... x 2.125 mm
Oberfläche: **verzinkt grundiert / chromatiert, grundiert und Farbbeschichtung Nasslack / Pulverbeschichtung**
Farbe: .....
Befestigungsuntergrund: Beton
Anforderung Brandschutz:
- **feuerhemmend + rauchdicht + selbstschließend EI2 30-S200C(...) / feuerhemmend + dicht- + selbstschließend EI2 30-SaC(...)**
- Selbstschließende Eigenschaften: **C1 / ..... / C5** (**offen stehend gehalten / ...... / sehr häufige Betätigung**)
- Zulassung: CE-Kennzeichnung

Anforderungen Innentür:
- Klimaklasse DIN EN 1121: I = Innentür zwischen klimatisierten Räumen
- mechanische Beanspruchungsgruppe DIN EN 1192: M, mittlere Beanspruchung = Verwaltungsgebäude
- Einbruchhemmung DIN EN 1627: RC 1 N
- Schallschutz: Schalldämmmaß Rwp = ... dB nach DIN 4109 und VDI 2719

Geltungsbereich: **Normalraum / Feuchtraum / Nassraum**
Türflügel:
- Volltürblatt, d= 50mm, Stahlblech t=1,5 mm
- Füllung aus Mineralwolle nach DIN EN 13162 Ut= ..... W/m²K
- doppelt gefälzt, flächenbündig
- Öffnungsflügel **rechts / links** angeschlagen
- Flügelprofil: Tiefe = ...mm, Ansichtsbreite = ...mm
- Türelement barrierefrei DIN 18040, mit automatischer Absenkdichtung,

Zarge:
- Maulweite: ..... mm
- Ansichtsbreite: ..... mm

Umfassungszarge aus Stahl t= 2 mm
- verdeckte Befestigung, Maueranker
- eingeschweißte Bandtaschen
- Hinterfüllung des Zargenhohlraums
- verdeckte Befestigung

Bänder/Beschläge:
- ..... St Dreirollenbänder je Flügel, dreidimensional verstellbar

Kosten:
Stand 2. Quartal 2025
Bundesdurchschnitt

► min
▷ von
ø Mittel
◁ bis
◄ max

Drücker:

- FS-/RD-Drückergarnitur DIN 18273 für **Brandschutz- / Rauchschutztüren**
- Benutzungskategorie: Klasse 3
- Dauerhaftigkeit: Klasse 6
- Sicherheit für Personen: Klasse 1 – öffentlicher Bereich
- Einbruchsicherheit: Mäßig einbruchhemmend (Klasse 2)
- Material: **Aluminium mit Stahlkern / nichtrostender Stahl Werkstoff 1.4401**

Schloss/Zubehör:

- Einsteckschloss nach DIN 18251 für Wohnungsabschluss, vorgerichtet für Profilzylinder
- Falzdichtung: dreiseitig umlaufende Brandschutzdichtung in Grau
- Rauchschutz mit Bodendichtung, automatisch absenkbar
- Stulp aus nichtrostendem Stahl
- Schutzbeschlag: **Schild / Rosette**, Klasse ES **2 / 3**, mit Zylinderziehschutz
- Türstopper aus Aluminium mit schwarzer Gummieinlage, montiert auf .....

Türschließung:

- **Gleitschienen-Obentürschließer DIN EN 1154 / mit automatischem Türantrieb / Türfeststellanlage und integriertem Rauchmelder / mit Fluchttürfunktion-Trafo-Wechselfunktion**
- Montage: **bandseitig / gegenbandseitig** Oberflächen:
- Stahlprofile: **verzinkt grundiert / chromatiert, grundiert und Farbbeschichtung Nasslack / Pulverbeschichtung**, Farbe: .....
- Aluminiumteile: **farblos natur, eloxiert E6 EV1 / silberfarbig**
- Edelstahlteile: gebürstet

Montage/Einbauort/Verankerungsgrund:

- **Erdgeschoss / .....**
- Wandaufbau im Anschlussbereich: .....
- Montage gem. Einbauanleitung der Zulassung
- Abdichten und Versiegeln der Anschlussfugen mit Brandschutz-Silikon-Fugendichtstoff, Farbton .....

2.851€	3.998€	**4.528€**	5.046€	5.943€	[St]	⏱ 5,40h/St	331.000.082

12 **Stahltür, Brandschutz, EI2 90, 875x2.000/2.125** KG **344**

Stahl-Brandschutztür, feuerhemmend, typengeprüft nach DIN EN 16034, einflüglig.
Element bestehend aus:
selbstschließende Drehtür, Einbau in Innenwand, einschl. Bohrungen und Verbindungsmittel für die Verschraubung mit den bauseitigen Anschlüssen. Einbau aller Komponenten und gangbar machen der Türanlage.
Einbauort: .....
Baurichtmaß Türöffnung (B x H): 875 x **2.000** / **2.125** mm
Oberfläche: **verzinkt grundiert / chromatiert, grundiert und Farbbeschichtung Nasslack / Pulverbeschichtung,** Farbe: .....
Befestigungsuntergrund: Beton
Anforderung Brandschutz:

- feuerbeständig + dicht- + selbstschließend EI2 90-SaC(...)
- Selbstschließende Eigenschaften: **C1 / ..... / C5 (offen stehend gehalten / ...... / sehr häufige Betätigung)**

Anforderungen Innentür:

- Klimaklasse DIN EN 1121: I = Innentür zwischen klimatisierten Räumen
- mechanische Beanspruchungsgruppe DIN EN 1192: M, mittlere Beanspruchung = Verwaltungsgebäude
- Einbruchhemmung DIN EN 1627: RC 1 N
- Schallschutz: Schalldämmmaß Rwp =..... dB nach DIN 4109 und VDI 2719

Geltungsbereich: **Normalraum / Feuchtraum / Nassraum**

323 324 325 326 327 328 329 330 331 332 333 334 336 337 338 339

Türflügel:
- Volltürblatt, d= ..... mm, Stahlblech t= 1,5 mm
- Füllung aus Mineralwolle nach DIN EN 13162 Ut=..... W/m²K
- doppelt gefälzt, **flächenbündig / .....**
- Öffnungsflügel **rechts / links** angeschlagen
- Flügelprofil: Tiefe: ..... mm, Ansichtsbreite: ..... mm
- Türelement schwellenlos, mit automatischer **Absenkdichtung / mit Halbrundprofil und Auflaufdichtung / mit Schwellenanschlag (Bodenversatz)**

Zarge:
- Maulweite: ..... mm
- Ansichtsbreite: ..... mm

Umfassungszarge aus Stahl t= 2 mm
- verdeckte Befestigung, Maueranker
- eingeschweißte Bandtaschen
- Hinterfüllung des Zargenhohlraums

Bänder/Beschläge:
- ..... Stück Dreirollenbänder je Flügel, dreidimensional verstellbar

Drücker:
- FS-/RD-Drückergarnitur DIN 18273 für **Brandschutz- / Rauchschutztüren**
- Benutzungskategorie: Klasse 3
- Dauerhaftigkeit: Klasse 6
- Sicherheit für Personen: Klasse 1 – öffentlicher Bereich
- Einbruchsicherheit: Mäßig einbruchhemmend (Klasse 2)
- Material: **Aluminium mit Stahlkern / nichtrostender Stahl Werkstoff 1.4401**

Schloss/Zubehör:
- Einsteckschloss nach DIN 18251, Typ ....., vorgerichtet für Profilzylinder
- Falzdichtung: dreiseitig umlaufende Brandschutzdichtung in grau
- Türschwelle barrierefrei DIN 18040
- Rauchschutz mit Bodendichtung, automatisch absenkbar
- Stulp aus nichtrostendem Stahl
- Schutzbeschlag**: Schild / Rosette**, Klasse ES **2 / 3**, mit Zylinderziehschutz

Türschließung:
- Gleitschienen-Obentürschließer DIN EN 1154/mit automatischem Türantrieb/Türfeststellanlage und integriertem Rauchmelder/mit Fluchttürfunktion-Trafo-Wechselfunktion
- Montage: **bandseitig / gegenbandseitig**

Oberflächen:
- Stahlprofile:**verzinkt grundiert / chromatiert, grundiert und Farbbeschichtung Nasslack / Pulverbeschichtung**, Farbe: .....
- Aluminiumteile: farblos natur, eloxiert E6 EV1 oder silberfarbig
- nichtrostende Stahlteile: gebürstet

Montage/Einbau:
- Untergrund: Beton
- Wandaufbau im Anschlussbereich: .....
- Abdichten und Versiegeln der Anschlussfugen mit Brandschutz-Silikon-Fugendichtstoff, Farbton .....

1.900€ 2.525€ **2.888€** 3.209€ 3.632€ [St] ⏱ 3,40h/St 331.000.083

Kosten:
Stand 2. Quartal 2025
Bundesdurchschnitt

► min
▷ von
ø Mittel
◁ bis
◄ max

13 Stahltür, EI2 90, zweiflüglig KG **344**

Feuerbeständiges Stahl-Feuerschutztürelement, typengeprüft nach DIN EN 16034, zweiflüglig. Element bestehend aus selbstschließenden zweiflügligen Drehtüren, Einbau in Innenwand, einschl. Bohrungen und Verbindungsmittel für die Verschraubung mit den bauseitigen Anschlüssen. Einbau aller Komponenten und gangbar machen der Türanlage.
Einbauort: .....
Baurichtmaß (B x H): ..... x .....
Anforderung Brandschutz:
- feuerbeständig + dicht- + selbstschließend EI2 90-SaC(...)
- Selbstschließende Eigenschaften: **C1 / ..... / C5 (offen stehend gehalten / ...... / sehr häufige Betätigung)**
- Zulassung: CE-Kennzeichnung

Anforderungen Innentür:
- Klimaklasse DIN EN 1121: I = Innentür zwischen klimatisierten Räumen
- mechanische Beanspruchungsgruppe DIN EN 1192: M, mittlere Beanspruchung = Verwaltungsgebäude
- Einbruchshemmung DIN EN 1627: RC 1 N
- Schallschutz: Schalldämmmaß Rwp =..... dB nach DIN 4109 und VDI 2719

Geltungsbereich: **Normalraum / Feuchtraum / Nassraum**
Türflügel:
- Volltürblatt, d= 50mm, Stahlblech t=1,5 mm,
- Füllung aus Mineralwolle nach DIN EN 13162 Ut=..... W/m^{2}K
- doppelt gefälzt, flächenbündig,
- Öffnungsflügel **rechts / links** angeschlagen
- Flügelprofil: Tiefe = ...mm, Ansichtsbreiten = ...mm
- Türelement barrierefrei DIN 18040, mit automatischer Absenkdichtung

Zarge:
- Maulweite: ..... mm
- Ansichtsbreite: ..... mm

Umfassungszarge aus Stahl t= 2 mm
- verdeckte Befestigung, Maueranker
- eingeschweißte Bandtaschen
- Hinterfüllung des Zargenhohlraums

Bänder/Beschläge:
- ..... St Dreirollenbänder je Flügel, dreidimensional verstellbar, Bandhöhe ca.120/160 mm, Stahl vernickelt

Drücker:
- FS-/RD-Drückergarnitur DIN 18273 für **Brandschutz- / Rauchschutztüren**
- Benutzungskategorie: Klasse 3
- Dauerhaftigkeit: Klasse 6
- Sicherheit für Personen: Klasse 1 – öffentlicher Bereich
- Einbruchsicherheit: Mäßig einbruchhemmend (Klasse 2)
- Material: **Aluminium mit Stahlkern / nichtrostender Stahl Werkstoff 1.4401**

Schloss/Zubehör:
- Einsteckschloss nach DIN 18251 für Wohnungsabschluss, alternativ werkseitiger Einbau eines Blindzylinders
- Falzdichtung: dreiseitig umlaufende Brandschutzdichtung in grau
- Rauchschutz mit Bodendichtung, automatisch absenkbar
- Stulp aus nichtrostendem Stahl
- Schutzbeschlag: **Schild / Rosette**, Klasse ES **2 / 3**, mit Zylinderziehschutz

Nr.	Kurztext / Langtext						Kostengruppe
►	▷	**ø netto €**	◁	◀	[Einheit]	Ausf.-Dauer	Positionsnummer

Türschließung:
- Türschließer mit Schließfolgeregelung und Mitnehmerklappe,
- **Gleitschienen-Obentürschließer DIN EN 1154 / mit automatischem Türantrieb / Türfeststellanlage mit integriertem Rauchmelder / mit Fluchttürfunktion-Trafo-Wechselfunktion**
- Montage: **bandseitig / gegenbandseitig**

Oberflächen:
- Stahlprofile: **verzinkt grundiert / chromatiert, grundiert und Farbbeschichtung Nasslack / Pulverbeschichtung,** Farbe: .....
- Aluminiumteile: **farblos natur, eloxiert E6 EV1 oder silberfarbig**
- nichtrostende Stahlteile: gebürstet

Montage/Einbauort/Verankerungsgrund:
- **Erdgeschoss / .....**
- Wandaufbau im Anschlussbereich: .....
- Montage gem. Einbauanleitung
- Abdichten und Versiegeln der Anschlussfugen mit Brandschutz-Silikon-Zarge
- Maulweite: ..... mm
- Ansichtsbreite: ..... mm

Umfassungszarge aus Stahl t= 2 mm
- verdeckte Befestigung, Maueranker
- eingeschweißte Bandtaschen
- Hinterfüllung des Zargenhohlraums

4.761€	5.803€	**6.269€**	6.499€	7.328€	[St]	⏱ 4,60h/St	331.000.084

Kosten:
Stand 2. Quartal 2025
Bundesdurchschnitt

14 Stahltreppe, gerade, einläufig, Trittbleche KG **351**

Freitragende Stahlwangentreppe nach DIN 18065, über ein Geschoss führend; einschl. Bohrungen und verzinkten Verbindungsmitteln für die Verschraubung mit den bauseitigen Anschlüssen. Geländer nach gesonderter Position. Für die Ausführung werden vom AG Zeichnungen und statische Berechnungen zur Verfügung gestellt.

Abmessungen:
- Geschosshöhe: 2.750 mm
- Stützweite: .....
- Steigmaß: 17,2 x 28 cm
- Stufen: 16 Stück
- Wangenhöhe: 280 mm
- Treppenbreite: 1,0 m
- Fußbodenaufbau unten: H 100 mm, oben: H 75 mm

Art/Form:
- Ausführungsklasse nach DIN EN 1090: EXC .....
- Nutzlast: 3 kN/m² DIN EN 1991-1
- Material: Stahl S235JR DIN EN 10025-2, Werkstoff-Nr 1.0038
- Wange aus Breitflachstahl H 280 x T 18 mm, am oberen Ende abgewinkelt zum Anschluss an Geschossdecke
- Tritt- und Setzstufe als z-förmig abgewinkeltes Stahlblech

Profil:
- **Tränenblech / Riffelblech**, verzinkt, Abwicklung je Stufe ca. 370 mm, an Wangen angeschweißt
- letzte Stufe im Übergang zum Fußboden als Stahlblech, jedoch Abwicklung ca. 600 mm

► min
▷ von
ø Mittel
◁ bis
◀ max

Anschlüsse/Montage:
- oberer Anschluss an Deckenstirn aus Stahlbeton, Dicke inkl. FB: ..... mm, mittels Stahllasche als Wangenanschluss, geschraubten Verbindung
- unterer Anschluss aufgesetzt auf Stahlbeton, punktförmig gelagert mit Stahllaschen, geschraubte Verbindung

Dübelmontage
Oberflächen: feuerverzinkt
Einbauort:
- innen, Trockenbereich
- zwischen 1. und 2. Geschoss
- Einbauhöhe: .....

5.527€	7.924€	**8.344€**	9.174€	11.462€	[St]	⏱ 7,50h/St	331.000.085

15 **Brandschutzbeschichtung, feuerhemmend, Stahlbauteile** KG **333**

Brandschutzbeschichtung von Stahlbauteilen, wasserbasierende Beschichtung, gem. Zulassung aufbringen, inkl. Vorbehandlung, Grundierung und Deckbeschichtung. Zulassung gem. DIN 4102/DIN EN 13381.
Vorbehandlung: Vorbereitungsgrad Sa 2 **1 / 2**
Stahlkonstruktion: **Stahlträger / Fachwerkbinder / Stützen**
Beschichtungsverfahren: **Pinsel / Rolle / Spritzverfahren**
Farbton: **RAL / NCS**
Herstellerfarbkarte: .....
Gef. Feuerwiderstand: EI 30 feuerhemmend
Arbeitshöhe: .....
Anwendung: Innenbereich
Arbeitshöhe: .....
Angeb. Fabrikat: .....

63€	87€	**96€**	117€	178€	[m²]	⏱ 0,30h/m²	331.000.088

16 **Brandschutzbeschichtung, Stahlbauteile, Decklack** KG **333**

Brandschutzbeschichtung auf Stahl, als Decklack.
Stahlkonstruktion: **Stahlträger / Fachwerkbinder / Stützen**
Profile und Abmessungen: .....
Bereich: **innen / außen**
Beschichtungsverfahren: **Pinsel / Rolle / Spritzverfahren**
Farbton: **RAL / NCS**
Herstellerfarbkarte: .....
Gef. Feuerwiderstand: EI .....
Beschichtungsstoff: .....
Arbeitshöhe: .....
Angeb. Fabrikat: .....

21€	26€	**28€**	28€	33€	[m²]	⏱ 0,20h/m²	331.000.089

Nr.	Kurztext / Langtext						Kostengruppe
▶	▷	ø netto €	◁	◀	[Einheit]	Ausf.-Dauer	Positionsnummer

17 **Brandschutzbeschichtung Rund-/Profilstahl** KG **345**

Brandschutzbeschichtung von Stahlbauteilen, wasserbasierende Beschichtung für Innenanwendung, gem. Zulassung aufbringen, inkl. Vorbehandlung, Grundierung und Deckbeschichtung.
Vorbehandlung: Vorbereitungsgrad Sa 2 1/2
Stahlkonstruktion: **Rundstahl / Stabstahl / Rohrstahl**
Profile und Abmessungen: .....
Beschichtungsverfahren: **Pinsel / Rolle / Spritzverfahren**
Farbton: **RAL / NCS**
Herstellerfarbkarte: .....
Gef. Feuerwiderstand: **EI 30 / EI 60 - feuerhemmend**
Arbeitshöhe: .....
Anwendung: Innenbereich
Einbauort: .....
Angeb. Fabrikat: .....

42€	56€	**61€**	73€	78€	[m]	⏱ 0,30h/m	331.000.091

18 **Stundensatz, Facharbeiter/-in**

Stundenlohnarbeiten für Vorarbeiter/-in, Facharbeiter/-in und Gleichgestellte. Der Verrechnungssatz für die jeweilige Arbeitskraft umfasst sämtliche Aufwendungen wie Lohn- und Gehaltskosten, Lohn- und Gehaltsnebenkosten, Zuschläge, lohngebundene und lohnabhängige Kosten, sonstige Sozialkosten, Gemeinkosten, Wagnis und Gewinn. Leistung nach besonderer Anordnung der Bauüberwachung. Anmeldung und Nachweis gem. VOB/B.

66€	80€	**84€**	88€	97€	[h]	⏱ 1,00h/h	331.000.086

19 **Stundensatz, Helfer/-in**

Stundenlohnarbeiten für Werker/-in, Helfer/-in und Gleichgestellte. Der Verrechnungssatz für die jeweilige Arbeitskraft umfasst sämtliche Aufwendungen wie Lohn- und Gehaltskosten, Lohn- und Gehaltsnebenkosten, Zuschläge, lohngebundene und lohnabhängige Kosten, sonstige Sozialkosten, Gemeinkosten, Wagnis und Gewinn. Leistung nach besonderer Anordnung der Bauüberwachung. Anmeldung und Nachweis gem. VOB/B.

61€	67€	**72€**	76€	82€	[h]	⏱ 1,00h/h	331.000.087

Kosten:
Stand 2. Quartal 2025
Bundesdurchschnitt

▶ min
▷ von
ø Mittel
◁ bis
◀ max

Kosten:
Stand 2. Quartal 2025
Bundesdurchschnitt

Nr.	Positionen	Einheit	►	▷	ø brutto € / ø netto €	◁	◄
1	Verglasung, Floatglas, 4mm	m²	74	88	**98**	115	121
			62	74	**82**	97	102
2	Verglasung, Floatglas, 6mm	m²	98	116	**129**	153	162
			83	98	**109**	128	136
3	Verglasung, Floatglas, 8mm	m²	133	158	**178**	208	218
			112	133	**149**	175	184
4	Verglasung, ESG-Glas, 6mm	m²	149	177	**196**	232	244
			125	149	**165**	195	205
5	Verglasung, ESG-Glas, 8mm	m²	181	214	**238**	283	298
			152	180	**200**	238	250
6	Verglasung, ESG-Glas, 10mm	m²	250	300	**330**	392	412
			210	252	**277**	330	346
7	Verglasung, VSG-Glas, 6mm	m²	140	166	**185**	218	231
			118	140	**155**	183	194
8	Verglasung, VSG-Glas, 8mm	m²	150	175	**197**	231	245
			126	147	**166**	194	205
9	Verglasung, VSG-Glas, 10mm	m²	177	212	**235**	278	292
			148	178	**198**	233	245
10	Isolierverglasungen, zweifach, 1,0W/(m²K), 4/16/4	m²	161	191	**212**	250	265
			135	160	**178**	210	222
11	Isolierverglasungen, zweifach, 1,0W/(m²K), 6VSG/16/4	m²	296	349	**387**	457	484
			249	293	**326**	384	407
12	Isolierverglasungen, zweifach, 1,1W/(m²K), 4/16/4ESG	m²	172	209	**227**	270	281
			145	175	**190**	227	236
13	Isolierverglasungen, dreifach, 0,7W/(m²K), 4/12/4/12/4	m²	206	247	**271**	320	339
			173	207	**228**	269	285
14	Isolierverglasungen, dreifach, 0,6W/(m²K), 4/14/4/14/4	m²	–	317	**356**	420	–
			–	266	**299**	353	–
15	Brandschutzverglasung, Innenwände	m²	307	594	**685**	689	880
			258	499	**575**	579	740

Nr.	**Kurztext** / Langtext						Kostengruppe
►	▷	**ø netto €**	◁	◄	[Einheit]	Ausf.-Dauer	Positionsnummer

A 1 Verglasung, Floatglas Beschreibung für Pos. **1-3**

Einscheiben-Verglasung mit Einbau und Glasdichtung.
Verglasungsfläche: Fenster
Rahmenmaterial: .....
Befestigung: .....
Verglasungssystem: .....
Farbwirkung: neutral
Versiegelung: beidseitig
Dichtstoffgruppe: .....
Scheibengröße: .....
Verglasung: Floatglas

► min
▷ von
ø Mittel
◁ bis
◄ max

Nr.	Kurztext / Langtext						Kostengruppe
▶	▷	**ø netto €**	◁	◀	[Einheit]	Ausf.-Dauer	Positionsnummer

1 Verglasung, Floatglas, 4mm — KG **344**

Wie Ausführungsbeschreibung A 1
Scheibendicke: 4 mm

62€	74€	**82€**	97€	102€	[m²]	⏱ 0,35h/m²	332.000.034

2 Verglasung, Floatglas, 6mm — KG **344**

Wie Ausführungsbeschreibung A 1
Scheibendicke: 6 mm

83€	98€	**109€**	128€	136€	[m²]	⏱ 0,50h/m²	332.000.019

3 Verglasung, Floatglas, 8mm — KG **344**

Wie Ausführungsbeschreibung A 1
Scheibendicke: 8 mm

112€	133€	**149€**	175€	184€	[m²]	⏱ 0,65h/m²	332.000.018

A 2 Verglasung, Einscheibensicherheitsglas — Beschreibung für Pos. **4-6**

Einscheiben-Sicherheitsverglasung einschl. Befestigung mit Glashalteleisten und Dichtstoff.
Ausführung nach Zeichnung: .....
Verglasungsfläche: .....
Rahmen: .....
Material: .....
Befestigungsleisten: .....
Verglasungssystem: .....
Farbwirkung: neutral
Versiegelung: beidseitig
Dichtstoffgruppe: mind. C - elastisch bleibend
Scheibengröße: .....
Verglasung: ESG

4 Verglasung, ESG-Glas, 6mm — KG **334**

Wie Ausführungsbeschreibung A 2
Scheibendicke: 6 mm

125€	149€	**165€**	195€	205€	[m²]	⏱ 0,50h/m²	332.000.020

5 Verglasung, ESG-Glas, 8mm — KG **334**

Wie Ausführungsbeschreibung A 2
Scheibendicke: 8 mm

152€	180€	**200€**	238€	250€	[m²]	⏱ 0,60h/m²	332.000.021

6 Verglasung, ESG-Glas, 10mm — KG **334**

Wie Ausführungsbeschreibung A 2
Scheibendicke: 10 mm

210€	252€	**277€**	330€	346€	[m²]	⏱ 0,68h/m²	332.000.022

Nr.	Kurztext / Langtext						Kostengruppe
▶	▷	ø netto €	◁	◀	[Einheit]	Ausf.-Dauer	Positionsnummer

A 3 Verglasung, Verbundsicherheitsglas — Beschreibung für Pos. **7-9**

Verbund-Sicherheitsverglasung einschl. Befestigung mit Glashalteleisten und Dichtstoff.
Ausführung nach Zeichnung: .....
Verglasungsfläche: .....
Scheibengröße: 1,0-2,0 m²
Tragkonstruktion: .....
Material: .....
Befestigungsart: .....
Kantenausbildung: .....
Verglasungssystem: .....
Dichtstoff: .....
Verglasung: VSG
Widerstandsklasse: A 1

Kosten:
Stand 2. Quartal 2025
Bundesdurchschnitt

7 Verglasung, VSG-Glas, 6mm — KG **359**

Wie Ausführungsbeschreibung A 3
Scheibendicke: 6 mm

118€	140€	**155€**	183€	194€	[m²]	⏱ 0,50h/m²	332.000.035

8 Verglasung, VSG-Glas, 8mm — KG **359**

Wie Ausführungsbeschreibung A 3
Scheibendicke: 8 mm

126€	147€	**166€**	194€	205€	[m²]	⏱ 0,60h/m²	332.000.023

9 Verglasung, VSG-Glas, 10mm — KG **359**

Wie Ausführungsbeschreibung A 3
Scheibendicke: 10 mm

148€	178€	**198€**	233€	245€	[m²]	⏱ 0,68h/m²	332.000.024

A 4 Verglasung, Wärmeschutz — Beschreibung für Pos. **10-14**

Isolierverglasung inkl. Befestigung und Verfugung.
Bauteil: .....
Fläche: bis 2,00 m²
- Befestigung: .....
- Abdichtung: .....

10 Isolierverglasungen, zweifach, 1,0W/(m²K), 4/16/4 — KG **334**

Wie Ausführungsbeschreibung A 4
Verglasung: zweifach
- Innenscheibe: Floatglas, 4 mm
- Scheibenzwischenraum: 16 mm
- Außenscheibe: Floatglas, 4 mm

▶ min
▷ von
ø Mittel
◁ bis
◀ max

Technische Daten:
- Ug-Wert: 1,0 W/(m²K)
- g-Wert: .....%
- Schallschutz: ..... dB
- Lichtdurchlässigkeit TL: .....%
- Lichtreflexion außen TR: .....%
- Dichtstoffgruppe: E

Scheibengröße: .....
Angeb. Fabrikat: .....

135€	160€	**178€**	210€	222€	[m²]	⏱ 0,70h/m²	332.000.027

11 Isolierverglasungen, zweifach, 1,0W/(m²K), 6VSG/16/4 KG **334**

Wie Ausführungsbeschreibung A 4
Verglasung: zweifach
- Innenscheibe: Verbundsicherheitsglas 6 mm
- Scheibenzwischenraum: 16 mm
- Außenscheibe: Floatglas, 4 mm

Technische Daten:
- Ug-Wert: 1,0 W/(m²K)
- g-Wert: .....%
- Schallschutz: ..... dB
- Lichtdurchlässigkeit TL: .....%
- Lichtreflexion außen TR: .....%
- Dichtstoffgruppe: E

Scheibengröße: .....
Angeb. Fabrikat: .....

249€	293€	**326€**	384€	407€	[m²]	⏱ 0,90h/m²	332.000.029

12 Isolierverglasungen, zweifach, 1,1W/(m²K), 4/16/4ESG KG **334**

Wie Ausführungsbeschreibung A 4
Verglasung: zweifach
- Innenscheibe: Floatglas, 4 mm
- Scheibenzwischenraum: 16 mm
- Außenscheibe: Einscheibensicherheitsglas 4 mm

Technische Daten:
- Ug-Wert: 1,1 W/(m²K)
- g-Wert: .....%
- Schallschutz: ..... dB
- Lichtdurchlässigkeit TL: .....%
- Lichtreflexion außen TR: .....%
- Dichtstoffgruppe: E

Scheibengröße: .....
Angeb. Fabrikat: .....

145€	175€	**190€**	227€	236€	[m²]	⏱ 0,90h/m²	332.000.031

Nr.	Kurztext / Langtext						Kostengruppe
▶	▷	ø netto €	◁	◀	[Einheit]	Ausf.-Dauer	Positionsnummer

13 Isolierverglasungen, dreifach, 0,7W/(m²K), 4/12/4/12/4 KG **334**

Wie Ausführungsbeschreibung A 4

Verglasung: dreifach

- Innenscheibe: Floatglas, 4 mm
- Scheibenzwischenraum: 12 mm
- Mittelscheibe: 4 mm
- Scheibenzwischenraum: 12 mm
- Außenscheibe: Floatglas, 4 mm

Technische Daten:

- Ug-Wert: 0,7 W/(m^2K)
- g-Wert: .....%
- Schallschutz: ..... dB
- Lichtdurchlässigkeit TL: .....%
- Lichtreflexion außen TR: .....%
- Dichtstoffgruppe: E

Scheibengröße: .....

Angeb. Fabrikat: .....

▶	▷	ø	◁	◀	[Einheit]	Ausf.-Dauer	Positionsnummer
173€	207€	**228€**	269€	285€	[m²]	⏱ 1,20h/m²	332.000.032

14 Isolierverglasungen, dreifach, 0,6W/(m²K), 4/14/4/14/4 KG **334**

Wie Ausführungsbeschreibung A 4

Verglasung: dreifach

- Innenscheibe: Floatglas, 4 mm
- Scheibenzwischenraum: 14 mm
- Mittelscheibe: 4 mm
- Scheibenzwischenraum: 14 mm
- Außenscheibe: Floatglas, 4 mm

Technische Daten:

- Ug-Wert: 0,6 W/(m^2K)
- g-Wert: .....%
- Schallschutz: ..... dB
- Lichtdurchlässigkeit TL: .....%
- Lichtreflexion außen TR: .....%
- Dichtstoffgruppe: E

Scheibengröße: .....

Angeb. Fabrikat: .....

▶	▷	ø	◁	◀	[Einheit]	Ausf.-Dauer	Positionsnummer
–	266€	**299€**	353€	–	[m²]	⏱ 1,20h/m²	332.000.033

15 Brandschutzverglasung, Innenwände KG **344**

Einscheiben-Brandschutzverglasung, für festverglaste Profilsysteme, inkl. Einbau der Glashalteprofile, Deckschalen, Dichtprofile oder Verfugung.

Feuerwiderstandsklasse: **F30 / F60 / F90**

Zulassung Verglasung: .....

Prüfnummer/Prüfinstitut: .....

Angeb. Fabrikat: .....

▶	▷	ø	◁	◀	[Einheit]	Ausf.-Dauer	Positionsnummer
258€	499€	**575€**	579€	740€	[m²]	⏱ 0,83h/m²	332.000.036

Kosten:
Stand 2. Quartal 2025
Bundesdurchschnitt

▶ min
▷ von
ø Mittel
◁ bis
◀ max

Kosten:
Stand 2. Quartal 2025
Bundesdurchschnitt

► min
▷ von
ø Mittel
◁ bis
◀ max

Baureinigungsarbeiten — Preise €

Nr.	Positionen	Einheit	►	▷	ø brutto € / ø netto €	◁	◀
1	Baureinigung, bei Baubetrieb	m²	2	3	**4**	4	5
			2	3	**3**	3	4
2	Treppen/Podeste reinigen	m²	2	3	**3**	4	4
			2	2	**3**	3	4
3	Bodenbelag reinigen, Hartbeläge Lino/Kautschuk	m²	1	2	**3**	3	4
			1	2	**2**	3	3
4	Bodenbelag reinigen, Fliesen/Platten	m²	1	3	**3**	5	9
			1	2	**3**	4	7
5	Bodenbelag reinigen, Teppich	m²	0,8	2,7	**3,4**	4,5	6,8
			0,7	2,3	**2,9**	3,8	5,7
6	Fassade reinigen, Hochdruckreiniger	m²	27	32	**33**	36	44
			23	27	**28**	30	37
7	Glasflächen reinigen, Fassadenelemente	m²	3	5	**6**	7	9
			2	4	**5**	6	8
8	Wandbelag reinigen, Fliesen	m²	1	2	**2**	2	3
			0,9	1,3	**1,4**	1,7	2,6
9	Türen reinigen	St	2	6	**7**	9	13
			2	5	**6**	7	11
10	Heizkörper reinigen	m²	3	4	**4**	6	9
			2	3	**4**	5	8
11	Waschtisch/Duschwanne reinigen	St	3	7	**8**	10	13
			3	6	**7**	8	11
12	WC-Schüssel/Urinal reinigen	St	2	5	**7**	9	12
			2	5	**6**	7	10
13	Geländer reinigen	m	2	3	**3**	3	4
			2	2	**2**	3	4
14	Fenster reinigen	St	5	8	**10**	11	13
			4	7	**8**	9	11
15	Stundensatz, Facharbeiter/-in	h	46	53	**55**	58	66
			39	44	**46**	49	56
16	Stundensatz, Helfer/-in	h	31	41	**47**	50	59
			26	34	**40**	42	49

Nr.	Kurztext / Langtext						Kostengruppe
►	▷	ø netto €	◁	◄	[Einheit]	Ausf.-Dauer	Positionsnummer

1 Baureinigung, bei Baubetrieb KG **397**

Zwischenreinigung während Bauzeit, zum Entfernen von grober Bauverschmutzung und Verpackungsmaterialien, einschl. Entsorgung.
oder
Reinigen von lose aufliegendem Schmutz wie z.B. Kronkorken, Zigarettenkippen, Sand, Steinchen, Kabelresten, Schutzfolien und Aufklebern an WC-Becken, Urinale, Waschbecken, Türen/Türklinken, Spiegel, Glasscheiben usw.
oder
Reinigen von haftenden Verschmutzungen wie z.B. Zementschleier oder Spritzer von Mörtel und Gips, Bitumen, Asphalt, Lacke, Dispersionsfarben, Tapetenkleister, Kleber usw.
Reinigungsart: saugen

2€	3€	**3€**	3€	4€	[m2]	⏱ 0,05 h/m2	333.000.018

2 Treppen/Podeste reinigen KG **397**

Treppen und Podeste reinigen, Rückstände von Beton- und Malerarbeiten vorsichtig mit Spatel entfernen, sowie gründliches Absaugen der Treppenläufe. Kratzspuren sind zu vermeiden. Gründliches Schrubben und Wischen sämtlicher Bodenflächen mit einem auf den Belag abgestimmten und vom Hersteller empfohlenen Reinigungs- und Pflegemittel. Entfernen des Zementschleiers auf allen Fliesenbelägen und aller Verunreinigungen sowie Aufkleber. Auf die dauerelastischen Verfugungen ist besondere Rücksicht zu nehmen. Nachreinigung durch nasses Aufwischen und trockenes Nachwischen der Treppengeländer, Brüstungen und Handläufe.

2€	2€	**3€**	3€	4€	[m2]	⏱ 0,04 h/m2	333.000.019

3 Bodenbelag reinigen, Hartbeläge Lino/Kautschuk KG **397**

Feinreinigung des Bodenbelags, inkl. Sockelleisten, mit einem auf den Belag abgestimmten und vom Hersteller empfohlenen Reinigungs- und Pflegemittel, Reinigen bis zum Erlangen einer vollständig schmutzfreien Oberfläche. Leistung inkl. Entfernen aller Verunreinigungen und Aufkleber. Bodenbeläge verlegt in allen Geschossen.
Belag: .....

1€	2€	**2€**	3€	3€	[m2]	⏱ 0,04 h/m2	333.000.001

4 Bodenbelag reinigen, Fliesen/Platten KG **397**

Feinreinigung von Fliesen- oder Plattenbelag, inkl. Sockelleisten, durch Wischen mit einem auf den Belag abgestimmten Reinigungsmittel, Reinigen bis zum Erlangen einer vollständig schmutzfreien Oberfläche. Leistung inkl. Entfernen des Zementschleiers und Entfernen aller Verunreinigungen und Aufkleber. Auf die dauerelastischen Verfugungen ist besondere Rücksicht zu nehmen. Bodenbeläge verlegt in allen Geschossen.
Oberfläche: .....

1€	2€	**3€**	4€	7€	[m2]	⏱ 0,04 h/m2	333.000.004

5 Bodenbelag reinigen, Teppich KG **397**

Feinreinigung von textilem Bodenbelag, inkl. Sockel, Reinigen mittels Vakuum- bzw. Bürstsaugen bis zum Erlangen einer vollständig schmutzfreien Oberfläche. Leistung inkl. Entfernen aller Verunreinigungen. Bodenbeläge verlegt in allen Geschossen.
Faser: .....
Teppichart: .....
Struktur: .....
Sockel: .....

0,7€	2,3€	**2,9€**	3,8€	5,7€	[m2]	⏱ 0,03 h/m2	333.000.005

323
324
325
326
327
328
329
330
331
332
333
334
336
337
338
339

Nr.	Kurztext / Langtext						Kostengruppe
▶	▷	ø netto €	◁	◀	[Einheit]	Ausf.-Dauer	Positionsnummer

6 Fassade reinigen, Hochdruckreiniger KG **397**

Reinigung der Fassadenflächen durch Druckstrahlen mit temperiertem Wasser, bis zum Erlangen einer vollständig schmutzfreien Oberfläche. Leistung inkl. aller Schutz- und Abdeckarbeiten von Fenstern, von angrenzenden Bauteilen.
Arbeitshöhe: bis .....
Fensteranteil: .....
Abgrenzung zu anderen Bauteilen: .....

23€	27€	**28€**	30€	37€	[m²]	⏱ 0,10 h/m²	333.000.006

7 Glasflächen reinigen, Fassadenelemente KG **397**

Reinigung der verglasten Fassadenelemente durch nasses Wischen mit geeignetem Reinigungsmittel, danach trocken ledern und polieren bis zum Erlangen einer vollständig sauberen und trockenen Oberfläche. Abrechnung der einfachen Ansichtsfläche der zu reinigenden Bauteile.
- Reinigen der Glasflächen ESG, VSG nach Herstellerangaben
- Reinigen der beschichteten Rahmenprofile inkl. aller Falze und Beschläge, Verdunkelungs- und Sonnenschutz-Elemente
- Reinigen der Fensterbänke und inkl. aller Schutz- und Abdeckbleche

Reinigungsbereich: .....
Arbeitshöhe: bis .....
Abgrenzung zu anderen Bauteilen: .....
Reinigungsart: **Erstreinigung / Unterhaltsreinigung**

2€	4€	**5€**	6€	8€	[m²]	⏱ 0,10 h/m²	333.000.007

8 Wandbelag reinigen, Fliesen KG **397**

Feinreinigung von Wandbelägen aus Fliesen oder Platten, in allen Geschossen, mit einem geeigneten Reinigungsmittel, Reinigen bis zum Erlangen einer vollständig schmutzfreien Oberfläche. Leistung inkl. Entfernen des Zementschleiers und Entfernen aller Verunreinigungen und Aufkleber. Auf die dauerelastischen Verfugungen ist besondere Rücksicht zu nehmen.
Wandhöhe: bis .....
Oberfläche: .....

0,9€	1,3€	**1,4€**	1,7€	2,6€	[m²]	⏱ 0,03 h/m²	333.000.008

9 Türen reinigen KG **397**

Feinreinigung von Türelementen aus Zargen und Türblatt (allseitig), mit einem geeigneten und vom Hersteller empfohlenen Reinigungs- und Pflegemittel, bis zum Erlangen einer vollständig schmutzfreien Oberfläche. Leistung inkl. Reinigen der Beschläge und Entfernen aller Verunreinigungen und Aufkleber.
Türabmessung: .....
Maulweite Zarge: .....
Oberfläche: .....
Materialien: .....

2€	5€	**6€**	7€	11€	[St]	⏱ 0,10 h/St	333.000.010

10 Heizkörper reinigen KG **397**

Feinreinigung von Heizkörpern, mit einem geeigneten Reinigungsmittel, bis zum Erlangen einer vollständig schmutzfreien Oberfläche. Leistung inkl. Reinigen der Armatur, Halterung und Zuleitung und Entfernen aller Verunreinigungen und Aufkleber, sowie ggf. Aufnehmen und Entsorgen der bauseitigen Schutzfolien.
Abmessung Heizkörper: .....
Oberfläche: lackbeschichtet
Bauform: .....

2€	3€	**4€**	5€	8€	[m²]	⏱ 0,04 h/m²	333.000.011

Kosten:
Stand 2. Quartal 2025
Bundesdurchschnitt

▶ min
▷ von
ø Mittel
◁ bis
◀ max

Nr.	Kurztext / Langtext						Kostengruppe
►	▷	ø netto €	◁	◄	[Einheit]	Ausf.-Dauer	Positionsnummer

11 Waschtisch/Duschwanne reinigen KG **397**

Erstreinigung von Sanitäreinrichtungen, mit einem geeigneten und vom Hersteller empfohlenen Reinigungs- und Pflegemittel, bis zum Erlangen einer vollständig schmutzfreien Oberfläche. Leistung inkl. Reinigen der Armaturen, Zu- und Abläufe und Halterungen, sowie Entfernen aller Verunreinigungen und Aufkleber.
Einbauteil: .....
Material: .....
Oberfläche: .....

3€	6€	**7€**	8€	11€	[St]	⏱ 0,10h/St	333.000.012

12 WC-Schüssel/Urinal reinigen KG **397**

Erstreinigung von wandhängenden Sanitäreinrichtungen, mit einem geeigneten Reinigungsmittel, bis zum Erlangen einer vollständig schmutzfreien Oberfläche. Leistung inkl. Reinigen der Armaturen, Zu- und Abläufe, Deckel und Halterungen, sowie Entfernen aller Verunreinigungen und Aufkleber.
Einbauteil: .....
Material: Keramik
Oberfläche: .....

2€	5€	**6€**	7€	10€	[St]	⏱ 0,08h/St	333.000.013

13 Geländer reinigen KG **397**

Feinreinigung von Geländern, bestehend aus Handlauf, Ober- und Untergurt sowie Füllung, mit einem geeigneten Reinigungsmittel, bis zum Erlangen einer vollständig schmutzfreien Oberfläche. Leistung inkl. Reinigen der Halterungen, sowie Entfernen aller Verunreinigungen und Aufkleber.
Abmessung Geländer: .....
Bauart: .....
Material: .....
Oberflächen: .....

2€	2€	**2€**	3€	4€	[m]	⏱ 0,04h/m	333.000.016

14 Fenster reinigen KG **397**

Reinigung eines mehrteiligen Einzelfensters. Reinigen aller Fensterflügel und Festverglasungen, Innen- und Außenflächen, Paneel-, Glas- und Rahmenflächen, Falze, Beschläge, Fenstersimse, Fugen und Dichtungen durch nass wischen mit einem abgestimmten Reinigungsmittel, danach trocken ledern und polieren bis zum Erlangen einer vollständig schmutzfreien Oberfläche. Leistung inkl. zerstörungsfreier Entfernung aller Aufkleber, sowie inkl. erhöhtem Aufwand für verfestigte Verschmutzungen der Außenseiten.
Rahmenmaterial: .....
Fenstergröße: .....
Arbeitshöhe: bis .....
Arbeit von .....
Abgrenzung zu anderen Bauteilen: .....

4€	7€	**8€**	9€	11€	[St]	⏱ 0,12h/St	333.000.020

15 Stundensatz, Facharbeiter/-in

Stundenlohnarbeiten für Vorarbeiter/-in, Facharbeiter/-in und Gleichgestellte. Der Verrechnungssatz für die jeweilige Arbeitskraft umfasst sämtliche Aufwendungen wie Lohn- und Gehaltskosten, Lohn- und Gehaltsnebenkosten, Zuschläge, lohngebundene und lohnabhängige Kosten, sonstige Sozialkosten, Gemeinkosten, Wagnis und Gewinn. Leistung nach besonderer Anordnung der Bauüberwachung. Anmeldung und Nachweis gem. VOB/B.

39€	44€	**46€**	49€	56€	[h]	⏱ 1,00h/h	333.000.028

Nr.	Kurztext / Langtext						Kostengruppe
►	▷	ø netto €	◁	◄	[Einheit]	Ausf.-Dauer	Positionsnummer

16 Stundensatz, Helfer/-in

Stundenlohnarbeiten für Werkerin, Werker, Helferin, Helfer und Gleichgestellte. Der Verrechnungssatz für die jeweilige Arbeitskraft umfasst sämtliche Aufwendungen wie Lohn- und Gehaltskosten, Lohn- und Gehaltsnebenkosten, Zuschläge, lohngebundene und lohnabhängige Kosten, sonstige Sozialkosten, Gemeinkosten, Wagnis und Gewinn. Leistung nach besonderer Anordnung der Bauüberwachung. Anmeldung und Nachweis gem. VOB/B.

26€	34€	**40€**	42€	49€	[h]	⏱ 1,00h/h	333.000.029

Kosten:
Stand 2. Quartal 2025
Bundesdurchschnitt

► min
▷ von
ø Mittel
◁ bis
◄ max

Kosten:
Stand 2. Quartal 2025
Bundesdurchschnitt

▶ min
▷ von
ø Mittel
◁ bis
◀ max

Nr.	Positionen	Einheit	▶	▷	ø brutto € / ø netto €	◁	◀
1	Öffnungen abdecken, Strahlarbeiten	m²	15	25	**31**	35	39
			13	21	**26**	29	33
2	Trockenstrahlen, Fassade	m²	22	25	**27**	32	35
			19	21	**23**	27	29
3	Strahlen mit Strahlmittel, Fassade	m²	22	25	**27**	32	35
			19	21	**23**	27	30
4	Druckwasserstrahlen, Fassade	m²	2	2	**2**	2	6
			1	1	**2**	2	5
5	Druckwasser temperiert, Fassade	m²	3	4	**5**	6	12
			2	4	**4**	5	10
6	Dampfstrahlen temperiert, Fassade	m²	5	6	**7**	8	14
			4	5	**6**	6	12
7	Beschichtung entfernen, Außenputz	m²	18	20	**23**	26	42
			15	17	**19**	22	35
8	Holz anschleifen/grundieren	m²	4	8	**9**	11	16
			4	7	**8**	9	13
9	Holzfenster vorbereiten, Beschichtung	St	23	26	**29**	34	38
			19	22	**24**	29	32
10	Fenster abbeizen	St	22	24	**28**	32	42
			18	20	**23**	27	36
11	Hauseingangstür abbeizen	m²	124	140	**155**	182	220
			104	117	**130**	153	185
12	Gartenzaun abbeizen, Holz	m²	45	51	**57**	66	80
			38	42	**48**	55	67
13	Balkonbrett abbeizen, Holz	m	5	9	**10**	11	18
			4	7	**8**	10	15
14	Metallflächen reinigen	m²	4	4	**5**	6	9
			3	4	**4**	5	8
15	Metallflächen entrosten, Strahlen	m²	9	10	**11**	13	19
			8	8	**9**	11	16
16	Metallflächen entrosten, Teilflächen	m²	7	8	**9**	10	13
			6	7	**7**	8	11
17	Metallflächen vorbereiten	m²	18	20	**23**	27	32
			15	17	**20**	22	27
18	Metallflächen schleifen/grundieren, außen	m²	7	8	**9**	10	17
			6	7	**8**	9	14
19	Stahlgeländer abbeizen	m²	13	27	**30**	36	40
			11	22	**25**	30	34
20	Bodenflächen abdecken, Malervlies	m²	2	4	**4**	5	5
			1	3	**4**	4	4
21	Bodenflächen abdecken, Krepppapier	m²	4	4	**5**	5	6
			3	3	**4**	4	5
22	Bodenflächen abdecken, Folie	m²	2	3	**4**	4	5
			1	3	**3**	4	4
23	Gegenstände abdecken, Plane	m²	3	3	**4**	4	5
			3	3	**3**	4	5
24	Geländer abdecken, PE-Folie	m²	6	6	**7**	8	9
			5	5	**6**	7	8

Nr.	Positionen	Einheit	►	▷	ø brutto € / ø netto €	◁	◄
25	Beschichtungsflächen reinigen	m²	2	2	**3**	3	5
			2	2	**2**	3	4
26	Altbeschichtung reinigen, innen	m²	2	2	**3**	4	5
			2	2	**3**	3	4
27	Altbeschichtung entfernen, innen	m²	2	2	**3**	3	6
			2	2	**2**	3	5
28	Altbeschichtung ausbessern, innen	m²	8	9	**10**	12	15
			7	8	**9**	10	13
29	Ölfarbe entfernen, Innenputz	m²	13	15	**17**	20	32
			11	13	**15**	17	27
30	Ölfarbbeschichtung anschleifen	m²	1	3	**3**	4	5
			1	2	**3**	3	4
31	Dübel entfernen, schließen	St	2	3	**4**	4	5
			2	3	**3**	3	4
32	Fehlstellen schließen, innen	St	4	4	**5**	5	7
			3	3	**4**	4	6
33	Schadstellen abklopfen, innen	m²	6	7	**7**	9	10
			5	6	**6**	7	9
34	Betonflächen ausbessern, innen	m²	23	26	**30**	34	38
			20	22	**25**	29	32
35	Spachtelung, Dispersion, innen	m²	9	10	**12**	14	21
			8	9	**10**	11	17
36	Spachtelung, Dispersion, 2x innen	m²	17	19	**22**	25	30
			14	16	**18**	21	26
37	Spachtelung faserhaltig, innen	m²	15	17	**18**	21	25
			12	14	**15**	18	21
38	Putzfläche reinigen, innen	m²	2	4	**5**	6	10
			2	4	**4**	5	9
39	Putzschaden ausbessern, außen	m²	13	26	**30**	35	44
			11	22	**26**	29	37
40	Innentür abschleifen	m²	13	18	**21**	24	36
			11	15	**17**	20	30
41	Innentür abbeizen	m²	148	168	**190**	219	256
			125	141	**160**	184	215
42	Metallflächen anschleifen	m²	5	6	**7**	7	11
			4	5	**5**	6	10
43	Metallflächen schleifen/grundieren innen	m²	11	13	**15**	17	23
			9	11	**13**	15	20
44	Heizkörper, abbeizen	m²	18	22	**25**	28	33
			15	18	**21**	24	28
45	Imprägnierung, hydrophob, Außenputz	m²	8	9	**10**	12	16
			7	8	**9**	10	14
46	Beschichtung, Dispersion, gefüllt, Putz außen	m²	21	24	**27**	31	34
			18	20	**23**	26	29
47	Beschichtung, Silikatfarbe, gefüllt, Putz außen	m²	20	22	**25**	29	32
			17	19	**21**	24	27
48	Beschichtung, Silikonharzfarbe, gefüllt, Putz außen	m²	21	24	**27**	31	34
			18	20	**23**	26	29

Kosten:
Stand 2. Quartal 2025
Bundesdurchschnitt

Maler- und Lackierarbeiten - Beschichtungen							Preise €
Nr.	**Positionen**	**Einheit**	▶	▷	**ø brutto €** ø netto €	◁	◀
49	Beschichtung, Reinacrylatfarbe , gefüllt, Putz außen	m²	25	28	**32**	37	41
			21	24	**27**	31	34
50	Beschichtung, Dispersionssilikat, gefüllt, Putz außen	m²	25	28	**32**	37	41
			21	24	**27**	31	34
51	Zwischenbeschichtung, zusätzlich	m²	12	13	**15**	17	19
			10	11	**13**	15	16
52	Beschichtung, Kunstharzlack, Holz außen	m²	29	33	**37**	43	47
			25	27	**31**	36	40
53	Beschichtung, Kunstharzlack, Holzkonstruktion außen	m²	34	38	**44**	50	56
			29	32	**37**	42	47
54	Beschichtung, Kunstharzlack, Holzfenster außen	m²	22	24	**28**	32	36
			18	21	**24**	27	30
55	Beschichtung, Kunstharzlack, Holz, n. maßhaltig, außen	m²	32	35	**40**	46	51
			27	30	**33**	39	43
56	Lasur, Holz, nicht maßhaltig, außen	m²	33	37	**42**	48	54
			28	31	**35**	41	45
57	Lasur, Holz, fungizid, außen	m²	25	28	**32**	36	40
			21	24	**27**	31	34
58	Beschichtung,Kunstharzlack, Metall außen	m²	31	35	**40**	45	50
			26	29	**33**	38	42
59	Beschichtung, Kunstharzlack, Stahlgitter außen	m²	57	63	**71**	83	93
			48	53	**60**	69	78
60	Beschichtung, Kunstharzlack, Stahlgeländer außen	m²	30	34	**39**	44	48
			25	28	**33**	37	40
61	Beschichtung, Kunstharzlack, Stahlkonstruktion außen	m²	80	89	**101**	116	129
			67	75	**85**	98	109
62	Beschichtung, Kunstharz, Kleineisenteile außen	St	5	6	**7**	8	11
			5	5	**6**	7	9
63	Beschichtung, Dachrinne	m	21	23	**26**	30	36
			17	19	**22**	25	30
64	Beschichtung, Fallrohr	m	15	16	**19**	21	28
			12	14	**16**	18	23
65	Beschichtung, Dispersion, gefüllt, Putz innen	m²	11	14	**16**	18	21
			9	12	**13**	15	18
66	Beschichtung, Dispersion, Raufasertapete	m²	11	14	**15**	18	21
			10	12	**13**	15	17
67	Beschichtung, Dispersion, Glasfasertapete	m²	12	14	**16**	18	21
			10	12	**13**	15	18
68	Beschichtung, Silikatfarbe, gefüllt, Putz innen	m²	14	16	**19**	21	25
			11	14	**16**	18	21
69	Beschichtung, Dispersion, gefüllt, Beton innen	m²	14	17	**19**	22	25
			12	14	**16**	18	21
70	Beschichtung, Acrylharzlack, Boden	m²	15	21	**23**	26	33
			13	17	**19**	22	27
71	Beschichtung, 2-K Epoxidharz, Boden	m²	22	29	**30**	33	42
			19	24	**25**	28	35
72	Lasur, Acryl, Holz innen	m²	13	15	**17**	20	23
			11	13	**15**	17	19

▶ min
▷ von
ø Mittel
◁ bis
◀ max

Nr.	Positionen	Einheit	▶	▷	ø brutto € / ø netto €	◁	◀
73	Beschichtung, Acryl, Holz innen	m²	19	22	**26**	30	34
			16	19	**22**	25	29
74	Beschichtung, Kunstharzlack, Holzfläche innen	m²	21	25	**29**	33	38
			18	21	**24**	28	32
75	Beschichtung, Kunstharzlack, Holzfenster innen	m²	17	20	**23**	27	31
			14	17	**20**	22	26
76	Beschichtung, Kunstharzlack, Holzbekleidung innen	m²	26	30	**35**	40	44
			21	26	**29**	34	37
77	Beschichtung, Kunstharzlack, Holzdecke innen	m²	21	24	**28**	32	37
			17	21	**24**	27	31
78	Beschichtung, Kunstharzlack, Holzbauteile innen	m²	25	30	**35**	39	44
			21	25	**29**	33	37
79	Beschichtung, Kunstharzlack, Holztür innen	m²	22	27	**31**	35	39
			19	22	**26**	30	33
80	Beschichtung, Kunstharzlack, Holztür/Zarge innen	m²	26	29	**33**	38	42
			22	24	**28**	32	35
81	Beschichtung, Kunstharzlack, Holzfußboden innen	m²	25	29	**32**	37	41
			21	24	**27**	31	34
82	Beschichtung, Kunstharzlack, Holztreppen innen	m²	35	40	**44**	52	59
			30	34	**37**	44	50
83	Beschichtung, Kunstharzlack, Holzfußleisten innen	m	7	8	**9**	10	11
			6	7	**8**	9	10
84	Beschichtung, Kunstharzlack, Geländer, Holz innen	m²	55	56	**63**	73	85
			46	47	**53**	61	71
85	Beschichtung, Kunstharzlack, Handlauf, Holz innen	m	18	21	**23**	27	32
			15	17	**20**	23	27
86	Beschichtung, Kunstharzlack, Stahl innen	m²	27	31	**34**	39	44
			23	26	**29**	33	37
87	Beschichtung, Kunstharzlack, Geländer innen	m²	63	70	**80**	92	104
			53	59	**67**	78	88
88	Beschichtung, Kunstharzlack, Stahlzarge innen	m	24	28	**32**	37	42
			20	24	**27**	31	35
89	Beschichtung, Kunstharzlack, Stahltürelement	St	112	125	**142**	164	182
			94	105	**120**	137	153
90	Beschichtung, Kunstharzlack, Metall beschichtet innen	m²	27	30	**35**	39	44
			23	25	**29**	33	37
91	Beschichtung, rissüberbrückend	m²	32	36	**39**	45	51
			27	30	**33**	38	43
92	Grundierung, Riss	m	7	9	**10**	11	13
			6	7	**8**	9	11
93	Rissfüllung, Verschlämmen	m	11	13	**15**	17	20
			9	11	**13**	15	17
94	Beschichtung, rissüberbrückend, Gewebe	m²	33	39	**45**	51	59
			28	33	**38**	43	50
95	Beschichtung, rissfüllend, Putz	m²	23	27	**31**	35	41
			19	23	**26**	30	34
96	Oberputz, mineralisch, modifiziert	m²	36	42	**47**	55	63
			30	35	**40**	46	53

323
324
325
326
327
328
329
330
331
332
333
334
336
337
338
339

Nr.	Positionen	Einheit	►	▷	ø brutto € / ø netto €	◁	◀
97	Oberputz, mineralisch, modifiziert, Gewebe	m²	42	52	**58**	67	77
			36	44	**49**	56	65
98	Stundensatz, Facharbeiter/-in	h	65	77	**81**	83	92
			55	65	**68**	70	77
99	Stundensatz, Helfer/-in	h	56	69	**71**	74	82
			47	58	**59**	62	69

Kosten:
Stand 2. Quartal 2025
Bundesdurchschnitt

Nr. **Kurztext** / Langtext — Kostengruppe
► ▷ **ø netto €** ◁ ◀ [Einheit] Ausf.-Dauer Positionsnummer

1 Öffnungen abdecken, Strahlarbeiten KG **395**

Schutzabdeckungen für Öffnungen in Fassade mit Plattenware in Öffnungsgröße und Folie, Anschlüsse abgeklebt für Druckwasserreinigung.
Bauteil: .....

13€ 21€ **26€** 29€ 33€ [m²] ⏱ 0,22h/m² 334.000.080

2 Trockenstrahlen, Fassade KG **395**

Fassadenreinigung durch Trockenstrahlen mit festem Strahlmittel zur Entfernung alter Beschichtungen und haftungsmindernder Bestandteile. Die Entsorgung des Abrieb- und Strahlmaterials ist einzukalkulieren.
Untergrund: .....
Beschichtung: .....
Strahlmittel: .....

19€ 21€ **23€** 27€ 29€ [m²] ⏱ 0,22h/m² 334.000.081

3 Strahlen mit Strahlmittel, Fassade KG **395**

Fassadenreinigung durch Strahlen mit festem Strahlmittel unter Zugabe von Wasser zum Entfernen alter Beschichtungen und haftungsmindernder Bestandteile. Die Entsorgung des Abrieb- und Strahlmaterials ist einzukalkulieren.
Untergrund: .....

19€ 21€ **23€** 27€ 30€ [m²] ⏱ 0,25h/m² 334.000.082

4 Druckwasserstrahlen, Fassade KG **395**

Fassadenreinigung durch Druckwasserstrahlen zum Entfernen alter Beschichtungen und haftungsmindernder Bestandteile. Die Entsorgung des Abrieb- und Strahlmaterials ist einzukalkulieren.
Untergrund: .....
Arbeitsdruck: .....

1€ 1€ **2€** 2€ 5€ [m²] ⏱ 0,10h/m² 334.000.083

5 Druckwasser temperiert, Fassade KG **395**

Fassadenreinigung durch temperiertes Druckwasserstrahlen zum Entfernen von Verschmutzungen und Verunreinigungen. Die Entsorgung des Abrieb- und Strahlmaterials ist einzukalkulieren.
Untergrund: .....
Arbeitsdruck: .....
Temperatur: .....

2€ 4€ **4€** 5€ 10€ [m²] ⏱ 0,07h/m² 334.000.084

► min
▷ von
ø Mittel
◁ bis
◀ max

Nr.	Kurztext / Langtext						Kostengruppe
►	▷	ø netto €	◁	◄	[Einheit]	Ausf.-Dauer	Positionsnummer

6 Dampfstrahlen temperiert, Fassade KG **395**

Fassade durch temperiertes Dampfstrahlen reinigen. Die Entsorgung des Abrieb- und Strahlmaterials ist einzukalkulieren.
Untergrund: .....

4€	5€	**6€**	6€	12€	[m²]	⏱ 0,08 h/m²	334.000.085

7 Beschichtung entfernen, Außenputz KG **395**

Altbeschichtung, abblätternd, vom Außenputz entfernen und entsorgen.
Untergrund: Putz
Beschichtung: .....

15€	17€	**19€**	22€	35€	[m²]	⏱ 0,25 h/m²	334.000.086

8 Holz anschleifen/grundieren KG **395**

Holzflächen im Außenbereich mit zweimaliger Grundierung und Zwischenschleifen für Beschichtung vorbereiten.
Bauteil: .....

4€	7€	**8€**	9€	13€	[m²]	⏱ 0,10 h/m²	334.000.087

9 Holzfenster vorbereiten, Beschichtung KG **395**

Fenster für Beschichtung im Außenbereich vorbereiten. Lose Farbschichten entfernen und Holzteile anschleifen.
Fenstergröße: .....

19€	22€	**24€**	29€	32€	[St]	⏱ 0,46 h/St	334.000.088

10 Fenster abbeizen KG **395**

Fenster aus Holz abbeizen, nachwaschen und trocknen.
Fenster: bis 1,35 x 1,35 m
Beschichtung: .....

18€	20€	**23€**	27€	36€	[St]	⏱ 0,27 h/St	334.000.089

11 Hauseingangstür abbeizen KG **395**

Hauseingangstüren aus Holz abbeizen, nachwaschen und trocknen.
Größe: bis 1,20 x 2,50 m
Beschichtung: .....

104€	117€	**130€**	153€	185€	[m²]	⏱ 1,40 h/m²	334.000.090

12 Gartenzaun abbeizen, Holz KG **395**

Gartenzäune Holz, einschl. Türen abbeizen, nachwaschen und trocknen.
Beschichtung: .....

38€	42€	**48€**	55€	67€	[m²]	⏱ 0,45 h/m²	334.000.091

13 Balkonbrett abbeizen, Holz KG **395**

Balkonbretter aus Holz abbeizen, nachwaschen und trocknen.
Abwicklung: 30 cm
Beschichtung: .....

4€	7€	**8€**	10€	15€	[m]	⏱ 0,10 h/m	334.000.092

323 324 325 326 327 328 329 330 331 332 333 334 336 337 338 339

Kosten:
Stand 2. Quartal 2025
Bundesdurchschnitt

Nr.	Kurztext / Langtext						Kostengruppe
▶	▷	ø netto €	◁	◀	[Einheit]	Ausf.-Dauer	Positionsnummer

14 Metallflächen reinigen KG **395**

Metallflächen im Außenbereich von leicht zu entfernendem Schmutz und Verunreinigungen reinigen.

▶	▷	ø	◁	◀	Einheit	Ausf.-Dauer	Positionsnummer
3€	4€	**4€**	5€	8€	[m2]	0,05h/m2	334.000.093

15 Metallflächen entrosten, Strahlen KG **395**

Metallflächen im Außenbereich durch Trockenstrahlen für Neubeschichtung entrosten.
Entrostungsgrad: .....

▶	▷	ø	◁	◀	Einheit	Ausf.-Dauer	Positionsnummer
8€	8€	**9€**	11€	16€	[m2]	0,10h/m2	334.000.094

16 Metallflächen entrosten, Teilflächen KG **395**

Metallflächen im Außenbereich in Teilflächen für Beschichtung entrosten.
Teilfläche: bis 30%
Entrostungsgrad: .....

▶	▷	ø	◁	◀	Einheit	Ausf.-Dauer	Positionsnummer
6€	7€	**7€**	8€	11€	[m2]	0,12h/m2	334.000.095

17 Metallflächen vorbereiten KG **395**

Metallflächen im Außenbereich für Überholungsbeschichtung vorbereiten, durch Entfernen von lose anhaftender Beschichtungen und Ausbessern der Fehlstellen.

▶	▷	ø	◁	◀	Einheit	Ausf.-Dauer	Positionsnummer
15€	17€	**20€**	22€	27€	[m2]	0,10h/m2	334.000.097

18 Metallflächen schleifen/grundieren, außen KG **395**

Metallflächen im Außenbereich für Überholungsbeschichtung vorbereiten, durch Schleifen und Grundieren.
Bauteil: .....
Grundbeschichtungsstoff: .....

▶	▷	ø	◁	◀	Einheit	Ausf.-Dauer	Positionsnummer
6€	7€	**8€**	9€	14€	[m2]	0,10h/m2	334.000.098

19 Stahlgeländer abbeizen KG **395**

Stahlgeländer abbeizen, nachwaschen und trocknen.
Geländer: .....
Beschichtung: .....

▶	▷	ø	◁	◀	Einheit	Ausf.-Dauer	Positionsnummer
11€	22€	**25€**	30€	34€	[m2]	0,25h/m2	334.000.099

20 Bodenflächen abdecken, Malervlies KG **397**

Abdecken und Abkleben von Bodenflächen mit rutschsicherem Malerabdeckvlies.
Ausführungsort: .....

▶	▷	ø	◁	◀	Einheit	Ausf.-Dauer	Positionsnummer
1€	3€	**4€**	4€	4€	[m2]	0,03h/m2	334.000.100

21 Bodenflächen abdecken, Krepppapier KG **397**

Abdecken und Abkleben von Bodenflächen mit Malerkrepppapier.
Ausführungsort: .....

▶	▷	ø	◁	◀	Einheit	Ausf.-Dauer	Positionsnummer
3€	3€	**4€**	4€	5€	[m2]	0,03h/m2	334.000.101

▶ min
▷ von
ø Mittel
◁ bis
◀ max

Nr.	**Kurztext** / Langtext						Kostengruppe
▶	▷	**ø netto €**	◁	◀	[Einheit]	Ausf.-Dauer	Positionsnummer

22 Bodenflächen abdecken, Folie — KG **397**

Abdecken und Abkleben von Bodenflächen mit Malerfolie.
Ausführungsort: .....

1€	3€	**3€**	4€	4€	[m2]	⏱ 0,03 h/m2	334.000.102

23 Gegenstände abdecken, Plane — KG **397**

Abdecken und Abkleben von Gegenständen mit Malerabdeckplane.
Gegenstand: .....
Ausführungsort: .....

3€	3€	**3€**	4€	5€	[m2]	⏱ 0,03 h/m2	334.000.103

24 Geländer abdecken, PE-Folie — KG **397**

Abdecken und Abkleben von Geländer mit Kunststofffolie.
Folienmaterial: Polyethylen (PE)
Ausführungsort: .....

5€	5€	**6€**	7€	8€	[m2]	⏱ 0,06 h/m2	334.000.104

25 Beschichtungsflächen reinigen — KG **395**

Reinigen von Beschichtungsflächen zur Aufnahme einer Überholungsbeschichtung.
Bauteil: .....
Beschichtung: .....
Reinigungsmittel: .....

2€	2€	**2€**	3€	4€	[m2]	⏱ 0,03 h/m2	334.000.105

26 Altbeschichtung reinigen, innen — KG **395**

Vorhandene Beschichtung im Innenbereich für Überholungsbeschichtung reinigen.
Bauteil: .....
Beschichtung: .....
Reinigungsmittel: .....

2€	2€	**3€**	3€	4€	[m2]	⏱ 0,03 h/m2	334.000.106

27 Altbeschichtung entfernen, innen — KG **394**

Entfernen von vorhandener Beschichtung im Innenbereich von losen Bestandteilen durch Abkratzen und Nachwaschen für erneute Beschichtung.
Bauteil: .....
Beschichtung: .....

2€	2€	**2€**	3€	5€	[m2]	⏱ 0,03 h/m2	334.000.107

28 Altbeschichtung ausbessern, innen — KG **395**

Vorhandene Beschichtung im Innenbereich ausbessern und zur Aufnahme einer Überholungsbeschichtung vorbereiten. Lose Beschichtungsflächen abkratzen, nachwaschen und kleinere Fehlstellen mit Spachtelmasse egalisieren.
Bauteil: .....
Beschichtung: .....

7€	8€	**9€**	10€	13€	[m2]	⏱ 0,10 h/m2	334.000.108

Nr.	Kurztext / Langtext						Kostengruppe
▶	▷	**ø netto €**	◁	◀	[Einheit]	Ausf.-Dauer	Positionsnummer

29 Ölfarbe entfernen, Innenputz KG **394**

Ölfarbenbeschichtung auf Innenputz abbeizen und nachwaschen.

▶	▷	ø	◁	◀	Einheit	Ausf.-Dauer	Positionsnummer
11€	13€	**15€**	17€	27€	[m2]	⏱ 0,15h/m2	334.000.109

30 Ölfarbbeschichtung anschleifen KG **395**

Ölfarbenbeschichtung auf Innenputz anschleifen und reinigen, für neue Beschichtung.

▶	▷	ø	◁	◀	Einheit	Ausf.-Dauer	Positionsnummer
1€	2€	**3€**	3€	4€	[m2]	⏱ 0,03h/m2	334.000.110

31 Dübel entfernen, schließen KG **395**

Dübel entfernen und schließen der Löcher.
Bauteil: .....

▶	▷	ø	◁	◀	Einheit	Ausf.-Dauer	Positionsnummer
2€	3€	**3€**	3€	4€	[St]	⏱ 0,03h/St	334.000.111

32 Fehlstellen schließen, innen KG **395**

Punktuelle Fehlstellen in Wand- und Deckenflächen mit Mörtel oder Gips schließen und Oberfläche angleichen.
Fehlstelle: .....

▶	▷	ø	◁	◀	Einheit	Ausf.-Dauer	Positionsnummer
3€	3€	**4€**	4€	6€	[St]	⏱ 0,03h/St	334.000.112

33 Schadstellen abklopfen, innen KG **395**

Lose, hohle und schadhafte Teile von Betonflächen entfernen und entsorgen.
Bauteil: .....
Schadensgrad: .....

▶	▷	ø	◁	◀	Einheit	Ausf.-Dauer	Positionsnummer
5€	6€	**6€**	7€	9€	[m2]	⏱ 0,30h/m2	334.000.113

34 Betonflächen ausbessern, innen KG **395**

Fehlstellen an Decken und Wänden aus Beton im Innenbereich ausbessern und Oberflächen egalisieren durch Spachtel.
Bauteil: .....
Schadensgrad: .....

▶	▷	ø	◁	◀	Einheit	Ausf.-Dauer	Positionsnummer
20€	22€	**25€**	29€	32€	[m2]	⏱ 0,27h/m2	334.000.114

35 Spachtelung, Dispersion, innen KG **395**

Spachtelung von Flächen im Innenbereich mit Kunststoff-Dispersionsspachtelmasse.
Bauteil: .....
Untergrund: .....
Auftragsdicke: .....
Mindestschichtdicke: .....

▶	▷	ø	◁	◀	Einheit	Ausf.-Dauer	Positionsnummer
8€	9€	**10€**	11€	17€	[m2]	⏱ 0,15h/m2	334.000.115

36 Spachtelung, Dispersion, 2x innen KG **395**

Spachtelung von Flächen im Innenbereich in zwei Arbeitsgängen mit Kunststoff-Dispersionsspachtelmasse.
Bauteil: .....
Untergrund: .....
Auftragsdicke: .....
Mindestschichtdicke: .....

▶	▷	ø	◁	◀	Einheit	Ausf.-Dauer	Positionsnummer
14€	16€	**18€**	21€	26€	[m2]	⏱ 0,20h/m2	334.000.116

Kosten:
Stand 2. Quartal 2025
Bundesdurchschnitt

▶ min
▷ von
ø Mittel
◁ bis
◀ max

Nr.	Kurztext / Langtext						Kostengruppe
▶	▷	**ø netto €**	◁	◀	[Einheit]	Ausf.-Dauer	Positionsnummer

37 Spachtelung faserhaltig, innen — KG **395**

Spachtelung von Flächen im Innenbereich zur Aufnahme einer Beschichtung mit faserhaltiger Spachtelmasse.
Bauteil: .....
Untergrund: .....
Auftragsdicke: .....
Mindestschichtdicke: .....
Angeb. Fabrikat: .....

12€ | 14€ | **15€** | 18€ | 21€ | [m2] | ⏱ 0,15h/m2 | 334.000.118

38 Putzfläche reinigen, innen — KG **395**

Reinigung von Innenputzflächen an Wänden und Decken mit Wasser und Reinigungsmittel. Die Flächen sind nachzuwaschen.
Putz: .....
Reinigungsmittel: Salmiak

2€ | 4€ | **4€** | 5€ | 9€ | [m2] | ⏱ 0,05h/m2 | 334.000.119

39 Putzschaden ausbessern, außen — KG **395**

Putzschäden an Flächen im Außenbereich ausbessern und an Oberflächen angleichen. Lose, hohle und schadhafte Teile entfernen und entsorgen.
Bauteil: .....
Putz: .....

11€ | 22€ | **26€** | 29€ | 37€ | [m2] | ⏱ 0,30h/m2 | 334.000.120

40 Innentür abschleifen — KG **395**

Innentür aus Holz abschleifen und für Oberflächenbehandlung deckend, klar vorbereiten.

11€ | 15€ | **17€** | 20€ | 30€ | [m2] | ⏱ 0,27h/m2 | 334.000.121

41 Innentür abbeizen — KG **395**

Innentüren aus Holz inkl. Zarge abbeizen, nachwaschen und trocknen.
Größe: 1,00 x 2,00 m

125€ | 141€ | **160€** | 184€ | 215€ | [m2] | ⏱ 1,20h/m2 | 334.000.122

42 Metallflächen anschleifen — KG **395**

Beschichtung auf Metallflächen im Innenbereich anschleifen.
Bauteil: .....
vorhandene Beschichtung: .....

4€ | 5€ | **5€** | 6€ | 10€ | [m2] | ⏱ 0,08h/m2 | 334.000.123

43 Metallflächen schleifen/grundieren innen — KG **395**

Metallflächen im Innenbereich durch Schleifen und Grundieren für Beschichtung vorbereiten.
Bauteil: .....
Grundbeschichtungsstoff: .....

9€ | 11€ | **13€** | 15€ | 20€ | [m2] | ⏱ 0,18h/m2 | 334.000.124

Nr.	Kurztext / Langtext						Kostengruppe
►	▷	**ø netto €**	◁	◀	[Einheit]	Ausf.-Dauer	Positionsnummer

44 Heizkörper, abbeizen KG **495**

Heizkörper abbeizen, nachwaschen und trocknen.
Art der Heizkörper: .....
Vorhandene Beschichtung: .....

15€	18€	**21€**	24€	28€	[m²]	⏱ 0,20 h/m²	334.000.125

45 Imprägnierung, hydrophob, Außenputz KG **335**

Hydrophobierende Imprägnierung von Außenputzflächen, einschl. Anlegen einer Probefläche nach Maßgabe der Bauleitung.
Bauteil: Fassade
Putzart: .....

7€	8€	**9€**	10€	14€	[m²]	⏱ 0,05 h/m²	334.000.126

Kosten:
Stand 2. Quartal 2025
Bundesdurchschnitt

46 Beschichtung, Dispersion, gefüllt, Putz außen KG **335**

Deckende Überholungsbeschichtung mit füllender Dispersionsbeschichtung und Grundierung auf Putz im Außenbereich.
Bauteil: .....
Putz: .....
Farbe: weiß
Glanzgrad: matt

18€	20€	**23€**	26€	29€	[m²]	⏱ 0,26 h/m²	334.000.127

47 Beschichtung, Silikatfarbe, gefüllt, Putz außen KG **335**

Deckende Überholungsbeschichtung mit hoch wasserdampfdiffusionsfähigen Silikatfarbe mit Grundbeschichtung, gefüllter Zwischenschicht auf Putz im Außenbereich.
Bauteil: .....
Putz: .....
Farbe: weiß
Glanzgrad: matt

17€	19€	**21€**	24€	27€	[m²]	⏱ 0,24 h/m²	334.000.128

48 Beschichtung, Silikonharzfarbe, gefüllt, Putz außen KG **335**

Deckende Überholungsbeschichtung mit diffusionsfähiger Silikonharzfarbe mit Grundfestiger und gefüllter Zwischenschicht auf Putz im Außenbereich.
Bauteil: .....
Putz: .....
Farbe: weiß
Glanzgrad: matt

18€	20€	**23€**	26€	29€	[m²]	⏱ 0,26 h/m²	334.000.129

49 Beschichtung, Reinacrylatfarbe , gefüllt, Putz außen KG **335**

Deckende Überholungsbeschichtung mit Reinacrylatfarbe mit Grundierung der Schadstellen, Haftgrund und gefüllter Zwischenschicht auf Putz im Außenbereich.
Bauteil: .....
Putz: .....
Farbe: weiß
Glanzgrad: matt

21€	24€	**27€**	31€	34€	[m²]	⏱ 0,28 h/m²	334.000.130

► min
▷ von
ø Mittel
◁ bis
◀ max

Nr.	Kurztext / Langtext						Kostengruppe
▶	▷	ø netto €	◁	◀	[Einheit]	Ausf.-Dauer	Positionsnummer

50 Beschichtung, Dispersionssilikat, gefüllt, Putz außen KG **335**

Deckende Überholungsbeschichtung mit füllender Dispersionssilikatfarbe und Grundierung auf Putz im Außenbereich.
Bauteil: .....
Putz: .....
Farbe: weiß
Glanzgrad: matt

21€ | 24€ | **27€** | 31€ | 34€ | [m²] | ⏱ 0,28 h/m² | 334.000.131

51 Zwischenbeschichtung, zusätzlich KG **335**

Zusätzliche Zwischenbeschichtung im Außenbereich für beschriebenes Beschichtungssystem.

10€ | 11€ | **13€** | 15€ | 16€ | [m²] | ⏱ 0,15 h/m² | 334.000.132

52 Beschichtung, Kunstharzlack, Holz außen KG **335**

Deckende Überholungsbeschichtung auf Holzflächen im Außenbereich, mit Kunstharzlack und Grundierung.
Bauteil: .....
Glanzgrad: .....
Beschichtungsstoff: .....
Farbe/Oberfläche: .....

25€ | 27€ | **31€** | 36€ | 40€ | [m²] | ⏱ 0,35 h/m² | 334.000.135

53 Beschichtung, Kunstharzlack, Holzkonstruktion außen KG **335**

Deckende Überholungsbeschichtung auf Holzkonstruktionen im Außenbereich, mit Kunstharzlack und Grundierung. Abrechnung nach abgewickelter Fläche.
Bauteil: Stützen, Sparren, Fachwerk
Holzart: .....
Glanzgrad: .....
Beschichtungsstoff: .....
Farbe/Oberfläche: .....

29€ | 32€ | **37€** | 42€ | 47€ | [m²] | ⏱ 0,40 h/m² | 334.000.136

54 Beschichtung, Kunstharzlack, Holzfenster außen KG **334**

Deckende Überholungsbeschichtung von Holzfenstern im Außenbereich, mit Kunstharzlack und Grundierung.
Bauteil: .....
Glanzgrad: .....
Beschichtungsstoff: .....
Farbe/Oberfläche: .....

18€ | 21€ | **24€** | 27€ | 30€ | [m²] | ⏱ 0,25 h/m² | 334.000.137

55 Beschichtung, Kunstharzlack, Holz, n. maßhaltig, außen KG **335**

Überholungsbeschichtung auf nichtmaßhaltigen Holzflächen im Außenbereich, mit Kunstharzlack und Grundierung.
Bauteil: .....
Glanzgrad: .....
Farbeffekt: .....
Beschichtungsstoff: .....

27€ | 30€ | **33€** | 39€ | 43€ | [m²] | ⏱ 0,45 h/m² | 334.000.139

Kosten:
Stand 2. Quartal 2025
Bundesdurchschnitt

Nr.	Kurztext / Langtext						Kostengruppe
▶	▷	**ø netto €**	◁	◀	[Einheit]	Ausf.-Dauer	Positionsnummer

56 Lasur, Holz, nicht maßhaltig, außen KG **335**

Lasur, nicht filmbildend, auf nicht maßhaltigen Holzflächen im Außenbereich, mit zweimaliger Dünnschichtlasur, einschl. Grundierung.
Bauteil: .....
Glanzgrad: .....
Farbeffekt: .....
Beschichtungsstoff: .....

28€ | 31€ | **35€** | 41€ | 45€ | [m2] | ⏱ 0,48 h/m2 | 334.000.140

57 Lasur, Holz, fungizid, außen KG **335**

Lasur, nicht filmbildend, auf nicht maßhaltigen Holzflächen im Außenbereich, mit fungizid eingestellter Dünnschichtlasur, einschl. Grundierung.
Bauteil: .....
Glanzgrad: .....
Farbeffekt: .....
Beschichtungsstoff: .....

21€ | 24€ | **27€** | 31€ | 34€ | [m2] | ⏱ 0,35 h/m2 | 334.000.141

58 Beschichtung,Kunstharzlack, Metall außen KG **335**

Überholungsbeschichtung auf Metallflächen im Außenbereich mit Kunstharzlack, einschl. Grundierung.
Bauteil: .....
Werkstoff: .....
Glanzgrad: .....
Farbe/Oberfläche: .....

26€ | 29€ | **33€** | 38€ | 42€ | [m2] | ⏱ 0,35 h/m2 | 334.000.142

59 Beschichtung, Kunstharzlack, Stahlgitter außen KG **339**

Überholungsbeschichtung auf Stahlgitter im Außenbereich mit Kunstharzlack, einschl. Zwischenbeschichtung und Grundierung.
Glanzgrad: .....
Farbe/Oberfläche: .....

48€ | 53€ | **60€** | 69€ | 78€ | [m2] | ⏱ 0,70 h/m2 | 334.000.143

60 Beschichtung, Kunstharzlack, Stahlgeländer außen KG **339**

Überholungsbeschichtung auf Stahlgeländer als Rohrkonstruktion mit Ober- und Untergurt im Außenbereich, mit Kunstharzlack, einschl. Zwischenbeschichtung und Grundierung.
Glanzgrad: .....
Farbe/Oberfläche: .....

25€ | 28€ | **33€** | 37€ | 40€ | [m2] | ⏱ 0,40 h/m2 | 334.000.144

61 Beschichtung, Kunstharzlack, Stahlkonstruktion außen KG **339**

Überholungsbeschichtung auf Stahlträgerkonstruktionen im Außenbereich, mit Kunstharzlack, einschl. Zwischenbeschichtung und Grundierung.
Glanzgrad: .....
Farbe/Oberfläche: .....

67€ | 75€ | **85€** | 98€ | 109€ | [m2] | ⏱ 0,95 h/m2 | 334.000.145

▶ min
▷ von
ø Mittel
◁ bis
◀ max

Nr.	**Kurztext** / Langtext						Kostengruppe
►	▷	**ø netto €**	◁	◀	[Einheit]	Ausf.-Dauer	Positionsnummer

62 Beschichtung, Kunstharz, Kleineisenteile außen KG **335**

Überholungsbeschichtung auf Kleineisenteilen mit entrosten, Grund-, Zwischen- und Schlussbeschichtung.
Farbe: .....

5€	5€	**6€**	7€	9€	[St]	⏱ 0,05h/St	334.000.146

63 Beschichtung, Dachrinne KG **363**

Deckende Beschichtung auf Dachrinne aus verzinktem Stahlblech mit reinigen, entrosten, Grund- und Schlussbeschichtung.
Farbe: .....
Nennweite: bis DN150

17€	19€	**22€**	25€	30€	[m]	⏱ 0,25h/m	334.000.147

64 Beschichtung, Fallrohr KG **411**

Deckende Beschichtung auf Regenfallrohren aus verzinktem Stahl, entrosten, Grund- und Schlussbeschichtung.
Farbe: .....
Nenngröße: bis DN100

12€	14€	**16€**	18€	23€	[m]	⏱ 0,18h/m	334.000.148

65 Beschichtung, Dispersion, gefüllt, Putz innen KG **345**

Deckende Überholungsbeschichtung auf Putzflächen im Innenbereich, mit füllender Dispersionsbeschichtung, einschl. Grundierung.
Bauteil: .....
Putz: .....
Glanzgrad: matt
Farbe: weiß

9€	12€	**13€**	15€	18€	[m²]	⏱ 0,20h/m²	334.000.149

66 Beschichtung, Dispersion, Raufasertapete KG **345**

Deckende Überholungsbeschichtung auf Raufasertapete im Innenbereich, mit Dispersionsbeschichtung, einschl. Grundierung.
Bauteil: .....
Glanzgrad: matt
Farbe: weiß

10€	12€	**13€**	15€	17€	[m²]	⏱ 0,20h/m²	334.000.150

67 Beschichtung, Dispersion, Glasfasertapete KG **345**

Deckende Überholungsbeschichtung auf Glasfasertapete im Innenbereich, mit Dispersionsbeschichtung, einschl. Grundierung.
Bauteil: .....
Glanzgrad: matt
Farbe: weiß

10€	12€	**13€**	15€	18€	[m²]	⏱ 0,18h/m²	334.000.151

Kosten:
Stand 2. Quartal 2025
Bundesdurchschnitt

Nr.	Kurztext / Langtext						Kostengruppe
▶	▷	ø netto €	◁	◀	[Einheit]	Ausf.-Dauer	Positionsnummer

68 **Beschichtung, Silikatfarbe, gefüllt, Putz innen** KG **345**

Deckende Überholungsbeschichtung auf Putz im Innenbereich, mit Silikatfarben, einschl. Grundierung und gefüllter Zwischenschicht.
Bauteil: .....
Putz: .....
Glanzgrad: matt
Farbe: weiß

11€ | 14€ | **16€** | 18€ | 21€ | [m²] | ⏱ 0,18 h/m² | 334.000.152

69 **Beschichtung, Dispersion, gefüllt, Beton innen** KG **345**

Deckende Überholungsbeschichtung im Innenbereich, mit füllender Dispersionsbeschichtung, einschl. Grundierung.
Bauteil: .....
Untergrund: Beton
Glanzgrad: matt
Farbe: weiß

12€ | 14€ | **16€** | 18€ | 21€ | [m²] | ⏱ 0,18 h/m² | 334.000.153

70 **Beschichtung, Acrylharzlack, Boden** KG **324**

Erstbeschichtung auf Bodenfläche, aus Acrylharzlack, mit Grundierung, Zwischenbeschichtung und Schlussbeschichtung, inkl. farbloser Versiegelung.
Untergrund: normal saugende Betonflächen
Versiegelung: .....
Farbe: .....

13€ | 17€ | **19€** | 22€ | 27€ | [m²] | ⏱ 0,18 h/m² | 334.000.187

71 **Beschichtung, 2-K Epoxidharz, Boden** KG **324**

Erstbeschichtung auf Bodenfläche, aus 2-K-Beschichtung auf Epoxidharzbasis, mit Grundierung, Zwischenbeschichtung und Schlussbeschichtung, einschl. farbloser Versiegelung.
Untergrund: normal saugende Betonflächen
Versiegelung: .....
Farbe: .....

19€ | 24€ | **25€** | 28€ | 35€ | [m²] | ⏱ 0,18 h/m² | 334.000.188

72 **Lasur, Acryl, Holz innen** KG **345**

Überholungsbeschichtung als Lasur auf gehobelten Holzflächen im Innenbereich mit Acryllasur, einschl. Grundierung.
Bauteil: .....
Glanzgrad: .....
Farbeffekt: .....

11€ | 13€ | **15€** | 17€ | 19€ | [m²] | ⏱ 0,18 h/m² | 334.000.189

▶ min
▷ von
ø Mittel
◁ bis
◀ max

Nr.	Kurztext / Langtext						Kostengruppe
▶	▷	**ø netto €**	◁	◀	[Einheit]	Ausf.-Dauer	Positionsnummer

73 Beschichtung, Acryl, Holz innen KG **345**

Deckende Überholungsbeschichtung auf Holzflächen im Innenbereich, mit Acrylfarbe und zusätzlicher Zwischenbeschichtung, einschl. Grundierung.
Glanzgrad: .....
Farbe: .....
Oberfläche: .....

16€	19€	**22€**	25€	29€	[m2]	⏱ 0,26h/m2	334.000.190

74 Beschichtung, Kunstharzlack, Holzfläche innen KG **345**

Deckende Überholungsbeschichtung auf Holzflächen im Innenbereich, mit Kunstharzlack, einschl. Grundierung.
Bauteil: .....
Glanzgrad: .....
Farbe/Oberfläche: .....

18€	21€	**24€**	28€	32€	[m2]	⏱ 0,25h/m2	334.000.158

75 Beschichtung, Kunstharzlack, Holzfenster innen KG **334**

Deckende Überholungsbeschichtung auf Holzfensterflächen im Innenbereich mit Kunstharzlack, einschl. Grundierung.
Bauteil: .....
Glanzgrad: .....

14€	17€	**20€**	22€	26€	[m2]	⏱ 0,25h/m2	334.000.159

76 Beschichtung, Kunstharzlack, Holzbekleidung innen KG **345**

Deckende Überholungsbeschichtung mit Kunstharzlack auf Holzbekleidung aus Nut- und Federbrettern, im Innenbereich, einschl. Grundierung. Aufmaß und Abrechnung nach abgewickelter Fläche.
Bauteil: .....
Glanzgrad: .....
Farbeffekt: .....
Beschichtungsstoff: .....

21€	26€	**29€**	34€	37€	[m2]	⏱ 0,25h/m2	334.000.162

77 Beschichtung, Kunstharzlack, Holzdecke innen KG **354**

Deckende Überholungsbeschichtung mit Kunstharzlack auf Holz-Deckenbekleidung aus Nut- und Federbrettern im Innenbereich, mit einschl. Grundierung. Aufmaß und Abrechnung nach abgewickelter Fläche.
Bauteil: .....
Glanzgrad: .....
Farbeffekt: .....
Beschichtungsstoff: .....

17€	21€	**24€**	27€	31€	[m2]	⏱ 0,30h/m2	334.000.164

78 Beschichtung, Kunstharzlack, Holzbauteile innen KG **345**

Deckende Überholungsbeschichtung mit Kunstharzlack auf Holzbauteilen im Innenbereich mit Grund-, Zwischen- und Schlussbeschichtung. Leistung inkl. Anschleifen, Reinigen und wiederholten Schleifen zur Untergrundvorbereitung.
Oberfläche: seidenglänzend
Farbe: weiß

21€	25€	**29€**	33€	37€	[m2]	⏱ 0,35h/m2	334.000.165

323 324 325 326 327 328 329 330 331 332 333 **334** 336 337 338 339

Kosten:
Stand 2. Quartal 2025
Bundesdurchschnitt

Nr.	**Kurztext** / Langtext						Kostengruppe
►	▷	**ø netto €**	◁	◄	[Einheit]	Ausf.-Dauer	Positionsnummer

79 Beschichtung, Kunstharzlack, Holztür innen KG **344**

Kunstharzlackbeschichtung auf Innentüren aus Holz mit Grund-, Zwischen- und Schlussbeschichtung erneuern. Leistung inkl. alte Beschichtung anschleifen und blätternde Teile entfernen.
Oberfläche: seidenglänzend
Farbe: weiß

►	▷	ø	◁	◄	Einheit	Dauer	Position
19€	22€	**26€**	30€	33€	[m²]	⏱ 0,35h/m²	334.000.167

80 Beschichtung, Kunstharzlack, Holztür/Zarge innen KG **344**

Kunstharzlackbeschichtung auf Innentüren aus Holz, einschl. Futter, Bekleidung, bzw. Blendrahmen oder Zarge mit Grund-, Zwischen- und Schlussbeschichtung erneuern. Leistung inkl. alte Beschichtung anschleifen und blätternde Teile entfernen.
Oberfläche: seidenglänzend
Farbe: weiß

►	▷	ø	◁	◄	Einheit	Dauer	Position
22€	24€	**28€**	32€	35€	[m²]	⏱ 0,35h/m²	334.000.166

81 Beschichtung, Kunstharzlack, Holzfußboden innen KG **353**

Kunstharzlackbeschichtung auf Holzdielen-Fußboden mit Grund-, Zwischen- und Schlussbeschichtung erneuern. Leistung inkl. alte Beschichtung anschleifen und blätternde Teile entfernen.
Oberfläche: .....
Farbe: .....

►	▷	ø	◁	◄	Einheit	Dauer	Position
21€	24€	**27€**	31€	34€	[m²]	⏱ 0,35h/m²	334.000.168

82 Beschichtung, Kunstharzlack, Holztreppen innen KG **353**

Kunstharzlackbeschichtung auf Holztreppenstufen mit Grund-, Zwischen- und Schlussbeschichtung erneuern. Leistung inkl. alte Beschichtung anschleifen und blätternde Teile entfernen.
Oberfläche: .....
Farbe: .....

►	▷	ø	◁	◄	Einheit	Dauer	Position
30€	34€	**37€**	44€	50€	[m²]	⏱ 0,40h/m²	334.000.169

83 Beschichtung, Kunstharzlack, Holzfußleisten innen KG **353**

Kunstharzlackbeschichtung auf Fußleisten aus Holz mit Grund-, Zwischen- und Schlussbeschichtung erneuern. Leistung inkl. schließen der Nagellöcher, anschleifen und reinigen der Beschichtungsflächen.
Farbe: .....

►	▷	ø	◁	◄	Einheit	Dauer	Position
6€	7€	**8€**	9€	10€	[m]	⏱ 0,10h/m	334.000.170

84 Beschichtung, Kunstharzlack, Geländer, Holz innen KG **359**

Kunstharzlackbeschichtung auf Treppengeländern im Innenbereich, bestehend aus senkrechten Holzstäben mit Grund-, Zwischen- und Schlussbeschichtung erneuern. Leistung inkl. Entfernen loser Beschichtung, Fehlstellen spachteln, anschleifen und Reinigen der Beschichtungsflächen.
Stababstand: ca. 15 cm
Stabdurchmesser: ca. 30 mm
Farbe: .....

►	▷	ø	◁	◄	Einheit	Dauer	Position
46€	47€	**53€**	61€	71€	[m²]	⏱ 0,45h/m²	334.000.171

► min
▷ von
ø Mittel
◁ bis
◄ max

85 Beschichtung, Kunstharzlack, Handlauf, Holz innen KG **359**

Kunstharzlackbeschichtung auf Handlauf im Innenbereich mit Grund- und Schlussbeschichtung erneuern. Leistung inkl. entfernen loser Beschichtung, Fehlstellen spachteln, anschleifen und reinigen der Beschichtungsflächen.
Farbe: .....

15€ 17€ **20€** 23€ 27€ [m] ⏱ 0,20h/m 334.000.172

86 Beschichtung, Kunstharzlack, Stahl innen KG **345**

Deckende Überholungsbeschichtung auf vollflächige Stahlkonstruktionen im Innenbereich, mit Kunstharzlack. Leistung einschl. anschleifen, reinigen, Grund- und Schlussbeschichtung.
Bauteil: .....
Beschichtungsstoff: .....
Glanzgrad: glänzend
Farbe: weiß

23€ 26€ **29€** 33€ 37€ [m²] ⏱ 0,34h/m² 334.000.173

87 Beschichtung, Kunstharzlack, Geländer innen KG **359**

Überholungsbeschichtung auf Stahlgeländern als einfache Rechteck- oder Rundrohrkonstruktion mit Ober- und Untergurt, im Innenbereich, mit Kunstharzlack. Leistung einschl. anschleifen, reinigen mit Grund-, Zwischen- und Schlussbeschichtung.
Farbe: .....
Material: Kunstharzlack mit Korrosionsschutzpigment

53€ 59€ **67€** 78€ 88€ [m²] ⏱ 0,70h/m² 334.000.174

88 Beschichtung, Kunstharzlack, Stahlzarge innen KG **344**

Überholungsbeschichtung auf Stahlzarge im Innenbereich mit Kunstharzlack. Leistung inkl. Beschichtung anschleifen, Grund-, Zwischen- und Schlussbeschichtung.
Oberfläche: .....
Breite: bis 30 cm
Farbe: .....

20€ 24€ **27€** 31€ 35€ [m] ⏱ 0,32h/m 334.000.175

89 Beschichtung, Kunstharzlack, Stahltürelement KG **344**

Überholungsbeschichtung auf Stahltürblatt und Zarge im Innenbereich mit Kunstharzlack. Leistung inkl. Beschichtung anschleifen, Grund-, Zwischen- und Schlussbeschichtung
Fläche: bis 5,00 m²
Oberfläche: .....
Farbe: .....

94€ 105€ **120€** 137€ 153€ [St] ⏱ 0,95h/St 334.000.176

90 Beschichtung, Kunstharzlack, Metall beschichtet innen KG **345**

Überholungsbeschichtung auf vollflächige, pulverbeschichtete Metallkonstruktionen im Innenbereich, mit Kunstharzlack, einschl. anschleifen.
Bauteil: .....
Beschichtungsstoff: .....
Glanzgrad: glänzend
Farbe: weiß

23€ 25€ **29€** 33€ 37€ [m²] ⏱ 0,34h/m² 334.000.177

Nr.	Kurztext / Langtext						Kostengruppe
▶	▷	ø netto €	◁	◀	[Einheit]	Ausf.-Dauer	Positionsnummer

91 Beschichtung, rissüberbrückend — KG **395**

Rissüberbrückende Beschichtung mit organischem Beschichtungssystem auf verputzten Außenwänden mit Grundierung, Zwischenbeschichtung und Schlussbeschichtung nach instandsetzen.
Putz: .....
Oberfläche: .....
Rissbreiten: +/- 0,1 mm
Beschichtungsstoff: .....

27€	30€	**33€**	38€	43€	[m2]	⏱ 0,32h/m2	334.000.178

92 Grundierung, Riss — KG **395**

Riss mit wasserabweisendem Grundieranstrich für füllendes Beschichtungssystem auf Außenwänden mit Putz vorbereiten.
Putz: .....

6€	7€	**8€**	9€	11€	[m]	⏱ 0,12h/m	334.000.179

93 Rissfüllung, Verschlämmen — KG **395**

Riss in Außenputz mit Streichfüller für folgendes Beschichtungssystem vorbereiten.
Putz: .....

9€	11€	**13€**	15€	17€	[m]	⏱ 0,12h/m	334.000.180

94 Beschichtung, rissüberbrückend, Gewebe — KG **395**

Rissüberbrückende Beschichtung mit organischem Beschichtungssystem und eingebettetem Gewebe auf verputzten Außenwänden mit Grundierung, Zwischenbeschichtung und Schlussbeschichtung instandsetzen.
Putz: .....
Oberfläche: .....
Beschichtungsstoff: .....

28€	33€	**38€**	43€	50€	[m2]	⏱ 0,45h/m2	334.000.181

95 Beschichtung, rissfüllend, Putz — KG **395**

Rissfüllendes Beschichtungssystem auf verputzten Außenwänden mit Grundierung, Zwischenbeschichtung und Schlussbeschichtung instandsetzen.
Putz: .....
Oberfläche: .....
Beschichtungsstoff: .....

19€	23€	**26€**	30€	34€	[m2]	⏱ 0,35h/m2	334.000.182

96 Oberputz, mineralisch, modifiziert — KG **395**

Mineralischer Oberputz mit Kunststoffzusätzen auf verputzen Außenwänden mit Grundierung und mineralischen Oberputz instandsetzen.
Putz: .....
Oberfläche: .....
Oberputz: .....

30€	35€	**40€**	46€	53€	[m2]	⏱ 0,35h/m2	334.000.183

Kosten:
Stand 2. Quartal 2025
Bundesdurchschnitt

▶ min
▷ von
ø Mittel
◁ bis
◀ max

Nr.	Kurztext / Langtext						Kostengruppe
▶	▷	**ø netto €**	◁	◀	[Einheit]	Ausf.-Dauer	Positionsnummer

97 Oberputz, mineralisch, modifiziert, Gewebe KG **395**

Mineralischer Oberputz mit mineralisch gewebearmierter Spachtelung auf verputzten Außenwänden mit Grundierung und mineralischen Oberputz instandsetzen.
Putz: .....
Oberfläche: .....
Beschichtungsstoff: .....
Gewebe: .....

36€	44€	**49€**	56€	65€	[m2]	⏱ 0,40 h/m2	334.000.184

98 Stundensatz, Facharbeiter/-in

Stundenlohnarbeiten für Vorarbeiter/-in, Facharbeiter/-in und Gleichgestellte. Der Verrechnungssatz für die jeweilige Arbeitskraft umfasst sämtliche Aufwendungen wie Lohn- und Gehaltskosten, Lohn- und Gehaltsnebenkosten, Zuschläge, lohngebundene und lohnabhängige Kosten, sonstige Sozialkosten, Gemeinkosten, Wagnis und Gewinn. Leistung nach besonderer Anordnung der Bauüberwachung. Anmeldung und Nachweis gem. VOB/B.

55€	65€	**68€**	70€	77€	[h]	⏱ 1,00 h/h	334.000.186

99 Stundensatz, Helfer/-in

Stundenlohnarbeiten für Werker/-in, Helfer/-in und Gleichgestellte. Der Verrechnungssatz für die jeweilige Arbeitskraft umfasst sämtliche Aufwendungen wie Lohn- und Gehaltskosten, Lohn- und Gehaltsnebenkosten, Zuschläge, lohngebundene und lohnabhängige Kosten, sonstige Sozialkosten, Gemeinkosten, Wagnis und Gewinn. Leistung nach besonderer Anordnung der Bauüberwachung. Anmeldung und Nachweis gem. VOB/B.

47€	58€	**59€**	62€	69€	[h]	⏱ 1,00 h/h	334.000.185

Kosten:
Stand 2. Quartal 2025
Bundesdurchschnitt

► min
▷ von
ø Mittel
◁ bis
◀ max

Nr.	Positionen	Einheit	►	▷	ø brutto € / ø netto €	◁	◀
1	Sockelleiste entfernen	m	2	5	**6**	7	8
			2	4	5	6	7
2	Bodenbelag verklebt, entfernen	m²	10	15	**17**	21	28
			8	13	14	17	23
3	PVC-Fliesen verklebt, entfernen	m²	30	36	**41**	49	53
			25	30	35	41	44
4	Laminatboden entfernen	m²	18	21	**24**	29	31
			15	17	20	25	26
5	Treppenbelag verklebt, entfernen	St	12	13	**16**	19	20
			10	11	13	16	17
6	Bodenbelag lose, entfernen	m²	8	12	**14**	17	22
			7	10	12	14	18
7	Untergrund reinigen	m²	2	4	**5**	6	6
			2	4	4	5	5
8	Klebereste entfernen	m²	3	4	**5**	5	6
			3	3	4	5	5
9	Untergrund schleifen	m²	2	6	**7**	9	11
			2	5	6	8	10
10	Untergrund grundieren	m²	3	5	**6**	8	10
			2	5	5	7	9
11	Untergrund spachteln, bis 2mm	m²	6	7	**7**	9	10
			5	6	6	8	8
12	Spachtelung, Gewebe	m²	12	14	**17**	20	21
			10	12	14	17	18
13	Ausgleichsspachtelung, bis 10mm	m²	5	7	**8**	11	17
			4	6	7	9	14
14	Haftgrund, Bodenbelag	m²	2	3	**4**	5	7
			1	3	3	4	6
15	Boden kugelstrahlen	m²	5	8	**9**	10	12
			4	7	8	8	10
16	Randstreifen abschneiden	m	0,3	1,2	**1,4**	2,5	4,2
			0,3	1,0	1,2	2,1	3,6
17	Textilbelag, Kunstfaser/Nadelvlies	m²	41	52	**57**	63	77
			35	44	48	53	65
18	Textilbelag, Kunstfaser/Tuftingteppich	m²	66	83	**91**	100	118
			55	69	76	84	100
19	Textiler Belag, Wolle/Sisal	m²	98	112	**120**	135	165
			83	94	101	114	139
20	Korkunterlage, Linoleum	m²	26	30	**32**	35	41
			22	25	27	29	34
21	Linoleumbelag, bis 2,5mm	m²	40	53	**58**	64	80
			33	44	49	53	67
22	Linoleumbelag, über 2,5mm	m²	51	65	**69**	76	92
			43	54	58	64	77
23	Linoleumbelag verschweißen	m²	4	5	**6**	6	8
			3	4	5	5	7
24	Bodenbelag, PVC	m²	45	65	**74**	85	111
			38	55	62	72	93

Nr.	Positionen	Einheit	▶	▷	ø brutto € / ø netto €	◁	◀
25	Bodenbelag, Laminat	m²	55	78	**90**	101	120
			46	65	**75**	85	101
26	Treppenstufe, elastischer Bodenbelag	St	41	79	**85**	94	132
			34	66	**71**	79	111
27	Treppenstufe, textiler Belag	St	57	74	**85**	89	103
			48	62	**71**	75	87
28	Treppenkantenprofil, Kunststoff	m	14	24	**28**	30	37
			12	20	**23**	25	31
29	Trennprofil, Metall	m	14	21	**25**	28	33
			12	18	**21**	24	28
30	Übergangsprofil, Metall	m	14	19	**20**	22	25
			12	16	**17**	19	21
31	Verfugung, elastisch, Silikon	m	4	7	**8**	10	14
			3	6	**7**	8	11
32	Sockelausbildung, Holzleisten	m	15	21	**24**	29	44
			13	18	**20**	25	37
33	Sockelausbildung, PVC-Leisten, Belag	m	6	8	**10**	12	16
			5	7	**8**	10	13
34	Sockelausbildung, PVC-Leisten, weich	m	5	8	**9**	12	21
			4	7	**8**	10	18
35	Sockelausbildung, Linoleum	m	7	14	**17**	24	39
			6	12	**14**	20	33
36	Erstpflege PVC/Lino/Kautschuk	m²	2	4	**5**	7	11
			2	4	**4**	6	9
37	Stundensatz, Facharbeiter/-in	h	72	86	**92**	98	111
			61	73	**77**	82	93
38	Stundensatz, Helfer/-in	h	56	67	**71**	76	86
			47	56	**60**	64	73

Nr.	**Kurztext** / Langtext						Kostengruppe
▶	▷	**ø netto €**	◁	◀	[Einheit]	Ausf.-Dauer	Positionsnummer

1 Sockelleiste entfernen KG **394**

Sockelleiste/Sockelprofil entfernen und anfallenden Bauschutt entsorgen.
Sockelleiste: .....
Befestigung: .....

2€ 4€ **5€** 6€ 7€ [m] ⏱ 0,04 h/m 336.000.052

2 Bodenbelag verklebt, entfernen KG **394**

Bodenbelag, verklebt, einschl. Sockelleiste entfernen und anfallenden Bauschutt entsorgen. Der Untergrund ist von Kleberresten zu reinigen und zur Aufnahme von neuem Bodenbelag vorzubereiten.
Belag: .....
Untergrund: .....
Art der Untergrundvorbereitung: .....

8€ 13€ **14€** 17€ 23€ [m²] ⏱ 0,13 h/m² 336.000.053

323 324 325 326 327 328 329 330 331 332 333 334 336 337 338 339

Kosten:
Stand 2. Quartal 2025
Bundesdurchschnitt

Nr.	Kurztext / Langtext						Kostengruppe
▶	▷	ø netto €	◁	◀	[Einheit]	Ausf.-Dauer	Positionsnummer

3 PVC-Fliesen verklebt, entfernen KG **394**

PVC-Fliesenbelag, verklebt, einschl. Sockelleisten entfernen und anfallenden Bauschutt entsorgen. Der Untergrund ist von Kleberresten zu reinigen und zur Aufnahme von neuem Bodenbelag vorzubereiten.
Untergrund: .....

▶	▷	ø netto €	◁	◀	[Einheit]	Ausf.-Dauer	Positionsnummer
25€	30€	**35€**	41€	44€	[m²]	⏱ 0,17 h/m²	336.000.054

4 Laminatboden entfernen KG **394**

Bodenbelag aus Laminat einschl. Sockelleiste entfernen und anfallenden Bauschutt entsorgen.

▶	▷	ø netto €	◁	◀	[Einheit]	Ausf.-Dauer	Positionsnummer
15€	17€	**20€**	25€	26€	[m²]	⏱ 0,15 h/m²	336.000.055

5 Treppenbelag verklebt, entfernen KG **394**

Bodenbelag auf Treppenstufen einschl. Kantenprofil und Sockelleiste entfernen und anfallenden Bauschutt entsorgen. Der Boden ist von Kleberresten zu reinigen und zur Aufnahme von neuem Bodenbelag vorzubereiten.
Belag: .....
Untergrund: .....
Befestigung: .....
Art der Untergrundvorbereitung: .....

▶	▷	ø netto €	◁	◀	[Einheit]	Ausf.-Dauer	Positionsnummer
10€	11€	**13€**	16€	17€	[St]	⏱ 0,11 h/St	336.000.056

6 Bodenbelag lose, entfernen KG **394**

Bodenbelag aus lose verlegtem Teppichboden entfernen und anfallenden Bauschutt entsorgen.

▶	▷	ø netto €	◁	◀	[Einheit]	Ausf.-Dauer	Positionsnummer
7€	10€	**12€**	14€	18€	[m²]	⏱ 0,08 h/m²	336.000.057

7 Untergrund reinigen KG **395**

Reinigen des Untergrunds von Verschmutzungen und anfallenden Bauschutt entsorgen.
Verschmutzung: .....

▶	▷	ø netto €	◁	◀	[Einheit]	Ausf.-Dauer	Positionsnummer
2€	4€	**4€**	5€	5€	[m²]	⏱ 0,04 h/m²	336.000.058

8 Klebereste entfernen KG **395**

Klebereste auf Boden, mineralisch, entfernen und anfallenden Bauschutt entsorgen.
Ausführungsort: .....
Untergrund: .....

▶	▷	ø netto €	◁	◀	[Einheit]	Ausf.-Dauer	Positionsnummer
3€	3€	**4€**	5€	5€	[m²]	⏱ 0,04 h/m²	336.000.059

9 Untergrund schleifen KG **395**

Untergrund zur Haftungsverbesserung anschleifen und absaugen, anfallende Stoffe sammeln und entsorgen.
Untergrund: .....

▶	▷	ø netto €	◁	◀	[Einheit]	Ausf.-Dauer	Positionsnummer
2€	5€	**6€**	8€	10€	[m²]	⏱ 0,06 h/m²	336.000.060

10 Untergrund grundieren KG **395**

Untergrund zur Aufnahme von Bodenbelag grundieren.
Ausführungsort: .....
Angeb. Fabrikat: .....

▶	▷	ø netto €	◁	◀	[Einheit]	Ausf.-Dauer	Positionsnummer
2€	5€	**5€**	7€	9€	[m²]	⏱ 0,03 h/m²	336.000.061

▶ min
▷ von
ø Mittel
◁ bis
◀ max

Nr.	Kurztext / Langtext						Kostengruppe
▶	▷	ø netto €	◁	◀	[Einheit]	Ausf.-Dauer	Positionsnummer

11 Untergrund spachteln, bis 2mm KG **395**

Spachteln des Untergrunds zur Vorbereitung für Bodenbelagsarbeiten.
Untergrund: .....
Spachteldicke: bis 2 mm

5€	6€	**6€**	8€	8€	[m²]	⏱ 0,04 h/m²	336.000.063

12 Spachtelung, Gewebe KG **395**

Spachtelung mit Armierungsgewebe zur Vorbereitung für Bodenbelagsarbeiten.
Untergrund: .....

10€	12€	**14€**	17€	18€	[m²]	⏱ 0,04 h/m²	336.000.064

13 Ausgleichsspachtelung, bis 10mm KG **395**

Ausgleichsspachtelung auf Estrich, einschl. Reinigen der Estrichfläche. Leistung ist nur nach schriftlicher Anweisung durch die Bauleitung auszuführen.
Nachfolgender Belag: .....
Estrich: .....
Spachteldicke: ..... mm
Angeb. Fabrikat: .....

4€	6€	**7€**	9€	14€	[m²]	⏱ 0,10 h/m²	336.000.065

14 Haftgrund, Bodenbelag KG **353**

Voranstrich/Haftgrund für nachfolgende Bodenbeläge, vollflächig auf oberflächentrockene Flächen, einschl. Reinigung der Bodenflächen.

1€	3€	**3€**	4€	6€	[m²]	⏱ 0,03 h/m²	336.000.066

15 Boden kugelstrahlen KG **353**

Verschmutzten Untergrund zur Aufnahme eines neuen Bodenbelags bis auf einen tragfähigen Grund strahlen, anschließend Fläche staubfrei absaugen.
Strahlverfahren: .....
Untergrund: .....
Abtragsdicke: 5 mm

4€	7€	**8€**	8€	10€	[m²]	⏱ 0,03 h/m²	336.000.067

16 Randstreifen abschneiden KG **353**

Randdämmstreifen oberhalb des verlegten Bodenbelags abschneiden und anfallenden Bauschutt entsorgen.
Randdämmstreifen: .....

0,3€	1,0€	**1,2€**	2,1€	3,6€	[m]	⏱ 0,01 h/m	336.000.068

323 324 325 326 327 328 329 330 331 332 333 334 **336** 337 338 339

Nr.	Kurztext / Langtext						Kostengruppe
►	▷	ø netto €	◁	◄	[Einheit]	Ausf.-Dauer	Positionsnummer

17 Textilbelag, Kunstfaser/Nadelvlies KG **353**

Textiler Bodenbelag aus Kunstfasern, als Nadelvliesbelag, für gewerblichen Anwendungsbereich mit starker Beanspruchung, vollflächig geklebt. Durchdringungen, elektrisch leitende Verklebung und Metallnetz nach gesonderter Position.
Gesamtdicke: ..... mm
Bahnenbreite: ..... cm
Untergrund: fertig gespachtelt
Beanspruchungsklasse: 33
Komfortklasse: LC 1, einfach
Trittschallverbesserung: bis 22 dB
Wärmedurchlasswiderstand: 0,12 m^2K/W
Ableitwiderstand: ..... Ohm
Aufladungsspannung: max. 2 kV (antistatisch)
Brandverhalten: Bfl-s1
Eignungen Stuhlrollen: Typ H
Eignung Fußbodenheizung: .....
Nutzschicht: Polyamid, vermischt mit anderen Fasern
Oberfläche: grobfaserig, ...
Farbe: .....
Rücken: PAC-Vlies
Verklebung: Dispersionskleber D.....
Emissionen: .....
Einbauort: .....
Angeb. Fabrikat: .....

35€	44€	**48€**	53€	65€	[m^2]	⏱ 0,18 h/m^2	336.000.015

Kosten:
Stand 2. Quartal 2025
Bundesdurchschnitt

► min
▷ von
ø Mittel
◁ bis
◄ max

Nr.	Kurztext / Langtext						Kostengruppe
▶	▷	**ø netto €**	◁	◀	[Einheit]	Ausf.-Dauer	Positionsnummer

18 **Textilbelag, Kunstfaser/Tuftingteppich** KG **353**

Textiler Bodenbelag aus Kunstfasergemisch, als Tuftingteppich, für privaten Anwendungsbereich, vollflächig geklebt. Durchdringungen, elektrisch leitende Verklebung und Metallnetz nach gesonderter Position.
Belagdicke: ..... mm
Bahnenbreite: ..... cm
Untergrund: fertig gespachtelt
Beanspruchungsklasse: 23
Komfortklasse: LC3
Trittschallverbesserung: mind. 24 dB
Wärmedurchlasswiderstand: 0,11 m²K/W
Ableitwiderstand: 10 hoch 9 Ohm
Aufladungsspannung: .....
Brandverhalten: Cfl-s1
Eignungen Stuhlrollen: Typ H
Eignung Fußbodenheizung: nein
Nutzschicht: 100% Polyamid
Polmaterial: PA
Oberfläche: Schlinge, 1/10"
Farbe: .....
Lichtechtheit: 5
Wasserechtheit: 4
Rücken: Textilrücken
Verklebung: Dispersionskleber D .....
Emissionen: .....
Einbauort: .....
Angeb. Fabrikat: .....

55€	69€	**76€**	84€	100€	[m²]	⏱ 0,18h/m²	336.000.017

323
324
325
326
327
328
329
330
331
332
333
334
336
337
338
339

Nr.	Kurztext / Langtext						Kostengruppe
►	▷	ø netto €	◁	◄	[Einheit]	Ausf.-Dauer	Positionsnummer

19 **Textiler Belag, Wolle/Sisal** KG **353**

Textiler Bodenbelag als Webteppich, aus Naturfaser, für privaten Anwendungsbereich, vollflächig geklebt. Durchdringungen, elektrisch leitende Verklebung und Metallnetz nach gesonderter Position.
Belagdicke: ca...... mm
Bahnenbreite: ..... cm
Untergrund: fertig gespachtelt
Beanspruchungsklasse: 23
Komfortklasse: LC2
Trittschallverbesserung: mind. ..... dB
Wärmedurchlasswiderstand: ..... m²K/W
Ableitwiderstand: ..... Ohm
Aufladungsspannung: .....
Brandverhalten: Efl-s1
Eignungen Stuhlrollen: Typ H
Eignung Fußbodenheizung: ja
Trägermaterial: .....
Nutzschicht: **Sisal / Wolle**
Oberfläche: gewebt, ...-gemustert
Farbe: .....
Lichtechtheit: 5
Wasserechtheit: 4
Rücken: latexiert
Verklebung: Dispersionskleber D.....
Emissionen: .....
Einbauort: .....
Angeb. Fabrikat: .....

83€	94€	**101€**	114€	139€	[m²]	⏱ 0,18 h/m²	336.000.069

20 **Korkunterlage, Linoleum** KG **353**

Unterlage für Bodenbelag aus gepressten Korkbahnen, auf Untergrund verkleben.
Untergrund: fertig gespachtelt
Oberbelag: Linoleum
Korkplattendicke: 2 mm
Brandverhalten: .....
Verklebung: .....
Emissionen: .....
Einbauort: .....

22€	25€	**27€**	29€	34€	[m²]	⏱ 0,12 h/m²	336.000.019

Kosten:
Stand 2. Quartal 2025
Bundesdurchschnitt

► min
▷ von
ø Mittel
◁ bis
◄ max

21 **Linoleumbelag, bis 2,5mm** KG **353**

Bodenbelag aus Linoleum-Bahnen, stuhlrollengeeignet, permanent antistatisch, zigarettenglutbeständig, für öffentlichen/gewerblichen Anwendungsbereich. Herstellen von Durchdringungen und elektrisch leitende Verklebung und Metallnetz nach gesonderter Position.
Belagdicke: 2,5 mm
Bahnenbreite: ..... cm
Untergrund: fertig gespachtelt
Beanspruchungsklasse: 34
Komfortklasse: LC2
Trittschallverbesserung: mind. 5 dB
Ableitwiderstand: ..... Ohm, antistatisch
Aufladungsspannung: max. 2 kV
Brandverhalten: Cfl-s1
Eignungen Stuhlrollen: Typ W
Eignung Fußbodenheizung: ja
Bewertungsgruppe Rutschgefahr: .....
Oberfläche: marmoriert
Farbe: .....
Lichtechtheit: .....
Emissionen: .....
Einbauort: .....
Angeb. Fabrikat: .....

33€	44€	**49€**	53€	67€	[m²]	⏱ 0,17h/m²	336.000.020

22 **Linoleumbelag, über 2,5mm** KG **353**

Bodenbelag aus Linoleum-Bahnen, stuhlrollengeeignet, permanent antistatisch, zigarettenglutbeständig, für öffentlichen/gewerblichen Anwendungsbereich. Herstellen von Durchdringungen und elektrisch leitende Verklebung und Metallnetz nach gesonderter Position.
Belagdicke: **3,2 / 4,0** mm
Bahnenbreite: ..... cm
Untergrund: fertig gespachtelt
Beanspruchungsklasse: **34 / 42 / 43**
Trittschallverbesserung: mind. 6 dB
Ableitwiderstand: ..... Ohm, antistatisch
Aufladungsspannung: max. 2 kV
Brandverhalten: Cfl-s1
Eignungen Stuhlrollen: Typ W
Eignung Fußbodenheizung: ja
Bewertungsgruppe Rutschgefahr: .....
Oberfläche: .....
Farbe: .....
Lichtechtheit: .....
Emissionen: .....
Einbauort: .....
Angeb. Fabrikat: .....

43€	54€	**58€**	64€	77€	[m²]	⏱ 0,17h/m²	336.000.021

Nr.	Kurztext / Langtext						Kostengruppe
►	▷	ø netto €	◁	◄	[Einheit]	Ausf.-Dauer	Positionsnummer

23 **Linoleumbelag verschweißen** KG **353**

Belagsnähte des Linoleumbelags fräsen und thermisch verschweißen, mittels Schweißschnur.
Belagdicke: 2,5 mm
Nahtbreite: 4 mm
Farbe: .....

3€	4€	**5€**	5€	7€	[m²]	⏱ 0,02 h/m²	336.000.022

24 **Bodenbelag, PVC** KG **353**

Bodenbelag aus Kunststoffbahnen aus homogenem PVC, stuhlrollengeeignet, permanent antistatisch, für gewerblichen/industriellen Anwendungsbereich. Herstellen von Durchdringungen, elektrisch leitende Verklebung und Metallnetz, nach gesonderter Position.
Belagdicke: bis 3,0 mm
Bahnenbreite: ..... cm
Untergrund: fertig gespachtelt
Beanspruchungsklasse: **34 / 43**
Trittschallverbesserung: mind. ..... dB
Ableitwiderstand: ..... Ohm, antistatisch
Aufladungsspannung: max. 2 kV
Brandverhalten: Bfl-s1
Eignung Stuhlrollen: Typ W
Eignung Fußbodenheizung: ja
Rutschhemmung: R10
Oberfläche/Dessin: .....
Farbe: .....
Lichtechtheit: .....
Emissionen: .....
Einbauort: .....
Angeb. Fabrikat: .....

38€	55€	**62€**	72€	93€	[m²]	⏱ 0,17 h/m²	336.000.023

Kosten:
Stand 2. Quartal 2025
Bundesdurchschnitt

► min
▷ von
ø Mittel
◁ bis
◄ max

Nr.	Kurztext / Langtext						Kostengruppe
►	▷	ø netto €	◁	◄	[Einheit]	Ausf.-Dauer	Positionsnummer

25 Bodenbelag, Laminat KG **353**

Bodenbelag aus mehrschichtigem Laminat, HDF-Trägerplatte, für gewerblichen Anwendungsbereich mit mäßiger Beanspruchung, ohne Verklebung.
Untergrund: fertig gespachtelt
Materialstärken: 8,3 mm
Plattenformat: ..... cm
Beanspruchungsklasse: 31
Trittschallverbesserung: bis ..... dB
Brandverhalten: Dfl-s1
Eignung: Stuhlrollen, Typ W
Eignung Fußbodenheizung: ja
Rutschhemmung: R9
Nutzschicht: homogen
Muster/Farbe/Dessin: .....
Oberfläche: Melaminharzbeschichtung
Lichtechtheit: .....
Verbindung: mechanisch verriegelt
Emissionen: .....
Einbauort: .....
Angeb. Fabrikat: .....

46€ | 65€ | **75€** | 85€ | 101€ | [m²] | ⏱ 0,30h/m² | 336.000.047

26 Treppenstufe, elastischer Bodenbelag KG **353**

Elastischer Belag für gerade Treppe.
Belag aus: Trittstufen-, Setzstufenbelag und Kantenprofil
Untergrund: Stahlbeton, grundiert
Belag: .....
Profil: .....
Steigungsverhältnis: 17,5 x 28,0 cm
Stufenbreite: .....
Farbe: .....
Angeb. Fabrikat: .....

34€ | 66€ | **71€** | 79€ | 111€ | [St] | ⏱ 0,35h/St | 336.000.027

27 Treppenstufe, textiler Belag KG **353**

Textiler Belag für gerade Treppe.
Belag aus: Trittstufenbelag und Kantenprofil
Untergrund: Stahlbeton, grundiert
Belag: .....
Beanspruchungsklasse: .....
Profil: .....
Steigungsverhältnis: 17,5 x 28,0 cm
Stufenbreite: .....
Farbe: .....
Befestigung: verkleben
Angeb. Fabrikat: .....

48€ | 62€ | **71€** | 75€ | 87€ | [St] | ⏱ 0,35h/St | 336.000.028

Nr.	Kurztext / Langtext						Kostengruppe
▶	▷	ø netto €	◁	◀	[Einheit]	Ausf.-Dauer	Positionsnummer

Kosten:
Stand 2. Quartal 2025
Bundesdurchschnitt

▶ min
▷ von
ø Mittel
◁ bis
◀ max

28 Treppenkantenprofil, Kunststoff — KG **353**

Kantenprofil für Trittstufe.
Untergrund: .....
Profil: .....
Profil: Längsrillen, Schenkellänge bis 45 mm
Material: Kunststoff
Belagsdicke: .....
Stufenbreite: .....
Farbe: .....
Befestigung: verkleben

12€ | 20€ | **23€** | 25€ | 31€ | [m] | ⏱ 0,15h/m | 336.000.029

29 Trennprofil, Metall — KG **353**

Profilschiene aus Metall, in Belagshöhe auf bauseitigen Estrich montieren, Bodenbelag oberflächenbündig anarbeiten.
Profil: .....
Profilhöhe: ..... mm
Material: .....
Oberfläche: .....
Angeb. Fabrikat: .....

12€ | 18€ | **21€** | 24€ | 28€ | [m] | ⏱ 0,15h/m | 336.000.032

30 Übergangsprofil, Metall — KG **353**

Übergangsprofil aus gerundetem Profil, im Bereich des Belagwechsels, unter Türblatt.
Untergrund: .....
Befestigung: Dübeln und Schrauben
Material: .....
Breite: .....
Oberfläche: .....
Angeb. Fabrikat: .....

12€ | 16€ | **17€** | 19€ | 21€ | [m] | ⏱ 0,15h/m | 336.000.048

31 Verfugung, elastisch, Silikon — KG **353**

Elastische Verfugung mit 1-Komponenten-Dichtstoff auf Silikonbasis, Fuge glatt gestrichen, inkl. notwendiger Flankenvorbehandlung an den Anschlussflächen und Hinterlegen der Fugenhohlräume mit geeignetem Hinterstopfmaterial.

3€ | 6€ | **7€** | 8€ | 11€ | [m] | ⏱ 0,04h/m | 336.000.034

32 Sockelausbildung, Holzleisten — KG **353**

Sockelleisten an aufgehenden Wandflächen, mit Holz-Profil, Stöße und Stirnseiten schräg abgeschnitten und Schnittkanten sauber geschliffen, Ecken mit Gehrungsschnitten.
Material: .....
Profil: ca. 60 x 16 mm
Oberfläche: farblos lackiert, matt
Befestigung: verdübelt, mit nichtrostenden Senkkopf-Schrauben

13€ | 18€ | **20€** | 25€ | 37€ | [m] | ⏱ 0,08h/m | 336.000.035

Nr.	Kurztext / Langtext						Kostengruppe
▶	▷	ø netto €	◁	◀	[Einheit]	Ausf.-Dauer	Positionsnummer

33 Sockelausbildung, PVC-Leisten, Belag KG **353**

Kernsockelleisten an aufgehenden Wandflächen, zum Einkleben von textilem Teppichstreifen. Ecken mit Gehrungsschnitten.
Material: HDF-Kern, ummantelt mit Kunststoff, PP/TPE
Leistenhöhe: ca. 60 mm
Belag: .....
Farbe: .....
Befestigung: .....

5€ | 7€ | **8€** | 10€ | 13€ | [m] | ⏱ 0,04 h/m | 336.000.036

34 Sockelausbildung, PVC-Leisten, weich KG **353**

Sockelleisten an aufgehenden Wandflächen aus PVC, inkl. Verschweißen der Übergänge und Stöße, Ecken mit Gehrungsschnitten.
Material: PVC, weich
Leistenhöhe: ca. 60 mm
Belag: .....
Farbe: .....
Befestigung: .....

4€ | 7€ | **8€** | 10€ | 18€ | [m] | ⏱ 0,04 h/m | 336.000.038

35 Sockelausbildung, Linoleum KG **353**

Sockelleisten, vorgeformt, Anschluss an aufgehende Wandflächen, inkl. Verschweißen der Übergänge und Stöße, Ecken mit Gehrungsschnitten. Außenecke als Formteil in gesonderter Position.
Material: Linoleum
Leistenhöhe: ca. 60 mm
Belag: .....
Farbe: .....
Befestigung: .....

6€ | 12€ | **14€** | 20€ | 33€ | [m] | ⏱ 0,08 h/m | 336.000.039

36 Erstpflege PVC/Lino/Kautschuk KG **353**

Erstpflege des Oberbelags, mit Pflegemitteln abgestimmt auf benötigte Oberflächeneigenschaften. Arbeiten innerhalb einer Woche nach Aufforderung durch die Bauleitung des Architekten ausführen.

2€ | 4€ | **4€** | 6€ | 9€ | [m²] | ⏱ 0,02 h/m² | 336.000.040

37 Stundensatz, Facharbeiter/-in

Stundenlohnarbeiten für Vorarbeiter/-in, Facharbeiter/-in und Gleichgestellte. Der Verrechnungssatz für die jeweilige Arbeitskraft umfasst sämtliche Aufwendungen wie Lohn- und Gehaltskosten, Lohn- und Gehaltsnebenkosten, Zuschläge, lohngebundene und lohnabhängige Kosten, sonstige Sozialkosten, Gemeinkosten, Wagnis und Gewinn. Leistung nach besonderer Anordnung der Bauüberwachung. Anmeldung und Nachweis gem. VOB/B.

61€ | 73€ | **77€** | 82€ | 93€ | [h] | ⏱ 1,00 h/h | 336.000.050

38 Stundensatz, Helfer/-in

Stundenlohnarbeiten für Werker/-in, Helfer/-in und Gleichgestellte. Der Verrechnungssatz für die jeweilige Arbeitskraft umfasst sämtliche Aufwendungen wie Lohn- und Gehaltskosten, Lohn- und Gehaltsnebenkosten, Zuschläge, lohngebundene und lohnabhängige Kosten, sonstige Sozialkosten, Gemeinkosten, Wagnis und Gewinn. Leistung nach besonderer Anordnung der Bauüberwachung. Anmeldung und Nachweis gem. VOB/B.

47€ | 56€ | **60€** | 64€ | 73€ | [h] | ⏱ 1,00 h/h | 336.000.051

323 324 325 326 327 328 329 330 331 332 333 334 336 337 338 339

337

Kosten:
Stand 2. Quartal 2025
Bundesdurchschnitt

► min
▷ von
ø Mittel
◁ bis
◄ max

Tapezierarbeiten — Preise €

Nr.	Positionen	Einheit	►	▷	ø brutto € / ø netto €	◁	◄
1	Tapete, einlagig, entfernen	m²	3	4	**5**	6	9
			2	3	**5**	5	8
2	Tapete beschichtet, einlagig, entfernen	m²	3	5	**5**	7	9
			3	4	**5**	6	8
3	Tapete, mehrlagig, entfernen	m²	4	5	**6**	8	10
			3	4	**5**	6	9
4	Schutzabdeckung, Inneneinrichtung	m²	2	3	**3**	4	4
			2	2	**3**	3	3
5	Schutzabdeckung, Boden, Folie/Schutzvlies	m²	2	3	**3**	4	6
			2	2	**3**	4	5
6	Schutzabdeckung, Boden, Pappe	m²	3	4	**5**	5	6
			3	4	**4**	4	5
7	Spachtelung/Armiervlies, Putz	m²	10	12	**12**	13	15
			8	10	**10**	11	12
8	Vorbehandlung Putz, spachteln/schleifen/grundieren	m²	1	3	**4**	5	7
			1	3	**3**	4	6
9	Vorbehandeln Gipsplatten, spachtel/schleifen/grundieren	m²	1	2	**3**	3	4
			1	2	**2**	2	3
10	Untergrund vorbehandeln, teilspachteln/schleifen	m²	4	5	**6**	6	7
			3	4	**5**	5	6
11	Raufasertapete, Wand	m²	6	8	**10**	12	15
			5	7	**8**	10	13
12	Raufasertapete, Decke	m²	8	10	**11**	13	17
			6	8	**9**	11	14
13	Raufasertapete, lineare Bauteile	m	2	4	**5**	8	13
			2	3	**4**	7	11
14	Raufaser, Dispersionsbeschichtung	m²	11	15	**16**	19	26
			9	12	**13**	16	21
15	Glasfasergewebe, Wand/Decke	m²	14	16	**18**	21	27
			12	14	**15**	18	23
16	Glasfasergewebe, lineare Bauteile	m	5	7	**8**	10	11
			5	6	**7**	8	9
17	Glasgewebe, Dispersionsbeschichtung	m²	19	25	**28**	29	35
			16	21	**23**	24	30
18	Stundensatz, Facharbeiter/-in	h	61	74	**80**	83	90
			51	62	**67**	70	75

Nr.	Kurztext / Langtext						Kostengruppe
▶	▷	**ø netto €**	◁	◀	[Einheit]	Ausf.-Dauer	Positionsnummer

1 Tapete, einlagig, entfernen KG **394**

Tapete, einlagig, einschl. anhaftender Kleberrückstände entfernen und entsorgen.
Bauteil: .....
Raumhöhe: .....
Tapete: .....

2€	3€	**5€**	5€	8€	[m2]	⏱ 0,06 h/m2	337.000.035

2 Tapete beschichtet, einlagig, entfernen KG **394**

Beschichtete Tapete, einlagig, einschl. anhaftender Kleberrückstände entfernen und entsorgen.
Bauteil: .....
Raumhöhe: .....
Tapete: .....
Beschichtung: .....

3€	4€	**5€**	6€	8€	[m2]	⏱ 0,07 h/m2	337.000.036

3 Tapete, mehrlagig, entfernen KG **394**

Tapete, mehrlagig, einschl. anhaftender Kleberrückstände entfernen und entsorgen.
Bauteil: .....
Raumhöhe: .....
Tapete: .....

3€	4€	**5€**	6€	9€	[m2]	⏱ 0,10 h/m2	337.000.037

4 Schutzabdeckung, Inneneinrichtung KG **397**

Schutzabdeckung von Einrichtungsgegenständen, für Tapezierarbeiten, inkl. vorhalten, wieder entfernen und entsorgen, Ränder überlappt und staubdicht verschlossen durch Abkleben.
Abdeckung: **Textil / Folie**
Vorhaltedauer: 4 Wochen

2€	2€	**3€**	3€	3€	[m2]	⏱ 0,05 h/m2	337.000.038

5 Schutzabdeckung, Boden, Folie/Schutzvlies KG **397**

Schutzabdeckung von Böden, für Tapezierarbeiten, inkl. vorhalten, wieder entfernen und entsorgen, Ränder überlappt und staubdicht verschlossen durch Abkleben.
Abdeckung: reißfeste Folie
Vorhaltedauer: 4 Wochen

2€	2€	**3€**	4€	5€	[m2]	⏱ 0,04 h/m2	337.000.039

6 Schutzabdeckung, Boden, Pappe KG **397**

Schutzabdeckung von Böden, für Tapezierarbeiten, inkl. vorhalten, wieder entfernen und entsorgen, Ränder überlappt und staubdicht verschlossen durch Abkleben.
Abdeckung: Pappe
Vorhaltedauer: 4 Wochen

3€	4€	**4€**	4€	5€	[m2]	⏱ 0,04 h/m2	337.000.040

323
324
325
326
327
328
329
330
331
332
333
334
336
337
338
339

Nr.	**Kurztext** / Langtext						Kostengruppe
▶	▷	**ø netto €**	◁	◀	[Einheit]	Ausf.-Dauer	Positionsnummer

7 Spachtelung/Armiervlies, Putz KG **345**

Untergrund aus Putzflächen mit Grundierung und Armiervlies und Feinspachtel für Tapezierarbeiten vorbereiten.
Einbauort: .....
Raumhöhe: .....
Putz: .....
Angeb. Fabrikat: .....

8€	10€	**10€**	11€	12€	[m²]	⏱ 0,12 h/m²	337.000.041

8 Vorbehandlung Putz, spachteln/schleifen/grundieren KG **345**

Verputzte Wand- und Deckenflächen teilspachteln und schleifen, als Untergrundvorbehandlung für Tapezierung, einschl. Grundierung der Putzflächen.
Flächenanteil: bis 30%.
Raumhöhe: .....
Grundierung: .....
Raumhöhe: .....
Putzart: .....

1€	3€	**3€**	4€	6€	[m²]	⏱ 0,06 h/m²	337.000.042

9 Vorbehandeln Gipsplatten, spachtel/schleifen/grundieren KG **345**

Wand- und Deckenflächen aus Gipsplatten spachteln, schleifen und grundieren, als Untergrundvorbehandlung für die Tapezierung.
Oberflächenqualität: .....
Grundierung: .....
Untergrund: Gipsplattenflächen
Raumhöhe: .....

1€	2€	**2€**	2€	3€	[m²]	⏱ 0,02 h/m²	337.000.043

10 Untergrund vorbehandeln, teilspachteln/schleifen KG **345**

Teilspachteln und Schleifen von Wand- und Deckenflächen, als Untergrundvorbereitung für Beschichtung.
Untergrund: .....
Raumhöhe: .....
Flächenanteil: bis .....%

3€	4€	**5€**	5€	6€	[m²]	⏱ 0,06 h/m²	337.000.044

11 Raufasertapete, Wand KG **345**

Raufasertapete, aus Papierlagen mit strukturbildenden Holzspänen, auf vorbehandelte Flächen auf Stoß kleben, zur nachfolgenden Beschichtung mit Dispersionsfarbe.
Einbauort: Wände
Raumhöhe: .....
Untergrund: .....
Körnung: **RF nach BFS-Information 05-01**

5€	7€	**8€**	10€	13€	[m²]	⏱ 0,12 h/m²	337.000.045

Kosten:
Stand 2. Quartal 2025
Bundesdurchschnitt

▶ min
▷ von
ø Mittel
◁ bis
◀ max

Nr.	Kurztext / Langtext						Kostengruppe
►	▷	ø netto €	◁	◄	[Einheit]	Ausf.-Dauer	Positionsnummer

12 Raufasertapete, Decke KG **354**

Raufasertapete, aus Papierlagen mit strukturbildenden Holzspänen, auf vorbehandelte Flächen auf Stoß kleben, zur nachfolgenden Beschichtung mit Dispersionsfarbe.
Einbauort: Decken
Raumhöhe: .....
Untergrund: .....
Körnung: RF nach BFS-Information 05-01

6€	8€	**9€**	11€	14€	[m²]	⏱ 0,15h/m²	337.000.046

13 Raufasertapete, lineare Bauteile KG **345**

Raufasertapete, aus Papierlagen mit strukturbildenden Holzspänen, auf vorbehandelte Flächen auf Stoß kleben, zur nachfolgenden Beschichtung mit Dispersionsfarbe.
Bauteile: Stützen, Pfeiler, Lisenen, Laibungen u.dgl.
Höhe: .....
Bauteilbreite: ..... cm
Untergrund: .....
Körnung: **RG / RM / RF** nach BFS-Information 05-01

2€	3€	**4€**	7€	11€	[m]	⏱ 0,06h/m	337.000.047

14 Raufaser, Dispersionsbeschichtung KG **345**

Raufasertapete und nachfolgende Dispersions-Erstbeschichtung, auf Wand- oder Deckenflächen, einschl. Grundierung, Raufasertapete auf Stoß kleben.
Untergrund: .....
Tapete: Raufasertapete
Körnung: **RG / RM / RF** nach BFS-Information 05-01
Dispersionsfarbe: lösemittel- und weichmacherfrei
Nassabrieb: .....
Farbe: .....
Farbcode .....
Glanzgrad: .....
Raumhöhe: 2,75 m

9€	12€	**13€**	16€	21€	[m²]	⏱ 0,24h/m²	337.000.048

15 Glasfasergewebe, Wand/Decke KG **345**

Glasfasergewebe auf vorbehandelte Flächen auf Stoß kleben, zur nachfolgenden Beschichtung mit Dispersionsfarbe.
Einbauort: .....
Raumhöhe: .....
Belag: Glasgewebe
Untergrund: .....
Oberfläche: .....

12€	14€	**15€**	18€	23€	[m²]	⏱ 0,14h/m²	337.000.049

Nr.	**Kurztext** / Langtext						Kostengruppe
►	▷	**ø netto €**	◁	◀	[Einheit]	Ausf.-Dauer	Positionsnummer

16 Glasfasergewebe, lineare Bauteile KG **345**

Glasfasergewebe auf vorbehandelte Flächen auf Stoß kleben, zur nachfolgenden Beschichtung mit Dispersionsfarbe.
Bauteile: Pfeiler, Stützen, Lisenen, Laibungen u. dgl.
Raumhöhe: .....
Bauteilbreite: ..... cm
Untergrund: .....
Belag: Glasgewebe
Oberfläche: .....

►	▷	ø	◁	◀	Einheit	Ausf.-Dauer	Positionsnummer
5€	6€	**7€**	8€	9€	[m]	⏱ 0,07h/m	337.000.050

17 Glasgewebe, Dispersionsbeschichtung KG **345**

Glasgewebe und nachfolgende Dispersions-Erstbeschichtung, auf Wand- oder Deckenflächen, einschl. Grundierung, Glasfasertapete auf Stoß kleben.
Untergrund: .....
Bauteil: .....
Belag: Glasgewebe
Oberfläche: .....
Dispersionsfarbe: lösemittel- und weichmacherfrei
Nassabrieb: .....
Beschichtungsgänge: zweimal
Farbcode .....
Glanzgrad: .....
Raumhöhe: .....

►	▷	ø	◁	◀	Einheit	Ausf.-Dauer	Positionsnummer
16€	21€	**23€**	24€	30€	[m²]	⏱ 0,20h/m²	337.000.051

18 Stundensatz, Facharbeiter/-in

Stundenlohnarbeiten für Vorarbeiter/-in, Facharbeiter/-in und Gleichgestellte. Der Verrechnungssatz für die jeweilige Arbeitskraft umfasst sämtliche Aufwendungen wie Lohn- und Gehaltskosten, Lohn- und Gehaltsnebenkosten, Zuschläge, lohngebundene und lohnabhängige Kosten, sonstige Sozialkosten, Gemeinkosten, Wagnis und Gewinn. Leistung nach besonderer Anordnung der Bauüberwachung. Anmeldung und Nachweis gem. VOB/B.

►	▷	ø	◁	◀	Einheit	Ausf.-Dauer	Positionsnummer
51€	62€	**67€**	70€	75€	[h]	⏱ 1,00h/h	337.000.053

Kosten:
Stand 2. Quartal 2025
Bundesdurchschnitt

► min
▷ von
ø Mittel
◁ bis
◀ max

Kosten:
Stand 2. Quartal 2025
Bundesdurchschnitt

Nr.	Positionen	Einheit	►	▷	ø brutto € / ø netto €	◁	◄
1	Wanddämmung entfernen, MW	m²	9	15	**17**	22	24
			8	13	**15**	18	20
2	Außenwandbekleidung entfernen, Holz	m²	24	28	**33**	40	43
			20	23	**27**	34	36
3	Außenwandbekleidung entfernen, Faserzementplatten	m²	20	24	**27**	34	36
			17	20	**23**	29	30
4	Unterkonstruktion, Traglattung	m²	14	19	**20**	24	32
			12	16	**17**	20	27
5	Unterkonstruktion, Holz-UK zweilagig	m²	39	70	**83**	93	120
			33	59	**69**	78	101
6	Fassadendämmung, Mineralwolle, VHF	m²	32	43	**49**	53	62
			27	36	**41**	44	52
7	Fassadendämmung, Brandbarriere	m²	48	56	**59**	60	68
			41	47	**50**	51	57
8	Unterkonstruktion, Leichtmetall	m²	57	83	**95**	125	184
			48	70	**79**	105	154
9	Winddichtung, Polyestervlies	m²	15	18	**20**	22	25
			12	15	**17**	18	21
10	Wandbekleidung Holzschindel	m²	138	210	**240**	283	387
			116	176	**202**	238	326
11	Fassadenbekleidung, Holz, Stülpschalung	m²	118	139	**146**	155	171
			99	117	**123**	130	144
12	Fassadenbekleidung, Faserzement, Stülpdeckung	m²	–	215	**248**	312	–
			–	181	**208**	262	–
13	Fassadenbekleidung, Faserzement-Tafeln	m²	160	214	**240**	267	317
			134	180	**202**	224	266
14	Fassadenbekleidung, Metall, Wellblech	m²	88	109	**120**	135	177
			74	92	**101**	113	149
15	Stundensatz, Facharbeiter/-in	h	75	85	**92**	96	106
			63	71	**77**	81	89

Nr. **Kurztext** / Langtext — Kostengruppe
► ▷ **ø netto €** ◁ ◄ [Einheit] Ausf.-Dauer Positionsnummer

1 Wanddämmung entfernen, MW KG **394**

Wärmedämmung mit Mineralwolle an Außenwand entfernen und anfallenden Bauschutt entsorgen. Der Abfall ist nicht gefährlich, nicht schadstoffbelastet.
Einbauart: .....
Dämmdicke: .....

8€ 13€ **15€** 18€ 20€ [m²] ⏱ 0,05h/m² 316.001.098

► min
▷ von
ø Mittel
◁ bis
◄ max

Nr.	Kurztext / Langtext						Kostengruppe
▶	▷	ø netto €	◁	◀	[Einheit]	Ausf.-Dauer	Positionsnummer

2 Außenwandbekleidung entfernen, Holz KG **394**

Bekleidung auf Außenwand aus Holz einschl. Unterkonstruktion entfernen und anfallenden Bauschutt entsorgen. Der Abfall ist nicht gefährlich, nicht schadstoffbelastet.
Bekleidung: .....
Unterkonstruktion: .....

20€	23€	**27€**	34€	36€	[m2]	⏱ 0,15h/m2	316.001.097

3 Außenwandbekleidung entfernen, Faserzementplatten KG **394**

Bekleidung auf Außenwand aus kleinformatigen Faserzementplatten, nicht asbesthaltig, einschl. Unterkonstruktion entfernen und anfallenden Bauschutt entsorgen.
Bekleidung: .....
Unterkonstruktion: .....

17€	20€	**23€**	29€	30€	[m2]	⏱ 0,40h/m2	338.000.021

4 Unterkonstruktion, Traglattung KG **335**

Traglattung für Fassadenbekleidung, inkl. Befestigungsmittel.
Art der Bekleidung: .....
Untergrund: .....
Holzart: Nadelholz
Sortierklasse: S10
Festigkeitsklasse DIN EN 338: .....
Lattenquerschnitt: ..... mm
Lattenabstand: .....

12€	16€	**17€**	20€	27€	[m2]	⏱ 0,12h/m2	338.000.022

5 Unterkonstruktion, Holz-UK zweilagig KG **335**

Lattung für Fassadenbekleidung, bestehend aus senkrechter sowie waagrechter Lattung, inkl. Befestigungsmittel.
Art der Bekleidung: .....
Untergrund: .....
Holzart: Nadelholz, Sortierklasse: S10
Festigkeitsklasse DIN EN 338: .....
Lattenquerschnitte: ..... mm
Lattenabstände: .....

33€	59€	**69€**	78€	101€	[m2]	⏱ 0,16h/m2	338.000.023

6 Fassadendämmung, Mineralwolle, VHF KG **335**

Wärmedämmung der vorgehängten, hinterlüfteten Fassade, aus Mineralwolle, einlagig, durchgehend wasserabweisend, dicht gestoßen zwischen Unterkonstruktion.
Dämmstoff: MW
Anwendung: WAB
Nennwert der Wärmeleitfähigkeit: 0,035 W/(mK)
Bemessungswert der Wärmeleitfähigkeit: .....
Brandverhalten: Klasse **A1 / A2**
Dämmschichtdicke: bis 220 mm

27€	36€	**41€**	44€	52€	[m2]	⏱ 0,24h/m2	338.000.024

323
324
325
326
327
328
329
330
331
332
333
334
336
337
338
339

Kosten:
Stand 2. Quartal 2025
Bundesdurchschnitt

Nr.	Kurztext / Langtext						Kostengruppe
►	▷	ø netto €	◁	◄	[Einheit]	Ausf.-Dauer	Positionsnummer

7 Fassadendämmung, Brandbarriere KG **335**

Brandbarriere/Brandsperre DIN 18516-1, für vorgehängte hinterlüftete Außenwandbekleidung, vertikal oder horizontal.
Material: Mineralwolle, MW DIN EN 13162, Anwendungsgebiet DIN 4108-10 WAB
Nennwert der Wärmeleitfähigkeit: 0,038 W/m^{2}K
Bemessungswert der Wärmeleitfähigkeit: .....
Brandverhalten: Klasse A - nichtbrennbar
Schmelzpunkt: >=1.000°C
Dämmschichtdicke: .....
Breite: 200 mm

►	▷	ø	◁	◄	Einheit	Ausf.-Dauer	Positionsnummer
41€	47€	**50€**	51€	57€	[m^2]	⏱ 0,15h/m^2	338.000.032

8 Unterkonstruktion, Leichtmetall KG **335**

Aluminium-Unterkonstruktion für hinterlüftete Außenwandbekleidung, justierbar und geeignet für großformatige Wandtafeln, bestehend aus Wandwinkeln und Tragprofilen. Befestigung in bauseitigem Grund mit Dübeln und Schrauben. Profilarten und -abstände, Abmessungen von Fest- und Gleitpunkten sowie alle Verbindungs- und Verankerungsmittel gem. statischer Berechnung.
Abstand UK bis VK Bekleidung: .....
Untergrund: .....
Fassadenhöhe: .....

►	▷	ø	◁	◄	Einheit	Ausf.-Dauer	Positionsnummer
48€	70€	**79€**	105€	154€	[m^2]	⏱ 0,24h/m^2	338.000.025

9 Winddichtung, Polyestervlies KG **335**

Winddichtung der vorgehängten Fassadenbekleidung, mit Unterspannbahn aus armiertem Polyestervlies, UV-beständig und diffusionsoffen, inkl. Anschlüsse an durchdringende Bauteile.
Unterspannbahn: .....
sd-Wert: bis 0,10 m
Rissfestigkeit: >250 N / 50 mm
Wassersäule: >200 mm
Brandverhalten: Klasse .....
Farbe: schwarz

►	▷	ø	◁	◄	Einheit	Ausf.-Dauer	Positionsnummer
12€	15€	**17€**	18€	21€	[m^2]	⏱ 0,12h/m^2	338.000.026

10 Wandbekleidung Holzschindel KG **335**

Fassadenbekleidung als vorgehängte, hinterlüftete Fassade aus gespaltenen Holzschindeln nach DIN 18516-1 auf vorhanden Holzschalung, mit nichtrostenden Befestigungsmitteln.
Holzart: Rotzeder
Güteklasse: 1
Spaltung: mit Hand
Form: keilförmig
Reihenabstand: ..... mm
Abmessung (B x H): ..... x .....
Mindestdicke am Fuß: 8 mm
Oberfläche: spaltrau
Unterseite: gefast
Verlegung gem. Verlegeplan: im .....-Verband als Dreifachdeckung
Wandhöhe: über Gelände bis ..... m

► min
▷ von
ø Mittel
◁ bis
◄ max

Nr.	Kurztext / Langtext						Kostengruppe
▶	▷	**ø netto €**	◁	◀	[Einheit]	Ausf.-Dauer	Positionsnummer

Für die Ausführung werden vom AG folgende Unterlagen zur Verfügung gestellt:
- Entwurfszeichnungen, Plannr.: .....
- Übersichtszeichnungen, Plannr.: .....

116€	176€	**202€**	238€	326€	[m²]	⏱ 1,50h/m²	338.000.033

11 Fassadenbekleidung, Holz, Stülpschalung KG **335**

Fassadenbekleidung mit Stülpschalung aus Holz, als vorgehängte, hinterlüftete Fassade, auf vorhandene Unterkonstruktion, Befestigung sichtbar mit nichtrostenden Schrauben.
Unterkonstruktion: .....
Fassadenbekleidung: .....
Ausführung: Bretter dreiseitig gehobelt, an Unterseite einfach gefalzt
Brettdicke: .....
Brettbreite: .....
Oberfläche: .....
Holzschutz: .....

99€	117€	**123€**	130€	144€	[m²]	⏱ 0,76h/m²	338.000.027

12 Fassadenbekleidung, Faserzement, Stülpdeckung KG **335**

Fassadenbekleidung mit großformatigen Faserzement-Tafeln, als vorgehängte, hinterlüftete Fassade, als Stülpdeckung mit senkrechte Fugen und hinterlegen Fugenband, in der Überdeckung befestigt, auf vorhandene Unterkonstruktion; inkl. aller Befestigungsmittel, Schneide- und Bohrarbeiten.
Unterkonstruktion: Holz-UK
Befestigungsuntergrund: .....
Platten: .....
Brandverhalten: A
Tafeldicke: 10 mm
Tafelgröße (B x H): ..... x .....
Zuschnitt aus Tafelgröße (B x H): ..... x .....
Fugenbreite: .....
Oberfläche: strukturiert
Oberflächenschutz: deckend beschichtet
Kantenausbildung: .....
Farbe: .....
Befestigung: in der Überdeckung
Angeb. Fabrikat: .....

–	181€	**208€**	262€	–	[m²]	⏱ 0,46h/m²	338.000.031

323 324 325 326 327 328 329 330 331 332 333 334 336 337 338 339

Kosten:
Stand 2. Quartal 2025
Bundesdurchschnitt

Nr.	**Kurztext** / Langtext						Kostengruppe
►	▷	**ø netto €**	◁	◄	[Einheit]	Ausf.-Dauer	Positionsnummer

13 Fassadenbekleidung, Faserzement-Tafeln KG **335**

Fassadenbekleidung mit großformatigen Faserzement-Tafeln, als vorgehängte, hinterlüftete Fassade, auf vorhandene Unterkonstruktion. Tafeln mit vorgebohrten Befestigungspunkten inkl. aller Befestigungsmittel, Schneide- und Bohrarbeiten.
Unterkonstruktion: .....
Plattentyp: .....
Mindestrohdichte: 1,65 g/cm^3
Brandverhalten: A
Tafeldicke: .....
Tafelgröße: ..... x .....
Fugenbreite: .....
Oberfläche: .....
Oberflächenschutz: .....
Kantenausbildung: .....
Farbe: .....
Befestigung: .....
Befestigungsart: .....
Angeb. Fabrikat: .....

134€	180€	**202€**	224€	266€	[m^2]	⏱ 0,30 h/m^2	338.000.028

14 Fassadenbekleidung, Metall, Wellblech KG **335**

Fassadenbekleidung mit Wellblech-Fassadenplatten, als vorgehängte, hinterlüftete Fassade, vertikal auf vorhandene Metall-Unterkonstruktion, Längs- und Querstöße überlappend, mit sichtbarer Befestigung. Konstruktion mit unterem Einhängeblech und inkl. aller Befestigungsmittel, Schneide- und Bohrarbeiten.
Unterkonstruktion: .....
Plattentyp: Stahl-Wellblech
Profil: 18/76 mm
Blechdicke: .....
Tafelbreite: .....
Oberfläche: .....
Farbton: .....
Hafte: .....
Einhängeblech: .....
Angeb. Fabrikat: .....

74€	92€	**101€**	113€	149€	[m^2]	⏱ 0,30 h/m^2	338.000.029

15 Stundensatz, Facharbeiter/-in

Stundenlohnarbeiten für Vorarbeiter/-in, Facharbeiter/-in und Gleichgestellte. Der Verrechnungssatz für die jeweilige Arbeitskraft umfasst sämtliche Aufwendungen wie Lohn- und Gehaltskosten, Lohn- und Gehaltsnebenkosten, Zuschläge, lohngebundene und lohnabhängige Kosten, sonstige Sozialkosten, Gemeinkosten, Wagnis und Gewinn. Leistung nach besonderer Anordnung der Bauüberwachung. Anmeldung und Nachweis gem. VOB/B.

63€	71€	**77€**	81€	89€	[h]	⏱ 1,00 h/h	338.000.030

► min
▷ von
ø Mittel
◁ bis
◄ max

Kosten:
Stand 2. Quartal 2025
Bundesdurchschnitt

Nr.	Positionen	Einheit	►	▷	ø brutto € / ø netto €	◁	◄
1	Montagewand abbrechen	m²	23	32	**39**	47	54
			20	27	**33**	40	46
2	Deckenbekleidung abbrechen	m²	17	31	**37**	45	50
			14	26	**31**	38	42
3	Unterdecke abbrechen	m²	17	26	**31**	39	43
			14	22	**26**	32	36
4	Verkofferung abbrechen	m²	20	34	**43**	54	56
			17	29	**36**	45	47
5	Zwischensparrendämmung, MW 032, 100mm	m²	31	37	**42**	53	59
			26	31	**36**	45	49
6	Zwischensparrendämmung, MW 032, 120mm	m²	34	38	**46**	57	62
			28	32	**38**	48	52
7	Zwischensparrendämmung, MW 032, 140mm	m²	39	45	**53**	65	73
			33	38	**45**	54	62
8	Zwischensparrendämmung, MW 035, 100mm	m²	28	31	**38**	46	52
			23	26	**32**	39	44
9	Zwischensparrendämmung, MW 035, 120mm	m²	28	31	**38**	47	51
			24	26	**32**	39	43
10	Zwischensparrendämmung, MW 035, 140mm	m²	32	38	**45**	55	61
			27	32	**38**	47	51
11	Decke, abgehängt, GK, einlagig	m²	56	73	**79**	88	110
			47	62	**67**	74	93
12	Decke, abgehängt, GK, doppellagig	m²	67	84	**90**	98	115
			56	71	**76**	83	97
13	Montagewand, Holz, 100mm, GK einlagig, MW	m²	109	121	**126**	136	152
			91	102	**105**	114	128
14	Montagewand, Metall, 100mm, GK einlagig, MW	m²	76	90	**97**	104	117
			64	76	**82**	87	99
15	Montagewand, Metall, 125mm, GK zweilagig, MW, EI 30	m²	84	106	**115**	129	161
			70	89	**96**	109	136
16	Montagewand, Metall, 150mm, GK zweilagig, MW, EI 30	m²	93	112	**120**	131	166
			78	94	**101**	110	139
17	Montagewand, Metall, 100mm, GKF zweilagig, MW, EI 90	m²	100	123	**132**	142	169
			84	104	**111**	119	142
18	Montagewand, Metall, 200mm, GKF zweilagig, Ständerwerk doppelt, EI 90	m²	108	137	**148**	158	184
			90	115	**125**	133	154
19	Montagewand, Gipsplatten, Brandwand, nichttragend	m²	–	198	**235**	238	–
			–	166	**198**	200	–
20	Montagewand, Gipsplatten, Brandwand	m²	–	218	**259**	290	–
			–	183	**218**	243	–
21	Innenwand, Gipswandbauplatte	m²	88	102	**107**	113	124
			74	85	**90**	95	105
22	Anschluss, Montagewand, Dach-/Wandschräge	m	9	14	**17**	21	29
			7	12	**14**	18	24
23	Anschluss, Montagewand, gleitend	m	12	24	**31**	40	55
			10	20	**26**	33	46

► min
▷ von
ø Mittel
◁ bis
◄ max

Nr.	Positionen	Einheit	►	▷	ø brutto € / ø netto €	◁	◄
24	Ecken, Kantenprofil, Montagewand	m	8	13	**15**	18	24
			6	11	**13**	15	20
25	Türöffnung, Montagewand	St	52	87	**99**	120	187
			44	73	**83**	101	157
26	Fensteröffnung, Montagewand	St	75	97	**111**	116	138
			63	81	**93**	97	116
27	Vorsatzschale, Nassraum	m^2	69	85	**91**	99	120
			58	71	**76**	83	101
28	Vorsatzschale, GK/GF, MW	m^2	58	71	**77**	84	96
			48	59	**65**	70	80
29	Vorsatzschale, GK/GF	m^2	54	65	**72**	78	91
			45	55	**60**	65	76
30	Verkofferung/Bekleidung, Rohrleitungen	m	68	88	**96**	112	150
			57	74	**81**	95	126
31	Schachtwand, Gipsplatten, EI 90	m^2	70	88	**96**	99	111
			59	74	**81**	83	93
32	Installationskanal, GK-Platte, EI 30	m	110	129	**138**	167	197
			92	109	**116**	140	165
33	Trockenputz, GK-Verbundplatte, Dämmung	m^2	50	64	**71**	89	115
			42	53	**60**	74	96
34	Trockenputz, GK-Platte 12,5mm	m^2	48	57	**60**	64	73
			40	48	**51**	54	62
35	Bekleidung, einlagig, auf Unterkonstruktion	m^2	43	52	**56**	66	83
			36	44	**47**	55	70
36	Bekleidung, doppelt, EI 90, vorh. Unterkonstruktion	m^2	104	138	**148**	163	197
			88	116	**124**	137	165
37	Bekleidung, CaSi-Platten	m^2	106	147	**164**	189	244
			89	123	**138**	159	205
38	Fensterlaibung, GK	m	31	38	**42**	51	65
			26	32	**35**	43	54
39	GK-Platte imprägniert, Mehrpreis	m^2	3	5	**6**	7	10
			2	4	**5**	6	9
40	Trockenestrich, GF-Platten	m^2	51	66	**72**	79	97
			43	56	**60**	66	82
41	Spachtelung, GK-Platten, Q3	m^2	8	13	**16**	17	20
			6	11	**13**	14	17
42	Stundensatz, Facharbeiter/-in	h	73	86	**91**	95	105
			62	72	**76**	80	88
43	Stundensatz, Helfer/-in	h	58	71	**77**	81	91
			49	60	**65**	68	76

Kosten:
Stand 2. Quartal 2025
Bundesdurchschnitt

► min
▷ von
ø Mittel
◁ bis
◄ max

Nr.	Kurztext / Langtext						Kostengruppe
►	▷	ø netto €	◁	◄	[Einheit]	Ausf.-Dauer	Positionsnummer

1 Montagewand abbrechen KG **394**

Montagewand aus Metallständerprofilen, beidseitig mit Gipsplatten beplankt, abbrechen und anfallenden Bauschutt getrennt entsorgen. Der Abfall ist nicht gefährlich, nicht schadstoffbelastet.
Wandaufbau: .....
Beplankung: .....
Wandhöhen: .....

20€ | 27€ | **33€** | 40€ | 46€ | [m²] | ⏱ 0,25 h/m² | 339.000.088

2 Deckenbekleidung abbrechen KG **394**

Plattenbekleidung aus Gipsplatten an Decken einschl. Unterkonstruktion abbrechen und anfallenden Bauschutt getrennt entsorgen. Der Abfall ist nicht gefährlich, nicht schadstoffbelastet.
Bekleidung: 12,5 mm, einlagig
Einbauhöhe: .....
Unterkonstruktion: .....

14€ | 26€ | **31€** | 38€ | 42€ | [m²] | ⏱ 0,28 h/m² | 339.000.089

3 Unterdecke abbrechen KG **394**

Abgehängte Unterdecke aus Gipsplatten auf Metallprofilen abbrechen und anfallenden Bauschutt getrennt entsorgen. Der Abfall ist nicht gefährlich, nicht schadstoffbelastet.
Deckenaufbau: .....

14€ | 22€ | **26€** | 32€ | 36€ | [m²] | ⏱ 0,28 h/m² | 339.000.090

4 Verkofferung abbrechen KG **394**

Verkofferung von Rohrleitungen einschl. Unterkonstruktion abbrechen und anfallenden Bauschutt getrennt entsorgen. Der Abfall ist nicht gefährlich, nicht schadstoffbelastet.
Beplankung: ..... aus Gipsplatte Typ A, ... mm
Untergrund: .....
Abmessungen: .....

17€ | 29€ | **36€** | 45€ | 47€ | [m²] | ⏱ 0,30 h/m² | 339.000.091

A 1 Zwischensparrendämmung, Mineralwolle 032 Beschreibung für Pos. **5-7**

Wärmedämmung aus Mineralwolle zwischen den Sparren als nachträgliche Dämmmaßnahme von innen einbauen. Der Abfall ist nicht gefährlich, nicht schadstoffbelastet.
Material: Mineralwolle, MW
Brandverhalten: Klasse A1
Anwendungsgebiet: DZ
Wärmeleitfähigkeit: 0,032

5 Zwischensparrendämmung, MW 032, 100mm KG **363**

Wie Ausführungsbeschreibung A 1
Sparrenabstand: ..... mm
Anzahl der Lagen: einlagig
Dämmdicke: 100 mm

26€ | 31€ | **36€** | 45€ | 49€ | [m²] | ⏱ 0,20 h/m² | 339.000.095

Nr.	Kurztext / Langtext						Kostengruppe
▶	▷	ø netto €	◁	◀	[Einheit]	Ausf.-Dauer	Positionsnummer

6 Zwischensparrendämmung, MW 032, 120mm KG **363**

Wie Ausführungsbeschreibung A 1
Sparrenabstand: ..... mm
Anzahl der Lagen: einlagig
Dämmdicke: 120 mm

28€	32€	**38€**	48€	52€	[m2]	⏱ 0,20h/m2	339.000.096

7 Zwischensparrendämmung, MW 032, 140mm KG **363**

Wie Ausführungsbeschreibung A 1
Sparrenabstand: ..... mm
Anzahl der Lagen: einlagig
Dämmdicke: 140 mm

33€	38€	**45€**	54€	62€	[m2]	⏱ 0,22h/m2	339.000.097

A 2 Zwischensparrendämmung, Mineralwolle, 035 Beschreibung für Pos. **8-10**

Wärmedämmung aus Mineralwolle zwischen den Sparren als nachträgliche Dämmmaßnahme von innen einbauen. Der Abfall ist nicht gefährlich, nicht schadstoffbelastet.
Material: Mineralwolle, MW
Brandverhalten: Klasse A1
Anwendungsgebiet: DZ
Wärmeleitfähigkeit: 0,035

8 Zwischensparrendämmung, MW 035, 100mm KG **363**

Wie Ausführungsbeschreibung A 2
Sparrenabstand: ..... mm
Anzahl der Lagen: einlagig
Dämmdicke: 100 mm

23€	26€	**32€**	39€	44€	[m2]	⏱ 0,20h/m2	339.000.092

9 Zwischensparrendämmung, MW 035, 120mm KG **363**

Wie Ausführungsbeschreibung A 2
Sparrenabstand: ..... mm
Anzahl der Lagen: einlagig
Dämmdicke: 120 mm

24€	26€	**32€**	39€	43€	[m2]	⏱ 0,22h/m2	339.000.093

10 Zwischensparrendämmung, MW 035, 140mm KG **363**

Wie Ausführungsbeschreibung A 2
Sparrenabstand: ..... mm
Anzahl der Lagen: einlagig
Dämmdicke: 140 mm

27€	32€	**38€**	47€	51€	[m2]	⏱ 0,22h/m2	339.000.094

Nr.	Kurztext / Langtext						Kostengruppe
▶	▷	ø netto €	◁	◀	[Einheit]	Ausf.-Dauer	Positionsnummer

11 Decke, abgehängt, GK, einlagig KG **354**

Unterdecke aus Gipsplatten, als abgehängte Decke, einschl. Unterkonstruktion. Wandanschlussausbildung in gesonderter Position.
Unterkonstruktion: Metallprofile CD 60/27/06, UD 28/27/06
Abhängung: Schnellabhänger
Bekleidung: Gipskartonplatte, Typ A
Plattendicke: 12,5 mm
Oberfläche: Qualitätsstufe Q2
Einbauhöhe: ..... m
Abhängehöhe: bis ..... m

47€	62€	**67€**	74€	93€	[m²]	⏱ 0,52 h/m²	339.000.099

12 Decke, abgehängt, GK, doppellagig KG **354**

Unterdecke aus Gipskartonplatten, als abgehängte Decke, einschl. Unterkonstruktion. Wandanschlussausbildung in gesonderter Position.
Unterkonstruktion: Metallprofile CD 60/27/06, UD 28/27/06
Abhängung: Schnellabhänger
Bekleidung: Gipskartonplatten GK, Typ A
Plattendicke: 2x 12,5 mm
Oberfläche: Qualitätsstufe Q2
Einbauhöhe: ca. 2,80 m
Abhängehöhe: bis 0,50 m

56€	71€	**76€**	83€	97€	[m²]	⏱ 0,60 h/m²	339.000.100

13 Montagewand, Holz, 100mm, GK einlagig, MW KG **342**

Nichttragende Trennwand, als beidseitig beplankte Holzständerwand, mit Dämmschicht aus Mineralwolleplatten, abrutschsicher und dicht gestoßen, einschl. Verspachteln und Schleifen von Fugen und Befestigungsmitteln.
Boden: Estrich
Unterkonstruktion: Einfach-Ständerwerk aus Holzprofilen
Profilquerschnitt: 75 x 75 mm
Ständerabstand: 62,5 cm
Beplankung: Gipskartonplatte Typ .....
Plattendicken je Seite: 1x 12,5 mm
Oberfläche: Qualitätsstufe Q2
Dämmung: Mineralwolle MW
Nennwert der Wärmeleitfähigkeit: 0,040 W/(mK)
Bemessungswert der Wärmeleitfähigkeit: .....
Strömungswiderstand: mind. 5 kPa s/m²
Dämmschichtdicke: 40 mm
Anschlüsse: .....
Wanddicke: 85 mm
Wandhöhe: .....
Einbaubereich: .....

91€	102€	**105€**	114€	128€	[m²]	⏱ 0,50 h/m²	339.000.101

Kosten:
Stand 2. Quartal 2025
Bundesdurchschnitt

▶ min
▷ von
ø Mittel
◁ bis
◀ max

Nr.	Kurztext / Langtext						Kostengruppe
►	▷	ø netto €	◁	◄	[Einheit]	Ausf.-Dauer	Positionsnummer

14 Montagewand, Metall, 100mm, GK einlagig, MW KG **342**

Nichttragende innere Trennwand, als beidseitig beplankte Montagewand, mit Dämmschicht aus Mineralwolleplatten, abrutschsicher und dicht gestoßen, einschl. Verspachteln und Schleifen von Fugen und Befestigungsmitteln.
Boden: Estrich
Unterkonstruktion: Einfach-Ständerwerk aus verzinkten Stahlblech-Profilen
Profilgröße: 75 mm
Beplankung: Gipskartonplatte Typ ....
Plattendicken je Seite: 1x 12,5 mm
Oberfläche: Qualitätsstufe Q2
Dämmung: Mineralwolle MW
Nennwert der Wärmeleitfähigkeit: 0,040 W/(mK)
Bemessungswert der Wärmeleitfähigkeit: .....
Strömungswiderstand: mind. 5 kPa s/m²
Dämmdicke: 40 mm
Anschlüsse:
Wandhöhe: bis 3,00 m
Einbaubereich: .....

►	▷	ø netto €	◁	◄	[Einheit]	Ausf.-Dauer	Positionsnummer
64€	76€	**82€**	87€	99€	[m²]	⏱ 0,50h/m²	339.000.102

15 Montagewand, Metall, 125mm, GK zweilagig, MW, EI 30 KG **342**

Nichttragende innere Trennwand, als beidseitig beplankte Metallständerwand, mit Dämmschicht aus Mineralwolleplatten, abrutschsicher und dicht gestoßen, einschl. Verspachteln und Schleifen von Fugen und Befestigungsmitteln.
Boden: .....
Unterkonstruktion: Einfach-Ständerwerk aus verzinkten Stahlblech-Profilen
Profilgröße: 75 mm
Beplankung: Gipskartonplatte Typ .....
Plattendicken je Seite: 2x 12,5 mm
Oberfläche: gef. Qualitätsstufe Q2
Dämmung: Mineralwolle MW-WI
Brandverhalten: Klasse A
Nennwert der Wärmeleitfähigkeit: 0,040 W/(mK)
Bemessungswert der Wärmeleitfähigkeit: .....
Strömungswiderstand: mind. 5 kPa s/m²
Dämmschichtdicke: 60 mm
Anschlüsse: .....
Brandschutz: EI 30
Brandbelastung: beidseitig
Wanddicke: 125 mm
Wandhöhe: bis 4,00 m
Einbaubereich: .....

►	▷	ø netto €	◁	◄	[Einheit]	Ausf.-Dauer	Positionsnummer
70€	89€	**96€**	109€	136€	[m²]	⏱ 0,65h/m²	339.000.103

Kosten:
Stand 2. Quartal 2025
Bundesdurchschnitt

Nr.	Kurztext / Langtext						Kostengruppe
►	▷	ø netto €	◁	◄	[Einheit]	Ausf.-Dauer	Positionsnummer

16 **Montagewand, Metall, 150mm, GK zweilagig, MW, EI 30** KG **342**

Nichttragende innere Trennwand, als beidseitig beplankte Montagewand mit Dämmschicht aus Mineralwolleplatten, abrutschsicher und dicht gestoßen, einschl. Verspachteln und Schleifen von Fugen und Befestigungsmitteln.
Boden: .....
Unterkonstruktion: Einfach-Ständerwerk aus verzinkten Stahlblech-Profilen
Profilgröße: 100 mm
Beplankung: Gipskartonplatte Typ .....
Plattendicken je Seite: 2x 12,5 mm
Oberfläche: Qualitätsstufe Q2
Dämmung: Mineralwolle MW-WI
Brandverhalten: Klasse A
Nennwert der Wärmeleitfähigkeit: 0,040 W/(mK)
Bemessungswert der Wärmeleitfähigkeit: .....
Strömungswiderstand: mind. 5 kPa s/m²
Dämmdicke: mind. 80 mm
Anschlüsse: .....
Brandschutz: EI 30
Brandbelastung: beidseitig
Wanddicke: 150 mm
Wandhöhe: bis 4,00 m
Einbaubereich: .....

►	▷	ø	◁	◄	[Einheit]	Ausf.-Dauer	Positionsnummer
78€	94€	**101€**	110€	139€	[m²]	⏱ 0,65 h/m²	339.000.104

17 **Montagewand, Metall, 100mm, GKF zweilagig, MW, EI 90** KG **342**

Nichttragende innere Trennwand, als beidseitig beplankte Montagewand, mit Dämmschicht aus Mineralwolleplatten, abrutschsicher und dicht gestoßen, einschl. Verspachteln und Schleifen von Fugen und Befestigungsmitteln.
Boden: **Estrich / Rohboden**
Unterkonstruktion: Einfach-Ständerwerk aus verzinkten Stahlblech-Profilen
Profilgröße: 50 mm
Beplankung: Gipskartonplatte Typ DF -Feuerschutzplatte
Plattendicke je Seite: 2x 12,5 mm
Oberfläche: gef. Qualitätsstufe Q2
Dämmung: Mineralwolle MW-WI
Brandverhalten: Klasse A
Nennwert der Wärmeleitfähigkeit: 0,040 W/(mK)
Bemessungswert der Wärmeleitfähigkeit: .....
Strömungswiderstand: mind. 5 kPa s/m²
Dämmschichtdicke: mind. 40 mm
Rohdichte Dämmung: .....
Anschlüsse: .....
Brandschutz: EI 90
Brandbelastung: beidseitig
Schalldämmung: Rw, R= 50 dB
Wärmedurchgangskoeffizient: 0,61 W/(m²K)
Wanddicke: 100 mm
Wandhöhe: bis 4,00 m
Einbaubereich: .....

►	▷	ø	◁	◄	[Einheit]	Ausf.-Dauer	Positionsnummer
84€	104€	**111€**	119€	142€	[m²]	⏱ 0,65 h/m²	339.000.105

► min
▷ von
ø Mittel
◁ bis
◄ max

Nr.	Kurztext / Langtext						Kostengruppe
▶	▷	ø netto €	◁	◀	[Einheit]	Ausf.-Dauer	Positionsnummer

18 Montagewand, Metall, 200mm, GKF zweilagig, Ständerwerk doppelt, EI 90 KG **342**

Nichttragende innere Trennwand, als beidseitig beplankte Installationswand mit doppeltem Ständerwerk, mit Dämmschicht aus Mineralwolleplatten, abrutschsicher und dicht gestoßen, einschl. Verspachteln und Schleifen von Fugen und Befestigungsmitteln.
Boden: **Estrich / Rohboden**
Unterkonstruktion: Doppelständerwerk aus verzinkten Stahlblech-Profilen
Profilgröße: 75 mm
Beplankung: Gipskartonplatte -Typ DF Feuerschutzplatte
Plattendicke je Seite: 2x 12,5 mm
Oberfläche: gef. Qualitätsstufe Q2
Dämmung: Mineralwolle MW-WI
Brandverhalten: Klasse A
Nennwert der Wärmeleitfähigkeit: 0,040 W/(mK)
Bemessungswert der Wärmeleitfähigkeit: .....
Strömungswiderstand: mind. 5 kPa s/m^2
Dämmschichtdicke: 2x 60 mm
Anschlüsse: starrer Anschluss
Brandschutz: EI 90
Brandbelastung: beidseitig
Schalldämmung: Rw, R= 52 dB
Wärmedurchgangskoeffizient: 0,60 W/(m^{2}K)
Wanddicke: über 200 mm
Wandhöhe: bis 3,00 m
Einbaubereich: .....

90€	115€	**125€**	133€	154€	[m^2]	⏱ 1,00h/m^2	339.000.106

19 Montagewand, Gipsplatten, Brandwand, nichttragend KG **342**

Nichttragende innere Trennwand, als beidseitig beplankte Montagewand, mit Stahlblecheinlage und Dämmschicht aus Mineralwolleplatten, abrutschsicher und dicht gestoßen, einschl. Verspachtelung von Fugen und Befestigungsmittel.
Boden: **Estrich / Rohboden**
Unterkonstruktion: Einfach-Ständerwerk aus verzinkten Stahlblechprofilen
Profile: CW/UW 50
Profilgröße: 50 mm
Profilabstand: 312,5 mm
Bekleidung: Gips-Feuerschutzplatte GM-F, vliesarmiert, A1
Beplankung: 2x 12,5 mm, je Seite
Stahlblecheinlage je Seite: 0,5 mm
Oberfläche: Qualitätsstufe Q2
Dämmung: MW
Strömungswiderstand: mind. 5 kPa s/m^2
Dämmdicke: 80 mm
Rohdichte Dämmung: 40 kg/m^2
Anschlüsse: starrer Anschluss
Feuerwiderstand: EI 90-M Brandwand, nichttragend
Brandbelastung: beidseitig
Wanddicke: 111 mm
Wandhöhe: .....
Einbaubereich: **1 / 2**

–	166€	**198€**	200€	–	[m^2]	⏱ 1,60h/m^2	339.000.134

Nr.	Kurztext / Langtext						Kostengruppe
▶	▷	ø netto €	◁	◀	[Einheit]	Ausf.-Dauer	Positionsnummer

Kosten:
Stand 2. Quartal 2025
Bundesdurchschnitt

20 Montagewand, Gipsplatten, Brandwand — KG 342

Nichttragende innere Trennwand, als beidseitig beplankte Montagewand, mit Stahlblecheinlage und Dämmschicht aus Mineralwolleplatten, abrutschsicher und dicht gestoßen, einschl. Verspachtelung von Fugen und Befestigungsmittel.
Boden: **Estrich / Rohboden**
Unterkonstruktion: Einfach-Ständerwerk aus verzinkten Stahlblechprofilen
Profile: CW/UW 100
Profilabstand: 312,5 mm
Bekleidung: Gipsplatte, Typ DF
Beplankung: 1x 20 und 1x 12,5 mm, je Seite
Stahlblecheinlage je Seite: 0,5 mm
Oberfläche: Qualitätsstufe Q2
Dämmung: MW
Strömungswiderstand: mind. 5 kPa s/m^2
Dämmdicke: 80 mm
Rohdichte Dämmung: 40 kg/m^2
Anschlüsse: starrer Anschluss
Feuerwiderstand: EI 90-M Brandwand, nichttragend
Brandbelastung: beidseitig
Wanddicke: 166 mm
Wandhöhe: .....
Einbaubereich: **1 / 2**

▶	▷	ø	◁	◀	Einheit	Ausf.-Dauer	Positionsnummer
–	183€	**218€**	243€	–	[m^2]	⏱ 1,70h/m^2	339.000.135

21 Innenwand, Gipswandbauplatte — KG 342

Nichttragende Trennwand aus Gipswandbauplatten, eingebaut auf Rohdecke.
Wanddicke: ..... mm
Brandschutz: .....
Brandbelastung: .....
Brandverhalten: Klasse A1
Rohdichte: ..... kg/m^3
Geforderte Oberfläche: Q2, für späteren Putzauftrag
Wandanschluss: .....
Einbaubereich: .....
Wandhöhe: .....

▶	▷	ø	◁	◀	Einheit	Ausf.-Dauer	Positionsnummer
74€	85€	**90€**	95€	105€	[m^2]	⏱ 0,60h/m^2	339.000.108

▶ min
▷ von
ø Mittel
◁ bis
◀ max

22 Anschluss, Montagewand, Dach-/Wandschräge — KG 342

Anschluss der nichttragenden Montagewand an Dachschräge. Abrechnung nach Länge des Anschlusses, in der Schräge gemessen.
Wanddicke: .....
Wandhöhe: von ..... bis ....
Wand beidseitig: ..... beplankt
Gipsplatte: 12,5 mm
Dachschrägenneigung: .....°

▶	▷	ø	◁	◀	Einheit	Ausf.-Dauer	Positionsnummer
7€	12€	**14€**	18€	24€	[m]	⏱ 0,20h/m	339.000.109

Nr.	Kurztext / Langtext						Kostengruppe
►	▷	**ø netto €**	◁	◀	[Einheit]	Ausf.-Dauer	Positionsnummer

23 Anschluss, Montagewand, gleitend KG **342**

Gleitender Anschluss für Montagewand, bis 20mm, inkl. aller notwendiger Profilschienen.
Beplankung je Wandseite: **einlagig / zweilagig**
Anschluss: **oben / seitlich**
Gipsplatten: Typ .....
Wanddicke: .....

10€	20€	**26€**	33€	46€	[m]	⏱ 0,30h/m	339.000.110

24 Ecken, Kantenprofil, Montagewand KG **342**

Eckausbildung der Montagewand, im Grundriss rechtwinklig, Ausführung mit Eck-/Kantenprofil.

6€	11€	**13€**	15€	20€	[m]	⏱ 0,18h/m	339.000.111

25 Türöffnung, Montagewand KG **342**

Türöffnung in Gipsplatten-Montagewand herstellen, mit Türpfosten aus UA-Profilen, einschl. aller erforderlicher Türpfostenwinkelprofile bzw. verstärkten Profile bei Wandhöhen über 2.600mm und schweren Türblättern.
Tür-Baurichtmaß (B x H): 750 x 2.000 bis 1.000 x 2.125 mm
Wandhöhe: .....
Wanddicke: ..... mm

44€	73€	**83€**	101€	157€	[St]	⏱ 0,50h/St	339.000.112

26 Fensteröffnung, Montagewand KG **342**

Fensteröffnung in Gipsplatten-Montagewänden mit Rand aus UA-Profilen, einschl. aller erforderlicher Spezial-Profile bzw. verstärkten Profilen
bei Wandhöhen über 2600 mm
Baurichtmaß (B x H): 750 x 2.000 bis 1.000 x 2.125 mm
Wandhöhe: .....
Wanddicke: ..... mm

63€	81€	**93€**	97€	116€	[St]	⏱ 0,50h/St	339.000.113

323
324
325
326
327
328
329
330
331
332
333
334
336
337
338
339

Nr.	Kurztext / Langtext						Kostengruppe
►	▷	ø netto €	◁	◄	[Einheit]	Ausf.-Dauer	Positionsnummer

Kosten:
Stand 2. Quartal 2025
Bundesdurchschnitt

27 Vorsatzschale, Nassraum KG **345**

Nichttragende innere, freistehende Vorsatzschale, als Installationswand/Schachtwand im Nassbereich, mit Dämmschicht aus Mineralwolle, abrutschsicher und dicht gestoßen, inkl. verspachteln und schleifen von Fugen und Befestigungsmitteln.
Befestigung: frei stehend zwischen Stb-Boden und Stb-Decke
Unterkonstruktion: Einfach-Ständerwerk aus verzinkten Stahlblech-Profilen
Profile: CW/UW .....
Beplankung: .....
Plattendicken einseitig: 12,5 mm
Oberfläche: gef. Qualitätsstufe Q2
Dämmung: Mineralwolle MW-WI
Brandverhalten: nicht brennbar
Nennwert der Wärmeleitfähigkeit: 0,040 W/(mK)
Bemessungswert der Wärmeleitfähigkeit: .....
Strömungswiderstand: mind. 5 kPa s/m²
Dämmschichtdicke: .....
Anschluss: starrer Anschluss
Wanddicke: .....
Wandhöhe: bis 2,75 m

58€ 71€ **76€** 83€ 101€ [m²] ⏱ 0,40 h/m² 339.000.114

28 Vorsatzschale, GK/GF, MW KG **345**

Nichttragende innere, freistehende Vorsatzschale oder Schachtwand, schalldämmend, mit Dämmschicht aus Mineralwolle, abrutschsicher und dicht gestoßen, einschl. Verspachtelung von Fugen und Befestigungsmitteln.
Befestigung: .....
Unterkonstruktion: Einfach-Ständerwerk aus verzinkten Stahlblechprofilen
Profilgröße: .....
Beplankung: .....
Plattendicken einseitig: ....., je 12,5 mm
Oberfläche: gef. Qualitätsstufe Q2
Dämmung: .....
Brandverhalten: nicht brennbar
Nennwert der Wärmeleitfähigkeit: 0,040 W/(mK)
Bemessungswert der Wärmeleitfähigkeit: .....
Strömungswiderstand: mind. 5 kPa s/m²
Dämmschichtdicke: .....
Anschlüsse: starrer Anschluss
Schalldämmung: Rw, R= ..... dB
Flächenbezogene Masse: ..... kg/m²
Wanddicke: .....
Wandhöhe: .....
Einbaubereich: .....

48€ 59€ **65€** 70€ 80€ [m²] ⏱ 0,45 h/m² 339.000.115

► min
▷ von
ø Mittel
◁ bis
◄ max

29 Vorsatzschale, GK/GF KG **345**

Nichttragende innere, freistehende Vorsatzschale oder Schachtwand, einschl. Verspachteln und Schleifen von Fugen und Befestigungsmitteln.
Befestigung: .....
Unterkonstruktion: Einfach-Ständerwerk aus verzinkten Stahlblechprofilen
Profile: CW/UW **50 / 75** mm
Beplankung: .....
Plattendicken einseitig: ....., je 12,5 mm
Oberfläche: gef. Qualitätsstufe Q2
Anschluss: starrer Anschluss ..... m
Brandschutz: EI 30
Brandbelastung: einseitig
Wanddicke: .....
Wandhöhe: .....
Einbaubereich: .....

▶	▷	ø netto €	◁	◀	[Einheit]	Ausf.-Dauer	Positionsnummer
45€	55€	**60€**	65€	76€	[m²]	⏱ 0,40h/m²	339.000.116

30 Verkofferung/Bekleidung, Rohrleitungen KG **345**

Verkofferung/Bekleidung von Installationsleitungen, mit Hohlraumdämmung aus Mineralwolle, einschl. Verspachteln und Schleifen. Abrechnung der notwendigen Eck-/Kantenprofile und V-Fräsungen nach getrennter Position.
Unterkonstruktion: .....
Höhe Verkofferung: .....
Abwicklung: .....
Plattenbekleidung: .....
Plattendicke: 12,5 mm
Oberfläche: gef. Qualitätsstufe Q2
Dämmung: Mineralwolle MW
Brandverhalten: Klasse A1, 30 kg/m³, 5 kPas/m²

▶	▷	ø netto €	◁	◀	[Einheit]	Ausf.-Dauer	Positionsnummer
57€	74€	**81€**	95€	126€	[m]	⏱ 0,40h/m	339.000.117

31 Schachtwand, Gipsplatten, EI 90 KG **342**

Nichttragende innere, freistehende Schachtwand, einschl. Verspachtelung von Fugen und Befestigungsmitteln.
Befestigung: .....
Unterkonstruktion: Einfach-Ständerwerk aus verzinkten Stahlblechprofilen
Profilgröße: **50 / 75 mm**
Bekleidung: Gipsplatte Typ DF .....
Plattendicke: 2x ..... mm
Oberfläche: Qualitätsstufe Q2
Anschluss: starrer Anschluss
Feuerwiderstand: EI 90
Brandbelastung: einseitig
Wanddicke: .....
Wandhöhe: .....
Einbaubereich: **1 / 2** DIN 4103-1

▶	▷	ø netto €	◁	◀	[Einheit]	Ausf.-Dauer	Positionsnummer
59€	74€	**81€**	83€	93€	[m²]	⏱ 0,55h/m²	339.000.130

323
324
325
326
327
328
329
330
331
332
333
334
336
337
338
339

Nr.	Kurztext / Langtext						Kostengruppe
▶	▷	**ø netto €**	◁	◀	[Einheit]	Ausf.-Dauer	Positionsnummer

32 **Installationskanal, GK-Platte, EI 30** KG **354**

Kabelkanal aus Gips-Feuerschutzplatten, mit Glasfaservlies ummantelt, eingebaut auf Gipsplattenstreifen unter Rohdecke, inkl. verspachteln und schleifen von Fugen und Befestigungen
Brandbelastung: .....
Unterkonstruktion: innenliegende Stahlprofile
Beplankung: doppelt
Platten: Gips-Feuerschutzplatte Typ .....
Plattendicke: .....
Brandschutz: EI 30
Querschnitt innen (H x B): ..... x .....
Geforderte Oberfläche: Q2

▶	▷	ø	◁	◀	Einheit	Ausf.-Dauer	Positionsnummer
92€	109€	**116€**	140€	165€	[m]	⏱ 0,50h/m	339.000.118

Kosten:
Stand 2. Quartal 2025
Bundesdurchschnitt

33 **Trockenputz, GK-Verbundplatte, Dämmung** KG **345**

Wandbekleidung aus Gips-Verbundplatten mit aufkaschierter Dämmschicht, auf vorbereitete Wandflächen, einschl. Verspachteln und Schleifen.
Wand: .....
Untergrund: .....
Befestigung: .....
Verbundplatte: .....
Gipsplattendicke: 12,5 mm
Dämmschicht: .....
Dämmdicke: ..... mm
Nennwert der Wärmeleitfähigkeit: ..... W/(mk)
Bemessungswert der Wärmeleitfähigkeit: .....
Oberfläche: Qualitätsstufe Q2
Baustoffklasse: E
Einbauhöhe: bis 3,20 m

▶	▷	ø	◁	◀	Einheit	Ausf.-Dauer	Positionsnummer
42€	53€	**60€**	74€	96€	[m²]	⏱ 0,40h/m²	339.000.119

34 **Trockenputz, GK-Platte 12,5mm** KG **345**

Wandbekleidung als Trockenputz aus Gipsplatten, auf vorbereitete Wandflächen, Anschlüsse ringsum, an Boden und Wände starr, einschl. Verspachteln und Schleifen
Wand: .....
Untergrund: .....
Befestigung: .....
Trockenputz- Gipsplatten: Typ A, einlagig, 12,5 mm
Brandverhalten: Klasse A2-s1
Oberfläche: Qualitätsstufe Q2
Einbauhöhe: bis 3,50 m

▶	▷	ø	◁	◀	Einheit	Ausf.-Dauer	Positionsnummer
40€	48€	**51€**	54€	62€	[m²]	⏱ 0,35h/m²	339.000.120

▶ min
▷ von
ø Mittel
◁ bis
◀ max

Nr.	Kurztext / Langtext						Kostengruppe
▶	▷	**ø netto €**	◁	◀	[Einheit]	Ausf.-Dauer	Positionsnummer

35 **Bekleidung, einlagig, auf Unterkonstruktion** KG **364**

Einlagige Bekleidung von Wand oder Decke mit imprägnierten Gipskartonplatten, auf vorhandener Unterkonstruktion, einschl. Verspachteln und Schleifen.
Bauteil: .....
Befestigungsuntergrund: .....
Achsmaß: .....
Beplankung: .....
Plattendicke: 1x 12,5 mm
Einbauhöhe: bis 3,00 m
Oberfläche: Qualitätsstufe Q2

36€ | 44€ | **47€** | 55€ | 70€ | [m²] | ⏱ 0,32 h/m² | 339.000.121

36 **Bekleidung, doppelt, EI 90, vorh. Unterkonstruktion** KG **345**

Zweilagige Bekleidung von Wand oder Decke mit Gipsplatten, auf vorhandener Unterkonstruktion, einschl. Verspachteln und Schleifen.
Bauteil: .....
Befestigungsuntergrund: .....
Achsmaß: .....
Beplankung: Gipskarton-Feuerschutzplatten
Plattendicke: 2x 12,5 mm
Brandschutz: EI 90
Brandbelastung: von unten, in Verbindung mit der Dachkonstruktion aus Holzsparren und harter Bedachung
Einbauhöhe: bis 3,00 m
Oberfläche: Qualitätsstufe Q2
Angeb. Fabrikat: .....

88€ | 116€ | **124€** | 137€ | 165€ | [m²] | ⏱ 0,50 h/m² | 339.000.122

37 **Bekleidung, CaSi-Platten** KG **364**

Wandbekleidung zur Innenwandsanierung aufgrund von Kondensationsfeuchtigkeit. Befestigung mit Klebemörtel vollflächig mit Zahnspachtelauftrag, Anschlüsse in starrer Ausführung.
Wand: .....
Untergrund: .....
Befestigung: Klebemörtel, ...
Trockenputz: CaSi-Platten
Oberfläche: Qualitätsstufe Q2
Einbauhöhe: bis 3,50 m

89€ | 123€ | **138€** | 159€ | 205€ | [m²] | ⏱ 0,80 h/m² | 339.000.098

Nr.	Kurztext / Langtext						Kostengruppe
►	▷	ø netto €	◁	◄	[Einheit]	Ausf.-Dauer	Positionsnummer

38 Fensterlaibung, GK KG **336**

Fensterlaibung mit Gipskartonplatten bekleiden, einschl. Ausbildung der Ecken und Übergänge an Wandbekleidung mit Kantenschutzprofil.
Platte: Gipskartonplatte
Plattendicke: 12,5 mm
Untergrund: .....
Laibungstiefe: .....
Abwicklung: .....
Oberfläche: Q2
Angeb. Fabrikat: .....

26€	32€	**35€**	43€	54€	[m]	⏱ 0,20h/m	339.000.123

Kosten:
Stand 2. Quartal 2025
Bundesdurchschnitt

39 GK-Platte imprägniert, Mehrpreis KG **342**

Mehrpreis für die Verwendung von imprägnierten Gipskartonplatten, anstelle normaler Gipskartonplatten.
Plattendicke: 12,5 mm
Einbauort: .....
Angeb. Fabrikat: .....

2€	4€	**5€**	6€	9€	[m²]	⏱ 0,08h/m²	339.000.124

40 Trockenestrich, GF-Platten KG **353**

Trockenestrich aus Gipsfaserplatten mit Stufenfalz, Stöße versetzt, Brandbelastung von der Deckenoberseite, Boden geeignet zur Aufnahme von Weich- oder Parkettbelag.
Untergrund: .....
Dämmschicht/Trennlage: .....
Platten: Gipsfaserplatte GF, ...lagig
Plattendicke: 18 mm
Baustoffklasse: A2
Randabwicklung: .....
Türdurchgänge: .....
Angeb. Fabrikat: .....

43€	56€	**60€**	66€	82€	[m²]	⏱ 0,30h/m²	339.000.125

41 Spachtelung, GK-Platten, Q3 KG **345**

Spachtelung der Oberfläche zum Erreichen einer höheren Qualitätsstufe, Wandbekleidung aus Gipskartonplatten, geeignet für direkte Beschichtung der Oberfläche.
Qualität:Q3

6€	11€	**13€**	14€	17€	[m²]	⏱ 0,10h/m²	339.000.126

42 Stundensatz, Facharbeiter/-in

Stundenlohnarbeiten für Vorarbeiter/-in, Facharbeiter/-in und Gleichgestellte. Der Verrechnungssatz für die jeweilige Arbeitskraft umfasst sämtliche Aufwendungen wie Lohn- und Gehaltskosten, Lohn- und Gehaltsnebenkosten, Zuschläge, lohngebundene und lohnabhängige Kosten, sonstige Sozialkosten, Gemeinkosten, Wagnis und Gewinn. Leistung nach besonderer Anordnung der Bauüberwachung. Anmeldung und Nachweis gem. VOB/B.

62€	72€	**76€**	80€	88€	[h]	⏱ 1,00h/h	339.000.127

► min
▷ von
ø Mittel
◁ bis
◄ max

Nr.	Kurztext / Langtext						Kostengruppe
▶	▷	**ø netto €**	◁	◀	[Einheit]	Ausf.-Dauer	Positionsnummer

43 Stundensatz, Helfer/-in

Stundenlohnarbeiten für Werker/-in, Helfer/-in und Gleichgestellte. Der Verrechnungssatz für die jeweilige Arbeitskraft umfasst sämtliche Aufwendungen wie Lohn- und Gehaltskosten, Lohn- und Gehaltsnebenkosten, Zuschläge, lohngebundene und lohnabhängige Kosten, sonstige Sozialkosten, Gemeinkosten, Wagnis und Gewinn. Leistung nach besonderer Anordnung der Bauüberwachung. Anmeldung und Nachweis gem. VOB/B.

49€	60€	**65€**	68€	76€	[h]	⏱ 1,00h/h	339.000.128

323
324
325
326
327
328
329
330
331
332
333
334
336
337
338
339

C Gebäudetechnik

Titel des Leistungsbereichs	LB-Nr.
Wärmeversorgungsanlagen - Betriebseinrichtungen	340
Wärmeversorgungsanlagen - Leitungen, Armaturen, Heizflächen	341
Gas- und Wasseranlagen - Leitungen, Armaturen	342
Abwasseranlagen - Leitungen, Abläufe, Armaturen	344
Gas-, Wasser-, und Entwässerungsanlagen - Ausstattung, Elemente, Fertigbäder	345
Dämm- und Brandschutzarbeiten an technischen Anlagen	347
Niederspannungsanlagen - Kabel / Leitungen, Verlegesysteme, Installationsgeräte	353
Leuchten und Lampen	358
Gefahrenmeldeanlagen	363
Aufzüge	369
Raumlufttechnische Anlagen	375

340

Kosten:
Stand 2. Quartal 2025
Bundesdurchschnitt

Nr.	Positionen	Einheit	►	▷	**ø brutto €** / ø netto €	◁	◄
1	Anschluss Heiztherme	St	202	303	**347**	405	575
			170	254	**292**	340	483
2	Demontage Heiztherme	St	172	184	**186**	193	212
			144	155	**156**	162	178
3	Heizkessel ausbauen, Stahl, bis 50kW	St	500	673	**714**	827	1.139
			420	566	**600**	695	957
4	Gas-Brennwerttherme, Wand, bis 15kW	St	5.229	5.870	**8.192**	8.966	10.440
			4.394	4.933	**6.884**	7.534	8.773
5	Gas-Brennwerttherme, Wand, 15 bis 25kW	St	5.645	6.645	**8.399**	9.384	10.822
			4.744	5.584	**7.058**	7.885	9.094
6	Gas-Brennwerttherme, Wand, 25 bis 50kW	St	6.135	8.382	**9.345**	10.306	11.865
			5.155	7.044	**7.853**	8.661	9.971
7	Gas-Brennwertkessel, bis 25kW	St	6.284	7.941	**9.421**	10.032	11.315
			5.281	6.673	**7.917**	8.430	9.509
8	Gas-Brennwertkessel, 25 bis 50kW	St	6.800	8.962	**9.370**	10.364	12.527
			5.714	7.531	**7.874**	8.709	10.527
9	Gas-Brennwertkessel, 50 bis 70kW	St	7.213	10.038	**12.786**	14.456	15.395
			6.061	8.435	**10.744**	12.148	12.937
10	Gas-Brennwertkessel, 70 bis 150kW	St	11.801	14.809	**16.038**	19.772	26.227
			9.917	12.444	**13.478**	16.615	22.040
11	Gas-Brennwertkessel, 150 bis 225kW	St	16.582	20.301	**20.997**	24.454	29.864
			13.935	17.060	**17.644**	20.549	25.096
12	Gas-Brennwertkessel, 225 bis 400kW	St	20.250	29.607	**34.721**	38.741	49.795
			17.016	24.880	**29.177**	32.556	41.845
13	Öl-Brennwerttherme, Wand, bis 15kW	St	6.589	7.779	**9.152**	10.982	11.897
			5.537	6.537	**7.690**	9.228	9.997
14	Öl-Brennwerttherme, Wand, 15 bis 25kW	St	6.992	8.255	**9.711**	11.654	12.139
			5.876	6.937	**8.161**	9.793	10.201
15	Öl-Brennwertkessel, bis 25kW	St	10.647	11.524	**12.526**	13.779	16.284
			8.947	9.684	**10.526**	11.579	13.684
16	Heizöltank, stehend, 3.000Liter	St	3.805	4.174	**5.320**	5.908	7.167
			3.198	3.508	**4.471**	4.965	6.022
17	Heizöltank, stehend, 5.000Liter	St	4.266	4.718	**6.175**	6.860	9.864
			3.585	3.964	**5.189**	5.764	8.289
18	Holz/Pellet-Heizkessel, bis 25kW	St	16.735	18.047	**18.617**	19.876	22.483
			14.063	15.165	**15.644**	16.703	18.893
19	Holz/Pellet-Heizkessel, 25 bis 50kW	St	18.049	20.128	**20.681**	22.798	25.594
			15.167	16.914	**17.379**	19.158	21.507
20	Holz/Pellet-Heizkessel, 50 bis 120kW	St	28.051	48.631	**52.958**	76.049	106.524
			23.572	40.866	**44.502**	63.906	89.516
21	Pellet-Fördersystem, Förderschnecke	St	3.078	4.164	**4.444**	5.322	6.408
			2.587	3.499	**3.735**	4.472	5.385
22	Brennstofflagerbehälter für Holzpellets	St	4.745	5.869	**5.947**	6.024	7.148
			3.988	4.932	**4.998**	5.063	6.007
23	Neutralisationsanlage, Brennwertgeräte	St	426	719	**828**	1.255	2.087
			358	604	**696**	1.055	1.754
24	Neutralisationsgranulat 5kg	St	144	191	**211**	214	277
			121	160	**178**	180	233

► min
▷ von
ø Mittel
◁ bis
◄ max

Nr.	Positionen	Einheit	►	▷	ø brutto € / ø netto €	◁	◄
25	Flach-Solarkollektoranlage, thermisch, bis 10m²	St	9.428	13.474	**15.229**	17.673	22.996
			7.923	11.323	**12.797**	14.851	19.325
26	Flach-Solarkollektoranlage, thermisch, 10-20m²	St	13.072	17.067	**18.156**	22.877	24.148
			10.985	14.342	**15.257**	19.224	20.292
27	Flach-Solarkollektoranlage, thermisch, 20-30m²	St	19.431	26.682	**29.002**	35.383	37.703
			16.329	22.422	**24.372**	29.733	31.683
28	Wärmepumpe, bis 15kW, Sole	St	17.101	19.759	**20.991**	23.649	29.643
			14.370	16.604	**17.640**	19.873	24.910
29	Wärmepumpe, 25-35kW, Sole	St	29.694	35.213	**36.026**	39.828	42.341
			24.953	29.591	**30.274**	33.469	35.581
30	Wärmepumpe, 35-50kW, Sole	St	38.507	43.544	**46.740**	48.947	54.924
			32.359	36.591	**39.277**	41.132	46.155
31	Wärmepumpe, bis 15kW, Luft	St	15.644	19.239	**20.440**	22.316	25.676
			13.146	16.167	**17.177**	18.753	21.577
32	Wärmepumpe, 15-25kW, Luft	St	26.972	29.461	**30.124**	30.879	33.368
			22.665	24.757	**25.314**	25.949	28.041
33	Wärmepumpe, 25-35kW, Luft	St	37.132	41.279	**42.235**	45.709	51.104
			31.203	34.688	**35.492**	38.411	42.944
34	Erdsondenanlage, Wärmepumpe	m	99	116	**120**	127	140
			83	98	**101**	107	118
35	Elektro Heizeinsatz, Heizungsanlage	St	392	531	**590**	600	739
			329	446	**496**	504	621
36	Inbetriebnahme Wärmepumpe	psch	869	2.125	**2.304**	3.849	7.018
			730	1.786	**1.936**	3.234	5.897
37	Wartung, Wärmepumpe	psch	364	406	**409**	447	490
			305	341	**344**	376	411
38	Speicher-Wassererwärmer mit Solar, bis 500 Liter	St	4.629	5.800	**6.630**	6.895	8.200
			3.890	4.874	**5.572**	5.794	6.891
39	Stundensatz, Obermonteur/-in Heizung	h	77	79	**80**	83	87
			65	66	**67**	70	73
40	Stundensatz, Helfer/-in Heizung	h	50	57	**61**	65	74
			42	48	**51**	55	62

Nr.	**Kurztext** / Langtext						Kostengruppe
►	▷	**ø netto €**	◁	◄	[Einheit]	Ausf.-Dauer	Positionsnummer

1 Anschluss Heiztherme KG **421**

Anschuss der Verteilungsleitungen an die Therme einschl. aller erforderlichen Pass- und Verbindungsstücke und sonstigem Kleinmaterial. Einschließlich Dichtheitsprüfung der gesamten Anlage.

►	▷	ø netto €	◁	◄	[Einheit]	Ausf.-Dauer	Positionsnummer
170€	254€	**292€**	340€	483€	[St]	⏱ 3,30h/St	340.000.078

2 Demontage Heiztherme KG **421**

Demontage Heiztherme und Zubehör einschl. Entsorgung

►	▷	ø netto €	◁	◄	[Einheit]	Ausf.-Dauer	Positionsnummer
144€	155€	**156€**	162€	178€	[St]	⏱ 2,10h/St	340.000.079

340 341 342 344 345 347 353 358 363 369 375

Kosten:
Stand 2. Quartal 2025
Bundesdurchschnitt

Nr.	Kurztext / Langtext						Kostengruppe
▶	▷	ø netto €	◁	◀	[Einheit]	Ausf.-Dauer	Positionsnummer

3 Heizkessel ausbauen, Stahl, bis 50kW — KG **494**

Heizkessel ausbauen und entsorgen, sowie eingebundene Leitungen verschließen.
Wärmeleistung: bis 50 kW
Betriebsmittel: .....
Gewicht: .....
Abmessung: ....
Aufstellort: .....
Leitungen: .....

▶	▷	ø	◁	◀	Einheit	Ausf.-Dauer	Positionsnummer
420€	566€	**600€**	695€	957€	[St]	⏱ 3,00h/St	340.000.053

A 1 Gas-Brennwerttherme, Wand — Beschreibung für Pos. **4-6**

Brennwerttherme, für geschlossene Heizungsanlage, wandhängende Montage, einschl. sicherheitstechnischer Einrichtungen, mit MSR in digitaler Ausführung; einschl. interner Verdrahtung.
Betriebsmittel: Erdgas

4 Gas-Brennwerttherme, Wand, bis 15kW — KG **421**

Wie Ausführungsbeschreibung A 1
Kesselkörper: **Edelstahl / Aluminium**
Erdgas: **E / L / Flüssiggas / Bioerdgas**
Wärmeleistung: bis 15 kW, modulierend 30-100%
Auslegungsvorlauftemperatur: **bis 75 / 85**°C
Max. zulässiger Betriebsdruck: **4 / 6 / 10** bar
Heizmedium: Wasser
Norm-Nutzungsgrad bei **40 / 30**°C: **102 / über 108**% (bezogen auf den unteren Heizwert)

▶	▷	ø	◁	◀	Einheit	Ausf.-Dauer	Positionsnummer
4.394€	4.933€	**6.884€**	7.534€	8.773€	[St]	⏱ 3,80h/St	340.000.054

5 Gas-Brennwerttherme, Wand, 15 bis 25kW — KG **421**

Wie Ausführungsbeschreibung A 1
Kesselkörper: **Edelstahl / Aluminium**
Erdgas: **E / L / Flüssiggas / Bioerdgas**
Wärmeleistung: 15-25 kW, modulierend 30-100%
Auslegungsvorlauftemperatur: **bis 75 / 85**°C
Max. zulässiger Betriebsdruck: **4 / 6 / 10** bar
Heizmedium: Wasser
Norm-Nutzungsgrad bei **40 / 30**°C: **102 / über 108**% (bezogen auf den unteren Heizwert)

▶	▷	ø	◁	◀	Einheit	Ausf.-Dauer	Positionsnummer
4.744€	5.584€	**7.058€**	7.885€	9.094€	[St]	⏱ 3,80h/St	340.000.055

6 Gas-Brennwerttherme, Wand, 25 bis 50kW — KG **421**

Wie Ausführungsbeschreibung A 1
Kesselkörper: **Edelstahl / Aluminium**
Erdgas: **E / L / Flüssiggas / Bioerdgas**
Wärmeleistung: 25-50 kW, modulierend 30-100%
Auslegungsvorlauftemperatur: **bis 75 / 85**°C
Max. zulässiger Betriebsdruck: **4 / 6 / 10** bar
Heizmedium: Wasser
Norm-Nutzungsgrad bei **40 / 30**°C: **102 / über 108**% (bezogen auf den unteren Heizwert)

▶	▷	ø	◁	◀	Einheit	Ausf.-Dauer	Positionsnummer
5.155€	7.044€	**7.853€**	8.661€	9.971€	[St]	⏱ 4,10h/St	340.000.063

▶ min
▷ von
ø Mittel
◁ bis
◀ max

Nr.	Kurztext / Langtext						Kostengruppe
►	▷	**ø netto €**	◁	◄	[Einheit]	Ausf.-Dauer	Positionsnummer

A 2 Gas-Brennwertkessel — Beschreibung für Pos. **7-12**

Gas-Brennwertkessel für geschlossene Heizungsanlagen; für den Betrieb mit gleitend abgesenkter Kesselwasser-Temperatur ohne untere Begrenzung, modulierender Brenner, mit Edelstahl-Heizflächen. Alle abgasberührten Teile, wie Brennkammer, Nachschaltheizflächen und Abgassammelkasten, aus Edelstahl. Kesselkörper allseitig wärmegedämmt, Ummantelung aus Stahlblech, epoxidharzbeschichtet. Kessel mit schwenkbarer Kesseltür, einschl. Erdgas-Unit-Brenner, Reinigungsdeckel am Abgassammelkasten, Gegenflanschen mit Schrauben und Dichtungen an allen Stutzen, Wärmedämmung, Brennkammerschauglas. inkl. elektronischer Kesselkreisregelung, komplett mit allen Fühlern, Thermostaten und dem Sicherheitstemperaturbegrenzer.

7 Gas-Brennwertkessel, bis 25kW — KG **421**

Wie Ausführungsbeschreibung A 2
Kesselkörperabmessung: .....
Gesamtabmessungen: ..... (mit Kesselregulierung)
Gewicht komplett mit Wärmedämmung ..... kg
Kesselkörper: .....
Erdgas: **E / L / Flüssiggas / Bioerdgas**
Max. Nennwärmeleistung: ..... kW
Feuerungst. Wirkungsgrad: bis 108%
Abgasseitiger Widerstand: ..... mbar
Zul. Vorlauftemperatur: bis **90 / 100**°C
Max. zulässiger Betriebsdruck: **4 / 6 / 10** bar
Wasserinhalt: ..... Liter
Abgasrohr, lichte Weite: ..... mm

5.281€	6.673€	**7.917€**	8.430€	9.509€	[St]	⏱ 5,00h/St	340.000.074

8 Gas-Brennwertkessel, 25 bis 50kW — KG **421**

Wie Ausführungsbeschreibung A 2
Kesselkörperabmessung: .....
Gesamtabmessungen: ..... (mit Kesselregulierung)
Gewicht komplett mit Wärmedämmung ..... kg
Kesselkörper: .....
Erdgas: **E / L / Flüssiggas / Bioerdgas**
Max. Nennwärmeleistung: ..... kW
Feuerungst. Wirkungsgrad: bis 108%
Abgasseitiger Widerstand: ..... mbar
Zul. Vorlauftemperatur: bis **90 / 100**°C
Max. zulässiger Betriebsdruck: **4 / 6 / 10** bar
Wasserinhalt: ..... Liter
Abgasrohr, lichte Weite: ..... mm

5.714€	7.531€	**7.874€**	8.709€	10.527€	[St]	⏱ 5,30h/St	340.000.075

Nr.	Kurztext / Langtext						Kostengruppe
►	▷	**ø netto €**	◁	◄	[Einheit]	Ausf.-Dauer	Positionsnummer

9 **Gas-Brennwertkessel, 50 bis 70kW** KG **421**

Wie Ausführungsbeschreibung A 2
Kesselkörperabmessung: .....
Gesamtabmessungen: ..... (mit Kesselregulierung)
Gewicht komplett mit Wärmedämmung ..... kg
Kesselkörper: .....
Erdgas: **E / L / Flüssiggas / Bioerdgas**
Max. Nennwärmeleistung: ..... kW
Feuerungst. Wirkungsgrad: bis 108%
Abgasseitiger Widerstand: ..... mbar
Zul. Vorlauftemperatur: bis **90 / 100**°C
Max. zulässiger Betriebsdruck: **4 / 6 / 10** bar
Wasserinhalt: ..... Liter
Abgasrohr, lichte Weite: ..... mm

6.061€ 8.435€ **10.744€** 12.148€ 12.937€ [St] ⏱ 5,50h/St 340.000.076

10 **Gas-Brennwertkessel, 70 bis 150kW** KG **421**

Wie Ausführungsbeschreibung A 2
Kesselkörperabmessung: .....
Gesamtabmessungen: ..... (mit Kesselregulierung)
Gewicht komplett mit Wärmedämmung ..... kg
Kesselkörper: .....
Erdgas: **E / L / Flüssiggas / Bioerdgas**
Max. Nennwärmeleistung: ..... kW
Feuerungst. Wirkungsgrad: bis 108%
Abgasseitiger Widerstand: ..... mbar
Zul. Vorlauftemperatur: bis **90 / 100**°C
Max. zulässiger Betriebsdruck: **4 / 6 / 10** bar
Wasserinhalt: ..... Liter
Abgasrohr, lichte Weite: ..... mm

9.917€ 12.444€ **13.478€** 16.615€ 22.040€ [St] ⏱ 5,80h/St 340.000.066

11 **Gas-Brennwertkessel, 150 bis 225kW** KG **421**

Wie Ausführungsbeschreibung A 2
Kesselkörperabmessung: .....
Gesamtabmessungen: ..... (mit Kesselregulierung)
Gewicht komplett mit Wärmedämmung ..... kg
Kesselkörper: .....
Erdgas: **E / L / Flüssiggas / Bioerdgas**
Max. Nennwärmeleistung: ..... kW
Feuerungst. Wirkungsgrad: bis 108%
Abgasseitiger Widerstand: ..... mbar
Zul. Vorlauftemperatur: bis **90 / 100**°C
Max. zulässiger Betriebsdruck: **4 / 6 / 10** bar
Wasserinhalt: ..... Liter
Abgasrohr, lichte Weite: ..... mm

13.935€ 17.060€ **17.644€** 20.549€ 25.096€ [St] ⏱ 6,70h/St 340.000.067

Kosten:
Stand 2. Quartal 2025
Bundesdurchschnitt

► min
▷ von
ø Mittel
◁ bis
◄ max

12 **Gas-Brennwertkessel, 225 bis 400kW** KG **421**

Wie Ausführungsbeschreibung A 2
Kesselkörperabmessung: .....
Gesamtabmessungen: ..... (mit Kesselregulierung)
Gewicht komplett mit Wärmedämmung ..... kg
Kesselkörper: .....
Erdgas: **E / L / Flüssiggas / Bioerdgas**
Max. Nennwärmeleistung: ..... kW
Feuerungst. Wirkungsgrad: bis 108%
Abgasseitiger Widerstand: ..... mbar
Zul. Vorlauftemperatur: bis **90 / 100**°C
Max. zulässiger Betriebsdruck: **4 / 6 / 10** bar
Wasserinhalt: ..... Liter
Abgasrohr, lichte Weite: ..... mm

17.016€ 24.880€ **29.177€** 32.556€ 41.845€ [St] ⏱ 8,00h/St 340.000.068

13 **Öl-Brennwerttherme, Wand, bis 15kW** KG **421**

Öl-Brennwerttherme, für geschlossene Heizungsanlage, für Heizöl EL DIN 51603-1, Kesselkörper aus Metall, wandhängende Montage, mit modulierendem Brenner, einschl. Ummantelung mit Wärmedämmung, einschl. sicherheitstechnischer Einrichtungen DIN EN 12828, mit MSR in digitaler Ausführung, einschl. interner Verdrahtung.
Kesselkörper: **Edelstahl / Aluminium / Gusseisen**
Heizöl: **EL schwefelarm / A Bio 10**
Wärmeleistung: ..... kW, modulierend 30-100%
Auslegungsvorlauftemperatur: bis **75 / 85**°C
Max. zulässiger Betriebsdruck: 3 bar
Heizmedium: Wasser
Norm-Nutzungsgrad bei **50 / 30**°C: **98 / über 104**% (bezogen auf den unteren Heizwert)
Ausführung gem. Einzelbeschreibung: .....

5.537€ 6.537€ **7.690€** 9.228€ 9.997€ [St] ⏱ 4,20h/St 340.000.080

14 **Öl-Brennwerttherme, Wand, 15 bis 25kW** KG **421**

Öl-Brennwerttherme, für geschlossene Heizungsanlage, für Heizöl EL DIN 51603-1, Kesselkörper aus Metall, wandhängende Montage, mit modulierendem Brenner, einschl. Ummantelung mit Wärmedämmung, einschl. sicherheitstechnischer Einrichtungen DIN EN 12828, mit MSR in digitaler Ausführung; einschl. interner Verdrahtung.
Kesselkörper: **Edelstahl / Aluminium / Gusseisen**
Heizöl: **EL schwefelarm / A Bio 10**
Wärmeleistung: ..... kW, modulierend 30-100%
Auslegungsvorlauftemperatur: bis **75 / 85**°C
Max. zulässiger Betriebsdruck: 3 bar
Heizmedium: Wasser
Norm-Nutzungsgrad bei **50 / 30**°C: **98 / über 104**% (bezogen auf den unteren Heizwert)
Ausführung gem. Einzelbeschreibung: .....

5.876€ 6.937€ **8.161€** 9.793€ 10.201€ [St] ⏱ 4,20h/St 340.000.081

Nr.	Kurztext / Langtext						Kostengruppe
▶	▷	ø netto €	◁	◀	[Einheit]	Ausf.-Dauer	Positionsnummer

15 Öl-Brennwertkessel, bis 25kW KG **421**

Öl-Brennwertkessel für Heizöl EL DIN 51603-1, für geschlossene Heizungsanlagen; für den Betrieb mit gleitend abgesenkter Kesselwasser-Temperatur ohne untere Begrenzung, modulierender Brenner, mit Metall-Heizflächen, Brennwert-Wärmetauscher aus Edelstahl. Kesselkörper allseitig wärmegedämmt, Ummantelung aus Stahlblech, epoxidharzbeschichtet. Lieferumfang: Kessel mit schwenkbarer Kesseltür, inkl. Erdöl-Unit-Brenner, Reinigungsdeckel am Abgassammelkasten, Gegenflanschen mit Schrauben und Dichtungen an allen Stutzen, Wärmedämmung, Brennkammerschauglas, inkl. elektronischer Kesselkreisregelung, komplett mit allen Fühlern, Thermostaten und dem Sicherheitstemperaturbegrenzer.
Abmessungen Kesselkörper: Länge ..... mm, Breite ..... mm, Höhe ..... mm
Gesamtabmessungen: Länge ..... mm, Breite (Kesselregulierung) ..... mm, Höhe ..... mm
Gewicht komplett mit Wärmedämmung ..... kg
Erdgas: **EL schwefelarm / A Bio 10**
Max. Nennwärmeleistung ..... kW
Feuerungst. Wirkungsgrad: bis 103%
Abgasseitiger Widerstand: ..... mbar
Zul. Vorlauftemperatur: bis **90 / 100**°C
Max. zulässiger Betriebsdruck: 3 bar
Wasserinhalt: ..... Liter
Abgasrohr lichte Weite: ..... mm
Ausführung gem. Einzelbeschreibung: .....

8.947€ 9.684€ **10.526€** 11.579€ 13.684€ [St] ⏱ 6,20h/St 340.000.082

A 3 Heizöltank, stehend Beschreibung für Pos. **16-17**

Heizöllagerbehälter in stehender Ausführung, für oberirdische Lagerung im Gebäude. Leckschutzauskleidung mit Bauartzulassung. Überwachung mit Vakuum. Eventueller Zusatz: Heizölauffangbehälter, Entlüftungsleitung, Füllleitung, Entlüftungshaube, Grenzwertgeber, Tankinhaltsanzeiger, Tankeinbaugarnitur, Sicherheitsrohr, Doppelpumpenaggregat, Absperrkombination, Filterkombination, Schnellschlussventile, Kugelhähne, Motor- und Schutzschalter, Elektroleitungen, Bezeichnungsschilder, Doppelkugel-Fußventil.

16 Heizöltank, stehend, 3.000Liter KG **421**

Wie Ausführungsbeschreibung A 3
Material Behälter: **Stahl / GFK**
Brutto-Lagervolumen: 3.000 Liter
Abmessung: .....
Einbringung: **am Stück / geteilt**, mit Unterstützungskonstruktion

3.198€ 3.508€ **4.471€** 4.965€ 6.022€ [St] ⏱ 2,20h/St 340.000.058

17 Heizöltank, stehend, 5.000Liter KG **421**

Wie Ausführungsbeschreibung A 3
Material Behälter: **Stahl / GFK**
Brutto-Lagervolumen: 5.000 Liter
Abmessung: .....
Einbringung: **am Stück / geteilt**, mit Unterstützungskonstruktion

3.585€ 3.964€ **5.189€** 5.764€ 8.289€ [St] ⏱ 2,50h/St 340.000.077

Kosten:
Stand 2.Quartal 2025
Bundesdurchschnitt

▶ min
▷ von
ø Mittel
◁ bis
◀ max

A 4 Holz/Pellet-Heizkessel Beschreibung für Pos. **18-20**

Heizkessel für geschlossene Warmwasserheizungsanlagen für Festbrennstoff zur Erzeugung von Warmwasser. Kesselkörper aus Metall, für stehende Montage, einschl. sicherheitstechnischer Einrichtungen. Anschlussstutzen für Vor-, Rücklauf, Entlüftung, Füllung, Entleerung. Mit CE-Registrierung und Bauartzulassung.

18 Holz/Pellet-Heizkessel, bis 25kW KG **421**

Wie Ausführungsbeschreibung A 4
Kesselkörper: **Stahl / Guss**
Brennstoff: **Stückholz / Pellets DIN EN ISO 17225-2**
Wärmeleistung: ..... kW
Auslegungsvorlauftemperatur: bis 110°C
Max. zulässiger Betriebsdruck: **6 / 10 / 16 / 25** bar
Heizmedium: Wasser
Norm-Nutzungsgrad: bei **75 / 60**°C: **92 / 94**% (bezogen auf den unteren Heizwert)
Abmessungen Kesselkörper: Länge ..... mm, Breite: ..... mm, Höhe: ..... mm
Gesamtabmessungen: Länge ..... mm, Breite (mit Kesselregulierung) ..... mm, Höhe: ..... mm
Gewicht komplett mit Wärmedämmung: ..... kg
Wasserinhalt: ..... Liter

14.063€ 15.165€ **15.644€** 16.703€ 18.893€ [St] ⏱ 5,00h/St 340.000.059

19 Holz/Pellet-Heizkessel, 25 bis 50kW KG **421**

Wie Ausführungsbeschreibung A 4
Kesselkörper: **Stahl / Guss**
Brennstoff: **Stückholz / Pellets DIN EN ISO 17225-2**
Wärmeleistung: ..... kW
Auslegungsvorlauftemperatur: bis 110°C
Max. zulässiger Betriebsdruck: **6 / 10 / 16 / 25** bar
Heizmedium: Wasser
Norm-Nutzungsgrad: bei **75 / 60**°C: **92 / 94**% (bezogen auf den unteren Heizwert)
Abmessungen Kesselkörper: Länge ..... mm, Breite: ..... mm, Höhe: ..... mm
Gesamtabmessungen: Länge ..... mm, Breite (mit Kesselregulierung) ..... mm, Höhe: ..... mm
Gewicht komplett mit Wärmedämmung: ..... kg
Wasserinhalt: ..... Liter

15.167€ 16.914€ **17.379€** 19.158€ 21.507€ [St] ⏱ 5,20h/St 340.000.071

Nr.	Kurztext / Langtext						Kostengruppe
▶	▷	**ø netto €**	◁	◀	[Einheit]	Ausf.-Dauer	Positionsnummer

20 **Holz/Pellet-Heizkessel, 50 bis 120kW** KG **421**

Wie Ausführungsbeschreibung A 4
Kesselkörper: **Stahl / Guss**
Brennstoff: **Stückholz / Pellets DIN EN ISO 17225-2**
Wärmeleistung: ..... kW
Auslegungsvorlauftemperatur: bis 110°C
Max. zulässiger Betriebsdruck: **6 / 10 / 16 / 25** bar
Heizmedium: Wasser
Norm-Nutzungsgrad: bei **75 / 60**°C: **92 / 94**% (bezogen auf den unteren Heizwert)
Abmessungen Kesselkörper: Länge ..... mm, Breite: ..... mm, Höhe: ..... mm
Gesamtabmessungen: Länge ..... mm, Breite (mit Kesselregulierung) ..... mm, Höhe: ..... mm
Gewicht komplett mit Wärmedämmung: ..... kg
Wasserinhalt: ..... Liter

23.572€ 40.866€ **44.502€** 63.906€ 89.516€ [St] ⏱ 6,00h/St 340.000.072

Kosten:
Stand 2. Quartal 2025
Bundesdurchschnitt

21 **Pellet-Fördersystem, Förderschnecke** KG **421**

Beschickungssystem für Pelletfeuerungen als Förderschnecke mit Antrieb und Steuerung.Lagerbodenschnecke mit ziehendem Antrieb und Übergabetrichter für Beschickung des Kessels mit Brennstoff. Antriebseinheit mit Stirnradgetriebemotor. Auswurf mit Revisionsdeckel, Sicherheitsendschalter und Fallrohr/Adapter zur nachfolgenden Födereinrichtung. Schnecke und Kanal aus Stahl geschweißt. Rohrförderschnecke für Pellets, Steigungswinkel bis 65°. Ziehender Antrieb mit Auswurf über einer Fallstrecke. Der Antrieb erfolgt über Stirnradgetriebemotor. Steuerung im Schaltkasten vorverkabelt.
Lagerbodenschnecke: ..... m
Schneckendurchmesser: ..... mm
Waagerechte Länge: ..... m
Durchmesser Förderschnecke: max. 120 mm
Länge der Rohrförderschnecke: ..... m
Max. Förderkapazität: ..... kg/h
Anschluss 230 V 50 Hz: 0,5 kW

2.587€ 3.499€ **3.735€** 4.472€ 5.385€ [St] ⏱ 0,60h/St 340.000.073

22 **Brennstofflagerbehälter für Holzpellets** KG **421**

Brennstofflagerbehälter aus Stahlgestell und flexiblem Gewebe für Holzpellets als **Sacksilo / Betonschacht / Fertig-Kunststoffbehälter** inkl. Anschluss.
Aufstellort: **innerhalb des Gebäudes / außerhalb des Gebäudes / unterirdisch**
Ausführung Behälter: **luftdurchlässig / luftundurchlässig**, Staubdicht, **antistatisch / wasserdicht** und frostsicher
Inhalt: ..... t
Länge/Breite Aufstellraum: .....m / ..... m
Raumhöhe: ..... m

3.988€ 4.932€ **4.998€** 5.063€ 6.007€ [St] ⏱ 4,50h/St 340.000.107

▶ min
▷ von
ø Mittel
◁ bis
◀ max

Nr.	Kurztext / Langtext						Kostengruppe
▶	▷	**ø netto €**	◁	◀	[Einheit]	Ausf.-Dauer	Positionsnummer

23 Neutralisationsanlage, Brennwertgeräte KG **421**

Neutralisationsanlage geeignet für Kondenswasser aus Erdgas/Heizöl. Gehäuse aus durchsichtigem Kunststoff mit Markierung für minimalen und maximalen Füllstand. Komplett mit Neutralisationsgranulat befüllt, Halteschellen und vorbereitetem Abwasseranschluss für HT-Rohr, inkl. Siphon.
Brennwertgeräte: bis ..... kW
Gesamtabmessungen Länge: ..... mm
Durchmesser: ..... mm
Anschluss Fallstrang: ca. 4,00 m

358€	604€	**696€**	1.055€	1.754€	[St]	⏱ 0,90h/St	340.000.105

24 Neutralisationsgranulat 5kg KG **421**

Neutralisationsgranulat als Nachfüllpack / Erstbefüllung in 5-kg.

121€	160€	**178€**	180€	233€	[St]	⏱ 0,15h/St	340.000.106

A 5 Flach-Solarkollektoranlage, thermisch Beschreibung für Pos. **25-27**

Flachkollektor für Heizung in Aufdachmontage mit konstruktiver Verankerung sowie systembedingten Befestigungsmitteln und gedämmter Solarpumpenregelgruppe. Module mit korrosions- und witterungsbeständigem Rahmen und mit hochselektiver Vakuumbeschichtung, rückseitig hochtemperaturbeständige Wärmeschutzdämmung, mit durchgehender Wanne, hochtransparentes, gehärtetes Solarsicherheitsglas, mit Bauartzulassung, 2 Fühlerhülsen für Fühler. Leistung einschl. Anschlussfittinge für Kupferrohr sowie sämtlicher Verbindungs- und Dichtungsmaterialien und ca. 40m fertigisolierter Solaranschlussleitungen mit Dachdurchführungen und Frostschutz-Befüllung.

25 Flach-Solarkollektoranlage, thermisch, bis 10m² KG **421**

Wie Ausführungsbeschreibung A 5
Frostschutz-Befüllung (Menge, Art und Mischungsverhältnis): .....
Kollektor-Neigungswinkel: min./max. 15-75°
Mindest-Ertrag: 500 kWh/(m²a) gem. Prüfverfahren nach EN12975-2
Maximaler Betriebsdruck: 10 bar
Aperturfläche: bis 10 m²
Ausführung gem. nachfolgender Einzelbeschreibung: .....

7.923€	11.323€	**12.797€**	14.851€	19.325€	[St]	⏱ 4,90h/St	340.000.060

26 Flach-Solarkollektoranlage, thermisch, 10-20m² KG **421**

Wie Ausführungsbeschreibung A 5
Frostschutz-Befüllung (Menge, Art und Mischungsverhältnis): .....
Kollektor-Neigungswinkel: min./max. 15-75°
Mindest-Ertrag: 500 kWh/(m²a) gem. Prüfverfahren nach EN12975-2
Maximaler Betriebsdruck: 10 bar
Aperturfläche: 10 bis 20 m²
Ausführung gem. nachfolgender Einzelbeschreibung: .....

10.985€	14.342€	**15.257€**	19.224€	20.292€	[St]	⏱ 5,80h/St	340.000.061

Nr.	Kurztext / Langtext						Kostengruppe
▶	▷	ø netto €	◁	◀	[Einheit]	Ausf.-Dauer	Positionsnummer

27 Flach-Solarkollektoranlage, thermisch, 20-30m² KG **421**

Wie Ausführungsbeschreibung A 5
Frostschutz-Befüllung (Menge, Art und Mischungsverhältnis): .....
Kollektor-Neigungswinkel: min./max. 15-75°
Mindest-Ertrag: 500 kWh/(m²a) gem. Prüfverfahren nach EN12975-2
Maximaler Betriebsdruck: 10 bar
Aperturfläche: 20 bis 30 m²
Ausführung gem. nachfolgender Einzelbeschreibung: .....

16.329€ 22.422€ **24.372€** 29.733€ 31.683€ [St] ⏱ 7,00h/St 340.000.062

A 6 Wärmepumpe, Sole Beschreibung für Pos. **28-30**

Elektrisch angetriebene Wärmepumpe für Raumheizung und zur Erwärmung von Trinkwasser DIN EN 14511 für Innenaufstellung, mit Verdichter einschl. Schwingungsdämpfer sowie Regelung für Warmwasserbereitung und einen geregelten Heizkreis. Leistung einschl. Anschlusszubehör und Inbetriebnahme.

28 Wärmepumpe, bis 15kW, Sole KG **421**

Wie Ausführungsbeschreibung A 6
Wärmequelle: **Sole / Wasser** über **Erdsonden / Erdkollektoren**
Solequalität: .....
Minimale Wärmequellentemperatur: 0°C
Maximale Vorlauftemperatur: **mind. 60**°C **zur Raumheizung / mind. 72**°C **zur WW-Bereitung**
Nennwärmeleistung: bis 15 kW (bei B0W35)
Leistungszahl (COP): mind. 4,5 (bei B0W35)
Maximaler Schallleistungspegel: 55 dB(A)
Maximaler Betriebsdruck: mind. PN 6
Bemessungsbetriebsspannung: 400 V AC
Ausführung gem. nachfolgender Einzelbeschreibung: .....

14.370€ 16.604€ **17.640€** 19.873€ 24.910€ [St] ⏱ 6,00h/St 340.000.090

29 Wärmepumpe, 25-35kW, Sole KG **421**

Wie Ausführungsbeschreibung A 6
Wärmequelle: **Sole / Wasser** über **Erdsonden / Erdkollektoren**
Solequalität: .....
Minimale Wärmequellentemperatur: 0°C
Maximale Vorlauftemperatur: **mind. 60**°C **zur Raumheizung / mind. 72**°C **zur WW-Bereitung**
Nennwärmeleistung: 25-35 kW (bei B0W35)
Leistungszahl (COP): mind. 4,7 (bei B0W35)
Maximaler Schallleistungspegel: 55 dB(A)
Maximaler Betriebsdruck: mind. PN 6
Bemessungsbetriebsspannung: 400 V AC
Ausführung gem. nachfolgender Einzelbeschreibung: .....

24.953€ 29.591€ **30.274€** 33.469€ 35.581€ [St] ⏱ 6,00h/St 340.000.092

Kosten:
Stand 2. Quartal 2025
Bundesdurchschnitt

▶ min
▷ von
ø Mittel
◁ bis
◀ max

Nr.	Kurztext / Langtext						Kostengruppe
▶	▷	**ø netto €**	◁	◀	[Einheit]	Ausf.-Dauer	Positionsnummer

30 **Wärmepumpe, 35-50kW, Sole** KG **421**

Wie Ausführungsbeschreibung A 6
Wärmequelle: **Sole / Wasser** über **Erdsonden / Erdkollektoren**
Solequalität: .....
Minimale Wärmequellentemperatur: 0°C
Maximale Vorlauftemperatur: **mind. 60**°C **zur Raumheizung / mind. 72**°C **zur WW-Bereitung**
Nennwärmeleistung: 35-50 kW (bei B0W35)
Leistungszahl (COP): mind. 4,7 (bei B0W35)
Maximaler Schallleistungspegel: 55 dB(A)
Maximaler Betriebsdruck: mind. PN 6
Bemessungsbetriebsspannung: 400 V AC
Ausführung gem. nachfolgender Einzelbeschreibung: .....

32.359€	36.591€	**39.277€**	41.132€	46.155€	[St]	⏱ 7,00h/St	340.000.093

A 7 **Wärmepumpe, Luft** Beschreibung für Pos. **31-33**

Elektrisch angetriebene Wärmepumpe für Raumheizung und zur Erwärmung von Trinkwasser DIN EN 14511 für Innen-/Außenaufstellung, mit Verdichter, einschl. Schwingungsdämpfer sowie Regelung für Warmwasserbereitung und einen geregelten Heizkreis. Leistung einschl. Anschlusszubehör und Inbetriebnahme.

31 **Wärmepumpe, bis 15kW, Luft** KG **421**

Wie Ausführungsbeschreibung A 7
Wärmequelle: Luft
Minimale Wärmequellentemperatur: -18°C
Maximaler Vorlauftemperatur: **mind. 55**°C **zur Raumheizung mit zusätzlichem elektrischen Heizstab / mind. 72**°C **zur WW-Bereitung**
Montage/Aufstellung: schallentkoppelt
Nennwärmeleistung bis 15 kW (bei A2W35)
Leistungszahl (COP): mind. 4,0 (bei A2W35)
Maximaler Schallleistungspegel: 60 dB(A)
Maximaler Betriebsdruck: mind. PN 6
Bemessungsbetriebsspannung: 400 V AC
Ausführung gem. nachfolgender Einzelbeschreibung: .....

13.146€	16.167€	**17.177€**	18.753€	21.577€	[St]	⏱ 6,00h/St	340.000.094

Nr.	Kurztext / Langtext						Kostengruppe
▶	▷	ø netto €	◁	◀	[Einheit]	Ausf.-Dauer	Positionsnummer

32 Wärmepumpe, 15-25kW, Luft KG **421**

Wie Ausführungsbeschreibung A 7
Wärmequelle: Luft
Minimale Wärmequellentemperatur: -18°C
Maximaler Vorlauftemperatur: **mind. 55**°C **zur Raumheizung mit zusätzlichem elektrischen Heizstab / mind. 72**°C **zur WW-Bereitung**
Montage/Aufstellung: schallentkoppelt
Nennwärmeleistung 15-25 kW (bei A2W35)
Leistungszahl (COP): mind. 3,5 (bei A2W35)
Maximaler Schallleistungspegel: 65 dB(A)
Maximaler Betriebsdruck: mind. PN 6
Bemessungsbetriebsspannung: 400 V AC
Ausführung gem. nachfolgender Einzelbeschreibung: .....

22.665€ 24.757€ **25.314€** 25.949€ 28.041€ [St] ⏱ 6,00h/St 340.000.095

33 Wärmepumpe, 25-35kW, Luft KG **421**

Wie Ausführungsbeschreibung A 7
Wärmequelle: Luft
Minimale Wärmequellentemperatur: -18°C
Maximaler Vorlauftemperatur: **mind. 55**°C **zur Raumheizung mit zusätzlichem elektrischen Heizstab / mind. 72**°C **zur WW-Bereitung**
Montage/Aufstellung: schallentkoppelt
Nennwärmeleistung 25-35 kW (bei A2W35)
Leistungszahl (COP): mind. 3,4 (bei A2W35)
Maximaler Schallleistungspegel: 65 dB(A)
Maximaler Betriebsdruck: mind. PN 6
Bemessungsbetriebsspannung: 400 V AC
Ausführung gem. nachfolgender Einzelbeschreibung: .....

31.203€ 34.688€ **35.492€** 38.411€ 42.944€ [St] ⏱ 6,00h/St 340.000.096

34 Erdsondenanlage, Wärmepumpe KG **421**

Erdsondenanlage mit druckgeprüften Doppel-U- Sonden und Füllung des Ringraums mit Zement-Bentonit-Suspension. Ausführung der Erdwärmesondenbohrung(en) einschl. eventuell notwendiger Verrohrung des Bohrlochs. Leistung inkl. Antrag auf wasserrechtliche Genehmigung einschl. Bohrgenehmigung zur Vorlage bei der zuständigen Behörde und Nebenarbeiten und Versicherungen. Graphische Darstellung der Bohrergebnisse, Ausbauzeichnung. Baustelleneinrichtung mit An- und Abtransport Bohrgerät, Mannschaft und Ausrüstung, Auf- und Abbau des Bohrgeräts je Ansatzpunkt einschl. Umsetzen.
Bohrloch: ca. 160 mm
Doppel-U-Sonden: 32 mm einschl. Fußstück
Durchflussspülung und Befüllung: mit **Wasser / Wasser-Glykol**
Sondentiefe: bis 50 m
Überstand Sonden über Gelände: ca. 1,00 m
Ausführung gem. nachfolgender Einzelbeschreibung: .....

83€ 98€ **101€** 107€ 118€ [m] ⏱ 0,20h/m 340.000.101

Kosten:
Stand 2.Quartal 2025
Bundesdurchschnitt

▶ min
▷ von
ø Mittel
◁ bis
◀ max

Nr.	Kurztext / Langtext						Kostengruppe
▶	▷	**ø netto €**	◁	◀	[Einheit]	Ausf.-Dauer	Positionsnummer

35 Elektro Heizeinsatz, Heizungsanlage KG **422**

Elektro-Heizeinsatz, Heizleistung von 2,4 oder 6kW wählbar. Einsetzbar bei weichem bis mittelhartem Trinkwasser bis 2,5mol/m³ (14° dH, Härtebereich mittel). Mit Sicherheitstemperaturbegrenzer und Temperaturregler.

▶	▷	ø netto €	◁	◀	[Einheit]	Ausf.-Dauer	Positionsnummer
329€	446€	**496€**	504€	621€	[St]	⏱ 1,00h/St	340.000.111

36 Inbetriebnahme Wärmepumpe KG **421**

Die Erstinbetriebnahme der Wärmepumpe sollte rechtzeitig angemeldet werden. Die Inbetriebnahme hat gem. der Vorgaben des Wärmepumpenherstellers sowie den gesetzlichen Bestimmungen unter Berücksichtigung der Garantie und Gewährleistung zu erfolgen, einschl. An- und Abreisekosten, inkl. Aushändigung des unterzeichneten Übergabe und Inbetriebnahmeprotokolls.
Leistungsumfang: Inbetriebsetzen der Wärmepumpe, Inbetriebnahme der Regelungsanlage, Inbetriebsetzen und Programmieren Fernüberwachung, Überprüfen der Hersteller-Projektierungsrichtlinien, Protokollerstellung mit allen eingestellten Parametern, inkl. Aushändigung des unterzeichneten Übergabe-/Inbetriebnahmeprotokolls.

▶	▷	ø netto €	◁	◀	[Einheit]	Ausf.-Dauer	Positionsnummer
730€	1.786€	**1.936€**	3.234€	5.897€	[psch]	⏱ 4,80h/psch	340.000.108

37 Wartung, Wärmepumpe KG **421**

Wartung einer Luft, Wasser, Sole Wärmepumpe gem. der Vorgaben des Wärmepumpenherstellers sowie den gesetzlichen Bestimmungen unter Berücksichtigung der Garantie und Gewährleistung.

▶	▷	ø netto €	◁	◀	[Einheit]	Ausf.-Dauer	Positionsnummer
305€	341€	**344€**	376€	411€	[psch]	⏱ 1,80h/psch	340.000.104

38 Speicher-Wassererwärmer mit Solar, bis 500 Liter KG **421**

Bivalenter Speicher-Wassererwärmer für Trinkwasser, mit zwei innenliegenden Heizflächen, mit Einbauheizfläche für Solarthermie und weiteren Wärmeerzeuger. Leistung einschl. Anschlüssen für Medien und für Messwertgeber, mit Revisionsöffnung, mit abnehmbarer Wärmedämmung und Ummantelung, mit Anschlussleitungen.
Speicher: Bauart stehend
Material: **nichtrostender Stahl / Stahl emailliert**
Speicherinhalt: bis 500 Liter
DIN 4708-2 bei Erwärmung von 10 auf 45°C
Leistungskennzahl je Heizfläche mindestens NL 2,5
(nach DIN 4708 bei Speicher-/VL-Temperatur 60/70°C)
Ausführung gem. nachfolgender Einzelbeschreibung: .....

▶	▷	ø netto €	◁	◀	[Einheit]	Ausf.-Dauer	Positionsnummer
3.890€	4.874€	**5.572€**	5.794€	6.891€	[St]	⏱ 2,50h/St	340.000.102

39 Stundensatz, Obermonteur/-in Heizung

Verrechnungssatz für die jeweilige Arbeitskraft inkl. aller Aufwendungen wie Lohn- und Gehaltskosten, Lohn- und Gehaltsnebenkosten, Zuschläge, lohngebundene und lohnabhängige Kosten, sonstige Sozialkosten, Gemeinkosten, Wagnis und Gewinn. Leistung nach besonderer Anordnung der Bauüberwachung. Nachweis und Anmeldung gem. VOB/B.

▶	▷	ø netto €	◁	◀	[Einheit]	Ausf.-Dauer	Positionsnummer
65€	66€	**67€**	70€	73€	[h]	⏱ 1,00h/h	340.000.109

40 Stundensatz, Helfer/-in Heizung

Verrechnungssatz für die jeweilige Arbeitskraft inkl. aller Aufwendungen wie Lohn- und Gehaltskosten, Lohn- und Gehaltsnebenkosten, Zuschläge, lohngebundene und lohnabhängige Kosten, sonstige Sozialkosten, Gemeinkosten, Wagnis und Gewinn. Leistung nach besonderer Anordnung der Bauüberwachung. Nachweis und Anmeldung gem. VOB/B.

▶	▷	ø netto €	◁	◀	[Einheit]	Ausf.-Dauer	Positionsnummer
42€	48€	**51€**	55€	62€	[h]	⏱ 1,00h/h	340.000.110

Kosten:
Stand 2. Quartal 2025
Bundesdurchschnitt

▶ min
▷ von
ø Mittel
◁ bis
◀ max

Nr.	Positionen	Einheit	▶	▷	ø brutto € / ø netto €	◁	◀
1	Röhrenradiator demontieren, bis 50kg	St	48	59	**59**	61	66
			41	49	**49**	51	56
2	Röhrenradiator demontieren, bis 100kg	St	67	89	**90**	99	122
			56	75	**76**	83	102
3	Flachheizkörper demontieren, bis 50kg	St	42	52	**55**	59	68
			35	43	**47**	49	57
4	Gewinderohrleitung, demontieren, bis DN50	m	6	9	**10**	16	22
			5	8	**9**	13	18
5	Gewinderohrleitung, demontieren, bis DN100	m	7	17	**21**	24	30
			6	15	**17**	20	25
6	Kupferrohrleitung, demontieren, bis DN25	m	8	9	**11**	13	14
			6	8	**9**	11	12
7	Heizkörper ausbauen/wieder einbauen	St	45	68	**72**	80	114
			38	57	**60**	67	96
8	Schlamm und Magnetitabscheider 1 1/4"	St	359	438	**460**	500	533
			302	368	**387**	420	448
9	Schlamm und Magnetitabscheider 1 1/2"	St	446	462	**478**	498	538
			375	388	**402**	419	452
10	Hydraulischer Abgleich	St	591	851	**858**	909	1.046
			496	715	**721**	764	879
11	Rohrleitung, C-Stahlrohr, DN10	m	16	19	**22**	25	28
			14	16	**19**	21	24
12	Rohrleitung, C-Stahlrohr, DN12	m	20	23	**25**	28	31
			17	19	**21**	23	26
13	Rohrleitung, C-Stahlrohr, DN15	m	23	27	**30**	33	37
			19	23	**25**	28	31
14	Rohrleitung, C-Stahlrohr, DN20	m	29	32	**33**	36	42
			25	27	**28**	30	35
15	Rohrleitung, C-Stahlrohr, DN25	m	30	41	**45**	60	78
			25	35	**38**	50	66
16	Rohrleitung, C-Stahlrohr, DN32	m	41	46	**52**	55	60
			34	39	**44**	46	51
17	Rohrleitung, C-Stahlrohr, DN40	m	49	60	**66**	69	80
			41	50	**55**	58	68
18	Rohrleitung, C-Stahlrohr, DN50	m	69	81	**82**	85	97
			58	68	**69**	72	82
19	Rohrleitung, C-Stahlrohr, DN65	m	72	83	**86**	92	104
			60	70	**72**	78	87
20	Kompaktheizkörper, Stahl, H=500, L=bis 700	St	217	239	**276**	313	402
			182	201	**232**	263	338
21	Kompaktheizkörper, Stahl, H=500, L=bis 1.400	St	432	472	**503**	643	776
			363	397	**423**	541	652
22	Kompaktheizkörper, Stahl, H=500, L=bis 2.100	St	593	656	**721**	790	1.015
			499	551	**606**	663	853
23	Kompaktheizkörper, Stahl, H=600, L=bis 700	St	267	288	**325**	437	566
			224	242	**273**	367	475
24	Kompaktheizkörper, Stahl, H=600, L=bis 1.400	St	475	515	**610**	715	836
			399	433	**512**	601	702

Nr.	Positionen	Einheit	▶	▷	ø brutto € / ø netto €	◁	◀
25	Kompaktheizkörper, Stahl, H=600, L=bis 2.100	St	617	693	**752**	893	1.056
			519	583	**632**	750	888
26	Kompaktheizkörper, Stahl, H=900, L=bis 700	St	352	389	**426**	531	655
			296	327	**358**	446	550
27	Kompaktheizkörper, Stahl, H=900, L=bis 1.400	St	570	663	**708**	898	1.116
			479	557	**595**	755	938
28	Kompaktheizkörper, Stahl, H=900, L=bis 2.100	St	834	889	**979**	1.087	1.303
			701	747	**822**	914	1.095
29	Deckenstrahlplatte	St	3.970	6.054	**6.194**	6.849	8.293
			3.336	5.088	**5.205**	5.755	6.969

Nr. Kurztext / Langtext — Kostengruppe

▶ ▷ **ø netto €** ◁ ◀ [Einheit] Ausf.-Dauer Positionsnummer

1 Röhrenradiator demontieren, bis 50kg — KG **494**

Röhrenradiator entleeren, demontieren und anfallenden Bauschutt entsorgen, einschl. Verschließen der Anschlussleitung.
Größe: bis 50 kg

41€ 49€ **49€** 51€ 56€ [St] ⏱ 0,55h/St 341.000.060

2 Röhrenradiator demontieren, bis 100kg — KG **494**

Röhrenradiator entleeren, demontieren und anfallenden Bauschutt entsorgen, einschl. Verschließen der Anschlussleitung.
Größe: 50 bis 100 kg

56€ 75€ **76€** 83€ 102€ [St] ⏱ 0,80h/St 341.000.061

3 Flachheizkörper demontieren, bis 50kg — KG **494**

Flachheizkörper entleeren, demontieren und anfallenden Bauschutt entsorgen, einschl. Verschließen der Anschlussleitung.
Größe: bis 50 kg

35€ 43€ **47€** 49€ 57€ [St] ⏱ 0,50h/St 341.000.062

4 Gewinderohrleitung, demontieren, bis DN50 — KG **494**

Entleerte Gewinderohrleitung inkl. Befestigung demontieren einschl. Entsorgung. Anschlussleitung verschließen.
Durchmesser: bis DN50
Material: ......

5€ 8€ **9€** 13€ 18€ [m] ⏱ 0,15h/m 341.000.063

5 Gewinderohrleitung, demontieren, bis DN100 — KG **494**

Entleerte Gewinderohrleitung inkl. Befestigung demontieren einschl. Entsorgung. Anschlussleitung verschließen.
Durchmesser: DN65 bis DN100
Material: .....

6€ 15€ **17€** 20€ 25€ [m] ⏱ 0,33h/m 341.000.064

Kosten:
Stand 2. Quartal 2025
Bundesdurchschnitt

Nr.	**Kurztext** / Langtext						Kostengruppe
▶	▷	**ø netto €**	◁	◀	[Einheit]	Ausf.-Dauer	Positionsnummer

6 Kupferrohrleitung, demontieren, bis DN25 KG **494**

Entleerte Kupferrohrleitung inkl. Befestigung demontieren einschl. Entsorgung. Anschlussleitung verschließen.
Durchmesser: bis DN25

6€	8€	**9€**	11€	12€	[m]	⏱ 0,18h/m	341.000.065

7 Heizkörper ausbauen/wieder einbauen KG **423**

Heizkörper nach Aufforderung der Bauleitung einmal geschlossen ausbauen und wieder geschlossen einbauen.
Heizkörper: **Röhren- / Plattenheizkörper / Konvektor**
Einheit: Stück
Förderweg: .....
Lagerstelle: .....

38€	57€	**60€**	67€	96€	[St]	⏱ 1,00h/St	341.000.078

A 1 Schlamm und Magnetitabscheider Beschreibung für Pos. **8-9**

Schlamm und Magnetitabscheider für Heiz- und Kühlwassersysteme bzw. geschlossene flüssigkeitsgefüllte Anlagensysteme, geeignet für die Medien Wasser, Heizungswasser, Klimakaltwasser und Wasser-/Glykolgemisch, als Abscheider zur Entfernung von zirkulierenden Verunreinigungen (Schmutz und Schlamm), Eisenoxide (magnetische Partikel) aus wasserführenden Systemen.

8 Schlamm und Magnetitabscheider 1 1/4" KG **422**

Wie Ausführungsbeschreibung A 1
Technische Daten:
Abscheidertyp: .....
Gehäuse: .....
Betriebsdruck: .....
Anschluss: .....
Volumenstrom: ..... m³/h
Betriebstemperatur max.: .....°C
Baulänge: ..... mm
Filterwirksamkeit: ..... *f*-m
Fabrikat: .....

302€	368€	**387€**	420€	448€	[St]	⏱ 0,65h/St	341.000.092

9 Schlamm und Magnetitabscheider 1 1/2" KG **422**

Wie Ausführungsbeschreibung A 1
Technische Daten:
Abscheidertyp: .....
Gehäuse: .....
Betriebsdruck: .....
Anschluss: .....
Volumenstrom: ..... m³/h
Betriebstemperatur max.: .....°C
Baulänge: ..... mm
Filterwirksamkeit: ..... *f*-m
Fabrikat: .....

375€	388€	**402€**	419€	452€	[St]	⏱ 0,70h/St	341.000.093

▶ min
▷ von
ø Mittel
◁ bis
◀ max

Nr.	**Kurztext** / Langtext						Kostengruppe
▶	▷	**ø netto €**	◁	◀	[Einheit]	Ausf.-Dauer	Positionsnummer

10 **Hydraulischer Abgleich** KG **421**

Hydraulischer Abgleich der gesamten Heizungsanlage gem. VOB Teil C, Einstellen aller Regulierventile, Heizkörperthermostatventile, Pumpen, inkl. aller hierfür erforderlichen Messgeräte, Einstellwerkzeuge sowie Erstellung eines Protokolls.

496€ | 715€ | **721€** | 764€ | 879€ | [St] | ⏱ 2,80h/St | 341.000.094

A 2 **Rohrleitung, C-Stahlrohr** Beschreibung für Pos. **11-19**

Rohrleitung in Stangen, geschweißte Ausführung, Rohre außen grundiert mit Kunststoffmantel aus Polypropylen, einschl. Fittings, Materialwechsel bei Armaturen etc. bis DN50, falls nicht separat aufgeführt.

11 **Rohrleitung, C-Stahlrohr, DN10** KG **422**

Wie Ausführungsbeschreibung A 2
C-Stahlrohr: .....
Werkstoff: RSt. 34-2
Farbe: **..... / cremeweiß RAL 9001**
Nennweite: 12 x 1,2 mm

14€ | 16€ | **19€** | 21€ | 24€ | [m] | ⏱ 0,13h/m | 341.000.089

12 **Rohrleitung, C-Stahlrohr, DN12** KG **422**

Wie Ausführungsbeschreibung A 2
C-Stahlrohr: .....
Werkstoff: RSt. 34-2
Farbe: **..... / cremeweiß RAL 9001**
Nennweite: 15 x 1,2 mm

17€ | 19€ | **21€** | 23€ | 26€ | [m] | ⏱ 0,15h/m | 341.000.090

13 **Rohrleitung, C-Stahlrohr, DN15** KG **422**

Wie Ausführungsbeschreibung A 2
C-Stahlrohr: .....
Werkstoff: RSt. 34-2
Farbe: **..... / cremeweiß RAL 9001**
Nennweite: 18 x 1,2 mm

19€ | 23€ | **25€** | 28€ | 31€ | [m] | ⏱ 0,18h/m | 341.000.075

14 **Rohrleitung, C-Stahlrohr, DN20** KG **422**

Wie Ausführungsbeschreibung A 2
C-Stahlrohr: .....
Werkstoff: RSt. 34-2
Farbe: **..... / cremeweiß RAL 9001**
Nennweite: 22 x 1,5 mm

25€ | 27€ | **28€** | 30€ | 35€ | [m] | ⏱ 0,22h/m | 341.000.074

Kosten:
Stand 2. Quartal 2025
Bundesdurchschnitt

Nr.	**Kurztext** / Langtext						Kostengruppe
▶	▷	**ø netto €**	◁	◀	[Einheit]	Ausf.-Dauer	Positionsnummer

15 Rohrleitung, C-Stahlrohr, DN25 KG **422**

Wie Ausführungsbeschreibung A 2
C-Stahlrohr: .....
Werkstoff: RSt. 34-2
Farbe: **..... / cremeweiß RAL 9001**
Nennweite: 28 x 1,5 mm

25€	35€	**38€**	50€	66€	[m]	⏱ 0,25h/m	341.000.073

16 Rohrleitung, C-Stahlrohr, DN32 KG **422**

Wie Ausführungsbeschreibung A 2
C-Stahlrohr: .....
Werkstoff: RSt. 34-2
Farbe: **..... / cremeweiß RAL 9001**
Nennweite: 35 x 1,5 mm

34€	39€	**44€**	46€	51€	[m]	⏱ 0,28h/m	341.000.072

17 Rohrleitung, C-Stahlrohr, DN40 KG **422**

Wie Ausführungsbeschreibung A 2
C-Stahlrohr: .....
Werkstoff: RSt. 34-2
Farbe: **..... / cremeweiß RAL 9001**
Nennweite: 42 x 1,5 mm

41€	50€	**55€**	58€	68€	[m]	⏱ 0,33h/m	341.000.071

18 Rohrleitung, C-Stahlrohr, DN50 KG **422**

Wie Ausführungsbeschreibung A 2
C-Stahlrohr: .....
Werkstoff: RSt. 34-2
Farbe: **..... / cremeweiß RAL 9001**
Nennweite: 54 x 1,5 mm

58€	68€	**69€**	72€	82€	[m]	⏱ 0,36h/m	341.000.070

19 Rohrleitung, C-Stahlrohr, DN65 KG **422**

Wie Ausführungsbeschreibung A 2
C-Stahlrohr: .....
Werkstoff: RSt. 34-2
Farbe: **..... / cremeweiß RAL 9001**
Nennweite: 76,1 x 2,0 mm

60€	70€	**72€**	78€	87€	[m]	⏱ 0,39h/m	341.000.091

▶ min
▷ von
ø Mittel
◁ bis
◀ max

Nr.	Kurztext / Langtext						Kostengruppe
▶	▷	**ø netto €**	◁	◀	[Einheit]	Ausf.-Dauer	Positionsnummer

A 3 Kompaktheizkörper, Stahl — Beschreibung für Pos. **20-28**

Kompaktheizkörper als Plattenheizkörper, Sickenteilung 33 1/3mm. Übergreifende obere Abdeckung und geschlossene seitliche Blenden. Zweischichtlackierung, lösungsmittelfrei im Heizbetrieb, entfettet, eisenphosphoriert, grundiert mit kathodischem Elektrotauchlack und elektrostatisch pulverbeschichtet, Rückseite mit vier Befestigungslaschen (ab Baulänge 1.800mm = 6St). Einschl. Montageset, bestehend aus Bohrkonsolen, Abstandshalter und Sicherungsbügel zur Befestigung sowie Blind- und Entlüftungsstopfen. Mit Lieferung, Montage sowie Montagezubehör, einschl. Einschraubventil mit Voreinstellung.

20 Kompaktheizkörper, Stahl, H=500, L=bis 700 — KG **423**

Wie Ausführungsbeschreibung A 3
Material: Stahlblech St. 12.03
Blechstärke: 1,25 mm
Farbe: weiß
Anschlüsse: G 1/2 **vertikal links / rechts**
Betriebsdruck: max. **4 / 6 / 10** bar
Medium: Heißwasser bis **110 / 120**°C
Bautiefe: ..... mm
Bauhöhe: 500 mm
Baulänge: bis 700 mm
Fabrikat: .....
Typ: .....
Normwärmeabgabe: ..... W/m

182€	201€	**232€**	263€	338€	[St]	⏱ 1,00h/St	341.000.080

21 Kompaktheizkörper, Stahl, H=500, L=bis 1.400 — KG **423**

Wie Ausführungsbeschreibung A 3
Material: Stahlblech St. 12.03
Blechstärke: 1,25 mm
Farbe: weiß
Anschlüsse: G 1/2 **vertikal links / rechts**
Betriebsdruck: max. **4 / 6 / 10** bar
Medium: Heißwasser bis **110 / 120**°C
Bautiefe: ..... mm
Bauhöhe: 500 mm
Baulänge: 701 bis 1.400 mm
Fabrikat: .....
Typ: .....
Normwärmeabgabe: ..... W/m

363€	397€	**423€**	541€	652€	[St]	⏱ 1,10h/St	341.000.081

Kosten:
Stand 2. Quartal 2025
Bundesdurchschnitt

► min
▷ von
ø Mittel
◁ bis
◄ max

Nr.	Kurztext / Langtext						Kostengruppe
►	▷	ø netto €	◁	◄	[Einheit]	Ausf.-Dauer	Positionsnummer

22 Kompaktheizkörper, Stahl, H=500, L=bis 2.100 — KG **423**

Wie Ausführungsbeschreibung A 3
Material: Stahlblech St. 12.03
Blechstärke: 1,25 mm
Farbe: weiß
Anschlüsse: G 1/2 **vertikal links / rechts**
Betriebsdruck: max. **4 / 6 / 10** bar
Medium: Heißwasser bis **110 / 120**°C
Bautiefe: ..... mm
Bauhöhe: 500 mm
Baulänge: 1.401 bis 2.100 mm
Fabrikat: .....
Typ: .....
Normwärmeabgabe: ..... W/m

►	▷	ø	◁	◄	Einheit	Ausf.-Dauer	Positionsnummer
499€	551€	**606€**	663€	853€	[St]	⏱ 1,30h/St	341.000.082

23 Kompaktheizkörper, Stahl, H=600, L=bis 700 — KG **423**

Wie Ausführungsbeschreibung A 3
Material: Stahlblech St. 12.03
Blechstärke: 1,25 mm
Farbe: weiß
Anschlüsse: G 1/2 **vertikal links / rechts**
Betriebsdruck: max. **4 / 6 / 10** bar
Medium: Heißwasser bis **110 / 120**°C
Bautiefe: ..... mm
Bauhöhe: 600 mm
Baulänge: bis 700 mm
Fabrikat: .....
Typ: .....
Normwärmeabgabe: ..... W/m

►	▷	ø	◁	◄	Einheit	Ausf.-Dauer	Positionsnummer
224€	242€	**273€**	367€	475€	[St]	⏱ 1,00h/St	341.000.083

24 Kompaktheizkörper, Stahl, H=600, L=bis 1.400 — KG **423**

Wie Ausführungsbeschreibung A 3
Material: Stahlblech St. 12.03
Blechstärke: 1,25 mm
Farbe: weiß
Anschlüsse: G 1/2 **vertikal links / rechts**
Betriebsdruck: max. **4 / 6 / 10** bar
Medium: Heißwasser bis **110 / 120**°C
Bautiefe: ..... mm
Bauhöhe: 600 mm
Baulänge: 701 bis 1.400 mm
Fabrikat: .....
Typ: .....
Normwärmeabgabe: ..... W/m

►	▷	ø	◁	◄	Einheit	Ausf.-Dauer	Positionsnummer
399€	433€	**512€**	601€	702€	[St]	⏱ 1,10h/St	341.000.084

Nr.	Kurztext / Langtext						Kostengruppe
▶	▷	**ø netto €**	◁	◀	[Einheit]	Ausf.-Dauer	Positionsnummer

25 **Kompaktheizkörper, Stahl, H=600, L=bis 2.100** — KG **423**

Wie Ausführungsbeschreibung A 3
Material: Stahlblech St. 12.03
Blechstärke: 1,25 mm
Farbe: weiß
Anschlüsse: G 1/2 **vertikal links / rechts**
Betriebsdruck: max. **4 / 6 / 10** bar
Medium: Heißwasser bis **110 / 120**°C
Bautiefe: ..... mm
Bauhöhe: 600 mm
Baulänge: 1.401 bis 2.100 mm
Fabrikat: .....
Typ: .....
Normwärmeabgabe: ..... W/m

519€	583€	**632€**	750€	888€	[St]	⏱ 1,30h/St	341.000.085

26 **Kompaktheizkörper, Stahl, H=900, L=bis 700** — KG **423**

Wie Ausführungsbeschreibung A 3
Material: Stahlblech St. 12.03
Blechstärke: 1,25 mm
Farbe: weiß
Anschlüsse: G 1/2 **vertikal links / rechts**
Betriebsdruck: max. **4 / 6 / 10** bar
Medium: Heißwasser bis **110 / 120**°C
Bautiefe: ..... mm
Bauhöhe: 900 mm
Baulänge: bis 700 mm
Fabrikat: .....
Typ: .....
Normwärmeabgabe: ..... W/m

296€	327€	**358€**	446€	550€	[St]	⏱ 1,00h/St	341.000.086

27 **Kompaktheizkörper, Stahl, H=900, L=bis 1.400** — KG **423**

Wie Ausführungsbeschreibung A 3
Material: Stahlblech St. 12.03
Blechstärke: 1,25 mm
Farbe: weiß
Anschlüsse: G 1/2 **vertikal links / rechts**
Betriebsdruck: max. **4 / 6 / 10** bar
Medium: Heißwasser bis **110 / 120**°C
Bautiefe: ..... mm
Bauhöhe: 900 mm
Baulänge: 701 bis 1.400 mm
Fabrikat: .....
Typ: .....
Normwärmeabgabe: ..... W/m

479€	557€	**595€**	755€	938€	[St]	⏱ 1,10h/St	341.000.087

Kosten:
Stand 2. Quartal 2025
Bundesdurchschnitt

Nr.	**Kurztext** / Langtext						Kostengruppe
▶	▷	**ø netto €**	◁	◀	[Einheit]	Ausf.-Dauer	Positionsnummer

28 Kompaktheizkörper, Stahl, H=900, L=bis 2.100 KG **423**

Wie Ausführungsbeschreibung A 3
Material: Stahlblech St. 12.03
Blechstärke: 1,25 mm
Farbe: weiß
Anschlüsse: G 1/2 **vertikal links / rechts**
Betriebsdruck: max. **4 / 6 / 10** bar
Medium: Heißwasser bis **110 / 120**°C
Bautiefe: ..... mm
Bauhöhe: 900 mm
Baulänge: 1.401 bis 2.100 mm
Fabrikat: .....
Typ: .....
Normwärmeabgabe: ..... W/m

701€	747€	**822€**	914€	1.095€	[St]	⏱ 1,30h/St	341.000.088

29 Deckenstrahlplatte KG **423**

Deckenstrahlplatte mit Kopfstück, Anschlussmuffen, Aufhängekonstruktion, Abdeckblech, Stirn und Umlenkblechen, zum Heizen und Kühlen, zur Installation an der Decke. Die Temperaturübertragung erfolgt mittels Wärmestrahlung. Wärmeleistung geprüft, mit Registrierung.
Medium: **Wasser / Klimakaltwasser**
Betriebstemperatur: bis 120°C
Max. Betriebsdruck: **6 / 10 / 16 bar**
Auslegungs-Wärmeleistung: .....
Wärmedämmung: **als Schallschluckplatte mit 40** mm **Dicke / mineralfaserfreien Stoffen mit 40** mm **Dicke / Baustoffklasse A2 nicht brennbar**
Rohdichte: min. 15 kg/m³
Bemessungswert der Wärmeleitfähigkeit: max. 0,040 W/(mK)
Ausführung Strahlfläche: **Blech / gelochtes Blech, 1** mm **/ 1,25** mm
Lage der Leitung: **über Strahlblech eingelegt / unter dem Strahlblech eingelegt**
Rohrleitung: **Stahlgewinderohr mittelschwer / Präzisionsstahlrohr, geschweißt / nahtlos schwarz**
Oberflächenschutz: **Grundbeschichtung / Deckbeschichtung als Pulverbeschichtung oder Grundbeschichtung, Deckbeschichtung als Pulverbeschichtung**
Farbton: **weiß / Sonderfarbton**
Länge Strahlplatte: ..... mm
Breite Strahlplatte: ..... mm

3.336€	5.088€	**5.205€**	5.755€	6.969€	[St]	⏱ 3,80h/St	341.000.095

▶ min
▷ von
ø Mittel
◁ bis
◀ max

Nr.	Positionen	Einheit	►	▷	**ø brutto €** / ø netto €	◁	◄
1	Stahlrohrleitung demontieren, bis DN25	m	4	11	**13**	15	26
			4	9	**11**	13	22
2	Stahlrohrleitung demontieren, bis DN50	m	6	15	**17**	20	30
			5	12	**15**	17	25
3	Stahlrohrleitung demontieren, bis DN100	m	7	19	**22**	25	35
			6	16	**18**	21	30
4	Leitung, Metallverbundrohr, DN12	m	12	17	**19**	22	27
			10	14	**16**	18	23
5	Leitung, Metallverbundrohr, DN15	m	15	22	**25**	28	35
			12	19	**21**	23	30
6	Leitung, Metallverbundrohr, DN20	m	16	25	**30**	34	47
			13	21	**25**	29	39
7	Leitung, Metallverbundrohr, DN25	m	20	33	**38**	42	52
			17	27	**32**	35	44
8	Leitung, Metallverbundrohr, DN32	m	38	48	**53**	58	67
			32	40	**45**	49	56
9	Leitung, Metallverbundrohr, DN40	m	67	73	**76**	81	86
			56	61	**63**	68	73
10	Leitung, Kupferrohr, 15mm	m	29	34	**34**	36	40
			25	28	**29**	30	34
11	Leitung, Kupferrohr, 18mm	m	32	37	**37**	40	44
			27	31	**31**	34	37
12	Leitung, Kupferrohr, 22mm	m	33	39	**42**	47	58
			28	32	**35**	40	49
13	Leitung, Kupferrohr, 28mm	m	35	44	**49**	55	67
			29	37	**41**	46	56
14	Leitung, Kupferrohr, 35mm	m	40	53	**59**	60	79
			33	45	**49**	51	66
15	Leitung, Kupferrohr, 42mm	m	59	71	**73**	75	88
			49	60	**61**	63	74
16	Leitung, Kupferrohr, 54mm	m	65	79	**85**	91	108
			55	66	**72**	77	91

342

Kosten:
Stand 2. Quartal 2025
Bundesdurchschnitt

► min
▷ von
ø Mittel
◁ bis
◄ max

Nr. **Kurztext** / Langtext — Kostengruppe
► ▷ **ø netto €** ◁ ◄ [Einheit] Ausf.-Dauer Positionsnummer

1 Stahlrohrleitung demontieren, bis DN25 KG **494**

Entleerte Stahlrohrleitung inkl. Befestigung demontieren einschl. Entsorgung. Anschlussleitung verschließen.
Durchmesser: bis DN25

4€ 9€ **11€** 13€ 22€ [m] ⏱ 0,15h/m 342.000.069

2 Stahlrohrleitung demontieren, bis DN50 KG **494**

Entleerte Stahlrohrleitung inkl. Befestigung demontieren einschl. Entsorgung. Anschlussleitung verschließen.
Durchmesser: DN25 bis DN50

5€ 12€ **15€** 17€ 25€ [m] ⏱ 0,20h/m 342.000.070

Nr.	Kurztext / Langtext						Kostengruppe
▶	▷	**ø netto €**	◁	◀	[Einheit]	Ausf.-Dauer	Positionsnummer

3 Stahlrohrleitung demontieren, bis DN100 — KG **494**

Entleerte Stahlrohrleitung inkl. Befestigung demontieren einschl. Entsorgung. Anschlussleitung verschließen.
Durchmesser: DN65 bis DN100

6€ | 16€ | **18€** | 21€ | 30€ | [m] | ⏱ 0,20h/m | 342.000.071

A 1 Leitung, Metallverbundrohr — Beschreibung für Pos. **4-9**

Metallverbundrohr aus Mehrschichtverbundwerkstoff (PE, Aluminium,PE), für Trinkwasser warm und kalt, einschl. Dichtungs- und Befestigungsmittel. Form- und Verbindungsstücke (Fittings) werden gesondert vergütet.

4 Leitung, Metallverbundrohr, DN12 — KG **412**

Wie Ausführungsbeschreibung A 1
Nennweite: DN12
Außendurchmesser: 16 mm
Wandstärke: 2,25 mm
Lieferung: **Stangen / Ringen**
Verlegehöhe: **3,50 / 5,00 / 7,00** m

10€ | 14€ | **16€** | 18€ | 23€ | [m] | ⏱ 0,28h/m | 342.000.077

5 Leitung, Metallverbundrohr, DN15 — KG **412**

Wie Ausführungsbeschreibung A 1
Nennweite: DN15
Außendurchmesser: 20 mm
Wandstärke: 2,5 mm
Lieferung: **Stangen / Ringen**
Verlegehöhe: **3,50 / 5,00 / 7,00** m

12€ | 19€ | **21€** | 23€ | 30€ | [m] | ⏱ 0,28h/m | 342.000.076

6 Leitung, Metallverbundrohr, DN20 — KG **412**

Wie Ausführungsbeschreibung A 1
Nennweite: DN20
Außendurchmesser: 26 mm
Wandstärke: 3 mm
Lieferung: **Stangen / Ringen**
Verlegehöhe: **3,50 / 5,00 / 7,00** m

13€ | 21€ | **25€** | 29€ | 39€ | [m] | ⏱ 0,28h/m | 342.000.075

7 Leitung, Metallverbundrohr, DN25 — KG **412**

Wie Ausführungsbeschreibung A 1
Nennweite: DN25
Außendurchmesser: 32 mm
Wandstärke: 3 mm
Lieferung: **Stangen / Ringen**
Verlegehöhe: **3,50 / 5,00 / 7,00** m

17€ | 27€ | **32€** | 35€ | 44€ | [m] | ⏱ 0,28h/m | 342.000.074

Kosten:
Stand 2. Quartal 2025
Bundesdurchschnitt

Nr.	**Kurztext** / Langtext						Kostengruppe
▶	▷	**ø netto €**	◁	◀	[Einheit]	Ausf.-Dauer	Positionsnummer

8 Leitung, Metallverbundrohr, DN32 KG **412**

Wie Ausführungsbeschreibung A 1
Nennweite: DN32
Außendurchmesser: 40 mm
Wandstärke: 3,5 mm
Lieferung: **Stangen / Ringen**
Verlegehöhe: **3,50 / 5,00 / 7,00** m

▶	▷	ø	◁	◀	Einheit	Ausf.-Dauer	Positionsnummer
32€	40€	**45€**	49€	56€	[m]	⏱ 0,28 h/m	342.000.073

9 Leitung, Metallverbundrohr, DN40 KG **412**

Wie Ausführungsbeschreibung A 1
Nennweite: DN40
Außendurchmesser: 50 mm
Wandstärke: 4 mm
Lieferung: **Stangen / Ringen**
Verlegehöhe: **3,50 / 5,00 / 7,00** m

▶	▷	ø	◁	◀	Einheit	Ausf.-Dauer	Positionsnummer
56€	61€	**63€**	68€	73€	[m]	⏱ 0,28 h/m	342.000.072

10 Leitung, Kupferrohr, 15mm KG **412**

Kupferrohr, blank, in Stangen, einschl. Rohrverbindung **löten / pressen**, mit Aufhängung.
Nennweite: 15 mm
Wandstärke: 1,0 mm
Verlegehöhe: **3,50 / 5,00 / 7,00** m

▶	▷	ø	◁	◀	Einheit	Ausf.-Dauer	Positionsnummer
25€	28€	**29€**	30€	34€	[m]	⏱ 0,25 h/m	342.000.083

11 Leitung, Kupferrohr, 18mm KG **412**

Kupferrohr, blank, in Stangen, einschl. Rohrverbindung **löten / pressen**, mit Aufhängung.
Nennweite: 18 mm
Wandstärke: 1,0 mm
Verlegehöhe: **3,50 / 5,00 / 7,00** m

▶	▷	ø	◁	◀	Einheit	Ausf.-Dauer	Positionsnummer
27€	31€	**31€**	34€	37€	[m]	⏱ 0,25 h/m	342.000.082

12 Leitung, Kupferrohr, 22mm KG **412**

Kupferrohr, blank, in Stangen, einschl. Rohrverbindung **löten / pressen**, mit Aufhängung.
Nennweite: 22 mm
Wandstärke: 1,0 mm
Verlegehöhe: **3,50 / 5,00 / 7,00** m

▶	▷	ø	◁	◀	Einheit	Ausf.-Dauer	Positionsnummer
28€	32€	**35€**	40€	49€	[m]	⏱ 0,25 h/m	342.000.081

13 Leitung, Kupferrohr, 28mm KG **412**

Kupferrohr, blank, in Stangen, einschl. Rohrverbindung **löten / pressen**, mit Aufhängung.
Nennweite: 28 mm
Wandstärke: 1,0 mm
Verlegehöhe: **3,50 / 5,00 / 7,00** m

▶	▷	ø	◁	◀	Einheit	Ausf.-Dauer	Positionsnummer
29€	37€	**41€**	46€	56€	[m]	⏱ 0,25 h/m	342.000.080

▶ min
▷ von
ø Mittel
◁ bis
◀ max

Nr.	Kurztext / Langtext						Kostengruppe
►	▷	**ø netto €**	◁	◄	[Einheit]	Ausf.-Dauer	Positionsnummer

14 Leitung, Kupferrohr, 35mm KG **412**

Kupferrohr, blank, in Stangen, einschl. Rohrverbindung **löten / pressen**, mit Aufhängung.
Nennweite: 35 mm
Wandstärke: 1,2 mm
Verlegehöhe: **3,50 / 5,00 / 7,00** m

►	▷	ø netto €	◁	◄	[Einheit]	Ausf.-Dauer	Positionsnummer
33€	45€	**49€**	51€	66€	[m]	⏱ 0,25h/m	342.000.078

15 Leitung, Kupferrohr, 42mm KG **412**

Kupferrohr, blank, in Stangen, einschl. Rohrverbindung **löten / pressen**, mit Aufhängung.
Nennweite: 42 mm
Wandstärke: 1,2 mm
Verlegehöhe: **3,50 / 5,00 / 7,00** m

►	▷	ø netto €	◁	◄	[Einheit]	Ausf.-Dauer	Positionsnummer
49€	60€	**61€**	63€	74€	[m]	⏱ 0,25h/m	342.000.088

16 Leitung, Kupferrohr, 54mm KG **412**

Kupferrohr, blank, in Stangen, einschl. Rohrverbindung **löten / pressen**, mit Aufhängung.
Nennweite: 54 mm
Wandstärke: 1,5 mm
Verlegehöhe: **3,50 / 5,00 / 7,00** m

►	▷	ø netto €	◁	◄	[Einheit]	Ausf.-Dauer	Positionsnummer
55€	66€	**72€**	77€	91€	[m]	⏱ 0,25h/m	342.000.079

344

Kosten:
Stand 2. Quartal 2025
Bundesdurchschnitt

Nr.	Positionen	Einheit	►	▷	ø brutto € / ø netto €	◁	◄
1	Gussrohrleitung demontieren, bis DN100	m	14	19	**22**	25	26
			12	16	**18**	21	22
2	Gussrohrleitung demontieren, bis DN200	m	17	27	**32**	36	39
			14	23	**27**	31	33
3	Stahlrohrleitung demontieren, bis DN100	m	10	19	**22**	25	30
			8	16	**18**	21	25
4	Kunststoff-Rohrleitung, demontieren, bis DN100	m	9	16	**19**	21	53
			7	13	**16**	18	44
5	Abwasserleitung, Guss, DN50	m	35	46	**49**	55	66
			29	38	**41**	47	56
6	Abwasserleitung, Guss, DN80	m	58	63	**64**	67	75
			49	53	**54**	56	63
7	Abwasserleitung, Guss, DN100	m	63	75	**80**	86	94
			53	63	**68**	72	79
8	Abwasserleitung, Guss, DN125	m	100	110	**114**	123	137
			84	92	**96**	103	115
9	Abwasserleitung, Guss, DN150	m	88	113	**129**	141	163
			74	95	**108**	119	137
10	Abwasserleitung, HT-Rohr, DN/OD63	m	13	22	**26**	36	54
			11	19	**22**	30	45
11	Abwasserleitung, HT-Rohr, DN/OD75	m	30	36	**38**	41	48
			25	30	**32**	35	40
12	Abwasserleitung, HT-Rohr, DN/OD110	m	34	38	**40**	43	51
			29	32	**34**	36	43
13	Abwasserleitung, PE-Rohr, DN/OD75	m	36	45	**49**	53	61
			31	37	**41**	45	51
14	Abwasserleitung, PE-Rohr, DN/OD110	m	40	52	**56**	61	74
			34	44	**47**	52	62
15	Abflussleitung, PP-Rohr, DN/OD63, schallgedämmt	m	29	34	**47**	50	54
			25	29	**40**	42	46
16	Abflussleitung, PP-Rohr, DN/OD75, schallgedämmt	m	33	40	**49**	53	67
			28	34	**41**	45	56
17	Abflussleitung, PP-Rohr, DN/OD90, schallgedämmt	m	42	51	**58**	68	80
			35	42	**49**	57	67
18	Abflussleitung, PP-Rohr, DN/OD110, schallgedämmt	m	51	60	**70**	82	101
			43	50	**59**	69	85

► min
▷ von
ø Mittel
◁ bis
◄ max

Nr.	**Kurztext** / Langtext						Kostengruppe
►	▷	**ø netto €**	◁	◄	[Einheit]	Ausf.-Dauer	Positionsnummer

1 Gussrohrleitung demontieren, bis DN100 KG **494**

Gussrohrleitung inkl. Befestigung demontieren einschl. Entsorgung.
Durchmesser: DN40 bis DN100

►	▷	ø netto €	◁	◄	[Einheit]	Ausf.-Dauer	Positionsnummer
12€	16€	**18€**	21€	22€	[m]	⏱ 0,33 h/m	344.000.065

Nr.	Kurztext / Langtext						Kostengruppe
▶	▷	**ø netto €**	◁	◀	[Einheit]	Ausf.-Dauer	Positionsnummer

2 Gussrohrleitung demontieren, bis DN200 KG **494**

Gussrohrleitung inkl. Befestigung demontieren einschl. Entsorgung.
Durchmesser: DN125 bis DN200

14€	23€	**27€**	31€	33€	[m]	⏱ 0,42h/m	344.000.066

3 Stahlrohrleitung demontieren, bis DN100 KG **494**

Stahlrohrleitung inkl. Befestigung demontieren einschl. Entsorgung.
Durchmesser: DN40 bis DN100

8€	16€	**18€**	21€	25€	[m]	⏱ 0,26h/m	344.000.067

4 Kunststoff-Rohrleitung, demontieren, bis DN100 KG **494**

Kunststoffrohrleitung inkl. Befestigung demontieren einschl. Entsorgung.
Durchmesser: DN40 bis DN100

7€	13€	**16€**	18€	44€	[m]	⏱ 0,27h/m	344.000.068

5 Abwasserleitung, Guss, DN50 KG **411**

Abwasserleitungen aus Gussrohren zur Entwässerung innerhalb von Gebäuden, einschl. Verbindungen und Befestigungen.
Nennweite: DN50
Schutzschicht: Zweikomponenten-Epoxid-Beschichtung
Schutzfarbe: Grundbeschichtung, rotbraun
Rohrverbindung: .....
Befestigung: .....
Verlegehöhe: bis ..... m

29€	38€	**41€**	47€	56€	[m]	⏱ 0,40h/m	344.000.084

6 Abwasserleitung, Guss, DN80 KG **411**

Abwasserleitungen aus Gussrohren zur Entwässerung innerhalb von Gebäuden, einschl. Verbindungen und Befestigungen.
Nennweite: DN80
Schutzschicht: Zweikomponenten-Epoxid-Beschichtung
Schutzfarbe: Grundbeschichtung, rotbraun
Rohrverbindung: .....
Befestigung: .....
Verlegehöhe: bis ..... m

49€	53€	**54€**	56€	63€	[m]	⏱ 0,40h/m	344.000.069

7 Abwasserleitung, Guss, DN100 KG **411**

Abwasserleitungen aus Gussrohren zur Entwässerung innerhalb von Gebäuden, einschl. Verbindungen und Befestigungen.
Nennweite: DN100
Schutzschicht: Zweikomponenten-Epoxid-Beschichtung
Schutzfarbe: Grundbeschichtung, rotbraun
Rohrverbindung: .....
Befestigung: .....
Verlegehöhe: bis ..... m

53€	63€	**68€**	72€	79€	[m]	⏱ 0,50h/m	344.000.070

Kosten:
Stand 2.Quartal 2025
Bundesdurchschnitt

Nr.	Kurztext / Langtext						Kostengruppe
▶	▷	**ø netto €**	◁	◀	[Einheit]	Ausf.-Dauer	Positionsnummer

8 Abwasserleitung, Guss, DN125 KG **411**

Abwasserleitungen aus Gussrohren zur Entwässerung innerhalb von Gebäuden, einschl. Verbindungen und Befestigungen.
Nennweite: DN125
Schutzschicht: Zweikomponenten-Epoxid-Beschichtung
Schutzfarbe: Grundbeschichtung, rotbraun
Rohrverbindung: .....
Befestigung: .....
Verlegehöhe: bis ..... m

▶	▷	ø	◁	◀	Einheit	Ausf.-Dauer	Positionsnummer
84€	92€	**96€**	103€	115€	[m]	⏱ 0,50h/m	344.000.071

9 Abwasserleitung, Guss, DN150 KG **411**

Abwasserleitungen aus Gussrohren zur Entwässerung innerhalb von Gebäuden, einschl. Verbindungen und Befestigungen.
Nennweite: DN150
Schutzschicht: Zweikomponenten-Epoxid-Beschichtung
Schutzfarbe: Grundbeschichtung, rotbraun
Rohrverbindung: .....
Befestigung: .....
Verlegehöhe: bis ..... m

▶	▷	ø	◁	◀	Einheit	Ausf.-Dauer	Positionsnummer
74€	95€	**108€**	119€	137€	[m]	⏱ 0,50h/m	344.000.072

A 1 Abwasserleitung, HT-Rohr Beschreibung für Pos. **10-12**

HT-Abwasserrohre mit Steckmuffensystem und mit werkseitig eingebautem Lippendichtring zur Entwässerung innerhalb von Gebäuden und zur Ableitung von aggressiven Medien. Chemische Beständigkeit: Resistent gegenüber anorganischen Salzen, Laugen und Milchsäuren in Konzentrationen, wie sie zum Beispiel in Laborwässern vorhanden sind. Material heißwasserbeständig, lichtstabilisiert, dauerhaft schwer entflammbar.

10 Abwasserleitung, HT-Rohr, DN/OD63 KG **411**

Wie Ausführungsbeschreibung A 1
Material: Polypropylen (PP)
Nennweite: DN/OD63
Außendurchmesser: 50 mm
Wandstärke: 1,8 mm
Rohrverbindung: mit werkseitig eingebautem Lippendichtring
Befestigung: .....

▶	▷	ø	◁	◀	Einheit	Ausf.-Dauer	Positionsnummer
11€	19€	**22€**	30€	45€	[m]	⏱ 0,30h/m	344.000.073

11 Abwasserleitung, HT-Rohr, DN/OD75 KG **411**

Wie Ausführungsbeschreibung A 1
Material: Polypropylen (PP)
Nennweite: DN/OD75
Außendurchmesser: 75 mm
Wandstärke: 1,9 mm
Rohrverbindung: mit werkseitig eingebautem Lippendichtring
Befestigung: .....

▶	▷	ø	◁	◀	Einheit	Ausf.-Dauer	Positionsnummer
25€	30€	**32€**	35€	40€	[m]	⏱ 0,30h/m	344.000.074

▶ min
▷ von
ø Mittel
◁ bis
◀ max

12 Abwasserleitung, HT-Rohr, DN/OD110 KG **411**

Wie Ausführungsbeschreibung A 1
Material: Polypropylen (PP)
Nennweite: DN/OD110
Außendurchmesser: 110 mm
Wandstärke: 2,7 mm
Rohrverbindung: mit werkseitig eingebautem Lippendichtring
Befestigung: .....

29€	32€	**34€**	36€	43€	[m]	⏱ 0,35h/m	344.000.075

13 Abwasserleitung, PE-Rohr, DN/OD75 KG **411**

Abwasserleitung aus PE-Rohr, heißwasserbeständig und schallgedämmt, Verlegung in Gebäuden, Form- und Verbindungsstücke werden gesondert vergütet, einschl. Rohrbefestigungen, körperschallgedämmt.
Nennweite: DN/OD75

31€	37€	**41€**	45€	51€	[m]	⏱ 0,30h/m	344.000.076

14 Abwasserleitung, PE-Rohr, DN/OD110 KG **411**

Abwasserleitung aus PE-Rohr, heißwasserbeständig und schallgedämmt, Verlegung in Gebäuden, Form- und Verbindungsstücke werden gesondert vergütet, einschl. Rohrbefestigungen, körperschallgedämmt.
Nennweite: DN/OD110

34€	44€	**47€**	52€	62€	[m]	⏱ 0,34h/m	344.000.077

A 2 Abflussleitung, PP-Rohre, schallgedämmt Beschreibung für Pos. **15-18**

Schallgedämmte Abflussleitung aus mineralverstärktes Polypropylen (PP)-Rohr für Entwässerungsanlagen innerhalb von Gebäuden. Einsetzbar bis 95°C (kurzzeitig); geeignet zur Ableitung chemisch aggressiver Abwässer mit einem pH-Wert von 2 bis 12. Rohrverbindungen sind bis zu einem Wasserüberdruck von 0,5 bar dicht.
Material Lippendichtring: Styrol-Butadien-Kautschuk (SBR)

15 Abflussleitung, PP-Rohr, DN/OD63, schallgedämmt KG **411**

Wie Ausführungsbeschreibung A 2
Nennweite: DN/OD63

25€	29€	**40€**	42€	46€	[m]	⏱ 0,28h/m	344.000.078

16 Abflussleitung, PP-Rohr, DN/OD75, schallgedämmt KG **411**

Wie Ausführungsbeschreibung A 2
Nennweite: DN/OD75

28€	34€	**41€**	45€	56€	[m]	⏱ 0,28h/m	344.000.079

17 Abflussleitung, PP-Rohr, DN/OD90, schallgedämmt KG **411**

Wie Ausführungsbeschreibung A 2
Nennweite: DN/OD90

35€	42€	**49€**	57€	67€	[m]	⏱ 0,28h/m	344.000.080

18 Abflussleitung, PP-Rohr, DN/OD110, schallgedämmt KG **411**

Wie Ausführungsbeschreibung A 2
Nennweite: DN/OD110

43€	50€	**59€**	69€	85€	[m]	⏱ 0,32h/m	344.000.081

Kosten:
Stand 2. Quartal 2025
Bundesdurchschnitt

► min
▷ von
ø Mittel
◁ bis
◄ max

Gas-, Wasser- und Entwässerungsanlagen - Ausstattung, Elemente, Fertigbäder — Preise €

Nr.	Positionen	Einheit	►	▷	**ø brutto €** / ø netto €	◁	◄
1	Montageelement demontieren	St	66	83	**98**	113	123
			55	70	**82**	95	103
2	Badewanne demontieren	St	120	161	**187**	195	235
			101	135	**157**	164	198
3	Duschwanne demontieren	St	80	97	**114**	130	137
			67	82	**96**	110	115
4	Waschtisch demontieren	St	36	50	**59**	68	72
			30	42	**49**	57	60
5	WC-Anlage demontieren	St	27	44	**57**	67	81
			23	37	**48**	56	68
6	Waschtischbatterie demontieren	St	18	24	**27**	31	33
			15	21	**23**	26	28
7	Spülkasten Stahl demontieren	St	25	32	**36**	43	52
			21	27	**30**	36	44
8	Urinal demontieren	St	27	49	**49**	59	71
			23	41	**41**	49	60
9	Handwaschbecken, Keramik	St	155	239	**262**	318	447
			130	201	**220**	268	376
10	Waschtisch, Keramik 550x450mm	St	128	274	**312**	499	701
			108	230	**262**	419	589
11	Waschtisch, Keramik, 600x500mm	St	200	350	**431**	704	1.102
			168	294	**362**	592	926
12	Einhand-Waschtischarmatur	St	291	449	**549**	618	828
			244	377	**462**	519	696
13	Handtuchspender, Stahlblech	St	96	140	**156**	238	394
			81	118	**131**	200	331
14	Badewanne, Stahl, 170cm	St	493	615	**674**	689	960
			415	517	**566**	579	807
15	Badewanne, Stahl 180cm	St	678	893	**933**	1.128	1.438
			569	750	**784**	948	1.208
16	Badewanne, Stahl 200cm	St	1.180	1.352	**1.495**	1.511	1.683
			991	1.137	**1.256**	1.270	1.415
17	Einhandmischer, Badewanne	St	317	456	**474**	638	837
			266	383	**399**	536	703
18	WC, wandhängend	St	282	466	**534**	657	937
			237	392	**449**	552	788
19	WC-Sitz	St	63	149	**185**	264	424
			53	125	**156**	221	356
20	Duschwanne, Stahl, 80x80	St	303	457	**523**	667	895
			254	384	**440**	560	752
21	Duschwanne, Stahl 90x80	St	432	675	**718**	949	1.297
			363	568	**604**	798	1.090
22	Duschwanne, Stahl 90x90	St	444	722	**816**	968	1.322
			373	606	**686**	814	1.111
23	Duschwanne, Stahl 100x80	St	559	790	**984**	1.073	1.389
			470	663	**827**	902	1.167
24	Duschwanne, Stahl 100x100	St	695	959	**1.074**	1.211	1.511
			584	806	**902**	1.017	1.270

Nr.	Positionen	Einheit	►	▷	ø brutto € ø netto €	◁	◄
25	Einhebelmischarmatur, Dusche	St	750	896	**966**	1.000	1.109
			631	753	**812**	841	932
26	Duschabtrennung, Kunststoff	St	1.104	1.446	**1.608**	1.655	2.325
			928	1.215	**1.351**	1.391	1.953
27	Installationselement, Urinal	St	332	409	**449**	575	706
			279	344	**377**	483	593
28	Installationselement, WC	St	311	375	**412**	454	557
			261	315	**346**	382	468
29	Installationselement, Bidet	St	371	423	**460**	472	561
			312	355	**387**	397	472
30	Installationselement, Waschtisch	St	258	335	**375**	407	472
			216	282	**315**	342	397
31	Installationselement, Stütz- und Haltegriffe	St	327	361	**388**	402	437
			274	304	**326**	338	367
32	Haltegriff, Edelstahl, 600mm	St	102	155	**179**	189	216
			86	130	**150**	159	181
33	Duschhandlauf, Messing	St	495	684	**732**	865	1.086
			416	575	**615**	727	912
34	Stützklappgriff, Edelstahl, bis 850mm	St	693	776	**801**	860	956
			582	652	**673**	722	803
35	Waschbecken, barrierefrei	St	369	450	**491**	633	873
			310	378	**413**	532	734
36	WC, barrierefrei	St	539	694	**764**	974	1.281
			453	583	**642**	819	1.077
37	Hygiene-Tiefspül-WC, barrierefrei	St	3.333	3.981	**4.629**	5.555	6.712
			2.801	3.345	**3.890**	4.668	5.641
38	WC-Spülkasten, mit Betätigungsplatte	St	289	311	**362**	405	463
			243	261	**304**	340	389
39	WC-Betätigung, berührungslos	St	542	669	**797**	956	1.235
			455	563	**670**	804	1.038
40	Nachrüstaufsatz, Hygiene-Tiefspül-WC	St	1.315	1.440	**1.565**	2.004	2.504
			1.105	1.210	**1.315**	1.684	2.105
41	Nachrüstung Türeinstieg Badewanne	St	1.008	1.119	**1.302**	1.510	1.660
			847	941	**1.094**	1.269	1.395
42	Stützgriff, fest, WC	St	333	376	**470**	563	634
			280	316	**395**	473	533
43	Stützgriff, fest, WC mit Spülauslösung	St	794	890	**957**	1.053	1.196
			667	748	**804**	885	1.005
44	Stützgriff, klappbar, WC	St	578	710	**876**	1.060	1.200
			486	596	**736**	891	1.009
45	Stützgriff, klappbar, WC mit Spülauslösung	St	850	964	**1.036**	1.151	1.296
			714	810	**871**	967	1.089
46	Stützgriff, fest, Waschtisch	St	410	510	**621**	764	851
			345	428	**522**	642	715
47	Stützgriff, klappbar, Waschtisch	St	593	678	**714**	807	885
			498	570	**600**	678	744

Nr.	Positionen	Einheit	▶	▷	ø brutto € / ø netto €	◁	◀
48	Stundensatz, Obermonteur/-in Sanitär	h	68	76	**80**	83	93
			57	64	**67**	69	78
49	Stundensatz, Helfer/-in Sanitär	h	57	65	**67**	69	77
			48	54	**56**	58	64

Kosten:
Stand 2. Quartal 2025
Bundesdurchschnitt

Nr.	Kurztext / Langtext						Kostengruppe
▶	▷	ø netto €	◁	◀	[Einheit]	Ausf.-Dauer	Positionsnummer

1 Montageelement demontieren — KG **494**

Montageelement für Sanitärausstattung demontieren einschl. Entsorgung.
Ausstattung: .....

▶	▷	ø netto €	◁	◀	[Einheit]	Ausf.-Dauer	Positionsnummer
55€	70€	**82€**	95€	103€	[St]	⏱ 0,78h/St	345.000.034

2 Badewanne demontieren — KG **494**

Badewanne inkl. Ablaufgarnitur demontieren einschl. Entsorgung.
Abmessung: .....

▶	▷	ø netto €	◁	◀	[Einheit]	Ausf.-Dauer	Positionsnummer
101€	135€	**157€**	164€	198€	[St]	⏱ 2,00h/St	345.000.035

3 Duschwanne demontieren — KG **494**

Duschwanne inkl. Ablaufgarnitur demontieren einschl. Entsorgung.
Abmessung: .....

▶	▷	ø netto €	◁	◀	[Einheit]	Ausf.-Dauer	Positionsnummer
67€	82€	**96€**	110€	115€	[St]	⏱ 1,25h/St	345.000.036

4 Waschtisch demontieren — KG **494**

Waschtisch einschl. Zu- und Ablaufgarnitur demontieren einschl. Entsorgung. Anschlussleitungen verschließen.
Abmessung: .....

▶	▷	ø netto €	◁	◀	[Einheit]	Ausf.-Dauer	Positionsnummer
30€	42€	**49€**	57€	60€	[St]	⏱ 0,66h/St	345.000.037

5 WC-Anlage demontieren — KG **494**

WC-Anlage nach dem Entleeren demontieren einschl. Entsorgung. Anschlussleitungen verschließen.

▶	▷	ø netto €	◁	◀	[Einheit]	Ausf.-Dauer	Positionsnummer
23€	37€	**48€**	56€	68€	[St]	⏱ 0,70h/St	345.000.038

6 Waschtischbatterie demontieren — KG **494**

Waschtischbatterie demontieren einschl. Entsorgung. Anschlussleitungen verschließen.

▶	▷	ø netto €	◁	◀	[Einheit]	Ausf.-Dauer	Positionsnummer
15€	21€	**23€**	26€	28€	[St]	⏱ 0,23h/St	345.000.039

7 Spülkasten Stahl demontieren — KG **494**

Spülkasten demontieren, in Gebäuden, inkl. Demontage der Konsolen, Halter, Verschraubungen und Anschlussleitungen, einschl. Entsorgung.
Material: Stahl

▶	▷	ø netto €	◁	◀	[Einheit]	Ausf.-Dauer	Positionsnummer
21€	27€	**30€**	36€	44€	[St]	⏱ 0,35h/St	345.000.077

▶ min
▷ von
ø Mittel
◁ bis
◀ max

Nr.	Kurztext / Langtext						Kostengruppe
▶	▷	**ø netto €**	◁	◀	[Einheit]	Ausf.-Dauer	Positionsnummer

8 Urinal demontieren KG **494**

Urinal in Gebäuden demontieren inkl. Konsolen, Halter, Verschraubungen und Anschlussleitungen, einschl. Entsorgung.
Material: Sanitärporzellan

23€	41€	**41€**	49€	60€	[St]	⏱ 0,49h/St	345.000.078

9 Handwaschbecken, Keramik KG **412**

Handwaschbecken mit Überlauf aus Sanitärporzellan installieren, einschl. Befestigung und Schallschutzset.
Größe: ..... x ..... cm
Farbe: .....

130€	201€	**220€**	268€	376€	[St]	⏱ 0,90h/St	345.000.064

10 Waschtisch, Keramik 550x450mm KG **412**

Waschtisch mit Überlauf aus Sanitärporzellan installieren, einschl. Befestigung und Schallschutzset.
Größe: ca. 550 x 450 mm
Farbe: .....
Fabrikat: .....
Typ: .....

108€	230€	**262€**	419€	589€	[St]	⏱ 0,90h/St	345.000.065

11 Waschtisch, Keramik, 600x500mm KG **412**

Waschtisch mit Überlauf aus Sanitärporzellan installieren, einschl. Befestigung und Schallschutzset.
Größe: ca. 600 x 500 mm
Farbe: .....
Fabrikat: .....
Typ: .....

168€	294€	**362€**	592€	926€	[St]	⏱ 1,20h/St	345.000.066

12 Einhand-Waschtischarmatur KG **412**

Einhand-Waschtischarmatur für Standmontage mit Keramikkartusche und Zugstangen-Ablaufgarnitur, inkl. Temperaturbegrenzer und Schnellmontagesystem.
Farbe: .....
Fabrikat: .....
Typ: .....

244€	377€	**462€**	519€	696€	[St]	⏱ 0,80h/St	345.000.067

13 Handtuchspender, Stahlblech KG **610**

Handtuchspender für Papierhandtücher, für Wandaufbau, inkl. Befestigungsmaterial.
Größe Papierhandtücher: **250 / 500** mm
Handtücher in: Lagen-Falzung
Gehäuse: Stahlblech
Lackiert: **weiß / Standardfarbe**
Vorratsbehälter: **offen / verschließbar**
Gehäuseabmessungen: 285 x 160 x 150 mm

81€	118€	**131€**	200€	331€	[St]	⏱ 0,45h/St	345.000.041

Kosten:
Stand 2. Quartal 2025
Bundesdurchschnitt

Nr.	Kurztext / Langtext						Kostengruppe
►	▷	ø netto €	◁	◄	[Einheit]	Ausf.-Dauer	Positionsnummer

14 Badewanne, Stahl, 170cm KG **412**

Badewannenanlage bestehend aus: Badewanne Stahl emailliert, 1x Badewannenfüße oder Träger für oben beschriebene Badewanne; 1x Rolle Wannenprofil-Dämmstreifen für Bade- und Duschwannen, aus Polyethylen-Schaumstoff, oberseitig mit Silikonfolie kaschiert, Ab- und Überlaufgarnitur, Grund- und Fertigset für Normalwannen.
Farbe: .....
Größe: 170 x 80 cm

►	▷	ø	◁	◄	Einheit	Ausf.-Dauer	Positionsnummer
415€	517€	**566€**	579€	807€	[St]	⏱ 1,80h/St	345.000.068

15 Badewanne, Stahl 180cm KG **412**

Badewannenanlage bestehend aus: Badewanne Stahl emailliert, 1x Badewannenfüße oder Träger für oben beschriebene Badewanne; 1x Rolle Wannenprofil-Dämmstreifen für Bade- und Duschwannen, aus Polyethylen-Schaumstoff, oberseitig mit Silikonfolie kaschiert, Ab- und Überlaufgarnitur, Grund- und Fertigset für Normalwannen.
Farbe: .....
Größe: 180 x 80 cm

►	▷	ø	◁	◄	Einheit	Ausf.-Dauer	Positionsnummer
569€	750€	**784€**	948€	1.208€	[St]	⏱ 2,00h/St	345.000.048

16 Badewanne, Stahl 200cm KG **412**

Badewannenanlage bestehend aus: Badewanne Stahl emailliert, 1x Badewannenfüße oder Träger für oben beschriebene Badewanne; 1x Rolle Wannenprofil-Dämmstreifen für Bade- und Duschwannen, aus Polyethylen-Schaumstoff, oberseitig mit Silikonfolie kaschiert, Ab- und Überlaufgarnitur, Grund- und Fertigset für Normalwannen.
Farbe: .....
Größe: 200 x 80 cm

►	▷	ø	◁	◄	Einheit	Ausf.-Dauer	Positionsnummer
991€	1.137€	**1.256€**	1.270€	1.415€	[St]	⏱ 2,40h/St	345.000.049

17 Einhandmischer, Badewanne KG **412**

Einhandmischer für Badewanne in Wandmontage, eigensicher gegen Rückfließen, aus Metall, verchromt, Kugelmischsystem mit Griff, Luftsprudler und Rosetten, inkl. Temperaturbegrenzer, Geräuschverhalten DIN 4109 Gruppe I, mit Prüfzeichen.
Einbau: **Auf- / Unterputz**
Ausführungsoptionen: .....
Fabrikat: .....
Typ: .....

►	▷	ø	◁	◄	Einheit	Ausf.-Dauer	Positionsnummer
266€	383€	**399€**	536€	703€	[St]	⏱ 0,80h/St	345.000.069

18 WC, wandhängend KG **412**

WC-Anlage, bestehend aus: 1x Tiefspül-WC aus Sanitärporzellan, wandhängend, inkl. Befestigung und Schallschutzset DIN 4109.
Länge: ..... m
Breite: ..... m
Farbe: .....
Spülrand: **mit / ohne**

►	▷	ø	◁	◄	Einheit	Ausf.-Dauer	Positionsnummer
237€	392€	**449€**	552€	788€	[St]	⏱ 1,80h/St	345.000.070

► min
▷ von
ø Mittel
◁ bis
◄ max

Nr.	**Kurztext** / Langtext						Kostengruppe
▶	▷	**ø netto €**	◁	◀	[Einheit]	Ausf.-Dauer	Positionsnummer

19 WC-Sitz KG **412**

WC-Sitz einschl. Deckel und Scharniere.
Scharniere: **Edelstahl / Kunststoff**
Farbe: .....
Material: ....

53€	125€	**156€**	221€	356€	[St]	⏱ 0,20h/St	345.000.071

20 Duschwanne, Stahl, 80x80 KG **412**

Duschwannenanlage bestehend aus: 1x Duschwanne Stahlemaille inkl. Füße für Duschwanne, 1x Rolle Wannenprofil-Dämmstreifen für Bade- und Duschwannen, aus Polyethylen-Schaumstoff, oberseitig mit Silikonfolie kaschiert, Schallschutz DIN 4109. 1x Ablaufgarnitur für Duschwannen mit Haube.
Größe: 80 x 80 x 6 cm
Farbe: .....
Ablauf: **40 / 50** mm

254€	384€	**440€**	560€	752€	[St]	⏱ 1,40h/St	345.000.072

21 Duschwanne, Stahl 90x80 KG **412**

Duschwannenanlage bestehend aus: 1x Duschwanne Stahlemaille inkl. Füße für Duschwanne, 1x Rolle Wannenprofil-Dämmstreifen für Bade- und Duschwannen, aus Polyethylen-Schaumstoff, oberseitig mit Silikonfolie kaschiert, Schallschutz DIN 4109. 1x Ablaufgarnitur für Duschwannen mit Haube.
Größe: 90 x 80 x 6 cm
Farbe: .....
Ablauf: **40 / 50** mm

363€	568€	**604€**	798€	1.090€	[St]	⏱ 1,40h/St	345.000.042

22 Duschwanne, Stahl 90x90 KG **412**

Duschwannenanlage bestehend aus: 1x Duschwanne Stahlemaille inkl. Füße für Duschwanne, 1x Rolle Wannenprofil-Dämmstreifen für Bade- und Duschwannen, aus Polyethylen-Schaumstoff, oberseitig mit Silikonfolie kaschiert, Schallschutz DIN 4109. 1x Ablaufgarnitur für Duschwannen mit Haube.
Größe: 90 x 90 x 6 cm
Farbe: .....
Ablauf: **40 / 50** mm

373€	606€	**686€**	814€	1.111€	[St]	⏱ 1,40h/St	345.000.043

23 Duschwanne, Stahl 100x80 KG **412**

Duschwannenanlage bestehend aus: 1x Duschwanne Stahlemaille inkl. Füße für Duschwanne, 1x Rolle Wannenprofil-Dämmstreifen für Bade- und Duschwannen, aus Polyethylen-Schaumstoff, oberseitig mit Silikonfolie kaschiert, Schallschutz DIN 4109. 1x Ablaufgarnitur für Duschwannen mit Haube.
Größe: 100 x 80 x 6 cm
Farbe: .....
Ablauf: **40 / 50** mm

470€	663€	**827€**	902€	1.167€	[St]	⏱ 1,40h/St	345.000.044

Kosten:
Stand 2. Quartal 2025
Bundesdurchschnitt

▶ min
▷ von
ø Mittel
◁ bis
◀ max

Nr.	Kurztext / Langtext						Kostengruppe
▶	▷	ø netto €	◁	◀	[Einheit]	Ausf.-Dauer	Positionsnummer

24 Duschwanne, Stahl 100x100 — KG **412**

Duschwannenanlage bestehend aus: 1x Duschwanne Stahlemaille inkl. Füße für Duschwanne, 1x Rolle Wannenprofil-Dämmstreifen für Bade- und Duschwannen, aus Polyethylen-Schaumstoff, oberseitig mit Silikonfolie kaschiert, Schallschutz DIN 4109. 1x Ablaufgarnitur für Duschwannen mit Haube.
Größe: 100 x 100 x 6 cm
Farbe: .....
Ablauf: **40 / 50** mm

▶	▷	ø	◁	◀	Einheit	Ausf.-Dauer	Positionsnummer
584€	806€	**902€**	1.017€	1.270€	[St]	⏱ 1,40h/St	345.000.073

25 Einhebelmischarmatur, Dusche — KG **412**

Unterputz-Brausearmatur, Einhebelmischer für Dusche in Wandmontage, eigensicher gegen Rückfließen, aus Metall verchromt, Kugelmischsystem mit Griff, Luftsprudler und Rosetten, einschl. Temperaturbegrenzer, Geräuschverhalten DIN 4109 Gruppe I, mit Prüfzeichen.
Anschluss: DN15

▶	▷	ø	◁	◀	Einheit	Ausf.-Dauer	Positionsnummer
631€	753€	**812€**	841€	932€	[St]	⏱ 0,80h/St	345.000.074

26 Duschabtrennung, Kunststoff — KG **610**

Duschabtrennung für Duschwanne, als Einzelanlage. Tür mit schmutzabweisender Beschichtung. Rahmen aus Kunststoff, mit Seitenwänden. Befestigung mit Wandanschlussprofil, wassergeschützt angesetzt. Mit Befestigungs- und Dichtmaterial.
Tür: **Drehtür / Schiebefalttür**
Kunststoff: **klar / mit Dekor mit schmutzabweisender Beschichtung**
Rahmen Farbe: **weiß / Standardfarbe**
Seitenwände: **1 / 2**
Breite Eingang: 800 mm
Breite Seitenteil: 800 mm
Höhe: 2.000 mm

▶	▷	ø	◁	◀	Einheit	Ausf.-Dauer	Positionsnummer
928€	1.215€	**1.351€**	1.391€	1.953€	[St]	⏱ 2,00h/St	345.000.050

27 Installationselement, Urinal — KG **419**

Urinal-Installationselement mit selbsttragendem Montagerahmen, Oberfläche pulverbeschichtet, mit verstellbaren Fußstützen verzinkt, für einen Fußbodenaufbau 0-20 cm, mit zwei kompletten Keramikbefestigungen und vormontiertem Passstück, Absperrventil und Schmutzfänger, mit Einbauspülkasten DIN EN 14055 und Schutzteil, Einlaufbogen und PE-Fertigablaufanschlussbogen, inkl. Anschlussgarnitur für Einlauf und Ablaufsiphon, einschl. Befestigungsmaterial.
Keramikbefestigungen: M8
Absperrventil: R 1/2
Einlaufbogen: DN25
Ablaufbogen: DN40/DN50

▶	▷	ø	◁	◀	Einheit	Ausf.-Dauer	Positionsnummer
279€	344€	**377€**	483€	593€	[St]	⏱ 1,00h/St	345.000.080

Nr.	Kurztext / Langtext						Kostengruppe
▶	▷	**ø netto €**	◁	◀	[Einheit]	Ausf.-Dauer	Positionsnummer

28 Installationselement, WC KG **419**

WC-Installationselement für wandhängendes WC, Rahmen aus Stahl, pulverbeschichtet mit verstellbaren Fußstützen verzinkt, für einen Fußbodenaufbau von 0-20cm mit UP-Spülkasten, Betätigungsplatte mit Befestigungsrahmen, umstellbar auf Spül-Stopp-Funktion, für Betätigung von vorn. Vormontierter Wasseranschluss, Eckventil, schallgeschützter **Klemm- / Pressanschluss** aus Rotguss, C-Anschlussbogen, WC-Anschlussgarnitur, Befestigungsmaterial für Element und WC, inkl. Klein- und Befestigungsmaterial.
Wasseranschluss: Rp1/2
Anschlussbogen: **DN90 / DN100**

261€ | 315€ | **346€** | 382€ | 468€ | [St] | ⏱ 1,00h/St | 345.000.075

29 Installationselement, Bidet KG **419**

Installationselement für wandhängendes Bidet, Rahmen aus Stahl, pulverbeschichtet mit verstellbaren Fußstützen verzinkt, für einen Fußbodenaufbau von 0-20cm. Für Standarmatur vormontierter Wasseranschluss, schallgeschützter **Klemm- / Pressanschluss** aus Rotguss, C-Anschlussbogen, Anschlussgarnitur, Befestigungsmaterial für Element und Bidet, inkl. Klein- und Befestigungsmaterial.
Wasseranschluss: Rp1/2
Anschlussbogen: **DN40 / DN50**

312€ | 355€ | **387€** | 397€ | 472€ | [St] | ⏱ 1,00h/St | 345.000.079

30 Installationselement, Waschtisch KG **419**

Installationselement für Waschtisch mit Einlocharmatur, Rahmen aus Stahl, pulverbeschichtet, schallgeschützter Befestigung für Wandscheiben, Ablaufbogen, Gumminippel , Befestigungsmaterial für Element (Bodenbefestigung) und Waschtisch, selbstbohrende Schrauben für Befestigung an Ständerwand, inkl. Klein- und Befestigungsmaterial.
Ablaufbogen: **DN40 / DN50**
Gumminippel: **40/30**

216€ | 282€ | **315€** | 342€ | 397€ | [St] | ⏱ 1,00h/St | 345.000.076

31 Installationselement, Stütz- und Haltegriffe KG **419**

Installationselement als Einzelelement, statisch belastbar und höhenverstellbar. Befestigungsmöglichkeit für Stütz- und Haltegriffe. Element für Metallständerwände und Vorwandmontage, zum Beplanken mit Gipskarton / Gipsfaserplatten für Aufbau auf Rohfußboden, zur Wand- und Fußbodenbefestigung.
Verstellbereich: 0 bis 200 mm
Einbauhöhe: über 1.000 bis 1.200 mm
Breite: 850 bis 1.000 mm
Fabrikat: .....
Typ: .....

274€ | 304€ | **326€** | 338€ | 367€ | [St] | ⏱ 1,00h/St | 345.000.081

32 Haltegriff, Edelstahl, 600mm KG **412**

Haltegriff aus Edelstahl, gebürstet, mit Befestigung.
Grifflänge: 600mm
Griffdurchmesser: 32 mm
Wandabstand: 50 mm
Belastung max.: 200 kg
Fabrikat: .....
Typ: .....

86€ | 130€ | **150€** | 159€ | 181€ | [St] | ⏱ 0,28h/St | 345.000.045

Kosten:
Stand 2. Quartal 2025
Bundesdurchschnitt

Nr.	**Kurztext** / Langtext						Kostengruppe
►	▷	**ø netto €**	◁	◀	[Einheit]	Ausf.-Dauer	Positionsnummer

33 Duschhandlauf, Messing KG **412**

Duschhandlauf mit 90° Winkel aus verchromtem Messingrohr mit Befestigung.
Höhenverstellbarkeit: ..... mm
Seitenverstellbarkeit: ..... mm
Rohrdurchmesser: 32 mm
Fabrikat: .....
Typ: .....

416€	575€	**615€**	727€	912€	[St]	⏱ 0,40h/St	345.000.046

34 Stützklappgriff, Edelstahl, bis 850mm KG **412**

Stützklappgriff in u-Form aus Edelstahl, gebürstet, mit Befestigung.
Grifflänge: bis 850 mm
Griffdurchmesser: 32 mm
Tiefe hochgeklappt: ..... mm
Belastung max.: 150 kg
Fabrikat: .....

582€	652€	**673€**	722€	803€	[St]	⏱ 0,35h/St	345.000.047

35 Waschbecken, barrierefrei KG **412**

Waschbecken, als barrierefreie Ausführung unterfahrbar DIN 18040, aus Sanitärporzellan, glasiert, weiß, mit wasserabweisender Beschichtung, mit Loch für Einlocharmatur, mit Überlauf, für Ablaufventil, inkl. Befestigung und Schallschutzset.
Breite: über 500 bis 550 mm
Ausladung: über 450 bis 500 mm
Fabrikat: .....
Typ: .....

310€	378€	**413€**	532€	734€	[St]	⏱ 1,25h/St	345.000.051

36 WC, barrierefrei KG **412**

Tiefspül-WC, wandhängend an Installationselement, als barrierefreie Ausführung DIN 18040, aus Sanitärporzellan, spülrandlos, glasiert, weiß, mit wasserabweisender Beschichtung, inkl. WC-Sitz und Rückenstütze und Schallschutzset.
Spülwasserbedarf: 6 l
Abgang: waagrecht
Fabrikat: .....
Typ: .....

453€	583€	**642€**	819€	1.077€	[St]	⏱ 2,00h/St	345.000.052

► min
▷ von
ø Mittel
◁ bis
◀ max

37 Hygiene-Tiefspül-WC, barrierefrei KG **412**

Tiefspül-WC mit ausfahrbarer Unterdusche und Benutzerkennung, als barrierefreie Ausführung DIN 18040, aus Sanitärporzellan, glasiert, in weiß, spülrandlos, wandhängend. Abgang waagrecht, mit Klosettsitz und Deckel mit Schließdämpfung und Geruchsabsaugung, mit Ventilator und Aktivkohlefilter, mit integriertem Wassererwärmer und Warmluftfön, Temperaturen einstellbar. Befestigung wandhängend, an Installationselement, mit Schallschutz DIN 4109. Inklusive Eckventil und Metallanschlussschlauch, sowie mit Elektroanschluss.
Spülwasserbedarf: 6 l
Wasseranschluss: DN 15
Abgang: waagrecht
Zusätzliche Ausführungsoptionen: .....
Fabrikat: .....
Typ: .....

2.801€ 3.345€ **3.890€** 4.668€ 5.641€ [St] ⏱ 2,60h/St 345.000.053

38 WC-Spülkasten, mit Betätigungsplatte KG **412**

Unterputz-Spülkasten aus Kunststoff mit wassersparender Zweimengenspültechnik, schwitzwasserisoliert, für Wasseranschluss links, rechts oder hinten mittig, inkl. Betätigungsplatte für Betätigung von vorne, mit 2-Mengenauslösung, Befestigungsrahmen und Befestigung.
Inhalt: **3 / 6 Liter**
Geräuschklasse: I
Größe: ..... x ..... x ..... m
Farbe: .....

243€ 261€ **304€** 340€ 389€ [St] ⏱ 0,85h/St 345.000.054

39 WC-Betätigung, berührungslos KG **412**

Spülarmatur für Klosetts zur berührungslosen Betätigung, elektronisch gesteuert, mit Spülstromautomatik, mit Vorabsperrung und Eingangsverschraubung, Bemessungsbetriebsspannung 230 V AC, Geräuschverhalten DIN 4109 Gruppe I, mit Prüfzeichen, für Spülkasten mit elektrischer Auslösung, Spüldauer einstellbar.
Ausführungsoptionen: .....
Fabrikat: .....
Typ: .....

455€ 563€ **670€** 804€ 1.038€ [St] ⏱ 0,30h/St 345.000.055

40 Nachrüstaufsatz, Hygiene-Tiefspül-WC KG **412**

Nachrüst-Aufsatz für Tiefspül-WC mit ausfahrbarer Unterdusche und Benutzerkennung, mit Klosettsitz und Deckel mit Schließdämpfung und Geruchsabsaugung, mit Ventilator und Aktivkohlefilter, mit integriertem Wassererwärmer und Warmluftfön, Temperaturen einstellbar.
Befestigung: auf bestehender WC-Keramik, mit Elektroanschluss
Wasseranschluss: DN15
zusätzliche Ausführungsoptionen: .....
Fabrikat: .....
Typ: .....

1.105€ 1.210€ **1.315€** 1.684€ 2.105€ [St] ⏱ 3,00h/St 345.000.056

Kosten:
Stand 2. Quartal 2025
Bundesdurchschnitt

Nr.	**Kurztext** / Langtext						Kostengruppe
▶	▷	**ø netto €**	◁	◀	[Einheit]	Ausf.-Dauer	Positionsnummer

41 Nachrüstung Türeinstieg Badewanne KG **412**

Einbau einer Wannentür in eine bestehende Badewanne, Türöffnung nach innen, mit mechanischer Verriegelung, bestehende Badewanne aus **Acryl / Stahl**.
Lichte Türbreite: 500 bis 600 mm
Lichte Türhöhe: 400 bis 500 mm
Türmaterial: **Kunststoff / Sicherheitsglas**
Ausführungsoptionen: .....
Fabrikat: .....
Typ: .....

847€ | 941€ | **1.094€** | 1.269€ | 1.395€ | [St] | ⏱ 8,00 h/St | 345.000.057

42 Stützgriff, fest, WC KG **412**

Stützgriff, fest, für WC, aus Kunststoff mit Stahlkern, inkl. Befestigung mit Flansch, Schrauben verdeckt.
Farbton: weiß
Ausladung: 850 mm
Belastbar: bis 100 kg am Griffvorderteil
Zusätzliche Ausführungsoptionen: .....
Fabrikat: .....
Typ: .....

280€ | 316€ | **395€** | 473€ | 533€ | [St] | ⏱ 0,30 h/St | 345.000.058

43 Stützgriff, fest, WC mit Spülauslösung KG **412**

Stützgriff, fest, für WC, aus Kunststoff mit Stahlkern, mit Spülauslösung, manuell, inkl. Befestigung mit Flansch, Schrauben verdeckt.
Farbton: weiß
Ausladung: 850 mm
Belastbar: bis 100 kg am Griffvorderteil
Zusätzliche Ausführungsoptionen: ....
Fabrikat: .....
Typ: .....

667€ | 748€ | **804€** | 885€ | 1.005€ | [St] | ⏱ 0,50 h/St | 345.000.059

44 Stützgriff, klappbar, WC KG **412**

Stützklappgriff, klappbar, für WC, aus Kunststoff mit Stahlkern, mit Arretierung und Fallbremse, inkl. Befestigung mit Flansch, Schrauben verdeckt.
Farbton: weiß
Ausladung: 850 mm
Belastbar: bis 100 kg am Griffvorderteil
Zusätzliche Ausführungsoptionen: .....
Fabrikat: .....
Typ: .....

486€ | 596€ | **736€** | 891€ | 1.009€ | [St] | ⏱ 0,35 h/St | 345.000.060

▶ min
▷ von
ø Mittel
◁ bis
◀ max

Nr.	**Kurztext** / Langtext						Kostengruppe
►	▷	**ø netto €**	◁	◄	[Einheit]	Ausf.-Dauer	Positionsnummer

45 Stützgriff, klappbar, WC mit Spülauslösung — KG **412**

Stützklappgriff, klappbar, für WC, aus Kunststoff mit Stahlkern, mit Spülauslösung, manuell, mit Arretierung und Fallbremse, inkl. Befestigung.
Farbton: weiß
Ausladung: 850 mm
Belastbar: bis 100 kg am Griffvorderteil
Zusätzliche Ausführungsoptionen: .....
Fabrikat: .....
Typ: .....

714€ | 810€ | **871€** | 967€ | 1.089€ | [St] | ⏱ 0,45h/St | 345.000.061

46 Stützgriff, fest, Waschtisch — KG **412**

Stützgriff, fest, für Waschtisch, aus Kunststoff mit Stahlkern, inkl. Befestigung verdeckt.
Farbton: weiß
Ausladung: 600 mm
Belastbar bis 100 kg am Griffvorderteil
Fabrikat: .....
Typ: .....

345€ | 428€ | **522€** | 642€ | 715€ | [St] | ⏱ 0,35h/St | 345.000.062

47 Stützgriff, klappbar, Waschtisch — KG **412**

Stützklappgriff, klappbar, für Waschtisch, aus Kunststoff mit Stahlkern, mit Arretierung und Fallbremse, inkl. Befestigung verdeckt.
Farbton: weiß
Ausladung: 600 mm
Belastbar: bis 100 kg am Griffvorderteil
Fabrikat: .....
Typ: .....

498€ | 570€ | **600€** | 678€ | 744€ | [St] | ⏱ 0,42h/St | 345.000.063

48 Stundensatz, Obermonteur/-in Sanitär

Verrechnungssatz für die jeweilige Arbeitskraft inkl. aller Aufwendungen wie Lohn- und Gehaltskosten, Lohn- und Gehaltsnebenkosten, Zuschläge, lohngebundene und lohnabhängige Kosten, sonstige Sozialkosten, Gemeinkosten, Wagnis und Gewinn. Leistung nach besonderer Anordnung der Bauüberwachung. Nachweis und Anmeldung gem. VOB/B.

57€ | 64€ | **67€** | 69€ | 78€ | [h] | ⏱ 1,00h/h | 345.000.082

49 Stundensatz, Helfer/-in Sanitär

Verrechnungssatz für die jeweilige Arbeitskraft inkl. aller Aufwendungen wie Lohn- und Gehaltskosten, Lohn- und Gehaltsnebenkosten, Zuschläge, lohngebundene und lohnabhängige Kosten, sonstige Sozialkosten, Gemeinkosten, Wagnis und Gewinn. Leistung nach besonderer Anordnung der Bauüberwachung. Nachweis und Anmeldung gem. VOB/B.

48€ | 54€ | **56€** | 58€ | 64€ | [h] | ⏱ 1,00h/h | 345.000.083

347

Kosten:
Stand 2. Quartal 2025
Bundesdurchschnitt

▶ min
▷ von
ø Mittel
◁ bis
◀ max

Dämm- und Brandschutzarbeiten an technischen Anlagen — Preise €

Nr.	Positionen	Einheit	▶	▷	ø brutto € / ø netto €	◁	◀
1	Dämmung Rohrleitung, alukaschiert, demontieren	m	3	4	**5**	5	6
			3	3	**4**	4	5
2	Dämmung Rohrleitung demontieren	m	2	3	**4**	5	5
			2	3	**3**	4	4
3	Kompaktdämmhülse, Rohrleitung, DN12	m	11	14	**16**	16	21
			10	12	**13**	13	18
4	Kompaktdämmhülse, Rohrleitung, DN15	m	13	17	**19**	22	28
			11	14	**16**	19	24
5	Kompaktdämmhülse, Rohrleitung, DN20	m	13	18	**21**	26	32
			11	15	**18**	21	27
6	Kompaktdämmhülse, Rohrleitung, DN25	m	17	26	**28**	36	48
			14	22	**23**	30	41
7	Kompaktdämmhülse, Rohrleitung, DN32	m	20	33	**35**	37	50
			17	28	**29**	31	42
8	Rohrdämmung, MW-alukaschiert, DN12	m	9	17	**21**	25	33
			7	14	**17**	21	28
9	Rohrdämmung, MW-alukaschiert, DN15	m	9	19	**24**	27	38
			8	16	**20**	23	32
10	Rohrdämmung, MW-alukaschiert, DN20	m	10	20	**23**	33	53
			8	17	**20**	28	45
11	Rohrdämmung, MW-alukaschiert, DN25	m	29	37	**39**	49	62
			24	31	**33**	42	52
12	Rohrdämmung, MW-alukaschiert, DN32	m	30	46	**52**	56	67
			26	39	**43**	47	56
13	Rohrdämmung, MW-alukaschiert, DN40	m	32	41	**46**	54	71
			27	35	**39**	45	59
14	Rohrdämmung, MW-alukaschiert, DN50	m	33	48	**56**	58	75
			28	40	**47**	49	63
15	Rohrdämmung, MW-alukaschiert, DN65	m	40	57	**67**	75	103
			34	48	**56**	63	87
16	Brandschutzabschottung, R90, DN12	St	23	26	**28**	33	43
			20	22	**24**	28	36
17	Brandschutzabschottung, R90, DN15	St	25	31	**33**	40	48
			21	26	**28**	34	40
18	Brandschutzabschottung, R90, DN20	St	27	45	**53**	61	78
			23	38	**44**	51	66
19	Brandschutzabschottung, R90, DN25	St	35	53	**61**	70	86
			30	45	**52**	59	72
20	Brandschutzabschottung, R90, DN32	St	43	63	**74**	82	114
			37	53	**62**	69	96
21	Brandschutzabschottung, R90, DN40	St	57	81	**85**	95	114
			48	68	**72**	80	96
22	Brandschutzabschottung, R90, DN50	St	69	97	**105**	118	124
			58	82	**89**	99	104
23	Brandschutzabschottung, R90, DN65	St	88	109	**124**	132	147
			74	92	**104**	111	123
24	Brandschutzabschottung, R90, DN100	St	100	127	**142**	151	176
			84	106	**120**	127	148

Nr.	Positionen	Einheit	▶	▷	ø brutto € / ø netto €	◁	◀
25	Brandschutzabschottung, R90, DN125	St	106	139	**152**	162	193
			89	116	**127**	136	163
26	Wärmedämmschalen für Armaturen und Pumpen, DN12	St	15	18	**22**	26	30
			12	15	**19**	22	25
27	Wärmedämmschalen für Armaturen und Pumpen, DN15	St	21	24	**26**	28	31
			18	20	**22**	23	26
28	Wärmedämmschalen für Armaturen und Pumpen, DN20	St	23	26	**29**	31	33
			19	22	**25**	26	28
29	Wärmedämmschalen für Armaturen und Pumpen, DN25	St	26	31	**41**	42	53
			22	26	**34**	35	45
30	Wärmedämmschalen für Armaturen und Pumpen, DN32	St	30	39	**43**	46	53
			26	33	**37**	39	45
31	Wärmedämmschalen für Armaturen und Pumpen, DN40	St	38	49	**54**	58	69
			32	41	**45**	49	58
32	Wärmedämmschalen für Armaturen und Pumpen, DN50	St	39	50	**58**	60	73
			33	42	**49**	50	61
33	Wärmedämmschalen für Armaturen und Pumpen, DN65	St	41	50	**62**	70	81
			35	42	**52**	59	68

340
341
342
344
345
347
353
358
363
369
375

Nr. **Kurztext** / Langtext — Kostengruppe
▶ ▷ **ø netto €** ◁ ◀ [Einheit] Ausf.-Dauer Positionsnummer

1 Dämmung Rohrleitung, alukaschiert, demontieren KG **494**

Dämmung der Rohrleitung demontieren, als Schale mit Aluminium Kaschierung, mechanisch befestigt. Abbruch von Hand/mit handgeführten Kleingeräten, aufgenommene Stoffe sammeln, auf Lkw des AN laden, Abfall ist nicht gefährlich, nicht schadstoffbelastet, die Entsorgung wird gesondert vergütet.
Nenndurchmesser: bis DN50
Dämmstoff: Mineralwolle
Dämmschichtdicke: 40 mm
Ausführung: in allen Geschossen
Arbeitshöhe: bis 3,50 m

3€ 3€ **4€** 4€ 5€ [m] ⏱ 0,25h/m 347.000.047

2 Dämmung Rohrleitung demontieren KG **494**

Dämmung der Rohrleitung demontieren, als Schale ohne Kaschierung, mechanisch befestigt. Abbruch von Hand/mit handgeführten Kleingeräten, aufgenommene Stoffe sammeln, auf Lkw des AN laden, Abfall ist nicht gefährlich, nicht schadstoffbelastet, die Entsorgung wird gesondert vergütet.
Nenndurchmesser: bis DN50
Dämmstoff: Mineralwolle
Dämmschichtdicke: 40 mm
Ausführung: in allen Geschossen
Arbeitshöhe: bis 3,50 m

2€ 3€ **3€** 4€ 4€ [m] ⏱ 0,20h/m 347.000.048

Kosten:
Stand 2. Quartal 2025
Bundesdurchschnitt

Nr.	Kurztext / Langtext						Kostengruppe
▶	▷	ø netto €	◁	◀	[Einheit]	Ausf.-Dauer	Positionsnummer

A 1 Kompaktdämmhülse, Rohrleitung — Beschreibung für Pos. **3-7**

Wärmedämmung für Rohrleitungen haustechnischer Anlagen auf Rohfußboden. Kompaktdämmhülsen in Anti-Körperschall-Ausführung. Zur Verlegung im Dämmbereich des Fußbodenaufbaus. Polsterlage aus miteinander vernadelten Kunststoff-Fasern und geschlossenzelligem Polyethylen mit reißfestem Gittergewebe.

3 Kompaktdämmhülse, Rohrleitung, DN12 — KG **422**

Wie Ausführungsbeschreibung A 1
Nennwert der Wärmeleitfähigkeit: ..... W/(mK)
Bemessungswert der Wärmeleitfähigkeit: ..... W/(mK)
Normalentflammbar: B2
Nennweite: DN12
Dämmschichtdicke: ..... mm
Bauhöhe: ..... mm

▶	▷	ø	◁	◀	Einheit	Ausf.-Dauer	Positionsnummer
10€	12€	**13€**	13€	18€	[m]	⏱ 0,05h/m	347.000.038

4 Kompaktdämmhülse, Rohrleitung, DN15 — KG **422**

Wie Ausführungsbeschreibung A 1
Nennwert der Wärmeleitfähigkeit: ..... W/(mK)
Bemessungswert der Wärmeleitfähigkeit: ..... W/(mK)
Normalentflammbar: B2
Nennweite: DN15
Dämmschichtdicke: ..... mm
Bauhöhe: ..... mm

▶	▷	ø	◁	◀	Einheit	Ausf.-Dauer	Positionsnummer
11€	14€	**16€**	19€	24€	[m]	⏱ 0,05h/m	347.000.005

5 Kompaktdämmhülse, Rohrleitung, DN20 — KG **422**

Wie Ausführungsbeschreibung A 1
Nennwert der Wärmeleitfähigkeit: ..... W/(mK)
Bemessungswert der Wärmeleitfähigkeit: ..... W/(mK)
Normalentflammbar: B2
Nennweite: DN20
Dämmschichtdicke: ..... mm
Bauhöhe: ..... mm

▶	▷	ø	◁	◀	Einheit	Ausf.-Dauer	Positionsnummer
11€	15€	**18€**	21€	27€	[m]	⏱ 0,05h/m	347.000.016

6 Kompaktdämmhülse, Rohrleitung, DN25 — KG **422**

Wie Ausführungsbeschreibung A 1
Nennwert der Wärmeleitfähigkeit: ..... W/(mK)
Bemessungswert der Wärmeleitfähigkeit: ..... W/(mK)
Normalentflammbar: B2
Nennweite: DN25
Dämmschichtdicke: ..... mm
Bauhöhe: ..... mm

▶	▷	ø	◁	◀	Einheit	Ausf.-Dauer	Positionsnummer
14€	22€	**23€**	30€	41€	[m]	⏱ 0,05h/m	347.000.017

▶ min
▷ von
ø Mittel
◁ bis
◀ max

7 Kompaktdämmhülse, Rohrleitung, DN32 KG **422**

Wie Ausführungsbeschreibung A 1
Nennwert der Wärmeleitfähigkeit: ..... W/(mK)
Bemessungswert der Wärmeleitfähigkeit: ..... W/(mK)
Normalentflammbar: B2
Nennweite: DN32
Dämmschichtdicke: ..... mm
Bauhöhe: ..... mm

▶	▷	ø netto €	◁	◀	[Einheit]	Ausf.-Dauer	Positionsnummer
17€	28€	**29€**	31€	42€	[m]	⏱ 0,05h/m	347.000.039

A 2 Rohrdämmung, Mineralwolle, alukaschiert Beschreibung für Pos. **8-15**

Wärmedämmung einschl. Ummantelung an Rohrleitungen für Heizung, Warmwasser und Zirkulation, in Gebäuden. Dämmung aus Mineralwolle, Baustoffklasse 1 A (nichtbrennbar), als Matte, auf verzinktem Drahtgeflecht mit verzinktem Draht versteppt, Befestigen mit Stahlhaken aus dem Werkstoff des Drahtgeflechts. Längs- und Rundstöße mit selbstklebender Aluminiumfolie überklebt.

8 Rohrdämmung, MW-alukaschiert, DN12 KG **422**

Wie Ausführungsbeschreibung A 2
Oberkante Dämmung über **Gelände / Fußboden**: **bis 3,50 / bis 5,00** m
Rohrleitung: .....
Nennweite: DN12
Dämmstärke: ..... mm
Dämmschichtdicke: ..... mm
Bemessungswert der Wärmeleitfähigkeit bei 40°: ..... W/(mK)

▶	▷	ø netto €	◁	◀	[Einheit]	Ausf.-Dauer	Positionsnummer
7€	14€	**17€**	21€	28€	[m]	⏱ 0,30h/m	347.000.040

9 Rohrdämmung, MW-alukaschiert, DN15 KG **422**

Wie Ausführungsbeschreibung A 2
Oberkante Dämmung über **Gelände / Fußboden**: **bis 3,50 / bis 5,00** m
Rohrleitung: .....
Nennweite: DN15
Dämmstärke: ..... mm
Dämmschichtdicke: ..... mm
Bemessungswert der Wärmeleitfähigkeit bei 40°: ..... W/(mK)

▶	▷	ø netto €	◁	◀	[Einheit]	Ausf.-Dauer	Positionsnummer
8€	16€	**20€**	23€	32€	[m]	⏱ 0,30h/m	347.000.002

10 Rohrdämmung, MW-alukaschiert, DN20 KG **422**

Wie Ausführungsbeschreibung A 2
Oberkante Dämmung über **Gelände / Fußboden**: **bis 3,50 / bis 5,00** m
Rohrleitung: .....
Nennweite: DN20
Dämmstärke: ..... mm
Dämmschichtdicke: ..... mm
Bemessungswert der Wärmeleitfähigkeit bei 40°: ..... W/(mK)

▶	▷	ø netto €	◁	◀	[Einheit]	Ausf.-Dauer	Positionsnummer
8€	17€	**20€**	28€	45€	[m]	⏱ 0,30h/m	347.000.015

Kosten:
Stand 2. Quartal 2025
Bundesdurchschnitt

Nr.	**Kurztext** / Langtext						Kostengruppe
►	▷	**ø netto €**	◁	◄	[Einheit]	Ausf.-Dauer	Positionsnummer

11 Rohrdämmung, MW-alukaschiert, DN25 KG **422**

Wie Ausführungsbeschreibung A 2
Oberkante Dämmung über **Gelände / Fußboden**: **bis 3,50m / bis 5,00** m
Rohrleitung: .....
Nennweite: DN25
Dämmstärke: ..... mm
Dämmschichtdicke: ..... mm
Bemessungswert der Wärmeleitfähigkeit bei 40°: ..... W/(mK)

24€ 31€ **33€** 42€ 52€ [m] ⏱ 0,30 h/m 347.000.008

12 Rohrdämmung, MW-alukaschiert, DN32 KG **422**

Wie Ausführungsbeschreibung A 2
Oberkante Dämmung über **Gelände / Fußboden**: **bis 3,50 / bis 5,00** m
Rohrleitung: .....
Nennweite: DN32
Dämmstärke: ..... mm
Dämmschichtdicke: ..... mm
Bemessungswert der Wärmeleitfähigkeit bei 40°: ..... W/(mK)

26€ 39€ **43€** 47€ 56€ [m] ⏱ 0,30 h/m 347.000.009

13 Rohrdämmung, MW-alukaschiert, DN40 KG **422**

Wie Ausführungsbeschreibung A 2
Oberkante Dämmung über **Gelände / Fußboden**: **bis 3,50 / bis 5,00** m
Rohrleitung: .....
Nennweite: DN40
Dämmstärke: ..... mm
Dämmschichtdicke: ..... mm
Bemessungswert der Wärmeleitfähigkeit bei 40°: ..... W/(mK)

27€ 35€ **39€** 45€ 59€ [m] ⏱ 0,30 h/m 347.000.041

14 Rohrdämmung, MW-alukaschiert, DN50 KG **422**

Wie Ausführungsbeschreibung A 2
Oberkante Dämmung über **Gelände / Fußboden**: **bis 3,50m / bis 5,00** m
Rohrleitung: .....
Nennweite: DN50
Dämmstärke: ..... mm
Dämmschichtdicke: ..... mm
Bemessungswert der Wärmeleitfähigkeit bei 40°: ..... W/(mK)

28€ 40€ **47€** 49€ 63€ [m] ⏱ 0,30 h/m 347.000.011

► min
▷ von
ø Mittel
◁ bis
◄ max

15 Rohrdämmung, MW-alukaschiert, DN65 KG **422**

Wie Ausführungsbeschreibung A 2
Oberkante Dämmung über **Gelände / Fußboden**: **bis 3,50 / bis 5,00** m
Rohrleitung: .....
Nennweite: DN65
Dämmstärke: ..... mm
Dämmschichtdicke: ..... mm
Bemessungswert der Wärmeleitfähigkeit bei 40°: ..... W/(mK)

34€	48€	**56€**	63€	87€	[m]	⏱ 0,30h/m	347.000.012

A 3 Brandschutzabschottung, R90 Beschreibung für Pos. **16-25**

Brandschutzabschottung von Rohrleitungen haustechnischer Anlagen nach **MLAR / LAR**, zur Montage in **Wand / Decke / leichter Trennwand**. Zur Verlegung in rundem Durchbruch, ohne Hüllrohr, Verfüllung des Ringspalts mit Mörtel M10, beidseitige Weiterführung der Dämmung.

16 Brandschutzabschottung, R90, DN12 KG **422**

Wie Ausführungsbeschreibung A 3
Feuerwiderstandsklasse: R90
Rohrleitung: **nicht brennbar / brennbar**
Montagehöhe: bis **3,50 / 5,00 / 7,00** m über Fußboden
Ringspalt: bis 15 mm
Außendurchmesser der Rohrleitung: 15 mm
Außendurchmesser Schott: 60 mm
Dämmlänge: 1.000 mm
Dämmung: .....

20€	22€	**24€**	28€	36€	[St]	⏱ 0,38h/St	347.000.042

17 Brandschutzabschottung, R90, DN15 KG **422**

Wie Ausführungsbeschreibung A 3
Feuerwiderstandsklasse: R90
Rohrleitung: **nicht brennbar / brennbar**
Montagehöhe: bis **3,50 / 5,00 / 7,00** m über Fußboden
Ringspalt: bis 15 mm
Außendurchmesser der Rohrleitung: 18 mm
Außendurchmesser Schott: 60 mm
Dämmlänge: 1.000 mm
Dämmung: .....

21€	26€	**28€**	34€	40€	[St]	⏱ 0,40h/St	347.000.031

Kosten:
Stand 2. Quartal 2025
Bundesdurchschnitt

Nr.	**Kurztext** / Langtext						Kostengruppe
▶	▷	**ø netto €**	◁	◀	[Einheit]	Ausf.-Dauer	Positionsnummer

18 Brandschutzabschottung, R90, DN20 KG **422**

Wie Ausführungsbeschreibung A 3
Feuerwiderstandsklasse: R90
Rohrleitung: **nicht brennbar / brennbar**
Montagehöhe: bis **3,50 / 5,00 / 7,00** m über Fußboden
Ringspalt: bis 15 mm
Außendurchmesser der Rohrleitung: 22 mm
Außendurchmesser Schott: 60 mm
Dämmlänge: 1.000 mm
Dämmung: .....

▶	▷	ø	◁	◀	Einheit	Ausf.-Dauer	Positionsnummer
23€	38€	**44€**	51€	66€	[St]	⏱ 0,40h/St	347.000.032

19 Brandschutzabschottung, R90, DN25 KG **422**

Wie Ausführungsbeschreibung A 3
Feuerwiderstandsklasse: R90
Rohrleitung: **nicht brennbar / brennbar**
Montagehöhe: bis **3,50 / 5,00 / 7,00** m über Fußboden
Ringspalt: bis 15 mm
Außendurchmesser der Rohrleitung: 28 mm
Außendurchmesser Schott: 80 mm
Dämmlänge: 1.000 mm
Dämmung: .....

▶	▷	ø	◁	◀	Einheit	Ausf.-Dauer	Positionsnummer
30€	45€	**52€**	59€	72€	[St]	⏱ 0,40h/St	347.000.033

20 Brandschutzabschottung, R90, DN32 KG **422**

Wie Ausführungsbeschreibung A 3
Feuerwiderstandsklasse: R90
Rohrleitung: **nicht brennbar / brennbar**
Montagehöhe: bis **3,50 / 5,00 / 7,00** m über Fußboden
Ringspalt: bis 15 mm
Außendurchmesser der Rohrleitung: 35 mm
Außendurchmesser Schott: 80 mm
Dämmlänge: 1.000 mm
Dämmung: .....

▶	▷	ø	◁	◀	Einheit	Ausf.-Dauer	Positionsnummer
37€	53€	**62€**	69€	96€	[St]	⏱ 0,40h/St	347.000.034

21 Brandschutzabschottung, R90, DN40 KG **422**

Wie Ausführungsbeschreibung A 3
Feuerwiderstandsklasse: R90
Rohrleitung: **nicht brennbar / brennbar**
Montagehöhe: bis **3,50 / 5,00 / 7,00** m über Fußboden
Ringspalt: bis 15 mm
Außendurchmesser der Rohrleitung: 42 mm
Außendurchmesser Schott: 100 mm
Dämmlänge: 1.000 mm
Dämmung: .....

▶	▷	ø	◁	◀	Einheit	Ausf.-Dauer	Positionsnummer
48€	68€	**72€**	80€	96€	[St]	⏱ 0,40h/St	347.000.035

▶ min
▷ von
ø Mittel
◁ bis
◀ max

340
341
342
344
345
347
353
358
363
369
375

Nr.	Kurztext / Langtext						Kostengruppe
▶	▷	ø netto €	◁	◀	[Einheit]	Ausf.-Dauer	Positionsnummer

22 Brandschutzabschottung, R90, DN50 KG **422**

Wie Ausführungsbeschreibung A 3
Feuerwiderstandsklasse: R90
Rohrleitung: **nicht brennbar / brennbar**
Montagehöhe: bis **3,50 / 5,00 / 7,00** m über Fußboden
Ringspalt: bis 15 mm
Außendurchmesser der Rohrleitung: 63 mm
Außendurchmesser Schott: 130 mm
Dämmlänge: 1.000 mm
Dämmung: .....

58€	82€	**89€**	99€	104€	[St]	⏱ 0,40h/St	347.000.036

23 Brandschutzabschottung, R90, DN65 KG **422**

Wie Ausführungsbeschreibung A 3
Feuerwiderstandsklasse: R90
Rohrleitung: **nicht brennbar / brennbar**
Montagehöhe: bis **3,50 / 5,00 / 7,00** m über Fußboden
Ringspalt: bis 15 mm
Außendurchmesser der Rohrleitung: 76 mm
Außendurchmesser Schott: 180 mm
Dämmlänge: 1.000 mm
Dämmung: .....

74€	92€	**104€**	111€	123€	[St]	⏱ 0,40h/St	347.000.037

24 Brandschutzabschottung, R90, DN100 KG **422**

Wie Ausführungsbeschreibung A 3
Feuerwiderstandsklasse: R90
Rohrleitung: **nicht brennbar / brennbar**
Montagehöhe: bis **3,50 / 5,00 / 7,00** m über Fußboden
Ringspalt: bis 15 mm
Außendurchmesser der Rohrleitung: 110 mm
Außendurchmesser Schott: 180 mm
Dämmlänge: 1.000 mm
Dämmung: .....

84€	106€	**120€**	127€	148€	[St]	⏱ 0,42h/St	347.000.043

25 Brandschutzabschottung, R90, DN125 KG **422**

Wie Ausführungsbeschreibung A 3
Feuerwiderstandsklasse: R90
Rohrleitung: **nicht brennbar / brennbar**
Montagehöhe: bis **3,50 / 5,00 / 7,00** m über Fußboden
Ringspalt: bis 15 mm
Außendurchmesser der Rohrleitung: 139 mm
Außendurchmesser Schott: 180 mm
Dämmlänge: 1.000 mm
Dämmung: .....

89€	116€	**127€**	136€	163€	[St]	⏱ 0,45h/St	347.000.044

LB 347
Dämm- und Brandschutzarbeiten an technischen Anlagen

Nr.	Kurztext / Langtext						Kostengruppe
►	▷	ø netto €	◁	◄	[Einheit]	Ausf.-Dauer	Positionsnummer

A 4 Wärmedämmschalen für Armaturen und Pumpen — Beschreibung für Pos. **26-33**

Wärmedämmschalen für Armaturen und Pumpen. Bestehend aus einem zusammenklappbaren Formteil aus Polyethylen mit kratzfester Oberfläche aus PE-Gittergewebe. Entleerungsöffnungen vorgeprägt, Lieferung inkl. Verschlussclipsen, mit handelsüblichen Klebern diffusionsdicht verschließbar.

26 Wärmedämmschalen für Armaturen und Pumpen, DN12 — KG **422**

Wie Ausführungsbeschreibung A 4
Baustoffklasse: B1
Wärmeleitwert 0,034 W/(mK): bei 10°C und 0,040 W/(mK) bei 40°C
Wasserdampfdiffusionsfaktor µ: 5.000
Temperaturbereich: -80°C bis +100°C
Abmessungen: Länge: 130 mm, Breite: 70 mm, Höhe: 112 mm
Nennweite: DN12

12€ | 15€ | **19€** | 22€ | 25€ | [St] | ⏱ 0,10h/St | 347.000.045

27 Wärmedämmschalen für Armaturen und Pumpen, DN15 — KG **422**

Wie Ausführungsbeschreibung A 4
Baustoffklasse: B1
Wärmeleitwert 0,034 W/(mK): bei 10°C und 0,040 W/(mK) bei 40°C
Wasserdampfdiffusionsfaktor µ: 5.000
Temperaturbereich: -80°C bis +100°C
Abmessungen: Länge: 130 mm, Breite: 70 mm, Höhe: 112 mm
Nennweite: DN15

18€ | 20€ | **22€** | 23€ | 26€ | [St] | ⏱ 0,10h/St | 347.000.024

28 Wärmedämmschalen für Armaturen und Pumpen, DN20 — KG **422**

Wie Ausführungsbeschreibung A 4
Baustoffklasse: B1
Wärmeleitwert 0,034 W/(mK): bei 10°C und 0,040 W/(mK) bei 40°C
Wasserdampfdiffusionsfaktor µ: 5.000
Temperaturbereich: -80°C bis +100°C
Abmessungen: Länge: 130 mm, Breite: 70 mm, Höhe: 112 mm
Nennweite: DN20

19€ | 22€ | **25€** | 26€ | 28€ | [St] | ⏱ 0,10h/St | 347.000.025

29 Wärmedämmschalen für Armaturen und Pumpen, DN25 — KG **422**

Wie Ausführungsbeschreibung A 4
Baustoffklasse: B1
Wärmeleitwert 0,034 W/(mK): bei 10°C und 0,040 W/(mK) bei 40°C
Wasserdampfdiffusionsfaktor µ: .5000
Temperaturbereich: -80°C bis +100°C
Abmessungen: Länge: 145 mm, Breite: 80 mm, Höhe: 130 mm
Nennweite: DN25

22€ | 26€ | **34€** | 35€ | 45€ | [St] | ⏱ 0,10h/St | 347.000.026

Kosten:
Stand 2. Quartal 2025
Bundesdurchschnitt

► min
▷ von
ø Mittel
◁ bis
◄ max

30 **Wärmedämmschalen für Armaturen und Pumpen, DN32** KG **422**

Wie Ausführungsbeschreibung A 4
Baustoffklasse: B1
Wärmeleitwert 0,034 W/(mK): bei 10°C und 0,040 W/(mK) bei 40°C
Wasserdampfdiffusionsfaktor μ: 5.000
Temperaturbereich: -80°C bis +100°C
Abmessungen: Länge: 195 mm, Breite: 137 mm, Höhe: 203 mm
Nennweite: DN32

26€ | 33€ | **37€** | 39€ | 45€ | [St] | ⏱ 0,10h/St | 347.000.027

31 **Wärmedämmschalen für Armaturen und Pumpen, DN40** KG **422**

Wie Ausführungsbeschreibung A 4
Baustoffklasse: B1
Wärmeleitwert 0,034 W/(mK): bei 10°C und 0,040 W/(mK) bei 40°C
Wasserdampfdiffusionsfaktor μ: 5.000
Temperaturbereich: -80°C bis +100°C
Abmessungen: Länge: 196 mm, Breite: 163 mm, Höhe: 230 mm
Nennweite: DN40

32€ | 41€ | **45€** | 49€ | 58€ | [St] | ⏱ 0,10h/St | 347.000.028

32 **Wärmedämmschalen für Armaturen und Pumpen, DN50** KG **422**

Wie Ausführungsbeschreibung A 4
Baustoffklasse: B1
Wärmeleitwert 0,034 W/(mK): bei 10°C und 0,040 W/(mK) bei 40°C
Wasserdampfdiffusionsfaktor μ: 5.000
Temperaturbereich: -80°C bis +100°C
Abmessungen: Länge: 212 mm, Breite: 182 mm, Höhe: 253 mm
Nennweite: DN50

33€ | 42€ | **49€** | 50€ | 61€ | [St] | ⏱ 0,10h/St | 347.000.029

33 **Wärmedämmschalen für Armaturen und Pumpen, DN65** KG **422**

Wie Ausführungsbeschreibung A 4
Baustoffklasse: B1
Wärmeleitwert 0,034 W/(mK): bei 10°C und 0,040 W/(mK) bei 40°C
Wasserdampfdiffusionsfaktor μ: 5.000
Temperaturbereich: -80°C bis +100°C
Abmessungen: Länge: 212 mm, Breite: 182 mm, Höhe: 253 mm
Nennweite: DN65

35€ | 42€ | **52€** | 59€ | 68€ | [St] | ⏱ 0,10h/St | 347.000.046

LB 353 Niederspannungs- anlagen - Kabel / Leitungen, Verlegesysteme, Installationsgeräte

353

Kosten:
Stand 2. Quartal 2025
Bundesdurchschnitt

► min
▷ von
ø Mittel
◁ bis
◄ max

Nr.	Positionen	Einheit	►	▷	ø brutto € / ø netto €	◁	◄
1	Schlitz herstellen, Mauerwerk, 5x3cm	m	22	25	**31**	35	39
			19	21	**26**	30	32
2	Schlitz herstellen, Mauerwerk, 10x5cm	m	51	57	**72**	80	88
			43	48	**60**	67	74
3	Kabelrinne, Stahl, WA ,100mm	m	51	58	**72**	81	89
			43	48	**61**	68	75
4	Kabelrinne, Stahl, WA, 200mm	m	55	62	**77**	87	95
			46	52	**65**	73	80
5	Kabelrinne, Stahl, WA, 300mm	m	51	58	**72**	81	89
			43	49	**61**	68	75
6	Kabelrinne, Stahl, WA, 400mm	m	57	65	**81**	91	99
			48	54	**68**	76	84
7	Installationsleitung, NYM-J 1x16mm², uP	m	8	9	**12**	13	14
			7	8	**10**	11	12
8	Installationsleitung, NYM-J 3x2,5mm², uP	m	5	5	**5**	6	7
			4	4	**5**	5	6
9	Installationsleitung, NYM-J 5x2,5mm², uP	m	6	7	**8**	8	10
			5	6	**7**	7	8
10	Installationsleitung, NYM-J 5x6mm², uP	m	14	15	**16**	17	18
			12	12	**13**	15	15
11	Installationsleitung, NYM-J 5x16mm², uP	m	29	31	**32**	35	42
			24	26	**27**	30	35
12	Elektroinstallationsrohr, 16mm	m	6	6	**8**	9	10
			5	5	**7**	8	8
13	Elektroinstallationsrohr, 25mm	m	6	7	**9**	10	10
			5	6	**7**	8	9
14	Elektroinstallationsrohr, 40mm	m	12	14	**16**	18	19
			10	12	**13**	15	16
15	Leitungsführungskanal PVC 15x15mm	m	10	10	**12**	13	14
			8	9	**10**	11	12
16	Leitungsführungskanal PVC 30x30mm	m	13	15	**16**	18	21
			11	12	**13**	15	18
17	Leitungsführungskanal PVC 90x40mm	m	27	29	**32**	35	39
			23	24	**27**	30	32
18	Leitungsführungskanal PVC 110x60mm	m	45	48	**50**	55	56
			38	41	**42**	46	47
19	Leitungsführungskanal PVC 230x60mm	m	93	100	**111**	116	118
			79	84	**93**	97	99
20	Sockelleistenkanal, 50x20mm	m	28	30	**32**	34	37
			24	25	**27**	28	31
21	Geräteeinbaukanal, 130x60mm	m	52	54	**56**	63	64
			43	46	**47**	53	54
22	Geräteeinbaukanal, 170x60mm	m	71	74	**81**	85	89
			60	62	**68**	72	74
23	Geräteeinbaukanal, 210x60mm	m	97	101	**110**	113	114
			81	85	**92**	95	96
24	Photovoltaikanlage 5kWp	St	7.833	9.574	**10.879**	12.185	14.143
			6.583	8.045	**9.142**	10.240	11.885

Nr.	Positionen	Einheit	▶	▷	ø brutto € / ø netto €	◁	◀
25	Photovoltaikanlage 10kWp	St	16.414	18.632	**22.181**	26.173	29.057
			13.793	15.657	**18.640**	21.995	24.418
26	Photovoltaikanlage 15kWp	St	20.502	25.058	**28.476**	31.893	35.879
			17.229	21.058	**23.929**	26.801	30.151
27	Batteriespeicher bis 5kWh	St	2.554	3.165	**3.597**	4.029	4.388
			2.146	2.660	**3.023**	3.385	3.688
28	Batteriespeicher bis 10kWh	St	6.237	7.379	**8.784**	10.014	12.210
			5.241	6.201	**7.382**	8.415	10.261
29	Ladeeinrichtung für Elektroautos 11kW	St	789	1.372	**1.896**	2.474	3.056
			663	1.153	**1.593**	2.079	2.568
30	Ladeeinrichtung für Elektroautos 22kW	St	1.411	2.469	**3.194**	3.834	4.794
			1.186	2.075	**2.684**	3.222	4.029
31	Bewegungsmelder	St	218	278	**302**	339	425
			183	233	**254**	285	357
32	Stundensatz, Monteur/-in Elektro	h	68	82	**86**	91	100
			58	69	**72**	76	84
33	Stundensatz, Helfer/-in Elektro	h	55	61	**63**	66	72
			46	51	**53**	56	61

Nr. **Kurztext** / Langtext — Kostengruppe

▶ ▷ **ø netto €** ◁ ◀ [Einheit] Ausf.-Dauer Positionsnummer

A 1 Schlitz herstellen, Mauerwerk
Beschreibung für Pos. **1-2**

Schlitz in verputztem Mauerwerk nachträglich herstellen und Bauschutt entsorgen.
Druckfestigkeitsklasse: bis Mz 12 N/mm²
Wanddicke: .....
Lage: .....

1 Schlitz herstellen, Mauerwerk, 5x3cm
KG **394**

Wie Ausführungsbeschreibung A 1
Breite: bis 5 cm
Tiefe: bis 3 cm

19€ 21€ **26€** 30€ 32€ [m] ⏱ 0,15h/m 353.000.023

2 Schlitz herstellen, Mauerwerk, 10x5cm
KG **394**

Wie Ausführungsbeschreibung A 1
Breite: bis 10 cm
Tiefe: bis 5 cm

43€ 48€ **60€** 67€ 74€ [m] ⏱ 0,15h/m 353.000.024

Kosten:
Stand 2. Quartal 2025
Bundesdurchschnitt

▶ min
▷ von
ø Mittel
◁ bis
◀ max

Nr.	**Kurztext** / Langtext						Kostengruppe
▶	▷	**ø netto €**	◁	◀	[Einheit]	Ausf.-Dauer	Positionsnummer

A 2 Kabelrinne, Stahl, WA — Beschreibung für Pos. **3-6**

Kabelrinne mit Trennsteg und Wandausleger, einschl. systembedingten Verbindungsstücken, Formstücken, Befestigungsmaterial.
Norm: DIN EN 61537 (VDE 0639)
Werkstoff: Stahl, feuerverzinkt, DIN EN ISO 1461
Dicke Metallwerkstoff: 1,5 mm
Ausführung: gelocht
Höhe: 60 mm

3 Kabelrinne, Stahl, WA ,100mm — KG **444**

Wie Ausführungsbeschreibung A 2
Breite: 100 mm
Angeb. Fabrikat: .....

43€	48€	**61€**	68€	75€	[m]	⏱ 0,20h/m	353.000.025

4 Kabelrinne, Stahl, WA, 200mm — KG **444**

Wie Ausführungsbeschreibung A 2
Breite: 200 mm
Angeb. Fabrikat: .....

46€	52€	**65€**	73€	80€	[m]	⏱ 0,25h/m	353.000.026

5 Kabelrinne, Stahl, WA, 300mm — KG **444**

Wie Ausführungsbeschreibung A 2
Breite: 300 mm
Angeb. Fabrikat: .....

43€	49€	**61€**	68€	75€	[m]	⏱ 0,30h/m	353.000.027

6 Kabelrinne, Stahl, WA, 400mm — KG **444**

Wie Ausführungsbeschreibung A 2
Breite: 400 mm
Angeb. Fabrikat: .....

48€	54€	**68€**	76€	84€	[m]	⏱ 0,40h/m	353.000.028

A 3 Installationsleitung, NYM-J, UP — Beschreibung für Pos. **7-11**

Installationsleitung für Verlegung unter Putz, mit Befestigung.
Norm: DIN VDE 0250-204 (VDE 0250-204)
Leitungstyp: NYM-J

7 Installationsleitung, NYM-J 1x16mm², uP — KG **444**

Wie Ausführungsbeschreibung A 3
Ader-/Leiterzahl: 1x 16 mm²
Metallzahl: Cu-Zahl 154

7€	8€	**10€**	11€	12€	[m]	⏱ 0,06h/m	353.000.030

Nr.	Kurztext / Langtext						Kostengruppe
▶	▷	ø netto €	◁	◀	[Einheit]	Ausf.-Dauer	Positionsnummer

8 Installationsleitung, NYM-J 3x2,5mm², uP KG **444**

Wie Ausführungsbeschreibung A 3
Ader-/Leiterzahl: 3x 2,5 mm²
Metallzahl: Cu-Zahl 72

▶	▷	ø netto €	◁	◀	[Einheit]	Ausf.-Dauer	Positionsnummer
4€	4€	**5€**	5€	6€	[m]	⏱ 0,09h/m	353.000.032

9 Installationsleitung, NYM-J 5x2,5mm², uP KG **444**

Wie Ausführungsbeschreibung A 3
Ader-/Leiterzahl: 5x 2,5 mm²
Metallzahl: Cu-Zahl 120

▶	▷	ø netto €	◁	◀	[Einheit]	Ausf.-Dauer	Positionsnummer
5€	6€	**7€**	7€	8€	[m]	⏱ 0,09h/m	353.000.033

10 Installationsleitung, NYM-J 5x6mm², uP KG **444**

Wie Ausführungsbeschreibung A 3
Ader-/Leiterzahl: 5x 6 mm²
Metallzahl: Cu-Zahl 288

▶	▷	ø netto €	◁	◀	[Einheit]	Ausf.-Dauer	Positionsnummer
12€	12€	**13€**	15€	15€	[m]	⏱ 0,09h/m	353.000.034

11 Installationsleitung, NYM-J 5x16mm², uP KG **444**

Wie Ausführungsbeschreibung A 3
Ader-/Leiterzahl: 5x 16 mm²
Metallzahl: Cu-Zahl 768

▶	▷	ø netto €	◁	◀	[Einheit]	Ausf.-Dauer	Positionsnummer
24€	26€	**27€**	30€	35€	[m]	⏱ 0,12h/m	353.000.035

A 4 Elektroinstallationsrohr Beschreibung für Pos. **12-14**

Elektroinstallationsrohr, geschlossen, für Verlegung unter Putz, mit Befestigung.
Norm: DIN EN 61386 (VDE 0605)
Werkstoff: Kunststoff, halogenfrei
Ausführung: einwandig, gewellt, flexibel
Druckfestigkeitsklasse: 3 - mittel (750 N)
Klasse Schlagbeanspruchung: 3 - mittel (2 kg/100 mm)

12 Elektroinstallationsrohr, 16mm KG **444**

Wie Ausführungsbeschreibung A 4
Außendurchmesser: 16 mm

▶	▷	ø netto €	◁	◀	[Einheit]	Ausf.-Dauer	Positionsnummer
5€	5€	**7€**	8€	8€	[m]	⏱ 0,12h/m	353.000.036

13 Elektroinstallationsrohr, 25mm KG **444**

Wie Ausführungsbeschreibung A 4
Außendurchmesser: 25 mm

▶	▷	ø netto €	◁	◀	[Einheit]	Ausf.-Dauer	Positionsnummer
5€	6€	**7€**	8€	9€	[m]	⏱ 0,12h/m	353.000.037

Kosten:
Stand 2. Quartal 2025
Bundesdurchschnitt

Nr.	**Kurztext** / Langtext						Kostengruppe
▶	▷	**ø netto €**	◁	◀	[Einheit]	Ausf.-Dauer	Positionsnummer

14 Elektroinstallationsrohr, 40mm KG **444**

Wie Ausführungsbeschreibung A 4
Außendurchmesser: 40 mm

10€	12€	**13€**	15€	16€	[m]	⏱ 0,12 h/m	353.000.038

15 Leitungsführungskanal PVC 15x15mm KG **444**

Leitungsführungskanal mit Trennsteg, einschl. systembedingter Verbindungsstücke, Formstücke, Befestigungsmaterial.
Norm: DIN EN 50085-2-1 (VDE 0604-2-1)
Werkstoff: PVC-U
Breite: 15 mm
Höhe: 15 mm
Farbe: **grau / weiß**
Befestigung: auf **Beton / Mauerwerk / Installationswand**

8€	9€	**10€**	11€	12€	[m]	⏱ 0,04 h/m	353.000.039

16 Leitungsführungskanal PVC 30x30mm KG **444**

Leitungsführungskanal mit Trennsteg, einschl. systembedingter Verbindungsstücke, Formstücke, Befestigungsmaterial.
Norm: DIN EN 50085-2-1 (VDE 0604-2-1)
Werkstoff: PVC-U
Breite: 30 mm
Höhe: 30 mm
Farbe: **grau / weiß**
Befestigung: auf **Beton / Mauerwerk / Installationswand**

11€	12€	**13€**	15€	18€	[m]	⏱ 0,04 h/m	353.000.040

17 Leitungsführungskanal PVC 90x40mm KG **444**

Leitungsführungskanal mit Trennsteg, einschl. systembedingter Verbindungsstücke, Formstücke, Befestigungsmaterial.
Norm: DIN EN 50085-2-1 (VDE 0604-2-1)
Werkstoff: PVC-U
Breite: 90 mm
Höhe: 40 mm
Farbe: **grau / weiß**
Befestigung: auf **Beton / Mauerwerk / Installationswand**

23€	24€	**27€**	30€	32€	[m]	⏱ 0,05 h/m	353.000.041

18 Leitungsführungskanal PVC 110x60mm KG **444**

Leitungsführungskanal mit Trennsteg, einschl. systembedingter Verbindungsstücke, Formstücke und Befestigungsmaterial.
Norm: DIN EN 50085-2-1 (VDE 0604-2-1)
Werkstoff: PVC-U
Breite: 110 mm
Höhe: 60 mm
Farbe: **grau / weiß**
Befestigung: auf **Beton / Mauerwerk / Installationswand**

38€	41€	**42€**	46€	47€	[m]	⏱ 0,05 h/m	353.000.042

▶ min
▷ von
ø Mittel
◁ bis
◀ max

Nr.	**Kurztext** / Langtext						Kostengruppe
▶	▷	**ø netto €**	◁	◀	[Einheit]	Ausf.-Dauer	Positionsnummer

19 Leitungsführungskanal PVC 230x60mm — KG **444**

Leitungsführungskanal mit Trennsteg, einschl. systembedingter Verbindungsstücke, Formstücke und Befestigungsmaterial.
Norm: DIN EN 50085-2-1 (VDE 0604-2-1)
Werkstoff: PVC-U
Breite: 230 mm
Höhe: 60 mm
Farbe: **grau / weiß**
Befestigung: auf **Beton / Mauerwerk / Installationswand**

79€	84€	**93€**	97€	99€	[m]	⏱ 0,10h/m	353.000.043

20 Sockelleistenkanal, 50x20mm — KG **444**

Sockelleistenkanal, einschl. systembedingter Verbindungsstücke, Formstücke, Befestigungsmaterial.
Norm: DIN EN 50085-2-1 (VDE 0604-2-1)
Werkstoff: PVC-U
Breite: 50 mm
Höhe: 20 mm
Farbe: **grau / weiß**
Befestigung: auf **Beton / Mauerwerk / Installationswand**

24€	25€	**27€**	28€	31€	[m]	⏱ 0,06h/m	353.000.044

21 Geräteeinbaukanal, 130x60mm — KG **444**

Geräteeinbaukanal mit Trennsteg, einschl. systembedingter Verbindungsstücke, Kabelhalteklammern, Formstücke, Befestigungsmaterial.
Norm: DIN EN 50085-2-1 (VDE 0604-2-1)
Werkstoff: PVC-U
Breite: 130 mm
Höhe: 60 mm
Farbe: **grau / weiß**
Befestigung: auf **Beton / Mauerwerk / Installationswand**

43€	46€	**47€**	53€	54€	[m]	⏱ 0,08h/m	353.000.045

22 Geräteeinbaukanal, 170x60mm — KG **444**

Geräteeinbaukanal mit Trennsteg, einschl. systembedingter Verbindungsstücke, Kabelhalteklammern, Formstücke, Befestigungsmaterial.
Norm: DIN EN 50085-2-1 (VDE 0604-2-1)
Werkstoff: PVC-U
Breite: 190 mm
Höhe: 60 mm
Farbe: **grau / weiß**
Befestigung: auf **Beton / Mauerwerk / Installationswand**

60€	62€	**68€**	72€	74€	[m]	⏱ 0,10h/m	353.000.046

Kosten:
Stand 2. Quartal 2025
Bundesdurchschnitt

Nr.	**Kurztext** / Langtext						Kostengruppe
▶	▷	**ø netto €**	◁	◀	[Einheit]	Ausf.-Dauer	Positionsnummer

23 **Geräteeinbaukanal, 210x60mm** KG **444**

Geräteeinbaukanal mit Trennsteg, einschl. systembedingter Verbindungsstücke, Kabelhalteklammern, Formstücke, Befestigungsmaterial.
Norm: DIN EN 50085-2-1 (VDE 0604-2-1)
Werkstoff: PVC-U
Breite: 230 mm
Höhe: 60 mm
Farbe: **grau / weiß**
Befestigung: auf **Beton / Mauerwerk / Installationswand**

▶	▷	ø	◁	◀	Einheit	Ausf.-Dauer	Positionsnummer
81€	85€	**92€**	95€	96€	[m]	⏱ 0,12 h/m	353.000.047

A 5 **Photovoltaikanlage** Beschreibung für Pos. **24-26**

Solaranlage zur Stromgewinnung als Photovoltaiksystem zur Aufdach-/Inndach-/Flachdachlösung, mit konstruktiver Verankerung. Leistung einschl. systembedingter Befestigungsmittel und Befestigungskonstruktionsmaterial, Befestigung gem. statischem Einzelnachweis, mit Wechselrichter mit Datenlogger, Powermanagement, DC-Schalter und dreipoliger Einspeisung, einschl. Elektrokabel, Erdung, komplett verdrahtet, mit Durchführungen, Anschlussarbeiten, Inbetriebnahme und Anmeldung.

24 **Photovoltaikanlage 5kWp** KG **442**

Wie Ausführungsbeschreibung A 5
Nennleistung System: 5 kWp
Nennleistung PV-Module: ..... Wp
Auflast (Schneelast): bis 5 kN/m²
Dynamische Last (Windlast): bis 2 kN/m²
Ausführung gem. Einzelbeschreibung: .....

▶	▷	ø	◁	◀	Einheit	Ausf.-Dauer	Positionsnummer
6.583€	8.045€	**9.142€**	10.240€	11.885€	[St]	⏱ 18,00 h/St	353.000.057

25 **Photovoltaikanlage 10kWp** KG **442**

Wie Ausführungsbeschreibung A 5
Nennleistung System: 10 kWp
Nennleistung PV-Module: ..... Wp
Auflast (Schneelast): bis 5 kN/m²
Dynamische Last (Windlast): bis 2 kN/m²
Ausführung gem. Einzelbeschreibung: .....

▶	▷	ø	◁	◀	Einheit	Ausf.-Dauer	Positionsnummer
13.793€	15.657€	**18.640€**	21.995€	24.418€	[St]	⏱ 36,00 h/St	353.000.049

26 **Photovoltaikanlage 15kWp** KG **442**

Wie Ausführungsbeschreibung A 5
Nennleistung System: 15 kWp
Nennleistung PV-Module: ..... Wp
Auflast (Schneelast): bis 5 kN/m²
Dynamische Last (Windlast): bis 2 kN/m²
Ausführung gem. Einzelbeschreibung: .....

▶	▷	ø	◁	◀	Einheit	Ausf.-Dauer	Positionsnummer
17.229€	21.058€	**23.929€**	26.801€	30.151€	[St]	⏱ 40,00 h/St	353.000.058

▶ min
▷ von
ø Mittel
◁ bis
◀ max

Nr.	**Kurztext** / Langtext						Kostengruppe
►	▷	**ø netto €**	◁	◀	[Einheit]	Ausf.-Dauer	Positionsnummer

27 Batteriespeicher bis 5kWh KG **442**

Strom Batteriespeicher zur Eigenstrom-Nutzung.

2.146€	2.660€	**3.023€**	3.385€	3.688€	[St]	⏱ 2,00h/St	353.000.056

28 Batteriespeicher bis 10kWh KG **442**

Strom Batteriespeicher zur Eigenstrom-Nutzung.

5.241€	6.201€	**7.382€**	8.415€	10.261€	[St]	⏱ 3,00h/St	353.000.050

29 Ladeeinrichtung für Elektroautos 11kW KG **444**

Ladeeinrichtung für Elektroautos als Wallbox, als kabelgebundene Ladestromübertragung. Ladeeinrichtungsausgang Wechselstrom 230 V AC, mit Lasttrennschalter, Überspannungsschutz, mit einem Ladepunkt und einer Ladeleistung je Ladepunkt 11kW. Ladeeinrichtung mit Kabel.
Kabellänge: ..... m
Stromflussrichtung: **unidirektional / bidirektional**
Überspannungsschutz Typ: **1 / 2 / 3**
Schutzart IP: .....
Netzsystem: .....
Befestigung an: **Wand / Pfosten / Stele**
Anzeige: **Display / LED**
Authentifizierung: **Plug and Charge / PIN / RFID / Mobile App / Schlüsselschalter / EVCC ID**
Min. Umgebungstemperatur: .....°C
Max. Umgebungstemperatur: .....°C

663€	1.153€	**1.593€**	2.079€	2.568€	[St]	⏱ 2,00h/St	353.000.054

30 Ladeeinrichtung für Elektroautos 22kW KG **444**

Ladeeinrichtung für Elektroautos als Wallbox, als kabelgebundene Ladestromübertragung. Ladeeinrichtungsausgang Wechselstrom 230 V AC, mit Lasttrennschalter, Überspannungsschutz, mit einem Ladepunkt und einer Ladeleistung je Ladepunkt 22kW. Ladeeinrichtung mit Kabel.
Kabellänge: ..... m
Stromflussrichtung: **unidirektional / bidirektional**
Überspannungsschutz Typ: **1 / 2 / 3**
Schutzart IP: .....
Netzsystem: .....
Befestigung an: **Wand / Pfosten / Stele**
Anzeige: **Display / LED**
Authentifizierung: **Plug and Charge / PIN / RFID / Mobile App / Schlüsselschalter / EVCC ID**
Min. Umgebungstemperatur: .....°C
Max. Umgebungstemperatur: .....°C

1.186€	2.075€	**2.684€**	3.222€	4.029€	[St]	⏱ 2,00h/St	353.000.055

Nr.	Kurztext / Langtext						Kostengruppe
►	▷	**ø netto €**	◁	◀	[Einheit]	Ausf.-Dauer	Positionsnummer

31 Bewegungsmelder KG **444**

Bewegungsmelder für 230 V AC **mit Unterkriechschutz / mit Rückfeldüberwachung** mit integriertem Dämmerungsschalter.
Sensorart: **Ultraschall / Infrarot / Radar / Optisch**
Erfassungsbereich: .....°
Reichweite: ..... m
Schnittstelle: **RS232 / KNX-TP / DALI / COM**
Einstellbereich: **5 bis 300 / 5 bis 1.000**
Ausschaltverzögerung: **1** s **bis 11** min **/ 30** s **bis 30** min **/ 2** s **bis 16** min
Schutzart IP: **44 / 2X / 24 / 3X / 54 / 55 / 65 / 67**
Einbaubereich: **Wandmontage / Deckenmontage / Eckmontage**
Montaghöhe: **bis 3 / über 3 bis 6 / über 6 bis 9 / über 9 bis 12** m

183€	233€	**254€**	285€	357€	[St]	⏱ 1,80h/St	353.000.051

32 Stundensatz, Monteur/-in Elektro

Verrechnungssatz für die jeweilige Arbeitskraft inkl. aller Aufwendungen wie Lohn- und Gehaltskosten, Lohn- und Gehaltsnebenkosten, Zuschläge, lohngebundene und lohnabhängige Kosten, sonstige Sozialkosten, Gemeinkosten, Wagnis und Gewinn. Leistung nach besonderer Anordnung der Bauüberwachung. Nachweis und Anmeldung gem. VOB/B.

58€	69€	**72€**	76€	84€	[h]	⏱ 1,00h/h	353.000.052

33 Stundensatz, Helfer/-in Elektro

Verrechnungssatz für die jeweilige Arbeitskraft inkl. aller Aufwendungen wie Lohn- und Gehaltskosten, Lohn- und Gehaltsnebenkosten, Zuschläge, lohngebundene und lohnabhängige Kosten, sonstige Sozialkosten, Gemeinkosten, Wagnis und Gewinn. Leistung nach besonderer Anordnung der Bauüberwachung. Nachweis und Anmeldung gem. VOB/B.

46€	51€	**53€**	56€	61€	[h]	⏱ 1,00h/h	353.000.053

Kosten:
Stand 2. Quartal 2025
Bundesdurchschnitt

► min
▷ von
ø Mittel
◁ bis
◀ max

358

Kosten:
Stand 2. Quartal 2025
Bundesdurchschnitt

► min
▷ von
ø Mittel
◁ bis
◄ max

Nr.	Positionen	Einheit	►	▷	ø brutto € / ø netto €	◁	◄
1	Abbruch Einbauleuchte	St	13	18	**21**	24	30
			11	15	**17**	20	25
2	Wannenleuchte, LED, Feuchtraum	St	124	173	**199**	246	340
			104	146	**167**	207	286
3	Einbauleuchte, LED, 39W	St	174	238	**256**	294	371
			146	200	**215**	247	311
4	Pendelleuchte, LED 47W, bis 598mm	St	388	532	**577**	684	928
			326	447	**485**	575	780
5	Pendelleuchte, LED 47W, bis 1.198mm	St	675	819	**893**	967	1.136
			567	688	**750**	812	955
6	Einbaudownlight, LED, 9W	St	137	178	**178**	178	220
			115	150	**150**	150	184
7	Einbaudownlight, LED, 17,8W	St	256	272	**272**	272	288
			215	229	**229**	229	242

Nr. **Kurztext** / Langtext — Kostengruppe
► ▷ **ø netto €** ◁ ◄ [Einheit] Ausf.-Dauer Positionsnummer

1 Abbruch Einbauleuchte KG **494**

Abbruch Einbauleuchte mit Befestigungsmaterial, inkl. Leuchtmittel, im Rahmen einer Teilabbruchmaßnahme, Ausführung innerhalb des Bauwerks. Abbruch von Hand/mit handgeführten Kleingeräten, aufgenommene Stoffe sammeln, in vom AG gestellten Behälter lagern. Abfall ist nicht gefährlich, nicht schadstoffbelastet, Entsorgung wird gesondert vergütet.
Ausführungsort: .....
Einbautiefe 50 mm
Arbeitshöhe: bis 3,50 m

11€ 15€ **17€** 20€ 25€ [St] ⏱ 0,30h/St 358.000.049

2 Wannenleuchte, LED, Feuchtraum KG **445**

Wannenleuchte für Feuchtraum, Gehäuse aus Kunststoff (Polycarbonat), innenliegende Halterung, Stahlblech, weiß lackiert, Refraktor Kunststoff (PMMA oder PC), innenprismatisch.
Abmessung: ..... (bis 1.278 mm)
Leuchtmittel: LED 28 W
Lichtfarbe: 840, neutralweiß
Leuchtenlichtstrom: 3.350 lm
Elektrische Ausstattung: Betriebsgerät
Schutzart: IP 66
Schutzklasse: I
Spannung: 220-240 V / 50-60 Hz
Farbe: lichtgrau
Zubehör: Befestigungsmaterial
Arbeitshöhe: bis ..... m

104€ 146€ **167€** 207€ 286€ [St] ⏱ 0,35h/St 358.000.043

Nr.	Kurztext / Langtext						Kostengruppe
▶	▷	**ø netto €**	◁	◀	[Einheit]	Ausf.-Dauer	Positionsnummer

3 Einbauleuchte, LED, 39W KG **445**

Einbauleuchte in abgehängter Decke, Gehäuse aus Aluminium, Diffusor und Lightguide aus vergilbungsfreiem PMMA (opal), mit LED-Betriebsgerät extern.
Abmessung: ..... (bis 1.233 mm)
Abstrahlwinkel: 60°
Leuchtmittel: LED 39 W
Lichtfarbe: 830, warmweiß
Leuchtenlichtstrom: 3.600 lm
Lebensdauer: 50.000 h (L70/B10)
Schutzart: IP 20
Schutzklasse: II
Spannung: 220-240 V / 50-60 Hz
für Deckenstärke: 10-25mm
Gehäusefarbe: weiß
Zubehör: Befestigungsmaterial
Arbeitshöhe: bis ..... m

146€	200€	**215€**	247€	311€	[St]	⏱ 0,60h/St	358.000.044

A 1 Pendelleuchte, LED Beschreibung für Pos. **4-5**

Pendelleuchte, Abdeckung aus Stahlblech, pulverbeschichtet, Rahmen aus Aluminium, eloxiert, Diffusor microprismatisch, direkt-/indirekt-Stahlseilabhängung, stufenlos, strahlend, höhenverstellbar, bildschirmarbeitsplatzgerecht, designintegrierte.
Abstrahlwinkel: 80-200°
Leuchtmittel: LED 34 W
Lichtfarbe: 830, warmweiß
Leuchtenlichtstrom: 3.944 lm
Schutzart: IP 20
Schutzklasse: I
Spannung: 100-240 V / 50-60 Hz
Gehäusefarbe: Aluminium, eloxiert
Zubehör: Befestigungsmaterial

4 Pendelleuchte, LED 47W, bis 598mm KG **445**

Wie Ausführungsbeschreibung A 1
Abmessung: ..... (bis 598 mm)
Arbeitshöhe: bis ..... m

326€	447€	**485€**	575€	780€	[St]	⏱ 0,50h/St	358.000.045

5 Pendelleuchte, LED 47W, bis 1.198mm KG **445**

Wie Ausführungsbeschreibung A 1
Abmessung: ..... (bis 1.198 mm)
Arbeitshöhe: bis ..... m

567€	688€	**750€**	812€	955€	[St]	⏱ 0,50h/St	358.000.046

Nr.	Kurztext / Langtext						Kostengruppe
►	▷	ø netto €	◁	◄	[Einheit]	Ausf.-Dauer	Positionsnummer

A 2 Einbaudownlight, LED — Beschreibung für Pos. **6-7**

Einbaudownlight mit LED, Gehäuse aus Aluminium-Druckguss, pulverbeschichtet, Lightguide und Kunststoffabdeckung aus vergilbungsfreiem Kunststoff (PMMA), Abdeckung Kunststoff opal matt, Deckenbefestigung mit Federsystem.
Betriebsgerät: extern über Steckverbindung, mit Verbindungsleitung zwischen Leuchte und LED-Betriebsgerät 250 mm
Abstrahlwinkel: 110°
Lichtfarbe: 830, warmweiß
Lebensdauer: L70 >50.000 h
Spannung: 220-240 V / 50-60 Hz
für Deckenstärke: 1-20 mm
Schutzart: IP20
Schutzklasse: II
Zubehör: Befestigungsmaterial

Kosten:
Stand 2. Quartal 2025
Bundesdurchschnitt

6 Einbaudownlight, LED, 9W — KG **445**

Wie Ausführungsbeschreibung A 2
Deckenausschnitt: 170 mm
Einbautiefe: 27-53 mm
Lichtleistung: LED 9 W
Leuchtenlichtstrom: 780 lm
Arbeitshöhe: bis ..... m

►	▷	ø	◁	◄	Einheit	Ausf.-Dauer	Positionsnummer
115€	150€	**150€**	150€	184€	[St]	⏱ 0,30h/St	358.000.047

7 Einbaudownlight, LED, 17,8W — KG **445**

Wie Ausführungsbeschreibung A 2
Deckenausschnitt: 234 mm
Einbautiefe: 30-56 mm
Lichtleistung: LED 17,8 W
Leuchtenlichtstrom: 1.650 lm
Arbeitshöhe: bis ..... m

►	▷	ø	◁	◄	Einheit	Ausf.-Dauer	Positionsnummer
215€	229€	**229€**	229€	242€	[St]	⏱ 0,40h/St	358.000.048

► min
▷ von
ø Mittel
◁ bis
◄ max

Kosten:
Stand 2. Quartal 2025
Bundesdurchschnitt

Gefahrenmeldeanlagen							Preise €
Nr.	**Positionen**	**Einheit**	►	▷	**ø brutto €** ø netto €	◁	◄
1	Brandmeldezentrale bis 4 Ringe-/Linien	St	1.712	3.246	**3.942**	4.803	6.939
			1.439	2.728	**3.312**	4.036	5.831
2	Brandmeldezentrale ab 5 Ringe-/Linien	St	6.467	9.269	**10.261**	12.251	15.406
			5.435	7.789	**8.623**	10.295	12.946
3	Feuerwehr - Schlüsseldepot	St	1.453	2.073	**2.361**	2.858	4.046
			1.221	1.742	**1.984**	2.402	3.400
4	Notruf Barrierefreies WC	St	632	887	**1.065**	1.247	1.493
			531	745	**895**	1.048	1.254
5	Optischer Rauchmelder	St	97	184	**204**	225	298
			82	155	**171**	189	250
6	Ionisations-Rauchmelder	St	357	394	**456**	485	532
			300	331	**383**	408	447
7	Optischer Rauchwarnmelder	St	36	69	**80**	97	137
			30	58	**67**	82	116
8	Funkvernetzte Rauchwarnmelder	St	140	178	**188**	215	260
			117	149	**158**	181	219
9	Wärme-Differenzialmelder	St	119	138	**144**	167	193
			100	116	**121**	140	162
10	Kombinierter Rauch-/Wärmemelder	St	263	281	**290**	298	316
			221	236	**244**	251	265
11	Handfeuermelder	St	99	136	**155**	178	236
			83	115	**130**	150	199
12	Signalgeber akustisch	St	107	186	**219**	250	307
			90	156	**184**	210	258
13	Signalgeber akustisch/optisch	St	277	346	**367**	409	502
			233	291	**308**	344	421
14	Signalgeber optisch	St	211	233	**258**	285	318
			177	196	**217**	240	268
15	Anzeige-Tableau	St	855	1.335	**1.534**	1.994	2.608
			719	1.122	**1.289**	1.675	2.192
16	Feuerwehr-Bedienfeld	St	527	732	**817**	1.358	1.948
			443	615	**686**	1.141	1.637
17	Überfallmelder	St	104	117	**131**	139	156
			87	99	**110**	117	131
18	Rauchauslöseeinrichtung	St	1.009	1.359	**1.543**	1.807	2.314
			848	1.142	**1.297**	1.518	1.945

► min
▷ von
ø Mittel
◁ bis
◄ max

Nr.	Kurztext / Langtext						Kostengruppe
▶	▷	ø netto €	◁	◀	[Einheit]	Ausf.-Dauer	Positionsnummer

1 Brandmeldezentrale bis 4 Ringe-/Linien KG **456**

Brandmeldezentrale mit **Grenzwert - Linientechnik oder Ringbustechnik.** Ausführung als **Ringleitung oder Linien / Zonenleitung.**
Anzahl **Ringleitungen oder Linien / Zonenleitungen:** ..... St
Insgesamt ausbaubare Leitungen: ..... St
Ausgebaut mit Stichleitungen für adressierbare Melder: ..... St
Insgesamt ausbaubare Stichleitungen für adressierbare Melder: ..... St
Ausgebaut mit Stichleitungen für Grenzwertmelder: ..... St
Insgesamt ausbaubare Stichleitungen für Grenzwertmelder: ..... St
Ausgebaut mit Meldergruppen: ..... St
Insgesamt ausbaubare Meldergruppen: ..... St
Ausbaubare Koppler: ..... St
Registriereinheit: **mit internem Drucker / digital / digital, mit Schnittstelle zum Drucker**
Brandmeldezentrale mit Ersatzstromversorgung, für eine Überbrückungszeit von: **4 / 12 / 24 / 30 / 48 / 72** h
Alarmierungszeit mindestens 0,5 h

1.439€ | 2.728€ | **3.312€** | 4.036€ | 5.831€ | [St] | ⏱ 6,80h/St | 363.000.001

2 Brandmeldezentrale ab 5 Ringe-/Linien KG **456**

Brandmeldezentrale mit **Grenzwert - Linientechnik oder Ringbustechnik.** Ausführung als **Ringleitung oder Linien / Zonenleitung.**
Anzahl **Ringleitungen oder Linien / Zonenleitungen:** ..... St
Insgesamt ausbaubare Leitungen: ..... St
Ausgebaut mit Stichleitungen für adressierbare Melder: ..... St
Insgesamt ausbaubare Stichleitungen für adressierbare Melder: ..... St
Ausgebaut mit Stichleitungen für Grenzwertmelder: ..... St
Insgesamt ausbaubare Stichleitungen für Grenzwertmelder: ..... St
Ausgebaut mit Meldergruppen: ..... St
Insgesamt ausbaubare Meldergruppen: ..... St
Ausbaubare Koppler: ..... St
Registriereinheit: **mit internem Drucker / digital / digital, mit Schnittstelle zum Drucker**
Brandmeldezentrale mit Ersatzstromversorgung, für eine Überbrückungszeit von: **4 / 12 / 24 / 30 / 48 / 72** h
Alarmierungszeit mindestens 0,5 h

5.435€ | 7.789€ | **8.623€** | 10.295€ | 12.946€ | [St] | ⏱ 7,80h/St | 363.000.002

3 Feuerwehr - Schlüsseldepot KG **456**

Feuerwehr - Schlüsseldepot Gehäuse aus Stahl. Die Schließung erfolgt nach den Anschlussbedingungen der zuständigen behördlich benannten hilfeleistenden Stelle.
Einbauort: **Unterputzmontage / in WDVS, mit Einbauschutz / in Montagesäule**
Überwachte Schlüssel: ..... St.
Meldeanlagenbauteilklasse: **FSD1 / FSD2 / FSD3**

1.221€ | 1.742€ | **1.984€** | 2.402€ | 3.400€ | [St] | ⏱ 1,50h/St | 363.000.003

4 Notruf barrierefreies WC KG **452**

Notruf barrierefreies WC als Kompakt-Set, bestehend aus 1-Kammer-Signalleuchte rot, Zugtaster, Abstelltaster, Meldeeinheit und Netzteil, einschl. Stromquelle für Sicherheitszwecke DIN VDE 0100-560 (VDE 0100-560), Weiterleitung Störung an Meldeeinheit, Weiterleitung Notruf an Meldeeinheit.

531€ | 745€ | **895€** | 1.048€ | 1.254€ | [St] | ⏱ 1,20h/St | 363.000.004

Nr.	Kurztext / Langtext						Kostengruppe
►	▷	ø netto €	◁	◄	[Einheit]	Ausf.-Dauer	Positionsnummer

5 Optischer Rauchmelder KG **456**

Optischer Rauchmelder, nach dem Streulichtprinzip, passend zur überwachten Anschaltung an die Brandmeldezentrale. Einsatz bei einer Betriebsumgebungstemperatur von -10°C bis +60°C. Frühzeitige Erfassung offener Brände mit entsprechender Rauchentwicklung; intelligente Auswerteelektronik und optische Alarmanzeige sowie zusätzlicher Ausgang zur Anschaltung von externen Geräten, mit Meldersockel.
Energieversorgung: **aus Zentrale über Busleitung / aus Zentrale über separate Stichleitung / Batterie**
Schutzart: IP 42
Netzspannung: 24 V
Angeb. Fabrikat: .....
Ausführungshöhe über Fußboden: **bis 4 / über 4 / über 6** m

82€ | 155€ | **171€** | 189€ | 250€ | [St] | ⏱ 0,35h/St | 363.000.005

Kosten:
Stand 2. Quartal 2025
Bundesdurchschnitt

6 Ionisations-Rauchmelder KG **456**

Ionisations-Rauchmelder, mit zwei getrennten Ionisations-Messkammern, passend zur überwachten Anschaltung an die Brandmeldezentrale. Einsatz bei einer Betriebsumgebungstemperatur von -10°C bis +60°C frühzeitige Erfassung offener Brände mit entsprechender Rauchentwicklung, intelligente Auswerteelektronik und optische Alarmanzeige sowie zusätzlicher Ausgang zur Anschaltung von externen Geräten, mit Meldersockel.
Schutzart: IP 42
Netzspannung: 24 V
Angeb. Fabrikat: .....
Ausführungshöhe über Fußboden: **bis 4 / über 4 / über 6** m

300€ | 331€ | **383€** | 408€ | 447€ | [St] | ⏱ 0,35h/St | 363.000.006

7 Optischer Rauchwarnmelder KG **456**

Optischer Rauchwarnmelder, nach dem Streulichtprinzip, passend zur überwachten Anschaltung an die Brandmeldezentrale. Einsatz bei einer Betriebsumgebungstemperatur von -10°C bis +60°C. Frühzeitige Erfassung offener Brände mit entsprechender Rauchentwicklung; intelligente Auswerteelektronik und optische Alarmanzeige sowie zusätzlicher Ausgang zur Anschaltung von externen Geräten, mit Meldersockel.
Energieversorgung: **mit interner Primärbatterie / mit externer Energieversorgung**
Schutzart: IP 42
Netzspannung: 24 V
Angeb. Fabrikat: .....
Ausführungshöhe über Fußboden: **bis 4 / über 4 / über 6** m

30€ | 58€ | **67€** | 82€ | 116€ | [St] | ⏱ 0,35h/St | 363.000.007

► min
▷ von
ø Mittel
◁ bis
◄ max

8 Funkvernetzte Rauchwarnmelder KG **456**

Funkvernetzte Rauchwarnmelder, nach dem Streulichtprinzip, passend zur überwachten Anschaltung an die Brandmeldezentrale. Einsatz bei einer Betriebsumgebungstemperatur von -10°C bis +60°C. Frühzeitige Erfassung offener Brände mit entsprechender Rauchentwicklung; intelligente Auswerteelektronik und optische Alarmanzeige sowie zusätzlicher Ausgang zur Anschaltung von externen Geräten, mit Meldersockel.
Energieversorgung: **mit interner Primärbatterie / mit externer Energieversorgung**
Schutzart: IP 42
Netzspannung: 24 V
Angeb. Fabrikat: .....
Ausführungshöhe über Fußboden: **bis 4 / über 4 / über 6** m

117€ | 149€ | **158€** | 181€ | 219€ | [St] | ⏱ 0,35h/St | 363.000.008

340
341
342
344
345
347
353
358
363
369
375

9 Wärme-Differenzialmelder KG **456**

Wärme-Differenzialmelder mit Maximalwertauslösung. Temperaturerfassung mit Halbleitern, einschl. Sockel. Integriertem Signalgeber im Sockel.
Signalart: **optisch / akustisch / optisch und akustisch**
Signal als: **Notsignal / Warnsignal**
Energieversorgung: **mit interner Primärbatterie / mit externer Energieversorgung**
Schalldruckpegel mind. 80 dB(A)
Gehäuse: **Kunststoff / Metall**
Bezeichnungsschild: .....
Ausführungshöhe über Fußboden: **bis 4 / über 4 / über 6** m

100€ 116€ **121€** 140€ 162€ [St] ⏱ 0,35h/St 363.000.009

10 Kombinierter Rauch-/Wärmemelder KG **456**

Kombi-Melder mit integriertem Optischen Rauchmelder und Thermodifferenzialmelder, mit gewichteter Verknüpfung der Daten beider Melder-funktionen zur Erkennung von Schwelbränden und Bränden mit hoher Wärmeentwicklung mit Meldersockel und Trenner integriert im Melder. Soundgeber mind. 96dB (A). Eigenfunktionskontrolle, Notredundanz und automatischer Umweltanpassung. Mit Ferndiagnose und Softadressierung. Ringbus fähig über 2 Adern.
Spezifikation: .....
Gehäuse: ABS weiß ähnlich RAL 9010
Schutzart: IP 40

221€ 236€ **244€** 251€ 265€ [St] ⏱ 0,50h/St 363.000.010

11 Handfeuermelder KG **456**

Handfeuermelder für Anwendung **in Innenräumen / im freien** für Meldereinzelerkennung, in Aufputzausführung. Gehäuse aus **Isolierstoff / Druckguss**
Bezeichnungsschild: .....

83€ 115€ **130€** 150€ 199€ [St] ⏱ 0,30h/St 363.000.011

12 Signalgeber akustisch KG **456**

Akustischer Signalgeber als elektronischer Schallgeber mit integriertem punktförmigem Melder/Sockel für die Alarmierungseinrichtung einer Brandmeldeanlage.
Signalgeber als: **Notsignal / Warnsignal**
Gehäuse: **Kunststoff / Stahl / Leichtmetall**
Anwendung Melder: **in Gebäuden (Typ A) / im Freien (Typ B)**
Montageort: **für Deckenmontage Kategorie C / für Wandmontage Kategorie W**
Arbeitshöhe: **bis / ab** 3,5 m

90€ 156€ **184€** 210€ 258€ [St] ⏱ 0,40h/St 363.000.012

Nr.	Kurztext / Langtext						Kostengruppe
►	▷	ø netto €	◁	◄	[Einheit]	Ausf.-Dauer	Positionsnummer

13 Signalgeber akustisch/optisch KG **456**

Akustischer und Optischer Signalgeber als elektronischer Schallgeber und Blitzleuchte einschl. Leuchtmittel mit integriertem punktförmigem Melder/Sockel für die Alarmierungseinrichtung einer Brandmeldeanlage.
Signalgeber als: **Notsignal / Warnsignal**
Farbton: rot
Gehäuse: **Kunststoff / Stahl / Leichtmetall**
Anwendung Melder: **in Gebäuden (Typ A) / im Freien (Typ B)**
Montageort: **für Deckenmontage Kategorie C / für Wandmontage Kategorie W**
Arbeitshöhe: **bis / ab** 3,5 m

233€ | 291€ | **308€** | 344€ | 421€ | [St] | ⏱ 0,50h/St | 363.000.013

14 Signalgeber optisch KG **456**

Optischer Signalgeber als Gefahrensignal mit Blitzleuchte einschl. Leuchtmittel mit integriertem punktförmigem Melder/Sockel für die Alarmierungseinrichtung einer Brandmeldeanlage.
Signalgeber als: **Notsignal / Warnsignal**
Farbton: rot
Gehäuse: **Kunststoff / Stahl / Leichtmetall**
Anwendung Melder: **in Gebäuden (Typ A) / im Freien (Typ B)**
Montageort: **für Deckenmontage Kategorie C / für Wandmontage Kategorie W**
Arbeitshöhe: **bis / ab** 3,5 m

177€ | 196€ | **217€** | 240€ | 268€ | [St] | ⏱ 0,40h/St | 363.000.014

15 Anzeige-Tableau KG **456**

Anzeige-Tableau, mit alphanumerischem Anzeigeelement, zur Anzeige aller Meldungen und Zustände der Brandmeldezentrale, mit mind. 3 LED-Anzeigeelementen, zur Anzeige aller Alarmmeldungen und Störungen, für Aufputzmontage.

719€ | 1.122€ | **1.289€** | 1.675€ | 2.192€ | [St] | ⏱ 1,60h/St | 363.000.015

16 Feuerwehr-Bedienfeld KG **456**

Feuerwehr-Bedienfeld einschl. Schließzylinder.
Schutzart: **IP 44 / IP 3X**
Betriebsspannung: V
Einbau: **Aufputz / Unterputz**

443€ | 615€ | **686€** | 1.141€ | 1.637€ | [St] | ⏱ 1,50h/St | 363.000.016

17 Überfallmelder KG **456**

Überfallmelder als Handtaster in Aufputzausführung.
Anschluss: **in Linientechnik / in Bustechnik / direkt an Zentrale**
- Impulsauslösung
- Alarmwiederholung
- Sabotageüberwachung

Schutzart: IP40
Abmessungen (D x T): ..... x ..... mm
Gehäuse: Kunststoff
Farbe: .....

87€ | 99€ | **110€** | 117€ | 131€ | [St] | ⏱ 0,65h/St | 363.000.017

Kosten:
Stand 2. Quartal 2025
Bundesdurchschnitt

► min
▷ von
ø Mittel
◁ bis
◄ max

Nr.	Kurztext / Langtext						Kostengruppe
▶	▷	**ø netto €**	◁	◀	[Einheit]	Ausf.-Dauer	Positionsnummer

18 **Rauchauslöseeinrichtung** KG **456**

Rauchauslöseeinrichtung zur Ansteuerung von Brandschutzklappen und zugehöriger Ventilatoren, Gehäuse mit Staukreuz, optischen Rauchdetektor nach EN 54-7, Auswerteelektronik, potenzialfreien Ausgängen, Rauchdetektor geschützt, zugänglich und überprüfbar, mit Gehäuses, Funktionstest, Rückstellung, LED-Anzeigen für Betrieb, Störungen und Verschmutzungsgrade. Einbau lage- und strömungsrichtungsunabhängig. In Aufputzausführung, Montage an Wand. Anschlussspannung 230 V, **50 / 60** Hz.

848€	1.142€	**1.297€**	1.518€	1.945€	[St]	⏱ 2,15h/St	363.000.018

369

Kosten:
Stand 2. Quartal 2025
Bundesdurchschnitt

▶ min
▷ von
ø Mittel
◁ bis
◀ max

Aufzüge — Preise €

Nr.	Positionen	Einheit	▶	▷	ø brutto € / ø netto €	◁	◀
1	Personenaufzug bis 630kg, barrierefrei, Typ 2	St	65.983	79.830	**85.239**	88.570	100.524
			55.448	67.084	**71.629**	74.428	84.474
2	Personenaufzug bis 1.275kg, barrierefrei, Typ 3	St	98.084	118.833	**126.685**	134.637	151.387
			82.424	99.860	**106.458**	113.141	127.216
3	Bettenaufzug, 2.500kg	St	116.733	136.796	**148.476**	150.363	185.173
			98.095	114.955	**124.769**	126.355	155.608
4	Sitzlift, Treppe innen, gerade	St	5.901	7.133	**12.561**	17.246	17.915
			4.959	5.994	**10.556**	14.493	15.055
5	Sitzlift, Treppe innen, gewendelt	St	12.434	12.740	**18.699**	27.116	27.285
			10.449	10.706	**15.714**	22.787	22.928
6	Plattformlift, Treppe innen, gerade	St	15.737	16.459	**20.650**	30.160	31.433
			13.224	13.831	**17.353**	25.344	26.414
7	Plattformlift, Treppe innen, gewendelt	St	25.550	26.653	**36.492**	39.061	41.230
			21.470	22.398	**30.665**	32.825	34.647
8	Plattformlift, Treppe außen, gerade	St	22.285	25.105	**29.898**	33.162	34.654
			18.727	21.097	**25.124**	27.868	29.121
9	Hublift, Förderplattform, 1,5m	St	9.587	10.150	**20.094**	23.854	24.503
			8.056	8.529	**16.886**	20.045	20.590
10	Hublift, Förderplattform, 3,0m	St	24.217	25.999	**33.151**	34.478	36.751
			20.351	21.848	**27.858**	28.973	30.883
11	Plattformaufzug, barrierefrei, verglast, außen	St	46.663	47.478	**60.510**	75.243	79.070
			39.212	39.897	**50.849**	63.230	66.445
12	Schutzauskleidung Aufzugskabine	St	4.994	5.447	**5.724**	5.838	6.156
			4.197	4.577	**4.810**	4.906	5.173
13	Schachtgerüst, Aufzug	m²	596	789	**871**	871	1.526
			501	663	**732**	732	1.282
14	Fahrkorb-Tableau, Aufzugsanlage	St	1.429	1.541	**1.647**	1.688	1.800
			1.201	1.295	**1.384**	1.418	1.512
15	Fern-/Notrufeinrichtung, Aufzugsanlage	St	1.202	1.328	**1.352**	1.420	1.546
			1.010	1.116	**1.136**	1.193	1.300
16	Schachttür, Aufzugsanlage	St	1.463	1.917	**2.578**	2.659	2.950
			1.230	1.611	**2.167**	2.234	2.479
17	Türlaibung, Aufzugsanlage	St	1.822	2.028	**2.136**	2.271	2.477
			1.531	1.704	**1.795**	1.908	2.081
18	Brandfallsteuerung	St	590	637	**679**	679	772
			496	535	**570**	570	649
19	Inbetriebnahme und Endabnahme Aufzugsanlage	psch	1.550	2.447	**3.180**	3.180	6.297
			1.302	2.056	**2.673**	2.673	5.292
20	Stundensatz, Monteur/-in Aufzüge	h	58	83	**94**	110	140
			48	69	**79**	93	118
21	Stundensatz, Helfer/-in Aufzüge	h	39	60	**73**	98	129
			33	51	**61**	82	108

Nr.	Kurztext / Langtext					Kostengruppe
▶	▷	**ø netto €**	◁	◀	[Einheit] Ausf.-Dauer	Positionsnummer

1 Personenaufzug bis 630kg, barrierefrei, Typ 2 KG **461**

Seilaufzug, barrierefrei, 630kg Nutzlast, als Personenaufzug elektrisch betrieben EN 81-1, liefern und betriebsfertig montieren.
Ausführung gem. anliegender Einzelbeschreibungen, Anlagen-Nr.: .....
Türbreite: mind. 90 cm
Fahrkorbbreite: mind. 110 cm
Fahrkorbtiefe: mind. 140 cm
Typ: Personenaufzug EN81-70 Typ 2, barrierefrei, Nutzung durch 1 Rollstuhlbenutzer mit Begleitperson nach EN 12183 oder durch elektrisch angetriebenen Rollstuhl der Klassen A oder B DIN EN 12184
Gruppengröße: 8 Personen
Gruppensteuerung: Auf-/Abwärts-Sammelsteuerung
Geschwindigkeit: **1,6 / 1,0** / **0,5** m/s
Nennlast: 630 kg
Anzahl der **Fahrten / Fahrzeit** je Tag: ca. **1,5 / 3,0 / 6,0** (Stunden je Tag) nach VDI 4707 Bl.1
Schallwert 1 Meter vom Antrieb entfernt: max. ..... dB(A)
Schallwert in der Kabine während der Fahrt: max. 51 dB(A)
Schallwert1 Meter vor geschlossener Schachttür: max. ..... dB(A)
Brandschutz: Türen **ohne Brandanforderung / E120 nach EN81-58**, Türausbildung gem. DIN 18091
Anzahl Haltestellen: ..... Geschosse
Summe Zugänge: .....
Schachtausführung: Betonschacht nach EN81
Schachtbreite: ..... mm
Schachttiefe: ..... mm
Schachtgrubentiefe: ..... mm
Schachtkopfhöhe: ..... mm
Förderhöhe: ..... mm
Aufzugsantrieb: **im Schacht / im gesonderten Maschinenraum**
Antrieb, Kabinenausstattung, Ausführung, Schachtkorb und Türen, gem. Einzelbeschreibung
Bieterangaben:
Motor: Energieeffizienzklasse ..... mit ..... kW
Nennstrom: .....
Anlaufstrom: .....
Hersteller/Typ des Antriebes: .....
Hersteller/Typ des Motors: .....
Hersteller/Typ der Steuerung: .....
Hersteller/Typ des Fahrkorbes: .....
Hersteller/Typ der elektronischen Steuerung: .....

55.448€ 67.084€ **71.629€** 74.428€ 84.474€ [St] ⏱ 220,00h/St 369.000.001

340
341
342
344
345
347
353
358
363
369
375

Nr.	Kurztext / Langtext						Kostengruppe
▶	▷	ø netto €	◁	◀	[Einheit]	Ausf.-Dauer	Positionsnummer

Kosten:
Stand 2. Quartal 2025
Bundesdurchschnitt

2 Personenaufzug bis 1.275kg, barrierefrei, Typ 3 KG **461**

Seilaufzug, krankentrage und barrierefrei, 1.275kg Nutzlast, als Personenaufzug für 13 Personen, elektrisch betrieben EN 81-1, liefern und betriebsfertig montieren.
Ausführung gem. anliegender Einzelbeschreibungen, Anlagen-Nr.: .....
Türbreite: mind. 90 cm,
Fahrkorbbreite: mind. 200 cm
Fahrkorbtiefe: mind. 140 cm
Typ: Personenaufzug EN81-70 Tabelle 1 Typ 3, barrierefrei und krankentragegerecht, Nutzung durch 1 Rollstuhlbenutzer und weitere Personen, mit der Möglichkeit des Wenden des Rollstuhls der Klasse A oder B oder der Gehhilfe bzw. des Rollators
Gruppengröße: 13 Personen
Gruppensteuerung: Auf-/Abwärts-Sammelsteuerung
Geschwindigkeit: **1,6 / 1,0 / 0,5** m/s
Nennlast: 1.275 kg
Anzahl der **Fahrten / Fahrzeit** je Tag: ca. **1,5 / 3,0 / 6,0** (Stunden je Tag) nach VDI 4707 Bl.1
Schallwert 1 Meter vom Antrieb entfernt: max. ..... dB(A)
Schallwert in der Kabine während der Fahrt: max. 51 dB(A)
Schallwert: Meter vor geschlossener Schachttür max. ..... dB(A)
Brandschutz: Türen **ohne Brandanforderung / E120 nach EN81-58,** Türausbildung gem. DIN 18091
Anzahl Haltestellen: ..... Geschosse
Summe Zugänge: .....
Schachtausführung: Betonschacht nach EN81
Schachtbreite: ..... mm
Schachttiefe: ..... mm
Schachtgrubentiefe: ..... mm
Schachtkopfhöhe: ..... mm
Förderhöhe: ..... mm
Aufzugsantrieb: **im Schacht / im gesonderten Maschinenraum**
Antrieb, Kabinenausstattung, Ausführung, Schachtkorb und Türen, gem. Einzelbeschreibung
Bieterangaben:
Motor: Energieeffizienzklasse ..... mit ..... kW
Nennstrom: .....
Anlaufstrom: .....
Hersteller/Typ des Antriebes: .....
Hersteller/Typ des Motors: .....
Hersteller/Typ der Steuerung: .....
Hersteller/Typ des Fahrkorbes: .....
Hersteller/Typ der elektronischen Steuerung: .....

▶	▷	ø	◁	◀	[Einheit]	Ausf.-Dauer	Positionsnummer
82.424€	99.860€	**106.458€**	113.141€	127.216€	[St]	⏱ 240,00h/St	369.000.002

▶ min
▷ von
ø Mittel
◁ bis
◀ max

Nr.	Kurztext / Langtext						Kostengruppe
►	▷	ø netto €	◁	◀	[Einheit]	Ausf.-Dauer	Positionsnummer

3 Bettenaufzug, 2.500kg KG **461**

Seilaufzug, Bettenaufzug, elektrisch betrieben EN 81-1, liefern und betriebsfertig montieren.
Ausführung gem. anliegender Einzelbeschreibungen, Anlagen-Nr.: .....
Türbreite: 140 cm
Fahrkorbbreite: 180 cm
Fahrkorbtiefe: 270 cm
Einsatzempfehlung: Bettenaufzug gem. DIN 15309, in Krankenhäuser und Kliniken, Bettengröße 1,00 x 2,30m, mit Geräten für die medizinische Versorgung und Notbehandlung der Patienten, mit Begleitperson am Kopfende und/oder seitlich stehend. Ausführung barrierefrei EN81-70.
Gruppengröße: 33 Personen
Gruppensteuerung: Auf-/Abwärts-Sammelsteuerung
Geschwindigkeit: **1,0 / 0,5** m/s
Nennlast: 2.500 kg
Anzahl der **Fahrten / Fahrzeit** je Tag: ca. ..... (Stunden je Tag) nach VDI 4707 Bl.1
Schallwert 1 Meter vom Antrieb entfernt: max. ..... dB(A)
Schallwert in der Kabine während der Fahrt: max. 51 dB(A)
Schallwert 1 Meter vor geschlossener Schachttür: max. ..... dB(A)
Brandschutz: Türen **ohne Brandanforderung / E120 nach EN81-58,** Türausbildung gem. DIN 18091
Anzahl Haltestellen: ..... Geschosse
Zugänge: ..... / Türen gegenüber: .....
Schachtausführung: Betonschacht nach EN81
Schachtbreite: ..... mm
Schachttiefe: ..... mm
Schachtgrubentiefe: ..... mm
Schachtkopfhöhe: ..... mm
Förderhöhe: ..... mm
Aufzugsantrieb: **im Schacht / im gesonderten Maschinenraum**
Antrieb, Kabinenausstattung, Ausführung, Schachtkorb und Türen, gem. Einzelbeschreibung
Bieterangaben:
Motor: Energieeffizienzklasse ..... mit ..... kW
Nennstrom: .....
Anlaufstrom: .....
Hersteller/Typ des Antriebes: .....
Hersteller/Typ des Motors: .....
Hersteller/Typ der Steuerung: .....
Hersteller/Typ des Fahrkorbes: .....
Hersteller/Typ der elektronischen Steuerung: .....

98.095€ 114.955€ **124.769€** 126.355€ 155.608€ [St] ⏱ 260,00h/St 369.000.003

340
341
342
344
345
347
353
358
363
369
375

Nr.	Kurztext / Langtext						Kostengruppe
▶	▷	ø netto €	◁	◀	[Einheit]	Ausf.-Dauer	Positionsnummer

A 1 Sitzlift, Treppe innen — Beschreibung für Pos. **4-5**

Sitzlift mit Stangenantrieb für Treppen im Innenbereich, mit außenseitiger Stützenmontage auf Treppenstufen, gepolsterten Sitz, klappbar, mit Rücken- und beidseitiger Armlehne, mit Gurt und Fußbrett.
Förderlänge: ..... m (1 Wohngeschoss)
Neigungswinkel: 0-.....°
Betrieb: Zahnstangenantrieb, Akkumotor 0,36 kW
Tragfähigkeit: 125 kg
Fahrgeschwindigkeit: max. 0,11 m/s
Stromversorgung: 230 V / 50 Hz
Steuerung: Totmannsteuerung
Bedienung: Fernbedienung und Taster, Joystick auf Lehne
Fahrschiene: Stahlrohr, pulverbeschichtet

Kosten:
Stand 2. Quartal 2025
Bundesdurchschnitt

4 Sitzlift, Treppe innen, gerade — KG **461**

Wie Ausführungsbeschreibung A 1
Treppenlauf: gerade

4.959€	5.994€	**10.556€**	14.493€	15.055€	[St]	–	369.000.004

5 Sitzlift, Treppe innen, gewendelt — KG **461**

Wie Ausführungsbeschreibung A 1
Treppenlauf: gewendelt

10.449€	10.706€	**15.714€**	22.787€	22.928€	[St]	–	369.000.005

A 2 Plattformlift, Treppe — Beschreibung für Pos. **6-8**

Plattformlift mit Fahrschiene und Antriebsseil, für Treppen mit Plattformrückwand und äußerer Wandbefestigung, Plattform mit Auffahrrampen, automatischen Sicherheitsbügel und Bedieneinheit.
Nutzgröße: mind. 860 mm x 650 mm
Förderlänge: ..... m (1 Wohngeschoss)
Neigungswinkel: 0-.....°
Betrieb: Seilantrieb, bis 2,2 kW
Tragfähigkeit: 250 kg
Fahrgeschwindigkeit: max. 0,52 m/s
Stromversorgung: 230 V / 50 Hz
Steuerung: Totmannsteuerung
Bedienung: Außenbefehlsgeber, Bedienpanel
Schlüsselaktivierung: **ja / nein**
Fahrschiene: Stahlrohrpaar, pulverbeschichtet

6 Plattformlift, Treppe innen, gerade — KG **461**

Wie Ausführungsbeschreibung A 2
Einbauort: innen
Treppenlauf: gerade

13.224€	13.831€	**17.353€**	25.344€	26.414€	[St]	–	369.000.006

▶ min
▷ von
ø Mittel
◁ bis
◀ max

Nr.	Kurztext / Langtext						Kostengruppe
►	▷	ø netto €	◁	◄	[Einheit]	Ausf.-Dauer	Positionsnummer

7 **Plattformlift, Treppe innen, gewendelt** — KG **461**

Wie Ausführungsbeschreibung A 2
Einbauort: innen
Treppenlauf: gewendelt

21.470€	22.398€	**30.665€**	32.825€	34.647€	[St]	–	369.000.007

8 **Plattformlift, Treppe außen, gerade** — KG **461**

Wie Ausführungsbeschreibung A 2
Einbauort: außen
Treppenlauf: gerade

18.727€	21.097€	**25.124€**	27.868€	29.121€	[St]	–	369.000.008

A 3 **Hublift, Förderplattform** — Beschreibung für Pos. **9-10**

Hublift mit Förderplattform und Fördermast, Konstruktion selbsttragend, mit Wandbefestigung, Geländer mit Ausfachung, Bekleidungen aus Metall, sowie oberer Sicherheitstüre mit Blechbekleidung zur Sturzabsicherung und mitfahrender Sicherheitstüre.
Zugänge: gegenüber, 90° versetzt
Nutzgröße: 1.100 mm x 1.400 mm
Schachtgrube: .....
Betrieb: Spindelantrieb, 1,5 kW
Tragfähigkeit: 340 kg
Fahrgeschwindigkeit: max. 0,005 m/s
Stromversorgung: 230 V / 50 Hz
Steuerung: Totmannsteuerung
Bedienung: Wippschalter
Schlüsselaktivierung: **ja / nein**
Rahmen der Antriebseinheit und Türen: Aluminium, eloxiert
Geländer: Edelstahl
Ausfachung: Stahlblech, pulverbeschichtet
Farbe: .....
Bekleidung: .....

9 **Hublift, Förderplattform, 1,5m** — KG **461**

Wie Ausführungsbeschreibung A 3
Einbauort: **Hochparterre / versetzte Geschossebene, innen / außen**
Förderhöhe: bis 1,5 m

8.056€	8.529€	**16.886€**	20.045€	20.590€	[St]	–	369.000.009

10 **Hublift, Förderplattform, 3,0m** — KG **461**

Wie Ausführungsbeschreibung A 3
Einbauort: ....., **innen / außen**
Förderhöhe: bis 3,0 m

20.351€	21.848€	**27.858€**	28.973€	30.883€	[St]	–	369.000.010

340
341
342
344
345
347
353
358
363
369
375

Nr.	Kurztext / Langtext						Kostengruppe
▶	▷	**ø netto €**	◁	◀	[Einheit]	Ausf.-Dauer	Positionsnummer

Kosten:
Stand 2. Quartal 2025
Bundesdurchschnitt

11 Plattformaufzug, barrierefrei, verglast, außen — KG **461**

Aufzugsanlage mit Senkrechtplattform und Seitenschutz, Aufzugstraggerüst aus Stahlprofilen mit Verglasung, Automatiktüren, Bedienelementen, Ausstattungen und Klappsitz. Die Inbetriebnahme mit Schlüsselschalter am Bedientableau an Zugang, Sicherheitseinrichtung mit Not-Stopptaster, Notruf, Notruftonsignal, Notlicht und Notablass bei Stromausfall.
Tragfähigkeit: 400 kg
Geschwindigkeit: 0,15 m/s
Nutzgröße (B x L): ..... x ..... mm
Bedienung: Tableau
Stromversorgung: 230 V / 50 Hz
Steuerung: Totmann-Steuerung, Selbsterhaltungsteuerung
Schachtkonstruktion: Stahlprofile, lackiert, Farbton: RAL .....
Korrosivitätsklasse: C....., Schutzdauer: **L / M / H / VH**
Verglasung: Wärmeschutzglas, Sicherheitsverglasung
U-Werte, Hüllflächen: .....
Schachtgrubentiefe: .....
Türen: .....
Haltestellen: 2 St
Förderhöhe: bis 15 m
Einbauort: außen, ...

▶	▷	ø	◁	◀	Einheit	Ausf.-Dauer	Positionsnummer
39.212€	39.897€	**50.849€**	63.230€	66.445€	[St]	–	369.000.011

12 Schutzauskleidung Aufzugskabine — KG **461**

Aufzugskabine auskleiden, zum Schutz vor Baubetrieb, während der gesamten Bauzeit vorhalten, danach rückstandsfrei demontieren, inkl. Entsorgung.
Abmessung: ca. ..... x ..... m
Auskleidung (H x T): 2,20m x 2,10m
Material: OSB-Platten, d=18mm, Hinterlegung mit Luftpolsterfolie
Stöße: verklebt mit Kunststoffband
Ausschnitte für Bedienelemente: ..... St
Vorhaltedauer: gesamte Bauzeit - siehe Bauzeiten-Terminplan

▶	▷	ø	◁	◀	Einheit	Ausf.-Dauer	Positionsnummer
4.197€	4.577€	**4.810€**	4.906€	5.173€	[St]	⏱ 18,00h/St	369.000.015

13 Schachtgerüst, Aufzug — KG **461**

Aufzugschachtgerüst, als geschweißte Stahlkonstruktion, Aufnahme einer Aufzugsanlage mit Haltestellen und Zugängen.
Tragfähigkeit: ..... kg
Förderhöhe: .....m
Haltestellen: ..... St
Zugänge: ..... St
Schachtinnenmaße (L x B x H): ..... x ..... x ..... m
Oberfläche: .....
Einbauort: .....

▶	▷	ø	◁	◀	Einheit	Ausf.-Dauer	Positionsnummer
501€	663€	**732€**	732€	1.282€	[m²]	⏱ 3,00h/m²	369.000.016

14 Fahrkorb-Tableau, Aufzugsanlage — KG **461**

Tableau für Befehlsgeber im Fahrkorb, Tableaugröße, Beschriftung und Anordnung nach DIN EN 81-70, mit Schlüsselschalter, einschl. Profilhalbzylinder und 3 Schlüsseln. Ausführung mit Tasten für die Funktionen Fahrbefehl, Tür-Auf, Tür-Zu, Notruf.

▶	▷	ø	◁	◀	Einheit	Ausf.-Dauer	Positionsnummer
1.201€	1.295€	**1.384€**	1.418€	1.512€	[St]	⏱ 1,50h/St	369.000.017

▶ min
▷ von
ø Mittel
◁ bis
◀ max

15 Fern-/Notrufeinrichtung, Aufzugsanlage KG **461**

Drahtloses Notrufsystem mit GSM-Modul, als Schnittstelle zwischen Notrufsystem und GSM-Mobilfunknetz. Relais-Ausgang zur Meldung von Netzverlust. Einstellbar von Ferne über DTMF-Codes und SMS. Externe Antenne mit SMA-Anschluss. Bereitstellen eines Telefonanschluss mit folgende Leistungsmerkmale:
Mobilfunk-Netz als Alternative zum analogen Festnetzanschluss
Entfernung zwischen Mobilfunk-Modul und Notrufsystem: bis zu 500 m
Zertifiziert nach EN 81-28 durch: **TÜV / DEKRA / .....**
Aufschaltbar: auf Notrufleitstellen und Standardtelefone
Frequenzstandard: **GSM900 / GSM1800 / UMTS / LTE**
Spannungsversorgung: 230 V AC
Überwachtes Netzteil mit Notstrom-Akku
LED-Anzeigen für Status und Empfangsstärke
Abmessungen: ..... x ..... x ..... mm

1.010€ 1.116€ **1.136€** 1.193€ 1.300€ [St] ⏱ 5,50h/St 369.000.018

16 Schachttür, Aufzugsanlage KG **461**

Schachttür, für Personen-/Lastenaufzug, Schiebetür mit **1 / 2** Türblättern horizontal bewegt, **seitlich / mittig** öffnend, entdröhnt. Montage Schachttüren an Innenseite des Aufzugschachts, Befestigung Schachttüren an bauseitigen Ankerschienen.
Türblätter: Stahl, grundiert
Türöffnung (B x H): 0,90 x 2,10 m
Türrahmen als Eckprofil dreiseitig umlaufend, vorgerichtet für Anschluss der Laibungsbekleidungen
Türschwelle: Stahl, nichtrostend, matt

1.230€ 1.611€ **2.167€** 2.234€ 2.479€ [St] ⏱ 1,50h/St 369.000.019

17 Türlaibung, Aufzugsanlage KG **461**

Türlaibung, für Personen-/Lastenaufzug, mit Anschluss an umlaufendes Türportal, Tiefe Einfassungen: mit Bauüberwachung des AG mittels Zeichnung und Aufmaß abstimmen, aus Stahl, mit Grundbeschichtung.
Türöffnung (B x H): ..... x ..... m

1.531€ 1.704€ **1.795€** 1.908€ 2.081€ [St] ⏱ 4,50h/St 369.000.020

18 Brandfallsteuerung KG **461**

Brandfall-Steuerung als Erweiterung der Aufzugsanlagensteuerung, ausgelöst durch vorhandene Brandmeldeanlage über potenzialfreiem Kontakt, mit einer Haupt und einer alternativen Brandfallhaltestelle.
Anforderung: Im Brandfall, löscht die Aufzugssteuerung automatisch alle Außen- und Innenfahrbefehle und sperrt die Eingabe neuer Fahrbefehle. Die optischen Türsicherungs- und Überwachungssysteme werden überbrückt. Der Aufzug fährt in die vorgegebene Evakuierungshaltestelle und wird dort mit offener Tür stillgesetzt. Es ist zu verhindern, dass der Aufzug in eine brennende oder verrauchte Haltestelle fährt. Sofern die Evakuierungsebene nicht brand- und rauchfrei ist, wird automatisch eine alternative Fluchtetage angesteuert. Mit dem Löschen des Signales "Brandfall" geht der Aufzug wieder in den Normalbetrieb über.

496€ 535€ **570€** 570€ 649€ [St] ⏱ 3,00h/St 369.000.021

19 Inbetriebnahme und Endabnahme Aufzugsanlage KG **461**

Inbetriebnahme und Endabnahme mit Konformitätsbescheinigung durchführen, einschl. Übergabe der Konformitätserklärung mit allen erforderlichen Dokumentationen zur sofortigen Inbetriebnahme des Aufzuges und Verwendung durch die Benutzer (z. B. Prüfbescheinigungen durch eine vom AN frei gewählte benannte Stelle aus der europäischen Nando-Datenbank oder Nachweise eines Qualitätssicherungsverfahrens zur eigenverantwortlichen Endabnahme durch den AN), sämtliche Unterlagen, Bescheinigungen und Dokumentationen jeweils zweifach, geheftet in Ordnern.

1.302€ 2.056€ **2.673€** 2.673€ 5.292€ [psch] ⏱ 2,80h/psch 369.000.022

340
341
342
344
345
347
353
358
363
369
375

Nr.	Kurztext / Langtext						Kostengruppe
►	▷	ø netto €	◁	◄	[Einheit]	Ausf.-Dauer	Positionsnummer

20 Stundensatz, Monteur/-in Aufzüge

Verrechnungssatz für die jeweilige Arbeitskraft inkl. aller Aufwendungen wie Lohn- und Gehaltskosten, Lohn- und Gehaltsnebenkosten, Zuschläge, lohngebundene und lohnabhängige Kosten, sonstige Sozialkosten, Gemeinkosten, Wagnis und Gewinn. Leistung nach besonderer Anordnung der Bauüberwachung. Nachweis und Anmeldung gem. VOB/B.

►	▷	ø	◁	◄	[Einheit]	Ausf.-Dauer	Positionsnummer
48€	69€	**79€**	93€	118€	[h]	⏱ 1,00h/h	369.000.012

21 Stundensatz, Helfer/-in Aufzüge

Verrechnungssatz für die jeweilige Arbeitskraft inkl. aller Aufwendungen wie Lohn- und Gehaltskosten, Lohn- und Gehaltsnebenkosten, Zuschläge, lohngebundene und lohnabhängige Kosten, sonstige Sozialkosten, Gemeinkosten, Wagnis und Gewinn. Leistung nach besonderer Anordnung der Bauüberwachung. Nachweis und Anmeldung gem. VOB/B.

►	▷	ø	◁	◄	[Einheit]	Ausf.-Dauer	Positionsnummer
33€	51€	**61€**	82€	108€	[h]	⏱ 1,00h/h	369.000.013

Kosten:
Stand 2. Quartal 2025
Bundesdurchschnitt

► min
▷ von
ø Mittel
◁ bis
◄ max

Kosten:
Stand 2. Quartal 2025
Bundesdurchschnitt

▶ min
▷ von
ø Mittel
◁ bis
◀ max

Raumlufttechnische Anlagen — Preise €

Nr.	Positionen	Einheit	▶	▷	ø brutto € / ø netto €	◁	◀
1	Brandschutz Absperrvorrichtung, K90, DN100	St	270	333	**368**	391	453
			227	280	**309**	328	381
2	Be- und Entlüftungsgerät, bis 5.000m³/h	St	7.324	11.853	**13.287**	15.818	24.650
			6.154	9.960	**11.165**	13.292	20.715
3	Be- und Entlüftungsgerät, bis 12.000m³/h	St	19.150	21.577	**26.972**	30.208	33.175
			16.092	18.132	**22.665**	25.385	27.878
4	Abluftventilator, Einbaugerät	St	2.798	3.152	**3.940**	4.413	4.847
			2.351	2.649	**3.311**	3.709	4.073
5	Kulissenschalldämpfer, rechteckig, Stahlblech, verzinkt	St	590	826	**928**	1.093	1.426
			496	694	**780**	919	1.199
6	Kulissenschalldämpfer, rund, Stahlblech, verzinkt	St	467	520	**521**	539	592
			392	437	**438**	453	497
7	Schalldämpfer, flach, runder Anschluss	St	162	193	**201**	214	240
			137	162	**169**	180	202
8	Wetterschutzgitter, Außenluft-/Fortluft	St	190	349	**417**	489	710
			159	293	**351**	411	596
9	Luftleitung, rechteckig, Stahlblech verzinkt	m²	66	82	**85**	91	108
			55	69	**72**	77	91
10	Luftleitung, rechteckig, Kunststoff	m²	158	208	**273**	313	357
			132	175	**229**	263	300
11	Luftleitung, feuerbeständig L30/L90	m²	235	305	**307**	317	387
			198	257	**258**	266	325
12	Formstücke, verzinkt, Luftleitung	m²	88	107	**125**	148	179
			74	90	**105**	124	151
13	Formteile, Kunststoff, Lüftungskanäle	m²	277	290	**344**	396	414
			233	243	**289**	333	348
14	Luftleitung, Wickelfalz, verzinkt, DN100	m	25	27	**29**	29	31
			21	23	**24**	24	26
15	Luftleitung, Wickelfalz, verzinkt, DN125	m	29	36	**38**	49	62
			25	30	**32**	41	52
16	Luftleitung, Wickelfalz, verzinkt, DN160	m	31	36	**39**	51	63
			26	30	**33**	43	53
17	Luftleitung, Wickelfalz, verzinkt, DN180	m	34	38	**44**	55	57
			28	32	**37**	46	48
18	Luftleitung, Wickelfalz, verzinkt, DN250	m	49	55	**63**	74	82
			41	46	**53**	62	69
19	Luftleitung, Wickelfalz, verzinkt, DN500	St	80	88	**101**	113	122
			67	74	**85**	95	102
20	Luftleitung, Aluminium, flexibel, DN80	m	12	20	**24**	24	29
			10	17	**20**	20	24
21	Luftleitung, Aluminium, flexibel, DN100	m	14	24	**27**	37	50
			12	20	**23**	31	42
22	Rohrbogen, Luftleitung	St	18	27	**32**	41	54
			15	23	**27**	34	45
23	Abzweigstück, Luftleitung	St	23	29	**30**	33	39
			19	25	**25**	28	33
24	Lüftungsgitter, Zu-/Abluft	St	105	161	**174**	206	286
			88	136	**146**	173	240

Nr.	Positionen	Einheit	►	▷	ø brutto € / ø netto €	◁	◄
25	Drallauslass, Decke	St	491	754	**850**	934	1.106
			412	634	**714**	785	929
26	Brandschutzklappen, RLT, eckig	St	715	996	**1.075**	1.157	1.296
			601	837	**904**	972	1.089
27	Brandschutzklappen, RLT, rund, Küche	St	3.915	5.986	**8.615**	11.446	16.591
			3.290	5.030	**7.239**	9.618	13.942
28	Tellerventil, Zu-/Abluft	St	62	107	**111**	147	193
			52	90	**93**	124	162
29	Wickelfalzrohr, Reduzierstück, DN100/80	St	21	26	**30**	35	43
			18	22	**25**	30	36
30	Drosselklappe, DN100	St	61	69	**87**	97	107
			52	58	**73**	82	90
31	Drosselklappe, 200x200mm	St	73	82	**103**	115	126
			61	69	**86**	97	106
32	Lüftungsgerät mit WRG, Bypass, Feuerstättenfunktion	St	3.613	4.071	**5.089**	5.700	6.260
			3.036	3.421	**4.277**	4.790	5.260
33	Außenwanddurchlass, DN110	St	146	156	**204**	252	274
			123	131	**171**	211	230
34	Außenwanddurchlass, DN160	St	338	363	**458**	501	520
			284	305	**385**	421	437
35	Lüftungsgerät für Abluft	St	319	339	**347**	370	394
			268	285	**292**	311	331
36	KWL-Lüftungsgerät, in Außenwand, bis 100m³/h mit WRG	St	2.724	2.887	**3.208**	3.657	3.732
			2.289	2.426	**2.696**	3.073	3.137
37	KWL-Lüftungsgerät, Wohngebäude, bis 200m³/h mit WRG	St	5.619	6.334	**7.037**	8.022	8.094
			4.722	5.322	**5.914**	6.742	6.802
38	KWL-Lüftungsgerät, Wohngebäude, bis 350m³/h mit WRG	St	6.355	6.858	**7.620**	8.687	8.718
			5.341	5.763	**6.404**	7.300	7.326
39	KWL-Lüftungsgerät, Wohngebäude, bis 500m³/h mit WRG	St	8.094	9.059	**10.066**	11.475	11.583
			6.802	7.613	**8.459**	9.643	9.733
40	VRF-Außengerät, Heizen/Kühlen, 10kW	St	3.756	4.368	**6.791**	10.657	10.924
			3.156	3.670	**5.707**	8.956	9.180
41	VRF-Außengerät, Heizen/Kühlen, 15kW	St	8.709	9.425	**13.065**	16.920	17.095
			7.319	7.921	**10.979**	14.219	14.366
42	VRF-Außengerät, Heizen/Kühlen, 20kW	St	11.959	12.230	**16.578**	20.015	20.367
			10.049	10.277	**13.931**	16.819	17.115
43	VRF-Innenwandgerät, Heizen/Kühlen, 2,5kW	St	1.377	1.398	**2.229**	2.446	2.612
			1.157	1.174	**1.873**	2.055	2.195
44	VRF-Innenwandgerät, Heizen/Kühlen, 3,5kW	St	1.529	1.572	**2.268**	2.795	3.064
			1.285	1.321	**1.906**	2.349	2.575
45	VRF-Innenwandgerät, Heizen/Kühlen, 5,0kW	St	1.896	1.968	**2.886**	3.437	3.479
			1.593	1.653	**2.425**	2.888	2.923
46	VRF-Verteilereinheit, Innengerät	St	1.185	1.237	**1.925**	2.385	2.483
			995	1.039	**1.618**	2.004	2.086
47	Zubehörmontage, VRF-Anlage	psch	1.843	2.076	**2.445**	3.262	3.402
			1.549	1.745	**2.055**	2.741	2.859
48	Inbetriebnahme, VRF-Anlage	psch	409	496	**695**	985	1.567
			344	417	**584**	828	1.317

Nr.	Positionen	Einheit	►	▷	ø brutto € / ø netto €	◁	◀
49	Stundensatz, Monteur/-in Lüftung/Kälte	h	74	87	**93**	105	124
			62	73	**78**	89	105
50	Stundensatz, Helfer/-in Lüftung/Kälte	h	61	69	**72**	74	80
			51	58	**61**	62	67

Nr.	Kurztext / Langtext						Kostengruppe
►	▷	ø netto €	◁	◀	[Einheit]	Ausf.-Dauer	Positionsnummer

Kosten:
Stand 2. Quartal 2025
Bundesdurchschnitt

1 Brandschutz Absperrvorrichtung, K90, DN100 KG **431**

Brandschutz-Deckenschott, wartungsfrei, Anschlussstutzen oben und unten, als Absperrvorrichtung für Lüftungsanlagen DIN 18017-3, für Einbau in massive Decke gem. Herstellerangaben. Verfüllung des Ringspalts mit Mörtel M10. Absperrvorrichtung ohne Querschnittsveränderung, für Anschluss an nicht brennbare Luftleitung.
Anschlüsse DN100
Feuerwiderstandsklasse: K90, DIN 4102-6
Montagehöhe: bis **3,5 / 5,00 / 7,00** m über Fußboden

227€ | 280€ | **309€** | 328€ | 381€ | [St] | ⏱ 1,60h/St | 375.000.144

A 1 Be- und Entlüftungsgerät Beschreibung für Pos. **2-3**

Lüftungsanlage, Konstruktionsart: liegend, Zu- und Abluft übereinander; Gehäuse in doppelschaliger Ausführung aus korrosionsgeschütztem Material mit dazwischenliegender, formstabiler und fest mit den Deckblechen verbundener Schall- und Wärmedämmung (nichtbrennbar A1). Innen- und Außenschale aus verzinktem Stahlblech, Rahmenkonstruktion verzinkt. Türen an der Gerätevorderseite mit nachstellbaren, wartungsfreien Scharnieren und umlaufenden, formschlüssig eingelassenen und alterungsbeständigen Profilgummidichtungen. Die Türen sind mit Vorreibverschlüssen und Türgriffen ausgestattet.
Anlagenbestandteile: Ventilator **Zu- / Abluft**, Filter Zuluft, Heizregister über **Warmwasser / Dampf / elektrisch**, Kühlregister über **Kaltwasser / Direktverdampfer**, Luftbefeuchter über **Dampflanze, elektrisch / Sprühbefeuchter**, Wärmerückgewinner über **Kreuzstrom / Wärmerohr / Kreislaufverbundsystem / Rotor Mischkammer**.

2 Be- und Entlüftungsgerät, bis 5.000m³/h KG **431**

Wie Ausführungsbeschreibung A 1
Zuluftmenge: ..... m³/h
Abluftmenge: ..... m³/h
Zulufttemperatur: min./max. ..... / .....°C
Ablufttemperatur: min./max. ..... / .....°C
Zuluftfeuchte: min./max. .....% relativ
Gerätequerschnitt Zuluft: Breite ..... m, Höhe ..... m
Abluft: Breite ..... m, Höhe ..... m
Filter Zuluft: **M5** bzw. **F7 / F9**, Mindest-Wirkungsgrad: .....

6.154€ | 9.960€ | **11.165€** | 13.292€ | 20.715€ | [St] | ⏱ 3,50h/St | 375.000.145

► min
▷ von
ø Mittel
◁ bis
◀ max

Nr.	Kurztext / Langtext						Kostengruppe
▶	▷	ø netto €	◁	◀	[Einheit]	Ausf.-Dauer	Positionsnummer

3 Be- und Entlüftungsgerät, bis 12.000m³/h KG **431**

Wie Ausführungsbeschreibung A 1
Zuluftmenge: ..... m³/h
Abluftmenge: ..... m³/h
Zulufttemperatur: min./max. ..... / .....°C
Ablufttemperatur: min./max. ..... / .....°C
Zuluftfeuchte: min./max. .....% relativ
Gerätequerschnitt Zuluft: Breite ..... m, Höhe ..... m
Abluft: Breite ..... m, Höhe ..... m
Filter Zuluft: **M5** bzw. **F7 / F9**, Mindest-Wirkungsgrad: .....

16.092€ | 18.132€ | **22.665€** | 25.385€ | 27.878€ | [St] | ⏱ 6,00h/St | 375.000.146

4 Abluftventilator, Einbaugerät KG **431**

Abluftventilator in Unterputzgehäuse ohne Brandschutz für den Unterputzeinbau in Wand und Decke. Luftdichte Rückschlagklappe, Steckverbindung für elektrischen Anschluss und Putzdeckel. Aus schwerentflammbarem Kunststoff Klasse B2. Ventilatoreinsatz mit zwei Leistungsstufen (60/30m³). Für Bedarfs- und Grundlüftung. Betriebsbereite Lieferung mit Innenfassade, Schalldämmplatte, integrierter Steckverbindung für elektrischen Anschluss, Schutzisoliert, Klasse 2. Wartungsfreier, kugelgelagerter Energiesparmotor 230V, 50Hz, 16 / 8W. Flache Innenfassade, geräuschdämpfend für flüsterleisen Betrieb. Mit Filterwechselanzeige bei verschmutztem Dauerfilter. Filter mit einem Griff herausnehmbar.
Anschlussdurchmesser Luftaustritt: **DN75 / DN80**
Schutzart: IP 55
Energiesparmotor: 230 V, 50 Hz, **16 / 8** W
Geräusch: Schallleistung ..... / ..... dB(A)

2.351€ | 2.649€ | **3.311€** | 3.709€ | 4.073€ | [St] | ⏱ 2,00h/St | 375.000.147

5 Kulissenschalldämpfer, rechteckig, Stahlblech, verzinkt KG **431**

Kulissenschalldämpfer, rechteckig, Gehäuse aus verzinktem Stahlblech mit beidseitigen 4-Loch-Anschlussrahmen als Leichtbauprofil. Aufbau: Rahmen aus sendzimirverzinktem Stahlblech Absorptionsmaterial als Füllung aus Mineralwolle mit aufkaschierter Glasseidenvliesabdeckung, Baustoffklasse A2 (nicht brennbar) Standardkulisse für Einsatz vorwiegend bei mittleren und hohen Frequenzen. Inkl. Gummilippendichtungen und sämtlichen Befestigungs-, Verbindungs- und Abdichtungsmaterialien.
Breite: ..... mm
Höhe: ..... mm
Länge: ..... mm
Dämpfung (250 Hz): ..... dB

496€ | 694€ | **780€** | 919€ | 1.199€ | [St] | ⏱ 1,00h/St | 375.000.148

6 Kulissenschalldämpfer, rund, Stahlblech, verzinkt KG **431**

Kulissenschalldämpfer, rund, Gehäuse aus Stahlblech verzinkt. Anschluss an die Kanalleitung durch 50 mm langen Stutzen aus Stahlblech verzinkt, Dämpfung nach dem Absorptionsprinzip durch ringförmige Kammer mit Mineralwollefüllung, welche zum Luftstrom hin mit verzinktem Lochblech abriebfest abgedeckt ist. Inkl. Gummilippendichtungen und sämtlichen Befestigungs-, Verbindungs- und Abdichtungsmaterialien.
Nennweite: ..... mm
Außendurchmesser: ..... mm
Dämpfung (250 Hz): ..... dB
Länge: ..... mm

392€ | 437€ | **438€** | 453€ | 497€ | [St] | ⏱ 1,00h/St | 375.000.149

340
341
342
344
345
347
353
358
363
369
375

Kosten:
Stand 2. Quartal 2025
Bundesdurchschnitt

► min
▷ von
ø Mittel
◁ bis
◄ max

Nr.	**Kurztext** / Langtext						Kostengruppe
►	▷	**ø netto €**	◁	◄	[Einheit]	Ausf.-Dauer	Positionsnummer

7 Schalldämpfer, flach, runder Anschluss KG **431**

Schalldämpfer, als rechteckiger Flachschalldämpfer mit rundem Anschluss, aus Aluminium, in flexibler Ausführung, Absorbermaterial mineralfaserfrei, nicht brennbar Klasse A2
Temperaturbeständig: bis 200°C
Nennweite Schalldämpfer: 100 mm
Dämpfung (250 Hz): mind. 10 dB
Länge: ca. 500 mm
Abmessungen Außenrohr: Breite: 195 mm, Höhe: 120 mm

137€	162€	**169€**	180€	202€	[St]	⏱ 1,00 h/St	375.000.150

8 Wetterschutzgitter, Außenluft-/Fortluft KG **431**

Wetterschutzgitter für Außen- und Fortluft, rahmenlos, schrauben- und nietenlos zum Einbau in Maueröffnungen oder Fassadenverkleidungen, bestehend aus: Halterprofilen, Halter, Lamellen und Vogelschutzgitter, Gitter mit unterer Abtropflamelle und oberer Ausgleichslamelle nach Maßangabe.
Farbe .....
Montagehöhe: OK Wetterschutzgitter ca. ..... m über Gelände
Breite: ..... mm
Höhe: ..... mm
Lamellenabstand: ..... mm
Volumenstrom: ..... m^3/h
Druckabfall: ..... Pa
Schallleistungspegel max.: ..... B(A)

159€	293€	**351€**	411€	596€	[St]	⏱ 1,00 h/St	375.000.151

9 Luftleitung, rechteckig, Stahlblech verzinkt KG **431**

Luftleitung, rechteckig, aus verzinktem Stahlblech, inklusive sämtlicher Verbindungsteile und Abdichtungen sowie allen notwendigen Befestigungsteilen und Aufhängekonstruktion.
Medium: Luft
Material: Stahlblech verzinkt
Kantenlänge: bis **500 / 1.000 / 2.000** mm
Temperatur: min./max. ..... / .....°C
Montagehöhe: bis **3,50 / 5,00 / 7,00** m

55€	69€	**72€**	77€	91€	[m^2]	⏱ 0,40 h/m^2	375.000.152

10 Luftleitung, rechteckig, Kunststoff KG **431**

Luftleitung, rechteckig, aus Kunststoff, inklusive sämtlicher Verbindungsteile und Abdichtungen sowie allen notwendigen Befestigungsteilen und Aufhängekonstruktion.
Medium: Luft
Material: **PVC / PE / PP**
Kantenlänge: bis ..... mm
Temperatur: min./max. ..... / .....°C
Montagehöhe: bis **3,50 / 5,00 / 7,00** m

132€	175€	**229€**	263€	300€	[m^2]	⏱ 0,90 h/m^2	375.000.153

11 Luftleitung, feuerbeständig L30/L90 KG **431**

Zweischalige Luftleitung als brandschutztechnische Bekleidung, von Luft führenden Kanälen und Rohrleitungen, für eine Feuerwiderstandsdauer von **30 / 90** Minuten. Fertigung aus Brandschutzplatten (A1), d=45mm, stumpf gestoßen. Die Stoßfugen der beiden Plattenlagen sind fugenversetzt, Versatz 100mm, auszuführen. Plattenverbindung mit Schrauben oder Klammern. Die Lüftungsleitungen sind auf Stahlprofile oder Traversen aufzulagern, die mit Gewindestangen abgehängt werden. Die Befestigung an Massivdecken, F90, erfolgt mit bauaufsichtlich zugelassenen Dübeln. Gewindestangen über 1,50m Länge sind brandschutztechnisch über die gesamte Länge zu bekleiden. Senkrechte Kanäle sind geschossweise, max. 5,00m, auf die Massivdecken, F90, aufzusetzen.
Brandschutztechnische Bekleidung: **L30 / L90**
Rohrleitungen: .....
Feuerwiderstandsklasse**: F30 / F90**
Montagehöhe: bis **3,50 / 5,00 / 7,00** m

198€	257€	**258€**	266€	325€	[m²]	⏱ 1,00h/m²	375.000.154

12 Formstücke, verzinkt, Luftleitung KG **431**

Formteile der Luftleitung in Rechteckform und als Übergänge auf rund bzw. oval, aus verzinktem Stahlblech, inkl. sämtlicher Verbindungsteile und Abdichtungen sowie allen notwendigen Befestigungsteilen.
Medium: Luft
Material: Stahlblech verzinkt
Kantenlänge: bis **500 / 1.000 / 2.000** mm
Temperatur: min./max. ..... / .....°C
Montagehöhe: bis **3,50 / 5,00 / 7,00** m

74€	90€	**105€**	124€	151€	[m²]	⏱ 0,40h/m²	375.000.155

13 Formteile, Kunststoff, Lüftungskanäle KG **431**

Formteile der Luftleitung in Rechteckform und als Übergänge auf rund bzw. oval, aus Kunststoff, inkl. sämtlicher Verbindungsteile und Abdichtungen sowie allen notwendigen Befestigungsteilen.
Medium: Luft
Material: **PVC / PE / PP**
Kantenlänge: bis ..... mm
Temperatur: min./max. ..... / .....°C
Montagehöhe: bis **3,50 / 5,00 / 7,00** m

233€	243€	**289€**	333€	348€	[m²]	⏱ 0,60h/m²	375.000.156

A 2 Luftleitung, Wickelfalz, verzinkt Beschreibung für Pos. **14-19**

Luftleitung mit Wickelfalzrohren aus verzinktem Stahlblech, inkl. sämtlicher Verbindungsteile (z.B. Muffen, Steckverbindungen und Enddeckel) und Abdichtungen sowie allen notwendigen bauaufsichtlich zugelassenen Befestigungsteilen.

14 Luftleitung, Wickelfalz, verzinkt, DN100 KG **431**

Wie Ausführungsbeschreibung A 2
Material: Stahlblech verzinkt
Nennweite: DN100
Montagehöhe: bis **3,50 / 5,00 / 7,00**

21€	23€	**24€**	24€	26€	[m]	⏱ 0,18h/m	375.000.157

Kosten:
Stand 2. Quartal 2025
Bundesdurchschnitt

► min
▷ von
ø Mittel
◁ bis
◀ max

Nr.	Kurztext / Langtext						Kostengruppe
►	▷	ø netto €	◁	◀	[Einheit]	Ausf.-Dauer	Positionsnummer

15 Luftleitung, Wickelfalz, verzinkt, DN125 KG **431**

Wie Ausführungsbeschreibung A 2
Material: Stahlblech verzinkt
Nennweite: DN125
Montagehöhe: bis **3,50 / 5,00 / 7,00** m

25€	30€	**32€**	41€	52€	[m]	⏱ 0,20 h/m	375.000.158

16 Luftleitung, Wickelfalz, verzinkt, DN160 KG **431**

Wie Ausführungsbeschreibung A 2
Material: Stahlblech verzinkt
Nennweite: DN160
Montagehöhe: bis **3,50 / 5,00 / 7,00** m

26€	30€	**33€**	43€	53€	[m]	⏱ 0,25 h/m	375.000.159

17 Luftleitung, Wickelfalz, verzinkt, DN180 KG **431**

Wie Ausführungsbeschreibung A 2
Material: Stahlblech verzinkt
Nennweite: DN180
Montagehöhe: bis **3,50 / 5,00 / 7,00** m

28€	32€	**37€**	46€	48€	[m]	⏱ 0,28 h/m	375.000.160

18 Luftleitung, Wickelfalz, verzinkt, DN250 KG **431**

Wie Ausführungsbeschreibung A 2
Material: Stahlblech verzinkt
Nennweite: DN250
Montagehöhe: bis **3,50 / 5,00 / 7,00** m

41€	46€	**53€**	62€	69€	[m]	⏱ 0,33 h/m	375.000.162

19 Luftleitung, Wickelfalz, verzinkt, DN500 KG **431**

Wie Ausführungsbeschreibung A 2
Material: Stahlblech verzinkt
Nennweite: DN500
Montagehöhe: bis **3,50 / 5,00 / 7,00** m

67€	74€	**85€**	95€	102€	[St]	⏱ 0,47 h/St	375.000.166

20 Luftleitung, Aluminium, flexibel, DN80 KG **431**

Elastische Luftleitung aus zweilagig gestauchtem Aluminium. Inkl. Befestigungsmaterial an Luftrohrstutzen.
Nennweite: DN80
Länge: 1,25 m, ausziehbar bis 5,00 m
Betriebsdruck: bis 1.000 Pa

10€	17€	**20€**	20€	24€	[m]	⏱ 0,10 h/m	375.000.167

Nr.	Kurztext / Langtext						Kostengruppe
▶	▷	**ø netto €**	◁	◀	[Einheit]	Ausf.-Dauer	Positionsnummer

21 Luftleitung, Aluminium, flexibel, DN100 KG **431**

Elastische Luftleitung aus zweilagig gestauchtem Aluminium. Inkl. Befestigungsmaterial an Luftrohrstutzen.
Nennweite: DN100
Länge: 1,25 m, ausziehbar bis 5,00 m
Betriebsdruck: bis 1.000 Pa

12€	20€	**23€**	31€	42€	[m]	⏱ 0,10 h/m	375.000.168

22 Rohrbogen, Luftleitung KG **431**

Rohrbogen der Luftleitung, alle Winkelgrade, für Wickelfalzrohr aus verzinktem Stahlblech, inkl. sämtlicher Verbindungsteile (z.B. Muffen, Steckverbindungen) und Abdichtungen sowie allen notwendigen Befestigungsteilen. Material: Stahlblech verzinkt
Nennweite: DN.....
Montagehöhe bis: **3,50 / 5,00 / 7,00** m
Winkelgrad: .....°

15€	23€	**27€**	34€	45€	[St]	⏱ 0,10 h/St	375.000.169

23 Abzweigstück, Luftleitung KG **431**

Abzweigstück der Luftleitung, als Abzweig 90°, für Wickelfalzrohr aus verzinktem Stahlblech, inkl. sämtlicher Verbindungsteile (z.B. Muffen, Steckverbindungen) und Abdichtungen sowie allen notwendigen Befestigungsteilen.
Material: Stahlblech verzinkt
Nennweite: DN.....
Montagehöhe bis: **3,50 / 5,00 / 7,00** m

19€	25€	**25€**	28€	33€	[St]	⏱ 0,10 h/St	375.000.170

24 Lüftungsgitter, Zu-/Abluft KG **431**

Lüftungsgitter, mit Anbauteilen, für Zu- und Abluft, für Einbau in Rundrohr / Rechteckkanal mit frontseitig waagrechten oder senkrechten Tropfenlenklamellen. Rahmen und Lamellen aus Stahlblech mit Epoxidharz-Pulverbeschichtung oder Einbrennlackierung. Anbauteile aus elektrolytisch verzinktem Stahlblech, mit angeklebter Schaumstoffdichtung und Schlitzschieber zur Luftmengenregulierung
Farbe: .....
Volumenstrom max.: ..... m³/h
Länge: ..... mm
Höhe: ..... mm

88€	136€	**146€**	173€	240€	[St]	⏱ 0,30 h/St	375.000.171

25 Drallauslass, Decke KG **431**

Decken-Dralluftdurchlass für **Zuluft / Abluft**, **mit / ohne** Strahlverstellung. Luftdurchlass aus verzinktem Stahl, für Einbau in abgehängter Decke.
Luftdurchsatz max.: ..... m³/h
Breite: ..... mm
Länge: ..... mm
Höhe Anschlusskasten: ..... mm
Leitungsanschluss seitlich, DN.....

412€	634€	**714€**	785€	929€	[St]	⏱ 0,90 h/St	375.000.172

340
341
342
344
345
347
353
358
363
369
375

Kosten:
Stand 2. Quartal 2025
Bundesdurchschnitt

Nr.	Kurztext / Langtext						Kostengruppe
▶	▷	ø netto €	◁	◀	[Einheit]	Ausf.-Dauer	Positionsnummer

26 Brandschutzklappen, RLT, eckig KG **431**

Brandschutzklappe für Luftleitungen rechteckig DIN EN 15650, aus Stahl verzinkt, für Einbau in massive **Wand / Decke**. Gehäuse mit **1 / 2** Inspektionsöffnungen, Auslösung durch Schmelzlot. Kontrolle Klappenblatt über elektrische Endschalter.
Feuerwiderstandsklasse: **EI30 / EI60 / EI90 / EI120**, DIN EN 13501-3
Höhe: ..... mm
Breite: ..... mm
Tiefe: ..... mm
Einbaulänge: **500 / 600** mm
Einbau in: Wand / Decke
Auslösetemperatur: **72 / 95**°C
Kontrolle Klappenblatt: **0 / 1 / 2**

601€ | 837€ | **904€** | 972€ | 1.089€ | [St] | ⏱ 1,80h/St | 375.000.173

27 Brandschutzklappen, RLT, rund, Küche KG **431**

Brandschutzklappe für Luftleitungen rund DIN EN 15650. Zugelassen für fetthaltige Abluft aus Küchen. Gehäuse aus **Stahl verzinkt / andere Materialien**.
Feuerwiderstandsklasse: **EI30 /EI60 / EI90 / EI120**, DIN EN 13501-3
Durchmesser: ..... mm
Einbaulänge: **500 / 600** mm
Einbau in: **Wand / Decke**

3.290€ | 5.030€ | **7.239€** | 9.618€ | 13.942€ | [St] | ⏱ 3,00h/St | 375.000.174

28 Tellerventil, Zu-/Abluft KG **431**

Tellerventil für **Zu- / Abluft**, mit Mengenregulierung. Für Montage in beliebiger Lage in Decke und Wand aus einbrennlackiertem Stahlblech, mit niedrigem Schalleistungspegel auch bei hohem Druckabfall, mit passendem Rohrmontagering (20mm) mit Bajonettverschluss. Inkl. Befestigungs-, Klein- und Dichtmaterial.
Anschlussdimension: DN100

52€ | 90€ | **93€** | 124€ | 162€ | [St] | ⏱ 0,20h/St | 375.000.176

29 Wickelfalzrohr, Reduzierstück, DN100/80 KG **431**

Reduzierstück, zentrisch (symmetrisch), für Wickelfalz-Rundrohr verzinkt, mit werkseitig vormontierter Lippendichtung aus EPDM.
EPDM Anschlüsse**: DN100 / DN80**

18€ | 22€ | **25€** | 30€ | 36€ | [St] | ⏱ 0,10h/St | 375.000.177

30 Drosselklappe, DN100 KG **431**

Drosselklappe aus verzinktem Stahlblech für Wickelfalz-Rundrohr verzinkt, mit Klappenflügel und außenliegender, stufenlos verstellbarer Feststellvorrichtung.
Anschlüsse: DN100

52€ | 58€ | **73€** | 82€ | 90€ | [St] | ⏱ 0,12h/St | 375.000.178

31 Drosselklappe, 200x200mm KG **431**

Drosselklappe aus verzinktem Stahlblech für rechteckigen Lüftungskanal verzinkt, mit Klappenflügel und außenliegender, stufenlos verstellbarer Feststellvorrichtung.
Anschlüsse: 200 x 200 mm

61€ | 69€ | **86€** | 97€ | 106€ | [St] | ⏱ 0,20h/St | 375.000.179

▶ min
▷ von
ø Mittel
◁ bis
◀ max

Nr.	Kurztext / Langtext						Kostengruppe
▶	▷	ø netto €	◁	◀	[Einheit]	Ausf.-Dauer	Positionsnummer

32 Lüftungsgerät mit WRG, Bypass, Feuerstättenfunktion KG **431**

Wohnungslüftungsgerät mit Wärmerückgewinnung und Bypass zur kontrollierten Be- und Entlüftung von Wohnungen und Wohnhäusern mit einem zentralen Luftverteilsystem. Effiziente Konstantvolumenstrom geregelte EC-Ventilatoren mit drei Ventilatorstufen, Luftmengen je Stufe individuell programmierbar. Wärmerückgewinnung aus der Abluft mit Kreuzgegenstrom-Wärmetauscher. Vereisungsschutzfunktion und Abtauautomatik. Integrierter automatischer Sommer-Bypass mit einstellbarer Schalttemperatur zur Unterbrechung der Wärmerückgewinnung im Sommer. Auskühlschutzfunktion zum Frostschutz in der Wohneinheit im Winter. Umfassendes Selbstdiagnosesystem mit Fehlercodes und Meldungen in Klartextanzeige. Sicherheitsabschaltung des Lüftungsgerätes durch optionalen Rauchsensor möglich. TÜV-geprüfte integrierte Feuerstätten-Funktion mit permanenter Überwachung der Volumenstrom-Balance und Sicherheitsabschaltung im Fehlerfall zur sicheren Verhinderung von Unterdruck im Gebäude. Der gleichzeitige Betrieb von Lüftungsanlage und Feuerstätte ist ohne zusätzliche Sicherheitskomponenten möglich. Menügeführte multilinguale Bedienung mit LCD-Klartextanzeige am Gerät und integrierte Echtzeituhr mit Wochentimer zur zeitlichen Steuerung der Betriebsarten ermöglichen den Betrieb des Lüftungsgerätes ohne zusätzliche Steuerelemente. Die Steuerung des Geräts kann optional mit einem drahtgebundenen Bedienelement, einem Funkbedienschalter oder bedarfsgerecht mit automatischer Luftmengenregelung durch Bestimmung der Abluftqualität mit einem Luftqualitätssensor erfolgen. Für eine externe Steuerung sind programmierbare Ein- und Ausgänge integriert. Filterwartungsanzeige mit einstellbarem Intervall. Innenauskleidung des Geräts EPP, Außengehäuse Stahlblech, pulverbeschichtet RAL 9010, Revisionstüre Kunststoff lichtgrau RAL 7035. Luftkanalanschlüsse auf der Geräteoberseite, wandhängende Montage mit beiliegender Wandkonsole. Kondensatwasseranschluss an der Unterseite des Lüftungsgeräts.
Technische Daten:
Luftvolumenstrom Werkseinstellung: **90 / 160 / 250** m³/h
Schalldruckpegel (1m Abstand): **29 / 34 / 42** dB(A)
Wärmerückgewinnungsgrad: max. 95%
Wärmebereitstellungsgrad: max. 88%
Spannungsversorgung: 1~/N/PE 230 V 50 Hz
Leistungsaufnahme, Stufen: **19 / 36 / 95** W
Leistungsaufnahme: max. 136 W
Stromaufnahme: max. 1,2 A
Schutzart: IP 20
Filterklasse Zuluft/Abluft: M5 / M5
Luftkanalanschlüsse: 4x **DN150 / DN160**
Kondensatanschluss: 20 mm
Abmessungen (B x H x T): 750 x 725 x 469 mm
Gewicht: 32 kg
Einsatzgrenzen Außentemperatur: -20°C bis +40°C
Einsatzgrenzen Raumtemperatur: +15°C bis +40°C

3.036€ | 3.421€ | **4.277€** | 4.790€ | 5.260€ | [St] | ⏱ 6,50h/St | 375.000.180

A 3 Außenwanddurchlass, mit Filter/Schalldämpfer Beschreibung für Pos. **33-34**

Außenwandluftdurchlass - Rundkanal, variables Teleskoprohr 305 - 535 mm mit Schalldämpfer, steckbarem weißem Außengitter, Insektenschutz, Winddrucksicherung und Innenblende mit Staubfilter.

33 Außenwanddurchlass, DN110 KG **431**

Wie Ausführungsbeschreibung A 3
Volumenstrom: V(8Pa) = 10 m³/h
Nennweite Rundkanal: DN110

123€ | 131€ | **171€** | 211€ | 230€ | [St] | ⏱ 1,00h/St | 375.000.181

Nr.	Kurztext / Langtext						Kostengruppe
▶	▷	ø netto €	◁	◀	[Einheit]	Ausf.-Dauer	Positionsnummer

34 Außenwanddurchlass, DN160 KG **431**

Wie Ausführungsbeschreibung A 3
Volumenstrom: V(8Pa) = 10 m³/h
Nennweite Rundkanal: DN160

284€ | 305€ | **385€** | 421€ | 437€ | [St] | ⏱ 1,20h/St | 375.000.182

35 Lüftungsgerät für Abluft KG **431**

Lüftungsgerät (1, 2 oder 3-stufig) für den Einbau in Wände oder Decken (ohne Brandschutzanforderung). Der Anschlussstutzen ist **seitlich / hinten** am Kasten angebracht. Mit federbelasteter Rückschlagklappe, verhindert Geruchs- und (Kalt) Rauchübertragung. Das Lüftungsgerät kann im Schutzbereich I eingebaut werden.
Leckluftrate: <0,01 m³/h
Elektroanschluss: 230 VAC / 50 Hz
Nennleistung: **6 / 11 / 23** W bei **30 (40) / 60 / 100** m³/h
Eigengeräusch LA: **26 / 30 / 33 / 39** dB(A) bei **30 / 40 / 60 / 100** m³/h
Abmessungen (L x B x T): 242 x 242 x 100 mm
Anschlussstutzen: NW80

268€ | 285€ | **292€** | 311€ | 331€ | [St] | ⏱ 2,00h/St | 375.000.183

36 KWL-Lüftungsgerät, in Außenwand, bis 100m³/h mit WRG KG **431**

Dezentrales Lüftungsgerät mit Wärmerückgewinnung zur kontrollierten Be- und Entlüftung von Wohngebäuden, zur Innenmontage, für Zu-und Abluft, mit Außen- und Fortluftbetrieb. EC-Ventilatoren mit mind. drei Ventilatorstufen, Wärmerückgewinnung mit Wärmetauscher, mit Bedieneinheit am Gerät, mit Ab- und Außenluftfilter, hängende Außenwandmontage, einschl. Befestigungsmaterial und Montageset zur Außenwanddurchführung und Wetterschutzgittereinheit für Außenluftansaugung und Fortluftausblas.
Ausführung: **Aufputzmontage / Unterputzmontage**
Luftvolumenstrom: bis 100 m³/h
Wärmerückgewinnungsgrad: mind. 85%
Spannungsversorgung: 1~/N/PE 230 V 50Hz
Ausführung gem. nachfolgender Einzelbeschreibung: .....

2.289€ | 2.426€ | **2.696€** | 3.073€ | 3.137€ | [St] | ⏱ 1,35h/St | 375.000.184

A 4 KWL-Lüftungsgerät, Wohngebäude, mit WRG Beschreibung für Pos. **37-39**

Zentrales Lüftungsgerät mit Wärmerückgewinnung zur kontrollierten Be- und Entlüftung von Wohngebäuden, zur Innenmontage, für Zu- und Abluft, mit Außen- und Fortluftbetrieb. EC-Ventilatoren mit mind. drei Ventilatorstufen, Wärmerückgewinnung mit Wärmetauscher, mit Bedieneinheit am Gerät, mit Ab- und Außenluftfilter, einschl. Befestigungsmaterial und Montageset zur Außenwanddurchführung und Wetterschutzgittereinheit für Außenluftansaugung und Fortluftausblas, einschl. 4 Geräteschalldämpfern.

37 KWL-Lüftungsgerät, Wohngebäude, bis 200m³/h mit WRG KG **431**

Wie Ausführungsbeschreibung A 4
Montageart: **wandhängend / deckenhängend / stehend**
Luftvolumenstrom: bis 200 m³/h
Wärmerückgewinnungsgrad: mind. 85%
Spannungsversorgung: 1~/N/PE 230 V 50 Hz
Ausführung gem. nachfolgender Einzelbeschreibung: .....

4.722€ | 5.322€ | **5.914€** | 6.742€ | 6.802€ | [St] | ⏱ 1,40h/St | 375.000.185

Kosten:
Stand 2. Quartal 2025
Bundesdurchschnitt

▶ min
▷ von
ø Mittel
◁ bis
◀ max

38 KWL-Lüftungsgerät, Wohngebäude, bis 350m³/h mit WRG KG **431**

Wie Ausführungsbeschreibung A 4
Montageart: **wandhängend / deckenhängend / stehend**
Luftvolumenstrom: bis 350 m³/h
Wärmerückgewinnungsgrad: mind. 85%
Spannungsversorgung: 1~/N/PE 230 V 50 Hz
Ausführung gem. nachfolgender Einzelbeschreibung: .....

5.341€	5.763€	**6.404€**	7.300€	7.326€	[St]	⏱ 1,40h/St	375.000.186

39 KWL-Lüftungsgerät, Wohngebäude, bis 500m³/h mit WRG KG **431**

Wie Ausführungsbeschreibung A 4
Montageart: **wandhängend / deckenhängend / stehend**
Luftvolumenstrom: bis 500 m³/h
Wärmerückgewinnungsgrad: mind. 85%
Spannungsversorgung: 1~/N/PE 230 V 50 Hz
Ausführung gem. nachfolgender Einzelbeschreibung: .....

6.802€	7.613€	**8.459€**	9.643€	9.733€	[St]	⏱ 1,50h/St	375.000.187

A 5 VRF-Außengerät Heizen/Kühlen Beschreibung für Pos. **40-42**

VFR-Außengerät für die Klimatisierung von Wohnräumen, Gehäuse und Rahmen aus verzinktem beschichteten Stahl, UV- und witterungsbeständig, mit Schalldämmung, mit Wärmetauscher, Axialventilator, Kompressor drehzahlgeregelt mit Invertertechnologie, Kältekreislauf mit Filtern, Sammler, Ölabscheider und mit Kältemittel vorgefüllt, einschl. komplett verdrahteter Steuerung mit MSR -und Sicherheitsbauteilen sowie Bedieneinheit, inkl. Montagematerial.
Montageart: **bodenstehend / an Wand / auf Dach**
Betriebsart: **Kühlen / Kühlen und Heizen**
Wärmetauscher: **Verdampfer / Verflüssiger aus Kupferrohr mit Aluminiumlamellen**
Luftvolumenstrom: ..... m³/h
Schalldruckpegel in 1m Abstand - Kühlen: ..... dB(A)
Schalldruckpegel in 1m Abstand - Heizen: ..... dB(A)
Betriebsspannung: 230 / 400 V
Kältemittel: R410A / R32
Anschluss von Innengeräten max.: .....
Max. Rohrleitungslänge: ..... m
Max. Höhendifferenz: ...... m
Geräteabmessungen (L x B x H): ..... x ..... x ..... mm
Ausführung gem. Einzelbeschreibung: .....
Angeb. Fabrikat/Typ: .....

40 VRF-Außengerät, Heizen/Kühlen, 10kW KG **434**

Wie Ausführungsbeschreibung A 5
Heizleistung: 10 kW
COP: .....
Kälteleistung: ..... kW
EER: .....

3.156€	3.670€	**5.707€**	8.956€	9.180€	[St]	⏱ 2,10h/St	375.000.188

Nr.	Kurztext / Langtext						Kostengruppe
▶	▷	ø netto €	◁	◀	[Einheit]	Ausf.-Dauer	Positionsnummer

41 **VRF-Außengerät, Heizen/Kühlen, 15kW** KG **434**

Wie Ausführungsbeschreibung A 5
Heizleistung: 15 kW
COP: .....
Kälteleistung: ..... kW
EER: .....

7.319€ | 7.921€ | **10.979€** | 14.219€ | 14.366€ | [St] | ⏱ 2,10h/St | 375.000.189

42 **VRF-Außengerät, Heizen/Kühlen, 20kW** KG **434**

Wie Ausführungsbeschreibung A 5
Heizleistung: 20 kW
COP: .....
Kälteleistung: ..... kW
EER: .....

10.049€ | 10.277€ | **13.931€** | 16.819€ | 17.115€ | [St] | ⏱ 2,10h/St | 375.000.190

A 6 **VRF-Innenwandgerät, Heizen / Kühlen** Beschreibung für Pos. **43-45**

VRF-Innengerät für die Klimatisierung von Wohnräumen, Kältesystem mit Schutzgas gefüllt, mit Wärmetauscher, Luftansaugung mit Filter und Luftausblas mit motorbetriebenen Luftleitlamellen, Kondensatwanne, Ventilator mit Querstromgebläse, einschl. komplett verdrahteter Steuerung mit allen notwendigen MSR- und Sicherheitsbauteilen sowie mit Fernbedieneinheit, inkl. Montagematerial.
Betriebsart: **Kühlen / Kühlen und Heizen**
Wärmetauscher: **Verdampfer / Verflüssiger aus Kupferrohr mit Aluminiumlamellen**
Luftvolumenstrom von - bis: ..... m³/h
Luftansaugung: **vorne / unten / oben**
Luftfilter: .....
Luftausblas: **vorne / unten / oben**
Schalldruckpegel von - bis: ..... dB(A)
Betriebsspannung: **230 V / 400 V / über Außengerät**
Kältemittel: R410A / R32
Gehäuse: Kunststoff
Geräteabmessungen (L x B x H): ..... x ..... x ..... mm
Farbe: .....
Ausführung gem. Einzelbeschreibung: .....
Angeb. Fabrikat/Typ: .....

43 **VRF-Innenwandgerät, Heizen/Kühlen, 2,5kW** KG **434**

Wie Ausführungsbeschreibung A 6
Heizleistung: 2,5 kW
SCOP: .....
Kälteleistung: ..... kW
SEER: .....

1.157€ | 1.174€ | **1.873€** | 2.055€ | 2.195€ | [St] | ⏱ 1,80h/St | 375.000.191

Kosten:
Stand 2. Quartal 2025
Bundesdurchschnitt

▶ min
▷ von
ø Mittel
◁ bis
◀ max

Nr.	Kurztext / Langtext						Kostengruppe
►	▷	ø netto €	◁	◄	[Einheit]	Ausf.-Dauer	Positionsnummer

44 VRF-Innenwandgerät, Heizen/Kühlen, 3,5kW KG **434**

Wie Ausführungsbeschreibung A 6
Heizleistung: 3,5 kW
SCOP: .....
Kälteleistung: ..... kW
SEER: .....

1.285€	1.321€	**1.906€**	2.349€	2.575€	[St]	⏱ 1,80h/St	375.000.192

45 VRF-Innenwandgerät, Heizen/Kühlen, 5,0kW KG **434**

Wie Ausführungsbeschreibung A 6
Heizleistung: 5,0 kW
SCOP: .....
Kälteleistung: ..... kW
SEER: .....

1.593€	1.653€	**2.425€**	2.888€	2.923€	[St]	⏱ 1,80h/St	375.000.193

46 VRF-Verteilereinheit, Innengerät KG **434**

VRF-Verteilereinheit als Multi-Split-Regeleinheit, zum Einbau im Gebäudeinneren.
Abmessungen (L x B x T): ..... x ..... x ..... mm
Geräteanzahl: .....
Leistung: .....
Ausführung gem. Einzelbeschreibung: .....
Angeb. Fabrikat/Typ: .....

995€	1.039€	**1.618€**	2.004€	2.086€	[St]	⏱ 1,00h/St	375.000.194

Kosten:
Stand 2. Quartal 2025
Bundesdurchschnitt

▶ min
▷ von
ø Mittel
◁ bis
◀ max

Nr.	Kurztext / Langtext						Kostengruppe
▶	▷	**ø netto €**	◁	◀	[Einheit]	Ausf.-Dauer	Positionsnummer

47 Zubehörmontage, VRF-Anlage KG **434**

Montage von Zubehör der VRF-Anlage mit Leitungen und Leitungsabzweigungen. Die Kühlleitungen aus nahtlos gezogenem Kupferrohr in Kühlschrankqualität unter Schutzgas gelötet, mit Kälteschellen auf C-Profilen montiert, evakuiert und mit Kältemittel gefüllt. Die Flüssigkeits- und die Gasleitung sind mit diffusionsdichter und bzgl. Brandschutz zugelassenen Dämmung von min. 13mm Wanddicke umschlossen und mit den Kälteschellen verklebt. Die gesamte Verrohrung ist nach den derzeitig gültigen Regeln für das Kälteanlagenbauhandwerk zu erstellen.
Einbauort: .....
Bei den folgenden Massen handelt es sich um ca. Angaben:
Flüssigkeitsleitung Ø 10 mm: ..... m
Flüssigkeitsleitung Ø 6 mm: ..... m
Gasleitung Ø 10 mm ..... m
Gasleitung Ø 16 mm ..... m
Leitungs-Isolierung Ø 10 mm ..... m
Leitungs-Isolierung Ø 16 mm: ..... m
Leitungs-Isolierung Ø 6 mm: ..... m
Anzahl Brandschutzdurchführung Ø 10 mm: .....
Anzahl Brandschutzdurchführung Ø 16 mm: .....
Anzahl Brandschutzdurchführung Ø 6 mm: .....
Leitungs-Isolierung mit Blechmantel, wetterbeständig
Außen-Ø 10 mm: ..... m
Außen Ø 16 mm: ..... m
Außen Ø 6 mm: ..... m
Bus Kabel LIYCY 2x1,5 mm^2: ..... m
Zusätzliche Kältemittelnachfüllmenge:..... kg

1.549€	1.745€	**2.055€**	2.741€	2.859€	[psch]	⏱ 1,30h/psch	375.000.195

48 Inbetriebnahme, VRF-Anlage KG **434**

Die Inbetriebnahme hat gem. der Vorgaben des Herstellers sowie den gesetzlichen Bestimmungen unter Berücksichtigung der Garantie und Gewährleistung zu erfolgen, einschl. An- und Abreisekosten, inkl. Aushändigung des unterzeichneten Übergabe und Inbetriebnahmeprotokolls. Leistungsumfang: Inbetriebnahme der Kälteanlage, Inbetriebsetzen und Programmieren, Überprüfen der Hersteller-Projektierungsrichtlinien, Protokollerstellung mit allen eingestellten Parametern, inkl. Aushändigung des unterzeichneten Übergabe-/Inbetriebnahmeprotokolls.
Einbauort: .....

344€	417€	**584€**	828€	1.317€	[psch]	⏱ 1,50h/psch	375.000.196

49 Stundensatz, Monteur/-in Lüftung/Kälte

Verrechnungssatz für die jeweilige Arbeitskraft inkl. aller Aufwendungen wie Lohn- und Gehaltskosten, Lohn- und Gehaltsnebenkosten, Zuschläge, lohngebundene und lohnabhängige Kosten, sonstige Sozialkosten, Gemeinkosten, Wagnis und Gewinn. Leistung nach besonderer Anordnung der Bauüberwachung. Nachweis und Anmeldung gem. VOB/B.

62€	73€	**78€**	89€	105€	[h]	⏱ 1,00h/h	375.000.200

50 Stundensatz, Helfer/-in Lüftung/Kälte

Verrechnungssatz für die jeweilige Arbeitskraft inkl. aller Aufwendungen wie Lohn- und Gehaltskosten, Lohn- und Gehaltsnebenkosten, Zuschläge, lohngebundene und lohnabhängige Kosten, sonstige Sozialkosten, Gemeinkosten, Wagnis und Gewinn. Leistung nach besonderer Anordnung der Bauüberwachung. Nachweis und Anmeldung gem. VOB/B.

51€	58€	**61€**	62€	67€	[h]	⏱ 1,00h/h	375.000.199

D

Freianlagen

Titel des Leistungsbereichs	LB-Nr.
Landschaftsbauarbeiten	303
Landschaftsbauarbeiten - Pflanzen	304
Straßen, Wege, Plätze	380

303

Kosten:
Stand 2. Quartal 2025
Bundesdurchschnitt

► min
▷ von
ø Mittel
◁ bis
◀ max

Nr.	Positionen	Einheit	►	▷	ø brutto € / ø netto €	◁	◀
1	Baugelände abräumen	m²	9	11	**11**	11	13
			8	9	**9**	10	11
2	Baugelände abräumen, entsorgen	t	222	271	**281**	295	391
			187	228	**236**	248	329
3	Bauzaun aufstellen	m	12	16	**18**	20	27
			10	13	**15**	17	23
4	Baum herausnehmen, einschlagen	St	159	208	**209**	229	269
			134	175	**175**	192	226
5	Strauch herausnehmen, einschlagen, 50-100cm	St	18	25	**26**	29	33
			15	21	**22**	24	28
6	Strauch herausnehmen, einschlagen, 100-150cm	St	42	52	**56**	60	72
			35	44	**47**	50	61
7	Maschendrahtzaun, bis 1,5m, abbrechen, entsorgen	m	8	10	**11**	12	15
			7	9	**9**	10	12
8	Maschendrahtzaun, bis 2,5m, abbrechen, entsorgen	m	12	13	**14**	19	24
			10	11	**12**	16	20
9	Metallzaun abbrechen, entsorgen	m	13	19	**23**	24	28
			11	16	**20**	20	23
10	Stahlgitterzaun, 1,5 abbrechen, entsorgen	m	19	29	**30**	36	46
			16	24	**26**	30	39
11	Holzzaun abbrechen, entsorgen	m	13	16	**17**	18	21
			11	13	**14**	15	17
12	Rutsche ausbauen, entsorgen	St	225	300	**312**	371	387
			189	252	**262**	312	325
13	Klettergerüst ausbauen, entsorgen	St	122	157	**165**	204	207
			103	132	**139**	171	174
14	Schaukel ausbauen, entsorgen	St	74	144	**195**	210	248
			63	121	**164**	177	209
15	Sandkasten abbauen	m³	70	82	**89**	98	110
			59	69	**75**	82	92
16	Baumschutz, Brettermantel, bis 50cm	St	77	84	**88**	91	101
			65	71	**74**	76	85
17	Baumschutz, Brettermantel, über 50 bis 100cm	St	101	131	**143**	159	213
			85	110	**120**	134	179
18	Wurzelbereichsschutz, Baum	m²	–	83	**87**	108	–
			–	69	**73**	91	–
19	Dränleitung DN100, ausbauen, entsorgen	m	13	15	**19**	23	25
			11	12	**16**	20	21
20	Dränleitung DN100, ausbauen, seitlich lagern	m	–	15	**18**	20	–
			–	13	**15**	17	–
21	Baum fällen, StD bis 15cm, entsorgen	St	76	100	**110**	120	143
			64	84	**93**	101	120
22	Baum fällen, StD bis 30cm, entsorgen	St	168	214	**233**	259	306
			141	180	**195**	217	257
23	Baum fällen, StD bis 50cm, entsorgen	St	171	224	**247**	294	385
			143	189	**208**	247	324
24	Baum fällen StD über 50 bis 100cm entsorgen	St	245	339	**377**	467	619
			206	284	**317**	392	520

Nr.	Positionen	Einheit	►	▷	ø brutto € / ø netto €	◁	◄
25	Baugelände roden	m²	15	19	**19**	20	23
			13	16	**16**	17	20
26	Baum roden, Durchmesser StD 25-35cm, entsorgen	St	189	249	**259**	314	330
			159	209	**218**	264	277
27	Gerodete Fläche planieren	m²	4	5	**5**	6	7
			3	4	**4**	5	6
28	Grasnarbe abschälen	m²	3	4	**5**	6	7
			3	4	**4**	5	6
29	Aufwuchs entfernen	m²	2	5	**5**	5	8
			2	4	**4**	5	6
30	Oberboden abtragen, entsorgen	m³	30	33	**35**	36	39
			25	28	**30**	31	32
31	Oberboden lösen, lagern	m³	14	19	**21**	24	31
			12	16	**18**	20	26
32	Oberboden liefern, einbauen, bis 30cm	m³	48	52	**54**	58	66
			40	44	**45**	49	56
33	Oberboden auftragen, lagernd	m³	12	17	**20**	22	25
			10	15	**17**	18	21
34	Füllboden liefern, einbauen	m³	29	36	**42**	45	48
			24	30	**36**	38	40
35	Fundamentaushub, bis 1,25m, lagern, GK1	m³	44	54	**59**	64	78
			37	45	**50**	54	65
36	Fundamentaushub, bis 1,25m, entsorgen, GK1	m³	46	53	**58**	72	84
			38	44	**49**	61	70
37	Feinplanum, Rasenfläche	m²	2	3	**3**	4	6
			2	3	**3**	3	5
38	Rasenansaat	m²	1	2	**2**	3	4
			1	2	**2**	2	4
39	Fertigrasen liefern, einbauen	m²	14	17	**19**	22	28
			12	15	**16**	18	23
40	Rasenfläche ausbessern	m²	37	52	**55**	66	70
			31	44	**46**	55	59
41	Rasenfläche düngen	m²	1	2	**2**	2	3
			0,9	1,4	**1,6**	1,8	2,6
42	Fertigstellungspflege, Rasenflächen	m²	3	4	**4**	4	5
			3	3	**3**	4	4
43	Feinplanum, Pflanzfläche	m²	2	2	**3**	3	4
			1	2	**2**	3	4
44	Pflanzgrube für Kleingehölz 20x20x20	St	7	7	**8**	9	10
			6	6	**6**	8	8
45	Pflanzgrube ausheben, bis 80x80x80	St	31	43	**44**	52	69
			26	36	**37**	44	58
46	Pflanzgrube ausheben, bis 100x100x80	St	35	48	**53**	61	77
			29	40	**45**	51	65
47	Pflanzgrube ausheben, bis 150x150x80	St	48	77	**90**	104	146
			40	65	**75**	88	122
48	Pflanzgrube ausheben, bis 200x200x100	St	81	100	**112**	122	154
			68	84	**94**	103	129

Kosten:
Stand 2. Quartal 2025
Bundesdurchschnitt

Nr.	Positionen	Einheit	►	▷	ø brutto € / ø netto €	◁	◄
49	Pflanzgrube verfüllen, Pflanzsubstrat	St	56	68	**77**	86	99
			47	57	**65**	72	83
50	Pflanzgrube verfüllen, Baumsubstrat	St	73	90	**92**	100	111
			61	76	**78**	84	93
51	Vegetationsflächen lockern, fräsen	m2	0,8	1,6	**1,9**	2,3	3,4
			0,7	1,3	**1,6**	1,9	2,9
52	Bodenverbesserung, Rindenhumus	m2	3	3	**4**	4	5
			2	3	**3**	3	4
53	Hochstamm/Solitär, liefern/pflanzen, StU bis 12cm	St	98	115	**123**	138	188
			82	96	**104**	116	158
54	Hochstamm/Solitär, liefern/pflanzen, StU 12-16cm	St	148	186	**219**	274	365
			125	156	**184**	230	306
55	Fertigstellungspflege, Baum	St	62	86	**93**	105	129
			52	72	**78**	89	108
56	Strauch einschlagen	St	4	6	**6**	7	9
			3	5	**5**	6	7
57	Hochstamm einschlagen	St	18	21	**21**	26	27
			15	17	**18**	22	23
58	Heckenpflanzen nach Einschlag pflanzen	St	6	7	**8**	9	11
			5	6	**7**	7	9
59	Strauchpflanzen nach Einschlag pflanzen	St	4	9	**9**	11	13
			4	7	**8**	9	11
60	Solitär/Hochstamm nach Einschlag pflanzen	St	29	37	**39**	42	50
			24	31	**33**	36	42
61	Bodendecker und Stauden nach Einschlag pflanzen	m2	6	7	**7**	8	9
			5	6	**6**	7	7
62	Fertigstellungspflege, Sträucher	St	62	71	**77**	77	99
			52	60	**64**	64	83
63	Pflanzflächen wässern, Wasser liefern	m2	2	4	**4**	5	7
			2	3	**3**	4	6
64	Pflanzenverankerung, zwei Baumpfähle	St	52	67	**73**	83	105
			44	57	**62**	70	88
65	Pflanzenverankerung, Pfahl-Dreibock	St	74	99	**111**	134	181
			62	83	**94**	113	152
66	Bewässerungssack Neupflanzungen, 60l	St	16	21	**23**	27	27
			13	18	**19**	22	23
67	Baumbelüftungs- und Entwässerungs-Set	St	7	9	**10**	11	12
			6	8	**8**	9	10
68	Abdeckelement für Baumbelüftungs- und Entwässerungs-Set	St	50	67	**73**	83	89
			42	56	**62**	70	75
69	Zaun, Viereck-Drahtgeflecht, 0,80m	m	30	42	**46**	51	58
			26	35	**39**	43	49
70	Zaun, Viereck-Drahtgeflecht, 1,25m	m	57	62	**65**	69	80
			48	52	**55**	58	67
71	Zaun, Viereck-Drahtgeflecht, 1,80m	m	66	85	**88**	100	118
			55	71	**74**	84	99

► min
▷ von
ø Mittel
◁ bis
◄ max

Nr.	Positionen	Einheit	►	▷	ø brutto € / ø netto €	◁	◄
72	Zaun, Viereck-Drahtgeflecht, 2,00m	m	70	112	**121**	132	157
			59	94	**102**	111	132
73	Stabgitterzaun, 0,80m	m	71	83	**106**	121	136
			59	70	**89**	102	114
74	Stabgitterzaun, 1,40m	m	96	115	**130**	157	167
			81	97	**109**	132	140
75	Stabgitterzaun, 1,80m	m	110	131	**144**	159	179
			93	110	**121**	133	151
76	Holzzaun, Senkrechtzaun, 1,0m	m	215	285	**294**	322	391
			180	239	**247**	270	328
77	Holzzaun, Staketenzaun	m	90	115	**124**	144	182
			76	96	**104**	121	153
78	Holzzauntüre, Senkrechtzaun	St	312	435	**515**	574	675
			262	366	**433**	482	568
79	Drehflügeltor, einflüglig, lichte Weite 1,1m, H 1,2m	St	1.254	1.579	**1.642**	1.684	1.891
			1.054	1.327	**1.380**	1.415	1.589
80	Drehflügeltor, zweiflüglig, lichte Weite 2,5m, H 1,2m	St	2.716	3.419	**3.462**	3.522	4.003
			2.282	2.873	**2.909**	2.960	3.364
81	Zaunpfosten, Stahlrohr	St	53	79	**94**	107	131
			45	67	**79**	90	110
82	Poller, Beton	St	639	663	**679**	700	729
			537	557	**570**	588	613
83	Poller, Stahl, beschichtet	St	421	534	**569**	628	751
			354	449	**479**	527	631
84	Spielgerät, Einfachschaukel	St	2.588	3.764	**4.243**	4.822	6.020
			2.175	3.163	**3.565**	4.052	5.059
85	Spielgerät, Federwipptier	St	1.654	1.911	**2.046**	2.191	2.473
			1.390	1.606	**1.719**	1.841	2.078
86	Fassadenrinne, DN100	m	196	233	**250**	270	321
			165	196	**210**	227	270
87	Entwässerungsrinne, Polymerbeton	St	384	477	**516**	564	704
			323	401	**433**	474	592
88	Entwässerungsrinne, Kl. A, Beton/Gussabdeckung	m	107	151	**167**	192	228
			90	127	**141**	161	192
89	Entwässerungsrinne, Kl. B, Beton/Gussabdeckung	m	148	178	**185**	225	283
			125	150	**155**	189	237
90	Entwässerungsrinne, Klasse A, DN100	m	191	242	**258**	299	317
			160	204	**217**	251	267
91	Abdeckung, Entwässerungsrinne, Guss, Bodenindikator	St	149	176	**193**	204	227
			125	148	**162**	172	191
92	Ablaufkasten, Klasse A, DN100	St	345	421	**443**	527	558
			290	353	**372**	443	469
93	Dachfläche reinigen	m²	2	2	**3**	3	4
			1	2	**2**	3	3
94	Durchwurzelungsschutzschicht, PVC-P 0,8mm	m²	24	30	**32**	39	48
			20	25	**27**	32	40
95	Dachbegrünung, Trenn-, Schutz- und Speichervlies, 500	m²	4	7	**8**	9	11
			3	6	**7**	7	9

Kosten:
Stand 2. Quartal 2025
Bundesdurchschnitt

Nr.	Positionen	Einheit	►	▷	**ø brutto €** / ø netto €	◁	◄
96	Dränageelement, PE-Platte, 40mm, Dachbegrünung	m²	23	26	**26**	27	29
			20	22	**22**	23	24
97	Retentionselement, Dachbegrünung, 40mm	m²	16	20	**22**	23	28
			14	17	**19**	20	24
98	Retentionselement, Dachbegrünung, 60mm	m²	25	29	**31**	32	36
			21	25	**26**	27	30
99	Filtermatte, Dachbegrünung	m²	2	3	**3**	4	5
			2	2	**3**	3	4
100	Kontrollschacht, extensive Dachbegrünung, Höhe bis 20cm	St	107	125	**134**	166	215
			90	105	**112**	140	181
101	Sicherheitsstreifen, Kies, Dachbegrünung	m²	16	26	**27**	35	48
			14	21	**23**	30	40
102	Kiesfangleiste, L-Profil, Dachbegrünung	m	26	30	**32**	35	44
			21	25	**27**	30	37
103	Einschichtsubstrat, extensive Dachbegrünung	m²	25	30	**33**	36	42
			21	25	**27**	30	35
104	Mehrschichtsubstrat, extensive Dachbegrünung	m²	33	37	**38**	40	46
			27	31	**32**	34	38
105	Trockenansaat, extensive Dachbegrünung, Saatgutmischung	m²	4	5	**5**	5	6
			3	4	**4**	4	5
106	Stundensatz, Facharbeiter/-in	h	85	95	**100**	103	110
			71	80	**84**	86	93
107	Stundensatz, Helfer/-in	h	63	73	**77**	86	98
			53	61	**65**	72	82

Nr.	**Kurztext** / Langtext						Kostengruppe
►	▷	**ø netto €**	◁	◄	[Einheit]	Ausf.-Dauer	Positionsnummer

1 Baugelände abräumen KG **214**

Baugelände abräumen, von Steinen, Mauerresten, Zäunen, Schutt und Unrat, von Aufwuchs, einschl. Wurzelwerk, mit Stämmen Stammdurchmesser bis 10cm, Bewuchshöhe über 50 bis 100cm, anfallende Stoffe trennen und laden, fördern und lagern.

►	▷	ø netto €	◁	◄	Einheit	Ausf.-Dauer	Positionsnummer
8€	9€	**9€**	10€	11€	[m²]	⏱ 0,05h/m²	303.000.217

2 Baugelände abräumen, entsorgen KG **594**

Baugelände von unbelasteten Steinen, Schutt und Unrat abräumen. Räumgut entsorgen.
Maschineneinsatz: **ja / nein**

►	▷	ø netto €	◁	◄	Einheit	Ausf.-Dauer	Positionsnummer
187€	228€	**236€**	248€	329€	[t]	⏱ 2,90h/t	303.000.225

3 Bauzaun aufstellen KG **591**

Bauzaun als Schutzzaun aufstellen, vorhalten und beseitigen.
Zaunhöhe: 2,00 m
Material: Baustahlgewebe
Vorhaltedauer: ..... Wochen

►	▷	ø netto €	◁	◄	Einheit	Ausf.-Dauer	Positionsnummer
10€	13€	**15€**	17€	23€	[m]	⏱ 0,18h/m	303.000.219

► min
▷ von
ø Mittel
◁ bis
◄ max

Nr.	Kurztext / Langtext						Kostengruppe
▶	▷	ø netto €	◁	◀	[Einheit]	Ausf.-Dauer	Positionsnummer

4 Baum herausnehmen, einschlagen KG **573**

Baum herausnehmen, mit Ballen, transportieren und bis zur Wiedereinpflanzung einschlagen.
Stammumfang: über 18 bis 20 cm
Kronenbreite: bis 200 cm
Förderweg: ..... m

134€	175€	**175€**	192€	226€	[St]	⏱ 2,55h/St	303.000.206

5 Strauch herausnehmen, einschlagen, 50-100cm KG **573**

Strauch herausnehmen, mit Ballen, transportieren und bis zur Wiedereinpflanzung einschlagen.
Bewuchshöhe: über 50 bis 100 cm
Förderweg: ..... m

15€	21€	**22€**	24€	28€	[St]	⏱ 0,30h/St	303.000.267

6 Strauch herausnehmen, einschlagen, 100-150cm KG **573**

Strauch herausnehmen, mit Ballen, transportieren und bis zur Wiedereinpflanzung einschlagen.
Bewuchshöhe: über 100 bis 150 cm
Förderweg: ..... m

35€	44€	**47€**	50€	61€	[St]	⏱ 0,60h/St	303.000.208

7 Maschendrahtzaun, bis 1,5m, abbrechen, entsorgen KG **594**

Maschendrahtzaun einschl. Stahlpfosten abbrechen, laden, abfahren, entsorgen. Leistung inkl. Führen des Entsorgungsnachweises.
Material: Maschendrahtzaun, kunststoffummantelt, inkl. Stahlpfosten
Zaunhöhe: bis 1,50 m
Zaunlänge: ..... m

7€	9€	**9€**	10€	12€	[m]	⏱ 0,25h/m	303.000.192

8 Maschendrahtzaun, bis 2,5m, abbrechen, entsorgen KG **594**

Maschendrahtzaun inkl. Stahlpfosten abbrechen, laden, abfahren, entsorgen. Leistung inkl. Führen des Entsorgungsnachweises.
Material: Maschendrahtzaun, kunststoffummantelt, inkl. Stahlpfosten
Zaunhöhe: bis 2,50m

10€	11€	**12€**	16€	20€	[m]	⏱ 0,27h/m	303.000.277

9 Metallzaun abbrechen, entsorgen KG **594**

Zaun einschl. Stahlpfosten aufnehmen, laden, abfahren, entsorgen. Leistung inkl. Führen des Entsorgungsnachweises.
Zuordnung Abfall: nicht gefährlich, nicht schadstoffbelastet, Zuordnung RC 1 (nach EBV)
Material: Stahl
Zaunhöhe: ..... m
Zaunlänge: ..... m
Maschineneinsatz: **ja / nein**

11€	16€	**20€**	20€	23€	[m]	⏱ 0,15h/m	303.000.218

10 Stahlgitterzaun, 1,5 abbrechen, entsorgen KG **594**

Stahlgitterzaun abbauen und entsorgen, inkl. Stahlpfosten und Betonfundamente. Leistung inkl. Führen des Entsorgungsnachweises.
Zaunhöhe: bis 1,50 m

16€	24€	**26€**	30€	39€	[m]	⏱ 0,70h/m	303.000.278

Nr.	Kurztext / Langtext						Kostengruppe
►	▷	ø netto €	◁	◄	[Einheit]	Ausf.-Dauer	Positionsnummer

11 Holzzaun abbrechen, entsorgen KG **594**

Holzzaun, aus senkrechten Brettern, Pfosten und zwei Querholmen, abbrechen und entsorgen inkl. Fundamente.
Zaunhöhe: bis 1,20 m

11€ | 13€ | **14€** | 15€ | 17€ | [m] | ⏱ 0,25h/m | 303.000.281

12 Rutsche ausbauen, entsorgen KG **594**

Kinderrutsche mit Leiter, Stützen, Verankerungen inkl. Fundamente abbauen Stoffe aufnehmen, laden, abfahren und entsorgen.
Zuordnung Abfall: nicht gefährlich, nicht schadstoffbelastet, Zuordnung RC 1 (nach EBV)
Material: **Blech / Kunststoff**
Höhe: bis 2,00 m

189€ | 252€ | **262€** | 312€ | 325€ | [St] | ⏱ 2,30h/St | 303.000.264

Kosten:
Stand 2.Quartal 2025
Bundesdurchschnitt

13 Klettergerüst ausbauen, entsorgen KG **594**

Klettergerüst, gerade, aus Stahlrohr mit Leiter, Stützen, Verankerungen sowie Fundamenten abbauen. Stoffe aufnehmen, laden, abfahren und entsorgen.
Zuordnung Abfall: nicht gefährlich, nicht schadstoffbelastet, Zuordnung RC 1 (nach EBV)
Höhe: bis 2,00 m

103€ | 132€ | **139€** | 171€ | 174€ | [St] | ⏱ 1,20h/St | 303.000.268

14 Schaukel ausbauen, entsorgen KG **594**

Schaukel mit Verankerungen sowie Fundamenten abbauen, aufnehmen, laden, abfahren und entsorgen.
Zuordnung Abfall: nicht gefährlich, nicht schadstoffbelastet, Zuordnung RC 1 (nach EBV)
Material: **Stahl / Holz**
Höhe: bis 2,50 m

63€ | 121€ | **164€** | 177€ | 209€ | [St] | ⏱ 1,20h/St | 303.000.265

15 Sandkasten abbauen KG **594**

Sandkasten inkl. Einfassung, Sand und evtl. Abdeckung abbrechen, aufnehmen, laden, abfahren und entsorgen.
Zuordnung Abfall: nicht gefährlich, nicht schadstoffbelastet, Zuordnung RC 1 (nach EBV)
Die Deponiegebühr wird auf Nachweis vergütet.

59€ | 69€ | **75€** | 82€ | 92€ | [m³] | ⏱ 1,40h/m³ | 303.000.273

16 Baumschutz, Brettermantel, bis 50cm KG **211**

Stammschutz durch Ummantelung gegen den Baum, herstellen.
Stammdurchmesser: bis 50 cm
Material: Brettermantel inkl. Polsterung
Höhe: mind. 2,00 m

65€ | 71€ | **74€** | 76€ | 85€ | [St] | ⏱ 1,00h/St | 303.000.256

► min
▷ von
ø Mittel
◁ bis
◄ max

17 Baumschutz, Brettermantel, über 50 bis 100cm KG **211**

Stammschutz durch Ummantelung gegen den Baum, herstellen.
Stammdurchmesser: über 50 bis 100 cm
Material: Brettermantel inkl. Polsterung
Höhe: mind. 2,00 m

85€ | 110€ | **120€** | 134€ | 179€ | [St] | ⏱ 0,92h/St | 303.000.193

Nr.	Kurztext / Langtext						Kostengruppe
▶	▷	**ø netto €**	◁	◀	[Einheit]	Ausf.-Dauer	Positionsnummer

18 Wurzelbereichsschutz, Baum KG **397**

Schutz des Wurzelbereiches von Bäumen vor Druckschäden, bei befristeter Belastung durch Baumaschinen, Baustelleneinrichtungen und Materiallager. Vollflächig mit Vlies und Natursand abdecken, Auflage von untereinander fest verbunden Bohlen.
Abdeckung: Dicke 25 cm
Natursand: 0/2
Bohlen: Dicke 40 mm

▶	▷	ø netto €	◁	◀	[Einheit]	Ausf.-Dauer	Positionsnummer
–	69€	**73€**	91€	–	[m²]	0,60h/m²	303.000.215

19 Dränleitung DN100, ausbauen, entsorgen KG **594**

Dränleitung aus Kunststoff, außer Betrieb, aufnehmen, laden abfahren und entsorgen.
Zuordnung Abfall: Z 0 nicht belastet
Kunststoff: PVC-U
Nennweite: DN100
Tiefe: bis 1,50 m

▶	▷	ø netto €	◁	◀	[Einheit]	Ausf.-Dauer	Positionsnummer
11€	12€	**16€**	20€	21€	[m]	0,15h/m	303.000.275

20 Dränleitung DN100, ausbauen, seitlich lagern KG **594**

Dränleitung aus Kunststoff, außer Betrieb, ausbauen, säubern und seitlich lagern.
Kunststoff: PVC-U
Nennweite: DN100
Tiefe: bis 1,50 m
Förderweg: bis .....

▶	▷	ø netto €	◁	◀	[Einheit]	Ausf.-Dauer	Positionsnummer
–	13€	**15€**	17€	–	[m]	0,20h/m	303.000.276

21 Baum fällen, StD bis 15cm, entsorgen KG **214**

Baum fällen inkl. Wurzelwerk roden und entsorgen. Stammdurchmesser gemessen 1,00m über Gelände.
Standortbedingung: .....
Baumart: .....
StD: bis 15 cm
Baumhöhe: ..... m
Baum: **frei fallend / stückweise abnehmen**
Maschineneinsatz: **ja / nein**

▶	▷	ø netto €	◁	◀	[Einheit]	Ausf.-Dauer	Positionsnummer
64€	84€	**93€**	101€	120€	[St]	1,60h/St	303.000.220

22 Baum fällen, StD bis 30cm, entsorgen KG **214**

Baum fällen inkl. Wurzelwerk roden und entsorgen. Stammdurchmesser gemessen 1,00m über Gelände.
Standortbedingung: .....
Baumart: .....
StD: bis 30 cm
Baumhöhe: ..... m
Baum: **frei fallend / stückweise abnehmen**
Maschineneinsatz: **ja / nein**

▶	▷	ø netto €	◁	◀	[Einheit]	Ausf.-Dauer	Positionsnummer
141€	180€	**195€**	217€	257€	[St]	2,50h/St	303.000.221

Nr.	Kurztext / Langtext						Kostengruppe
►	▷	ø netto €	◁	◀	[Einheit]	Ausf.-Dauer	Positionsnummer

23 Baum fällen, StD bis 50cm, entsorgen — KG **214**

Baum fällen inkl. Wurzelwerk roden und entsorgen. Stammdurchmesser gemessen 1,00m über Gelände.
Standortbedingung: .....
Baumart: .....
StD: bis 50 cm
Baumhöhe: ..... m
Baum: **frei fallend / stückweise abnehmen**
Maschineneinsatz: **ja / nein**

143€	189€	**208€**	247€	324€	[St]	⏱ 3,20h/St	303.000.222

24 Baum fällen StD über 50 bis 100cm entsorgen — KG **214**

Baum fällen inkl. Wurzelwerk roden und entsorgen. Stammdurchmesser gemessen 1,00m über Gelände.
Standortbedingung: .....
Baumart: .....
StD: über 50bis 100 cm
Baumhöhe: ..... m
Baum: **frei fallend / stückweise abnehmen**
Maschineneinsatz: **ja / nein**

206€	284€	**317€**	392€	520€	[St]	⏱ 3,80h/St	303.000.223

25 Baugelände roden — KG **214**

Baugelände roden von Büschen, Hecken und Bäumen. Stammdurchmesser gemessen 1,00m über Gelände.
StD: bis 10 cm

13€	16€	**16€**	17€	20€	[m²]	⏱ 0,30h/m²	303.000.224

26 Baum roden, Durchmesser StD 25-35cm, entsorgen — KG **214**

Baum fällen inkl. Wurzelstock fräsen und entsorgen. Stammdurchmesser gemessen 1,00m über Gelände.
Standortbedingung: .....
Baumart: .....
Stammdurchmesser: 25-35 cm
Baumhöhe: ..... m
Baum: **frei fallend / stückweise abnehmen**
Maschineneinsatz: **ja / nein**

159€	209€	**218€**	264€	277€	[St]	⏱ 2,55h/St	303.000.269

27 Gerodete Fläche planieren — KG **397**

Gerodete Fläche planieren, inkl. verfüllen der Stubbenlöcher mit vorhandenem Boden mit einer Bodengruppe.
Bodengruppe: .....
Stubbenlöcher: Tiefe bis 0,50 m

3€	4€	**4€**	5€	6€	[m²]	⏱ 0,04h/m²	303.000.216

Kosten:
Stand 2. Quartal 2025
Bundesdurchschnitt

► min
▷ von
ø Mittel
◁ bis
◀ max

Nr.	Kurztext / Langtext						Kostengruppe
▶	▷	**ø netto €**	◁	◀	[Einheit]	Ausf.-Dauer	Positionsnummer

28 Grasnarbe abschälen KG **214**

Grasnarbe abtragen, auf Miete setzen, alle anfallenden Stoffe sind zu entsorgen.
Abrechnung in der Abwicklung.
Schichtdicke: bis 5 cm
Bodengruppe: .....
Maschineneinsatz: **ja / nein**

3€	4€	**4€**	5€	6€	[m²]	⏱ 0,04 h/m²	303.000.279

29 Aufwuchs entfernen KG **214**

Aufwuchs, Gräser und Kräuter mähen und Schnittgut entsorgen.
Wuchshöhe: bis 70 cm

2€	4€	**4€**	5€	6€	[m²]	⏱ 0,02 h/m²	303.000.227

30 Oberboden abtragen, entsorgen KG **511**

Oberboden inkl. Vegetationsdecke, abtragen, laden und entsorgen.
Dicke: bis 30 cm

25€	28€	**30€**	31€	32€	[m³]	⏱ 0,15 h/m³	303.000.228

31 Oberboden lösen, lagern KG **511**

Oberboden, profilgerecht abtragen, laden, fördern und auf Miete setze, eine Bodengruppe.
Bodengruppe: .....
Abtragsdicke: bis 10 cm
Mengenermittlung nach Aufmaß an der Entnahmestelle.

12€	16€	**18€**	20€	26€	[m³]	⏱ 0,10 h/m³	303.000.229

32 Oberboden liefern, einbauen, bis 30cm KG **571**

Oberboden, liefern, profilgerecht auftragen, eine Bodengruppe.
Bodengruppe DIN 18915: .....
Bodengruppe DIN 18196: .....
Auftragsdicke: über 20 bis 30 cm

40€	44€	**45€**	49€	56€	[m³]	⏱ 0,18 h/m³	303.000.230

33 Oberboden auftragen, lagernd KG **571**

Oberboden, zwischengelagert, laden, fördern, profilgerecht auftragen Bodengruppe.
Auftragsdicke: .....
Förderweg: bis 0,5 km

10€	15€	**17€**	18€	21€	[m³]	⏱ 0,10 h/m³	303.000.231

34 Füllboden liefern, einbauen KG **311**

Erdwälle mit zu lieferndem Füllboden herstellen. Material verdichtungsfähig, unbelastet und für Bepflanzung geeignet. Grobplanie und Gefällemodellierung.
Böschungen: bis 60°
Böschungshöhe: bis 3,00 m

24€	30€	**36€**	38€	40€	[m³]	⏱ 0,12 h/m³	303.000.257

Kosten:
Stand 2. Quartal 2025
Bundesdurchschnitt

Nr.	**Kurztext** / Langtext						Kostengruppe
▶	▷	**ø netto €**	◁	◀	[Einheit]	Ausf.-Dauer	Positionsnummer

35 Fundamentaushub, bis 1,25m, lagern, GK1 KG **322**

Aushub Einzel- und Streifenfundament, Boden maschinell lösen, laden, fördern und auf Baustelle lagern, für Wiedereinbau; Fundamentsohle durch Handschachtung planieren.
Gesamtbreite: ..... m
Gesamtlänge: ..... m
Gesamtabtragstiefe: bis 1,25 m
Förderweg: ..... m
Baumaßnahmen der Geotechnischen Kategorie 1 DIN 4020
Homogenbereich: 1
Homogenbereich 1 oben: ..... m
Homogenbereich 1 unten: ..... m
Anzahl der Bodengruppen: ..... St
Bodengruppen DIN 18196: .....
Massenanteile der Steine DIN EN ISO 14688-1: über .....% bis .....%
Massenanteile der Blöcke DIN EN ISO 14688-1: über .....% bis .....%
Konsistenz DIN EN ISO 14688-1: .....
Lagerungsdichte: .....
Homogenbereiche lt.: .....
Mengenermittlung nach Aufmaß an der Entnahmestelle.

37€ 45€ **50€** 54€ 65€ [m³] ⏱ 0,42 h/m³ 303.000.258

36 Fundamentaushub, bis 1,25m, entsorgen, GK1 KG **322**

Aushub Einzel- und Streifenfundament, lösen, fördern, laden, Aushub mit Lkw des AN zur Verwertungsanlage abfahren.
Gesamtbreite: ..... m
Gesamtlänge: ..... m
Gesamtabtragstiefe: bis 1,25 m
Förderweg: ..... m
Baumaßnahmen der Geotechnischen Kategorie 1 DIN 4020
Homogenbereich: 1
Homogenbereich 1 oben: ..... m
Homogenbereich 1 unten: ..... m
Anzahl der Bodengruppen: ..... St
Bodengruppen DIN 18196: .....
Massenanteile der Steine DIN EN ISO 14688-1: über .....% bis .....%
Massenanteile der Blöcke DIN EN ISO 14688-1: über .....% bis .....%
Konsistenz DIN EN ISO 14688-1: .....
Lagerungsdichte: .....
Homogenbereiche lt.: .....
Abrechnung: **nach Verdrängung / auf Nachweisrapport / Wiegescheine der Deponie**

38€ 44€ **49€** 61€ 70€ [m³] ⏱ 0,40 h/m³ 303.000.259

37 Feinplanum, Rasenfläche KG **574**

Feinplanum für Rasenfläche. Steine, Unrat ab 3cm und schwerverrottbare Pflanzenteile ablesen, Unkraut ausgraben. Anfallende Stoffe sind zu entsorgen.
Abweichung der Ebenheit: +/-3 cm

2€ 3€ **3€** 3€ 5€ [m²] ⏱ 0,03 h/m² 303.000.232

▶ min
▷ von
ø Mittel
◁ bis
◀ max

Nr.	Kurztext / Langtext						Kostengruppe
▶	▷	**ø netto €**	◁	◀	[Einheit]	Ausf.-Dauer	Positionsnummer

38 Rasenansaat KG **574**

Rasenansaat mit Regel-Saatgutmischung in zwei Arbeitsgängen.
RSM-Mischung: RSM Rasen 2.3 Gebrauchsrasen - Spielrasen
Saatgutmenge: 25 g/m²

1€	2€	**2€**	2€	4€	[m²]	⏱ 0,01 h/m²	303.000.234

39 Fertigrasen liefern, einbauen KG **574**

Fertigrasen als Rollrasen mit Regel-Saatgutmischung.
RSM-Mischung: .....
Dicke: ..... cm
Bodengruppe: .....

12€	15€	**16€**	18€	23€	[m²]	⏱ 0,28 h/m²	303.000.271

40 Rasenfläche ausbessern KG **595**

Rasenfläche ausbessern. Untergrund an Fehlstellen lockern, mit Rasensaat neu ansäen.
Saatgutmenge: ..... g/m²

31€	44€	**46€**	55€	59€	[m²]	⏱ 0,07 h/m²	303.000.205

41 Rasenfläche düngen KG **574**

Düngung der Rasenfläche mit langsam wirkendem Rasendünger nach dem ersten Schnitt.
Menge: 5 g/m²

0,9€	1,4€	**1,6€**	1,8€	2,6€	[m²]	⏱ 0,02 h/m²	303.000.272

42 Fertigstellungspflege, Rasenflächen KG **574**

Fertigstellungspflege für Rasenflächen in mind. 5 Mähgängen, inkl. Entsorgung des Schnittguts. Die Schnitte müssen bei einer Wuchshöhe von 6-10cm durchgeführt werden. Der Schnittzeitpunkt ist mit der Bauleitung abzustimmen.

3€	3€	**3€**	4€	4€	[m²]	⏱ 0,01 h/m²	303.000.274

43 Feinplanum, Pflanzfläche KG **573**

Feinplanum für Pflanzfläche herstellen. Steine, Unrat ab Durchmesser 3cm und schwerverrottbare Pflanzenteile ablesen, Unkraut ausgraben. Anfallende Stoffe sind zu entsorgen.
Abweichung der Ebenheit: +/-3 cm

1€	2€	**2€**	3€	4€	[m²]	⏱ 0,03 h/m²	303.000.235

44 Pflanzgrube für Kleingehölz 20x20x20 KG **571**

Pflanzgrube für Kleingehölz ausheben und verdrängten Boden zu Gießrändern aufhäufeln oder seitlich einplanieren. Grubensohle bis zur Pflanzung sauber halten.
Grubensohle lockern: Tiefe bis 10 cm
Größe: 20 x 20 x 20 cm
Bodengruppe: .....

6€	6€	**6€**	8€	8€	[St]	⏱ 0,20 h/St	303.000.194

Nr.	Kurztext / Langtext						Kostengruppe
▶	▷	ø netto €	◁	◀	[Einheit]	Ausf.-Dauer	Positionsnummer

A 1 Pflanzgrube ausheben — Beschreibung für Pos. **45-48**

Pflanzgrube für Solitärgehölz ausheben, Aushub seitlich planieren.

45 Pflanzgrube ausheben, bis 80x80x80 — KG **571**

Wie Ausführungsbeschreibung A 1
Größe: 80 x 80 x 80 cm
Sohle: 20 cm tief lockern
Bodengruppe DIN 18915: ......

▶	▷	ø	◁	◀	Einheit	Dauer	Positionsnummer
26€	36€	**37€**	44€	58€	[St]	⏱ 0,28h/St	303.000.236

46 Pflanzgrube ausheben, bis 100x100x80 — KG **571**

Wie Ausführungsbeschreibung A 1
Größe: 100 x 100 x 80 cm
Sohle: 20 cm tief lockern
Bodengruppe DIN 18915: .....

▶	▷	ø	◁	◀	Einheit	Dauer	Positionsnummer
29€	40€	**45€**	51€	65€	[St]	⏱ 0,32h/St	303.000.237

47 Pflanzgrube ausheben, bis 150x150x80 — KG **571**

Wie Ausführungsbeschreibung A 1
Größe: 150 x 150 x 80 cm
Sohle: 20 cm tief lockern
Bodengruppe DIN 18915: .....

▶	▷	ø	◁	◀	Einheit	Dauer	Positionsnummer
40€	65€	**75€**	88€	122€	[St]	⏱ 0,50h/St	303.000.238

48 Pflanzgrube ausheben, bis 200x200x100 — KG **571**

Wie Ausführungsbeschreibung A 1
Größe: 200 x 200 x 100 cm
Sohle: 20 cm tief lockern
Bodengruppe DIN 18915: .....

▶	▷	ø	◁	◀	Einheit	Dauer	Positionsnummer
68€	84€	**94€**	103€	129€	[St]	⏱ 0,80h/St	303.000.239

49 Pflanzgrube verfüllen, Pflanzsubstrat — KG **573**

Pflanzgrube verfüllen.
Material: 60% Oberboden, 30% Sand, 10% Kompost, gütegesichert
Pflanzgrube: 100 x 100 cm
Schichtdicke: 80 cm

▶	▷	ø	◁	◀	Einheit	Dauer	Positionsnummer
47€	57€	**65€**	72€	83€	[St]	⏱ 0,07h/St	303.000.240

50 Pflanzgrube verfüllen, Baumsubstrat — KG **573**

Pflanzgrube der Bäume mit Baumsubstrat verfüllen.
Substrat: Humus-Basis Mischung
Körnung: 0/16
Schichtdicke: 30 cm

▶	▷	ø	◁	◀	Einheit	Dauer	Positionsnummer
61€	76€	**78€**	84€	93€	[St]	⏱ 0,07h/St	303.000.241

Kosten:
Stand 2. Quartal 2025
Bundesdurchschnitt

▶ min
▷ von
ø Mittel
◁ bis
◀ max

Nr.	Kurztext / Langtext						Kostengruppe
▶	▷	ø netto €	◁	◀	[Einheit]	Ausf.-Dauer	Positionsnummer

51 Vegetationsflächen lockern, fräsen KG **571**

Vegetationsflächen kreuzweise lockern durch Fräsen. Steine, Unrat ab Durchmesser 5cm, schwerverrottbare Pflanzenteile ablesen und Unkraut ausgraben. Anfallende Stoffe sind zu entsorgen.
Tiefe: bis 15 cm
Bodengruppe: .....

0,7€	1,3€	**1,6€**	1,9€	2,9€	[m²]	⏱ 0,01 h/m²	303.000.195

52 Bodenverbesserung, Rindenhumus KG **571**

Bodenverbesserung der Vegetationsfläche mit Rindenhumus. Material gleichmäßig aufbringen und einarbeiten.
Material: .....
Dicke: 5 cm

2€	3€	**3€**	3€	4€	[m²]	⏱ 0,05 h/m²	303.000.196

53 Hochstamm/Solitär, liefern/pflanzen, StU bis 12cm KG **573**

Hochstamm in Solitärqualität mit Drahtballen liefern und pflanzen, einschl. Ausheben und Wiederverfüllen der Pflanzgrube sowie Herstellen der Baumscheibe mit Gießrand. Der überschüssige Boden ist im Baustellenbereich einzubauen.
Gehölzart: .....
Stammumfang: bis 12 cm
Pflanzgrube: doppelte Ballengröße
Bodengruppe: .....

82€	96€	**104€**	116€	158€	[St]	⏱ 1,60 h/St	303.000.242

54 Hochstamm/Solitär, liefern/pflanzen, StU 12-16cm KG **573**

Hochstamm in Solitärqualität mit Drahtballen liefern und pflanzen, einschl. Ausheben und Wiederverfüllen der Pflanzgrube sowie Herstellen der Baumscheibe mit Gießrand. Der überschüssige Boden ist im Baustellenbereich einzubauen.
Gehölzart: .....
Stammumfang: 12 bis 16cm
Bodengruppe: .....

125€	156€	**184€**	230€	306€	[St]	⏱ 1,90 h/St	303.000.243

55 Fertigstellungspflege, Baum KG **573**

Fertigstellungspflege gem. DIN 18916 der Hochstamm, Solitär:
- Wässern mit ausreichend Wasser mindestens 100l/Baum
- Pflanzfläche, Pflanzscheiben lockern hierbei sind die Besonderheiten des Bewuchs zu beachten
- unerwünschter Aufwuchs ist abzutrennen und zu entfernen
- Steine Durchmesser größer 5cm und Unrat aus gelockerten Flächen sind abzulesen
- Verankerungen sind zu überprüfen und gegebenenfalls nachzubessern
- trockene oder beschädigte Pflanzenteile abschneiden und entfernen
- Pflanzenschnitt entsprechend den Besonderheiten der betreffenden Pflanzenart durchführen
- Wunden an Gehölze behandeln

Die Leistung umfasst 5 Arbeitsgänge im Jahr, Fertigstellungspflege für 1 Jahr nach erfolgter Pflanzung. Zusätzlich erforderlich werdende Pflegegänge werden auf Nachweis vergütet.

52€	72€	**78€**	89€	108€	[St]	⏱ 0,95 h/St	303.000.244

Kosten:
Stand 2. Quartal 2025
Bundesdurchschnitt

Nr.	Kurztext / Langtext						Kostengruppe
►	▷	ø netto €	◁	◄	[Einheit]	Ausf.-Dauer	Positionsnummer

56 Strauch einschlagen KG **573**

Strauchpflanze liefern und auf der Baustelle gem. Angaben des AG bis zur Verwendung einschlagen. Lieferung wird gesondert vergütet.
Bodengruppe: .....

3€	5€	**5€**	6€	7€	[St]	⏱ 0,30h/St	303.000.209

57 Hochstamm einschlagen KG **573**

Hochstamm liefern und auf der Baustelle gem. Angaben des AG bis zur Verwendung einschlagen. Lieferung wird gesondert vergütet. .
Bodengruppe: .....

15€	17€	**18€**	22€	23€	[St]	⏱ 1,15h/St	303.000.210

58 Heckenpflanzen nach Einschlag pflanzen KG **573**

Heckenpflanzen bauseits lagernd, aus Einschlagort entnehmen und gem. Pflanzplan in vorbereiteten Pflanzgraben pflanzen. Die Pflanzgrube ist mit seitlich lagerndem Boden zu verfüllen. Ein Gießrand ist herzustellen. Anwässern nach Bedarf.
Gehölzart: .....

5€	6€	**7€**	7€	9€	[St]	⏱ 0,10h/St	303.000.211

59 Strauchpflanzen nach Einschlag pflanzen KG **573**

Strauchpflanzen bauseits lagernd, aus Einschlagort entnehmen und gem. Pflanzplan in vorbereitete Pflanzgrube pflanzen. Die Pflanzgrube ist mit seitlich lagerndem Boden zu verfüllen. Ein Gießrand ist herzustellen. Anwässern nach Bedarf.
Gehölzart: .....

4€	7€	**8€**	9€	11€	[St]	⏱ 1,00h/St	303.000.212

60 Solitär/Hochstamm nach Einschlag pflanzen KG **573**

Solitär/Hochstamm bauseits lagernd, aus Einschlagort entnehmen und gem. Pflanzplan in vorbereitete Pflanzgrube pflanzen. Die Pflanzgrube ist mit seitlich lagerndem Boden zu verfüllen. Ein Gießrand ist herzustellen. Anwässern nach Bedarf.
Gehölzart:

24€	31€	**33€**	36€	42€	[St]	⏱ 1,10h/St	303.000.213

61 Bodendecker und Stauden nach Einschlag pflanzen KG **573**

Bodendecker und Stauden bauseits lagernd, aus Einschlagort entnehmen und gem. Pflanzplan in vorbereitete Pflanzgrube pflanzen. Die Pflanzgrube ist mit seitlich lagerndem Boden zu verfüllen. Ein Gießrand ist herzustellen. Anwässern nach Bedarf.
Gehölzart:

5€	6€	**6€**	7€	7€	[m²]	⏱ 0,30h/m²	303.000.214

► min
▷ von
ø Mittel
◁ bis
◄ max

Nr.	Kurztext / Langtext						Kostengruppe
▶	▷	ø netto €	◁	◀	[Einheit]	Ausf.-Dauer	Positionsnummer

62 Fertigstellungspflege, Sträucher KG **573**

Fertigstellungspflege gem. DIN 18916 der Sträucher:

- Pflanzfläche Wässern
- Pflanzfläche, lockern hierbei sind die Besonderheiten des Bewuchs zu beachten
- unerwünschter Aufwuchs ist abzutrennen und zu entfernen
- Steine Durchmesser größer 5cm und Unrat aus gelockerten Flächen sind abzulesen
- Verankerungen sind zu überprüfen und gegebenenfalls nachzubessern
- trockene oder beschädigte Pflanzenteile abschneiden und entfernen
- Pflanzenschnitt entsprechend den Besonderheiten der betreffenden Pflanzenart durchführen
- Wunden an Gehölze behandeln

Die Leistung umfasst 5 Arbeitsgänge im Jahr, Fertigstellungspflege für 1 Jahr nach erfolgter Pflanzung. Zusätzlich erforderlich werdende Pflegegänge werden auf Nachweis vergütet.

52€	60€	**64€**	64€	83€	[St]	⏱ 1,20h/St	303.000.245

63 Pflanzflächen wässern, Wasser liefern KG **573**

Pflanzfläche wässern mit zu lieferndem Wasser. Die Anzahl der Arbeitsgänge ist abhängig von den natürlichen Niederschlägen und mit AG abzustimmen.
Menge je Arbeitsgang: 25 l/m²

2€	3€	**3€**	4€	6€	[m²]	⏱ 0,05h/m²	303.000.190

64 Pflanzenverankerung, zwei Baumpfähle KG **573**

Pflanzenverankerung von Straßenbäumen im Straßenraum mit zwei senkrechten Baumpfählen, Zopf und Bindegurt.
Pfähle: unbehandelt, weißgeschält
Pfahllänge: 300 cm
Zopfdicke: 4-5 cm
Bindegut: Kokosstrick, mitteldick 12 g/m

44€	57€	**62€**	70€	88€	[St]	⏱ 0,80h/St	303.000.247

65 Pflanzenverankerung, Pfahl-Dreibock KG **573**

Pflanzenverankerung von Straßenbäumen mit Pfahl-Dreibock mit Rahmen aus Halbrundhölzern, Zopf und Bindegurt. Die drei Baumpfähle sind oben im Dreieck zu versteifen.
Pfähle: unbehandelt, weißgeschält
Pfahllänge: 300 cm
Zopfdicke: 4-5 cm
Bindegut: Kokosstrick, mitteldick 12 g/m

62€	83€	**94€**	113€	152€	[St]	⏱ 1,00h/St	303.000.248

66 Bewässerungssack Neupflanzungen, 60l KG **573**

Montage eines Baumbewässerungssackes nach erfolgter Pflanzung für die ersten 2-3 Jahren vom Frühjahr bis Spätsommer je nach Bodenfeuchte und natürlicher Niederschlagsmenge. Der Bewässerungssack ist um den Stamm zu legen und wird mit einem Reißverschluss fixiert und anschließend mit Wasser füllen.
Baumbewässerungssack: 60 l
Farbe: grün

13€	18€	**19€**	22€	23€	[St]	–	303.000.376

Nr.	Kurztext / Langtext						Kostengruppe
►	▷	ø netto €	◁	◀	[Einheit]	Ausf.-Dauer	Positionsnummer

67 Baumbelüftungs- und Entwässerungs-Set KG **573**

Material liefern und das Rohr ringförmig um den Wurzelballen nach Planung verlegen, mit dem T-Stück verbinden und bis nach oben mit dem Dränrohr verlängern in geplanter Höhe einbauen.
Material: ca. 5,0 m flexibles Dränrohr, PVC-U, mit erhöhter Luft- und Wassereintrittsfläche >80 cm²/m
Nenndurchmesser: DN80

6€	8€	**8€**	9€	10€	[St]	–	303.000.296

68 Abdeckelement für Baumbelüftungs- und Entwässerungs-Set KG **573**

Universelles Abdeckelement verschließbar, geeignet für Bewässerung und Belüftung zum Anschluss an Baumbelüftungs- und Entwässerungsrohr.
Abdeckung: druckfestem Aluminiumguss
Entwässerungsrohr: DN80

42€	56€	**62€**	70€	75€	[St]	–	303.000.297

Kosten:
Stand 2. Quartal 2025
Bundesdurchschnitt

A 2 Zaun, Viereck-Drahtgeflecht Beschreibung für Pos. **69-72**

Drahtgeflechtbespannung aus kunststoffummanteltem Viereckdrahtgeflecht mit Rundrohrpfosten, Abdeckkappen, End- und Eckstreben. Leistung einschl. Fundament- und Verspannarbeiten, einschl. Erdarbeiten. (Beschreibung der Homogenbereiche nach Unterlagen des AG.)
Korrosionsbelastung DIN EN 12944: Klasse **C1 / C2**
Korrosionsschutz für Zeitraum Klasse: **L= 2-5 / M= 5-15 / H= über 15** Jahre

69 Zaun, Viereck-Drahtgeflecht, 0,80m KG **541**

Wie Ausführungsbeschreibung A 2
Anzahl Eckstreben: ..... St
Anzahl Endstreben: 4 St
Betonfundamente: C12/15
Fundamentmaße (L x B x T): ..... x ..... x ..... cm
Zaunhöhe: 0,80 m
Pfostendurchmesser: 60 mm
Farbe: grün
Maschenweite: ..... mm
Pfostenabstand: 2,50 m

26€	35€	**39€**	43€	49€	[m]	⏱ 0,20 h/m	303.000.249

70 Zaun, Viereck-Drahtgeflecht, 1,25m KG **541**

Wie Ausführungsbeschreibung A 2
Anzahl Eckstreben: ..... St
Anzahl Endstreben: 4 St
Betonfundamente: C12/15
Fundamentmaße (L x B x T): ..... x ..... x ..... cm
Zaunhöhe: 1,25 m
Pfostendurchmesser: 60 mm
Farbe: grün
Maschenweite: ..... mm
Pfostenabstand: 2,50 m

48€	52€	**55€**	58€	67€	[m]	⏱ 0,20 h/m	303.000.250

► min
▷ von
ø Mittel
◁ bis
◀ max

Nr.	Kurztext / Langtext						Kostengruppe
▶	▷	**ø netto €**	◁	◀	[Einheit]	Ausf.-Dauer	Positionsnummer

71 **Zaun, Viereck-Drahtgeflecht, 1,80m** KG **541**

Wie Ausführungsbeschreibung A 2
Anzahl Eckstreben: ..... St
Anzahl Endstreben: 4 St
Betonfundamente: C12/15
Fundamentmaße (L x B x T): ..... x ..... x ..... cm
Zaunhöhe: 1,80 m
Pfostendurchmesser: 60 mm
Farbe: grün
Maschenweite: ..... mm
Pfostenabstand: 2,50 m

55€ | 71€ | **74€** | 84€ | 99€ | [m] | ⏱ 0,20 h/m | 303.000.372

72 **Zaun, Viereck-Drahtgeflecht, 2,00m** KG **541**

Wie Ausführungsbeschreibung A 2
Anzahl Eckstreben: ..... St
Anzahl Endstreben: 4 St
Betonfundamente: C12/15
Fundamentmaße (L x B x T): ..... x ..... x ..... cm
Zaunhöhe: 2,00 m
Pfostendurchmesser: 60 mm
Farbe: grün
Maschenweite: ..... mm
Pfostenabstand: 2,50 m

59€ | 94€ | **102€** | 111€ | 132€ | [m] | ⏱ 0,30 h/m | 303.000.251

A 3 **Stabgitterzaun** Beschreibung für Pos. **73-75**

Stabgitterzaun aus Doppelstabmatte und waagrechten Doppelstäben, an den Kreuzpunkten im Rechteckverbund doppelt verschweißt. Pfosten aus feuerverzinktem, profiliertem Stahlblech mit PVC-U Abdeckkappen. Leistung inkl. Erd- und Fundamentarbeiten. (Beschreibung der Homogenbereiche nach Unterlagen des AG.)
Korrosionsbelastung DIN EN 12944: Klasse **C1 / C2**
Korrosionsschutz für Zeitraum Klasse: **L= 2-5 / M= 5-15 / H= über 15** Jahre

73 **Stabgitterzaun, 0,80m** KG **541**

Wie Ausführungsbeschreibung A 3
Fundamentmaße (L x B x T): ..... x ..... x ..... cm
Zaunhöhe: 1,20 m
Feldlänge: 0,80 m
Pfostenquerschnitt: 60 x 40 x 2 mm
Füllung: senkrecht 6 mm, waagrecht 8 mm
Maschenweite: 50 x 200 mm
Oberfläche: verzinkt

59€ | 70€ | **89€** | 102€ | 114€ | [m] | ⏱ 0,30 h/m | 303.000.186

Kosten:
Stand 2. Quartal 2025
Bundesdurchschnitt

Nr.	**Kurztext** / Langtext						Kostengruppe
▶	▷	**ø netto €**	◁	◀	[Einheit]	Ausf.-Dauer	Positionsnummer

74 **Stabgitterzaun, 1,40m** — KG **541**

Wie Ausführungsbeschreibung A 3
Fundamentmaße (L x B x T): ..... x ..... x ..... cm
Zaunhöhe: 1,40 m
Feldlänge: 2,50 m
Pfostenquerschnitt: 60 x 40 x 2 mm
Füllung: senkrecht 6 mm, waagrecht 8 mm
Maschenweite: 50 x 200 mm
Oberfläche: verzinkt

▶	▷	ø	◁	◀	Einheit	Ausf.-Dauer	Positionsnummer
81€	97€	**109€**	132€	140€	[m]	⏱ 0,34 h/m	303.000.187

75 **Stabgitterzaun, 1,80m** — KG **541**

Wie Ausführungsbeschreibung A 3
Fundamentmaße (L x B x T): ..... x ..... x ..... cm
Zaunhöhe: 1,80 m
Feldlänge: 2,50 m
Pfostenquerschnitt: 60 x 40 x 2 mm
Füllung: senkrecht 6 mm, waagrecht 8 mm
Maschenweite: 50 x 200 mm
Oberfläche: verzinkt

▶	▷	ø	◁	◀	Einheit	Ausf.-Dauer	Positionsnummer
93€	110€	**121€**	133€	151€	[m]	⏱ 0,37 h/m	303.000.188

76 **Holzzaun, Senkrechtzaun, 1,0m** — KG **541**

Holzzaun, einseitig, senkrechter Lattung, aus gefrästen Halbrundhölzer, mit 2 Riegeln und Holzpfosten. Inkl. Erd- und Fundamentarbeiten. Befestigung mit korrosionsbeständigen Schrauben.
Holzart: .....
Holzschutz: .....
Kopfausbildung: konisch zugespitzt
Durchmesser: 60 mm
Lattenabstand: 30 mm
Querriegel oben und unten: 28 x 90 mm
Pfosten: Rundholz
Durchmesser: 10 cm
Pfostenlänge: 160 cm
Pfostenabstand: ca. 3,00 m
Fundamentbeton: C12/15
Fundamentmaße (L x B x T): ..... x ..... x ..... cm
Zaunhöhe: 1,00 m

▶	▷	ø	◁	◀	Einheit	Ausf.-Dauer	Positionsnummer
180€	239€	**247€**	270€	328€	[m]	⏱ 0,70 h/m	303.000.283

▶ min
▷ von
ø Mittel
◁ bis
◀ max

77 Holzzaun, Staketenzaun KG **541**

Staketenzaun, Vierkantlatten, allseitig gehobelt, Holzpfosten quadratisch, inkl. Erd- und Fundamentarbeiten.
Holzart: .....
Holzschutz: .....
Vierkantlatten: 2 x 10 cm
Kopfausbildung: .....
Holzpfosten: 10 x 10 cm
Pfostenlänge: 1,60 m
Pfostenabstand ca. 3,00 m
Fundamentbeton: C12/15
Fundamentmaße (L x B x T): ..... x ..... x ..... cm
Zaunhöhe: 1,00 m

▶	▷	ø netto €	◁	◀	[Einheit]	Ausf.-Dauer	Positionsnummer
76€	96€	**104€**	121€	153€	[m]	⏱ 0,75h/m	303.000.285

78 Holzzauntüre, Senkrechtzaun KG **541**

Zauntür für Senkrechtzaun, einflüglig, Schlagrichtung DIN rechts/links, geschraubt mit Rundholzpfosten, Kastenschloss und Beschläge, inkl. Erd- und Fundamentierungsarbeiten.
Holzart: .....
Holzschutz: .....
Türgröße: 100 x 100 cm
Kopfausbildung: konisch zugespitzt
Durchmesser: 60 mm
Lattenabstand: 30 mm
Pfosten: Rundholz: 120/120 mm
Durchmesser: 10 cm
Pfostenlänge: 160 cm
Betonfundamente: C12/15
Fundamentmaße (L x B x T): ..... x ..... x ..... cm

▶	▷	ø netto €	◁	◀	[Einheit]	Ausf.-Dauer	Positionsnummer
262€	366€	**433€**	482€	568€	[St]	⏱ 0,60h/St	303.000.284

79 Drehflügeltor, einflüglig, lichte Weite 1,1m, H 1,2m KG **541**

Drehflügeltor für Stabgitterzaun, einflüglig, feuerverzinkt, mit Drückergarnitur, beidseitig fest, aus nichtrostendem Stahl, gebürstet.
Korrosionsbelastung DIN EN 12944: Klasse **C1 / C2**
Korrosionsschutz für Zeitraum Klasse: **L= 2-5 / M= 5-15 / H= über 15** Jahre
Lichte Weite: 1,10 m
Höhe: 1,20 m
Gesamtpfostenlänge: 1,70 m
Pulverbeschichtung: Farbe RAL nach Wahl des AG
Betonfundamente: C20/25

▶	▷	ø netto €	◁	◀	[Einheit]	Ausf.-Dauer	Positionsnummer
1.054€	1.327€	**1.380€**	1.415€	1.589€	[St]	⏱ 1,50h/St	303.000.260

Kosten:
Stand 2. Quartal 2025
Bundesdurchschnitt

Nr.	Kurztext / Langtext						Kostengruppe
▶	▷	ø netto €	◁	◀	[Einheit]	Ausf.-Dauer	Positionsnummer

80 Drehflügeltor, zweiflüglig, lichte Weite 2,5m, H 1,2m — KG **541**

Drehflügeltor für Stabgitterzaun, zweiflüglig, feuerverzinkt, mit Drückergarnitur, beidseitig fest, aus nichtrostendem Stahl, gebürstet.
Korrosionsbelastung DIN EN 12944: Klasse **C1 / C2**
Korrosionsschutz für Zeitraum Klasse: **L= 2-5 / M= 5-15 / H= über 15** Jahre
Lichte Weite: 2,50 m
Höhe: 1,20 m
Gesamtpfostenlänge: 1,70 m
Pulverbeschichtung: Farbe RAL nach Wahl des AG
Betonfundamente: C20/25

2.282€	2.873€	**2.909€**	2.960€	3.364€	[St]	⏱ 1,50h/St	303.000.261

81 Zaunpfosten, Stahlrohr — KG **541**

Zaunpfosten aus Stahlrohr, mit schwarzer Kunststoffkappe.
Korrosionsbelastung DIN EN 12944: Klasse **C1 / C2**
Korrosionsschutz für Zeitraum Klasse: **L= 2-5 / M= 5-15 / H= über 15** Jahre
Durchmesser: 40 mm
Länge: 200 cm
Fundamenttiefe: 50 cm

45€	67€	**79€**	90€	110€	[St]	⏱ 0,30h/St	303.000.253

82 Poller, Beton — KG **541**

Absperrpfosten aus Beton, Einbau in befestigter Fläche, einschl. Erd- und Fundamentarbeiten. (Beschreibung der Homogenbereiche nach Unterlagen des AG.)
Fundament: .....
Höhe über OK-Gelände: 0,90-1,00 m
Pfosten: 40 x 40 cm

537€	557€	**570€**	588€	613€	[St]	⏱ 1,05h/St	303.000.197

83 Poller, Stahl, beschichtet — KG **561**

Absperrpfosten Aluminium mit Sicherheitsschloss zum Herausnehmen des Pfosten inkl. Bodenhülse, Erd- und Fundamentarbeiten. (Beschreibung der Homogenbereiche nach Unterlagen des AG.)
Pfosten: ..... cm
Höhe über OK-Gelände: 0,90-1,00 m
Fundament: ..... cm
Oberfläche: weiß beschichtet mit rotem Folienring
Angeb. Fabrikat: .....

354€	449€	**479€**	527€	631€	[St]	⏱ 0,40h/St	303.000.280

84 Spielgerät, Einfachschaukel — KG **562**

Spielgerät als Gerüstschaukel liefern und aufbauen. Fundamente, Ausführung, Maße und Betongüte nach Angeben des Herstellers.
Sicherheitssitz: Gummi mit Aluminiumeinlage
Aufhängung: Einpunktaufhängung, lückenlos
Kettenaufnahme: Klemmadapter, Edelstahl
Liefernachweis: .....

2.175€	3.163€	**3.565€**	4.052€	5.059€	[St]	⏱ 3,20h/St	303.000.255

▶ min
▷ von
ø Mittel
◁ bis
◀ max

Nr.	Kurztext / Langtext						Kostengruppe
▶	▷	**ø netto €**	◁	◀	[Einheit]	Ausf.-Dauer	Positionsnummer

85 Spielgerät, Federwipptier KG **562**

Spielgerät als Federwipptier liefern, nach Angaben des Herstellers aufbauen, inkl. aller Fundament- und Nebenarbeiten.
Liefernachweis: .....

▶	▷	ø netto €	◁	◀	[Einheit]	Ausf.-Dauer	Positionsnummer
1.390€	1.606€	**1.719€**	1.841€	2.078€	[St]	⏱ 2,85h/St	303.000.254

86 Fassadenrinne, DN100 KG **551**

Flachrinne zur Entwässerung vor Fassaden mit Maschenrostabdeckung verzinkt, inkl. Formstücke und Anschlussarbeiten. Rinne mit bituminösen Abdichtung auf der Bodenplatte.
Nennweite: DN100
Belastungsklasse: A 15
Bauhöhe: 150 mm
Baulänge: 1,00 m
Bettungsdicke: ..... cm
Schlitzweite: ..... mm

▶	▷	ø netto €	◁	◀	[Einheit]	Ausf.-Dauer	Positionsnummer
165€	196€	**210€**	227€	270€	[m]	⏱ 0,42h/m	303.000.198

87 Entwässerungsrinne, Polymerbeton KG **551**

Entwässerungsrinne im Außenbereich aus Polymerbeton mit Kantenschutz aus verzinktem Stahl, schraubloser Arretierung, Rinnensohle mit 0,5% Eigengefälle und Gitterrostabdeckung.
Belastungsklasse: .....
Nenngröße: .....
Baulänge: ..... cm
Bauhöhe: ..... cm
Bettungsdicke: ..... cm
Abgang: .....
Angeb. Fabrikat: .....

▶	▷	ø netto €	◁	◀	[Einheit]	Ausf.-Dauer	Positionsnummer
323€	401€	**433€**	474€	592€	[St]	⏱ 0,46h/St	303.000.199

88 Entwässerungsrinne, Kl. A, Beton/Gussabdeckung KG **551**

Entwässerungsrinne im Außenbereich als Kastenrinne aus Betonfertigteilen, Brückenklasse 60, mit Abdeckung aus Gusseisen, Rinnensohle mit 0,3 bis 0,5% Eigengefälle. Rinnenversetzung in Beton C8/10 mit beidseitiger Rückenstütze.
Belastungsklasse: mind. D 400
Nennweite: .....
Baulänge: ..... cm
Bauhöhe: ..... cm
Bettungsdicke: 10 cm
Rückenstütze: 15 cm
Angeb. Fabrikat: .....

▶	▷	ø netto €	◁	◀	[Einheit]	Ausf.-Dauer	Positionsnummer
90€	127€	**141€**	161€	192€	[m]	⏱ 0,46h/m	303.000.200

Nr.	Kurztext / Langtext						Kostengruppe
▶	▷	ø netto €	◁	◀	[Einheit]	Ausf.-Dauer	Positionsnummer

89 Entwässerungsrinne, Kl. B, Beton/Gussabdeckung KG **551**

Entwässerungsrinne im Außenbereich als Kastenrinne aus Betonfertigteil, Brückenklasse 60, mit Abdeckung aus Gusseisen, Rinnensohle mit 0,3 bis 0,5% Eigengefälle inkl. Formstücke. Rinnenversetzung in Beton C8/10 mit beidseitiger Rückenstütze.
Belastungsklasse: B 125
Nennweite: .....
Baulänge: ..... cm
Bauhöhe: ..... cm
Bettungsdicke: 10 cm
Rückenstütze: 15 cm
Angeb. Fabrikat: .....

125€	150€	**155€**	189€	237€	[m]	⏱ 0,46h/m	303.000.201

Kosten:
Stand 2. Quartal 2025
Bundesdurchschnitt

90 Entwässerungsrinne, Klasse A, DN100 KG **551**

Entwässerungsrinne für Niederschlagswasser vor rollstuhlbefahrbaren Hauszugängen.
Belastungsklasse: A 15
Nennweite: 100
Mindesttiefe: 150 mm
Bettung: C12/15
OK Rinnenabdeckung 2 cm unter OKFF

160€	204€	**217€**	251€	267€	[m]	⏱ 0,45h/m	303.000.202

91 Abdeckung, Entwässerungsrinne, Guss, Bodenindikator KG **551**

Abdeckung für Entwässerungsrinne aus Gusseisen, nach DIN 32984 für Bodenindikatoren im öffentlichen Raum, schraublos arretiert. Passend zu System.
Nennweite: DN200
Klasse: A15 bis D400
Profilstruktur: **Leitstreifen / Aufmerksamkeitsfeld**

125€	148€	**162€**	172€	191€	[St]	⏱ 0,18h/St	303.000.203

92 Ablaufkasten, Klasse A, DN100 KG **551**

Ablaufkasten zu Entwässerungsrinne für Fußgänger- und Radfahrerverkehr, inkl. Anschluss an Abwasserleitung an KG-Rohr DN100.
Belastungsklasse: A15
Nennweite: 100
Mindesttiefe: 150 mm
Bettung: C12/15

290€	353€	**372€**	443€	469€	[St]	⏱ 0,40h/St	303.000.204

▶ min
▷ von
ø Mittel
◁ bis
◀ max

93 Dachfläche reinigen KG **363**

Reinigung des Untergrundes der Dachfläche von grober Verschmutzung. Stoffe sammeln und seitlich lagern. Abfall nicht gefährlich und nicht schadstoffbelastet.
Dicke: bis 2 cm

1€	2€	**2€**	3€	3€	[m²]	⏱ 0,03h/m²	303.000.286

Nr.	Kurztext / Langtext						Kostengruppe
►	▷	ø netto €	◁	◀	[Einheit]	Ausf.-Dauer	Positionsnummer

94 Durchwurzelungsschutzschicht, PVC-P 0,8mm — KG **363**

Durchwurzelungsschutzschicht aus Kunststoffbahnen, als zusätzliche Lage auf der Dachabdichtung, lose verlegen.
Material: Polyvinylchlorid (PVC-P) bitumenverträglich
Dicke: 0,8 mm

20€	25€	**27€**	32€	40€	[m2]	⏱ 0,15h/m2	303.000.287

95 Dachbegrünung, Trenn-, Schutz- und Speichervlies, 500 — KG **363**

Schutzlage als Schutz der Dachabdichtung vor mechanischer Beanspruchung und zur Wasserspeicherung lose verlegen.
Material: Chemiefaser
Dicke: ..... cm
Gewicht: 500 g/m2
Lagen: .....
Festigkeitsklasse: .....
Angeb. Fabrikat: .....

3€	6€	**7€**	7€	9€	[m2]	⏱ 0,04h/m2	303.000.288

96 Dränageelement, PE-Platte, 40mm, Dachbegrünung — KG **363**

Dränschicht für Dachbegrünung aus Kunststoffprofilplatten.
Einsatzbereich: Extensivbegrünung
Material: PE-Kunststoff
Plattendicke: 40 mm
Füllmaterial: .....
Druckfestigkeit max.: kg/m2
Füllvolumen: l/m2
Farbe: .....
Angeb. Fabrikat: .....

20€	22€	**22€**	23€	24€	[m2]	⏱ 0,12h/m2	303.000.289

97 Retentionselement, Dachbegrünung, 40mm — KG **363**

Retentionselement mit abflussverzögernder Wasserspeicherfunktion für Dachbegrünungen.
Material: .....
Flächengewicht: .....
Höhe: 40 mm
Druckfestigkeit: .....
Plattengröße: .....

14€	17€	**19€**	20€	24€	[m2]	–	303.000.370

98 Retentionselement, Dachbegrünung, 60mm — KG **363**

Retentionselement mit abflussverzögernder Wasserspeicherfunktion für Dachbegrünungen.
Material: .....
Flächengewicht: .....
Höhe: 60 mm
Druckfestigkeit: .....
Plattengröße: .....

21€	25€	**26€**	27€	30€	[m2]	–	303.000.371

Nr.	Kurztext / Langtext						Kostengruppe
▶	▷	ø netto €	◁	◀	[Einheit]	Ausf.-Dauer	Positionsnummer

99 Filtermatte, Dachbegrünung KG **363**

Filterschicht mit mechanisch befestigter Filtermatte zwischen Dränschicht und Intensivsubstrat.
Material: 100% PP-Endlosfaser, normal entflammbar GRK 2
Flächengewicht: 105 g/m²
Höchstzugkraft: 7,5 KN/m
Angeb. Fabrikat: .....

2€	2€	**3€**	3€	4€	[m²]	⏱ 0,03 h/m²	303.000.290

100 Kontrollschacht, extensive Dachbegrünung, Höhe bis 20cm KG **363**

Kontrollschacht für Dachflächen geeignet für Extensivbegrünung für Dachablauf inkl. Bodenplatte und Deckel, aufstockbar.
Material: Kunststoff
Schachthöhe: bis 20 cm
Durchmesser: 30 cm
Angeb. Fabrikat: .....

90€	105€	**112€**	140€	181€	[St]	⏱ 0,55 h/St	303.000.291

101 Sicherheitsstreifen, Kies, Dachbegrünung KG **363**

Sicherheitsstreifen aus gewaschenem Rundkies, im Bereich von Aufkantungen, An- und Abschlussbereiche von Einbauten.
Schüttdicke: 5 cm
Streifenbreite: 30cm
Körnung: 16/32

14€	21€	**23€**	30€	40€	[m²]	⏱ 0,16 h/m²	303.000.292

102 Kiesfangleiste, L-Profil, Dachbegrünung KG **363**

Kiesleiste für Dachbegrünung als Winkelprofil, gelocht.
Material: Aluminium
Kantungen: .....
Dicke: bis 2 mm
Höhe: .....
Dachneigung: bis 5°
Angeb. Fabrikat: .....

21€	25€	**27€**	30€	37€	[m]	⏱ 0,04 h/m	303.000.293

103 Einschichtsubstrat, extensive Dachbegrünung KG **363**

Vegetationstragschicht für einschichtige Dachbegrünung als Vegetationssubstrat für Extensivbegrünung.
Schichtdicke: 8 cm
Anteil Organische Substanz bei Trockensubstanz: 0%
Gewicht wassergesättigt: max. 800 kg/m³
Angeb. Fabrikat: .....

21€	25€	**27€**	30€	35€	[m²]	⏱ 0,09 h/m²	303.000.294

Kosten:
Stand 2. Quartal 2025
Bundesdurchschnitt

▶ min
▷ von
ø Mittel
◁ bis
◀ max

Nr.	Kurztext / Langtext						Kostengruppe
▶	▷	**ø netto €**	◁	◀	[Einheit]	Ausf.-Dauer	Positionsnummer

104 Mehrschichtsubstrat, extensive Dachbegrünung KG **363**

Vegetationstragschicht für mehrschichtige Dachbegrünung als Vegetationssubstrat für Intensivbegrünung.Die Eigenschaften haben die Anforderungen der FLL-Richtlinien an Vegetationssubstrate für Extensivbegrünungen und Vorgaben der Düngemittelverordnung zu entsprechen.
Schichtdicke: 10 cm
Anteil Organische Substanz bei Trockensubstanz: 0%
Gewicht wassergesättigt: max. 800 kg/m³
Angeb. Fabrikat: ....

27€	31€	**32€**	34€	38€	[m²]	⏱ 0,15h/m²	303.000.295

105 Trockenansaat, extensive Dachbegrünung, Saatgutmischung KG **363**

Ansaat der Dachbegrünung im Trockensaatverfahren mit Sedum-Sprossen in Sorten, inkl. Düngung und durchdringendes Wässern.
Saatgutmenge: ca. 50-80 g/m²
Düngung: ca. 30 g/m²
Angeb. Fabrikat: .....

3€	4€	**4€**	4€	5€	[m²]	⏱ 0,04h/m²	303.000.373

106 Stundensatz, Facharbeiter/-in

Stundenlohnarbeiten für Vorarbeiter/-in, Facharbeiter/-in und Gleichgestellte. Der Verrechnungssatz für die jeweilige Arbeitskraft umfasst sämtliche Aufwendungen wie Lohn- und Gehaltskosten, Lohn- und Gehaltsnebenkosten, Zuschläge, lohngebundene und lohnabhängige Kosten, sonstige Sozialkosten, Gemeinkosten, Wagnis und Gewinn. Leistung nach besonderer Anordnung der Bauüberwachung. Anmeldung und Nachweis gem. VOB/B.

71€	80€	**84€**	86€	93€	[h]	⏱ 1,00h/h	303.000.262

107 Stundensatz, Helfer/-in

Stundenlohnarbeiten für Werker/-in, Helfer/-in und Gleichgestellte. Der Verrechnungssatz für die jeweilige Arbeitskraft umfasst sämtliche Aufwendungen wie Lohn- und Gehaltskosten, Lohn- und Gehaltsnebenkosten, Zuschläge, lohngebundene und lohnabhängige Kosten, sonstige Sozialkosten, Gemeinkosten, Wagnis und Gewinn. Leistung nach besonderer Anordnung der Bauüberwachung. Anmeldung und Nachweis gem. VOB/B.

53€	61€	**65€**	72€	82€	[h]	⏱ 1,00h/h	303.000.263

304

Kosten:
Stand 2. Quartal 2025
Bundesdurchschnitt

▶ min
▷ von
ø Mittel
◁ bis
◀ max

Nr.	Positionen	Einheit	▶	▷	ø brutto € / ø netto €	◁	◀
1	Heckenpflanze, Carpinus betulus	St	18	20	**22**	24	27
			15	17	**19**	20	23
2	Heckenpflanze, Buxus sempervierens	St	9	12	**12**	13	17
			8	10	**10**	11	14
3	Heckenpflanze, Ligustrum vulgare	St	6	8	**9**	11	15
			5	7	**8**	9	12
4	Heckenpflanze, Prunus laurocerrasus	St	50	60	**64**	76	92
			42	51	**54**	64	78
5	Solitär, Carpinus betulus Fastigiata	St	169	249	**263**	267	322
			142	209	**221**	225	270
6	Solitär, Aesculus carnea, StU bis 20cm	St	213	473	**595**	637	836
			179	397	**500**	535	702
7	Solitär, Acer platanoides	St	415	544	**586**	647	794
			348	457	**492**	544	668
8	Solitär, Acer campestre	St	370	477	**532**	569	726
			311	401	**447**	478	610
9	Solitär, Prunus avium	St	367	434	**474**	508	581
			308	364	**398**	427	488
10	Solitär, Tilia cordata	St	477	579	**621**	678	763
			401	486	**522**	570	641
11	Solitär, Pinus sylvetris	St	473	697	**856**	911	1.044
			398	586	**719**	766	877
12	Solitär, Betula pendula	St	394	456	**490**	523	580
			331	383	**412**	439	488
13	Solitär, Carpinus betulus	St	406	449	**481**	542	618
			341	377	**404**	455	519
14	Solitär, Fraxinus excelsior	St	330	395	**430**	453	524
			277	332	**361**	381	440
15	Solitär, Sorbus aucuparia	St	256	362	**414**	492	646
			215	304	**348**	413	543
16	Solitär, Corylus colurna	St	301	399	**464**	485	594
			253	335	**390**	408	499
17	Solitär, Aesculus carnea	St	523	621	**691**	729	826
			440	522	**581**	612	694
18	Obstgehölz, Malus	St	243	361	**397**	471	644
			204	303	**333**	396	541
19	Obstgehölz, Malus Evereste	St	324	428	**439**	479	564
			272	360	**369**	403	474
20	Straßenbaum, stadtklimaresistent, Acer platanoides	St	–	672	**731**	797	–
			–	565	**614**	669	–
21	Straßenbaum, stadtklimaresistent, Acer platanoides "Columnare"	St	468	618	**679**	733	828
			394	519	**570**	616	696
22	Straßenbaum, stadtklimaresistent, Prunus x schmittii	St	–	495	**572**	641	–
			–	416	**481**	538	–
23	Straßenbaum, stadtklimaresistent, Tilia x europaea	St	–	699	**760**	881	–
			–	587	**639**	741	–

Nr.	Positionen	Einheit	▶	▷	ø brutto € / ø netto €	◁	◀
24	Straßenbaum, stadtklimaresistent, Malus sylvestris	St	–	427	**454**	522	–
			–	359	**382**	439	–
25	Straßenbaum, stadtklimaresistent, Cornus mas	St	329	444	**477**	544	572
			277	373	**401**	457	481
26	Straßenbaum, stadtklimaresistent, Tilia cordata "Greenspire"	St	–	625	**679**	775	–
			–	525	**571**	651	–
27	Straßenbaum, stadtklimaresistent, Robinia pseudoacacia "Nyirsegi"	St	430	581	**632**	701	771
			361	488	**531**	589	648
28	Anlagenbaum, stadtklimaresistent, Prunus avium	St	396	535	**582**	640	686
			332	450	**489**	538	577
29	Anlagenbaum, stadtklimaresistent, Prunus cerasus	St	–	407	**442**	478	–
			–	342	**372**	402	–
30	Anlagenbaum, stadtklimaresistent, Salix caprea	St	–	510	**549**	620	–
			–	429	**461**	521	–
31	Anlagenbaum, stadtklimaresistent, Salix alba	St	–	500	**538**	586	–
			–	420	**452**	492	–
32	Obstgehölz, Malus Eleyi	St	73	97	**101**	111	137
			61	82	**85**	94	115
33	Obstgehölz, Straßenbaum Pyrus calleryana Chanticleer	St	404	524	**585**	596	802
			340	440	**492**	500	674
34	Obstgehölz, Prunus serrulata	St	380	458	**497**	507	547
			319	385	**418**	426	460
35	Weidentunnel, Salix alba	St	5	8	**9**	11	13
			4	7	**8**	9	11
36	Strauch, Salix purpurea	St	3	4	**5**	7	10
			3	4	**5**	6	9
37	Strauch, Amelanchier lamarckii	St	48	64	**69**	74	90
			40	54	**58**	62	75
38	Strauch, Amelanchier laevis	St	128	149	**156**	164	179
			108	125	**131**	138	150
39	Strauch, Corylus avellana	St	32	37	**41**	46	55
			27	31	**34**	39	46
40	Strauch, Rhododendron in Sorten	St	65	75	**78**	82	92
			55	63	**66**	69	77
41	Strauch, Hydrangea	St	21	26	**27**	30	40
			17	21	**23**	25	33
42	Strauch, Syringa vulgaris	St	51	78	**88**	102	139
			43	66	**74**	85	116
43	Strauch, Cornus mas	St	50	62	**64**	77	98
			42	52	**54**	65	82
44	Strauch, Taxus baccata	St	89	129	**153**	175	249
			75	109	**128**	147	210
45	Strauch, Taxus media	St	85	108	**116**	127	150
			71	90	**97**	106	126
46	Strauch, Berberis	St	24	28	**30**	30	33
			20	24	**25**	26	28

Nr.	Positionen	Einheit	►	▷	ø brutto € / ø netto €	◁	◄
47	Strauch, Cotoneaster dammeri	St	3	4	**5**	6	8
			2	3	**4**	5	7
48	Strauchpflanze, Crataegus monogyna	St	42	55	**64**	75	102
			35	47	**54**	63	86
49	Strauch, Lonicera nitida	St	2	3	**4**	5	8
			2	3	**4**	4	7
50	Strauch, Lonicera xylosteum	St	3	7	**8**	10	15
			2	6	**6**	9	12
51	Staude, Ziergräser in Sorten	St	3	4	**4**	4	6
			2	3	**3**	4	5
52	Staude, Miscanthus sinensis	St	6	7	**7**	8	8
			5	6	**6**	6	7
53	Strauch, Rosa canina	St	4	6	**7**	10	13
			3	5	**6**	8	11
54	Strauch, wilde Rosen in Sorten	St	5	6	**7**	7	8
			4	5	**6**	6	7
55	Staude, Vinca minor	St	2	3	**3**	3	4
			2	2	**3**	3	3
56	Staude, Alchemilla mollis	St	3	3	**3**	4	4
			2	3	**3**	3	4
57	Staude, Geranium macororrhizum	St	2	3	**3**	3	4
			2	2	**3**	3	3
58	Staude, Geranium sanguineum	St	2	3	**3**	3	4
			2	3	**3**	3	3
59	Staude, Geranium x magnificum	St	3	4	**4**	5	6
			2	3	**4**	4	5

Kosten:
Stand 2. Quartal 2025
Bundesdurchschnitt

Nr.	**Kurztext** / Langtext						Kostengruppe
►	▷	**ø netto €**	◁	◄	[Einheit]	Ausf.-Dauer	Positionsnummer

1 Heckenpflanze, Carpinus betulus KG **573**

Carpinus betulus - Hainbuche, liefern und pflanzen.
Pflanzqualität: Strauch, 2x verpflanzt mit Ballen
Höhe: 100-150 cm
Bodengruppe: .....

►	▷	ø	◁	◄	[Einheit]	Ausf.-Dauer	Positionsnummer
15€	17€	**19€**	20€	23€	[St]	⏱ 0,17h/St	304.000.112

2 Heckenpflanze, Buxus sempervierens KG **573**

Buxus sempervierens - Buchsbaum, liefern und pflanzen.
Pflanzqualität: Strauch, 2x verpflanzt **mit Ballen / im Container**
Höhe: 20-25 cm
Bodengruppe: .....

►	▷	ø	◁	◄	[Einheit]	Ausf.-Dauer	Positionsnummer
8€	10€	**10€**	11€	14€	[St]	⏱ 0,17h/St	304.000.113

► min
▷ von
ø Mittel
◁ bis
◄ max

Nr.	Kurztext / Langtext						Kostengruppe
▶	▷	**ø netto €**	◁	◀	[Einheit]	Ausf.-Dauer	Positionsnummer

3 Heckenpflanze, Ligustrum vulgare KG **573**

Ligustrum vulgare - Liguster, liefern und pflanzen.
Pflanzqualität: Strauch, 2x verpflanzt **mit Ballen / im Container**
Höhe: 20-25 cm
Bodengruppe: .....

5€	7€	**8€**	9€	12€	[St]	⏱ 0,17 h/St	304.000.114

4 Heckenpflanze, Prunus laurocerrasus KG **573**

Prunus laurocerrasus - Kirschlorbeer, liefern und pflanzen.
Pflanzqualität: Strauch, 2x verpflanzt ohne Ballen mit 5-7 Trieben
Höhe: 80-100 cm
Bodengruppe: .....

42€	51€	**54€**	64€	78€	[St]	⏱ 0,17 h/St	304.000.115

5 Solitär, Carpinus betulus Fastigiata KG **573**

Carpinus betulus Fastigiata - Säulen Hainbuche, liefern, in herzustellende Pflanzgrube pflanzen, einschl. Pflanzenverankerung.
Pflanzqualität: Hochstamm, 3x verpflanzt mit Drahtballen
Stammumfang: 10-12 cm
Bodengruppe: .....
Pflanzenverankerung: Pfahl-Zweibock
Pfähle: unbehandelt
Bindegut: Kokosstrick

142€	209€	**221€**	225€	270€	[St]	⏱ 2,60 h/St	304.000.111

6 Solitär, Aesculus carnea, StU bis 20cm KG **573**

Aesculus carnea - Rotblühende Rosskastanie, liefern, in herzustellende und wieder zu verfüllende Pflanzgrube pflanzen.
Pflanzqualität: Hochstamm, 4x verpflanzt mit Drahtballen
Stammumfang: 18-20 cm
Bodengruppe: .....

179€	397€	**500€**	535€	702€	[St]	⏱ 2,60 h/St	304.000.116

7 Solitär, Acer platanoides KG **573**

Acer platanoides - Spitz-Ahorn, liefern, in herzustellende und wieder zu verfüllende Pflanzgrube pflanzen.
Pflanzqualität: Hochstamm, 4x verpflanzt mit Drahtballen
Stammumfang: 18-20 cm
Bodengruppe: .....

348€	457€	**492€**	544€	668€	[St]	⏱ 2,60 h/St	304.000.117

8 Solitär, Acer campestre KG **573**

Acer campestre - Feld-Ahorn, liefern, in herzustellende und wieder zu verfüllende Pflanzgrube pflanzen.
Pflanzqualität: Hochstamm, 3x verpflanzt mit Drahtballen
Stammumfang: 18-20 cm
Bodengruppe: .....

311€	401€	**447€**	478€	610€	[St]	⏱ 2,60 h/St	304.000.118

Kosten:
Stand 2. Quartal 2025
Bundesdurchschnitt

► min
▷ von
ø Mittel
◁ bis
◄ max

Nr.	**Kurztext** / Langtext						Kostengruppe
►	▷	**ø netto €**	◁	◄	[Einheit]	Ausf.-Dauer	Positionsnummer

9 Solitär, Prunus avium KG **573**

Prunus avium - Vogelkirsche, liefern, in herzustellende und wieder zu verfüllende Pflanzgrube pflanzen.
Pflanzqualität: Hochstamm, 4x verpflanzt mit Drahtballen
Stammumfang: 20-22 cm
Bodengruppe: .....

308€	364€	**398€**	427€	488€	[St]	⏱ 3,40 h/St	304.000.119

10 Solitär, Tilia cordata KG **573**

Tilia cordata - Winterlinde, liefern, in herzustellende und wieder zu verfüllende Pflanzgrube pflanzen.
Pflanzqualität: Hochstamm, 4x verpflanzt mit Drahtballen
Stammumfang: 25-30 cm
Höhe: 400-500 cm
Breite: 200-300 cm
Bodengruppe: .....

401€	486€	**522€**	570€	641€	[St]	⏱ 3,40 h/St	304.000.120

11 Solitär, Pinus sylvetris KG **573**

Pinus sylvetris - Wald-Kiefer, liefern, in herzustellende und wieder zu verfüllende Pflanzgrube pflanzen.
Pflanzqualität: Hochstamm, 4x verpflanzt mit Drahtballen
Stammumfang: 18-20 cm
Höhe: 100-150 cm
Bodengruppe: .....

398€	586€	**719€**	766€	877€	[St]	⏱ 2,60 h/St	304.000.121

12 Solitär, Betula pendula KG **573**

Betula pendula - Hänge-Birke, liefern, in herzustellende und wieder zu verfüllende Pflanzgrube pflanzen, einschl. Pflanzenverankerung.
Pflanzqualität: Hochstamm, 3x verpflanzt
Stammumfang: 16-18 cm
Bodengruppe: .....

331€	383€	**412€**	439€	488€	[St]	⏱ 3,00 h/St	304.000.122

13 Solitär, Carpinus betulus KG **573**

Carpinus betulus - Hainbuche, liefern, in herzustellende und wieder zu verfüllende Pflanzgrube pflanzen, einschl. Pflanzenverankerung.
Pflanzqualität: Hochstamm, 3x verpflanzt
Stammumfang: 16-18 cm
Bodengruppe: .....

341€	377€	**404€**	455€	519€	[St]	⏱ 3,00 h/St	304.000.123

14 Solitär, Fraxinus excelsior KG **573**

Fraxinus excelsior - Gemeine Esche, liefern, in herzustellende und wieder zu verfüllende Pflanzgrube pflanzen.
Pflanzqualität: Hochstamm, 3x verpflanzt mit Drahtballen
Stammumfang: 16-18 cm
Bodengruppe: .....

277€	332€	**361€**	381€	440€	[St]	⏱ 2,00 h/St	304.000.124

Nr.	Kurztext / Langtext					Kostengruppe
▶	▷	ø netto €	◁	◀	[Einheit] Ausf.-Dauer	Positionsnummer

15 Solitär, Sorbus aucuparia KG **573**

Sorbus aucuparia - Gemeine Eberesche, liefern, in herzustellende und wieder zu verfüllende Pflanzgrube pflanzen.
Pflanzqualität: Hochstamm, 3x verpflanzt mit Drahtballen
Stammumfang: 16-18 cm
Bodengruppe: .....

215€ 304€ **348€** 413€ 543€ [St] ⏱ 2,00h/St 304.000.125

16 Solitär, Corylus colurna KG **573**

Corylus colurna - Baumhasel, liefern, in herzustellende und wieder zu verfüllende Pflanzgrube pflanzen.
Pflanzqualität: Hochstamm, 3x verpflanzt mit Drahtballen
Stammumfang: 16-18 cm
Bodengruppe: .....

253€ 335€ **390€** 408€ 499€ [St] ⏱ 2,00h/St 304.000.126

17 Solitär, Aesculus carnea KG **573**

Aesculus carnea - Blühende Rosskastanie, liefern, in herzustellende und wieder zu verfüllende Pflanzgrube pflanzen.
Pflanzqualität: Hochstamm, 3x verpflanzt mit Drahtballen
Stammumfang: 16-18 cm
Bodengruppe: .....

440€ 522€ **581€** 612€ 694€ [St] ⏱ 2,00h/St 304.000.127

18 Obstgehölz, Malus KG **573**

Malus - Obstgehölze in Sorten, liefern, in herzustellende und wieder zu verfüllende Pflanzgrube pflanzen.
Pflanzqualität: Hochstamm, 3x verpflanzt mit Drahtballen
Stammumfang: 16-18 cm
Bodengruppe: .....

204€ 303€ **333€** 396€ 541€ [St] ⏱ 2,30h/St 304.000.128

19 Obstgehölz, Malus Evereste KG **573**

Malus Evereste - Zier-Apfel, liefern, in herzustellende und wieder zu verfüllende Pflanzgrube pflanzen.
Pflanzqualität: Hochstamm, 3x verpflanzt mit Drahtballen
Stammumfang: 16-18 cm
Bodengruppe: .....

272€ 360€ **369€** 403€ 474€ [St] ⏱ 2,30h/St 304.000.129

20 Straßenbaum, stadtklimaresistent, Acer platanoides KG **573**

Acer platanoides "Allershausen" - Spitzahorn, liefern und einpflanzen.
Pflanzqualität: Solitär, H 3x verpflanzt mit Drahtballen
Besondere Eigenschaften: stadtklimaresistent, insektenfreundlich
Stammumfang; 16-18 cm

– 565€ **614€** 669€ – [St] ⏱ 2,30h/St 304.000.160

Nr.	Kurztext / Langtext						Kostengruppe
▶	▷	ø netto €	◁	◀	[Einheit]	Ausf.-Dauer	Positionsnummer

21 Straßenbaum, stadtklimaresistent, Acer platanoides "Columnare" KG **573**

Acer platanoides "Columnare" - Spitzahorn Säulenförmig, liefern und einpflanzen.
Pflanzqualität: Solitär, H 3x verpflanzt mit Drahtballen
Besondere Eigenschaft: stadtklimaresistent, insektenfreundlich
Stammumfang: 16-18 cm

394€	519€	**570€**	616€	696€	[St]	⏱ 2,40h/St	304.000.161

22 Straßenbaum, stadtklimaresistent, Prunus x schmittii KG **573**

Prunus x schmittii - Zierkirsche, liefern und einpflanzen.
Pflanzqualität: Solitär, H 3x verpflanzt mit Drahtballen
Stammumfang: 16-18 cm

–	416€	**481€**	538€	–	[St]	⏱ 2,00h/St	304.000.167

23 Straßenbaum, stadtklimaresistent, Tilia x europaea KG **573**

Tilia x europaea "Pallida" - Kaiserlinde, liefern und einpflanzen.
Pflanzqualität: Solitär, H 3x verpflanzt mit Drahtballen
Stammumfang: 16-18 cm

–	587€	**639€**	741€	–	[St]	⏱ 2,50h/St	304.000.168

24 Straßenbaum, stadtklimaresistent, Malus sylvestris KG **573**

Malus sylvestris - Holzapfel, liefern und einpflanzen.
Pflanzqualität: Solitär, H 3x verpflanzt mit Drahtballen
Stammumfang: 10-12 cm

–	359€	**382€**	439€	–	[St]	⏱ 1,90h/St	304.000.169

25 Straßenbaum, stadtklimaresistent, Cornus mas KG **573**

Kornus mas - Kornelkirsche, liefern und einpflanzen.
Pflanzqualität: Solitär, H 3x verpflanzt mit Drahtballen
Besondere Eigenschaft: stadtklimaresistent, insektenfreundlich
Stammumfang: 10-12 cm

277€	373€	**401€**	457€	481€	[St]	⏱ 0,30h/St	304.000.162

26 Straßenbaum, stadtklimaresistent, Tilia cordata "Greenspire" KG **573**

Tilia cordata "Greenspire" - Stadtlinde, liefern und einpflanzen.
Pflanzqualität: Solitär, H 3x verpflanzt mit Drahtballen
Besondere Eigenschaft: stadtklimaresistent, insektenfreundlich
Stammumfang: 16-18 cm

–	525€	**571€**	651€	–	[St]	⏱ 2,50h/St	304.000.163

27 Straßenbaum, stadtklimaresistent, Robinia pseudoacacia "Nyirsegi" KG **573**

Robinia pseudoacacia "Nyirsegi" - Robinie, liefern und einpflanzen.
Pflanzqualität: Solitär, H 3x verpflanzt mit Drahtballen
Besondere Eigenschaft: stadtklimaresistent, insektenfreundlich
Stammumfang: 16-18 cm

361€	488€	**531€**	589€	648€	[St]	⏱ 2,20h/St	304.000.164

Kosten:
Stand 2. Quartal 2025
Bundesdurchschnitt

▶ min
▷ von
ø Mittel
◁ bis
◀ max

Nr.	Kurztext / Langtext						Kostengruppe
▶	▷	ø netto €	◁	◀	[Einheit]	Ausf.-Dauer	Positionsnummer

28 Anlagenbaum, stadtklimaresistent, Prunus avium KG **573**

Prunus avium - Vogelkirsche, liefern und einpflanzen.
Pflanzqualität: Solitär, 3x verpflanzt mit Drahtballen
Besondere Eigenschaft: stadtklimaresistent, insektenfreundlich
Stammumfang: 16-18 cm

▶	▷	ø netto €	◁	◀	[Einheit]	Ausf.-Dauer	Positionsnummer
332€	450€	**489€**	538€	577€	[St]	⏱ 2,20h/St	304.000.165

29 Anlagenbaum, stadtklimaresistent, Prunus cerasus KG **573**

Prunus cerasus - Sauerkirsche, liefern und einpflanze.
Pflanzqualität: Solitär, 3x verpflanzt mit Drahtballen
Besondere Eigenschaft: stadtklimaresistent, insektenfreundlich
Stammumfang: 14-16 cm

▶	▷	ø netto €	◁	◀	[Einheit]	Ausf.-Dauer	Positionsnummer
–	342€	**372€**	402€	–	[St]	⏱ 2,00h/St	304.000.166

30 Anlagenbaum, stadtklimaresistent, Salix caprea KG **573**

Salix caprea - Sal-Weide, liefern und einpflanze.
Pflanzqualität: Solitär, 3x verpflanzt mit Drahtballen
Stammumfang: 16-18 cm

▶	▷	ø netto €	◁	◀	[Einheit]	Ausf.-Dauer	Positionsnummer
–	429€	**461€**	521€	–	[St]	⏱ 2,00h/St	304.000.170

31 Anlagenbaum, stadtklimaresistent, Salix alba KG **573**

Salix alba - Silberweide, liefern und einpflanze.
Pflanzqualität: Solitär, 3x verpflanzt mit Drahtballen
Stammumfang: 16-18 cm

▶	▷	ø netto €	◁	◀	[Einheit]	Ausf.-Dauer	Positionsnummer
–	420€	**452€**	492€	–	[St]	⏱ 2,00h/St	304.000.171

32 Obstgehölz, Malus Eleyi KG **573**

Malus Eleyi - Zier-Apfel, liefern, in herzustellende und wieder zu verfüllende Pflanzgrube pflanzen.
Pflanzqualität: Hochstamm, 3x verpflanzt mit Drahtballen
Stammumfang: 16-18 cm
Bodengruppe: .....

▶	▷	ø netto €	◁	◀	[Einheit]	Ausf.-Dauer	Positionsnummer
61€	82€	**85€**	94€	115€	[St]	⏱ 2,30h/St	304.000.130

33 Obstgehölz, Straßenbaum Pyrus calleryana Chanticleer KG **573**

Pyrus calleryana 'Chanticleer' - Stadt-Birne liefern, in herzustellende und wieder zu verfüllende Pflanzgrube pflanzen.
Pflanzqualität: Hochstamm, 3x verpflanzt mit Drahtballen
Stammumfang: 16-18 cm
Bodengruppe: .....

▶	▷	ø netto €	◁	◀	[Einheit]	Ausf.-Dauer	Positionsnummer
340€	440€	**492€**	500€	674€	[St]	⏱ 2,30h/St	304.000.131

34 Obstgehölz, Prunus serrulata KG **573**

Prunus serrulata - Japanische Blütenkirsche, liefern, in herzustellende und wieder zu verfüllende Pflanzgrube pflanzen.
Pflanzqualität: Hochstamm, 3x verpflanzt mit Drahtballen
Stammumfang: 12-14 cm
Bodengruppe: .....

▶	▷	ø netto €	◁	◀	[Einheit]	Ausf.-Dauer	Positionsnummer
319€	385€	**418€**	426€	460€	[St]	⏱ 1,80h/St	304.000.132

Nr.	Kurztext / Langtext						Kostengruppe
▶	▷	ø netto €	◁	◀	[Einheit]	Ausf.-Dauer	Positionsnummer

35 Weidentunnel, Salix alba KG **573**

Salix alba - Silber-Weide, liefern und pflanzen. Pflanzruten als Weidentunnel mit einander verflechten.
Material: geeignet für Einbau als Weidentunnel
Qualität: zweijährig, schlank und gleichmäßig biegsam
Äste: Länge ca. 3,00 m

▶	▷	ø	◁	◀	Einheit	Ausf.-Dauer	Positionsnummer
4€	7€	**8€**	9€	11€	[St]	⏱ 0,08 h/St	304.000.133

36 Strauch, Salix purpurea KG **573**

Salix purpurea - Purpur-Weide, liefern, in herzustellende und wieder zu verfüllende Pflanzgrube pflanzen.
Pflanzqualität: Strauch, 4 Triebe ohne Ballen
Höhe: 100-150 cm
Bodengruppe: .....

▶	▷	ø	◁	◀	Einheit	Ausf.-Dauer	Positionsnummer
3€	4€	**5€**	6€	9€	[St]	⏱ 0,65 h/St	304.000.134

Kosten:
Stand 2. Quartal 2025
Bundesdurchschnitt

37 Strauch, Amelanchier lamarckii KG **573**

Amelanchier lamarckii - Kupfer-Felsenbirne, liefern, in herzustellende und wieder zu verfüllende Pflanzgrube pflanzen.
Pflanzqualität: Strauch, 3x verpflanzt 3-5 Triebe mit Ballen
Höhe: 100-150 cm
Bodengruppe: .....

▶	▷	ø	◁	◀	Einheit	Ausf.-Dauer	Positionsnummer
40€	54€	**58€**	62€	75€	[St]	⏱ 0,95 h/St	304.000.135

38 Strauch, Amelanchier laevis KG **573**

Amelanchier laevis - Hängende Felsenbirne, liefern, in herzustellende und wieder zu verfüllende Pflanzgrube pflanzen.
Pflanzqualität: Strauch, 3x verpflanzt mit Drahtballen
Höhe: 125-150 cm
Bodengruppe: .....

▶	▷	ø	◁	◀	Einheit	Ausf.-Dauer	Positionsnummer
108€	125€	**131€**	138€	150€	[St]	⏱ 0,95 h/St	304.000.136

39 Strauch, Corylus avellana KG **573**

Corylus avellana - Gewöhnliche Haselnuss, liefern, in herzustellende und wieder zu verfüllende Pflanzgrube pflanzen.
Pflanzqualität: Strauch, 3x verpflanzt mit Ballen
Höhe: 125-150 cm
Bodengruppe: .....

▶	▷	ø	◁	◀	Einheit	Ausf.-Dauer	Positionsnummer
27€	31€	**34€**	39€	46€	[St]	⏱ 0,95 h/St	304.000.137

▶ min
▷ von
ø Mittel
◁ bis
◀ max

40 Strauch, Rhododendron in Sorten KG **573**

Rhododendron in Sorten, liefern, in herzustellende und wieder zu verfüllende Pflanzgrube pflanzen.
Pflanzqualität: Strauch, im Container ..... Liter
Höhe: 40-50 cm
Bodengruppe: .....

▶	▷	ø	◁	◀	Einheit	Ausf.-Dauer	Positionsnummer
55€	63€	**66€**	69€	77€	[St]	⏱ 0,25 h/St	304.000.138

Nr.	**Kurztext** / Langtext						Kostengruppe
▶	▷	**ø netto €**	◁	◀	[Einheit]	Ausf.-Dauer	Positionsnummer

41 **Strauch, Hydrangea** KG **573**

Hydrangea - Hortensien in Sorten, liefern, in herzustellende und wieder zu verfüllende Pflanzgrube pflanzen.
Pflanzqualität: Strauch, 2x verpflanzt im Container 3 Liter
Höhe: 40-60 cm
Bodengruppe: .....

17€ | 21€ | **23€** | 25€ | 33€ | [St] | ⏱ 0,20h/St | 304.000.139

42 **Strauch, Syringa vulgaris** KG **573**

Syringa vulgaris - Gemeiner Flieder, liefern, in herzustellende und wieder zu verfüllende Pflanzgrube pflanzen.
Pflanzqualität: Strauch, 3x verpflanzt mit Ballen
Höhe: 125-150 cm
Bodengruppe: .....

43€ | 66€ | **74€** | 85€ | 116€ | [St] | ⏱ 0,25h/St | 304.000.140

43 **Strauch, Cornus mas** KG **573**

Cornus mas - Kornellkirsche, liefern, in herzustellende und wieder zu verfüllende Pflanzgrube pflanzen.
Pflanzqualität: Strauch, 3x verpflanzt mit Ballen
Höhe: 150-175 cm
Bodengruppe: .....

42€ | 52€ | **54€** | 65€ | 82€ | [St] | ⏱ 0,25h/St | 304.000.141

44 **Strauch, Taxus baccata** KG **573**

Taxus baccata - Gewöhnliche Eibe, liefern, in herzustellende und wieder zu verfüllende Pflanzgrube pflanzen.
Pflanzqualität: Strauch, 5x verpflanzt mit Drahtballen
Höhe: 80-100 cm
Bodengruppe: .....

75€ | 109€ | **128€** | 147€ | 210€ | [St] | ⏱ 0,30h/St | 304.000.142

45 **Strauch, Taxus media** KG **573**

Taxus media - Heckeneibe, liefern, in herzustellende und wieder zu verfüllende Pflanzgrube pflanzen.
Pflanzqualität: Strauch, 5x verpflanzt mit Drahtballen
Höhe: 80-100 cm
Bodengruppe: .....

71€ | 90€ | **97€** | 106€ | 126€ | [St] | ⏱ 0,25h/St | 304.000.143

46 **Strauch, Berberis** KG **573**

Berberis - Berberitze in Sorten liefern, in herzustellende und wieder zu verfüllende Pflanzgrube pflanzen.
Pflanzqualität: Strauch, 2x verpflanzt mit Ballen
Höhe: 40-50 cm
Bodengruppe: .....

20€ | 24€ | **25€** | 26€ | 28€ | [St] | ⏱ 0,25h/St | 304.000.144

Nr.	Kurztext / Langtext						Kostengruppe
▶	▷	ø netto €	◁	◀	[Einheit]	Ausf.-Dauer	Positionsnummer

47 Strauch, Cotoneaster dammeri — KG **573**

Cotoneaster dammeri - Zwergmispel, liefern, in herzustellende und wieder zu verfüllende Pflanzgrube pflanzen.
Pflanzqualität: Strauch, 2x verpflanzt im Container 2 Liter
Höhe: 40-60 cm
Bodengruppe: .....

▶	▷	ø	◁	◀	Einheit	Ausf.-Dauer	Positionsnummer
2€	3€	**4€**	5€	7€	[St]	⏱ 0,25h/St	304.000.145

48 Strauchpflanze, Crataegus monogyna — KG **573**

Crataegus monogyna - Rotdorn, liefern, in herzustellende und wieder zu verfüllende Pflanzgrube pflanzen.
Pflanzqualität: Strauch, 2x verpflanzt mit Drahtballen
Höhe: ..... cm
Bodengruppe: .....

▶	▷	ø	◁	◀	Einheit	Ausf.-Dauer	Positionsnummer
35€	47€	**54€**	63€	86€	[St]	⏱ 0,25h/St	304.000.159

49 Strauch, Lonicera nitida — KG **573**

Lonicera nitida - Immergrüne Heckenkirsche, liefern, in herzustellende und wieder zu verfüllende Pflanzgrube pflanzen.
Pflanzqualität: Strauch, 2x verpflanzt mit Topfballen
Topfgröße: .....
Höhe: 40-60 cm
Bodengruppe: .....

▶	▷	ø	◁	◀	Einheit	Ausf.-Dauer	Positionsnummer
2€	3€	**4€**	4€	7€	[St]	⏱ 0,25h/St	304.000.147

50 Strauch, Lonicera xylosteum — KG **573**

Lonicera xylosteum - Heckenkirsche, liefern, in herzustellende und wieder zu verfüllende Pflanzgrube pflanzen.
Pflanzqualität: Strauch, 2x verpflanzt, ohne Ballen, 5 Triebe
Höhe: 100-150 cm
Bodengruppe: .....

▶	▷	ø	◁	◀	Einheit	Ausf.-Dauer	Positionsnummer
2€	6€	**6€**	9€	12€	[St]	⏱ 0,65h/St	304.000.148

51 Staude, Ziergräser in Sorten — KG **573**

Ziergräser in verschiedenen Sorten liefern und pflanzen.
Pflanzqualität: Staude im Topfballen
Topfgröße: .....
Bodengruppe: .....

▶	▷	ø	◁	◀	Einheit	Ausf.-Dauer	Positionsnummer
2€	3€	**3€**	4€	5€	[St]	⏱ 0,04h/St	304.000.149

52 Staude, Miscanthus sinensis — KG **573**

Miscanthus sinensis - Feinhalm-Chinaschilf, liefern und pflanzen.
Pflanzqualität: Staude im Topfballen
Topfgröße: .....
Bodengruppe: .....

▶	▷	ø	◁	◀	Einheit	Ausf.-Dauer	Positionsnummer
5€	6€	**6€**	6€	7€	[St]	⏱ 0,04h/St	304.000.150

Kosten:
Stand 2. Quartal 2025
Bundesdurchschnitt

▶ min
▷ von
ø Mittel
◁ bis
◀ max

Nr.	Kurztext / Langtext						Kostengruppe
▶	▷	**ø netto €**	◁	◀	[Einheit]	Ausf.-Dauer	Positionsnummer

53 Strauch, Rosa canina KG **573**

Rosa canina - Heckenrose, liefern und pflanzen.
Pflanzqualität: Strauch, 1x verpflanzt, ohne Ballen, 3-4 Triebe
Höhe: 60-100 cm
Bodengruppe: .....

3€	5€	**6€**	8€	11€	[St]	⏱ 0,08h/St	304.000.151

54 Strauch, wilde Rosen in Sorten KG **573**

Wilde Rosen in Sorten liefern und pflanzen.
Pflanzqualität: Strauch, 1x verpflanzt 3-4 Triebe ohne Ballen
Bodengruppe: .....

4€	5€	**6€**	6€	7€	[St]	⏱ 0,08h/St	304.000.152

55 Staude, Vinca minor KG **573**

Vinca minor - Kleinblättriges Immergrün, liefern und pflanzen.
Pflanzqualität: Staude, 2x verpflanzt 6-10 Triebe mit Ballen
Topfgröße: .....
Bodengruppe: .....

2€	2€	**3€**	3€	3€	[St]	⏱ 0,04h/St	304.000.153

56 Staude, Alchemilla mollis KG **573**

Alchemilla mollis - Frauenmantel, liefern und pflanzen.
Pflanzqualität: Staude mit Topfballen
Topfgröße: .....
Bodengruppe: .....

2€	3€	**3€**	3€	4€	[St]	⏱ 0,04h/St	304.000.154

57 Staude, Geranium macororrhizum KG **573**

Geranium macororrhizum - Balkan-Storchenschnabel, liefern und pflanzen.
Pflanzqualität: Staude mit Topfballen
Topfgröße: .....
Bodengruppe: .....

2€	2€	**3€**	3€	3€	[St]	⏱ 0,04h/St	304.000.155

58 Staude, Geranium sanguineum KG **573**

Geranium sanguineum - Weißer Blut-Storchenschnabel, liefern und pflanzen.
Pflanzqualität: Staude mit Topfballen
Topfgröße: .....
Bodengruppe: .....

2€	3€	**3€**	3€	3€	[St]	⏱ 0,04h/St	304.000.156

Nr.	Kurztext / Langtext						Kostengruppe
►	▷	ø netto €	◁	◄	[Einheit]	Ausf.-Dauer	Positionsnummer

59 Staude, Geranium x magnificum KG **573**

Geranium x magnificum - Pracht-Storchenschnabel, liefern und pflanzen.
Pflanzqualität: Staude mit Topfballen
Topfgröße: .....
Bodengruppe: .....

►	▷	ø	◁	◄	Einheit	Ausf.-Dauer	Positionsnummer
2€	3€	**4€**	4€	5€	[St]	⏱ 0,04h/St	304.000.157

Kosten:
Stand 2. Quartal 2025
Bundesdurchschnitt

► min
▷ von
ø Mittel
◁ bis
◄ max

Kosten:
Stand 2. Quartal 2025
Bundesdurchschnitt

Nr.	Positionen	Einheit	►	▷	ø brutto € / ø netto €	◁	◄
1	Betonpflasterdecke ausbauen, fördern, abfahren	m²	9	13	**14**	15	19
			8	11	**12**	13	16
2	Betonpflasterdecke aufnehmen, lagern	m²	7	11	**12**	13	17
			6	9	**11**	11	14
3	Natursteinkleinpflaster, aufnehmen, lagern	m²	15	16	**17**	18	20
			12	14	**14**	15	16
4	Gehwegplatten ausbauen, lagern	m²	7	11	**11**	15	20
			6	9	**10**	12	17
5	Betonbordstein aufnehmen, entsorgen	m	15	17	**18**	21	27
			12	14	**15**	18	23
6	Bordstein, Naturstein, ausbauen, lagern	m	9	11	**12**	13	15
			8	9	**10**	11	12
7	Rasengittersteine ausbauen und entsorgen	m²	12	16	**18**	20	23
			10	13	**15**	17	20
8	Ziegelpflaster aufnehmen, entsorgen	m²	21	27	**29**	31	37
			18	23	**25**	26	31
9	Asphaltbelag aufbrechen, entsorgen	m²	26	33	**35**	39	47
			22	28	**29**	33	39
10	Abbruch Mauerwerk, Ziegel	m³	81	130	**144**	158	187
			68	110	**121**	132	157
11	Bruchsteinmauerwerk abbrechen	m³	–	231	**285**	344	–
			–	194	**239**	289	–
12	Abbruch, unbewehrte Betonteile	m³	90	122	**137**	150	176
			76	103	**115**	126	148
13	Befestigte Flächen aufnehmen, lagern	m²	11	14	**16**	17	20
			9	12	**14**	15	17
14	Treppen/Bordsteine/Kantensteine aufnehmen, entsorgen	m	11	15	**18**	18	23
			9	13	**15**	15	19
15	Außentreppenstufen abbrechen, Beton	St	238	287	**326**	369	405
			200	241	**274**	310	340
16	Terrassenbelag, Holz, abbauen, entsorgen	m²	–	15	**24**	33	–
			–	12	**20**	28	–
17	Entwässerungsrinne, ausbauen, entsorgen	m	11	16	**16**	21	26
			9	13	**14**	18	22
18	Mastleuchte abbrechen, entsorgen	St	–	194	**336**	456	–
			–	163	**282**	383	–
19	Tragschicht, Schotter aufnehmen, entsorgen	m³	34	42	**45**	48	52
			28	35	**38**	40	44
20	Tragschicht, Schotter aufnehmen, lagern	m²	4	5	**6**	6	8
			3	4	**5**	5	7
21	Untergrund verdichten, Wegeflächen	m²	2	2	**2**	3	5
			1	2	**2**	3	4
22	Untergrund verdichten, Fundamente	m²	2	2	**2**	2	2
			2	2	**2**	2	2
23	Planum herstellen	m²	1	2	**2**	3	5
			1	2	**2**	3	4
24	Frostschutzschicht, Schotter 0/32, bis 30cm	m²	17	23	**25**	30	39
			14	19	**21**	25	33

► min
▷ von
ø Mittel
◁ bis
◄ max

Nr.	Positionen	Einheit	►	▷	ø brutto € ø netto €	◁	◄
25	Frostschutzschicht, Schotter 0/45, bis 30cm	m²	18	24	**28**	32	42
			15	20	**23**	27	35
26	Frostschutzschicht, RCL 0/56, bis 30cm	m²	19	21	**22**	25	28
			16	18	**19**	21	24
27	Frostschutzschicht, Kies 0/16, bis 30cm	m²	14	16	**17**	19	21
			12	14	**14**	16	18
28	Frostschutzschicht, Kies 0/32, bis 30cm	m²	21	23	**25**	26	29
			17	19	**21**	22	25
29	Frostschutzschicht, Kies 0/45, bis 30cm	m²	17	20	**22**	23	26
			15	17	**18**	19	22
30	Tragschicht, Schotter 0/16, bis 30cm	m²	12	14	**15**	18	21
			10	12	**13**	15	18
31	Tragschicht, Schotter 0/32, bis 30cm	m²	15	19	**20**	22	26
			12	16	**17**	19	22
32	Tragschicht, Schotter 0/45, bis 30cm	m²	19	22	**23**	27	35
			16	18	**20**	23	29
33	Tragschicht, Kies 0/16, bis 30cm	m²	15	17	**17**	19	21
			13	15	**15**	16	18
34	Tragschicht, Kies 0/32, bis 30cm	m²	15	18	**20**	23	30
			13	15	**17**	20	25
35	Tragschicht, Kies 0/45, bis 30cm	m²	20	24	**27**	28	34
			17	20	**23**	24	28
36	Asphalttragschicht, 10cm	m²	26	30	**32**	35	41
			22	25	**27**	30	34
37	Rasentragschicht 0/32	m²	14	17	**19**	20	23
			12	14	**16**	17	20
38	Rasentragschicht 0/45	m²	17	25	**30**	33	40
			14	21	**25**	27	34
39	Rasenpflaster aus Beton	m²	64	70	**75**	79	90
			54	59	**63**	67	75
40	Frostschutzschicht, Schotter 0/16, bis 30cm	m²	17	21	**22**	24	30
			14	17	**18**	20	25
41	Betonplattenbelag, 40x40	m²	69	85	**91**	95	105
			58	71	**76**	80	89
42	Betonplattenbelag, großformatig	m²	84	100	**107**	134	164
			71	84	**90**	113	138
43	Balkonbelag, Betonwerkstein	m²	113	142	**159**	180	214
			95	119	**133**	152	179
44	Pflasterdecke, Betonpflaster	m²	52	57	**61**	64	67
			44	48	**52**	54	57
45	Pflasterdecke, Granit, 8x8	m²	115	137	**147**	155	171
			97	115	**124**	130	143
46	Pflasterdecke, Granit 9x9	m²	158	174	**182**	197	218
			133	146	**153**	165	183
47	Pflasterdecke, Granit 10x10	m²	172	174	**189**	203	230
			145	146	**159**	171	193
48	Pflasterdecke, Granit, 11x11	m²	189	203	**205**	218	237
			159	170	**172**	183	200

Kosten:
Stand 2. Quartal 2025
Bundesdurchschnitt

Straßen, Wege, Plätze							Preise €
Nr.	**Positionen**	**Einheit**	►	▷	**ø brutto €** ø netto €	◁	◄
49	Plattenbelag, Granit, 60x60	m²	102	121	**131**	141	165
			86	102	**110**	119	138
50	Plattenbelag, Basalt, 60x60	m²	193	260	**289**	326	355
			162	219	**243**	274	298
51	Plattenbelag, Travertin, 60x60	m²	163	207	**211**	215	272
			137	174	**177**	181	229
52	Plattenbelag, Sandstein, 60x60	m²	173	194	**207**	217	235
			145	163	**174**	182	198
53	Versickerungsfähiges Pflaster, Beton, 15x15	m²	45	60	**63**	73	80
			38	50	**53**	62	67
54	Versickerungsfähiges Pflaster, Beton, 30x15	m²	49	62	**67**	75	86
			42	52	**56**	63	72
55	Versickerungsfähiges Pflaster, Doppel-T-Verbundstein, 20x16,5cm	m²	31	42	**45**	51	55
			26	35	**38**	43	46
56	Pflasterzeile, Großformat, einzeilig	m	40	46	**47**	48	53
			34	39	**39**	40	45
57	Pflasterzeile, Granit, einzeilig, 15x17x17	m	51	60	**65**	75	100
			43	51	**54**	63	84
58	Pflasterzeile, Granit, dreizeilig	m	58	78	**89**	113	146
			49	66	**75**	95	122
59	Bordstein, Beton, 12x15x25, L=100cm	m	47	51	**52**	56	61
			39	43	**44**	47	52
60	Bordstein, Beton, 12x15x30, L=100cm	m	54	62	**65**	69	79
			46	52	**54**	58	66
61	Bordstein, Beton, 8x25, L=100cm	m	35	40	**43**	47	52
			29	34	**36**	40	44
62	Bordstein, Beton, 10x25cm, L=100cm	m	38	40	**41**	42	46
			32	34	**35**	35	39
63	Bordstein, Granit	m	60	82	**94**	108	137
			51	69	**79**	91	115
64	Blockstufe, Beton, 100x35x15	St	218	259	**288**	300	331
			184	217	**242**	252	278
65	Pflastersteine schneiden, Beton	m	22	26	**28**	34	43
			19	22	**23**	29	36
66	Plattenbelag schneiden, Beton	m	23	25	**27**	31	38
			19	21	**23**	26	32
67	Lastplattendruckversuch	St	266	347	**356**	392	454
			224	292	**299**	329	382
68	Wassergebundene Decke	m²	19	23	**24**	25	30
			16	20	**21**	21	25
69	Schotterrasen herstellen	m²	18	23	**26**	32	42
			15	20	**22**	27	35
70	Winkelstützmauerelement, Beton, Höhe 55cm	m	156	194	**210**	246	309
			131	163	**176**	206	260
71	Winkelstützmauerelement, Beton, Höhe 105cm	m	301	351	**363**	373	431
			253	295	**305**	314	362

► min
▷ von
ø Mittel
◁ bis
◄ max

Straßen, Wege, Plätze — Preise €

Nr.	Positionen	Einheit	►	▷	**ø brutto €** / ø netto €	◁	◄
25	Frostschutzschicht, Schotter 0/45, bis 30cm	m²	18	24	**28**	32	42
			15	20	**23**	27	35
26	Frostschutzschicht, RCL 0/56, bis 30cm	m²	19	21	**22**	25	28
			16	18	**19**	21	24
27	Frostschutzschicht, Kies 0/16, bis 30cm	m²	14	16	**17**	19	21
			12	14	**14**	16	18
28	Frostschutzschicht, Kies 0/32, bis 30cm	m²	21	23	**25**	26	29
			17	19	**21**	22	25
29	Frostschutzschicht, Kies 0/45, bis 30cm	m²	17	20	**22**	23	26
			15	17	**18**	19	22
30	Tragschicht, Schotter 0/16, bis 30cm	m²	12	14	**15**	18	21
			10	12	**13**	15	18
31	Tragschicht, Schotter 0/32, bis 30cm	m²	15	19	**20**	22	26
			12	16	**17**	19	22
32	Tragschicht, Schotter 0/45, bis 30cm	m²	19	22	**23**	27	35
			16	18	**20**	23	29
33	Tragschicht, Kies 0/16, bis 30cm	m²	15	17	**17**	19	21
			13	15	**15**	16	18
34	Tragschicht, Kies 0/32, bis 30cm	m²	15	18	**20**	23	30
			13	15	**17**	20	25
35	Tragschicht, Kies 0/45, bis 30cm	m²	20	24	**27**	28	34
			17	20	**23**	24	28
36	Asphalttragschicht, 10cm	m²	26	30	**32**	35	41
			22	25	**27**	30	34
37	Rasentragschicht 0/32	m²	14	17	**19**	20	23
			12	14	**16**	17	20
38	Rasentragschicht 0/45	m²	17	25	**30**	33	40
			14	21	**25**	27	34
39	Rasenpflaster aus Beton	m²	64	70	**75**	79	90
			54	59	**63**	67	75
40	Frostschutzschicht, Schotter 0/16, bis 30cm	m²	17	21	**22**	24	30
			14	17	**18**	20	25
41	Betonplattenbelag, 40x40	m²	69	85	**91**	95	105
			58	71	**76**	80	89
42	Betonplattenbelag, großformatig	m²	84	100	**107**	134	164
			71	84	**90**	113	138
43	Balkonbelag, Betonwerkstein	m²	113	142	**159**	180	214
			95	119	**133**	152	179
44	Pflasterdecke, Betonpflaster	m²	52	57	**61**	64	67
			44	48	**52**	54	57
45	Pflasterdecke, Granit, 8x8	m²	115	137	**147**	155	171
			97	115	**124**	130	143
46	Pflasterdecke, Granit 9x9	m²	158	174	**182**	197	218
			133	146	**153**	165	183
47	Pflasterdecke, Granit 10x10	m²	172	174	**189**	203	230
			145	146	**159**	171	193
48	Pflasterdecke, Granit, 11x11	m²	189	203	**205**	218	237
			159	170	**172**	183	200

Kosten:
Stand 2. Quartal 2025
Bundesdurchschnitt

▶ min
▷ von
ø Mittel
◁ bis
◀ max

Straßen, Wege, Plätze — **Preise €**

Nr.	Positionen	Einheit	▶	▷	ø brutto € ø netto €	◁	◀
49	Plattenbelag, Granit, 60x60	m²	102 86	121 102	**131** **110**	141 119	165 138
50	Plattenbelag, Basalt, 60x60	m²	193 162	260 219	**289** **243**	326 274	355 298
51	Plattenbelag, Travertin, 60x60	m²	163 137	207 174	**211** **177**	215 181	272 229
52	Plattenbelag, Sandstein, 60x60	m²	173 145	194 163	**207** **174**	217 182	235 198
53	Versickerungsfähiges Pflaster, Beton, 15x15	m²	45 38	60 50	**63** **53**	73 62	80 67
54	Versickerungsfähiges Pflaster, Beton, 30x15	m²	49 42	62 52	**67** **56**	75 63	86 72
55	Versickerungsfähiges Pflaster, Doppel-T-Verbundstein, 20x16,5cm	m²	31 26	42 35	**45** **38**	51 43	55 46
56	Pflasterzeile, Großformat, einzeilig	m	40 34	46 39	**47** **39**	48 40	53 45
57	Pflasterzeile, Granit, einzeilig, 15x17x17	m	51 43	60 51	**65** **54**	75 63	100 84
58	Pflasterzeile, Granit, dreizeilig	m	58 49	78 66	**89** **75**	113 95	146 122
59	Bordstein, Beton, 12x15x25, L=100cm	m	47 39	51 43	**52** **44**	56 47	61 52
60	Bordstein, Beton, 12x15x30, L=100cm	m	54 46	62 52	**65** **54**	69 58	79 66
61	Bordstein, Beton, 8x25, L=100cm	m	35 29	40 34	**43** **36**	47 40	52 44
62	Bordstein, Beton, 10x25cm, L=100cm	m	38 32	40 34	**41** **35**	42 35	46 39
63	Bordstein, Granit	m	60 51	82 69	**94** **79**	108 91	137 115
64	Blockstufe, Beton, 100x35x15	St	218 184	259 217	**288** **242**	300 252	331 278
65	Pflastersteine schneiden, Beton	m	22 19	26 22	**28** **23**	34 29	43 36
66	Plattenbelag schneiden, Beton	m	23 19	25 21	**27** **23**	31 26	38 32
67	Lastplattendruckversuch	St	266 224	347 292	**356** **299**	392 329	454 382
68	Wassergebundene Decke	m²	19 16	23 20	**24** **21**	25 21	30 25
69	Schotterrasen herstellen	m²	18 15	23 20	**26** **22**	32 27	42 35
70	Winkelstützmauerelement, Beton, Höhe 55cm	m	156 131	194 163	**210** **176**	246 206	309 260
71	Winkelstützmauerelement, Beton, Höhe 105cm	m	301 253	351 295	**363** **305**	373 314	431 362

Nr.	Positionen	Einheit	►	▷	ø brutto € / ø netto €	◁	◄
72	Winkelstützmauerelement, Beton, Höhe 155cm	m	407	480	**527**	584	681
			342	403	**443**	491	572
73	Rippenplatten, 30x30x8, Rippenabstand 50x6, o. Fase, weiß	m²	–	192	**200**	250	–
			–	161	**168**	210	–
74	Rippenplatten, 30x30x8, Rippenabstand 50x7, mit Fase, anthrazit	m²	156	206	**229**	275	284
			131	173	**193**	231	239
75	Rippenplatten, 30x30x8, Rippenabstand 40x7, mit Fase, weiß	m²	157	185	**205**	211	254
			132	156	**172**	177	213
76	Rippenplatten, 30x30x8, Rippenabstand 50x6, o. Fase, anthrazit	m²	–	206	**217**	269	–
			–	173	**182**	226	–
77	Rippenplatte, 20x10x8, Rippenabstand 40x2, mit Fase, weiß	m	–	164	**171**	200	–
			–	138	**144**	168	–
78	Noppenplatten, 30x30x8, 32 Noppen, mit Fase, Kegel, anthrazit	m²	–	197	**205**	254	–
			–	165	**172**	214	–
79	Noppenplatten, 30x30x8, 32 Noppen, mit Fase, Kegel, weiß	m²	141	192	**204**	235	247
			118	161	**172**	197	208
80	Noppenplatten, 30x30x8, 32 Noppen, mit Fase, Kugel, weiß	m²	144	196	**206**	260	268
			121	165	**173**	218	225
81	Noppenplatten, 30x30x8, 32 Noppen, mit Fase, Kugel, anthrazit	m²	–	197	**210**	256	–
			–	166	**176**	215	–
82	Leitstreifen Rippenplatte, einreihig	m	461	536	**542**	587	652
			387	450	**455**	493	548
83	Aufmerksamkeitsfeld, 90x90cm, Noppenplatte	m²	167	193	**205**	227	253
			140	162	**172**	190	212
84	Einstiegsfeld, 90x90cm, Noppenplatte	m²	177	230	**252**	308	320
			148	193	**212**	259	269
85	Rollstuhl-Überfahrtstein, 18x22, L=100cm	m	120	161	**179**	193	207
			101	135	**150**	162	174
86	Tastbordstein, Beton, 25x20, L=50cm	m	102	139	**146**	170	178
			86	117	**123**	142	150
87	Rollbordstein, Beton, 25x20, L=100cm	m	–	144	**150**	182	–
			–	121	**126**	153	–
88	Übergangsbordstein, Beton, dreiteilig, 12x18x30, L=100cm	m	–	196	**210**	240	–
			–	164	**177**	201	–
89	Übergangsbordstein, Beton, dreiteilig, 18x22, L=100cm	m	122	172	**177**	216	223
			103	144	**149**	181	187
90	L-Stufe, Kontraststreifen Beton,15x38, L=120cm	m	175	237	**249**	299	312
			147	199	**210**	252	262

Kosten:
Stand 2.Quartal 2025
Bundesdurchschnitt

Straßen, Wege, Plätze — Preise €

Nr.	Positionen	Einheit	►	▷	**ø brutto €** ø netto €	◁	◄
91	L-Stufe, Kontraststreifen PVC,15x38, L=120cm	m	152	192	**214**	250	265
			128	162	**180**	210	223
92	Legestufe, Kontraststreifen PVC, 8x40x120	m	166	216	**225**	259	284
			140	182	**189**	217	238
93	Legestufe, Kontraststreifen Beton, 8x40x120	m	184	247	**260**	301	322
			155	207	**218**	253	271
94	Winkelstufe, Kontraststreifen PVC, 20x36x120	m	39	47	**50**	57	61
			32	40	**42**	48	52
95	Winkelstufe, Kontraststreifen Beton, 20x36x120	m	188	242	**254**	298	318
			158	203	**214**	250	267
96	Blockstufe, Kontraststreifen PVC, 20x40x120	m	–	234	**243**	285	–
			–	196	**205**	239	–
97	Blockstufe, Kontraststreifen Beton, 20x40x120	m	260	272	**277**	294	319
			219	229	**233**	247	268
98	Taktiles Bodenleitsystem Fräsen, 7 Rillen	m	–	164	**182**	215	–
			–	138	**153**	181	–
99	Rampenstufen, Betonfertigteil	St	77	107	**115**	132	138
			65	90	**97**	111	116
100	Taktiles Bodenleitsystem Fräsen, 1 Rille	m	–	60	**64**	74	–
			–	51	**54**	62	–
101	Fräsen eines Aufmerksamkeitsfeldes	St	125	165	**181**	207	214
			105	139	**152**	174	180
102	Richtungsänderung fräsen	St	–	237	**249**	294	–
			–	199	**209**	247	–
103	Maschinenumstellung	St	38	49	**58**	67	69
			32	41	**49**	56	58
104	Überfahrrampe Balkon-/Terrassentüren Höhe bis 125mm	St	860	1.185	**1.247**	1.434	1.471
			723	995	**1.048**	1.205	1.236
105	Weg-/Beetbegrenzung, Aluminium, gerade	m	45	60	**69**	73	91
			38	50	**58**	61	76
106	Weg-/Beetbegrenzung, Aluminium, Bogen	m	110	142	**149**	169	185
			93	119	**125**	142	156
107	Weg-/Beetbegrenzung, Aluminium, Stoßverbinder	St	95	122	**128**	146	156
			80	102	**108**	123	131
108	Weg-/Beetbegrenzung, Aluminium, Eckverbinder, Außenecke 90°	St	61	65	**68**	73	80
			51	55	**58**	61	68
109	Weg-/Beetbegrenzung, Aluminium, Erdnagel	St	28	36	**38**	44	47
			24	30	**32**	37	40
110	Gabionen, 50x50x50	St	130	172	**183**	211	222
			109	145	**154**	177	186
111	Gabionen, 100x50x50	St	–	241	**260**	301	–
			–	203	**218**	253	–
112	Gabionen, 150x100x50	St	218	310	**320**	384	394
			183	261	**269**	323	331
113	Gabionen, 100x100x100	St	421	565	**601**	691	721
			354	475	**505**	581	606

► min
▷ von
ø Mittel
◁ bis
◄ max

Nr.	Positionen	Einheit	►	▷	ø brutto € / ø netto €	◁	◄
114	Gabionen, 200x50x50	St	302	418	**445**	525	538
			254	351	**374**	441	452
115	Gabionen, 200x100x50	St	–	581	**612**	697	–
			–	488	**514**	586	–
116	Gabionen, 300x50x50	St	369	524	**551**	617	645
			310	440	**463**	519	542
117	Trockenmauer als freistehende Mauer-Granitblöcke-Findlinge	m	276	380	**400**	453	477
			232	320	**337**	380	400
118	Trockenmauer als Stützwand - Bruchsteinmauerwerk	m	405	458	**482**	555	579
			340	385	**405**	466	486
119	Natursteinmauerwerk als Außenwand	m	243	284	**289**	312	357
			204	238	**243**	262	300
120	Naturwerksteinmauerwerk als Zyklopenmauerwerk	m³	445	632	**740**	740	1.171
			374	531	**622**	622	984
121	Speicherelement, Flachtank Niederschlagswasser, 600 l	St	882	1.085	**1.192**	1.276	1.359
			741	912	**1.002**	1.072	1.142
122	Speicherelement, Rigole, Niederschlagswasser, 420 l	St	545	737	**801**	873	985
			458	619	**673**	734	828
123	Speicherelement, Sickertunnel, Niederschlagswasser, 300 l	St	377	483	**531**	573	631
			317	406	**446**	481	531
124	Speicherelement, Box Niederschlagswasser, 400 l	St	–	1.083	**1.164**	1.269	–
			–	910	**978**	1.066	–

Nr. **Kurztext** / Langtext — Kostengruppe

► ▷ **ø netto €** ◁ ◄ [Einheit] Ausf.-Dauer Positionsnummer

1 Betonpflasterdecke ausbauen, fördern, abfahren — KG **594**

Abbruch Plattenbelag inkl. Bettung. Stoffe sammeln, auf Lkw des AN laden, zur Verwertungsanlage transportieren und entsorgen. Die Entsorgungsgebühren werden vom AN übernommen.
Plattenbelag: Betonplatten
Maße: 50 x 50 x 5 cm
Bettung: Kiessand
Dicke: 10 cm
Geräteeinsatz möglich: .....
Zuordnung Abfall: nicht gefährlich, nicht schadstoffbelastet, Zuordnung RC 1 (nach EBV)

8€ 11€ **12€** 13€ 16€ [m²] ⏱ 0,10h/m² 380.000.214

2 Betonpflasterdecke aufnehmen, lagern — KG **594**

Pflasterbelag einschl. Bettung aufnehmen, reinigen und zur Wiederverwendung seitlich lagern.
Pflasterbelag: Betonpflastersteine
Plattendicke: 8 cm
Bettung: Kiessand
Bettungsdicke: 4 cm
Förderweg: bis 50 m Entfernung auf der Baustelle

6€ 9€ **11€** 11€ 14€ [m²] ⏱ 0,12h/m² 380.000.215

Kosten:
Stand 2. Quartal 2025
Bundesdurchschnitt

Nr.	**Kurztext** / Langtext						Kostengruppe
▶	▷	**ø netto €**	◁	◀	[Einheit]	Ausf.-Dauer	Positionsnummer

3 Natursteinkleinpflaster, aufnehmen, lagern KG **594**

Natursteinkleinpflaster aufnehmen Bettung aus Sand/Brechsandgemisch, reinigen, seitlich bis zum Wiedereinbau lagern.
Pflastermaterial: .....
Format: .....
Förderweg: ..... m

12€ | 14€ | **14€** | 15€ | 16€ | [m²] | ⏱ 0,15h/m² | 380.000.266

4 Gehwegplatten ausbauen, lagern KG **594**

Gehwegplatten aus Betonwerkstein im Sandbett ausbauen, Platten reinigen, laden, fördern und zur Wiederverwendung bauseitig lagern.
Format: bis 50 x 50 cm
Belagdicke: 8 cm
Förderweg: bis 50 m

6€ | 9€ | **10€** | 12€ | 17€ | [m²] | ⏱ 0,17h/m² | 380.000.289

5 Betonbordstein aufnehmen, entsorgen KG **594**

Abbruch Bordsteine mit beidseitiger Rückenstütze einschl. Fundament aufnehmen, aufgenommen Stoffe laden und entsorgen.
Bordstein: Betonbordstein
Form: HB 15 x 30
Fundamentbeton: C12/15
Bettungsdicke: 30 cm
Geräteeinsatz möglich: .....
Zuordnung Abfall: nicht gefährlich, nicht schadstoffbelastet, Zuordnung RC 1 (nach EBV)

12€ | 14€ | **15€** | 18€ | 23€ | [m] | ⏱ 0,18h/m | 380.000.216

6 Bordstein, Naturstein, ausbauen, lagern KG **594**

Bordsteine Naturstein, mit beidseitiger Rückenstütze einschl. Bettung aufnehmen und anfallende Stoffe seitlich lagern.
Bordstein: .....
Maße: 15 x 30 cm
Maschineneinsatz: **ja / nein**

8€ | 9€ | **10€** | 11€ | 12€ | [m] | ⏱ 0,15h/m | 380.000.268

7 Rasengittersteine ausbauen und entsorgen KG **594**

Rasengittersteine aus Beton ausbauen und entsorgen.
Zuordnung Abfall: nicht gefährlich, nicht schadstoffbelastet, Zuordnung RC 1 (nach EBV)

10€ | 13€ | **15€** | 17€ | 20€ | [m²] | ⏱ 0,15h/m² | 380.000.291

8 Ziegelpflaster aufnehmen, entsorgen KG **594**

Ziegelpflaster abbrechen, Bauschutt entsorgen.
Bereich: .....
Zuordnung Abfall: nicht gefährlich, nicht schadstoffbelastet, Zuordnung RC 1 (nach EBV)

18€ | 23€ | **25€** | 26€ | 31€ | [m²] | ⏱ 0,25h/m² | 380.000.292

▶ min
▷ von
ø Mittel
◁ bis
◀ max

Nr. **Kurztext** / Langtext — Kostengruppe

▶ ▷ **ø netto €** ◁ ◀ [Einheit] Ausf.-Dauer Positionsnummer

9 Asphaltbelag aufbrechen, entsorgen KG **594**

Asphaltbelag streifenförmig aufbrechen, einschl. Unterbau aus Kies-Schotter-Gemisch. Anfallende Stoffe laden, abfahren und entsorgen, einschl. Deponiegebühr.
Material: unbelastetes Bitumen
Asphalt Dicke: bis 15 cm
Breite: 70-100 cm
Unterbau Dicke: ..... cm
Maschineneinsatz: **ja / nein**

22€ 28€ **29€** 33€ 39€ [m²] ⏱ 0,16h/m² 380.000.217

10 Abbruch Mauerwerk, Ziegel KG **594**

Maschineller Abbruch von Mauerwerk aus Mauersteinen aller Fertigungsklassen als unbelastetes Mauerwerk aller Art. Aufgenommene Stoffe sortenrein getrennt sammeln, ohne Zerkleinerung auf Lkw laden. Die Entsorgung wird gesondert vergütet.
Arbeitshöhe bis ..... m
Abbruchtiefe bis ..... m
Abfallschlüssel nach AVV: 170102 Ziegel
Abfallschlüssel nach AVV: 170107 Gemischter Bauschutt

68€ 110€ **121€** 132€ 157€ [m³] ⏱ 0,92h/m³ 380.000.300

11 Bruchsteinmauerwerk abbrechen KG **594**

Bruchsteinmauerwerk, abbrechen und entsorgen. Die aufgenommenen Stoffe sammeln, auf Lkw des AN laden, zur Verwertungsanlage transportieren und entsorgen. Die Entsorgungsgebühren werden vom AN übernommen.
Wanddicke: bis 80 cm

– 194€ **239€** 289€ – [m³] ⏱ 2,20h/m³ 380.000.301

12 Abbruch, unbewehrte Betonteile KG **594**

Maschineller Abbruch von Betonteilen. Stoffe sortenrein getrennt sammeln und ohne Zerkleinerung auf Lkw des AN laden, zur Verwertungsanlage transportieren und entsorgen.
Material: unbelastetes Mauerwerk
Abbruchtiefe: ..... cm
Stoffe sammeln, auf Lkw des AN laden, zur Verwertungsanlage transportieren und entsorgen.

76€ 103€ **115€** 126€ 148€ [m³] ⏱ 0,90h/m³ 380.000.213

13 Befestigte Flächen aufnehmen, lagern KG **594**

Pflasterbelag aufnehmen, reinigen, laden und bis zur Wiederverwendung auf Europaletten lagenwiese im Verband stapeln und bauseitig lagern. Fördern bis 50m Entfernung auf der Baustelle.
Belag: **Naturstein / Betonwerkstein**
Belagsstärke: bis 8 cm
Bettung: Sand
Dicke: ..... cm
Maschineneinsatz: **ja / nein**

9€ 12€ **14€** 15€ 17€ [m²] ⏱ 0,12h/m² 380.000.218

Nr.	Kurztext / Langtext						Kostengruppe
▶	▷	ø netto €	◁	◀	[Einheit]	Ausf.-Dauer	Positionsnummer

14 **Treppen/Bordsteine/Kantensteine aufnehmen, entsorgen** KG **594**

Betonfertigteile einschl. Fundamente aufnehmen und Stoffe sortenrein laden und entsorgen.
Fertigteile: **Treppen / Bordsteine / Einfassungen / Kantensteine**
Fundamenttiefe: bis 30cm
Maschineneinsatz: **ja / nein**

9€ | 13€ | **15€** | 15€ | 19€ | [m] | ⏱ 0,10h/m | 380.000.219

15 **Außentreppenstufen abbrechen, Beton** KG **594**

Außentreppenstufen aus Beton einschl. Unterbau, ohne Schadstoffbelastung, Zuordnung RC 1 (nach EBV), abbrechen. Leistung inkl. Transport und Entsorgungskosten. Die Entsorgung sämtlicher Abfälle hat unter Erfüllung der abfallrechtlichen Deklarations-, Nachweis- und Dokumentationspflicht zu erfolgen.
Treppenbreite: bis 2,0 m
Stufenabmessung: .....
Abfallschlüssel nach AVV: 170101 Beton
Ausführung: mit Geräteeinsatz im Freien
Transportweg: bis ..... km
Anlage (Bezeichnung/Ort): .....

200€ | 241€ | **274€** | 310€ | 340€ | [St] | ⏱ 4,00h/St | 380.000.293

16 **Terrassenbelag, Holz, abbauen, entsorgen** KG **594**

Terrassenbelag aus Hartholz, einschl. Lagerhölzer abbauen und entsorgen
Holzart: .....

– | 12€ | **20€** | 28€ | – | [m²] | ⏱ 0,25h/m² | 380.000.294

17 **Entwässerungsrinne, ausbauen, entsorgen** KG **594**

Entwässerungsrinne inklusive Rost und Bettung ausbauen und entsorgen.
Rinne: DN100
Rinnenmaterial: Beton
Bettung: Beton
Rückenstütze: Beton
Bettungsdicke: 10 cm

9€ | 13€ | **14€** | 18€ | 22€ | [m] | ⏱ 0,18h/m | 380.000.210

18 **Mastleuchte abbrechen, entsorgen** KG **594**

Mastleuchte, inkl. Fundament und alle Bestandteilen, abbrechen und entsorgen.
Material: Stahl
Höhe über Gelände: bis 5,00 m

– | 163€ | **282€** | 383€ | – | [St] | ⏱ 3,00h/St | 380.000.282

19 **Tragschicht, Schotter aufnehmen, entsorgen** KG **594**

Schottertragschicht und Frostschutzschicht, zwischengelagert laden und entsorgen.
Dicke: bis 30 cm

28€ | 35€ | **38€** | 40€ | 44€ | [m³] | ⏱ 0,20h/m³ | 380.000.220

Kosten:
Stand 2. Quartal 2025
Bundesdurchschnitt

▶ min
▷ von
ø Mittel
◁ bis
◀ max

Nr.	Kurztext / Langtext						Kostengruppe
▶	▷	**ø netto €**	◁	◀	[Einheit]	Ausf.-Dauer	Positionsnummer

20 Tragschicht, Schotter aufnehmen, lagern KG **594**

Schottertragschicht aufnehmen und lagern Die Oberfläche ist durch abkratzen zu säubern. Position ohne Abfuhr und Entsorgung.
Stärker: bis 30 cm
Körnung: 0/56

3€ | 4€ | **5€** | 5€ | 7€ | [m²] | ⏱ 0,08h/m² | 380.000.221

21 Untergrund verdichten, Wegeflächen KG **530**

Untergrund für Wegeflächen verdichten, einschl. Ausgleich von Unebenheiten. Beschreibung der Homogenbereiche nach Unterlagen des AG.
Verdichtungsgrad: DPr 100%
Abweichung von der Sollhöhe: +/-3 cm

1€ | 2€ | **2€** | 3€ | 4€ | [m²] | ⏱ 0,02h/m² | 380.000.222

22 Untergrund verdichten, Fundamente KG **530**

Untergrund für Fundamente verdichten, einschl. Planum. Beschreibung der Homogenbereiche nach Unterlagen des AG.
Verdichtungsgrad: DPr 97%
Abweichung von der Sollhöhe: +/-2 cm

2€ | 2€ | **2€** | 2€ | 2€ | [m²] | ⏱ 0,04h/m² | 380.000.223

23 Planum herstellen KG **530**

Planum für befestigte Fläche herstellen und überschüssigen Boden entsorgen. Beschreibung der Homogenbereiche nach Unterlagen des AG.
Auf- und Abtrag: bis 5 cm
Zulässige Abweichung der Sollhöhe: +/-2 cm

1€ | 2€ | **2€** | 3€ | 4€ | [m²] | ⏱ 0,02h/m² | 380.000.224

24 Frostschutzschicht, Schotter 0/32, bis 30cm KG **530**

Frostschutzschicht aus Schotter einbauen und profilgerecht verdichten.
Einbauort: .....
Belastungsklasse RStO 12: .....
Schichtdicke: bis 30 cm
Körnung: 0/32
Sieblinie: .....
Verdichtungsgrad DPr: .....%

14€ | 19€ | **21€** | 25€ | 33€ | [m²] | ⏱ 0,14h/m² | 380.000.226

25 Frostschutzschicht, Schotter 0/45, bis 30cm KG **530**

Frostschutzschicht aus Schotter, einschl. profilgerecht verdichten.
Einbauort: .....
Belastungsklasse RStO 12: .....
Schichtdicke: bis 30 cm
Körnung: 0/45
Sieblinie: .....
Verdichtungsgrad: DPr 1

15€ | 20€ | **23€** | 27€ | 35€ | [m²] | ⏱ 0,14h/m² | 380.000.227

Kosten:
Stand 2. Quartal 2025
Bundesdurchschnitt

Nr.	Kurztext / Langtext						Kostengruppe
▶	▷	ø netto €	◁	◀	[Einheit]	Ausf. Dauer	Positionsnummer

26 Frostschutzschicht, RCL 0/56, bis 30cm KG **530**

Frostschutzschicht aus Recycling-Baustoff einbauen und profilgerecht verdichten.
Einbauort: Fahr- und Parkbereich
Belastungsklasse RStO 12: .....
Schichtdicke: bis 30 cm
Körnung: 0/56
Belastungsklasse RSTO12: .....
Sieblinie: .....
Verdichtungsgrad: DPr 1

16€ | 18€ | **19€** | 21€ | 24€ | [m²] | ⏱ 0,14h/m² | 380.000.228

27 Frostschutzschicht, Kies 0/16, bis 30cm KG **530**

Frostschutzschicht aus Kies einbauen und profilgerecht verdichten.
Einbauort: .....
Belastungsklasse RStO 12: .....
Schichtdicke: bis 30 cm
Körnung: 0/16
Sieblinie: .....
Verdichtungsgrad DPr: .....%

12€ | 14€ | **14€** | 16€ | 18€ | [m²] | ⏱ 0,14h/m² | 380.000.229

28 Frostschutzschicht, Kies 0/32, bis 30cm KG **530**

Frostschutzschicht aus Kies einbauen und profilgerecht verdichten.
Einbauort: .....
Belastungsklasse RStO 12: .....
Schichtdicke: bis 30 cm
Körnung: 0/32
Verdichtungsgrad DPr: .....%

17€ | 19€ | **21€** | 22€ | 25€ | [m²] | ⏱ 0,14h/m² | 380.000.230

29 Frostschutzschicht, Kies 0/45, bis 30cm KG **530**

Frostschutzschicht aus Kies einbauen und profilgerecht verdichten.
Einbauort: .....
Belastungsklasse RStO 12: .....
Schichtdicke: bis 30 cm
Körnung: 0/45
Verdichtungsgrad DPr: .....%

15€ | 17€ | **18€** | 19€ | 22€ | [m²] | ⏱ 0,14h/m² | 380.000.231

▶ min
▷ von
ø Mittel
◁ bis
◀ max

Nr. **Kurztext** / Langtext — Kostengruppe

▶ ▷ **ø netto €** ◁ ◀ [Einheit] Ausf.-Dauer Positionsnummer

30 **Tragschicht, Schotter 0/16, bis 30cm** KG **530**

Tragschicht aus Schotter gem. ZTV-SoB-STB mit Verdichtungsgrad mind. DPr 95% herstellen. Nachweis der Frostbeständigkeit ist vorzulegen. Verwendung von Recyclingmaterial ist nicht zulässig.
Einbauort: .....
Belastungsklasse RStO 12: .....
Schichtdicke: bis 30 cm
Körnung: 0/16
Sieblinie: .....
Sollhöhe: Zulässige Abweichung +/-2,0 cm

10€ 12€ **13€** 15€ 18€ [m²] ⏱ 0,12h/m² 380.000.232

31 **Tragschicht, Schotter 0/32, bis 30cm** KG **530**

Tragschicht aus Schotter gem. ZTV-SoB-STB mit Verdichtungsgrad mind. DPr 95% herstellen. Nachweis der Frostbeständigkeit ist vorzulegen. Verwendung von Recyclingmaterial ist nicht zulässig.
Einbauort: .....
Belastungsklasse RStO 12: .....
Schichtdicke: bis 30 cm
Körnung: 0/32
Sieblinie: .....
Sollhöhe: Zulässige Abweichung +/-2,0 cm

12€ 16€ **17€** 19€ 22€ [m²] ⏱ 0,12h/m² 380.000.233

32 **Tragschicht, Schotter 0/45, bis 30cm** KG **530**

Tragschicht aus Schotter gem. ZTV-SoB-STB mit Verdichtungsgrad mind. DPr 95% herstellen. Nachweis der Frostbeständigkeit ist vorzulegen. Verwendung von Recyclingmaterial ist nicht zulässig.
Einbauort: .....
Belastungsklasse RStO 12: .....
Schichtdicke: bis 30 cm
Körnung: 0/45
Sieblinie: .....
Sollhöhe: Zulässige Abweichung +/-2,0 cm

16€ 18€ **20€** 23€ 29€ [m²] ⏱ 0,12h/m² 380.000.234

33 **Tragschicht, Kies 0/16, bis 30cm** KG **530**

Tragschicht aus Kies mit Verdichtungsgrad mind. 1DPr herstellen. Nachweis der Frostbeständigkeit ist vorzulegen.
Einbauort: .....
Belastungsklasse RStO 12: .....
Schichtdicke: bis 30 cm
Körnung: 0/16
Sieblinie: .....
Sollhöhe: Zulässige Abweichung +/-2,0 cm

13€ 15€ **15€** 16€ 18€ [m²] ⏱ 0,12h/m² 380.000.235

Nr.	Kurztext / Langtext						Kostengruppe
►	▷	ø netto €	◁	◄	[Einheit]	Ausf.-Dauer	Positionsnummer

34 Tragschicht, Kies 0/32, bis 30cm KG **530**

Tragschicht aus Kies mit Verdichtungsgrad mind. 1DPr herstellen. Nachweis der Frostbeständigkeit ist vorzulegen.
Einbauort: .....
Belastungsklasse RStO 12: .....
Schichtdicke: bis 30 cm
Körnung: 0/32
Sieblinie: .....
Sollhöhe: Zulässige Abweichung +/-2,0 cm

13€	15€	**17€**	20€	25€	[m²]	⏱ 0,12 h/m²	380.000.236

35 Tragschicht, Kies 0/45, bis 30cm KG **530**

Tragschicht aus Kies mit Verdichtungsgrad mind. 1DPr herstellen. Nachweis der Frostbeständigkeit ist vorzulegen.
Einbauort: .....
Belastungsklasse RStO 12: .....
Schichtdicke: bis 30 cm
Körnung: 0/45
Sieblinie: .....
Sollhöhe: Zulässige Abweichung +/-2,0 cm

17€	20€	**23€**	24€	28€	[m²]	⏱ 0,12 h/m²	380.000.237

36 Asphalttragschicht, 10cm KG **530**

Asphalttragschicht herstellen, einschl. verdichten.
Mischgutart: AC 32 T S
Bindemittel: 50/70 TL Bitumen-StB
Mineralstoff: Basalt-Edelsplitte
Einbauort: .....
Einbaudicke: 10 cm verdichtet
Verdichtungsgrad: ..... DPr

22€	25€	**27€**	30€	34€	[m²]	⏱ 0,10 h/m²	380.000.238

37 Rasentragschicht 0/32 KG **530**

Vegetationstragschicht für Schotterrasenfläche.
Material: nach Richtlinie für Schotterrasen FLL
Körnung: 0/32
Schichtdicke: ..... cm
Verdichtung: statisch gewalzt
Tragfähigkeit EV2: 45 MPa
Ebenflächigkeit unter der 4-m Latte: +/-2 cm

12€	14€	**16€**	17€	20€	[m²]	⏱ 0,12 h/m²	380.000.270

Kosten:
Stand 2. Quartal 2025
Bundesdurchschnitt

► min
▷ von
ø Mittel
◁ bis
◄ max

Nr.	Kurztext / Langtext						Kostengruppe
▶	▷	ø netto €	◁	◀	[Einheit]	Ausf.-Dauer	Positionsnummer

38 Rasentragschicht 0/45 KG **530**

Vegetationstragschicht für Schotterrasenfläche.
Material: nach Richtlinie für Schotterrasen FLL
Bodengruppe: .....
Körnung: 0/45
Einbaustärke: ..... cm
Verdichtung: statisch gewalzt
Tragfähigkeit EV2: 45 MPa
Ebenflächigkeit unter der 4-m Latte: +/-2 cm

14€ | 21€ | **25€** | 27€ | 34€ | [m²] | ⏱ 0,12h/m² | 380.000.271

39 Rasenpflaster aus Beton KG **534**

Plattenbelag aus Betonpflastersteinen mit Rasenfugen im Splittbett, einschl. Rasenschnittarbeiten. Die Verfüllung ist mit Splitt bis 5cm unter OK-Belag und die obere Schicht 5cm mit schwarzen Lavasplitt auszuführen.
Rasensteine: Beton
Splitt: 0/3
Lavasplitt: 3/5
Farbe: grau
Steinmaße: ..... cm

54€ | 59€ | **63€** | 67€ | 75€ | [m²] | ⏱ 0,60h/m² | 380.000.242

40 Frostschutzschicht, Schotter 0/16, bis 30cm KG **530**

Frostschutzschicht aus Schotter einbauen und profilgerecht verdichten.
Einbauort: .....
Belastungsklasse RStO 12: .....
Schichtdicke: bis 30 cm
Körnung: 0/16
Sieblinie: .....
Verdichtungsgrad DPr: .....%

14€ | 17€ | **18€** | 20€ | 25€ | [m²] | ⏱ 0,14h/m² | 380.000.225

41 Betonplattenbelag, 40x40 KG **530**

Plattenbelag aus Betonplatten ungebunden im Sandbett verlegen, einschl. Abrütteln. Tragschicht wird gesondert vergütet
Einbauort: .....
Plattenformat (L x B): 40 x 40 cm
Plattendicke: ..... cm
Kantenausbildung: .....
Oberfläche: .....
Farbe: .....
Verlegeart: .....
Bettungsdicke: ..... cm
Körnung: 0/2
Rasenfuge: 20 mm

58€ | 71€ | **76€** | 80€ | 89€ | [m²] | ⏱ 0,40h/m² | 380.000.239

Kosten:
Stand 2. Quartal 2025
Bundesdurchschnitt

Nr.	**Kurztext** / Langtext						Kostengruppe
▶	▷	**ø netto €**	◁	◀	[Einheit]	Ausf.-Dauer	Positionsnummer

42 Betonplattenbelag, großformatig KG **530**

Plattenbelag aus Betonplatten ungebunden im Sandbett verlegen, einschl. Abrütteln. Tragschicht wird gesondert vergütet.
Einbauort: .....
Plattenformat (L x B): ..... x ..... cm
Plattendicke: 8 cm
Kantenausbildung: .....
Oberfläche: .....
Farbe: .....
Verlegeart: .....
Bettungsdicke: ..... cm
Körnung: 0/2

71€ | 84€ | **90€** | 113€ | 138€ | [m²] | ⏱ 0,50 h/m² | 380.000.240

43 Balkonbelag, Betonwerkstein KG **353**

Plattenbelag aus Betonwerkstein, im Außenbereich auf Betondecke, in ungebundener Bauweise auf Splitt, mit Kreuzfuge und eingekehrtem Sand.
Einbauort: Balkon
Gefälle: .....
Plattenmaterial: Betonwerkstein
Plattenabmessung: ..... mm
Plattendicke: .....
Fugenbreite: ..... mm
Oberfläche: .....
Farbe: .....

95€ | 119€ | **133€** | 152€ | 179€ | [m²] | ⏱ 1,00 h/m² | 380.000.272

44 Pflasterdecke, Betonpflaster KG **530**

Pflasterbelag aus Beton, ungebunden im Sandbett verlegen, einschl. Abrütteln. Tragschicht wird gesondert vergütet.
Einbauort: Balkon
Plattenmaterial: Betonwerkstein
Plattenformat (L x B): ..... x ..... cm
Plattendicke: .....
Verlegeart: Kreuzfuge
Fugenbreite: ..... mm
Oberfläche: .....
Farbe: .....

44€ | 48€ | **52€** | 54€ | 57€ | [m²] | ⏱ 0,45 h/m² | 380.000.241

▶ min
▷ von
ø Mittel
◁ bis
◀ max

Nr. **Kurztext** / Langtext — Kostengruppe

▶ ▷ **ø netto €** ◁ ◀ [Einheit] Ausf.-Dauer Positionsnummer

45 Pflasterdecke, Granit, 8x8 KG **531**

Pflasterdecke für Fußgängerflächen mit Natursteinpflaster, im Mörtelbett verlegen, Fugen mit Pflasterfugenmörtel.
Pflastermaterial: Granit
Plattenformat (L x B x H): 8 x 8 x 8 cm
Abweichung Nenndicke: .....
Frostbeständigkeitsklasse: .....
Farbe: .....
Verlegeart: im Verband
Bettungsdicke: ..... cm

▶	▷	ø netto €	◁	◀	[Einheit]	Ausf.-Dauer	Positionsnummer
97€	115€	**124€**	130€	143€	[m²]	⏱ 1,20h/m²	380.000.243

46 Pflasterdecke, Granit 9x9 KG **531**

Pflasterdecke für Fußgängerflächen mit Natursteinpflaster im Mörtelbett verlegen, Fugen mit Pflasterfugenmörtel.
Pflastermaterial: Granit
Abmessung: 9 x 9 x 9 cm
Güteklasse: .....
Farbe: .....
Verlegeart: im Verband
Bettungsdicke: ..... cm

▶	▷	ø netto €	◁	◀	[Einheit]	Ausf.-Dauer	Positionsnummer
133€	146€	**153€**	165€	183€	[m²]	⏱ 1,15h/m²	380.000.244

47 Pflasterdecke, Granit 10x10 KG **531**

Pflasterdecke für Fußgängerflächen mit Natursteinpflaster, im Mörtelbett verlegen, Fugen mit Pflasterfugenmörtel.
Pflastermaterial: Granit
Plattenformat (L x B x H): 10 x 10 x 10 cm
Abweichung Nenndicke: .....
Frostbeständigkeitsklasse: .....
Farbe: .....
Verlegeart: im Verband
Bettungsdicke: ..... cm

▶	▷	ø netto €	◁	◀	[Einheit]	Ausf.-Dauer	Positionsnummer
145€	146€	**159€**	171€	193€	[m²]	⏱ 1,10h/m²	380.000.245

48 Pflasterdecke, Granit, 11x11 KG **531**

Pflasterdecke für Fußgängerflächen mit Natursteinpflaster, im Mörtelbett verlegen, Fugen mit Pflasterfugenmörtel.
Pflastermaterial: Granit
Plattenformat (L x B x H): 11 x 11 x 11 cm
Abweichung Nenndicke: .....
Frostbeständigkeitsklasse: .....
Farbe: .....
Verlegeart: im Verband
Bettungsdicke: ..... cm

▶	▷	ø netto €	◁	◀	[Einheit]	Ausf.-Dauer	Positionsnummer
159€	170€	**172€**	183€	200€	[m²]	⏱ 0,95h/m²	380.000.246

Kosten:
Stand 2. Quartal 2025
Bundesdurchschnitt

► min
▷ von
ø Mittel
◁ bis
◀ max

Nr. **Kurztext** / Langtext — Kostengruppe
► ▷ **ø netto €** ◁ ◀ [Einheit] Ausf.-Dauer Positionsnummer

49 **Plattenbelag, Granit, 60x60** KG **533**

Plattenbelag aus Naturstein barrierefrei DIN 18040/3 in ungebundener Bauweise in Brechsand-Splitt-Gemisch verlegen, Fugen mit Bettungsstoff einschlämmen.
Plattenmaterial: Granit
Plattenformat (L x B): bis 60 x 60 cm
Plattendicke: 5 cm
Bruchlastklasse: .....
Oberfläche: .....
Farbe: .....
Kanten: abgeschrägt
Bettung: Körnung 0/2
Bettungsdicke: 3 bis 5 cm
Verlegeart: parallele Reihen

86€ 102€ **110€** 119€ 138€ [m²] ⏱ 0,80h/m² 380.000.273

50 **Plattenbelag, Basalt, 60x60** KG **533**

Plattenbelag aus Naturstein barrierefrei DIN 18040/3 in ungebundener Bauweise in Brechsand-Splitt-Gemisch verlegen, Fugen mit Bettungsstoff einschlämmen.
Plattenmaterial: Basalt
Plattenformat (L x B): bis 60 x 60 cm
Plattendicke: 5 cm
Bruchlastklasse: .....
Oberfläche: .....
Farbe: .....
Kanten: abgeschrägt
Bettung: Körnung 0/2
Bettungsdicke: 3 bis 5 cm
Verlegeart: parallele Reihen

162€ 219€ **243€** 274€ 298€ [m²] ⏱ 0,80h/m² 380.000.274

51 **Plattenbelag, Travertin, 60x60** KG **533**

Plattenbelag aus Naturstein barrierefrei DIN 18040/3 in ungebundener Bauweise in Brechsand-Splitt-Gemisch verlegen, Fugen mit Bettungsstoff einschlämmen.
Plattenmaterial: Travertin
Plattenformat (L x B): bis 60 x 60 cm
Plattendicke: 5 cm
Bruchlastklasse: .....
Oberfläche: .....
Farbe: .....
Kanten: abgeschrägt
Bettung: Körnung 0/2
Bettungsdicke: 3 bis 5 cm
Verlegeart: parallele Reihen

137€ 174€ **177€** 181€ 229€ [m²] ⏱ 0,80h/m² 380.000.275

Nr. **Kurztext** / Langtext — Kostengruppe

▶ ▷ **ø netto €** ◁ ◀ [Einheit] Ausf.-Dauer Positionsnummer

52 Plattenbelag, Sandstein, 60x60 KG **533**

Plattenbelag aus Naturstein barrierefrei DIN 18040/3 in ungebundener Bauweise in Brechsand-Splitt-Gemisch verlegen, Fugen mit Bettungsstoff einschlämmen. Plattenmaterial: Sandstein
Plattenformat (L x B): bis 60 x 60 cm
Plattendicke: 5 cm
Bruchlastklasse: .....
Oberfläche: .....
Farbe: .....
Kanten: abgeschrägt
Bettung: Körnung 0/2
Bettungsdicke: 3 bis 5 cm
Verlegeart: parallele Reihen

▶	▷	ø netto €	◁	◀	[Einheit]	Ausf.-Dauer	Positionsnummer
145€	163€	**174€**	182€	198€	[m²]	⏱ 0,80h/m²	380.000.276

53 Versickerungsfähiges Pflaster, Beton, 15x15 KG **530**

Versickerungsfähiges Pflaster einschl. Bettung und einsanden. Verlegung im Halbsteinverband.
Steinformat: 15 x 15 cm
Dicke: 8 cm
Farben: grau
Bettung: 3-5 cm Splitt 2/5 mm im verdichteter Zustand
Einbauort: .....

▶	▷	ø netto €	◁	◀	[Einheit]	Ausf.-Dauer	Positionsnummer
38€	50€	**53€**	62€	67€	[m²]	⏱ 0,42h/m²	380.000.296

54 Versickerungsfähiges Pflaster, Beton, 30x15 KG **530**

Versickerungsfähiges Pflaster einschl. Bettung und einsanden. Verlegung im Halbsteinverband.
Steinformat: 30 x 15 cm
Dicke: 8 cm
Farben: grau
Bettung: 3-5 cm Splitt 2/5 mm im verdichteter Zustand
Einbauort: .....

▶	▷	ø netto €	◁	◀	[Einheit]	Ausf.-Dauer	Positionsnummer
42€	52€	**56€**	63€	72€	[m²]	⏱ 0,42h/m²	380.000.297

55 Versickerungsfähiges Pflaster, Doppel-T-Verbundstein, 20x16,5cm KG **532**

Versickerungsfähiges haufenporiges Pflaster einschl. Bettung und einsanden. Verlegung im Halbsteinverband.
Steinformat: Doppel-T-Verbundstein
Steinformat: 20 x 16,5 cm
Dicke: 8 cm
Farben: grau
Bettung: 3-5 cm Splitt 2/5 mm im verdichteter Zustand
Einbauort: .....

▶	▷	ø netto €	◁	◀	[Einheit]	Ausf.-Dauer	Positionsnummer
26€	35€	**38€**	43€	46€	[m²]	⏱ 0,42h/m²	380.000.298

Kosten:
Stand 2. Quartal 2025
Bundesdurchschnitt

Nr.	**Kurztext** / Langtext						Kostengruppe
▶	▷	**ø netto €**	◁	◀	[Einheit]	Ausf.-Dauer	Positionsnummer

56 Pflasterzeile, Großformat, einzeilig KG **530**

Randeinfassung einzeilig mit Natursteinpflaster im Mörtelbett und Fugen mit Pflasterfugenmörtel.
Pflastermaterial: Granit
Plattenformat (L x B x H): ..... cm
Abweichung Nenndicke: .....
Frostbeständigkeitsklasse: .....
Farbe: .....
Bettungsdicke: ..... cm
Fugenbreite: .....

34€	39€	**39€**	40€	45€	[m]	⏱ 0,30h/m	380.000.249

57 Pflasterzeile, Granit, einzeilig, 15x17x17 KG **530**

Randeinfassung einzeilig mit Natursteinpflaster im Mörtelbett und Fugen mit Pflasterfugenmörtel.
Pflastermaterial: Granit
Plattenformat (L x B x H): 15 x 17 x 17 cm
Abweichung Nenndicke: .....
Frostbeständigkeitsklasse: .....
Farbe: .....
Bettungsdicke: ..... cm
Fugenbreite: .....

43€	51€	**54€**	63€	84€	[m]	⏱ 0,35h/m	380.000.247

58 Pflasterzeile, Granit, dreizeilig KG **531**

Randeinfassung dreizeilig mit Natursteinpflaster im Mörtelbett verlegen und Fugen mit Pflasterfugenmörtel.
Pflastermaterial: Granit
Pflasterformat (L x B x H): ..... x ..... x ..... cm
Abweichung Nenndicke: .....
Frostbeständigkeitsklasse: .....
Farbe: .....
Bettungsdicke: ..... cm

49€	66€	**75€**	95€	122€	[m]	⏱ 0,40h/m	380.000.248

59 Bordstein, Beton, 12x15x25, L=100cm KG **530**

Bordstein aus Beton in Betonbettung mit einseitiger Rückenstütze setzen. Die Stoßfugen und Bewegungsfugen mit Fugeneinlage aus dauerelastischem Fugenband.
Form: HB 15/25
Bordsteinlänge: 100 cm
Witterungs-Widerstandsfähigkeit: .....
Oberflächenstruktur: .....
Kantenausbildung
Farbe: naturgrau
Fundamentbeton: .....
Bettungsdicke: 15 cm
Rückenstütze Breite: 15 cm

39€	43€	**44€**	47€	52€	[m]	⏱ 0,30h/m	380.000.250

▶ min
▷ von
ø Mittel
◁ bis
◀ max

Nr.	Kurztext / Langtext						Kostengruppe
►	▷	**ø netto €**	◁	◄	[Einheit]	Ausf.-Dauer	Positionsnummer

60 Bordstein, Beton, 12x15x30, L=100cm KG **530**

Bordstein aus Beton in Betonbettung mit einseitiger Rückenstütze setzen. Die Stoßfugen und Bewegungsfugen mit Fugeneinlage aus dauerelastischem Fugenband.
Form: HB 15/30
Bordsteinlänge: 100 cm
Witterungs-Widerstandsfähigkeit: .....
Oberflächenstruktur: .....
Kantenausbildung
Farbe: naturgrau
Fundamentbeton: .....
Bettungsdicke: 15 cm
Rückenstütze Breite: 15 cm

46€	52€	**54€**	58€	66€	[m]	⏱ 0,30h/m	380.000.251

61 Bordstein, Beton, 8x25, L=100cm KG **530**

Bordstein aus Beton als Randeinfassung für Wege-, Pflanz- und Rasenflächen in Betonbettung mit beidseitiger Rückenstütze setzen. Die Stoß-, und Bewegungsfugen mit Fugeneinlage aus dauerelastischem Fugenband.
Form: TB 8/25
Bordsteinlänge: 100 cm
Witterungs-Widerstandsfähigkeit: .....
Oberflächenstruktur: .....
Kantenausbildung: beidseitig gefast
Farbe: grau
Fundamentbeton: ..... cm
Bettungsdicke: ..... cm
Rückenstütze Dicke: ..... cm
Fugenbreite: ..... mm

29€	34€	**36€**	40€	44€	[m]	⏱ 0,32h/m	380.000.252

62 Bordstein, Beton, 10x25cm, L=100cm KG **530**

Bordstein aus Beton als Randeinfassung für Wege-, Pflanz- und Rasenflächen in Betonbettung mit beidseitiger Rückenstütze setzen. Die Stoß-, und Bewegungsfugen mit Fugeneinlage aus dauerelastischem Fugenband.
Form: TB 10/25
Bordsteinlänge: 100 cm
Witterungs-Widerstandsfähigkeit: .....
Oberflächenstruktur: .....
Kantenausbildung: beidseitig gefast
Farbe: grau
Fundamentbeton: ..... cm
Bettungsdicke: ..... cm
Rückenstütze Dicke: ..... cm
Fugenbreite: ..... mm

32€	34€	**35€**	35€	39€	[m]	⏱ 0,32h/m	380.000.253

Kosten:
Stand 2.Quartal 2025
Bundesdurchschnitt

▶ min
▷ von
ø Mittel
◁ bis
◀ max

Nr.	**Kurztext** / Langtext						Kostengruppe
▶	▷	**ø netto €**	◁	◀	[Einheit]	Ausf.-Dauer	Positionsnummer

63 Bordstein, Granit KG **530**

Randeinfassung mit Bordsteinen aus Granit mit beidseitiger Rückenstütze aus Beton und Betonbettung. Leistung einschl. Passstücke herstellen und Fugen schließen mit Kompriband.
Steinmaterial: Granit
Farbe: .....
Form: B7
Bordsteinbreite: 140-150 mm
Oberfläche: spaltrau
Zulässige Abweichung der Breite und Höhe: Klasse H1
Frostbeständigkeit: F1
Fundamentdicke: ..... cm
Rückenstütze: beidseitig
Rückenstütze Dicke: ..... cm
Fugenbreite: ..... mm

51€ | 69€ | **79€** | 91€ | 115€ | [m] | ⏱ 0,32h/m | 380.000.254

64 Blockstufe, Beton, 100x35x15 KG **544**

Blockstufe als Betonfertigteil, auf vorhandenes Betonfundament verlegen.
Festigkeitsklasse: C20/25
Stufenlänge: 100 cm
Stufenhöhe: 15 cm
Stufenbreite: 35 cm
Farbe: .....
Sichtflächen: sandgestrahlt
Kantenausbildung: gefast
Fundamentbeton: .....
Fundamentdicke: mind. 20 cm

184€ | 217€ | **242€** | 252€ | 278€ | [St] | ⏱ 0,75h/St | 380.000.255

65 Pflastersteine schneiden, Beton KG **530**

Schneiden von Pflastersteinbelag aus Beton, einschl. Schnittgut entsorgen. Arbeiten mit diamantbesetzten Trennscheiben. Abrechnung nach Aufmaß.
Steindicke: ..... cm

19€ | 22€ | **23€** | 29€ | 36€ | [m] | ⏱ 0,17h/m | 380.000.256

66 Plattenbelag schneiden, Beton KG **530**

Schneiden von Plattenbelägen aus Betonplatten, einschl. Schnittgut entsorgen. Arbeiten mit Nassschneidegerät. Abrechnung nach Aufmaß.
Steindicke: ..... cm

19€ | 21€ | **23€** | 26€ | 32€ | [m] | ⏱ 0,17h/m | 380.000.257

67 Lastplattendruckversuch KG **533**

Lastplattendruckversuch zum Nachweis der geforderten Verdichtung des Bodens. Durchführung und Auswertung sowie Gerätestellung erfolgt durch ein neutrales Prüflabor nach Wahl des Auftragnehmers. Abrechnung je Versuch, inkl. aller Geräte, Honorare und Nebenkosten.

224€ | 292€ | **299€** | 329€ | 382€ | [St] | ⏱ 2,90h/St | 380.000.260

Nr.	Kurztext / Langtext						Kostengruppe
▶	▷	**ø netto €**	◁	◀	[Einheit]	Ausf.-Dauer	Positionsnummer

68 Wassergebundene Decke KG **530**

Wassergebundene Deckschicht auf bauseitiger Tragschicht mit Zugabe von Wasser bis zur vollständigen Bindung.
Oberschicht: Sanddeckschicht
Körnung: 0/3
Dicke: 2 cm
Gefälle: max. 3%

16€	20€	**21€**	21€	25€	[m²]	⏱ 0,13h/m²	380.000.258

69 Schotterrasen herstellen KG **574**

Schotterrasen aus Schotter-Humus-Gemisch, einschl. Abwalzen und Einsanden nach Einsaat.
Schotter: .....
Bodengruppe: .....
Dicke: 20 cm

15€	20€	**22€**	27€	35€	[m²]	⏱ 0,13h/m²	380.000.259

70 Winkelstützmauerelement, Beton, Höhe 55cm KG **543**

Einfassung aus Winkelstützmauerelementen als Stahlbetonfertigteil, Sichtflächen in Sichtbeton, in Betonbettung.
Winkelhöhe: 55 cm
Fußlänge: 30 cm
Winkelbreite: 50 cm
Festigkeitsklasse: C30/37
Sichtbeton: glatt
Sichtkanten: gefast
Expositionsklasse: .....
Beton: C12/15
Fundamentdicke: 20 cm

131€	163€	**176€**	206€	260€	[m]	⏱ 0,55h/m	380.000.174

71 Winkelstützmauerelement, Beton, Höhe 105cm KG **543**

Einfassung aus Winkelstützmauerelementen als Stahlbetonfertigteil, Sichtflächen in Sichtbeton, in Betonbettung.
Winkelhöhe: 105 cm
Fußlänge: 40 cm
Festigkeitsklasse: C30/37
Sichtbeton: glatt
Sichtkanten: gefast
Expositionsklasse: .....
Beton: C12/15
Fundamentdicke: 20 cm

253€	295€	**305€**	314€	362€	[m]	⏱ 0,82h/m	380.000.175

Kosten:
Stand 2. Quartal 2025
Bundesdurchschnitt

▶ min
▷ von
ø Mittel
◁ bis
◀ max

Nr.	Kurztext / Langtext						Kostengruppe
▶	▷	**ø netto €**	◁	◀	[Einheit]	Ausf.-Dauer	Positionsnummer

72 Winkelstützmauerelement, Beton, Höhe 155cm — KG **543**

Einfassung aus Winkelstützmauerelementen als Stahlbetonfertigteil, Sichtflächen in Sichtbeton, in Betonbettung.
Winkelhöhe: 155 cm
Fußlänge: 80 cm
Festigkeitsklasse: C30/37
Sichtbeton: glatt
Sichtkanten: gefast
Expositionsklasse: .....
Beton: C12/15
Fundamentdicke: 20 cm

▶	▷	ø	◁	◀	Einheit	Ausf.-Dauer	Positionsnummer
342€	403€	**443€**	491€	572€	[m]	⏱ 1,17h/m	380.000.176

73 Rippenplatten, 30x30x8, Rippenabstand 50x6, o. Fase, weiß — KG **531**

Bodenindikatoren mit taktilen Rippenplatten nach DIN 18040- 3 und DIN 32984, aus Beton, im Außenbereich an Überquerungsstellen.
Format: 30 x 30 cm
Steinstärke: 8 cm
Fugenbreite: max. 5 mm
Farbe: anthrazit
Oberfläche: trapezförmige Rippen, Höhe 4-5 mm
Rippenabstand: 50 x 6, 6 Rippen im Abstand 50 mm, ohne Fase
Verband: Halbsteinverband ohne Kreuzfugen

▶	▷	ø	◁	◀	Einheit	Ausf.-Dauer	Positionsnummer
–	161€	**168€**	210€	–	[m^2]	⏱ 0,10h/m^2	380.000.173

74 Rippenplatten, 30x30x8, Rippenabstand 50x7, mit Fase, anthrazit — KG **531**

Bodenindikatoren mit taktilen Rippenplatten nach DIN 18040- 3 und DIN 32984, aus Beton, im Außenbereich an Überquerungsstellen.
Format: 30 x 30 cm
Steinstärke: 8 cm
Fugenbreite: max. 5 mm
Farbe: anthrazit
Oberfläche: trapezförmige Rippen, Höhe 4-5 mm
Rippenabstand: 50 x 7 mm, 7 Rippen im Abstand 50 mm, mit Fase
Verband: Halbsteinverband ohne Kreuzfugen

▶	▷	ø	◁	◀	Einheit	Ausf.-Dauer	Positionsnummer
131€	173€	**193€**	231€	239€	[m^2]	⏱ 0,10h/m^2	380.000.211

75 Rippenplatten, 30x30x8, Rippenabstand 40x7, mit Fase, weiß — KG **531**

Bodenindikatoren mit taktilen Rippenplatten nach DIN 18040- 3 und DIN 32984, aus Beton, im Außenbereich an Überquerungsstellen.
Format: 30 x 30 cm
Steinstärke: 8 cm
Fugenbreite: max. 5 mm
Farbe: Weißbeton
Oberfläche: trapezförmige Rippen, Höhe 4-5 mm
Rippenabstand: 40 x 7 mm, 7 Rippen im Abstand 40 mm, mit Fase
Verband: Halbsteinverband ohne Kreuzfugen

▶	▷	ø	◁	◀	Einheit	Ausf.-Dauer	Positionsnummer
132€	156€	**172€**	177€	213€	[m^2]	⏱ 0,10h/m^2	380.000.181

Nr.	Kurztext / Langtext						Kostengruppe
▶	▷	**ø netto €**	◁	◀	[Einheit]	Ausf. Dauer	Positionsnummer

76 Rippenplatten, 30x30x8, Rippenabstand 50x6, o. Fase, anthrazit KG **531**

Bodenindikatoren mit taktilen Rippenplatten nach DIN 18040- 3 und DIN 32984, aus Beton, im Außenbereich an Überquerungsstellen.
Format: 30 x 30 cm
Steinstärke: 8 cm
Fugenbreite: max. 5 mm
Farbe: anthrazit
Oberfläche: trapezförmige Rippen, Höhe 4-5 mm
Rippenabstand: 50 x 6 mm, 6 Rippen im Abstand 50 mm, ohne Fase
Verband: Halbsteinverband ohne Kreuzfugen

▶	▷	ø netto €	◁	◀	[Einheit]	Ausf. Dauer	Positionsnummer
–	173€	**182€**	226€	–	[m²]	⏱ 0,10h/m²	380.000.177

77 Rippenplatte, 20x10x8, Rippenabstand 40x2, mit Fase, weiß KG **531**

Bodenindikatoren mit taktilen Rippenplatten nach DIN 18040- 3 und DIN 32984, aus Beton, im Außenbereich an Überquerungsstellen.
Format: 20 x 10 cm
Steinstärke: 8 cm
Fugenbreite: max. 5 mm
Farbe: Weißbeton
Oberfläche: trapezförmige Rippen, Höhe 4-5 mm
Rippenabstand: 40 x 2 mm, 2 Rippen im Abstand 40 mm, mit Fase
Verlegeart: einreihig

▶	▷	ø netto €	◁	◀	[Einheit]	Ausf. Dauer	Positionsnummer
–	138€	**144€**	168€	–	[m]	⏱ 0,10h/m	380.000.182

78 Noppenplatten, 30x30x8, 32 Noppen, mit Fase, Kegel, anthrazit KG **531**

Bodenindikatoren mit taktile Noppenplatten nach DIN 18040- 3 und DIN 32984, aus Beton, im Außenbereich an Überquerungsstellen.
Format: 30 x 30 cm
Steinstärke: 8 cm
Fugenbreite: max. 5 mm
Farbe: anthrazit
Oberfläche: 32 Noppen diagonal, mit Fasen, Kegelstumpf
Verband: Halbsteinverband ohne Kreuzfugen

▶	▷	ø netto €	◁	◀	[Einheit]	Ausf. Dauer	Positionsnummer
–	165€	**172€**	214€	–	[m²]	⏱ 0,10h/m²	380.000.183

79 Noppenplatten, 30x30x8, 32 Noppen, mit Fase, Kegel, weiß KG **531**

Bodenindikatoren mit taktile Noppenplatten nach DIN 18040- 3 und DIN 32984, aus Beton, im Außenbereich an Überquerungsstellen.
Format: 30 x 30 cm
Steinstärke: 8 cm
Fugenbreite: max. 5 mm
Farbe: Weißbeton
Oberfläche: 32 Noppen diagonal, mit Fasen, Kegelstumpf
Verband: Halbsteinverband ohne Kreuzfugen

▶	▷	ø netto €	◁	◀	[Einheit]	Ausf. Dauer	Positionsnummer
118€	161€	**172€**	197€	208€	[m²]	⏱ 0,10h/m²	380.000.184

Kosten:
Stand 2. Quartal 2025
Bundesdurchschnitt

Nr.	**Kurztext** / Langtext						Kostengruppe
▶	▷	**ø netto €**	◁	◀	[Einheit]	Ausf.-Dauer	Positionsnummer

80 **Noppenplatten, 30x30x8, 32 Noppen, mit Fase, Kugel, weiß** KG **531**

Bodenindikatoren mit taktile Noppenplatten nach DIN 18040- 3 und DIN 32984, aus Beton, im Außenbereich an Überquerungsstellen.
Format: 30 x 30 cm
Steinstärke: 8 cm
Fugenbreite: max. 5 mm
Farbe: Weißbeton
Oberfläche: 32 Noppen diagonal, mit Fasen, Kugelkalotte
Verband: Halbsteinverband ohne Kreuzfugen

▶	▷	ø	◁	◀	Einheit	Ausf.-Dauer	Positionsnummer
121€	165€	**173€**	218€	225€	[m²]	⏱ 0,10h/m²	380.000.185

81 **Noppenplatten, 30x30x8, 32 Noppen, mit Fase, Kugel, anthrazit** KG **531**

Bodenindikatoren mit taktile Noppenplatten nach DIN 18040- 3 und DIN 32984, aus Beton, im Außenbereich an Überquerungsstellen.
Format: 30 x 30 cm
Steinstärke: 8 cm
Fugenbreite: max. 5 mm
Farbe: anthrazit
Oberfläche: 32 Noppen diagonal, mit Fasen, Kugelkalotte
Verband: Halbsteinverband ohne Kreuzfugen

▶	▷	ø	◁	◀	Einheit	Ausf.-Dauer	Positionsnummer
–	166€	**176€**	215€	–	[m²]	⏱ 0,10h/m²	380.000.186

82 **Leitstreifen Rippenplatte, einreihig** KG **531**

Orientierungspflasterreihe mit taktil erfassbarer Oberfläche, als Blindenleitsystem für Fußgängerbereiche im Straßenraum.
Steinart: Rippenstein
Maße: ..... x ..... x ..... cm, **mit / ohne** Fase
Farbe: .....
Verlegeart: einreihig

▶	▷	ø	◁	◀	Einheit	Ausf.-Dauer	Positionsnummer
387€	450€	**455€**	493€	548€	[m]	⏱ 0,55h/m	380.000.187

83 **Aufmerksamkeitsfeld, 90x90cm, Noppenplatte** KG **531**

Aufmerksamkeitsfeld/Abzweigfeld an Querungsstellen zur Anzeige von Richtungsänderungen und Abzweigungen aus taktilen Noppenplatte aus Beton herstellen.
Maße des Aufmerksamkeitsfeld/Abzweigfeldes: 90 x 90 cm
Steinart: Noppenplatte
Plattenmaß: ..... x ..... x ..... cm, **mit / ohne** Fase
Farbe: .....
Einbauort: .....

▶	▷	ø	◁	◀	Einheit	Ausf.-Dauer	Positionsnummer
140€	162€	**172€**	190€	212€	[m²]	⏱ 0,70h/m²	380.000.188

▶ min
▷ von
ø Mittel
◁ bis
◀ max

Nr.	Kurztext / Langtext						Kostengruppe
►	▷	**ø netto €**	◁	◄	[Einheit]	Ausf.-Dauer	Positionsnummer

84 Einstiegsfeld, 90x90cm, Noppenplatte KG **531**

Einstiegsfeld zur Anzeige von Bus-/Bahneinstiegen aus taktilen Noppensteinen aus Beton herstellen.
Maße des Einstiegsfeldes: 90 x 90 cm
Steinart: Noppenstein
Plattenmaß: ..... x ..... x ....., **mit / ohne** Fase
Farbe: .....
Einbauort: .....

148€	193€	**212€**	259€	269€	[m²]	⏱ 0,65h/m²	380.000.189

85 Rollstuhl-Überfahrtstein, 18x22, L=100cm KG **530**

Bordsteinen aus Beton als Rollstuhl-Überfahrstein.
Witterungswiderstand Klasse: D
Festigkeit Klasse: U
Abriebwiderstand Klasse: I
Gleit/Rutschwiderstand: SRT = 55
Betonfundament: C20/25
Format: 18 x 22 x 100 cm, mit 1 cm Fase
Radius: .....
Farbe: Weißbeton

101€	135€	**150€**	162€	174€	[m]	⏱ 0,30h/m	380.000.190

86 Tastbordstein, Beton, 25x20, L=50cm KG **530**

Tastbordstein Bordstein mit Aussparung bzw. der Anpassung an Straßenabläufe.
Fundament aus Beton C20/25
Format (H x B x L): 25 x 30 x 50 cm
Farbe: Weißbeton

86€	117€	**123€**	142€	150€	[m]	⏱ 0,30h/m	380.000.191

87 Rollbordstein, Beton, 25x20, L=100cm KG **530**

Rollbordstein mit Absenkung von 3cm auf 0 cm einschl. der Aussparung bzw. der Anpassung an Straßenabläufe.
Fundament aus Beton C 20/25
Format: 25 x 20 x 100 cm
Farbe: Weißbeton

–	121€	**126€**	153€	–	[m]	⏱ 0,32h/m	380.000.192

88 Übergangsbordstein, Beton, dreiteilig, 12x18x30, L=100cm KG **530**

Bordstein als dreiteiliger Übergang zwischen Nullabsenkung und Hochbord, einschl. der Aussparung bzw. der Anpassung an Straßenabläufe.
Betonfundament: C 20/25
Übergang: 1. Übergangsstein Einbauhöhe 6 cm auf 2. Übergangsstein Einbauhöhe 3 cm auf Schrägstein mit Nullabsenkung
Format (H x B): 12 x 18 cm
Länge je Stein: 100 cm
Farbe: Weißbeton

–	164€	**177€**	201€	–	[m]	⏱ 0,38h/m	380.000.193

Kosten:
Stand 2. Quartal 2025
Bundesdurchschnitt

▶ min
▷ von
ø Mittel
◁ bis
◀ max

Nr.	**Kurztext** / Langtext						Kostengruppe
▶	▷	**ø netto €**	◁	◀	[Einheit]	Ausf.-Dauer	Positionsnummer

89 **Übergangsbordstein, Beton, dreiteilig, 18x22, L=100cm** KG **530**

Bordstein als dreiteiliger Übergang zwischen Nullabsenkung und Rundbord, einschl. der Aussparung bzw. der Anpassung an Straßenabläufe.
Betonfundament: C20/25
Übergang: 1. Übergangsstein Einbauhöhe 6 cm auf 2. Übergangsstein Einbauhöhe 3 cm auf Schrägstein mit Nullabsenkung
Format (H x B): 18 x 22 cm
Länge je Stein: 100 cm
Farbe: Weißbeton

103€ | 144€ | **149€** | 181€ | 187€ | [m] | ⏱ 0,38h/m | 380.000.194

90 **L-Stufe, Kontraststreifen Beton,15x38, L=120cm** KG **544**

L-Stufe mit Kontraststreifen als Betonfertigteil Kontraststreifen aus Beton in der Länge der Stufe.
Einbauort: auf bauseitigem Fundament
Festigkeitsklasse: C20/25
Stufengröße (H x B x L): 15 x 38 x 120 cm
Kontraststreifengröße (H x B): **8 x 5 / 5 x 5**
Farbe: grau
Oberfläche: ....
Kantenausbildung: gefast
Fundament: Dicke mind. 20 cm
Angeb. Fabrikat: .....

147€ | 199€ | **210€** | 252€ | 262€ | [m] | ⏱ 0,60h/m | 380.000.195

91 **L-Stufe, Kontraststreifen PVC,15x38, L=120cm** KG **544**

L-Stufe mit Kontraststreifen aus PVC als Betonfertigteil Kontraststreifen aus Beton in der Länge der Stufe.
Einbauort: auf bauseitigem Fundament
Festigkeitsklasse: C20/25
Stufengröße (H x B x L): 15 x 38 x 120 cm
Kontraststreifengröße (H x B): 4,3 x 2,2
Farbe: grau
Oberfläche: .....
Kantenausbildung: gefast
Fundament: Dicke mind. 20 cm

128€ | 162€ | **180€** | 210€ | 223€ | [m] | ⏱ 0,60h/m | 380.000.196

92 **Legestufe, Kontraststreifen PVC, 8x40x120** KG **544**

Legestufe mit Kontraststreifen aus PVC als Betonfertigteil, Kontraststreifen aus Beton in der Länge der Stufe.
Einbauort: auf bauseitigem Fundament
Festigkeitsklasse: C20/25
Stufengröße (H x B x L): 8 x 40 x 120 cm
Kontraststreifengröße (H x B): 4,3 x 2,2 cm
Farbe: grau
Oberfläche: .....
Kantenausbildung: gefast
Fundament: Dicke mind. 20 cm

140€ | 182€ | **189€** | 217€ | 238€ | [m] | ⏱ 0,60h/m | 380.000.197

Nr. **Kurztext** / Langtext — Kostengruppe

▶ ▷ **ø netto €** ◁ ◀ [Einheit] Ausf.-Dauer Positionsnummer

93 Legestufe, Kontraststreifen Beton, 8x40x120 KG **544**

Legestufe mit Kontraststreifen als Betonfertigteil, Kontraststreifen aus Beton in der Länge der Stufe.
Einbauort: auf bauseitigem Fundament
Festigkeitsklasse: C20/25
Stufengröße (H x B x L): 8 x 40 x 120 cm
Kontraststreifengröße (H x B): **8 x 5 / 5 x 5** cm
Farbe: grau
Oberfläche: .....
Kantenausbildung: gefast
Fundament: Dicke mind. 20 cm

155€ 207€ **218€** 253€ 271€ [m] ⏱ 0,60h/m 380.000.198

94 Winkelstufe, Kontraststreifen PVC, 20x36x120 KG **544**

Winkelstufe mit Kontraststreifen aus PVC als Betonfertigteil, Kontraststreifen aus Beton in der Länge der Stufe.
Einbauort: auf bauseitigem Fundament
Festigkeitsklasse: C20/25
Stufengröße (H x B x L): 20 x 36 x 120 cm
Kontraststreifengröße (H x B): 4,3 x 2,2 cm
Farbe: grau
Oberfläche: .....
Kantenausbildung: gefast
Fundament: Dicke mind. 20 cm

32€ 40€ **42€** 48€ 52€ [m] ⏱ 0,60h/m 380.000.199

95 Winkelstufe, Kontraststreifen Beton, 20x36x120 KG **544**

Winkelstufe mit Kontraststreifen als Betonfertigteil Kontraststreifen aus Beton in der Länge der Stufe.
Einbauort: auf bauseitigem Fundament
Festigkeitsklasse: C20/25
Stufengröße (H x B x L): 20 x 36 x 120 cm
Kontraststreifengröße (H x B): **8 x 5 / 5 x 5** cm
Farbe: grau
Oberfläche: .....
Kantenausbildung: gefast
Fundament: Dicke mind. 20 cm

158€ 203€ **214€** 250€ 267€ [m] ⏱ 0,60h/m 380.000.200

96 Blockstufe, Kontraststreifen PVC, 20x40x120 KG **544**

Blockstufe mit Kontraststreifen aus PVC als Betonfertigteil, Kontraststreifen aus PVC in der Länge der Stufe.
Einbauort: auf bauseitigem Fundament
Festigkeitsklasse: C20/25
Stufengröße (H x B x): 20 x 40 x 120 cm
Kontraststreifengröße (H x B): 4,3 x 2,2 cm
Farbe: grau
Oberfläche: .....
Kantenausbildung: gefast
Fundament: Dicke mind. 20 cm

– 196€ **205€** 239€ – [m] ⏱ 0,60h/m 380.000.201

Kosten:
Stand 2. Quartal 2025
Bundesdurchschnitt

Nr.	**Kurztext** / Langtext						Kostengruppe
▶	▷	**ø netto €**	◁	◀	[Einheit]	Ausf.-Dauer	Positionsnummer

97 **Blockstufe, Kontraststreifen Beton, 20x40x120** KG **544**

Blockstufe mit Kontraststreifen als Betonfertigteil. Kontraststreifen aus Beton in der Länge der Stufe.
Einbauort: auf bauseitigem Fundament
Festigkeitsklasse: C20/25
Stufengröße (H x B x L): 20 x 40 x 120 cm
Kontraststreifengröße (H x B): **8 x 5 / 5 x 5** cm
Farbe: grau
Oberfläche: .....
Kantenausbildung: gefast
Fundament: Dicke mind. 20 cm

219€ | 229€ | **233€** | 247€ | 268€ | [m] | ⏱ 0,60h/m | 380.000.202

98 **Taktiles Bodenleitsystem Fräsen, 7 Rillen** KG **531**

Fräsen eines taktilen Bodenleitsystems als Bodenindikator zur barrierefreien Führung, Rillen abgeschrägt mit 33°.
Rillenanzahl: 7 St
Gesamtbreite: 37 cm
Rillentiefe: 5 mm
Rillenabstand: 2,5 cm
Rillenbreite: 3,2 cm
Fräsart**: geradlinig / Bögen Radius bis 15 m**
Bodenbelag: **Asphalt / Beton**

– | 138€ | **153€** | 181€ | – | [m] | ⏱ 0,22h/m | 380.000.203

99 **Rampenstufen, Betonfertigteil** KG **544**

Rampenstufen/Fahrstufen als Betonfertigteil nach der Bund Güteschutz Richtlinie für nicht genormte Betonprodukte BGB-RiNGB in frostbeständigen Fliesenkleber versetzen. Rampen passend auf vor beschriebenen Stufen versetzen.
Abmessung (L x B x H): ..... x ..... x ..... cm

65€ | 90€ | **97€** | 111€ | 116€ | [St] | ⏱ 0,45h/St | 380.000.204

100 **Taktiles Bodenleitsystem Fräsen, 1 Rille** KG **531**

Fräsen eines taktilen Bodenindikator vor Treppen und Podeste, Rille abgeschrägt mit 33°.
Rillenanzahl: 1 St
Rillenbreite: 3,2 cm
Bodenbelag: **Asphalt / Beton**

– | 51€ | **54€** | 62€ | – | [m] | ⏱ 0,20h/m | 380.000.205

101 **Fräsen eines Aufmerksamkeitsfeldes** KG **531**

Fräsen eines Aufmerksamkeitsfeldes als taktilen Bodenindikator an Querungen und Abzweigungen.
Noppen/Quader abgeschrägt mit 33°.
Rasterfeld: 7 x 7 Rillen
Größe: 37 x 37 cm
Bodenbelag: **Asphalt / Beton**

105€ | 139€ | **152€** | 174€ | 180€ | [St] | ⏱ 0,45h/St | 380.000.206

▶ min
▷ von
ø Mittel
◁ bis
◀ max

Nr. **Kurztext** / Langtext — Kostengruppe

▶ ▷ **ø netto €** ◁ ◀ [Einheit] Ausf.-Dauer Positionsnummer

102 **Richtungsänderung fräsen** — KG **531**

Fräsen einer Richtungsänderung wie Gehrung, Abzweig.
Grad: **>90° / <90°**
Bodenbelag: **Asphalt / Beton**

▶	▷	ø netto €	◁	◀	[Einheit]	Ausf.-Dauer	Positionsnummer
–	199€	**209€**	247€	–	[St]	⏱ 0,20h/St	380.000.207

103 **Maschinenumstellung** — KG **531**

Maschinenumstellung in Gebäuden, auf Podeste oder schwer zugänglichen Stellen.

▶	▷	ø netto €	◁	◀	[Einheit]	Ausf.-Dauer	Positionsnummer
32€	41€	**49€**	56€	58€	[St]	⏱ 1,00h/St	380.000.208

104 **Überfahrrampe Balkon-/Terrassentüren Höhe bis 125mm** — KG **339**

Überfahrrampe für Balkon oder Terrassentür, zweiteilig aus Innen- und Außenrampe mit rutschsicherer Fahrfläche, Außenrampe höhenverstellbar.
Material: Aluminium
Außenrampe: höhenverstellbar von 70 bis 125 mm
Außenrampe: Länge 800 mm
Innenrampe: Höhe 20 bis 50 mm
Innenrampe: Länge 400 mm
Tragkraft: mind. 300 kg

▶	▷	ø netto €	◁	◀	[Einheit]	Ausf.-Dauer	Positionsnummer
723€	995€	**1.048€**	1.205€	1.236€	[St]	⏱ 0,30h/St	380.000.209

105 **Weg-/Beetbegrenzung, Aluminium, gerade** — KG **530**

Wege- und Beeteinfassung aus Aluminium als gerades Profil liefern und unter Beachtung der Einbauhinweise des Herstellers verlegen. Abgestumpfte Oberkante und keilförmige Unterkante.
Profilhöhe: 100 mm
Profillänge: 2.500 mm

▶	▷	ø netto €	◁	◀	[Einheit]	Ausf.-Dauer	Positionsnummer
38€	50€	**58€**	61€	76€	[m]	⏱ 0,10h/m	380.000.261

106 **Weg-/Beetbegrenzung, Aluminium, Bogen** — KG **530**

Wege- und Beeteinfassung aus Aluminium als Bogenprofil liefern und unter Beachtung der Einbauhinweise des Herstellers verlegen. Abgestumpfte Oberkante und keilförmige Unterkante.
Profilhöhe: 100 mm
Profillänge: im Durchmesser ca. 500 mm

▶	▷	ø netto €	◁	◀	[Einheit]	Ausf.-Dauer	Positionsnummer
93€	119€	**125€**	142€	156€	[m]	⏱ 0,07h/m	380.000.262

107 **Weg-/Beetbegrenzung, Aluminium, Stoßverbinder** — KG **530**

Alu-Stoßverbinder als Verbinder der Wege- und Beeteinfassung liefern und unter Beachtung der Einbauhinweise des Herstellers verwenden.
Profilhöhe: 90 mm
Profillänge: 100 mm

▶	▷	ø netto €	◁	◀	[Einheit]	Ausf.-Dauer	Positionsnummer
80€	102€	**108€**	123€	131€	[St]	⏱ 0,05h/St	380.000.263

Kosten:
Stand 2. Quartal 2025
Bundesdurchschnitt

Nr.	**Kurztext** / Langtext						Kostengruppe
►	▷	**ø netto €**	◁	◄	[Einheit]	Ausf.-Dauer	Positionsnummer

108 Weg-/Beetbegrenzung, Aluminium, Eckverbinder, Außenecke 90° — KG **530**

Eckverbinder für Außenecke 90° aus Aluminium als Verbinder der Wege- und Beeteinfassung liefern und unter Beachtung der Einbauhinweise des Herstellers verwenden.
Profilhöhe: 90 mm
Profillänge: je Schenkel 75 mm

►	▷	ø	◁	◄	Einheit	Ausf.-Dauer	Positionsnummer
51€	55€	**58€**	61€	68€	[St]	⏱ 0,05h/St	380.000.264

109 Weg-/Beetbegrenzung, Aluminium, Erdnagel — KG **530**

Alu-Erdnagel aus Aluminium als Verbinder der Wege- und Beeteinfassung mit Lochstanzung liefern und unter Beachtung der Einbauhinweise des Herstellers verwenden. Gerundet, Oberkante mit Arretiernase, Unterkante spitz zulaufend.
Länge: 300 mm

►	▷	ø	◁	◄	Einheit	Ausf.-Dauer	Positionsnummer
24€	30€	**32€**	37€	40€	[St]	⏱ 0,01h/St	380.000.265

A 1 Gabionen — Beschreibung für Pos. **110-116**

Gabionen aus witterungs- und mechanisch beständigem Füllmaterial liefern und einbauen. Gabionen sind aus elektrisch punktgeschweißten Gittermatten hergestellt. Die Einzelteile werden vor Ort ausgelegt und mit Spiralschließen zu einem kompletten Behälter zusammengefügt. Alle Komponenten sind verzinkt.

110 Gabionen, 50x50x50 — KG **543**

Wie Ausführungsbeschreibung A 1
Gabionenbehälter: 50 x 50 x 50 cm
Stahldrahtstärke: 3,5 mm
Maschenweite: 10 x 10 cm
Befüllung: mit frostbeständigem Gestein mit einer Größe größer der Maschenweite; Gabionen, händisch füllen, dichte lagenweise Packungen
Füllmaterial: .....
Einbauort: .....

►	▷	ø	◁	◄	Einheit	Ausf.-Dauer	Positionsnummer
109€	145€	**154€**	177€	186€	[St]	⏱ 2,00h/St	380.000.286

111 Gabionen, 100x50x50 — KG **543**

Wie Ausführungsbeschreibung A 1
Gabionenbehälter: 100 x 50 x 50 cm
Stahldrahtstärke: 3,5 mm
Maschenweite: 10 x 10 cm
Befüllung: mit frostbeständigem Gestein mit einer Größe größer der Maschenweite; Gabionen, händisch füllen, dichte lagenweise Packungen
Füllmaterial: .....
Einbauort: .....

►	▷	ø	◁	◄	Einheit	Ausf.-Dauer	Positionsnummer
–	203€	**218€**	253€	–	[St]	⏱ 2,00h/St	380.000.278

► min
▷ von
ø Mittel
◁ bis
◄ max

Nr. **Kurztext** / Langtext — Kostengruppe
▶ ▷ **ø netto €** ◁ ◀ [Einheit] Ausf.-Dauer Positionsnummer

112 Gabionen, 150x100x50 KG **543**

Wie Ausführungsbeschreibung A 1
Gabionenbehälter: 150 x 100 x 50 cm
Stahldrahtstärke: 3,5 mm
Maschenweite: 10 x 10 cm
Befüllung: mit frostbeständigem Gestein mit einer Größe größer der Maschenweite; Gabionen, händisch füllen, dichte lagenweise Packungen
Füllmaterial: .....
Einbauort: .....

183€ 261€ **269€** 323€ 331€ [St] ⏱ 2,00h/St 380.000.280

113 Gabionen, 100x100x100 KG **543**

Wie Ausführungsbeschreibung A 1
Gabionenbehälter: 100 x 100 x 100 cm
Stahldrahtstärke: 3,5 mm
Maschenweite: 10 x 10 cm
Befüllung: mit frostbeständigem Gestein mit einer Größe größer der Maschenweite; Gabionen, händisch Füllen, dichte lagenweise Packungen
Füllmaterial: .....
Einbauort: .....

354€ 475€ **505€** 581€ 606€ [St] ⏱ 2,00h/St 380.000.279

114 Gabionen, 200x50x50 KG **543**

Wie Ausführungsbeschreibung A 1
Gabionenbehälter: 200 x 50 x 50 cm
Stahldrahtstärke: 3,5 mm
Maschenweite: 10 x 10 cm
Befüllung: mit frostbeständigem Gestein mit einer Größe größer der Maschenweite; Gabionen, händisch füllen, dichte lagenweise Packungen
Einbauort: .....

254€ 351€ **374€** 441€ 452€ [St] ⏱ 2,00h/St 380.000.287

115 Gabionen, 200x100x50 KG **543**

Wie Ausführungsbeschreibung A 1
Gabionenbehälter: 200 x 100 x 50 cm
Stahldrahtstärke: 3,5 mm
Maschenweite: 10 x 10 cm
Befüllung: mit frostbeständigem Gestein mit einer Größe größer der Maschenweite; Gabionen, händisch füllen, dichte lagenweise Packungen
Füllmaterial: .....
Einbauort: .....

– 488€ **514€** 586€ – [St] ⏱ 2,00h/St 380.000.281

Kosten:
Stand 2. Quartal 2025
Bundesdurchschnitt

Nr. **Kurztext** / Langtext — Kostengruppe
► ▷ **ø netto €** ◁ ◄ [Einheit] Ausf. Dauer Positionsnummer

116 **Gabionen, 300x50x50** — KG **543**

Wie Ausführungsbeschreibung A 1
Gabionenbehälter: 300 x 50 x 50 cm
Stahldrahtstärke: 3,5 mm
Maschenweite: 10 x 10 cm
Befüllung: mit frostbeständigem Gestein mit einer Größe größer der Maschenweite; Gabionen, händisch füllen, dichte lagenweise Packungen
Einbauort: .....

310€ 440€ **463€** 519€ 542€ [St] ⏱ 2,00h/St 380.000.285

117 **Trockenmauer als freistehende Mauer-Granitblöcke-Findlinge** — KG **543**

Trockenmauer als freistehende Wand, 2-häuptig mit Findlingen. Die Sichtflächen sollen unbearbeitet sein.
Steindurchmesser bis 60 cm
Steinlänge mindestens 1,5 bis 2-fache der Höhe
Mauerwerksdicke an der Krone über 50 cm
Mauerwerkshöhe: 1,00 Meter
Gründung, Dimensionierung und Dossierung nach statischem Erfordernis.
Gesteinsart…

232€ 320€ **337€** 380€ 400€ [m] ⏱ 5,00h/m 380.000.179

118 **Trockenmauer als Stützwand - Bruchsteinmauerwerk** — KG **543**

Trockenmauer als Stützwand in unregelmäßig und lagerhaften Bruchsteinmauerwerk herstellen. Die Sichtflächen sollen unbearbeitet sein. Aufbau der Mauer, so dass keine Stoßfuge über 2 Schichten geht.
Steinhöhe: 2 bis 20 cm
Steinlänge: mind. 1,5 bis 2-fache der Höhe
Mauerwerksdicke an der Krone: über 50 cm
Mauerwerkshöhe: 2,50 m
Gründung, Dimensionierung und Dossierung nach statischem Erfordernis.
Gesteinsart: .....

340€ 385€ **405€** 466€ 486€ [m] ⏱ 5,00h/m 380.000.178

119 **Natursteinmauerwerk als Außenwand** — KG **543**

Natursteinmauerwerk als Natursteinmauerwerk Außenwand herstellen. Einseitig sichtbar. Sichtflächen spaltgrau. Mauermörtel M 10, Fugen sind zu glätten.
Mauerwerksdicke mind. 50cm
Mauerwerkshöhe: bis 2,00 m
Gründung, Dimensionierung und Dossierung nach statischem Erfordernis.
Gesteinsart:...

204€ 238€ **243€** 262€ 300€ [m] ⏱ 4,00h/m 380.000.180

► min
▷ von
ø Mittel
◁ bis
◄ max

Nr. **Kurztext** / Langtext — Kostengruppe

► ▷ **ø netto €** ◁ ◄ [Einheit] Ausf.-Dauer Positionsnummer

120 **Naturwerksteinmauerwerk als Zyklopenmauerwerk** KG **543**

Natursteinmauerwerk als Zyklopenmauerwerk Außenwand herstellen. Einseitig sichtbar. Sichtflächen spaltrau. Mauermörtel M 10, Fugen sind zu glätten.
Mauerwerksdicke mind. 30 cm
Mauerwerkshöhe: bis 2,00 m
Gründung, Dimensionierung und Dossierung nach statischem Erfordernis.
Gesteinsart: .....

374€ 531€ **622€** 622€ 984€ [m³] ⏱ 3,00 h/m³ 380.000.284

121 **Speicherelement, Flachtank Niederschlagswasser, 600 l** KG **542**

Speicherelement zur Zwischenspeicherung von Niederschlagswasser.
Format: Flachtank
Maße (L x B x H): ..... x ..... x ..... cm
Nettospeichervolumen: 600 Liter
Material: Glasfaserverstärktes Polypropylen

741€ 912€ **1.002€** 1.072€ 1.142€ [St] ⏱ 0,50 h/St 380.000.302

122 **Speicherelement, Rigole, Niederschlagswasser, 420 l** KG **552**

Speicherelement zur Zwischenspeicherung von Niederschlagswasser.
Format: Flachtank
Maße (L x B x H): ..... x ..... x ..... cm
Nettospeichervolumen: 420 Liter
Material: Polypropylen PP (100% recycelbar)
befahrbar: SLW 60

458€ 619€ **673€** 734€ 828€ [St] ⏱ 0,50 h/St 380.000.303

123 **Speicherelement, Sickertunnel, Niederschlagswasser, 300 l** KG **552**

Speicherelement zur Zwischenspeicherung von Niederschlagswasser.
Format: Sickertunnel
Maße (L x B x H): ..... x ..... x ..... cm
Nettospeichervolumen: 300 Liter
Material: Polypropylen PP (100% recycelbar)
befahrbar: SLW 60S

317€ 406€ **446€** 481€ 531€ [St] ⏱ 0,70 h/St 380.000.304

124 **Speicherelement, Box Niederschlagswasser, 400 l** KG **552**

Speicherelement zur Zwischenspeicherung von Niederschlagswasser.
Format: Box
Maße (L x B x H) ..... x ..... x ..... cm
Nettospeichervolumen: 400 Liter pro Box
Material: HDPE
befahrbar: SLW 60

– 910€ **978€** 1.066€ – [St] ⏱ 0,50 h/St 380.000.305

E Abbruch und Instandsetzung

Kosten:
Stand 2. Quartal 2025
Bundesdurchschnitt

► min
▷ von
ø Mittel
◁ bis
◄ max

Betonerhaltungsarbeiten

Preise €

Nr.	Positionen	Einheit	►	▷	ø brutto € / ø netto €	◁	◄
1	Trockenstrahlen, Betonfläche, unbeschichtet	m²	20	21	**22**	24	25
			17	18	**18**	20	21
2	Trockenstrahlen, Betonfläche, beschichtet	m²	30	32	**34**	36	39
			25	27	**28**	30	32
3	Feuchtestrahlen, Betonfläche, unbeschichtet	m²	26	27	**29**	31	33
			22	23	**24**	26	28
4	Feuchtestrahlen, Beton beschichtet	m²	36	39	**40**	44	47
			31	33	**34**	37	39
5	HDWS, Betonflächen, bis Bewehrung	m²	45	49	**52**	55	59
			38	41	**43**	46	50
6	HDWS, Betonflächen, hinter Bewehrung	m²	76	81	**85**	91	98
			64	68	**71**	76	82
7	Kugelstrahlen, Betonflächen, Boden	m²	24	26	**27**	29	32
			20	22	**23**	25	26
8	Betonausbruch, 10x3cm	m	27	29	**30**	33	35
			22	24	**26**	28	30
9	Betonausbruch, 20x5cm	m	44	48	**50**	54	58
			37	40	**42**	45	49
10	Betonausbruch, Mehrtiefe 1cm	m	5	6	**6**	7	7
			5	5	**5**	6	6
11	Stemmarbeiten, Kanten, 15x15cm	m	33	36	**38**	40	44
			28	30	**32**	34	37
12	Stemmarbeiten, Kanten, 5cm Mehrlänge	m	8	8	**9**	10	10
			7	7	**8**	8	9
13	Betonausbruch, bis 0,10m²	St	44	48	**50**	54	57
			37	40	**42**	45	48
14	Betonausbruch, bis 0,25m²	St	69	74	**77**	84	85
			58	62	**65**	70	72
15	Betonausbruch, bis 0,50m²	St	101	110	**116**	124	133
			85	93	**97**	104	112
16	Betonausbruch, bis 3cm	m²	119	130	**137**	146	157
			100	109	**115**	123	132
17	Betonausbruch, bis 5cm	m²	171	185	**194**	210	225
			144	155	**163**	176	189
18	Betonausbruch, Mehrtiefe	m²	23	27	**29**	31	35
			20	23	**24**	26	29
19	Bewehrung abtrennen, bis 16mm	St	8	9	**9**	10	11
			7	7	**8**	8	9
20	Bewehrung abtrennen, über 16mm	St	11	12	**12**	13	15
			9	10	**10**	11	12
21	Bewehrung befestigen, Dübel	St	7	8	**8**	9	10
			6	7	**7**	7	8
22	Bewehrung strahlen, bis 1,00m	St	9	10	**10**	11	12
			8	8	**9**	9	10
23	Bewehrung strahlen, über 1,00m	St	7	8	**8**	9	10
			6	7	**7**	7	8
24	Korrosionsschutz, mineralisch	m	14	15	**15**	16	18
			12	12	**13**	14	16

Nr.	Positionen	Einheit	►	▷	**ø brutto €** ø netto €	◁	◄
25	Korrosionsschutz, Epoxidharz	m	18	19	**20**	22	24
			15	16	**17**	18	20
26	Schutzbeschichtung, SPCC	m	20	22	**23**	25	28
			17	18	**20**	21	23
27	Reprofilierung, PCC, bis 0,10m²	St	37	38	**40**	43	47
			31	32	**34**	36	39
28	Reprofilierung, PCC, bis 0,25m²	St	59	62	**66**	70	75
			50	52	**55**	59	63
29	Reprofilierung, PCC, bis 0,50m²	St	128	135	**143**	154	165
			108	114	**120**	129	139
30	Reprofilierung, PCC, bis 3cm, linear	m	31	32	**34**	37	41
			26	27	**29**	31	35
31	Reprofilierung, PCC, bis 5cm, linear	m	53	56	**59**	64	69
			45	47	**50**	54	58
32	Reprofilierung, PCC, Mehrtiefe, linear	m	18	19	**20**	22	26
			15	16	**17**	18	22
33	Reprofilierung, PCC, flächig bis 3cm	m²	145	153	**161**	172	185
			122	129	**135**	145	156
34	Reprofilierung, PCC, flächig bis 5cm	m²	279	294	**306**	331	352
			234	247	**258**	278	296
35	Reprofilierung, PCC, Mehrtiefe, flächig	m²	65	69	**72**	77	86
			55	58	**61**	65	72
36	Reprofilierung, Kante, 15x15cm, PCC	m	66	70	**74**	79	85
			56	59	**62**	66	71
37	Schalung, Kanten	m	18	19	**20**	22	25
			15	16	**17**	18	21
38	Spritzmörtel, SPCC, 5cm	m²	185	195	**203**	220	234
			156	164	**171**	185	197
39	Spritzmörtel, SPCC, 7cm	m²	277	292	**307**	329	354
			233	245	**258**	276	297
40	Spritzmörtel, SPCC, Mehrtiefe	m²	67	70	**74**	79	89
			56	59	**62**	67	75
41	Tropfkante, Dreikantleisten	m	23	26	**28**	30	33
			20	22	**23**	25	28
42	Tropfkante, Profil	m	13	16	**18**	20	25
			11	14	**15**	17	21
43	Füllbeschichtung, Schlämme	m²	31	33	**35**	37	40
			26	28	**29**	31	33
44	Feinspachtelung, 2mm, vollflächig	m²	32	34	**35**	38	43
			27	29	**30**	32	36
45	Feinspachtelung, 3mm, vollflächig	m²	38	41	**43**	46	51
			32	34	**36**	38	43
46	Feinspachtelung, Mehrstärke, vollflächig	m²	7	7	**8**	8	10
			6	6	**7**	7	8
47	Grundierung, Betonfläche	m²	9	10	**11**	11	13
			7	8	**9**	10	11
48	Hydrophobierung OS 1	m²	18	18	**19**	21	23
			15	16	**16**	18	20

Kosten:
Stand 2. Quartal 2025
Bundesdurchschnitt

▶ min
▷ von
ø Mittel
◁ bis
◀ max

Betonerhaltungsarbeiten — Preise €

Nr.	Positionen	Einheit	▶	▷	ø brutto € / ø netto €	◁	◀
49	Beschichtung OS 2	m²	32	34	**36**	38	41
			27	29	**30**	32	35
50	Beschichtung OS 4	m²	26	28	**29**	31	34
			22	23	**25**	26	28
51	Beschichtung OS 5a	m²	36	38	**40**	42	46
			30	32	**33**	36	38
52	Beschichtung OS 5b	m²	48	51	**53**	57	62
			40	43	**45**	48	52
53	Beschichtung OS 8	m²	103	110	**116**	125	134
			87	93	**97**	105	113
54	Beschichtung OS 11a	m²	190	200	**211**	226	243
			160	168	**177**	190	204
55	Beschichtung OS 11b	m²	152	159	**171**	183	197
			128	134	**144**	154	165
56	Beschichtung OS 13	m²	131	138	**145**	155	167
			110	116	**122**	130	140
57	Spachtelung, Rautiefe über 1mm	m²	25	27	**28**	31	33
			21	23	**24**	26	27
58	Kratzspachtelung, Rautiefe über 5mm	m²	35	37	**39**	42	47
			30	31	**33**	35	39
59	Beschichtung abstreuen, Quarzsand	m²	5	6	**6**	7	7
			5	5	**5**	6	6
60	Deckversiegelung, OS	m²	13	14	**15**	16	18
			11	12	**13**	13	15
61	Deckversiegelung, mit Abstreuung, OS	m²	17	18	**19**	20	23
			14	15	**16**	17	19

Nr. **Kurztext** / Langtext — Kostengruppe
▶ ▷ **ø netto €** ◁ ◀ [Einheit] Ausf.-Dauer Positionsnummer

1 Trockenstrahlen, Betonfläche, unbeschichtet — KG **395**

Strahlen mit festen Strahlmittel zum Abtragen und Entfernen loser und mürber Teile. Die Betonoberfläche ist durch Absaugung nachzureinigen und vor erneuter Verschmutzung zu schützen. Das Strahlgut ist von den umgebenden Flächen zu sammeln und einschl. des anfallenden Bauschutts entsprechend der behördlichen Auflagen zu entsorgen.
Bauteil: .....
Lage: .....
Oberfläche: .....

17€ 18€ **18€** 20€ 21€ [m²] ⏱ 0,20h/m² 381.000.001

Nr. **Kurztext** / Langtext — Kostengruppe

▶ ▷ **ø netto €** ◁ ◀ [Einheit] Ausf.-Dauer Positionsnummer

2 Trockenstrahlen, Betonfläche, beschichtet KG **395**

Strahlen mit festen Strahlmittel zum Abtragen und Entfernen von Beschichtungen, einschl. loser und mürber Teile und leicht ablösender Schichten. Die Betonoberfläche ist durch Absaugung nachzureinigen und vor erneuter Verschmutzung zu schützen. Das Strahlgut ist von den umgebenden Flächen zu sammeln und einschl. des anfallenden Bauschutts entsprechend der behördlichen Auflagen zu entsorgen.
Bauteil: .....
Lage: .....
Oberfläche: .....
Vorh. Beschichtung: .....

25€ 27€ **28€** 30€ 32€ [m²] ⏱ 0,20h/m² 381.000.066

3 Feuchtestrahlen, Betonfläche, unbeschichtet KG **395**

Strahlen mit festen Strahlmittel und Wasser zum Abtragen und Entfernen loser und mürber Teile. Nach dem Strahlvorgang ist die Betonoberfläche nachzureinigen und vor erneuter Verschmutzung zu schützen. Das Strahlgut ist von den umgebenden Flächen zu sammeln und einschl. des anfallenden Bauschutts entsprechend der behördlichen Auflagen zu entsorgen.
Bauteil: .....
Lage: .....
Oberfläche: .....

22€ 23€ **24€** 26€ 28€ [m²] ⏱ 0,20h/m² 381.000.002

4 Feuchtestrahlen, Beton beschichtet KG **395**

Strahlen mit festen Strahlmittel und Wasser zum Abtragen und Entfernen von Beschichtungen, einschl. loser und mürber Teile und leicht ablösender Schichten. Die Betonoberfläche ist durch Absaugung nachzureinigen und vor erneuter Verschmutzung zu schützen. Das Strahlgut ist von den umgebenden Flächen zu sammeln und einschl. des anfallenden Bauschutts entsprechend der behördlichen Auflagen zu entsorgen.
Bauteil: .....
Lage: .....
Oberfläche: .....
Vorh. Beschichtung: .....

31€ 33€ **34€** 37€ 39€ [m²] ⏱ 0,25h/m² 381.000.003

5 HDWS, Betonflächen, bis Bewehrung KG **395**

Betonflächen mit Bewehrung durch abtragendes Hochdruckwasserstrahlen bis zur oberen Bewehrungslage für Instandsetzungsarbeiten vorbereiten. Nach dem Strahlvorgang ist die Betonoberfläche durch Absaugen nachzureinigen und vor erneuter Verschmutzung zu schützen. Das Strahlgut ist von den umgebenden Flächen zu sammeln und einschl. des anfallenden Bauschutts entsprechend der behördlichen Auflagen zu entsorgen.
Bauteil: .....
Lage: .....
Abtragstiefe: ca. 2 cm
Druckfestigkeitsbereich: bis 30 N/mm²
Hochdruckwasserstrahlen: bis 80 MPa

38€ 41€ **43€** 46€ 50€ [m²] ⏱ 0,39h/m² 381.000.004

Kosten:
Stand 2. Quartal 2025
Bundesdurchschnitt

Nr.	**Kurztext** / Langtext						Kostengruppe
▶	▷	**ø netto €**	◁	◀	[Einheit]	Ausf.-Dauer	Positionsnummer

6 HDWS, Betonflächen, hinter Bewehrung KG **395**

Betonflächen mit Bewehrung durch abtragendes Hochdruckwasserstrahlen bis hinter die Bewehrungslage, für Instandsetzungsarbeiten vorbereiten. Nach dem Strahlvorgang ist die Betonoberfläche durch Absaugen nachzureinigen und vor erneuter Verschmutzung zu schützen. Das Strahlgut ist von den umgebenden Flächen zu sammeln und einschl. des anfallenden Bauschutts entsprechend der behördlichen Auflagen zu entsorgen.
Bauteil: .....
Lage: .....
Abtragstiefe: ca. 5 cm
Druckfestigkeitsbereich: bis 30 N/mm²
Hochdruckwasserstrahlen: bis 80 MPa

64€ | 68€ | **71€** | 76€ | 82€ | [m²] | ⏱ 0,45h/m² | 381.000.005

7 Kugelstrahlen, Betonflächen, Boden KG **395**

Untergrundvorbehandlung von Betonflächen durch Kugelstrahlen mit gleichzeitigem Absaugen zum Reinigen von allen artfremden, den Haftverbund mindernden Teilen. Die Betonoberfläche ist durch Absaugen nachzureinigen und vor erneuter Verschmutzung zu schützen. Das Strahlgut und der anfallende Bauschutt sind entsprechend der behördlichen Auflagen zu entsorgen
Lage: .....
Oberfläche: .....

20€ | 22€ | **23€** | 25€ | 26€ | [m²] | ⏱ 0,33h/m² | 381.000.006

A 1 Betonausbruch Beschreibung für Pos. **8-10**

Beton ausstemmen, Ränder mit 45° anschrägen, und anfallenden Bauschutt entsorgen.
Bauteil: .....
Lage: .....

8 Betonausbruch, 10x3cm KG **395**

Wie Ausführungsbeschreibung A 1
Ausbruchbreite: bis 10 cm
Ausbruchtiefe: bis 3 cm

22€ | 24€ | **26€** | 28€ | 30€ | [m] | ⏱ 0,26h/m | 381.000.007

9 Betonausbruch, 20x5cm KG **395**

Wie Ausführungsbeschreibung A 1
Ausbruchbreite: bis 20 cm
Ausbruchtiefe: bis 5 cm

37€ | 40€ | **42€** | 45€ | 49€ | [m] | ⏱ 0,40h/m | 381.000.008

10 Betonausbruch, Mehrtiefe 1cm KG **395**

Wie Ausführungsbeschreibung A 1
je 1 cm Mehrtiefe

5€ | 5€ | **5€** | 6€ | 6€ | [m] | ⏱ 0,04h/m | 381.000.009

▶ min
▷ von
ø Mittel
◁ bis
◀ max

Nr.	Kurztext / Langtext						Kostengruppe
►	▷	**ø netto €**	◁	◄	[Einheit]	Ausf.-Dauer	Positionsnummer

11 Stemmarbeiten, Kanten, 15x15cm KG **395**

Stemmarbeiten im Bereich von Kanten, einschl. anfallenden Bauschutt entsorgen.
Bauteil: .....
Schenkellänge: bis 15 x15 cm

28€ | 30€ | **32€** | 34€ | 37€ | [m] | ⏱ 0,37h/m | 381.000.010

12 Stemmarbeiten, Kanten, 5cm Mehrlänge KG **395**

Stemmarbeiten an Kanten je angefangene 5cm Schenkel-Mehrlänge, einschl. anfallenden Bauschutt entsorgen.

7€ | 7€ | **8€** | 8€ | 9€ | [m] | ⏱ 0,05h/m | 381.000.011

13 Betonausbruch, bis 0,10m² KG **395**

Beton im Bereich der markierten Schadensstellen ausbrechen und freistemmen, Ränder 45° anschrägen, einschl. anfallenden Bauschutt entsorgen.
Bauteil: .....
Lage: .....
Ausbruchtiefe: bis 3 cm
Schadstellen: bis 0,10 m²
Hinweis: Bei der Ausschreibung sind Differenzierung der Abmessungen in 0,01, 0,1,0,25,0,5,0,75 und 1,0 m² vorzunehmen.

37€ | 40€ | **42€** | 45€ | 48€ | [St] | ⏱ 0,25h/St | 381.000.063

14 Betonausbruch, bis 0,25m² KG **395**

Beton im Bereich der markierten Schadensstellen ausbrechen und freistemmen, Ränder 45° anschrägen, einschl. anfallenden Bauschutt entsorgen.
Bauteil: .....
Lage: .....
Ausbruchtiefe: bis 3 cm
Schadstellen: bis 0,25 m²
Hinweis: Bei der Ausschreibung sind Differenzierung der Abmessungen in 0,01, 0,1,0,25,0,5,0,75 und 1,0 m² vorzunehmen.

58€ | 62€ | **65€** | 70€ | 72€ | [St] | ⏱ 0,25h/St | 381.000.012

15 Betonausbruch, bis 0,50m² KG **395**

Beton im Bereich der markierten Schadensstellen ausbrechen und freistemmen, Ränder 45° anschrägen, einschl. anfallenden Bauschutt entsorgen.
Bauteil: .....
Lage: .....
Ausbruchtiefe: bis 3 cm
Schadstellen: bis 0,5 m²
Hinweis: Bei der Ausschreibung sind Differenzierung der Abmessungen in 0,01, 0,1,0,25,0,5,0,75 und 1,0 m² vorzunehmen.

85€ | 93€ | **97€** | 104€ | 112€ | [St] | ⏱ 0,35h/St | 381.000.013

Kosten:
Stand 2. Quartal 2025
Bundesdurchschnitt

▶ min
▷ von
ø Mittel
◁ bis
◀ max

Nr. **Kurztext** / Langtext — Kostengruppe
▶ ▷ **ø netto €** ◁ ◀ [Einheit] Ausf.-Dauer Positionsnummer

A 2 **Betonausbruch** — Beschreibung für Pos. **16-18**

Beton flächig ausstemmen und anfallenden Bauschutt entsorgen.
Bauteil: .....
Lage: .....

16 **Betonausbruch, bis 3cm** — KG **395**

Wie Ausführungsbeschreibung A 2
Ausbruchtiefe: bis 3 cm

▶	▷	ø	◁	◀	Einheit	Ausf.-Dauer	Positionsnummer
100€	109€	**115€**	123€	132€	[m²]	⏱ 0,85h/m²	381.000.014

17 **Betonausbruch, bis 5cm** — KG **395**

Wie Ausführungsbeschreibung A 2
Ausbruchtiefe: bis 5 cm

▶	▷	ø	◁	◀	Einheit	Ausf.-Dauer	Positionsnummer
144€	155€	**163€**	176€	189€	[m²]	⏱ 0,85h/m²	381.000.015

18 **Betonausbruch, Mehrtiefe** — KG **395**

Wie Ausführungsbeschreibung A 2
je 1 cm Mehrtiefe

▶	▷	ø	◁	◀	Einheit	Ausf.-Dauer	Positionsnummer
20€	23€	**24€**	26€	29€	[m²]	⏱ 0,15h/m²	381.000.016

19 **Bewehrung abtrennen, bis 16mm** — KG **395**

Freiliegende Bewehrung nach Rücksprache mit Statiker abtrennen und anfallenden Bauschutt entsorgen.
Bauteil: .....
Lage: .....
Bewehrung: bis 16 mm

▶	▷	ø	◁	◀	Einheit	Ausf.-Dauer	Positionsnummer
7€	7€	**8€**	8€	9€	[St]	⏱ 0,08h/St	381.000.017

20 **Bewehrung abtrennen, über 16mm** — KG **395**

Freiliegende Bewehrung, nach Rücksprache mit Statiker, abtrennen und anfallenden Bauschutt entsorgen.
Bauteil: .....
Lage: .....
Bewehrung: über 16 mm

▶	▷	ø	◁	◀	Einheit	Ausf.-Dauer	Positionsnummer
9€	10€	**10€**	11€	12€	[St]	⏱ 0,08h/St	381.000.018

21 **Bewehrung befestigen, Dübel** — KG **395**

Lose Bewehrung schwingungsfrei mit Dübeln bzw. Haken befestigen.
Bauteil: .....
Lage: .....

▶	▷	ø	◁	◀	Einheit	Ausf.-Dauer	Positionsnummer
6€	7€	**7€**	7€	8€	[St]	⏱ 0,07h/St	381.000.019

Nr.	Kurztext / Langtext						Kostengruppe
►	▷	**ø netto €**	◁	◄	[Einheit]	Ausf.-Dauer	Positionsnummer

22 Bewehrung strahlen, bis 1,00m KG **395**

Freiliegende Bewehrung durch linienförmiges Strahlen mit festen Strahlmitteln vorbehandeln. Das Strahlgut sammeln und einschl. des anfallenden Bauschutts entsprechend der behördlichen Auflagen entsorgen.
Bauteil: .....
Lage: .....
Bewehrung: ..... mm
Einzellängen: bis 1,00 m
Reinheitsgrad: SA .....

8€	8€	**9€**	9€	10€	[St]	⏱ 0,15h/St	381.000.020

23 Bewehrung strahlen, über 1,00m KG **395**

Freiliegende Bewehrung durch linienförmiges Strahlen mit festen Strahlmitteln vorbehandeln. Das Strahlgut sammeln und einschl. des anfallenden Bauschutts entsprechend der behördlichen Auflagen entsorgen.
Bauteil: .....
Lage: .....
Bewehrung: ..... mm
Einzellängen: über 1,00 m
Reinheitsgrad: SA .....

6€	7€	**7€**	7€	8€	[St]	⏱ 0,15h/St	381.000.064

24 Korrosionsschutz, mineralisch KG **395**

Korrosionsschutz auf entrostetem Bewehrungsstahl mit kunststoffmodifizierter Zementschlämme.
Bauteil: .....
Lage: .....
Geforderter Reinheitsgrad: Sa 2 1/2
Bewehrung: ..... mm
Angeb. Fabrikat: .....

12€	12€	**13€**	14€	16€	[m]	⏱ 0,10h/m	381.000.023

25 Korrosionsschutz, Epoxidharz KG **395**

Korrosionsschutz auf entrostetem, trockenem Bewehrungsstahl aus reaktionshärtendem Epoxidharz-System, mit Absanden der Zweitschicht. Nach Trocknung ist nicht eingebundener Sand abzublasen.
Bauteil: .....
Lage: .....
Geforderter Reinheitsgrad: Sa 2 1/2
Bewehrung: ..... mm
Angeb. Fabrikat: .....

15€	16€	**17€**	18€	20€	[m]	⏱ 0,15h/m	381.000.024

26 Schutzbeschichtung, SPCC KG **395**

Schutzbeschichtung des Korrosionsschutzes der Bewehrung zu Vorbereitung von kunststoffmodifiziertem Spritzmörtelauftrag.
Bauteil: .....
Lage: .....
Angeb. Fabrikat: .....

17€	18€	**20€**	21€	23€	[m]	⏱ 0,08h/m	381.000.025

Kosten:
Stand 2. Quartal 2025
Bundesdurchschnitt

► min
▷ von
ø Mittel
◁ bis
◄ max

Nr.	Kurztext / Langtext						Kostengruppe
►	▷	**ø netto €**	◁	◄	[Einheit]	Ausf.-Dauer	Positionsnummer

A 3 Reprofilierung, PCC, örtliche Fehlstellen — Beschreibung für Pos. **27-29**

Reprofilieren örtlicher Fehlstellen mit PCC-Instandsetzungsmörtel, einschl. Auftrag einer zementgebundenen, kunststoffmodifizierten Haftbrücke, sowie Schutz gegen Witterungseinflüsse und vorzeitiges Austrocknen.
Bauteil: .....
Lage: .....
Beanspruchungsklasse: .....
Angeb. Fabrikat: .....
Hinweis: Bei der Ausschreibung sind Differenzierung der Abmessungen in 0,01, 0,1,0,25,0,5,0,75 und 1,0 m² und unterschiedlichen Tiefen vorzunehmen.

27 Reprofilierung, PCC, bis 0,10m² — KG **395**

Wie Ausführungsbeschreibung A 3
Ausbruchtiefe: bis 3 cm
Schadstellen: bis 0,10 m²

31€	32€	**34€**	36€	39€	[St]	⏱ 0,20h/St	381.000.060

28 Reprofilierung, PCC, bis 0,25m² — KG **395**

Wie Ausführungsbeschreibung A 3
Ausbruchtiefe: bis 3 cm
Schadstellen: bis 0,25 m²

50€	52€	**55€**	59€	63€	[St]	⏱ 0,30h/St	381.000.026

29 Reprofilierung, PCC, bis 0,50m² — KG **395**

Wie Ausführungsbeschreibung A 3
Ausbruchtiefe: bis 3 cm
Schadstellen: bis 0,50 m²

108€	114€	**120€**	129€	139€	[St]	⏱ 0,35h/St	381.000.027

A 4 Reprofilierung, PCC — Beschreibung für Pos. **30-32**

Reprofilieren linearer Fehlstellen in Teilflächen mit PCC-Instandsetzungsmörtel, einschl. Auftrag einer zementgebundenen, kunststoffmodifizierten Haftbrücke, sowie Schutz gegen Witterungseinflüsse und vorzeitiges Austrocknen.
Bauteil: .....
Lage: .....
Beanspruchungsklasse: .....
Angeb. Fabrikat: .....

30 Reprofilierung, PCC, bis 3cm, linear — KG **395**

Wie Ausführungsbeschreibung A 4
Ausbruchtiefe: bis 3 cm
Schadstellen: bis 10 cm

26€	27€	**29€**	31€	35€	[m]	⏱ 0,25h/m	381.000.030

381
382
384
386
387

Nr. **Kurztext** / Langtext — Kostengruppe

▶ ▷ **ø netto €** ◁ ◀ [Einheit] Ausf.-Dauer Positionsnummer

31 Reprofilierung, PCC, bis 5cm, linear KG **395**

Wie Ausführungsbeschreibung A 4
Ausbruchtiefe: bis 5 cm
Schadstellen: bis 20 cm

45€ 47€ **50€** 54€ 58€ [m] ⏱ 0,30h/m 381.000.028

32 Reprofilierung, PCC, Mehrtiefe, linear KG **395**

Wie Ausführungsbeschreibung A 4
je 1 cm Mehrtiefe

15€ 16€ **17€** 18€ 22€ [m] ⏱ 0,16h/m 381.000.029

A 5 Reprofilierung, PCC, flächig Beschreibung für Pos. **33-35**

Reprofilieren flächiger Fehlstellen mit PCC-Instandsetzungsmörtel, einschl. Auftrag einer zementgebundenen, kunststoffmodifizierten Haftbrücke, sowie Schutz gegen Witterungseinflüsse und vorzeitiges Austrocknen.
Bauteil: .....
Lage: .....
Ausbruch: flächig
Beanspruchungsklasse: .....
Angeb. Fabrikat: .....

33 Reprofilierung, PCC, flächig bis 3cm KG **395**

Wie Ausführungsbeschreibung A 5
Ausbruchtiefe: bis 3 cm

122€ 129€ **135€** 145€ 156€ [m²] ⏱ 0,75h/m² 381.000.032

34 Reprofilierung, PCC, flächig bis 5cm KG **395**

Wie Ausführungsbeschreibung A 5
Ausbruchtiefe: bis 5 cm

234€ 247€ **258€** 278€ 296€ [m²] ⏱ 0,75h/m² 381.000.033

35 Reprofilierung, PCC, Mehrtiefe, flächig KG **395**

Wie Ausführungsbeschreibung A 5
Ausbruchtiefe: pro cm Mehrtiefe

55€ 58€ **61€** 65€ 72€ [m²] ⏱ 0,16h/m² 381.000.034

36 Reprofilierung, Kante, 15x15cm, PCC KG **395**

Reprofilierung von Kanten mit PCC-Mörtel.
Bauteil: .....
Lage: .....
Schenkellänge: bis 15 x 15 cm

56€ 59€ **62€** 66€ 71€ [m] ⏱ 0,60h/m 381.000.035

Kosten:
Stand 2. Quartal 2025
Bundesdurchschnitt

▶ min
▷ von
ø Mittel
◁ bis
◀ max

Nr. | **Kurztext** / Langtext | Kostengruppe
▶ | ▷ | **ø netto €** | ◁ | ◀ | [Einheit] | Ausf. Dauer | Positionsnummer

37 **Schalung, Kanten** KG **395**

Schalung im Bereich von Kanten, für Spritzmörtelauftrag. Abrechnung einseitiger Schalung.
Bauteil: .....
Lage: .....

15€ 16€ **17€** 18€ 21€ [m] ⏱ 0,25h/m 381.000.036

A 6 **Spritzmörtel, SPCC** Beschreibung für Pos. **38-40**

Flächige Reprofilierung von Stahlbetonflächen mit kunststoffmodifiziertem Zementmörtel (SPCC) im Spritzverfahren, einschl. Schutz gegen Witterungseinflüsse und dem vorzeitigem Austrocknen, sowie Entsorgung des Rückprallgutes.
Betongüte: mind. C20/25
Korngröße: .....
Bauteil: .....
Lage: .....
Gef. Oberfläche: .....
Angeb. Fabrikat: .....

38 **Spritzmörtel, SPCC, 5cm** KG **395**

Wie Ausführungsbeschreibung A 6
Ausbruchtiefe: bis 5 cm

156€ 164€ **171€** 185€ 197€ [m²] ⏱ 1,20h/m² 381.000.037

39 **Spritzmörtel, SPCC, 7cm** KG **395**

Wie Ausführungsbeschreibung A 6
Ausbruchtiefe: bis 7 cm

233€ 245€ **258€** 276€ 297€ [m²] ⏱ 1,20h/m² 381.000.038

40 **Spritzmörtel, SPCC, Mehrtiefe** KG **395**

Wie Ausführungsbeschreibung A 6
pro cm Mehrtiefe

56€ 59€ **62€** 67€ 75€ [m²] ⏱ 0,23h/m² 381.000.039

41 **Tropfkante, Dreikantleisten** KG **395**

Tropfkante herstellen mit Dreikantleiste.
Bauteil: .....
Lage: .....

20€ 22€ **23€** 25€ 28€ [m] ⏱ 0,32h/m 381.000.040

42 **Tropfkante, Profil** KG **395**

Tropfkante herstellen mit Tropfkantenprofil aus Kunststoff.
Bauteil: .....
Lage: .....

11€ 14€ **15€** 17€ 21€ [m] ⏱ 0,20h/m 381.000.065

Nr. **Kurztext** / Langtext — Kostengruppe
▶ ▷ **ø netto €** ◁ ◀ [Einheit] Ausf.-Dauer Positionsnummer

43 **Füllbeschichtung, Schlämme** — KG **395**

Füllbeschichtung auf Basis einer kunststoffmodifizierten Zementschlämme zum Füllen von Poren und Lunkern in zwei Arbeitsgängen mit Abkratzen auf der Oberfläche, einschl. vornässen des Untergrundes.
Untergrund: .....
Bauteil: .....
Lage: .....
Angeb. Fabrikat: .....

26€ 28€ **29€** 31€ 33€ [m²] ⏱ 0,20h/m² 381.000.041

A 7 **Feinspachtelung, vollflächig** — Beschreibung für Pos. **44-46**

Vollflächiges Feinspachteln der Betonflächen mit kunststoffmodifiziertem Zementmörtel zum Füllen von Fehlstellen, Poren und Lunkern, sowie zum Erreichen einer ebenen, gratfreien Oberfläche. Leistung in zwei Arbeitsgängen, mit Kratzspachtelung und Spachtelung, zum Erreichen der geforderten Schichtdicke, einschl. vornässen des Untergrundes.
Untergrund: .....
Bauteil: .....
Lage: .....
Rautiefe: .....
Angeb. Fabrikat: .....

44 **Feinspachtelung, 2mm, vollflächig** — KG **395**

Wie Ausführungsbeschreibung A 7
Schichtdicke: 2 mm über den Spitzen

27€ 29€ **30€** 32€ 36€ [m²] ⏱ 0,30h/m² 381.000.042

45 **Feinspachtelung, 3mm, vollflächig** — KG **395**

Wie Ausführungsbeschreibung A 7
Schichtdicke: 3 mm über den Spitzen

32€ 34€ **36€** 38€ 43€ [m²] ⏱ 0,35h/m² 381.000.043

46 **Feinspachtelung, Mehrstärke, vollflächig** — KG **395**

Wie Ausführungsbeschreibung A 7
je 1 mm Mehrstärke

6€ 6€ **7€** 7€ 8€ [m²] ⏱ 0,07h/m² 381.000.044

47 **Grundierung, Betonfläche** — KG **395**

Grundierung von Betonflächen zur Reduzierung der Saugfähigkeit und zur Verfestigung des Untergrunds.
Bauteil: .....
Lage: .....
Farbe: unpigmentiert
Rautiefe: .....
Auftragsart: **streichen / spritzen**

7€ 8€ **9€** 10€ 11€ [m²] ⏱ 0,10h/m² 381.000.045

Kosten:
Stand 2. Quartal 2025
Bundesdurchschnitt

Nr.	**Kurztext** / Langtext						Kostengruppe
▶	▷	**ø netto €**	◁	◀	[Einheit]	Ausf.-Dauer	Positionsnummer

48 Hydrophobierung OS 1 — KG **395**

Hydrophobierung von frei bewitterten Betonflächen als vorbeugender Oberflächenschutz auf Silan-/Siloxanbasis in zwei Arbeitsgängen bis zur Sättigung.
Bauteil: .....
Lage: .....
Oberflächenschutz: OS 1
Farbe: unpigmentiert
Auftragsart: .....
Angeb. Fabrikat: .....
Auftragsmenge: .....
Prüfzeugnisnummer: .....

15€ | 16€ | **16€** | 18€ | 20€ | [m²] | ⏱ 0,13 h/m² | 381.000.046

49 Beschichtung OS 2 — KG **395**

Beschichtung für nicht begeh-/befahrbare und freibewitterte Betonflächen als vorbeugenden Oberflächenschutz in mind. zwei Schichten.
Bauteil: .....
Lage: .....
Rautiefe: 0,2 mm
Versiegelung: OS 2
Hydrophobierungsmittel: Silan-/Siloxanbasis
Mindestschichtdicke: 130 µm
Farbe: unpigmentiert
Auftragsart: .....
Farbe: unpigmentiert
Farbe: .....
Angeb. Fabrikat: .....
Auftragsmengen: .....
Prüfzeugnisnummer: .....

27€ | 29€ | **30€** | 32€ | 35€ | [m²] | ⏱ 0,28 h/m² | 381.000.047

50 Beschichtung OS 4 — KG **395**

Beschichtung mit erhöhter Dichtheit für nicht begeh-/befahrbare und freibewitterte Betonflächen mit Kratzspachtel und Oberflächenschutzschicht.
Bauteil: .....
Lage: .....
Rautiefe: 0,2 mm
Beschichtung: OS 4
Mindestschichtdicke: 130 µm
Farbe: unpigmentiert
Auftragsart: .....
Farbe: .....
Angeb. Fabrikat: .....
Auftragsmengen: .....
Prüfzeugnisnummer: .....

22€ | 23€ | **25€** | 26€ | 28€ | [m²] | ⏱ 0,21 h/m² | 381.000.048

▶ min
▷ von
ø Mittel
◁ bis
◀ max

Nr. **Kurztext** / Langtext — Kostengruppe
► ▷ **ø netto €** ◁ ◄ [Einheit] Ausf.-Dauer Positionsnummer

51 Beschichtung OS 5a KG **395**

Beschichtung für nicht begeh-/befahrbare und freibewitterte Betonflächen mit mindestens geringer Rissüberbrückungsfähigkeit mit Kratzspachtelung und zwei Oberflächenschutzschichten mit Polymerdispersion.
Bauteil: .....
Lage: .....
Rautiefe: 0,2 mm
Beschichtung: OS 5a
Mindestschichtdicke: 370 µm
Rissüberbrückungsklasse: gering, I T
Farbe: unpigmentiert
Auftragsart: .....
Farbe: .....
Angeb. Fabrikat: .....
Auftragsmengen: .....
Prüfzeugnisnummer: .....

30€ 32€ **33€** 36€ 38€ [m²] ⏱ 0,22h/m² 381.000.049

52 Beschichtung OS 5b KG **395**

Beschichtung für nicht begeh-/befahrbare und freibewitterte Betonflächen mit mindestens geringer Rissüberbrückungsfähigkeit mit Kratzspachtelung und 2 elastischen Oberflächenschutzschichten aus Polymer/Zementgemisch.
Bauteil: .....
Lage: .....
Rautiefe: 0,2 mm
Beschichtung: OS 5b
Mindestschichtdicke: 2.250 µm
Rissüberbrückungsklasse: gering, I T
Farbe: unpigmentiert
Auftragsart: .....
Farbe: .....
Angeb. Fabrikat: .....
Auftragsmengen: .....
Prüfzeugnisnummer: .....

40€ 43€ **45€** 48€ 52€ [m²] ⏱ 0,32h/m² 381.000.050

Nr.	Kurztext / Langtext						Kostengruppe
►	▷	**ø netto €**	◁	◄	[Einheit]	Ausf.-Dauer	Positionsnummer

53 Beschichtung OS 8 KG **395**

Beschichtung für begeh-/befahrbare, chemisch widerstandsfähige und mechanisch stark belastete Flächen mit Grundierung, Kratzspachtelung und Deckschicht auf Reaktionsharzbasis.
Bauteil: Fahrbahn
Lage: .....
Rautiefe: 0,5 mm
Beschichtung: OS 8
Mindestschichtdicke: 1.750 µm
Rutsch-Bewertungsgruppe: .....
Farbe: unpigmentiert
Auftragsart: .....
Angeb. Fabrikat: .....
Auftragsmengen: .....
Prüfzeugnisnummer: .....

►	▷	ø	◁	◄	Einheit	Ausf.-Dauer	Positionsnummer
87€	93€	**97€**	105€	113€	[m²]	⏱ 0,46h/m²	381.000.051

54 Beschichtung OS 11a KG **395**

Beschichtung für begeh-/befahrbare und freibewitterte Flächen mit erhöhter dynamischer Rissüberbrückung mit Grundierung, Kratzspachtelung und Oberflächenschutzschicht auf Reaktionsharzbasis mit Quarzsand.
Bauteil: Fahrbahn
Lage: .....
Rautiefe: 0,5 mm
Beschichtung: OS 11a
Mindestschichtdicke: 3.300 µm
Rissüberbrückungsklasse: erhöht, II T+V
Rutsch-Bewertungsgruppe: .....
Farbe: unpigmentiert
Auftragsart: .....
Angeb. Fabrikat: .....
Auftragsmengen: .....
Prüfzeugnisnummer: .....

►	▷	ø	◁	◄	Einheit	Ausf.-Dauer	Positionsnummer
160€	168€	**177€**	190€	204€	[m²]	⏱ 0,58h/m²	381.000.052

Kosten:
Stand 2. Quartal 2025
Bundesdurchschnitt

► min
▷ von
ø Mittel
◁ bis
◄ max

Nr. **Kurztext** / Langtext — Kostengruppe
▶ ▷ **ø netto €** ◁ ◀ [Einheit] Ausf.-Dauer Positionsnummer

55 Beschichtung OS 11b KG **395**

Beschichtung für begeh-/befahrbare und freibewitterte Flächen mit erhöhter dynamischer Rissüberbrückung mit Grundierung, Kratzspachtelung und Deckversiegelung auf Reaktionsharzbasis mit Quarzsand.
Bauteil: Fahrbahn
Lage: .....
Rautiefe: 0,5 mm
Beschichtung: OS 11b
Mindestschichtdicke: 4.750 µm
Rissüberbrückungsklasse: erhöht, II T+V
Rutsch-Bewertungsgruppe: .....
Farbe: unpigmentiert
Auftragsart: .....
Farbe: .....
Angeb. Fabrikat: .....
Auftragsmengen: .....
Prüfzeugnisnummer: .....

128€ 134€ **144€** 154€ 165€ [m²] ⏱ 0,58h/m² 381.000.053

56 Beschichtung OS 13 KG **395**

Beschichtung für begeh-/befahrbare, mechanisch belastete und überdachte Flächen mit nicht dynamischer Rissüberbrückung mit Grundierung, Kratzspachtelung und Deckversiegelung auf Reaktionsharzbasis mit Quarzsand.
Bauteil: Fahrbahn
Lage: .....
Rautiefe: 0,5
Beschichtung: OS 13
Mindestschichtdicke: 3.250 µm
Rissüberbrückungsklasse: A1 (-10°C)
Farbe: unpigmentiert
Auftragsart: .....
Farbe: .....
Angeb. Fabrikat: .....
Auftragsmengen: .....
Prüfzeugnisnummer: .....

110€ 116€ **122€** 130€ 140€ [m²] ⏱ 0,54h/m² 381.000.054

57 Spachtelung, Rautiefe über 1mm KG **395**

Spachtelung auf Betonflächen mit Reaktionsharzmörtel zum Füllen von Fehlstellen, Poren und Lunkern, sowie zum Ausfüllen von Rautiefen über 1mm.
Bauteil: .....
Lage: .....
Farbe: unpigmentiert
Angeb. Fabrikat: .....

21€ 23€ **24€** 26€ 27€ [m²] ⏱ 0,20h/m² 381.000.055

Nr.	Kurztext / Langtext						Kostengruppe
►	▷	**ø netto €**	◁	◄	[Einheit]	Ausf.-Dauer	Positionsnummer

58 **Kratzspachtelung, Rautiefe über 5mm** KG **395**

Kratzspachtel auf Betonflächen mit Reaktionsharzmörtel bei Vertiefungen über 5mm.
Bauteil: .....
Lage: .....
Angeb. Fabrikat: .....

30€	31€	**33€**	35€	39€	[m²]	⏱ 0,30h/m²	381.000.056

59 **Beschichtung abstreuen, Quarzsand** KG **395**

Beschichtung mit Quarzsand abstreuen.
System: .....

5€	5€	**5€**	6€	6€	[m²]	⏱ 0,08h/m²	381.000.057

60 **Deckversiegelung, OS** KG **395**

Deckversiegelung für Oberflächenschutzsystem.
Beschichtungssystem: .....

11€	12€	**13€**	13€	15€	[m²]	⏱ 0,15h/m²	381.000.058

61 **Deckversiegelung, mit Abstreuung, OS** KG **395**

Deckversiegelung mit Abstreuung aus Quarzsand für Oberflächenschutzsystem.
Beschichtungssystem: .....

14€	15€	**16€**	17€	19€	[m²]	⏱ 0,13h/m²	381.000.059

Kosten:
Stand 2.Quartal 2025
Bundesdurchschnitt

► min
▷ von
ø Mittel
◁ bis
◄ max

382

Kosten:
Stand 2. Quartal 2025
Bundesdurchschnitt

► min
▷ von
ø Mittel
◁ bis
◄ max

Bekämpfender Holzschutz — Preise €

Nr.	Positionen	Einheit	►	▷	ø brutto € / ø netto €	◁	◄
1	Bekleidung entfernen/entsorgen	m²	– –	28 23	**34** **29**	46 39	– –
2	Dielenbelag aufnehmen/entsorgen	m²	– –	26 22	**32** **27**	43 36	– –
3	Schüttung, Stakung/Einschub, entfernen/entsorgen	m²	– –	52 43	**63** **53**	82 69	– –
4	Leichte Trennwände entfernen/entsorgen	m²	– –	36 30	**45** **38**	59 50	– –
5	Wandputz entfernen/entsorgen	m²	– –	21 17	**26** **22**	33 28	– –
6	Deckenputz entfernen/entsorgen	m²	– –	40 33	**49** **41**	64 54	– –
7	Holzbauteile ausbauen/entsorgen	St	– –	61 51	**78** **66**	102 86	– –
8	Abdeckung, staubdicht	m²	– –	14 12	**18** **15**	24 21	– –
9	Schutzwand, staubdicht	m²	– –	26 22	**32** **27**	43 36	– –
10	Folientür, staubdicht	St	– –	45 38	**57** **48**	76 64	– –
11	Bauteiloberfläche absaugen	m²	– –	6 5	**8** **7**	11 9	– –
12	Myzelentfernung, entsorgen	m²	– –	15 12	**18** **15**	24 20	– –
13	Mauerwerksflächen abflammen	m²	– –	20 17	**25** **21**	34 28	– –
14	Bohrlochtränkung, Mauerwerk	m³	– –	296 248	**360** **303**	479 403	– –
15	Druckinjektion, Mauerwerk	m³	– –	217 183	**265** **223**	353 296	– –
16	Oberflächenbehandlung, Fluten	m²	– –	26 22	**33** **27**	44 37	– –
17	Wirkstoffsperre, Balkenkopflager	St	– –	28 24	**35** **30**	48 40	– –
18	Bohrlöcher verschließen, Zulage	St	– –	5 4	**7** **6**	10 8	– –
19	Holzbauteile instandsetzen	m³	– –	2.978 2.502	**3.423** **2.876**	4.484 3.768	– –
20	Mauerwerksabbruch, Hausschwamm	m²	– –	290 244	**363** **305**	472 396	– –
21	Mauersteine liefern	m³	– –	595 500	**692** **581**	906 762	– –
22	Balkenkopfauflager herstellen	St	– –	57 48	**71** **59**	95 80	– –
23	Injektion, Balkenkopf	St	– –	28 23	**35** **29**	46 39	– –
24	Hölzer injizieren	m	– –	31 26	**38** **32**	52 43	– –

Bekämpfender Holzschutz — Preise €

Nr.	Positionen	Einheit	▶	▷	ø brutto € ø netto €	◁	◀
25	Beläge/Bekleidungen entfernen/entsorgen	m²	–	30	**37**	50	–
			–	25	**31**	42	–
26	Schüttungen entfernen/entsorgen	m²	–	26	**33**	44	–
			–	22	**28**	37	–
27	Beschichtungen entfernen	m²	–	26	**33**	44	–
			–	22	**28**	37	–
28	Beschichtungen entfernen, lose	m²	–	13	**17**	23	–
			–	11	**14**	19	–
29	Dach öffnen, schließen	m²	–	90	**113**	147	–
			–	76	**95**	124	–
30	Abdeckungen, Boden, Insektenbekämpfung	m²	–	12	**15**	20	–
			–	10	**12**	16	–
31	Raumtrennung, gedämmt	m²	–	35	**44**	59	–
			–	29	**37**	50	–
32	Splintholz entfernen	m	–	28	**34**	46	–
			–	24	**29**	39	–
33	Holzoberfläche reinigen	m²	–	8	**10**	14	–
			–	7	**9**	11	–
34	Schutzabdeckung, staubdicht/saugend	m²	–	9	**10**	14	–
			–	7	**9**	12	–
35	Holzschutzbehandlung, Insekten	m²	–	14	**17**	23	–
			–	12	**15**	20	–
36	Holzschutz, bekämpfend, Mehrmenge 25%	m²	–	7	**9**	12	–
			–	6	**7**	10	–
37	Holzschutzbehandlung, Insekten/Pilze	m²	–	14	**17**	23	–
			–	12	**15**	20	–
38	Holzschutz-Bohrlochtränkung, Insekten	m	–	29	**35**	48	–
			–	25	**30**	40	–
39	Holzschutz-Bohrlochtränkung, Insekten/Pilze	m	–	30	**37**	49	–
			–	25	**31**	41	–
40	Holzschutz-Bohrlochdrucktränkung, Insekten	m	–	27	**33**	44	–
			–	23	**28**	37	–
41	Holzschutz-Bohrlochdrucktränkung, Insekten/Pilze	m	–	35	**42**	57	–
			–	29	**36**	48	–
42	Emissionsschutz, Bauteiloberflächen	m²	–	19	**23**	31	–
			–	16	**20**	26	–
43	Schnittflächen behandeln, Hölzer	St	–	11	**13**	18	–
			–	9	**11**	15	–
44	Niederdruckinjektage, Holzteile, bis 16cm	St	–	24	**29**	38	–
			–	20	**25**	32	–
45	Niederdruckinjektage, Holzteile, 16-25cm	St	–	26	**32**	41	–
			–	22	**27**	35	–
46	Niederdruckinjektage, Holzteile, über 25cm	St	–	32	**38**	50	–
			–	27	**32**	42	–
47	Raumöffnung schließen, Heißluftverfahren	m²	–	30	**36**	47	–
			–	25	**31**	40	–
48	Abströmöffnung, Heißluftverfahren	St	–	46	**57**	73	–
			–	39	**48**	61	–

Kosten:
Stand 2. Quartal 2025
Bundesdurchschnitt

Bekämpfender Holzschutz — Preise €

Nr.	Positionen	Einheit	▶	▷	ø brutto € ø netto €	◁	◀
49	Hitzeschutz, Insektenbekämpfung	m²	–	25	**31**	40	–
			–	21	**26**	34	–
50	Einhausung, Heißluftverfahren	m²	–	44	**55**	71	–
			–	37	**46**	59	–
51	Insektenbekämpfung, Heißluft	m³	–	37	**46**	59	–
			–	31	**38**	50	–
52	Verlängerung, Heizphase, Mehraufwand	m³	–	13	**15**	21	–
			–	11	**13**	18	–
53	Temperaturkontrolle, Beheizung	St	–	22	**27**	34	–
			–	18	**22**	29	–
54	Dokumentation, Heißluftverfahren	St	–	797	**972**	1.263	–
			–	670	**817**	1.062	–
55	Vorbeugung chemischer Holzschutz	m	–	29	**35**	48	–
			–	24	**30**	40	–
56	Instandsetzung, Holzbauteile	m³	–	2.754	**3.358**	4.366	–
			–	2.314	**2.822**	3.669	–
57	Begasung, erstickend wirkende Gase	m³	–	42	**51**	69	–
			–	35	**43**	58	–
58	RH-Beton-Ersatz, einseitige Anbindung	St	–	43	**53**	71	–
			–	36	**44**	60	–
59	RH-Beton-Ersatz, auflagernaher Bereich	St	–	1.093	**1.317**	1.725	–
			–	919	**1.107**	1.450	–
60	RH-Beton-Wiederherstellung, Querschnitt	dm³	–	67	**82**	111	–
			–	56	**69**	93	–
61	RH-Beton-Ersatz, beidseitige Anbindung	dm³	–	75	**91**	123	–
			–	63	**77**	103	–
62	Ersatzholz, einseitig	St	–	1.603	**1.908**	2.366	–
			–	1.347	**1.603**	1.988	–
63	Ersatzholz, beidseitige Anbindung	St	–	1.935	**2.276**	2.731	–
			–	1.626	**1.913**	2.295	–
64	Ersatzholz, Bauteile, vertikal, Fachwerk	St	–	1.142	**1.344**	1.693	–
			–	960	**1.129**	1.423	–
65	Holzverbindungen herstellen	St	–	38	**47**	63	–
			–	32	**39**	53	–
66	RH-Beton-Querschnittserhöhung	dm³	–	47	**56**	75	–
			–	39	**47**	63	–
67	Instandsetzung, Holzbauteile, BETA-Verfahren	m³	–	2.165	**2.547**	3.183	–
			–	1.819	**2.140**	2.675	–
68	Ersatzhölzer, unbehandelt	m³	–	17	**21**	29	–
			–	15	**18**	24	–
69	Stundensatz, Facharbeiter/-in	h	–	71	**84**	105	–
			–	60	**70**	88	–
70	Stundensatz, Helfer/-in	h	–	65	**76**	95	–
			–	54	**64**	80	–

▶ min
▷ von
ø Mittel
◁ bis
◀ max

Nr.	Kurztext / Langtext						Kostengruppe
►	▷	**ø netto €**	◁	◄	[Einheit]	Ausf.-Dauer	Positionsnummer

1 Bekleidung entfernen/entsorgen KG **394**

Wand- und Deckenbekleidungen bei Feststellung oder Verdacht auf Befall und Schäden von Echtem Hausschwamm bzw. Nassfäulepilze entfernen. Anfallenden Bauschutt unter Beachtung der Verschleppungsgefahr einpacken sofort entsorgen.
Bauteil: .....
Einbauort: .....

– 23€ **29€** 39€ – [m²] ⏱ 0,35h/m² 382.000.005

2 Dielenbelag aufnehmen/entsorgen KG **394**

Dielenbelag einschl. Unterkonstruktion auf Decken bei Befall/Schäden von Echtem Hausschwamm bzw. Nassfäulepilze im vom Holzschutzgutachter festgelegten Bereich aufnehmen. Anfallenden Bauschutt unter Beachtung der Verschleppungsgefahr sortengerecht einpacken und sofort entsorgen.
Einbauort: .....

– 22€ **27€** 36€ – [m²] ⏱ 0,28h/m² 382.000.006

3 Schüttung, Stakung/Einschub, entfernen/entsorgen KG **394**

Schüttung und Stakung/Einschub im Befalls- und Schadbereich des Echten Hausschwamm oder Nassfäule mit Trennung nach Material entfernen. Anfallenden Bauschutt unter Beachtung der Verschleppungsgefahr einpacken und sofort entsorgen.
Einbauort: .....

– 43€ **53€** 69€ – [m²] ⏱ 0,40h/m² 382.000.007

4 Leichte Trennwände entfernen/entsorgen KG **394**

Leichte Trennwände einschl. Unterkonstruktion im Befallsbereich des Echten Hausschwamm oder anderen Pilzen nach Angaben des Holzschutzgutachters oder den Angaben des Untersuchungsberichtes ausbauen. Anfallenden Bauschutt unter Beachtung der Verschleppungsgefahr sortengerecht einpacken und sofort entsorgen.
Einbauort: .....
Konstruktion: .....

– 30€ **38€** 50€ – [m²] ⏱ 0,35h/m² 382.000.008

5 Wandputz entfernen/entsorgen KG **394**

Wandputz bei Befall durch den Echten Hausschwamm und anderen Pilzen einschl. lockeren Fugenmaterials nach Angaben des Holzschutzgutachters oder den Angaben des Untersuchungsberichtes entfernen. Reinigung der Wandflächen und Fugen durch Absaugen mit Industriestaubsauger (Mikrofilter). Anfallenden Bauschutt unter Beachtung der Verschleppungsgefahr sofort entsorgen.
Putzart: .....

– 17€ **22€** 28€ – [m²] ⏱ 0,35h/m² 382.000.010

6 Deckenputz entfernen/entsorgen KG **394**

Deckenputz an Holzbalkendecken einschl. Putzträger nach Angaben des Holzschutzgutachters oder den Angaben des Untersuchungsberichtes entfernen. Bei Gewölben (Naturstein, Mauerwerk, u.ä.) Putz abschlagen bzw. die Fugen mit lockerem Fugenmaterial nach Überprüfung der Standsicherheit auskratzen und reinigen. Deckenflächen mit Industriestaubsauger (Mikrofilter) absaugen. Anfallenden Bauschutt unter Beachtung der Verschleppungsgefahr einpacken und sofort entsorgen.
Putzart: .....
Putzträger: .....
Putzstärke: .....

– 33€ **41€** 54€ – [m²] ⏱ 0,45h/m² 382.000.011

Kosten:
Stand 2. Quartal 2025
Bundesdurchschnitt

► min
▷ von
ø Mittel
◁ bis
◄ max

Nr.	**Kurztext** / Langtext						Kostengruppe
►	▷	**ø netto €**	◁	◄	[Einheit]	Ausf.-Dauer	Positionsnummer

7 Holzbauteile ausbauen/entsorgen KG **394**

Befallene und geschädigte Holzbauteile gem. DIN 68800-4:2012-02 und WTA-Merkblatt 1-2-05/D, 6.3.1 ausbauen, einpacken und entsorgen. Anfallenden Bauschutt unter Beachtung der Verschleppungsgefahr einpacken und sofort entsorgen.
Bauteil: .....

– 51€ **66€** 86€ – [St] ⏱ 0,50 h/St 382.000.090

8 Abdeckung, staubdicht KG **393**

Staubdichte Abdeckungen mit Folie von Bauteilen und Gegenständen zum Schutz herstellen, vorhalten und beseitigen.
Bauteil: .....
Gegenstände: .....
Besondere Hinweise: .....

– 12€ **15€** 21€ – [m²] ⏱ 0,20 h/m² 382.000.012

9 Schutzwand, staubdicht KG **393**

Staubschutzwände mit Folie und Unterkonstruktion zum Schutz, aufbauen, vorhalten und beseitigen.
Bauteil: .....
Gebäudebereich: .....

– 22€ **27€** 36€ – [m²] ⏱ 0,35 h/m² 382.000.013

10 Folientür, staubdicht KG **393**

Staubdichte Folientür in Staubschutzwand, einbauen, vorhalten und beseitigen.

– 38€ **48€** 64€ – [St] ⏱ 0,60 h/St 382.000.014

11 Bauteiloberfläche absaugen KG **395**

Bauteiloberflächen von Böden und Decken vor Beginn der chemischen Mauerwerksbehandlung mit Industriestaubsauger (Mikrofilter) von allen haftungsmindernden Bestandteilen absaugen. Anfallenden Bauschutt unter Beachtung der Verschleppungsgefahr einpacken und sofort entsorgen.
Bauteilflächen: .....

– 5€ **7€** 9€ – [m²] ⏱ 0,10 h/m² 382.000.016

12 Myzelentfernung, entsorgen KG **395**

Anhaftendes Myzel und/oder Fruchtkörper von Mauerwerksflächen entfernen und unter Beachtung der Verschleppungsgefahr einpacken und sofort entsorgen.
Bauteile: .....

– 12€ **15€** 20€ – [m²] ⏱ 0,17 h/m² 382.000.017

13 Mauerwerksflächen abflammen KG **395**

Mauerwerksflächen gem. Vorgabe Gutachter abflammen. Flächen kräftig absaugen sowie anfallenden Bauschutt aufnehmen, einpacken und entsorgen. Die allgemeinen Brandschutzbestimmungen, insbesondere der Umgang mit offenem Feuer sind unbedingt zu beachten und Brandwache durchzuführen. Notwendige Brandschutzmaßnahmen sind in den Einheitspreis einzurechnen.
Bauteile: .....

– 17€ **21€** 28€ – [m²] ⏱ 0,20 h/m² 382.000.018

Nr.	Kurztext / Langtext						Kostengruppe
▶	▷	**ø netto €**	◁	◀	[Einheit]	Ausf.-Dauer	Positionsnummer

14 Bohrlochtränkung, Mauerwerk KG **395**

Chemische Behandlung des Mauerwerks bei Befall durch den Echten Hausschwamm durch Tränkung. Herstellen von Bohrlöchern im Winkel von ca. 30-45° und Raster von waagrecht 30cm / senkrecht 25cm, untereinander versetzt, im Einzelfall den speziellen Bedingungen angepasst. Bohrlochdurchmesser entsprechend der Größe der Vorratsbehälter. Tiefe ca. 2/3 der Wandstärke.
Chemisches Schutzmittel (Schwammsperrmittel) mit geprüfter Wirksamkeit zur Verhinderung des Durchwachsens von Hausschwamm durch das Mauerwerk. Bei Verarbeitungskonzentration und -menge ist die Ausführungsanweisung des Herstellers zu beachten.
Bauteil: .....
Mauerwerksart: .....
Mauerstärke: ..... cm
Material: .....
Zulassungsnummer: .....
Wirkstoffe: .....
Gefahrstoffangaben: .....
Verarbeitungskonzentration: .....
Verbrauch: .....

–	248€	**303€**	403€	–	[m³]	⏱ 3,00 h/m³	382.000.019

15 Druckinjektion, Mauerwerk KG **395**

Chemische Behandlung des Mauerwerks bei Befall durch den Echten Hausschwamm durch Bohrlochdrucktränkung. Herstellen von Bohrlöchern im Raster von waagrecht 30cm / senkrecht 25cm untereinander versetzt, im Einzelfall den speziellen Bedingungen angepasst. Bohrlochdurchmesser entsprechend der Injektoren oder Packer. Einbau der Injektoren/Packer entsprechend Typ.
Chemisches Schutzmittel (Schwammsperrmittel) mit Zulassung zur Verhinderung des Durchwachsens von Hausschwamm durch das Mauerwerk. Bei Verarbeitungskonzentration und -menge die Ausführungsanweisung des Herstellers beachten.
Bauteil: .....
Mauerwerksart: .....
Mauerstärke: ..... cm
Material: .....
Zulassungsnummer: .....
Wirkstoffe: .....
Gefahrstoffangaben: .....
Verarbeitungskonzentration: .....
Verbrauch: .....
Packerart/-größe: .....

–	183€	**223€**	296€	–	[m³]	⏱ 2,20 h/m³	382.000.020

Nr.	Kurztext / Langtext						Kostengruppe
►	▷	**ø netto €**	◁	◄	[Einheit]	Ausf.-Dauer	Positionsnummer

16 Oberflächenbehandlung, Fluten — KG **395**

Oberflächenbehandlung der freigelegten und gereinigten Boden- oder Wandflächen im Flutverfahren. Chemisches Schutzmittel (Schwammsperrmittel) mit geprüfter Wirksamkeit zur Verhinderung des Wachsens von Hausschwamm auf dem Mauerwerk. Bei Verarbeitungskonzentration und -menge die Ausführungsanweisung des Herstellers beachten.
Bauteil: .....
Mauerwerksart: .....
Material: .....
Zulassungsnummer: .....
Wirkstoffe: .....
Gefahrstoffangaben: .....
Verbrauch: .....
Arbeitsgänge: .....

►	▷	ø	◁	◄	Einheit	Ausf.-Dauer	Positionsnummer
–	22€	**27€**	37€	–	[m²]	⏱ 0,30h/m²	382.000.021

Kosten:
Stand 2. Quartal 2025
Bundesdurchschnitt

17 Wirkstoffsperre, Balkenkopflager — KG **395**

Chemische Behandlung des Mauerwerks bei Feststellung von Befall und Mauerwerksdurchwachsungen des Echten Hausschwamm durch Druckinjektionsverfahren im Bereich gefährdeter Balkenkopflager. Herstellen von Bohrlöchern im Raster von 12-15cm senkrecht und waagrecht bzw. den örtlichen Gegebenheiten. Bohrlochdurchmesser entsprechend der Injektoren oder Packer und Einbau entsprechend Typ. Chemisches Schutzmittel (Schwammsperrmittel) zur Verhinderung des Durchwachsens von Hausschwamm durch das Mauerwerk. Bei Verarbeitungskonzentration und -menge die Ausführungsanweisung des Herstellers beachten.
Bauteil: .....
Mauerwerksart: .....
Mauerstärke: ..... cm
Material: .....
Zulassungsnummer: .....
Wirkstoffe: .....
Gefahrstoffangaben: .....
Verarbeitungskonzentration: .....
Verbrauch: .....
Packerart/-anzahl/-größe: .....

►	▷	ø	◁	◄	Einheit	Ausf.-Dauer	Positionsnummer
–	24€	**30€**	40€	–	[St]	⏱ 0,20h/St	382.000.022

18 Bohrlöcher verschließen, Zulage — KG **395**

Bohrlöcher nach Abschluss der Mauerwerksinjektion und Ausbau oder Abschlagen der Packer/Injektoren mit geeigneter Mörtelsuspension verschließen.
Bauteil: .....

►	▷	ø	◁	◄	Einheit	Ausf.-Dauer	Positionsnummer
–	4€	**6€**	8€	–	[St]	⏱ 0,08h/St	382.000.023

► min
▷ von
ø Mittel
◁ bis
◄ max

Nr.	Kurztext / Langtext						Kostengruppe
▶	▷	**ø netto €**	◁	◀	[Einheit]	Ausf.-Dauer	Positionsnummer

19 Holzbauteile instandsetzen KG **395**

Konstruktive Instandsetzung zerstörter und geschädigter Holzbauteile durch zimmermannsmäßige Teil- bzw. Totalauswechslung von Hölzern. Gesundschnitt der Hölzer, Einbau der Hölzer bzw. resistenten Holzarten als Komplettleistung, einschl. der erforderlichen Abstützungsarbeiten und Materiallieferungen. Sämtlichen anfallenden Bauschutt unmittelbar sichern und sortenrein entsorgen. Die erforderlichen Sicherheitsbereiche gem. DIN 68800-4:2012-02 einschl. Kommentar oder den Angaben des Holzschutzsachverständigen einhalten. Die maximale Holzfeuchte der neuen Hölzer darf 20% nicht übersteigen.
Bauteil: .....
Querschnitt: ..... x ..... cm
Schadensart: .....
Gefährdungsklasse: .....
Holzart: .....
Resistenzklasse: .....
Holzschutzmittel: .....
Zulassungsnummer: .....
Wirkstoffe: .....
Gefahrstoffangaben: .....

–	2.502€	**2.876€**	3.768€	–	[m³]	⏱ 24,00h/m³	382.000.024

20 Mauerwerksabbruch, Hausschwamm KG **395**

Deckenbalkenauflager und Dachfußbereiche nach Angaben des Holzschutzgutachters zur Feststellung des Schadensumfanges freilegen. Bei Befall und Mauerwerksdurchwachsungen des Echten Hausschwamm im Bereich von Holzbauteilen durch Abtragen des Mauerwerks, ggf. Sortieren des befallsfreien Steinmaterials zur Wiederverwendung bei historischen Bauwerken. Anfallenden Bauschutt unter Beachtung der Verschleppungsgefahr einpacken, sichern und umgehend entsorgen.
Bauteil: .....
Mauerwerksart: .....
Mauerstärke: ..... cm
Material: .....
Sonstige Angaben: .....

–	244€	**305€**	396€	–	[m²]	⏱ 2,00h/m²	382.000.025

21 Mauersteine liefern KG **395**

Mauersteine entsprechend Bestandsmauerwerk liefern.
Steinformat: .....
Steinart: .....
Angeb. Fabrikat: .....

–	500€	**581€**	762€	–	[m³]	–	382.000.026

22 Balkenkopfauflager herstellen KG **395**

Balkenkopfauflager durch trockene Vermauerung von getrennten Hoch- oder Langlochziegeln luftumspült um das Holz. Bei Außenwänden ist das Mauerwerk der Balkenköpfe durch geeignete Wärmedämmmaßnahmen luftumspült auszubilden (z.B. Dämmplatten/Materialstärke gem. Angaben des Bauphysikers). Der Einbau von Sperrbahnen unter den Balken muss erfolgen und ist bauphysikalisch zu überprüfen, ggf. ist der Balken auf ein grobporiges Mörtelbett (Dränagemörtel) aufzulegen.
Bauteil: .....
Dämmmaterial: .....
Dicke Dämmung: .....
Sonstige Hinweise: .....

–	48€	**59€**	80€	–	[St]	⏱ 0,60h/St	382.000.027

Kosten:
Stand 2. Quartal 2025
Bundesdurchschnitt

▶ min
▷ von
ø Mittel
◁ bis
◀ max

Nr.	Kurztext / Langtext						Kostengruppe
▶	▷	ø netto €	◁	◀	[Einheit]	Ausf.-Dauer	Positionsnummer

23 **Injektion, Balkenkopf** KG **395**

Balkenkopf im Druckinjektionsverfahren nach Angaben des Holzschutzgutachters behandeln. Je Balkenkopf, 50cm lang, 4-6 Bohrungen, ca. 10mm Durchmesser, bis ca. 2/3 der Balkenstärke einbringen. Einbau der Injektionspacker, Verpressen im Niederdruck-Injektionsverfahren (2 bis 4 bar) mit einem geprüften und amtlich zugelassenen Holzschutzmittel mit Prüfzeichen (geforderte Prüfzeichen angeben).Bei der Verarbeitungskonzentration und Einbringmenge sind die Herstellerangaben zu berücksichtigen. Verpressen erfolgt unter ständiger Kontrolle des Bauteils. Größere Risse sind vorher mit geeigneten Materialien zu verschließen und abschließend rückstandsfrei zu entfernen. Im Bedarfsfall sind die Injektionspacker mit geeignetem Werkzeug versenken und abschließend Bohrung mit imprägniertem Hartholzdübel verschließen.
Bauteil: .....
Querschnitt: ..... x ..... cm
Anzahl der Packer: .....
Material: .....
Zulassungsnummer: .....
Wirkstoffe: .....
Verarbeitungskonzentration: .....
Einbringmenge: .....
Sonstige Hinweise: .....

–	23€	**29€**	39€	–	[St]	⏱ 0,35h/St	382.000.030

24 **Hölzer injizieren** KG **395**

Verbleibende Althölzer, die später verbaut und nicht kontrollierbar sind (z.B. Mauerschwellen), im Druckinjektionsverfahren vorbeugend und bekämpfenden nach Angaben des Holzschutzgutachters verpressen. Je m ca. 12-16 Bohrungen bei Balkenbreite bis 16cm mit einem Randabstand von ca. 2,5cm und einem Längsabstand von ca. 10cm wechselseitig versetzt einbringen. Der Lochdurchmesser ist entsprechend Injektor/Packer-Typ zu wählen. Einbauen der Injektoren/Packer. Verpressen im Niederdruckinjektionsverfahren (2 bis 4 bar) mit einem geprüften und amtlich zugelassenen Holzschutzmittel mit Prüfzeichen (geforderte Prüfzeichen angeben). Bei der Verarbeitungskonzentration und Einbringmenge die Herstellerangaben berücksichtigen. Verpressen erfolgt unter ständiger Kontrolle des Bauteils, größere Risse vorher mit geeigneten Materialien verdämmen und abschließend rückstandsfrei entfernen. Im Bedarfsfall Injektionspacker mit geeignetem Werkzeug versenken und anschließend Bohrung mit imprägnierten Hartholzdübeln verschließen.
Bauteil: .....
Querschnitt: ..... x ..... cm
Anzahl der Packer: .....
Material: .....
Zulassungsnummer: .....
Wirkstoffe: .....
Gefahrstoffangaben: .....
Verarbeitungskonzentration: .....
Einbringmenge: .....
Sonstige Hinweise: .....
Hinweis: Breite Balken sind ggf. auch 18 bis 24 Bohrungen notwendig.

–	26€	**32€**	43€	–	[m]	⏱ 0,33h/m	382.000.031

25 **Beläge/Bekleidungen entfernen/entsorgen** KG **394**

Beläge und Bekleidungen aufnehmen und auf Schäden und Befall untersuchen. Befallenes Material aussortieren, einpacken, abtransportieren und entsorgen.
Bereich: .....
Sonstige Hinweise: .....

–	25€	**31€**	42€	–	[m²]	⏱ 0,35h/m²	382.000.035

Nr.	Kurztext / Langtext						Kostengruppe
▶	▷	**ø netto €**	◁	◀	[Einheit]	Ausf.-Dauer	Positionsnummer

26 Schüttungen entfernen/entsorgen KG **394**

Schüttungen zur Freilegung von Deckenbalken aufnehmen und entfernen. Anfallenden Schutt einpacken, abtransportieren und entsorgen.
Bereich: .....
Sonstige Hinweise: .....

▶	▷	ø netto €	◁	◀	[Einheit]	Ausf.-Dauer	Positionsnummer
–	22€	**28€**	37€	–	[m²]	⏱ 0,40h/m²	382.000.036

27 Beschichtungen entfernen KG **394**

Beschichtungen durch schleifen mit Absaugung reinigen, entfernen, einschl. Entsorgung.
Bereich: .....
Beschichtung: .....
Verfahren: .....
Sonstige Hinweise: .....

▶	▷	ø netto €	◁	◀	[Einheit]	Ausf.-Dauer	Positionsnummer
–	22€	**28€**	37€	–	[m²]	⏱ 0,65h/m²	382.000.037

28 Beschichtungen entfernen, lose KG **394**

Lose anhaftende Bereiche aller Beschichtungen entfernen, einschl. Entsorgung.
Bereich: .....
Beschichtung: .....
Verfahren: .....
Sonstige Hinweise: .....

▶	▷	ø netto €	◁	◀	[Einheit]	Ausf.-Dauer	Positionsnummer
–	11€	**14€**	19€	–	[m²]	⏱ 0,25h/m²	382.000.038

29 Dach öffnen, schließen KG **395**

Dachöffnung einhausen, Dach öffnen, Zwischenlagerung der Dachziegel für Wiedereinbau und Eindeckung nach Abschluss der Holzschutz- und Holzinstandsetzungsarbeiten. Den Anteil neuer Materialien in der Kalkulation berücksichtigen 10% Abbruch/ Neumaterialanteil.
Bereich: .....
Material: .....
Sonstige Hinweise: .....

▶	▷	ø netto €	◁	◀	[Einheit]	Ausf.-Dauer	Positionsnummer
–	76€	**95€**	124€	–	[m²]	⏱ 1,20h/m²	382.000.039

30 Abdeckungen, Boden, Insektenbekämpfung KG **393**

Abdeckung der Bodenflächen mit Folie, ggf. aus saugendem Material. Nach Abschluss der Arbeiten im Zuge der Schlussreinigung wieder abbauen und entsorgen.
Bereich: .....
Material: .....
Sonstige Hinweise: .....

▶	▷	ø netto €	◁	◀	[Einheit]	Ausf.-Dauer	Positionsnummer
–	10€	**12€**	16€	–	[m²]	⏱ 0,15h/m²	382.000.040

Kosten:
Stand 2. Quartal 2025
Bundesdurchschnitt

► min
▷ von
ø Mittel
◁ bis
◄ max

Nr. **Kurztext** / Langtext — Kostengruppe
► ▷ **ø netto €** ◁ ◄ [Einheit] Ausf.-Dauer Positionsnummer

31 Raumtrennung, gedämmt — KG **395**

Raumabtrennung in großen Behandlungsräumen zur abschnittsweisen Behandlung oder bei lokalen Bekämpfungsmaßnahmen. Leichte Unterkonstruktion mit hitzebeständigen Planen oder Folien bespannen und mit geeigneten Dämmstoffen gegen Wärmeverluste auskleiden.
Bereich: .....
Material: .....
Sonstige Hinweise: .....

►	▷	ø	◁	◄	Einheit	Ausf.-Dauer	Positionsnummer
–	29€	**37€**	50€	–	[m²]	⏱ 0,60h/m²	382.000.042

32 Splintholz entfernen — KG **395**

Vermulmtes Splintholz durch Fräsen, Schälen, Beilen und/oder Stemmen entfernen. Überprüfung und Kontrolle stark im Querschnitt geschwächter Konstruktionsteile, inkl. Sicherungsmaßnahmen bis zur endgültigen konstruktiven Instandsetzung. Ausbürsten und Absaugen der freigelegten Fraßgänge. Anfallenden Schutt aufnehmen, einpacken und entsorgen.
Bereich: .....
Bauteile: .....
Verfahren: .....
Sonstige Hinweise: .....

►	▷	ø	◁	◄	Einheit	Ausf.-Dauer	Positionsnummer
–	24€	**29€**	39€	–	[m]	⏱ 0,35h/m	382.000.043

33 Holzoberfläche reinigen — KG **395**

Intensives reinigen der Holzoberflächen durch Absaugen von Staub und Schmutz mittels Industriestaubsauger mit Mikrofilter. Bei schadstoffbelastetem Staub und Schmutz die Staubsaugerrückstände als Sondermüll entsorgen.
Bereich: .....
Bauteil: .....
Querschnitt: ..... x ..... cm
Schadstoffe: .....
Sonstige Hinweise: .....

►	▷	ø	◁	◄	Einheit	Ausf.-Dauer	Positionsnummer
–	7€	**9€**	11€	–	[m²]	⏱ 0,11h/m²	382.000.044

34 Schutzabdeckung, staubdicht/saugend — KG **393**

Schutzabdeckung, staubdicht und saugend, an bzw. auf nicht zu behandelnden Bauteilen und Gegenständen einbauen. Nach Beendigung der Holzschutzarbeiten wieder entfernen und entsorgen. Sicherheitsangaben des Holzschutzmittelherstellers bei der Entsorgung beachten.
Bereich: .....
Bauteil/Gegenstände: .....
Angaben zum Holzschutzmittel: .....
Sonstige Hinweise: .....

►	▷	ø	◁	◄	Einheit	Ausf.-Dauer	Positionsnummer
–	7€	**9€**	12€	–	[m²]	⏱ 0,10h/m²	382.000.045

Nr.	Kurztext / Langtext						Kostengruppe
►	▷	ø netto €	◁	◄	[Einheit]	Ausf.-Dauer	Positionsnummer

35 Holzschutzbehandlung, Insekten KG **395**

Gereinigte und vorbereitet Holzoberflächen bei durch den Holzschutzgutachter festgestellten aktiven Befall mit einem geprüften und bauaufsichtlich zugelassenen insektenbekämpfenden (Ib) Holzschutzmittel mit gleichzeitiger vorbeugender Wirkung gegen Neubefall. Bei Verarbeitungskonzentration, Einbringmenge und Verfahren sind die Herstellerangaben zu berücksichtigen. Aufmaß/Abrechnung nach abgewickelte Holzoberfläche.
Bereich: .....
Bauteil: .....
Querschnitt: ..... x ..... cm
Material: .....
Zulassungsnummer: .....
Wirkstoffe/Wirkungsweise: .....
Gefahrstoffangaben: .....
Verfahren: .....
Sonstige Hinweise: .....
Hinweis: Anwendungseinschränkungen für großflächige Anwendung in Räumen, die dem Aufenthalt von Menschen und Tieren oder der Lagerung von Lebens- oder Futtermitteln dienen, wenn Richtwert Fläche/Rauminhalt >0,2/m.

–	12€	**15€**	20€	–	[m²]	⏱ 0,15h/m²	382.000.046

36 Holzschutz, bekämpfend, Mehrmenge 25% KG **395**

Bekämpfender und vorbeugender chemischer Holzschutz, als Mehrmenge bei festhaftendem bzw. entferntem Kalkanstrich (je nach HSM) bzw. Holz mit größerem Querschnitt, als Mehrpreis.
Mehrmenge: 25%
Mehrmenge in ml oder g/m²: .....
Holzteile: .....

–	6€	**7€**	10€	–	[m²]	⏱ 0,08h/m²	382.000.047

37 Holzschutzbehandlung, Insekten/Pilze KG **395**

Gereinigte und vorbereitete Holzoberflächen bei durch den Holzschutzgutachter festgestellten aktiven Befall mit einem geprüften und bauaufsichtlich zugelassenen Holzschutzmittel mit vorbeugender Wirkung gegen Neubefall von Insekten und Pilzen (Iv, P) behandeln. Bei Verarbeitungskonzentration, Einbringmenge und Verfahren sind die Herstellerangaben zu berücksichtigen.
Aufmaß/Abrechnung nach abgewickelte Holzoberfläche.
Holzoberfläche
Bereich: .....
Bauteil: .....
Querschnitt: ..... x ..... cm
Material: .....
Zulassungsnummer: .....
Wirkstoffe/Wirkungsweise: .....
Gefahrstoffangaben: .....
Verfahren: .....
Sonstige Hinweise: .....
Hinweis: Anwendungseinschränkungen für großflächige Anwendung in Räumen, die dem Aufenthalt von Menschen und Tieren oder der Lagerung von Lebens- oder Futtermitteln dienen, wenn Richtwert Fläche/Rauminhalt >0,2/m.

–	12€	**15€**	20€	–	[m²]	⏱ 0,15h/m²	382.000.048

Nr.	Kurztext / Langtext						Kostengruppe
▶	▷	**ø netto €**	◁	◀	[Einheit]	Ausf.-Dauer	Positionsnummer

38 Holzschutz-Bohrlochtränkung, Insekten KG **395**

Bohrlochtränkung von nicht allseitig zugänglichen Konstruktionshölzern mit durch den Holzschutzgutachter festgestellten aktiven Befall nach Angaben des Holzschutzgutachters mit einem geprüften und bauaufsichtlich zugelassenen, insektenbekämpfenden (Ib) Holzschutzmittel bei gleichzeitiger vorbeugender Wirkung gegen Neubefall. Je m ca. 8 Bohrungen bei einer Breite 16cm, wechselseitig versetzt im Durchmesser von ca. 10mm bis zu 2/3 der Balkenstärke, ggf. Vorratsbehälter anbringen. Ansonsten mehr Bohrungen. Bohrlöcher in 2 bis 3 Arbeitsgängen befüllen. Bei Verarbeitungskonzentration und Einbringmenge die Herstellerangaben beachten. Bohrungen abschließend mit imprägnierten Hartholzdübeln verschließen.
Bereich: .....
Bauteil: .....
Querschnitt: ..... x ..... cm
Anzahl Bohrlöcher: .....
Material: .....
Zulassungsnummer: .....
Wirkstoffe/Wirkungsweise: .....
Gefahrstoffangaben: .....
Verarbeitungskonzentration: .....
Einbringmenge: .....
Sonstige Hinweise: .....

▶	▷	ø	◁	◀	Einheit	Ausf.-Dauer	Positionsnummer
–	25€	**30€**	40€	–	[m]	⏱ 0,20h/m	382.000.049

39 Holzschutz-Bohrlochtränkung, Insekten/Pilze KG **395**

Bohrlochtränkung von nicht allseitig zugänglichen Konstruktionshölzern bei durch den Holzschutzgutachter festgestellten aktiven Befall nach Angaben des Holzschutzgutachters mit einem geprüften und bauaufsichtlich zugelassenen, bekämpfenden Holzschutzmittel bei gleichzeitiger vorbeugender Wirkung gegen Neubefall von Insekten und Pilzen. Die Hinweise des jeweils gültigen Holzschutzmittelverzeichnisses des BAuA/ DIBt beachten. Je m ca. 8 Bohrungen bei einer Breite 16cm, wechselseitig versetzt im Durchmesser von ca. 10mm bis zu 2/3 der Balkenstärke, ggf. Vorratsbehälter anbringen. Ansonsten mehr Bohrungen. Bohrlöcher in 2 bis 3 Arbeitsgängen befüllen. Bei Verarbeitungskonzentration und Einbringmenge die Herstellerangaben beachten.Bohrungen abschließend mit imprägnierten Hartholzdübeln verschließen.
Bereich: .....
Bauteil: .....
Querschnitt: ..... x ..... cm
Anzahl Bohrlöcher: .....
Material: .....
Zulassungsnummer: .....
Wirkstoffe/Wirkungsweise: .....
Gefahrstoffangaben: .....
Verarbeitungskonzentration: .....
Einbringmenge: .....
Hinweis: Das Mittel darf nur am augenscheinlich nicht befallenen Holz vorbeugend gegen Insekten - mittelabhängig auch vorbeugend gegen Pilze und Insekten (Ib, Iv, P) - eingesetzt werden.

▶	▷	ø	◁	◀	Einheit	Ausf.-Dauer	Positionsnummer
–	25€	**31€**	41€	–	[m]	⏱ 0,20h/m	382.000.050

Kosten:
Stand 2. Quartal 2025
Bundesdurchschnitt

▶ min
▷ von
ø Mittel
◁ bis
◀ max

Nr.	Kurztext / Langtext						Kostengruppe
►	▷	ø netto €	◁	◄	[Einheit]	Ausf.-Dauer	Positionsnummer

40 Holzschutz-Bohrlochdrucktränkung, Insekten KG **395**

Bohrloch-Drucktränkung von nicht allseitig zugängliche Konstruktionshölzern mit durch den Holzschutzgutachter festgestellten aktiven Befall nach Angaben des Holzschutzgutachters mit einem geprüften und bauaufsichtlich zugelassenen, insektenbekämpfenden (Ib) Holzschutzmittel bei gleichzeitiger vorbeugender Wirkung gegen Neubefall von Insekten (Iv) und Zulassung zur Bohrlochdrucktränkung. Je m ca. 8 Bohrungen bis 16cm Breite wechselseitig versetzt im Durchmesser von ca. 10mm bis zu 2/3 der Balkenstärke einbringen. Breitere Hölzer auch mehr Bohrungen Einbau der Injektionspacker, Verpressen im Niederdruckinjektionsverfahren 2 bis 4 bar. Bei Verarbeitungskonzentration und Einbringmenge die Herstellerangaben berücksichtigen. Verpressen erfolgt unter ständiger Kontrolle des Bauteils, größere Risse vorher mit geeigneten Materialien verdämmen und abschließend rückstandsfrei entfernen. Im Bedarfsfall Injektionspacker mit geeignetem Werkzeug versenken und abschließend Bohrung mit imprägnierten Hartholzdübeln verschließen.
Bauteil: .....
Querschnitt: ..... x ..... cm
Anzahl Packer: .....
Material: .....
Zulassungsnummer: .....
Wirkstoffe/Wirkungsweise: .....
Gefahrstoffangaben: .....
Verarbeitungskonzentration: .....
Einbringmenge: .....
Sonstige Hinweise: .....
Hinweis: Das Mittel kann am augenscheinlich nicht befallenen Holz zugleich auch vorbeugend gegen Insekten eingesetzt werden.

–	23€	**28€**	37€	–	[m]	⏱ 0,26h/m	382.000.051

41 Holzschutz-Bohrlochdrucktränkung, Insekten/Pilze KG **395**

Bohrloch-Drucktränkung von nicht allseitig zugänglichen Konstruktionshölzern bei durch den Holzschutzgutachter festgestellten aktiven Befall nach Angaben des Holzschutzgutachters mit einem geprüften und bauaufsichtlich zugelassenen, bekämpfenden Holzschutzmittel mit vorbeugender Wirkung gegen Neubefall von Insekten und Pilzen (Ib, Iv, P) und Zulassung zur Bohrlochdrucktränkung. Die Hinweise des jeweils gültigen Holzschutzmittelverzeichnisses des DIBt beachten. Je m ca. 8 Bohrungen 16cm breite Hölzer wechselseitig versetzt im Durchmesser von ca. 10mm bis zu 2/3 der Balkenstärke einbringen. Breiteres Holz auch mehr Bohrungen Einbau der Injektionspacker, Verpressen im Niederdruckinjektionsverfahren 2 bis 4 bar.Bei Verarbeitungskonzentration und Einbringmenge die Herstellerangaben berücksichtigen. Verpressen erfolgt unter ständiger Kontrolle des Bauteils, größere Risse vorher mit geeigneten Materialien verdämmen und abschließend rückstandsfrei entfernen. Im Bedarfsfall Injektionspacker mit geeignetem Werkzeug versenken und abschließend Bohrung mit imprägnierten Hartholzdübeln verschließen.
Bauteil: .....
Querschnitt: ..... x ..... cm
Anzahl Packer: .....
Material: .....
Zulassungsnummer: .....
Wirkstoffe/Wirkungsweise: .....
Gefahrstoffangaben: .....
Verarbeitungskonzentration: .....
Einbringmenge: .....
Sonstige Hinweise: .....
Hinweis: Das Mittel darf nur am augenscheinlich nicht befallenen Holz zugleich auch vorbeugend gegen Insekten - mittelabhängig auch vorbeugend gegen Pilze und Insekten - eingesetzt werden.

–	29€	**36€**	48€	–	[m]	⏱ 0,24h/m	382.000.052

Nr.	Kurztext / Langtext						Kostengruppe
►	▷	ø netto €	◁	◄	[Einheit]	Ausf.-Dauer	Positionsnummer

42 Emissionsschutz, Bauteiloberflächen KG **395**

Oberflächenschutz von mit Holzschutzmitteln behandelten Holzbauteilen mit einem systemkonformen Beschichtungssystem. Bei Arbeitsgängen und Aufbringmenge die Herstellerangaben berücksichtigen. Im Bedarfsfall sind weitere Eigenschaften wie Schweiß- und Speichelechtheit nach DIN 53160 zu erfüllen.
Bauteil: .....
Querschnitt: ..... x .....cm
Material: .....
Prüfzeichen: .....
Umweltzeichen: .....
Gefahrstoffangaben: .....
Arbeitsgänge/Aufbringmenge: .....
Sonstige Hinweise: .....

– 16€ **20€** 26€ – [m²] ⏱ 0,15h/m² 382.000.053

43 Schnittflächen behandeln, Hölzer KG **395**

Nachträgliche Behandlung der Schnittflächen der imprägnierten neuen Hölzer und vorbereitenden Bestandshölzer (Gesundschnitt) mit einem geprüften und bauaufsichtlich zugelassenen Holzschutzmittel. Bei Verarbeitungskonzentration und Einbringmenge sind die Herstellerangaben zu berücksichtigen.
Gefährdungsklasse: .....
Bauteil: .....
Material: .....
Zulassungsnummer: .....
Wirkstoffe: .....
Gefahrstoffangaben: .....
Verarbeitungskonzentration: .....
Einbringmenge: .....
Verfahren: .....
Sonstige Hinweise: .....

– 9€ **11€** 15€ – [St] ⏱ 0,15h/St 382.000.055

44 Niederdruckinjektage, Holzteile, bis 16cm KG **395**

Niederdruckinjektageverfahren für befallene und besonders gefährdete sowie nicht allseitig zugängliche Konstruktionshölzer sowie an Schnittstellen zu auszuwechselnden Holzteilen (auch senkrecht nach oben möglich) als zusätzliches Sonderverfahren zum bekämpfenden und vorbeugenden Holzschutz in folgender Ausführung:

- Einbringen der versetzt angeordneten Bohrlöcher und Einbau der Plasteinjektoren (Packer)
- Niederdruckinjektion des Holzschutzmittels
- Ausbohren der Plasteinjektoren und Verschließen der Bohrlöcher mit imprägnierten Hartholzdübeln (**bei sichtbaren Bauteilen / bei nicht sichtbaren Bauteilen können die Plasteinjektoren verbleiben)**
- die Maßnahmen sorgfältig zu überwachen und gegen einen unkontrollierten Austritt des Holzschutzmittels sichern.

Bohrlochtiefe: bis 16 cm
Prüfprädikat: Ib + Iv + p
Wirkstoffe: .....
Gefahrstoffangaben: .....
Chemische Basis: .....
Holzteile: siehe Holzschutzgutachten
Prüfzeichen: .....
Prüfzeichen-Nr.: .....

– 20€ **25€** 32€ – [St] ⏱ 0,20h/St 382.000.056

Kosten:
Stand 2. Quartal 2025
Bundesdurchschnitt

► min
▷ von
ø Mittel
◁ bis
◄ max

Nr. **Kurztext** / Langtext — Kostengruppe

▶ ▷ **ø netto €** ◁ ◀ [Einheit] Ausf.-Dauer Positionsnummer

45 Niederdruckinjektage, Holzteile, 16-25cm — KG **395**

Niederdruckinjektageverfahren für befallene und besonders gefährdete sowie nicht allseitig zugängliche Konstruktionshölzer sowie an Schnittstellen zu auszuwechselnden Holzteilen (auch senkrecht nach oben möglich) als zusätzliches Sonderverfahren zum bekämpfenden und vorbeugenden Holzschutz in folgender Ausführung:

- Einbringen der versetzt angeordneten Bohrlöcher und Einbau der Plasteinjektoren (Packer)
- Niederdruckinjektion des Holzschutzmittels
- Ausbohren der Plasteinjektoren und Verschließen der Bohrlöcher mit imprägnierten Hartholzdübeln (**bei sichtbaren Bauteilen / bei nicht sichtbaren Bauteilen können die Plasteinjektoren verbleiben**)
- die Maßnahmen sorgfältig zu überwachen und gegen einen unkontrollierten

Austritt des Holzschutzmittels sichern
Bohrlochtiefe: 16-25 cm
Prüfprädikat: Ib + Iv + p
Wirkstoffe: .....
Gefahrstoffangaben: .....
Chemische Basis: .....
Holzteile: siehe Holzschutzgutachten
Prüfzeichen: .....
Prüfzeichen-Nr.: .....

▶	▷	ø netto €	◁	◀	[Einheit]	Ausf.-Dauer	Positionsnummer
–	22€	**27€**	35€	–	[St]	⏱ 0,20h/St	382.000.057

46 Niederdruckinjektage, Holzteile, über 25cm — KG **395**

Niederdruckinjektageverfahren für befallene und besonders gefährdete sowie nicht allseitig zugängliche Konstruktionshölzer sowie an Schnittstellen zu auszuwechselnden Holzteilen (auch senkrecht nach oben möglich) als zusätzliches Sonderverfahren zum bekämpfenden und vorbeugenden Holzschutz in folgender
Ausführung:

- Einbringen der versetzt angeordneten Bohrlöcher und Einbau der Plasteinjektoren (Packer)
- Niederdruckinjektion des Holzschutzmittels
- Ausbohren der Plasteinjektoren und Verschließen der Bohrlöcher mit imprägnierten Hartholzdübeln (**bei sichtbaren Bauteilen / bei nicht sichtbaren Bauteilen können die Plasteinjektoren verbleiben**)
- die Maßnahmen sorgfältig zu überwachen und gegen einen unkontrollierten Austritt des Holzschutzmittels sichern

Bohrlochtiefe: >25 cm
Prüfprädikat: Ib + Iv + p
Wirkstoffe: .....
Gefahrstoffangaben: .....
Chemische Basis: .....
Holzteile: siehe Holzschutzgutachten
Prüfzeichen: .....
Prüfzeichen-Nr.: .....

▶	▷	ø netto €	◁	◀	[Einheit]	Ausf.-Dauer	Positionsnummer
–	27€	**32€**	42€	–	[St]	⏱ 0,24h/St	382.000.058

47 Raumöffnung schließen, Heißluftverfahren — KG **395**

Vorhandene Öffnungen wie Schächte, Auslässe, Kanäle u. dgl. sowie Dach- und sonstige Undichtigkeiten für Heißluftverfahren gegen Insektenbefall im behandelnden Raum schließen und ggf. gegen Wärmeverluste abdämmen. Leistung inkl. Beseitigung aller Maßnahmen nach Beendigung der Arbeiten.
Raumöffnung: .....

▶	▷	ø netto €	◁	◀	[Einheit]	Ausf.-Dauer	Positionsnummer
–	25€	**31€**	40€	–	[m²]	⏱ 0,20h/m²	382.000.061

Kosten:
Stand 2. Quartal 2025
Bundesdurchschnitt

▶ min
▷ von
ø Mittel
◁ bis
◀ max

Nr.	Kurztext / Langtext						Kostengruppe
▶	▷	**ø netto €**	◁	◀	[Einheit]	Ausf.-Dauer	Positionsnummer

48 Abströmöffnung, Heißluftverfahren KG **395**

Schaffen notwendiger Abströmöffnungen in einem durch den AN zu ermittelnden Querschnitt (durch Überprüfung des zur Beheizung notwendigen Luftüberdruckes im Probelauf und während der Beheizung) an geeigneter Stelle.
Sonstige Hinweise: ....

▶	▷	ø	◁	◀	Einheit	Ausf.-Dauer	Positionsnummer
–	39€	**48€**	61€	–	[St]	⏱ 0,25h/St	382.000.062

49 Hitzeschutz, Insektenbekämpfung KG **395**

Hitzeschutz für empfindliche Bauteile und Gegenstände, die nicht aus dem Raum entfernt werden können, durch Abdecken mit Dämmmatten oder künstlicher Kühlung, bei Insektenbekämpfungsmaßnahmen mit Heißluft.
Bauteil/Gegenstand: .....

▶	▷	ø	◁	◀	Einheit	Ausf.-Dauer	Positionsnummer
–	21€	**26€**	34€	–	[m²]	⏱ 0,15h/m²	382.000.063

50 Einhausung, Heißluftverfahren KG **395**

Einhausung ganz oder teilweise außerhalb der Innenräume liegender, zu behandelnder Holzbauteile (z.B. Balkone, Außenfachwerk, Dachvorsprünge etc.) zur Einbeziehung in den Beheizungsprozess.
Einhausungsbereich: .....
Einhausungsfläche: ..... m²
Sonstige Hinweise: .....

▶	▷	ø	◁	◀	Einheit	Ausf.-Dauer	Positionsnummer
–	37€	**46€**	59€	–	[m²]	⏱ 0,25h/m²	382.000.064

51 Insektenbekämpfung, Heißluft KG **395**

Insektenbekämpfung mit Heißluft als bekämpfender Holzschutz nach DIN 68800-4:2012-02, 9.3 und WTA-Merkblatt 1-1-08/D "Heißluftverfahren zur Bekämpfung tierischer Holzzerstörer in Bauwerken" mit An- und Abbau der Heißluftgeräte inkl. Warmluftzufuhr und Probelauf wie folgt:

- Durchführung des Durchheizungsprozess im definierten Behandlungsbereiches, für eine ausreichende Zirkulation durch einen Luftüberdruck ist zu sorgen
- Messstellen gem. DIN 68800-4:2012-02, 9.3.5
- Behandlungsraum bzw. Behandlungsabschnitt mit zugelassenen Heißluftgeräten beheizen
- Laufende Temperaturmessung:
- Temperatur an der Einmündung des Rohres in den Behandlungsraum
- Durchschnittliche Raumlufttemperatur
- Temperatur an den Messstellen

Die Temperatur wird während der Heizphase kontinuierlich, letztmalig eine Stunde nach Abstellen der Heißluftzufuhr gemessen. Ein Messprotokoll und Raumskizze mit den Eintrittspunkten der Heißluft, den Messstellen sowie den Angaben zu Einbauten, Schutz- und Sicherungsmaßnahmen ist zu erbringen.
Die allgemeinen Brandschutzbestimmungen, insbesondere der Umgang mit offenem Feuer sind unbedingt zu beachten und Brandwache durchzuführen. Notwendige Brandschutzmaßnahmen sind in den Einheitspreis einzurechnen.
Bereich: .....
Behandlungsvolumen: ..... m³
Anzahl Messstellen: .....
Messverfahren: .....
Sonstige Hinweise: .....
Hinweis: Beim Durchheizungsprozess müssen die Beheizungsaggregate entsprechend Heizleistung, Luftfördermenge und Luftpressung ausgestattet sein. Die maximale Einblastemperatur ist 120°.

▶	▷	ø	◁	◀	Einheit	Ausf.-Dauer	Positionsnummer
–	31€	**38€**	50€	–	[m³]	⏱ 0,40h/m³	382.000.065

Nr. **Kurztext** / Langtext — Kostengruppe

▶ ▷ **ø netto €** ◁ ◀ [Einheit] Ausf.-Dauer Positionsnummer

52 Verlängerung, Heizphase, Mehraufwand — KG **395**

Verlängerung der Heizphase infolge von nicht ausbaubaren bzw. ausreichend zu schützenden Einbauten, Geräten und Bauteilen (z.B. Bauteile aus Gips) durch Reduzierung der Behandlungstemperaturen (Raumluft/Bauteil) bei der Heißluftbehandlung.
Gegenstand: .....
Sonstige Hinweise: .....
Behandlungsvolumen: ..... m³

– 11€ **13€** 18€ – [m³] ⏱ 0,10h/m³ 382.000.066

53 Temperaturkontrolle, Beheizung — KG **395**

Permanente, protokollierte Temperaturkontrolle des Beheizungsvorgangs durch Aufbau und Betrieb einer (vorzugsweisen digitalen) Temperaturmesstechnik. Ergänzend können auch Alkoholthermometer mit handschriftlicher Aufzeichnung eingesetzt werden.

- Messintervall elektronisch min. aller 10 Minuten
- Messintervall ergänzend mit Alkoholthermometer min. aller 60 Minuten

Anzahl und Lage der Messstellen nach den Vorgaben der DIN 68800-4:2012-02 Abschnitt 9.3.5 festzulegen.
Messstellen Lufttemperatur: ..... St
Messstellen Holzkerntemperatur: ..... St
Messverfahren: ....
Hinweis: Die Messstellen sind an den thermisch ungünstigen Stellen zu platzieren (großer Holzquerschnitt, tiefe oder strömungstechnisch ungünstige Lage).

– 18€ **22€** 29€ – [St] – 382.000.067

54 Dokumentation, Heißluftverfahren — KG **749**

Erfassung und Dokumentation des Heißluftverfahrens in Schrift und Bild, inkl. Erfassung der Temperaturentwicklung und der nach DIN 68 800-4:2012-02 zu erreichenden Abtötungstemperatur.
Bekämpfung Insekten: 55°C über min. 60 Minuten
Bekämpfung Echter Hausschwamm (nach Anhang E der Norm): 16 h bei 50°C, 8h bei 55°C und 2h bei 60°C
Übergabe folgender Dokumente:

- Temperaturmessprotokoll
- Raumprotokoll (Lage der Messpunkte, Rohrsysteme etc.)
- Behandlungsnachweis bzw. Kennzeichnung nach Anhang C

Hinweis: Bei Bekämpfung des Echten Hausschwamms gesonderte Nachprüfung und Kennzeichnung nach E.7 und E.8 des Anhangs.

– 670€ **817€** 1.062€ – [St] – 382.000.068

Nr.	Kurztext / Langtext						Kostengruppe
▶	▷	**ø netto €**	◁	◀	[Einheit]	Ausf.-Dauer	Positionsnummer

55 **Vorbeugung chemischer Holzschutz** KG **395**

Befallene Holzbauteile, die nicht ausreichend im Heißluftverfahren erreicht werden können, mit einem geprüften und bauaufsichtlich zugelassenen bekämpfenden Holzschutzmittel mit gleichzeitiger vorbeugender Wirkung gegen Neubefall von Insekten durch Bohrlochtränkung oder Bohrlochdrucktränkung, nach Angaben des Holzschutzgutachters behandeln. Bei Verarbeitungskonzentration und Einbringmenge die Herstellerangaben berücksichtigen. Verpressen erfolgt unter ständiger Kontrolle des Bauteils, größere Risse vorher mit geeigneten Materialien verschließen und abschließend rückstandsfrei entfernen.
Bauteil: .....
Holz: .....
Querschnitt: ..... x ..... cm
Verfahren: .....
Anzahl Packer/m: .....
Material: .....
Zulassungsnummer: .....
Wirkstoffe/Wirkungsweise: .....
Gefahrstoffangaben: .....
Sonstige Hinweise: .....

–	24€	**30€**	40€	–	[m]	⏱ 0,40h/m	382.000.069

56 **Instandsetzung, Holzbauteile** KG **395**

Konstruktive Instandsetzung statisch gefährdeter Holzbauteile bei Querschnittsunterschreitung mit fehlender Tragfähigkeit durch zimmermannsmäßige Teil- bzw. Totalauswechslung von Hölzern. Die maximale Holzfeuchte der neuen Hölzer darf 20% nicht übersteigen. Gesundschnitt der Hölzer, Einbau imprägnierter Hölzer, Einbau imprägnierter Hölzer. Die Schnittflächen mit einem geprüften und bauaufsichtlich zugelassenen, vorbeugend gegen Neubefall von Insekten wirkenden Holzschutzmittel behandeln. Sämtlich anfallenden Schutt unmittelbar sichern, einpacken und entsorgen.
Bauteil: .....
Gefährdungsklasse: .....
Querschnitt: ..... x ..... cm
Holzart: .....
Holzschutzmittel: .....
Zulassungsnummer: .....
Wirkstoffe: .....
Gefahrstoffangaben: .....
Verfahren: .....
Sonstige Hinweise: .....

–	2.314€	**2.822€**	3.669€	–	[m^3]	⏱ 28,00h/m^3	382.000.070

Kosten:
Stand 2. Quartal 2025
Bundesdurchschnitt

▶ min
▷ von
ø Mittel
◁ bis
◀ max

Nr.	Kurztext / Langtext						Kostengruppe
▶	▷	**ø netto €**	◁	◀	[Einheit]	Ausf. Dauer	Positionsnummer

57 Begasung, erstickend wirkende Gase KG **395**

Insektenbekämpfung mit modifizierten Atmosphären, erstickend wirkendend, gem. DIN 68800-4:2012-02, 9.4,3 unter Einhaltung der in der TRGS 512 und der Gefahrstoffverordnung sowie den daraus resultierenden objektspezifischen Handlungsabläufen und Sicherheitsbestimmungen. Das Verfahren ist nur für Teilbegasungen bzw. in stationären Anlagen geeignet:

- Baustelleneinrichtung und -räumung
- Anmeldung der Maßnahme beim zuständigen Gewerbeamt einschl. der anfallenden Gebühren
- Betriebsanweisung einschl. der anfallenden Gebühren
- Einhausungen mit gasdichter Spezialfolie nach DIN 53536 A einschl. aller Nebenleistungen
- Dichtheitsprüfung der Einhausung
- Eingehaustes Volumen fachgerecht mit Mittel bearbeiten
- Konzentrationsmessungen - Sicherstellung der Konzentration im zu behandelnden Volumen, Überwachung des Objektes bis zur endgültigen Freigabe (Freigabebescheinigung)
- messtechnische Überwachung des Klimas im Behandlungsraum
- Entfernen und fachgerechte Entsorgung des Abdichtmaterials
- Wirksamkeitsnachweis, Prüfkörper zum Nachweis der biologischen Wirksamkeit der Bekämpfung (Anzahl und Einbauort nach Vorgabe des Holzschutzsachverständigen, Prüfung in einem zugelassenen Prüflabor
- Dokumentation der Begasungsmaßnahme

Behandlungsraum: .....
Behandlungsvolumen: ..... m³
Begasungsmittel: .....
Begasungsdauer: ..... Wochen
Lüftungsphase: ..... h
Gesamtdauer: ..... h
Luftdruck: .....
Befähigungsscheininhaber: .....
Sonstige Hinweise: .....
Besondere Sicherheitsmaßnahmen: .....

–	35€	**43€**	58€	–	[m³]	⏱ 30,00 h/m³	382.000.072

58 RH-Beton-Ersatz, einseitige Anbindung KG **395**

Querschnittsgleicher Ersatz des zerstörten bzw. geschädigten Balkenkopfes durch RH-Beton als einseitige Anbindung mit innen liegenden GF-UP-Stäben entsprechend dem Standsicherheitsnachweis zur Wiederherstellung der ursprünglichen Tragfähigkeit. Entfernen der zerstörten bzw. geschädigten Holzteile unter Beachtung der DIN 68800-4:2012-02. Komplettleistung einschl. Materiallieferungen, Bohr- und Schalungsarbeiten entsprechend der(n) Konstruktionszeichnung(en).
Bauteil: .....
Querschnitt: ..... x ..... cm
Sanierungslänge: 40-100 cm
Volumen: ..... dm³
Sonstige Hinweise: .....

–	36€	**44€**	60€	–	[St]	⏱ 20,00 h/St	382.000.074

Kosten:
Stand 2. Quartal 2025
Bundesdurchschnitt

Nr.	Kurztext / Langtext						Kostengruppe
►	▷	ø netto €	◁	◄	[Einheit]	Ausf.-Dauer	Positionsnummer

59 RH-Beton-Ersatz, auflagernaher Bereich KG **395**

Querschnittsgleicher Ersatz des partiell zerstörten bzw. geschädigten Balkenkopfes durch RH-Beton im auflagernahen Bereich mit innen liegenden GF-UP-Stäben entsprechend dem Standsicherheitsnachweis zur Wiederherstellung der ursprünglichen Tragfähigkeit. Vorsichtiges Ausräumen der nicht mehr tragfähigen Holzteile, ggf. Freistemmen des angrenzenden Mauerwerks (Vergütung in gesonderter Position). Aussaugen des Bereiches, anfallenden Bauschutt unter Beachtung einer möglichen Verschleppungsgefahr bei Befall des "Echten" Hausschwammes und Nassfäulepilzen einpacken, sichern und umgehend entsorgen. Komplettleistung einschl. Materiallieferungen; Bohr- und Schalungsarbeiten entsprechend der(n) Konstruktionszeichnung(en).
Bauteil: .....
Querschnitt: ..... x ..... cm
Sanierungslänge: bis 40 cm
Volumen: ..... dm³
Sonstige Hinweise: .....

–	919€	**1.107€**	1.450€	–	[St]	⏱ 15,00 h/St	382.000.075

60 RH-Beton-Wiederherstellung, Querschnitt KG **395**

RH-Beton-Querschnittserhöhung für partiell geschädigte Holzbauteile/-querschnitte. Entfernen der geschädigten Holzteile, Reinigung der Kontaktflächen. RH-Beton-Ersatz oder-Querschnittserhöhung mit entsprechend dem Standsicherheitsnachweis. Komplettleistung einschl. Materiallieferungen Bohr- und Schalungsarbeiten entsprechend der(n) Konstruktionszeichnung(en).
Bauteil: .....
Querschnitt: ..... x ..... m
Volumen: ..... dm³
(Reparaturquerschnitt)
Sonstige Hinweise: .....

–	56€	**69€**	93€	–	[dm³]	⏱ 35,00 h/dm³	382.000.076

61 RH-Beton-Ersatz, beidseitige Anbindung KG **395**

Querschnittsgleicher RH-Beton-Ersatzzerstörter bzw. geschädigter Holzbauteile innerhalb einer statisch wirksamen Holzkonstruktion mit beidseitiger Anbindung an tragfähige Holzquerschnitte. Ausführung entsprechend dem Standsicherheitsnachweis zur Wiederherstellung der ursprünglichen Tragfähigkeit. Komplettleistung einschl. Entfernen nicht mehr tragfähiger Holzteile, Materiallieferungen; Bohr- und Schalungsarbeiten entsprechend der(n) Konstruktionszeichnung(en).
Bauteil: .....
Querschnitt: ..... x ..... cm
Sanierungslänge: ..... cm
Volumen: .....dm³
Sonstige Hinweise: .....

–	63€	**77€**	103€	–	[dm³]	⏱ 0,35 h/dm³	382.000.077

► min
▷ von
ø Mittel
◁ bis
◄ max

Nr.	Kurztext / Langtext						Kostengruppe
▶	▷	**ø netto €**	◁	◀	[Einheit]	Ausf.-Dauer	Positionsnummer

62 Ersatzholz, einseitig KG **395**

Querschnittsgleicher, einseitiger Ersatz des zerstörten bzw. geschädigten Holzes durch Ersatzholz mit innen liegenden GF-UP-Stäben entsprechend dem Standsicherheitsnachweis zur Wiederherstellung der ursprünglichen Tragfähigkeit, einschl. Materiallieferungen, Bohr-, Verschluss- und Vergussarbeiten und Entfernen der zerstörten bzw. geschädigten Holzbauteile. Sicherungs- oder Absprießungsarbeiten in gesonderter Position. Die maximale Einbau-Holzfeuchte der Ersatzhölzer unter 20% ist unbedingt einzuhalten. Im Einzelfall notwendige Arbeiten zur Herrichtung des Balkenkopflagers und zur Mauerwerksbehandlung bei Hausschwammbefall in gesonderter Position.
Bauteil: .....
Holzart: .....
Querschnitt: ..... x ..... cm
Sanierungslänge: ..... cm
Sicherungsmaßnahme: .....
Sonstige Hinweise: .....

– 1.347€ **1.603€** 1.988€ – [St] ⏱ 30,00h/St 382.000.078

63 Ersatzholz, beidseitige Anbindung KG **395**

Querschnittsgleicher, beidseitiger Ersatz des zerstörten bzw. geschädigten Holzes durch Ersatzholz mit beidseitig innen liegenden GF-UP-Stäben entsprechend dem Standsicherheitsnachweis zur Wiederherstellung der ursprünglichen Tragfähigkeit, einschl. Materiallieferungen, Bohr-, Verschluss- und Vergussarbeiten und Entfernen der zerstörten bzw. geschädigten Holzbauteile. Sicherungs- oder Absprießungsarbeiten in gesonderter Position. Die maximale Einbau-Holzfeuchte der Ersatzhölzer unter 20% ist unbedingt einzuhalten. Im Einzelfall notwendige Arbeiten zur Herrichtung des Balkenkopflagers und zur Mauerwerksbehandlung bei Hausschwammbefall in gesonderter Position.
Bauteil: .....
Holzart: .....
Querschnitt: ..... x ..... cm
Sanierungslänge: ..... cm
Sicherungsmaßnahme: .....
Sonstige Hinweise: .....

– 1.626€ **1.913€** 2.295€ – [St] ⏱ 45,00h/St 382.000.079

64 Ersatzholz, Bauteile, vertikal, Fachwerk KG **395**

Querschnittsgleicher Ersatz des zerstörten bzw. geschädigten Holzes durch Ersatzholz für vertikale Holzbauteile, wie Fachwerkstiele, -streben, Säulen, Stützen u. ä. mit innen liegenden GF-UP-Stäben und besonderer Querverdübelung entsprechend dem Standsicherheitsnachweis zur Wiederherstellung der ursprünglichen Tragfähigkeit, einschl. Materiallieferungen, Bohr-, Verschluss- und Vergussarbeiten und Entfernen der zerstörten bzw. geschädigten Holzbauteile. Sicherungs- oder Absprießungsarbeiten, auch angrenzender Bauteile (z.B. Gefache) in gesonderter Position. Die maximale Einbau-Holzfeuchte der Ersatzhölzer unter 18% ist unbedingt einzuhalten.
Bauteil: .....
Holzart: .....
Querschnitt: ..... x ..... cm
Sanierungslänge: ..... cm
Sicherungsmaßnahme: .....
Sonstige Hinweise: .....

– 960€ **1.129€** 1.423€ – [St] ⏱ 15,00h/St 382.000.080

Kosten:
Stand 2. Quartal 2025
Bundesdurchschnitt

Nr.	Kurztext / Langtext						Kostengruppe
►	▷	ø netto €	◁	◄	[Einheit]	Ausf.-Dauer	Positionsnummer

65 Holzverbindungen herstellen KG **395**

Ursprüngliche Holzverbindungen, wie Verblattungen, Verkämmungen, Versätze, Zapfen u.ä. an einseitigen Ersatzhölzern herstellen, insbesondere bei denkmalpflegerischen Instandsetzungs- oder Restaurierungsarbeiten.
Bauteil: .....
Holzart: .....
Holzverbindung: .....
Sonstige Hinweise: .....

►	▷	ø netto €	◁	◄	[Einheit]	Ausf.-Dauer	Positionsnummer
–	32€	**39€**	53€	–	[St]	⏱ 0,40h/St	382.000.081

66 RH-Beton-Querschnittserhöhung KG **395**

RH-Beton-Querschnittserhöhung (Tragfähigkeitserhöhung) für partiell geschwächte und/oder unterdimensionierte Holzbauteile/-querschnitte als statisch wirksame Maßnahme. Entfernung vermulmter Holzteile, Reinigung der Kontaktflächen, Abfräsen der Balkenoberseite (Druckzone) und Einbau des Reaktionsharzbetons gem. dem Standsicherheitsnachweis. Für die Ausführung der Querschnitterhöhung durch RH-Beton sind die Allgemeine bauaufsichtliche Zulassung Z-10.7-282 "Bauart zur Verstärkung von Holzbauteilen durch Reaktionsharzbeton" oder eine Zulassung im Einzelfall gem. MBO/LBO erforderlich/notwendig. Komplettleistung einschl. Materiallieferungen, Reinigungs- und Schalungsarbeiten entsprechend der(n) Konstruktionszeichnung(en).
Bauteil: .....
Querschnittserhöhung: .....
Volumen: .....
RH-Beton: .....
Sonstige Hinweise: .....

►	▷	ø netto €	◁	◄	[Einheit]	Ausf.-Dauer	Positionsnummer
–	39€	**47€**	63€	–	[dm³]	⏱ 0,35h/dm³	382.000.082

67 Instandsetzung, Holzbauteile, BETA-Verfahren KG **395**

Konstruktive Instandsetzung statisch gefährdeter Holzbauteile im Anschlussbereich an die Ausführung der **Sonderverfahren / RH-Verfahren** durch zimmermannsmäßige Teil- bzw. Totalauswechslung von Hölzern. Gesundschnitt der Hölzer, Einbau imprägnierter Hölzer (Iv, P) als Komplettleistung (soweit nicht anders beschrieben), einschl. aller erforderlichen Abstützungs- oder Sicherungsarbeiten und Materiallieferungen. Die maximale Holzfeuchte der neuen Hölzer darf 20% nicht übersteigen. Evtl. erforderliche vorbeugende chemische Holzschutzmaßnahmen gem. DIN 68800-3:2012-02 in gesonderter Position.
Bauteil: .....
Gefährdungsklasse: .....
Holzart: .....
Querschnitt: ..... x ..... cm
Sicherungsmaßnahme: .....
Sonstige Hinweise: .....

►	▷	ø netto €	◁	◄	[Einheit]	Ausf.-Dauer	Positionsnummer
–	1.819€	**2.140€**	2.675€	–	[m³]	⏱ 25,00h/m³	382.000.083

► min
▷ von
ø Mittel
◁ bis
◄ max

Nr. **Kurztext** / Langtext — Kostengruppe

► ▷ **ø netto €** ◁ ◄ [Einheit] Ausf.-Dauer Positionsnummer

68 **Ersatzhölzer, unbehandelt** — KG **395**

Ersatzhölzer, unbehandelt, herrichten und mit wieder hergestellter Tragfähigkeit einbauen. Nach ausreichender Aushärtung der RH-Verbindung (Klebefuge) kann der vorbeugende chemische Holzschutz nach DIN 68800-3:2012-02 im Bedarfsfall ausgeführt werden. Verarbeitungskonzentration, Einbringmenge und Verfahren nach Angaben der Hersteller. Im Einzelfall sind die Hinweise und Festlegungen des Holzschutzgutachters zu beachten. Berechnungsfläche ist die abgewickelte Holzoberfläche.
Bauteil: .....
Gefährdungsklasse: .....
Querschnitt: ..... x ..... cm
Material: .....
Zulassungsnummer: .....
Wirkstoffe: .....
Gefahrstoffangaben: .....
Verfahren: .....
Sonstige Hinweise: .....

– 15€ **18€** 24€ – [m^3] ⏱ 0,18 h/m^3 382.000.084

69 **Stundensatz, Facharbeiter/-in**

Stundenlohnarbeiten für Vorarbeiter/-in, Gesellin/Geselle, Facharbeiter/-in und Gleichgestellte, sowie ähnliche Fachkräfte. Der Verrechnungssatz für die jeweilige Arbeitskraft umfasst sämtliche Aufwendungen wie Lohn- und Gehaltskosten, lohn- und gehaltsgebundene Kosten, Lohn- und Gehaltsnebenkosten, Gemeinkosten, Wagnis und Gewinn. Leistung nach besonderer Anordnung der Bauüberwachung. Anmeldung und Nachweis gem. VOB/B.

– 60€ **70€** 88€ – [h] – 382.000.087

70 **Stundensatz, Helfer/-in**

Stundenlohnarbeiten für Arbeitnehmer/-innen ohne Facharbeiterqualifikation (Helfer/-innen, Hilfsarbeite/-innen, Ungelernte, Angelernte). Der Verrechnungssatz für die jeweilige Arbeitskraft umfasst sämtliche Aufwendungen wie Lohn- und Gehaltskosten, lohn- und gehaltsgebundene Kosten, Lohn- und Gehaltsnebenkosten, Gemeinkosten, Wagnis und Gewinn. Leistung nach besonderer Anordnung der Bauüberwachung. Anmeldung und Nachweis gem. VOB/B.

– 54€ **64€** 80€ – [h] – 382.000.088

384

Kosten:
Stand 2. Quartal 2025
Bundesdurchschnitt

▶ min
▷ von
ø Mittel
◁ bis
◀ max

Abbruch-, Rückbau- und Schadstoffsanierungsarbeiten — Preise €

Nr	Positionen	Einheit	▶	▷	ø brutto € / ø netto €	◁	◀
1	Fundament abbrechen, Stahlbeton	m^3	128	192	**255**	309	360
			107	161	**215**	260	303
2	Bodenplatte abbrechen, Beton	m^3	143	202	**269**	323	373
			120	170	**226**	271	314
3	Bodenplatte abbrechen, Stahlbeton	m^3	189	291	**364**	437	471
			159	245	**306**	367	396
4	Kelleraußenwände abbrechen, Beton	m^3	297	358	**407**	460	505
			250	301	**342**	386	424
5	Kelleraußenwände abbrechen, Stahlbeton	m^3	318	383	**435**	492	540
			267	322	**366**	413	454
6	Außenwände abbrechen, Stahlbeton	m^3	311	375	**431**	483	530
			261	315	**362**	406	446
7	Außenmauerwerk abbrechen, Ziegel 36,5cm	m^3	198	236	**275**	321	403
			166	198	**231**	270	339
8	Verblendmauerwerk, abbrechen	m^2	59	67	**84**	101	111
			50	57	**71**	85	93
9	Ziegelpflaster abbrechen, Gemische	m^2	21	24	**30**	36	40
			18	20	**25**	30	33
10	Innenwand abbrechen, Gipsbauplatten, 10cm	m^2	42	48	**59**	71	78
			35	40	**50**	60	66
11	Innenwand abbrechen, Porenbeton, 17,5cm	m^2	25	50	**62**	75	94
			21	42	**52**	63	79
12	Innenwand abbrechen, Mauerwerk 11,5cm	m^2	28	40	**50**	60	77
			23	34	**42**	51	65
13	Innenwand abbrechen, Mauerwerk 24cm	m^2	30	54	**68**	82	94
			25	46	**57**	69	79
14	Innenwand abbrechen, Stahlbeton bis 15cm	m^3	274	331	**380**	426	468
			230	278	**320**	358	393
15	Innenwand abbrechen, Stahlbeton bis 25cm	m^3	303	366	**421**	471	518
			255	308	**354**	396	435
16	Decke abbrechen, Ziegelhohlkörper, 21cm	m^2	52	61	**76**	92	102
			44	51	**64**	77	86
17	Decke abbrechen, Stb-Hohldielen, 15cm	m^2	67	78	**86**	100	115
			56	66	**72**	84	97
18	Stahlbetonstützen, außen, abbrechen	m^3	423	516	**580**	661	719
			356	433	**487**	555	604
19	Geschossdecke abbrechen, Stahlbeton 25cm	m^3	317	394	**452**	520	588
			266	331	**380**	437	494
20	Geschossdecke abbrechen, Hohldielen 25cm	m^2	56	69	**80**	89	108
			47	58	**67**	75	90
21	Stahlbetontreppe abbrechen, bis 1,50m	St	819	990	**1.137**	1.274	1.376
			688	832	**956**	1.070	1.156
22	Natursteinbelag abbrechen, Mörtelbett	m^2	16	23	**29**	35	59
			14	20	**24**	29	49
23	Natursteinbekleidung abbrechen, außen	m^2	49	57	**70**	84	93
			41	48	**59**	71	78
24	Fensterbank abbrechen, Naturstein, außen	m	21	27	**29**	36	38
			18	23	**25**	30	32

Abbruch-, Rückbau- und Schadstoffsanierungsarbeiten — Preise €

Nr.	Positionen	Einheit	►	▷	**ø brutto €** ø netto €	◁	◄
25	Fensterbank abbrechen, Naturstein, innen	St	18	22	**27**	31	62
			15	19	**22**	26	52
26	Betonwerksteinplattenbelag aufnehmen	m²	20	24	**29**	35	37
			17	20	**24**	30	31
27	Fensterbank abbrechen, Betonwerkstein, innen	m	20	25	**29**	36	38
			17	21	**25**	30	32
28	Betonwerksteinbelag abbrechen	m²	15	25	**30**	36	38
			12	21	**25**	30	32
29	Gehwegplatten abbrechen, Betonwerkstein	m²	13	17	**19**	24	33
			11	14	**16**	20	28
30	Innenwandbekleidung entfernen, Holz	m²	10	13	**17**	20	33
			9	11	**14**	17	28
31	Deckenbekleidung entfernen, Holz	m²	18	25	**31**	37	50
			15	21	**26**	31	42
32	Außenwandbekleidung entfernen, Holz	m²	18	23	**28**	33	36
			16	19	**23**	28	31
33	Wanddämmung entfernen, MW	m²	7	11	**14**	17	21
			6	10	**12**	14	17
34	Dachdämmung entfernen, KMF	m²	7	12	**14**	17	24
			6	10	**12**	15	20
35	Lattentrennwand abbrechen	m²	10	17	**21**	26	39
			8	14	**18**	22	33
36	Holzständerwand abbrechen	m²	23	27	**34**	40	46
			20	23	**28**	34	38
37	Holztreppe abbrechen	St	174	228	**285**	342	561
			146	192	**240**	288	471
38	Holzleiter abbrechen	St	12	15	**18**	22	26
			10	12	**15**	18	22
39	Holzhandlauf entfernen	m	10	12	**15**	19	22
			9	10	**13**	16	18
40	Holzfußboden entfernen, Bodenbretter	m²	10	13	**16**	19	34
			8	11	**14**	16	29
41	Holzfußboden entfernen, Bretter/Lagerhölzer	m²	12	15	**19**	23	39
			10	13	**16**	19	33
42	Spanplattenboden abbrechen	m²	16	25	**31**	38	52
			14	21	**26**	32	43
43	Schüttung entfernen, Lagerhölzer	m²	12	14	**17**	21	33
			10	12	**15**	17	28
44	Schüttung entfernen, Holzbalkendecke	m²	13	25	**31**	37	46
			11	21	**26**	31	39
45	Fehlboden entfernen, Holz	m²	11	16	**20**	24	36
			9	14	**17**	21	30
46	Deckenbalken abbrechen, Holz	m	10	15	**18**	22	32
			8	12	**15**	19	27
47	Holzbalkendecke abbrechen	m²	50	92	**114**	137	151
			42	77	**96**	115	127
48	Dachstuhlhölzer abbrechen	m	12	20	**25**	30	40
			10	17	**21**	25	33

Kosten:
Stand 2. Quartal 2025
Bundesdurchschnitt

▶ min
▷ von
ø Mittel
◁ bis
◀ max

Abbruch-, Rückbau- und Schadstoffsanierungsarbeiten — Preise €

Nr.	Positionen	Einheit	▶	▷	ø brutto € / ø netto €	◁	◀
49	Bodenabdichtung entfernen, Bitumen, einlagig	m²	26	29	**35**	42	45
			22	24	**29**	35	38
50	Bodenabdichtung entfernen, Bitumen, zweilagig	m²	29	33	**40**	48	52
			25	27	**33**	40	44
51	Bitumenbeschichtung entfernen, Wand	m²	15	22	**28**	33	39
			13	19	**23**	28	33
52	Bitumenbahnen entfernen, Wand	m²	27	34	**42**	48	54
			23	28	**35**	41	46
53	Schutzbahn entfernen, Wand	m²	19	22	**26**	31	33
			16	18	**22**	26	27
54	Dachdeckung entfernen	m²	12	15	**18**	21	24
			10	13	**15**	18	21
55	Faserzement-Wellplattendeckung entfernen	m²	11	14	**15**	18	29
			9	12	**13**	16	24
56	Formziegel entfernen, gemörtelt	m	5	9	**11**	13	22
			4	7	**9**	11	18
57	Dachlattung entfernen	m²	3	4	**5**	6	6
			2	3	**4**	5	5
58	Bitumendachbahn entfernen, einlagig	m²	7	12	**15**	18	29
			5	10	**13**	15	25
59	Bitumendachbahn entfernen, zweilagig	m²	7	16	**20**	24	32
			6	14	**17**	20	27
60	Dachschalung entfernen	m²	13	20	**25**	30	41
			11	17	**21**	25	35
61	Ortgangbrett entfernen	m²	6	11	**14**	17	20
			5	9	**12**	14	17
62	Blechteile entfernen	m	2	5	**6**	7	12
			2	4	**5**	6	10
63	Blitzableiter entfernen	m	–	2	**2**	3	–
			–	2	**2**	2	–
64	Entlüftungsrohr entfernen	St	3	12	**14**	17	35
			2	10	**12**	15	30
65	Laufrost entfernen	m	3	7	**9**	11	15
			3	6	**7**	9	13
66	Dachfenster ausbauen	St	45	88	**110**	132	148
			38	74	**93**	111	124
67	Dachluke entfernen	St	22	31	**38**	46	65
			19	26	**32**	39	54
68	Unterspannbahn entfernen	m²	3	7	**8**	9	10
			2	6	**7**	8	8
69	Dachrinne vorgehängt, entfernen	m	3	5	**6**	8	11
			2	4	**5**	7	9
70	Kastenrinne entfernen	m	5	7	**9**	11	14
			4	6	**7**	9	12
71	Schneefanggitter entfernen	m	4	6	**7**	9	15
			3	5	**6**	7	13
72	Fallrohr entfernen	m	2	5	**6**	7	10
			2	4	**5**	6	9

Abbruch-, Rückbau- und Schadstoffsanierungsarbeiten — Preise €

Nr.	Positionen	Einheit	▶	▷	**ø brutto €** ø netto €	◁	◀
73	Standrohr entfernen	St	6	13	**17**	21	38
			5	11	**14**	18	32
74	Traufblech entfernen	m	3	3	**4**	5	11
			2	3	**4**	5	9
75	Winkelkehle entfernen	m	3	5	**7**	8	12
			3	4	**6**	7	10
76	Verwahrung entfernen	m	4	7	**9**	11	17
			4	6	**7**	9	14
77	Ortgangverblechung entfernen	m	4	6	**8**	10	16
			3	5	**7**	8	14
78	Wandanschlussprofile entfernen	m	7	12	**16**	19	24
			6	10	**13**	16	21
79	Fensterblech entfernen	m	4	6	**7**	9	14
			3	5	**6**	8	12
80	Blechabdeckung entfernen	m	4	8	**11**	13	19
			3	7	**9**	11	16
81	Schornsteinverblechung entfernen	m²	16	26	**32**	40	58
			14	22	**27**	34	49
82	Gaubenverblechung entfernen	m²	9	16	**20**	24	38
			7	13	**17**	20	32
83	Blech-Dachdeckung entfernen	m²	13	21	**27**	33	47
			11	18	**23**	28	40
84	Blechbekleidung entfernen	m²	18	24	**30**	37	54
			15	20	**25**	31	45
85	Außenputz abschlagen, Mauerwerk	m²	12	19	**22**	26	36
			10	16	**18**	22	31
86	Sockelputz abschlagen	m²	12	17	**19**	22	31
			10	14	**16**	18	26
87	Deckenputz abschlagen	m²	15	24	**27**	32	39
			13	20	**23**	27	33
88	Bodenfliesen entfernen, Mörtelbett	m²	15	22	**28**	34	45
			13	19	**23**	28	38
89	Wandfliesen entfernen, Dickbett	m²	12	20	**26**	31	40
			10	17	**21**	26	33
90	Verbundestrich abbrechen, bis 50mm	m²	16	23	**28**	35	44
			14	19	**24**	30	37
91	Verbundestrich abbrechen, bis 70mm	m²	23	31	**39**	49	60
			20	26	**33**	41	51
92	Estrich, schwimmend, abbrechen	m²	19	29	**36**	43	53
			16	24	**30**	36	45
93	Kellerfenster ausbauen, Holz, 0,5m²	St	20	29	**37**	44	88
			17	25	**31**	37	74
94	Fenster ausbauen, Holz, bis 1,5m²	St	36	65	**82**	98	153
			30	55	**69**	82	128
95	Fenster ausbauen, Holz, bis 2,5m²	St	40	83	**103**	124	205
			33	69	**87**	104	172
96	Fenstertür ausbauen, Holz, bis 3,5m²	St	48	105	**131**	157	247
			40	88	**110**	132	207

Kosten:
Stand 2. Quartal 2025
Bundesdurchschnitt

Abbruch-, Rückbau- und Schadstoffsanierungsarbeiten — Preise €

Nr.	Positionen	Einheit	►	▷	ø brutto € / ø netto €	◁	◄
97	Fenster ausbauen, Kunststoff, bis 1,5m²	St	32	52	**65**	78	100
			27	43	**54**	65	84
98	Fenster ausbauen, Kunststoff, bis 2,5m²	St	40	71	**89**	107	126
			33	60	**75**	90	105
99	Fenstertür ausbauen, Kunststoff, bis 3,5m²	St	71	116	**145**	174	247
			60	98	**122**	147	207
100	Hauseingangstür ausbauen, bis 4,0m²	St	88	160	**200**	240	264
			74	135	**168**	202	221
101	Kelleraußentür ausbauen, bis 2,5m²	St	–	65	**82**	98	–
			–	55	**69**	82	–
102	Innentür, Holz, einflüglig, entfernen	St	38	56	**70**	84	98
			32	47	**59**	70	83
103	Wandbekleidung, Holz, entfernen	m²	14	17	**20**	25	46
			12	15	**17**	21	39
104	Deckenbekleidung, Holz, entfernen	m²	20	22	**27**	35	81
			17	19	**23**	30	68
105	Fensterbank ausbauen, Holz, bis 1,5m	St	13	21	**27**	32	47
			11	18	**22**	27	39
106	Fensterbank ausbauen, Holz, bis 2,5m	St	24	34	**42**	51	69
			20	29	**36**	43	58
107	Laibungsbekleidung, Holz, entfernen	m	–	17	**22**	26	–
			–	14	**18**	22	–
108	Montagewand abbrechen, GK	m²	18	24	**33**	39	51
			15	21	**27**	33	43
109	Deckenbekleidung abbrechen, GK	m²	15	25	**31**	37	43
			13	21	**26**	31	36
110	Unterdecke abbrechen, GK	m²	13	20	**25**	30	38
			11	17	**21**	25	32
111	Verkofferung abbrechen, GK	m²	18	27	**35**	41	48
			15	22	**29**	35	40
112	Stundensatz, Facharbeiter/-in	h	62	79	**86**	92	110
			52	66	**72**	77	92
113	Stundensatz, Helfer/-in	h	55	68	**75**	82	100
			46	57	**63**	69	84

► min
▷ von
ø Mittel
◁ bis
◄ max

Nr. **Kurztext** / Langtext — Kostengruppe
▶ ▷ **ø netto €** ◁ ◀ [Einheit] Ausf.-Dauer Positionsnummer

1 Fundament abbrechen, Stahlbeton KG **394**

Fundamente aus Stahlbeton, ohne Schadstoffbelastung, Zuordnung RC 1 (nach EBV) abbrechen. Leistung inkl. Transport und Entsorgungskosten. Die Entsorgung sämtlicher Abfälle hat unter Erfüllung der abfallrechtlichen Deklarations-, Nachweis- und Dokumentationspflicht zu erfolgen.
Abmessungen: .....
Abfallschlüssel nach AVV: 170101 Beton
Ausführung: mit Geräteeinsatz im Freien
Transportweg: bis ..... km
Anlage (Bezeichnung/Ort): .....

107€ 161€ **215€** 260€ 303€ [m³] ⏱ 2,80h/m³ 384.001.088

2 Bodenplatte abbrechen, Beton KG **394**

Bodenplatte aus Beton, ohne Schadstoffbelastung, Zuordnung RC 1 (nach EBV), abbrechen. Leistung inkl. Transport und Entsorgungskosten. Die Entsorgung sämtlicher Abfälle hat unter Erfüllung der abfallrechtlichen Deklarations-, Nachweis- und Dokumentationspflicht zu erfolgen.
Bauteildicke: .....
Betonfestigkeitsklasse: nach Bestandsunterlagen
Abfallschlüssel nach AVV: 170101 Beton
Ausführung: mit Geräteeinsatz im Freien
Transportweg: bis ..... km
Anlage (Bezeichnung/Ort): .....

120€ 170€ **226€** 271€ 314€ [m³] ⏱ 2,60h/m³ 384.001.089

3 Bodenplatte abbrechen, Stahlbeton KG **394**

Bodenplatte aus Stahlbeton, ohne Schadstoffbelastung, Zuordnung RC 1 (nach EBV), abbrechen. Leistung inkl. Transport und Entsorgungskosten. Die Entsorgung sämtlicher Abfälle hat unter Erfüllung der abfallrechtlichen Deklarations-, Nachweis- und Dokumentationspflicht zu erfolgen.
Bauteildicke: .....
Betonfestigkeitsklasse: nach Bestandsunterlagen
Abfallschlüssel nach AVV: 170101 Beton
Ausführung: mit Geräteeinsatz im Freien
Transportweg: bis ..... km
Anlage (Bezeichnung/Ort): .....

159€ 245€ **306€** 367€ 396€ [m³] ⏱ 3,00h/m³ 384.001.090

4 Kelleraußenwände abbrechen, Beton KG **394**

Kelleraußenwände aus unbewehrtem Beton, ohne Schadstoffbelastung, Zuordnung RC 1 (nach EBV), abbrechen. Leistung inkl. Transport und Entsorgungskosten. Die Entsorgung sämtlicher Abfälle hat unter Erfüllung der abfallrechtlichen Deklarations-, Nachweis- und Dokumentationspflicht zu erfolgen.
Wanddicke: ..... cm
Abfallschlüssel nach AVV: 170101 Beton
Ausführung: mit Geräteeinsatz im Freien
Transportweg: bis ..... km
Anlage (Bezeichnung/Ort): .....

250€ 301€ **342€** 386€ 424€ [m³] ⏱ 4,00h/m³ 384.001.092

Nr. **Kurztext** / Langtext — Kostengruppe
▶ ▷ **ø netto €** ◁ ◀ [Einheit] Ausf.-Dauer Positionsnummer

5 **Kelleraußenwände abbrechen, Stahlbeton** KG **394**

Kelleraußenwände aus Stahlbeton, ohne Schadstoffbelastung, Zuordnung RC 1 (nach EBV), abbrechen. Leistung inkl. Transport und Entsorgungskosten. Die Entsorgung sämtlicher Abfälle hat unter Erfüllung der abfallrechtlichen Deklarations-, Nachweis- und Dokumentationspflicht zu erfolgen.
Wanddicke: ..... cm
Abfallschlüssel nach AVV: 170101 Beton
Ausführung: mit Geräteeinsatz im Freien
Transportweg: bis ..... km
Anlage (Bezeichnung/Ort): .....

267€ 322€ **366€** 413€ 454€ [m³] ⏱ 4,50h/m³ 384.001.093

6 **Außenwände abbrechen, Stahlbeton** KG **394**

Außenwände aus Stahlbeton, ohne Schadstoffbelastung, Zuordnung RC 1 (nach EBV), abbrechen. Leistung inkl. Transport und Entsorgungskosten. Die Entsorgung sämtlicher Abfälle hat unter Erfüllung der abfallrechtlichen Deklarations-, Nachweis- und Dokumentationspflicht zu erfolgen.
Wanddicke: ..... cm
Abfallschlüssel nach AVV: 170101 Beton
Ausführung: mit Geräteeinsatz im Freien
Transportweg: bis ..... km
Anlage (Bezeichnung/Ort): .....

261€ 315€ **362€** 406€ 446€ [m³] ⏱ 4,20h/m³ 384.001.094

7 **Außenmauerwerk abbrechen, Ziegel 36,5cm** KG **394**

Außenwand aus verputztem Ziegelmauerwerk, ohne Schadstoffbelastung, Zuordnung RC 1 (nach EBV), abbrechen. Leistung inkl. Transport und Entsorgungskosten. Die Entsorgung sämtlicher Abfälle hat unter Erfüllung der abfallrechtlichen Deklarations-, Nachweis- und Dokumentationspflicht zu erfolgen.
Wanddicke: 36,5 cm, mit beidseitigem Putz
Format: .....
Verfugung: .....
Abfallschlüssel nach AVV: 170107 Gemische aus Beton, Ziegel, Fliesen und Keramik
Ausführung: mit Geräteeinsatz im Freien
Transportweg: bis ..... km
Anlage (Bezeichnung/Ort): .....

166€ 198€ **231€** 270€ 339€ [m³] ⏱ 2,15h/m³ 384.001.095

8 **Verblendmauerwerk, abbrechen** KG **394**

Verblendmauerwerk aus Mauerwerkssteinen, ohne Schadstoffbelastung, Zuordnung RC 1 (nach EBV), abbrechen. Leistung inkl. Transport und Entsorgungskosten. Die Entsorgung sämtlicher Abfälle hat unter Erfüllung der abfallrechtlichen Deklarations-, Nachweis- und Dokumentationspflicht zu erfolgen.
Mauerwerk: .....
Dicke: .....
Abfallschlüssel nach AVV: 170107 Gemische aus Beton, Ziegel, Fliesen und Keramik
Ausführung: mit Geräteeinsatz im Freien
Transportweg: bis ..... km
Anlage (Bezeichnung/Ort): .....

50€ 57€ **71€** 85€ 93€ [m²] ⏱ 0,85h/m² 384.001.097

Kosten:
Stand 2. Quartal 2025
Bundesdurchschnitt

▶ min
▷ von
ø Mittel
◁ bis
◀ max

Nr. **Kurztext** / Langtext — Kostengruppe

▶ ▷ **ø netto €** ◁ ◀ [Einheit] Ausf.-Dauer Positionsnummer

9 **Ziegelpflaster abbrechen, Gemische** KG **594**

Ziegelpflaster im Außenbereich, ohne Schadstoffbelastung, Zuordnung RC 1 (nach EBV), abbrechen. Leistung inkl. Transport und Entsorgungskosten. Die Entsorgung sämtlicher Abfälle hat unter Erfüllung der abfallrechtlichen Deklarations-, Nachweis- und Dokumentationspflicht zu erfolgen.
Einbauort: .....
Abfallschlüssel nach AVV: 170107 Gemische aus Beton, Ziegel, Fliesen und Keramik
Ausführung: mit Geräteeinsatz im Freien
Transportweg: bis ..... km
Anlage (Bezeichnung/Ort): .....

18€ 20€ **25€** 30€ 33€ [m²] ⏱ 0,30h/m² 384.001.098

10 **Innenwand abbrechen, Gipsbauplatten, 10cm** KG **394**

Innenwand aus Gipsbauplatten, ohne Schadstoffbelastung, abbrechen. Leistung inkl. Transport und Entsorgungskosten. Die Entsorgung sämtlicher Abfälle hat unter Erfüllung der abfallrechtlichen Deklarations-, Nachweis- und Dokumentationspflicht zu erfolgen.
Wanddicke: 10 cm
Abfallschlüssel nach AVV: 170802 Baustoffe auf Gipsbasis
Ausführung: in allen Geschossen
Transportweg: bis ..... km
Anlage (Bezeichnung/Ort): .....

35€ 40€ **50€** 60€ 66€ [m²] ⏱ 0,55h/m² 384.001.100

11 **Innenwand abbrechen, Porenbeton, 17,5cm** KG **394**

Innenwand aus Porenbeton, ohne Schadstoffbelastung, Zuordnung RC 1 (nach EBV), abbrechen. Leistung inkl. Transport und Entsorgungskosten. Die Entsorgung sämtlicher Abfälle hat unter Erfüllung der abfallrechtlichen Deklarations-, Nachweis- und Dokumentationspflicht zu erfolgen.
Wanddicke: bis 17,5 cm
Abfallschlüssel nach AVV: 170101 Beton
Ausführung: in allen Geschossen
Transportweg: bis ..... km
Anlage (Bezeichnung/Ort): .....

21€ 42€ **52€** 63€ 79€ [m²] ⏱ 0,60h/m² 384.001.101

12 **Innenwand abbrechen, Mauerwerk 11,5cm** KG **394**

Innenwand aus verputztem Mauerwerk, ohne Schadstoffbelastung, Zuordnung RC 1 (nach EBV), abbrechen. Leistung inkl. Transport und Entsorgungskosten. Die Entsorgung sämtlicher Abfälle hat unter Erfüllung der abfallrechtlichen Deklarations-, Nachweis- und Dokumentationspflicht zu erfolgen.
Mauerwerk: 11,5 cm, mit beidseitigem Putz
Abfallschlüssel nach AVV: 170107 Gemische aus Beton, Ziegel, Fliesen und Keramik
Ausführung: in allen Geschossen
Transportweg: bis ..... km
Anlage (Bezeichnung/Ort): .....

23€ 34€ **42€** 51€ 65€ [m²] ⏱ 0,50h/m² 384.001.102

Kosten:
Stand 2. Quartal 2025
Bundesdurchschnitt

▶ min
▷ von
ø Mittel
◁ bis
◀ max

Nr.	**Kurztext** / Langtext						Kostengruppe
▶	▷	**ø netto €**	◁	◀	[Einheit]	Ausf.-Dauer	Positionsnummer

13 Innenwand abbrechen, Mauerwerk 24cm KG **394**

Innenwand aus verputztem Mauerwerk, ohne Schadstoffbelastung, Zuordnung RC 1 (nach EBV), abbrechen. Leistung inkl. Transport und Entsorgungskosten. Die Entsorgung sämtlicher Abfälle hat unter Erfüllung der abfallrechtlichen Deklarations-, Nachweis- und Dokumentationspflicht zu erfolgen. Leistung einschl. der Abstütz- und Sicherungsmaßnahmen im Bauwerk.
Wanddicke: bis 24 cm, mit beidseitigem Putz
Abfallschlüssel nach AVV: 170107 Gemische aus Beton, Ziegel, Fliesen und Keramik
Ausführung: in allen Geschossen
Transportweg: bis ..... km
Anlage (Bezeichnung/Ort): .....

25€ 46€ **57€** 69€ 79€ [m²] ⏱ 0,50 h/m² 384.001.103

14 Innenwand abbrechen, Stahlbeton bis 15cm KG **394**

Innenwände aus Stahlbeton, nicht tragend, ohne Schadstoffbelastung, Zuordnung RC 1 (nach EBV), abbrechen. Leistung inkl. Transport und Entsorgungskosten. Die Entsorgung sämtlicher Abfälle hat unter Erfüllung der abfallrechtlichen Deklarations-, Nachweis- und Dokumentationspflicht zu erfolgen.
Wanddicke: bis 15 cm
Abfallschlüssel nach AVV: 170101 Beton
Ausführung: in allen Geschossen
Transportweg: bis ..... km
Anlage (Bezeichnung/Ort): .....

230€ 278€ **320€** 358€ 393€ [m³] ⏱ 4,80 h/m³ 384.001.104

15 Innenwand abbrechen, Stahlbeton bis 25cm KG **394**

Innenwände aus Stahlbeton, tragend, ohne Schadstoffbelastung, Zuordnung RC 1 (nach EBV), abbrechen. Leistung inkl. Transport und Entsorgungskosten. Die Entsorgung sämtlicher Abfälle hat unter Erfüllung der abfallrechtlichen Deklarations-, Nachweis- und Dokumentationspflicht zu erfolgen.
Wanddicke: bis 25 cm
Abfallschlüssel nach AVV: 170101 Beton
Ausführung: in allen Geschossen
Transportweg: bis ..... km
Anlage (Bezeichnung/Ort): .....

255€ 308€ **354€** 396€ 435€ [m³] ⏱ 4,60 h/m³ 384.001.105

16 Decke abbrechen, Ziegelhohlkörper, 21cm KG **394**

Ziegelhohlkörperdecke einschl. Aufbeton, ohne Schadstoffbelastung, Zuordnung RC 1 (nach EBV), abbrechen. Leistung inkl. Transport und Entsorgungskosten. Die Entsorgung sämtlicher Abfälle hat unter Erfüllung der abfallrechtlichen Deklarations-, Nachweis- und Dokumentationspflicht zu erfolgen.
Deckendicke: 21 cm
Abfallschlüssel nach AVV: 170107 Gemische aus Beton, Ziegel, Fliesen und Keramik
Ausführung: mit Geräteeinsatz im Freien
Transportweg: bis ..... km
Anlage (Bezeichnung/Ort): .....

44€ 51€ **64€** 77€ 86€ [m²] ⏱ 0,70 h/m² 384.001.108

Nr. **Kurztext** / Langtext — Kostengruppe

▶ ▷ **ø netto €** ◁ ◀ [Einheit] Ausf. Dauer Positionsnummer

17 **Decke abbrechen, Stb-Hohldielen, 15cm** KG **394**

Stahlbeton-Hohldielen-Decke einschl. Aufbeton, ohne Schadstoffbelastung, Zuordnung RC 1 (nach EBV), abbrechen. Leistung inkl. Transport und Entsorgungskosten. Die Entsorgung sämtlicher Abfälle hat unter Erfüllung der abfallrechtlichen Deklarations-, Nachweis- und Dokumentationspflicht zu erfolgen.
Deckendicke: 15 cm
Abfallschlüssel nach AVV: 170101 Beton
Ausführung: mit Geräteeinsatz im Freien
Transportweg: bis ..... km
Anlage (Bezeichnung/Ort): .....

56€ 66€ **72€** 84€ 97€ [m²] ⏱ 0,70h/m² 384.001.109

18 **Stahlbetonstützen, außen, abbrechen** KG **394**

Stahlbetonstützen verschiedener Querschnitte, ohne Schadstoffbelastung, Zuordnung RC 1 (nach EBV), abbrechen. Leistung inkl. Transport und Entsorgungskosten. Die Entsorgung sämtlicher Abfälle hat unter Erfüllung der abfallrechtlichen Deklarations-, Nachweis- und Dokumentationspflicht zu erfolgen.
Abbruchort: .....
Querschnitte: .....
Abfallschlüssel nach AVV: 170101 Beton
Ausführung: mit Geräteeinsatz im Freien
Transportweg: bis ..... km
Anlage (Bezeichnung/Ort): .....

356€ 433€ **487€** 555€ 604€ [m³] ⏱ 5,80h/m³ 384.001.110

19 **Geschossdecke abbrechen, Stahlbeton 25cm** KG **394**

Geschossdecken aus Stahlbeton, ohne Schadstoffbelastung,Zuordnung RC 1 (nach EBV), abbrechen. Leistung inkl. Transport und Entsorgungskosten. Die Entsorgung sämtlicher Abfälle hat unter Erfüllung der abfallrechtlichen Deklarations-, Nachweis- und Dokumentationspflicht zu erfolgen.
Deckendicke: bis 25 cm
Abbruchort: .....
Abfallschlüssel nach AVV: 170101 Beton
Ausführung: mit Geräteeinsatz im Freien
Transportweg: bis ..... km
Anlage (Bezeichnung/Ort): .....

266€ 331€ **380€** 437€ 494€ [m³] ⏱ 3,80h/m³ 384.001.111

20 **Geschossdecke abbrechen, Hohldielen 25cm** KG **394**

Geschossdecken aus Stahlbeton-Hohldielen, ohne Schadstoffbelastung, Zuordnung RC 1 (nach EBV), abbrechen. Leistung inkl. Transport und Entsorgungskosten. Die Entsorgung sämtlicher Abfälle hat unter Erfüllung der abfallrechtlichen Deklarations-, Nachweis- und Dokumentationspflicht zu erfolgen.
Deckendicke: bis 25 cm
Abbruchort: .....
Abfallschlüssel nach AVV: 170101 Beton
Ausführung: mit Geräteeinsatz im Freien
Transportweg: bis ..... km
Anlage (Bezeichnung/Ort): .....

47€ 58€ **67€** 75€ 90€ [m²] ⏱ 3,80h/m² 384.001.112

Kosten:
Stand 2. Quartal 2025
Bundesdurchschnitt

Nr.	**Kurztext** / Langtext						Kostengruppe
►	▷	**ø netto €**	◁	◄	[Einheit]	Ausf.-Dauer	Positionsnummer

21 Stahlbetontreppe abbrechen, bis 1,50m KG **394**

Stahlbetontreppen, eingeschossig, ohne Schadstoffbelastung, Zuordnung RC 1 (nach EBV), abbrechen. Leistung inkl. Transport und Entsorgungskosten. Die Entsorgung sämtlicher Abfälle hat unter Erfüllung der abfallrechtlichen Deklarations-, Nachweis- und Dokumentationspflicht zu erfolgen.
Stufenanzahl: 14 Stück
Steigungsverhältnis: 27/18 cm
Laufbreite: bis 1,50 m
Abbruchort: .....
Abfallschlüssel nach AVV: 170101 Beton
Ausführung: mit Geräteeinsatz im Freien
Transportweg: bis ..... km
Anlage (Bezeichnung/Ort): .....

►	▷	ø	◁	◄	Einheit	Ausf.-Dauer	Positionsnummer
688€	832€	**956€**	1.070€	1.156€	[St]	⏱ 12,00h/St	384.001.114

22 Natursteinbelag abbrechen, Mörtelbett KG **394**

Plattenbelag aus Naturwerkstein in Mörtelbett, ohne Schadstoffbelastung, Zuordnung RC 1 (nach EBV), abbrechen. Leistung inkl. Transport und Entsorgungskosten. Die Entsorgung sämtlicher Abfälle hat unter Erfüllung der abfallrechtlichen Deklarations-, Nachweis- und Dokumentationspflicht zu erfolgen. Konstruktionsdicke: ca. 6 cm
Abfallschlüssel nach AVV: 170107 Gemische aus Beton, Ziegel, Fliesen und Keramik
Ausführung: mit Geräteeinsatz **im Freien / im Gebäude**
Transportweg: bis ..... km
Anlage (Bezeichnung/Ort): .....

►	▷	ø	◁	◄	Einheit	Ausf.-Dauer	Positionsnummer
14€	20€	**24€**	29€	49€	[m²]	⏱ 0,20h/m²	384.001.115

23 Natursteinbekleidung abbrechen, außen KG **394**

Fassadenbekleidung aus Natursteinplatten, ohne Schadstoffbelastung, Zuordnung RC 1 (nach EBV), abbrechen. Leistung inkl. Transport und Entsorgungskosten. Die Entsorgung sämtlicher Abfälle hat unter Erfüllung der abfallrechtlichen Deklarations-, Nachweis- und Dokumentationspflicht zu erfolgen.
Bekleidung: .....
Plattendicke: bis 50 mm
Befestigung: .....
Abfallschlüssel nach AVV: 170107 Gemische aus Beton, Ziegel, Fliesen und Keramik
Ausführung: mit Geräteeinsatz im Freien, in allen Geschossen
Transportweg: bis ..... km
Anlage (Bezeichnung/Ort): .....

►	▷	ø	◁	◄	Einheit	Ausf.-Dauer	Positionsnummer
41€	48€	**59€**	71€	78€	[m²]	⏱ 0,70h/m²	384.001.119

► min
▷ von
ø Mittel
◁ bis
◄ max

Nr.	Kurztext / Langtext						Kostengruppe
►	▷	**ø netto €**	◁	◄	[Einheit]	Ausf.-Dauer	Positionsnummer

24 Fensterbank abbrechen, Naturstein, außen KG **394**

Fensterbank aus Naturwerkstein im Außenbereich, ohne Schadstoffbelastung, Zuordnung RC 1 (nach EBV), abbrechen. Leistung inkl. Transport und Entsorgungskosten. Die Entsorgung sämtlicher Abfälle hat unter Erfüllung der abfallrechtlichen Deklarations-, Nachweis- und Dokumentationspflicht zu erfolgen.
Material: .....
Dicke: 3 cm
Breite: bis 30 cm
Länge: ..... m
Abfallschlüssel nach AVV: 170107 Gemische aus Beton, Ziegel, Fliesen und Keramik
Ausführung: mit Geräteeinsatz im Freien
Transportweg: bis ..... km
Anlage (Bezeichnung/Ort): .....

18€ 23€ **25€** 30€ 32€ [m] ⏱ 0,25h/m 384.001.120

25 Fensterbank abbrechen, Naturstein, innen KG **394**

Fensterbank aus Naturwerkstein im Innenbereich, ohne Schadstoffbelastung, Zuordnung RC 1 (nach EBV), abbrechen. Leistung inkl. Transport und Entsorgungskosten. Die Entsorgung sämtlicher Abfälle hat unter Erfüllung der abfallrechtlichen Deklarations-, Nachweis- und Dokumentationspflicht zu erfolgen.
Material: .....
Dicke: ..... cm
Breite: ..... cm
Länge: ..... m
Abfallschlüssel nach AVV: 170107 Gemische aus Beton, Ziegel, Fliesen und Keramik
Ausführung: mit Geräteeinsatz in allen Geschossen
Transportweg: bis ..... km
Anlage (Bezeichnung/Ort): .....

15€ 19€ **22€** 26€ 52€ [St] ⏱ 0,30h/St 384.001.121

26 Betonwerksteinplattenbelag aufnehmen KG **394**

Betonwerksteinplattenbelag auf Sand oder Splitt, ohne Schadstoffbelastung, Zuordnung RC 1 (nach EBV), abbrechen. Leistung inkl. Transport und Entsorgungskosten. Die Entsorgung sämtlicher Abfälle hat unter Erfüllung der abfallrechtlichen Deklarations-, Nachweis- und Dokumentationspflicht zu erfolgen. Plattengröße: bis 50 x 50 x 5 cm
Abfallschlüssel nach AVV: 170101 Beton
Ausführung: mit Geräteeinsatz im Freien
Transportweg: bis ..... km
Anlage (Bezeichnung/Ort): .....

17€ 20€ **24€** 30€ 31€ [m²] ⏱ 0,25h/m² 384.001.122

27 Fensterbank abbrechen, Betonwerkstein, innen KG **394**

Fensterbank aus Betonwerkstein im Innenbereich, ohne Schadstoffbelastung, Zuordnung RC 1 (nach EBV), abbrechen. Leistung inkl. Transport und Entsorgungskosten. Die Entsorgung sämtlicher Abfälle hat unter Erfüllung der abfallrechtlichen Deklarations-, Nachweis- und Dokumentationspflicht zu erfolgen.
Abfallschlüssel nach AVV: 170107 Gemische aus Beton, Ziegel, Fliesen und Keramik
Ausführung: mit Geräteeinsatz in allen Geschossen
Transportweg: bis ..... km
Anlage (Bezeichnung/Ort): .....

17€ 21€ **25€** 30€ 32€ [m] ⏱ 0,20h/m 384.001.126

Kosten:
Stand 2. Quartal 2025
Bundesdurchschnitt

▶ min
▷ von
ø Mittel
◁ bis
◀ max

Nr.	**Kurztext** / Langtext						Kostengruppe
▶	▷	**ø netto €**	◁	◀	[Einheit]	Ausf.-Dauer	Positionsnummer

28 Betonwerksteinbelag abbrechen KG **394**

Bodenbelag aus Betonwerksteinplatten mit Mörtelbett, einschl. Estrich bis auf Rohdecke, ohne Schadstoffbelastung, Zuordnung RC 1 (nach EBV), abbrechen. Leistung inkl. Transport und Entsorgungskosten. Die Entsorgung sämtlicher Abfälle hat unter Erfüllung der abfallrechtlichen Deklarations-, Nachweis- und Dokumentationspflicht zu erfolgen.
Konstruktionsdicke: bis 12 cm
Ausbauort: ......
Abfallschlüssel nach AVV: 170107 Gemische aus Beton, Ziegel, Fliesen und Keramik
Ausführung: mit Geräteeinsatz **im Freien / im Gebäude**
Transportweg: bis ..... km
Anlage (Bezeichnung/Ort): .....

12€	21€	**25€**	30€	32€	[m²]	⏱ 0,30h/m²	384.001.125

29 Gehwegplatten abbrechen, Betonwerkstein KG **394**

Gehwegbelag aus Betonwerksteinen in unterschiedlicher Größe mit Einfassungen, ohne Schadstoffbelastung, Zuordnung RC 1 (nach EBV), abbrechen. Leistung inkl. Transport und Entsorgungskosten. Die Entsorgung sämtlicher Abfälle hat unter Erfüllung der abfallrechtlichen Deklarations-, Nachweis- und Dokumentationspflicht zu erfolgen.
Plattengröße: .....
Abfallschlüssel nach AVV: 170101 Beton
Ausführung: mit Geräteeinsatz im Freien
Transportweg: bis ..... km
Anlage (Bezeichnung/Ort): .....

11€	14€	**16€**	20€	28€	[m²]	⏱ 0,12h/m²	384.001.127

30 Innenwandbekleidung entfernen, Holz KG **394**

Wandbekleidung aus Holz einschl. der Befestigungshölzer, im Innenbereich, ohne Schadstoffbelastung, abbrechen. Leistung inkl. Transport und Entsorgungskosten. Die Entsorgung sämtlicher Abfälle hat unter Erfüllung der abfallrechtlichen Deklarations-, Nachweis- und Dokumentationspflicht zu erfolgen.
Bekleidung: .....
Ausbauort: .....
Altholzkategorie A II
Abfallschlüssel nach AVV: 170201 Holz
Ausführung: in allen Geschossen
Transportweg: bis ..... km
Anlage (Bezeichnung/Ort): .....

9€	11€	**14€**	17€	28€	[m²]	⏱ 0,18h/m²	384.001.128

31 Deckenbekleidung entfernen, Holz KG **394**

Deckenbekleidung aus Holz und Holzwerkstoff einschl. Unterkonstruktion, ohne Schadstoffbelastung, abbrechen. Leistung inkl. Transport und Entsorgungskosten. Die Entsorgung sämtlicher Abfälle hat unter Erfüllung der abfallrechtlichen Deklarations-, Nachweis- und Dokumentationspflicht zu erfolgen.
Ausbauort: .....
Altholzkategorie A II
Abfallschlüssel nach AVV: 170201 Holz
Ausführung: in allen Geschossen
Transportweg: bis ..... km
Anlage (Bezeichnung/Ort): .....

15€	21€	**26€**	31€	42€	[m²]	⏱ 0,30h/m²	384.001.129

Nr.	Kurztext / Langtext						Kostengruppe
►	▷	**ø netto €**	◁	◄	[Einheit]	Ausf.-Dauer	Positionsnummer

32 Außenwandbekleidung entfernen, Holz KG **394**

Wandbekleidung auf Außenwand aus Holz einschl. Unterkonstruktion, gefährlicher Abfall, abbrechen. Leistung inkl. Transport und Entsorgungskosten. Die Entsorgung sämtlicher Abfälle hat unter Erfüllung der abfallrechtlichen Deklarations-, Nachweis- und Dokumentationspflicht zu erfolgen.
Bekleidung: .....
Altholzkategorie A IV
Abfallschlüssel nach AVV: 170204
Ausführung: im Freien, in allen Geschossen
Transportweg: bis ..... km
Anlage (Bezeichnung/Ort): .....

►	▷	ø netto €	◁	◄	[Einheit]	Ausf.-Dauer	Positionsnummer
16€	19€	**23€**	28€	31€	[m²]	⏱ 0,25h/m²	384.001.130

33 Wanddämmung entfernen, MW KG **394**

Wärmedämmung aus Mineralwolleplatten mit künstlichen Mineralfasern (KMF), ohne gefährlichen Faseranteil, an Außenwand entfernen. Die Mineralwolle in Plastiksäcken sammeln und lagern. Leistung inkl. Transport und Entsorgungskosten. Die Entsorgung sämtlicher Abfälle hat unter Erfüllung der abfallrechtlichen Deklarations-, Nachweis- und Dokumentationspflicht zu erfolgen.
Einbauart: .....
Dämmung: Mineralwolle
Abfallschlüssel nach AVV: 170604 Dämmstoff
Dämmdicke: .....
Ausführung: im Freien, in allen Geschossen
Transportweg: bis ..... km
Anlage (Bezeichnung/Ort): .....

►	▷	ø netto €	◁	◄	[Einheit]	Ausf.-Dauer	Positionsnummer
6€	10€	**12€**	14€	17€	[m²]	⏱ 0,10h/m²	384.001.131

34 Dachdämmung entfernen, KMF KG **394**

Dämmung aus Mineralwolleplatten mit künstlichen Mineralfasern (KMF), ohne gefährlichen Faseranteil, zwischen Sparren entfernen. Die Mineralwolle in Plastiksäcken sammeln und lagern. Leistung inkl. Transport und Entsorgungskosten. Die Entsorgung sämtlicher Abfälle hat unter Erfüllung der abfallrechtlichen Deklarations-, Nachweis- und Dokumentationspflicht zu erfolgen.
Dämmmaterial: Mineralwolle
Abfallschlüssel nach AVV: 170604 Dämmstoff
Dämmdicke: bis 100 mm
Ausführung: im Freien
Transportweg: bis ..... km
Anlage (Bezeichnung/Ort): .....

►	▷	ø netto €	◁	◄	[Einheit]	Ausf.-Dauer	Positionsnummer
6€	10€	**12€**	15€	20€	[m²]	⏱ 0,15h/m²	384.001.132

Nr.	Kurztext / Langtext						Kostengruppe
▶	▷	ø netto €	◁	◀	[Einheit]	Ausf.-Dauer	Positionsnummer

35 Lattentrennwand abbrechen — KG **394**

Lattentrennwand aus Holz in Keller und Speicher, ohne Schadstoffbelastung, abbrechen. Leistung inkl. Transport und Entsorgungskosten. Die Entsorgung sämtlicher Abfälle hat unter Erfüllung der abfallrechtlichen Deklarations-, Nachweis- und Dokumentationspflicht zu erfolgen.
Ausbauort: .....
Altholzkategorie: A I
Abfallschlüssel nach AVV: 170201 Holz
Ausführung: in allen Geschossen
Transportweg: bis ..... km
Anlage (Bezeichnung/Ort): .....

8€ | 14€ | **18€** | 22€ | 33€ | [m²] | ⏱ 0,20 h/m² | 384.001.134

Kosten:
Stand 2. Quartal 2025
Bundesdurchschnitt

36 Holzständerwand abbrechen — KG **394**

Holzständerwand ohne Beplankung, ohne Schadstoffbelastung, abbrechen. Leistung inkl. Transport und Entsorgungskosten. Die Entsorgung sämtlicher Abfälle hat unter Erfüllung der abfallrechtlichen Deklarations-, Nachweis- und Dokumentationspflicht zu erfolgen.
Ausbauort: .....
Wanddicke: ....
Altholzkategorie: A I
Abfallschlüssel nach AVV: 170201 Holz
Ausführung: in allen Geschossen
Transportweg: bis ..... km
Anlage (Bezeichnung/Ort): .....

20€ | 23€ | **28€** | 34€ | 38€ | [m²] | ⏱ 0,38 h/m² | 384.001.135

37 Holztreppe abbrechen — KG **394**

Holztreppe inkl. der Geländer und Handläufe, ohne Schadstoffbelastung, abbrechen. Leistung inkl. Transport und Entsorgungskosten. Die Entsorgung sämtlicher Abfälle hat unter Erfüllung der abfallrechtlichen Deklarations-, Nachweis- und Dokumentationspflicht zu erfolgen.
Geschosshöhe: bis 3,00 m
Laufbreite: bis 1,20 m
Steigung: .....
Treppenlänge: .....
Altholzkategorie: A II
Abfallschlüssel nach AVV: 170201 Holz
Ausführung: in allen Geschossen
Transportweg: bis ..... km
Anlage (Bezeichnung/Ort): .....

146€ | 192€ | **240€** | 288€ | 471€ | [St] | ⏱ 3,30 h/St | 384.001.136

▶ min
▷ von
ø Mittel
◁ bis
◀ max

Nr.	Kurztext / Langtext						Kostengruppe
▶	▷	**ø netto €**	◁	◀	[Einheit]	Ausf.-Dauer	Positionsnummer

38 Holzleiter abbrechen KG **394**

Holzleiter im Dachraum, ohne Schadstoffbelastung, abbrechen. Leistung inkl. Transport und Entsorgungskosten. Die Entsorgung sämtlicher Abfälle hat unter Erfüllung der abfallrechtlichen Deklarations-, Nachweis- und Dokumentationspflicht zu erfolgen.
Bauart: .....
Befestigung: .....
Länge: .....
Altholzkategorie: A II
Abfallschlüssel nach AVV: 170201 Holz
Ausführung: in allen Geschossen
Transportweg: bis ..... km
Anlage (Bezeichnung/Ort): .....

10€	12€	**15€**	18€	22€	[St]	⏱ 0,15h/St	384.001.139

39 Holzhandlauf entfernen KG **394**

Handlauf aus Holz, inkl. Halterung und Befestigung, ohne Schadstoffbelastung, abbrechen. Leistung inkl. Transport und Entsorgungskosten. Die Entsorgung sämtlicher Abfälle hat unter Erfüllung der abfallrechtlichen Deklarations-, Nachweis- und Dokumentationspflicht zu erfolgen.
Befestigung: .....
Altholzkategorie: A II
Abfallschlüssel nach AVV: 170201 Holz
Ausführung: in allen Geschossen
Transportweg: bis ..... km
Anlage (Bezeichnung/Ort): .....

9€	10€	**13€**	16€	18€	[m]	⏱ 0,18h/m	384.001.140

40 Holzfußboden entfernen, Bodenbretter KG **394**

Fußbodenbretter als Dielen mit Sockelleisten, ohne Schadstoffbelastung, abbrechen. Leistung inkl. Transport und Entsorgungskosten. Die Entsorgung sämtlicher Abfälle hat unter Erfüllung der abfallrechtlichen Deklarations-, Nachweis- und Dokumentationspflicht zu erfolgen.
Ausbauort: .....
Belagsdicke: .....
Altholzkategorie: A II
Abfallschlüssel nach AVV: 170201 Holz
Ausführung: in allen Geschossen
Transportweg: bis ..... km
Anlage (Bezeichnung/Ort): .....

8€	11€	**14€**	16€	29€	[m²]	⏱ 0,18h/m²	384.001.141

Nr.	Kurztext / Langtext						Kostengruppe
▶	▷	ø netto €	◁	◀	[Einheit]	Ausf.-Dauer	Positionsnummer

41 Holzfußboden entfernen, Bretter/Lagerhölzer KG **394**

Fußbodenbretter auf Lagerhölzer inkl. Sockelleisten, ohne Schadstoffbelastung, abbrechen. Leistung inkl. Transport und Entsorgungskosten. Die Entsorgung sämtlicher Abfälle hat unter Erfüllung der abfallrechtlichen Deklarations-, Nachweis- und Dokumentationspflicht zu erfolgen.
Ausbauort: .....
Belagsdicke: .....
Befestigungsart: .....
Altholzkategorie: A II
Abfallschlüssel nach AVV: 170201 Holz
Ausführung: in allen Geschossen
Transportweg: bis ..... km
Anlage (Bezeichnung/Ort): .....

10€ 13€ **16€** 19€ 33€ [m²] ⏱ 0,22 h/m² 384.001.142

42 Spanplattenboden abbrechen KG **394**

Spanplattenboden einschl. Unterkonstruktion, ohne Schadstoffbelastung, abbrechen. Leistung inkl. Transport und Entsorgungskosten. Die Entsorgung sämtlicher Abfälle hat unter Erfüllung der abfallrechtlichen Deklarations-, Nachweis- und Dokumentationspflicht zu erfolgen.
Ausbauort: .....
Plattenboden: bis 25 mm
Unterkonstruktion: .....
Altholzkategorie: A II
Abfallschlüssel nach AVV: 170201 Holz
Ausführung: in allen Geschossen
Transportweg: bis ..... km
Anlage (Bezeichnung/Ort): .....

14€ 21€ **26€** 32€ 43€ [m²] ⏱ 0,30 h/m² 384.001.143

43 Schüttung entfernen, Lagerhölzer KG **394**

Schüttung aus gebrochenem Mineralstoff zwischen Lagerhölzern, ohne Schadstoffbelastung, entfernen. Zuordnung gem. Ersatzbaustoffverordnung 2023, gemischter Bauschutt Klasse RC-1 nach EBV 2023. Leistung inkl. Transport und Entsorgungskosten. Die Entsorgung sämtlicher Abfälle hat unter Erfüllung der abfallrechtlichen Deklarations-, Nachweis- und Dokumentationspflicht zu erfolgen.
Ausbauort: .....
Schütthöhe: bis 7 cm
Abfallschlüssel nach AVV: 170101 Beton
Ausführung: in allen Geschossen
Transportweg: bis ..... km
Anlage (Bezeichnung/Ort): .....

10€ 12€ **15€** 17€ 28€ [m²] ⏱ 0,10 h/m² 384.001.144

Kosten:
Stand 2. Quartal 2025
Bundesdurchschnitt

▶ min
▷ von
ø Mittel
◁ bis
◀ max

Nr. **Kurztext** / Langtext — Kostengruppe

► ▷ **ø netto €** ◁ ◄ [Einheit] Ausf.-Dauer Positionsnummer

44 Schüttung entfernen, Holzbalkendecke — KG **394**

Schüttung aus gebrochenem Mineralstoff in Holzbalkendecke, ohne Schadstoffbelastung, entfernen. Zuordnung gem. Ersatzbaustoffverordnung 2023, gemischter Bauschutt Klasse RC-1 nach EBV 2023. Leistung inkl. Transport und Entsorgungskosten. Die Entsorgung sämtlicher Abfälle hat unter Erfüllung der abfallrechtlichen Deklarations-, Nachweis- und Dokumentationspflicht zu erfolgen.
Ausbauort: .....
Schütthöhe: bis 15 cm
Abfallschlüssel nach AVV: 170101 Beton
Ausführung: in allen Geschossen
Transportweg: bis ..... km
Anlage (Bezeichnung/Ort): .....

11€ 21€ **26€** 31€ 39€ [m²] ⏱ 0,35h/m² 384.001.145

45 Fehlboden entfernen, Holz — KG **394**

Fehlboden aus Holz, ohne Schadstoffbelastung, entfernen. Leistung inkl. Transport und Entsorgungskosten. Die Entsorgung sämtlicher Abfälle hat unter Erfüllung der abfallrechtlichen Deklarations-, Nachweis- und Dokumentationspflicht zu erfolgen.
Ausbauort: .....
Belagsdicke: .....
Balkenabstand: .....
Altholzkategorie: A II
Abfallschlüssel nach AVV: 170201 Holz
Ausführung: in allen Geschossen
Transportweg: bis ..... km
Anlage (Bezeichnung/Ort): .....

9€ 14€ **17€** 21€ 30€ [m²] ⏱ 0,22h/m² 384.001.146

46 Deckenbalken abbrechen, Holz — KG **394**

Deckenbalken, ohne Schadstoffbelastung, mit notwendigen Abstützmaßnahmen ausbauen. Leistung inkl. Transport und Entsorgungskosten. Die Entsorgung sämtlicher Abfälle hat unter Erfüllung der abfallrechtlichen Deklarations-, Nachweis- und Dokumentationspflicht zu erfolgen.
Ausbauort: .....
Abmessungen: ....
Altholzkategorie: A II
Abfallschlüssel nach AVV: 170201 Holz
Ausführung: in allen Geschossen
Transportweg: bis ..... km
Anlage (Bezeichnung/Ort): .....

8€ 12€ **15€** 19€ 27€ [m] ⏱ 0,15h/m 384.001.147

Kosten:
Stand 2. Quartal 2025
Bundesdurchschnitt

► min
▷ von
ø Mittel
◁ bis
◄ max

Nr.	**Kurztext** / Langtext						Kostengruppe
►	▷	**ø netto €**	◁	◄	[Einheit]	Ausf.-Dauer	Positionsnummer

47 Holzbalkendecke abbrechen KG **394**

Holzbalkendecke, ohne Schadstoffbelastung, in allen Teilen unter Berücksichtigung der Sicherungsmaßnahmen ausbauen. Leistung inkl. Transport und Entsorgungskosten. Die Entsorgung sämtlicher Abfälle hat unter Erfüllung der abfallrechtlichen Deklarations-, Nachweis- und Dokumentationspflicht zu erfolgen.
Ausbauort: .....
Balkenquerschnitt: .....
Balkenabstand: .....
Deckenaufbau: .....
Deckendicke: .....
Altholzkategorie: A II
Abfallschlüssel nach AVV: 170201 Holz
Ausführung: in allen Geschossen
Transportweg: bis ..... km
Anlage (Bezeichnung/Ort): .....

42€ 77€ **96€** 115€ 127€ [m²] ⏱ 0,90 h/m² 384.001.149

48 Dachstuhlhölzer abbrechen KG **394**

Dachstuhlhölzer, mit Holzschutzmittel, Abfall schadstoffbelastet und gefährlich, unter Berücksichtigung der Sicherungsmaßnahmen ausbauen. Leistung inkl. Transport und Entsorgungskosten. Die Entsorgung sämtlicher Abfälle hat unter Erfüllung der abfallrechtlichen Deklarations-, Nachweis- und Dokumentationspflicht zu erfolgen. Aufgrund der Holzschutzmittel ist Elektronisches Abfall-Nachweisverfahren (eANV) verpflichtend.
Bauteil: .....
Firsthöhe: .....
Dachform: .....
Dachneigung: .....°
Altholzkategorie: A IV
Abfallschlüssel nach AVV: 170204
Transportweg: bis ..... km
Anlage (Bezeichnung/Ort): .....

10€ 17€ **21€** 25€ 33€ [m] ⏱ 0,50 h/m 384.001.150

49 Bodenabdichtung entfernen, Bitumen, einlagig KG **394**

Bodenabdichtung mit Bitumenbahnen, einlagig, ohne Schadstoffbelastung, entfernen. Leistung inkl. Transport und Entsorgungskosten. Die Entsorgung sämtlicher Abfälle hat unter Erfüllung der abfallrechtlichen Deklarations-, Nachweis- und Dokumentationspflicht zu erfolgen.
Untergrund: .....
Abfallschlüssel nach AVV: 170302 Bitumengemische
Ausführung: in allen Geschossen
Transportweg: bis ..... km
Anlage (Bezeichnung/Ort): .....

22€ 24€ **29€** 35€ 38€ [m²] ⏱ 0,10 h/m² 384.001.151

Nr.	Kurztext / Langtext						Kostengruppe
▶	▷	**ø netto €**	◁	◀	[Einheit]	Ausf.-Dauer	Positionsnummer

50 Bodenabdichtung entfernen, Bitumen, zweilagig KG **394**

Bodenabdichtung mit Bitumenbahnen, zweilagig, ohne Schadstoffbelastung, entfernen. Leistung inkl. Transport und Entsorgungskosten. Die Entsorgung sämtlicher Abfälle hat unter Erfüllung der abfallrechtlichen Deklarations-, Nachweis- und Dokumentationspflicht zu erfolgen.
Untergrund: .....
Abfallschlüssel nach AVV: 170302 Bitumengemische
Ausführung: in allen Geschossen
Transportweg: bis ..... km
Anlage (Bezeichnung/Ort): .....

25€	27€	**33€**	40€	44€	[m²]	⏱ 0,15h/m²	384.001.152

51 Bitumenbeschichtung entfernen, Wand KG **394**

Bitumenbeschichtung auf erdberührte Wandflächen, ohne Schadstoffbelastung, entfernen. Leistung inkl. Transport und Entsorgungskosten. Die Entsorgung sämtlicher Abfälle hat unter Erfüllung der abfallrechtlichen Deklarations-, Nachweis- und Dokumentationspflicht zu erfolgen.
Beschichtungsart: .....
Abfallschlüssel nach AVV: 170302 Bitumengemische
Ausführung: in allen Geschossen
Transportweg: bis ..... km
Anlage (Bezeichnung/Ort): .....

13€	19€	**23€**	28€	33€	[m²]	⏱ 0,20h/m²	384.001.153

52 Bitumenbahnen entfernen, Wand KG **394**

Bitumenbahnenabdichtung auf erdberührte Wandflächen, ohne Schadstoffbelastung, entfernen. Leistung inkl. Transport und Entsorgungskosten. Die Entsorgung sämtlicher Abfälle hat unter Erfüllung der abfallrechtlichen Deklarations-, Nachweis- und Dokumentationspflicht zu erfolgen.
Bitumenbahn: .....
Abfallschlüssel nach AVV: 170302 Bitumengemische
Ausführung: in allen Geschossen
Transportweg: bis ..... km
Anlage (Bezeichnung/Ort): .....

23€	28€	**35€**	41€	46€	[m²]	⏱ 0,20h/m²	384.001.154

53 Schutzbahn entfernen, Wand KG **394**

Schutzbahn aus Kunststoff auf den erdberührenden Wandflächen, ohne Schadstoffbelastung, entfernen. Leistung inkl. Transport und Entsorgungskosten. Die Entsorgung sämtlicher Abfälle hat unter Erfüllung der abfallrechtlichen Deklarations-, Nachweis- und Dokumentationspflicht zu erfolgen.
Schutzbahn: .....
Abfallschlüssel nach AVV: **170904 gemischte Bau- und Abbruchabfälle / 170203 Kunststoff**
Transportweg: bis ..... km
Anlage (Bezeichnung/Ort): .....

16€	18€	**22€**	26€	27€	[m²]	⏱ 0,18h/m²	384.001.155

Kosten:
Stand 2. Quartal 2025
Bundesdurchschnitt

► min
▷ von
ø Mittel
◁ bis
◄ max

Nr.	**Kurztext** / Langtext						Kostengruppe
►	▷	**ø netto €**	◁	◄	[Einheit]	Ausf.-Dauer	Positionsnummer

54 Dachdeckung entfernen KG **394**

Dachbelag mit Ziegel- oder Betonsteindeckung, ohne Schadstoffbelastung, Zuordnung RC 1 (nach EBV), abbrechen. Leistung inkl. Transport und Entsorgungskosten. Die Entsorgung sämtlicher Abfälle hat unter Erfüllung der abfallrechtlichen Deklarations-, Nachweis- und Dokumentationspflicht zu erfolgen.
Dachdeckung: .....
Dachneigung: .....°
Material: .....
Deckungsart: .....
Abfallschlüssel nach AVV: **170101 Beton / 170102 Ziegel**
Transportweg: bis ..... km
Anlage (Bezeichnung/Ort): .....

10€ | 13€ | **15€** | 18€ | 21€ | [m²] | ⏱ 0,12 h/m² | 384.001.156

55 Faserzement-Wellplattendeckung entfernen KG **394**

Dachdeckung aus Faserzementwellplatten, nicht asbesthaltig, abbrechen. Leistung inkl. Transport und Entsorgungskosten. Die Entsorgung sämtlicher Abfälle hat unter Erfüllung der abfallrechtlichen Deklarations-, Nachweis- und Dokumentationspflicht zu erfolgen.
Plattenart: ....
Unterkonstruktion: .....
Dachneigung: .....°
Abfallschlüssel nach AVV: 170101 Beton
Transportweg: bis ..... km
Anlage (Bezeichnung/Ort): .....

9€ | 12€ | **13€** | 16€ | 24€ | [m²] | ⏱ 0,20 h/m² | 384.001.159

56 Formziegel entfernen, gemörtelt KG **394**

First- und Grateindeckung mit eingemörtelten Formziegeln, ohne Schadstoffbelastung, entfernen. Leistung inkl. Transport und Entsorgungskosten. Die Entsorgung sämtlicher Abfälle hat unter Erfüllung der abfallrechtlichen Deklarations-, Nachweis- und Dokumentationspflicht zu erfolgen.
Ziegelformat: .....
Material: .....
Abfallschlüssel nach AVV: 170102 Ziegel
Transportweg: bis ..... km
Anlage (Bezeichnung/Ort): .....

4€ | 7€ | **9€** | 11€ | 18€ | [m] | ⏱ 0,12 h/m | 384.001.160

57 Dachlattung entfernen KG **394**

Dachlattung, mit Holzschutzmitteln, Abfall schadstoffbelastet und gefährlich, entfernen. Leistung inkl. Transport und Entsorgungskosten. Die Entsorgung sämtlicher Abfälle hat unter Erfüllung der abfallrechtlichen Deklarations-, Nachweis- und Dokumentationspflicht zu erfolgen. Aufgrund der Holzschutzmittel ist Elektronisches Abfall-Nachweisverfahren (eANV) verpflichtend.
Lattenweite: 320-340 mm
Lattenquerschnitt: .....
Altholzkategorie: A IV, Schadstoff Holzschutzmittel
Abfallschlüssel nach AVV: 170204
Transportweg: bis ..... km
Anlage (Bezeichnung/Ort): .....

2€ | 3€ | **4€** | 5€ | 5€ | [m²] | ⏱ 0,06 h/m² | 384.001.161

Nr. **Kurztext** / Langtext — Kostengruppe

► ▷ **ø netto €** ◁ ◄ [Einheit] Ausf.-Dauer Positionsnummer

58 Bitumendachbahn entfernen, einlagig KG **394**

Einlagige Bitumendachbahn auf Holzschalung, ohne Schadstoffbelastung, entfernen. Leistung inkl. Transport und Entsorgungskosten. Die Entsorgung sämtlicher Abfälle hat unter Erfüllung der abfallrechtlichen Deklarations-, Nachweis- und Dokumentationspflicht zu erfolgen.
Bitumenbahn: .....
Abfallschlüssel nach AVV: 170302 Bitumengemische
Transportweg: bis ..... km
Anlage (Bezeichnung/Ort): .....

5€ 10€ **13€** 15€ 25€ [m²] ⏱ 0,20h/m² 384.001.162

59 Bitumendachbahn entfernen, zweilagig KG **394**

Zweilagige Bitumendachbahn auf Holzschalung, ohne Schadstoffbelastung, entfernen. Leistung inkl. Transport und Entsorgungskosten. Die Entsorgung sämtlicher Abfälle hat unter Erfüllung der abfallrechtlichen Deklarations-, Nachweis- und Dokumentationspflicht zu erfolgen.
Bitumenbahn: .....
Abfallschlüssel nach AVV: 170302 Bitumengemische
Transportweg: bis ..... km
Anlage (Bezeichnung/Ort): .....

6€ 14€ **17€** 20€ 27€ [m²] ⏱ 0,24h/m² 384.001.163

60 Dachschalung entfernen KG **394**

Dachschalung, mit Holzschutzmittel, Abfall schadstoffbelastet und gefährlich, entfernen. Leistung inkl. Transport und Entsorgungskosten. Die Entsorgung sämtlicher Abfälle hat unter Erfüllung der abfallrechtlichen Deklarations-, Nachweis- und Dokumentationspflicht zu erfolgen. Aufgrund der Holzschutzmittel ist Elektronisches Abfall-Nachweisverfahren (eANV) verpflichtend.
Schalung: .....
Altholzkategorie: A IV
Abfallschlüssel nach AVV: 170204
Transportweg: bis ..... km
Anlage (Bezeichnung/Ort): .....

11€ 17€ **21€** 25€ 35€ [m²] ⏱ 0,35h/m² 384.001.164

61 Ortgangbrett entfernen KG **394**

Ortgangbrett, mit Holzschutzmittel, Abfall schadstoffbelastet und gefährlich, entfernen. Leistung inkl. Transport und Entsorgungskosten. Die Entsorgung sämtlicher Abfälle hat unter Erfüllung der abfallrechtlichen Deklarations-, Nachweis- und Dokumentationspflicht zu erfolgen. Aufgrund der Holzschutzmittel ist Elektronisches Abfall-Nachweisverfahren (eANV) verpflichtend.
Abmessung: .....
Befestigung: .....
Altholzkategorie: A IV
Abfallschlüssel nach AVV: 170204
Transportweg: bis ..... km
Anlage (Bezeichnung/Ort): .....

5€ 9€ **12€** 14€ 17€ [m²] ⏱ 0,20h/m² 384.001.165

Kosten:
Stand 2. Quartal 2025
Bundesdurchschnitt

Nr.	Kurztext / Langtext						Kostengruppe
►	▷	ø netto €	◁	◄	[Einheit]	Ausf.-Dauer	Positionsnummer

62 Blechteile entfernen KG **394**

Blechteile an Dachdeckung, ohne Schadstoffbelastung, entfernen. Leistung inkl. Transport und Entsorgungskosten. Die Entsorgung sämtlicher Abfälle hat unter Erfüllung der abfallrechtlichen Deklarations-, Nachweis- und Dokumentationspflicht zu erfolgen.
Blechteil: .....
Material: .....
Zuschnitt: bis 600 mm
Abfallschlüssel nach AVV: 1704.....
Transportweg: bis ..... km
Anlage (Bezeichnung/Ort): .....

2€ 4€ **5€** 6€ 10€ [m] ⏱ 0,05h/m 384.001.166

63 Blitzableiter entfernen KG **394**

Blitzableiter inkl. Befestigungen, ohne Schadstoffbelastung, demontieren. Leistung inkl. Transport und Entsorgungskosten. Die Entsorgung sämtlicher Abfälle hat unter Erfüllung der abfallrechtlichen Deklarations-, Nachweis- und Dokumentationspflicht zu erfolgen.
Abfallschlüssel nach AVV: .....
Transportweg: bis ..... km
Anlage (Bezeichnung/Ort): .....

– 2€ **2€** 2€ – [m] ⏱ 0,01h/m 384.001.168

64 Entlüftungsrohr entfernen KG **394**

Ent- oder Belüftungsrohr in Dachdeckung, ohne Schadstoffbelastung, entfernen. Leistung inkl. Transport und Entsorgungskosten. Die Entsorgung sämtlicher Abfälle hat unter Erfüllung der abfallrechtlichen Deklarations-, Nachweis- und Dokumentationspflicht zu erfolgen.
Art der Deckung: .....
Material: .....
Abfallschlüssel nach AVV: .....
Transportweg: bis ..... km
Anlage (Bezeichnung/Ort): .....

2€ 10€ **12€** 15€ 30€ [St] ⏱ 0,25h/St 384.001.169

65 Laufrost entfernen KG **394**

Laufrost auf Dach einschl. Stützen, ohne Schadstoffbelastung, entfernen. Leistung inkl. Transport und Entsorgungskosten. Die Entsorgung sämtlicher Abfälle hat unter Erfüllung der abfallrechtlichen Deklarations-, Nachweis- und Dokumentationspflicht zu erfolgen.
Ausführung: .....
Größe (B x L): ..... x .....
Abfallschlüssel nach AVV: .....
Transportweg: bis ..... km
Anlage (Bezeichnung/Ort): .....

3€ 6€ **7€** 9€ 13€ [m] ⏱ 0,15h/m 384.001.170

► min
▷ von
ø Mittel
◁ bis
◄ max

Nr.	**Kurztext** / Langtext						Kostengruppe
►	▷	**ø netto €**	◁	◄	[Einheit]	Ausf.-Dauer	Positionsnummer

66 Dachfenster ausbauen KG **394**

Dachfenster einschl. Blechrahmen und Flügel, ohne Schadstoffbelastung, ausbauen. Leistung inkl. Transport und Entsorgungskosten. Die Entsorgung sämtlicher Abfälle hat unter Erfüllung der abfallrechtlichen Deklarations-, Nachweis- und Dokumentationspflicht zu erfolgen.
Größe (B x H):..... x .....
Material: .....
Abfallschlüssel nach AVV: .....
Transportweg: bis ..... km
Anlage (Bezeichnung/Ort): .....
Hinweis: Nach Gewerbeabfallverordnung ist das Glas der Fenster separat von den Rahmen zu sammeln und zu entsorgen => Glas darf nicht zusammen in den Bauschutt!

38€	74€	**93€**	111€	124€	[St]	⏱ 0,95h/St	384.001.171

67 Dachluke entfernen KG **394**

Dachluke als Dachausstiegsfenster, ohne Schadstoffbelastung, ausbauen. Leistung inkl. Transport und Entsorgungskosten. Die Entsorgung sämtlicher Abfälle hat unter Erfüllung der abfallrechtlichen Deklarations-, Nachweis- und Dokumentationspflicht zu erfolgen.
Größe (B x H): ..... x .....
Material: .....
Abfallschlüssel nach AVV: .....
Transportweg: bis ..... km
Anlage (Bezeichnung/Ort): .....
Hinweis: Nach Gewerbeabfallverordnung ist das Glas der Fenster separat von den Rahmen zu sammeln und zu entsorgen => Glas darf nicht zusammen in den Bauschutt!

19€	26€	**32€**	39€	54€	[St]	⏱ 0,50h/St	384.001.172

68 Unterspannbahn entfernen KG **394**

Unterspannbahn, ohne Schadstoffbelastung, entfernen. Leistung inkl. Transport und Entsorgungskosten. Die Entsorgung sämtlicher Abfälle hat unter Erfüllung der abfallrechtlichen Deklarations-, Nachweis- und Dokumentationspflicht zu erfolgen.
Dachneigung: ....
Abfallschlüssel nach AVV: 170203 Bau- und Abbruchabfall, Kunststoff
Transportweg: bis ..... km
Anlage (Bezeichnung/Ort): .....

2€	6€	**7€**	8€	8€	[m²]	⏱ 0,07h/m²	384.001.173

69 Dachrinne vorgehängt, entfernen KG **394**

Vorgehängte Dachrinne einschl. Rinnenhaken, ohne Schadstoffbelastung, demontieren. Leistung inkl. Transport und Entsorgungskosten. Die Entsorgung sämtlicher Abfälle hat unter Erfüllung der abfallrechtlichen Deklarations-, Nachweis- und Dokumentationspflicht zu erfolgen.
Material: .....
Abfallschlüssel nach AVV: .....
Transportweg: bis ..... km
Anlage (Bezeichnung/Ort): .....

2€	4€	**5€**	7€	9€	[m]	⏱ 0,07h/m	384.001.174

Nr.	Kurztext / Langtext						Kostengruppe
▶	▷	ø netto €	◁	◀	[Einheit]	Ausf.-Dauer	Positionsnummer

Kosten:
Stand 2. Quartal 2025
Bundesdurchschnitt

70 Kastenrinne entfernen — KG 394

Innenliegende Kastenrinne einschl. Rinnenhaken, ohne Schadstoffbelastung, demontieren. Leistung inkl. Transport und Entsorgungskosten. Die Entsorgung sämtlicher Abfälle hat unter Erfüllung der abfallrechtlichen Deklarations-, Nachweis- und Dokumentationspflicht zu erfolgen.
Material: .....
Abfallschlüssel nach AVV: .....
Transportweg: bis ..... km
Anlage (Bezeichnung/Ort): .....

4€ | 6€ | **7€** | 9€ | 12€ | [m] | ⏱ 0,07 h/m | 384.001.175

71 Schneefanggitter entfernen — KG 394

Schneefanggitter mit Befestigung, ohne Schadstoffbelastung, entfernen. Leistung inkl. Transport und Entsorgungskosten. Die Entsorgung sämtlicher Abfälle hat unter Erfüllung der abfallrechtlichen Deklarations-, Nachweis- und Dokumentationspflicht zu erfolgen.
Material: .....
Abfallschlüssel nach AVV: .....
Transportweg: bis ..... km
Anlage (Bezeichnung/Ort): .....

3€ | 5€ | **6€** | 7€ | 13€ | [m] | ⏱ 0,05 h/m | 384.001.177

72 Fallrohr entfernen — KG 394

Fallrohr der Dachentwässerung mit Befestigung und Verbindungen, ohne Schadstoffbelastung, zu den Dachrinnen entfernen. Leistung inkl. Transport und Entsorgungskosten. Die Entsorgung sämtlicher Abfälle hat unter Erfüllung der abfallrechtlichen Deklarations-, Nachweis- und Dokumentationspflicht zu erfolgen.
Material: .....
Nennweite: bis DN100
Abfallschlüssel nach AVV: .....
Transportweg: bis ..... km
Anlage (Bezeichnung/Ort): .....

2€ | 4€ | **5€** | 6€ | 9€ | [m] | ⏱ 0,06 h/m | 384.001.178

73 Standrohr entfernen — KG 394

Standrohr der Dachentwässerung, ohne Schadstoffbelastung, entfernen. Leistung inkl. Transport und Entsorgungskosten. Die Entsorgung sämtlicher Abfälle hat unter Erfüllung der abfallrechtlichen Deklarations-, Nachweis- und Dokumentationspflicht zu erfolgen.
Nennweite: bis DN100
Rohrlänge: .....
Material: .....
Abfallschlüssel nach AVV: .....
Transportweg: bis ..... km
Anlage (Bezeichnung/Ort): .....

5€ | 11€ | **14€** | 18€ | 32€ | [St] | ⏱ 0,12 h/St | 384.001.179

▶ min
▷ von
ø Mittel
◁ bis
◀ max

Nr. **Kurztext** / Langtext — Kostengruppe
▶ ▷ **ø netto €** ◁ ◀ [Einheit] Ausf.-Dauer Positionsnummer

74 Traufblech entfernen KG **394**

Traufblech, ohne Schadstoffbelastung, entfernen. Leistung inkl. Transport und Entsorgungskosten. Die Entsorgung sämtlicher Abfälle hat unter Erfüllung der abfallrechtlichen Deklarations-, Nachweis- und Dokumentationspflicht zu erfolgen.
Zuschnitt: bis 500 mm
Material: .....
Abfallschlüssel nach AVV: 1704....
Transportweg: bis ..... km
Anlage (Bezeichnung/Ort): .....

2€ 3€ **4€** 5€ 9€ [m] ⏱ 0,05h/m 384.001.180

75 Winkelkehle entfernen KG **394**

Winkelkehle aus Blech, ohne Schadstoffbelastung, entfernen. Leistung inkl. Transport und Entsorgungskosten. Die Entsorgung sämtlicher Abfälle hat unter Erfüllung der abfallrechtlichen Deklarations-, Nachweis- und Dokumentationspflicht zu erfolgen.
Zuschnitt: .....
Material: .....
Abfallschlüssel nach AVV: 1704....
Transportweg: bis ..... km
Anlage (Bezeichnung/Ort): .....

3€ 4€ **6€** 7€ 10€ [m] ⏱ 0,06h/m 384.001.181

76 Verwahrung entfernen KG **394**

Verwahrung aus Blech, ohne Schadstoffbelastung, entfernen. Leistung inkl. Transport und Entsorgungskosten. Die Entsorgung sämtlicher Abfälle hat unter Erfüllung der abfallrechtlichen Deklarations-, Nachweis- und Dokumentationspflicht zu erfolgen.
Abwicklung: .....
Material: .....
Abfallschlüssel nach AVV: 1704....
Transportweg: bis ..... km
Anlage (Bezeichnung/Ort): .....

4€ 6€ **7€** 9€ 14€ [m] ⏱ 0,08h/m 384.001.182

77 Ortgangverblechung entfernen KG **394**

Ortgangverblechung, einschl. Windleiste und Blechabdeckung, ohne Schadstoffbelastung, entfernen. Leistung inkl. Transport und Entsorgungskosten. Die Entsorgung sämtlicher Abfälle hat unter Erfüllung der abfallrechtlichen Deklarations-, Nachweis- und Dokumentationspflicht zu erfolgen.
Abwicklung: .....
Material: .....
Abfallschlüssel nach AVV: 1704....
Transportweg: bis ..... km
Anlage (Bezeichnung/Ort): .....

3€ 5€ **7€** 8€ 14€ [m] ⏱ 0,07h/m 384.001.183

Kosten:
Stand 2. Quartal 2025
Bundesdurchschnitt

Nr. **Kurztext** / Langtext — Kostengruppe
► ▷ **ø netto €** ◁ ◄ [Einheit] Ausf.-Dauer Positionsnummer

78 Wandanschlussprofile entfernen — KG **394**

Wandanschlussprofile einschl. Befestigungsmaterial, ohne Schadstoffbelastung, entfernen. Leistung inkl. Transport und Entsorgungskosten. Die Entsorgung sämtlicher Abfälle hat unter Erfüllung der abfallrechtlichen Deklarations-, Nachweis- und Dokumentationspflicht zu erfolgen.
Befestigung: .....
Material: .....
Abfallschlüssel nach AVV: .....
Transportweg: bis ..... km
Anlage (Bezeichnung/Ort): .....

6€ 10€ **13€** 16€ 21€ [m] ⏱ 0,20h/m 384.001.184

79 Fensterblech entfernen — KG **394**

Fensterblech inkl. Befestigungsmittel, ohne Schadstoffbelastung, entfernen. Leistung inkl. Transport und Entsorgungskosten. Die Entsorgung sämtlicher Abfälle hat unter Erfüllung der abfallrechtlichen Deklarations-, Nachweis- und Dokumentationspflicht zu erfolgen.
Breite: .....
Material: .....
Abfallschlüssel nach AVV: 1704....
Transportweg: bis ..... km
Anlage (Bezeichnung/Ort): .....

3€ 5€ **6€** 8€ 12€ [m] ⏱ 0,07h/m 384.001.185

80 Blechabdeckung entfernen — KG **394**

Blechabdeckung, ohne Schadstoffbelastung, entfernen. Leistung inkl. Transport und Entsorgungskosten. Die Entsorgung sämtlicher Abfälle hat unter Erfüllung der abfallrechtlichen Deklarations-, Nachweis- und Dokumentationspflicht zu erfolgen.
Zuschnitt: ca. 600 mm
Material: .....
Abfallschlüssel nach AVV: 1704....
Transportweg: bis ..... km
Anlage (Bezeichnung/Ort): .....

3€ 7€ **9€** 11€ 16€ [m] ⏱ 0,12h/m 384.001.186

81 Schornsteinverblechung entfernen — KG **394**

Schornsteinverblechung, ohne Schadstoffbelastung, entfernen. Leistung inkl. Transport und Entsorgungskosten. Die Entsorgung sämtlicher Abfälle hat unter Erfüllung der abfallrechtlichen Deklarations-, Nachweis- und Dokumentationspflicht zu erfolgen.
Schornsteingröße: .....
Abwicklung: .....
Material: .....
Abfallschlüssel nach AVV: 1704....
Transportweg: bis ..... km
Anlage (Bezeichnung/Ort): .....

14€ 22€ **27€** 34€ 49€ [m^2] ⏱ 0,35h/m^2 384.001.187

► min
▷ von
ø Mittel
◁ bis
◄ max

Nr.	Kurztext / Langtext						Kostengruppe
►	▷	**ø netto €**	◁	◄	[Einheit]	Ausf.-Dauer	Positionsnummer

82 Gaubenverblechung entfernen KG **394**

Gaubenverblechung einschl. Anschlüsse, ohne Schadstoffbelastung, entfernen. Leistung inkl. Transport und Entsorgungskosten. Die Entsorgung sämtlicher Abfälle hat unter Erfüllung der abfallrechtlichen Deklarations-, Nachweis- und Dokumentationspflicht zu erfolgen.
Material: .....
Abfallschlüssel nach AVV: 1704....
Transportweg: bis ..... km
Anlage (Bezeichnung/Ort): .....

7€ | 13€ | **17€** | 20€ | 32€ | [m²] | ⏱ 0,23 h/m² | 384.001.188

83 Blech-Dachdeckung entfernen KG **394**

Dacheindeckung aus Metallblech auf Holzschalung, ohne Schadstoffbelastung, entfernen. Leistung inkl. Transport und Entsorgungskosten. Die Entsorgung sämtlicher Abfälle hat unter Erfüllung der abfallrechtlichen Deklarations-, Nachweis- und Dokumentationspflicht zu erfolgen.
Deckungsart: .....
Material: .....
Abfallschlüssel nach AVV: 1704....
Transportweg: bis ..... km
Anlage (Bezeichnung/Ort): .....

11€ | 18€ | **23€** | 28€ | 40€ | [m²] | ⏱ 0,25 h/m² | 384.001.189

84 Blechbekleidung entfernen KG **394**

Blechbekleidung an Außenwänden, ohne Schadstoffbelastung, entfernen. Leistung inkl. Transport und Entsorgungskosten. Die Entsorgung sämtlicher Abfälle hat unter Erfüllung der abfallrechtlichen Deklarations-, Nachweis- und Dokumentationspflicht zu erfolgen.
Bekleidungsart: .....
Material: .....
Abfallschlüssel nach AVV: 1704....
Transportweg: bis ..... km
Anlage (Bezeichnung/Ort): .....

15€ | 20€ | **25€** | 31€ | 45€ | [m²] | ⏱ 0,30 h/m² | 384.001.190

85 Außenputz abschlagen, Mauerwerk KG **394**

Außenputz, zweilagig, auf Ziegelmauerwerk, ohne Schadstoffbelastung, abschlagen. Leistung inkl. Transport und Entsorgungskosten. Die Entsorgung sämtlicher Abfälle hat unter Erfüllung der abfallrechtlichen Deklarations-, Nachweis- und Dokumentationspflicht zu erfolgen.
Putzdicke: bis 30 mm
Haftung: .....
Abfallschlüssel nach AVV: 170904 gemischte Bau- und Abbruchabfälle
Transportweg: bis ..... km
Anlage (Bezeichnung/Ort): .....

10€ | 16€ | **18€** | 22€ | 31€ | [m²] | ⏱ 0,25 h/m² | 384.001.191

Kosten:
Stand 2. Quartal 2025
Bundesdurchschnitt

Nr. **Kurztext** / Langtext — Kostengruppe

► ▷ **ø netto €** ◁ ◄ [Einheit] Ausf. Dauer Positionsnummer

86 Sockelputz abschlagen KG **394**

Sockelputz, ohne Schadstoffbelastung, abschlagen. Leistung inkl. Transport und Entsorgungskosten. Die Entsorgung sämtlicher Abfälle hat unter Erfüllung der abfallrechtlichen Deklarations-, Nachweis- und Dokumentationspflicht zu erfolgen.
Putzdicke: bis 30 mm
Haftung: .....
Abfallschlüssel nach AVV: 170904 gemischte Bau- und Abbruchabfälle
Transportweg: bis ..... km
Anlage (Bezeichnung/Ort): .....

►	▷	ø netto €	◁	◄	[Einheit]	Ausf. Dauer	Positionsnummer
10€	14€	**16€**	18€	26€	[m²]	⏱ 0,23 h/m²	384.001.193

87 Deckenputz abschlagen KG **394**

Deckenputz, nicht gefährlich, ohne Schadstoffbelastung, abschlagen. Leistung inkl. Transport und Entsorgungskosten. Die Entsorgung sämtlicher Abfälle hat unter Erfüllung der abfallrechtlichen Deklarations-, Nachweis- und Dokumentationspflicht zu erfolgen.
Putzdicke: bis 30 mm
Untergrund: .....
Haftung: .....
Ausführung: in allen Geschossen
Geschosshöhe: bis 3,00 m
Abfallschlüssel nach AVV: 170904 gemischte Bau- und Abbruchabfälle
Transportweg: bis ..... km
Anlage (Bezeichnung/Ort): .....

►	▷	ø netto €	◁	◄	[Einheit]	Ausf. Dauer	Positionsnummer
13€	20€	**23€**	27€	33€	[m²]	⏱ 0,25 h/m²	384.001.194

88 Bodenfliesen entfernen, Mörtelbett KG **394**

Bodenfliesen in Mörtelbett, nicht gefährlich, ohne Schadstoffbelastung, abbrechen. Zuordnung gem. Ersatzbaustoffverordnung 2023, gemischter Bauschutt Klasse RC-1 nach EBV 2023. Leistung inkl. Transport und Entsorgungskosten. Die Entsorgung sämtlicher Abfälle hat unter Erfüllung der abfallrechtlichen Deklarations-, Nachweis- und Dokumentationspflicht zu erfolgen.
Fliesengröße: .....
Mörtelbett: .....
Dicke: bis 5 cm
Ausführung: in allen Geschossen
Abfallschlüssel nach AVV: 170107 Gemische aus Beton, Ziegel, Fliesen und Keramik
Transportweg: bis ..... km
Anlage (Bezeichnung/Ort): ......

►	▷	ø netto €	◁	◄	[Einheit]	Ausf. Dauer	Positionsnummer
13€	19€	**23€**	28€	38€	[m²]	⏱ 0,20 h/m²	384.001.200

89 Wandfliesen entfernen, Dickbett KG **394**

Wandfliesen im Dickbett, ohne Schadstoffbelastung, abbrechen. Zuordnung gem. Ersatzbaustoffverordnung 2023, gemischter Bauschutt Klasse RC-1 nach EBV 2023. Leistung inkl. Transport und Entsorgungskosten. Die Entsorgung sämtlicher Abfälle hat unter Erfüllung der abfallrechtlichen Deklarations-, Nachweis- und Dokumentationspflicht zu erfolgen.
Fliesengröße: .....
Dicke: bis 4 cm
Ausführung: in allen Geschossen
Abfallschlüssel nach AVV: 170107 Gemische aus Beton, Ziegel, Fliesen und Keramik
Transportweg: bis ..... km
Anlage (Bezeichnung/Ort): .....

►	▷	ø netto €	◁	◄	[Einheit]	Ausf. Dauer	Positionsnummer
10€	17€	**21€**	26€	33€	[m²]	⏱ 0,22 h/m²	384.001.204

► min
▷ von
ø Mittel
◁ bis
◄ max

Nr. **Kurztext** / Langtext — Kostengruppe

► ▷ **ø netto €** ◁ ◄ [Einheit] Ausf.-Dauer Positionsnummer

A 1 Verbundestrich abbrechen — Beschreibung für Pos. **90-91**

Verbundestrich als Zementestrich, ohne Schadstoffbelastung, abbrechen. Zuordnung gem. Ersatzbaustoffverordnung 2023, gemischter Bauschutt Klasse RC-1 nach EBV 2023. Leistung inkl. Transport und Entsorgungskosten. Die Entsorgung sämtlicher Abfälle hat unter Erfüllung der abfallrechtlichen Deklarations-, Nachweis- und Dokumentationspflicht zu erfolgen.
Ausführung: in allen Geschossen
Abfallschlüssel nach AVV: 170101 Beton
Transportweg: bis ..... km
Anlage (Bezeichnung/Ort): .....

90 Verbundestrich abbrechen, bis 50mm — KG **394**

Wie Ausführungsbeschreibung A 1
Estrichdicke: bis 50 mm

►	▷	ø netto €	◁	◄	[Einheit]	Ausf.-Dauer	Positionsnummer
14€	19€	**24€**	30€	37€	[m²]	⏱ 0,25h/m²	384.001.206

91 Verbundestrich abbrechen, bis 70mm — KG **394**

Wie Ausführungsbeschreibung A 1
Estrichdicke: bis 70 mm

►	▷	ø netto €	◁	◄	[Einheit]	Ausf.-Dauer	Positionsnummer
20€	26€	**33€**	41€	51€	[m²]	⏱ 0,40h/m²	384.001.207

92 Estrich, schwimmend, abbrechen — KG **394**

Zementestrich, schwimmend, ohne Schadstoffbelastung, abbrechen. Zuordnung gem. Ersatzbaustoffverordnung 2023, gemischter Bauschutt Klasse RC-1 nach EBV 2023. Leistung inkl. Transport und Entsorgungskosten. Die Entsorgung sämtlicher Abfälle hat unter Erfüllung der abfallrechtlichen Deklarations-, Nachweis- und Dokumentationspflicht zu erfolgen.
Ausführung: in allen Geschossen
Abfallschlüssel nach AVV: 170101 Beton
Transportweg: bis ..... km
Anlage (Bezeichnung/Ort): .....

►	▷	ø netto €	◁	◄	[Einheit]	Ausf.-Dauer	Positionsnummer
16€	24€	**30€**	36€	45€	[m²]	⏱ 0,35h/m²	384.001.209

93 Kellerfenster ausbauen, Holz, 0,5m² — KG **394**

Kellerfenster mit Flügel und Rahmen aus Holz, ohne Schadstoffbelastung, ausbauen. Leistung inkl. Transport und Entsorgungskosten. Die Entsorgung sämtlicher Abfälle hat unter Erfüllung der abfallrechtlichen Deklarations-, Nachweis- und Dokumentationspflicht zu erfolgen.
Größe: bis 0,5 m²
Material: Holz, deckend beschichtet ..... , Isolierverglasung
Altholzkategorie: A II
Abfallschlüssel nach AVV: 170904 Mischabfall
Transportweg: bis ..... km
Anlage (Bezeichnung/Ort): .....
Hinweis: Nach Gewerbeabfallverordnung ist das Glas der Fenster separat von den Rahmen zu sammeln und zu entsorgen => Glas darf nicht zusammen in den Bauschutt!

►	▷	ø netto €	◁	◄	[Einheit]	Ausf.-Dauer	Positionsnummer
17€	25€	**31€**	37€	74€	[St]	⏱ 0,37h/St	384.001.214

Kosten:
Stand 2. Quartal 2025
Bundesdurchschnitt

Nr. **Kurztext** / Langtext — Kostengruppe
► ▷ **ø netto €** ◁ ◄ [Einheit] Ausf.-Dauer Positionsnummer

94 **Fenster ausbauen, Holz, bis 1,5m²** KG **394**

Fenster mit Flügel und Fensterrahmen aus Holz, ohne Schadstoffbelastung, ausbauen. Leistung inkl. Transport und Entsorgungskosten. Die Entsorgung sämtlicher Abfälle hat unter Erfüllung der abfallrechtlichen Deklarations-, Nachweis- und Dokumentationspflicht zu erfolgen.
Größe: bis 1,5 m²
Material: Holz, deckend beschichtet ..... , Isolierverglasung
Altholzkategorie: A II
Abfallschlüssel nach AVV: 170904 Mischabfall
Transportweg: bis ..... km
Anlage (Bezeichnung/Ort): .....
Hinweis: Nach Gewerbeabfallverordnung ist das Glas der Fenster separat von den Rahmen zu sammeln und zu entsorgen => Glas darf nicht zusammen in den Bauschutt!

30€ 55€ **69€** 82€ 128€ [St] ⏱ 0,70h/St 384.001.215

95 **Fenster ausbauen, Holz, bis 2,5m²** KG **394**

Fenster mit Flügel und Fensterrahmen aus Holz, ohne Schadstoffbelastung, ausbauen. Leistung inkl. Transport und Entsorgungskosten. Die Entsorgung sämtlicher Abfälle hat unter Erfüllung der abfallrechtlichen Deklarations-, Nachweis- und Dokumentationspflicht zu erfolgen.
Größe: bis 2,5 m²
Material: Holz, deckend beschichtet ..... , Isolierverglasung
Altholzkategorie: A II
Abfallschlüssel nach AVV: 170904 Mischabfall
Transportweg: bis ..... km
Anlage (Bezeichnung/Ort): .....
Hinweis: Nach Gewerbeabfallverordnung ist das Glas der Fenster separat von den Rahmen zu sammeln und zu entsorgen => Glas darf nicht zusammen in den Bauschutt!

33€ 69€ **87€** 104€ 172€ [St] ⏱ 0,80h/St 384.001.216

96 **Fenstertür ausbauen, Holz, bis 3,5m²** KG **394**

Fenstertür mit Flügel und Rahmen aus Holz, ohne Schadstoffbelastung, ausbauen. Leistung inkl. Transport und Entsorgungskosten. Die Entsorgung sämtlicher Abfälle hat unter Erfüllung der abfallrechtlichen Deklarations-, Nachweis- und Dokumentationspflicht zu erfolgen.
Größe: bis 3,5 m²
Material: Holz, deckend beschichtet ..... , Isolierverglasung
Altholzkategorie: A II
Abfallschlüssel nach AVV: 170904 Mischabfall
Transportweg: bis ..... km
Anlage (Bezeichnung/Ort): .....
Hinweis: Nach Gewerbeabfallverordnung ist das Glas der Fenster separat von den Rahmen zu sammeln und zu entsorgen => Glas darf nicht zusammen in den Bauschutt!

40€ 88€ **110€** 132€ 207€ [St] ⏱ 1,00h/St 384.001.217

► min
▷ von
ø Mittel
◁ bis
◄ max

Nr. **Kurztext** / Langtext — Kostengruppe

► ▷ **ø netto €** ◁ ◄ [Einheit] Ausf.-Dauer Positionsnummer

97 **Fenster ausbauen, Kunststoff, bis 1,5m²** KG **394**

Fenster aus Kunststoff, mit Flügel und Fensterstock, mit innerer sowie äußerer Fensterbank, ohne Schadstoffbelastung, ausbauen. Leistung inkl. Transport und Entsorgungskosten. Die Entsorgung sämtlicher Abfälle hat unter Erfüllung der abfallrechtlichen Deklarations-, Nachweis- und Dokumentationspflicht zu erfolgen.
Größe: bis 1,5 m²
Material: Kunststoff ..... , Isolierverglasung
Abfallschlüssel nach AVV: 170203 Kunststofffenster
Transportweg: bis ..... km
Anlage (Bezeichnung/Ort): .....
Hinweis: Nach Gewerbeabfallverordnung ist das Glas der Fenster separat von den Rahmen zu sammeln und zu entsorgen => Glas darf nicht zusammen in den Bauschutt!

27€ 43€ **54€** 65€ 84€ [St] ⏱ 0,80h/St 384.001.218

98 **Fenster ausbauen, Kunststoff, bis 2,5m²** KG **394**

Fenster aus Kunststoff, mit Flügel und Fensterstock, mit innerer sowie äußerer Fensterbank, ohne Schadstoffbelastung,ausbauen. Leistung inkl. Transport und Entsorgungskosten. Die Entsorgung sämtlicher Abfälle hat unter Erfüllung der abfallrechtlichen Deklarations-, Nachweis- und Dokumentationspflicht zu erfolgen.
Größe: bis 2,5 m²
Material: Kunststoff ..... , Isolierverglasung
Abfallschlüssel nach AVV: 170203 Kunststofffenster
Transportweg: bis ..... km
Anlage (Bezeichnung/Ort): .....
Hinweis: Nach Gewerbeabfallverordnung ist das Glas der Fenster separat von den Rahmen zu sammeln und zu entsorgen => Glas darf nicht zusammen in den Bauschutt!

33€ 60€ **75€** 90€ 105€ [St] ⏱ 0,95h/St 384.001.219

99 **Fenstertür ausbauen, Kunststoff, bis 3,5m²** KG **394**

Fenstertür aus Kunststoff, mit Flügel einschl. Fensterstock, ohne Schadstoffbelastung, ausbauen. Leistung inkl. Transport und Entsorgungskosten. Die Entsorgung sämtlicher Abfälle hat unter Erfüllung der abfallrechtlichen Deklarations-, Nachweis- und Dokumentationspflicht zu erfolgen.
Größe: bis 3,5 m²
Material: Kunststoff ..... , Isolierverglasung
Abfallschlüssel nach AVV: 170203 Kunststofffenstertüre
Transportweg: bis ..... km
Anlage (Bezeichnung/Ort): .....
Hinweis: Nach Gewerbeabfallverordnung ist das Glas der Fenster separat von den Rahmen zu sammeln und zu entsorgen => Glas darf nicht zusammen in den Bauschutt!

60€ 98€ **122€** 147€ 207€ [St] ⏱ 1,05h/St 384.001.220

Kosten:
Stand 2. Quartal 2025
Bundesdurchschnitt

Nr.	**Kurztext** / Langtext						Kostengruppe
►	▷	**ø netto €**	◁	◄	[Einheit]	Ausf.-Dauer	Positionsnummer

100 **Hauseingangstür ausbauen, bis 4,0m²** KG **394**

Hauseingangstür mit Rahmen, Türblatt einschl. Türstock, ohne Schadstoffbelastung, ausbauen. Leistung inkl. Transport und Entsorgungskosten. Die Entsorgung sämtlicher Abfälle hat unter Erfüllung der abfallrechtlichen Deklarations-, Nachweis- und Dokumentationspflicht zu erfolgen.
Größe: bis 4 m²
Material: .....
Transportweg: bis ..... km
Anlage (Bezeichnung/Ort): .....

74€ | 135€ | **168€** | 202€ | 221€ | [St] | ⏱ 1,30h/St | 384.001.221

101 **Kelleraußentür ausbauen, bis 2,5m²** KG **394**

Kelleraußentür mit Türblatt einschl. Blendrahmen, ohne Schadstoffbelastung, ausbauen. Leistung inkl. Transport und Entsorgungskosten. Die Entsorgung sämtlicher Abfälle hat unter Erfüllung der abfallrechtlichen Deklarations-, Nachweis- und Dokumentationspflicht zu erfolgen.
Größe: bis 2,5 m²
Material: .....
Transportweg: bis ..... km
Anlage (Bezeichnung/Ort): .....

– | 55€ | **69€** | 82€ | – | [St] | ⏱ 0,45h/St | 384.001.222

102 **Innentür, Holz, einflüglig, entfernen** KG **394**

Innentür mit Türfutter, ohne Schadstoffbelastung, ausbauen. Leistung inkl. Transport und Entsorgungskosten. Die Entsorgung sämtlicher Abfälle hat unter Erfüllung der abfallrechtlichen Deklarations-, Nachweis- und Dokumentationspflicht zu erfolgen.
Material: Holz, **Vollholz / Röhrenspann**
Abfallschlüssel nach AVV: 170201
Altholzkategorie: A II
Wanddicke: .....
Größe: bis 2,00 m²

32€ | 47€ | **59€** | 70€ | 83€ | [St] | ⏱ 0,60h/St | 384.001.223

103 **Wandbekleidung, Holz, entfernen** KG **394**

Wandbekleidung aus Holzwerkstoff, ohne Schadstoffbelastung, entfernen. Leistung inkl. Transport und Entsorgungskosten. Die Entsorgung sämtlicher Abfälle hat unter Erfüllung der abfallrechtlichen Deklarations-, Nachweis- und Dokumentationspflicht zu erfolgen.
Material: .....
Abfallschlüssel nach AVV: 170201
Altholzkategorie: A II
Transportweg: bis ..... km
Anlage (Bezeichnung/Ort): .....

12€ | 15€ | **17€** | 21€ | 39€ | [m²] | ⏱ 0,55h/m² | 384.001.224

► min
▷ von
ø Mittel
◁ bis
◄ max

Nr. **Kurztext** / Langtext — Kostengruppe

▶ ▷ **ø netto €** ◁ ◀ [Einheit] Ausf.-Dauer Positionsnummer

104 Deckenbekleidung, Holz, entfernen KG **394**

Deckenbekleidung aus unbehandelten Holzbrettern, einschl. Sparschalung, ohne Schadstoffbelastung, entfernen. Leistung inkl. Transport und Entsorgungskosten. Die Entsorgung sämtlicher Abfälle hat unter Erfüllung der abfallrechtlichen Deklarations-, Nachweis- und Dokumentationspflicht zu erfolgen.
Abfallschlüssel nach AVV: 170201
Altholzkategorie: A I
Transportweg: bis ..... km
Anlage (Bezeichnung/Ort): .....

17€ 19€ **23€** 30€ 68€ [m²] ⏱ 0,45h/m² 384.001.225

105 Fensterbank ausbauen, Holz, bis 1,5m KG **394**

Fensterbank aus Holz im Innenbereich, ohne Schadstoffbelastung, ausbauen. Leistung inkl. Transport und Entsorgungskosten. Die Entsorgung sämtlicher Abfälle hat unter Erfüllung der abfallrechtlichen Deklarations-, Nachweis- und Dokumentationspflicht zu erfolgen.
Länge: bis 1,5 m
Breite: bis 25 cm
Dicke: bis 4 cm
Altholzkategorie: A II
Transportweg: bis ..... km
Anlage (Bezeichnung/Ort): .....

11€ 18€ **22€** 27€ 39€ [St] ⏱ 0,30h/St 384.001.226

106 Fensterbank ausbauen, Holz, bis 2,5m KG **394**

Fensterbank aus Holz im Innenbereich, ohne Schadstoffbelastung, ausbauen. Leistung inkl. Transport und Entsorgungskosten. Die Entsorgung sämtlicher Abfälle hat unter Erfüllung der abfallrechtlichen Deklarations-, Nachweis- und Dokumentationspflicht zu erfolgen.
Länge: bis 2,5 m
Breite: bis 25 cm
Dicke: bis 4 cm
Altholzkategorie: A II
Transportweg: bis ..... km
Anlage (Bezeichnung/Ort): .....

20€ 29€ **36€** 43€ 58€ [St] ⏱ 0,35h/St 384.001.227

107 Laibungsbekleidung, Holz, entfernen KG **394**

Holzbekleidung an Fensterlaibung, einschl. der Befestigungshölzer, ohne Schadstoffbelastung, entfernen. Leistung inkl. Transport und Entsorgungskosten. Die Entsorgung sämtlicher Abfälle hat unter Erfüllung der abfallrechtlichen Deklarations-, Nachweis- und Dokumentationspflicht zu erfolgen.
Lage: innen
Altholzkategorie: A I
Transportweg: bis ..... km
Anlage (Bezeichnung/Ort): .....

– 14€ **18€** 22€ – [m] ⏱ 0,12h/m 384.001.228

Nr.	Kurztext / Langtext						Kostengruppe
▶	▷	**ø netto €**	◁	◀	[Einheit]	Ausf.-Dauer	Positionsnummer

108 Montagewand abbrechen, GK KG **394**

Montagewand aus Metallständerprofilen, beidseitig mit Gipskartonplatten beplankt, ohne Schadstoffbelastung, abbrechen. Leistung inkl. Transport und Entsorgungskosten, getrennt nach Material. Die Entsorgung sämtlicher Abfälle hat unter Erfüllung der abfallrechtlichen Deklarations-, Nachweis- und Dokumentationspflicht zu erfolgen.
Wandaufbau: .....
Beplankung: .....
Abfallschlüssel nach AVV: 170802 Baustoffe auf Gipsbasis und 1704....
Transportweg: bis ..... km
Anlage (Bezeichnung/Ort): .....

15€ 21€ **27€** 33€ 43€ [m²] ⏱ 0,28h/m² 384.001.229

109 Deckenbekleidung abbrechen, GK KG **394**

Plattenbekleidung aus Gipskarton an Decken mit Unterkonstruktion aus Holz, ohne Schadstoffbelastung, abbrechen. Leistung inkl. Transport und Entsorgungskosten, getrennt nach Material. Die Entsorgung sämtlicher Abfälle hat unter Erfüllung der abfallrechtlichen Deklarations-, Nachweis- und Dokumentationspflicht zu erfolgen.
Bekleidung: 12,5 mm, einlagig
Abfallschlüssel nach AVV: 170802 Baustoffe auf Gipsbasis und 170201 Holz
Transportweg: bis ..... km
Anlage (Bezeichnung/Ort): .....

13€ 21€ **26€** 31€ 36€ [m²] ⏱ 0,27h/m² 384.001.230

110 Unterdecke abbrechen, GK KG **394**

Abgehängte Unterdecke aus Gipskartonplatten, auf Metallprofilen, ohne Schadstoffbelastung, abbrechen. Leistung inkl. Transport und Entsorgungskosten, getrennt nach Material. Die Entsorgung sämtlicher Abfälle hat unter Erfüllung der abfallrechtlichen Deklarations-, Nachweis- und Dokumentationspflicht zu erfolgen.
Deckenaufbau: .....
Abfallschlüssel nach AVV: 170802 Baustoffe auf Gipsbasis und 1704....
Transportweg: bis ..... km
Anlage (Bezeichnung/Ort): .....

11€ 17€ **21€** 25€ 32€ [m²] ⏱ 0,25h/m² 384.001.231

111 Verkofferung abbrechen, GK KG **394**

Verkofferung von Rohrleitungen mit Unterkonstruktion aus Metall, ohne Schadstoffbelastung, abbrechen. Leistung inkl. Transport und Entsorgungskosten, getrennt nach Material. Die Entsorgung sämtlicher Abfälle hat unter Erfüllung der abfallrechtlichen Deklarations-, Nachweis- und Dokumentationspflicht zu erfolgen.
Beplankung: .....
Untergrund: .....
Abmessungen: .....
Abfallschlüssel nach AVV: 170802 Baustoffe auf Gipsbasis und 170201 Holz
Transportweg: bis ..... km
Anlage (Bezeichnung/Ort): .....

15€ 22€ **29€** 35€ 40€ [m²] ⏱ 0,32h/m² 384.001.232

Kosten:
Stand 2. Quartal 2025
Bundesdurchschnitt

▶ min
▷ von
ø Mittel
◁ bis
◀ max

Nr. **Kurztext** / Langtext — Kostengruppe

▶ ▷ **ø netto €** ◁ ◀ [Einheit] Ausf.-Dauer Positionsnummer

112 **Stundensatz, Facharbeiter/-in**

Stundenlohnarbeiten für Vorarbeiter/-in, Gesellin/Geselle, Facharbeiter/-in und Gleichgestellte, sowie ähnliche Fachkräfte. Der Verrechnungssatz für die jeweilige Arbeitskraft umfasst sämtliche Aufwendungen wie Lohn- und Gehaltskosten, lohn- und gehaltsgebundene Kosten, Lohn- und Gehaltsnebenkosten, Gemeinkosten, Wagnis und Gewinn. Leistung nach besonderer Anordnung der Bauüberwachung. Anmeldung und Nachweis gem. VOB/B.

52€ 66€ **72€** 77€ 92€ [h] ⏱ 1,00h/h 384.001.236

113 **Stundensatz, Helfer/-in**

Stundenlohnarbeiten für Arbeitnehmer ohne Facharbeiterqualifikation (Helfer, Hilfsarbeiter/-innen, Ungelernte, Angelernte). Der Verrechnungssatz für die jeweilige Arbeitskraft umfasst sämtliche Aufwendungen wie Lohn- und Gehaltskosten, lohn- und gehaltsgebundene Kosten, Lohn- und Gehaltsnebenkosten, Gemeinkosten, Wagnis und Gewinn. Leistung nach besonderer Anordnung der Bauüberwachung. Anmeldung und Nachweis gem. VOB/B.

46€ 57€ **63€** 69€ 84€ [h] ⏱ 1,00h/h 384.001.237

Kosten:
Stand 2. Quartal 2025
Bundesdurchschnitt

► min
▷ von
ø Mittel
◁ bis
◄ max

Nachträgliche Querschnittsabdichtung, Mauerwerk — Preise €

Nr.	Positionen	Einheit	►	▷	ø brutto € / ø netto €	◁	◄
1	Außenputz abschlagen, lose haftend	m²	19	23	**25**	30	33
			16	19	**21**	25	27
2	Außenputz abschlagen, fest haftend	m²	26	30	**37**	44	48
			22	25	**31**	37	40
3	Beschichtungen entfernen, lose haftend	m²	16	17	**17**	21	22
			13	14	**15**	17	19
4	Beschichtungen entfernen, fest haftend	m²	20	21	**22**	26	28
			17	18	**19**	22	24
5	Wandflächen reinigen, absaugen	m²	1	2	**2**	2	2
			1	1	**2**	2	2
6	Trockenstrahlen, Flächenreinigung	m²	20	21	**22**	26	28
			17	17	**18**	22	24
7	Trockenstrahlen, Flächen beschichtet	m²	31	33	**36**	43	46
			26	28	**30**	36	39
8	Feuchtnebel-Strahlen, Flächenreinigung	m²	20	25	**28**	33	36
			17	21	**23**	28	30
9	Flächenreinigung, Schlagbohrhammer	m²	24	26	**28**	34	37
			20	22	**24**	29	31
10	Untergrund aufrauen, Druckluftnadelhammer	m²	13	14	**15**	18	20
			11	12	**13**	15	17
11	Horizontalsperre, Stahlbleche, bis 13cm	m	115	123	**130**	139	149
			97	103	**109**	117	125
12	Horizontalsperre, Stahlbleche, bis 25cm	m	155	166	**174**	187	201
			130	139	**147**	157	169
13	Horizontalsperre, Stahlbleche, bis 38cm	m	203	217	**229**	245	263
			171	182	**192**	205	221
14	Horizontalsperre, Stahlbleche, bis 50cm	m	263	277	**292**	315	339
			221	233	**245**	265	285
15	Horizontalsperre, Stahlbleche, bis 70cm	m	347	370	**390**	417	448
			291	311	**327**	350	377
16	Horizontalsperre, Stahlbleche, bis 100cm	m	478	510	**537**	574	617
			401	429	**451**	483	519
17	Horizontalsperre, Sägen, weich, bis 13cm	m	112	120	**126**	135	145
			94	101	**106**	114	122
18	Horizontalsperre, Sägen, weich, bis 25cm	m	135	144	**152**	162	175
			114	121	**128**	137	147
19	Horizontalsperre, Sägen, weich, bis 38cm	m	148	158	**167**	178	192
			125	133	**140**	150	161
20	Horizontalsperre, Sägen, weich, bis 50cm	m	185	197	**208**	222	239
			155	166	**175**	187	201
21	Horizontalsperre, Sägen, weich, bis 70cm	m	238	249	**268**	287	305
			200	209	**225**	241	257
22	Horizontalsperre, Sägen, weich, bis 100cm	m	350	373	**393**	420	452
			294	314	**330**	353	380
23	Horizontalsperre, Sägen, mittel, bis 13cm	m	138	147	**155**	166	178
			116	123	**130**	139	149
24	Horizontalsperre, Sägen, mittel, bis 25cm	m	171	182	**192**	205	220
			143	153	**161**	172	185

Nachträgliche Querschnittsabdichtung, Mauerwerk

Preise €

Nr.	Positionen	Einheit	►	▷	**ø brutto €** ø netto €	◁	◄
25	Horizontalsperre, Sägen, mittel, bis 38cm	m	183	196	**206**	220	237
			154	164	**173**	185	199
26	Horizontalsperre, Sägen, mittel, bis 50cm	m	254	268	**286**	306	328
			214	226	**240**	257	276
27	Horizontalsperre, Sägen, mittel, bis 70cm	m	319	341	**359**	384	413
			268	286	**302**	323	347
28	Horizontalsperre, Sägen, mittel, bis 100cm	m	440	470	**494**	529	569
			370	395	**416**	445	478
29	Horizontalsperre, Sägen, hart, bis 13cm	m	175	186	**196**	210	226
			147	157	**165**	176	190
30	Horizontalsperre, Sägen, hart, bis 25cm	m	205	219	**230**	246	265
			172	184	**193**	207	222
31	Horizontalsperre, Sägen, hart, bis 38cm	m	282	301	**317**	339	365
			237	253	**266**	285	306
32	Horizontalsperre, Sägen, hart, bis 50cm	m	419	447	**471**	504	542
			352	376	**396**	423	455
33	Horizontalsperre, Sägen, hart, bis 70cm	m	557	588	**626**	670	720
			468	494	**526**	563	605
34	Horizontalsperre, Sägen, hart, bis 100cm	m	579	618	**651**	696	742
			487	519	**547**	585	623
35	Horizontalsperre, Injektion, bis 25cm	m	127	143	**158**	169	182
			106	120	**133**	142	153
36	Horizontalsperre, Injektion, bis 38cm	m	160	180	**199**	213	229
			134	151	**168**	179	193
37	Horizontalsperre, Injektion, bis 50cm	m	197	222	**247**	264	284
			166	187	**207**	222	238
38	Horizontalsperre, Injektion, bis 70cm	m	240	270	**300**	321	345
			202	227	**252**	270	290
39	Horizontalsperre, Injektion, bis 100cm	m	327	368	**409**	438	471
			275	310	**344**	368	396
40	Horizontalsperre, Tränkung, bis 13cm	m	129	135	**150**	161	173
			109	114	**126**	135	145
41	Horizontalsperre, Tränkung, bis 25cm	m	161	174	**191**	205	220
			135	146	**161**	172	185
42	Horizontalsperre, Tränkung, bis 38cm	m	176	198	**220**	235	253
			148	166	**185**	198	212
43	Horizontalsperre, Tränkung, bis 50cm	m	225	235	**261**	279	300
			189	198	**219**	235	252
44	Horizontalsperre, Tränkung, bis 70cm	m	282	302	**336**	360	386
			237	254	**282**	302	325
45	Horizontalsperre, Tränkung, bis 100cm	m	373	400	**444**	475	511
			314	336	**373**	399	429
46	Vertikalsperre, Querwand, Injektion	m	120	141	**160**	184	200
			101	118	**134**	155	168
47	Vertikalsperre, Querwand, Tränkung	m	112	132	**150**	172	187
			95	111	**126**	145	158
48	Mauerwerksaustausch, Querwand	m	159	170	**183**	195	210
			133	143	**153**	164	176

Kosten:
Stand 2. Quartal 2025
Bundesdurchschnitt

Nachträgliche Querschnittsabdichtung, Mauerwerk — Preise €

Nr.	Positionen	Einheit	►	▷	ø brutto € / ø netto €	◁	◄
49	Innenputz abschlagen, Mauerwerk	m^2	18	21	**22**	26	28
			16	17	**18**	22	24
50	Bodenflächen abdecken, Folie	m^2	4	4	**5**	6	6
			3	4	**4**	5	5
51	Bodenflächen abdecken, OSB, folienkaschierten Vlies	m^2	21	22	**23**	28	35
			18	19	**20**	23	29
52	Mauerwerk vorbereiten	m^2	4	5	**5**	6	7
			4	4	**4**	5	6
53	Mauerwerksfugen auskratzen	m^2	24	25	**27**	32	35
			20	21	**23**	27	29
54	Spritzbewurf, Sanierputz, netzförmig	m^2	17	18	**20**	24	26
			14	15	**17**	20	22
55	Spritzbewurf, Sanierputz volldeckend	m^2	32	36	**40**	48	52
			27	31	**34**	41	44
56	Spritzbewurf, Laibungen	m	9	10	**11**	13	14
			8	8	**9**	11	12
57	Ausgleichsputz, Porengrundputz	m^2	48	52	**58**	69	74
			41	44	**48**	58	62
58	Porengrundputz, Laibungen	m	19	21	**23**	27	30
			16	17	**19**	23	25
59	Sanierputz, geringe Salzbelastung	m^2	66	71	**79**	95	103
			56	60	**66**	80	86
60	Sanierputz, hohe Salzbelastung	m^2	95	100	**106**	125	137
			80	84	**89**	105	115
61	Sanierputz, Laibungen	m	44	47	**52**	62	67
			37	40	**44**	52	56

Nr. **Kurztext** / Langtext — Kostengruppe
► ▷ **ø netto €** ◁ ◄ [Einheit] Ausf.-Dauer Positionsnummer

1 Außenputz abschlagen, lose haftend — KG **395**

Außenputz, lose haftend, abschlagen, einschl. Flächen nachreinigen und anfallenden Bauschutt entsorgen.
Ausführung: im Freien, Kellerwand
Putzart: .....
Putzdicke: bis 3 cm

16€ 19€ **21€** 25€ 27€ [m^2] ⏱ 0,27 h/m^2 386.000.010

2 Außenputz abschlagen, fest haftend — KG **395**

Außenputz, fest haftend, abschlagen, einschl. Flächen nachreinigen und anfallenden Bauschutt entsorgen.
Ausführung: im Freien, Kellerwand
Putzart: .....
Putzdicke: bis 3 cm

22€ 25€ **31€** 37€ 40€ [m^2] ⏱ 0,35 h/m^2 386.600.011

► min
▷ von
ø Mittel
◁ bis
◄ max

Nr.	**Kurztext** / Langtext						Kostengruppe
▶	▷	**ø netto €**	◁	◀	[Einheit]	Ausf.-Dauer	Positionsnummer

3 Beschichtungen entfernen, lose haftend KG **395**

Beschichtungen, lose haftend, auf Kelleraußenwand entfernen, einschl. anfallenden Bauschutt entsorgen.
Beschichtung: .....
Abtragsart: ....

13€	14€	**15€**	17€	19€	[m²]	⏱ 0,60h/m²	386.600.012

4 Beschichtungen entfernen, fest haftend KG **395**

Beschichtungen, festhaftend, auf Kelleraußenwand entfernen, einschl. anfallenden Bauschutt entsorgen.
Beschichtung: .....
Abtragsart: ....

17€	18€	**19€**	22€	24€	[m²]	⏱ 0,80h/m²	386.600.071

5 Wandflächen reinigen, absaugen KG **395**

Wandflächen aus Mauerwerk durch absaugen reinigen.
Ausführung: Kelleraußenwand
Mauerverband: .....

1€	1€	**2€**	2€	2€	[m²]	⏱ 0,22h/m²	386.600.072

6 Trockenstrahlen, Flächenreinigung KG **395**

Strahlen von Mauerwerkswänden mit festen Strahlmitteln ohne Wasser als Flächenreinigung zum Entfernen aller losen und haftungsmindernden Bestandteile, einschl. Absaugen sowie Strahlgut und anfallenden Bauschutt entsorgen.
Ausführung: Kelleraußenwand
Strahlmittel: .....

17€	17€	**18€**	22€	24€	[m²]	⏱ 0,20h/m²	386.600.014

7 Trockenstrahlen, Flächen beschichtet KG **395**

Strahlen von beschichteten Mauerwerk mit festen Strahlmitteln ohne Wasser, zum Entfernen von Beschichtungen, inkl. Absaugen sowie Entsorgung des Strahlguts und anfallenden Bauschutts.
Ausführung: Kelleraußenwand
Beschichtung: .....
Strahlmittel: .....

26€	28€	**30€**	36€	39€	[m²]	⏱ 0,22h/m²	386.600.015

8 Feuchtnebel-Strahlen, Flächenreinigung KG **395**

Feuchtnebelstrahlen von Mauerwerk als Flächenreinigung zur Entfernung aller losen und haftungsmindernder Bestandteile, einschl. Nachwaschen und Entsorgung des anfallenden Bauschutts.
Ausführung: Kelleraußenwand

17€	21€	**23€**	28€	30€	[m²]	⏱ 0,20h/m²	386.600.016

9 Flächenreinigung, Schlagbohrhammer KG **395**

Mauerwerksflächen mit Schlagbohrhammer von losen und unreinen Oberflächenbestandteilen mit Absaugung reinigen und Entsorgung des anfallenden Bauschutts. Leistung inkl. absaugen.
Ausführung: Kelleraußenwand
Mauerverband: .....

20€	22€	**24€**	29€	31€	[m²]	⏱ 0,20h/m²	386.600.017

Kosten:
Stand 2. Quartal 2025
Bundesdurchschnitt

▶ min
▷ von
ø Mittel
◁ bis
◀ max

Nr.	**Kurztext** / Langtext						Kostengruppe
▶	▷	**ø netto €**	◁	◀	[Einheit]	Ausf.-Dauer	Positionsnummer

10 Untergrund aufrauen, Druckluftnadelhammer KG **395**

Untergrundflächen aus Mauerwerk mittels Druckluftnadelhammer vorbehandeln, aufrauen inkl. absaugen.
Ausführung: Kelleraußenwand
Mauerverband: .....

▶	▷	ø netto €	◁	◀	[Einheit]	Ausf.-Dauer	Positionsnummer
11€	12€	**13€**	15€	17€	[m²]	⏱ 0,25h/m²	386.600.018

A 1 Horizontalsperre, Stahlbleche Beschreibung für Pos. **11-16**

Horizontalsperre in Wand gegen aufsteigende Feuchtigkeit durch Eintreiben von nichtrostenden Edelstahlplatten in die Mörtelfuge des Mauerwerks. Die Platten sind an den Stößen eine Welle überlappend einzubringen und im endgültigen Zustand bündig abzuschließen. Die Fugen sind mit Quellmörtel kraftschlüssig zu schließen.
Bauteil: Wand, **innen / außen**
Min. Eintreibhöhe: .....
Plattendicke: größer 1,5 mm
Arbeitsraum/Arbeitsbereich: .....
Hinweis: Für das Einrammen von Stahlblechen muss der Fugenverlauf sichtbar und durchgehend sein. Bei vorhandenen Putz ist dieser vorher zu entfernen und die Leistung gesondert auszuschreiben.

11 Horizontalsperre, Stahlbleche, bis 13cm KG **395**

Wie Ausführungsbeschreibung A 1
Mauerdicke: bis 13 cm

▶	▷	ø netto €	◁	◀	[Einheit]	Ausf.-Dauer	Positionsnummer
97€	103€	**109€**	117€	125€	[m]	⏱ 0,60h/m	386.600.064

12 Horizontalsperre, Stahlbleche, bis 25cm KG **395**

Wie Ausführungsbeschreibung A 1
Mauerdicke: bis 25 cm

▶	▷	ø netto €	◁	◀	[Einheit]	Ausf.-Dauer	Positionsnummer
130€	139€	**147€**	157€	169€	[m]	⏱ 0,70h/m	386.600.019

13 Horizontalsperre, Stahlbleche, bis 38cm KG **395**

Wie Ausführungsbeschreibung A 1
Mauerdicke: bis 38 cm

▶	▷	ø netto €	◁	◀	[Einheit]	Ausf.-Dauer	Positionsnummer
171€	182€	**192€**	205€	221€	[m]	⏱ 0,85h/m	386.600.020

14 Horizontalsperre, Stahlbleche, bis 50cm KG **395**

Wie Ausführungsbeschreibung A 1
Mauerdicke: bis 50 cm

▶	▷	ø netto €	◁	◀	[Einheit]	Ausf.-Dauer	Positionsnummer
221€	233€	**245€**	265€	285€	[m]	⏱ 1,15h/m	386.600.021

15 Horizontalsperre, Stahlbleche, bis 70cm KG **395**

Wie Ausführungsbeschreibung A 1
Mauerdicke: bis 70 cm

▶	▷	ø netto €	◁	◀	[Einheit]	Ausf.-Dauer	Positionsnummer
291€	311€	**327€**	350€	377€	[m]	⏱ 1,30h/m	386.600.022

Nr.	**Kurztext** / Langtext						Kostengruppe
▶	▷	**ø netto €**	◁	◀	[Einheit]	Ausf.-Dauer	Positionsnummer

16 Horizontalsperre, Stahlbleche, bis 100cm — KG **395**

Wie Ausführungsbeschreibung A 1
Mauerdicke: bis 100 cm

401€	429€	**451€**	483€	519€	[m]	⏱ 1,90h/m	386.600.023

A 2 Horizontalsperre, Sägen, weich — Beschreibung für Pos. **17-22**

Horizontalsperre in Wand gegen aufsteigende Feuchtigkeit im Mauersägeverfahren mit waagrechtem Schnitt und Einbau einer Querschnittsabdichtung. Einbau von statischen Keilen. Fläche abgleichen und Sperre aus Platten- oder Bahnenmaterial einbauen. Restfugen mit hydraulischem, quellfähigem Mörtel auspressen.
Bauteil: Wand, **innen / außen**
Min. Schnitthöhe: .....
Arbeitsraum/Arbeitsbereich: .....
Angeb. Verfahren: Kettensäge
Sperrschicht: .....
Mauerwerksart: weiches Ziegelmauerwerk

17 Horizontalsperre, Sägen, weich, bis 13cm — KG **395**

Wie Ausführungsbeschreibung A 2
Mauerdicke: bis 13 cm

94€	101€	**106€**	114€	122€	[m]	⏱ 0,65h/m	386.600.065

18 Horizontalsperre, Sägen, weich, bis 25cm — KG **395**

Wie Ausführungsbeschreibung A 2
Mauerdicke: bis 25 cm

114€	121€	**128€**	137€	147€	[m]	⏱ 0,85h/m	386.600.024

19 Horizontalsperre, Sägen, weich, bis 38cm — KG **395**

Wie Ausführungsbeschreibung A 2
Mauerdicke: bis 38 cm

125€	133€	**140€**	150€	161€	[m]	⏱ 0,90h/m	386.600.025

20 Horizontalsperre, Sägen, weich, bis 50cm — KG **395**

Wie Ausführungsbeschreibung A 2
Mauerdicke: bis 50 cm

155€	166€	**175€**	187€	201€	[m]	⏱ 1,50h/m	386.600.026

21 Horizontalsperre, Sägen, weich, bis 70cm — KG **395**

Wie Ausführungsbeschreibung A 2
Mauerdicke: bis 70 cm

200€	209€	**225€**	241€	257€	[m]	⏱ 2,10h/m	386.600.027

22 Horizontalsperre, Sägen, weich, bis 100cm — KG **395**

Wie Ausführungsbeschreibung A 2
Mauerdicke: bis 100 cm

294€	314€	**330€**	353€	380€	[m]	⏱ 2,95h/m	386.600.028

Kosten:
Stand 2. Quartal 2025
Bundesdurchschnitt

Nr.	**Kurztext** / Langtext						Kostengruppe
▶	▷	**ø netto €**	◁	◀	[Einheit]	Ausf.-Dauer	Positionsnummer

A 3 Horizontalsperre, Sägen, mittel — Beschreibung für Pos. **23-28**

Horizontalsperre in Wand gegen aufsteigende Feuchtigkeit im Mauersägeverfahren mit waagrechtem Schnitt und Einbau einer Querschnittsabdichtung. Einbau von statischen Keilen. Fläche mit wasserdichtem Mörtel abgleichen und Sperre aus Platten- oder Bahnenmaterial einbauen. Restfugen mit hydraulischem, quellfähigem Mörtel auspressen.
Bauteil: Wand, **innen / außen**
Min. Schnitthöhe: .....
Arbeitsraum: .....
Arbeitsraum/Arbeitsbereich: .....
Angeb. Verfahren: **Kreissäge / Diamantseilsäge**
Sperrschicht: .....
Mauerwerksart: mittelhart, z.B. Sandstein

23 Horizontalsperre, Sägen, mittel, bis 13cm — KG **395**
Wie Ausführungsbeschreibung A 3
Mauerdicke: bis 13 cm

▶	▷	ø	◁	◀	Einheit	Ausf.-Dauer	Positionsnummer
116€	123€	**130€**	139€	149€	[m]	⏱ 0,80h/m	386.600.066

24 Horizontalsperre, Sägen, mittel, bis 25cm — KG **395**
Wie Ausführungsbeschreibung A 3
Mauerdicke: bis 25 cm

▶	▷	ø	◁	◀	Einheit	Ausf.-Dauer	Positionsnummer
143€	153€	**161€**	172€	185€	[m]	⏱ 1,00h/m	386.600.029

25 Horizontalsperre, Sägen, mittel, bis 38cm — KG **395**
Wie Ausführungsbeschreibung A 3
Mauerdicke: bis 38 cm

▶	▷	ø	◁	◀	Einheit	Ausf.-Dauer	Positionsnummer
154€	164€	**173€**	185€	199€	[m]	⏱ 1,30h/m	386.600.030

26 Horizontalsperre, Sägen, mittel, bis 50cm — KG **395**
Wie Ausführungsbeschreibung A 3
Mauerdicke: bis 50 cm

▶	▷	ø	◁	◀	Einheit	Ausf.-Dauer	Positionsnummer
214€	226€	**240€**	257€	276€	[m]	⏱ 1,80h/m	386.600.031

27 Horizontalsperre, Sägen, mittel, bis 70cm — KG **395**
Wie Ausführungsbeschreibung A 3
Mauerdicke: bis 70 cm

▶	▷	ø	◁	◀	Einheit	Ausf.-Dauer	Positionsnummer
268€	286€	**302€**	323€	347€	[m]	⏱ 2,40h/m	386.600.032

28 Horizontalsperre, Sägen, mittel, bis 100cm — KG **395**
Wie Ausführungsbeschreibung A 3
Mauerdicke: bis 100 cm

▶	▷	ø	◁	◀	Einheit	Ausf.-Dauer	Positionsnummer
370€	395€	**416€**	445€	478€	[m]	⏱ 3,50h/m	386.600.033

▶ min
▷ von
ø Mittel
◁ bis
◀ max

Nr.	Kurztext / Langtext						Kostengruppe
▶	▷	**ø netto €**	◁	◀	[Einheit]	Ausf. Dauer	Positionsnummer

A 4 Horizontalsperre, Sägen, hart — Beschreibung für Pos. **29-34**

Horizontalsperre in Wand gegen aufsteigende Feuchtigkeit im Mauersägeverfahren mit waagrechtem Schnitt und Einbau einer Querschnittsabdichtung. Einbau von statischen Keilen. Fläche mit wasserdichtem Mörtel abgleichen und Sperre aus Platten- oder Bahnenmaterial einbauen. Restfugen mit hydraulischem, quellfähigem Mörtel auspressen.
Bauteil: Wand, **innen / außen**
Min. Schnitthöhe: .....
Arbeitsraum/Arbeitsbereich: .....
Angeb. Verfahren: Diamantseilsäge
Sperrschicht: .....
Mauerwerksart: hart, z.B. Basalt-Kalk

29 Horizontalsperre, Sägen, hart, bis 13cm — KG **395**
Wie Ausführungsbeschreibung A 4
Mauerdicke: bis 13 cm

147€	157€	**165€**	176€	190€	[m]	⏱ 1,10h/m	386.600.067

30 Horizontalsperre, Sägen, hart, bis 25cm — KG **395**
Wie Ausführungsbeschreibung A 4
Mauerdicke: bis 25 cm

172€	184€	**193€**	207€	222€	[m]	⏱ 1,60h/m	386.600.034

31 Horizontalsperre, Sägen, hart, bis 38cm — KG **395**
Wie Ausführungsbeschreibung A 4
Mauerdicke: bis 38 cm

237€	253€	**266€**	285€	306€	[m]	⏱ 2,10h/m	386.600.035

32 Horizontalsperre, Sägen, hart, bis 50cm — KG **395**
Wie Ausführungsbeschreibung A 4
Mauerdicke: bis 50 cm

352€	376€	**396€**	423€	455€	[m]	⏱ 2,80h/m	386.600.036

33 Horizontalsperre, Sägen, hart, bis 70cm — KG **395**
Wie Ausführungsbeschreibung A 4
Mauerdicke: bis 70 cm

468€	494€	**526€**	563€	605€	[m]	⏱ 3,70h/m	386.600.037

34 Horizontalsperre, Sägen, hart, bis 100cm — KG **395**
Wie Ausführungsbeschreibung A 4
Mauerdicke: bis 100 cm

487€	519€	**547€**	585€	623€	[m]	⏱ 4,70h/m	386.600.038

Kosten:
Stand 2. Quartal 2025
Bundesdurchschnitt

Nr.	**Kurztext** / Langtext						Kostengruppe
►	▷	**ø netto €**	◁	◀	[Einheit]	Ausf.-Dauer	Positionsnummer

A 5 Horizontalsperre, Injektion — Beschreibung für Pos. **35-39**

Horizontalabdichtung in Wand gegen aufsteigende Feuchtigkeit durch Injektion im Niederdruckverfahren über Bohrlöcher und Packer. Die Neigung und Winkel der Bohrlöcher und das Injektionsmittel ist auf Mauerwerksgefüge und -art, sowie die Feuchtebelastung abzustimmen. Der Bohrstaub ist mit Druckluft auszublasen und die Flüssigkeit mittels Druckgerät bis zur Sättigung des Mauerwerks einzupressen. Abschließend sind die Bohrlöcher mit Mörtel zu schließen und die Oberflächen anzugleichen.
Bauteil: Wand, **innen / außen**
Angeb. Verfahren: .....
Arbeitsdruck: ca. 5-10 bar
Bohrlochdurchmesser: 12-18 mm
Bohrtiefe: MW-Dicke bis 5 cm vor Wandende
Bohrlochabstand: 10 bis 12 cm, einseitig
Anzahl Bohrlochreihen: .....
Injektionsmittel: .....
Wirkungsprinzip: .....
Materialverbrauch: .....

35 Horizontalsperre, Injektion, bis 25cm — KG **395**

Wie Ausführungsbeschreibung A 5
Mauerdicke: bis 25 cm

106€	120€	**133€**	142€	153€	[m]	⏱ 1,00h/m	386.600.039

36 Horizontalsperre, Injektion, bis 38cm — KG **395**

Wie Ausführungsbeschreibung A 5
Mauerdicke: bis 38 cm

134€	151€	**168€**	179€	193€	[m]	⏱ 1,20h/m	386.600.040

37 Horizontalsperre, Injektion, bis 50cm — KG **395**

Wie Ausführungsbeschreibung A 5
Mauerdicke: bis 50 cm

166€	187€	**207€**	222€	238€	[m]	⏱ 1,60h/m	386.600.041

38 Horizontalsperre, Injektion, bis 70cm — KG **395**

Wie Ausführungsbeschreibung A 5
Mauerdicke: bis 70 cm

202€	227€	**252€**	270€	290€	[m]	⏱ 2,10h/m	386.600.042

39 Horizontalsperre, Injektion, bis 100cm — KG **395**

Wie Ausführungsbeschreibung A 5
Mauerdicke: bis 100 cm

275€	310€	**344€**	368€	396€	[m]	⏱ 3,00h/m	386.600.043

► min
▷ von
ø Mittel
◁ bis
◀ max

Nr. **Kurztext** / Langtext — Kostengruppe
▶ ▷ **ø netto €** ◁ ◀ [Einheit] Ausf.-Dauer Positionsnummer

A 6 Horizontalsperre, Tränkung — Beschreibung für Pos. **40-45**

Horizontalabdichtung in Wand gegen aufsteigende Feuchtigkeit als Bohrlochtränkung mit Abdichtungsmittel befüllen. Die Neigung und Winkel der Bohrlöcher und das Abdichtungsmittel ist auf Mauerwerksgefüge und -art, sowie die Feuchtebelastung abzustimmen. Der Bohrstaub ist mit Druckluft ausblasen und die Flüssigkeit bis zur Sättigung des Mauerwerks zu verfüllen. Abschließend sind die Bohrlöcher mit Mörtel zu schließen und die Oberflächen anzugleichen.
Bauteil: Wand, **innen / außen**
Bohrlochdurchmesser: 30 mm
Bohrtiefe: MW-Dicke bis 5 cm vor Wandende
Bohrlochabstand: 10 bis 12 cm, einseitig
Anzahl Bohrlochreihen: .....
Injektionsmittel: .....
Wirkungsprinzip: .....
Angeb. Verfahren: .....
Materialverbrauch: .....

40 Horizontalsperre, Tränkung, bis 13cm — KG **395**
Wie Ausführungsbeschreibung A 6
Mauerdicke: bis 13 cm

▶	▷	ø netto €	◁	◀	[Einheit]	Ausf.-Dauer	Positionsnummer
109€	114€	**126€**	135€	145€	[m]	⏱ 0,80h/m	386.600.068

41 Horizontalsperre, Tränkung, bis 25cm — KG **395**
Wie Ausführungsbeschreibung A 6
Mauerdicke: bis 25 cm

▶	▷	ø netto €	◁	◀	[Einheit]	Ausf.-Dauer	Positionsnummer
135€	146€	**161€**	172€	185€	[m]	⏱ 1,20h/m	386.600.044

42 Horizontalsperre, Tränkung, bis 38cm — KG **395**
Wie Ausführungsbeschreibung A 6
Mauerdicke: bis 38 cm

▶	▷	ø netto €	◁	◀	[Einheit]	Ausf.-Dauer	Positionsnummer
148€	166€	**185€**	198€	212€	[m]	⏱ 1,70h/m	386.600.045

43 Horizontalsperre, Tränkung, bis 50cm — KG **395**
Wie Ausführungsbeschreibung A 6
Mauerdicke: bis 50 cm

▶	▷	ø netto €	◁	◀	[Einheit]	Ausf.-Dauer	Positionsnummer
189€	198€	**219€**	235€	252€	[m]	⏱ 2,10h/m	386.600.046

44 Horizontalsperre, Tränkung, bis 70cm — KG **395**
Wie Ausführungsbeschreibung A 6
Mauerdicke: bis 70 cm

▶	▷	ø netto €	◁	◀	[Einheit]	Ausf.-Dauer	Positionsnummer
237€	254€	**282€**	302€	325€	[m]	⏱ 2,50h/m	386.600.047

45 Horizontalsperre, Tränkung, bis 100cm — KG **395**
Wie Ausführungsbeschreibung A 6
Mauerdicke: bis 100 cm

▶	▷	ø netto €	◁	◀	[Einheit]	Ausf.-Dauer	Positionsnummer
314€	336€	**373€**	399€	429€	[m]	⏱ 2,80h/m	386.600.048

Kosten:
Stand 2. Quartal 2025
Bundesdurchschnitt

▶ min
▷ von
ø Mittel
◁ bis
◀ max

Nr.	**Kurztext** / Langtext						Kostengruppe
▶	▷	**ø netto €**	◁	◀	[Einheit]	Ausf.-Dauer	Positionsnummer

46 Vertikalsperre, Querwand, Injektion KG **395**

Vertikalsperre der Querwand, gegen eindringende Feuchtigkeit über Außenwand, durch Injektion über senkrechte Bohrlochreihe. Die Neigung und Winkel der Bohrlöcher und das Der Bohrstaub ist mit Druckluft ausblasen und die Flüssigkeit bis zur Sättigung des Mauerwerks zu verfüllen. Abschließend sind die Bohrlöcher mit Mörtel zu schließen und die Oberflächen anzugleichen.
Bauteil: Innenwand
Mauerwerksdicke: ..... cm
Abdichtung: .....
Bohrtiefe: MW-Dicke bis 5 cm vor Wandende
Bohrlochabstand: 10 bis 12 cm, einseitig
Anzahl Bohrlochreihen: ....., einreihig
Injektionsmittel: .....
Wirkungsprinzip: .....
Angeb. Verfahren: .....
Materialverbrauch: .....

101€ | 118€ | **134€** | 155€ | 168€ | [m] | ⏱ 0,90h/m | 386.600.049

47 Vertikalsperre, Querwand, Tränkung KG **395**

Vertikalsperre der Querwand, gegen eindringende Feuchtigkeit über Außenwand, mit Tränkung über senkrechte Bohrlochreihe. Die Neigung und Winkel der Bohrlöcher und das Der Bohrstaub ist mit Druckluft ausblasen und die Flüssigkeit bis zur Sättigung des Mauerwerks zu verfüllen. Abschließend sind die Bohrlöcher mit Mörtel zu schließen und die Oberflächen anzugleichen.
Bauteil: Innenwand
Mauerwerksdicke: ..... cm
Abdichtung: .....
Bohrtiefe: MW-Dicke bis 5 cm vor Wandende
Bohrlochabstand: 10 bis 12 cm, einseitig
Anzahl Bohrlochreihen: ....., einreihig
Injektionsmittel: .....
Wirkungsprinzip: .....
Angeb. Verfahren: .....
Materialverbrauch: .....

95€ | 111€ | **126€** | 145€ | 158€ | [m] | ⏱ 0,90h/m | 386.600.050

48 Mauerwerksaustausch, Querwand KG **395**

Mauertrennung von nicht aussteifender Querwand, durch Austausch von Mauerwerk einschl. Einbau einer senkrechten Dichtungsbahn zwischen Außen- und Innenwand. Fuge mit einem Quellmörtel verfüllen.
Mauerwerksdicke: ..... cm
Dichtungsbahn: .....

133€ | 143€ | **153€** | 164€ | 176€ | [m] | ⏱ 1,70h/m | 386.600.051

49 Innenputz abschlagen, Mauerwerk KG **395**

Innenputz bis mind. 80cm über Schadenszone abschlagen. Anfallender Bauschutt entsorgen.
Ausführungsort: .....
Mauerwerksart: .....

16€ | 17€ | **18€** | 22€ | 24€ | [m²] | ⏱ 0,55h/m² | 386.600.052

Nr. **Kurztext** / Langtext — Kostengruppe

▶ ▷ **ø netto €** ◁ ◀ [Einheit] Ausf.-Dauer Positionsnummer

50 Bodenflächen abdecken, Folie KG **395**

Abdecken von Bodenflächen mit Baufolie. Folie an den Rändern verkleben.
Ausführungsort: .....

3€ 4€ **4€** 5€ 5€ [m²] ⏱ 0,03h/m² 386.600.053

51 Bodenflächen abdecken, OSB, folienkaschierten Vlies KG **395**

Abdecken von Bodenflächen mit OSB-Platten und folienkaschierten Vlies. Platten an Stößen verkleben.
Ausführungsort: .....

18€ 19€ **20€** 23€ 29€ [m²] ⏱ 0,03h/m² 386.600.054

52 Mauerwerk vorbereiten KG **395**

Feuchte- und salzgeschädigtes Mauerwerk für Sanierputzauftrag vorbereiten und anfallenden Bauschutt entfernen.
Bauteil: .....
Mauerwerk: .....

4€ 4€ **4€** 5€ 6€ [m²] ⏱ 0,05h/m² 386.600.055

53 Mauerwerksfugen auskratzen KG **395**

Auskratzen von mürben und losen Mauerwerksfugen, sowie Entsorgen des anfallenden Bauschutts.
Fugentiefe: bis 2 cm
Mauerwerk: .....

20€ 21€ **23€** 27€ 29€ [m²] ⏱ 0,20h/m² 386.600.056

54 Spritzbewurf, Sanierputz, netzförmig KG **395**

Spritzbewurf, halbdeckend netzförmig auf gereinigte Wandflächen als Haftbrücke für Sanierputz.
Mörtelgruppe: CS IV
Angeb. Putzsystem: .....

14€ 15€ **17€** 20€ 22€ [m²] ⏱ 0,10h/m² 386.600.070

55 Spritzbewurf, Sanierputz volldeckend KG **395**

Spritzbewurf, volldeckend auf Dichtungsschlämme als Haftbrücke für Sanierputz.
Mörtelgruppe: CS IV
Angeb. Putzsystem: .....

27€ 31€ **34€** 41€ 44€ [m²] ⏱ 0,10h/m² 386.600.057

56 Spritzbewurf, Laibungen KG **395**

Vorbeschriebener Spritzbewurf auf Laibungsflächen.
Laibungstiefe: bis 25 cm

8€ 8€ **9€** 11€ 12€ [m] ⏱ 0,03h/m 386.600.058

Kosten:
Stand 2. Quartal 2025
Bundesdurchschnitt

Nr.	**Kurztext** / Langtext						Kostengruppe
►	▷	**ø netto €**	◁	◄	[Einheit]	Ausf. Dauer	Positionsnummer

57 Ausgleichsputz, Porengrundputz — KG **395**

WTA-Porengrundputz als Ausgleichsputz für Sanierputz. Die Unebenheiten sind flächendeckend auszugleichen, sowie die Oberfläche für die Aufnahme von Sanierputz aufzurauen.
Mörtelgruppe: CS II
Mindestschichtdicke: 10 mm
Angeb. Putzsystem: .....

41€	44€	**48€**	58€	62€	[m²]	⏱ 0,50 h/m²	386.600.059

58 Porengrundputz, Laibungen — KG **395**

Vorbeschriebenen Porengrundputz auf Laibungsflächen.
Laibungstiefe: bis 25 cm

16€	17€	**19€**	23€	25€	[m]	⏱ 0,03 h/m	386.600.060

59 Sanierputz, geringe Salzbelastung — KG **395**

WTA-Sanierputz für Mauerwerk mit geringer Salzbelastung auf Spritzwurf.
Mindestschichtdicke: 20 mm, einlagig
Mörtelgruppe: CS II
Putzoberfläche: .....
Angeb. Putzsystem: .....

56€	60€	**66€**	80€	86€	[m²]	⏱ 0,50 h/m²	386.600.061

60 Sanierputz, hohe Salzbelastung — KG **395**

WTA-Sanierputz für Mauerwerk mit hoher Salzbelastung auf Porengrundputz.
Mindestschichtdicke: 30 mm, zweilagig 15 mm
Mörtelgruppe: CS II
Putzoberfläche: .....
Angeb. Putzsystem: .....

80€	84€	**89€**	105€	115€	[m²]	⏱ 0,50 h/m²	386.600.062

61 Sanierputz, Laibungen — KG **395**

Vorbeschriebener Sanierputz auf Laibungsflächen.
Laibungstiefe: bis 25 cm
Putzoberfläche: .....

37€	40€	**44€**	52€	56€	[m]	⏱ 0,03 h/m	386.600.063

► min
▷ von
ø Mittel
◁ bis
◄ max

Kosten:
Stand 2. Quartal 2025
Bundesdurchschnitt

▶ min
▷ von
ø Mittel
◁ bis
◀ max

Abfallentsorgung, Verwertung und Beseitigung — Preise €

Nr.	Positionen	Einheit	▶	▷	**ø brutto €** ø netto €	◁	◀
1	Entsorgung, 170101 Beton	t	23 19	36 30	**42** **35**	51 42	67 56
2	Entsorgung, 170102 Ziegel	t	14 12	20 17	**24** **20**	30 26	39 32
3	Entsorgung, 170107 Gemische	t	27 22	41 34	**45** **38**	67 56	96 81
4	Entsorgung, 170407 Metall, gemischt, nicht gefährlich	t	44 37	72 60	**82** **69**	102 86	136 115
5	Entsorgung, 170504 Boden/Steine, nicht gefährlich	t	18 15	31 26	**38** **32**	39 32	45 38
6	Entsorgung, 170302 Bitumengemisch, nicht gefährlich	t	26 22	47 39	**57** **48**	62 52	106 89
7	Entsorgung, 170802, Gipsbaustoffe	t	– –	194 163	**284** **239**	419 352	– –
8	Entsorgung, 170603, KMF	t	– –	267 224	**334** **280**	460 387	– –
9	Entsorgung, 170605, Asbestzement	t	163 137	252 212	**267** **225**	289 243	356 299
10	Entsorgung, Altholz AI	t	– –	58 49	**71** **60**	91 76	– –
11	Entsorgung, Altholz A II	t	39 32	68 57	**87** **73**	98 82	126 106
12	Entsorgung, 170904 Bau-/Abbruchabfälle, gemischt	t	182 153	360 302	**424** **356**	514 432	697 586
13	Deponierung, 170101 Beton	t	23 19	28 24	**33** **28**	36 30	40 34
14	Deponierung, 170102 Ziegel	t	13 11	18 15	**21** **17**	24 20	38 32
15	Deponierung, 170107 Gemische	t	37 31	43 36	**49** **41**	56 47	67 57

Nr.	**Kurztext** / Langtext					Kostengruppe
▶	▷ **ø netto €**	◁	◀	[Einheit]	Ausf.-Dauer	Positionsnummer

A 1 Entsorgung Bau-/Abbruchabfälle, nicht gefährlich — Beschreibung für Pos. **1-3**

Entsorgung von Bau- und Abbruchabfällen, nicht gefährlich, nicht schadstoffbelastet, Bauschutt, Zuordnung gem. Ersatzbaustoffverordnung 2023, gemischter Bauschutt Klasse RC-1 nach EBV 2023, Anlage 1, Tabelle 1, auf Baustelle lagernd, laden, mit Lkw des AN zur Verwertungsanlage transportieren und entsorgen. Die Entsorgungsgebühren werden vom AN übernommen.
Transportweg: bis ..... km
Anlage (Bezeichnung/Ort): .....
Die Abrechnung erfolgt ausschließlich auf Basis vorgelegter Wiegebelege bzw. Entsorgungsnachweise (Begleitscheine) und dazugehöriger Wiegebelege im Original.

Nr.	Kurztext / Langtext						Kostengruppe
►	▷	**ø netto €**	◁	◄	[Einheit]	Ausf. Dauer	Positionsnummer

1 Entsorgung, 170101 Beton KG **394**

Wie Ausführungsbeschreibung A 1
Abfallschlüssel (AVV): 170101 Beton

19€ | 30€ | **35€** | 42€ | 56€ | [t] | – | 387.000.003

2 Entsorgung, 170102 Ziegel KG **394**

Wie Ausführungsbeschreibung A 1
Abfallschlüssel (AVV): 170102 Ziegel

12€ | 17€ | **20€** | 26€ | 32€ | [t] | – | 387.000.004

3 Entsorgung, 170107 Gemische KG **394**

Wie Ausführungsbeschreibung A 1
Abfallschlüssel (AVV): 170107 Gemische aus Beton, Ziegeln, Fliesen und Keramik

22€ | 34€ | **38€** | 56€ | 81€ | [t] | – | 387.000.005

4 Entsorgung, 170407 Metall, gemischt, nicht gefährlich KG **394**

Entsorgung von Bau- und Abbruchabfällen, Metalle, nicht gefährlich, nicht schadstoffbelastet, Abfallschlüssel nach AVV (Abfallverzeichnis-Verordnung), auf Baustelle lagernd, laden, mit Lkw des AN zur Verwertungsanlage transportieren und entsorgen.
Die Entsorgungsgebühren werden vom AN übernommen.
Transportweg: bis ... km
Anlage (Bezeichnung/Ort): .....
Abfallschlüssel (AVV): 170407 Metall, gemischt
Die Abrechnung erfolgt ausschließlich auf Basis vorgelegter Wiegebelege bzw. Entsorgungsnachweise (Begleitscheine) und dazugehöriger Wiegebelege im Original.

37€ | 60€ | **69€** | 86€ | 115€ | [t] | – | 387.000.008

5 Entsorgung, 170504 Boden/Steine, nicht gefährlich KG **394**

Boden, Steine und Baggergut, nicht gefährlich, nicht schadstoffbelastet, Zuordnung gem. Ersatzbaustoffverordnung 2023, auf Baustelle lagernd, laden, mit Lkw des AN zur Verwertungsanlage transportieren und entsorgen. Die Entsorgungsgebühren werden vom AN übernommen.
Transportweg: ..... km
Anlage (Bezeichnung/Ort): .....
Bodenmaterial: Klasse BM-0 Sand nach EBV 2023, Anlage 1, Tabelle 3
Abfallschlüssel (AVV): 170504 Boden/Steine
Die Abrechnung erfolgt ausschließlich auf Basis vorgelegter Wiegebelege bzw. Entsorgungsnachweise (Begleitscheine) und dazugehöriger Wiegebelege im Original.

15€ | 26€ | **32€** | 32€ | 38€ | [t] | – | 387.000.001

Kosten:
Stand 2. Quartal 2025
Bundesdurchschnitt

Nr. **Kurztext** / Langtext — Kostengruppe
► ▷ **ø netto €** ◁ ◄ [Einheit] Ausf.-Dauer Positionsnummer

6 Entsorgung, 170302 Bitumengemisch, nicht gefährlich — KG **394**

Bau- und Abbruchabfälle, Bitumengemische, nicht gefährlich, nicht schadstoffbelastet, Zuordnung gem. Ersatzbaustoffverordnung 2023, Verwertungsklasse A, RuVA-StB 01, Fassung 2005, auf Baustelle lagernd, laden, mit Lkw des AN zur Verwertungsanlage transportieren und entsorgen. Die Entsorgungsgebühren werden vom AN übernommen.
Transportweg: ..... km
Anlage (Bezeichnung/Ort): .....
Abfallschlüssel: nach AVV (Abfallverzeichnis-Verordnung) 170302 Bitumengemische
Die Abrechnung erfolgt ausschließlich auf Basis vorgelegter Wiegebelege bzw. Entsorgungsnachweise (Begleitscheine) und dazugehöriger Wiegebelege im Original.

22€ 39€ **48€** 52€ 89€ [t] – 387.000.002

A 2 Entsorgung Bau-/Abbruchabfälle, gefährlich — Beschreibung für Pos. **7-9**

Entsorgung von Bau- und Abbruchabfällen, gefährlich, schadstoffbelastet, Abfallschlüssel nach AVV (Abfallverzeichnis-Verordnung), laden, mit Lkw des AN zur Verwertungsanlage transportieren und entsorgen. Die Entsorgungsgebühren werden vom AN übernommen.
Transportweg: bis ..... km
Anlage (Bezeichnung/Ort): .....
Die Abrechnung erfolgt ausschließlich auf Basis vorgelegter Wiegebelege bzw. Entsorgungsnachweise (Begleitscheine) und dazugehöriger Wiegebelege im Original.

7 Entsorgung, 170802, Gipsbaustoffe — KG **394**

Wie Ausführungsbeschreibung A 2
Baumaterial: Gipsbauplatten
Schadstoff: Sulfat
Abfallschlüssel (AVV): 170802 Baustoffe auf Gipsbasis

– 163€ **239€** 352€ – [t] – 387.000.011

8 Entsorgung, 170603, KMF — KG **394**

Wie Ausführungsbeschreibung A 2
Baumaterial: Mineralfaserdämmung, TRGS 521
Schadstoffe: nach Analyse
Abfallschlüssel (AVV): 170603* Dämmstoff

– 224€ **280€** 387€ – [t] – 387.000.010

9 Entsorgung, 170605, Asbestzement — KG **394**

Wie Ausführungsbeschreibung A 2
Baumaterial: Faserzementplatten, staubdicht verpackt
Abfallschlüssel (AVV): 170605* Baustoff, asbesthaltig
Entsorgungsnachweis: Elektronisches Abfall Nachweisverfahren (eANV)

137€ 212€ **225€** 243€ 299€ [t] – 387.000.012

► min
▷ von
ø Mittel
◁ bis
◄ max

Nr. **Kurztext** / Langtext — Kostengruppe
▶ ▷ **ø netto €** ◁ ◀ [Einheit] Ausf. Dauer Positionsnummer

A 3 Altholz, Entsorgung — Beschreibung für Pos. **10-11**

Entsorgung von Bau- und Abbruchabfällen, Holz, Glas und Kunststoff, nicht gefährlich, nicht schadstoffbelastet, Abfallschlüssel nach AVV (Abfallverzeichnis-Verordnung), auf Baustelle lagernd, laden, mit Lkw des AN zur Verwertungsanlage transportieren und entsorgen. Die Entsorgungsgebühren werden vom AN übernommen.
Transportweg: bis ..... km
Anlage (Bezeichnung/Ort): .....
Die Abrechnung erfolgt ausschließlich auf Basis vorgelegter Wiegebelege bzw. Entsorgungsnachweise (Begleitscheine) und dazugehöriger Wiegebelege im Original.

10 Entsorgung, Altholz AI — KG **394**

Wie Ausführungsbeschreibung A 3
Altholzkategorie: A I
Abfallschlüssel (AVV): 170201 Bau-/Abbruchabfall Holz

▶	▷	ø netto €	◁	◀	[Einheit]	Ausf. Dauer	Positionsnummer
–	49€	**60€**	76€	–	[t]	–	387.000.006

11 Entsorgung, Altholz A II — KG **394**

Wie Ausführungsbeschreibung A 3
Altholzkategorie: A II
Abfallschlüssel (AVV): 170201 Bau-/Abbruchabfall Holz

▶	▷	ø netto €	◁	◀	[Einheit]	Ausf. Dauer	Positionsnummer
32€	57€	**73€**	82€	106€	[t]	–	387.000.007

12 Entsorgung, 170904 Bau-/Abbruchabfälle, gemischt — KG **394**

Entsorgung von sonstigen Bau- und Abbruchabfällen, nicht gefährlich, nicht schadstoffbelastet, Abfallschlüssel nach AVV (Abfallverzeichnis-Verordnung), auf Baustelle lagernd, laden, mit Lkw des AN zur Verwertungsanlage transportieren und entsorgen.
Die Entsorgungsgebühren werden vom AN übernommen.
Transportweg: bis ..... km
Anlage (Bezeichnung/Ort): .....
Abfallschlüssel (AVV): 170904 gemischte Bau- und Abbruchabfälle
Die Abrechnung erfolgt ausschließlich auf Basis vorgelegter Wiegebelege bzw. Entsorgungsnachweise (Begleitscheine) und dazugehöriger Wiegebelege im Original.

▶	▷	ø netto €	◁	◀	[Einheit]	Ausf. Dauer	Positionsnummer
153€	302€	**356€**	432€	586€	[t]	–	387.000.009

A 4 Bau-/Abbruchabfälle, Deponierung — Beschreibung für Pos. **13-15**

Deponiegebühren für das geordnete Ablagern von nicht gefährlichem und nicht schadstoffbelastetem Bauschutt. Die Entsorgungsgebühren werden gegen Nachweis vergütet.
Anlage (Bezeichnung/Ort): .....
Die Abrechnung erfolgt ausschließlich auf Basis vorgelegter Wiegebelege bzw. Entsorgungsnachweise (Begleitscheine) und dazugehöriger Wiegebelege im Original.

13 Deponierung, 170101 Beton — KG **394**

Wie Ausführungsbeschreibung A 4
Abfallschlüssel (AVV): 170101 Beton

▶	▷	ø netto €	◁	◀	[Einheit]	Ausf. Dauer	Positionsnummer
19€	24€	**28€**	30€	34€	[t]	–	387.000.013

Nr.	Kurztext / Langtext						Kostengruppe
▶	▷	**ø netto €**	◁	◀	[Einheit]	Ausf.-Dauer	Positionsnummer

14 **Deponierung, 170102 Ziegel** — KG **394**

Wie Ausführungsbeschreibung A 4
Abfallschlüssel (AVV): 170102 Ziegel

▶	▷	ø netto €	◁	◀	[Einheit]	Ausf.-Dauer	Positionsnummer
11€	15€	**17€**	20€	32€	[t]	–	387.000.014

15 **Deponierung, 170107 Gemische** — KG **394**

Wie Ausführungsbeschreibung A 4
Abfallschlüssel (AVV): 170107 Gemische aus Beton, Ziegeln, Fliesen und Keramik

▶	▷	ø netto €	◁	◀	[Einheit]	Ausf.-Dauer	Positionsnummer
31€	36€	**41€**	47€	57€	[t]	–	387.000.015

Kosten:
Stand 2. Quartal 2025
Bundesdurchschnitt

▶ min
▷ von
ø Mittel
◁ bis
◀ max

F

Barrierefreies Bauen

Kosten:
Stand 2. Quartal 2025
Bundesdurchschnitt

► min
▷ von
ø Mittel
◁ bis
◄ max

Barrierefreies Bauen — Preise €

Nr.	Positionen	Einheit	►	▷	ø brutto € / ø netto €	◁	◄
1	Öffnung überdecken, Ziegelsturz	m	56	64	**69**	73	81
	LB 312, Pos. 100, Seite 118		47	54	**58**	62	68
2	Öffnung überdecken; KS-Sturz, 17,5cm	m	49	62	**69**	83	110
	LB 312, Pos. 101, Seite 119		41	52	**58**	69	92
3	Öffnung überdecken, Betonsturz, 24cm	m	61	71	**110**	117	165
	LB 312, Pos. 102, Seite 119		51	59	**93**	99	138
4	Außenbelag, Betonwerksteinplatten	m²	115	142	**156**	171	198
	LB 314, Pos. 27, Seite 154		96	119	**131**	144	167
5	Außenbelag, Naturwerksteinpflaster	m²	160	200	**230**	245	272
	LB 314, Pos. 28, Seite 154		135	168	**194**	206	228
6	Außenbelag, Pflasterstreifen	m	64	74	**76**	79	88
	LB 314, Pos. 29, Seite 154		54	63	**64**	67	74
7	Treppe, Blockstufe, Naturwerkstein	m	223	285	**318**	368	485
	LB 314, Pos. 32, Seite 155		187	240	**267**	309	407
8	Treppe, Blockstufe, Betonwerkstein	m	217	261	**286**	307	350
	LB 314, Pos. 33, Seite 155		182	219	**240**	258	294
9	Treppe, Winkelstufe, Naturwerkstein, 1,00m	St	262	287	**301**	314	347
	LB 314, Pos. 34, Seite 156		220	241	**253**	264	291
10	Treppenbelag, Naturwerkstein, Tritt-/Setzstufe	m	180	213	**236**	242	298
	LB 314, Pos. 35, Seite 156		151	179	**198**	203	251
11	Aufmerksamkeitsstreifen, Stufenkante	m	–	90	**100**	126	–
	LB 314, Pos. 36, Seite 156		–	76	**84**	106	–
12	Oberfläche, laserstrukturiert, Mehrpreis	m²	–	59	**74**	93	–
	LB 314, Pos. 40, Seite 157		–	50	**62**	78	–
13	Verbundabdichtung, streichbar, Wand	m²	16	25	**28**	34	51
	LB 324, Pos. 9, Seite 300		13	21	**24**	28	42
14	Bodenbelag, Fliesen 20x20	m²	86	105	**114**	128	157
	LB 324, Pos. 11, Seite 301		72	89	**96**	108	132
15	Bodenbelag, Fliesen 30x30	m²	77	96	**104**	115	145
	LB 324, Pos. 12, Seite 301		65	81	**88**	97	122
16	Bodenbelag, Fliesen 60x60	m²	101	145	**159**	182	229
	LB 324, Pos. 13, Seite 301		85	122	**133**	153	192
17	Wandbelag, Fliesen 15x15	m²	86	101	**107**	114	134
	LB 324, Pos. 15, Seite 302		72	84	**90**	96	112
18	Wandbelag, Fliesen 30x30	m²	89	108	**115**	133	163
	LB 324, Pos. 16, Seite 302		75	91	**97**	111	137
19	Wandbelag, Fliesen 30x60	m²	92	116	**126**	145	171
	LB 324, Pos. 18, Seite 303		77	97	**106**	121	143
20	Holz-Türelement, S200C5, einflüglig, 1.000x2.000/2.125	St	1.252	1.465	**1.742**	1.798	2.719
	LB 327, Pos. 8, Seite 341		1.052	1.231	**1.464**	1.511	2.285
21	Holz-Türelement, S200C5, zweiflüglig	St	4.912	9.024	**10.376**	11.760	15.078
	LB 327, Pos. 9, Seite 341		4.128	7.583	**8.720**	9.882	12.670
22	Innen-Türelement, Röhrenspan, einflüglig, 1.000x2.125	St	877	1.217	**1.302**	1.389	1.623
	LB 327, Pos. 11, Seite 342		737	1.023	**1.094**	1.167	1.364
23	Innen-Türelement, Röhrenspan, einflüglig, 1.125x2.125	St	1.034	1.361	**1.547**	1.642	2.001
	LB 327, Pos. 12, Seite 342		869	1.144	**1.300**	1.380	1.681
24	Innen-Türelement, Röhrenspan, zweiflüglig	St	1.957	2.654	**2.956**	3.234	3.765
	LB 327, Pos. 13, Seite 342		1.645	2.230	**2.484**	2.718	3.164

Nr.	Positionen	Einheit	►	▷	ø brutto € ø netto €	◁	◄
25	Türblatt, einflüglig, kunststoffbeschichtet, 1.000x2.000/2.125	St	274	418	**570**	602	822
	LB 327, Pos. 17, Seite 344		230	351	**479**	506	690
26	Türblatt, einflüglig, kunststoffbeschichtet, 1.125x2.000/2.125	St	280	389	**588**	621	917
	LB 327, Pos. 18, Seite 344		235	326	**494**	522	771
27	Türblatt, einflüglige Tür, Vollspan	St	369	548	**713**	912	1.153
	LB 327, Pos. 19, Seite 344		310	461	**599**	766	969
28	Türblatt, zweiflüglig, Vollspan	St	978	1.441	**1.735**	1.897	2.197
	LB 327, Pos. 20, Seite 345		822	1.211	**1.458**	1.594	1.846
29	Drückergarnitur, Stahl	St	59	82	**93**	104	130
	LB 329, Pos. 3, Seite 357		49	69	**78**	87	109
30	Drückergarnitur, Aluminium	St	65	115	**136**	154	199
	LB 329, Pos. 4, Seite 358		55	97	**114**	130	167
31	Drückergarnitur, Edelstahl	St	156	231	**264**	311	421
	LB 329, Pos. 5, Seite 358		131	194	**222**	261	354
32	Bad-/WC-Garnitur, Aluminium	St	90	138	**158**	184	232
	LB 329, Pos. 6, Seite 358		75	116	**132**	155	195
33	Stoßgriff, Tür, Edelstahl	St	279	356	**380**	451	623
	LB 329, Pos. 7, Seite 358		235	299	**319**	379	524
34	Obentürschließer, einflüglige Tür	St	209	378	**455**	596	973
	LB 329, Pos. 8, Seite 359		175	318	**382**	501	817
35	Obentürschließer, zweiflüglige Tür	St	627	1.061	**1.291**	1.518	1.957
	LB 329, Pos. 9, Seite 359		527	892	**1.085**	1.276	1.644
36	Türantrieb, kraftbetätigte Tür, einflüglig	St	4.152	6.088	**7.096**	8.080	9.782
	LB 329, Pos. 10, Seite 359		3.489	5.116	**5.963**	6.790	8.220
37	Türantrieb, kraftbetätigte Tür, zweiflüglig	St	5.105	6.679	**7.569**	8.340	10.230
	LB 329, Pos. 11, Seite 360		4.290	5.613	**6.361**	7.009	8.596
38	Fluchttürsicherung, elektrische Verriegelung	St	1.195	1.728	**1.838**	2.187	2.669
	LB 329, Pos. 12, Seite 360		1.004	1.452	**1.544**	1.838	2.243
39	Fingerschutz Türkante	St	128	235	**292**	326	393
	LB 329, Pos. 13, Seite 361		108	197	**246**	274	330
40	Türspion, Aluminium	St	24	34	**38**	45	57
	LB 329, Pos. 14, Seite 362		20	28	**32**	38	48
41	Handlauf, Stahl	m	61	106	**113**	122	140
	LB 331, Pos. 1, Seite 373		52	89	**95**	102	118
42	Handlauf, Stahl, Wandhalterung	St	55	88	**97**	121	162
	LB 331, Pos. 2, Seite 373		46	74	**81**	102	136
43	Handlauf, Enden in diverse Ausführungen	St	52	74	**86**	89	111
	LB 331, Pos. 3, Seite 373		44	62	**72**	75	93
44	Handlauf, Ecken/Gehrungen	St	53	79	**90**	105	124
	LB 331, Pos. 4, Seite 373		44	66	**76**	88	104
45	Brüstungs-/Treppengeländer, Lochblechfüllung	m	404	521	**573**	625	750
	LB 331, Pos. 5, Seite 373		339	438	**481**	526	631
46	Treppengeländer, Flachstahlfüllung	m	394	510	**563**	634	764
	LB 331, Pos. 6, Seite 374		331	428	**473**	533	642
47	Installationselement, Stütz- und Haltegriffe	St	327	361	**388**	402	437
	LB 345, Pos. 31, Seite 499		274	304	**326**	338	367

Kosten:
Stand 2. Quartal 2025
Bundesdurchschnitt

▶ min
▷ von
ø Mittel
◁ bis
◀ max

Barrierefreies Bauen — **Preise €**

Nr.	Positionen	Einheit	▶	▷	ø brutto € ø netto €	◁	◀
48	Haltegriff, Edelstahl, 600mm	St	102	155	**179**	189	216
	LB 345, Pos. 32, Seite 499		86	130	**150**	159	181
49	Duschhandlauf, Messing	St	495	684	**732**	865	1.086
	LB 345, Pos. 33, Seite 500		416	575	**615**	727	912
50	Stützklappgriff, Edelstahl, bis 850mm	St	693	776	**801**	860	956
	LB 345, Pos. 34, Seite 500		582	652	**673**	722	803
51	Waschbecken, barrierefrei	St	369	450	**491**	633	873
	LB 345, Pos. 35, Seite 500		310	378	**413**	532	734
52	WC, barrierefrei	St	539	694	**764**	974	1.281
	LB 345, Pos. 36, Seite 500		453	583	**642**	819	1.077
53	Hygiene-Tiefspül-WC, barrierefrei	St	3.333	3.981	**4.629**	5.555	6.712
	LB 345, Pos. 37, Seite 501		2.801	3.345	**3.890**	4.668	5.641
54	WC-Spülkasten, mit Betätigungsplatte	St	289	311	**362**	405	463
	LB 345, Pos. 38, Seite 501		243	261	**304**	340	389
55	WC-Betätigung, berührungslos	St	542	669	**797**	956	1.235
	LB 345, Pos. 39, Seite 501		455	563	**670**	804	1.038
56	Nachrüstaufsatz, Hygiene-Tiefspül-WC	St	1.315	1.440	**1.565**	2.004	2.504
	LB 345, Pos. 40, Seite 501		1.105	1.210	**1.315**	1.684	2.105
57	Nachrüstung Türeinstieg Badewanne	St	1.008	1.119	**1.302**	1.510	1.660
	LB 345, Pos. 41, Seite 502		847	941	**1.094**	1.269	1.395
58	Stützgriff, fest, WC	St	333	376	**470**	563	634
	LB 345, Pos. 42, Seite 502		280	316	**395**	473	533
59	Stützgriff, fest, WC mit Spülauslösung	St	794	890	**957**	1.053	1.196
	LB 345, Pos. 43, Seite 502		667	748	**804**	885	1.005
60	Stützgriff, klappbar, WC	St	578	710	**876**	1.060	1.200
	LB 345, Pos. 44, Seite 502		486	596	**736**	891	1.009
61	Stützgriff, klappbar, WC mit Spülauslösung	St	850	964	**1.036**	1.151	1.296
	LB 345, Pos. 45, Seite 503		714	810	**871**	967	1.089
62	Stützgriff, fest, Waschtisch	St	410	510	**621**	764	851
	LB 345, Pos. 46, Seite 503		345	428	**522**	642	715
63	Stützgriff, klappbar, Waschtisch	St	593	678	**714**	807	885
	LB 345, Pos. 47, Seite 503		498	570	**600**	678	744
64	Notruf Barrierefreies WC	St	632	887	**1.065**	1.247	1.493
	LB 363, Pos. 4, Seite 529		531	745	**895**	1.048	1.254
65	Personenaufzug bis 630kg, barrierefrei, Typ 2	St	65.983	79.830	**85.239**	88.570	100.524
	LB 369, Pos. 1, Seite 535		55.448	67.084	**71.629**	74.428	84.474
66	Personenaufzug bis 1275kg, barrierefrei, Typ 3	St	98.084	118.833	**126.685**	134.637	151.387
	LB 369, Pos. 2, Seite 536		82.424	99.860	**106.458**	113.141	127.216
67	Sitzlift, Treppe innen, gerade	St	5.901	7.133	**12.561**	17.246	17.915
	LB 369, Pos. 4, Seite 538		4.959	5.994	**10.556**	14.493	15.055
68	Sitzlift, Treppe innen, gewendelt	St	12.434	12.740	**18.699**	27.116	27.285
	LB 369, Pos. 5, Seite 538		10.449	10.706	**15.714**	22.787	22.928
69	Plattformlift, Treppe innen, gerade	St	15.737	16.459	**20.650**	30.160	31.433
	LB 369, Pos. 6, Seite 538		13.224	13.831	**17.353**	25.344	26.414
70	Plattformlift, Treppe innen, gewendelt	St	25.550	26.653	**36.492**	39.061	41.230
	LB 369, Pos. 7, Seite 539		21.470	22.398	**30.665**	32.825	34.647
71	Plattformlift, Treppe außen, gerade	St	22.285	25.105	**29.898**	33.162	34.654
	LB 369, Pos. 8, Seite 539		18.727	21.097	**25.124**	27.868	29.121

Nr.	Positionen	Einheit	▶	▷	**ø brutto €** ø netto €	◁	◀
72	Hublift, Förderplattform, 1,5m	St	9.587	10.150	**20.094**	23.854	24.503
	LB 369, Pos. 9, Seite 539		8.056	8.529	**16.886**	20.045	20.590
73	Hublift, Förderplattform, 3,0m	St	24.217	25.999	**33.151**	34.478	36.751
	LB 369, Pos. 10, Seite 539		20.351	21.848	**27.858**	28.973	30.883
74	Plattformaufzug, barrierefrei, verglast, außen	St	46.663	47.478	**60.510**	75.243	79.070
	LB 369, Pos. 11, Seite 540		39.212	39.897	**50.849**	63.230	66.445
75	Fassadenrinne, DN100	m	196	233	**250**	270	321
	LB 303, Pos. 86, Seite 581		165	196	**210**	227	270
76	Entwässerungsrinne, Polymerbeton	St	384	477	**516**	564	704
	LB 303, Pos. 87, Seite 581		323	401	**433**	474	592
77	Entwässerungsrinne, Kl. A, Beton/Gussabdeckung	m	107	151	**167**	192	228
	LB 303, Pos. 88, Seite 581		90	127	**141**	161	192
78	Entwässerungsrinne, Kl. B, Beton/Gussabdeckung	m	148	178	**185**	225	283
	LB 303, Pos. 89, Seite 582		125	150	**155**	189	237
79	Entwässerungsrinne, Klasse A, DN100	m	191	242	**258**	299	317
	LB 303, Pos. 90, Seite 582		160	204	**217**	251	267
80	Abdeckung, Entwässerungsrinne, Guss, Bodenindikator	St	149	176	**193**	204	227
	LB 303, Pos. 91, Seite 582		125	148	**162**	172	191
81	Ablaufkasten, Klasse A, DN100	St	345	421	**443**	527	558
	LB 303, Pos. 92, Seite 582		290	353	**372**	443	469
82	Betonplattenbelag, 40x40	m²	69	85	**91**	95	105
	LB 380, Pos. 41, Seite 613		58	71	**76**	80	89
83	Betonplattenbelag, großformatig	m²	84	100	**107**	134	164
	LB 380, Pos. 42, Seite 614		71	84	**90**	113	138
84	Balkonbelag, Betonwerkstein	m²	113	142	**159**	180	214
	LB 380, Pos. 43, Seite 614		95	119	**133**	152	179
85	Pflasterdecke, Betonpflaster	m²	52	57	**61**	64	67
	LB 380, Pos. 44, Seite 614		44	48	**52**	54	57
86	Plattenbelag, Granit, 60x60	m²	102	121	**131**	141	165
	LB 380, Pos. 49, Seite 616		86	102	**110**	119	138
87	Plattenbelag, Basalt, 60x60	m²	193	260	**289**	326	355
	LB 380, Pos. 50, Seite 616		162	219	**243**	274	298
88	Plattenbelag, Travertin, 60x60	m²	163	207	**211**	215	272
	LB 380, Pos. 51, Seite 616		137	174	**177**	181	229
89	Plattenbelag, Sandstein, 60x60	m²	173	194	**207**	217	235
	LB 380, Pos. 52, Seite 617		145	163	**174**	182	198
90	Rippenplatten, 30x30x8, Rippenabstand 50x6, o. Fase, weiß	m²	–	192	**200**	250	–
	LB 380, Pos. 73, Seite 622		–	161	**168**	210	–
91	Rippenplatten, 30x30x8, Rippenabstand 50x7, mit Fase, anthrazit	m²	156	206	**229**	275	284
	LB 380, Pos. 74, Seite 622		131	173	**193**	231	239
92	Rippenplatten, 30x30x8, Rippenabstand 40x7, mit Fase, weiß	m²	157	185	**205**	211	254
	LB 380, Pos. 75, Seite 622		132	156	**172**	177	213
93	Rippenplatten, 30x30x8, Rippenabstand 50x6, o. Fase, anthrazit	m²	–	206	**217**	269	–
	LB 380, Pos. 76, Seite 623		–	173	**182**	226	–

Kosten:
Stand 2. Quartal 2025
Bundesdurchschnitt

▶ min
▷ von
ø Mittel
◁ bis
◀ max

Barrierefreies Bauen — **Preise €**

Nr.	Positionen	Einheit	▶	▷	ø brutto € / ø netto €	◁	◀
94	Rippenplatte, 20x10x8, Rippenabstand 40x2, mit Fase, weiß	m	–	164	**171**	200	–
	LB 380, Pos. 77, Seite 623		–	138	**144**	168	–
95	Noppenplatten, 30x30x8, 32 Noppen, mit Fase, Kegel, anthrazit	m²	–	197	**205**	254	–
	LB 380, Pos. 78, Seite 623		–	165	**172**	214	–
96	Noppenplatten, 30x30x8, 32 Noppen, mit Fase, Kegel, weiß	m²	141	192	**204**	235	247
	LB 380, Pos. 79, Seite 623		118	161	**172**	197	208
97	Noppenplatten, 30x30x8, 32 Noppen, mit Fase, Kugel, weiß	m²	144	196	**206**	260	268
	LB 380, Pos. 80, Seite 624		121	165	**173**	218	225
98	Noppenplatten, 30x30x8, 32 Noppen, mit Fase, Kugel, anthrazit	m²	–	197	**210**	256	–
	LB 380, Pos. 81, Seite 624		–	166	**176**	215	–
99	Leitstreifen Rippenplatte, einreihig	m	461	536	**542**	587	652
	LB 380, Pos. 82, Seite 624		387	450	**455**	493	548
100	Aufmerksamkeitsfeld, 90x90cm, Noppenplatte	m²	167	193	**205**	227	253
	LB 380, Pos. 83, Seite 624		140	162	**172**	190	212
101	Einstiegsfeld, 90x90cm, Noppenplatte	m²	177	230	**252**	308	320
	LB 380, Pos. 84, Seite 625		148	193	**212**	259	269
102	Rollstuhl-Überfahrtstein, 18x22, L=100cm	m	120	161	**179**	193	207
	LB 380, Pos. 85, Seite 625		101	135	**150**	162	174
103	Tastbordstein, Beton, 25x20, L=50cm	m	102	139	**146**	170	178
	LB 380, Pos. 86, Seite 625		86	117	**123**	142	150
104	Rollbordstein, Beton, 25x20, L=100cm	m	–	144	**150**	182	–
	LB 380, Pos. 87, Seite 625		–	121	**126**	153	–
105	Übergangsbordstein, Beton, dreiteilig, 12x18x30, L=100cm	m	–	196	**210**	240	–
	LB 380, Pos. 88, Seite 625		–	164	**177**	201	–
106	Übergangsbordstein, Beton, dreiteilig, 18x22, L=100cm	m	122	172	**177**	216	223
	LB 380, Pos. 89, Seite 626		103	144	**149**	181	187
107	L-Stufe, Kontraststreifen Beton,15x38, L=120cm	m	175	237	**249**	299	312
	LB 380, Pos. 90, Seite 626		147	199	**210**	252	262
108	L-Stufe, Kontraststreifen PVC,15x38, L=120cm	m	152	192	**214**	250	265
	LB 380, Pos. 91, Seite 626		128	162	**180**	210	223
109	Legestufe, Kontraststreifen PVC, 8x40x120	m	166	216	**225**	259	284
	LB 380, Pos. 92, Seite 626		140	182	**189**	217	238
110	Legestufe, Kontraststreifen Beton, 8x40x120	m	184	247	**260**	301	322
	LB 380, Pos. 93, Seite 627		155	207	**218**	253	271
111	Winkelstufe, Kontraststreifen PVC, 20x36x120	m	39	47	**50**	57	61
	LB 380, Pos. 94, Seite 627		32	40	**42**	48	52
112	Winkelstufe, Kontraststreifen Beton, 20x36x120	m	188	242	**254**	298	318
	LB 380, Pos. 95, Seite 627		158	203	**214**	250	267
113	Blockstufe, Kontraststreifen PVC, 20x40x120	m	–	234	**243**	285	–
	LB 380, Pos. 96, Seite 627		–	196	**205**	239	–
114	Blockstufe, Kontraststreifen Beton, 20x40x120	m	260	272	**277**	294	319
	LB 380, Pos. 97, Seite 628		219	229	**233**	247	268

Nr.	Positionen	Einheit	►	▷	ø brutto € / ø netto €	◁	◄
115	Taktiles Bodenleitsystem Fräsen, 7 Rillen	m	–	164	**182**	215	–
	LB 380, Pos. 98, Seite 628		–	138	**153**	181	–
116	Rampenstufen, Betonfertigteil	St	77	107	**115**	132	138
	LB 380, Pos. 99, Seite 628		65	90	**97**	111	116
117	Taktiles Bodenleitsystem Fräsen, 1 Rille	m	–	60	**64**	74	–
	LB 380, Pos. 100, Seite 628		–	51	**54**	62	–
118	Fräsen eines Aufmerksamkeitsfeldes	St	125	165	**181**	207	214
	LB 380, Pos. 101, Seite 628		105	139	**152**	174	180
119	Richtungsänderung fräsen	St	–	237	**249**	294	–
	LB 380, Pos. 102, Seite 629		–	199	**209**	247	–
120	Maschinenumstellung	St	38	49	**58**	67	69
	LB 380, Pos. 103, Seite 629		32	41	**49**	56	58
121	Überfahrrampe Balkon-/Terrassentüren Höhe bis 125mm	St	860	1.185	**1.247**	1.434	1.471
	LB 380, Pos. 104, Seite 629		723	995	**1.048**	1.205	1.236

G

Brandschutz

Positionsverweise Brandschutz

Kosten:
Stand 2. Quartal 2025
Bundesdurchschnitt

▶ min
▷ von
ø Mittel
◁ bis
◀ max

Nr.	Positionen	Einheit	▶	▷	**ø brutto €** / ø netto €	◁	◀
1	Brandschutzbeschichtung, Stahlbauteile, Decklack	m²	31	49	**53**	61	75
	LB 317, Pos. 17, Seite 184		26	41	**44**	51	63
2	Sicherheitsdachhaken, verzinkt	St	27	36	**38**	44	48
	LB 322, Pos. 66, Seite 267		23	30	**32**	37	41
3	Sicherheitsdachhaken, Kupfer	St	29	36	**43**	51	54
	LB 322, Pos. 67, Seite 267		24	31	**36**	43	45
4	Sicherheitstritt, Standgitter	St	116	150	**163**	189	200
	LB 322, Pos. 68, Seite 267		97	126	**137**	159	168
5	WDVS, Brandbarriere, bis 300mm	m	15	20	**23**	25	27
	LB 323, Pos. 114, Seite 296		13	17	**19**	21	23
6	Holz-Türelement, S200C5, einflüglig, 875x2.125	St	1.289	1.555	**1.701**	1.773	2.109
	LB 327, Pos. 7, Seite 340		1.084	1.307	**1.429**	1.490	1.772
7	Holz-Türelement, S200C5, einflüglig, 1.000x2.000/2.125	St	1.252	1.465	**1.742**	1.798	2.719
	LB 327, Pos. 8, Seite 341		1.052	1.231	**1.464**	1.511	2.285
8	Holz-Türelement, S200C5, zweiflüglig	St	4.912	9.024	**10.376**	11.760	15.078
	LB 327, Pos. 9, Seite 341		4.128	7.583	**8.720**	9.882	12.670
9	Holz-Türelement, einflüglig, 875x2.125	St	1.694	2.443	**2.655**	3.219	4.564
	LB 327, Pos. 14, Seite 343		1.423	2.053	**2.231**	2.705	3.836
10	Fluchttürsicherung, elektrische Verriegelung	St	1.195	1.728	**1.838**	2.187	2.669
	LB 329, Pos. 12, Seite 360		1.004	1.452	**1.544**	1.838	2.243
11	Stahltür, Brandschutz, EI2 30, zweiflüglig	St	3.392	4.758	**5.388**	6.004	7.072
	LB 331, Pos. 11, Seite 378		2.851	3.998	**4.528**	5.046	5.943
12	Stahltür, Brandschutz, EI2 90, 875x2.000/2.125	St	2.261	3.004	**3.437**	3.819	4.322
	LB 331, Pos. 12, Seite 379		1.900	2.525	**2.888**	3.209	3.632
13	Stahltür, EI2 90, zweiflüglig	St	5.665	6.906	**7.461**	7.734	8.720
	LB 331, Pos. 13, Seite 381		4.761	5.803	**6.269**	6.499	7.328
14	Brandschutzbeschichtung, feuerhemmend, Stahlbauteile	m²	75	103	**114**	139	212
	LB 331, Pos. 15, Seite 383		63	87	**96**	117	178
15	Brandschutzbeschichtung, Stahlbauteile, Decklack	m²	25	31	**34**	34	40
	LB 331, Pos. 16, Seite 383		21	26	**28**	28	33
16	Brandschutzbeschichtung Rund-/Profilstahl	m	51	67	**72**	87	93
	LB 331, Pos. 17, Seite 384		42	56	**61**	73	78
17	Brandschutzverglasung, Innenwände	m²	307	594	**685**	689	880
	LB 332, Pos. 15, Seite 390		258	499	**575**	579	740
18	Fassadendämmung, Brandbarriere	m²	48	56	**59**	60	68
	LB 338, Pos. 7, Seite 438		41	47	**50**	51	57
19	Montagewand, Holz, 100mm, GK einlagig, MW	m²	109	121	**126**	136	152
	LB 339, Pos. 13, Seite 446		91	102	**105**	114	128
20	Montagewand, Metall, 125mm, GK zweilagig, MW, EI 30	m²	84	106	**115**	129	161
	LB 339, Pos. 15, Seite 447		70	89	**96**	109	136
21	Montagewand, Metall, 150mm, GK zweilagig, MW, EI 30	m²	93	112	**120**	131	166
	LB 339, Pos. 16, Seite 448		78	94	**101**	110	139
22	Montagewand, Metall, 100mm, GKF zweilagig, MW, EI 90	m²	100	123	**132**	142	169
	LB 339, Pos. 17, Seite 448		84	104	**111**	119	142
23	Montagewand, Metall, 200mm, GKF zweilagig, Ständerwerk doppelt, EI 90	m²	108	137	**148**	158	184
	LB 339, Pos. 18, Seite 449		90	115	**125**	133	154

Nr.	Positionen	Einheit	►	▷	ø brutto € / ø netto €	◁	◄
24	Montagewand, Gipsplatten, Brandwand, nichttragend	m²	–	198	**235**	238	–
	LB 339, Pos. 19, Seite 449		–	166	**198**	200	–
25	Montagewand, Gipsplatten, Brandwand	m²	–	218	**259**	290	–
	LB 339, Pos. 20, Seite 450		–	183	**218**	243	–
26	Schachtwand, Gipsplatten, EI 90	m²	70	88	**96**	99	111
	LB 339, Pos. 31, Seite 453		59	74	**81**	83	93
27	Installationskanal, GK-Platte, EI 30	m	110	129	**138**	167	197
	LB 339, Pos. 32, Seite 454		92	109	**116**	140	165
28	Bekleidung, doppelt, EI 90, vorh. Unterkonstruktion	m²	104	138	**148**	163	197
	LB 339, Pos. 36, Seite 455		88	116	**124**	137	165
29	Brandschutzabschottung, R90, DN12	St	23	26	**28**	33	43
	LB 347, Pos. 16, Seite 509		20	22	**24**	28	36
30	Brandschutzabschottung, R90, DN15	St	25	31	**33**	40	48
	LB 347, Pos. 17, Seite 509		21	26	**28**	34	40
31	Brandschutzabschottung, R90, DN20	St	27	45	**53**	61	78
	LB 347, Pos. 18, Seite 510		23	38	**44**	51	66
32	Brandschutzabschottung, R90, DN25	St	35	53	**61**	70	86
	LB 347, Pos. 19, Seite 510		30	45	**52**	59	72
33	Brandschutzabschottung, R90, DN32	St	43	63	**74**	82	114
	LB 347, Pos. 20, Seite 510		37	53	**62**	69	96
34	Brandschutzabschottung, R90, DN40	St	57	81	**85**	95	114
	LB 347, Pos. 21, Seite 510		48	68	**72**	80	96
35	Brandschutzabschottung, R90, DN50	St	69	97	**105**	118	124
	LB 347, Pos. 22, Seite 511		58	82	**89**	99	104
36	Brandschutzabschottung, R90, DN65	St	88	109	**124**	132	147
	LB 347, Pos. 23, Seite 511		74	92	**104**	111	123
37	Brandschutzabschottung, R90, DN100	St	100	127	**142**	151	176
	LB 347, Pos. 24, Seite 511		84	106	**120**	127	148
38	Brandschutzabschottung, R90, DN125	St	106	139	**152**	162	193
	LB 347, Pos. 25, Seite 511		89	116	**127**	136	163
39	Brandmeldezentrale bis 4 Ringe-/Linien	St	1.712	3.246	**3.942**	4.803	6.939
	LB 363, Pos. 1, Seite 529		1.439	2.728	**3.312**	4.036	5.831
40	Brandmeldezentrale ab 5 Ringe-/Linien	St	6.467	9.269	**10.261**	12.251	15.406
	LB 363, Pos. 2, Seite 529		5.435	7.789	**8.623**	10.295	12.946
41	Feuerwehr - Schlüsseldepot	St	1.453	2.073	**2.361**	2.858	4.046
	LB 363, Pos. 3, Seite 529		1.221	1.742	**1.984**	2.402	3.400
42	Optischer Rauchmelder	St	97	184	**204**	225	298
	LB 363, Pos. 5, Seite 530		82	155	**171**	189	250
43	Ionisations-Rauchmelder	St	357	394	**456**	485	532
	LB 363, Pos. 6, Seite 530		300	331	**383**	408	447
44	Optischer Rauchwarnmelder	St	36	69	**80**	97	137
	LB 363, Pos. 7, Seite 530		30	58	**67**	82	116
45	Funkvernetzte Rauchwarnmelder	St	140	178	**188**	215	260
	LB 363, Pos. 8, Seite 530		117	149	**158**	181	219
46	Wärme-Differenzialmelder	St	119	138	**144**	167	193
	LB 363, Pos. 9, Seite 531		100	116	**121**	140	162
47	Kombinierter Rauch-/Wärmemelder	St	263	281	**290**	298	316
	LB 363, Pos. 10, Seite 531		221	236	**244**	251	265

Kosten:
Stand 2. Quartal 2025
Bundesdurchschnitt

▶ min
▷ von
ø Mittel
◁ bis
◀ max

Brandschutz — Preise €

Nr	Positionen	Einheit	▶	▷	**ø brutto €** ø netto €	◁	◀
48	Handfeuermelder	St	99	136	**155**	178	236
	LB 363, Pos. 11, Seite 531		83	115	**130**	150	199
49	Signalgeber akustisch	St	107	186	**219**	250	307
	LB 363, Pos. 12, Seite 531		90	156	**184**	210	258
50	Signalgeber akustisch/optisch	St	277	346	**367**	409	502
	LB 363, Pos. 13, Seite 532		233	291	**308**	344	421
51	Signalgeber optisch	St	211	233	**258**	285	318
	LB 363, Pos. 14, Seite 532		177	196	**217**	240	268
52	Anzeige-Tableau	St	855	1.335	**1.534**	1.994	2.608
	LB 363, Pos. 15, Seite 532		719	1.122	**1.289**	1.675	2.192
53	Feuerwehr-Bedienfeld	St	527	732	**817**	1.358	1.948
	LB 363, Pos. 16, Seite 532		443	615	**686**	1.141	1.637
54	Rauchauslöseeinrichtung	St	1.009	1.359	**1.543**	1.807	2.314
	LB 363, Pos. 18, Seite 533		848	1.142	**1.297**	1.518	1.945
55	Brandschutzklappen, RLT, eckig	St	715	996	**1.075**	1.157	1.296
	LB 375, Pos. 26, Seite 552		601	837	**904**	972	1.089
56	Brandschutzklappen, RLT, rund, Küche	St	3.915	5.986	**8.615**	11.446	16.591
	LB 375, Pos. 27, Seite 552		3.290	5.030	**7.239**	9.618	13.942

Anhang

Regionalfaktoren

Regionalfaktoren Deutschland

Diese Faktoren geben Aufschluss darüber, inwieweit die Baukosten in einer bestimmten Region Deutschlands teurer oder günstiger liegen als im Bundesdurchschnitt. Sie können dazu verwendet werden, die BKI Baukosten an das besondere Baupreisniveau einer Region anzupassen.
Hinweis: Alle Angaben wurden durch Untersuchungen des BKI weitgehend verifiziert. Dennoch können Abweichungen zu den angegebenen Werten entstehen. In Grenznähe zu einem Land-/Stadtkreis mit anderen Baupreisfaktoren sollte dessen Baupreisniveau mit berücksichtigt werden, da die Übergänge zwischen den Land-/Stadtkreisen fließend sind. Die Besonderheiten des Einzelfalls können ebenfalls zu Abweichungen führen.
Für die größeren Inseln Deutschlands wurden separate Regionalfaktoren ermittelt. Dazu wurde der zugehörige Landkreis in Festland und Inseln unterteilt. Alle Inseln eines Landkreises erhalten durch dieses Verfahren den gleichen Regionalfaktor. Der Regionalfaktor des Festlandes erhält keine Inseln mehr und ist daher gegenüber früheren Ausgaben verringert.

Land- / Stadtkreis / Insel	Bundeskorrekturfaktor
Aachen, Städteregion	0,935
Ahrweiler	0,985
Aichach-Friedberg	1,085
Alb-Donau-Kreis	1,040
Altenburger Land	0,881
Altenkirchen (Westerwald)	1,009
Altmarkkreis Salzwedel	0,855
Altötting	1,009
Alzey-Worms	0,942
Amberg, Stadt	1,075
Amberg-Sulzbach	1,023
Ammerland	0,823
Amrum, Insel	1,278
Anhalt-Bitterfeld	0,833
Ansbach	1,080
Ansbach, Stadt	1,108
Aschaffenburg	1,103
Aschaffenburg, Stadt	1,047
Augsburg	1,049
Augsburg, Stadt	1,239
Aurich, Festlandanteil	0,732
Aurich, Inselanteil	1,201
Bad Dürkheim	1,005
Bad Kissingen	1,064
Bad Kreuznach	0,972
Bad Tölz-Wolfratshausen	1,225
Baden-Baden, Stadtkreis	1,039
Baltrum, Insel	1,201
Bamberg	1,078
Bamberg, Stadt	1,170
Barnim	0,859
Bautzen	0,889
Bayreuth	1,080
Bayreuth, Stadt	1,011
Berchtesgadener Land	1,100
Bergstraße	1,002
Berlin, Stadt	1,128
Bernkastel-Wittlich	1,070
Biberach	1,052
Bielefeld, Stadt	0,836
Birkenfeld	1,053
Bochum, Stadt	0,894
Bodenseekreis	0,969
Bonn, Stadt	0,918
Borken	0,918
Borkum, Insel	1,099
Bottrop, Stadt	0,826
Brandenburg an der Havel, Stadt	1,022
Braunschweig, Stadt	0,697
Breisgau-Hochschwarzwald	1,088
Bremen, Stadt	0,937
Bremerhaven, Stadt	0,914
Burgenlandkreis	0,894
Böblingen	1,127
Börde	0,867
Calw	1,030
Celle	0,876
Cham	0,872
Chemnitz, Stadt	0,850
Cloppenburg	0,759
Coburg	1,027
Coburg, Stadt	1,098
Cochem-Zell	1,035
Coesfeld	0,921
Cottbus, Stadt	0,971
Cuxhaven	0,773
Dachau	1,227
Dahme-Spreewald	0,930
Darmstadt, Stadt	1,025
Darmstadt-Dieburg	0,979
Deggendorf	1,004

Delmenhorst, Stadt 0,797
Dessau-Roßlau, Stadt 0,854
Diepholz 0,798
Dillingen a.d.Donau 1,058
Dingolfing-Landau 0,972
Dithmarschen 1,063
Donau-Ries 1,031
Donnersbergkreis 0,957
Dortmund, Stadt 0,770
Dresden, Stadt 0,940
Duisburg, Stadt 0,953
Düren 0,955
Düsseldorf, Stadt 0,940

Ebersberg 1,309
Eichsfeld 0,931
Eichstätt 1,056
Eifelkreis Bitburg-Prüm 1,002
Elbe-Elster 0,899
Emden, Stadt 0,670
Emmendingen 1,117
Emsland 0,819
Ennepe-Ruhr-Kreis 0,884
Enzkreis 1,044
Erding 1,132
Erfurt, Stadt 0,902
Erlangen, Stadt 1,137
Erlangen-Höchstadt 1,022
Erzgebirgskreis 0,912
Essen, Stadt 0,871
Esslingen 0,989
Euskirchen 0,889

Fehmarn, Insel 1,171
Flensburg, Stadt 0,797
Forchheim 1,124
Frankenthal (Pfalz), Stadt 0,881
Frankfurt (Oder), Stadt 0,907
Frankfurt am Main, Stadt 0,981
Freiburg im Breisgau, Stadtkreis 1,166
Freising 1,054
Freudenstadt 1,017
Freyung-Grafenau 1,018
Friesland, Festlandanteil 0,810
Friesland, Inselanteil 1,408
Fulda 1,017
Föhr, Insel 1,278
Fürstenfeldbruck 1,218
Fürth 1,045
Fürth, Stadt 1,053

Garmisch-Partenkirchen 1,212
Gelsenkirchen, Stadt 0,854
Gera, Stadt 0,938
Germersheim 1,021
Gießen 0,964
Gifhorn 0,834
Goslar 0,796
Gotha 0,880
Grafschaft Bentheim 0,817
Greiz 0,922
Groß-Gerau 1,015
Göppingen 1,009
Görlitz 0,893
Göttingen 0,902
Günzburg 1,042
Gütersloh 0,905

Hagen, Stadt 0,864
Halle (Saale), Stadt 0,729
Hamburg, Freie und Hansestadt 1,112
Hameln-Pyrmont 0,819
Hamm, Stadt 0,893
Hannover, Region 0,900
Harburg 0,951
Harz 0,816
Havelland 1,006
Haßberge 1,095
Heidekreis 0,881
Heidelberg, Stadtkreis 1,092
Heidenheim 1,001
Heilbronn 0,990
Heilbronn, Stadtkreis 0,990
Heinsberg 0,953
Helgoland, Insel 1,409
Helmstedt 0,854
Herford 0,863
Herne, Stadt 0,951
Hersfeld-Rotenburg 1,001
Herzogtum Lauenburg 0,952
Hiddensee, Insel 1,121
Hildburghausen 0,863
Hildesheim 0,820
Hochsauerlandkreis 0,922
Hochtaunuskreis 1,025
Hof 1,074
Hof, Stadt 1,101
Hohenlohekreis 1,030
Holzminden 0,782
Höxter 0,902

Ilm-Kreis 0,893
Ingolstadt, Stadt 1,109

Jena, Stadt 1,046
Jerichower Land 0,862
Juist, Insel 1,201

Kaiserslautern	0,933
Kaiserslautern, Stadt	0,973
Karlsruhe	0,961
Karlsruhe, Stadtkreis	1,102
Kassel	1,033
Kassel, Stadt	0,946
Kaufbeuren	1,114
Kelheim	1,019
Kempten (Allgäu)	1,112
Kiel, Stadt	1,161
Kitzingen	1,027
Kleve	0,914
Koblenz, Stadt	0,875
Konstanz	1,052
Krefeld, Stadt	0,841
Kronach	1,146
Kulmbach	1,096
Kusel	0,933
Kyffhäuserkreis	0,860
Köln, Stadt	0,917

Lahn-Dill-Kreis	1,023
Landau in der Pfalz, Stadt	0,984
Landsberg am Lech	1,108
Landshut	0,995
Landshut, Stadt	1,075
Langeoog, Insel	1,073
Leer, Festlandanteil	0,744
Leer, Inselanteil	1,099
Leipzig	0,978
Leipzig, Stadt	0,820
Leverkusen, Stadt	0,848
Lichtenfels	1,053
Limburg-Weilburg	0,961
Lindau (Bodensee)	1,090
Lippe	0,886
Ludwigsburg	1,088
Ludwigshafen am Rhein, Stadt	1,053
Ludwigslust-Parchim	0,925
Lörrach	1,022
Lübeck, Hansestadt	0,934
Lüchow-Dannenberg	0,867
Lüneburg	0,893

Magdeburg, Stadt	0,884
Main-Kinzig-Kreis	0,996
Main-Spessart	1,074
Main-Tauber-Kreis	1,015
Main-Taunus-Kreis	0,984
Mainz, Stadt	0,986
Mainz-Bingen	1,006
Mannheim, Stadtkreis	1,073
Mansfeld-Südharz	0,898
Marburg-Biedenkopf	0,985
Mayen-Koblenz	0,989
Mecklenburgische Seenplatte	0,915
Meißen	0,913
Memmingen	1,044
Merzig-Wadern	0,943
Mettmann	0,902
Miesbach	1,271
Miltenberg	1,128
Minden-Lübbecke	0,826
Mittelsachsen	0,925
Märkisch-Oderland	0,908
Märkischer Kreis	0,906
Mönchengladbach, Stadt	0,913
Mühldorf a.Inn	1,025
Mülheim an der Ruhr, Stadt	0,879
München	1,347
München, Stadt	1,502
Münster, Stadt	0,896

Neckar-Odenwald-Kreis	1,039
Neu-Ulm	1,083
Neuburg-Schrobenhausen	1,052
Neumarkt i.d.OPf.	0,961
Neumünster, Stadt	0,877
Neunkirchen	0,950
Neustadt a.d.Aisch-Bad Windsheim	1,088
Neustadt a.d.Waldnaab	1,026
Neustadt an der Weinstraße, Stadt	0,967
Neuwied	0,917
Nienburg (Weser)	0,777
Norderney, Insel	1,201
Nordfriesland, Festlandanteil	1,105
Nordfriesland, Inselanteil	1,278
Nordhausen	0,851
Nordsachsen	0,902
Nordwest-Mecklenburg, Inselanteil	1,219
Nordwestmecklenburg, Festlandanteil	0,964
Northeim	0,887
Nürnberg, Stadt	1,066
Nürnberger Land	1,120

Oberallgäu	1,070
Oberbergischer Kreis	0,869
Oberhausen, Stadt	0,871
Oberhavel	0,992
Oberspreewald-Lausitz	0,932
Odenwaldkreis	0,973
Oder-Spree	0,942
Offenbach	0,972
Offenbach am Main, Stadt	0,962
Oldenburg	0,849
Oldenburg (Oldb), Stadt	0,823
Olpe	0,986
Ortenaukreis	0,987

Osnabrück	0,855
Osnabrück, Stadt	0,799
Ostalbkreis	1,049
Ostallgäu	1,059
Osterholz	0,870
Ostholstein, Festlandanteil	0,919
Ostholstein, Inselanteil	1,171
Ostprignitz-Ruppin	0,917
Paderborn	0,910
Passau	0,948
Passau, Stadt	1,051
Peine	0,806
Pellworm, Insel	1,278
Pfaffenhofen a.d.Ilm	1,054
Pforzheim, Stadtkreis	1,008
Pinneberg, Festlandanteil	0,975
Pinneberg, Inselanteil	1,409
Pirmasens, Stadt	0,993
Plön	0,966
Poel, Insel	1,219
Potsdam, Stadt	1,063
Potsdam-Mittelmark	0,948
Prignitz	0,818
Rastatt	0,998
Ravensburg	1,004
Recklinghausen	0,854
Regen	0,937
Regensburg	1,005
Regensburg, Stadt	1,094
Rems-Murr-Kreis	1,048
Remscheid, Stadt	0,885
Rendsburg-Eckernförde	0,966
Reutlingen	1,018
Rhein-Erft-Kreis	0,905
Rhein-Hunsrück-Kreis	1,018
Rhein-Kreis Neuss	0,885
Rhein-Lahn-Kreis	1,048
Rhein-Neckar-Kreis	1,041
Rhein-Pfalz-Kreis	0,996
Rhein-Sieg-Kreis	0,970
Rheingau-Taunus-Kreis	1,050
Rheinisch-Bergischer Kreis	0,920
Rhön-Grabfeld	1,107
Rosenheim	1,229
Rosenheim, Stadt	1,199
Rostock	0,946
Rostock, Stadt	0,964
Rotenburg (Wümme)	0,763
Roth	1,116
Rottal-Inn	0,990
Rottweil	0,962
Rügen, Insel	1,121
Saale-Holzland-Kreis	0,872
Saale-Orla-Kreis	0,840
Saalekreis	0,866
Saalfeld-Rudolstadt	0,945
Saarbrücken, Regionalverband	0,951
Saarlouis	0,963
Saarpfalz-Kreis	0,976
Salzgitter, Stadt	0,809
Salzlandkreis	0,806
Schaumburg	0,781
Schleswig-Flensburg	0,882
Schmalkalden-Meiningen	0,983
Schwabach, Stadt	1,075
Schwalm-Eder-Kreis	0,984
Schwandorf	0,979
Schwarzwald-Baar-Kreis	0,936
Schweinfurt	1,119
Schweinfurt, Stadt	1,041
Schwerin, Stadt	1,100
Schwäbisch Hall	0,958
Segeberg	0,935
Siegen-Wittgenstein	0,932
Sigmaringen	1,012
Soest	0,873
Solingen, Stadt	0,889
Sonneberg	0,888
Speyer, Stadt	1,078
Spiekeroog, Insel	1,073
Spree-Neiße	0,735
St. Wendel	0,984
Stade	0,827
Starnberg	1,302
Steinburg	0,959
Steinfurt	0,879
Stendal	0,698
Stormarn	0,952
Straubing, Stadt	1,272
Straubing-Bogen	1,015
Stuttgart, Stadtkreis	1,108
Suhl, Stadt	0,826
Sylt, Insel	1,278
Sächsische Schweiz-Osterzgebirge	0,992
Sömmerda	0,912
Südliche Weinstraße	1,002
Südwestpfalz	0,999
Teltow-Fläming	0,936
Tirschenreuth	1,081
Traunstein	1,126
Trier, Stadt	1,101
Trier-Saarburg	1,106
Tuttlingen	1,018
Tübingen	1,064

Uckermark	0,922
Uelzen	0,844
Ulm, Stadtkreis	1,086
Unna	0,901
Unstrut-Hainich-Kreis	0,833
Unterallgäu	1,022
Usedom, Insel	1,061
Vechta	0,850
Verden	0,809
Viersen	0,930
Vogelsbergkreis	0,982
Vogtlandkreis	0,906
Vorpommern-Greifswald, Festlandanteil	0,999
Vorpommern-Greifswald, Inselanteil	1,061
Vorpommern-Rügen, Festlandanteil	0,932
Vorpommern-Rügen, Inselanteil	1,121
Vulkaneifel	0,974
Waldeck-Frankenberg	0,980
Waldshut	1,035
Wangerooge, Insel	1,408
Warendorf	0,898
Wartburgkreis	0,888
Weiden i.d.OPf., Stadt	1,052
Weilheim-Schongau	1,144
Weimar, Stadt	1,182
Weimarer Land	0,904
Weißenburg-Gunzenhausen	1,060
Werra-Meißner-Kreis	0,997
Wesel	0,938
Wesermarsch	0,830
Westerwaldkreis	1,010
Wetteraukreis	0,989
Wiesbaden, Stadt	0,968
Wilhelmshaven, Stadt	0,843
Wittenberg	0,773
Wittmund, Festlandanteil	0,763
Wittmund, Inselanteil	1,073
Wolfenbüttel	0,864
Wolfsburg, Stadt	0,851
Worms, Stadt	0,992
Wunsiedel i.Fichtelgebirge	1,077
Wuppertal, Stadt	0,847
Würzburg	1,127
Würzburg, Stadt	1,172
Zingst, Insel	1,121
Zollernalbkreis	1,013
Zweibrücken, Stadt	0,994
Zwickau	0,936

Regionalfaktoren Österreich

Bundesland	Korrekturfaktor
Burgenland	1,115
Kärnten	1,103
Niederösterreich	1,028
Oberösterreich	1,104
Salzburg	1,104
Steiermark	1,097
Tirol	1,019
Vorarlberg	1,069
Wien	1,095

Regionalfaktoren für den Europa-Raum

Land	Korrekturfaktor
Albanien	0,324
Belgien	0,640
Bosnien und Herzegowina	0,303
Bulgarien	0,415
Dänemark	0,848
Deutschland	1,000
Estland	0,511
Finnland	0,884
Frankreich	0,754
Griechenland	0,473
Irland	0,687
Island	0,833
Italien	0,571
Kroatien	0,341
Lettland	0,528
Litauen	0,476
Luxemburg	0,836
Malta	0,563
Mazedonien	0,336
Montenegro	0,370
Niederlande	0,810
Norwegen	0,889
Österreich	1,101
Polen	0,448
Portugal	0,458
Rumänien	0,367
Schweden	0,988
Schweiz	1,078
Serbien	0,383
Slowakei	0,497
Slowenien	0,452
Spanien	0,526
Tschechien	0,508
Türkei	0,320
Ungarn	0,442
Zypern	0,480

Anhang

Stichwortverzeichnis Positionen

A

B

D

E

F

G

H

I

J

K

L

M

N

O

P

R

S

T

U

V

W

Z